SCHÄFFER
POESCHEL

Dietmar Vahs / Jan Schäfer-Kunz

Einführung in die Betriebswirtschaftslehre

8., überarbeitete Auflage

Schäffer-Poeschel Verlag Stuttgart

Dozent:innen finden weiterführende Lehrmaterialien unter
www.sp-dozenten.de (Registrierung erforderlich).

Bibliografische Information der Deutschen Nationalbibliothek
Die Deutsche Nationalbibliothek verzeichnet diese Publikation in der Deutschen Nationalbibliografie; detaillierte bibliografische Daten sind im Internet über http://dnb.dnb.de/ abrufbar.

Print:	ISBN 978-3-7910-4820-8	Bestell-Nr. 20607-0003
ePub:	ISBN 978-3-7910-4825-3	Bestell-Nr. 20607-0100
ePDF:	ISBN 978-3-7910-4821-5	Bestell-Nr. 20607-0154

Dietmar Vahs/Jan Schäfer-Kunz
Einführung in die Betriebswirtschaftslehre
8., überarbeitete Auflage, August 2021

www.schaeffer-poeschel.de
service@schaeffer-poeschel.de

Bildnachweis (Cover): © Volkswagen Media Services

Produktmanagement: Alexander Kühn
Lektorat: Adelheid Fleischer

Schäffer-Poeschel Verlag Stuttgart
Ein Unternehmen der Haufe Group

Vorwort

Betriebswirtschaftliche Kenntnisse sind in unserer heutigen Welt eine wesentliche Voraussetzung für das Verständnis der komplexen Vorgänge innerhalb unserer Wirtschafts- und Gesellschaftssysteme. Dabei ist in der Regel weniger ein umfangreiches Detailwissen als vielmehr die Fähigkeit gefragt, ökonomische Sachverhalte in ihrem Zusammenhang erfassen und beurteilen zu können.

So unstrittig die Notwendigkeit der Vermittlung entsprechenden Wissens ist, so fraglich ist es doch, wie entsprechende Lehrbücher idealerweise aussehen sollten. Um dies herauszufinden, haben wir uns einige der besten wirtschaftswissenschaftlichen Fachbücher angesehen und angeregt davon, in diesem Buch eine Reihe von Elementen realisiert, die den Lernerfolg nachhaltig sicherstellen sollen:

Ausstattung des Buchs

- Zur Strukturierung des Buchs wurde ein **4-Ebenen-Modell** entwickelt, das den Zusammenhang aller Kapitel aufzeigt.
- Am Anfang jeden Kapitels gibt der **Kapitelnavigator** einen ersten Überblick über den nachfolgend dargebotenen Stoff und die zu erreichenden Lernziele. Letztere wurden dabei weiter in die zu erwerbenden Kenntnisse (»kennen«) und die zu erwerbenden Fertigkeiten (»können«) unterteilt.
- Die **Marginalien** seitlich des Textes ermöglichen eine schnelle Orientierung.
- Wichtige **Definitionen** werden im Text gesondert hervorgehoben.
- Unter der Rubrik **Wirtschaftspraxis** werden aus einer Vielzahl von Unternehmen Beispiele dargestellt, die der Verdeutlichung der theoretischen Sachverhalte dienen sollen.
- An zahlreichen Stellen erfolgt zusätzlich eine Erläuterung anhand des **Fallbeispiels** eines fiktiven Automobilherstellers.
- Im Anschluss an die meisten Berechnungen gibt es **Zwischenübungen**, um das Erlernte direkt anwenden zu können.
- Am Ende der Hauptkapitel erfolgt im Rahmen einer **Zusammenfassung** eine Wiederholung der wichtigsten Sachverhalte.
- Die danach aufgeführten **Literaturhinweise** ermöglichen eine weitere Vertiefung.
- Die **Schlüsselbegriffe** verdeutlichen, welche Begriffe nach der Lektüre des jeweiligen Kapitels verstanden sein sollten.
- Mithilfe der **Wiederholungsfragen** sind eine laufende Lernkontrolle und eine gezielte Prüfungsvorbereitung möglich.
- Die **Fallstudien** dienen schließlich dazu, den vermittelten Stoff im Eigenstudium oder im Rahmen von Gruppenarbeiten anzuwenden.

Neben diesen Textelementen galt unser besonderes Augenmerk der Gestaltung von aussagekräftigen Abbildungen. Dadurch, dass alle wesentlichen Strukturen und Sachverhalte entsprechend dargestellt werden, lässt sich das Buch in einer ersten Annäherung allein über die Abbildungen erschließen.

Bei der Auswahl der Inhalte und deren Gliederung haben wir uns von unseren langjährigen Erfahrungen als Hochschullehrer und als Praktiker leiten lassen. Dabei wurde bewusst auf die Bildung von ausgeprägten Schwerpunkten verzichtet und stattdessen versucht, die verschiedenen betriebswirtschaftlichen Teilbereiche möglichst ausgewogen darzustellen.

Das Buch wurde für den Einsatz in Deutschland, in Österreich und in der Schweiz konzipiert. Abweichende Fachbegriffe in diesen Ländern werden entsprechend dieser Reihenfolge im Text aufgeführt. Ergänzend gibt es ein **Verzeichnis länderspezifischer Begriffe**.

Wiewohl die Hauptlast der Arbeit an einem Buch naturgemäß bei den Autoren liegt, ist doch eine Vielzahl von Personen an dessen Entwicklung und dessen Herstellung beteiligt. Diesen möchten wir an dieser Stelle herzlich für ihre Unterstützung danken.

Zuletzt bleibt uns nur, Ihnen, den geneigten Leserinnen und Lesern, eine interessante und aufschlussreiche Lektüre zu wünschen.

Stuttgart, im Juni 2021

Dietmar Vahs
Jan Schäfer-Kunz

Hinweise für Studierende

Dieses Buch ist ein Lehrbuch, das das Ziel verfolgt, Ihnen grundlegende **Kenntnisse** und einen gewissen Grad an **Fertigkeiten** in den wichtigsten Teilbereichen der Betriebswirtschaftslehre zu vermitteln. Wenn Sie ein wirtschaftswissenschaftliches Studium absolvieren, dient das Buch in der Regel auch dazu, die innerhalb eines Semesters häufig recht unterschiedlichen Vorkenntnisse auszugleichen. Viele der vermittelten Themen werden Sie zudem nochmals in nachfolgenden vertiefenden Vorlesungen hören. Auch dies ist sinnvoll und gewollt, denn nur durch das mehrmalige Lernen wichtiger Inhalte werden Sie sich diese dauerhaft einprägen. Zuletzt bietet die Behandlung verschiedener betriebswirtschaftlicher Teilbereiche in einer einzigen Vorlesung auch die Chance, die Beziehungen zwischen diesen Teilbereichen besser zu verstehen.

Unterstützende didaktische Elemente

Um Ihnen das Lernen zu erleichtern, wurde dieses Buch mit einer Reihe didaktischer Elemente ausgestattet, die Sie abhängig von Ihren jeweiligen Lernzielen einsetzen können. Zur Aneignung der benötigten Kenntnisse können Sie:

- die **Schlüsselbegriffe** am Ende jeden Hauptkapitels als Checkliste der zu beherrschenden Begriffe verwenden und
- die **Fragen** am Ende jeden Hauptkapitels als Möglichkeit zur Überprüfung Ihrer Kenntnisse und zur Vorbereitung auf Klausuren einsetzen (Hinweis: Zum Trainieren der Fragen wird ergänzend die Software BrainYoo mit **digitalen Lernkarteikarten** angeboten.).

Um sich in der Betriebswirtschaftslehre einen gewissen Grad an Fertigkeiten anzueignen, ist es in der Regel unumgänglich, den Lernstoff im Rahmen einer eigenständigen Durchführung anzuwenden. Dazu können Sie:

- die **Zwischenübungen** in vielen Kapiteln zum ersten Trainieren Ihrer Fertigkeiten nutzen und
- die **Fallstudien** am Ende der Hauptkapitel zur weiteren Vertiefung Ihrer Kenntnisse und zur Vervollkommnung Ihrer Fertigkeiten verwenden.

Materialien im Internet

Unter der Internetadresse des Buchs finden Sie eine Reihe ergänzender Materialien, so:

- **ausführliche Lösungen** zu den Zwischenübungen und Fallstudien,
- **Übungsklausuren**,
- **Kalkulationstabellen** zu den Rechnungen im Buch und
- **Errata**, die gegebenenfalls auf einzelne nach der Veröffentlichung erkannte Fehler im Buch hinweisen.

Die Internetadresse des Buchs lautet:

www.EinfuehrungInDieBetriebswirtschaftslehre.de

Kontakt
Vielleicht haben Sie Vorschläge für die Weiterentwicklung des Buchs oder Ihnen sind Fehler aufgefallen? Dann kontaktieren Sie uns bitte per E-Mail:

Service@EinfuehrungInDieBetriebswirtschaftslehre.de

Hinweise für Lehrende

Da wir die in diesem Buch aufgeführten Inhalte selbst unterrichten, haben wir versucht, ein Buch und Lehrmaterialien zu entwickeln, die optimal für die Lehre geeignet sind.

Inhaltliche Vorgehensweise

Zur Strukturierung des Buchs und der darauf basierenden Lehre wurde ein 4-Ebenen-Modell entwickelt, das bei den konstitutiven Entscheidungen beginnt und bei der Leistungserstellung endet (vergleiche zum Modell das ↗ Kapitel 1.7.2). Alternativ dazu können beispielsweise eher qualitativ orientierte Vorlesungen mit eher quantitativ orientierten Vorlesungen abgewechselt werden. Entsprechende Vorlesungspläne finden Sie im Skript.

Einteilung des Lehrstoffs

Das Buch wurde entsprechend der Vorlesungszeiten an Hochschulen auf 14 Lehreinheiten im Umfang von jeweils 4 Semesterwochenstunden hin ausgelegt. Dabei würden wir folgende Kapitel aufgrund ihres Umfangs jeweils zu einer Lehreinheit zusammenfassen:

- Kapitel 1: »Grundlagen« und Kapitel 4: »Rechtsformentscheidungen«,
- Kapitel 6: »Unternehmensverfassung« und Kapitel 7: »Organisation«,
- Kapitel 12: »Finanzierung« und Kapitel 13: »Investition« sowie
- Kapitel 15: »Beschaffung« und Kapitel 16: »Logistik«.

Die meisten Hauptkapitel im Buch wurden bewusst umfassend gestaltet, sodass durch Weglassen einzelner Themen eine individuelle Schwerpunktbildung möglich ist.

Vorgehensweise in den Vorlesungen

Das Buch wurde für einen in etwa jeweils hälftigen Anteil von Unterricht und Übung konzipiert. Die Zwischenübungen am Ende vieler Kapitel sind dabei zur gemeinsamen Erarbeitung innerhalb des Unterrichts gedacht. Die Fallstudien am Ende der Hauptkapitel sollen dann durch die Studierenden selbstständig bearbeitet werden.

Mittels freier Felder zur Eintragung der Lösungen können die quantitativen Zwischenübungen und die quantitativen Fallstudien dabei direkt im Buch bearbeitet werden.

Die qualitativen Fallstudien eignen sich auch für eine Bearbeitung durch Gruppen und eine anschließende Präsentation am Ende der Übung oder zur Rekapitulation am Anfang der nächsten Vorlesung.

Im Internet werden zu den Zwischenübungen und Fallstudien ausführliche Lösungen zur Verfügung gestellt.

Klausurstellung

Die Schlüsselbegriffe und die Fragen am Ende jeden Hauptkapitels dienen nicht nur der Vorbereitung der Studierenden auf die Klausur, sondern können von Ihnen auch als Grundlage für die Formulierung von Klausurfragen verwendet werden.

Darüber hinaus steht mit den Zwischenübungen und den Fallstudien im Buch sowie mit den Übungsklausuren im Internet eine umfangreiche Aufgabensammlung als Grundlage für die Entwicklung eigener Klausuraufgaben zur Verfügung.

Auf der Buchplattform im Internet finden Sie zudem eine Word-Vorlage für Klausuren und eine Formelsammlung, die Sie Ihren Klausuren gegebenenfalls beilegen können.

Lehrmaterialien

Neben den bereits bei den Studierenden aufgeführten Materialien, die uneingeschränkt im Internet verfügbar sind, gibt es exklusiv für Dozentinnen und Dozenten ein professionell gestaltetes Skript auf der Basis von Microsoft PowerPoint.

Das Skript führt durch den gesamten Inhalt des Buchs. Es wurde für den Einsatz mit Beamer konzipiert, kann aber auch auf Folien ausgedruckt und mit Overhead-Projektor verwendet werden. Um eine möglichst enge Verknüpfung zum Buch herzustellen, stimmen alle Nummerierungen, Texte und Abbildungen im Skript mit denen im Buch überein. Das Skript wurde dabei bewusst knapp gehalten, um eine Substitution des Buchs zu verhindern. Es empfiehlt sich insofern, in der Vorlesung parallel zum Skript auch im Buch weiterzublättern.

Bestellung der Lehrmaterialien

Für den Bezug der Lehrmaterialien müssen Sie sich beim Schäffer-Poeschel Verlag unter Nachweis einer Dozententätigkeit registrieren lassen. Die Lehrmaterialien erhalten Sie dann unter folgender Internetadresse:

www.sp-dozenten.de

Kontakt

Haben Sie Vorschläge für die Weiterentwicklung des Buchs oder der Lehrmaterialien, sind Ihnen Fehler aufgefallen oder haben Sie Fragen? Dann kontaktieren Sie uns bitte per E-Mail:

Dozentenservice@EinfuehrungInDieBetriebswirtschaftslehre.de

Änderungshistorie

Im Rahmen der Überarbeitungen für die vorliegende 8. Auflage wurden insbesondere folgende Verbesserungen vorgenommen:

- Nach den sehr umfassenden Änderungen der Vorauflagen wurden im Sinne eines kontinuierlichen Verbesserungsprozesses hunderte kleinere Korrekturen eingearbeitet, die sich insbesondere im Rahmen der Vorlesungen ergeben haben.
- Die Einschübe zur Wirtschaftspraxis wurden aktualisiert und um weitere Beispiele ergänzt.

- Das Kapitel 7.5 »Neuere Organisationsansätze« wurde umfassend aktualisiert.
- Im Kapitel 15 »Beschaffung« wurden zur Vereinheitlichung innerhalb des Buchs die Begriffe »bedarfsgesteuert« und »verbrauchsgesteuert« durch die Begriffe »auftragsgetrieben« und »prognosegetrieben« ersetzt. In dem Kapitel gab es zudem einige Straffungen.
- Die Internetplattform zum Buch wurde umfassend überarbeitet und für die Verwendung mit mobilen Geräten optimiert. Zudem werden die Lösungen zu den Zwischenübungen und Fallstudien zukünftig ohne Passwortschutz bereitgestellt.

Hinweise zur Benutzung des Buchs

In diesem Buch werden verschiedene Elemente verwendet, die Ihnen helfen sollen, die dargebotenen Inhalte besser zu verstehen.

Kapitelnavigator: Die Kapitelnavigatoren zeigen Ihnen, welche Inhalte in den Kapiteln behandelt werden und welche Lernziele damit erreicht werden sollen.

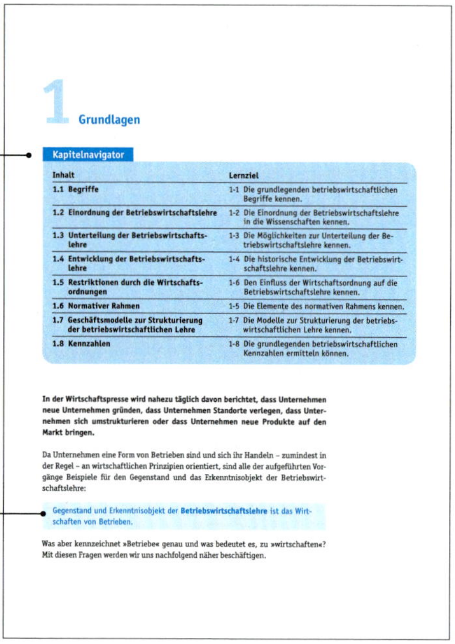

1 Grundlagen

Kapitelnavigator

Inhalt	Lernziel
1.1 Begriffe	1-1 Die grundlegenden betriebswirtschaftlichen Begriffe kennen.
1.2 Einordnung der Betriebswirtschaftslehre	1-2 Die Einordnung der Betriebswirtschaftslehre in die Wissenschaften kennen.
1.3 Unterteilung der Betriebswirtschaftslehre	1-3 Die Möglichkeiten zur Unterteilung der Betriebswirtschaftslehre kennen.
1.4 Entwicklung der Betriebswirtschaftslehre	1-4 Die historische Entwicklung der Betriebswirtschaftslehre kennen.
1.5 Restriktionen durch die Wirtschaftsordnungen	1-6 Den Einfluss der Wirtschaftsordnung auf die Betriebswirtschaftslehre kennen.
1.6 Normativer Rahmen	1-5 Die Elemente des normativen Rahmens kennen.
1.7 Geschäftsmodelle zur Strukturierung der betriebswirtschaftlichen Lehre	1-7 Die Modelle zur Strukturierung der betriebswirtschaftlichen Lehre kennen.
1.8 Kennzahlen	1-8 Die grundlegenden betriebswirtschaftlichen Kennzahlen ermitteln können.

In der Wirtschaftspresse wird nahezu täglich davon berichtet, dass Unternehmen neue Unternehmen gründen, dass Unternehmen Standorte verlegen, dass Unternehmen sich umstrukturieren oder dass Unternehmen neue Produkte auf den Markt bringen.

Da Unternehmen eine Form von Betrieben sind und sich ihr Handeln – zumindest in der Regel – an wirtschaftlichen Prinzipien orientiert, sind alle der aufgeführten Vorgänge Beispiele für den Gegenstand und das Erkenntnisobjekt der Betriebswirtschaftslehre:

Gegenstand und Erkenntnisobjekt der **Betriebswirtschaftslehre** ist das Wirtschaften von Betrieben.

Was aber kennzeichnet »Betriebe« genau und was bedeutet es, zu »wirtschaften«? Mit diesen Fragen werden wir uns nachfolgend näher beschäftigen.

Definitionen: Damit Sie wichtige Definitionen sofort erkennen, werden diese im Text gesondert hervorgehoben.

Marginalien: Die Marginalien erleichtern Ihnen die Orientierung innerhalb der Texte.

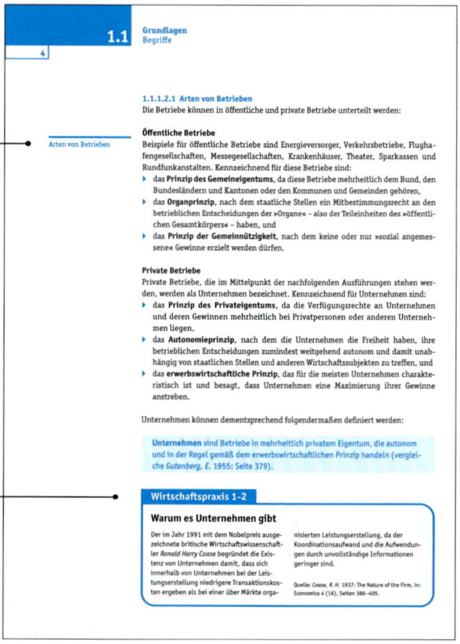

1.1 Grundlagen
Begriffe

4

1.1.1.2.1 Arten von Betrieben

Die Betriebe können in öffentliche und private Betriebe unterteilt werden:

Arten von Betrieben

Öffentliche Betriebe

Beispiele für öffentliche Betriebe sind Energieversorger, Verkehrsbetriebe, Flughafengesellschaften, Messegesellschaften, Krankenhäuser, Theater, Sparkassen und Rundfunkanstalten. Kennzeichnend für diese Betriebe sind:

- das **Prinzip des Gemeineigentums**, da diese Betriebe mehrheitlich dem Bund, den Bundesländern und Kantonen oder den Kommunen und Gemeinden gehören,
- das **Organprinzip**, nach dem staatliche Stellen ein Mitbestimmungsrecht an den betrieblichen Entscheidungen der »Organe« – also der Teileinheiten des »öffentlichen Gesamtkörpers« – haben, und
- das **Prinzip der Gemeinnützigkeit**, nach dem keine oder nur »sozial angemessene« Gewinne erzielt werden dürfen.

Private Betriebe

Private Betriebe, die im Mittelpunkt der nachfolgenden Ausführungen stehen werden, werden als Unternehmen bezeichnet. Kennzeichnend für Unternehmen sind:

- das **Prinzip des Privateigentums**, da die Verfügungsrechte an Unternehmen und deren Gewinnen mehrheitlich bei Privatpersonen oder anderen Unternehmen liegen,
- das **Autonomieprinzip**, nach dem die Unternehmen die Freiheit haben, ihre betrieblichen Entscheidungen zumindest weitgehend autonom und damit unabhängig von staatlichen Stellen und anderen Wirtschaftssubjekten zu treffen, und
- das **erwerbswirtschaftliche Prinzip**, das für die meisten Unternehmen charakteristisch ist und besagt, dass Unternehmen eine Maximierung ihrer Gewinne anstreben.

Unternehmen können dementsprechend folgendermaßen definiert werden:

Unternehmen sind Betriebe in mehrheitlich privatem Eigentum, die autonom und in der Regel gemäß dem erwerbswirtschaftlichen Prinzip handeln (vergleiche *Gutenberg, E.* 1955: Seite 379).

Wirtschaftspraxis 1-2

Warum es Unternehmen gibt

Der im Jahr 1991 mit dem Nobelpreis ausgezeichnete britische Wirtschaftswissenschaftler *Ronald Harry Coase* begründet die Existenz von Unternehmen damit, dass sich innerhalb von Unternehmen bei der Leistungserstellung niedrigere Transaktionskosten ergeben als bei einer über Märkte organisierten Leistungserstellung, da der Koordinationsaufwand und die Aufwendungen durch unvollständige Informationen geringer sind.

Quelle: *Coase, R. H.* 1937: The Nature of the Firm, in: Economica 4 (16), Seiten 386–405.

Wirtschaftspraxis: Unter der Rubrik Wirtschaftspraxis finden Sie ergänzende Informationen, die eine Brücke zwischen Theorie und Praxis schlagen.

Fallbeispiel: Damit die theoretischen Sachverhalte für Sie konkreter werden, werden diese in den Fallbeispielen auf einen fiktiven Automobilhersteller, die *Speedy* GmbH, angewendet.

Zwischenübungen: Damit Sie das Erlernte direkt anwenden können, gibt es im Anschluss an die meisten Berechnungen Zwischenübungen.

Schlüsselbegriffe: Mit den Schlüsselbegriffen können Sie checklistenartig überprüfen, ob Sie alle relevanten Begriffe des Kapitels beherrschen.

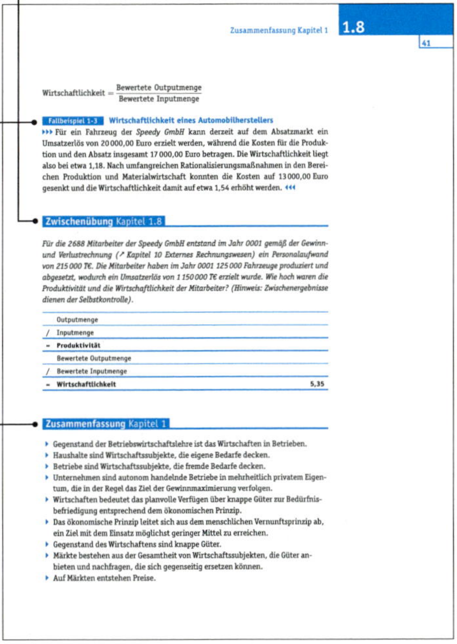

Zusammenfassung Kapitel 1 **1.8**

41

$$\text{Wirtschaftlichkeit} = \frac{\text{Bewertete Outputmenge}}{\text{Bewertete Inputmenge}}$$

Fallbeispiel 1-3 Wirtschaftlichkeit eines Automobilherstellers

▸▸▸ Für ein Fahrzeug der *Speedy GmbH* kann derzeit auf dem Absatzmarkt ein Umsatzerlös von 20 000,00 Euro erzielt werden, während die Kosten für die Produktion und den Absatz insgesamt 17 000,00 Euro betragen. Die Wirtschaftlichkeit liegt also bei etwa 1,18. Nach umfangreichen Rationalisierungsmaßnahmen in den Bereichen Produktion und Materialwirtschaft konnten die Kosten auf 13 000,00 Euro gesenkt und die Wirtschaftlichkeit damit auf etwa 1,54 erhöht werden. ◂◂◂

Zwischenübung Kapitel 1.8

Für die 2688 Mitarbeiter der Speedy GmbH entstand im Jahr 0001 gemäß der Gewinn- und Verlustrechnung (↗ Kapitel 10 Externes Rechnungswesen) ein Personalaufwand von 215 000 T€. Die Mitarbeiter haben im Jahr 0001 125 000 Fahrzeuge produziert und abgesetzt, wodurch ein Umsatzerlös von 1 150 000 T€ erzielt wurde. Wie hoch waren die Produktivität und die Wirtschaftlichkeit der Mitarbeiter? (Hinweis: Zwischenergebnisse dienen der Selbstkontrolle).

	Outputmenge	
/	Inputmenge	
=	**Produktivität**	
	Bewertete Outputmenge	
/	Bewertete Inputmenge	
=	**Wirtschaftlichkeit**	5,35

Zusammenfassung Kapitel 1

- Gegenstand der Betriebswirtschaftslehre ist das Wirtschaften in Betrieben.
- Haushalte sind Wirtschaftssubjekte, die eigene Bedarfe decken.
- Betriebe sind Wirtschaftssubjekte, die fremde Bedarfe decken.
- Unternehmen sind autonom handelnde Betriebe in mehrheitlich privatem Eigentum, die in der Regel das Ziel der Gewinnmaximierung verfolgen.
- Wirtschaften bedeutet das planvolle Verfügen über knappe Güter zur Bedürfnisbefriedigung entsprechend dem ökonomischen Prinzip.
- Das ökonomische Prinzip leitet sich aus dem menschlichen Vernunftsprinzip ab, ein Ziel mit dem Einsatz möglichst geringer Mittel zu erreichen.
- Gegenstand des Wirtschaftens sind knappe Güter.
- Märkte bestehen aus der Gesamtheit von Wirtschaftssubjekten, die Güter anbieten und nachfragen, die sich gegenseitig ersetzen können.
- Auf Märkten entstehen Preise.

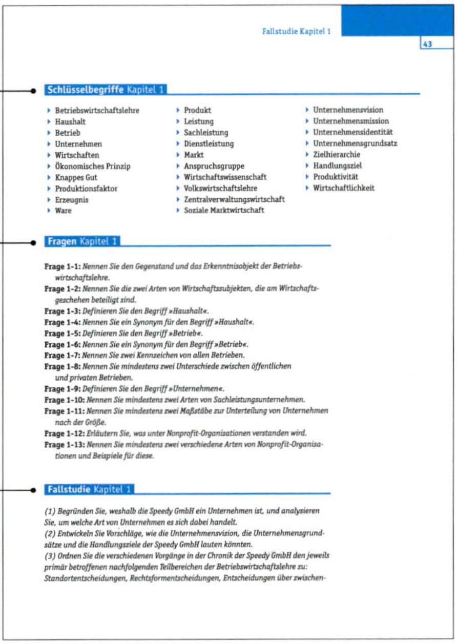

Fallstudie Kapitel 1

43

Schlüsselbegriffe Kapitel 1

- Betriebswirtschaftslehre
- Haushalt
- Betrieb
- Unternehmen
- Wirtschaften
- Ökonomisches Prinzip
- Knappes Gut
- Produktionsfaktor
- Erzeugnis
- Ware
- Produkt
- Leistung
- Sachleistung
- Dienstleistung
- Markt
- Anspruchsgruppe
- Wirtschaftswissenschaft
- Volkswirtschaftslehre
- Zentralverwaltungswirtschaft
- Soziale Marktwirtschaft
- Unternehmensvision
- Unternehmensmission
- Unternehmensidentität
- Unternehmensgrundsatz
- Zielhierarchie
- Handlungsziel
- Produktivität
- Wirtschaftlichkeit

Fragen Kapitel 1

Frage 1-1: *Nennen Sie den Gegenstand und das Erkenntnisobjekt der Betriebswirtschaftslehre.*
Frage 1-2: *Nennen Sie die zwei Arten von Wirtschaftssubjekten, die am Wirtschaftsgeschehen beteiligt sind.*
Frage 1-3: *Definieren Sie den Begriff »Haushalt«.*
Frage 1-4: *Nennen Sie ein Synonym für den Begriff »Haushalt«.*
Frage 1-5: *Definieren Sie den Begriff »Betrieb«.*
Frage 1-6: *Nennen Sie ein Synonym für den Begriff »Betrieb«.*
Frage 1-7: *Nennen Sie zwei Kennzeichen von allen Betrieben.*
Frage 1-8: *Nennen Sie mindestens zwei Unterschiede zwischen öffentlichen und privaten Betrieben.*
Frage 1-9: *Definieren Sie den Begriff »Unternehmen«.*
Frage 1-10: *Nennen Sie mindestens zwei Arten von Sachleistungsunternehmen.*
Frage 1-11: *Nennen Sie mindestens zwei Maßstäbe zur Unterteilung von Unternehmen nach der Größe.*
Frage 1-12: *Erläutern Sie, was unter Nonprofit-Organisationen verstanden wird.*
Frage 1-13: *Nennen Sie mindestens zwei verschiedene Arten von Nonprofit-Organisationen und Beispiele für diese.*

Fallstudie Kapitel 1

(1) Begründen Sie, weshalb die Speedy GmbH ein Unternehmen ist, und analysieren Sie, um welche Art von Unternehmen es sich dabei handelt.
(2) Entwickeln Sie Vorschläge, wie die Unternehmensvision, die Unternehmensgrundsätze und die Handlungsziele der Speedy GmbH lauten könnten.
(3) Ordnen Sie die verschiedenen Vorgänge in der Chronik der Speedy GmbH den jeweils primär betroffenen nachfolgenden Teilbereichen der Betriebswirtschaftslehre zu: Standortentscheidungen, Rechtsformentscheidungen, Entscheidungen über zwischen-

Zusammenfassung: Die Zusammenfassungen geben Ihnen einen schnellen Überblick über die wichtigsten Inhalte der Kapitel.

Fallstudien: In den Fallstudien können Sie das im Kapitel Erlernte auf reale Fragestellungen anwenden und es sich dadurch besser einprägen.

Fragen: Mithilfe der Wiederholungsfragen können Sie sich gezielt auf Prüfungen vorbereiten.

Inhaltsübersicht

1	Grundlagen	1
Teil I	**Konstitutive Entscheidungen**	**47**
2	Entscheidungstheorie	51
3	Standortentscheidungen	97
4	Rechtsformentscheidungen	131
5	Entscheidungen über zwischenbetriebliche Verbindungen	177
Teil II	**Unternehmensführung**	**213**
6	Unternehmensverfassung	217
7	Organisation	233
8	Personalmanagement	283
9	Controlling	335
Teil III	**Rechnungs- und Finanzwesen**	**393**
10	Externes Rechnungswesen	397
11	Internes Rechnungswesen	441
12	Finanzierung	501
13	Investition	529
Teil IV	**Leistungserstellung**	**569**
14	Innovationsmanagement	573
15	Beschaffung	621
16	Logistik	657
17	Produktionswirtschaft	673
18	Marketing	709

Inhaltsverzeichnis

Vorwort ... V
Hinweise für Studierende ... VII
Hinweise für Lehrende ... IX
Hinweise zur Benutzung des Buchs ... XII
Inhaltsübersicht ... XV
Abkürzungsverzeichnis ... XXXIII
Verzeichnis länderspezifischer Begriffe ... XXXVIII

1 Grundlagen ... 1
1.1 Begriffe ... 2
1.1.1 Wirtschaftssubjekte ... 2
1.1.1.1 Haushalte ... 2
1.1.1.2 Betriebe ... 3
1.1.1.2.1 Arten von Betrieben ... 4
1.1.1.2.2 Unterteilung der Unternehmen ... 5
1.1.1.2.2.1 Unterteilung von Unternehmen nach der Güterart ... 5
1.1.1.2.2.2 Unterteilung von Unternehmen nach der Größe ... 6
1.1.1.2.2.3 Unterteilung von Unternehmen nach der Gewinnorientierung ... 6
1.1.1.2.3 Lebens- und Entwicklungsphasen von Unternehmen ... 6
1.1.2 Wirtschaften ... 8
1.1.3 Güter ... 9
1.1.4 Märkte ... 13
1.1.5 Anspruchsgruppen ... 15
1.2 Einordnung der Betriebswirtschaftslehre in die Wissenschaften ... 17
1.3 Unterteilung der Betriebswirtschaftslehre ... 20
1.4 Entwicklung der Betriebswirtschaftslehre ... 21
1.5 Restriktionen durch die Wirtschaftsordnung ... 22
1.5.1 Zentralverwaltungswirtschaft ... 22
1.5.2 Marktwirtschaft ... 23
1.5.3 Soziale Marktwirtschaft ... 24
1.6 Normativer Rahmen ... 24
1.6.1 Vision ... 25
1.6.2 Mission ... 26
1.6.3 Wertesystem ... 27
1.6.3.1 Unternehmensidentität ... 27
1.6.3.2 Unternehmensgrundsätze ... 29
1.6.4 Zielsystem ... 30
1.7 Geschäftsmodelle zur Strukturierung der betriebswirtschaftlichen Lehre ... 32
1.7.1 St. Galler Management-Modell ... 32
1.7.2 4-Ebenen-Modell ... 34
1.8 Kennzahlen ... 40

Teil I Konstitutive Entscheidungen **47**

2 Entscheidungstheorie **51**
2.1 Grundlagen 52
2.1.1 Unterteilung der Entscheidungstheorie 52
2.1.2 Vorgehensweise bei Entscheidungen 52
2.2 Elemente zur Beschreibung und Lösung von Entscheidungsproblemen 54
2.2.1 Entscheidungsfeld 55
2.2.1.1 Aktionenraum 55
2.2.1.2 Zustandsraum 56
2.2.1.3 Ergebnisfunktion und Ergebnismatrix 57
2.2.2 Zielsystem 60
2.2.2.1 Unterteilung von Zielen 60
2.2.2.2 Zielbeziehungen 60
2.2.2.2.1 Präferenzrelationen 61
2.2.2.2.2 Instrumentalrelationen 61
2.2.2.2.3 Interdependenzrelationen 62
2.2.2.3 Operationalisierung von Zielen 64
2.2.3 Nutzenfunktion und Nutzenmatrix 66
2.2.4 Entscheidungsmodelle 68
2.2.4.1 Entscheidungsfunktion und Beurteilungsgröße 68
2.2.4.2 Entscheidungsregel 69
2.2.4.3 Unterteilung der Entscheidungsmodelle 69
2.3 Entscheidungsmodelle bei Sicherheit 70
2.3.1 Entscheidungsmodell bei Sicherheit mit einer Zielsetzung 70
2.3.2 Entscheidungsmodelle bei Sicherheit mit mehrfacher Zielsetzung 72
2.3.2.1 Zielgewichtung 72
2.3.2.2 Lexikographische Ordnung 74
2.4 Entscheidungsmodelle bei Unsicherheit 75
2.4.1 Maximax-Regel 75
2.4.2 Maximin-/Wald-Regel 77
2.4.3 Pessimismus-Optimismus-/Hurwicz-Regel 78
2.4.4 Minimum-Regret-/Savage-Niehans-Regel 79
2.4.5 Laplace-Regel 81
2.5 Entscheidungsmodelle bei Risiko 83
2.5.1 μ-/Bayes-Prinzip 84
2.5.2 (μ, σ)-Prinzip 85
2.6 Weiterführende Fragestellungen der Entscheidungstheorie 87
2.6.1 Bernoulli-Prinzip 87
2.6.2 Mehrstufige Entscheidungen 89
2.6.3 Entscheidungen in Spielsituationen 90

3 Standortentscheidungen **97**
3.1 Grundlagen 99
3.1.1 Begriffe 99

3.1.2 Unterteilung von Standortentscheidungen ... 99
3.1.3 Ziele von Standortentscheidungen ... 100
3.1.4 Restriktionen von Standortentscheidungen ... 102
3.1.5 Vorgehensweise ... 103
3.2 Strategische Standortplanung ... 104
3.2.1 Grundformen der Standortstruktur ... 104
3.2.2 Anzahl der Standorte ... 105
3.2.2.1 Einfluss der betrieblichen Funktion ... 105
3.2.2.2 Einfluss der Branche ... 107
3.3 Operative Standortplanung ... 107
3.3.1 Standortmaßnahmen ... 107
3.3.2 Standortbestimmung ... 110
3.3.2.1 Vorgehensweise bei der Standortbestimmung ... 110
3.3.2.2 Standortfaktoren ... 111
3.3.2.2.1 Systematisierung von Standortfaktoren ... 112
3.3.2.2.2 Unternehmensbezogene Standortfaktoren ... 113
3.3.2.2.2.1 Gesellschaftliche Situation ... 113
3.3.2.2.2.2 Politische Situation ... 114
3.3.2.2.2.3 Rechtliche Situation ... 114
3.3.2.2.2.4 Wirtschaftspolitik ... 115
3.3.2.2.2.5 Staatliche Verwaltung ... 115
3.3.2.2.3 Produktionsbezogene Standortfaktoren ... 115
3.3.2.2.3.1 Arbeitskräfte ... 115
3.3.2.2.3.2 Grundstücke und Gebäude ... 117
3.3.2.2.3.3 Kapital ... 117
3.3.2.2.3.4 Öffentliche Infrastruktur ... 117
3.3.2.2.3.5 Zuliefererinfrastruktur ... 118
3.3.2.2.3.6 Importmöglichkeiten ... 119
3.3.2.2.3.7 Klima und Geologie ... 119
3.3.2.2.4 Absatzbezogene Standortfaktoren ... 120
3.3.2.2.4.1 Lokale Nachfrage ... 120
3.3.2.2.4.2 Konkurrenzsituation ... 121
3.3.2.2.4.3 Absatzinfrastruktur ... 121
3.3.2.2.4.4 Exportmöglichkeiten ... 122
3.3.2.3 Methoden der Standortwahl ... 123
3.3.2.3.1 Prüflistenverfahren ... 124
3.3.2.3.2 Spieltheoretische Ansätze ... 124
3.3.2.3.3 Kontinuierliche und diskrete Modelle der Standortoptimierung ... 124
3.3.2.3.4 Simulationsverfahren ... 124
3.3.2.3.5 Investitionsrechnungen ... 125
3.3.2.3.6 Nutzwertanalysen ... 125
3.4 Kennzahlen ... 126

4 Rechtsformentscheidungen ... 131
4.1 Grundlagen ... 132
4.1.1 Unterteilung der Rechtsformen ... 132
4.1.1.1 Unterteilung nach der Rechtsgrundlage ... 132

4.1.1.2 Unterteilung nach dem Erscheinen gegenüber Dritten 132
4.1.1.3 Unterteilung nach dem Grad der Verselbstständigung 133
4.1.2 Zielinhalte von Rechtsformentscheidungen 134
4.1.2.1 Gegenstand 134
4.1.2.2 Rechtsfähigkeit 136
4.1.2.3 Firmierung 136
4.1.2.4 Kapitalausstattung 137
4.1.2.5 Eigentümer 137
4.1.2.6 Änderbarkeit des Gesellschafterbestandes 138
4.1.2.7 Organisation 139
4.1.2.8 Haftungsumfang 140
4.1.2.9 Gewinn- und Verlustverteilung 140
4.1.2.10 Unternehmerische Mitbestimmung von Arbeitnehmern 141
4.1.2.11 Publizität 141
4.1.2.12 Rechtsformabhängige Aufwendungen 142
4.1.2.13 Gewinnbesteuerung 143
4.1.3 Vorgehensweise bei der Gründung von Unternehmen 143
4.2 Einzelunternehmen 145
4.2.1 Grundlagen 145
4.2.2 Deutsche Einzelunternehmen 145
4.2.3 Österreichische Einzelunternehmen 146
4.2.4 Schweizerische Einzelunternehmen 147
4.3 Personengesellschaften 148
4.3.1 Grundlagen 148
4.3.2 Gesellschaften bürgerlichen Rechts/Einfache Gesellschaften 149
4.3.2.1 Deutsche Gesellschaft bürgerlichen Rechts 149
4.3.2.2 Österreichische Gesellschaft bürgerlichen Rechts 150
4.3.2.3 Schweizerische einfache Gesellschaft 150
4.3.3 Offene Handelsgesellschaften/Offene Gesellschaften/ Kollektivgesellschaften 151
4.3.3.1 Deutsche Offene Handelsgesellschaft 151
4.3.3.2 Österreichische Offene Gesellschaft 152
4.3.3.3 Schweizerische Kollektivgesellschaft 152
4.3.3.4 Europäische Wirtschaftliche Interessenvereinigung 153
4.3.4 Kommanditgesellschaften 154
4.3.4.1 Deutsche Kommanditgesellschaft 154
4.3.4.2 Österreichische Kommanditgesellschaft 156
4.3.4.3 Schweizerische Kommanditgesellschaft 157
4.4 Kapitalgesellschaften 158
4.4.1 Grundlagen 158
4.4.2 Gesellschaften mit beschränkter Haftung 159
4.4.2.1 Deutsche Gesellschaft mit beschränkter Haftung 160
4.4.2.2 Österreichische Gesellschaft mit beschränkter Haftung 160
4.4.2.3 Schweizerische Gesellschaft mit beschränkter Haftung 161
4.4.3 Aktiengesellschaften 162
4.4.3.1 Deutsche Aktiengesellschaft 164

4.4.3.2 Österreichische Aktiengesellschaft ... 164
4.4.3.3 Schweizerische Aktiengesellschaft ... 165
4.4.3.4 Societas Europaea ... 166
4.5 Stiftungen ... 167

5 Entscheidungen über zwischenbetriebliche Verbindungen ... 177
5.1 Grundlagen ... 177
5.1.1 Formen zwischenbetrieblicher Verbindungen ... 177
5.1.1.1 Ebenen zwischenbetrieblicher Verbindungen ... 178
5.1.1.2 Reichweite zwischenbetrieblicher Verbindungen ... 180
5.1.1.3 Bindungsintensität zwischenbetrieblicher Verbindungen ... 181
5.1.1.4 Bindungsinstrumente zwischenbetrieblicher Verbindungen ... 182
5.1.1.4.1 Verträge ... 183
5.1.1.4.2 Beteiligungen ... 184
5.1.2 Ziele zwischenbetrieblicher Verbindungen ... 185
5.1.3 Restriktionen zwischenbetrieblicher Verbindungen ... 187
5.1.3.1 Unternehmensinterne Restriktionen zwischenbetrieblicher Verbindungen ... 187
5.1.3.2 Unternehmensexterne Restriktionen zwischenbetrieblicher Verbindungen ... 187
5.1.3.2.1 Auswirkungen zwischenbetrieblicher Verbindungen auf den Wettbewerb ... 187
5.1.3.2.1.1 Wettbewerbsarten ... 187
5.1.3.2.1.2 Marktformen ... 188
5.1.3.2.1.3 Negative und positive Auswirkungen ... 190
5.1.3.2.2 Kartellgesetze und -behörden ... 190
5.1.4 Vorgehensweise beim Eingehen von zwischenbetrieblichen Verbindungen ... 192
5.1.4.1 Vorgehensweise beim Eingehen von Kooperationen ... 192
5.1.4.2 Vorgehensweise bei Beteiligungen und Fusionen ... 192
5.2 Formen der Kooperation ... 194
5.2.1 Unternehmensverbände ... 194
5.2.2 Gelegenheitsgesellschaften ... 195
5.2.3 Kartelle ... 196
5.2.4 Franchiseunternehmen ... 198
5.2.5 Genossenschaften ... 198
5.2.6 Gemeinschaftsunternehmen ... 199
5.3 Formen der Konzentration ... 200
5.3.1 Konzerne ... 201
5.3.2 Fusionierte Unternehmen ... 203
5.4 Besondere Ausprägungen zwischenbetrieblicher Verbindungen ... 204
5.4.1 Strategische Allianzen ... 205
5.4.2 Vernetzte Organisationen ... 206
5.4.3 Keiretsus ... 207
5.4.4 Virtuelle Unternehmen ... 208

Teil II Unternehmensführung **213**

6 Unternehmensverfassung **217**
6.1 Grundlagen 218
6.1.1 Unternehmensverfassungen als Staatsverfassungen der Unternehmen 218
6.1.2 Manager als wichtigste Adressaten der Unternehmensverfassung 218
6.2 Regelwerke der Unternehmensverfassung 219
6.2.1 Transnationale Regelwerke 220
6.2.2 Nationale Regelwerke 220
6.2.2.1 Deutsche Regeln zur Unternehmensführung 220
6.2.2.2 Österreichische Regeln zur Unternehmensführung 221
6.2.2.3 Schweizerische Regeln zur Unternehmensführung 221
6.2.2.4 Amerikanische Regeln zur Unternehmensführung 223
6.2.3 Unternehmensinterne Regelwerke 223
6.3 Regelungsgegenstände von Unternehmensverfassungen 223
6.3.1 Übersicht über die Regelungsgegenstände 223
6.3.2 Spitzenorganisation 226
6.3.2.1 Monistische Spitzenorganisation 226
6.3.2.2 Dualistische Spitzenorganisation 228
6.3.3 Beschlussfassung 228

7 Organisation **233**
7.1 Grundlagen 234
7.2 Organisatorische Analyse 235
7.2.1 Ermittlung von Teilaufgaben im Rahmen der Aufgabenanalyse 235
7.2.2 Ermittlung von Arbeitsgängen im Rahmen der Arbeitsanalyse 236
7.3 Gestaltung der Ablauforganisation mittels der Arbeitssynthese 238
7.3.1 Bildung von Prozessen 239
7.3.1.1 Merkmale von Prozessen 239
7.3.1.2 Arten von Prozessen 241
7.3.2 Bildung von Prozessketten 242
7.3.3 Möglichkeiten der Gestaltung und Optimierung von Prozessen und Prozessketten 244
7.3.4 Bildung der Ablauforganisation 246
7.4 Gestaltung der Aufbauorganisation mittels der Aufgabensynthese 246
7.4.1 Bildung von Organisationseinheiten 246
7.4.1.1 Stellen 247
7.4.1.1.1 Linienstellen 248
7.4.1.1.1.1 Leitungsstellen 248
7.4.1.1.1.2 Ausführungsstellen 249
7.4.1.1.2 Unterstützende Stellen 249
7.4.1.1.2.1 Stabsstellen 249
7.4.1.1.2.2 Assistenzstellen 250

7.4.1.1.2.3 Dienstleistungsstellen 250
7.4.1.2 Gremien 251
7.4.1.2.1 Leitungsgruppen 251
7.4.1.2.2 Arbeitsgruppen 251
7.4.1.2.3 Projektgruppen 252
7.4.1.2.4 Problemlösegruppen 252
7.4.1.2.5 Ausschüsse 253
7.4.1.3 Möglichkeiten der Bildung von Organisationseinheiten 253
7.4.2 Abteilungsbildung 254
7.4.2.1 Leitungsspanne und -tiefe 256
7.4.2.2 Leitungsbeziehungen 257
7.4.2.3 Strukturierungsgegenstand 259
7.4.2.4 Strukturierungsebenen 259
7.4.2.5 Strukturierungsmerkmale 260
7.4.2.5.1 Strukturierung nach Verrichtungen 261
7.4.2.5.2 Strukturierung nach Produkten 263
7.4.2.5.3 Strukturierung nach Kundengruppen 265
7.4.2.5.4 Strukturierung nach Regionen 266
7.4.2.5.5 Strukturierung nach Projekten 267
7.4.2.5.6 Strukturierung nach Prozessen 269
7.4.2.5.7 Strukturierung nach strategischen Geschäftsfeldern 269
7.4.2.6 Aufgabenverteilung 270
7.5 Neuere Organisationsansätze 271
7.6 Gestaltung organisatorischer Veränderungen 273
7.6.1 Ausmaß des organisatorischen Wandels 273
7.6.2 Ansätze des organisatorischen Wandels 275
7.6.3 Veränderungsmodelle 277

8 Personalmanagement 283
8.1 Grundlagen 284
8.1.1 Entwicklung des Personalmanagements 284
8.1.2 Ziele des Personalmanagements 285
8.1.3 Restriktionen des Personalmanagements 286
8.1.3.1 Kollektives Arbeitsrecht 286
8.1.3.2 Individuelles Arbeitsrecht 287
8.1.4 Aufgaben und Vorgehensweise 288
8.2 Personalbeschaffung 289
8.2.1 Personalplanung 289
8.2.1.1 Ermittlung des quantitativen Personalbedarfs 291
8.2.1.2 Ermittlung des qualitativen Personalbedarfs 292
8.2.1.3 Personalanpassungsmaßnahmen 294
8.2.2 Personalbereitstellung 295
8.2.2.1 Personalsuche 295
8.2.2.2 Personalauswahl 297
8.3 Personaleinsatz 299
8.3.1 Einarbeitung 301

8.3.2	Gestaltung der Arbeitsbedingungen	301
8.3.3	Zeitwirtschaft	303
8.3.3.1	Arbeitszeit	303
8.3.3.2	Arbeitszeitmodelle	304
8.3.4	Vergütung	305
8.3.4.1	Zusammensetzung der Vergütung	305
8.3.4.2	Formen der Vergütung	307
8.3.5	Personalführung	310
8.3.5.1	Modelle des Personalmanagements	311
8.3.5.1.1	Mechanistisches Grundmodell des Scientific Management	311
8.3.5.1.2	Grundmodell der Human-Relations-Bewegung	312
8.3.5.1.3	Human-Resource-Modell	313
8.3.5.2	Motivationstheoretische Ansätze	314
8.3.5.3	Führungsstile	314
8.3.5.4	Managementprinzipien	316
8.3.5.4.1	Management-by-Delegation	317
8.3.5.4.2	Management-by-Decision-Rules	317
8.3.5.4.3	Management-by-Exception	318
8.3.5.4.4	Management-by-Results	318
8.3.5.4.5	Management-by-Objectives	318
8.3.6	Personalverwaltung	319
8.4	Personalbeurteilung	320
8.5	Personalentwicklung	323
8.6	ersonalfreisetzung	325
8.6.1	Interne Personalfreisetzung	326
8.6.2	Externe Personalfreisetzung	326
8.7	Kennzahlen	327
9	**Controlling**	**335**
9.1	Grundlagen	335
9.1.1	Führungsprozess	335
9.1.2	Aufgaben des Controllings im Führungsprozess	338
9.2	Planung	339
9.2.1	Grundlagen	339
9.2.1.1	Arten der Planung	339
9.2.1.1.1	Strategische, taktische und operative Planung	340
9.2.1.1.2	Retrograde, progressive und zirkuläre Planung	342
9.2.1.1.3	Sukzessive und simultane Planung	342
9.2.1.1.4	Starre und flexible Planung	343
9.2.1.1.5	Anpassungsformen der Planung	344
9.2.1.2	Aufgaben der Planung	344
9.2.2	Strategische Planung	346
9.2.2.1	Grundlagen	346
9.2.2.1.1	Arten von Strategien	346
9.2.2.1.2	Vorgehensweise bei der strategischen Planung	348
9.2.2.2	Ressourcenorientierte Strategieformulierung	350

9.2.2.2.1 SWOT-Analyse und TOWS-Matrix 350
9.2.2.2.2 Wertkettenmodell 352
9.2.2.2.3 Benchmarking 353
9.2.2.2.4 PIMS-Studie 354
9.2.2.2.5 7-S-Modell 355
9.2.2.2.6 Kernkompetenzenansatz 356
9.2.2.3 Marktorientierte Strategieformulierung 358
9.2.2.3.1 Branchenstrukturanalyse 358
9.2.2.3.2 Szenariotechnik 359
9.2.2.3.3 Marktwachstum-Marktanteil-Portfolio 361
9.2.2.3.3.1 Normstrategien 363
9.2.2.3.3.2 Produktlebenszyklus-Modell 363
9.2.2.3.3.3 Erfahrungskurvenkonzept 365
9.2.2.3.4 Marktattraktivität-Wettbewerbsvorteil-Matrix 368
9.2.2.3.5 Shareholder-Value-Ansatz 368
9.2.3 Operative Planung 370
9.2.3.1 Grundlagen 370
9.2.3.2 Budgetierung 371
9.2.3.3 Besondere Ausprägungen der Budgetierung 373
9.3 Kontrolle 374
9.3.1 Kontrollarten 374
9.3.2 Aufgaben der Kontrolle 376
9.4 Informationsversorgung 377
9.4.1 Berichtswesen 377
9.4.2 Kennzahlen und Kennzahlensysteme 378
9.4.2.1 Kennzahlen 378
9.4.2.2 Kennzahlensysteme 380
9.4.2.2.1 ROI-Kennzahlensystem 380
9.4.2.2.2 ZVEI-Kennzahlensystem 382
9.4.2.2.3 Balanced-Scorecard 382

Teil III Rechnungs- und Finanzwesen 393

10 Externes Rechnungswesen 397
10.1 Grundlagen 398
10.1.1 Einordnung 398
10.1.2 Aufgaben des externen Rechnungswesens 399
10.2 Buchführung 401
10.2.1 Belege 401
10.2.2 Buchen auf Konten 401
10.2.3 Aufbau von Buchführungssystemen 402
10.2.3.1 Grundbücher 402
10.2.3.2 Ordnungsbücher 403
10.2.3.2.1 Hauptbücher 403
10.2.3.2.2 Nebenbücher 404

10.2.3.2.3 Inventar- und Bilanzbücher ... 405
10.3 Jahresabschluss/-rechnung ... 405
10.3.1 Bestandteile ... 405
10.3.2 Bilanz ... 407
10.3.2.1 Vermögen auf der Aktivseite ... 409
10.3.2.2 Kapital auf der Passivseite ... 410
10.3.2.3 Formen der Bilanzänderungen ... 411
10.3.3 Kapital-/Geldflussrechnung ... 413
10.3.3.1 Auszahlungen und Einzahlungen, Ausgaben und Einnahmen ... 413
10.3.3.2 Aufbau der Kapital-/Geldflussrechnung ... 415
10.3.4 Gewinn- und Verlust-/Erfolgsrechnung ... 418
10.3.4.1 Aufwendungen und Erträge ... 418
10.3.4.2 Aufbau der Gewinn- und Verlust-/Erfolgsrechnung ... 420
10.3.5 Zusammenhang der Jahres(abschluss)rechnungen ... 424
10.4 Kennzahlen ... 431
10.4.1 Erfolgswirtschaftliche Kennzahlen ... 431
10.4.2 Finanzwirtschaftliche Kennzahlen ... 432

11 Internes Rechnungswesen ... 441
11.1 Grundlagen ... 442
11.1.1 Kosten und Leistungen ... 442
11.1.2 Einordnung ... 443
11.1.3 Unterteilung ... 444
11.1.4 Aufgaben der Kostenrechnung ... 447
11.1.5 Vorgehensweise bei der Kostenrechnung ... 447
11.2 Kostentheorie ... 448
11.3 Kalkulation ... 449
11.3.1 Kostenartenrechnung ... 450
11.3.1.1 Kostenermittlung ... 451
11.3.1.1.1 Materialkosten ... 451
11.3.1.1.2 Personalkosten ... 452
11.3.1.1.3 Abschreibungen ... 452
11.3.1.1.4 Fremdleistungskosten ... 453
11.3.1.1.5 Wagniskosten ... 453
11.3.1.1.6 Zinsen ... 453
11.3.1.1.7 Steuern, Gebühren und Abgaben ... 454
11.3.1.2 Kostencharakterisierung ... 455
11.3.1.2.1 Einzel- und Gemeinkosten ... 455
11.3.1.2.2 Fixe und variable Kosten ... 456
11.3.2 Kostenstellenrechnung ... 458
11.3.2.1 Bildung und Strukturierung von Kostenstellen ... 459
11.3.2.2 Verrechnung der Kostenträgergemeinkosten ... 460
11.3.2.3 Verrechnung innerbetrieblicher Leistungen ... 463
11.3.3 Kostenträgerrechnung ... 465
11.3.3.1 Verfahren der Kostenträgerrechnung ... 467
11.3.3.2 Divisionskalkulation ... 468

11.3.3.3	Äquivalenzziffernkalkulation	469
11.3.3.4	Zuschlagskalkulation	470
11.3.3.4.1	Ermittlung der Zuschlagssätze des Unternehmens	470
11.3.3.4.2	Kalkulation einzelner Kostenträger	473
11.3.3.5	Maschinenstundensatzrechnung	475
11.3.4	Ermittlung des Verkaufspreises	479
11.3.5	Prozesskostenrechnung	480
11.4	Erfolgsrechnungen	481
11.4.1	Erfolgsrechnungen auf Vollkostenbasis	482
11.4.2	Erfolgsrechnungen auf Teilkostenbasis	482
11.4.2.1	Einstufige Deckungsbeitragsrechnung	483
11.4.2.2	Mehrstufige Deckungsbeitragsrechnung	484
11.4.2.3	Relative Einzelkosten- und Deckungsbeitragsrechnung	486
11.5	Entscheidungsrechnungen	486
11.5.1	Programmplanung	487
11.5.2	Preisbestimmung	488
11.5.3	Break-even-Analyse	489
11.5.4	Make-or-buy-Analysen	490
11.6	Kontrollrechnungen	491
11.6.1	Systeme der Kontrollrechnung	491
11.6.2	Plankostenrechnungen	491
12	**Finanzierung**	**501**
12.1	Grundlagen	501
12.1.1	Begriffe	501
12.1.2	Einordnung	502
12.1.3	Unterteilung der Finanzierungsformen	503
12.1.4	Ziele der Finanzierung	504
12.1.5	Vorgehensweise	505
12.2	Beteiligungsfinanzierung	508
12.3	Selbstfinanzierung	509
12.4	Kreditfinanzierung	510
12.4.1	Kundenkredit	512
12.4.2	Lieferantenkredit	512
12.4.3	Kontokorrentkredit	513
12.4.4	Lombardkredit	513
12.4.5	Darlehen von Kreditinstituten	514
12.4.6	Schuldverschreibungen	514
12.4.7	Schuldscheindarlehen	515
12.4.8	Genussscheine	515
12.5	Finanzierung aus Rückstellungen	516
12.6	Weitere Formen der Finanzierung	516
12.6.1	Finanzierung aus Vermögensumschichtungen	516
12.6.2	Subventionsfinanzierung	517
12.7	Kapitalsubstitution	517
12.7.1	Miete, Pacht und Leasing	517

12.7.2 Sale-and-lease-back ... 518
12.7.3 Factoring ... 518
12.8 Kennzahlen ... 520
12.8.1 Horizontale Kapitalstruktur ... 520
12.8.1.1 Liquiditätsgrade ... 520
12.8.1.2 Goldene Finanzierungsregel/Goldene Bankregel ... 521
12.8.2 Vertikale Kapitalstruktur ... 522
12.8.2.1 Vertikale Kapitalstrukturregel ... 522
12.8.2.2 Leverage-Effekt ... 522

13 Investition ... 529
13.1 Grundlagen ... 529
13.1.1 Einordnung ... 529
13.1.2 Unterteilung der Investitionen ... 530
13.1.3 Aufgaben im Investitionsbereich ... 533
13.1.4 Vorgehensweise bei Investitionsentscheidungen ... 534
13.2 Ermittlung der Investitionsdaten ... 536
13.2.1 Ermittlung der Investitionsauszahlung ... 537
13.2.2 Ermittlung der Nutzungsdauer ... 538
13.2.3 Ermittlung des Liquidationserlöses ... 539
13.2.4 Ermittlung der Rückflüsse ... 539
13.2.4.1 Ermittlung der durch Investitionen verursachten Einzahlungen ... 540
13.2.4.2 Ermittlung der durch Investitionen verursachten Auszahlungen ... 541
13.2.4.3 Ansatz von Abschreibungen im Rahmen von Investitionsrechnungen ... 542
13.2.5 Aufstellung der Zahlungsreihe ... 543
13.3 Statische Verfahren der Investitionsrechnung ... 545
13.3.1 Kostenvergleichsrechnung ... 546
13.3.2 Gewinnvergleichsrechnung ... 547
13.3.3 Rentabilitätsvergleichsrechnung ... 549
13.3.4 Statische Amortisationsrechnung ... 550
13.4 Dynamische Verfahren der Investitionsrechnung ... 552
13.4.1 Diskontierung ... 553
13.4.2 Kapitalwertmethode ... 554
13.4.3 Interne Zinsfußmethode ... 557
13.4.4 Annuitätenmethode ... 559
13.5 Qualitative Aspekte von Investitionsentscheidungen ... 560
13.6 Kennzahlen ... 562

Teil IV Leistungserstellung ... 569

14 Innovationsmanagement ... 573
14.1 Grundlagen ... 573
14.1.1 Begriffe ... 576
14.1.1.1 Forschung und Entwicklung ... 576

14.1.1.2 Theorien als Ergebnis der Grundlagenforschung 576
14.1.1.3 Technologien als Ergebnis der angewandten Forschung 577
14.1.1.4 Technik als Ergebnis der Entwicklung 579
14.1.1.5 Innovationen als Ergebnis der Produktion und Markteinführung . 580
14.1.2 Einordnung des Innovationsmanagements 582
14.1.3 Entwicklung des Innovationsmanagements 582
14.1.4 Ziele des Innovationsmanagements 584
14.1.5 Restriktionen des Innovationsmanagements 585
14.1.6 Aufgaben und Vorgehensweise 586
14.2 Strategisches Innovationsmanagement 587
14.2.1 Innovationsstrategie 587
14.2.1.1 Technologiestrategie 587
14.2.1.1.1 Anstoß zur Technologieentwicklung 588
14.2.1.1.2 Auswahl der Technologiestrategie 589
14.2.1.2 Produktstrategie 591
14.2.1.2.1 Anstoß zur Produktentwicklung 591
14.2.1.2.2 Auswahl der Produktstrategie 593
14.2.1.2.3 Abgleich zwischen Technologie- und Produktstrategie 595
14.2.1.3 Prozessstrategie 596
14.2.1.4 Timingstrategie 596
14.2.1.4.1 Inventionstiming 596
14.2.1.4.2 Innovationstiming 597
14.2.2 Forschungs- und Entwicklungsprojektprogrammplanung 598
14.2.2.1 Auflegen von neuen Forschungs- und Entwicklungsprojekten . . . 599
14.2.2.2 Bewertung und Auswahl von Forschungs- und Entwicklungsprojekten 600
14.2.2.3 Budget- und Ressourcenzuweisung 602
14.2.3 Technologie- und Technikbereitstellung 602
14.3 Operatives Innovationsmanagement 604
14.3.1 Phasen der Durchführung von Forschung und Entwicklung 604
14.3.2 Detailplanung von Forschungs- und Entwicklungsprojekten 604
14.3.2.1 Festlegung der Aufgabenstellung über Lasten- und Pflichtenhefte 604
14.3.2.2 Strukturierung von Forschungs- und Entwicklungsprojekten 605
14.3.2.3 Termin- und Kapazitätsplanung 607
14.3.3 Instrumente des operativen Innovationsmanagements 608
14.3.3.1 Quality Function Deployment 608
14.3.3.2 Methoden der Ideengewinnung 609
14.3.3.2.1 Ideengenerierung 610
14.3.3.2.2 Ideensammlung 611
14.3.3.2.3 Ideenbewertung und -auswahl 611
14.3.3.3 Failure Mode and Effects Analysis 611
14.3.3.4 Target-Costing 612
14.3.3.5 Wertanalyse 612
14.3.4 Überwachung von Forschungs- und Entwicklungsprojekten 613
14.3.5 Produktion und Markteinführung 614

14.4 Innovationskultur ... 614
14.5 Kennzahlen ... 615

15 Beschaffung ... 621
15.1 Grundlagen ... 622
15.1.1 Begriffe ... 622
15.1.2 Einordnung der Beschaffung ... 624
15.1.3 Ziele der Beschaffung ... 625
15.1.4 Aufgaben der Beschaffung ... 626
15.2 Strategische Aspekte der Beschaffung ... 627
15.2.1 Insourcing versus Outsourcing ... 627
15.2.2 Strategien im Rahmen des Outsourcings ... 628
15.3 Operative Aspekte der Beschaffung ... 629
15.3.1 Bedarfsplanung ... 629
15.3.1.1 Bedarfsarten ... 630
15.3.1.2 Klassifikation der zu beschaffenden Güter ... 631
15.3.1.2.1 ABC-Analyse ... 631
15.3.1.2.2 XYZ-Analyse ... 633
15.3.1.2.3 Kombinierte ABC-XYZ-Analyse ... 633
15.3.2 Auftragsgetriebene Materialbereitstellung ... 633
15.3.2.1 Bedarfsermittlung ... 635
15.3.2.2 Bereitstellungsprinzipien ... 637
15.3.3 Prognosegetriebene Materialbereitstellung ... 637
15.3.3.1 Bedarfsermittlung ... 637
15.3.3.2 Bestellpolitiken ... 638
15.3.3.2.1 t-S-Bestellpolitik ... 639
15.3.3.2.2 s-q-Bestellpolitik ... 640
15.3.3.2.2.1 Ermittlung des Bestellpunktbestandes ... 640
15.3.3.2.2.2 Ermittlung der optimalen Bestellmenge ... 643
15.4 Lieferantenpolitik ... 646
15.4.1 Lieferantenstruktur ... 646
15.4.2 Lieferantenbeurteilung ... 646
15.4.3 Angebotsvergleich ... 647
15.5 Elektronische Beschaffung ... 649
15.6 Kennzahlen ... 650

16 Logistik ... 657
16.1 Grundlagen ... 658
16.1.1 Einordnung der Logistik ... 658
16.1.2 Unterteilung der Logistik ... 658
16.1.2.1 Unterteilung der Logistik nach Gütern ... 658
16.1.2.2 Unterteilung der Logistik nach Phasen ... 659
16.1.3 Ziele der Logistik ... 660
16.1.4 Aufgaben der Logistik ... 661
16.2 Logistikfunktionen ... 662
16.3 Gestaltung von Logistiksystemen ... 663

16.3.1 Komponenten von Logistiksystemen ... 663
16.3.2 Transportsysteme ... 664
16.3.3 Lagersysteme ... 666
16.4 Steuerung der Logistik ... 667
16.5 Kennzahlen ... 669

17 Produktionswirtschaft ... 673
17.1 Grundlagen ... 674
17.1.1 Begriffe ... 674
17.1.2 Einordnung der Produktion ... 675
17.1.3 Ziele der Produktionswirtschaft ... 675
17.1.4 Aufgaben der Produktionswirtschaft ... 676
17.2 Produktionstheorie ... 678
17.2.1 Mengenverhältnisse der Produktionsfaktoren ... 679
17.2.1.1 Substitutionale Produktionsfunktionen ... 679
17.2.1.2 Limitationale Produktionsfunktionen ... 679
17.2.2 Verhältnis der Produktionsfaktoren zur Ausbringungsmenge ... 680
17.2.2.1 Produktionsfunktion vom Typ A ... 681
17.2.2.2 Produktionsfunktion vom Typ B ... 681
17.3 Gestaltung von Produktionssystemen ... 683
17.3.1 Festlegung des Produktionsprogramms ... 683
17.3.2 Bestimmung der Produktionskapazitäten ... 685
17.3.3 Festlegung der Auftragseindringtiefe ... 687
17.3.4 Festlegung des Prozesstyps der Produktion ... 688
17.3.5 Festlegung des Organisationstyps der Produktion ... 690
17.3.6 Wahl der Produktionsverfahren ... 693
17.3.7 Gestaltung der Qualitätssicherung ... 694
17.3.8 Layoutgestaltung ... 696
17.4 Produktionsplanung und -steuerung ... 697
17.4.1 Programmplanung ... 697
17.4.2 Mengenplanung ... 699
17.4.3 Termin- und Kapazitätsplanung ... 700
17.4.4 Produktionssteuerung ... 701
17.5 Kennzahlen ... 704

18 Marketing ... 709
18.1 Grundlagen ... 710
18.1.1 Einordnung des Marketings ... 710
18.1.2 Unterteilung des Marketings ... 710
18.1.3 Entwicklung des Marketings ... 711
18.1.4 Ziele des Marketings ... 713
18.1.5 Restriktionen des Marketings ... 714
18.1.6 Aufgaben und Vorgehensweise ... 714
18.2 Preistheorie ... 715
18.2.1 Preis-Absatz-Funktion ... 716
18.2.2 Nachfrageeffekte ... 717

18.3 Marktanalyse . . . 718
18.3.1 Käuferverhalten . . . 719
18.3.1.1 Entscheider im Kaufprozess . . . 719
18.3.1.2 Kaufarten . . . 720
18.3.1.3 Erklärungsmodelle des Käuferverhaltens . . . 720
18.3.1.4 Kaufprozesse . . . 720
18.3.1.4.1 Bedürfnisrealisierung . . . 721
18.3.1.4.2 Informationssuche . . . 723
18.3.1.4.3 Alternativenbewertung . . . 724
18.3.1.4.4 Kaufentscheidung . . . 724
18.3.1.4.5 Verhalten nach dem Kauf . . . 725
18.3.2 Marktforschung . . . 725
18.3.2.1 Durch die Marktforschung zu beantwortenden Fragen . . . 725
18.3.2.2 Formen der Marktforschung . . . 725
18.3.2.3 Neuere Ansätze der Marktforschung . . . 726
18.3.3 Marktsegmentierung . . . 728
18.4 Marketingstrategien . . . 731
18.4.1 Produkt-Markt-Strategien . . . 731
18.4.2 Generische Strategien . . . 732
18.5 Absatzpolitische Instrumente . . . 733
18.5.1 Produktpolitik . . . 734
18.5.2 Preis- und Konditionenpolitik . . . 736
18.5.2.1 Preispolitik . . . 738
18.5.2.1.1 Preisbestimmung . . . 738
18.5.2.1.2 Preisdifferenzierung . . . 739
18.5.2.1.3 Preisverlauf . . . 740
18.5.2.2 Konditionenpolitik . . . 742
18.5.3 Kommunikationspolitik . . . 742
18.5.3.1 Werbung . . . 743
18.5.3.2 Verkaufsförderung (Sales-Promotion) . . . 745
18.5.3.3 Weitere produktbezogene Kommunikationsinstrumente . . . 746
18.5.3.4 Öffentlichkeitsarbeit (Public Relations) . . . 747
18.5.3.5 Customer-Relationship-Management . . . 748
18.5.4 Distributionspolitik . . . 748
18.5.4.1 Absatzwegepolitik (Akquisitorische Distribution) . . . 749
18.5.4.2 Distributionslogistik (Physische Distribution) . . . 750
18.6 Kennzahlen . . . 751

Literaturverzeichnis . . . 757
Firmen-, Organisationen- und Markenverzeichnis . . . 767
Sach- und Personenverzeichnis . . . 769
Autoren . . . 783

Abkürzungsverzeichnis

λ	Optimismus-Parameter
μ	Erwartungswert
σ	Standardabweichung
Φ	Beurteilungsgröße
↗	Interner Verweis auf Kapitel oder Abbildungen/Tabellen
🖱	Externer Verweis auf Materialien unter www.EinfuehrungInDieBetriebswirtschaftslehre.de
€	Währungszeichen des Euros
$	Währungszeichen des amerikanischen Dollars
A	Abschreibung, Austria
a	Aktion
AB	Anfangsbestand
Abs.	Absatz
AC	Assessment-Center
AG	Aktiengesellschaft
AGFA	Aktiengesellschaft für Anilinfabrikation
AIDA	Attention Interest Desire Action
ALDI	Albrecht Discount
AN	Annuität
ASEAN	Association of Southeast Asian Nations
ÄZ	Äquivalenzziffer
B	Bedarfsmenge, Beschäftigungsabweichung
BA	British Airways
BAB	Betriebsabrechnungsbogen
BCG	Boston Consulting Group
Bd.	Band
BHW	Beamten Heimstättenwerk
BMW	Bayerische Motorenwerke
BP	British Petroleum
BPMN	Business Process Model and Notation
BPR	Business Process Reengineering
BVW	Betriebliches Vorschlagswesen
C_0	Kapitalwert
CERN	Conseil Européen pour la Recherche Nucléaire
CEO	Chief Executive Officer
CH	Confoederatio Helvetica
CHF	Währungszeichen des Schweizer Franken
Cie.	Compagnie
CIP	Continuous Improvement Process
CKD	Completely-knocked-down
CNC	Computerized Numerical Control

Co.	Compagnie
CPFR	Collaborative Planning, Forecasting and Replenishment
CRM	Customer Relationship Management
D	Deutschland
d	Intensität
DB	Deckungsbeitrag
DCF	Discounted-Cash-Flow
DCGK	Deutscher Corporate Governance Kodex
E	Erfolg, Gewinn
e	Ergebnis
e.K.	Eingetragene/r Kauffrau/mann (D)
e.Kfm.	Eingetragener Kaufmann (D)
e.Kfr.	Eingetragene Kauffrau (D)
e.U.	Einzelunternehmen (A)
e.V.	Eingetragener Verein
ECOWAS	Economic Community of West African States
EDI	Electronic Data Interchange
eG	Eingetragene Genossenschaft, Einfache Gesellschaft (CH)
EG	Europäische Gemeinschaft
EK	Eigenkapital
EPK	Ereignisgesteuerte Prozessketten
et al.	und andere
EU	Europäische Union
EWG	Europäische Wirtschaftsgemeinschaft
EWIV	Europäische wirtschaftliche Interessenvereinigung
f	Funktion
F&E	Forschung und Entwicklung
f.	folgende (Seite)
FEI	Financial Executive Institute
FEk	Fertigungseinzelkosten
ff.	folgende (Seiten)
FGk	Fertigungsgemeinkosten
Fk	Fertigungskosten
FK	Fremdkapital
FMEA	Failure Mode and Effects Analysis
f_S	Sicherheitsfaktor
g	Gewichtung
GAAP	Generally Accepted Accounting Principles
GbR	Gesellschaft bürgerlichen Rechts (D)
GE	General Electric
GesbR	Gesellschaft bürgerlichen Rechts (A)
GfK	Gesellschaft für Konsumforschung
Gk	Gemeinkosten
GmbH	Gesellschaft mit beschränkter Haftung
GuV	Gewinn- und Verlustrechnung

h	Stunde
HB	Hilfs- und Betriebs(stoffe)
Hk	Herstellkosten
HSG	Hochschule St. Gallen
I	Ist
I_0	Investitionsauszahlung
IBM	International Business Machines
iF	Industrie Forum
IIS	Institut für Integrierte Schaltungen
IKEA	Ingvar Kamprad Elmtaryd Agunnaryd
IMD	International Institute for Management Development
INA	Industrie Nadellager
Inc.	Incorporated
IPO	Initial Public Offering
ISI	Institut für System- und Innovationsforschung
ISO	International Standardization Organization
JVC	Victor Company of Japan
K	Kosten
k	Stückkosten, Einkaufspreis, Faktorpreis, Ziel
K_B	Bestellkosten
K_f	Fixkosten
K_G	Gesamtkosten
KG	Kommanditgesellschaft
KGaA	Kommanditgesellschaft auf Aktien
K_L	Lagerkosten
k_L	Zins- und Lagerkostensatz
km	Kilometer
KolG	Kollektivgesellschaft (CH)
KomG	Kommanditgesellschaft (CH)
KPMG	Klynveld, Peat, Marwick, Goerdeler
KVP	Kontinuierlicher Verbesserungsprozess
L	Liquidationserlös
Lkw	Lastkraftwagen
Ltd.	Limited
m_B	Anzahl jährlicher Bestellungen
MBA	Master of Business Administration
MEk	Materialeinzelkosten
MGk	Materialgemeinkosten
Mill.	Million(en)
MIT	Massachusetts Institute of Technology
Mk	Materialkosten
MP3	MPEG-1, Layer 3
Mrd.	Milliarde(n)
MRP	I: Material Requirements Planning, II: Manufacturing Resource Planning

n	Anzahl, Perioden, Nutzungsdauer
N	Zahlungsbetrag
NAFTA	North American Free Trade Agreement
NASA	National Aeronautics and Space Administration
NGO	Non-Governmental Organization
Nr.	Nummer
ÖCGK	Österreichische Corporate Governance Kodex
OECD	Organization for Economic Cooperation and Development
OEM	Original Equipment Manufacturer
OG	Offene Gesellschaft (A)
OHG	Offene Handelsgesellschaft (D)
OPEC	Organization of Petroleum Exporting Countries
P	Plan
p	Verkaufspreis
PartG	Partnerschaftsgesellschaft (D)
PIMS	Profit Impact of Market Strategy
Pkw	Personenkraftwagen
PLC	Public Limited Company
PMI	Post Merger Integration
PR	Public Relations
PS	Pferdestärke
q	Bestellmenge, Produktionsfaktormenge
QFD	Quality Function Deployment
QMS	Qualitätsmanagementsystem
q_{opt}	Optimale Bestellmenge
R	Rückfluss, Rentabilität
r	Zinssatz, Zinsfuß
R_E	Eigenkapitalrentabilität
RFP	Request for Proposal
RFQ	Request for Quotation
RHB	Roh-, Hilfs- und Betriebs(stoffe)
ROI	Return-on-Investment
RWE	Rheinisch-Westfälisches Elektrizitätswerk
s	Meldebestand, Bestellpunktbestand
S	Sollniveau
SAP	Systeme Anwendungen Produkte (in der Datenverarbeitung)
SCM	Supply Chain Management
SE	Societas Europaea
SGE	Strategische Geschäftseinheiten
SGF	Strategisches Geschäftsfeld
Sk	Selbstkosten
SOX	Sarbanes-Oxley Act
S-O-R	Stimulus-Organismus-Response
S_S	Sicherheitsbestand
S_W	Bestand zur Überbrückung der Wiederbeschaffungszeit

T	Tausend
t	Zeit, Jahr
TCO	Total Cost of Ownership
TQM	Total Quality Management
TUI	Touristik Union International
TV	Television
t_W	Wiederbeschaffungszeit
u	Nutzenwert, Nutzenfunktion
U	Umsatzerlös
UG	Unternehmergesellschaft (D)
UK	United Kingdom
UML	Unified Modeling Language
US	United States
USA	United States of America
USB	Universal Serial Bus
V	Verbrauchsabweichung
VfB	Verein für Bewegungsspiele
VtGk	Vertriebsgemeinkosten
VW	Volkswagen
v_x	Variationskoeffizient
VwGk	Verwaltungsgemeinkosten
w	Eintrittswahrscheinlichkeit
WMF	Württembergische Metallwaren Fabrik
x	Beschäftigung, Ausbringungsmenge, Absatzmenge, Lagerabgang
x_B	Bedarfsmenge
x_{Be}	Break-even-Menge
Z	Eigenschaft
z	Umweltzustand
z. B.	zum Beispiel
ZF	Zahnradfabrik
ZMET	Zaltman Metaphor Elicitation Technique
Zs	Zuschlagssatz

Verzeichnis länderspezifischer Begriffe

Länderspezifische Begriffe werden in diesem Buch immer in der Reihenfolge Deutschland, Österreich, Schweiz aufgeführt. Viele der nachfolgend aufgeführten länderspezifischen Begriffe werden dabei nicht ausschließlich, sondern synonym verwendet.

Deutscher Begriff	**Österreichischer Begriff**	**Schweizerischer Begriff**
Aktiva	Aktiva	Aktiven
Bundesland	Bundesland	Kanton
Einzelunternehmen	Einzelunternehmen	Einzelfirma
Gesamtschuldnerische Haftung	Solidarische Haftung	Solidarische Haftung
Gesellschaft bürgerlichen Rechts	Gesellschaft bürgerlichen Rechts	Einfache Gesellschaft
Gewinn- und Verlustrechnung	Gewinn- und Verlustrechnung	Erfolgsrechnung
Grundkapital	Nominale	Grundkapital
Haftsumme	Haftsumme	Kommanditsumme
Handelsgewerbe	–	Gewerbe
Handelsregister	Firmenbuch	Handelsregister
Hauptversammlung	Hauptversammlung	Generalversammlung
Immaterielle Vermögensgegenstände	Immaterielle Vermögensgegenstände	Immaterielle Werte
Jahresabschluss	Jahresabschluss	Jahresrechnung
Jahresfehlbetrag	Jahresfehlbetrag	Jahresverlust
Jahresüberschuss	Jahresüberschuss	Jahresgewinn
Kapitalflussrechnung	Kapitalflussrechnung	Geldflussrechnung, Mittelflussrechnung
Kaufmann	Unternehmen	Kaufmännisches Unternehmen
Kommanditist	Kommanditist	Kommanditär
Lagebericht	Lagebericht	Jahresbericht
Offene Handelsgesellschaft	Offene Gesellschaft	Kollektivgesellschaft
Passiva	Passiva	Passiven
Rücklagen	Rücklagen	Reserven
Sonstige betriebliche Aufwendungen	Sonstige betriebliche Aufwendungen	Übriger betrieblicher Aufwand
Umsatzerlös	Umsatzerlös	Nettoerlös
Unternehmensregister	Firmenbuch	Betriebs- und Unternehmensregister
Vorstand und Aufsichtsrat	Vorstand und Aufsichtsrat	Verwaltungsrat

1 Grundlagen

Kapitelnavigator

Inhalt	Lernziel
1.1 Begriffe	1-1 Die grundlegenden betriebswirtschaftlichen Begriffe kennen.
1.2 Einordnung der Betriebswirtschaftslehre	1-2 Die Einordnung der Betriebswirtschaftslehre in die Wissenschaften kennen.
1.3 Unterteilung der Betriebswirtschaftslehre	1-3 Die Möglichkeiten zur Unterteilung der Betriebswirtschaftslehre kennen.
1.4 Entwicklung der Betriebswirtschaftslehre	1-4 Die historische Entwicklung der Betriebswirtschaftslehre kennen.
1.5 Restriktionen durch die Wirtschaftsordnung	1-5 Den Einfluss der Wirtschaftsordnung auf die Betriebswirtschaftslehre kennen.
1.6 Normativer Rahmen	1-6 Die Elemente des normativen Rahmens kennen.
1.7 Geschäftsmodelle zur Strukturierung der betriebswirtschaftlichen Lehre	1-7 Die Modelle zur Strukturierung der betriebswirtschaftlichen Lehre kennen.
1.8 Kennzahlen	1-8 Die grundlegenden betriebswirtschaftlichen Kennzahlen ermitteln können.

In der Wirtschaftspresse wird nahezu täglich davon berichtet, dass Unternehmen neue Unternehmen gründen, dass Unternehmen Standorte verlegen, dass Unternehmen sich umstrukturieren oder dass Unternehmen neue Produkte auf den Markt bringen.

Da Unternehmen eine Form von Betrieben sind und sich ihr Handeln – zumindest in der Regel – an wirtschaftlichen Prinzipien orientiert, sind alle der aufgeführten Vorgänge Beispiele für den Gegenstand und das Erkenntnisobjekt der Betriebswirtschaftslehre:

Gegenstand und Erkenntnisobjekt der **Betriebswirtschaftslehre** ist das Wirtschaften von Betrieben.

Was aber kennzeichnet »Betriebe« genau und was bedeutet es, zu »wirtschaften«? Mit diesen Fragen werden wir uns nachfolgend näher beschäftigen.

1.1 Begriffe

1.1.1 Wirtschaftssubjekte

Die am Wirtschaftsgeschehen Beteiligten werden als Wirtschaftssubjekte oder **Wirtschaftseinheiten** bezeichnet. Sie werden unterteilt in Haushalte und Betriebe (↗ Abbildung 1-1, zum Folgenden vergleiche *Gutenberg, E.* 1955: Seite 322 ff., *Schierenbeck, H.* 2003: Seite 15 ff., *Thommen, J.-P./Achleitner A.-K.* 2003: Seite 35 ff. und *Wöhe, G.* 2002: Seite 2 ff.).

1.1.1.1 Haushalte

Haushalte sind die Nachfrager der von Betrieben angebotenen Güter. Sie können folgendermaßen definiert werden:

> **Haushalte** sind Wirtschaftssubjekte, in denen zur Deckung eigener Bedarfe Güter konsumiert werden.

Arten von Haushalten

Sie werden dementsprechend auch als **Konsumtionswirtschaften** bezeichnet und weiter in private und in öffentliche Haushalte unterteilt:

Private Haushalte

Die privaten Haushalte decken Bedarfe, wie beispielsweise Nahrungsmittel, Wohnraum oder Bildung. Als Gegenleistung für die von ihnen konsumierten Güter bieten sie den Betrieben ihre Arbeitskraft an. Nach der Anzahl ihrer Mitglieder können sie weiter in **Ein-** und **Mehrpersonenhaushalte** unterteilt werden.

Abb. 1-1

Haushalte und Betriebe

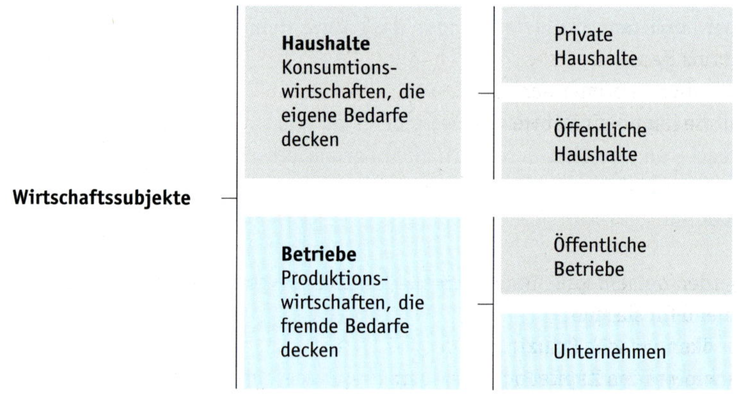

Vergleiche *Schierenbeck, H.* 2003: Seite 25 und *Wöhe, G.* 2002: Seite 10, 16

Öffentliche Haushalte
Der **Bund**, die Bundesländer und Kantone sowie die Kommunen und Gemeinden bilden die öffentlichen Haushalte. Ihre Bedarfe ergeben sich aus den kollektiven Bedarfen der ihnen angehörenden privaten Haushalte. Den Schwerpunkt bildet dabei die Sicherstellung einer funktionierenden öffentlichen Infrastruktur in Bereichen, wie dem Gesundheitswesen, der Altersvorsorge, dem Rechtswesen, dem Bildungswesen, der Sicherheit oder dem Verkehr. Die entsprechende Infrastruktur wird den Mitgliedern der Gesellschaft und den Betrieben zur Verfügung gestellt. Die wirtschaftlichen Aspekte öffentlicher Haushalte sind Gegenstand der **Finanzwissenschaften**, die eine eigene wissenschaftliche Disziplin darstellen.

Wirtschaftspraxis 1-1

Haushalte und Betriebe in Deutschland, Österreich und der Schweiz

Im Jahr 2018 gab es in **Deutschland** 41,4 Millionen Haushalte mit 82,8 Millionen Haushaltsmitgliedern, womit durchschnittlich 2,0 Personen in einem Haushalt lebten. Den Haushalten standen 2017 3,76 Millionen Betriebe gegenüber. Gemessen an den Umsatzerlösen waren dabei das verarbeitende Gewerbe mit über 2 233 Milliarden Euro und der Handel mit über 2 105 Milliarden Euro die wichtigsten deutschen Wirtschaftszweige.
In **Österreich** waren im Jahr 2018 knapp 8,9 Millionen Personen gemeldet und 3,9 Millionen Haushalte eingetragen, womit die durchschnittliche Haushaltsgröße 2,28 Personen betrug. Den Haushalten standen 346 469 Unternehmen gegenüber, deren Gesamtumsatz sich auf etwa 807 Milliarden Euro belief. Die Umsatzerlöse im produzierenden Gewerbe betrugen dabei 311 Milliarden Euro, die im Dienstleistungssektor 496 Milliarden Euro.
In der **Schweiz** waren im Jahr 2018 etwa 8,5 Millionen Personen gemeldet, die sich auf 3,8 Millionen Haushalte verteilten. Die durchschnittliche Haushaltsgröße betrug somit 2,24 Personen. Demgegenüber gab es in der Schweiz 592 695 Betriebe, von denen mehr als 99 Prozent weniger als 250 Beschäftigte hatten. Die Umsatzerlöse des Handels beliefen sich dabei auf 485,6 Milliarden Schweizer Franken, die des Industrie- und Versorgungssektors auf 435,7 Milliarden Schweizer Franken.

Quellen: Statistisches Bundesamt Deutschland, www.destatis.de (Stand 07.10.20), Statistik Austria, www.statistik.at (Stand 07.10.20), Statistik Schweiz, www.bfs.admin.ch (Stand 07.10.20).

1.1.1.2 Betriebe
Anders als Haushalte haben Betriebe nicht das Ziel, eigene Bedarfe zu decken, sondern sie dienen primär der Deckung fremder Bedarfe. Betriebe können dementsprechend wie folgt definiert werden (vergleiche *Wöhe, G.* 2002: Seite 2):

> **Betriebe** sind Wirtschaftssubjekte, in denen zur Deckung fremder Bedarfe Güter produziert und abgesetzt werden.

Sie werden dementsprechend auch als **Produktionswirtschaften** bezeichnet. Kennzeichnend für sie sind:

Kennzeichen von Betrieben

- das **ökonomische Prinzip**, das dem Wirtschaften zugrunde liegt und auf das wir im nachfolgenden Kapitel noch genauer eingehen werden, und
- das **Prinzip des finanziellen Gleichgewichts**, wonach allen Auszahlungen mindestens Einzahlungen in gleicher Höhe gegenüberstehen müssen.

1.1.1.2.1 Arten von Betrieben

Die Betriebe können in öffentliche und private Betriebe unterteilt werden:

Arten von Betrieben

Öffentliche Betriebe

Beispiele für öffentliche Betriebe sind Energieversorger, Verkehrsbetriebe, Flughafengesellschaften, Messegesellschaften, Krankenhäuser, Theater, Sparkassen und Rundfunkanstalten. Kennzeichnend für diese Betriebe sind:

- das **Prinzip des Gemeineigentums**, da diese Betriebe mehrheitlich dem Bund, den Bundesländern und Kantonen oder den Kommunen und Gemeinden gehören,
- das **Organprinzip**, nach dem staatliche Stellen ein Mitbestimmungsrecht an den betrieblichen Entscheidungen der »Organe« – also der Teileinheiten des »öffentlichen Gesamtkörpers« – haben, und
- das **Prinzip der Gemeinnützigkeit**, nach dem keine oder nur »sozial angemessene« Gewinne erzielt werden dürfen.

Private Betriebe

Private Betriebe, die im Mittelpunkt der nachfolgenden Ausführungen stehen werden, werden als Unternehmen bezeichnet. Kennzeichnend für Unternehmen sind:

- das **Prinzip des Privateigentums**, da die Verfügungsrechte an Unternehmen und deren Gewinnen mehrheitlich bei Privatpersonen oder anderen Unternehmen liegen,
- das **Autonomieprinzip**, nach dem die Unternehmen die Freiheit haben, ihre betrieblichen Entscheidungen zumindest weitgehend autonom und damit unabhängig von staatlichen Stellen und anderen Wirtschaftssubjekten zu treffen, und
- das **erwerbswirtschaftliche Prinzip**, das für die meisten Unternehmen charakteristisch ist und besagt, dass Unternehmen eine Maximierung ihrer Gewinne anstreben.

Unternehmen können dementsprechend folgendermaßen definiert werden:

> **Unternehmen** sind Betriebe in mehrheitlich privatem Eigentum, die autonom und in der Regel gemäß dem erwerbswirtschaftlichen Prinzip handeln (vergleiche *Gutenberg, E.* 1955: Seite 379).

Wirtschaftspraxis 1-2

Warum es Unternehmen gibt

Der im Jahr 1991 mit dem Nobelpreis ausgezeichnete britische Wirtschaftswissenschaftler *Ronald Harry Coase* begründet die Existenz von Unternehmen damit, dass sich innerhalb von Unternehmen bei der Leistungserstellung niedrigere Transaktionskosten ergeben als bei einer über Märkte organisierten Leistungserstellung, da der Koordinationsaufwand und die Aufwendungen durch unvollständige Informationen geringer sind.

Quelle: *Coase, R. H.* 1937: The Nature of the Firm, in: Economica 4 (16), Seiten 386–405.

1.1.1.2.2 Unterteilung der Unternehmen

Unternehmen können nach verschiedenen Kriterien systematisiert werden, auf die wir nachfolgend genauer eingehen werden.

1.1.1.2.2.1 Unterteilung von Unternehmen nach der Güterart

In Abhängigkeit von den Gütern, die sie erstellen, können Unternehmen weiter in Sachleistungs- und Dienstleistungsunternehmen unterteilt werden (↗ Abbildung 1-2, zum Folgenden vergleiche *Schierenbeck, H.* 2003: Seite 34 und *Wöhe, G.* 2002: Seite 14):

Sachleistungsunternehmen

Zu den Sachleistungsunternehmen gehören insbesondere die Industrie- und die Handwerksbetriebe. Sie können entsprechend der **Erzeugungsstufen** weiter in folgende Betriebsarten aufgeteilt werden:

Arten von Sachleistungsunternehmen

- **Gewinnungsbetriebe**, wie landwirtschaftliche Betriebe oder Bergwerke, die Urprodukte hervorbringen. Da es sich dabei um die ersten wirtschaftlichen Tätigkeiten in der Entwicklungsgeschichte handelt, werden entsprechende Betriebe dem sogenannten **primären Sektor** zugeordnet.
- **Veredlungs-** beziehungsweise **Aufbereitungsbetriebe**, wie Stahlwerke, produzieren Zwischenprodukte aus den Urprodukten.
- **Verarbeitungsbetriebe**, wie Automobilhersteller, produzieren Endprodukte aus den Zwischenprodukten. Sie werden wie die vorgenannten Veredlungsbetriebe dem **sekundären Sektor** zugeordnet.

Abb. 1-2

Unterteilung von Unternehmen nach der Güterart und der Erzeugungsstufe

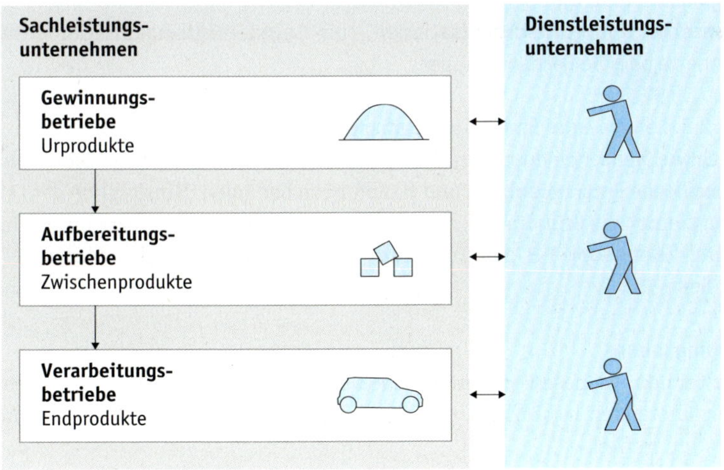

Vergleiche *Thommen, J.-P./Achleitner A.-K.* 2003: Seite 61

Dienstleistungsunternehmen

Dienstleistungsunternehmen

Zu den Dienstleistungsunternehmen gehören beispielsweise Handels-, Bank-, Versicherungs- und Beratungsbetriebe. Sie werden dem **tertiären Sektor** zugeordnet.

1.1.1.2.2.2 Unterteilung von Unternehmen nach der Größe

Größenmaßstäbe von Unternehmen

Mit Blick auf die Größe werden **kleine**, **mittlere** und **große Unternehmen** unterschieden. Als Maßstab für die Unterscheidung werden beispielsweise im Externen Rechnungswesen folgende Kriterien herangezogen:

- Bilanzsumme,
- Umsatzerlöse und
- Beschäftigtenzahl.

Weitere gebräuchliche Größenmaßstäbe sind die Börsenkapitalisierung beziehungsweise der Börsenwert und die Jahresüberschüsse/-gewinne.

1.1.1.2.2.3 Unterteilung von Unternehmen nach der Gewinnorientierung

Nach der Gewinnorientierung können Unternehmen in gewinnorientierte Unternehmen, die entsprechend dem erwerbswirtschaftlichen Prinzip handeln, und in nicht gewinnorientierte Unternehmen unterteilt werden. Letztere werden auch als **Nonprofit-Organisationen** bezeichnet. Diese können weiter unterteilt werden in (vergleiche *Schwarz, P.* 1992: Seite 18 und *Thommen, J.-T./Achleitner, A.-K.* 2003: Seite 59 f.):

Arten von Nonprofit-Organisationen

- **wirtschaftliche Nonprofit-Organisationen**, zum Beispiel Wirtschaftsverbände oder Verbraucherorganisationen,
- **soziokulturelle Nonprofit-Organisationen**, zum Beispiel Sportvereine oder Kirchen,
- **politische Nonprofit-Organisationen**, zum Beispiel Parteien oder Umweltschutzorganisationen, und
- **karitative Nonprofit-Organisationen**, zum Beispiel Hilfsorganisationen für Behinderte oder Selbsthilfegruppen.

1.1.1.2.3 Lebens- und Entwicklungsphasen von Unternehmen

Lebensphasen von Unternehmen

Ähnlich wie Menschen durchlaufen auch Unternehmen verschiedene Lebensphasen, die spezifische Entscheidungen und Handlungen bedingen. Hinsichtlich der Lebensphasen können die Gründungs-, die Umsatz- und die Auflösungsphase unterschieden werden (↗ Abbildung 1-3, zum Folgenden vergleiche *Thommen, J.-P./Achleitner A.-K.* 2003: Seite 55 f.):

Gründungsphase

In der Gründungsphase von Unternehmen sind grundlegende Entscheidungen über die anzubietenden Leistungen, den Standort, die Rechtsform und die Leistungserstellung zu treffen.

Abb. 1-3

Lebens- und Entwicklungsphasen von Unternehmen

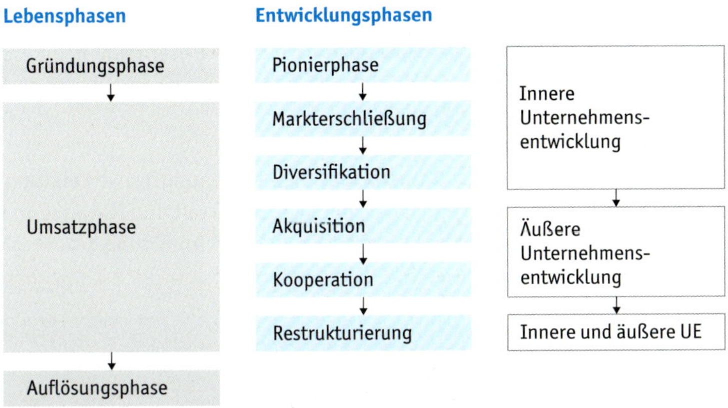

Vergleiche *Bleicher, K.* 1991: Seite 793

Umsatzphase

In der anschließenden Umsatzphase werden insbesondere Entscheidungen über die für das Wachstum des Unternehmens wichtigen Sachverhalte getroffen. Hierzu gehören unter anderem Fragen der Markterschließung und der Diversifikation sowie Festlegungen hinsichtlich der Art und Weise von Verbindungen mit anderen Unternehmen. Falls es erforderlich sein sollte, stehen in dieser Phase auch Entscheidungen über die Restrukturierung des Unternehmens an, wie beispielsweise eine Neuausrichtung der Unternehmensstrategie oder eine Neugestaltung der Strukturen und der Prozesse.

Wirtschaftspraxis 1-3

Die ältesten Unternehmen der Welt

Auch wenn Großunternehmen heute im Durchschnitt nur ein Alter von 75 Jahren erreichen, gibt es doch eine Reihe von Unternehmen, die schon mehrere Hundert Jahre alt sind. Als ältestes noch bestehendes Familienunternehmen der Welt gilt der japanische Tempelbauspezialist *Kongo Gumi Co. Ltd.*, dessen Gründung ins Jahr 578 datiert.
Das älteste **deutsche Unternehmen** ist die bayerische Brauerei *Weihenstephan*, die im Jahre 1070 gegründet wurde.
Das vermutlich älteste noch in Familienhand befindliche Unternehmen **Österreichs** ist die Glockengießerei *Grassmayr* in Innsbruck, deren Wurzeln bis in das Jahr 1599 zurückreichen.
Der 1552 in Epesses am Genfer See gegründete Weinproduzent *Fonjallaz S. A.* ist das älteste Familienunternehmen der **Schweiz.**

Quellen: Steinbeis, M.: Die Kunst, alt zu werden, in: Handelsblatt, Nr. 75 vom 16.04.03, S. 10; The World's oldest Companies, The Business of Survival, in: The Economist vom 16.12.04, www.grassmayr.at (Stand 11.03.15), www.bilanz.ch/unternehmen (Stand 09.03.15), www.fonjallaz.info/de (Stand 09.03.15).

Auflösungs-/Liquidationsphase
In der häufig durch eine Insolvenz eingeleiteten Auflösungs- oder Liquidationsphase sind schließlich Entscheidungen hinsichtlich einer schadensbegrenzenden Auflösung oder eines Gewinn bringenden Verkaufs des Unternehmensvermögens zu treffen.

1.1.2 Wirtschaften

In Betrieben wird im Rahmen von **Transformations-** beziehungsweise **Leistungsprozessen** ein Input, wie beispielsweise menschliche Arbeitskraft und Material, in einen Output, wie beispielsweise ein Fahrzeug, transformiert (↗ Abbildung 1-4, vergleiche *Schmalen, H.* 2002: Seite 25).

Abb. 1-4

Transformationsprozess

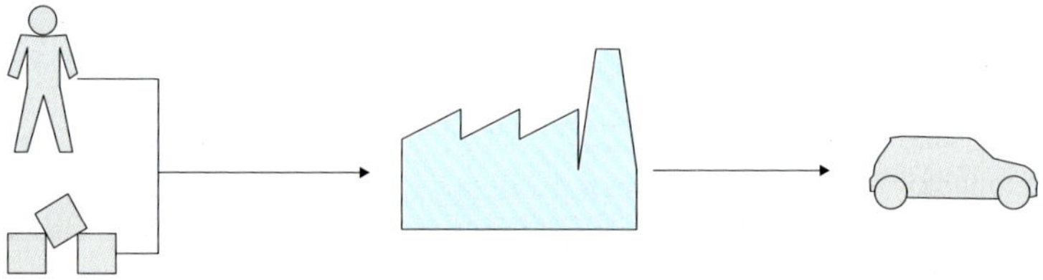

Input	→	**Transformation**	→	Output
Knappe Mittel	→	**Wirtschaften**	→	**Unendliche Bedürfnisse**

Vergleiche *Schmalen, H.* 2002: Seite 25

Notwendigkeit des Wirtschaftens

Die allgemeine Notwendigkeit des Wirtschaftens ergibt sich für die Menschheit aus der Tatsache, dass auf der einen Seite die menschlichen Bedürfnisse und damit der nachgefragte Output weitgehend grenzenlos sind, während auf der anderen Seite die Mittel zur Befriedigung dieser Bedürfnisse und damit der zur Verfügung stehende Input beschränkt sind.

Wirtschaften bedeutet, knappe Güter geplant so einzusetzen, dass die Bedürfnisbefriedigung in möglichst vorteilhafter Weise erfolgt (vergleiche *Cassel, G.* 1923: Seite 3).

Ausprägungen des ökonomischen Prinzips

Die Zielsetzungen des Wirtschaftens werden durch Anwendung des **ökonomischen Prinzips** erreicht. Dieses kann folgende Ausprägungen haben (vergleiche *Schierenbeck, H.* 2003: Seite 3 und *Wöhe, G.* 2002: Seite 1 f.):

Wirtschaftspraxis 1-4

Das Wachstum der Weltbevölkerung als Triebfeder des Wirtschaftens

Die Notwendigkeit zu wirtschaften ergibt sich nicht nur aus immer größer werdenden individuellen Bedürfnissen, sondern insbesondere auch aus der Tatsache, dass einer weitgehend gleichbleibenden Menge an Rohstoffen eine immer größer werdende Weltbevölkerung gegenübersteht. So hat sich die Weltbevölkerung zwischen dem Jahr 1965, als sie noch 3,3 Milliarden Menschen betrug, und dem Jahr 2020 mit 7,8 Milliarden Menschen mehr als verdoppelt. Die 10-Milliarden-Grenze und damit eine Verdreifachung wird wahrscheinlich im Jahr 2085 erreicht werden.

Quelle: *Countrymeters.info, unter https://countrymeters.info/en, Stand: 07.10.2020.*

Maximumprinzip
Bei Anwendung des Maximum- oder **Maximalprinzips** soll mit einem gegebenen mengen- oder wertmäßigen Input, beispielsweise den in einem Unternehmen vorhandenen Maschinen- und Personalkapazitäten, ein möglichst großer mengen- oder wertmäßiger Output, beispielsweise an produzierten Erzeugnissen, erzielt werden.

Minimumprinzip
Bei Anwendung des Minimum- oder **Minimalprinzips** soll ein gegebener mengen- oder wertmäßiger Output durch einen möglichst geringen mengen- oder wertmäßigen Input erzielt werden. Dies wird häufig durch die Reduzierung von Kosten erreicht, wie beispielsweise durch Lohnkürzungen oder Sachkosteneinsparungen.

1.1.3 Güter

Die Mittel, die in den betrieblichen Transformationsprozess ein- und aus ihm wieder hervorgehen, werden als Güter bezeichnet. Im Hinblick auf das Wirtschaften werden freie und knappe Güter unterschieden.

Freie Güter sind in der Umwelt quasi unbegrenzt vorhandene kostenlose Güter (vergleiche *Cassel, G.* 1923: Seite 11). Hierzu zählen klassischerweise die Luft, das Wasser und das Sonnenlicht, wobei heutzutage zumindest für saubere Luft und reines Wasser gilt, dass auch diese Güter häufig nicht mehr unbegrenzt vorhanden sind.

Die **knappen Güter**, die Gegenstand des Wirtschaftens sind, werden auch als **Wirtschaftsgüter** bezeichnet (vergleiche zur Verwendung des Begriffs im Steuerrecht *Schäfer-Kunz, J.* 2019: Seite 529). Sie können nach verschiedenen Merkmalen systematisiert werden (↗ Abbildung 1-5 sowie *Schierenbeck, H.* 2003: Seite 2, *Thommen, J.-P./Achleitner A.-K.* 2003: Seite 33 ff. und *Wöhe, G.* 2002: Seite 339):

Einteilung der Wirtschaftsgüter

Materielle und immaterielle Güter

Nach der **Gegenständlichkeit** lassen sich materielle und immaterielle Güter unterscheiden (vergleiche *Cassel, G.* 1923: Seite 8).

- Materielle Güter, wie Maschinen oder Automobile, sind körperlich fassbar.
- Immaterielle Güter, wie Beratungsleistungen oder Lizenzen, sind im Gegensatz dazu nicht gegenständlich.

Real- und Nominalgüter

Nach dem **Anspruchsgegenstand** lassen sich Real- und Nominalgüter unterscheiden (vergleiche *Kosiol, E.* 1976a: Seite 321).

- Realgüter sind materielle und immaterielle Güter, die aus sich heraus einen Wert besitzen.
- Nominalgüter haben hingegen nur einen zugewiesenen Wert. Als Nominalgüter gelten das Bargeld und das Recht auf Bargeld.

Input- und Outputgüter

Nach der **Stellung im Transformationsprozess** können Input- und Outputgüter unterschieden werden.

- Inputgüter, wie beispielsweise menschliche Arbeitskraft, Material oder Maschinen, gehen in den Transformationsprozess ein. Synonym wird teilweise der Begriff **Einsatzgut** verwendet.
- Outputgüter, wie beispielsweise Automobile, gehen aus dem Transformationsprozess hervor. Synonym wird teilweise der Begriff **Ausbringungsgut** verwendet.

Gebrauchs- und Verbrauchsgüter

Im Hinblick auf die **Nutzungsdauer** lassen sich Gebrauchs- und Verbrauchsgüter unterscheiden (vergleiche *Cassel, G.* 1923: Seite 8).

Wirtschaftspraxis 1-5

Der Wandel des Geldes vom Real- zum Nominalgut

Es wird heute vermutet, dass es schon in der Steinzeit so etwas wie Zahlungsmittel gegeben hat. Dabei handelte es sich um Realgüter, die allgemein begehrt, haltbar und relativ leicht zu transportieren waren, wie beispielsweise Steinbeile.

Die Wiege des Münzgeldes liegt in Griechenland, wo im 7. Jahrhundert vor unserer Zeitrechnung der Feingehalt und das Gewicht von Gold- und Silberbarren durch Einstempelungen offiziell garantiert wurden. Auch bei diesen Barren handelte es sich um Realgüter und noch bis zum Ersten Weltkrieg bestanden 20-Markstücke zu großen Teilen aus Gold.

Zum Nominalgut wurde Geld etwa ab dem Jahr 950, als die Chinesen das von ihnen erfundene Papier durch Bedrucken zu einem Zahlungsmittel machten.

In den letzten Jahren ist die Digitalwährung, und hier insbesondere der Bitcoin, zu einem zunehmend akzeptierten Zahlungsmittel geworden.

Quellen: *Kreissparkasse Köln:* Geschichte des Geldes, Einführung, unter: www.geldgeschichte.de, Stand: 2006

Abb. 1-5

Güterarten und abgeleitete Begriffe

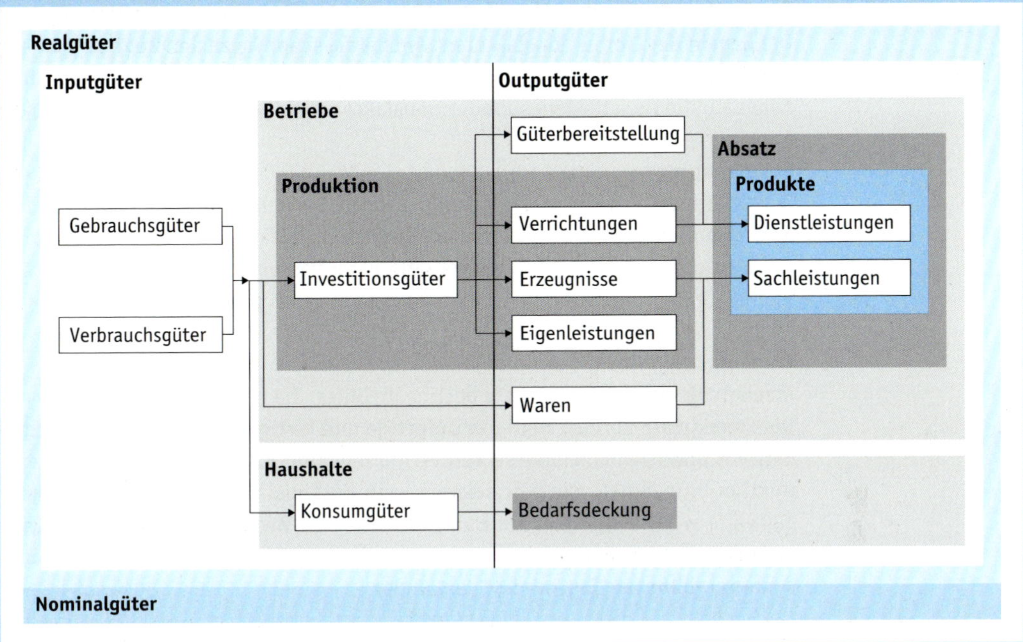

- Gebrauchsgüter werden bei ihrer Verwendung gar nicht, wie beispielsweise Kapital oder Grundstücke, oder zumindest nur nach mehrmaligem Gebrauch, wie beispielsweise Maschinen oder andere Betriebsmittel, aufgebraucht. Teilweise wird der Begriff **Potenzialfaktoren** synonym verwendet.
- Verbrauchsgüter, wie Werkstoffe oder Lebensmittel, werden bei ihrer Verwendung sofort aufgebraucht oder in ein anderes Gut transferiert. Teilweise wird der Begriff **Repetierfaktoren** synonym verwendet.

Investitions- und Konsumgüter

Nach dem **Verwendungszweck** lassen sich Investitions- und Konsumgüter unterscheiden.

- Investitionsgüter, wie beispielsweise menschliche Arbeitskraft, Material oder Maschinen, werden zur Produktion von anderen Gütern in Betrieben verwendet. Teilweise wird der Begriff **Produktionsgut** synonym verwendet.
- Konsumgüter, wie beispielsweise Bekleidung oder Automobile, dienen der Bedarfsdeckung in Haushalten.

Ergänzende Güterterminologie

Ergänzend zu der oben dargestellten Güterterminologie werden in der Betriebswirtschaftslehre eine Reihe weiterer Begriffe verwendet:

Produktionsfaktoren

Der Begriff der Produktionsfaktoren wird häufig synonym zu den Begriffen Investitionsgüter oder **Ressourcen** verwendet. Im ↗ Kapitel 17 Produktionswirtschaft wird näher auf die verschiedenen Produktionsfaktoren eingegangen.

Eigenleistungen

Eigenleistungen sind für die Verwendung in Betrieben bestimmte Güter, die im Betrieb produziert wurden, wie beispielsweise ein Prüfautomat, der in der Produktion des Betriebes eingesetzt werden soll und nicht von einem externen Sondermaschinenhersteller, sondern im Werkzeugbau des Betriebes produziert wurde.

Erzeugnisse

Erzeugnisse sind für den Absatz bestimmte Güter, die im Betrieb produziert wurden. Die Erzeugnisse können weiter in **unfertige** und **fertige Erzeugnisse** unterteilt werden. Als unfertige Erzeugnisse werden die Teile und Baugruppen innerhalb der Produktion bezeichnet, wie beispielsweise ein Kotflügel in der Automobilproduktion. Teilweise werden die Begriffe **Halbfabrikate** oder **Zwischenprodukte** synonym für unfertige Erzeugnisse sowie **Fertigerzeugnisse**, **Fertigfabrikate** oder **Endprodukte** synonym für fertige Erzeugnisse verwendet.

Waren

Waren sind im verkaufsfähigen Zustand gekaufte Güter, die abgesetzt werden, ohne dass sie im Betrieb verändert werden. Der Kauf und der Absatz von Waren werden als **Handel** bezeichnet, weshalb synonym zum Begriff Waren häufig auch der Begriff **Handelswaren** verwendet wird.

Produkte

Produkte sind alle für den Absatz bestimmten Güter von Betrieben. Wiewohl dem Begriff im Rechnungswesen eine etwas andere Bedeutung zugewiesen wird (↗ Kapitel 11 Internes Rechnungswesen), wird der Begriff **Leistungen** häufig synonym für Produkte verwendet. Die Produkte können weiter in Sach- und Dienstleistungen unterteilt werden.

Sachleistungen

Sachleistungen sind die materiellen Produkte von Betrieben. Da sie gegenständlicher Natur sind, können Sachleistungen in der Regel transportiert und gelagert werden.

Dienstleistungen

Dienstleistungen sind die immateriellen Produkte von Betrieben. Es kann sich dabei um **Verrichtungen**, wie beispielsweise das Putzen von Räumen, oder um die **Bereitstellung von Gütern**, wie beispielsweise die Vermietung von Büroräumen oder die Bereitstellung von Adressen potenzieller Kunden, handeln.

Zwischenübung Kapitel 1.1.3

(1) Markieren Sie bei den folgenden ***Inputgütern*** *zutreffende Klassifikationen mit einem Kreuz und nicht zutreffende mit einem horizontalen Strich:*

Zu klassifizierende Inputgüter	**Gebrauchsgut**	**Verbrauchsgut**	**Investitionsgut**	**Konsumgut**
Bohrmaschine in einem Haushalt				
Stahlblech bei einem Automobilhersteller				
Bürogebäude, das einer Versicherung gehört				
Elektrischer Strom in einem Haushalt				
Arbeit eines Sachbearbeiters in einem Unternehmen				
Aktien, die einem Unternehmen gehören				
Arbeit einer Haushaltshilfe in einem Haushalt				

(2) Markieren Sie bei den folgenden ***Outputgütern*** *zutreffende Klassifikationen mit einem Kreuz und nicht zutreffende mit einem horizontalen Strich:*

Zu klassifizierende Outputgüter	**Unfertiges Erzeugnis**	**Fertiges Erzeugnis**	**Eigenleistung**	**Ware**
Im eigenen Unternehmen verwendeter **Computer** eines Computerherstellers				
Bedrucktes Papier bei einer Buchdruckerei				
Papier bei einem Papierhersteller				
Papier bei einem Schreibwarenhändler				
Selbst gebauter Montageautomat bei einem **Automobilhersteller**				
Gebundenes Buch bei einer Buchdruckerei				
Buch bei einem Buchhändler				

1.1.4 Märkte

Beim Übergang der Güter zwischen den Wirtschaftssubjekten bilden sich die sogenannten Märkte, die folgendermaßen definiert werden können:

Märkte bestehen jeweils aus allen Wirtschaftssubjekten, die Güter anbieten und nachfragen, die sich gegenseitig ersetzen können.

Marktabgrenzung

Wie eng Märkte abgegrenzt werden, hängt davon ab, wie umfassend die Ersetzbarkeit definiert wird. Bei einer weiten Marktabgrenzung könnten beispielsweise Personenkraftwagen durch Lastkraftwagen ersetzt werden, bei einer engen Marktabgrenzung können beispielweise Roadster mit einer bestimmten Motorleistung nur durch andere Roadster mit einer ähnlichen Motorleistung ersetzt werden.

Die Märkte können nach ihrer Stellung zum Betrieb in Beschaffungsmärkte, in Arbeitsmärkte, in Geld- und Kapitalmärkte sowie in Absatzmärkte unterteilt werden (↗ Abbildung 1-6).

In Abhängigkeit von der Anzahl und der Marktstellung der anbietenden und der nachfragenden Wirtschaftssubjekte können darüber hinaus verschiedene **Marktformen**, wie beispielsweise Angebotsmonopole, unterschieden werden. Auf diese Marktformen wird im ↗ Kapitel 5 Entscheidungen über zwischenbetriebliche Verbindungen noch näher eingegangen.

Preisbildung

Durch das Zusammentreffen von Angebot und Nachfrage werden den Gütern auf den Märkten bestimmte Werte in Form von **Preisen** zugewiesen und die Angebots- und Nachfragemengen aufeinander abgestimmt. Für die **Preisbildung** gibt es verschiedene Mechanismen, wie die nachfolgenden Beispiele zeigen:

- Wenn einem Anbieter für ein Gut mehrere Nachfrager gegenüberstehen, wie das beispielsweise bei eBay oder Sotheby's häufig der Fall ist, kann die Preisbildung über **Auktionen** erfolgen, bei denen sich die Nachfrager gegenseitig überbieten.
- Wenn einem Nachfrager für ein Gut mehrere Anbieter gegenüberstehen, wie dies beispielsweise beim Einkauf von Normteilen wie Schrauben durch Industrieunternehmen häufig der Fall ist, kann die Preisbildung über **reverse Auktionen** erfolgen, bei denen sich die Anbieter gegenseitig unterbieten.
- Wenn mehreren Anbietern für ein Gut mehrere Nachfrager gegenüberstehen, wie dies beispielsweise bei Wertpapierbörsen der Fall ist, kann die Preisbildung erfolgen, indem nach dem sogenannten **Meistausführungsprinzip** ein Preis gewählt wird, der möglichst viele Angebote und Nachfragen erfüllt.

Abb. 1-6

Marktumfeld von Betrieben

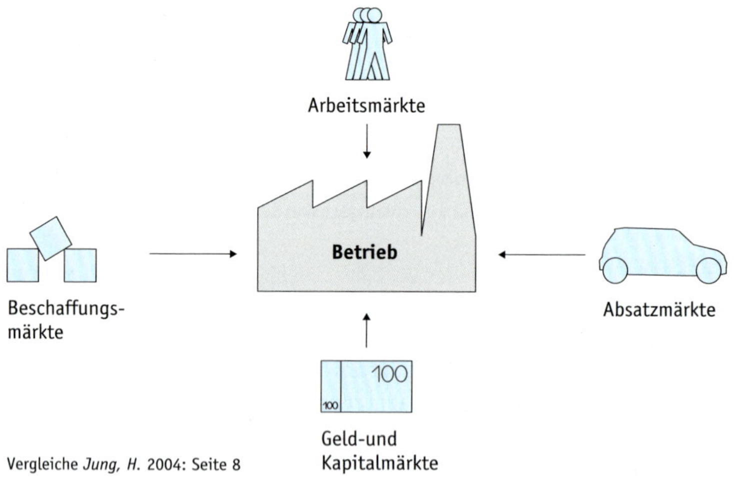

Vergleiche *Jung, H.* 2004: Seite 8

Wert und Mehrwert

Wenn der Wert der gesamten Outputgüter eines Betriebes während eines Zeitraums größer ist als der Wert der gesamten Inputgüter während dieses Zeitraums, ergibt sich eine **Wertschöpfung** und es wird ein Gewinn erwirtschaftet. Der sich ergebende **Mehrwert** wird über die **Mehrwert-** beziehungsweise **Umsatzsteuer** besteuert (vergleiche *Jung, H.* 2004: Seite 7 f. und *Schierenbeck, H.* 2003: Seite 18 f.).

Zwischenübung Kapitel 1.1.4

An einer Wertpapierbörse ergeben sich bei der untertätigen Preisbestimmung die in der nachfolgenden Tabelle aufgeführten Angebote und Nachfragen nach einer Aktie, die jeweils teilweise erfüllt werden können. Ermitteln Sie, gemäß dem Meistausführungsprinzip, bei welchem Preis wie viele Aktien gehandelt würden und bestimmen Sie den Gleichgewichtskurs, bei dem am meisten Aktien umgesetzt würden (Hinweis: Zwischenergebnisse dienen der Selbstkontrolle).

Preislimit	Angebotene Aktien	Kumuliertes Angebot	Nachgefragte Aktien	Kumulierte Nachfrage	Gehandelte Stück
20,00 €	250 Stück		900 Stück	2 540 Stück	
20,21 €	0 Stück		700 Stück		
20,34 €	280 Stück		0 Stück		
20,50 €	300 Stück		400 Stück		830 Stück
20,56 €	290 Stück		0 Stück		
20,73 €	0 Stück		340 Stück		
20,88 €	450 Stück		0 Stück		
21,00 €	800 Stück	2 370 Stück	200 Stück		

1.1.5 Anspruchsgruppen

Anspruchsgruppen beziehungsweise **Stakeholder** eines Betriebes sind alle Wirtschaftssubjekte, die in Beziehung zu dem Betrieb stehen und damit das Handeln des Betriebes beeinflussen und/oder von den Handlungen des Betriebes betroffen sind (vergleiche *Rüegg-Stürm, J.* 2002: Seite 33).

Das Management und die Mitarbeiter stellen dabei interne, die Eigentümer, die Fremdkapitalgeber, die Lieferanten, die Kunden, die Konkurrenten, der Staat und die Gesellschaft externe Anspruchsgruppen dar (↗ Abbildung 1-7).

Zwischen den Anspruchsgruppen und den Betrieben bestehen die folgenden vertraglichen Beziehungen und die Anspruchsgruppen haben typischerweise folgende Interessen (vergleiche *Ulrich, P./Fluri E.* 1995: Seite 79):

Abb. 1-7

Stakeholder

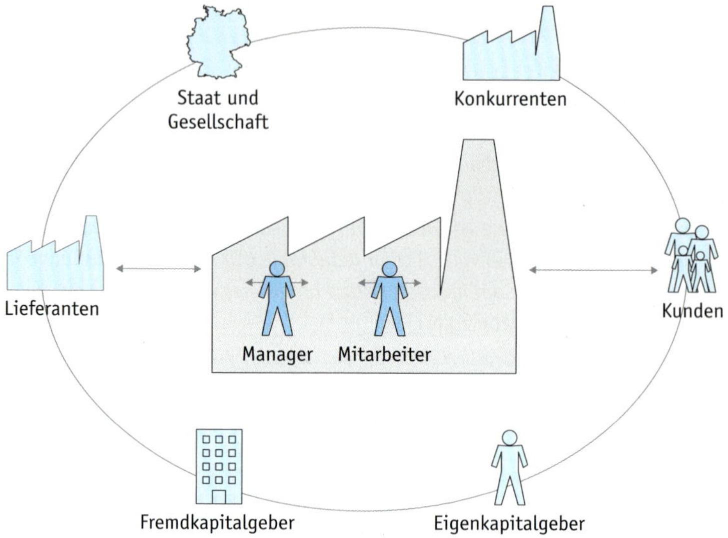

Vergleiche *Thommen, J.-P./Achleitner A.-K.* 2003: Seite 49

Interessen der internen Anspruchsgruppen

Manager

Manager leiten Betriebe und erhalten im Gegenzug eine Vergütung. Typische Interessen der Manager sind neben den nachfolgend unter Mitarbeitern aufgeführten Interessen noch Macht, Einfluss, Selbstständigkeit und Entscheidungsautonomie.

Mitarbeiter

Mitarbeiter stellen Betrieben ihre Arbeitsleistung zur Verfügung und erhalten im Gegenzug eine Entlohnung. Typische Interessen der Mitarbeiter sind hohe Einkommen, sichere Arbeitsplätze, Möglichkeiten zur Persönlichkeitsentfaltung, zwischenmenschliche Kontakte, Status, Anerkennung und Prestige.

Interessen der externen Anspruchsgruppen

Eigenkapitalgeber

Eigenkapitalgeber, die abhängig von der Rechtsform auch als Eigentümer, (Anteils-) Eigner, Gesellschafter, Aktionäre oder Shareholder bezeichnet werden, stellen Betrieben Eigenkapital zur Verfügung und erhalten im Gegenzug Gewinnanteile. Typische Interessen der Eigenkapitalgeber sind Wertsteigerungen des investierten Kapitals, hohe Gewinne und damit eine hohe Verzinsung des investierten Kapitals, der Erhalt und die Selbstständigkeit des Unternehmens und eine weitgehende Entscheidungsautonomie.

Fremdkapitalgeber
Fremdkapitalgeber stellen Betrieben Fremdkapital zur Verfügung und erhalten im Gegenzug Zinsen. Typische Interessen der Fremdkapitalgeber sind sichere Kapitalanlagen und hohe Verzinsungen.

Lieferanten
Lieferanten stellen Betrieben Güter zur Verfügung und erhalten im Gegenzug eine Bezahlung. Typische Interessen der Lieferanten sind stabile Lieferbeziehungen, gute Verkaufskonditionen und die ständige Zahlungsfähigkeit der Abnehmer.

Kunden
Kunden leisten Zahlungen an Betriebe und erhalten im Gegenzug Produkte. Typische Interessen der Kunden sind qualitativ hochwertige Produkte zu günstigen Konditionen und ein guter Service.

Konkurrenten
Typische Interessen der Konkurrenten sind Markterfolge zulasten der Betriebe und die Einhaltung fairer Spielregeln.

Staat und Gesellschaft
Der Staat und die Gesellschaft stellen Betrieben eine Infrastruktur zur Verfügung und erhalten im Gegenzug Steuern. Typische Interessen von Staat und Gesellschaft sind hohe Steuerzahlungen, Schaffung und Erhalt von Arbeitsplätzen, hohe Beiträge zur Infrastruktur und zur Kultur, Einhaltung von Rechtsvorschriften und Normen und Schutz der Umwelt.

1.2 Einordnung der Betriebswirtschaftslehre in die Wissenschaften

Unter dem Begriff **Wissenschaft** wird die forschende Tätigkeit in einem bestimmten Bereich verstanden, die mit dem Ziel betrieben wird, Wissen hervorzubringen.

Die Betriebswirtschaftslehre ist eine Wissenschaft, die im Gefüge der Wissenschaften folgendermaßen eingeordnet werden kann:

Nichtmetaphysische Wissenschaft
Innerhalb der Wissenschaften stellt die Betriebswirtschaftslehre eine nichtmetaphysische Wissenschaft dar (↗ Abbildung 1-8), die anders als metaphysische Wissenschaften, wie die Philosophie oder die Theologie, überprüfbare Sachverhalte zum Gegenstand hat und sich nicht damit beschäftigt, was jenseits des Physischen sein könnte.

Realwissenschaft

Die nichtmetaphysischen Wissenschaften werden weiter in die Real- und die Idealwissenschaften unterteilt. Die Betriebswirtschaftslehre wird den **Realwissenschaften** zugeordnet, die in der Wirklichkeit vorhandene Sachverhalte zum Gegenstand haben. Ihre Aussagen sind dadurch nicht nur logisch, sondern immer auch faktisch überprüfbar. **Idealwissenschaften**, wie die Logik oder die Mathematik, haben hingegen keinen Bezug zu realen Handlungsfeldern, sondern nur zu von Menschen erdachten Sachverhalten.

Geisteswissenschaft

Zu den Realwissenschaften gehören die **Naturwissenschaften**, wie die Physik, die Chemie oder die Biologie, die sich mit Sachverhalten auseinandersetzen, die auch ohne den Einfluss des Menschen existieren und deren Aussagen in der Natur überprüfbar sind, und die **Geisteswissenschaften**, die sich mit Sachverhalten befassen, die aufgrund des menschlichen Geistes existieren. Die Betriebswirtschaftslehre wird den Geisteswissenschaften zugerechnet.

Sozialwissenschaft

Teilbereiche der Geisteswissenschaften sind unter anderem die Rechtswissenschaften, die Sprachwissenschaften und die Sozialwissenschaften, denen wiederum die Betriebswirtschaftslehre zugeordnet wird. Die Sozialwissenschaften beschäftigen sich mit dem Handeln und dem Zusammenleben der Menschen im sozialen und gesellschaftlichen Kontext.

Wirtschaftswissenschaft

Zu den Sozialwissenschaften gehören, neben der Soziologie, der Sozialpädagogik und der Politologie, die Wirtschaftswissenschaften. Die Wirtschaftswissenschaften umfassen die Volks- und die Betriebswirtschaftslehre (vergleiche *Jung, H.* 2004: Seite 19 f. und *Wöhe, G.* 2002: Seite 24 f.):

- Die **Volkswirtschaftslehre** untersucht die gesamtwirtschaftlichen Zusammenhänge der Aktivitäten aller Wirtschaftssubjekte und betrachtet diese von oben, also aus der übergeordneten Perspektive einer Wirtschaftsregion oder eines Staates. Diese Betrachtungsweise soll es ermöglichen, das Wesen der Wirtschaft als Ganzes zu untersuchen und in seinen Zusammenhängen zu erkennen (vergleiche *Schierenbeck, H.* 2003: Seite 6). Dadurch sollen Lösungen für Probleme wie Rezession, Inflation, Arbeitslosigkeit oder die Rentenfinanzierung gefunden werden.
- Die **Betriebswirtschaftslehre** orientiert sich dagegen an den Vorgängen innerhalb der Wirtschaftssubjekte im Allgemeinen und der Betriebe im Speziellen. Sie kann als angewandte praktische Wissenschaft charakterisiert werden, die insbesondere die Aufgaben hat:
  - reale Sachverhalte zu beschreiben (Deskription),
  - theoretische Erklärungen für Ursache-Wirkungs-Zusammenhänge zu liefern (Kausalitäten) und daraus abgeleitet
  - realitätsnahe und umsetzbare Handlungsempfehlungen zu geben (Präskription).

Abb. 1-8

Einordnung der Betriebswirtschaftslehre in die Wissenschaften

- Wissenschaften
  - Nichtmetaphysische Wissenschaften
    - Realwissenschaften
      - Geisteswissenschaften
        - Sozialwissenschaften
          - Wirtschaftswissenschaften
            - **Betriebswirtschaftslehre**
            - Volkswirtschaftslehre
          - Soziologie
          - Politologie
        - Recht
        - Kunst
      - Naturwissenschaften
    - Idealwissenschaften
      - Logik
      - Mathematik
  - Metaphysische Wissenschaften
    - Philosophie
    - Theologie

Vergleiche *Jung, H.* 2004: Seite 20

1.3 Unterteilung der Betriebswirtschaftslehre

Unterteilung nach der Branchenorientierung

Nach der Branchenorientierung kann die Betriebswirtschaftslehre folgendermaßen unterteilt werden:

Allgemeine Betriebswirtschaftslehre
Die Allgemeine Betriebswirtschaftslehre hat Sachverhalte und Probleme zum Gegenstand, die für die Betriebe in allen Branchen gleich sind, und zwar unabhängig von dem Wirtschaftszweig, dem sie angehören. In der Regel werden deshalb die verschiedenen Funktionsbereiche von Unternehmen betrachtet.

Spezielle Betriebswirtschaftslehre
Die speziellen Betriebswirtschaftslehren beschäftigen sich mit den spezifischen Problemen und Fragestellungen von Betrieben, die einzelnen Branchen angehören. Die wichtigsten Formen der speziellen Betriebswirtschaftslehre sind:

- die Industriebetriebslehre,
- die Handelsbetriebslehre,
- die Bankbetriebslehre,
- die Versicherungsbetriebslehre,
- die Verkehrsbetriebslehre,
- die Betriebswirtschaftslehre des Handwerks und
- die Betriebswirtschaftslehre der Landwirtschaft.

Unterteilung nach dem Wissenschaftsprogramm

Nach dem zugrunde liegenden Wissenschaftsprogramm können folgende Ausrichtungen der Betriebswirtschaftslehre unterschieden werden:

Produktionsfaktororientierte Betriebswirtschaftslehre
Im Mittelpunkt der insbesondere auf *Erich Gutenberg* zurückgehenden produktionsfaktororientierten Betriebswirtschaftslehre steht die Gestaltung der Kombination von Produktionsfaktoren in Betrieben.

Entscheidungsorientierte Betriebswirtschaftslehre
Im Mittelpunkt der insbesondere auf *Edmund Heinen* zurückgehenden entscheidungsorientierten Betriebswirtschaftslehre steht die Entwicklung von Entscheidungsmodellen für die in Betrieben zu treffenden Entscheidungen.

Systemorientierte Betriebswirtschaftslehre
Im Mittelpunkt der insbesondere auf *Hans Ulrich* zurückgehenden systemorientierten Betriebswirtschaftslehre steht die Entwicklung von kybernetischen Systemen zur Abbildung der in und zwischen Betrieben und Haushalten vorhandenen Regelkreise.

Institutionenökonomieorientierte Betriebswirtschaftslehre
Im Mittelpunkt der insbesondere auf *Ronald Coase* zurückgehenden institutionenökonomieorientierten Betriebswirtschaftslehre steht die Gestaltung des institutionellen Rahmens von Tauschprozessen zwischen den Wirtschaftssubjekten.

1.4 Entwicklung der Betriebswirtschaftslehre

Die Entwicklung der Betriebswirtschaftslehre muss im Kontext der Entwicklung des Wirtschaftens gesehen werden. Wichtige Meilensteine der Entwicklung waren:

- Nicht datierbar: Beginn des Handels zwischen Stämmen.
- Etwa 8000 vor unserer Zeitrechnung: Beginn der Landwirtschaft im sogenannten Fruchtbaren Halbmond, der Teile der heutigen Länder Türkei, Irak, Syrien und Libanon umfasste.
- Etwa 8000 vor unserer Zeitrechnung: Physische Dokumentation landwirtschaftlicher Bestände über Ton-Tokens.
- Etwa 5000 vor unserer Zeitrechnung: Beginn der Landwirtschaft in Gebieten der heutigen Länder Deutschland, Österreich, Schweiz.
- Etwa 4000 vor unserer Zeitrechnung: Gründung von befestigten Städten und Staaten und Erhebung von Steuern durch die Sumerer im Zweistromland nördlich des heutigen Bagdads.
- Etwa 3500 vor unserer Zeitrechnung: Erfindung der Keilschrift auf Tontafeln durch die Sumerer. Erste Anwendungen für Verträge und Rechnungen.
- Etwa 700 vor unserer Zeitrechnung: Erfindung des Geldes in Form von Goldklumpen durch die Lyder.
- Etwa 450 vor unserer Zeitrechnung: Entwicklung eines differenzierten Rechtssystems durch die Römer.
- 380 vor unserer Zeitrechnung: Der griechische Philosoph *Xenophon* verfasst die Lehrschrift »Oikonomeia« über die Bewirtschaftung von Landgütern.
- 350 vor unserer Zeitrechnung: Der griechische Philosoph *Aristoteles* verfasst die Lehrschrift »Über Haushaltung in Familie und Staat«.
- 1340: Erste Belege für eine doppelte Buchführung in den Büchern der städtischen Finanzbeamten Genuas.
- 1494: Der italienische Franziskanermönch und Mathematikprofessor *Luca Pacioli* verfasst ein Lehrbuch zur Buchführung.
- 1511: Die *Fugger* in Augsburg erstellen erste Bilanzen und Jahresabschlüsse.
- 1673: Veröffentlichung des französischen Handelsgesetzbuches »Ordonnance de Commerce«.
- 1675: Der Franzose *Jacques Savary* (1622–1690) veröffentlicht das erste Lehrbuch zur Betriebswirtschaftslehre »Le parfait Négociant«.
- 1861: Verabschiedung »Allgemeines Deutsches Handelsgesetzbuch«, das 1863 als »Allgemeines Handelsgesetzbuch« auch in Österreich eingeführt wird.
- 1881: Verabschiedung »Obligationenrecht« in der Schweiz.
- 1898: Gründung von Handelshochschulen in Leipzig, Aachen, St. Gallen und Wien und damit Beginn der Betrachtung der Betriebswirtschaftslehre als Wissenschaft.
- 1912: *Heinrich Nicklisch* veröffentlicht das erste deutschsprachige Lehrbuch zur allgemeinen Betriebswirtschaftslehre.
- 1919: *Eugen Schmalenbach* veröffentlicht die erste Auflage des Buchs »Dynamische Bilanz«.
- 1951: *Erich Gutenberg* veröffentlicht den ersten von drei Bänden seines Werks »Grundlagen der Betriebswirtschaftslehre«. In ihnen behandelt *Gutenberg* die

die Bereiche der Produktion, des Absatzes und der Finanzen als ein geschlossenes System.

- 1960: *Günter Wöhe* veröffentlicht die erste Auflage des Lehrbuchs »Einführung in die Allgemeine Betriebswirtschaftslehre«.

1.5 Restriktionen durch die Wirtschaftsordnung

Wirtschaftsordnungen geben allen Betrieben einen verbindlichen Handlungsrahmen vor.

Grundtypen von Wirtschaftsordnungen

Historisch gesehen, stehen sich zwei Grundtypen von Wirtschaftsordnungen gegenüber, die jeweils durch eine ganz bestimmte politische Systemidee geprägt sind: die Zentralverwaltungswirtschaft und die Marktwirtschaft (↗ Tabelle 1-1, vergleiche *Bartling, H./Luzius, F.* 1991: Seite 35, *Frantzke, A.* 1999: Seite 54 ff.). In der wirtschaftspolitischen Realität zeigen sich in aller Regel Mischformen dieser beiden Extreme, die in Abhängigkeit von der politischen Ordnung mehr in die eine oder in die andere Richtung tendieren. In der jeweiligen **Wirtschaftsverfassung** werden dabei die Normen und Gesetze definiert, innerhalb derer sich die reale Wirtschaftsordnung bewegen kann.

1.5.1 Zentralverwaltungswirtschaft

Idee des Sozialismus

Zentralverwaltungswirtschaften beruhen auf der Systemidee des Sozialismus. Im Gegensatz zu den Verfechtern der Marktwirtschaft glaubten *Karl Marx* (1818–1883) und *Friedrich Engels* (1820–1895), dass die ökonomische Freiheit des Individuums nicht zu einer allgemeinen Wohlfahrtssteigerung führt, sondern vielmehr dazu, dass

Tab. 1-1

Vergleich von Zentralverwaltungs- und Marktwirtschaft

	Kapitalistische Marktwirtschaft (Privateigentum)	Sozialistische Zentralverwaltungswirtschaft (Staatseigentum)
Entscheidungsstrukturen	▸ dezentral ▸ in eigener Verantwortung ▸ kollegiale Entscheidungsstrukturen	▸ zentral ▸ in Verantwortung gegenüber der nächsthöheren Instanz ▸ hierarchische Entscheidungsstrukturen
Information und Koordination	▸ dezentrale Informationsverarbeitung ▸ dezentrale Wirtschaftspläne ▸ Preissystem (relative Preise)	▸ zentrale Informationsverarbeitung ▸ zentraler Volkswirtschaftsplan ▸ zentrale Bürokratie
Motivation und Sanktion	▸ Privateigentum ▸ Gewinn und Verlust	▸ Soziale Anerkennung in Abhängigkeit von der Planerfüllung ▸ Leistungskontrollen, Prämiensystem

Vergleiche *Frantzke, A.* 1999: Seite 56

die Menschen sich gegenseitig »ausbeuten« und dadurch letztlich die Volkswirtschaft zusammenbricht. Aus diesem Grund forderten sie die Begrenzung der Freiheit des einzelnen Individuums und insbesondere des Unternehmers mit staatlicher Hilfe. Dementsprechend ist die Zentralverwaltungswirtschaft durch einen **staatlichen Dirigismus** geprägt. Alle wirtschaftlichen Aktivitäten werden zentral von einer der politischen Führung direkt zugeordneten Behörde geplant, die den überwiegenden Anteil der Produktionsmittel, etwa in Form von Kolchosen, Landwirtschaftlichen Produktionsgenossenschaften oder Volkseigenen Betrieben, in der Hand hält. Alle wirtschaftlichen Prozesse werden an einem **zentralen Wirtschaftsplan** ausgerichtet (in der Regel ein Fünfjahresplan). Er gibt beispielsweise vor, welche Güterarten- und -mengen zu produzieren sind. Privateigentum an Produktionsmitteln ist nicht vorgesehen.

Staatliche Planung

Das grundlegende Problem der Zentralverwaltungswirtschaft liegt in der Komplexität des erforderlichen Planungs- und Kontrollsystems, die von der zentralen Planungsinstanz kaum zu bewältigen ist. Zeitnahe Reaktionen auf Nachfrageänderungen oder die schnelle Integration von neuen Technologien in den Produktionsprozess sind nicht möglich. Zudem bestehen keine Möglichkeiten zur Gestaltung eines wirksamen Leistungsanreizsystems. Die in der Praxis noch vorhandenen Varianten dieses Modells werden aufgrund der politischen Veränderungen im Zusammenhang mit ihrer wirtschaftlichen Erfolglosigkeit zunehmend durch marktwirtschaftliche Systeme beziehungsweise Systemelemente ersetzt.

Problematik

1.5.2 Marktwirtschaft

Die Marktwirtschaft beruht auf der Systemidee des Liberalismus, der die völlige Entscheidungsfreiheit aller Wirtschaftssubjekte postuliert. Ihre Hauptvertreter sind der englische Philosoph und Nationalökonom *Adam Smith* (1723–1790) mit seinem Werk »Inquiry into the Nature and Causes of the Wealth of Nations« und *David Ricardo* (1772–1823). Ferner zählen *Thomas Robert Malthus* (1766–1834), *John Stuart Mill* (1806–1873) sowie *Jean Baptiste Say* (1767–1832) zu den Verfechtern eines Wirtschaftsliberalismus. *Smith* ging davon aus, dass sich der durch den Eigennutz motivierte freie Wettbewerb wie durch eine unsichtbare Hand (»invisible hand«) in Gemeinnutz wandelt und so eine optimale Bedürfnisbefriedigung und eine Steigerung der allgemeinen Wohlfahrt erreicht wird. Der Staat sollte sich dabei wirtschaftspolitisch möglichst zurückhalten.

Idee des Liberalismus

Die wirtschaftlichen Aktivitäten in einer Marktwirtschaft beruhen demzufolge auf den individuell aufgestellten Plänen der einzelnen Wirtschaftssubjekte (Unternehmen, Haushalte), die jeweils das Ziel der Gewinnmaximierung verfolgen. Sie stellen gemäß ihren jeweiligen Präferenzen die Konsum- und Produktionspläne auf. Die Abstimmung der Pläne erfolgt über den Wettbewerb auf den nicht regulierten Märkten, auf denen das Angebot und die Nachfrage aufeinandertreffen. Eine wesentliche Voraussetzung ist das Vorhandensein von **Privateigentum**, über das der Eigentümer nach Belieben verfügen darf und aus dem ihm die Erträge zustehen.

Individuelle Planung

Ein Hauptproblem des marktwirtschaftlichen Systems stellen die Konzentrationsvorgänge von Wirtschaftssubjekten dar, die ihren Ausdruck in Unternehmenszusam-

Problematik

menschlüssen jedweder Art finden. Die sich daraus ergebende wirtschaftliche Macht, beispielsweise von Monopolisten als alleinigen Anbietern eines bestimmten Produkts, kann das freie Zusammenspiel von Angebot und Nachfrage einseitig beeinflussen und damit die Grundvoraussetzungen der Marktwirtschaft außer Kraft setzen. Zu bemängeln ist auch das Fehlen von sozialen Komponenten: Diejenigen Menschen, die nicht in der Lage sind, ihre ganze Arbeitskraft in den Produktionsprozess einzubringen, werden schnell an den Rand von Wirtschaft und Gesellschaft gedrängt (vergleiche *Frantzke, A.* 1999: Seite 61 und *Heubes, J.* 1992: Seite 51).

1.5.3 Soziale Marktwirtschaft

Die Soziale Marktwirtschaft versucht, unter Beibehaltung möglichst weitreichender wirtschaftlicher Freiheiten, die Nachteile der freien Marktwirtschaft zu verringern.

Sozialstaatsprinzip

Um die soziale Gerechtigkeit zu gewährleisten, muss es dem Staat möglich sein, unter bestimmten Bedingungen in die Freiheit des Individuums einzugreifen. In einer umfassenden Sozialordnung wird dabei geregelt, wie eine Einkommensumverteilung zugunsten sozial Schwächerer stattfinden kann, so zum Beispiel durch eine Progression der Einkommensteuer. Ein wichtiges Instrument zur Sicherung der sozial Schwachen – und damit einer Umverteilung von denjenigen, die »stärker« sind – ist die Sozialversicherung, deren Beiträge von der Höhe des Einkommens der Arbeitnehmer abhängen. Sie setzt sich aus Kranken-, Renten-, Arbeitslosen- und Pflegeversicherung zusammen.

1.6 Normativer Rahmen

Der normative Rahmen von Unternehmen (↗ Abbildung 1-9) schränkt zum einen durch die Vorgabe eines Wertesystems und einer Mission den Handlungsspielraum der Mitarbeiter in sinnvoller Weise ein. Zum anderen gibt er durch die Vorgabe einer Vision und eines Zielsystems Orientierung hinsichtlich der Ausrichtung des Unternehmens (vergleiche dazu und zum Folgenden *Müller-Stewens, G./Brauer, M.* 2009: Seite 150 ff., *Meffert, H.* 2000: Seite 69 ff. und *Thommen, J.-P./Achleitner A.-K.* 2003: Seite 834 ff.).

Unternehmensleitbild

Zur internen und externen Kommunikation werden die Bestandteile des normativen Rahmens häufig in sogenannten **Unternehmensleitbildern** explizit formuliert.

Abb. 1-9

Elemente des normativen Rahmens von Unternehmen

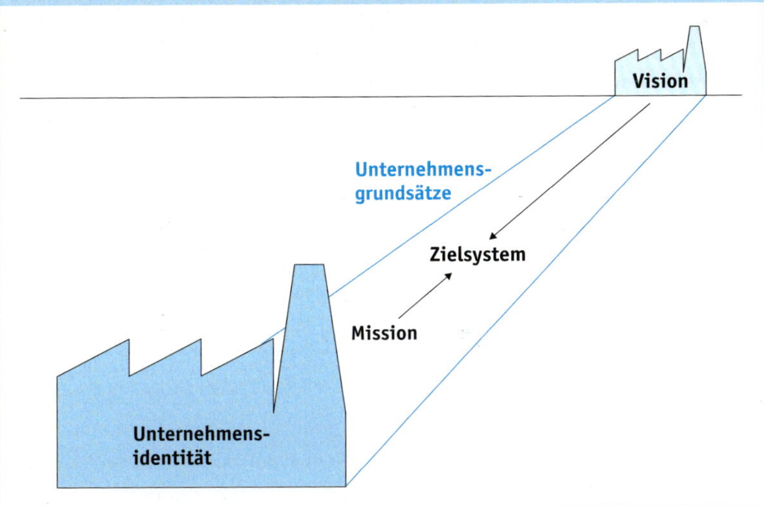

1.6.1 Vision

Die Vision gibt eine Antwort auf die Frage: »Wo sehen wir uns selbst langfristig?«. Sie gibt damit eine Orientierung, wohin sich das Unternehmen zukünftig entwickeln will.

Unter einer **Unternehmensvision** wird eine generelle unternehmerische Leitidee verstanden, die zwar szenarische, aber dennoch realistische und glaubwürdige Aussagen hinsichtlich einer anzustrebenden und im Prinzip auch erreichbaren Zukunft formuliert.

Unternehmensvisionen sollen also ein attraktives Bild der Zukunft des Unternehmens aufzeigen und damit die Leistungsbereitschaft der Mitarbeiter fördern und ihrer Arbeit einen Sinn geben. Unternehmensvisionen können erhebliche Motivationswirkungen haben, wenn sie akzeptiert und als erstrebenswert angesehen werden. Sie haben damit einen handlungsleitenden Charakter (vergleiche *Vahs, D.* 2019: Seite 124 f.). Die Art und Weise, wie Unternehmen mit ihren Leistungen einen langfristigen Nutzen für die Nachfrager stiften können, ist dabei ein wesentliches Element für die Formulierung einer Vision.

Wirtschaftspraxis 1-6

Die Visionen von Daimler und Ford

Viele herausragende Unternehmerpersönlichkeiten der Wirtschaftsgeschichte haben mit den von ihnen formulierten Visionen dafür gesorgt, dass sich ihre Unternehmen trotz vielfältiger Veränderungen dauerhaft auf eine Leitidee konzentrierten. So war beispielsweise die Vision von *Gottlieb Daimler*, dass sich die Menschheit schneller und bequemer fortbewegen kann.
Dass eine Vision nicht vieler Worte bedarf und dennoch, oder gerade deshalb, eine große Aussage- und Anziehungskraft besitzt und weitreichende Auswirkungen haben kann, macht die Leitidee von *Henry Ford* deutlich. Dessen prägnante Vision »Autos für jedermann« verhalf nicht nur dem Erfolgsmodell *Tin Lizzy* Anfang des 20. Jahrhunderts zu seiner Geburtsstunde, sondern dient auch heute noch dem Automobilkonzern als Orientierungshilfe.
Moderne Visionen stehen dem in Nichts nach, wie die aktuelle Vision der Daimler AG zeigt: »We will build the world´s most desirable cars.«

Quellen: *Küttenbaum, V.*: Fortschritt durch Basisanalyse, in: IO Management, Nummer 9, 1992, Seite 93; *Henzler, H. A.*: Vision und Führung, in: *Hahn, D./Taylor, B.* (Herausgeber): Strategische Unternehmensführung, 7. Auflage, Heidelberg 1997, Seite 291; https://www.daimler.com/investoren/events/kapitalmarkttage/2020-mercedes-benz-strategy-update.html

1.6.2 Mission

Eng verknüpft mit dem durch die Unternehmensvision vorgegebenen Zukunftsbild des Unternehmens ist die daraus resultierende Mission als Handlungsauftrag für das gegenwärtige Unternehmen. Die Mission gibt entsprechend Antworten auf die Frage »Warum gibt es uns?«.

Die **Unternehmensmission** beziehungsweise die **Business-Mission** beschreibt den Zweck und den Gegenstand des gegenwärtigen unternehmerischen Handelns.

Mit der Beschreibung des grundlegenden Tätigkeitsfeldes des Unternehmens legt die Unternehmensmission also fest, welche Leistungen das Unternehmen anbietet und welche Probleme es löst. In den meisten Fällen wird dies als sogenannter »Gegenstand des Unternehmens« bereits bei der Gründung im Gesellschaftsvertrag niedergelegt. Zur Kommunikation gegenüber Mitarbeitern, Kunden und anderen Interessenten wird die Unternehmensmission häufig auch in Form eines sogenannten **Mission-Statements** festgehalten.

Wirtschaftspraxis 1-7

Gegenstand der BMW AG

In ihrer Satzung gibt die *BMW* AG folgenden Gegenstand des Unternehmens an:
»Gegenstand des Unternehmens ist die Herstellung und der Vertrieb von Motoren und damit ausgestatteten Fahrzeugen, deren Zubehör sowie von Erzeugnissen der Maschinen- und Metallindustrie und die Erbringung von Dienstleistungen, die mit den vorgenannten Gegenständen im Zusammenhang stehen.«

Quelle: *BMW AG: Satzung vom 20.11.2018, § 2, Absatz 1.*

1.6.3 Wertesystem

Das Wertesystem von Unternehmen umfasst zum einen die Unternehmensidentität und zum anderen die Unternehmensgrundsätze.

1.6.3.1 Unternehmensidentität

Die Frage »Wer sind wir?« wird im Rahmen der Festlegung der Unternehmensidentität beziehungsweise der **Corporate Identity** (CI) geklärt. Die Corporate Identity bestimmt gewissermaßen die Unternehmenspersönlichkeit und damit das Bild beziehungsweise das Image des Unternehmens, das intern gegenüber den Mitarbeitern und extern gegenüber der Öffentlichkeit vermittelt werden soll. Dies ist heute besonders wichtig, da viele Produkte austauschbar geworden sind und Kaufentscheidungen deshalb häufig aufgrund des Unternehmensimages getroffen werden.

Identitäts-Mix

Die Unternehmensidentität wird durch den sogenannten Identitäts-Mix aus:

- Erscheinungsbild (Corporate Design),
- Verhalten (Corporate Behaviour) und
- Kommunikation (Corporate Communication)

geschaffen und vermittelt (vergleiche dazu und zum Folgenden *Herbst, D.* 2006 und *Meffert, H.* 2000: Seite 705 ff.).

Erscheinungsbild (Corporate Design)

So wie sich Menschen in einer bestimmten Art und Weise kleiden, um einen bestimmten Eindruck zu erwecken, legt das Corporate Design das Erscheinungsbild des Unternehmens fest. So kann sich ein Unternehmen beispielsweise als besonders innovativ darstellen, um den Anforderungen eines dynamischen Markt- und Wettbewerbsumfeldes gerecht zu werden. Das Corporate Design kann dabei unter anderem Vorgaben für folgende Elemente umfassen:

Elemente des Corporate Designs

- Logo des Unternehmens,
- zu verwendende Farben,
- Stil von Abbildungen und Fotos,
- typographische Gestaltung von Geschäftspapieren, Geschäftsberichten und anderen Druckmedien,
- Internetauftritt,
- Gestaltung von Produkten und deren Verpackungen,
- Architektur (Corporate Architecture),
- Arbeitskleidung (Corporate Fashion),
- Erkennungsklang des Unternehmens (Sonic Identity) und
- Raumdüfte (Corporate Scent), die in Geschäfts- und Verkaufsräumen eingesetzt werden.

Da das Corporate Design unmittelbar in der Öffentlichkeit wahrgenommen wird und im Vergleich zum Corporate Behaviour relativ leicht zu beeinflussen ist, haben heute fast alle größeren Unternehmen ein professionell gestaltetes Erscheinungsbild.

Wirtschaftspraxis 1-8

Corporate Design von Festo und den Sparkassen

Der Hersteller von pneumatischen und elektrischen Automatisierungskomponenten und -systemen hat ein sehr weit entwickeltes Corporate Design, das in einem Manual ausführlich beschrieben wird. Es basiert farblich auf zwei Blau- und zwei Grautönen. Diese Farben werden nicht nur zur Gestaltung des Firmenlogos und von Druckmedien verwendet, sondern auch bei der Farbgebung von Produkten und sogar von Betriebsgebäuden.
Auch im eher als konservativ geltenden Bankensektor gibt es immer wieder neue Corporate Design-Ideen: »Jeder kennt die Sparkasse. Aber niemand verbindet Freude oder Modernität mir ihr. Wir erweiterten das Logo und kreierten über 250 emotionale Symbole – für all das, was die Bank tut. Die Symbole wurden als Out-of-Home-Motive genutzt. Denn wir wollten die Menschen berühren – etwas, das kein CI-Booklet schafft. Die Menschen erkannten die Sparkasse in allen Symbolen wieder. So wurde das Logo mit vielen neuen Emotionen aufgeladen – und die Sparkasse als vielfältige, moderne Bank wahrgenommen.«

Quellen: *Festo AG & Co. KG*: Corporate Design, Oktober 2000; https://www.german-design-award.com/die-gewinner/galerie/detail/4976-corporate-design-sparkasse.html

Verhalten (Corporate Behaviour)

Das Corporate Behaviour versucht, das Verhalten der Mitarbeiter und damit die **Unternehmenskultur** zu beeinflussen. Während es sich bei den nachfolgend beschriebenen Unternehmensgrundsätzen um zumeist schriftlich fixierte Regeln handelt, wird die Unternehmenskultur primär von ungeschriebenen Gesetzen geprägt, die sich in bestimmten Verhaltensweisen und Ritualen äußern, so etwa

Faktoren der Unternehmenskultur

- wie der Umgangston untereinander und gegenüber Externen ist,
- wer wie informiert wird,
- wer welche Entscheidungen trifft,
- wie Entscheidungen getroffen werden,
- welcher Führungsstil angestrebt wird,
- welche Risiken eingegangen werden,
- wie mit Verbesserungsvorschlägen umgegangen wird,
- wie auf Erfolge und Misserfolge reagiert wird,
- wer protegiert und befördert wird,
- wer welche Art von Kleidung trägt oder
- wie sozialer Status symbolisiert wird.

Das Verhalten der Mitarbeiter und die Unternehmenskultur sind wesentlich schwieriger zu beeinflussen als das visuelle Erscheinungsbild des Unternehmens. Entsprechende Veränderungen setzen einen Wandel der subjektiven und kollektiven Einstellungen und Verhaltensweisen voraus. Sie müssen insbesondere von den Führungskräften ausgehen, indem diese beispielsweise die gewünschten Verhaltensmuster aktiv vorleben oder Mitarbeiter mit bestimmten Persönlichkeitsmerkmalen einstellen und befördern.

Kommunikation (Corporate Communication)

Die Corporate Communication umfasst insbesondere Instrumente der Öffentlichkeitsarbeit beziehungsweise der Public-Relations, auf die wir im ↗ Kapitel 18 Marketing noch ausführlich eingehen werden.

1.6.3.2 Unternehmensgrundsätze

Die Unternehmensgrundsätze beziehungsweise **Policies and Practice** geben Auskunft auf die Frage »Nach welchen Grundwerten und Grundsätzen handeln wir?«. Meistens werden die Unternehmensgrundsätze schriftlich fixiert und innerhalb des Unternehmens kommuniziert. Die Unternehmensgrundsätze können weiter in die Unternehmensverfassung und die Verhaltenskodizes unterteilt werden.

Unternehmensverfassung (Corporate-Governance-System)

Unternehmensverfassungen geben der Unternehmensführung Regeln für die Leitung und die Überwachung von Unternehmen vor. Auf sie werden wir im ↗ Kapitel 6 Unternehmensverfassung noch ausführlich eingehen.

Verhaltenskodizes (Corporate Codes of Conduct)

Verhaltenskodizes, die teilweise auch als Ethikkodizes bezeichnet werden, sind moralische Standards, an denen sich alle Mitarbeiter orientieren sollen. In der Regel haben sie insbesondere die Beziehungen zu externen Stakeholdern, wie Lieferanten und Kunden, zum Gegenstand. Als Handlungsrahmen und Verhaltenskodex besitzen sie eine integrierende und steuernde Funktion.

Wirtschaftspraxis 1-9

Unternehmensgrundsätze der Nestlé S. A.

In seinen Unternehmensgrundsätzen vom September 2010 legt der schweizerische Nahrungsmittelkonzern seine Haltung zu den Bereichen nationale Gesetzgebung und internationale Empfehlungen, Konsumenten, Gesundheit und Ernährung von Säuglingen, Menschenrechte, Mitarbeiter und ihr Arbeitsplatz, Kinderarbeit, Geschäftspartner, Umweltschutz, Wasserpolitik und landwirtschaftliche Rohstoffe fest.

So hat *Nestlé* im Hinblick auf die Konsumentenkommunikation unter anderem den Grundsatz »*Nestlé* soll mit ihrer Konsumentenkommunikation einen maßvollen Konsum von Nahrungsmitteln und nicht übermäßiges Essen fördern. Das ist besonders im Hinblick auf Kinder wichtig«.

Bezüglich der eigenen Mitarbeiter und deren Arbeitsplätze unterstützt *Nestlé* unter anderem die Leitsätze zu den Arbeitsnormen der *UNO*-Initiative Global Compact. Dazu wahrt *Nestlé* die Vereinigungsfreiheit und die wirksame Anerkennung des Rechtes auf Kollektivverhandlungen und tritt für die Beseitigung aller Formen der Zwangs- oder Pflichtarbeit, die wirksame Abschaffung der Kinderarbeit und die Beseitigung von Diskriminierung im Beruf ein.

Im Hinblick auf Geschäftspartner hat *Nestlé* unter anderem hinsichtlich der Beziehungen zu Lieferanten den Grundsatz »*Nestlé* strebt an, nur mit Zulieferern von einwandfreiem Ruf zu arbeiten, die bereit sind, die Qualitätsstandards von *Nestlé* anzuwenden. Die Beziehungen zu den Lieferanten werden in Vergleichen überprüft (Benchmarking) und mit dem Ziel einer kontinuierlichen Verbesserung auf den Gebieten Qualität, Service usw. bewertet. Wenn sich die Geschäftsbeziehung zwischen *Nestlé* und einem Zulieferer verfestigt und weiterentwickelt, kann Letzterer den Status eines bevorzugten Zulieferers erhalten«.

Quelle: *Nestlé S. A., Public Affairs*: Nestlé-Unternehmensgrundsätze, Juni 2010, https://www.nestle.de/sites/g/files/pydnoa391/files/asset-library/documents/medien/broschueren/unternehmen/nestle_unternehmensgrundsaetze_2010.pdf, aufgerufen am 02.12.2020.

1.6.4 Zielsystem

Aus den vorgenannten Elementen des normativen Rahmens wird ein System von sogenannten **Handlungszielen** abgeleitet. In der Regel besteht innerhalb von Betrieben beziehungsweise Unternehmen eine **Zielhierarchie.** Für die verschiedenen Hierarchieebenen ergeben sich damit Handlungsziele in Form von Ober-, Zwischen- und Unterzielen (vergleiche zu den entsprechenden Instrumentalrelationen das ↗ Kapitel 2 Entscheidungstheorie). Oberziele für das gesamte Unternehmen können beispielsweise die nachfolgend beschriebenen Rentabilitäts- und Marktziele sein, die dann – abhängig von der Aufbauorganisation des Unternehmens – in entsprechende Ziele für die Unternehmensbereiche und/oder Funktionsbereiche und von dort aus beispielsweise im Rahmen von Zielvereinbarungen weiter bis auf die Ebene der einzelnen Mitarbeiter heruntergebrochen werden (vergleiche dazu und zum Folgenden *Meffert, H.* 2000: Seite 71 ff.).

Monetäre und nichtmonetäre Ziele

Meist verfolgen Betriebe mehrere Handlungsziele gleichzeitig. Diese lassen sich in monetäre, also in Geldeinheiten messbare Ziele, wie das häufig primäre Ziel der Gewinnmaximierung, und in nichtmonetäre Ziele, wie beispielsweise die Bewahrung der Unabhängigkeit, unterteilen. Die möglichen Handlungsziele von Betrieben können in den folgenden Kategorien zusammengefasst werden (↗ Abbildung 1-10, zum Folgenden vergleiche *Ulrich, P./Fluri, E.* 1995: Seite 97 f.):

Handlungsziele von Unternehmen

Erfolgsziele
Die Steigerung der Rentabilität ist eines der wichtigsten Handlungsziele vieler Unternehmen, da diese im Außenverhältnis in der Regel nach der Gesamtkapital-, der Eigenkapital- und der Umsatzrentabilität beurteilt werden. Zur Steigerung der Rentabilität wird dabei insbesondere das Ziel angestrebt, den Gewinn zu maximieren.

Finanzziele
Aus der Sicherstellung des Unternehmenserhalts ergibt sich das Ziel, die Zahlungsfähigkeit des Unternehmens zu gewährleisten. Um dabei nicht zu viel Fremdkapital einzusetzen und nicht zu hohe Fremdkapitalzinsen bezahlen zu müssen, beziehen sich weitere mögliche Handlungsziele auf die Optimierung der Kapitalstruktur und die Erhöhung der Kreditwürdigkeit. Im Hinblick auf die Interessen von Aktionären und Gesellschaftern kann es zudem ein Handlungsziel sein, den Unternehmenswert zu steigern.

Produkt- und Marktziele
Hinsichtlich der Märkte, in denen Unternehmen tätig sind, sind die Optimierung des bestehenden und des zukünftigen Produktprogramms und die Erhöhung von Umsatzerlösen und von Marktanteilen wichtige Handlungsziele. Darüber hinaus kann auch die Etablierung in neuen Märkten, wie beispielsweise in bestimmten ausländischen Märkten, Ziel eines Unternehmens sein.

Soziale Ziele
Da die Zufriedenheit der Mitarbeiter für den Erfolg von Unternehmen von großer Bedeutung ist, haben viele Unternehmen das Ziel, die Interessen der Mitarbeiter zu

Abb. 1-10

Mögliche Handlungsziele von Unternehmen

- **Handlungsziele**
  - Erfolgsziele
    - Gewinn
    - Eigenkapitalrentabilität
    - Gesamtkapitalrentabil.
  - Finanzziele
    - Zahlungsfähigkeit
    - Kapitalstruktur
    - Kreditwürdigkeit
    - Unternehmenswert
  - Produkt-und Marktziele
    - Produktprogramm
    - Umsatzerlös
    - Marktanteil
  - Soziale Ziele
    - Arbeitszufriedenheit
    - Personalentwicklung
    - Arbeitsplätze
    - Einkommen, Pensionen
  - Macht-und Prestigeziele
    - Unabhängigkeit
    - Politischer Einfluss
    - Unternehmensimage
    - Unternehmenstradition
  - Ökologische Ziele
    - Umweltschutz
    - Ressourcenschonung

wahren und deren Weiterentwicklung zu fördern. Weitere Handlungsziele im Hinblick auf die Mitarbeiter sind die Sicherung von deren Arbeitsplätzen, von deren Einkommen und von deren Pensionen.

Macht- und Prestigeziele
Insbesondere das Management hat meist das Ziel, die Unabhängigkeit von Unternehmen zu wahren. Um andere Unternehmensziele durchsetzen zu können, ist es ein weiteres mögliches Handlungsziel, den politischen und den gesellschaftlichen Einfluss eines Unternehmens zu erhöhen. Die Verbesserung des Unternehmensimages und die Fortführung einer Unternehmenstradition sind weitere, von vielen Unternehmen verfolgte Ziele.

Ökologische Ziele
Aufgrund des zunehmenden ökologischen Bewusstseins der Bevölkerung sind heute auch Ziele im Hinblick auf den Schutz der Umwelt, den schonenden Umgang mit Ressourcen und die Recyclingfähigkeit der angebotenen Produkte von großer Bedeutung.

1.7 Geschäftsmodelle zur Strukturierung der betriebswirtschaftlichen Lehre

Geschäftsmodelle, die auch als **Business Models** bezeichnet werden, beschreiben in vereinfachender Weise die grundlegenden Strukturen und Funktionen von Unternehmen. In der Praxis werden sie insbesondere für die Entwicklung neuer, verbesserter Geschäftsmodelle verwendet. In der betriebswirtschaftlichen Lehre dienen sie dazu, den Studierenden einen integralen Bezugsrahmen zu geben, damit diese die ökonomischen Sachverhalte in ihrem Gesamtzusammenhang besser verstehen können (vergleiche *Rüegg-Stürm, J.* 2002: Seite 6). Nachfolgend werden wir uns mit zwei »didaktischen« Geschäftsmodellen beschäftigen, dem Managementmodell der *Universität St. Gallen* und dem 4-Ebenen-Modell, das diesem Buch zugrunde liegt.

1.7.1 St. Galler Management-Modell

Elemente des Neuen St. Galler Management-Modells

In den 1970er-Jahren wurde an der schweizerischen *Hochschule St. Gallen* (*HSG*), heute *Universität St. Gallen*, ein Management-Modell zur Strukturierung der dortigen Lehre geschaffen. Ende der 1990er-Jahre wurde dieses Modell zum sogenannten »Neuen St. Galler Management-Modell« weiterentwickelt. Das Modell besteht aus den folgenden Elementen (↗ Abbildung 1-11, zum Folgenden vergleiche *Rüegg-Stürm, J.* 2002):

Umweltsphären
Die Umweltsphären beschreiben in dem Modell die sich aus den Veränderungen von Gesellschaft, Natur, Technologie und Wirtschaft ergebenden Rahmenbedingungen von Unternehmen.

Abb. 1-11

Elemente des Neuen St. Galler Managementmodells

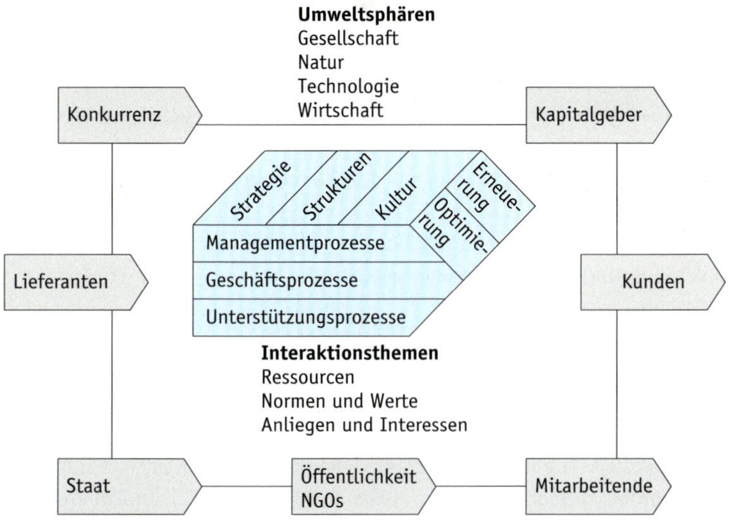

Vergleiche *Rüegg-Stürm, J.* 2002: Seite 22

Anspruchsgruppen

Anspruchsgruppen beziehungsweise **Stakeholder** sind in dem Modell Lieferanten, Kunden, Konkurrenten, Kapitalgeber, Mitarbeitende, Staat, Öffentlichkeit und NGOs beziehungsweise Non-Governmental Organizations (englisch: Nichtregierungsorganisationen).

Interaktionsthemen

Die Interaktionsthemen des Modells umfassen zum einen thematische Felder, wie Normen, Werte, Anliegen und Interessen, und zum anderen Ressourcen, wie Rohstoffe und Arbeitsleistungen, hinsichtlich denen Unternehmen in Interaktion mit den Anspruchsgruppen treten.

Ordnungsmomente, Prozesse, und Entwicklungsmodi

Im Mittelpunkt des Modells stehen Ordnungsmomente, Prozesse und Entwicklungsmodi, die die eigentliche Wertschöpfung des Unternehmens bestimmen. Die Ordnungsmomente umfassen:

Ordnungsmomente

- die **Strategie** zur Orientierung des Unternehmens,
- die **Strukturen**, die weiter in Aufbau- und Ablaufstrukturen unterteilt werden und
- die **Kultur** des Unternehmens.

Prozesse

Die Prozesse werden weiter unterteilt in:
- **Managementprozesse**, wie beispielsweise Führungs- und Controllingtätigkeiten,
- **Geschäftsprozesse**, wie beispielsweise Produktionsprozesse, die unmittelbar Wertschöpfung generieren und Kundennutzen stiften, und
- **Unterstützungsprozesse**, wie beispielsweise Informations- und Transportprozesse, die für die Geschäftsprozesse Dienstleistungen erbringen und eine entsprechende Infrastruktur bereitstellen.

Entwicklungsmodi

Die Entwicklungsmodi werden nach dem Ausmaß des organisationalen Wandels differenziert in:
- die **Optimierung** des Unternehmens durch einen inkrementellen Wandel in kleinen Schritten und
- die **Erneuerung** durch einen radikalen Wandel mit einer umfassenden und schnellen Veränderung der Unternehmenssituation.

1.7.2 4-Ebenen-Modell

In der Betriebswirtschaftslehre hat das Gesamtmodell von *Wöhe* große Verbreitung gefunden, das die betrieblichen Güter- und Finanzbewegungen im marktlichen Umfeld von Betrieben beschreibt (vergleiche *Wöhe, G.* 2002: Seite 11). In früheren Auflagen dieses Buchs haben wir auf Basis dieses Modells ein entscheidungs- und funktionsorientiertes Gesamtmodell entwickelt. Aufgrund des von vielen Dozenten und Studierenden immer wieder artikulierten Bedürfnisses einer detaillierteren Darstellung der Verbindungen zwischen den verschiedenen betriebswirtschaftlichen Teilbereichen wurde das entscheidungs- und funktionsorientierte Modell zu einem 4-Ebenen-Modell der BWL weiterentwickelt (↗ Abbildung 1-12). Das Modell dient der Strukturierung dieses Buchs und der darauf basierenden Lehre und umfasst die folgenden vier Ebenen:

Elemente des 4-Ebenen-Modells

Ebene 1: Konstitutive Entscheidungen

Bei der Gründung von Unternehmen und in der anschließenden Umsatzphase sind immer wieder grundlegende Entscheidungen zu treffen, die später nur noch schwer oder vielleicht sogar nicht mehr zu revidieren sind. In der Gründungsphase sind dies insbesondere Entscheidungen über den Standort und die Rechtsform des neuen Unternehmens. In der nachfolgenden Umsatzphase sind es dann Entscheidungen über die Verlagerung von Standorten und den Wechsel von Rechtsformen, Entscheidungen über die Standorte und die Rechtsformen von Tochterunternehmen und Entscheidungen über Verbindungen zu anderen Unternehmen. Entsprechende Entscheidungen werden als konstitutive oder Metaentscheidungen bezeichnet. Da sie die meisten Folgeentscheidungen beeinflussen, bilden sie die äußere Ebene unseres Modells.

Um Ihnen die wichtigsten Kenntnisse und Fertigkeiten im Hinblick auf die aufgeführten Teilbereiche konstitutiver Entscheidungen zu vermitteln, wurde der erste Teil dieses Buchs in folgende Kapitel untergliedert:
- ↗ Kapitel 2 Entscheidungstheorie,
- ↗ Kapitel 3 Standortentscheidungen,
- ↗ Kapitel 4 Rechtsformentscheidungen und
- ↗ Kapitel 5 Entscheidungen über zwischenbetriebliche Verbindungen.

Abb. 1-12

Das 4-Ebenen-Modell der BWL dient der Strukturierung dieses Buchs und der darauf basierenden Lehre

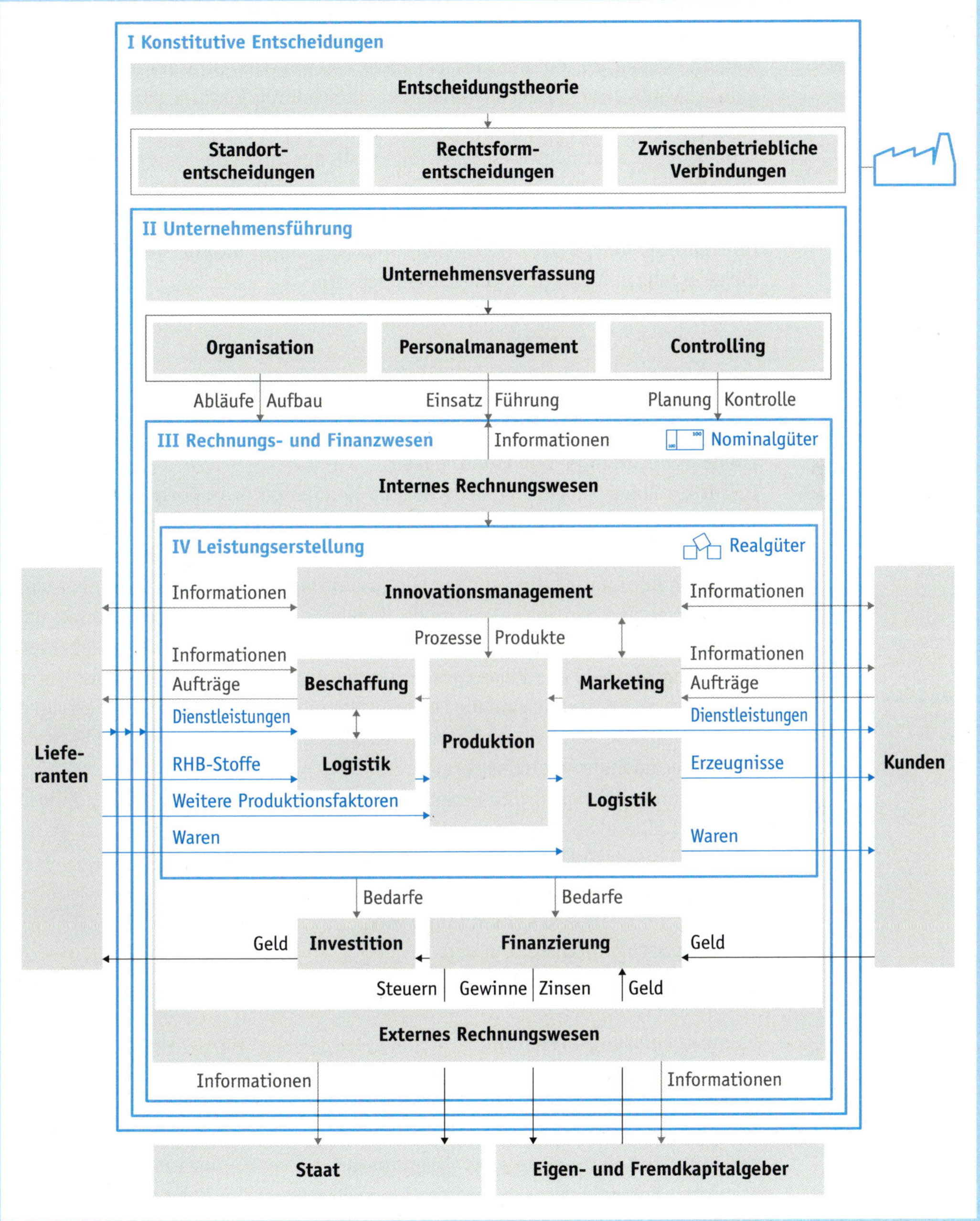

Ebene 2: Unternehmensführung

Um erfolgreich zu sein, müssen Unternehmen zielgerichtet gestaltet und gesteuert werden. Dies wird erreicht, indem über Unternehmensverfassungen Regeln für die Leitung und Überwachung von Unternehmen vorgegeben werden, indem im Rahmen der Organisation die Prozesse und Strukturen innerhalb von Unternehmen gestaltet werden, indem im Rahmen des Personalmanagements Mitarbeiter eingesetzt und geführt werden und indem im Rahmen des Controllings kontinuierlich Planungs- und Kontrollprozesse für das Gesamtsystem durchgeführt werden. Die Unternehmensführung erfolgt dabei zu großen Teilen innerhalb des durch die konstitutiven Entscheidungen vorgegebenen Rahmens, weshalb sie die zweite Ebene unseres Modells bildet.

Um Ihnen die wichtigsten Kenntnisse und Fertigkeiten im Hinblick auf die aufgeführten Teilbereiche der Unternehmensführung zu vermitteln, wurde der zweite Teil dieses Buchs in folgende Kapitel untergliedert:

- ↗ Kapitel 6 Unternehmensverfassung,
- ↗ Kapitel 7 Organisation,
- ↗ Kapitel 8 Personalmanagement und
- ↗ Kapitel 9 Controlling.

Ebene 3: Rechnungs- und Finanzwesen

Die dritte Ebene unseres Modells hat die Nominalgüter in Form von Geld und von Rechten auf Geld zum Gegenstand und bildet die Schnittstelle zwischen der Ebene der Unternehmensführung und der Ebene der Leistungserstellung. Das Rechnungswesen bildet die informationelle Schnittstelle. In ihm werden Informationen über monetären Größen und die ihnen zugrunde liegenden mengenmäßigen Größen aus der Ebene der Leistungserstellung ermittelt und externen und internen Stakeholdern zur Verfügung gestellt. Das Finanzwesen hat die Aufgabe, die Vorgaben der Unternehmensführung im Hinblick auf die Leistungserstellung umzusetzen. Dies erfolgt durch die Beschaffung von Geld im Rahmen der Finanzierung und durch die Verwendung des Geldes im Zuge von Investitionen.

Um Ihnen die wichtigsten Kenntnisse und Fertigkeiten im Hinblick auf die aufgeführten Teilbereiche des Rechnungs- und Finanzwesens zu vermitteln, wurde der dritte Teil dieses Buchs in folgende Kapitel untergliedert:

- ↗ Kapitel 10 Externes Rechnungswesen,
- ↗ Kapitel 11 Internes Rechnungswesen,
- ↗ Kapitel 12 Finanzierung und
- ↗ Kapitel 13 Investition.

Ebene 4: Leistungserstellung

Die Leistungserstellung bildet die vierte Ebene und damit den Kern unseres Modells. Sie hat primär die Realgüter in Form von Erzeugnissen, Waren und Dienstleistungen zum Gegenstand, deren Fluss weitgehend entgegengesetzt zu dem der Nominalgüter verläuft. Die Leistungserstellung beginnt mit der vom Innovationsmanagement gesteuerten Entwicklung von Produkten und Prozessen. Im Rahmen der Beschaffung werden Aufträge an Lieferanten vergeben, um die für die Herstellung der Produkte notwendigen Produktionsfaktoren zu beschaffen. Soweit es sich dabei um materielle

Güter handelt, sorgt die Beschaffungslogistik für die Versorgung der Produktion mit diesen Gütern. Die Produktion wird durch die in Aufträge umgewandelte Nachfrage der Kunden nach Produkten angestoßen. Die Nachfrage wird dabei durch Aktivitäten des Marketings hervorgerufen. In der Produktion werden die Produktionsfaktoren dann in die Produkte des Unternehmens transformiert und soweit es sich um materielle Güter handelt über die Distributionslogistik den Kunden des Unternehmens zur Verfügung gestellt.

Um Ihnen die wichtigsten Kenntnisse und Fertigkeiten im Hinblick auf die aufgeführten Teilbereiche der Leistungserstellung zu vermitteln, wurde der vierte Teil dieses Buchs in folgende Kapitel untergliedert:

↗ Kapitel 14 Innovationsmanagement
↗ Kapitel 15 Beschaffung
↗ Kapitel 16 Logistik
↗ Kapitel 17 Produktionswirtschaft
↗ Kapitel 18 Marketing

Fallbeispiel 1-1 **Vorstellung des Beispielunternehmens**

▸▸▸ In den nachfolgenden Kapiteln werden viele Sachverhalte am Beispiel eines fiktiven Automobilherstellers, der *Speedy GmbH,* verdeutlicht werden. Die *Speedy GmbH* wurde in Anlehnung an real existierende Automobilhersteller modelliert und ist von der Größenordnung her mit der *Smart GmbH* im Jahre 2004 vergleichbar. Ihre Jahresabschlussrechnung des Geschäftsjahres 0001 weist ähnliche Strukturen auf wie der Jahresabschluss der im zugrunde liegenden Geschäftsjahr 2001/02 etwa dreimal so großen ehemaligen *Dr. Ing. h.c. F. Porsche AG*.

Chronik der Speedy GmbH

- Wir befinden uns am Anfang des Jahres 0003.
- Vor neun Jahren wurden in einem großen Automobilkonzern Überlegungen angestellt, das Produktspektrum um einen designorientierten Kleinwagen zu erweitern. Der Vorstandsvorsitzende beauftragt damals seinen Assistenten, Herrn *Dr. Karl-Heinz Scharrenbacher,* eine entsprechende Machbarkeitsstudie durchzuführen.
- Aufgrund der Ergebnisse der Machbarkeitsstudie beschließt der Automobilkonzern, den Kleinwagen nicht alleine, sondern gemeinsam mit einem innovativen Entwicklungsdienstleister zur Serienreife zu entwickeln. Ein Jahr später wird dazu ein Gemeinschaftsunternehmen gegründet, die *Speedy GmbH*. Geschäftsführer des Unternehmens wird *Dr. Scharrenbacher*. Die *Speedy GmbH* hat zunächst die Aufgabe, den geplanten Kleinwagen zu produzieren. Die Unternehmenszentrale und die Entwicklung werden dazu in der Nähe von **Stuttgart** angesiedelt.
- Noch im gleichen Jahr fällt auch die Entscheidung, die zukünftige Produktion der *Speedy GmbH* in der sogenannten *Speedcity* in der Nähe von **Leipzig** anzusiedeln. Die entsprechenden Bauarbeiten beginnen ein Jahr später.
- Vor sieben Jahren stellte die *Speedy GmbH* auf der *Internationalen Automobil-Ausstellung IAA* in Frankfurt der Öffentlichkeit eine Konzeptstudie für ihr **erstes Produkt** vor: einen zweisitzigen Kleinwagen für die Stadt, den *»Speedster City«*.
- Anfang des folgenden Jahres wird der Produktionsstandort *Speedcity* eingeweiht.

- Vor fünf Jahren hatte der *Speedster City* auf der *IAA* seine **Weltpremiere**. Gleichzeitig wird eine Studie für ein familienfreundliches Fahrzeug vorgestellt, den »*Speedster Family*«.
- Anfang des folgenden Jahres begannen im deutschsprachigen Raum der **Absatz** und die **Produktion** des *Speedster City*.
- Vor drei Jahren wurde damit begonnen, in anderen europäischen Ländern **Händlernetze** aufzubauen.
- Ende des gleichen Jahres hat der *Speedster Family* auf der *IAA* seine **Premiere**.
- Im Jahr **0001** beginnen die **Produktion** und der **Absatz** des *Speedster Family*.
- Ende **0002** präsentiert die *Speedy GmbH* auf der *IAA* die Konzeptstudie für einen **geländetauglichen Sportwagen**, den »*Speedster Off-Road*«.

Produkte und Märkte

Die *Speedy GmbH* weist aktuell die folgende Produktpalette auf (↗ Abbildung 1-13):

- *Speedster City*, ein zweisitziger, designorientierter Kleinwagen für die Stadt, das erste Produkt der *Speedy GmbH*,
- *Speedster Family*, ein viersitziger, familienfreundlicher Personenkraftwagen auf dem neuesten technischen Stand, das zweite Produkt der *Speedy GmbH*,
- *Speedster Off-Road*, ein viersitziger geländetauglicher Sportwagen, der sich derzeit in der Entwicklung befindet,
- Ersatzteile für die Fahrzeuge und
- Dienstleistungen.

Der aktuelle Marktschwerpunkt der *Speedy GmbH* liegt in Europa. In den Jahren 0001 und 0002 wurden von den Baureihen des *Speedster City* und des *Speedster Family* die in der ↗ Tabelle 1-2 aufgeführten Stückzahlen produziert und abgesetzt. Die Prognose der Marketingabteilung für das Jahr 0003 ist dort ebenfalls aufgeführt.

Abb. 1-13

Produkte der *Speedy GmbH*

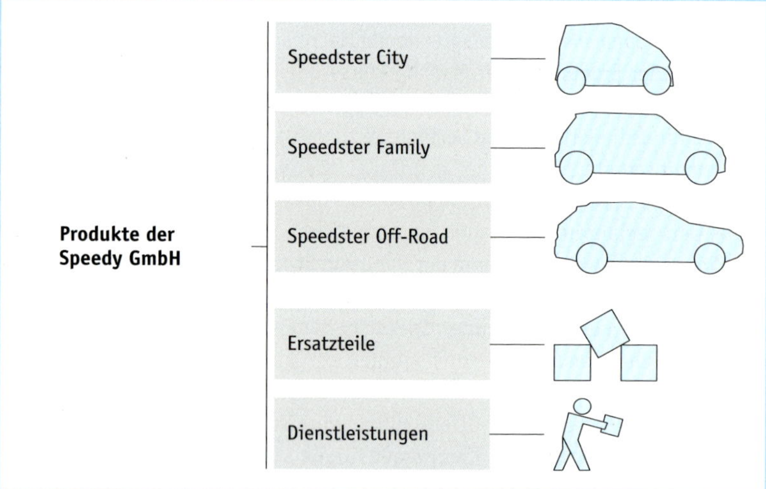

Tab. 1-2

Produktions- und Absatzzahlen der *Speedy GmbH*

Jahr	Speedster City	Speedster Family	Summe
0001	85 000 Stück	40 000 Stück	**125 000 Stück**
0002	95 000 Stück	65 000 Stück	**160 000 Stück**
Prognose 0003	100 000 Stück	75 000 Stück	**175 000 Stück**

Organisation

Die *Speedy GmbH* ist derzeit funktional organisiert. Die Geschäftsführung setzt sich aus den Vertretern der Bereiche Produktion (*Hermann Röthi*), Finanzen (*Manfred Kolb*) sowie Marketing (*Dirk Süßlich*) zusammen. Der Vorsitzende der Geschäftsführung ist *Dr. Karl-Heinz Scharrenbacher*, dem die beiden Stabsstellen Controlling und Recht direkt unterstellt sind (↗ Abbildung 1-14).

Abb. 1-14

Organisation der *Speedy GmbH*

Tab. 1-3

Mitarbeiterzahlen der *Speedy GmbH*

Jahr	Lohnempfänger	Gehaltsempfänger	Summe
0001	1 398 Mitarbeiter	1 290 Mitarbeiter	**2 688 Mitarbeiter**
0002	1 463 Mitarbeiter	1 350 Mitarbeiter	**2 813 Mitarbeiter**

Personal

Die *Speedy GmbH* hatte in den Jahren 0001 und 0002 die in der ↗ Tabelle 1-3 aufgeführte Anzahl an Mitarbeitern.

Jahresabschlüsse/-rechnungen

Die Bilanzen sowie die Gewinn- und Verlust-/Erfolgsrechnungen der Jahre 0001 und 0002 der *Speedy GmbH* werden im ↗ Kapitel 10 Externes Rechnungswesen aufgeführt. ◀◀◀

1.8 Kennzahlen

Die Wirkung der vorher beschriebenen ökonomischen Prinzipien in der betrieblichen Praxis kann durch Kennzahlen wie die Produktivität oder die Wirtschaftlichkeit quantifiziert werden (vergleiche *Wöhe, G.* 2002: Seite 47 f. und *Thommen, J.-P./Achleitner, A.-K.* 2003: Seite 104 f.):

Produktivität

Die Produktivität ist das Verhältnis zwischen der Ausbringungs- beziehungsweise Outputmenge und der Einsatz- beziehungsweise Inputmenge. Sie wird deshalb auch als mengenmäßige Wirtschaftlichkeit bezeichnet.

$$\text{Produktivität} = \frac{\text{Outputmenge}}{\text{Inputmenge}}$$

Fallbeispiel 1-2 **Produktivität eines Automobilherstellers**

▶▶▶ Vor einer Rationalisierungsmaßnahme produzieren 100 Mitarbeiter der *Speedy GmbH* 50 000 Stück eines bestimmten Artikels pro Zeiteinheit, etwa im Monat. Daraus errechnet sich eine Arbeitsproduktivität von 500 Stück (Ausbringungsmenge je Mitarbeiter). Nachdem die Rationalisierung durchgeführt wurde, können die 50 000 Stück von 80 Mitarbeitern produziert werden. Durch die Verringerung des Personaleinsatzes um 20 Mitarbeiter ist die Arbeitsproduktivität auf 625 Stück gestiegen. ◀◀◀

Wirtschaftlichkeit
Unter der Wirtschaftlichkeit wird das Verhältnis zwischen der bewerteten Outputmenge und der dafür verwendeten bewerteten Inputmenge verstanden.

$$\text{Wirtschaftlichkeit} = \frac{\text{Bewertete Outputmenge}}{\text{Bewertete Inputmenge}}$$

Fallbeispiel 1-3 **Wirtschaftlichkeit eines Automobilherstellers**

▸▸▸ Für ein Fahrzeug der *Speedy GmbH* kann derzeit auf dem Absatzmarkt ein Umsatzerlös von 20 000,00 Euro erzielt werden, während die Kosten für die Produktion und den Absatz insgesamt 17 000,00 Euro betragen. Die Wirtschaftlichkeit liegt also bei etwa 1,18. Nach umfangreichen Rationalisierungsmaßnahmen in den Bereichen Produktion und Materialwirtschaft konnten die Kosten auf 13 000,00 Euro gesenkt und die Wirtschaftlichkeit damit auf etwa 1,54 erhöht werden. ◂◂◂

Zwischenübung Kapitel 1.8

Für die 2 688 Mitarbeiter der Speedy GmbH entstand im Jahr 0001 gemäß der Gewinn- und Verlustrechnung (↗ Kapitel 10 Externes Rechnungswesen) ein Personalaufwand von 215 000 T€. Die Mitarbeiter haben im Jahr 0001 125 000 Fahrzeuge produziert und abgesetzt, wodurch ein Umsatzerlös von 1 150 000 T€ erzielt wurde. Wie hoch waren die Produktivität und die Wirtschaftlichkeit der Mitarbeiter? (Hinweis: Zwischenergebnisse dienen der Selbstkontrolle).

	Outputmenge	
/	Inputmenge	
=	**Produktivität**	
	Bewertete Outputmenge	
/	Bewertete Inputmenge	
=	**Wirtschaftlichkeit**	**5,35**

Zusammenfassung Kapitel 1

- Gegenstand der Betriebswirtschaftslehre ist das Wirtschaften in Betrieben.
- Haushalte sind Wirtschaftssubjekte, die eigene Bedarfe decken.
- Betriebe sind Wirtschaftssubjekte, die fremde Bedarfe decken.
- Unternehmen sind autonom handelnde Betriebe in mehrheitlich privatem Eigentum, die in der Regel das Ziel der Gewinnmaximierung verfolgen.
- Wirtschaften bedeutet das planvolle Verfügen über knappe Güter zur Bedürfnisbefriedigung entsprechend dem ökonomischen Prinzip.
- Das ökonomische Prinzip leitet sich aus dem menschlichen Vernunftsprinzip ab, ein Ziel mit dem Einsatz möglichst geringer Mittel zu erreichen.

- Gegenstand des Wirtschaftens sind knappe Güter.
- Märkte bestehen aus der Gesamtheit von Wirtschaftssubjekten, die Güter anbieten und nachfragen, die sich gegenseitig ersetzen können.
- Auf Märkten entstehen Preise.
- Anspruchsgruppen beeinflussen das Handeln von Betrieben und/oder sind von den Handlungen von Betrieben betroffen.
- Die Betriebswirtschaftslehre ist eine pragmatische Wissenschaft und wird den Geistes-, Sozial- und Wirtschaftswissenschaften zugeordnet.
- Die Betriebswirtschaftslehre wird in die Allgemeine Betriebswirtschaftslehre und in die Speziellen Betriebswirtschaftslehren unterteilt.
- Die Wirtschaftsordnung in ihren Ausprägungen Zentralverwaltungs- und Marktwirtschaft hat erheblichen Einfluss auf das Wirtschaften.
- Die Ziele von Betrieben leiten sich aus der Unternehmensvision und -mission und dem Wertesystem von Unternehmen ab.
- Innerhalb von Betrieben existiert eine Zielhierarchie.
- Die abgeleiteten Handlungsziele können weiter in monetäre und nichtmonetäre Ziele unterteilt werden.
- Die Produktivität beschreibt das mengenmäßige, die Wirtschaftlichkeit das wertmäßige Input-Output-Verhältnis.

Weiterführende Literatur Kapitel 1

Wirtschaften

Cassel, G.: Theoretische Sozialökonomie, Erlangen, Leipzig.

Geschichte der Betriebswirtschaftslehre

Schneider, D.: Betriebswirtschaftslehre – Band 4: Geschichte und Methoden der Wirtschaftswissenschaft, München et al.

Albach, H.: Eine allgemeine Theorie der Unternehmung, in: Zeitschrift für Betriebswirtschaft, 69. Jahrgang, 1999, Heft 4, Seite 411–427.

Normativer Rahmen

Müller-Stewens, G./Brauer, M.: Corporate Strategy & Governance: Wege zur nachhaltigen Wertsteigerung im diversifizierten Unternehmen, Stuttgart.

Geschäftsmodelle

Rüegg-Stürm, J.: Das neue St. Galler Management-Modell, Bern.

Osterwalder, A./Pigneur, Y.: Business Model Generation: Ein Handbuch für Visionäre, Spielveränderer und Herausforderer, Frankfurt/New York.

Schlüsselbegriffe Kapitel 1

- Betriebswirtschaftslehre
- Haushalt
- Betrieb
- Unternehmen
- Wirtschaften
- Ökonomisches Prinzip
- Knappes Gut
- Produktionsfaktor
- Erzeugnis
- Ware
- Produkt
- Leistung
- Sachleistung
- Dienstleistung
- Markt
- Anspruchsgruppe
- Wirtschaftswissenschaft
- Volkswirtschaftslehre
- Zentralverwaltungswirtschaft
- Soziale Marktwirtschaft
- Unternehmensvision
- Unternehmensmission
- Unternehmensidentität
- Unternehmensgrundsatz
- Zielhierarchie
- Handlungsziel
- Produktivität
- Wirtschaftlichkeit

Fragen Kapitel 1

Frage 1-1: *Nennen Sie den Gegenstand und das Erkenntnisobjekt der Betriebswirtschaftslehre.*

Frage 1-2: *Nennen Sie die zwei Arten von Wirtschaftssubjekten, die am Wirtschaftsgeschehen beteiligt sind.*

Frage 1-3: *Definieren Sie den Begriff »Haushalt«.*

Frage 1-4: *Nennen Sie ein Synonym für den Begriff »Haushalt«.*

Frage 1-5: *Definieren Sie den Begriff »Betrieb«.*

Frage 1-6: *Nennen Sie ein Synonym für den Begriff »Betrieb«.*

Frage 1-7: *Nennen Sie zwei Kennzeichen von allen Betrieben.*

Frage 1-8: *Nennen Sie mindestens zwei Unterschiede zwischen öffentlichen und privaten Betrieben.*

Frage 1-9: *Definieren Sie den Begriff »Unternehmen«.*

Frage 1-10: *Nennen Sie mindestens zwei Arten von Sachleistungsunternehmen.*

Frage 1-11: *Nennen Sie mindestens zwei Maßstäbe zur Unterteilung von Unternehmen nach der Größe.*

Frage 1-12: *Erläutern Sie, was unter Nonprofit-Organisationen verstanden wird.*

Frage 1-13: *Nennen Sie mindestens zwei verschiedene Arten von Nonprofit-Organisationen und Beispiele für diese.*

Frage 1-14: *Nennen Sie die drei Lebensphasen von Unternehmen.*

Frage 1-15: *Erläutern Sie, was der Transformationsprozess beschreibt.*

Frage 1-16: *Definieren Sie den Begriff »Wirtschaften«.*

Frage 1-17: *Nennen Sie die zwei Ausprägungen des ökonomischen Prinzips.*

Frage 1-18: *Erläutern Sie das Maximumprinzip.*

Frage 1-19: *Erläutern Sie das Minimumprinzip.*

Frage 1-20: *Erläutern Sie, was unter freien Gütern verstanden wird und welche Güter dazu zählen.*

Frage 1-21: *Erläutern Sie, was unter Wirtschaftsgütern verstanden wird.*

Frage 1-22: *Erläutern Sie den Unterschied zwischen Real- und Nominalgütern und nennen Sie jeweils ein Beispiel dafür.*

Frage 1-23: *Erläutern Sie den Unterschied zwischen Gebrauchs- und Verbrauchsgütern und nennen Sie jeweils ein Beispiel dafür.*

Frage 1-24: *Erläutern Sie den Unterschied zwischen Investitions- und Konsumgütern und nennen Sie jeweils ein Beispiel dafür.*

Frage 1-25: *Erläutern Sie, was unter Eigenleistungen verstanden wird und nennen Sie ein Beispiel dafür.*

Frage 1-26: *Erläutern Sie den Unterschied zwischen Erzeugnissen und Waren und nennen Sie jeweils ein Beispiel dafür.*

Frage 1-27: *Nennen Sie ein Beispiel für ein unfertiges Erzeugnis.*

Frage 1-28: *Nennen Sie die zwei Arten von Produkten, die unterschieden werden können.*

Frage 1-29: *Definieren Sie den Begriff »Markt«.*

Frage 1-30: *Nennen Sie die vier Märkte, die das Marktumfeld von Betrieben bilden.*

Frage 1-31: *Erläutern Sie, wie die Preise an Wertpapierbörsen ermittelt werden.*

Frage 1-32: *Definieren Sie den Begriff »Anspruchsgruppe«.*

Frage 1-33: *Nennen Sie ein Synonym für den Begriff »Anspruchsgruppe«.*

Frage 1-34: *Nennen Sie mindestens sechs Anspruchsgruppen von Betrieben.*

Frage 1-35: *Erläutern Sie, welche Austauschbeziehung zwischen Managern und Betrieben besteht.*

Frage 1-36: *Erläutern Sie, welche Austauschbeziehung zwischen Eigenkapitalgebern und Betrieben besteht.*

Frage 1-37: *Erläutern Sie, welche Austauschbeziehung zwischen Fremdkapitalgebern und Betrieben besteht.*

Frage 1-38: *Erläutern Sie, welche Austauschbeziehung zwischen Staaten und Betrieben besteht.*

Frage 1-39: *Definieren Sie den Begriff »Wissenschaft«.*

Frage 1-40: *Nennen Sie mindestens vier der Betriebswirtschaftslehre übergeordnete Wissenschaften.*

Frage 1-41: *Erläutern Sie den Unterschied zwischen der Betriebs- und der Volkswirtschaftslehre.*

Frage 1-42: *Erläutern Sie, inwiefern sich die allgemeine Betriebswirtschaftslehre von den speziellen Betriebswirtschaftslehren unterscheidet.*

Frage 1-43: *Nennen Sie mindestens drei Ausrichtungen der Betriebswirtschaftslehre nach dem zugrunde liegenden Wissenschaftsprogramm.*

Frage 1-44: *Nennen Sie die zwei Grundtypen von Wirtschaftsordnungen.*

Frage 1-45: *Erläutern Sie, welche Einschränkungen die soziale Marktwirtschaft gegenüber einer freien Marktwirtschaft vornimmt, und warum diese Einschränkungen erfolgen.*

Frage 1-46: *Erläutern Sie, welche zwei Aufgaben der normative Rahmen von Unternehmen hat.*

Frage 1-47: *Definieren Sie den Begriff »Vision«.*

Frage 1-48: *Erläutern Sie, auf welche Frage die Vision eine Antwort gibt.*

Frage 1-49: *Definieren Sie den Begriff »Mission«.*

Frage 1-50: *Erläutern Sie, auf welche Frage die Mission eine Antwort gibt.*

Frage 1-51: *Erläutern Sie, auf welche Frage die Unternehmensidentität eine Antwort gibt.*

Frage 1-52: *Nennen Sie die drei Elemente des Identitätsmixes.*

Frage 1-53: *Nennen Sie mindestens fünf Elemente, die das Erscheinungsbild von Unternehmen prägen.*

Frage 1-54: *Nennen Sie die zwei Elemente, die die Unternehmensgrundsätze umfassen.*

Frage 1-55: *Erläutern Sie, auf welche Frage die Unternehmensgrundsätze eine Antwort geben.*

Frage 1-56: *Erläutern Sie, für wen Verhaltenskodizes in Unternehmen gelten.*

Frage 1-57: *Nennen Sie mindestens fünf Kategorien, in die die Handlungsziele von Unternehmen unterteilt werden können.*

Frage 1-58: *Nennen Sie die vier Ebenen des 4-Ebenen-Modells der Betriebswirtschaftslehre.*

Frage 1-59: *Erläutern Sie den Unterschied zwischen der Produktivität und der Wirtschaftlichkeit.*

Fallstudie Kapitel 1

(1) Begründen Sie, weshalb die Speedy GmbH ein Unternehmen ist, und analysieren Sie, um welche Art von Unternehmen es sich dabei handelt.
(2) An einer Wertpapierbörse ergeben sich bei der untertägigen Preisbestimmung die in der nachfolgenden Tabelle aufgeführten Angebote und Nachfragen nach einer Aktie, die jeweils teilweise erfüllt werden können. Ermitteln Sie, bei welchem Preis wie viele Aktien gehandelt würden, und bestimmen Sie den Gleichgewichtskurs:

Preislimit	Angebotene Aktien	Kumuliertes Angebot	Nachgefragte Aktien	Kumulierte Nachfrage	Gehandelte Stück
30,00 €	200 Stück		950 Stück		
30,11 €	0 Stück		900 Stück		
30,15 €	300 Stück		50 Stück		
30,26 €	0 Stück		750 Stück		
30,37 €	450 Stück		0 Stück		
30,42 €	0 Stück		700 Stück		
30,50 €	600 Stück		600 Stück		1 100 Stück
30,66 €	950 Stück		0 Stück		
30,79 €	0 Stück		400 Stück		
31,00 €	800 Stück		100 Stück		

(3) Entwickeln Sie Vorschläge, wie die Unternehmensvision, die Unternehmensgrundsätze und die Handlungsziele der Speedy GmbH lauten könnten.

(4) Ordnen Sie die verschiedenen Vorgänge in der Chronik der Speedy GmbH den jeweils primär betroffenen nachfolgenden Teilbereichen der Betriebswirtschaftslehre zu: Standortentscheidungen, Rechtsformentscheidungen, Entscheidungen über zwischenbetriebliche Verbindungen, Unternehmensverfassung, Controlling, Organisation, Personalmanagement, Innovationsmanagement, Materialwirtschaft, Produktionswirtschaft, Marketing, Externes Rechnungswesen, Internes Rechnungswesen, Investition, Finanzierung.

(5) Ermitteln Sie in der nachfolgenden Tabelle die Produktivität und die Wirtschaftlichkeit der Mitarbeiter der Speedy GmbH für das Jahr 0002. Die benötigten Daten finden Sie in diesem ↗ Kapitel und im ↗ Kapitel 10 Externes Rechnungswesen.

	Outputmenge	
/	Inputmenge	
=	**Produktivität**	
	Bewertete Outputmenge	
/	Bewertete Inputmenge	
=	**Wirtschaftlichkeit**	

Teil I
Konstitutive Entscheidungen

Abb. I-1

Einordnung der konstitutiven Entscheidungen in das 4-Ebenen-Modell der BWL

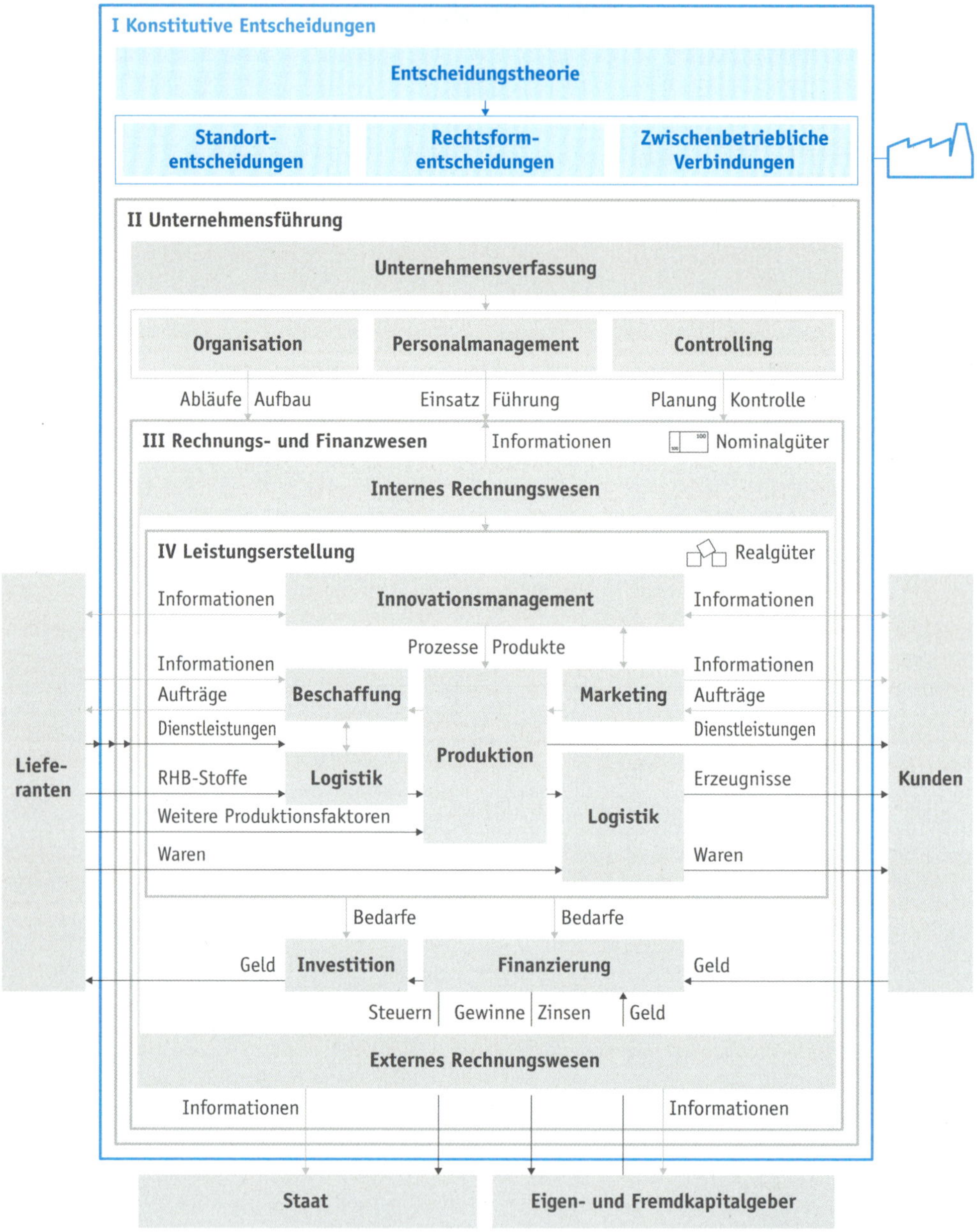

Die konstitutiven Entscheidungen bilden die erste Ebene des diesem Buch zugrunde liegenden 4-Ebenen-Modells der BWL (↗ Abbildung I-1).

Unter **konstitutiven Entscheidungen** werden grundlegende, schwer zu revidierende Entscheidungen verstanden, die den langfristigen Handlungsrahmen für eine Vielzahl betrieblicher Folgeentscheidungen festlegen.

Um Ihnen die wichtigsten Kenntnisse und Fertigkeiten im Hinblick auf konstitutive Entscheidungen zu vermitteln, wurde der erste Teil dieses Buchs in folgende Kapitel untergliedert:

- Im ↗ **Kapitel 2 Entscheidungstheorie** werden wir uns damit beschäftigen, wie Entscheidungen allgemein zu treffen sind.
- Im ↗ **Kapitel 3 Standortentscheidungen** werden wir uns dann anschauen, an wie vielen und an welchen geographischen Orten Unternehmen idealerweise welche Leistungen erstellen und absetzen.
- Im ↗ **Kapitel 4 Rechtsformentscheidungen** werden wir darauf eingehen, welche Rechtsformen es gibt und für welche Art von Unternehmen welche Art von Rechtsform am besten geeignet ist.
- Im ↗ **Kapitel 5 Entscheidungen über zwischenbetriebliche Verbindungen** werden wir zuletzt betrachten, welche Arten von Verbindungen es zwischen Unternehmen gibt.

2 Entscheidungstheorie

Kapitelnavigator

Inhalt	Lernziel
2.1 Grundlagen	2-1 Die Grundlagen der Entscheidungstheorie kennen.
2.2 Elemente zur Beschreibung und Lösung von Entscheidungsproblemen	2-2 Entscheidungsprobleme beschreiben können.
2.3 Entscheidungsmodelle bei Sicherheit	2-3 Entscheidungen bei Sicherheit treffen können.
2.4 Entscheidungsmodelle bei Unsicherheit	2-4 Entscheidungen bei Unsicherheit treffen können.
2.5 Entscheidungsmodelle bei Risiko	2-5 Entscheidungen bei Risiko treffen können.
2.6 Weiterführende Fragestellungen der Entscheidungstheorie	2-6 Die weiterführenden Fragestellungen der Entscheidungstheorie kennen.

So wie unser Leben von einer Vielzahl von Entscheidungen geprägt wird, so ergibt sich auch der Erfolg oder der Misserfolg von Unternehmen aus der Gesamtheit aller von ihnen getroffenen Entscheidungen. Neben den bereits aufgeführten konstitutiven Entscheidungen sind dies beispielsweise Entscheidungen darüber:

- **welche Abteilungen welches Budget erhalten,**
- **wer eingestellt, wer befördert und wer entlassen wird,**
- **welche Maschinen gekauft werden,**
- **wo und in welchem Umfang Lager errichtet werden oder**
- **welche Art von Werbung für welche Produkte durchgeführt wird.**

In Unternehmen sind also täglich viele Entscheidungen zu treffen. Entscheidungen ergeben sich dabei als Resultat eines Wahlprozesses, der mit dem Ziel durchgeführt wird, die **nutzenmaximale** Alternative auszuwählen:

> Eine **Entscheidung** ist die Wahl zwischen mindestens zwei Alternativen, von denen eine die sogenannte Unterlassungsalternative sein kann.

Nachfolgend werden wir davon ausgehen, dass Entscheidungen in Unternehmen **rational** getroffen werden. Hier soll allerdings nicht verschwiegen werden, dass auch in Unternehmen die weitaus meisten Entscheidungen **intuitiv** getroffen werden.

2.1 Grundlagen

2.1.1 Unterteilung der Entscheidungstheorie

Grundrichtungen der Entscheidungstheorie

Die Entscheidungstheorie lässt sich in zwei große Grundrichtungen unterteilen (vergleiche *Bamberg, G./Coenenberg, A. G.* 1996: Seite 6, *Laux, H./Liermann, F.* 1997: Seite 37, *Schildbach, T.* 1993: Seite 61 f.):

Deskriptive Entscheidungstheorie
Die deskriptive oder **empirisch-realistische Entscheidungstheorie** beschreibt, wie Entscheidungen in der Realität getroffen werden und versucht dann zu erklären, warum sie so und nicht anders getroffen wurden. Dabei werden insbesondere die Erkenntnisse aus den Verhaltenswissenschaften genutzt, um die in einem Entscheidungsträger ablaufenden kognitiven Prozesse zu untersuchen und daraus Schlüsse über seine Entscheidungsprozesse zu ziehen. Das Ziel der deskriptiven Entscheidungstheorie ist es dann, voraussagen zu können, wie sich Entscheidungsträger bei zukünftigen Entscheidungen verhalten werden und wie dieses Verhalten beeinflusst werden kann.

Präskriptive Entscheidungstheorie
Die präskriptive oder **normative Entscheidungstheorie** basiert häufig auf Erkenntnissen der deskriptiven Entscheidungstheorie. Anders als diese hat sie die Zielsetzung, Vorgaben zu erarbeiten, wie in bestimmten Entscheidungssituationen vorzugehen ist, um rationale Entscheidungen zu treffen. »Rational« bedeutet dabei, dass die getroffenen Entscheidungen im Hinblick auf die verfolgten Ziele die bestmöglichen sind, die in der gegebenen Situation getroffen werden können.

2.1.2 Vorgehensweise bei Entscheidungen

Die Entscheidungsfindung ist ein Teil des Führungsprozesses, der im ↗ Kapitel 9 Controlling ausführlich beschrieben wird. Entscheidungen erfolgen dabei als letzter Schritt der Planung vor der sich anschließenden Realisierung. Um zu Entscheidungen zu kommen, werden den verschiedenen möglichen Entscheidungsalternativen, die wir nachfolgend auch als Aktionen bezeichnen werden, bestimmte Größen zur Beurteilung ihrer Vorteilhaftigkeit zugeordnet. Dies geschieht in folgenden Schritten (↗ Abbildung 2-1, zum Folgenden vergleiche *Berens, W./Delfmann, W./Schmitting, W.* 2004: Seite 50 f.):

1. Aufstellung des **Aktionenraums,** der die möglichen Handlungsalternativen beziehungsweise Aktionen des Unternehmens im Hinblick auf die Entscheidung umfasst.
2. Aufstellung des **Zustandsraums** zur Beschreibung von Umweltzuständen, die durch das Unternehmen im Rahmen des zeitlichen Entscheidungshorizonts nicht beeinflusst werden können.
3. Aufstellung einer **Ergebnismatrix** mit den Ergebnissen, die sich als unbewertete Resultate bei der Realisierung von Aktionen bei bestimmten Umweltzuständen ergeben.

Abb. 2-1

Vorgehensweise bei Entscheidungen

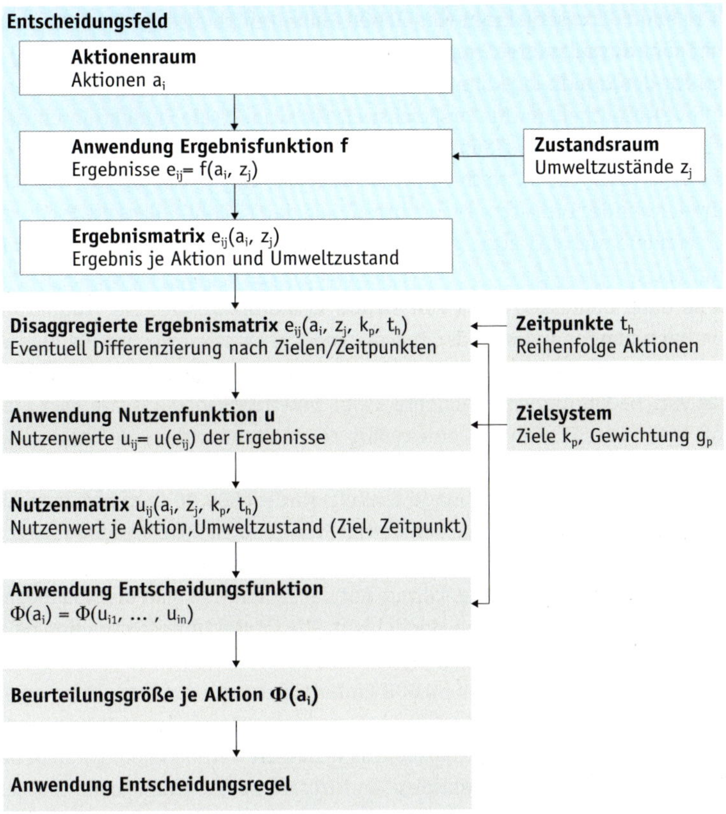

Vergleiche *Berens, W./Delfmann, W./Schmitting, W.* 2004: Seite 51

4. Eventuell Aufstellung einer **disaggregierten Ergebnismatrix**, falls zusätzlich Ziele und/oder Zeitpunkte von Aktionen berücksichtigt werden sollen.
5. Aufstellung eines **Zielsystems** zur Bewertung der Ergebnisse.
6. Anwendung einer **Nutzenfunktion**, um auf Basis des Zielsystems jedem der vorgenannten Ergebnisse einen **Nutzenwert** zuzuordnen.
7. Aufstellung einer **Nutzenmatrix** mit den Nutzenwerten von Aktionen bei bestimmten Umweltzuständen.
8. Anwendung einer **Entscheidungsfunktion**, um jeder Aktion auf Basis der Nutzenwerte eine **Beurteilungsgröße** hinsichtlich ihrer Vorteilhaftigkeit zuzuordnen.
9. **Entscheidung** für eine Aktion anhand der Beurteilungsgröße durch die Anwendung einer **Entscheidungsregel**.

Fallbeispiel 2-1 **Entscheidung über eine Produktionsstätte**

▸▸▸ Für die Produktion des neuen *Speedster Off-Road* müssen entsprechende Produktionskapazitäten geschaffen werden. Dazu stehen verschiedene Alternativen zur Auswahl, die sich insbesondere durch die zu produzierende Stückzahl unterscheiden:

- Bis zu einer Jahresstückzahl von **20 000 Einheiten** könnte die **Produktion in der nicht ganz ausgelasteten Produktionslinie des *Speedster Family*** in Leipzig erfolgen. Mit der Produktion könnte in diesem Fall sehr schnell begonnen werden, und der Investitionsbedarf wäre vergleichsweise niedrig. Da die Produktionseinrichtungen nicht speziell auf den *Speedster Off-Road* ausgelegt sind, wären die Stückkosten allerdings relativ hoch, weshalb der Deckungsbeitrag je Einheit nur 500,00 Euro betragen würde. Die Alternative hätte zudem den Nachteil, dass die Produktionsstückzahlen auch bei einer größeren Nachfrage nicht weiter gesteigert werden könnten.
- Bis zu einer Jahresstückzahl von **50 000 Einheiten** könnte die **Produktion auf dem bestehenden Gelände** der *Speedy GmbH* in Leipzig erfolgen. Da die verfügbare Fläche beschränkt ist, ließe sich nur eine Produktionsstätte mit einer Kapazität von 50 000 Einheiten errichten. Der Investitionsbedarf wäre aber nicht so groß wie bei der Einrichtung eines völlig neuen Standorts, da ein Teil der vorhandenen Produktions- und Infrastruktureinrichtungen mitgenutzt werden könnte. Der erzielbare Deckungsbeitrag je Einheit würde 1 500,00 Euro betragen, da die Stückkosten aufgrund der spezialisierten Produktionseinrichtungen relativ niedrig wären. Da die Planung und Errichtung der Produktionsstätten vergleichsweise viel Zeit beanspruchen würde, könnte mit der Produktion aber erst spät begonnen werden. Zudem gäbe es keine Möglichkeit, die Produktionsstückzahlen bei einer größeren Nachfrage weiter zu steigern.
- Ab einer Jahresstückzahl von **50 000 Einheiten** müsste die **Produktion an einem neuen Produktionsstandort** erfolgen. Der entsprechende Investitions- und Zeitbedarf wäre enorm. Der Deckungsbeitrag je Einheit würde 1 000,00 Euro betragen, da keine bestehenden Produktions- und Infrastruktureinrichtungen mitgenutzt werden könnten. Da der Standort erweitert werden könnte, wäre es bei einer größeren Nachfrage zukünftig allerdings auch möglich, mehr als die vorerst geplanten 90 000 Einheiten pro Jahr herzustellen.

Die Geschäftsführung der *Speedy GmbH* ist sich unsicher, wie sie sich entscheiden soll, und beauftragt deshalb das Controlling mit der Erarbeitung einer entsprechenden Entscheidungsvorlage. ◂◂◂

2.2 Elemente zur Beschreibung und Lösung von Entscheidungsproblemen

Damit ein Entscheidungsproblem gelöst werden kann, muss es beschrieben und dann durch die Ermittlung von Nutzenwerten und Beurteilungsgrößen und durch die Anwendung von Entscheidungsregeln eine Entscheidung getroffen werden. Zur Beschreibung und Lösung von Entscheidungsproblemen kommen Modelle zur Anwendung, mittels derer die mehr oder weniger komplexe Realität abgebildet und auf die als relevant erscheinenden Ursache-Wirkungs-Zusammenhänge reduziert wird (vergleiche dazu und zum Folgenden *Rehkugler, H./Schindel, V.* 1990: Seite 86 ff., *Bamberg, G./Coenenberg, A. G.* 1996: Seite 14 ff., *Berens, W./Delfmann, W./Schmitting, W.* 2004: Seite 52 ff., *Heinen, E.* 1991: Seite 26 f. und *Schildbach, T.* 1993: Seite 66 ff.).

2.2.1 Entscheidungsfeld

Entscheidungsfelder dienen der Beschreibung von Entscheidungsproblemen. Sie bestehen aus folgenden Elementen, auf die wir nachfolgend noch genauer eingehen werden:

- Aktionenraum,
- Zustandsraum sowie
- Ergebnisfunktion und Ergebnismatrix.

2.2.1.1 Aktionenraum

Der Aktionenraum ist der vom Entscheidungsträger beeinflussbare Teil des Entscheidungsfeldes. Er besteht aus allen möglichen, aber mindestens zwei Aktionen beziehungsweise (Handlungs-)Alternativen, die dem Entscheidungsträger in einer bestimmten Entscheidungssituation offen stehen.

> Eine **Aktion a** beziehungsweise (Handlungs-)Alternative ist eine unabhängige Vorgehensweise zur Zielerreichung, die vom Entscheidungsträger ausgewählt werden kann.

Dabei ist es unerheblich, ob die Aktionen Einzelmaßnahmen sind oder aus mehreren Teilaktionen bestehen. Beispiele für Aktionen sind die Realisierung einer bestimmten Investition, die Durchführung einer Marketingaktion, die Errichtung einer Betriebsstätte an einem bestimmten Standort und so weiter. Der Aktionenraum muss zwei Forderungen erfüllen:

Anforderungen an den Aktionenraum

- Erstens muss er den gesamten Möglichkeitenraum des Entscheidungsträgers voll ausschöpfen und insbesondere auch die sogenannte **Unterlassungsalternative**, das heißt nichts zu tun, beinhalten, und
- zweitens muss die Wahl einer Aktion die Möglichkeit der gleichzeitigen Wahl einer anderen Aktion ausschließen.

Zusätzlich wird der Aktionenraum durch die Tatsache eingegrenzt, dass er nur solche Aktionen beinhalten darf, die den Einsatz von knappen Gütern, wie beispielsweise Kapital, erfordern (vergleiche *Bamberg, G./Coenenberg, A. G.* 1996: Seite 14 ff. und *Berens, W./Delfmann, W./Schmitting, W.* 2004: Seite 52 f.).

Tab. 2-1

Aktionenraum des Fallbeispiels

Aktion	**Produktionsort**
Produktionsstätte a_1	Produktion in der bestehenden Produktionsstätte des *Speedster Family* in Leipzig
Produktionsstätte a_2	Errichtung einer neuen Produktionsstätte auf dem Gelände der *Speedy GmbH* in Leipzig
Produktionsstätte a_3	Errichtung einer neuen Produktionsstätte an einem neuen Standort

Fallbeispiel 2-2 (Fortsetzung 2-1) **Entscheidung über eine Produktionsstätte**

▸▸▸ Hinsichtlich der im Fallbeispiel beschriebenen Entscheidung über die Produktionsstätte für den neuen *Speedster Off-Road* sind die in der ↗ Tabelle 2-1 dargestellten Aktionen möglich. ◂◂◂

Zwischenübung Kapitel 2.2.1.1

Sie parken mit Ihrem Auto auf einem kostenpflichtigen Parkplatz. Welche zwei Aktionen können Sie durchführen?

Aktion a_1	
Aktion a_2	

2.2.1.2 Zustandsraum

Im Gegensatz zum Aktionenraum ist der Zustandsraum vom Entscheidungsträger im Rahmen des zeitlichen Entscheidungshorizonts nicht beeinflussbar. Der Zustandsraum umfasst die Umweltzustände der Entscheidung.

Ein **Umweltzustand z** ist ein Zustand, der vom Entscheidungsträger im Rahmen der zu treffenden Entscheidung nicht beeinflusst werden kann.

Beispiele für Umweltzustände sind etwa die Nachfragesituation, die konjunkturelle Entwicklung, die Gesetzgebung und die Wettbewerbssituation. Obwohl diese Zustände nicht direkt und nicht kurzfristig beeinflusst werden können, beeinflussen sie selbst die Ergebnisse der Aktionen erheblich und müssen daher bei der Entscheidungsfindung angemessen berücksichtigt werden (vergleiche *Bamberg, G./Coenenberg, A.G.* 1996: Seite 16 ff. und *Berens, W./Delfmann, W./Schmitting, W.* 2004: Seite 53).

Tab. 2-2

Zustandsraum des Fallbeispiels

Umweltzustand	Jährliche Absatzzahlen Speedster Off-Road
Absatzszenario z_1	10 000 Einheiten
Absatzszenario z_2	75 000 Einheiten
Absatzszenario z_3	90 000 Einheiten

Fallbeispiel 2-3 (Fortsetzung 2-1) **Entscheidung über eine Produktionsstätte**

▸▸▸ Für die im Fallbeispiel beschriebene Entscheidung über die Produktionsstätte für den neuen *Speedster Off-Road* wird der Marketingbereich beauftragt, drei Szenarien für die Absatzzahlen zu entwickeln. Nach der Einschätzung des Marketingbereichs hängen die Absatzzahlen des *Speedster Off-Road* insbesondere von der konjunkturellen Situation und der Preisgestaltung der bereits in diesem Marktsegment tätigen Wettbewerber ab. Zudem hat ein anderer Automobilhersteller auf der letzten *IAA* eine Konzeptstudie vorgestellt, die dem *Speedster Off-Road* sehr ähnelt. Der Marketingbereich der *Speedy GmbH* hält deshalb die in der ↗ Tabelle 2-2 dargestellten Werte für den jährlichen Absatz des *Speedster Off-Road* und damit für die Umweltzustände für möglich. ◂◂◂

Zwischenübung Kapitel 2.2.1.2

Sie parken mit Ihrem Auto auf einem kostenpflichtigen Parkplatz. Welche zwei Umweltzustände können sich während der Parkdauer ergeben?

Umweltzustand z_1	
Umweltzustand z_2	

2.2.1.3 Ergebnisfunktion und Ergebnismatrix

Ein **Ergebnis e** ist das unbewertete Resultat der Realisierung einer Aktion bei einem bestimmten Umweltzustand.

Ergebnisfunktion

Das Ergebnis ergibt sich dabei durch die Verknüpfung der Aktion und des Umweltzustandes in der sogenannten Ergebnisfunktion:

$$e_{ij} = f(a_i, z_j)$$

mit:

e_{ij} = Ergebnis der Aktion i bei Eintritt des Umweltzustandes j
f = Ergebnisfunktion
a_i = Aktionen i mit i = 1 bis m
m = Anzahl der Aktionen
z_j = Umweltzustände j mit j = 1 bis n
n = Anzahl der Umweltzustände

Tab. 2-3

Ergebnismatrix

Aktion \ Umweltzustand	z_1	...	z_n
a_1	e_{11}	...	e_{1n}
...	...	...	...
a_m	e_{m1}	...	e_{mn}

Vergleiche *Berens, W./Delfmann, W./Schmitting, W.* 2004: Seite 55

Beispiele für Ergebnisse sind die Rückflüsse bei Investitionsentscheidungen, die Absatzstückzahlen bei Marketingentscheidungen, die Kosten bei Rationalisierungsentscheidungen oder der Schadstoffausstoß bei Entscheidungen über Produktionsverfahren. Da diese Ergebnisse noch nicht im Hinblick auf die der Entscheidung zugrunde liegenden Ziele bewertet wurden, sind sie in der Regel wertfrei.

Ergebnismatrix

Die Gesamtheit der Ergebnisse als Kombinationen von Aktionen und Umweltzuständen ergibt die sogenannte Ergebnismatrix (↗ Tabelle 2-3).

Fallbeispiel 2-4 (Fortsetzung 2-1) **Entscheidung über eine Produktionsstätte**

▸▸▸ Für die im Fallbeispiel beschriebene Entscheidung über die Produktionsstätte für den neuen *Speedster Off-Road* ergeben sich die maximal produzier- und absetzbaren Einheiten der Produktionsalternativen als Minimum aus den jeweiligen Absatzzahlen und den Produktionskapazitäten. Das entsprechende Ergebnis wird in der ↗ Tabelle 2-4 in Form einer Ergebnismatrix dargestellt. ◂◂◂

Tab. 2-4

Ergebnismatrix für das Fallbeispiel mit den maximal produzier- und absetzbaren Einheiten (BWL6_02_Tabelle-Fallbeispiel.xls)

Produktionsstückzahl der Produktionsstätte \ Absatzstückzahl des Absatzszenarios	z_1: 10000	z_2: 75000	z_3: 90000
a_1: 20000	e_{11}: 10000	e_{12}: 20000	e_{13}: 20000
a_2: 50000	e_{21}: 10000	e_{22}: 50000	e_{23}: 50000
a_3: 90000	e_{31}: 10000	e_{32}: 75000	e_{33}: 90000

Die Ergebnismatrix kann noch weiter unterteilt werden, indem innerhalb der Umweltzustände aufgeführt wird, welche Ergebnisse im Hinblick auf die verschiedenen Ziele zu erwarten sind. Soll zudem berücksichtigt werden, zu welchen Zeitpunkten die

Tab. 2-5

Disaggregierte Ergebnismatrix

Umweltzustand			z_1		...		z_n	
	Ziel	k^1	...	k^r	...	k^1	...	k^r
Aktion	**Zeitpunkt**							
	t^1	e_{11}^{11}	...	e_{11}^{1r}	...	e_{1n}^{11}	...	e_{1n}^{1r}
a_1	...	...	...	...	...	...	...	...
	t^q	e_{11}^{q1}	...	e_{11}^{qr}	...	e_{1n}^{q1}	...	e_{1n}^{qr}
...	...	...	...	...	...	...	...	...
	t^1	e_{m1}^{11}	...	e_{m1}^{1r}	...	e_{mn}^{11}	...	e_{mn}^{1r}
a_m	...	...	...	...	...	...	...	...
	t^q	e_{m1}^{q1}	...	e_{m1}^{qr}	...	e_{mn}^{q1}	...	e_{mn}^{qr}

Vergleiche *Berens, W./Delfmann, W./Schmitting, W.* 2004: Seite 55

Aktionen durchgeführt werden, können auch die Ergebnisse aufgeführt werden, die sich bei der Durchführung einer Aktion zu einem bestimmten Zeitpunkt ergeben. Erfolgt eine Differenzierung der Ergebnismatrix nach Zielen und/oder Zeitpunkten wird die resultierende Matrix als disaggregierte Ergebnismatrix bezeichnet (↗ Tabelle 2-5, vergleiche *Bamberg, G./Coenenberg, A. G.* 1996: Seite 21 ff., *Berens, W./Delfmann, W./Schmitting, W.* 2004: Seite 54 ff. sowie *Rehkugler, H./Schindel, V.* 1990: Seite 15).

Disaggregierte Ergebnismatrix

Fallbeispiel 2-5 (Fortsetzung 2-1) **Entscheidung über eine Produktionsstätte**

▸▸▸ Für das Fallbeispiel ergibt sich für das zweite Absatzszenario bei einer Differenzierung nach zwei weiteren Zielen die in der ↗ Tabelle 2-6 dargestellte disaggregierte Ergebnismatrix. ◂◂◂

Tab. 2-6

Nach Zielen disaggregierte Ergebnismatrix für das Fallbeispiel (BWL6_02_Tabelle-Fallbeispiel.xls)

Absatzszenario	z_2	z_2	z_2
Ziel	k_1	k_2	k_3
Zielinhalt / **Produktionsstätte**	**Deckungsbeitrag je Jahr**	**Realisierungsdauer**	**Erweiterungsmöglichkeit**
a_1	20 000 Stück	kurz	nicht möglich
a_2	50 000 Stück	mittel	nicht möglich
a_3	75 000 Stück	lang	möglich

Zwischenübung Kapitel 2.2.1.3

Sie parken mit Ihrem Auto auf einem kostenpflichtigen Parkplatz. Welche Ergebnismatrix ergibt sich dadurch?

	Keine Kontrolle z_1	**Kontrolle z_2**
Keinen Parkschein kaufen a_1		
Parkschein kaufen a_2		

2.2.2 Zielsystem

Um zu ermitteln, welchen Nutzen die Ergebnisse für den Entscheidungsträger haben, werden sie anhand von einem oder mehreren Zielen bewertet.

Ein **Ziel k** ist ein angestrebter Zustand, der durch die Entscheidung für eine Aktion und deren Realisierung erreicht werden soll.

Zielbildung

Die meisten Ziele leiten sich dabei aus den im ↗ Kapitel 1 Grundlagen aufgeführten grundlegenden Handlungszielen von Betrieben ab (vergleiche *Bamberg, G./Coenenberg, A. G.* 1996: Seite 25 ff. und *Berens, W./Delfmann, W./Schmitting, W.* 2004: Seite 53 f.).

2.2.2.1 Unterteilung von Zielen

Neben der im ↗ Kapitel 1 Grundlagen aufgeführten Unterteilung der Handlungsziele ist für betriebliche Entscheidungen insbesondere eine Unterteilung von Zielen nach ihren Bezugsobjekten wichtig. Danach lassen sich zwei Arten von Zielen unterscheiden (vergleiche *Thommen, J.-P./Achleitner A.-K.* 2003: Seite 99 ff.):

- **Sachziele** beziehen sich insbesondere auf die Art, die Menge und die Qualität von Realgütern und damit auf die Leistungssphäre von Betrieben. Sie werden deshalb auch als **Leistungsziele** bezeichnet.
- **Formalziele** sind den Sachzielen übergeordnete ökonomische Ziele, die sich insbesondere auf die Nominalgüter und damit auf die Finanzsphäre von Betrieben beziehen.

2.2.2.2 Zielbeziehungen

Im Rahmen von betrieblichen Entscheidungen sollen häufig mehrere Ziele gleichzeitig erreicht werden. In derartigen Fällen ist es unbedingt erforderlich, die zwischen den einzelnen Zielen bestehenden Beziehungen eingehend zu untersuchen. Dabei werden drei Arten von Zielbeziehungen unterschieden (↗ Abbildung 2-2, zum Folgenden vergleiche *Bamberg, G./Coenenberg, A. G.* 1996: Seite 46 ff. sowie *Eisenführ, F./Weber, M.* 1994: Seite 60 ff.).

Abb. 2-2

Zielbeziehungen

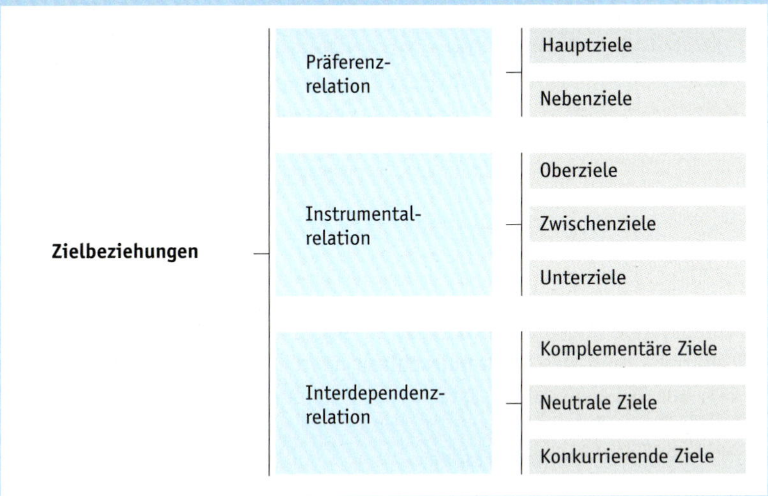

2.2.2.2.1 Präferenzrelationen

Bei Entscheidungen mit mehrfacher Zielsetzung muss der Entscheidungsträger sein Präferenzsystem definieren. Dadurch legt er fest, wie wichtig ihm die Ziele im Vergleich zueinander sind. Beispielsweise kann die kostenintensive Gewinnung von neuen Kunden Vorrang vor allgemeinen Kostensenkungen im Marketingbereich haben. Entsprechend können:

- **Hauptziele** mit einer hohen Präferenz, wie im ersten Fall, und
- **Nebenziele** mit einer geringen Präferenz, wie im zweiten Fall,

unterschieden werden (vergleiche *Rehkugler, H./Schindel, V.* 1990: Seite 59 ff.).

2.2.2.2.2 Instrumentalrelationen

Zielhierarchie

Eine weitere Möglichkeit, Beziehungen zwischen mehreren Zielen aufzuzeigen, ist die Bildung einer Zielhierarchie. Dabei erfolgt eine Unterteilung in:

- **Oberziele**, die den Zweck beschreiben, sowie
- **Zwischenziele** und
- **Unterziele**, die jeweils die Mittel zur Erreichung des Zwecks beschreiben.

Kennzeichnend für Oberziele ist dabei, dass sie über die Realisierung von Zwischen- und Unterzielen erreicht werden. Die Ober- und Unterziele stehen damit in einer Zweck-Mittel-Beziehung oder Instrumentalrelation zueinander. Die Hauptentscheidung hinsichtlich des Zwecks wird also in einzelne, kleinere Teilentscheidungen hinsichtlich der Mittel zerlegt und schrittweise erfüllt.

Abb. 2-3

Instrumentalrelation im ROI-Kennzahlensystem

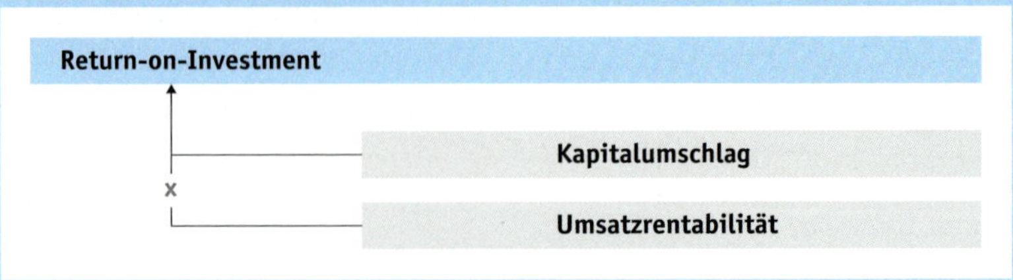

Eine Instrumentalrelation besteht beispielsweise bei den im Return-on-Investment-Kennzahlensystem abgebildeten Zielen. So ergibt sich der Return-on-Investment durch Multiplikation des Kapitalumschlags mit der Umsatzrentabilität (↗ Abbildung 2-3, zum ROI-Kennzahlensystem siehe ↗ Kapitel 9 Controlling).

2.2.2.2.3 Interdependenzrelationen

Mögliche Interdependenzrelationen von Zielen

Hinsichtlich der Interdependenzrelationen lassen sich die folgenden Zielbeziehungen unterscheiden (↗ Abbildung 2-4):

Abb. 2-4

Interpendenzrelationen zwischen Zielen

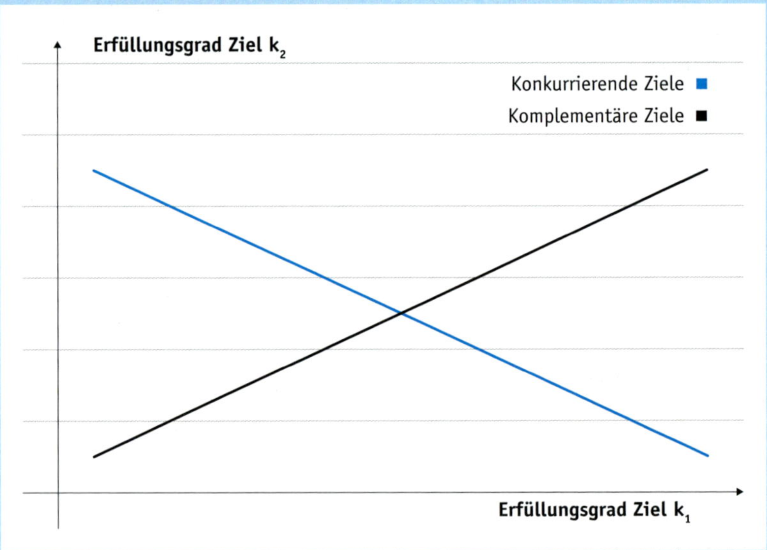

Komplementäre Zielbeziehung
Eine komplementäre Zielbeziehung besteht dann, wenn die auf die Erreichung des Ziels k_1 gerichtete Aktion gleichzeitig die Erreichung des Ziels k_2 unterstützt. So ist zum Beispiel ein positiver Zusammenhang zwischen einer Verbesserung der betrieblichen Sozialleistungen und einer Erhöhung der Arbeitszufriedenheit zu vermuten. Im Extremfall besteht zwischen zwei Zielen eine vollständige Übereinstimmung, die als **Zielidentität** bezeichnet wird.

Neutrale Zielbeziehung
Bei einer neutralen oder indifferenten Zielbeziehung hat die Erfüllung des Ziels k_1 keinen Einfluss auf die Erfüllung des Ziels k_2. Beispielsweise hat die Erhöhung der Arbeitszufriedenheit keinen Einfluss auf die Senkung des Energieverbrauchs in der Produktion.

Konkurrierende Zielbeziehung
Eine konkurrierende oder konfliktäre Zielbeziehung liegt vor, wenn eine bessere Erfüllung des Ziels k_1 die Erreichung des Ziels k_2 verschlechtert. Im Extremfall können sich zwei Ziele sogar ausschließen. Dies wird als **Zielantinomie** bezeichnet.

Ein klassisches Beispiel für konkurrierende Ziele stellt das sogenannte **magische Zieldreieck** mit den Zielen Ergebnis, Aufwand und Zeit dar (↗ Abbildung 2-5). Dass diese Ziele konkurrierend sind, zeigt sich zum Beispiel dann, wenn die Qualität erhöht werden soll. Dies kann durch zusätzliche Mitarbeiter und durch zusätzliche Prüfprozesse in der Qualitätssicherung erreicht werden. Dadurch entstehen aber höhere Kosten und längere Durchlaufzeiten.

Abb. 2-5

Magisches Zieldreieck

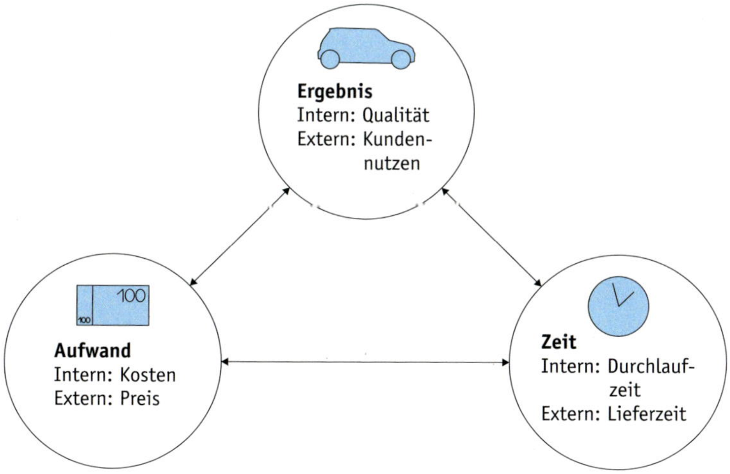

Vergleiche *Schierenbeck, H.* 2003: Seite 25 und *Wöhe, G.* 2002: Seite 10, 16

2.2.2.3 Operationalisierung von Zielen

Trotz ihrer großen Bedeutung weisen Ziele in der betrieblichen Praxis häufig Schwachstellen beziehungsweise sogenannte **Zieldefekte** auf. Problematisch sind beispielsweise Ziele, die nicht in das übergeordnete Zielsystem passen, Ziele, die unscharf formuliert wurden, Ziele, die aktuellen Entwicklungen nicht angepasst wurden, und Ziele, die nicht verbindlich festgelegt wurden.

Merkmale operationaler Ziele

Um solche Zieldefekte zu vermeiden, sollten Ziele anhand der nachfolgenden Merkmale definiert und damit operationalisiert werden (↗ Abbildung 2-6, zum Folgenden vergleiche *Thommen, J.-P./Achleitner A.-K.* 2003: Seite 106 ff.):

Inhalt des Ziels

Damit erkannt wird, wann ein angestrebter Zustand erreicht wurde, ist eine möglichst exakte inhaltliche Definition des Zielinhalts erforderlich. Grundsätzlich können quantitative und qualitative Zielinhalte unterschieden werden (vergleiche *Rehkugler, H./Schindel, V.* 1990: Seite 43 f.):

- **Quantitative Zielinhalte** lassen sich in Geld- oder in Mengendimensionen erfassen, wie beispielsweise der zu erzielende Gewinn, die zu erzielende Eigenkapitalrentabilität oder der zu erzielende Marktanteil.
- **Qualitative Zielinhalte**, die auch als **nicht-quantitativ** bezeichnet werden, sind dagegen nicht in Geld- oder Mengendimensionen zu messen. Vielmehr handelt es sich um verbale Zustandsbeschreibungen, die allerdings möglichst präzise sein sollten, zum Beispiel »Die Unabhängigkeit des Unternehmens soll gewahrt werden« oder »Der politische Einfluss soll erhöht werden«.

Abb. 2-6

Merkmale operationaler Ziele

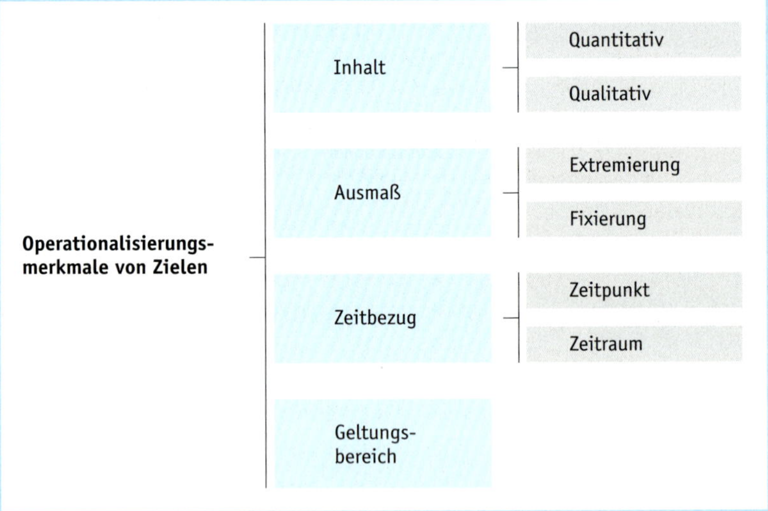

Ausmaß des Ziels

Damit Ziele richtungweisenden Charakter haben, muss das Zielausmaß festgelegt werden. Dafür gibt es zwei grundsätzliche Möglichkeiten (vergleiche *Rehkugler, H./ Schindel, V.* 1990: Seite 44 f.):

Mögliche Zielausmaße

- Kennzeichnend für die **Extremierung** ist, dass ein Ziel so weit wie möglich erreicht wird, also beispielsweise der Realisierungszeitraum minimiert oder der Gewinn maximiert wird.
- Kennzeichnend für die **Fixierung** ist, dass für ein Ziel genaue Werte vorgegeben werden, die überschritten **(Mindestwert)** oder unterschritten **(Höchstwert)** werden sollen oder innerhalb von denen das Ziel liegen soll **(Zielkorridor)**, also beispielsweise dass an einer neuen Produktionsstätte mindestens 1 000 Einheiten pro Tag hergestellt werden können.

Zeitbezug des Ziels

Im Rahmen der Operationalisierung von Zielen muss deren Zeitbezug eindeutig festgelegt werden. Hierfür gibt es zwei Möglichkeiten:

- Festlegung eines **Zeitpunktes**, bis zu dem das Ziel zu erreichen ist, beispielsweise bis zum 31. Dezember.
- Festlegung eines **Zeitraums** innerhalb dessen das Ziel zu erreichen ist, beispielsweise innerhalb von zwei Monaten.

Geltungsbereich des Ziels

Der Geltungsbereich des Ziels legt fest, für welche Organisationseinheiten das Ziel gilt.

Fallbeispiel 2-6 (Fortsetzung 2-1) **Entscheidung über eine Produktionsstätte**

▸▸▸ Die Geschäftsführung der *Speedy GmbH* entwickelte für die im Fallbeispiel beschriebene Entscheidung über die Produktionsstätte für den neuen *Speedster Off-Road* gemeinsam mit dem Controlling das in ↗ Tabelle 2-7 dargestellte Zielsystem. Der als Hauptziel aufgeführte Deckungsbeitrag deckt einen Teil der Fixkosten der *Speedy GmbH* und trägt damit zur Steigerung von deren Gewinn bei (Hinweis: Der Deckungsbeitrag wird aus Vereinfachungsgründen statt des aufwändiger zu ermittelnden Kapitalwerts verwendet). Die Realisierungsdauer ist der Zeitraum bis zum Produktionsbeginn. Die Erweiterungsmöglichkeit bezieht sich auf die in der Produktionsstätte produzierbaren Einheiten. ◂◂◂

Tab. 2-7

Zielsystem für das Fallbeispiel

Ziel	Präferenz	Zielinhalt	Gewichtung
k_1	Hauptziel	Deckungsbeitrag je Jahr	0,6
k_2	Nebenziel	Realisierungsdauer	0,3
k_3	Nebenziel	Erweiterungsmöglichkeit	0,1

Zwischenübung Kapitel 2.2.2.3

Sie parken mit Ihrem Auto auf einem kostenpflichtigen Parkplatz. Operationalisieren Sie die Zielsetzung, die sich dabei für Sie ergibt.

Inhalt des Ziels k_1	
Ausmaß des Ziels k_1	
Zeitbezug des Ziels k_1	
Geltungsbereich des Ziels k_1	

2.2.3 Nutzenfunktion und Nutzenmatrix

Nach der Festlegung der Ziele können die in der Ergebnismatrix aufgeführten Ergebnisse hinsichtlich dieser Ziele bewertet und damit ihr Nutzen beziehungsweise Nutzenwert ermittelt werden. Die Ermittlung der Nutzenwerte stellt dabei eine zwischengeschaltete Bewertung dar, die entfallen kann, wenn die Ergebnisse bereits ein Maß für die Erfüllung der Ziele darstellen (vergleiche *Berens, W./Delfmann, W./Schmitting, W.* 2004: Seite 56).

Der **Nutzenwert u** ist ein Maß für die Erfüllung der Ziele eines Entscheidungsträgers.

Nutzenfunktion

Der Nutzenwert ergibt sich ebenso wie das Ergebnis als Konsequenz aus dem Einfluss eines Umweltzustandes auf eine Aktion. Die Ermittlung des Nutzenwertes erfolgt anhand der sogenannten Nutzenfunktion, die jedem Ergebnis einen Nutzenwert zuordnet:

$$u_{ij} = u\,(e_{ij})$$

mit:

u_{ij} = Nutzenwert der Aktion i bei Eintritt des Umweltzustandes j
u = Nutzenfunktion
e_{ij} = Ergebnis der Aktion i bei Eintritt des Umweltzustandes j

Aus dem Ergebnis »Rückfluss bei einer Investitionsentscheidung« kann über die Nutzenfunktion beispielsweise der Kapitalwert als Maßstab für die wirtschaftliche Vorteilhaftigkeit und damit den Nutzenwert des Entscheidungsträgers ermittelt werden. Über die Nutzenfunktion kann zudem den zunächst nur qualitativ beschriebenen Ergebnissen mithilfe einer Wertetabelle eine reelle Zahl für die weiteren Berechnungen zugewiesen werden, wie beispielsweise dem Ergebnis »Markteinführung des Produkts erfolgt vor der Konkurrenz« der Nutzenwert »1« und dem Ergebnis »Markteinführung des Produkts erfolgt nach der Konkurrenz« der Nutzenwert »0«.

Nutzenmatrix

Die Gesamtheit der Nutzenwerte als Kombinationen von Aktionen und Umweltzuständen ergibt die sogenannte Nutzenmatrix, die die Basis für die nachfolgend be-

Tab. 2-8

Nutzenmatrix

Aktion \ Umweltzustand	z_1	...	z_n
a_1	u_{11}	...	u_{1n}
...	...	...	...
a_m	u_{m1}	...	u_{mn}

schriebenen Entscheidungsmodelle ist (↗ Tabelle 2-8, vergleiche *Bamberg, G./Coenenberg, A. G.* 1996: Seite 33 ff. sowie *Eisenführ, F./Weber, M.* 1994: Seite 34 ff., 99 ff.).

Fallbeispiel 2-7 (Fortsetzung 2-1) **Entscheidung über eine Produktionsstätte**

▸▸▸ Für die im Fallbeispiel beschriebene Entscheidung über die Produktionsstätte für den neuen *Speedster Off-Road* ermittelte das Controlling auf Basis der Ergebnismatrix die in der ↗ Tabelle 2-9 dargestellte Nutzenmatrix. Dazu wurden näherungsweise die jährlichen Deckungsbeiträge ermittelt, indem die produzier- und absetzbaren Stückzahlen mit einem von der Produktionsstätte abhängigen Stückdeckungsbeitrag von 0,5 T€ bei der Produktionsstätte a_1, mit 1,5 T€ bei der Produktionsstätte a_2 und mit 1 T€ bei der Produktionsstätte a_3 multipliziert wurden. Der Nutzenwert der ersten Produktionsstätte hinsichtlich des ersten Absatzszenarios ergibt sich somit beispielsweise folgendermaßen:

$$u_{11} = 5\,000 \text{ T€} = e_{11} \times 0{,}5 \text{ T€/Stück} = 10\,000 \text{ Stück} \times 0{,}5 \text{ T€/Stück}$$

Tab. 2-9

Nutzenmatrix für das Fallbeispiel (BWL6_02_Tabelle-Fallbeispiel.xls)

Produktionsstätte \ Absatzszenario	z_1	z_2	z_3
a_1	u_{11}: 5 000 T€	u_{12}: 10 000 T€	u_{13}: 10 000 T€
a_2	u_{21}: 15 000 T€	u_{22}: 75 000 T€	u_{23}: 75 000 T€
a_3	u_{31}: 10 000 T€	u_{32}: 75 000 T€	u_{33}: 90 000 T€

Für das Fallbeispiel würde sich für das zweite Absatzszenario bei einer Differenzierung nach zwei weiteren Zielen die in ↗ Tabelle 2-10 dargestellte Nutzenmatrix ergeben. Eine kurze Realisierungsdauer wurde dabei mit 1, eine mittlere mit 0,5 und eine lange mit 0 bewertet. Eine Erweiterungsmöglichkeit der Produktion wurde mit 1, eine nicht bestehende Möglichkeit mit 0 bewertet. ◂◂◂

Tab. 2-10

Nach Zielen disaggregierte Nutzenmatrix für das Fallbeispiel (BWL6_02_Tabelle-Fallbeispiel.xls)

Absatzszenario	z_2	z_2	z_2
Ziel	k_1	k_2	k_3
Zielinhalt	Deckungsbeitrag je Jahr	Realisierungsdauer	Erweiterungsmöglichkeit
Zielgewichtung / Produktionsstätte	0,6	0,3	0,1
a_1	10 000 T€	1,0	0,0
a_2	75 000 T€	0,5	0,0
a_3	75 000 T€	0,0	1,0

Zwischenübung Kapitel 2.2.3

Ermitteln Sie unter der Zielsetzung »Minimierung des Entgelts für das Parken« die Nutzenmatrix für die vorangegangene Zwischenübung des Parkens auf einem kostenpflichtigen Parkplatz. Ein Parkschein für die geplante Parkdauer kostet 1,00 Euro. Bei einer Kontrolle ohne Parkschein müssen Sie 5,00 Euro zahlen (Hinweis: Auszahlungen ist ein Minuszeichen voranzustellen).

	Keine Kontrolle z_1	Kontrolle z_2
Keinen Parkschein kaufen a_1		
Parkschein kaufen a_2		

2.2.4 Entscheidungsmodelle

Nachdem in den vorangegangenen Schritten die Nutzenwerte der verschiedenen Aktionen ermittelt wurden, kann nun eine Entscheidung für eine Aktion getroffen werden. Wie dabei vorzugehen ist, wird in sogenannten Entscheidungsmodellen beschrieben. Diese umfassen:

- Entscheidungsfunktionen, um Beurteilungsgrößen zu ermitteln und
- Entscheidungsregeln, um die finale Entscheidung zu treffen.

2.2.4.1 Entscheidungsfunktion und Beurteilungsgröße

Auf Basis der in der Nutzenmatrix abgebildeten Nutzenwerte der verschiedenen Aktionen können mittels einer sogenannten Entscheidungsfunktion für alle Aktionen Beurteilungsgrößen ermittelt werden:

Entscheidungsfunktion

$\Phi\,(a_i) = \Phi\,(u_{i1}, \ldots, u_{in})$

mit:

$\Phi\,(a_i)$ = Beurteilungsgröße der Aktion i
Φ = Entscheidungsfunktion
u_{ij} = Nutzenwerte der Aktion i
n = Anzahl der Umweltzustände

Die Gestaltung der Entscheidungsfunktion hängt dabei vom Entscheidungsmodell ab.

2.2.4.2 Entscheidungsregel

Nachdem für jede Aktion eine Beurteilungsgröße ermittelt wurde, erfolgt die finale Entscheidung für eine Aktion auf Basis einer Entscheidungsregel. Die Entscheidungsregel hängt vom Entscheidungsmodell ab. Nachfolgend kommen insbesondere folgende Entscheidungsregeln zur Anwendung:

- »Wähle die Aktion mit der maximalen Beurteilungsgröße.«
- »Wähle die Aktion mit der minimalen Beurteilungsgröße.«

2.2.4.3 Unterteilung der Entscheidungsmodelle

Die verschiedenen, nachfolgend dargestellten Entscheidungsmodelle unterscheiden sich hinsichtlich der verwendeten Entscheidungsfunktionen und Entscheidungsregeln (vergleiche *Bamberg, G./Coenenberg, A. G.* 1996: Seite 34 und *Berens, W./Delf-*

Abb. 2-7

Unterteilung der Entscheidungsmodelle

mann, W./Schmitting, W. 2004: Seite 57). Der Entscheidungsträger wird für die von ihm zu treffende Entscheidung ein Entscheidungsmodell verwenden, das zum einen die Entscheidungssituation möglichst gut abbildet und zum anderen auf einer Entscheidungsfunktion und -regel basiert, die sein Entscheidungsverhalten widerspiegelt. Für die Auswahl eines Entscheidungsmodells sind deshalb insbesondere die nachfolgenden Kriterien wichtig (↗ Abbildung 2-7, zum Folgenden vergleiche *Bamberg, G./Coenenberg, A. G.* 1996: Seite 36 ff.):

Informationsstand des Entscheidungsträgers
Abhängig vom Informationsstand des Entscheidungsträgers lassen sich folgende Arten von Entscheidungsmodellen unterscheiden:

- **Entscheidungsmodelle bei Sicherheit** werden eingesetzt, wenn Entscheidungen bei einem einzigen bekannten Umweltzustand getroffen werden sollen.
- **Entscheidungsmodelle bei Unsicherheit** werden eingesetzt, wenn lediglich bekannt ist, dass irgendeiner der möglichen Umweltzustände aus dem Zustandsraum eintreten wird, dafür aber keine Eintrittswahrscheinlichkeiten angegeben werden können.
- **Entscheidungsmodelle bei Risiko** werden eingesetzt, wenn Wahrscheinlichkeiten für das Eintreten der verschiedenen Umweltzustände ermittelt werden konnten.

Anzahl der Zielsetzungen
Abhängig von der Anzahl der zu berücksichtigenden Zielsetzungen lassen sich folgende Arten von Entscheidungsmodellen unterscheiden:

- **Entscheidungsmodelle bei einfacher Zielsetzung** und
- **Entscheidungsmodelle bei mehrfacher Zielsetzung**.

Die nachfolgend vorgestellten Modelle der Zielgewichtung und der lexikographischen Ordnung sind Entscheidungsmodelle bei mehrfacher Zielsetzung, alle anderen Modelle sind Entscheidungsmodelle bei einfacher Zielsetzung.

2.3 Entscheidungsmodelle bei Sicherheit

Merkmale einer Sicherheitssituation

Entscheidungsmodelle bei Sicherheit werden eingesetzt, wenn Entscheidungen bei einem einzigen bekannten Umweltzustand getroffen werden sollen oder wenn die Umweltzustände keinen Einfluss auf die Ergebnisse haben. Die Entscheidungsmodelle werden weiter unterteilt in Modelle, die nur eine Zielsetzung berücksichtigen, und Modelle, die mehrere Zielsetzungen berücksichtigen.

2.3.1 Entscheidungsmodell bei Sicherheit mit einer Zielsetzung

Merkmale des Modells

Entscheidungen unter Sicherheit mit nur einer Zielsetzung sind relativ leicht zu treffen, da die Beurteilungsgrößen der Aktionen deren Nutzenwerten entsprechen. Beispiele für entsprechende Entscheidungen sind Einkaufsentscheidungen, bei denen nur die Zielsetzung verfolgt wird, das Produkt mit dem niedrigsten Preis zu kaufen.

Dem Entscheidungsmodell bei Sicherheit mit einer Zielsetzung liegt folgende Entscheidungsfunktion zugrunde:

Entscheidungsfunktion

$\Phi(a_i) = u_{ip}$

mit:

$\Phi(a_i)$ = Beurteilungsgröße der Aktion i

u_{iP} = Nutzenwert der Aktion i hinsichtlich des Ziels p

Dem Entscheidungsmodell liegt folgende Vorgehensweise zugrunde:

Vorgehensweise

1. Die Beurteilungsgrößen der Aktionen ergeben sich direkt aus deren Nutzenwerten.
2. Zum Treffen der Entscheidung wird auf die ermittelten Beurteilungsgrößen die Entscheidungsregel angewendet »Wähle die Aktion mit der maximalen Beurteilungsgröße«.

Fallbeispiel 2-8 (Fortsetzung 2-1) **Entscheidung über eine Produktionsstätte**

▸▸▸ Die ↗ Tabelle 2-11 zeigt die Entscheidung bei einer Zielsetzung für das Fallbeispiel. Die Geschäftsführung der *Speedy GmbH* würde sich danach für die zweite oder dritte Produktionsstätte entscheiden, da diese die höchsten Beurteilungsgrößen ausweisen. ◂◂◂

Tab. 2-11

Entscheidung bei einer Zielsetzung im Fallbeispiel

Ziel	k_1
Zielinhalt	**Deckungsbeitrag je Jahr**
Beurteilungsgröße / **Produktionsstätte**	$\Phi(a_i)$
a_1	10 000 T€
a_2	**75 000 T€**
a_3	**75 000 T€**

Zwischenübung Kapitel 2.3.1

Die Parkplatzkontrolleure streiken für höhere Gehälter und führen deshalb keine Kontrollen durch. Für das Parken auf einem kostenpflichtigen Parkplatz ergibt sich damit folgende Nutzenmatrix. Für welche Aktion würden Sie sich unter der Zielsetzung »Minimierung des Entgelts für das Parken« unter Anwendung des Entscheidungsmodells bei Sicherheit mit einer Zielsetzung entscheiden?

	Keine Kontrolle z_1	$\Phi(a_i)$
Keinen Parkschein kaufen a_1	0,00 €	
Parkschein kaufen a_2	– 1,00 €	

Wirtschaftspraxis 2-1

Kaufentscheidungen für Mobiltelefone

Bei den in vielen Fachzeitschriften zu findenden Produkttests handelt es sich um Nutzenmatrizen für Kaufentscheidungen unter Sicherheit bei mehrfacher Zielsetzung.
In der Zeitschrift *connect* werden Mobiltelefone – als Aktionen der Käufer – beispielsweise anhand des folgenden Zielsystems beurteilt (in Klammern jeweils die maximal erreichbare Punktezahl und damit die Zielgewichtung):

- »Ausdauer« (maximal 100 Punkte),
- »Ausstattung« (maximal 150 Punkte),
- »Handhabung« (maximal 150 Punkte),
- »Messwerte Sende- und Empfangsqualität« (maximal 50 Punkte) sowie
- »Messwerte Akustik« (maximal 50 Punkte).

Den Mobiltelefonen werden hinsichtlich dieser Ziele als Ergebnisse von Tests Punkte zugeordnet, die die Nutzenwerte potenzieller Käufer darstellen. Die Punkte werden anschließend addiert und ergeben die Beurteilungsgröße je Mobiltelefon. In Abhängigkeit von der erreichten Gesamtpunktezahl werden die Mobiltelefone zusätzlich noch über eine Werttabelle von »sehr gut« bis »mangelhaft« bewertet. Nachdem Mobiltelefone weitgehend durch moderne Smartphones abgelöst worden sind, gelten Kriterien wie Prozessorleistung, Displayauflösung, Kameraausstattung, Akkuleistung, Konektivität, 5G-Standard usw., aber auch das Produktdesign als relevante Kriterien für eine Produktbewertung und damit als Grundlage aktueller Kaufentscheidungen.

Quellen: *Motor Presse Stuttgart GmbH & Co. KG*: So testet *connect*, unter: www.connect.de/ test/so_testet_connect 11118.htm, Stand: 01.01.2006; https://www.chip.de/bestenlisten/Bestenliste-Handys--index/detail/id/900/

2.3.2 Entscheidungsmodelle bei Sicherheit mit mehrfacher Zielsetzung

2.3.2.1 Zielgewichtung

Merkmale des Modells

Die Zielgewichtung ist ein in der Praxis sehr häufig angewendetes Entscheidungsmodell. Sie wird auch als **Nutzwertanalyse**, als Scoringmodell oder als Punktbewertungsmodell bezeichnet. Bei der Zielgewichtung geht ein vom Entscheidungsträger als wichtig erachtetes Ziel mit einer hohen Zielgewichtung und ein weniger wichtiges Ziel mit einer niedrigeren Zielgewichtung in die Entscheidung ein. Um die Gewichtung nicht zu verfälschen, müssen dabei die Nutzenwerte normiert werden (vergleiche dazu und zum Folgenden *Bamberg, G./Coenenberg, A. G.* 1996: Seite 49 ff., 55, *Berens, W./Delfmann, W./Schmitting, W.* 2004: Seite 62 f. und *Eisenführ, F./Weber, M.* 1994: Seite 113 ff.).

Entscheidungsfunktion

Dem Entscheidungsmodell der Zielgewichtung liegt folgende Entscheidungsfunktion zugrunde:

$$\Phi(a_i) = \sum_{p=1}^{r} g_p \times u_{ip}$$

mit:

$\Phi(a_i)$ = Beurteilungsgröße der Aktion i
r = Anzahl der Ziele
g_p = Gewichtung des Ziels p
u_{ip} = Normierter Nutzenwert der Aktion i hinsichtlich des Ziels p

Dem Entscheidungsmodell liegt folgende Vorgehensweise zugrunde:

1. Zunächst werden die Nutzenwerte u_i der einzelnen Aktionen $(a_1, \ldots, a_m)$ bezüglich der verschiedenen Ziele $(k_1, \ldots, k_r)$ ermittelt und normiert. Die Normierung erfolgt, indem die Nutzenwerte je Ziel jeweils in vorgegebene Intervalle transformiert wer-

den. Üblich sind die Intervalle von 0 bis 1 oder von 0 bis 100. Der kleinste Nutzenwert je Ziel wird dabei in die 0, der größte in die 1 oder die 100 transformiert.
2. Im nächsten Schritt muss der Entscheidungsträger die Gewichtungen (g_1, ..., g_r) der Ziele (k_1, ..., k_r) bestimmen. Die Summe der Zielgewichtungen sollte sich dabei zu 1 ergänzen. Das wichtigste Ziel erhält beispielsweise 0,4 als Zielgewichtung, das zweitwichtigste 0,3 und so weiter.
3. Die Beurteilungsgrößen der Aktionen ergeben sich dann, indem die Nutzenwerte der einzelnen Aktionen mit der jeweiligen Zielgewichtung multipliziert und zum Gesamtnutzenwert aufsummiert werden.
4. Zum Treffen der Entscheidung wird auf die ermittelten Beurteilungsgrößen die Entscheidungsregel angewendet »Wähle die Aktion mit der maximalen Beurteilungsgröße«.

Modellkritik

Obwohl die Zielgewichtung eines der am häufigsten in der Praxis angewendeten Entscheidungsmodelle ist, ist sie dennoch sehr umstritten, da sie nicht so objektiv ist, wie sie zu sein vorgibt. Grund dafür ist, dass die Beurteilung von Aktionen davon abhängt:
- welche Ziele zu ihrer Beurteilung verwendet werden,
- wie diese Ziele gewichtet werden und
- wie die Nutzenwerte bei qualitativen Zielen ermittelt werden.

Alle der vorgenannten Punkte erfolgen in der Regel subjektiv, weshalb die Zielgewichtung manchmal auch für bewusste Manipulationen missbraucht wird.

Fallbeispiel 2-9 (Fortsetzung 2-1) **Entscheidung über eine Produktionsstätte**

▸▸▸ Die ↗ Tabelle 2-12 zeigt die Anwendung des Entscheidungsmodells der Zielgewichtung auf das Fallbeispiel. Die Werte der Deckungsbeiträge wurden dazu normiert. Die Geschäftsführung der *Speedy GmbH* würde sich danach für die zweite Produktionsstätte entscheiden, da sie den größten Gesamtnutzenwert ausweist. Der Gesamtnutzenwert der zweiten Produktionsstätte ergibt sich beispielsweise folgendermaßen:

$\Phi\ (a_2) = 0{,}75 = 1{,}0 \times 0{,}6 + 0{,}5 \times 0{,}3 + 0{,}0 \times 0{,}1$ ◂◂◂

Tab. 2-12

Anwendung der Zielgewichtung auf das Fallbeispiel (BWL6_02_Tabelle-Fallbeispiel.xls)

Ziel	k_1		k_2		k_3		
Zielgewichtung / Produktionsstätte	**0,6**	$g_1 \times u_{i1}$	**0,3**	$g_2 \times u_{i2}$	**0,1**	$g_3 \times u_{i3}$	$\Phi\ (a_i)$
a_1	0,0	0,00	1,0	0,30	0,0	0,00	0,30
a_2	1,0	0,60	0,5	0,15	0,0	0,00	**0,75**
a_3	1,0	0,60	0,0	0,00	1,0	0,10	0,70

Zwischenübung Kapitel 2.3.2.1

Bei einem Unternehmen soll ein neuer Mitarbeiter eingestellt werden. Die Ziele ergeben sich dabei aus den im ↗ Kapitel 8 Personalmanagement aufgeführten Kriterien der Personalauswahl, ihre Gewichtung aus den Erfordernissen der zu besetzenden Stelle. Für die Stellenbesetzung ergibt sich folgende Nutzenmatrix. Für welchen Bewerber würden Sie sich unter Anwendung der Zielgewichtung entscheiden?

	k_1	$g_1 \times u_{i1}$	k_2	$g_2 \times u_{i2}$	k_3	$g_3 \times u_{i3}$	$\Phi(a_i)$
Zielgewichtung	**0,5**		**0,4**		**0,1**		
a_1	90		20		80		
a_2	90		50		60		
a_3	80		90		90		
a_4	90		50		40		

2.3.2.2 Lexikographische Ordnung

Merkmale des Modells

Bei dem Entscheidungsmodell der lexikographischen Ordnung werden die Ziele entsprechend der **Präferenz** des Entscheidungsträgers geordnet – alphabetisch wie die einzelnen Begriffe eines Lexikons. Das wichtigste Ziel wird zum Bewertungsmaßstab erklärt, die restlichen Zielsetzungen bleiben in der Regel außer Betracht. Eine solche Verhaltensweise ist plausibel, wenn ein Ziel die übrigen Ziele eindeutig dominiert und seine Realisierung beispielsweise für den Fortbestand des Unternehmens unerlässlich ist.

Vorgehensweise

Dem Entscheidungsmodell liegt folgende Vorgehensweise zugrunde:

1. Wähle die Aktion, die das wichtigste Ziel am besten erfüllt.
2. Falls sich beim vorangegangenen Schritt mehrere Aktionen ergeben, wähle aus diesen die Aktion, die das zweitwichtigste Ziel am besten erfüllt.
3. Falls sich beim vorangegangenen Schritt mehrere Aktionen ergeben, wähle aus diesen die Aktion, die das drittwichtigste Ziel am besten erfüllt.
4. ...

Modellkritik

Bei dem Entscheidungsmodell finden in der Regel nicht alle Ziele des Entscheidungsträgers eine Berücksichtigung, da eine Aktion bereits dann vorgezogen wird, wenn sie einer anderen Alternative bezüglich der Erreichung des jeweils betrachteten Ziels nur geringfügig überlegen ist, selbst wenn diese das zweitrangige Ziel sehr viel besser erfüllt (vergleiche *Bamberg, G./Coenenberg, A. G.* 1996: Seite 50 f.).

Fallbeispiel 2-10 (Fortsetzung 2-1) **Entscheidung über eine Produktionsstätte**

▸▸▸ Die ↗ Tabelle 2-13 zeigt die Anwendung des Entscheidungsmodells der lexikographischen Ordnung auf das Fallbeispiel. Die Geschäftsführung der *Speedy GmbH* würde sich danach aufgrund des ersten Ziels für die zweite oder dritte Produktionsstätte entscheiden und aufgrund des zweiten Ziels dann für die zweite Produktionsstätte, da diese schneller realisiert werden kann. ◂◂◂

Tab. 2-13

Anwendung der lexikographischen Ordnung auf das Fallbeispiel

Ziel / Zielinhalt / Produktionsstätte	k_1 Deckungsbeitrag je Jahr	k_2 Realisierungsdauer
a_1	10 000 T€	1,0
a_2	**75 000 T€**	**0,5**
a_3	**75 000 T€**	0,0

Zwischenübung Kapitel 2.3.2.2

Bei einem Unternehmen soll ein neuer Mitarbeiter eingestellt werden. Für die Stellenbesetzung ergibt sich folgende Nutzenmatrix. Für welchen Bewerber würden Sie sich unter Anwendung der lexikographischen Ordnung entscheiden? (Hinweis: Führen Sie die Auswahl durch Ankreuzen durch.)

	k_1		k_2		k_3	
Zielgewichtung	**0,5**		**0,4**		**0,1**	
a_1	90		20		80	
a_2	90		50		60	
a_3	80		90		90	
a_4	90		50		40	

2.4 Entscheidungsmodelle bei Unsicherheit

Entscheidungsmodelle bei Unsicherheit werden eingesetzt, wenn lediglich bekannt ist, dass irgendeiner der möglichen Umweltzustände aus dem Zustandsraum eintreten wird, dafür aber keine Eintrittswahrscheinlichkeiten angegeben werden können. Nachfolgend werden mit der Maximax-, der Maximin-, der *Hurwicz*-, der *Laplace*- und der *Savage-Niehans*-Regel fünf Entscheidungsmodelle bei Unsicherheit vorgestellt (vergleiche dazu *Schildbach, T.* 1993: Seite 84 ff.).

2.4.1 Maximax-Regel

Merkmale des Modells

Die Maximax-Regel ist typisch für »unverbesserliche Optimisten« und »Spielernaturen«. Diese betrachten bei jeder Aktion nur den besten Fall, also den maximal möglichen Nutzenwert, und wählen dann aus diesen Werten den maximalen Wert. Wie der

Name der Regel bereits ausdrückt, wird also das Maximum des Maximums gewählt (vergleiche dazu und zum Folgenden *Bamberg, G./Coenenberg, A. G.* 1996: Seite 108 und *Berens, W./Delfmann, W./Schmitting, W.* 2004: Seite 68).

Entscheidungsfunktion

Dem Entscheidungsmodell der Maximax-Regel liegt die folgende Entscheidungsfunktion zugrunde:

$$\Phi\,(a_i) = \max_j u_{ij}$$

mit:

$\Phi\,(a_i)$ = Beurteilungsgröße der Aktion i
$\max_j u_{ij}$ = Maximaler Nutzenwert aller Umweltzustände der Aktion i

Vorgehensweise

Dem Entscheidungsmodell liegt folgende Vorgehensweise zugrunde:

1. Die Beurteilungsgrößen der Aktionen ergeben sich jeweils aus ihrem maximalen Nutzenwert.
2. Zum Treffen der Entscheidung wird auf die ermittelten Beurteilungsgrößen die Entscheidungsregel angewendet »Wähle die Aktion mit der maximalen Beurteilungsgröße«.

Fallbeispiel 2-11 (Fortsetzung 2-1) **Entscheidung über eine Produktionsstätte**

▸▸▸ Die ↗ Tabelle 2-14 zeigt die Anwendung der Maximax-Regel auf das Fallbeispiel. Die Geschäftsführung der *Speedy GmbH* würde sich danach für die dritte Produktionsstätte entscheiden, da sie die größte Beurteilungsgröße ausweist. Die Beurteilungsgröße der dritten Produktionsstätte ergibt sich beispielsweise folgendermaßen:

$\Phi\,(a_3) = 90\,000$ T€ = max (10 000 T€, 75 000 T€, 90 000 T€) ◂◂◂

Tab. 2-14

Anwendung der Maximax-Regel auf das Fallbeispiel (BWL6_02_Tabelle-Fallbeispiel.xls)

Absatzszenario / Produktionsstätte	z_1	z_2	z_3	$\Phi\,(a_i)$
a_1	5 000 T€	10 000 T€	10 000 T€	10 000 T€
a_2	15 000 T€	75 000 T€	75 000 T€	75 000 T€
a_3	10 000 T€	75 000 T€	90 000 T€	**90 000 T€**

Zwischenübung Kapitel 2.4.1

Für das Parken auf einem kostenpflichtigen Parkplatz ergibt sich folgende Nutzenmatrix. Für welche Aktion würden Sie sich unter Anwendung der Maximax-Regel entscheiden?

	Keine Kontrolle z_1	Kontrolle z_2	$\Phi\,(a_i)$
Keinen Parkschein kaufen a_1	0,00 €	– 5,00 €	
Parkschein kaufen a_2	– 1,00 €	– 1,00 €	

2.4.2 Maximin-/Wald-Regel

Merkmale des Modells

Die Maximin-Regel, die auch nach dem Mathematiker *A. Wald* als *Wald*-Regel bezeichnet wird, ist ein typisches Entscheidungsmodell von »pathologischen Pessimisten« (*Krelle, W.* 1968: Seite 185). Diese betrachten bei jeder Aktion nur den schlechtesten Fall, also den minimal möglichen Nutzenwert, und wählen dann aus diesen Werten den maximalen Wert. Wie der Name der Regel bereits ausdrückt, wird also das Maximum des Minimums gewählt (vergleiche dazu und zum Folgenden *Bamberg, G./ Coenenberg, A. G.* 1996: Seite 108 und *Berens, W./Delfmann, W./Schmitting, W.* 2004: Seite 67).

Entscheidungsfunktion

Dem Entscheidungsmodell der Maximin-Regel liegt die folgende Entscheidungsfunktion zugrunde:

$$\Phi\,(a_i) = \min_j u_{ij}$$

mit:

$\Phi\,(a_i)$ = Beurteilungsgröße der Aktion i

$\min_j u_{ij}$ = Minimaler Nutzenwert aller Umweltzustände der Aktion i

Vorgehensweise

Dem Entscheidungsmodell liegt folgende Vorgehensweise zugrunde:

1. Die Beurteilungsgrößen der Aktionen ergeben sich jeweils aus ihrem minimalen Nutzenwert.
2. Zum Treffen der Entscheidung wird auf die ermittelten Beurteilungsgrößen die Entscheidungsregel angewendet »Wähle die Aktion mit der maximalen Beurteilungsgröße«.

Fallbeispiel 2-12 (Fortsetzung 2-1) **Entscheidung über eine Produktionsstätte**

▸▸▸ Die ↗ Tabelle 2-15 zeigt die Anwendung der Maximin-Regel auf das Fallbeispiel. Die Geschäftsführung der *Speedy GmbH* würde sich danach für die zweite Produktionsstätte entscheiden, da sie die größte Beurteilungsgröße ausweist. Die Beurteilungsgröße der zweiten Produktionsstätte ergibt sich beispielsweise folgendermaßen:

$\Phi\,(a_2)$ = 15 000 T€ = min (15 000 T€, 75 000 T€, 75 000 T€) ◂◂◂

Tab. 2-15

Anwendung der Maximin-Regel auf das Fallbeispiel (BWL6_02_Tabelle-Fallbeispiel.xls)

Absatzszenario / Produktionsstätte	z_1	z_2	z_3	$\Phi\,(a_i)$
a_1	5 000 T€	10 000 T€	10 000 T€	5 000 T€
a_2	15 000 T€	75 000 T€	75 000 T€	**15 000 T€**
a_3	10 000 T€	75 000 T€	90 000 T€	10 000 T€

Zwischenübung Kapitel 2.4.2

Für das Parken auf einem kostenpflichtigen Parkplatz ergibt sich folgende Nutzenmatrix. Für welche Aktion würden Sie sich unter Anwendung der Maximin-Regel entscheiden?

	Keine Kontrolle z_1	Kontrolle z_2	Φ (a_i)
Keinen Parkschein kaufen a_1	0,00 €	– 5,00 €	
Parkschein kaufen a_2	– 1,00 €	– 1,00 €	

2.4.3 Pessimismus-Optimismus-/Hurwicz-Regel

Merkmale des Modells

Die Pessimismus-Optimismus-Regel, die nach dem amerikanischen Wirtschaftswissenschaftler *L. Hurwicz* auch als *Hurwicz*-Regel bezeichnet wird, ermöglicht eine beliebig gewichtete Kombination der Maximin- und der Maximax-Regel. Über den sogenannten **Optimismus-Parameter** λ kann der Entscheidungsträger dabei seine Risikopräferenz abbilden. Optimistische Entscheidungsträger wählen ein größeres λ, wodurch die Maximax-Regel stärker gewichtet wird, pessimistische Entscheidungsträger ein kleineres λ, wodurch die Maximin-Regel stärker gewichtet wird (vergleiche dazu und zum Folgenden *Bamberg, G./Coenenberg, A. G.* 1996: Seite 109 und *Berens, W./Delfmann, W./Schmitting, W.* 2004: Seite 68 f.).

Entscheidungsfunktion

Dem Entscheidungsmodell der *Hurwicz*-Regel liegt die folgende Entscheidungsfunktion zugrunde:

$$\Phi\ (a_i) = \lambda \times \max_j u_{ij} + (1 - \lambda) \times \min_j u_{ij}$$

mit:

Φ (a_i) = Beurteilungsgröße der Aktion i

λ = Optimismus-Parameter (0 bis 1)

$\max_j u_{ij}$ = Maximaler Nutzenwert aller Umweltzustände der Aktion i

$\min_j u_{ij}$ = Minimaler Nutzenwert aller Umweltzustände der Aktion i

Vorgehensweise

Dem Entscheidungsmodell liegt folgende Vorgehensweise zugrunde:

1. Die Beurteilungsgrößen der Aktionen ergeben sich jeweils aus der Summe des mit λ gewichteten maximalen Nutzenwerts und des mit $(1 - \lambda)$ gewichteten minimalen Nutzenwerts.
2. Zum Treffen der Entscheidung wird auf die ermittelten Beurteilungsgrößen die Entscheidungsregel angewendet »Wähle die Aktion mit der maximalen Beurteilungsgröße«.

Fallbeispiel 2-13 (Fortsetzung 2-1) **Entscheidung über eine Produktionsstätte**

▸▸▸ Die ↗ Tabelle 2-16 zeigt die Anwendung der Pessimismus-Optimismus-Regel mit $\lambda = 0{,}2$ auf das Fallbeispiel. Die Geschäftsführung der *Speedy GmbH* würde sich danach für die zweite Produktionsstätte entscheiden, da sie die größte Beurteilungsgröße ausweist. Die Beurteilungsgröße der zweiten Produktionsstätte ergibt sich beispielsweise folgendermaßen:

$\Phi\,(a_2) = 27\,000$ T€ $= 0{,}2 \times 75\,000$ T€ $+ (1 - 0{,}2) \times 15\,000$ T€ ◂◂◂

Tab. 2-16

Anwendung der Pessimismus-Optimismus-Regel auf das Fallbeispiel (🖱 BWL6_02_Tabelle-Fallbeispiel.xls)

Absatzszenario / Produktionsstätte	z_1	z_2	z_3	$\Phi\,(a_i)$ $\lambda = 0{,}2$
a_1	5 000 T€	10 000 T€	10 000 T€	6 000 T€
a_2	15 000 T€	75 000 T€	75 000 T€	**27 000 T€**
a_3	10 000 T€	75 000 T€	90 000 T€	26 000 T€

Zwischenübung Kapitel 2.4.3

Für das Parken auf einem kostenpflichtigen Parkplatz ergibt sich folgende Nutzenmatrix. Für welche Aktion würden Sie sich unter Anwendung der Pessimismus-Optimismus-Regel mit $\lambda = 0{,}7$ entscheiden?

	Keine Kontrolle z_1	Kontrolle z_2	$\Phi_{Maximax}$	$\Phi_{Maximin}$	$\Phi\,(a_i)$
Keinen Parkschein kaufen a_1	0,00 €	– 5,00 €	0,00 €	– 5,00 €	
Parkschein kaufen a_2	– 1,00 €	– 1,00 €	– 1,00 €	– 1,00 €	

2.4.4 Minimum-Regret-/Savage-Niehans-Regel

Merkmale des Modells

Die *Savage-Niehans*-Regel, die nach dem Chicagoer Statistiker *L. J. Savage* und seinem Schweizer Kollegen *J. Niehans* benannt wurde, geht von der Vorstellung aus, dass der Entscheidungsträger aufgrund der verschiedenen möglichen Umweltzustände in den meisten Fällen nicht die Aktion wählt, die nach Eintreten des Umweltzustandes den maximalen Nutzenwert ergibt. Der Entscheidungsträger sollte deshalb eine

Aktion wählen, deren Wahl er möglichst wenig bereut, da sie die kleinsten Abweichungen gegenüber allen möglichen optimalen Aktionen aufweist. Aus diesem Grund wird die *Savage-Niehans*-Regel auch »Regel des kleinsten Bedauerns« oder »Minimum-Regret-Regel« genannt (vergleiche dazu und zum Folgenden *Bamberg, G./Coenenberg, A. G.* 1996: Seite 110 f., *Berens, W./Delfmann, W./Schmitting, W.* 2004: Seite 70 ff. und *Rehkugler, H./Schindel, V.* 1990: Seite 122).

Entscheidungsfunktion

Dem Entscheidungsmodell der *Savage-Niehans*-Regel liegt die folgende Entscheidungsfunktion zugrunde:

$$\Phi\,(a_i) = \max_j(\max_i u_{ij} - u_{ij})$$

mit:

$\Phi\,(a_i)$ = Beurteilungsgröße der Aktion i

$\max_i u_{ij}$ = Maximaler Nutzenwert aller Aktionen des Umweltzustandes j

$\max_j (\ldots)$ = Maximaler Nutzenentgang aller Umweltzustände der Aktion i

Vorgehensweise

Dem Entscheidungsmodell liegt folgende Vorgehensweise zugrunde:

1. Zunächst wird für jeden Umweltzustand, also für jede Spalte der Nutzenmatrix, der größte Nutzenwert ermittelt. Von diesem Wert werden dann jeweils die anderen Nutzenwerte der Spalte abgezogen. Dadurch ergibt sich der Nutzenentgang bei der Wahl einer Aktion.
2. Die Beurteilungsgrößen der Aktionen ergeben sich dann jeweils aus ihrem maximalen Nutzenentgang.
3. Zum Treffen der Entscheidung wird auf die ermittelten Beurteilungsgrößen die Entscheidungsregel angewendet »Wähle die Aktion mit der **minimalen** Beurteilungsgröße«.

Fallbeispiel 2-14 (Fortsetzung 2-1) **Entscheidung über eine Produktionsstätte**

▸▸▸ Die ↗ Tabelle 2-17 zeigt die Anwendung der Minimum-Regret-Regel auf das Fallbeispiel. Die Geschäftsführung der *Speedy GmbH* würde sich danach für die dritte Produktionsstätte entscheiden, da sie die kleinste Beurteilungsgröße ausweist. Der Nutzenentgang der dritten Produktionsstätte ergibt sich beim ersten Absatzszenario beispielsweise folgendermaßen:

5 000 T€ = max (5 000 T€, 15 000 T€, 10 000 T€) − 10 000 T€ ◂◂◂

Tab. 2-17

Anwendung der Minimum-Regret-Regel auf das Fallbeispiel (BWL6_02_Tabelle-Fallbeispiel.xls)

Absatzszenario / Produktionsstätte	z_1	Nutzenentgang	z_2	Nutzenentgang	z_3	Nutzenentgang	$\Phi\,(a_i)$
a_1	5 000 T€	10 000 T€	10 000 T€	65 000 T€	10 000 T€	80 000 T€	80 000 T€
a_2	15 000 T€	0 T€	75 000 T€	0 T€	75 000 T€	15 000 T€	15 000 T€
a_3	10 000 T€	5 000 T€	75 000 T€	0 T€	90 000 T€	0 T€	**5 000 T€**

Zwischenübung Kapitel 2.4.4

Für das Parken auf einem kostenpflichtigen Parkplatz ergibt sich folgende Nutzenmatrix. Für welche Aktion würden Sie sich unter Anwendung der Minimum-Regret-Regel entscheiden?

	Keine Kontrolle z_1	Nutzen-entgang	Kontrolle z_2	Nutzen-entgang	Φ (a_i)
Keinen Parkschein kaufen a_1	0,00 €		– 5,00 €		
Parkschein kaufen a_2	– 1,00 €		– 1,00 €		

2.4.5 Laplace-Regel

Merkmale des Modells

Bei der *Laplace*-Regel, die nach dem französischen Mathematiker und Physiker *P. S. Laplace* benannt wurde, wird davon ausgegangen, dass anders als bei den nachfolgend beschriebenen Entscheidungsmodellen bei Risiko alle Umweltzustände die gleiche Eintrittswahrscheinlichkeit haben. Aus diesem Grund erfolgt die Entscheidung auf der Basis des Durchschnitts aller Nutzenwerte (vergleiche dazu und zum Folgenden *Bamberg, G./Coenenberg, A. G.* 1996: Seite 110 und *Berens, W./Delfmann, W./ Schmitting, W.* 2004: Seite 70).

Entscheidungsfunktion

Dem Entscheidungsmodell der *Laplace*-Regel liegt die folgende Entscheidungsfunktion zugrunde:

$$\Phi\,(a_i) = \frac{1}{n}\sum_{j=1}^{n} u_{ij}$$

mit:

$\Phi\,(a_i)$ = Beurteilungsgröße der Aktion i
n = Anzahl der Umweltzustände
u_{ij} = Nutzenwert des Umweltzustandes j der Aktion i

Vorgehensweise

Dem Entscheidungsmodell liegt folgende Vorgehensweise zugrunde:

1. Die Beurteilungsgrößen der Aktionen ergeben sich als Durchschnitt der Nutzenwerte jeder Aktion, also, indem die Nutzenwerte aufsummiert und dann durch die Anzahl der Nutzenwerte, die der Anzahl der Umweltzustände entspricht, geteilt werden.
2. Zum Treffen der Entscheidung wird auf die ermittelten Beurteilungsgrößen die Entscheidungsregel angewendet »Wähle die Aktion mit der maximalen Beurteilungsgröße«.

Fallbeispiel 2-15 (Fortsetzung 2-1) **Entscheidung über eine Produktionsstätte**

▸▸▸ Die ↗ Tabelle 2-18 zeigt die Anwendung der *Laplace*-Regel auf das Fallbeispiel. Die Geschäftsführung der *Speedy GmbH* würde sich danach für die dritte Produktionsstätte entscheiden, da sie die größte Beurteilungsgröße ausweist. Die Beurteilungsgröße der dritten Produktionsstätte ergibt sich beispielsweise folgendermaßen:

$$\Phi(a_3) = 58\,333\ \text{T€} = \frac{10\,000\ \text{T€} + 75\,000\ \text{T€} + 90\,000\ \text{T€}}{3}$$ ◂◂◂

Tab. 2-18

Anwendung der *Laplace*-Regel auf das Fallbeispiel (BWL6_02_Tabelle-Fallbeispiel.xls)

Produktionsstätte \ Absatzszenario	z_1	z_2	z_3	$\Phi(a_i)$
a_1	5 000 T€	10 000 T€	10 000 T€	8 333 T€
a_2	15 000 T€	75 000 T€	75 000 T€	55 000 T€
a_3	10 000 T€	75 000 T€	90 000 T€	**58 333 T€**

Zwischenübung Kapitel 2.4.5

Für das Parken auf einem kostenpflichtigen Parkplatz ergibt sich folgende Nutzenmatrix. Für welche Aktion würden Sie sich unter Anwendung der Laplace-Regel entscheiden?

	Keine Kontrolle z_1	Kontrolle z_2	$\Phi(a_i)$
Keinen Parkschein kaufen a_1	0,00 €	– 5,00 €	
Parkschein kaufen a_2	– 1,00 €	– 1,00 €	

Zwischenübung Kapitel 2.4

Für eine Entscheidungssituation hat sich folgende Nutzenmatrix ergeben:

Umweltzustand	z_1	z_2	z_3
Aktion a_1	10	20	30
Aktion a_2	20	20	50
Aktion a_3	20	30	70

Welche Beurteilungsgrößen ergeben sich bei Verwendung der Entscheidungsmodelle bei Unsicherheit für die verschiedenen Aktionen und welche Aktion(en) würden Sie jeweils wählen?

	Maximax	Maximin	Hurwicz mit $\lambda = 0,6$	Savage-Niehans	Laplace
Aktion a_1	30				20
Aktion a_2		20		20	
Aktion a_3			50		

2.5 Entscheidungsmodelle bei Risiko

Ermittlung der Eintrittswahrscheinlichkeiten

Entscheidungsmodelle bei Risiko werden eingesetzt, wenn der Entscheidungsträger den möglichen Umweltzuständen bestimmte Eintrittswahrscheinlichkeiten zuordnen kann. Die Eintrittswahrscheinlichkeiten können auf zwei Arten ermittelt werden (vergleiche *Eisenführ, F./Weber, M.* 1994: Seite 150 ff.):

Objektive Ermittlung
Bei einer objektiven Ermittlung werden die Eintrittswahrscheinlichkeiten theoretisch hergeleitet oder experimentell bestimmt. So kann die Eintrittswahrscheinlichkeit, dass sich beim Würfeln eine bestimmte Augenzahl ergibt, durch häufiges Würfeln ermittelt werden. Eine objektive Ermittlung von Eintrittswahrscheinlichkeiten erfolgt zum Beispiel in der Versicherungsbranche.

Subjektive Ermittlung
Die subjektive Ermittlung ist in der betrieblichen Realität häufiger anzutreffen. Die Eintrittswahrscheinlichkeiten werden dabei aufgrund von Expertenschätzungen ermittelt.

Die Summe der Eintrittswahrscheinlichkeiten aller Umweltzustände ergibt dabei immer »1«.

Fallbeispiel 2-16 (Fortsetzung 2-1) **Entscheidung über eine Produktionsstätte**
▸▸▸ Für das Fallbeispiel schätzt das Marketing der *Speedy GmbH* die in der ↗ Tabelle 2-19 angegebenen Eintrittswahrscheinlichkeiten der Umweltzustände. ◂◂◂

Tab. 2-19

Eintrittswahrscheinlichkeiten der Umweltzustände des Fallbeispiels

Umweltzustand	Eintrittswahrscheinlichkeiten
Absatzszenario z_1	20 %
Absatzszenario z_2	50 %
Absatzszenario z_3	30 %

2.5.1 μ-/Bayes-Prinzip

Merkmale des Modells

Das μ-Prinzip, das nach dem englischen Mathematiker und Pfarrer *T. Bayes* auch als *Bayes*-Prinzip bezeichnet wird, geht von einer Risikoneutralität des Entscheidungsträgers aus, da beispielsweise eine Aktion, die einen sicheren Nutzenwert in Höhe von 100 hat, gleich gut beurteilt wird, wie eine Aktion, die mit einer fünfzigprozentigen Wahrscheinlichkeit einen Nutzenwert von 200 hat (vergleiche dazu und zum Folgenden *Bamberg, G./Coenenberg, A. G.* 1996: Seite 88 ff. und *Berens, W./Delfmann, W./Schmitting, W.* 2004: Seite 74).

Entscheidungsfunktion

Dem Entscheidungsmodell des μ-Prinzips liegt die folgende Entscheidungsfunktion zugrunde:

$$\Phi\,(a_i) = \mu_i = \sum_{j=1}^{n} w_j \times u_{ij}$$

mit:

$\Phi\,(a_i)$	=	Beurteilungsgröße der Aktion i
μ_i	=	Erwartungswert der Aktion i
n	=	Anzahl der Umweltzustände
w_j	=	Eintrittswahrscheinlichkeit des Umweltzustandes j
u_{ij}	=	Nutzenwert des Umweltzustandes j der Aktion i

Vorgehensweise

Dem Entscheidungsmodell liegt folgende Vorgehensweise zugrunde:

1. Die Nutzenwerte der verschiedenen Umweltzustände einer Aktion werden mit der Eintrittswahrscheinlichkeit der Umweltzustände multipliziert.
2. Die Beurteilungsgrößen der Aktionen ergeben sich dann durch Aufsummieren der Produkte des vorangegangenen Schritts.
3. Zum Treffen der Entscheidung wird auf die ermittelten Beurteilungsgrößen die Entscheidungsregel angewendet »Wähle die Aktion mit der maximalen Beurteilungsgröße«.

Fallbeispiel 2-17 (Fortsetzung 2-1) **Entscheidung über eine Produktionsstätte**

▸▸▸ Die ↗ Tabelle 2-20 zeigt die Anwendung des μ-Prinzips auf das Fallbeispiel. Die Geschäftsführung der *Speedy GmbH* würde sich danach für die dritte Produktions-

Tab. 2-20

Anwendung des μ-Prinzips auf das Fallbeispiel (BWL6_02_Tabelle-Fallbeispiel.xls)

Absatzszenario	z_1		z_2		z_3		
Wahrscheinlichkeit / Produktionsstätte	0,2	$w_1 \times u_{i1}$	0,5	$w_2 \times u_{i2}$	0,3	$w_3 \times u_{i3}$	$\Phi\,(a_i) = \mu$
a_1	5 000 T€	1 000 T€	10 000 T€	5 000 T€	10 000 T€	3 000 T€	9 000 T€
a_2	15 000 T€	3 000 T€	75 000 T€	37 500 T€	75 000 T€	22 500 T€	63 000 T€
a_3	10 000 T€	2 000 T€	75 000 T€	37 500 T€	90 000 T€	27 000 T€	**66 500 T€**

stätte entscheiden, da sie die maximale Beurteilungsgröße ausweist. Der Erwartungswert der dritten Produktionsstätte ergibt sich beispielsweise folgendermaßen:

$\Phi\ (a_3) = 66\,500\ T€ = 10\,000\ T€ \times 0{,}2 + 75\,000\ T€ \times 0{,}5 + 90\,000\ T€ \times 0{,}3$ ◂◂◂

Zwischenübung Kapitel 2.5.1

Für das Parken auf einem kostenpflichtigen Parkplatz ergibt sich folgende Nutzenmatrix. Nach Ihrer Schätzung beträgt die Eintrittswahrscheinlichkeit für eine Kontrolle während der Parkdauer 0,1. Für welche Aktion würden Sie sich unter Anwendung des μ-Prinzips entscheiden?

	Keine Kontrolle z_1	$w_1 \times u_{i1}$	Kontrolle z_2	$w_2 \times u_{i2}$	$\Phi\ (a_i) = \mu$
Keinen Parkschein kaufen a_1	0,00 €		– 5,00 €		
Parkschein kaufen a_2	– 1,00 €		– 1,00 €		

2.5.2 (μ, σ)-Prinzip

Merkmale des Modells

In vielen Bereichen, wie beispielsweise bei Finanzanlagen, gehen größere Erwartungswerte mit höheren Risiken – ausgedrückt durch eine größere Standardabweichung – einher. So stehen der geringen Verzinsung von Sparbüchern geringe Risiken gegenüber, während die höhere Verzinsung von Aktien in der Regel mit höheren Risiken verbunden ist. Das (μ, σ)-Prinzip erweitert das μ-Prinzip deshalb um eine Beurteilungsgröße für das Risiko. Das Risiko wird über die Standardabweichung σ bewertet. Die Standardabweichung ist dabei ein Maß für die durchschnittliche Abweichung der Nutzenwerte vom Erwartungswert und damit die Streuung um den Erwartungswert (vergleiche dazu und zum Folgenden *Bamberg, G./Coenenberg, A. G.* 1996: Seite 89 ff. und *Berens, W./Delfmann, W./Schmitting, W.* 2004: Seite 74 ff.).

Entscheidungsfunktion

Die Entscheidungsfunktion des (μ, σ)-Prinzips ergibt sich somit aus der Kombination der zwei Beurteilungsgrößen μ und σ:

$$\Phi\ (a_i) = \Phi\ (\mu_i, \sigma_i)$$

mit:

$\Phi\ (a_i)$ = Beurteilungsgröße der Aktion i
μ_i = Erwartungswert der Aktion i
σ_i = Gewichtete Standardabweichung der Nutzenwerte der Aktion i

Vorgehensweise

Entsprechend dem Entscheidungsmodell muss zusätzlich die mit den Eintrittswahrscheinlichkeiten der Umweltzustände **gewichtete Standardabweichung** der Nutzenwerte berechnet werden:

$$\sigma_i = \sqrt{\sum_{j=1}^{n} w_j \times (u_{ij} - \mu_i)^2}$$

mit:

σ_i = Gewichtete Standardabweichung der Nutzenwerte der Aktion i
n = Anzahl der Umweltzustände
w_j = Eintrittswahrscheinlichkeit des Umweltzustandes j
u_{ij} = Nutzenwert des Umweltzustandes j der Aktion i
μ_i = Erwartungswert der Aktion i

Wie die Entscheidung zu treffen ist, hängt primär von der Risikopräferenz des Entscheidungsträgers ab. Zum Treffen der Entscheidung wird auf die ermittelten Beurteilungsgrößen die Entscheidungsregel angewendet »Wähle die Aktion, die bei einem Risiko, das kleiner oder gleich Deiner Risikopräferenz ist, den maximalen Erwartungswert hat«.

Fallbeispiel 2-18 (Fortsetzung 2-1) **Entscheidung über eine Produktionsstätte**

▸▸▸ Die ↗ Tabelle 2-21 zeigt die Anwendung des (μ, σ)-Prinzips auf das Fallbeispiel. Die Standardabweichung steigt dabei mit dem Erwartungswert an. Für welche Produktionsstätte sich der Geschäftsführung der *Speedy GmbH* entscheidet, hängt deshalb von ihrer Risikopräferenz ab. Die Standardabweichung der ersten Produktionsstätte ergibt sich beispielsweise folgendermaßen:

$$\sigma_1 = 2\,000 = \sqrt{0,2 \times (5\,000 - 9000)^2 + 0,5 \times (10\,000 - 9\,000)^2 + 0,3 \times (10\,000 - 9\,000)^2}$$ ◂◂◂

Tab. 2-21

Anwendung des (μ, σ)-Prinzips auf das Fallbeispiel (BWL6_02_Tabelle-Fallbeispiel.xls)

Absatzszenario	z_1	z_2	z_3		
Wahrscheinlichkeit / Produktionsstätte	0,2	0,5	0,3	μ	σ
a_1	5 000 T€	10 000 T€	10 000 T€	**9 000 T€**	**2 000**
a_2	15 000 T€	75 000 T€	75 000 T€	**63 000 T€**	**24 000**
a_3	10 000 T€	75 000 T€	90 000 T€	**66 500 T€**	**28 987**

Zwischenübung Kapitel 2.5.2

(1) Für das Parken auf einem kostenpflichtigen Parkplatz ergibt sich folgende Nutzenmatrix. Nach Ihrer Schätzung beträgt die Eintrittswahrscheinlichkeit für eine Kontrolle während der Parkdauer 0,1. Für welche Aktion würden Sie sich unter Anwendung des (μ, σ)-Prinzips entscheiden, wenn Sie maximal ein Risiko von σ = 2 eingehen würden?

	Keine Kontrolle z_1	Kontrolle z_2	μ	σ
Keinen Parkschein kaufen a_1	0,00 €	– 5,00 €	– 0,50 €	
Parkschein kaufen a_2	– 1,00 €	– 1,00 €	– 1,00 €	

(2) Für welche Aktion würden Sie sich unter Anwendung des (μ, σ)-Prinzips entscheiden, wenn die Eintrittswahrscheinlichkeit für eine Kontrolle während der Parkdauer nach Ihrer Schätzung 0,3 beträgt und Sie maximal ein Risiko von σ = 5 eingehen würden?

	Keine Kontrolle z_1	Kontrolle z_2	μ	σ
Keinen Parkschein kaufen a_1	0,00 €	– 5,00 €		
Parkschein kaufen a_2	– 1,00 €	– 1,00 €		

Zwischenübung Kapitel 2.5

Für eine Entscheidungssituation hat sich die nachfolgende Nutzenmatrix ergeben. Welche Aktionen würden nach dem μ- und dem (μ, σ)-Prinzip gewählt werden, wenn der Entscheidungsträger maximal ein Risiko von σ = 12 eingehen würde?

Umweltzustand	z_1	z_2	z_3	μ	σ
Wahrscheinlichkeit	0,3	0,4	0,3		
Aktion a_1	10	20	30	20,00	
Aktion a_2	20	20	50		
Aktion a_3	20	30	70		20,71

2.6 Weiterführende Fragestellungen der Entscheidungstheorie

2.6.1 Bernoulli-Prinzip

Merkmale des Modells

Viele Menschen beteiligen sich an Glücksspielen, obwohl die Summe der mit Eintrittswahrscheinlichkeiten gewichteten möglichen Gewinne kleiner ist als das eingesetzte Kapital. Der Schweizer Mathematiker und Physiker *D. Bernoulli* beobachtete dies bereits vor über 250 Jahren und schloss daraus, dass die Ergebnisse bei der Ermittlung der Nutzenwerte zusätzlich mit einer von der Risikoeinstellung des Entscheidungsträgers abhängigen subjektiven Nutzenfunktion bewertet werden müssen, der sogenannten *Bernoulli*- oder **Risikopräferenzfunktion** (↗ Abbildung 2-8).

Entscheidungsfunktion

Die sich ergebenden Risikonutzenwerte werden dann wie beim μ-Prinzip mit den Eintrittswahrscheinlichkeiten der Umweltzustände multipliziert und zur Beurteilungsgröße aufsummiert:

$$\Phi\,(a_i) = \sum_{j=1}^{n} w_j \times u(e_{ij})$$

mit:

$\Phi\,(a_i)$ = Beurteilungsgröße der Aktion i
n = Anzahl der Umweltzustände
w_j = Eintrittswahrscheinlichkeit des Umweltzustandes j
$u\,(e_{ij})$ = Risikonutzenwert des Ergebnisses des Umweltzustandes j der Aktion i

Vorgehensweise

In Abhängigkeit von der Risikoeinstellung und der entsprechenden Risikopräferenzfunktion des Entscheidungsträgers ergeben sich unterschiedliche Entscheidungen.

Risikoneutrale Entscheidungsträger

Risikoneutrale Entscheidungsträger bewerten Ergebnisse und Risiken realistisch. Charakteristisch für sie ist eine lineare Risikopräferenzfunktion. Der Nutzenwert für den Entscheidungsträger steigt proportional mit dem Ergebnis. Beim Vorliegen einer solchen Risikopräferenzfunktion gibt es keinen Unterschied zum μ-Prinzip.

Abb. 2-8

Risikopräferenzfunktionen

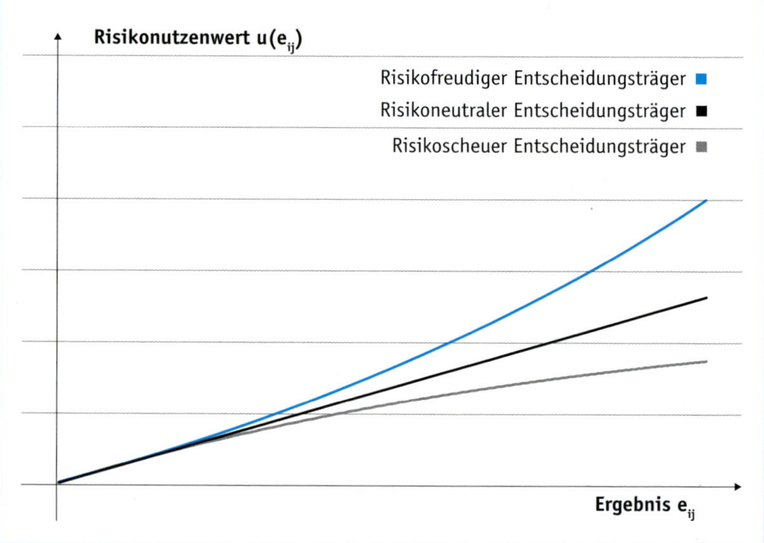

Wirtschaftspraxis 2-2

Prozesskostenfinanzierer setzen auf Bernoulli

Die Risiken von Gerichtsprozessen werden von den meisten kleinen und mittleren Unternehmen überbewertet. Viele dieser Unternehmen verfügen weder über eine Rechtsschutzversicherung noch über eine eigene Rechtsabteilung. Deshalb und aufgrund von erheblich gestiegenen Rechtsanwalts- und Gerichtsgebühren – üblich sind Gesamtkosten von 10 Prozent des Streitwerts – führen viele Unternehmen Gerichtsprozesse selbst dann nicht, wenn die Erfolgswahrscheinlichkeit sehr hoch ist. Denn die Gefahr, aufgrund eines verlorenen Prozesses illiquide zu werden, wird von diesen Unternehmen als sehr hoch bewertet. Diesen Umstand machen sich Dienstleister zunutze, die Unternehmen nach Prüfung des Sachverhalts eine Prozesskostenfinanzierung anbieten. Wird der Prozess gewonnen, erhalten die Prozesskostenfinanzierer etwa 20 bis 30 Prozent des Streitwerts, wird er dagegen verloren, so tragen sie die Kosten alleine.

Quelle: Als »Kleiner« gegen größere Gegner bestehen, unter: www.handelsblatt.com, Stand: 09.11.2005.

Risikofreudige Entscheidungsträger
Risikofreudige Entscheidungsträger überbewerten Ergebnisse und unterbewerten Risiken. Charakteristisch für sie ist eine konvexe Risikopräferenzfunktion. Der Nutzenwert für den Entscheidungsträger steigt dabei überproportional mit dem Ergebnis. Diese Risikopräferenzfunktion ist typisch für Spieler, die beim anfangs geschilderten Glücksspiel einem möglichen Gewinn gegenüber einem möglichen Verlust einen überproportional hohen Nutzenwert zuordnen und deshalb an dem Spiel teilnehmen. In der betrieblichen Praxis können entsprechende Entscheidungsträger bei einer mäßig gesteigerten Risikofreude durchaus aktivierend wirken, eine stark gesteigerte Risikofreude kann aber auch zu ruinösen Entscheidungen führen.

Risikoscheue Entscheidungsträger
Risikoscheue beziehungsweise risikoaverse Entscheidungsträger unterbewerten Ergebnisse und überbewerten Risiken. Charakteristisch für sie ist eine konkave Risikopräferenzfunktion. Der Nutzenwert für den Entscheidungsträger steigt dabei unterproportional mit dem Ergebnis. In der betrieblichen Praxis können entsprechende Entscheidungsträger blockierend wirken, da sie sich bietende Chancen häufig nicht nutzen.

2.6.2 Mehrstufige Entscheidungen

Häufig bedingen bestimmte Entscheidungen die wählbaren Aktionen nachfolgender Entscheidungen. Die Wahl des Standortes für ein Tochterunternehmen in einem bestimmten Land bedingt beispielsweise, dass nur die in diesem Land vorhandenen Rechtsformen für das Unternehmen infrage kommen. Entsprechende Entscheidungen werden als mehrstufige Entscheidungen bezeichnet. Für ihre Darstellung können sogenannte **Entscheidungsbäume** (↗ Abbildung 2-9) verwendet werden. Diese zeigen, wie die Wahl einer Aktion a_1 im Zeitpunkt t_0 die Anzahl der nächstmöglich wählbaren Aktionen und damit das Entscheidungsfeld beschränkt. Bei der Wahl von a_1 können dann beispielsweise zum Zeitpunkt t_1 nur noch die Aktionen a_{11} und a_{12}

Abb. 2-9

Entscheidungsbaum

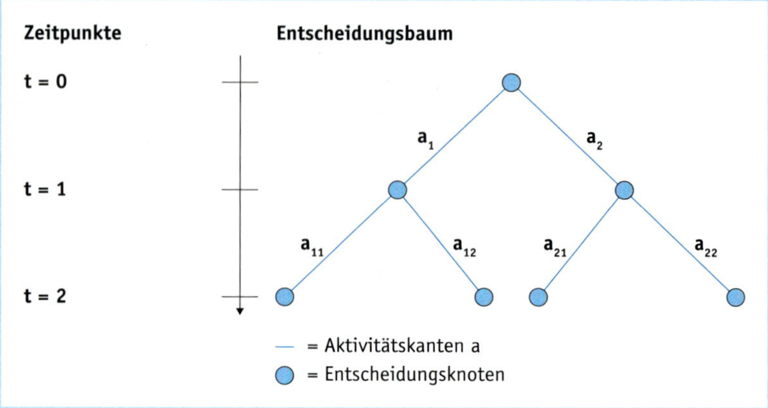

gewählt werden und nicht mehr die Aktionen a_{21} und a_{22}. Mehrstufige Entscheidungen erfordern komplexere Entscheidungsmodelle, auf die hier aufgrund des einführenden Charakters des Buchs nicht näher eingegangen werden soll (vergleiche *Mag, W.* 1990: Seite 18, *Schildbach, T.* 1993: Seite 77 f.).

2.6.3 Entscheidungen in Spielsituationen

Spieltheorie

Bei den bisher betrachteten Entscheidungsmodellen wurden die Aktionen von anderen Unternehmen als mögliche Reaktion auf die eigenen Aktionen nicht betrachtet. Entscheidungen in Spielsituationen, also in Situationen mit bewusst handelnden Gegenspielern wie Zulieferern, Kunden, Wettbewerbern oder Tarifpartnern, sind Gegenstand der Spieltheorie.

Gefangenendilemma

Ein klassisches Beispiel für eine Spielsituation ist das sogenannte Gefangenendilemma. Dabei werden zwei Gefangene, die gemeinsam ein Verbrechen begangen haben, getrennt voneinander verhört. Beide Gefangene haben nun die Möglichkeiten, die Tat zu gestehen oder die Tat zu leugnen. Dadurch ergeben sich die folgenden Alternativen:

- Beide Gefangene gestehen die Tat und erhalten eine mittlere Strafe.
- Beide Gefangene leugnen die Tat und können nur aufgrund von Indizien verurteilt werden, weshalb sie eine niedrige Strafe erhalten.
- Ein Gefangener gesteht die Tat und tritt gegen den anderen als Kronzeuge auf, der seinerseits leugnet. Der geständige Gefangene erhält damit eine sehr niedrige Strafe, der leugnende Gefangene hingegen eine sehr hohe Strafe.

Ähnliche Situationen ergeben sich im Wirtschaftsleben sehr häufig, so beispielsweise wenn zwei Unternehmen eine Forschungs- und Entwicklungskooperation eingehen

Tab. 2-22

Die Spielmatrix des Gefangenendilemmas

Gefangener A / Gefangener B	Leugnen	Gestehen
Leugnen	A: Niedrige Strafe B: Niedrige Strafe	A: Sehr niedrige Strafe B: Sehr hohe Strafe
Gestehen	A: Sehr hohe Strafe B: Sehr niedrige Strafe	A: Mittlere Strafe B: Mittlere Strafe

und entscheiden müssen, wie viel eigenes Know-how sie dem anderen Unternehmen offenbaren.

Spielmatrix

Entsprechende Spielsituationen werden in sogenannten Spielmatrizen dargestellt, wie das eben beschriebene Beispiel des Gefangenendilemmas in ↗ Tabelle 2-22 zeigt (vergleiche *Bamberg, G./Coenenberg, A. G.* 1996: Seite 154 ff. und *Berens, W./ Delfmann, W./Schmitting, W.* 2004: Seite 83 ff.).

Zwischenübung Kapitel 2.6.3

Angenommen, die Speedy GmbH hätte im Marktsegment des neuen Speedster Off-Roads genau einen Konkurrenten. Beide haben bei relativ konstanten Absatzmöglichkeiten jeweils die Möglichkeit kleine oder große Produktionskapazitäten aufzubauen.
(1) Stellen Sie eine Spielematrix für diese Entscheidungssituation auf.
(2) Für welche Alternative würden Sie sich entscheiden?

Zusammenfassung Kapitel 2

- Eine Entscheidung ist die Wahl zwischen mindestens zwei Alternativen, von denen eine die sogenannte Unterlassungsalternative sein kann.
- Die deskriptive Entscheidungstheorie beschreibt, wie Entscheidungen getroffen werden, die präskriptive Entscheidungstheorie stellt Vorschriften über die Vorgehensweise bei Entscheidungen auf.
- Das Entscheidungsfeld umfasst den Aktionen- und den Zustandsraum sowie die Ergebnismatrix.

- Eine Aktion ist eine unabhängige Vorgehensweise zur Zielerreichung, die vom Entscheidungsträger ausgewählt werden kann.
- Ein Umweltzustand ist ein Zustand, der vom Entscheidungsträger im Rahmen der zu treffenden Entscheidung nicht beeinflusst werden kann.
- Ein Ergebnis ist das unbewertete Resultat der Realisierung einer Aktion bei einem bestimmten Umweltzustand.
- Die Ergebnismatrix umfasst die Ergebnisse, die aus der Kombination von Aktionen und Umweltzuständen resultieren.
- Eine disaggregierte Ergebnismatrix ist zusätzlich nach Zielen und/oder Zeiten unterteilt.
- Ein Ziel ist ein angestrebter Zustand, der durch die Entscheidung für eine Aktion und deren Realisierung erreicht werden soll.
- Zwischen Zielen können Präferenz-, Instrumental- und Interdependenzrelationen bestehen.
- Der Nutzenwert ist ein Maß für die Erfüllung der Ziele eines Entscheidungsträgers.
- Anhand von Nutzenfunktionen, die aus Zielen abgeleitet werden, werden den Ergebnissen Nutzenwerte zugeordnet und diese in einer Nutzenmatrix dargestellt.
- Entscheidungsmodelle geben Entscheidungsfunktionen oder -regeln vor, um auf der Basis der Nutzenwerte jeder Aktion eine Beurteilungsgröße zuzuordnen, anhand der eine Entscheidung getroffen werden kann.
- Bei dem Entscheidungsmodell der Zielgewichtung wird die Aktion mit der größten Summe der mit Zielgewichten multiplizierten Nutzenwerte gewählt.
- Bei dem Entscheidungsmodell der lexikographischen Ordnung wird zuerst nach dem Nutzenwert des wichtigsten Ziels und bei gleicher Bewertung nach dem Nutzenwert des jeweils nächstwichtigeren Zieles entschieden.
- Gemäß der Maximax-Regel wird die Aktion mit dem größten maximalen Nutzenwert gewählt.
- Gemäß der Maximin-Regel wird die Aktion mit dem größten minimalen Nutzenwert gewählt.
- Gemäß der *Savage-Niehans*-Regel wird die Aktion mit der geringsten maximalen Abweichung gegenüber dem besten Nutzenwert gewählt.
- Gemäß der *Laplace*-Regel wird die Aktion mit dem größten Durchschnitt der Nutzenwerte gewählt.
- Gemäß der *Bayes*-Regel wird die Aktion mit dem höchsten Erwartungswert gewählt.
- Beim (μ, σ)-Prinzip wählt der Entscheidungsträger abhängig von seiner Risikopräferenz einen niedrigen Erwartungswert mit einem geringen Risiko oder einen hohen Erwartungswert mit einem hohen Risiko.
- Gemäß dem *Bernoulli*-Prinzip entscheidet der Entscheidungsträger aufgrund seiner individuellen Risikopräferenzfunktion.
- Spielsituationen sind dadurch gekennzeichnet, dass es bewusst handelnde Gegenspieler gibt.

Weiterführende Literatur Kapitel 2

Entscheidungstheorie allgemein

Bamberg, G./Coenenberg, A. G./Krapp, M.: Betriebswirtschaftliche Entscheidungslehre, München
Berens, W./Delfmann, W./Schmitting/W.: Quantitative Planung, Stuttgart.

Spieltheorie

Dixit, A. K./Nalebuff, B. J./Schütte, C.: Spieltheorie für Einsteiger: Strategisches Know-how für Gewinner, Stuttgart.

Schlüsselbegriffe Kapitel 2

- Entscheidung
- Entscheidungsfeld
- Aktionenraum
- Aktion
- Alternative
- Unterlassungsalternative
- Zustandsraum
- Umweltzustand
- Ergebnis
- Ergebnisfunktion
- Ergebnismatrix
- Ziel
- Sachziel
- Formalziel
- Hauptziel
- Nebenziel
- Oberziel
- Unterziel
- Präferenzrelation
- Instrumentalrelation
- Interdependenzrelation
- Nutzenwert
- Nutzenfunktion
- Nutzenmatrix
- Entscheidungsmodell
- Entscheidungsfunktion
- Beurteilungsgröße
- Sicherheit
- Unsicherheit
- Risiko
- risikofreudig
- risikoneutral
- risikoavers
- Zielgewichtung
- Nutzwertanalyse
- Lexikographisch
- Maximin-Regel
- Maximax-Regel
- Pessimismus-Optimismus-Regel
- *Savage-Niehans*-Regel
- *Laplace*-Regel
- Eintrittswahrscheinlichkeit
- μ-Prinzip
- Erwartungswert
- (μ, σ)-Prinzip
- Standardabweichung
- *Bernoulli*-Prinzip
- Risikopräferenzfunktion
- Spieltheorie
- Gefangenendilemma
- Spielmatrix

Fragen Kapitel 2

Frage 2-1: *Definieren Sie den Begriff »Entscheidung«.*
Frage 2-2: *Erläutern Sie, mit welchem Ziel Entscheidungen allgemein getroffen werden.*
Frage 2-3: *Erläutern Sie den Unterschied zwischen der präskriptiven und der deskriptiven Entscheidungstheorie.*
Frage 2-4: *Nennen Sie die drei Elemente, aus denen ein Entscheidungsfeld besteht.*
Frage 2-5: *Definieren Sie den Begriff »Aktion«.*
Frage 2-6: *Definieren Sie den Begriff »Umweltzustand«.*
Frage 2-7: *Definieren Sie den Begriff »Ergebnis«.*
Frage 2-8: *Erläutern Sie, was unter einer disaggregierten Ergebnismatrix verstanden wird.*
Frage 2-9: *Definieren Sie den Begriff »Ziel«.*

Frage 2-10: *Erläutern Sie den Unterschied zwischen Sach- und Formalzielen.*

Frage 2-11: *Erläutern Sie den Unterschied zwischen Haupt- und Nebenzielen.*

Frage 2-12: *Erläutern Sie den Unterschied zwischen Ober- und Unterzielen.*

Frage 2-13: *Nennen Sie die drei Ziele des magischen Zieldreiecks.*

Frage 2-14: *Nennen Sie die vier Merkmale, anhand derer Ziele operationalisiert werden.*

Frage 2-15: *Definieren Sie den Begriff »Nutzenwert«.*

Frage 2-16: *Nennen Sie die drei Arten von Entscheidungsmodellen, die nach dem Informationsstand des Entscheidungsträgers unterschieden werden.*

Frage 2-17: *Erläutern Sie, was Entscheidungsmodelle bei Sicherheit kennzeichnet.*

Frage 2-18: *Erläutern Sie, was Entscheidungsmodelle bei Unsicherheit kennzeichnet.*

Frage 2-19: *Erläutern Sie, was Entscheidungsmodelle bei Risiko kennzeichnet.*

Frage 2-20: *Erläutern Sie, welche Entscheider die Maximax-Regel typischerweise zur Entscheidungsfindung anwenden.*

Frage 2-21: *Erläutern Sie, welche Entscheider die Maximin-Regel typischerweise zur Entscheidungsfindung anwenden.*

Frage 2-22: *Erläutern Sie, welche zwei Möglichkeiten es gibt, um die Eintrittswahrscheinlichkeiten von Umweltzuständen zu bestimmen.*

Frage 2-23: *Erläutern Sie, für welche Aktion sich ein Entscheidungsträger gemäß dem* (μ, σ)*-Prinzip entscheidet, wenn alle Aktionen dasselbe Risiko aufweisen.*

Frage 2-24: *Erläutern Sie, warum Menschen nach Bernoulli an Glücksspielen teilnehmen.*

Frage 2-25: *Erläutern Sie, welche Besonderheiten Spielsituationen aufweisen.*

Fallstudie Kapitel 2

Die Geschäftsführung der Speedy GmbH muss sich zwischen drei vorgeschlagenen ***Entwicklungsprojekten*** a_1, a_2 ***und*** a_3 *entscheiden, da nur eines dieser Projekte finanziert werden kann. Die Entwicklungsprojekte beziehen sich auf neuartige Fahrzeugkomponenten, die Kunden als Zubehör bei der Autokonfiguration mitbestellen können. Die Geschäftsführung verfolgt im Hinblick auf die Entscheidung drei Ziele mit folgender Gewichtung:*

- ***Ziel*** k_1***, Gewichtung 0,7:*** *Die Fahrzeugkomponente soll einen möglichst hohen Deckungsbeitrag erwirtschaften.*
- ***Ziel*** k_2***, Gewichtung 0,2:*** *Die Markteinführung soll möglichst lange vor der Konkurrenz erfolgen.*
- ***Ziel*** k_3***, Gewichtung 0,1:*** *Die Fahrzeugkomponente soll das Image der Speedy GmbH im Hinblick auf deren Innovationskraft verbessern.*

Fallstudie 2-1: Entscheidung bei Sicherheit

Die Geschäftsführung der Speedy GmbH beschließt, zuerst zu schauen, welches Projekt unabhängig von verschiedenen Umweltzuständen zu wählen ist. Das Controlling erstellt dazu eine normierte Nutzenmatrix.

*(1) Ermitteln Sie auf der Basis der normierten Nutzenmatrix in der folgenden Tabelle, mittels dem Entscheidungsmodell der **Zielgewichtung**, für welche Fahrzeugkomponente sich die Geschäftsführung entscheiden soll (Hinweis: Zwischenergebnisse dienen der Selbstkontrolle).*

Ziel	k_1		k_2		k_3		
Zielgewichtung	**0,7**		**0,2**		**0,1**		Φ (a_i)
Aktion a_1	1,0	0,70	0,5		0,5		
Aktion a_2	1,0		1,0		0		0,90
Aktion a_3	0		0		1,0		

*(2) Wieso würde sich die Geschäftsführung bei Anwendung des Entscheidungsmodells der **lexikographischen Ordnung** für die Aktion a_2 entscheiden, und wie würde die Entscheidung ausfallen, wenn das Ziel k_3 wichtiger als das Ziel k_2 wäre?*

Fallstudie 2-2: Entscheidung bei Unsicherheit

Aufgrund der großen Bedeutung des Deckungsbeitrags beschließt die Geschäftsführung, für die folgenden Untersuchungen nur noch das erste Ziel k_1 weiter zu betrachten und zu prüfen, welchen Einfluss verschiedene Umweltzustände auf die Entscheidung haben. Dabei wird von folgenden Umweltzuständen ausgegangen:

- ***Umweltzustand z_1:** Die Fahrzeugkomponenten werden seltener als vergleichbare Komponenten verkauft.*
- ***Umweltzustand z_2:** Die Fahrzeugkomponenten werden genauso häufig wie vergleichbare Komponenten verkauft.*
- ***Umweltzustand z_3:** Die Fahrzeugkomponenten werden häufiger als vergleichbare Komponenten verkauft.*

(1) Ermitteln Sie auf der Basis der Nutzenmatrix in der nachfolgenden Tabelle für die angegebenen Entscheidungsmodelle die Beurteilungsgrößen und kreuzen Sie an, für welche Fahrzeugkomponente sich die Geschäftsführung jeweils entscheiden soll. Bei der Anwendung der Hurwicz-Regel gehen Sie von $\lambda = 0,3$ aus.

Umwelt-zustand	z_1	z_2	z_3	Maxi-max	Maximin	*Hurwicz* $\lambda = 0,3$	*Laplace*
Aktion a_1	20	30	40		20		
Aktion a_2	0	30	90	90			40
Aktion a_3	10	10	130			46	

(2) Ermitteln Sie auf der Basis der Nutzenmatrix in der nachfolgenden Tabelle für welche Fahrzeugkomponente sich die Geschäftsführung bei der Anwendung der Savage-Niehans-Regel entscheiden soll.

Umwelt-zustand	z_1	Nutzen-entgang	z_2	Nutzen-entgang	z_3	Nutzen-entgang	$\Phi(a_i)$
Aktion a_1	20		30		40		
Aktion a_2	0		30		90		
Aktion a_3	10		10	**20**	130		**20**

Fallstudie 2-3: Entscheidung bei Risiko

Für eine noch genauere Entscheidung werden die Eintrittswahrscheinlichkeiten der Umweltzustände geschätzt. Es wird von den in der nachfolgenden Nutzenmatrix angegebenen Eintrittswahrscheinlichkeiten ausgegangen. Ermitteln Sie darauf basierend die Erwartungswerte und die gewichteten Standardabweichungen der Aktionen. Für welche Fahrzeugkomponente soll sich die Geschäftsführung entsprechend dem μ-Prinzip und dem (μ, σ)-Prinzip jeweils entscheiden, wenn sie maximal ein Risiko von $\sigma = 40$ eingehen will?

Umweltzustand	z_1	z_2	z_3		
Wahrscheinlichkeit	**0,1**	**0,5**	**0,4**	μ	σ
Aktion a_1	20	30	40		
Aktion a_2	0	30	90	**51,00**	
Aktion a_3	10	10	130		**58,79**

3 Standortentscheidungen

Kapitelnavigator

Inhalt	Lernziel
3.1 Grundlagen	3-1 Die Grundlagen von Standortentscheidungen kennen.
3.2 Strategische Standortplanung	3-2 Die Elemente und Vorgehensweisen der strategischen Standortplanung kennen.
3.3 Operative Standortplanung	3-3 Die Elemente und Vorgehensweisen der operativen Standortplanung kennen.
3.4 Kennzahlen	3-4 Die wichtigsten Standort-Kennzahlen kennen.

Die Art und Weise, mit der immer wieder über die Attraktivität bestimmter Wirtschaftsstandorte diskutiert wird, zeigt, welche grundlegende Bedeutung Standorte und Entscheidungen über Standorte haben. So stellen Unternehmen beispielsweise Überlegungen an:

- **in welchen Ländern sie Produktionsstandorte ansiedeln, um Lohnkostenvorteile zu nutzen,**
- **an welchen Standorten sie Zentrallager errichten, um ihre Produktions- und Vertriebsstandorte zu beliefern,**
- **wo und wie viele Vertriebsniederlassungen sie innerhalb eines Landes gründen, um ihre Kunden optimal zu erreichen,**
- **ob es sinnvoll ist, ihre Hauptverwaltung in ein anderes Land zu verlegen, um Steuervorteile zu nutzen.**

Die Bedeutung von Standortentscheidungen ergibt sich dabei nicht nur aus der Tatsache, dass sie schwierig zu revidieren sind, sondern auch aus der Tatsache, dass mit der Entscheidung für einen bestimmten Standort die Rahmenbedingungen für zahlreiche Folgeentscheidungen vorgegeben werden, so beispielsweise im Hinblick auf die infrage kommenden Rechtsformen. Aus betriebswirtschaftlicher Sicht können Standorte und Standortentscheidungen folgendermaßen definiert werden:

Standorte sind die geographischen Orte, an denen Unternehmen Leistungen herstellen und/oder absetzen (vergleiche *Hansmann, K.-W.* 1974: Seite 15).

Standortentscheidungen sind Entscheidungen darüber, an wie vielen und an welchen geografischen Orten welche Leistungen eines Unternehmens hergestellt und abgesetzt werden.

Die Notwendigkeit entsprechender Entscheidungen ergibt sich dabei primär aus der **Inhomogenität der Fläche**, denn wären alle Standorte mit den gleichen Voraussetzungen ausgestattet, müssten Unternehmen nicht zwischen ihnen wählen.

Wirtschaftspraxis 3-1

Die Standorte von VW

Die *Volkswagen AG* bietet ihre Fahrzeuge in mehr als 150 Ländern an. An 125 Produktionsstandorten in zwanzig Ländern Europas und in elf Ländern Amerikas, Asiens und Afrikas produzierten dazu im Jahr 2019 etwa 670 000 Mitarbeiter an jedem Arbeitstag durchschnittlich rund 43 000 Fahrzeuge.
Die Komplexität der entsprechenden Standortstrukturen verdeutlicht eine frühere Übersicht aus dem *Handelsblatt*:
»Im Inland hat die *Volkswagen AG* 102 500 Mitarbeiter in den Werken Wolfsburg, Hannover, Braunschweig, Kassel, Emden und Salzgitter. Sie bauen die Modelle *Golf* und *Bora* (Wolfsburg), *Passat* (Emden), *LT*, *Multivan* und *Transporter* (Hannover) sowie Motoren, Getriebe und Komponenten. Hinzu kommen 3 700 Mitarbeiter der *Auto 5000 GmbH*, die in Wolfsburg den *Touran* fertigen, und 7 300 Mitarbeiter der *Volkswagen Sachsen GmbH*, die in den Werken Chemnitz und Mosel Motoren und Komponenten sowie *Golf*- und *Passat*-Modelle bauen. In der gläsernen Automobilmanufaktur Dresden fertigen 400 Beschäftigte die Luxuslimousine *Phaeton*, geplant ist dort ferner die Montage von *Bentley*-Modellen.
Die *Audi AG* hat im Inland 44 700 Mitarbeiter und zwei Werke: In Ingolstadt werden die Modelle *A3* und *A4* sowie die Karosserien der *TT*-Cabrios und Roadster gebaut, in Neckarsulm die Aluminium-Modelle *A6* und *A8*. Die Fertigung des kompakten *A2* wurde dort unlängst eingestellt.
Zum Fertigungsverbund Europa zählen Werke in Belgien, Bosnien-Herzegowina, Großbritannien, Italien, Polen, Portugal, Spanien, der Slowakei, Tschechien und Ungarn.
Im Werk Brüssel, über dessen Fortbestand zuletzt spekuliert wurde, bauen 5 700 Beschäftigte *Golf*, *Lupo* und den *Audi A3*. Aus Großbritannien (3 700 Beschäftigte) kommen vor allem die *Bentley*-Luxusmodelle. In Portugal fertigen 3 000 Mitarbeiter im Werk Setubal die nahezu baugleichen Großraum-Limousinen *VW Sharan*, *Seat Alhambra* und *Ford Galaxy*. In Spanien (16 300 Beschäftigte) werden alle Modelle der Marke *Seat* gefertigt sowie im Werk Pamplona der *VW Polo*. Aus dem italienischen Sant' Agata Bolognese (720 Beschäftigte) kommen die Sportwagen der Audi-Tochter *Lamborghini*.
In Osteuropa werden im polnischen Poznan (4 700 Beschäftigte) *Transporter* und *Caddys* gebaut, im slowakischen Bratislava (8 300 Beschäftigte) die Modelle *Golf*, *Touareg* und *Polo*, *Seat Ibiza* sowie für *Porsche* der *Cayenne*. Hauptstandort der Marke *Skoda* (21 800 Beschäftigte) ist das tschechische Mlada Boleslav, hinzukommen Werke in Kvasiny und Vrchlabi. *Audi* baut im ungarischen Györ (5 100 Beschäftigte) Motoren und fertigt die *TT*-Cabrios und Roadster.
Außerhalb Europas hat der *VW*-Konzern Werke in Mexiko (13 800 Beschäftigte), Argentinien (2 700), Brasilien (22 300), Südafrika (6 200), Indien (300) und China (13 400). Der in Brasilien gebaute Kleinwagen *VW Fox* soll im unteren Preissegment auch den europäischen Markt erobern. Schon länger im Handel sind der *New Beetle* und das *Beetle-Cabrio* aus dem mexikanischen Puebla.«

Quellen: Hintergrund – VW-Werke im In- und Ausland, unter: www.handelsblatt.com, Stand: 16.09.2005; Der Konzern im Überblick, unter: www.volkswagen-ag.de, Stand: 12.06.2006; https://www.volkswagenag.com/de/group/portrait-and-production-plants.html, Stand: 07.10.2020.

Abb. 3-1

Typische Internationalisierungsstufen von Unternehmen

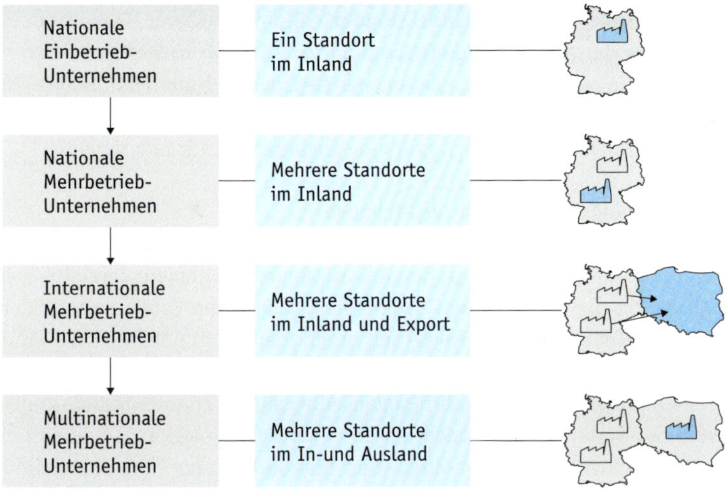

Vergleiche *Bankhofer, U.* 2001: Seite 3 ff., 73 f.

3.1 Grundlagen

3.1.1 Begriffe

Abhängig vom Internationalisierungsgrad werden Unternehmen wie folgt unterteilt (vergleiche *Bankhofer, U.* 2001: Seite 3 ff., 73 f. und *Schierenbeck, H.* 2003: Seite 43 ff.):

- **Nationale Unternehmen** sind dadurch gekennzeichnet, dass sich alle ihre Produktionsstandorte im Inland befinden und sie keine Leistungsbeziehungen zu ausländischen Wirtschaftssubjekten haben.
- **Internationale Unternehmen** sind dadurch gekennzeichnet, dass sich zwar alle ihre Produktionsstandorte im Inland befinden, sie aber Produkte exportieren.
- **Multinationale Unternehmen** sind dadurch gekennzeichnet, dass sie in mehreren Ländern Produktionsstandorte haben.

3.1.2 Unterteilung von Standortentscheidungen

Standortentscheidungen können im Hinblick auf die Lebensphase eines Unternehmens, in der sie getroffen werden, und im Hinblick auf die mit der Standortwahl verfolgte Zielsetzung unterteilt werden:

Standortentscheidungen in den Lebensphasen von Unternehmen

Standortentscheidungen in der Gründungsphase
Standortentscheidungen sind zunächst bei der Gründung von Unternehmen zu treffen. In der Regel spielen die persönlichen Präferenzen der Gründer bei der Wahl des ersten Standorts eines Unternehmens eine entscheidende Rolle. So wählten viele große Unternehmerpersönlichkeiten Standorte in unmittelbarer Nähe ihrer eigenen Wohnorte, zum Beispiel *Robert Bosch* und *Gottlieb Daimler* in Stuttgart, *Werner von Siemens* in Berlin, *Alfred Krupp* in Essen oder *Karl Benz* in Mannheim. Neben emotionalen Gründen sind dabei zumeist persönliche Beziehungen zu Kunden, Lieferanten und Geldgebern wesentliche Motive für eine »heimatnahe« Standortwahl.

Standortentscheidungen in der Umsatzphase
In der sich an die Gründungsphase anschließenden Umsatzphase stellt sich oft heraus, dass der vorhandene Standort den Anforderungen nicht mehr genügt, sei es beispielsweise weil die vorhandenen Grundstücksflächen am Gründungsstandort für eine geplante Unternehmenserweiterung nicht ausreichen oder weil die Produktionskosten an anderen Standorten deutlich geringer sind.

In Abhängigkeit von der Unternehmensentwicklung können Standortentscheidungen in der Umsatzphase hinsichtlich ihrer Zielsetzung weiter in Standortwachstums-, Standortstrukturveränderungs- und Standortschrumpfungsentscheidungen unterteilt werden.

3.1.3 Ziele von Standortentscheidungen

Die möglichen Ziele von Standortentscheidungen lassen sich in folgende Kategorien unterteilen (↗ Abbildung 3-2, zum Folgenden vergleiche *Bankhofer, U.* 2001: Seite 87 ff., 92, 100, *Schierenbeck, H.* 2003: Seite 42 sowie *Steiner, M.* 1993: Seite 133):

Errichtung oder Erweiterung von Standorten

Wachstumsziele
Im Rahmen des Wachstums von Unternehmen kann es zu einer Errichtung neuer oder zu einer Erweiterung von bereits bestehenden Standorten mit folgenden typischen Zielsetzungen kommen:
- Erschließung neuer **Beschaffungsquellen** durch die Errichtung von Einkaufs- oder Produktionsstandorten an den Beschaffungsquellen, etwa durch die Errichtung einer Ölbohrplattform zur Erschließung eines Ölfeldes,
- Vergrößerung der **Produktionskapazitäten** durch die Erweiterung bestehender oder die Errichtung neuer Produktionsstandorte,
- Erweiterung des **Produktsortiments** von Unternehmen und in der Folge Errichtung neuer Absatzstandorte und Erweiterung oder Errichtung von Produktionsstandorten und
- Erschließung neuer **Absatzmärkte** durch die Errichtung von Absatzstandorten in den entsprechenden Märkten.

Abb. 3-2

Ziele von Standortentscheidungen

- **Ziele von Standortentscheidungen**
  - **Wachstumsziele** Errichtung/Erweiterung von Standorten
    - Beschaffungsquellen
    - Produktionskapazitäten
    - Produktsortiment
    - Absatzmärkte
  - **Strukturveränderungsziele** Aufteilung/Verlagerung/Vereinigung von Standorten
    - Erfahrungskurve
    - Arbeitskosten
    - Transportkosten
    - JIT-Belieferung
    - Verkehrssituation
    - Importbeschränkungen
    - Wechselkurse
    - Marktnähe
    - Rechtliche Restriktionen
    - Subventionen
    - Steuern
  - **Schrumpfungsziele** (Teil-)Stilllegung
    - Produktionskapazitäten
    - Produktsortiment

Strukturveränderungsziele

Aufteilung, Verlagerung oder Vereinigung von Standorten

Im Rahmen von Strukturveränderungen kann es zur Aufteilung, Verlagerung oder Vereinigung von Standorten mit folgenden typischen Zielsetzungen kommen:

- Realisierung von **Erfahrungskurven- und Synergieeffekten** durch die Vereinigung von Standorten, etwa im Rahmen der Gründung von Gemeinschaftsunternehmen oder im Rahmen von Fusionen,
- Reduzierung von **Arbeitskosten** durch die Verlagerung von Standorten in Niedriglohnländer,

- Reduzierung von **Transportkosten** durch die Verlagerung von Standorten in die Nähe der Abnehmer,
- Realisierung einer **Just-in-time-Belieferung** durch die Verlagerung von Standorten in die Nähe der Abnehmer,
- Verbesserung der **Verkehrssituation** durch die Verlagerung von Standorten an verkehrsgünstigere Orte,
- Umgehung von **Importbeschränkungen** durch die Verlagerung von kompletten Produktionsstandorten oder eine sogenannte Completely-knocked-down-Montage in die Absatzländern,
- Vermeidung des Einflusses von **Wechselkursen** auf die Gewinne durch die Verlagerung von Produktionsstandorten in die Absatzländer,
- Erhöhung der **Marktnähe** durch die Verlagerung von Standorten in die Nähe der Abnehmer,
- Umgehung von **rechtlichen Restriktionen** wie Umweltschutzauflagen durch die Verlagerung von Standorten in Regionen ohne entsprechende Restriktionen,
- Nutzung von **Subventionen** durch die Verlagerung von Standorten in entsprechende Regionen und
- Reduzierung von **Steuern** durch die Verlagerung von Standorten in sogenannte »Steueroasen«.

Schrumpfungsziele

Teilweise oder komplette Stilllegung von Standorten

Im Rahmen des Schrumpfens von Unternehmen kann es zur teilweisen oder kompletten Stilllegung von Standorten mit folgenden typischen Zielsetzungen kommen:

- Verringerung der **Produktionskapazitäten** von Unternehmen durch die teilweise oder vollständige Stilllegung von Produktionsstandorten und
- Verkleinerung des **Produktsortiments** und im Zuge dessen Stilllegung bestehender Absatzstandorte und teilweise oder vollständige Stilllegung von Produktionsstandorten.

3.1.4 Restriktionen von Standortentscheidungen

Nicht immer sind Unternehmen hinsichtlich der Wahl ihrer Standorte frei. Bestimmte Branchen, wie die Land- und die Forstwirtschaft oder der Bergbau, sind aufgrund ihres Rohstoffbedarfs von den natürlichen standorttypischen Bedingungen abhängig. So kann beispielsweise nur dort Erzbergbau betrieben werden, wo auch Erze vorhanden sind. In Abhängigkeit von dem Vorliegen solcher Restriktionen erfolgt eine Unterscheidung (vergleiche *Bankhofer, U.* 2001: Seite 108)

- in **freie Standortentscheidungen**, die ohne bindende Restriktionen erfolgen, und
- in **gebundene Standortentscheidungen**, die mit bindenden Restriktionen erfolgen.

Abb. 3-3

Standortplanung

3.1.5 Vorgehensweise

Standortmanagementprozess

Standortentscheidungen sind Teil des Standortmanagementprozesses, der in folgende Phasen unterteilt werden kann (↗ Abbildung 3-3):

Strategische Standortplanung

Als Basis der strategischen Standortplanung wird festgelegt, in welchen Staaten welche Produkte in welchem Umfang angeboten werden sollen. Darauf aufbauend wird die internationale Standortstruktur ermittelt, die mit einem relativ niedrigen Detaillierungsgrad die Verteilung der Produkte, der betrieblichen Funktionen und der Produktionsstufen auf Staaten oder Regionen beschreibt. Als Ergebnis der strategischen Standortplanung entsteht eine Soll-Standortstruktur.

Operative Standortplanung

Die Soll-Standortstruktur aus der strategischen Standortplanung wird im Rahmen der operativen Standortplanung mit der vorhandenen Ist-Standortstruktur verglichen, und es werden Wachstums-, Strukturveränderungs- und Schrumpfungsmaßnahmen abgeleitet. Im Falle der Errichtung von neuen Standorten wird zusätzlich eine Standortbestimmung durchgeführt.

Entscheidung, Realisierung und Kontrolle
Im Anschluss an die operative Standortplanung erfolgen die Entscheidung über die geplanten Standortmaßnahmen, die Realisierung dieser Maßnahmen und deren Kontrolle.

3.2 Strategische Standortplanung

3.2.1 Grundformen der Standortstruktur

Im Rahmen der strategischen Standortplanung wird die räumliche Struktur der Gesamtheit der Betriebsstätten eines Unternehmens ermittelt (vergleiche *Lüder, K./ Küpper, W.* 1983: Seite 15). Für die Strukturierung von Standorten bestehen die folgenden grundlegenden Möglichkeiten (↗ Abbildung 3-4, zum Folgenden vergleiche *Bankhofer, U.* 2001: Seite 66 ff., 79 ff. sowie *Ihde, G. B.* 1984: Seite 94):

Standorteinheit

Einbetrieb-Unternehmen

Kennzeichnend für die Standorteinheit ist die komplette Leistungserstellung eines Unternehmens an einem einzigen Standort. Die Standorteinheit ist typisch für Unternehmen in der Gründungsphase und für kleine Unternehmen mit einem homogenen Produktprogramm, wie beispielsweise Handwerksunternehmen. Während es sich bei den nachfolgenden Unternehmen um Mehrbetrieb-Unternehmen handelt, werden Unternehmen mit nur einem Standort als Einbetrieb-Unternehmen bezeichnet.

Standortspaltung

Mehrbetrieb-Unternehmen

Bei der Standortspaltung werden im Rahmen einer Aufteilung der Leistungsmengen die gleichen Produkte und/oder die gleichen betrieblichen Funktionen an mehreren Standorten erstellt und/oder durchgeführt. Die Standortspaltung ist typisch für größere Unternehmen und findet sich beispielsweise in der Automobilindustrie, wenn an mehreren Standorten die gleichen Fahrzeuge montiert oder abgesetzt werden.

Standortteilung
Die Standortteilung ist ebenfalls typisch für größere Unternehmen. Bei ihr erfolgt im Rahmen einer Aufteilung nach der Leistungsart:

- eine **produktorientierte Standortteilung**, etwa wenn in der Automobilindustrie verschiedene Fahrzeugtypen an verschiedenen Standorten produziert werden, und/oder
- eine **funktionsorientierte Standortteilung**, etwa wenn in der Automobilindustrie die betrieblichen Funktionen Forschung und Entwicklung, Produktion und Absatz an unterschiedlichen Standorten erbracht werden, und/oder
- eine **produktionsstufenorientierte Standortteilung**, etwa wenn in der Automobilindustrie die Motorenproduktion an einem anderen Standort erfolgt als die Montage der Fahrzeuge.

Abb. 3-4

Grundformen der Standortstruktur

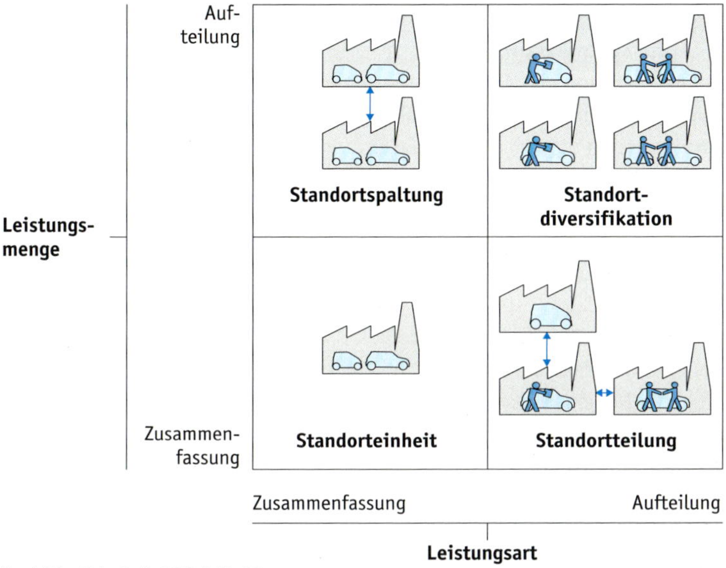

Vergleiche *Ihde, G. B.* 1984: Seite 90

Standortdiversifikation
Die Standortspaltung und die verschiedenen Varianten der Standortteilung schließen sich nicht gegenseitig aus, sondern werden in der Praxis häufig kombiniert. In diesem Fall wird von einer Standortdiversifikation gesprochen.

3.2.2 Anzahl der Standorte

Bei Mehrbetrieb-Unternehmen muss ergänzend zur Wahl der Grundform der Standortstruktur auch die Anzahl der Standorte festgelegt werden. Diese hängt in erster Linie von der betroffenen betrieblichen Funktion und der Branche ab.

3.2.2.1 Einfluss der betrieblichen Funktion

Zur Bestimmung der Anzahl der Standorte muss geplant werden, welche betrieblichen Funktionen weltweit an einem einzigen beziehungsweise an einigen wenigen Standorten im Rahmen einer **Integration** zusammengefasst werden sollen, um die entsprechenden Leistungen dann von dort aus **global** für das ganze Unternehmen weltweit zu erbringen, und welche betrieblichen Funktionen auf viele Standorte im Rahmen einer **Differenzierung** verteilt werden sollen, um die entsprechenden Leistungen in Kundennähe vor Ort und damit **lokal** zu erbringen (↗ Abbildung 3-5):

Lokal-differenzierte Standortstruktur
Lokal-differenzierte Standortstrukturen eignen sich für betriebliche Funktionen wie den Vertrieb oder den Kundendienst, die meistens in der Nähe der Abnehmer angesiedelt werden.

Global-lokale Standortstruktur
Bei der Entscheidung über Produktionsstandorte gibt es je nach Branche in der Regel sowohl Lokalisierungs- als auch Globalisierungsvorteile. Für die Integration an einem Standort sprechen unter anderem Erfahrungskurveneffekte und niedrige interne Logistikaufwendungen. Für eine Ansiedlung der Produktion an mehreren Standorten sprechen beispielsweise die Umgehung von Importzöllen, die größere Unabhängigkeit von Währungsschwankungen, die niedrigeren Transportkosten bei der Belieferung von Kunden und eine Risikominimierung.

Global-integrierte Standortstruktur
Betriebliche Funktionsbereiche wie die Unternehmensführung oder die Forschung werden in der Regel jeweils an einem Standort zusammengefasst. Dies geschieht vor allem, um eine unmittelbare und schnelle Kommunikation und Entscheidungsfindung zu gewährleisten.

Abb. 3-5

Anzahl der Standorte für verschiedene betriebliche Funktionen

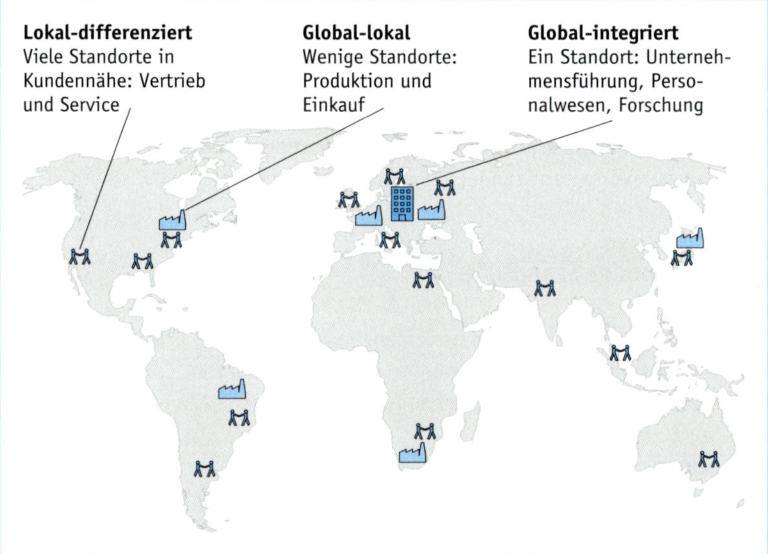

Wirtschaftspraxis 3-2

General Motors bündelt die Entwicklung von Kompakt- und Mittelklassewagen

Ein Beispiel für eine global-integrierte Standortstruktur ist die geplante Reduzierung verschiedener deutscher Standorte der PSA-Tochter *Opel*, die aufgrund der Fusion von PSA und Fiat stattfinden soll. Im Rahmen der internationalen Fusion werden in den kommenden vier Jahren (Stand Januar 2020) bist zu 4100 Vollzeitstellen abgebaut.

Quelle: Druck durch Fusion mit Fiat: Opel schrumpft deutsche Werke, Süddeutsche Zeitung, Stand: 14.01.2020

3.2.2.2 Einfluss der Branche

Die Entscheidung für eine globale oder eine lokale Standortstruktur hängt nicht nur von der betrieblichen Funktion, sondern auch von der Branche ab, wie nachfolgende Beispiele zeigen:

- **Fitnesscenter** werden lokal in der Nähe ihrer Kunden angesiedelt, da sie eine Dienstleitung anbieten, die aufgrund ihrer Immaterialität nicht zu den Kunden transportiert werden kann.
- Die Produktion von **Bier** erfolgt in der Regel lokal in der Nähe der Abnehmer, da die Transportkosten einen erheblichen Anteil an den Gesamtkosten ausmachen und da das Bier – damit es frisch ist – möglichst schnell zu den Kunden kommen soll.
- Die Produktion von **Halbleitern** erfolgt global an sehr wenigen Standorten, da die Produktionseinrichtungen extrem kostenintensiv und gleichzeitig die Kosten der Transporte zu den Abnehmern sehr niedrig sind. Durch eine globale Produktion ergeben sich deshalb erhebliche Erfahrungskurveneffekte.
- Die Produktion von **Großturbinen** und **Großpressen** erfolgt ebenfalls global, da für die Produktion sehr kostenintensive und spezielle Produktionseinrichtungen benötigt werden. Gleichzeitig bestehen aber auch erhebliche Lokalisierungsvorteile, da der Transport zu den Abnehmern aufgrund der Größe der Produkte in den meisten Fällen sehr aufwändig ist.

3.3 Operative Standortplanung

3.3.1 Standortmaßnahmen

Im Rahmen der operativen Standortplanung werden die Standortmaßnahmen festgelegt, die notwendig sind, um die bestehende Ist-Standortstruktur in die im Rahmen der strategischen Standortplanung ermittelte Soll-Standortstruktur zu überführen.

Folgende Standortmaßnahmen lassen sich unterscheiden (↗ Abbildung 3-6, zum Folgenden vergleiche *Bankhofer, U.* 2001: Seite 50, 93 ff., 177 f., 190 ff.):

Wachstumsmaßnahmen

Errichtung (Off-Site-Expansion)
Bei der Errichtung werden zusätzliche Leistungen an einem neuen Standort erbracht. Für die Errichtung neuer Standorte gibt es mehrere alternative Möglichkeiten. Die Errichtung kann:

- im Rahmen einer sogenannten **Do-it-yourself-Strategie** im Alleingang erfolgen oder
- durch **Kauf** einer vorhandenen Betriebsstätte von einem anderen Unternehmen oder
- indem mit anderen Unternehmen **Gemeinschaftsunternehmen** beziehungsweise **Joint-Ventures** gegründet werden, in die vorhandene Betriebsstätten eingehen, oder
- durch **Beteiligung** an oder **Fusion** mit Unternehmen, die über entsprechende Standorte verfügen (↗ Kapitel 5 Entscheidungen über zwischenbetriebliche Verbindungen).

Abb. 3-6

Standortmaßnahmen

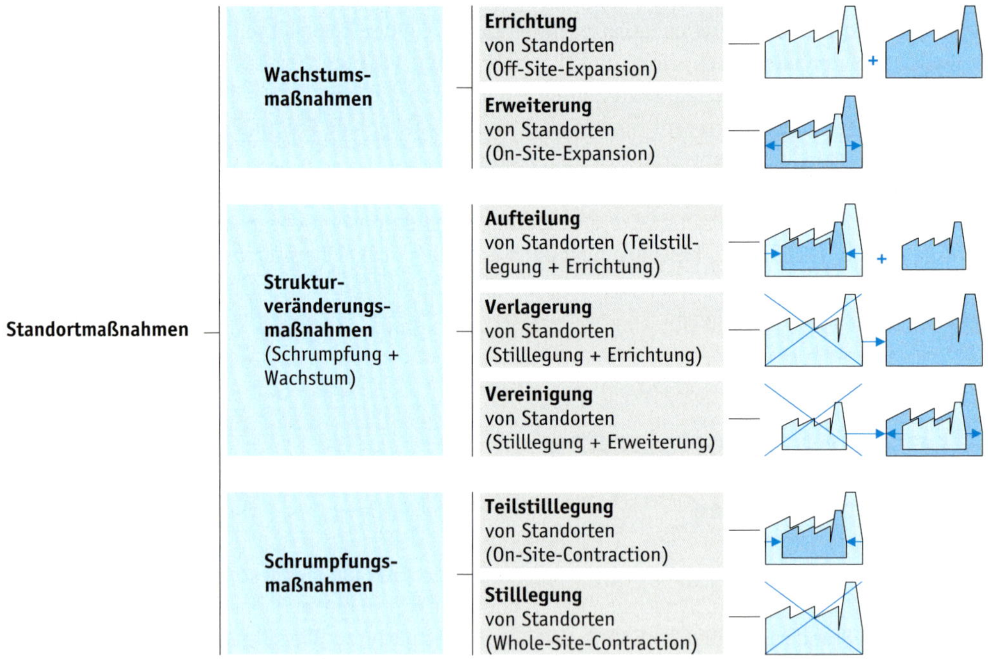

Vergleiche *Bankhofer, U.* 2001: Seite 96 und 191

Die Errichtung setzt dabei eine Standortbestimmung voraus, auf die im nachfolgenden ↗ Kapitel noch näher eingegangen wird.

Erweiterung (On-Site-Expansion)
Bei der Erweiterung wird ein bestehender Standort ausgebaut, indem beispielsweise ein angrenzendes Grundstück erworben und dort ein neues Produktionsgebäude errichtet wird.

Aufteilung
Durch die Aufteilung eines Standorts wird ein Teil der Leistungen an einem neuen Standort erbracht. Dazu erfolgen eine Teilstilllegung des bestehenden Standorts und die Errichtung eines neuen Standorts.

Strukturveränderungsmaßnahmen

Verlagerung
Durch eine Verlagerung werden die gesamten Leistungen eines Standorts an einem neuen Standort erbracht. Dazu erfolgen eine komplette Stilllegung des bestehenden Standorts und die Errichtung eines neuen Standorts.

Wirtschaftspraxis 3-3

Verlagerungen und ihre Probleme

In den letzten Jahren haben viele **deutsche Unternehmen** Teile ihrer Produktion in sogenannte Niedriglohnländer verlagert, so beispielsweise:
- der Haushaltsartikelhersteller *Leifheit*, der die Produktion von Personenwaagen seiner Tochterfirma *Soehnle* von Murrhardt in Baden-Württemberg nach China verlegte,
- der Tresorhersteller *Format Tresorbau*, der seine Präzisionsgeldschränke nicht mehr in Hessisch-Lichtenau, sondern im polnischen Bromberg fertigte,
- der Datenspeicherhersteller *N-Tec*, der die Herstellung seiner hochspezialisierten Datenspeicher vom bayerischen Ismaning nach Tschechien verlegte oder
- der Stofftierhersteller *Steiff*, der Teile seiner Produktion nach China verlagert hatte.

Die genannten Unternehmen zeigen allerdings auch die Kehrseite von Verlagerungen: So holten die Unternehmen *Format Tresorbau*, *N-Tec* und *Steiff* ihre Produktion nach einiger Zeit wieder nach Deutschland zurück, da den Lohnkostenvorteilen im Ausland massive Qualitätsprobleme, unerwartete Lieferverzögerungen und hohe Transportkosten gegenüberstanden.
Auch in **Österreich** findet man derartige Beispiele: So wurde die partiell ausgelagerte Produktion des Funktechnikherstellers *Kapsch* aufgrund von stark steigenden Mindestlöhnen und ebenfalls steigenden Transportkosten aus China wieder ins heimische Österreich zurückverlegt.
Aufgrund des starken Schweizer Franken vergeben neuerdings auch immer mehr **Schweizer Unternehmen** Teile ihrer Produktion ins europäische und asiatische Ausland, so unter anderem *ABB*, *Logitech* und *Schindler*. Als Hauptgründe werden die Senkung der Fertigungskosten und die Erschließung von Auslandsmärkten genannt. Die Quote an auslagernden Unternehmen ist dreimal so hoch wie der Anteil derjenigen Unternehmen, welche ihre Produktion wieder zurück in die Schweiz verlegen. Dieser Trend dürfte sich aufgrund der jüngsten Wechselkursentwicklung des Schweizer Franken noch weiter fortsetzen oder sogar verstärken, auch wenn nach einer aktuellen Befragung die Kostenziele häufig erst viel später als geplant erreicht werden.

Quellen: *Küttner, P./Chatelain, P.*: Produktionsverlagerungen erfolgreich evaluieren, in: KMU-Magazin Nr. 10 vom 10.10.13, S. 98 ff., *Lixenfeld, C.*: Mit heißer Nadel, in: Handelsblatt, Nummer 45 vom 03.03.06, Seite k02, http://www.spiegel.de/wirtschaft/probleme-in-china-steiff-holt-teddy-produktion-nach-deutschland-zurueck-a-563408.html (Stand 29.03.15), Erste Firmen blasen zum China-Rückzug, in: Manager Magazin vom 10.01.2012 (http://www.manager-magazin.de/politik/weltwirtschaft/a-807918.html, Stand 29.03.15), *Kerkmann, C.*: Franken und Euro/Schweizer Unternehmen müssen fliehen, in Handelsblatt online vom 16.01.15 (http://www.handelsblatt.com/unternehmen/management/franken-und-der-euro-schweizer-unternehmen-muessen-fliehen/11239892.html, Stand 29.03.15).

Vereinigung
Durch eine Vereinigung werden die gesamten Leistungen eines Standorts an einem bestehenden anderen Standort erbracht. Dazu erfolgen die Stilllegung des einen Standorts und eine Erweiterung des bestehenden anderen Standorts.

Schrumpfungsmaßnahmen

Teilstilllegung (On-Site-Contraction)
Bei einer Teilstilllegung wird ein Teil der an einem Standort bisher erbrachten Leistungen nicht mehr erbracht.

Stilllegung (Whole-Site-Contraction)
Bei der Stilllegung wird die Erstellung aller bisher an einem Standort erbrachten Leistungen eingestellt. Die komplette Stilllegung bestehender Standorte kann günstigstenfalls durch den Verkauf des Standorts oder durch die Verlagerung der Produktionseinrichtungen an einen anderen Standort erfolgen. Alternativen dazu sind die Verschrottung der Produktionseinrichtungen und der Abriss von Gebäuden. Zusätzliche Kosten entstehen bei Stilllegungen in der Regel insbesondere durch Abfindungszahlungen für Mitarbeiter und durch vertragliche Verpflichtungen gegenüber Zulieferern und Kunden.

3.3.2 Standortbestimmung

3.3.2.1 Vorgehensweise bei der Standortbestimmung

Stufen der Standortbestimmung

Falls sich im Rahmen der Standortplanung ergibt, dass ein neuer Standort errichtet werden soll, muss dessen geographische Lage bestimmt werden. Die Bestimmung erfolgt dabei schrittweise ausgehend von einer Staatengemeinschaft über einen bestimmten Staat und eine bestimmte Region bis hin zu dem eigentlichen Grundstück (↗ Abbildung 3-7, zum Folgenden vergleiche *Bankhofer, U.* 2001: Seite 10, 50, 118, 186 sowie *Schierenbeck, H.* 2003: Seite 45):

Makrostandortbestimmung
Falls dieses noch nicht bei der strategischen Standortplanung festgelegt wurde, werden im Rahmen der Makrostandortbestimmung die Staatengemeinschaft, also EU, NAFTA, ASEAN oder ECOWAS, und der Staat ermittelt, in dem der Standort errichtet werden soll. Bei der Beurteilung kommen dabei insbesondere **nationale Standortfaktoren**, wie beispielsweise die Steuerbelastung, zur Anwendung.

Mikrostandortbestimmung
Nach der Auswahl eines Staates erfolgt eine sukzessive Auswahl der Region, der Stadt beziehungsweise der Gemeinde und zuletzt des Grundstücks. Die Auswahl erfolgt dabei insbesondere anhand von **regionalen Standortfaktoren**, wie beispielsweise dem Vorhandensein einer Autobahnanbindung.

Abb. 3-7

Stufen der Standortbestimmung

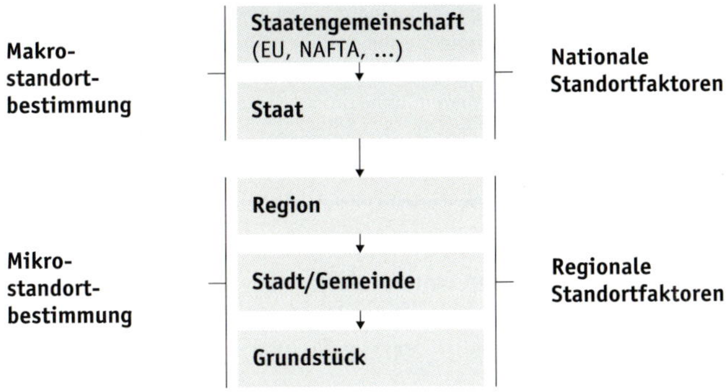

Vergleiche *Bankhofer, U.* 2001: Seite 118

3.3.2.2 Standortfaktoren

Begriff des Standort-
faktors

Der Begriff des »Standortfaktors« geht auf *Alfred Weber* zurück, der zu den Begründern der klassischen betriebswirtschaftlichen Standortlehre gehört. Er verstand unter einem Standortfaktor »... einen seiner Art nach scharf abgegrenzten Kostenvorteil, der einen bestimmten Industrieprozess hierhin oder dorthin zieht« (*Weber, A.* 1914: Seite 57). Diese einseitig monetäre Sichtweise wurde in der Folge erweitert, sodass Standortfaktoren heute folgendermaßen definiert werden können:

> **Standortfaktoren** sind entscheidungsrelevante Kriterien, anhand derer die Eignung eines bestimmten geographischen Ortes für die Errichtung einer Betriebsstätte überprüft werden kann.

Welche Standortfaktoren für eine Standortentscheidung relevant sind, hängt dabei insbesondere von der betroffenen betrieblichen Funktion und der Branche sowie der Art und der Größe des Unternehmens, das einen Standort sucht, ab.

Wirtschaftspraxis 3-4

Die Standortbestimmung von Automobilherstellern

Wie aufwändig die Standortbestimmung sein kann, zeigt das Beispiel der *Volkswagen AG*, die für einen neuen Produktionsstandort in Russland 70 Standorte zwischen St. Petersburg, dem Ural und dem Schwarzen Meer untersuchte und sich schließlich für Kaluga, eine Stadt südwestlich von Moskau, entschied. Dass dem auch in den letzten Jahren so ist, zeigt die Standortwahl des amerikanischen Elektroautoherstellers Tesla. Hier gab es ein jahrelanges »Schaulaufen« zahlreicher europäischer Standorte, bevor sich der Firmengründer Elon Musk für den Standort Grünheide im deutschen Bundesland Brandenburg entschied.

Quellen: VW hat seinen Standort in Russland gefunden, unter www.handelsblatt.com, Stand: 26.05.2006; https://www.manager-magazin.de/fotostrecke/tesla-inc-gigafactory-chancenreichste-deutsche-standorte-fotostrecke-170311.html

Wirtschaftspraxis 3-5

Die Standortfaktoren in der Zeit der Frühindustrialisierung

Bereits in der Zeit der Frühindustrialisierung wurden Standortentscheidungen von Zielkriterien beeinflusst, die auch für heutige Unternehmen noch relevant sind. So stellt *J. Beckmann* in seiner »Anleitung zur Technologie« von 1796 fest: »Bey der Auswahl des Orts für eine Fabrike oder Manufactur, hat man vornehmlich darauf zu sehn, daß die Haupt- und Nebenmaterialien, in hinreichender Menge, und in billigen Preisen zu haben sind, daß der Arbeitslohn wohlfeil sey, und daß die Zufuhr der Materialien, und die Abfuhr der Waaren, ohne grosse Kosten und Gefahr geschehen könne.«

Quelle: *Beckmann, J.*: Anleitung zur Technologie, Göttingen 1796.

3.3.2.2.1 Systematisierung von Standortfaktoren

Die einzelnen Standortfaktoren können nach verschiedenen Aspekten systematisiert werden (vergleiche *Schierenbeck, H.* 2003: Seite 46):

Entscheidungsrelevanz

Hinsichtlich der Entscheidungsrelevanz können die Standortfaktoren unterteilt werden in (vergleiche *Lüder, K./Küpper, W.* 1983: Seite 192 f.):
- limitationale Standortfaktoren, die ein Standort erfüllen muss, und
- substitutionale Standortfaktoren, die ein Standort erfüllen soll.

Hierarchische Einordnung

Hinsichtlich der hierarchischen Einordnung bei der Standortbestimmung können die Standortfaktoren unterteilt werden in:
- nationale Standortfaktoren, die relativ einheitlich für den gesamten Staat gelten, und
- regionale Standortfaktoren, die nur für einzelne Regionen innerhalb des Staates gelten.

Phase der Leistungserstellung

Eine in der Betriebswirtschaftslehre sehr verbreitete Systematisierung stammt von *Behrens*, der die Standortfaktoren entsprechend den Phasen der betrieblichen Leistungserstellung unterteilt in (vergleiche *Behrens, K. C.* 1971: Seite 49 ff.):
- einsatzbezogene Standortfaktoren,
- produktionsbezogene Standortfaktoren und
- absatzbezogene Standortfaktoren.

Insbesondere wegen der problematischen Abgrenzung zwischen einsatz- und produktionsbezogenen Standortfaktoren, verwenden wir nachfolgend in Anlehnung an *Tesch* (vergleiche *Tesch, P.* 1980: Seite 364 ff.) eine Unterteilung in (↗ Abbildung 3-8, zum Folgenden vergleiche *Bankhofer, U.* 2001: Seite 30 ff., *Jung, H.* 2004: Seite 60 ff. und *Steiner, M.* 1993: Seite 133):
- unternehmensbezogene Standortfaktoren,
- produktionsbezogene Standortfaktoren und
- absatzbezogene Standortfaktoren.

Abb. 3-8

Standortfaktoren

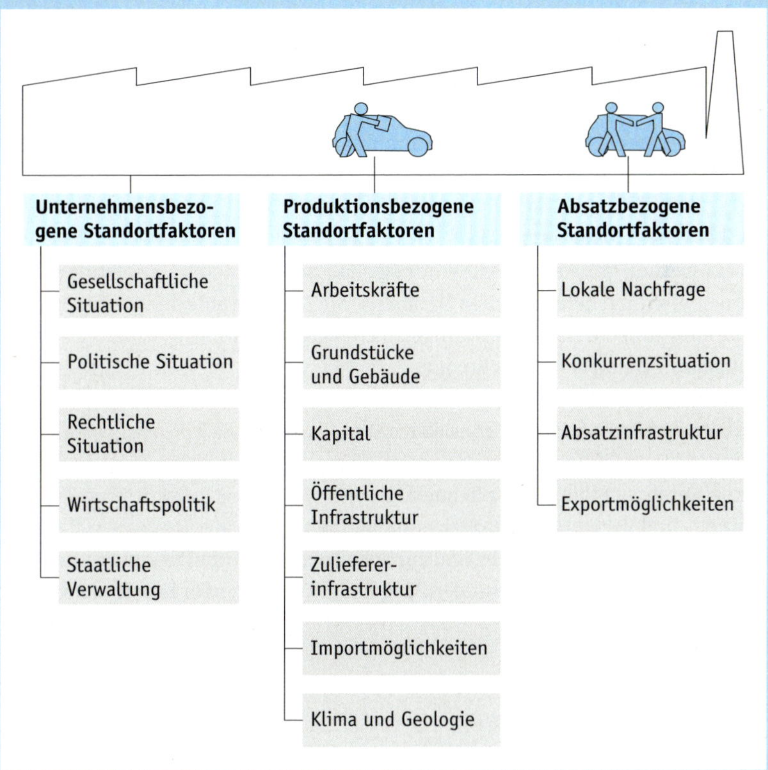

3.3.2.2.2 Unternehmensbezogene Standortfaktoren

Die unternehmensbezogenen Standortfaktoren beschreiben die für das ganze Unternehmen geltenden Rahmenbedingungen an einem Standort. Bei den meisten der Faktoren handelt es sich dabei um nationale Standortfaktoren.

3.3.2.2.2.1 Gesellschaftliche Situation

Gesellschaftliche Faktoren

Die gesellschaftliche Situation wirkt sich insbesondere auf die Arbeitsleistung und die Sicherheit der Arbeitnehmer, aber auch auf die Kommunikation mit diesen aus. Sie umfasst im Einzelnen Faktoren wie:

- die Sprache,
- die Schrift,
- die Kultur,
- die Religion,
- die sozialen Unterschiede zwischen den verschiedenen Gesellschaftsschichten,
- die Einstellung der Bevölkerung zur Arbeit,

- die Kriminalität oder
- die Korruption.

3.3.2.2.2.2 Politische Situation

Für den langfristigen Aufbau von Standorten im Ausland kann politische Instabilität ein Ausschlusskriterium sein, weil die Risiken eines Standorts als zu hoch eingeschätzt werden. Dies ist insbesondere dann der Fall, wenn die Gefahr von Zerstörungen durch Kriege, die Gefahr von Enteignungen oder die Gefahr von größeren Änderungen der wirtschaftlichen Rahmenbedingungen bestehen.

3.3.2.2.2.3 Rechtliche Situation

Rechtliche Regelungen

Die in einem Land geltenden rechtlichen Regelungen und deren Umsetzung sind Restriktionen des unternehmerischen Handelns, die Standortentscheidungen erheblich beeinflussen können. Auswirken können sich insbesondere:

- wettbewerbsrechtliche Regelungen,
- Verbote bestimmter Forschungsaktivitäten,
- Verbote bestimmter Produktionsaktivitäten,
- Local-content-Bedingungen, die vorschreiben, wie groß der im Land zu produzierende Anteil an Produkten sein muss,
- Umwelt- und Verbraucherschutzbestimmungen,
- Regelungen zum Arbeitsrecht und zur Arbeitnehmer-Mitbestimmung und
- grenzüberschreitende Regelungen, wie Einfuhrverbote oder Beschränkungen des Kapitalverkehrs.

Umsetzung

Neben dem Vorhandensein rechtlicher Regelungen ist auch deren Umsetzung wichtig. So ist beispielsweise zu beurteilen, welche Rechtssicherheit besteht, wenn Ver-

Wirtschaftspraxis 3-6

Die gefährlichsten Städte der Welt

Da Kriminalität in Form von Diebstählen, Überfällen, Entführungen, Anschlägen oder Morden Geschäfte erschwert und zusätzliche Kosten für Sicherheitseinrichtungen und -personal verursacht, kann sie einen großen Einfluss auf die Standortwahl haben. Um die entsprechende Sicherheitslage einschätzen zu können, erstellt das Beratungsunternehmen *Mercer Human Resource Consulting* regelmäßig Rankings der gefährlichsten Städte der Welt. Das Ranking für das Jahr 2006 enthält unter anderem die unten genannten Städte mit dem folgenden Gesamtrang (Hinweis: Je höher der Rang ist, desto gefährlicher ist die Stadt):

- Bagdad im Irak, Rang 215,
- Bangui in der Zentralafrikanischen Republik, Rang 214,
- Kinshasa im Kongo, Rang 205,
- Port-au-Prince in Haiti, Rang 201,
- Havanna in Kuba, Rang 188,
- Nowosibirsk in Russland, Rang 188,
- Minsk in Weißrussland, Rang 184,
- Teheran im Iran, Rang 174,
- Sarajewo in Bosnien/Herzegowina, Rang 163 und
- Medellín in Kolumbien, Rang 143.

Quelle: Gefährlicher Auslandseinsatz, in: Capital 6/2006, Seite 81 ff.

träge nicht eingehalten werden und in welchem Ausmaß und mit welchem Erfolg Kriminalität und Korruption bekämpft werden.

3.3.2.2.2.4 Wirtschaftspolitik

Die Wirtschaftspolitik an einem Standort und ihre Berechenbarkeit sind ebenfalls Standortfaktoren. Die Wirtschaftspolitik umfasst unter anderem die Geld-, die Finanz-, die Einkommens-, die Wachstums-, die Konjunktur- und die Beschäftigungspolitik. Für Standortentscheidungen besonders relevant sind darüber hinaus:

- Die **Steuerpolitik**, die sich insbesondere in der Komplexität des Steuersystems, der Belastung von Einkommen und Ertrag mit Steuern und der Effizienz der Steuerverwaltung zeigt, ist für die meisten Unternehmen ein wichtiges Kriterium bei der Beurteilung von Standorten.
- Die **standortbezogene Förderpolitik**, die insbesondere Subventionen für die Neugründung von Unternehmen, für die Errichtung von Betriebsstätten und für die Durchführung von Forschungsprojekten umfasst. Entsprechende Fördermaßnahmen können für die Wahl eines Standorts mit ausschlaggebend sein.

3.3.2.2.2.5 Staatliche Verwaltung

Die Effizienz der staatlichen Verwaltung, die sich insbesondere in dem Umfang und der Erteilungsdauer von erforderlichen Genehmigungen zeigt, ist ein weiterer Standortfaktor.

3.3.2.2.3 Produktionsbezogene Standortfaktoren

Die produktionsbezogenen Standortfaktoren betreffen insbesondere die Verfügbarkeit, die Kosten und die Qualität der zur Leistungserstellung notwendigen Faktoren.

3.3.2.2.3.1 Arbeitskräfte

Dem Standortfaktor Arbeitskraft räumen viele Unternehmen eine sehr hohe Priorität bei ihrer Standortwahl ein. Insbesondere für Unternehmen mit personalintensiver Produktion und in der Dienstleistungsbranche sind die Arbeitsmarktbedingungen und damit die Verfügbarkeit, die Kosten und die Qualifikation von Arbeitskräften von großer Bedeutung.

Verfügbarkeit

Die Verfügbarkeit kann nach der Qualifikation in die Verfügbarkeit von ungelernten Kräften und die Verfügbarkeit von Fachkräften unterteilt werden. Teilweise ist auch die Verfügbarkeit von qualifizierten Berufsanfängern relevant. Auf die Verfügbarkeit hat neben der vorhandenen Anzahl an qualifizierten Arbeitskräften auch die Effizienz der Arbeitsvermittlung, die Mobilität der Arbeitskräfte und die Attraktivität des Standorts Einfluss. Die Standortattraktivität wird dabei aus Sicht der Arbeitnehmer insbesondere durch das Image des Standorts, durch die Verfügbarkeit und die Kosten von Wohnraum, durch die Ausbildungsmöglichkeiten für Kinder und durch das Freizeitangebot bestimmt.

Arbeitskosten

Neben der Verfügbarkeit sind die Arbeitskosten von großer Bedeutung. Diese ergeben sich aus dem Lohn oder Gehalt pro Arbeitsstunde und den Lohnnebenkosten. Im Hinblick auf die Standortwahl sind die Arbeitskosten dabei im Verhältnis zur Arbeitsleistung und damit zur Produktivität der Arbeitskräfte zu sehen. So sind die oft erheblich geringeren Löhne von Arbeitern in Entwicklungs- und Schwellenländern nur dann ein Standortargument, wenn die Produktivität dieser Arbeitnehmer nicht wesentlich unter derjenigen von Arbeitskräften in den Industrieländern liegt.

Gewerkschaften

Zusätzlich zu den vorgenannten Faktoren ist auch die Verhandlungsstärke und die Streikbereitschaft der Gewerkschaften von Bedeutung, da sie Einfluss auf die Arbeitskosten, die Jahresarbeitszeit, die Möglichkeit eines Drei-Schicht- und Wochenendbetriebs und die Sicherstellung der Belieferung anderer Betriebsstätten hat.

Wirtschaftspraxis 3-7

Arbeitskosten in der Europäischen Union

Arbeitgeber in der deutschen Privatwirtschaft bezahlten im Jahr 2019 durchschnittlich 35,60 Euro für eine geleistete Arbeitsstunde. Wie das *Statistische Bundesamt (Destatis)* mitteilt, lag das Arbeitskostenniveau in Deutschland damit innerhalb der Europäischen Union (EU) auf Rang sieben.

Arbeitgeber in der deutschen Privatwirtschaft zahlten rund 26 % mehr für eine Stunde Arbeit als im Durchschnitt der EU. Dänemark hatte dabei mit 44,70 Euro die höchsten Arbeitskosten je geleistete Stunde, Bulgarien mit 6,00 Euro die niedrigsten.

Arbeitskosten in der EU, Privatwirtschaft (je geleistete Stunde im Jahr 2019, in Euro)

Rang	Land/Gebiet	Arbeitskosten (in €/h)
1	Dänemark	44,70
2	Luxemburg	41,60
3	Belgien	40,50
4	Frankreich	36,60
5	Niederlande	36,40
6	Schweden	36,30
7	Deutschland	35,60
8	Österreich	34,70
9	Finnland	34,00
10	Irland	33,20
11	Italien	28,80
12	Vereinigtes Königreich	28,50
13	Spanien	21,80
14	Slowenien	19,00
15	Zypern	17,40
16	Griechenland	16,40
17	Malta	15,00
18	Portugal	14,60
19	Tschechische Republik	13,50
20	Estland	13,40
21	Slowakei	12,50
22	Kroatien	11,10
23	Polen	10,70
24	Lettland	9,90
25	Ungarn	9,90
26	Litauen	9,40
27	Rumänien	7,70
28	Bulgarien	6,00

Quelle: *Eurostat* Link: https://appsso.eurostat.ec.europa.eu/nui/show.do?dataset=lc_lci_lev&lang=en (Stand: 07.10.2020)

3.3.2.2.3.2 Grundstücke und Gebäude

Um sich an einem Standort ansiedeln zu können, müssen Grundstücke und Gebäude verfügbar sein. Geeignete Standorte zeichnen sich deshalb dadurch aus, dass Grundstücke und Gebäude in ausreichender Qualität und Quantität zu geringen Kosten vorhanden sind und zusätzlich möglichst noch Expansionsflächen bestehen.

Kauf und Errichtung

Grundstücke können gekauft und Gebäude können gekauft oder neu errichtet werden. Soll ein Kauf oder eine Errichtung vorgenommen werden, sind die Erschließungskosten und die Bebauungs- beziehungsweise Nutzungspläne zu berücksichtigen, aufgrund derer eine gewerbliche Nutzung überhaupt erst möglich wird.

Miete und Pacht

Alternativ können Grundstücke und Gebäude gemietet beziehungsweise gepachtet werden. Miete oder Pacht haben zumeist den Vorteil, dass eine schnellere Nutzung möglich ist und eine größere Flexibilität im Hinblick auf Änderungen des Flächenbedarfs besteht.

3.3.2.2.3.3 Kapital

Der Standortfaktor Kapital wird bestimmt durch die Finanzinfrastruktur, also die Anzahl und die Qualität von Banken, die Kredite vergeben und finanzielle Geschäfte abwickeln können, sowie durch die erhältlichen Kreditmengen und die Kreditkosten.

3.3.2.2.3.4 Öffentliche Infrastruktur

Von großer Bedeutung für die Standortwahl kann die am Standort vorhandene öffentliche Infrastruktur sein.

Verkehrsinfrastruktur

Die Verkehrsinfrastruktur beeinflusst insbesondere die logistische Einbindung von Unternehmen. Sie wird bestimmt durch das Vorhandensein und die Auslastung von Bahnhöfen, Flughäfen und Häfen sowie den Zustand und die Auslastung der Verkehrswege (Straßen, Schienen- und Wasserwege).

Energie- und Wasserversorgung

Auch die Energieversorgung, also die Versorgung mit Strom, Gas und Wärme, und die Versorgung mit Nutz- und Trinkwasser kann in Abhängigkeit von der Branche eine entscheidende Rolle bei der Standortwahl spielen.

Kommunikationsinfrastruktur

Die Kommunikationsinfrastruktur wird durch die Verfügbarkeit und die Kosten von Telefon- und Datenleitungen bestimmt. Angesichts der umfangreichen Nutzung von Kommunikationsmitteln spielt sie heute für viele Unternehmen eine besondere Rolle.

Abfallentsorgung

In der produzierenden Industrie und ganz besonders in Branchen, in denen schadstoffhaltige Abfälle entstehen, sind darüber hinaus die Möglichkeiten zur umweltgerechten Entsorgung von Abfällen und alten Produkten wichtig.

3.3.2.2.3.5 Zuliefererinfrastruktur

Unternehmen sind bei ihrer Standortwahl nicht nur auf das Vorhandensein einer öffentlichen Infrastruktur angewiesen, sondern auch auf das Vorhandensein einer Zuliefererinfrastruktur.

Produktionseinrichtungen

Zur Leistungserstellung müssen in der Regel technische Anlagen und Maschinen, wie beispielsweise Werkzeugmaschinen, sowie eine Betriebs- und Geschäftsausstattung, wie beispielsweise Computer, beschafft werden. Im Hinblick auf Standortentscheidungen sind die Verfügbarkeit, die Preise und die Qualität dieser Produktionseinrichtungen wichtig.

Daneben kann auch die Entfernung zu entsprechenden Zulieferern insbesondere im Hinblick auf Reparaturen und Instandhaltungen von Bedeutung sein.

Roh, Hilfs- und Betriebsstoffe

Hinsichtlich der Beschaffung von Material, wie Roh-, Hilfs- und Betriebsstoffen, Vorprodukten und Verbrauchswerkzeugen, sind die Zuliefererinfrastruktur, also die Anzahl, die Entfernung und die Qualität der Zulieferer am Standort, und die Preise von großer Bedeutung. Die Entfernung zu den Zulieferern bestimmt dabei die Transport- und die Lagerkosten, die Möglichkeiten für Just-in-time-Belieferungen sowie die Transportzeiten, die für bestimmte Materialien, wie beispielsweise flüssiges Metall, ebenfalls wichtig sein können.

Dienstleistungen

Unternehmen benötigen in der Regel eine Reihe von Dienstleistungen, wie beispielsweise Reinigungsleistungen, Wachdienste, Reparaturen und Instandhaltungen, Transport- und Lagerleistungen oder Unternehmens-, Rechts- und Steuerberatungen. Der Standortfaktor Dienstleistungen wird durch die Verfügbarkeit, die Kosten und die Qualität dieser Leistungen bestimmt.

Forschungsinfrastruktur

Soll am Standort geforscht oder entwickelt werden, ist auch das Vorhandensein einer entsprechenden Forschungsinfrastruktur, in Form von Hochschulen und Forschungseinrichtungen, wie der *Fraunhofer-Gesellschaft* oder der *Max-Planck-Gesellschaft*, von Bedeutung für die Standortentscheidung.

Cluster

In aller Regel ist die Zuliefererinfrastruktur nicht überall gleich gut, sondern regional sehr unterschiedlich. Kommt es zu einer Anhäufung entsprechender Unternehmen, wird von Clustern gesprochen:

Geographische **Cluster** bezeichnen die Konzentration von Unternehmen einer bestimmten Branche in einer bestimmten Region.

Beispiele für entsprechende Cluster sind:

- die Automobilindustrie in der Region um Stuttgart und in Oberösterreich,
- die Finanzindustrie in den Regionen um Frankfurt und um Zürich,
- die Medizintechnik in der Region um Erlangen und in Oberösterreich,
- die Optoelektronik in der Region um Jena,
- die Pharmaindustrie in der Nordwestschweiz und
- die Uhrenindustrie in der Region um Glashütte und im schweizerischen Jurabogen.

Cluster umfassen dabei in der Regel nicht nur Zulieferer, sondern auch Hersteller von Endprodukten, spezialisierte Dienstleister und Hochschulen.

3.3.2.2.3.6 Importmöglichkeiten

Importmöglichkeiten sind insbesondere dann von Bedeutung für die Standortwahl, wenn die vorgenannten Produktionsfaktoren nicht auf dem Binnenmarkt beschafft werden können oder sollen, sondern aus anderen Staaten importiert werden müssen oder sollen. Dies ist beispielsweise in der Automobilindustrie häufig der Fall, da dort oft bestimmte Komponenten an einem globalen Standort für alle anderen weltweiten Standorte produziert werden und dort dann importiert werden müssen. Die Importmöglichkeiten sind zudem von Bedeutung, wenn in einem Land nur Absatz- und keine Produktionsfunktionen angesiedelt werden sollen.

Auf die Importmöglichkeiten haben insbesondere Importbeschränkungen, wie Importzölle, Einfluss. Darüber hinaus spielt die Wechselkursstabilität eine große Rolle, da sich der Wechselkurs direkt auf die Preise der importierten Güter auswirkt.

3.3.2.2.3.7 Klima und Geologie

Klimatische und geologische Gegebenheiten beeinflussen die Standortwahl vor allem dann, wenn sie die Voraussetzung für die Aufnahme der Produktion sind oder diese in einem entscheidenden Maße begünstigen.

Wirtschaftspraxis 3-8

Importzölle begünstigen die lokale Produktion

Welchen Einfluss Importzölle auf die Standortplanung haben, zeigt das Beispiel der *Daimler AG*, die in Vietnam, Malaysia, Indonesien und Thailand vier relativ kleine Produktionsstandorte mit einer jährlichen Produktion zwischen 1 000 und 4 500 Fahrzeugen betreibt. Da bei der Einfuhr von fertigen Automobilen hohe Zölle anfallen, ist die Montage von vorgefertigten Teilen in einer sogenannten Completely-knocked-down-Montage (CKD) in diesen Ländern wesentlich kostengünstiger. So erhebt beispielsweise Vietnam einen Zoll von 100 Prozent auf eingeführte Automobile, während die Teile für die Completely-knocked-down-Montage dieser Automobile im eigenen Land nur mit einem Zoll von 25 Prozent belegt werden.

Quelle: *Daimler* forciert Produktion in Asien, unter: www.handelsblatt.com, Stand: 02.09.2005.

Klima

Die klimatischen Verhältnisse sind insbesondere in der Land- und Forstwirtschaft und in der Tourismusindustrie von großer Bedeutung. So wird beispielsweise zur Produktion von Obst ein bestimmtes Klima benötigt. Für alle Unternehmen ist zudem die Sicherheit vor klimabedingten Naturkatastrophen, wie Überschwemmungen, Dürren oder Stürmen, ein wichtiger Standortfaktor, der aufgrund der globalen Veränderung des Klimas eine zunehmende Bedeutung gewinnt.

Geologie

Die geologischen Bedingungen spielen für die Urproduktion und die land- und forstwirtschaftliche Produktion eine wesentliche Rolle. Die Sicherheit vor geologisch bedingten Naturkatastrophen, wie Erdbeben oder Vulkanausbrüchen, ist ebenfalls für alle Unternehmen ein wichtiger Standortfaktor.

3.3.2.2.4 Absatzbezogene Standortfaktoren

Die absatzbezogenen Standortfaktoren geben Auskunft darüber, wie gut ein Standort für den Absatz der erstellten Leistungen geeignet ist.

3.3.2.2.4.1 Lokale Nachfrage

Die lokale Nachfrage bezieht sich auf die Binnennachfrage innerhalb des Staates oder die Nachfrage innerhalb der Region, in der sich der Standort befindet. Die lokale Nachfrage ist besonders für solche Unternehmen ein wichtiger Standortfaktor, deren Produkte nicht oder nur eingeschränkt transportiert werden können, wie dies beispielsweise bei Dienstleistungen oder bei leicht verderblichen Lebensmitteln der Fall ist (vergleiche *Jung, H.* 2004: Seite 68 f.). Manche Unternehmen verfolgen entsprechend die Strategie »Produziere dort, wo der Kunde ist«, was auch als **Local-for-local-Strategie** bezeichnet wird.

Nachfrage durch private Haushalte

Die lokale Nachfrage von privaten Haushalten hängt von Faktoren wie der Bevölkerungszahl, der Bevölkerungsstruktur sowie dem Bedarf und der Kaufkraft potenzieller Kunden ab. Darüber hinaus kann auch der **Herkunftsgoodwill**, also die positive Einstellung von Käufern gegenüber lokalen oder nationalen Produkten sowie gegenüber Produkten aus bestimmten Ländern, wie beispielsweise »Made in Germany«, von Bedeutung sein.

Nachfrage durch Betriebe und öffentliche Haushalte

Je nach dem Produktangebot eines Unternehmens kann auch die lokale Nachfrage anderer Betriebe und öffentlicher Haushalte von Bedeutung sein. Dies ist beispielsweise bei Bauleistungen nach wie vor häufig der Fall, wobei auch hier immer öfter überregional angeboten und beauftragt wird. Im Hinblick darauf sind insbesondere die Zahlungsmoral der Kunden und die Praxis bei der Vergabe von öffentlichen Aufträgen zu beachten.

Entfernung von Nachfragern
Ein weiterer wichtiger Faktor ist die Entfernung des Standorts von den Nachfragern, da sich diese auf die Transportzeiten und -kosten auswirkt und unter Umständen die Errichtung von Lagern erforderlich macht.

3.3.2.2.4.2 Konkurrenzsituation
Der Standortfaktor Konkurrenz wird durch die Anzahl und die Stärke der am Standort vorhandenen Wettbewerber und die vorzufindenden Wettbewerbspraktiken bestimmt.

Während auf den Export ausgerichtete Produktionsstätten weitgehend unabhängig von der lokal vorhandenen Konkurrenz angesiedelt werden können, gibt es bei denjenigen Unternehmen, die eine lokale Nachfrage befriedigen wollen, konkurrenzmeidende und konkurrenzsuchende Unternehmen (vergleiche *Jung, H.* 2004: Seite 69 f.):

Konkurrenzmeidende und -suchende Unternehmen

- **Konkurrenzmeidende Unternehmen** siedeln sich bewusst dort an, wo noch keine oder nur wenige Konkurrenten vorhanden sind. Dies ist häufig bei Produkten des täglichen Bedarfs der Fall, wie beispielsweise Lebensmitteln oder Arzneimitteln.
- **Konkurrenzsuchende Unternehmen** siedeln sich im Gegensatz dazu bewusst dort an, wo bereits Konkurrenten vorhanden sind. Diese sogenannte **Agglomeration** findet sich beispielsweise in Einkaufszentren mit einer Ansammlung von Bekleidungsgeschäften oder in bestimmten Stadtgebieten mit einer Ansammlung von Cafés, Restaurants und Clubs.

3.3.2.2.4.3 Absatzinfrastruktur
Die Absatzinfrastruktur umfasst alle Faktoren, die notwendig sind, um einen Absatzmarkt ausreichend erschließen zu können. Ausschlaggebend dafür sind insbesondere die Verfügbarkeit und die Kosten der Inanspruchnahme von Marktforschungsinstituten, Werbeagenturen, Medien, Messen, Börsen sowie von Absatzhelfern und -mittlern (↗ Kapitel 18 Marketing).

Wirtschaftspraxis 3-9

Die internationale Wettbewerbsfähigkeit Deutschlands, Österreichs und der Schweiz

Im *Global Competitiveness Report 2014–2015* des *World Economic Forum* steht **Deutschland** in der Gesamtwertung der wettbewerbsfähigsten Staaten der Welt auf Platz 7 (Vorjahr Platz 3). **Österreich** nimmt Platz 21 ein (Vorjahr Platz 22). An erster Stelle steht Singapur, danach folgen die USA, Hongkong, die Niederlande und schließlich die **Schweiz** auf Rang 5.
Deutschland schneidet im Vergleich mit anderen Ländern, die ähnlich innovativ sind, vor allem bei der Infrastruktur, der Gesundheit, der Grundlagenbildung, der Technologischen Reife und der Marktgröße besser ab. Schlechter als ähnlich innovative Länder ist Deutschland bei der Effizienz des Arbeitsmarkts sowie bei der Entwicklung seiner Finanzmärkte.
Österreich schneidet insbesondere im Bereich der Infrastruktur gut ab. Alle anderen Werte der Alpenrepublik befinden sich dagegen im oberen Mittelfeld.
Die **Schweiz** hingegen erreicht in allen Bereichen sehr gute Werte. Neben den bereits genannten Bereichen erzielt die Schweiz hohe Werte für ihre Institutionen, ihr gesamtwirtschaftliches Umfeld, ihre weiterführende Bildung und ihre Effizienz des Gütermarkts. Lediglich die Marktgröße der Schweiz ist nachvollziehbarerweise weniger stark ausgeprägt.

Quellen: *World Economic Forum:* Global Competitiveness Report; 2018 (http://www3.weforum.org/docs/GCR2018/05FullReport/TheGlobalCompetitivenessReport2018.pdf) und 2019 (http://www3.weforum.org/docs/WEF_TheGlobalCompetitivenessReport2019.pdf), Stand 02.12.2019.

Wirtschaftspraxis 3-10

Die wichtigsten Standortfaktoren

Eine Umfrage, die im Jahr 2006 von mehreren Auslandshandelskammern und Delegiertenbüros durchgeführt wurde, ergab für Investitionen in Mittel- und Südosteuropa folgendes Ranking der zehn wichtigsten Standortfaktoren:

- Leistungsbereitschaft der Arbeitnehmer,
- Produktivität der Arbeitnehmer,
- Zahlungsmoral,
- Rechtssicherheit,
- Qualifikation der Arbeitnehmer,
- Steuerbelastung,
- Steuersystem,
- Arbeitskosten,
- Verfügbarkeit von Fachkräften und
- politische Stabilität.

Wie einer Pressemeldung der Wirtschaftsprüfungsgesellschaft EY aus dem Jahr 2020 zu entnehmen ist, rücken neue Kriterien für Standortentscheidungen in Blickfeld. Zwar werden die Kostenstrukturen auch zukünftig eine sehr wichtige Rolle spielen, aber zunehmend geraten die Belastbarkeit und Nachhaltigkeit von Lieferketten in den Fokus. Zudem ist in der globalen Corona-Krise deutlich geworden, dass Unternehmen nicht nur von einem Land, einem Zulieferer oder einem Kunden abhängig sein sollten. Bei Investitionsentscheidungen werde es zukünftig verstärkt auch um Kriterien wie Lebensqualität, Gesundheit und Wohlbefinden sowie ein Umfeld mit guter Gesundheitsversorgung am Investitionsstandort gehen.

Quellen: *von der Hagen, H.*: Konjunkturbericht MOE 2006, 4/2006, Seite 14; https://www.ey.com/de_de/news/2020/05/ey-standort-deutschland-2020

3.3.2.2.4.4 Exportmöglichkeiten

Die Exportmöglichkeiten sind insbesondere für Unternehmen wichtig, die – beispielsweise aus Kostengründen – nur einen Produktionsstandort in einem Staat errichten und nicht in erster Linie die Binnennachfrage in diesem Staat befriedigen wollen.

Exportförderung

Positive Faktoren im Hinblick auf die Exportmöglichkeiten sind Maßnahmen der Exportförderung und der Absatzfinanzierung. Negative Faktoren sind grenzüberschreitende Regelungen, wie Ausfuhrverbote oder Exportzölle.

Wechselkursstabilität

Eine große Rolle im Hinblick auf den Export spielt auch die Stabilität der Wechselkurse zwischen dem Staat, in dem produziert wird, und dem Staat, in dem die Produkte abgesetzt werden, da sich Wechselkursschwankungen erheblich auf die Gewinne auswirken können. Oftmals wirkt sich deshalb die Mitgliedschaft eines Staates in einer Währungsunion positiv auf eine Standortentscheidung aus.

Zwischenübung Kapitel 3.3.2.2

Nennen Sie die aus Ihrer Sicht wichtigsten Standortfaktoren für:

- *die Produktion von Turnschuhen,*
- *die Entwicklung von Medikamenten,*
- *das Lager eines Logistikdienstleisters und*
- *die Hauptverwaltung eines Industrieunternehmens.*

3.3.2.3 Methoden der Standortwahl

Vorgehensweise bei der Standortwahl

Aus den verschiedenen vorgenannten Standortfaktoren lassen sich Zielsetzungen für eine Standortwahl ableiten. Mithilfe der nachfolgend aufgeführten Methoden kann die Entscheidung für einen geeigneten Standort getroffen werden. Dabei empfiehlt sich die folgende Vorgehensweise (↗ Abbildung 3-9):

Vorauswahl

Die verschiedenen infrage kommenden Standortalternativen werden anhand der auf jeden Fall zu erfüllenden limitationalen Standortfaktoren einer systematischen Vorauswahl unterzogen.

Bewertung einzelner Standorteigenschaften

In einem zweiten Schritt werden für die verbliebenen Standortalternativen anhand von Partialmodellen einzelne Standorteigenschaften, wie die Transportkosten, die Auswirkungen auf die Logistik oder die monetäre Vorteilhaftigkeit, genauer bewertet.

Gesamtbewertung

In einer abschließenden Gesamtbewertung wird dann anhand der Ergebnisse der vorgenannten Schritte und anhand der Bewertungen weiterer substitutionaler Standortfaktoren ein als besonders geeignet erkannter Standort ausgewählt.

Nachfolgend wird näher auf die verschiedenen Methoden der Standortwahl eingegangen (vergleiche dazu *Bankhofer, U.* 2001: Seite 119 ff., *Bestmann, U.* 1992: Seite 44 f. und *Jung, H.* 2004: Seite 70 ff.).

Abb. 3-9

Methoden der Standortwahl

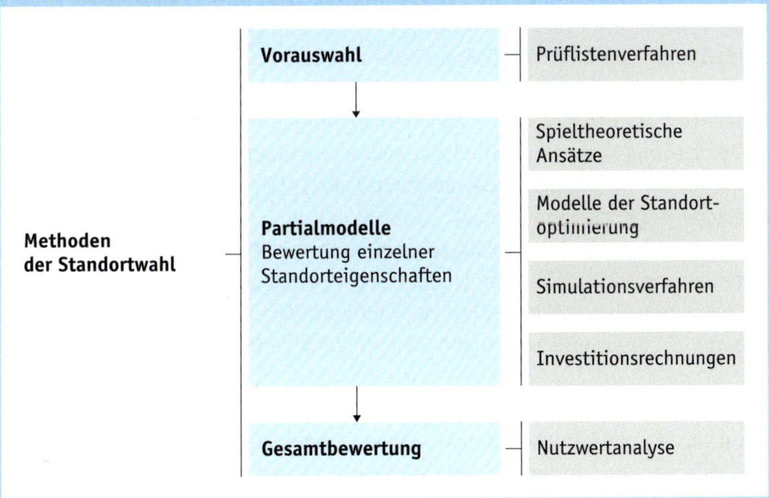

3.3.2.3.1 Prüflistenverfahren

Vorauswahl

Prüflisten- beziehungsweise Checklistenverfahren werden zur Vorauswahl von Standorten im Rahmen der Makro- und der Mikrostandortbestimmung eingesetzt. Bei den Verfahren handelt es sich um sogenannte heuristische Verfahren (von: heuriskein, griechisch: finden, entdecken), die aufgrund von empirischen Untersuchungen von Standortentscheidungen entwickelt und im Laufe der Zeit dann immer weiterentwickelt wurden.

Zur Durchführung des Verfahrens wird eine Prüf- beziehungsweise Checkliste aufgestellt, die auch als **Standortfaktorenkatalog** bezeichnet wird und die auf jeden Fall zu erfüllenden limitationalen Standortfaktoren umfasst. Anhand dieser Liste wird dann für alle Standortalternativen überprüft, ob sie die aufgeführten Mindestanforderungen erfüllen. Standorte, die dies nicht tun, werden in den folgenden Bewertungen nicht weiter berücksichtigt.

3.3.2.3.2 Spieltheoretische Ansätze

Berücksichtigung von Konkurrenten

Die spieltheoretischen Ansätze der Standortwahl berücksichtigen die möglichen Reaktionen der an einem Standort vorhandenen und der potenziellen Konkurrenten. Entsprechende Ansätze werden primär für Standortentscheidungen im Absatzbereich eingesetzt. So berücksichtigen beispielsweise Mineralölkonzerne bei der Wahl der Standorte ihrer Tankstellen neben den bereits vorhandenen Tankstellen der Konkurrenten auch deren mögliche Reaktionen auf die Eröffnung weiterer Tankstellen. Spieltheoretische Modelle werden in der Regel schon bei der strategischen Standortplanung eingesetzt.

3.3.2.3.3 Kontinuierliche und diskrete Modelle der Standortoptimierung

Bewertung der Transportkosten

Die kontinuierlichen und diskreten Modelle der Standortoptimierung, wie beispielsweise das *Steiner-Weber*-Modell (↗ Abbildung 3-10), werden in erster Linie dazu eingesetzt, Standorte mit minimalen Transportkosten innerhalb des Standortverbundes aus Zulieferern, anderen Produktionsstätten, Lagern und Kunden zu bestimmen.

Die kontinuierlichen und diskreten Modelle der Standortoptimierung unterscheiden sich dabei hinsichtlich der Flächenhomogenität. Während die kontinuierlichen Modelle von einer homogenen Fläche mit einer unendlichen Anzahl möglicher Standorte ausgehen, berücksichtigen räumlich-diskrete Modelle lediglich vorgegebene realistische Standortalternativen.

Da die kontinuierlichen und diskreten Modelle der Standortwahl andere Standortfaktoren als die Transportkosten weitgehend ausklammern, werden sie in der Praxis im Allgemeinen nur ergänzend zu den anderen Verfahren eingesetzt (vergleiche *Bankhofer, U.* 2001: Seite 121 ff. und *Jung, H.* 2004: Seite 73 f.).

3.3.2.3.4 Simulationsverfahren

Bewertung der Logistik

Anhand von Simulationsverfahren werden im Rahmen der Standortwahl die Materialflüsse zwischen und innerhalb von Standorten abgebildet. Simulationsverfahren eignen sich deshalb insbesondere für die logistische und eingeschränkt auch die produktionswirtschaftliche Beurteilung von Standortalternativen innerhalb von komplexen Standortnetzwerken, wie sie beispielsweise in der Automobilindustrie

Abb. 3-10

***Steiner-Weber*-Modell**

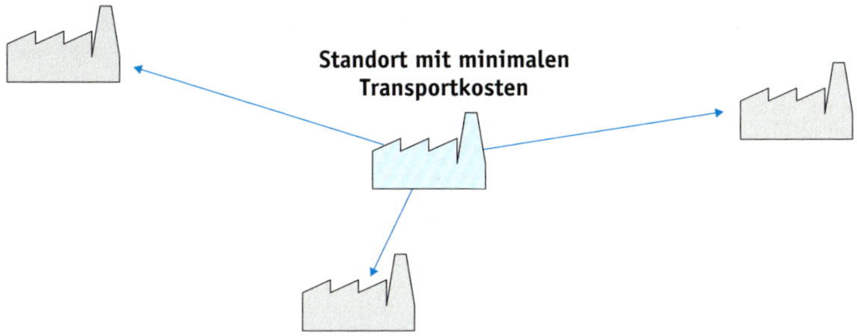

Vergleiche *Jung, H.* 2004: Seite 74

anzutreffen sind. Ergebnisse von Simulationen können dann zum Beispiel die durch die Wahl eines Standorts bedingten Transportvorgänge, Lagerbestände, Produktionskapazitäten und Transportausfallrisiken sein.

Da der Aufbau und die Pflege von Simulationsmodellen sehr aufwändig sind und nichtlogistische Aspekte der Standortwahl weitgehend unberücksichtigt bleiben, werden Simulationsverfahren insbesondere in Großunternehmen ergänzend zu den anderen Methoden der Standortwahl eingesetzt.

3.3.2.3.5 Investitionsrechnungen

Bewertung der monetären Vorteilhaftigkeit

Auch wenn sie nur monetäre Aspekte abbilden, kommen Investitionsrechnungen dennoch sehr häufig bei der Standortwahl zum Einsatz. Um sie durchzuführen, werden die Ein- und Auszahlungen ermittelt, die sich bei verschiedenen Standortalternativen ergeben. Die resultierenden Zahlungsreihen werden dann über die Verfahren der Investitionsrechnung bewertet (↗ Kapitel 13 Investition).

Die Standortalternativen unterscheiden sich in der Regel insbesondere durch die resultierenden Auszahlungen, etwa durch die zu schaffende Infrastruktur, durch die zu zahlenden Löhne und Gehälter oder durch die Transportkosten für die An- und Ablieferung.

3.3.2.3.6 Nutzwertanalysen

Gesamtbewertung

Für die Gesamtbewertung von Standortalternativen und die abschließende Wahl eines Standorts eignet sich die Nutzwertanalyse sehr gut. Sie entspricht der im ↗ Kapitel 2 Entscheidungstheorie beschriebenen Methode der Zielgewichtung, die im Fall von Entscheidungen bei Sicherheit mit mehrfacher Zielsetzung eingesetzt wird. Die Aktionen sind bei diesem Verfahren die verschiedenen Standortalternativen, während sich die Ziele aus den Standortfaktoren ableiten lassen (↗ Tabelle 3-1).

Die Nutzwertanalyse bietet bei der Standortwahl den Vorteil, dass sowohl die Ergebnisse der Partialmodelle, also beispielsweise die Kapitalwerte der verschiedenen Standortalternativen, als auch zusätzliche qualitative Aspekte, wie zum Beispiel

Tab. 3-1

Beispielhafte Nutzwertanalyse zur Standortwahl

Ziel	Kosten Arbeitskräfte		Qualifikation Arbeitskräfte		
	Nutzenwerte	Gewichtete Nutzenwerte	Nutzenwerte	Gewichtete Nutzenwerte	Gesamtnutzenwerte
Zielgewichtung / Aktion		0,6		0,4	
Standort Stuttgart	70	42	100	40	**82**
Standort Leipzig	100	60	60	24	**84**

die Kriminalitätsrate, berücksichtigt werden können. Als kritisch an der Nutzwertanalyse als Verfahren der Standortwahl ist allerdings der große subjektive Bewertungsspielraum bei der Einschätzung der relevanten Standortalternativen durch die Entscheidungsträger zu sehen.

3.4 Kennzahlen

Im Rahmen von Standortentscheidungen kommen insbesondere Kennzahlen zur Anwendung, die sich aus dem Erfüllungsgrad der für das Unternehmen relevanten Standortfaktoren ableiten. Diese Kennzahlen können im Rahmen der Standortbestimmung oder im Rahmen eines Benchmarkings zum Vergleich von bereits bestehenden Standorten eingesetzt werden. Nachfolgend sind verschiedene Beispiele für entsprechende Standortkennzahlen dargestellt:

Kennzahlen zu unternehmensbezogenen Standortfaktoren

$$\text{Kriminalitätsrate} = \frac{\text{Anzahl jährlicher Straftaten}}{\text{Anzahl Einwohner}} \, [\text{Straftaten/Einwohner}]$$

$$\text{Politische Stabilitätsrate} = \frac{\text{Wechsel der regierenden Partei}}{\text{Zeitraum}} \, [\text{Wechsel/Jahr}]$$

Kennzahlen zu produktionsbezogenen Standortfaktoren

$$\text{Durchschnittliche Sonnenscheindauer} = \frac{\text{Jährliche Sonnenscheindauer}}{\text{365 Tage}} \, [\text{h/Tag}]$$

$$\text{Produktionsstückkosten} = \frac{\text{Produktionskosten}}{\text{Produzierte Stückzahl}} \, [\text{€/Stück}]$$

Kennzahlen zu absatzbezogenen Standortfaktoren

$$\text{Bevölkerungsdichte} = \frac{\text{Gesamte Einwohner}}{\text{Gesamtfläche}} \, [\text{Einwohner/km}^2]$$

$$\text{Durchschnittliche Kaufkraft} = \frac{\text{Nettoeinkommen der Bevölkerung}}{\text{Gesamtzahl Einwohner}} \, [\text{€/Einwohner}]$$

Zusammenfassung Kapitel 3

- Der Standort ist der geographische Ort, an dem ein Unternehmen seine Leistungen erstellt und absetzt.
- Standortentscheidungen sind Entscheidungen darüber, an wie vielen und an welchen geografischen Orten welche Leistungen eines Unternehmens erstellt und abgesetzt werden.
- Standortentscheidungen können in Entscheidungen in der Gründungs- und in solche in der Umsatzphase unterteilt werden.
- Mit Standortentscheidungen werden Wachstums-, Strukturveränderungs- oder Schrumpfungsziele verfolgt.
- Standortentscheidungen können natürlichen Restriktionen unterliegen.
- In der strategischen Standortplanung wird eine Soll-Standortstruktur ermittelt, aus der sich in der operativen Standortplanung konkrete Standortmaßnahmen ergeben.
- Grundformen der Standortstruktur sind die Standorteinheit, die Standortspaltung, die Standortteilung und die Standortdiversifikation.
- Die Anzahl der Standorte hängt von der betroffenen Funktion und der Branche ab.
- Standortmaßnahmen sind die Errichtung, die Erweiterung, die Aufteilung, die Verlagerung, die Vereinigung, die Teilstilllegung und die Stilllegung.
- Die Standortbestimmung erfordert erst eine Makro- und dann eine Mikrostandortbestimmung.
- Standortfaktoren sind entscheidungsrelevante Kriterien, anhand deren die Eignung eines bestimmten geographischen Ortes für die Errichtung einer Betriebsstätte überprüft werden kann.
- Die Standortfaktoren können in nationale und regionale, limitationale und substitutionale, monetäre und nichtmonetäre sowie in unternehmens-, produktions- und absatzbezogene Faktoren unterteilt werden.
- Die unternehmensbezogenen Standortfaktoren beschreiben die für das ganze Unternehmen geltenden Rahmenbedingungen an einem Standort.
- Die produktionsbezogenen Standortfaktoren betreffen insbesondere die Verfügbarkeit, die Kosten und die Qualität der zur Leistungserstellung notwendigen Faktoren.
- Die absatzbezogenen Standortfaktoren geben Auskunft darüber, wie gut ein Standort für den Absatz der erstellten Leistungen geeignet ist.

- Eine Vorauswahl von Standorten kann mithilfe des Prüflistenverfahrens erfolgen. Partialmodelle dienen dann zur Bewertung einzelner Standorteigenschaften. Eine Gesamtbewertung ist mit der Nutzwertanalyse möglich.

Weiterführende Literatur Kapitel 3

Standortentscheidungen allgemein

Bankhofer, U.: Industrielles Standortmanagement – Aufgabenbereiche, Entwicklungstendenzen und problemorientierte Lösungsansätze, Wiesbaden.

Kinkel, S. (Herausgeber): Erfolgsfaktor Standortplanung: In- und ausländische Standorte richtig bewerten, Berlin, Heidelberg.

Klassiker

Weber, A.: Industrielle Standortlehre, Tübingen.

Behrens, K. C.: Allgemeine Standortbestimmungslehre, Opladen.

Schlüsselbegriffe Kapitel 3

- Standort
- Standortentscheidung
- Standortplanung
- Standortstruktur
- Standorteinheit
- Standortspaltung
- Standortteilung
- Standortdiversifikation
- Global
- Lokal
- Integration
- Differenzierung
- Standortmaßnahme
- Errichtung
- Off-Site-Expansion
- Erweiterung
- On-Site-Expansion
- Aufteilung
- Verlagerung
- Vereinigung
- Teilstilllegung
- On-Site-Contraction
- Stilllegung
- Whole-Site-Contraction
- Do-it-yourself-Strategie
- Local-for-local-Strategie
- Standortbestimmung
- Makrostandortbestimmung
- Mikrostandortbestimmung
- Standortfaktor
- Wirtschaftspolitik
- Subvention
- Local-content-Bedingung
- Arbeitskosten
- Infrastruktur
- Importzoll
- Wechselkursstabilität
- Completely-knocked-down
- Binnennachfrage
- Herkunftsgoodwill
- konkurrenzmeidend
- konkurrenzsuchend
- Agglomeration
- Partialmodell
- Prüflistenverfahren
- Standortfaktorenkatalog
- Spieltheorie
- Steiner-Weber-Modell
- Simulation
- Nutzwertanalyse

Fragen Kapitel 3

Frage 3-1: *Definieren Sie den Begriff »Standort«.*

Frage 3-2: *Definieren Sie den Begriff »Standortentscheidung«.*

Frage 3-3: *Erläutern Sie, warum Standortentscheidungen überhaupt getroffen werden müssen.*

Frage 3-4: *Erläutern Sie, was internationale Unternehmen kennzeichnet.*

Frage 3-5: *Erläutern Sie, was multinationale Unternehmen kennzeichnet.*

Frage 3-6: *Nennen Sie die drei Kategorien, in die die Ziele von Standortentscheidungen unterteilt werden können.*

Frage 3-7: *Erläutern Sie den Unterschied zwischen freien und gebundenen Standortentscheidungen.*

Frage 3-8: *Erläutern Sie, was im Rahmen der strategischen Standortplanung ermittelt wird.*

Frage 3-9: *Erläutern Sie, wie die durchzuführenden Standortmaßnahmen im Rahmen der operativen Standortplanung bestimmt werden.*

Frage 3-10: *Nennen Sie die vier Grundformen der Standortstruktur.*

Frage 3-11: *Erläutern Sie den Unterschied zwischen der Standortspaltung und der Standortteilung.*

Frage 3-12: *Nennen Sie die drei Möglichkeiten der Standortteilung.*

Frage 3-13: *Erläutern Sie den Unterschied zwischen der globalen und der lokalen Erbringung von Leistungen.*

Frage 3-14: *Nennen Sie zwei Beispiele für betriebliche Funktionen, die normalerweise lokal erbracht werden.*

Frage 3-15: *Nennen Sie zwei Beispiele für betriebliche Funktionen, die normalerweise global erbracht werden.*

Frage 3-16: *Erläutern Sie die Vorteile einer globalen gegenüber einer lokalen Produktion.*

Frage 3-17: *Nennen Sie ein Beispiel für eine Branche, die typischerweise eine lokale Standortstruktur hat.*

Frage 3-18: *Nennen Sie zwei Standortmaßnahmen, die im Rahmen des Wachstums erfolgen.*

Frage 3-19: *Nennen Sie drei Standortmaßnahmen, die im Rahmen von Strukturveränderungen erfolgen.*

Frage 3-20: *Nennen Sie zwei Standortmaßnahmen, die im Rahmen der Schrumpfung erfolgen.*

Frage 3-21: *Erläutern Sie, was unter der Verlagerung von Standorten verstanden wird.*

Frage 3-22: *Nennen Sie die drei Standortmaßnahmen im Rahmen derer eine Standortbestimmung durchgeführt werden muss.*

Frage 3-23: *Erläutern Sie, in welchen zwei Schritten die Standortbestimmung durchgeführt wird.*

Frage 3-24: *Definieren Sie den Begriff »Standortfaktor«.*

Frage 3-25: *Erläutern Sie den Unterschied zwischen limitationalen und substitutionalen Standortfaktoren.*

Frage 3-26: *Nennen Sie die drei Arten von Standortfaktoren, die nach den Phasen der Leistungserstellung unterschieden werden können.*

Frage 3-27: *Nennen Sie mindestens vier unternehmensbezogene Standortfaktoren.*

Frage 3-28: *Nennen Sie mindestens fünf produktionsbezogene Standortfaktoren.*

Frage 3-29: *Nennen Sie mindestens zwei absatzbezogene Standortfaktoren.*

Frage 3-30: *Erläutern Sie, was unter Local-content-Bedingungen verstanden wird.*

Frage 3-31: *Definieren Sie den Begriff »Geographische Cluster«.*

Frage 3-32: *Nennen Sie zwei Beispiele für Branchen, in denen die klimatischen Verhältnisse von besonderer Bedeutung sind.*

Frage 3-33: *Erläutern Sie, was unter dem Herkunftsgoodwill verstanden wird.*

Frage 3-34: *Erläutern Sie an einem Beispiel, was unter einer Agglomeration verstanden wird.*

Frage 3-35: *Erläutern Sie, wozu das Steiner-Weber-Modell eingesetzt wird.*

Frage 3-36: *Erläutern Sie, woraus sich die Ziele beim Einsatz der Nutzwertanalysen zur Standortwahl ableiten.*

Fallstudie Kapitel 3

Bislang hat die Speedy GmbH an den beiden Standorten Stuttgart und Leipzig Betriebsstätten (↗ Kapitel 1 Grundlagen). Im Hinblick auf die zukünftige Entwicklung und Produktion des neuen Speedster Off-Road muss eine Standortentscheidung getroffen werden.

(1) Welche Zielsetzungen können mit dieser Standortentscheidung verfolgt werden?

(2) Schätzen Sie als Grundlage für die nachfolgenden Fragen grob ab, wie sich der Absatz von Off-Road-Fahrzeugen prozentual auf die verschiedenen Weltregionen (Afrika, Asien, Australien und Ozeanien, Europa, Nordamerika, Süd- und Mittelamerika) verteilt.

(3) Entwickeln Sie zwei Alternativen für die zukünftige Standortstruktur der Speedy GmbH.

(4) Welche Standortmaßnahmen müssten jeweils durchgeführt werden, um die beiden von Ihnen entwickelten Standortstrukturalternativen zu realisieren?

(5) Welche limitationalen und welche substitutionalen Standortfaktoren würden Sie aus welchen Gründen für die Bestimmung eines neu zu errichtenden Entwicklungs- und eines neu zu errichtenden Produktionsstandorts für den Speedster Off-Road verwenden?

(6) Eine Vorauswahl ergab für den Produktionsstandort des neuen Speedster Off-Road die folgenden drei Alternativen: Leipzig, in der Nähe der bestehenden Produktionsstätte, Bratislava in der Slowakei und Detroit in den Vereinigten Staaten. Ermitteln Sie mithilfe einer Nutzwertanalyse, welcher der drei Standorte am besten geeignet ist.

(7) Präsentieren Sie nachfolgend Ihre Ergebnisse. Untermauern Sie Ihre Überlegungen dabei mit zusätzlichen Recherchen.

4 Rechtsformentscheidungen

Kapitelnavigator

Inhalt	Lernziel
4.1 Grundlagen	4-1 Die Grundlagen von Rechtsformentscheidungen kennen.
4.2 Einzelunternehmen	4-2 Die charakteristischen Merkmale von Einzelunternehmen kennen.
4.3 Personengesellschaften	4-3 Die charakteristischen Merkmale von Personengesellschaften kennen.
4.4 Kapitalgesellschaften	4-4 Die charakteristischen Merkmale von Kapitalgesellschaften kennen.
4.5 Stiftungen	4-5 Die charakteristischen Merkmale von Stiftungen kennen.

Das Zusammenleben von Menschen erfordert dauerhafte Regelungen in Form von Gesetzen, durch die den Menschen bestimmte Rechte und bestimmte Pflichten auferlegt werden. Auch für die am Wirtschaftsgeschehen beteiligten Betriebe bedarf es rechtlicher Regelungen. Dabei gibt es allgemeine rechtliche Regelungen, die für alle Betriebe gelten, und spezielle rechtliche Regelungen, die nur für Betriebe einer bestimmten Art gelten.

Zu den letztgenannten rechtlichen Regelungen gehören die Rechtsformen. Aus betriebswirtschaftlicher Sicht können Rechtsformen folgendermaßen definiert werden.

Rechtsformen sind rechtliche Eigenschaften, die Betrieben durch Rechtsgeschäfte zugeordnet werden und die Rechtsbeziehungen der Betriebe im Innen- und im Außenverhältnis regeln.

Bei den Rechtsformen besteht ein sogenannter **Numerus clausus** beziehungsweise **Typenzwang**, der besagt, dass Rechtsformen nicht entsprechend der Wünsche der Betriebe für sie quasi »maßgeschneidert« werden können, sondern dass die Betriebe nur aus bestimmten, gesetzlich vordefinierten Rechtsformen wählen können. Im Rahmen von Rechtsformentscheidungen müssen Betriebe deshalb aus den vorgegebenen Rechtsformen die für sie am besten geeignete auswählen.

Rechtsformentscheidungen sind Entscheidungen über die Zuordnung von Rechtsformen zu Betrieben.

Situationen von Rechtsformentscheidungen

Im Hinblick auf Rechtsformentscheidungen werden zwei Situationen unterschieden:
- Bei der **Gründung** von Betrieben muss eine erste Rechtsformentscheidung getroffen werden. Die gewählte Rechtsform wird häufig über die gesamte Lebensdauer des Betriebes beibehalten.
- Ein **Wechsel der Rechtsform** kann aus verschiedenen Gründen notwendig werden, beispielsweise wenn eine Personengesellschaft vererbt werden soll, wenn eine Verbindung mit anderen Unternehmen eingegangen werden soll oder wenn ein Unternehmen an die Börse gebracht werden soll.

Aufgrund des einführenden Charakters dieses Lehrbuchs werden wir uns nachfolgend primär mit Rechtsformentscheidungen im Rahmen der Gründung von Betrieben beschäftigen.

4.1 Grundlagen

4.1.1 Unterteilung der Rechtsformen

Die Rechtsformen lassen sich nach der Rechtsgrundlage, nach dem Erscheinen gegenüber Dritten und nach dem Grad der Verselbstständigung unterteilen.

4.1.1.1 Unterteilung nach der Rechtsgrundlage

Nach der Rechtsgrundlage können folgende Rechtsformen unterschieden werden:
- **Rechtsformen des öffentlichen Rechts** für öffentliche Betriebe und
- **Rechtsformen des privaten Rechts** für private Betriebe, also Unternehmen im Sinne dieses Buches.

Nachfolgend werden wir uns ausschließlich mit Rechtsformen des privaten Rechts beschäftigen.

4.1.1.2 Unterteilung nach dem Erscheinen gegenüber Dritten

Je nachdem, ob eine sogenannte Gesellschaft gegenüber Dritten in Erscheinung tritt oder nicht, können folgende Rechtsformen von Gesellschaften unterschieden werden:
- **Innengesellschaften**, wie in erster Linie die **Stillen Gesellschaften**, die gegenüber Dritten nicht in Erscheinung treten, weil sie nur die Innenverhältnisse von Gesellschaften regeln, und
- **Außengesellschaften**, die gegenüber Dritten in Erscheinung treten, weil sie sowohl die Innen- als auch die Außenverhältnisse von Gesellschaften regeln.

Nachfolgend werden wir uns ausschließlich mit Außengesellschaften beschäftigen.

Abb. 4-1

Rechtsformen des privaten Rechts

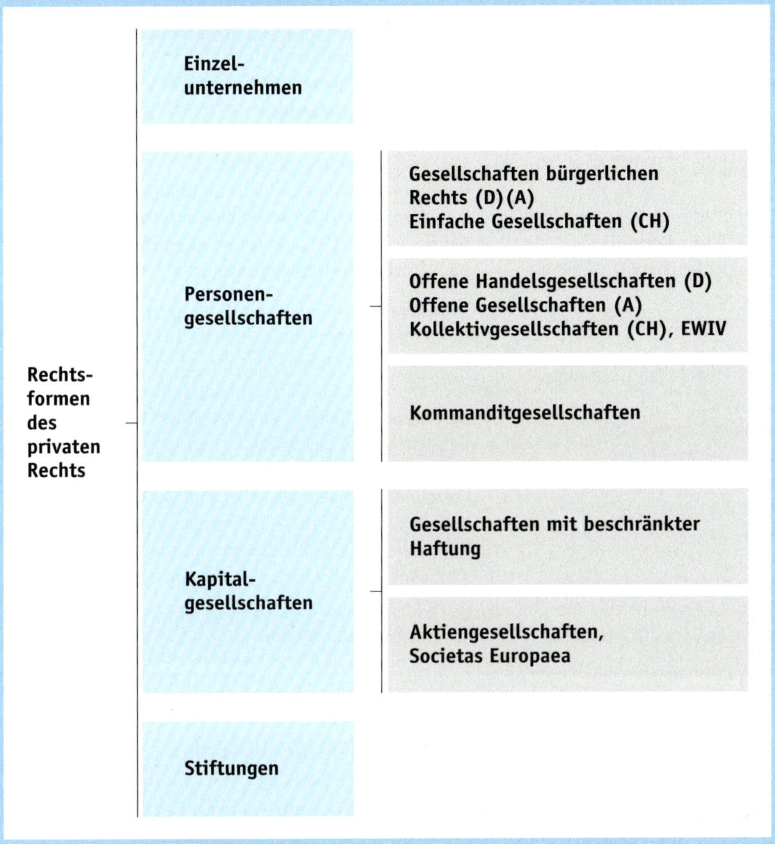

4.1.1.3 Unterteilung nach dem Grad der Verselbstständigung

Der **Verselbstständigungsgrad** ist ein Maß für die Bindung zwischen den Eigentümern eines Unternehmens auf der einen und dem Unternehmen mit seinem Betriebsvermögen auf der anderen Seite. Die Verselbstständigung geht dabei regelmäßig mit der sogenannten **Rechtsfähigkeit** von Unternehmen einher. Nach dem Grad der Verselbstständigung werden wir folgende Gruppen von Rechtsformen unterscheiden (↗ Abbildung 4-1):

- Einzelunternehmen,
- Personengesellschaften,
- Kapitalgesellschaften und
- Stiftungen.

Wirtschaftspraxis 4-1

Die häufigsten Rechtsformen in Deutschland, Österreich und der Schweiz

In **Deutschland** ist die Gesellschaft mit beschränkter Haftung die häufigste Rechtsform der Gesellschaften. Die verschiedenen Rechtsformen hatten im Jahr 2013 folgende Anteile an den 3 243 538 umsatzsteuerpflichtigen Unternehmen und deren Umsatzerlösen:

- Einzelunternehmen: 67,8 Prozent der Unternehmen, 9,74 Prozent der Umsatzerlöse,
- Gesellschaft mit beschränkter Haftung: 15,9 Prozent der Unternehmen, 38,4 Prozent der Umsatzerlöse,
- GmbH & Co. KG: 4,2 Prozent der Unternehmen, 19,2 Prozent der Umsatzerlöse,
- Kommanditgesellschaft: 0,5 Prozent der Unternehmen, 2,1 Prozent der Umsatzerlöse,
- Offene Handelsgesellschaft: 0,5 Prozent der Unternehmen, 0,8 Prozent der Umsatzerlöse,
- Unternehmergesellschaft (haftungsbeschränkt): 0,5 Prozent der Unternehmen, 0,1 Prozent, der Umsatzerlöse,
- Aktiengesellschaft: 0,2 Prozent der Unternehmen, 14,3 Prozent, der Umsatzerlöse.

Auch in **Österreich** ist die Gesellschaft mit beschränkter Haftung die häufigste Rechtsform der Gesellschaften. Die verschiedenen Rechtsformen hatten im Jahr 2012 folgende Anteile an den 656 504 umsatzsteuerpflichtigen Unternehmen und deren Umsatzerlösen:

- Einzelunternehmen: 59,5 Prozent der Unternehmen, 7,6 Prozent der Umsatzerlöse.
- Personengesellschaften: 19,5 Prozent der Unternehmen, 12,9 Prozent der Umsatzerlöse.
- Gesellschaft mit beschränkter Haftung: 16,4 Prozent der Unternehmen, 50,7 Prozent der Umsatzerlöse.
- Aktiengesellschaft: 0,2 Prozent der Unternehmen, 12,5 Prozent der Umsatzerlöse.

In der **Schweiz** ist hingegen die Aktiengesellschaft die häufigste Rechtsform der Gesellschaften. Laut Schweizer Handelsregister waren Anfang 2015 insgesamt 585 648 Unternehmen mit folgenden Rechtsformen registriert:

- Aktiengesellschaft: 35,18 Prozent der Unternehmen,
- Gesellschaft mit beschränkter Haftung: 27,25 Prozent der Unternehmen,
- Einzelunternehmen: 26,74 Prozent der Unternehmen,
- Kollektivgesellschaft: 2,03 Prozent der Unternehmen,
- Genossenschaft: 1,58 Prozent der Unternehmen,
- Kommanditgesellschaft: 0,31 Prozent der Unternehmen.

Quellen: www.destatis.de, www.statistik.at, http://www.zefix.ch, https://www.pxweb.bfs.admin.ch

4.1.2 Zielinhalte von Rechtsformentscheidungen

Rechtsformentscheidungen sind Entscheidungen mit mehrfacher Zielsetzung, weshalb sie in der Regel auf der Basis von Nutzwertanalysen getroffen werden (↗ Kapitel 2 Entscheidungstheorie). Für die Entscheidungen können aus betriebswirtschaftlicher Sicht die nachfolgenden Merkmale relevant sein, deren Ausprägungen mögliche Zielinhalte darstellen (↗ Abbildung 4-2).

4.1.2.1 Gegenstand

Ob sich eine Rechtsform für einen Betrieb eignet, hängt unter anderem von dem Gegenstand der Tätigkeit dieses Betriebes ab. Wichtig ist insbesondere die Unterscheidung, ob der Betrieb kaufmännisch beziehungsweise wirtschaftlich tätig ist oder nicht.

Deutschland

In Deutschland werden Betriebe, die ein **Handelsgewerbe** betreiben, als **Kaufleute** bezeichnet. Für sie gilt das Handelsgesetzbuch, sie sind im Handelsregister eingetragen und sie müssen besondere Buchführungs- und Rechnungslegungsvorschriften beachten. Die Kaufleute werden weiter differenziert in:

Abb. 4-2

Zielinhalte von Rechtsformentscheidungen

Zielinhalte von Rechtsformentscheidungen

- **Gegenstand**
  Kaufmännisches Unternehmen oder nicht
- **Rechtsfähigkeit**
  Nicht rechtsfähig/teilrechtsfähig/voll rechtsfähig
- **Firmierung**
  Personen-/Sach-/Fantasie-/Etablissementfirma
- **Kapitalausstattung**
  Erforderlich oder nicht
- **Eigentümer**
  Mindestzahl und zulässige Art
- **Änderbarkeit des Gesellschafterbestandes**
  Änderbar oder nicht änderbar
- **Organisation**
  Gesamt-/Einzelgf., Selbst-/Fremdorganschaft
- **Haftungsumfang**
  Teil-/Vollhaftung, unmittelbar/subsidär
- **Gewinn- und Verlustverteilung**
  Verzinsung/nach Kapitaleinlage/nach Köpfen/...
- **Unternehmerische Mitbestimmung**
  Erforderlich oder nicht
- **Publizität**
  Was, wem, in welchem Detaillierungsgrad
- **Rechtsformabhängige Aufwendungen**
  Einmalig/laufend
- **Gewinnbesteuerung**
  Art und Höhe der Steuern

- Ist-Kaufleute aufgrund des Betriebs eines Handelsgewerbes,
- Form-Kaufleute aufgrund der Rechtsform des Betriebes und
- Kann-Kaufleute aufgrund einer Eintragung ins Handelsregister.

Österreich

In Österreich werden Betriebe, die dauerhaft selbstständig wirtschaftlich tätig sind, als **Unternehmen** bezeichnet. Für sie gilt das Unternehmensgesetzbuch, sie sind im Firmenbuch eingetragen und sie müssen besondere Buchführungs- und Rechnungslegungsvorschriften beachten. Die Unternehmen werden weiter differenziert in:

- Unternehmen kraft Betreibens,

- Unternehmen kraft Rechtsform und
- Unternehmen kraft Eintragung.

Schweiz
In der Schweiz werden Betriebe, die ein nach kaufmännischer Art geführtes **Handels-, Fabrikations- oder anderes Gewerbe** betreiben, als **kaufmännische Unternehmen** bezeichnet. Sie sind im Handelsregister eingetragen und sie müssen besondere Buchführungs- und Rechnungslegungsvorschriften beachten.

Kaufmännisch und/oder wirtschaftlich tätige Betriebe werden wir nachfolgend länderübergreifend mit dem Oberbegriff »kaufmännische Unternehmen« bezeichnen.

4.1.2.2 Rechtsfähigkeit
Die Rechtsfähigkeit von Unternehmen besagt, in welchem Umfang diese selbst und nicht ihre Eigentümer, am Rechtsverkehr als Träger von Rechten und Pflichten teilnehmen können. Hinsichtlich des Umfangs der Rechtsfähigkeit gibt es für Unternehmen drei Möglichkeiten, die von der Rechtsform und den länderspezifischen Regelungen abhängig sind:
- nicht rechtsfähige Unternehmen,
- teilrechtsfähige Unternehmen und
- voll rechtsfähige Unternehmen.

Als voll rechtsfähig gelten dabei immer Unternehmen, die aufgrund ihrer Rechtsform juristische Personen sind:

> **Juristische Personen** sind voll rechtsfähige Organisationen, die über ihre Organe wie natürliche Personen am Rechtsverkehr als Träger von Rechten und Pflichten teilnehmen können.

Mögliche Rechte von Unternehmen

Je nach Umfang der Rechtsfähigkeit und den länderspezifischen Regelungen können rechtsfähige Unternehmen insbesondere:
- selbst Eigentümer ihres Betriebsvermögens sein,
- selbst Verträge und Verbindlichkeiten eingehen,
- selbst Eigentum, Rechte und Grundstücke erwerben (Vermögensfähigkeit),
- selbst in Grundbücher eingetragen werden (Grundbuchfähigkeit),
- selbst Beteiligungen an anderen Unternehmen eingehen (Beteiligungsfähigkeit),
- selbst Delikte verüben (Deliktfähigkeit) sowie
- selbst vor Gericht klagen und verklagt werden (Prozess-/Parteifähigkeit).

4.1.2.3 Firmierung
Die meisten der nachfolgend behandelten Rechtsformen führen nicht nur eine Bezeichnung, sondern auch eine Firma.

> Die **Firma** ist der Name von kaufmännischen Unternehmen, unter denen diese ihre Geschäfte betreiben und im Außenverhältnis in Erscheinung treten.

Im Gegensatz zu dem umgangssprachlichen Gebrauch ist eine Firma also nicht das Unternehmen selbst, sondern lediglich dessen Name. Die Firma ist dabei so zu wählen, dass das Unternehmen – zumindest regional – eindeutig gekennzeichnet ist und der Name im Hinblick auf die Art des Unternehmens nicht irreführend ist. Die Firma umfasst zwei Bestandteile:

- den eigentlichen **Namen** des Unternehmens, wie »Schäffer-Poeschel« und
- einen **Rechtsformzusatz**, wie »GmbH«, der bei Gesellschaften die Verhältnisse der Gesellschafter beschreibt.

Arten der Firma

Abhängig von der Rechtsform und den länderspezifischen Regelungen gibt es hinsichtlich der Firma folgende Möglichkeiten und Mischformen davon:

- Personenfirmen aus den Familiennamen einzelner oder aller Gesellschafter, wie »Vahs/Schäfer-Kunz«,
- Sachfirmen aus der Branche oder dem Tätigkeitsfeld des Unternehmens, wie »Automobilwerke«,
- Fantasiefirmen, wie »Speedy«, oder
- Etablissement- beziehungsweise Enseignefirmen, die Geschäftslokale bezeichnen, wie »Gasthaus zum goldenen Adler«.

Bei Rechtsformentscheidungen sind die Namen primär im Hinblick auf das Marketing und die Rechtsformzusätze im Hinblick auf das Image von Unternehmen relevant.

4.1.2.4 Kapitalausstattung

Die Kapitalausstattung ist das dem Unternehmen bei der Gründung gewidmete **Betriebsvermögen**. Bei Gesellschaften mit beschränkter Haftung wird es auch als **Stammkapital** bezeichnet, bei Aktiengesellschaften als **Grundkapital**. Hinsichtlich der Kapitalausstattung gibt es zwei Möglichkeiten, die von der Rechtsform und den länderspezifischen Regelungen abhängig sind:

- **eine Kapitalausstattung ist nicht erforderlich**, wie dies regelmäßig bei Einzelunternehmen und Personengesellschaften der Fall ist, oder
- **eine Kapitalausstattung ist erforderlich**, wie dies regelmäßig bei Kapitalgesellschaften und Stiftungen der Fall ist. Allerdings ist hierbei noch weiter danach zu differenzieren, ob der volle Betrag einzubringen ist oder nicht.

Die zu leistende Kapitalausstattung kann insbesondere für Privatpersonen ein wichtiges Entscheidungskriterium bei Rechtsformentscheidungen sein.

4.1.2.5 Eigentümer

Im Hinblick auf die Überprüfung der Eignung von Rechtsformen können die Mindestzahl an erforderlichen Eigentümern und die Zulässigkeit der Art von Bedeutung sein.

Mindestzahl an erforderlichen Eigentümern

Während bei Einzelunternehmen von vorneherein feststeht, dass es nur einen einzigen Eigentümer gibt, ist dies bei Gesellschaften anders. Diese gehen grundsätzlich von mehreren Eigentümern aus, die als sogenannte **Gesellschafter** zusammenwirken.

Gesellschaften sind zweckgerichtete Personenvereinigungen auf der Grundlage von privatrechtlichen Gesellschaftsverträgen.

Abhängig von der Rechtsform und den länderspezifischen Regelungen sind jedoch auch sogenannte **Einpersonengesellschaften** mit nur einem Eigentümer zulässig. Dies kann für die Rechtsformwahl sehr wichtig sein, beispielsweise wenn eine Person alleine ein Unternehmen gründen und aus Haftungsgründen die Rechtsform einer Gesellschaft verwenden will.

Zulässige Art der Eigentümer

An Unternehmen können sich insbesondere folgende Arten von Eigentümern beteiligen:

- natürliche Personen, also lebende Menschen, die als Eigentümer immer zulässig sind,
- Personengesellschaften, die zwar keine juristischen Personen, aber dennoch zumindest teilweise rechtsfähig sind, und
- juristische Personen.

Ob sich Personengesellschaften und juristische Personen an Unternehmen beteiligen dürfen und ob dies durch einen bestimmten Rechtsformzusatz bei der Firmierung angezeigt werden muss, hängt von der Rechtsform und den länderspezifischen Regelungen ab. Die Frage ist bei Rechtsformentscheidungen insbesondere dann relevant, wenn Unternehmen Tochterunternehmen gründen oder sich an bestehenden Unternehmen beteiligen wollen.

4.1.2.6 Änderbarkeit des Gesellschafterbestandes

Für die Änderung des Gesellschafterbestandes von Unternehmen gibt es verschiedene Gründe:

- Eintreten eines neuen zusätzlichen Gesellschafters,
- Ausscheiden eines Gesellschafters,
- Wechsel eines Gesellschafters und
- Ausschluss eines Gesellschafters.

Hinsichtlich der Änderung des Gesellschafterbestandes ist insbesondere die Übertragbarkeit von Unternehmensanteilen bei Rechtsformentscheidungen relevant. Übertragungen können durch Verkauf, Vererbung oder Schenkung erfolgen. Im Hinblick auf die Übertragbarkeit gibt es insbesondere folgende Möglichkeiten, die von der Rechtsform und den länderspezifischen Regelungen abhängig sind:

- **Unternehmensanteile können nicht übertragen werden**, bei Gesellschaften können neue Gesellschafter aber gegebenenfalls mit Zustimmung anderer Gesellschafter aufgenommen werden,
- **Unternehmensanteile können übertragen werden**, bei Gesellschaften ist dazu aber gegebenenfalls die Zustimmung der anderen Gesellschafter erforderlich.

Da das Gros der Unternehmensgründer relativ jung ist, spielt zumindest die Vererbbarkeit von Anteilen bei Rechtsformentscheidungen in der Gründungsphase in der Regel nur eine untergeordnete Rolle. Dieser Aspekt kann aber ein Hauptmotiv für den Wechsel der Rechtsform von bestehenden älteren Unternehmen sein.

4.1.2.7 Organisation

Die Rechtsformen haben erheblichen Einfluss auf die **Spitzenorganisation** von Unternehmen (↗ Kapitel 6 Unternehmensverfassung), da sie festlegen, wie die drei Bereiche Eigentum, Leitung und Überwachung organisatorisch zu verankern sind. Die Leitung ist Gegenstand der Geschäftsführung.

Gegenstand der **Geschäftsführung** ist die Gestaltung und Steuerung aller gewöhnlichen Geschäfte im Innenverhältnis von Unternehmen.

Die Geschäftsführung ist von der Vertretung von Unternehmen abzugrenzen.

Gegenstand der **Vertretung** ist die Durchführung aller Geschäfte im Namen des Unternehmens im Außenverhältnis.

In den meisten Fällen vertreten die geschäftsführenden Personen die Unternehmen dabei auch gleichzeitig im Außenverhältnis. Hinsichtlich der Abstimmungserfordernisse gibt es für die Geschäftsführung und die Vertretung zwei Möglichkeiten, die von der Rechtsform und den länderspezifischen Regelungen abhängig sind:

- **Gesamtgeschäftsführung und -vertretung,** bei der für jedes Geschäft die Zustimmung aller anderen Geschäftsführer erforderlich ist,
- **Einzelgeschäftsführung und -vertretung,** bei der jeder Geschäftsführer unabhängig von der Zustimmung der anderen Geschäftsführer entscheiden kann.

Im Hinblick auf die Verknüpfung der Geschäftsführung mit dem Eigentum am Unternehmen gibt es zwei Möglichkeiten, die ebenfalls von der Rechtsform und den länderspezifischen Regelungen abhängig sind:

- **Selbstorganschaft,** bei der die Geschäftsführung durch die Eigentümer selbst erfolgen muss oder
- **Fremd-/Drittorganschaft,** bei der es eine **Drittgeschäftsführung** durch **Geschäftsführungsorgane** geben kann, die nicht gleichzeitig Eigentümer des Unternehmens sein müssen.

Darüber hinaus können Dritte abhängig von der Rechtsform und den länderspezifischen Regelungen über **Prokuren** oder **Handlungsvollmachten** ermächtigt werden, bestimmte Geschäfte oder Rechtshandlungen für Unternehmen vorzunehmen.

Insbesondere die Möglichkeit zur Drittgeschäftsführung kann ein wichtiges Entscheidungskriterium für eine Rechtsform sein. Sie ermöglicht es den Eigentümern von Unternehmen, sich weitgehend aus dem Tagesgeschäft herauszuhalten und stellt im Erbschaftsfall den Fortbestand des Unternehmens sicher.

4.1.2.8 Haftungsumfang

Umfang der Haftung

Der Haftungsumfang gibt an, mit welchen Vermögensteilen Gesellschafter in welcher Höhe für Verbindlichkeiten des Unternehmens aufkommen müssen. Im Hinblick auf den Umfang der Haftung gibt es zwei Möglichkeiten, die von der Rechtsform und den länderspezifischen Regelungen abhängig sind.

Teilhaftung

Bei der Teilhaftung haften die Gesellschafter nur **beschränkt** und zwar **mittelbar** mit dem Vermögen des Unternehmens oder mit einer vorher festgelegten **Haft-** beziehungsweise **Kommanditsumme**, die von der Kapitaleinlage in das Unternehmen abweichen kann.

Vollhaftung

Abfolge der Haftung

Bei der Vollhaftung haften die Gesellschafter sowohl mit dem Vermögen des Unternehmens als auch **unbeschränkt** und **persönlich** mit ihrem gesamten Privatvermögen. Zudem haften dabei in der Regel auch alle Gesellschafter **gesamtschuldnerisch** beziehungsweise **solidarisch** für den vollen geschuldeten Betrag unabhängig von der Verursachung. Im Hinblick auf die Abfolge der Inanspruchnahme der Haftung gibt es zwei Möglichkeiten.

- **Unmittelbare Vollhaftung**, bei der gleichzeitig das Unternehmen und die Gesellschafter haften oder
- **Subsidiäre Vollhaftung**, bei der *primär* das Unternehmen und erst *sekundär*, wenn das Unternehmen für die Verbindlichkeiten nicht mehr aufkommen kann, die Gesellschafter haften.

Die Möglichkeit einer beschränkten Haftung ist eines der wichtigsten Kriterien bei der Wahl einer Rechtsform. Allerdings schränkt eine beschränkte Haftung die Finanzierungsmöglichkeiten gleichzeitig ein.

4.1.2.9 Gewinn- und Verlustverteilung

Möglichkeiten der Gewinn- und Verlustverteilung

Die Möglichkeiten der Gewinn- und Verlustverteilung sind nur bei Unternehmen mit mehreren Gesellschaftern relevant. Wiewohl für die meisten Rechtsformen gesetzliche Möglichkeiten vorgegeben sind, wird die Gewinn- und Verlustverteilung regelmäßig im Gesellschaftsvertrag festgelegt. Möglichkeiten sind (↗ Tabelle 4-1):

- festgelegte **Verzinsung der Kapitaleinlagen**,
- Verteilung der Gewinne- und Verluste **im Verhältnis der Kapitaleinlagen**,
- Verteilung der Gewinne- und Verluste **nach Köpfen**, wodurch alle Gesellschafter einen gleich großen Anteil erhalten,
- Einräumung von **Gewinnvorrechten** für bestimmte Gesellschafter, wie beispielsweise bei sogenannten Vorzugsaktien bei denen die Aktionäre im Gegenzug für den Verlust von Stimmrechten zuerst bedient und mit höheren Dividenden ausgestattet werden,
- vollständiger oder teilweiser **Ausschluss** bestimmter Gesellschafter von der Gewinnbeteiligung, so beispielsweise, weil Gesellschafter ihre Kapitaleinlage noch nicht vollständig erbracht haben, oder

Tab. 4-1

Beispielhafte Verteilung von 1 000,00 € Gewinn mit einer Verzinsung von 4 % der Kapitaleinlage und einer Verteilung des Restgewinns nach Köpfen

	Gesellschafter A	Gesellschafter B	Gesellschafter C
Kapitaleinlage	2 000,00 €	3 000,00 €	5 000,00 €
Verzinsung der Kapitaleinlage mit 4 %	80,00 € = 2 000,00 € × 4 %	120,00 € = 3 000,00 € × 4 %	200,00 € = 5 000,00 € × 4 %
Verteilung von 600,00 € Restgewinn nach Köpfen	200,00 € = 600,00 € × 1/3	200,00 € = 600,00 € × 1/3	200,00 € = 600,00 € × 1/3
Gesamtanteil am Gewinn	**280,00 €**	**320,00 €**	**400,00 €**

- Verteilung nach anderen Schlüsseln als der Kapitaleinlage, wie beispielsweise den für das Unternehmen erbrachten **Leistungen** oder **Lieferungen**.

Da die meisten Rechtsformen eine freie vertragliche Gestaltung der Gewinn- und Verlustverteilung zulassen, sind die entsprechenden Möglichkeiten von untergeordneter Bedeutung bei Rechtsformentscheidungen.

4.1.2.10 Unternehmerische Mitbestimmung von Arbeitnehmern

Arten der Mitbestimmung

Hinsichtlich der kollektiven Mitbestimmung von Arbeitnehmern können zwei Formen unterschieden werden:

- die **betriebliche Mitbestimmung**, die in der Regel arbeitsrechtlich bedingt und nicht abhängig von der Rechtsform ist, weshalb sie in diesem Kapitel nicht betrachtet werden soll, und
- die **unternehmerische Mitbestimmung**, die von der Rechtsform abhängig ist, weshalb wir sie nachfolgend genauer betrachten werden.

Die unternehmerische Mitbestimmung seitens der Arbeitnehmer kann durch ihre Beteiligung in den Aufsichts- oder sogar in den Leitungsorganen von Unternehmen erfolgen. Ob und in welchem Umfang eine unternehmerische Mitbestimmung von Arbeitnehmern erfolgen muss, hängt außer von der Rechtsform und den länderspezifischen Regelungen auch von der Größe der Unternehmen ab.

Auch wenn Eigentümer anderen Anspruchsgruppen tendenziell möglichst wenige Einflussmöglichkeiten auf ihre Unternehmen einräumen wollen, ist der Umfang der unternehmerischen Mitbestimmung in der Regel bei Rechtsformentscheidungen von untergeordneter Bedeutung.

4.1.2.11 Publizität

Arten der Publizität

Die Publizität besagt, welche Informationen Unternehmen welchen Unternehmensexternen in welchem Detaillierungsgrad zur Verfügung stellen müssen. Die Publizität kann insbesondere zwei Arten von Informationen umfassen.

Allgemeine Informationen über das Unternehmen
Allgemeine Informationen über das Unternehmen können beispielsweise sein: die Firma, der Sitz und der Gegenstand des Unternehmens, die Namen der Gesellschafter des Unternehmens und deren Anteile, das Kapital des Unternehmens, die Mitglieder der Leitungs- und Aufsichtsorgane. Die Veröffentlichung entsprechender Informationen erfolgt:

- in Deutschland im Unternehmensregister, das auch die Informationen aus dem Handelsregister enthält,
- in Österreich im Firmenbuch,
- in der Schweiz im Betriebs- und Unternehmensregister, das auch die Informationen aus dem Handelsregister enthält, und
- in Europa im European Business Register.

Finanzielle Informationen über das Unternehmen
Die finanziellen Informationen umfassen in der Regel Auszüge oder komplette Jahresabschlüsse/-rechnungen. Für börsennotierte Unternehmen gelten darüber hinaus noch ergänzende Informationspflichten. Die Veröffentlichung entsprechender Informationen erfolgt:

- in Deutschland im Bundesanzeiger und
- in Österreich im Firmenbuch.

Ob und in welchem Umfang publiziert werden muss, hängt außer von der Rechtsform und den länderspezifischen Regelungen in der Regel auch von der Größe der Unternehmen ab. Im Hinblick auf die Publizität kann es bei Rechtsformentscheidungen zwei Hauptzielsetzungen geben: Die Eigentümer des Unternehmens sollen anonym bleiben und Wettbewerbern sollen möglichst wenige Informationen zur Verfügung gestellt werden.

4.1.2.12 Rechtsformabhängige Aufwendungen
Die rechtsformabhängigen Aufwendungen lassen sich nach dem zeitlichen Anfall in einmalige und laufende Aufwendungen unterteilen.

Einmalige Aufwendungen
Einmalige rechtsformabhängige Aufwendungen ergeben sich in der Regel insbesondere bei der Gründung von Unternehmen oder teilweise auch beim Wechsel der Rechtsform. Sie können unter anderem durch folgende Posten verursacht werden:

- Vertragsgestaltung,
- notarielle Beurkundung oder
- Registereintragung.

Laufende Aufwendungen
Die laufenden rechtsformabhängigen Aufwendungen können unter anderem durch folgende Posten verursacht werden:

- Beiträge zu berufsständischen Vereinigungen und Kammern,
- Durchführung von Gesellschafterversammlungen,

- Vergütung von Mitgliedern der Aufsichtsorgane,
- Durchführung einer doppelten Buchführung oder
- Erstellung, Prüfung und Veröffentlichung von Jahresabschlüssen/-rechnungen.

Ob und in welchem Umfang rechtsformabhängige Aufwendungen entstehen, hängt außer von der Rechtsform und den länderspezifischen Regelungen in der Regel auch von der Größe der Unternehmen ab. Da rechtsformabhängige Aufwendungen aber in der Regel nur einen kleinen Teil der Aufwendungen aus dem normalen Geschäftsbetrieb von Unternehmen ausmachen, sind sie meistens von untergeordneter Bedeutung bei Rechtsformentscheidungen.

4.1.2.13 Gewinnbesteuerung

Unterschiedliche Gewinnbesteuerungen von unterschiedlichen Rechtsformen sind heute bei der Rechtsformwahl in der Regel nicht mehr von größerer Relevanz, da die meisten Industrieländer rechtsformunabhängige Gewinnbesteuerungen anstreben beziehungsweise schon weitgehend realisiert haben.

4.1.3 Vorgehensweise bei der Gründung von Unternehmen

Gründungsphasen

Die genaue Vorgehensweise bei der Gründung von Unternehmen hängt von der Rechtsform und den länderspezifischen Regelungen ab. Idealtypisch erfolgt die Gründung in folgenden Phasen (↗ Abbildung 4-3).

Errichtung eines Vorgründungsunternehmens/einer Vorgründungsgesellschaft

Sobald eine einzelne Person oder mehrere zukünftige Gesellschafter die Absicht haben, ein Unternehmen zu gründen entsteht ein Vorgründungsunternehmen beziehungsweise eine Vorgründungsgesellschaft. Bei Gesellschaften in Deutschland und in Österreich in der Regel in der Rechtsform einer Gesellschaft bürgerlichen Rechts, bei Gesellschaften in der Schweiz in der Rechtsform einer einfachen Gesellschaft.

Errichtung eines Vorunternehmens/einer Vorgesellschaft

Das Unternehmen wird als Vorunternehmen beziehungsweise als Vorgesellschaft im **Innenverhältnis** durch folgende Tätigkeiten errichtet:

- Erstellung einer **Gesellschaftserklärung** oder eines **Gesellschaftsvertrages**, wofür bei vielen Rechtsformen Formfreiheit besteht, was bedeutet, dass die Verträge nicht nur schriftlich, sondern auch mündlich oder sogar durch konkludentes Handeln zustande kommen können, und
- Verpflichtung zur **Leistung von Kapitaleinlagen** im Gegenzug zur **Übernahme von Gesellschaftsanteilen**.

Je nach Rechtsform und länderspezifischer Regelung wird das Vorunternehmen beziehungsweise die Vorgesellschaft mit dem Zusatz »in Gründung« gekennzeichnet.

Abb. 4-3

Gründungsphasen von Unternehmen

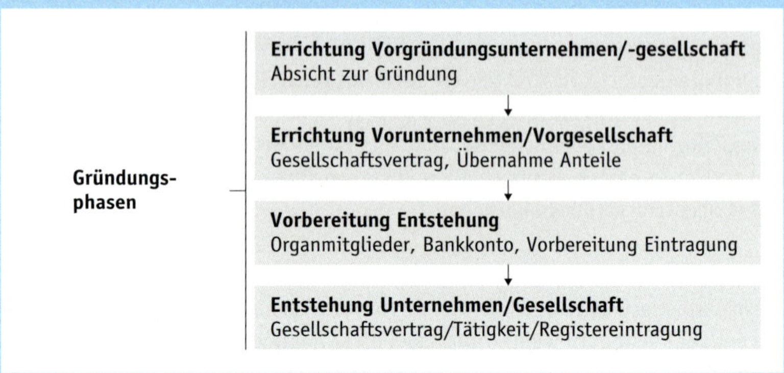

Vorbereitung der Entstehung

Im Anschluss an die Errichtung sind vor der Entstehung folgende Tätigkeiten durchzuführen:

- Bestellung der Mitglieder der Leitungs- und Aufsichtsorgane des Unternehmens, falls die Rechtsform entsprechende Organe vorsieht,
- Eröffnung eines Bankkontos für das Unternehmen,
- Leistung der Kapitaleinlagen, falls dies für die Rechtsform erforderlich ist,
- Beantragung und Vorbereitung der Registereintragung, falls dies für die Rechtsform erforderlich ist.

Entstehung des Unternehmens/der Gesellschaft

Abhängig von der Rechtsform und den länderspezifischen Regelungen entstehen die Unternehmen beziehungsweise die Gesellschaften im **Außenverhältnis** – in der vorgesehenen Rechtsform und gegebenenfalls als juristische Person – auf eine der folgenden Weisen:

- durch **Abschluss des Gesellschaftsvertrages**, also gleichzeitig mit der Errichtung der Vorgesellschaft, ohne das es eines eigenen gesellschaftsrechtlichen Entstehungsaktes bedarf,
- durch **Aufnahme der Geschäftstätigkeit**, eine gegebenenfalls erforderliche Registereintragung hat dann lediglich **deklaratorische** Wirkung, oder
- durch **Registereintragung**, die dann **konstitutive** Wirkung hat.

4.2 Einzelunternehmen

4.2.1 Grundlagen

Bei Einzelunternehmen ist das Unternehmen identisch mit einer natürlichen Person, die Inhaberin des Unternehmens ist.

Einzelunternehmen sind ohne Gesellschafter selbstständig tätige natürliche Personen.

Einzelunternehmen betreibende Personen werden deshalb auch als **Einzelunternehmerinnen** oder **-unternehmer** bezeichnet. Anders als bei den nachfolgend beschriebenen Rechtsformen gibt es bei Einzelunternehmen **keine Verselbstständigung des Unternehmens** und seines Betriebsvermögen, sondern dieses bleibt Teil des Gesamtvermögens des Inhabers des Einzelunternehmens und geht nicht auf das Einzelunternehmen über (↗ Abbildung 4-4).

Bei Einzelunternehmen handelt es sich um die klassische Rechtsform von kleinen Unternehmen, wie Handwerksbetrieben oder Freiberuflern. Entsprechend sind die weitaus meisten Unternehmen in Deutschland und Österreich Einzelunternehmen. Anders als der Name vermuten lässt, müssen Einzelunternehmen nicht auf sich alleine gestellt arbeiten, sondern können durchaus Arbeitnehmer beschäftigen.

Abb. 4-4

Grundstruktur von Einzelunternehmen

4.2.2 Deutsche Einzelunternehmen

Die Einzelunternehmen werden abhängig davon, ob sie ein Handelsgewerbe betreiben oder nicht, unterteilt.

- **Kaufmännische Einzelunternehmen** betreiben ein Handelsgewerbe. Sie werden auch als **Einzelkaufleute** bezeichnet.
- **Nichtkaufmännische Einzelunternehmen** betreiben kein Handelsgewerbe. Hierzu gehören Freiberufler, land- und forstwirtschaftliche Einzelunternehmen und gewerbliche Einzelunternehmen, wie Handwerker, Einzelhändler oder Gaststät-

tenbetreiber, die nach Art oder Umfang keinen in kaufmännischer Weise eingerichteten Geschäftsbetrieb benötigen. Letztere können allerdings durch eine Eintragung im Handelsregister zu **Kann-Kaufleuten** werden.

Merkmale

Nachfolgend werden wir nur die Einzelkaufleute betrachten, die folgende charakteristischen Merkmale aufweisen:

- **Abkürzung:** –
- **Klassifikation:** Ist-Kaufmann.
- **Gegenstand:** Betrieb eines Handelsgewerbes.
- **Errichtung:** Durch Betrieb eines Handelsgewerbes.
- **Entstehung:** Durch Betrieb eines Handelsgewerbes; die Eintragung ins Handelsregister hat nur deklaratorische Wirkung.
- **Rechtsfähigkeit:** Das Unternehmen selbst ist nicht rechtsfähig.
- **Firmierung:** Personen-, Sach- oder Fantasiefirma mit Rechtsformzusatz »eingetragene Kauffrau«, »eingetragener Kaufmann«, »e.K.«, »e.Kfr.«, »e.Kfm.«.
- **Kapitalausstattung:** Kein Mindestbetrag vorgegeben.
- **Inhaber:** Eine natürliche Person.
- **Änderbarkeit Inhaber:** Übertragbar.
- **Organisation:** Einzelgeschäftsführung und -vertretung durch Inhaber.
- **Drittgeschäftsführung:** Nicht möglich.
- **Haftung:** Unmittelbare Vollhaftung des Inhabers.
- **Gewinn- und Verlustverteilung:** Mangels Gesellschaftern nicht erforderlich.
- **Unternehmerische Mitbestimmung Arbeitnehmer:** Keine.
- **Rechtsgrundlage:** Handelsgesetzbuch.
- **Varianten:** Freiberufliche Einzelunternehmen; gewerbliche Einzelunternehmen, die kein Handelsgewerbe betreiben.

4.2.3 Österreichische Einzelunternehmen

Die Einzelunternehmen werden abhängig davon, ob sie ins Firmenbuch eingetragen sind oder nicht, unterteilt.

- **Protokollierte Einzelunternehmen** sind ins Firmenbuch eingetragen. Eine Eintragung muss durchgeführt werden, wenn das Unternehmen rechnungslegungspflichtig ist; davor ist sie freiwillig. Die Rechnungslegungspflicht hängt von der Höhe der Umsatzerlöse ab.
- **Nichtprotokollierte Einzelunternehmen** sind nicht ins Firmenbuch eingetragen.

Merkmale

Nachfolgend werden wir nur protokollierte Einzelunternehmen betrachten, die folgende charakteristischen Merkmale aufweisen:

- **Abkürzung:** EU
- **Klassifikation:** Unternehmen kraft Betreibens oder kraft Eintragung.
- **Gegenstand:** Betrieb eines Unternehmens.
- **Errichtung:** Durch Aufnahme der Geschäftstätigkeit.
- **Entstehung:** Durch Eintragung ins Firmenbuch.
- **Rechtsfähigkeit:** Das Unternehmen selbst ist nicht rechtsfähig.

- **Firmierung:** Personen-, Sach- oder Fantasiefirma mit Rechtsformzusatz »eingetragene Unternehmerin«, »eingetragener Unternehmer« oder »e.U.«.
- **Kapitalausstattung:** Kein Mindestbetrag vorgegeben.
- **Inhaber:** Eine natürliche Person.
- **Änderbarkeit Inhaber:** Übertragbar.
- **Organisation:** Einzelgeschäftsführung und -vertretung durch Inhaber.
- **Drittgeschäftsführung:** Einzelunternehmer, die nicht die Voraussetzungen für die Ausübung einer gewerblichen Tätigkeit erfüllen, können einen gewerberechtlichen Geschäftsführer anstellen.
- **Haftung:** Unmittelbare Vollhaftung des Inhabers.
- **Gewinn- und Verlustverteilung:** Mangels Gesellschaftern nicht erforderlich.
- **Unternehmerische Mitbestimmung Arbeitnehmer:** Keine.
- **Rechtsgrundlage:** Unternehmensgesetzbuch.
- **Varianten:** Nichtprotokollierte Einzelunternehmen.

4.2.4 Schweizerische Einzelunternehmen

Die Einzelunternehmen werden abhängig davon, ob sie ins Handelsregister eingetragen sind oder nicht, unterteilt.

- **Kaufmännische Einzelunternehmen** sind ins Handelsregister eingetragen und werden synonym auch häufig als **Einzelfirmen** bezeichnet. Die Eintragung ist bei Betrieb eines nach kaufmännischer Art geführten Gewerbes und der gleichzeitigen Überschreitung einer Umsatzerlösgrenze verpflichtend und davor freiwillig.
- **Nichtkaufmännische Einzelunternehmen** sind nicht ins Handelsregister eingetragen.

Merkmale

Nachfolgend werden wir nur die kaufmännischen Einzelunternehmen betrachten, die folgende charakteristischen Merkmale aufweisen:

- **Abkürzung:** –
- **Klassifikation:** Kaufmännisches Unternehmen.
- **Gegenstand:** Betrieb eines nach kaufmännischer Art geführten Gewerbes.
- **Errichtung:** Durch Betrieb eines nach kaufmännischer Art geführten Gewerbes.
- **Entstehung:** Durch Eintragung ins Handelsregister.
- **Rechtsfähigkeit:** Das Unternehmen selbst ist nicht rechtsfähig.
- **Firmierung:** Personenfirma ohne Rechtsformzusatz, die um eine Beschreibung des Tätigkeitsfeldes oder einen Fantasienamen ergänzt werden darf.
- **Kapitalausstattung:** Kein Mindestbetrag vorgegeben.
- **Inhaber:** Eine natürliche Person.
- **Änderbarkeit Inhaber:** Übertragbar.
- **Organisation:** Einzelgeschäftsführung und -vertretung durch Inhaber.
- **Drittgeschäftsführung:** Nicht möglich.
- **Haftung:** Unmittelbare Vollhaftung des Inhabers.
- **Gewinn- und Verlustverteilung:** Mangels Gesellschaftern nicht erforderlich.
- **Unternehmerische Mitbestimmung Arbeitnehmer:** Keine.
- **Rechtsgrundlage:** Obligationenrecht.
- **Varianten:** Nicht ins Handelsregister eingetragene Einzelunternehmen.

4.3 Personengesellschaften

4.3.1 Grundlagen

Charakteristisch für Personengesellschaften ist ein enges, persönliches Verhältnis zwischen den Gesellschaftern untereinander und zwischen den Gesellschaftern und ihrem Unternehmen. Der Beitrag der Gesellschafter besteht dabei theoretisch in erster Linie in der Einbringung ihrer Arbeitskraft in das Unternehmen. Entsprechend besteht eine hohe Abhängigkeit von dem Verbleib der Gesellschafter im Unternehmen, die so weit gehen kann, dass das Unternehmen beim Ausscheiden eines Gesellschafters aufgelöst werden muss. Personengesellschaften können entsprechend folgendermaßen definiert werden:

Personengesellschaften sind für eine kleinere Anzahl von Gesellschaftern konzipierte Gesellschaftsformen, die von einer engen, persönlichen Beziehung zwischen Gesellschaftern und Gesellschaft und von einer fortgesetzten Zugehörigkeit aller Gesellschafter ausgehen.

Anders als Einzelunternehmen sind Personengesellschaften bereits **teilweise verselbstständigt** (↗ Abbildung 4-5). Sie sind inzwischen weitgehend rechtsfähig und in Österreich mit Ausnahme der Gesellschaft bürgerlichen Rechts sogar Eigentümerinnen ihres Betriebsvermögens. In Deutschland und in der Schweiz ist das Betriebsvermögen hingegen noch im **Gesamthandseigentum** aller Gesellschafter und nicht der Gesellschaft und wird deshalb auch als **Gesamthandsvermögen** bezeichnet. Darüber hinaus bestehen bei Personengesellschaften noch weitere Elemente einer **Gesamthandschaft** aller Gesellschafter. Hierzu zählen:

- die gemeinsame Haftung für Gesellschaftsverbindlichkeiten,
- die Selbstorganschaft,
- das Einstimmigkeitsprinzip bei Entscheidungen und
- die eingeschränkte Übertragbarkeit von Gesellschaftsanteilen.

Personengesellschaften waren früher der favorisierte Rechtsformtyp von kleinen und mittleren Unternehmen. Aufgrund der Haftungsverhältnisse werden bei Neu-

Abb. 4-5

Grundstruktur von Personengesellschaften

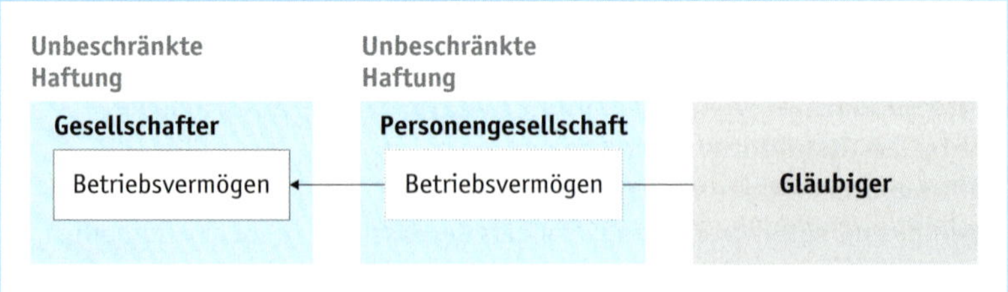

gründungen inzwischen in der Regel Kapitalgesellschaften bevorzugt. Nachfolgend werden wir uns jeweils die drei wichtigsten Arten von Personengesellschaften in Deutschland, in Österreich und in der Schweiz sowie die europäische Version der Personengesellschaft, die Europäische Wirtschaftliche Interessenvereinigung anschauen.

4.3.2 Gesellschaften bürgerlichen Rechts/Einfache Gesellschaften

Die Gesellschaften bürgerlichen Rechts in Deutschland und in Österreich beziehungsweise die einfachen Gesellschaften in der Schweiz sind vermutlich die in der Wirtschaftspraxis am häufigsten vorkommenden Personengesellschaften. Aufgrund der nicht notwendigen Registereintragungen fehlen zu dieser Rechtsform allerdings verlässliche statistische Informationen. Die Gesellschaften werden unter anderem zu folgenden Zwecken eingesetzt:

- bei der Gründung von Unternehmen als Vorgründungs- und Vorgesellschaften,
- bei Verbindungen von Unternehmen in Form von Arbeitsgemeinschaften, Konsortien oder Kartellen, sowie
- bei Verbindungen von Freiberuflern.

4.3.2.1 Deutsche Gesellschaft bürgerlichen Rechts

Merkmale

Die Gesellschaft weist folgende charakteristischen Merkmale auf:

- **Abkürzung:** GbR
- **Klassifikation:** Personengesellschaft, kein Kaufmann.
- **Gegenstand:** Verfolgung eines gemeinsamen, nicht auf den Betrieb eines Handelsgewerbes ausgerichteten Zwecks.
- **Errichtung:** Durch Abschluss eines formfreien Gesellschaftsvertrages.
- **Entstehung:** Durch Aufnahme der Geschäftstätigkeit; eine Eintragung ins Handelsregister ist nicht möglich.
- **Rechtsfähigkeit:** Teilrechtsfähig.
- **Firmierung:** Keine Firma; Namen der Gesellschafter und Geschäftsbezeichnung ohne Rechtsformzusatz.
- **Kapitalausstattung:** Kein Mindestbetrag vorgegeben.
- **Gesellschafter:** Mindestens zwei natürliche oder juristische Personen oder Personengesellschaften.
- **Änderbarkeit Gesellschafterbestand:** Nur mit entsprechenden Regelungen im Gesellschaftsvertrag möglich.
- **Organisation:** Gesamtgeschäftsführung und -vertretung durch Gesellschafter.
- **Drittgeschäftsführung:** Nicht möglich.
- **Haftung:** Unmittelbare, gesamtschuldnerische Vollhaftung der Gesellschafter.
- **Gewinn- und Verlustverteilung:** In der Regel nach Gesellschaftsvertrag.
- **Unternehmerische Mitbestimmung Arbeitnehmer:** Keine.
- **Rechtsgrundlage:** Bürgerliches Gesetzbuch: §§ 705 ff.

- **Varianten:** Partnerschaftsgesellschaft *PartG* für freiberuflich tätige, natürliche Personen, bei denen diese – ergänzend zur Gesellschaft – jeweils nur für Aufträge haften, mit denen sie selbst befasst waren.

4.3.2.2 Österreichische Gesellschaft bürgerlichen Rechts

Merkmale

Die Gesellschaft weist folgende charakteristischen Merkmale auf:

- **Abkürzung:** GesbR
- **Klassifikation:** Personengesellschaft, kein Unternehmen.
- **Gegenstand:** Verfolgung eines gemeinsamen Zwecks.
- **Errichtung:** Durch Abschluss eines formfreien Gesellschaftsvertrages.
- **Entstehung:** Durch Abschluss des Gesellschaftsvertrages; eine Eintragung ins Firmenbuch ist nicht möglich.
- **Rechtsfähigkeit:** Nicht rechtsfähig.
- **Firmierung:** Keine Firma; Namen der Gesellschafter und Geschäfts-, Fantasie- oder Etablissementbezeichnung.
- **Kapitalausstattung:** Kein Mindestbetrag vorgegeben.
- **Gesellschafter:** Mindestens zwei natürliche oder juristische Personen oder offene Gesellschaften oder Kommanditgesellschaften.
- **Änderbarkeit Gesellschafterbestand:** Nur mit entsprechenden Regelungen im Gesellschaftsvertrag möglich.
- **Organisation:** Gesamtgeschäftsführung und -vertretung durch Gesellschafter.
- **Drittgeschäftsführung:** Nicht möglich.
- **Haftung:** Unmittelbare, solidarische Vollhaftung der Gesellschafter.
- **Gewinn- und Verlustverteilung:** In der Regel nach Gesellschaftsvertrag.
- **Unternehmerische Mitbestimmung Arbeitnehmer:** Keine.
- **Rechtsgrundlage:** Allgemeines Bürgerliches Gesetzbuch: §§ 1175 ff. und §§ 833 ff.
- **Varianten:** Keine.

4.3.2.3 Schweizerische einfache Gesellschaft

Merkmale

Die Gesellschaft weist folgende charakteristischen Merkmale auf:

- **Abkürzung:** eG
- **Klassifikation:** Personengesellschaft, kein kaufmännisches Unternehmen.
- **Gegenstand:** Verfolgung eines gemeinsamen, nichtwirtschaftlichen oder wirtschaftlichen Zwecks, ohne dass dafür ein kaufmännisches Unternehmen geführt werden muss.
- **Errichtung:** Durch Abschluss eines formfreien Gesellschaftsvertrages.
- **Entstehung:** Durch Abschluss des Gesellschaftsvertrages, eine Eintragung ins Handelsregister ist nicht möglich.
- **Rechtsfähigkeit:** Nicht rechtsfähig.
- **Firmierung:** Keine Firma; nur Namen der Gesellschafter.
- **Kapitalausstattung:** Kein Mindestbetrag vorgegeben.
- **Gesellschafter:** Mindestens zwei natürliche oder juristische Personen oder Personengesellschaften.
- **Änderbarkeit Gesellschafterbestand:** In der Regel nur mit Zustimmung aller Gesellschafter möglich.

- **Organisation:** Einzelgeschäftsführung und -vertretung durch Gesellschafter.
- **Drittgeschäftsführung:** Nicht möglich.
- **Haftung:** Unmittelbare, solidarische Vollhaftung der Gesellschafter.
- **Gewinn- und Verlustverteilung:** In der Regel nach Gesellschaftsvertrag.
- **Unternehmerische Mitbestimmung Arbeitnehmer:** Keine.
- **Rechtsgrundlage:** Obligationenrecht: Artikel 530 ff.
- **Varianten:** Keine.

4.3.3 Offene Handelsgesellschaften/Offene Gesellschaften/ Kollektivgesellschaften

Die offenen Handelsgesellschaften beziehungsweise in Österreich die offenen Gesellschaften und in der Schweiz die Kollektivgesellschaften unterscheiden sich von den vorgenannten Gesellschaften insbesondere dadurch, dass eine Registereintragung erforderlich ist und sie im Außenverhältnis unter eigener Firma agieren (↗ Abbildung 4-6). Auch die Europäische Wirtschaftliche Interessenvereinigung wird dieser Art von Personengesellschaften zugerechnet.

Abb. 4-6

Merkmale der Offenen Handelsgesellschaft/Offenen Gesellschaft/Kollektivgesellschaft

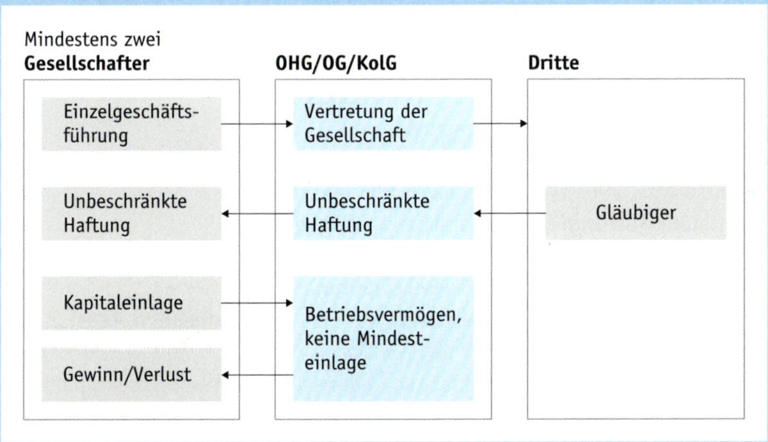

4.3.3.1 Deutsche Offene Handelsgesellschaft

Merkmale

Die Gesellschaft weist folgende charakteristischen Merkmale auf:

- **Abkürzung:** OHG
- **Klassifikation:** Personengesellschaft, Ist-Kaufmann.
- **Gegenstand:** Betrieb eines Handelsgewerbes.
- **Errichtung:** Durch Abschluss eines formfreien Gesellschaftsvertrages.

- **Entstehung:** Durch Aufnahme des Betriebes des Handelsgewerbes oder durch die in jedem Fall erforderliche Eintragung ins Handelsregister.
- **Rechtsfähigkeit:** Teilrechtsfähig.
- **Firmierung:** Personen-, Sach- oder Fantasiefirma mit Rechtsformzusatz »Offene Handelsgesellschaft« oder »OHG«.
- **Kapitalausstattung:** Kein Mindestbetrag vorgegeben.
- **Gesellschafter:** Mindestens zwei natürliche oder juristische Personen oder Personengesellschaften.
- **Änderbarkeit Gesellschafterbestand:** Nur mit entsprechenden Regelungen im Gesellschaftsvertrag möglich.
- **Organisation:** Einzelgeschäftsführung und -vertretung durch Gesellschafter.
- **Drittgeschäftsführung:** Nicht möglich.
- **Haftung:** Unmittelbare, gesamtschuldnerische Vollhaftung der Gesellschafter.
- **Gewinn- und Verlustverteilung:** In der Regel nach Gesellschaftsvertrag.
- **Unternehmerische Mitbestimmung Arbeitnehmer:** Keine.
- **Rechtsgrundlage:** Handelsgesetzbuch: §§ 105 ff. und Bürgerliches Gesetzbuch: §§ 705 ff.
- **Varianten:** Partnerschaftsgesellschaft PartG.

4.3.3.2 Österreichische Offene Gesellschaft

Merkmale

Die Gesellschaft weist folgende charakteristischen Merkmale auf:

- **Abkürzung:** OG
- **Klassifikation:** Personengesellschaft, Unternehmen kraft Betreibens.
- **Gegenstand:** Unternehmensbezogene und sonstige Zwecke.
- **Errichtung:** Durch Abschluss eines formfreien Gesellschaftsvertrages.
- **Entstehung:** Durch Eintragung ins Firmenbuch.
- **Rechtsfähigkeit:** Weitgehend rechtsfähig.
- **Firmierung:** Personen-, Sach- oder Fantasiefirma mit Rechtsformzusatz »Offene Gesellschaft«, »OG«, »Partnerschaft« oder »und Partner«.
- **Kapitalausstattung:** Kein Mindestbetrag vorgegeben.
- **Gesellschafter:** Mindestens zwei natürliche oder juristische Personen oder offene Gesellschaften oder Kommanditgesellschaften.
- **Änderbarkeit Gesellschafterbestand:** Nur mit entsprechenden Regelungen im Gesellschaftsvertrag möglich.
- **Organisation:** Einzelgeschäftsführung und -vertretung durch Gesellschafter.
- **Drittgeschäftsführung:** Nicht möglich.
- **Haftung:** Unmittelbare, solidarische Vollhaftung der Gesellschafter.
- **Gewinn- und Verlustverteilung:** In der Regel nach Gesellschaftsvertrag.
- **Unternehmerische Mitbestimmung Arbeitnehmer:** Keine.
- **Rechtsgrundlage:** Unternehmensgesetzbuch: §§ 105 ff.
- **Varianten:** Keine.

4.3.3.3 Schweizerische Kollektivgesellschaft

Die Kollektivgesellschaften werden abhängig davon, ob sie ein nach kaufmännischer Art geführtes Gewerbe betreiben oder nicht in kaufmännische und nichtkaufmännische Gesellschaften unterteilt. Nachfolgend werden wir nur die **kaufmännischen Kollektivgesellschaften** betrachten, die folgende charakteristischen Merkmale aufweisen:

Merkmale

- **Abkürzung:** KolG
- **Klassifikation:** Personengesellschaft, kaufmännisches Unternehmen.
- **Gegenstand:** Betrieb eines kaufmännischen Unternehmens.
- **Errichtung:** Durch Abschluss eines formfreien Gesellschaftsvertrages.
- **Entstehung:** Durch Aufnahme des Betriebes eines kaufmännischen Unternehmens. Die erforderliche Eintragung ins Handelsregister hat lediglich deklarative Wirkung.
- **Rechtsfähigkeit:** Teilrechtsfähig.
- **Firmierung:** Personenfirma mit Rechtsformzusatz »und Co.«, »und Cie.«, »und Partner«.
- **Kapitalausstattung:** Kein Mindestbetrag vorgegeben.
- **Gesellschafter:** Mindestens zwei natürliche Personen.
- **Änderbarkeit Gesellschafterbestand:** In der Regel nur mit Zustimmung aller Gesellschafter möglich.
- **Organisation:** Einzelgeschäftsführung und -vertretung durch Gesellschafter.
- **Drittgeschäftsführung:** Nicht möglich.
- **Haftung:** Subsidiäre, solidarische Vollhaftung der Gesellschafter.
- **Gewinn- und Verlustverteilung:** In der Regel nach Gesellschaftsvertrag.
- **Unternehmerische Mitbestimmung Arbeitnehmer:** Keine.
- **Rechtsgrundlage:** Obligationenrecht: Artikel 552 ff.
- **Varianten:** Keine.

4.3.3.4 Europäische Wirtschaftliche Interessenvereinigung

Die Europäische Wirtschaftliche Interessenvereinigung ist eine an der offenen Handelsgesellschaft beziehungsweise offenen Gesellschaft orientierte supranationale Rechtsform, die folgende charakteristischen Merkmale aufweist:

Merkmale

- **Abkürzung:** EWIV
- **Klassifikation:** Personengesellschaft, in Deutschland: Kaufmann, in Österreich: Unternehmen kraft Rechtsform.
- **Gegenstand:** Erleichterung der grenzüberschreitenden Kooperation von selbstständig bleibenden Unternehmen innerhalb der Europäischen Union in den Bereichen Forschung und Entwicklung, Einkauf oder Marketing oder von selbstständig bleibenden Freiberuflern. Die Europäische Wirtschaftliche Interessenvereinigung hat dabei keine Gewinnerzielung zum Gegenstand, sondern beschränkt sich auf Hilfstätigkeiten, um die wirtschaftliche Tätigkeit ihrer Mitglieder und die Ergebnisse dieser Tätigkeit zu fördern.
- **Errichtung:** Durch Abschluss eines formfreien Gesellschaftsvertrages.
- **Entstehung:** Durch Registereintragung in dem Mitgliedsstaat, in dem die Vereinigung ihren Sitz hat.
- **Rechtsfähigkeit:** Teilrechtsfähig.

- **Firmierung:** Gemäß nationalem Recht des Mitgliedsstaates, in dem die Gesellschaft ihren Sitz hat, mit Rechtsformzusatz »Europäische Wirtschaftliche Interessenvereinigung« oder »EWIV«.
- **Kapitalausstattung:** Kein Mindestbetrag vorgegeben.
- **Gesellschafter:** Mindestens zwei natürliche oder juristische Personen oder Personengesellschaften mit Sitz in unterschiedlichen Mitgliedsstaaten der Europäischen Union.
- **Änderbarkeit Gesellschafterbestand:** In der Regel nur mit Zustimmung aller Mitglieder möglich.
- **Organisation:** Organe:
  (1) Gesellschafterversammlung, die das Eigentum repräsentiert und alle gemeinschaftlich handelnden Mitglieder umfasst;
  (2) Geschäftsführung als Leitungsorgan, die die Geschäfte führt und die Gesellschaft nach außen vertritt.
- **Drittgeschäftsführung:** Möglich.
- **Haftung:** Subsidiäre, gesamtschuldnerische beziehungsweise solidarische Vollhaftung der Mitglieder.
- **Gewinn- und Verlustverteilung:** Falls trotz fehlender Gewinnerzielungsabsichten Gewinne entstehen, werden diese in der Regel nach Gesellschaftsvertrag verteilt.
- **Unternehmerische Mitbestimmung Arbeitnehmer:** Keine.
- **Rechtsgrundlage:** Verordnung (EG): Nummer 2137/85, ergänzt um Gesetze zur Umsetzung in nationales Recht.
- **Varianten:** Keine.

4.3.4 Kommanditgesellschaften

Die Kommanditgesellschaften entsprechen bis auf die Gesellschafter weitgehend den vorher aufgeführten offenen Handelsgesellschaften, offenen Gesellschaften oder Kollektivgesellschaften (↗ Abbildung 4-7). Die Kommanditgesellschaften haben zwei Arten von Gesellschaftern:

- die **vollhaftenden Komplementäre,** die primär ihre Arbeitskraft in die Gesellschaft einbringen, und
- die **teilhaftenden Kommanditisten** beziehungsweise **Kommanditäre,** die primär ihr Kapital in die Gesellschaft einbringen und damit den Gesellschaftern von Kapitalgesellschaften gleichen.

4.3.4.1 Deutsche Kommanditgesellschaft

Merkmale

Die Gesellschaft weist folgende charakteristischen Merkmale auf:

- **Abkürzung:** KG
- **Klassifikation:** Personengesellschaft, Ist-Kaufmann.
- **Gegenstand:** Betrieb eines Handelsgewerbes.
- **Errichtung:** Durch Abschluss eines formfreien Gesellschaftsvertrages.
- **Entstehung:** Eigentlich durch Aufnahme des Betriebes des Handelsgewerbes, aber erst durch die erforderliche Eintragung ins Handelsregister wird die Haf-

Abb. 4-7

Merkmale der Kommanditgesellschaft

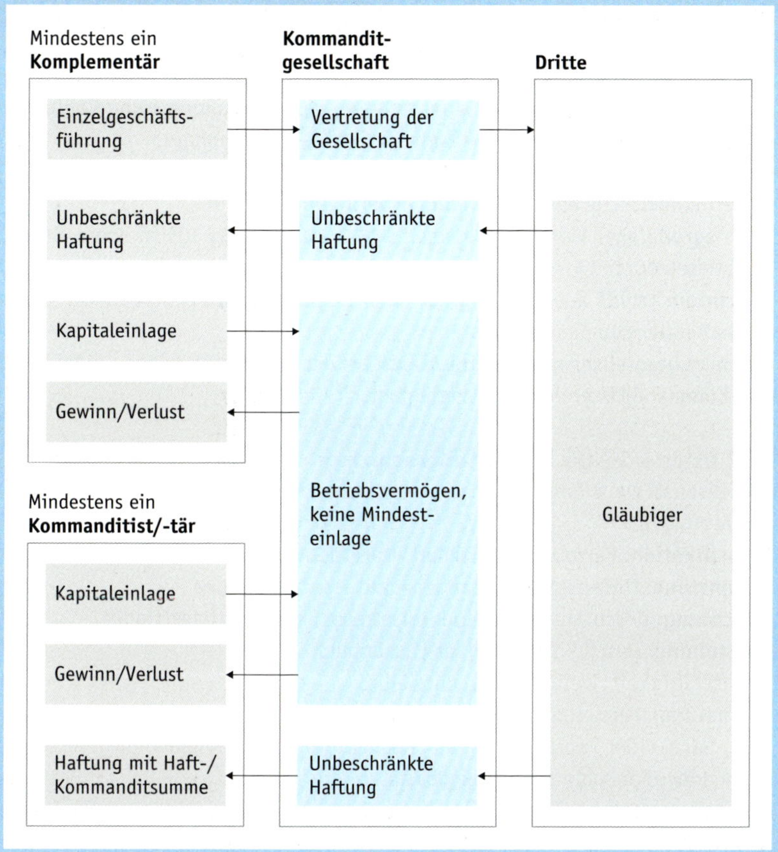

tungsbeschränkung der Kommanditisten wirksam und damit die Gesellschaft zur Kommanditgesellschaft.

- **Rechtsfähigkeit:** Teilrechtsfähig.
- **Firmierung:** Personen- (außer Familiennamen der teilhaftenden Kommanditisten), Sach- oder Fantasiefirma mit Rechtsformzusatz »Kommanditgesellschaft« oder »KG«.
- **Kapitalausstattung:** Kein Mindestbetrag vorgegeben.
- **Gesellschafter:** (1) Vollhaftende Komplementäre: mindestens eine natürliche oder juristische Person oder eine Personengesellschaft;

  (2) Teilhaftende Kommanditisten: mindestens eine natürliche oder juristische Person oder eine Personengesellschaft.

- **Änderbarkeit Gesellschafterbestand:** Allgemein nur mit entsprechenden Regelungen im Gesellschaftsvertrag möglich, Anteile der teilhaftenden Kommanditisten sind allerdings vererbbar.
- **Organisation:** Einzelgeschäftsführung und -vertretung durch vollhaftende Komplementäre.
- **Drittgeschäftsführung:** Nicht möglich.
- **Haftung:** (1) Komplementäre: unmittelbare, gesamtschuldnerische Vollhaftung; (2) Kommanditisten: Teilhaftung mit vereinbarter Haftsumme.
- **Gewinn- und Verlustverteilung:** In der Regel nach Gesellschaftsvertrag.
- **Unternehmerische Mitbestimmung Arbeitnehmer:** Keine.
- **Rechtsgrundlage:** Handelsgesetzbuch: §§ 161 ff. und §§ 105 ff. sowie Bürgerliches Gesetzbuch: §§ 705 ff.
- **Varianten:** GmbH & Co. KG, bei der eine Gesellschaft mit beschränkter Haftung vollhaftender Komplementär ist;
  Kommanditgesellschaft auf Aktien KGaA, bei der die Kapitaleinlage des teilhaftenden Kommanditisten in Aktien zerlegt ist.

4.3.4.2 Österreichische Kommanditgesellschaft

Merkmale

Die Gesellschaft weist folgende charakteristischen Merkmale auf:

- **Abkürzung:** KG
- **Klassifikation:** Personengesellschaft, Unternehmen kraft Betreibens.
- **Gegenstand:** Unternehmensbezogene und sonstige Zwecke.
- **Errichtung:** Durch Abschluss eines formfreien Gesellschaftsvertrages.
- **Entstehung:** Durch Eintragung ins Firmenbuch.
- **Rechtsfähigkeit:** Weitgehend rechtsfähig.
- **Firmierung:** Personen- (außer Familiennamen der teilhaftenden Kommanditisten), Sach- oder Fantasiefirma mit Rechtsformzusatz »Kommanditgesellschaft«, »KG« oder »Kommandit-Partnerschaft«.
- **Kapitalausstattung:** Kein Mindestbetrag vorgegeben.
- **Gesellschafter:** (1) Vollhaftende Komplementäre: mindestens eine natürliche oder juristische Person oder eine offene Gesellschaft oder Kommanditgesellschaft; (2) Teilhaftende Kommanditisten: mindestens eine natürliche oder juristische Person oder eine offene Gesellschaft oder Kommanditgesellschaft.
- **Änderbarkeit Gesellschafterbestand:** Allgemein nur mit entsprechenden Regelungen im Gesellschaftsvertrag möglich, Anteile der teilhaftenden Kommanditisten sind allerdings vererbbar.
- **Organisation:** Einzelgeschäftsführung und -vertretung durch vollhaftende Komplementäre.
- **Drittgeschäftsführung:** Nicht möglich.
- **Haftung:** (1) Komplementäre: unmittelbare, solidarische Vollhaftung;
  (2) Kommanditisten: Teilhaftung mit vereinbarter Haftsumme.
- **Gewinn- und Verlustverteilung:** In der Regel nach Gesellschaftsvertrag.
- **Unternehmerische Mitbestimmung Arbeitnehmer:** Keine.
- **Rechtsgrundlage:** Unternehmensgesetzbuch: §§ 161 ff.

- **Varianten:** GmbH & Co KG, bei der eine Gesellschaft mit beschränkter Haftung vollhaftender Komplementär ist;
  Publikums-KG, mit einer großen Anzahl von teilhaftenden Kommanditisten.

4.3.4.3 Schweizerische Kommanditgesellschaft

Die Kommanditgesellschaften werden abhängig davon, ob sie ein nach kaufmännischer Art geführtes Gewerbe betreiben oder nicht in kaufmännische und nichtkaufmännische Gesellschaften unterteilt. Nachfolgend werden wir nur die **kaufmännischen Kommanditgesellschaften** betrachten, die folgende charakteristischen Merkmale aufweisen:

Merkmale

- **Abkürzung:** KomG
- **Klassifikation:** Personengesellschaft, kaufmännisches Unternehmen.
- **Gegenstand:** Betrieb eines kaufmännischen Unternehmens.
- **Errichtung:** Durch Abschluss eines formfreien Gesellschaftsvertrages.
- **Entstehung:** Eigentlich durch Aufnahme des Betriebes eines kaufmännischen Unternehmens, aber erst durch die erforderliche Eintragung ins Handelsregister wird die Haftungsbeschränkung der Kommanditäre wirksam und damit die Gesellschaft zur Kommanditgesellschaft.
- **Rechtsfähigkeit:** Teilrechtsfähig.
- **Firmierung:** Personenfirma, allerdings ohne Familiennamen der teilhaftenden Kommanditäre, mit Rechtsformzusatz »und Co.«.
- **Kapitalausstattung:** Kein Mindestbetrag vorgegeben.
- **Gesellschafter:** (1) Vollhaftende Komplementäre: mindestens eine natürliche Person;
  (2) Teilhaftende Kommanditäre: mindestens eine natürliche oder juristische Person oder eine Personengesellschaft.
- **Änderbarkeit Gesellschafterbestand:** In der Regel nur mit Zustimmung aller Gesellschafter möglich.
- **Organisation:** Einzelgeschäftsführung und -vertretung durch vollhaftende Komplementäre.
- **Drittgeschäftsführung:** Nicht möglich.
- **Haftung:** (1) Komplementäre: subsidiäre, solidarische Vollhaftung;
  (2) Kommanditäre: Teilhaftung mit vereinbarter Kommanditsumme.
- **Gewinn- und Verlustverteilung:** In der Regel nach Gesellschaftsvertrag.
- **Unternehmerische Mitbestimmung Arbeitnehmer:** Keine.
- **Rechtsgrundlage:** Obligationenrecht: Artikel 594 ff.
- **Varianten:** Kommanditgesellschaft für kollektive Kapitalanlagen, bei der eine Aktiengesellschaft vollhaftender Komplementär ist und die Kapitalanleger teilhaftende Kommanditäre;
  Kommanditaktiengesellschaft, bei der die Kapitaleinlage des teilhaftenden Kommanditärs in Aktien zerlegt ist.

4.4 Kapitalgesellschaften

4.4.1 Grundlagen

Kapitalgesellschaften werden den Körperschaften zugerechnet. Diesen liegt der Gedanke zugrunde, dass sie unabhängig vom Eintritt, Austritt oder gar Tod einzelner Mitglieder weiterbestehen sollen. Während Personengesellschaften weitgehend an ihre Gesellschafter gebunden sind, sind Körperschaften also weitgehend unabhängig von diesen und damit selbstständig.

Körperschaften sind rechtlich verselbstständigte Organisationen mit eigener Rechtspersönlichkeit.

Aufgrund ihrer Selbstständigkeit sind Körperschaften typischerweise gleichzeitig **juristische Personen,** die über Organe am Rechtsverkehr teilnehmen.

Bei Kapitalgesellschaften, die teilweise auch als **kapitalistische Körperschaften** bezeichnet werden, besteht nun die Besonderheit, dass die Gesellschafter primär als Kapitalgeber gesehen werden für die die Gesellschaft ihrerseits primär eine Kapitalanlage ist, die sie bedarfsweise weiterveräußern können. Da zwischen den Gesellschaftern kein enges, persönliches Verhältnis bestehen muss, eignen sich Kapitalgesellschaften auch für eine größere Anzahl von Gesellschaftern. Kapitalgesellschaften können entsprechend folgendermaßen definiert werden:

Kapitalgesellschaften sind Körperschaften, die für eine größere Anzahl von Gesellschaftern konzipiert wurden und von einer primär kapitalbasierten Beziehung zwischen Gesellschaftern und Gesellschaft und nicht von einer fortgesetzten Zugehörigkeit aller Gesellschafter ausgehen.

Bei den Kapitalgesellschaften kommt es gemäß dem sogenannten **Trennungsprinzip** zu einer Verselbstständigung des Betriebsvermögens. Die Kapitalgesellschaften sind selbst Eigentümer ihres Betriebsvermögens und haften auch alleine für ihre Verbind-

Abb. 4-8

Grundstruktur von Kapitalgesellschaften

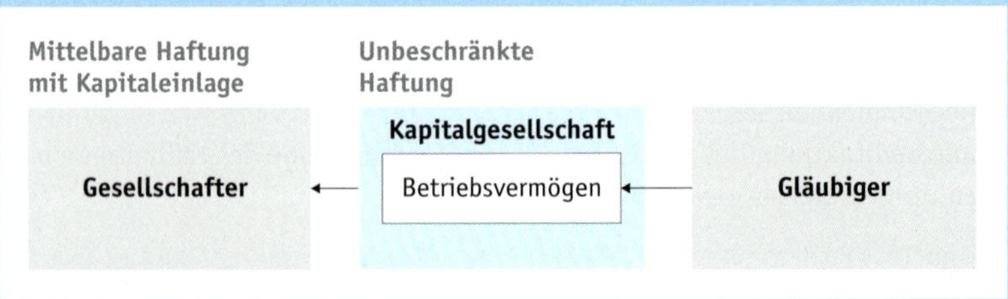

lichkeiten. Die Gesellschafter haben hingegen keine unmittelbaren Rechte an dem Betriebsvermögen der Kapitalgesellschaft, sondern über ihre Anteile nur an der Kapitalgesellschaft selbst (↗ Abbildung 4-8).

Nachfolgend werden wir uns die Rechtsformen der Gesellschaften mit beschränkter Haftung und die der Aktiengesellschaften in Deutschland, in Österreich und in der Schweiz sowie die europäische Version der Aktiengesellschaft, die Societas Europaea anschauen.

4.4.2 Gesellschaften mit beschränkter Haftung

Gesellschaften mit beschränkter Haftung sind in Deutschland und in Österreich inzwischen die häufigste Rechtsform für Gesellschaften. Typischerweise haben sie relativ wenig Gesellschafter und weisen damit noch Merkmale von Personengesellschaften auf (↗ Abbildung 4-9).

Abb. 4-9

Merkmale der Gesellschaft mit beschränkter Haftung

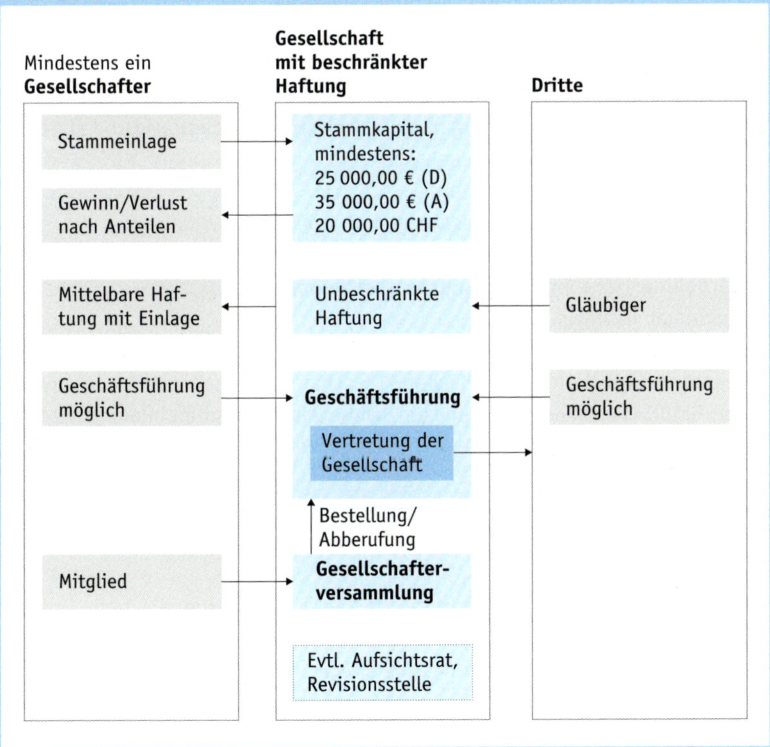

4.4.2.1 Deutsche Gesellschaft mit beschränkter Haftung

Merkmale

Die Gesellschaft weist folgende charakteristischen Merkmale auf:

- **Abkürzung:** GmbH
- **Klassifikation:** Körperschaft, juristische Person, Kapitalgesellschaft, Form-Kaufmann.
- **Gegenstand:** Jeder gesetzlich zulässige Zweck.
- **Errichtung:** Durch Abschluss eines notariell beurkundeten Gesellschaftsvertrages (Satzung).
- **Entstehung:** Durch Eintragung ins Handelsregister.
- **Rechtsfähigkeit:** Voll rechtsfähig.
- **Firmierung:** Personen-, Sach- oder Fantasiefirma mit Rechtsformzusatz »Gesellschaft mit beschränkter Haftung« oder »GmbH«.
- **Kapitalausstattung:** Stammkapital von mindestens 25 000,00 Euro.
- **Gesellschafter:** Mindestens eine natürliche oder juristische Person oder Personengesellschaft.
- **Änderbarkeit Gesellschafterbestand:** Übertragung von Anteilen in der Regel ohne Zustimmung der Gesellschafterversammlung aber nur mit notarieller Beurkundung möglich.
- **Organisation:** Organe:
  (1) Gesellschafterversammlung, die das Eigentum repräsentiert und alle Gesellschafter umfasst;
  (2) Geschäftsführung als Leitungsorgan, die die Geschäfte führt und die Gesellschaft nach außen vertritt;
  (3) Aufsichtsrat als Aufsichtsorgan, der normalerweise fakultativ und nur bei großen Gesellschaften vorgeschrieben ist.
- **Drittgeschäftsführung:** Möglich.
- **Haftung:** Teilhaftung der Gesellschafter mit ihrer Kapitaleinlage.
- **Gewinn- und Verlustverteilung:** In der Regel im Verhältnis der Kapitaleinlagen.
- **Unternehmerische Mitbestimmung Arbeitnehmer:** Bei großen Gesellschaften im Aufsichtsrat vertreten.
- **Rechtsgrundlage:** Gesetz betreffend die Gesellschaften mit beschränkter Haftung.
- **Varianten:** Unternehmergesellschaft UG (haftungsbeschränkt), die auch als »Mini-GmbH« bezeichnet wird und bei der die Mindestkapitaleinlage nur 1,00 Euro beträgt.

4.4.2.2 Österreichische Gesellschaft mit beschränkter Haftung

Merkmale

Die Gesellschaft weist folgende charakteristischen Merkmale auf:

- **Abkürzung:** GmbH
- **Klassifikation:** Körperschaft, juristische Person, Kapitalgesellschaft, Unternehmen kraft Rechtsform.
- **Gegenstand:** Jeder gesetzlich zulässige Zweck.
- **Errichtung:** Durch Abschluss eines notariell beurkundeten Gesellschaftsvertrages.
- **Entstehung:** Durch Eintragung ins Firmenbuch.
- **Rechtsfähigkeit:** Voll rechtsfähig.

- **Firmierung:** Personen-, Sach- oder Fantasiefirma mit Rechtsformzusatz »Gesellschaft mit beschränkter Haftung« oder »GmbH«.
- **Kapitalausstattung:** Stammkapital von mindestens 35 000,00 Euro.
- **Gesellschafter:** Mindestens eine natürliche oder juristische Person oder eine offene Gesellschaft oder Kommanditgesellschaft.
- **Änderbarkeit Gesellschafterbestand:** Übertragung von Anteilen in der Regel ohne Zustimmung der Gesellschafterversammlung aber nur mit notarieller Beurkundung möglich.
- **Organisation:** Organe:
  (1) Gesellschafterversammlung, die das Eigentum repräsentiert und alle Gesellschafter umfasst;
  (2) Geschäftsführung als Leitungsorgan, die die Geschäfte führt und die Gesellschaft nach außen vertritt;
  (3) Aufsichtsrat als Aufsichtsorgan, der normalerweise fakultativ und nur bei großen Gesellschaften vorgeschrieben ist;
  (4) Abschlussprüfer zur Prüfung des Jahresabschlusses und des Lageberichts, der bei Gesellschaften mit Aufsichtsrat vorgeschrieben ist.
- **Drittgeschäftsführung:** Möglich.
- **Haftung:** Teilhaftung der Gesellschafter mit ihrer Kapitaleinlage.
- **Gewinn- und Verlustverteilung:** In der Regel im Verhältnis der eingezahlten Kapitaleinlagen.
- **Unternehmerische Mitbestimmung Arbeitnehmer:** Bei großen Gesellschaften im Aufsichtsrat vertreten.
- **Rechtsgrundlage:** Gesetz über Gesellschaften mit beschränkter Haftung.
- **Varianten:** Gesellschaft mit gründungsprivilegierter Stammeinlage von 10 000,00 Euro.

4.4.2.3 Schweizerische Gesellschaft mit beschränkter Haftung

Merkmale

Die Gesellschaft weist folgende charakteristischen Merkmale auf:

- **Abkürzung:** GmbH
- **Klassifikation:** Körperschaft, juristische Person, Kapitalgesellschaft, in der Regel kaufmännisches Unternehmen.
- **Gegenstand:** In der Regel Betrieb eines kaufmännischen Unternehmens zur Verfolgung wirtschaftlicher Zwecke.
- **Errichtung:** Durch Abschluss eines notariell beurkundeten Gesellschaftsvertrages (Statuten).
- **Entstehung:** Durch Eintragung ins Handelsregister.
- **Rechtsfähigkeit:** Voll rechtsfähig.
- **Firmierung:** Personen-, Sach- oder Fantasiefirma mit Rechtsformzusatz »Gesellschaft mit beschränkter Haftung« oder »GmbH«.
- **Kapitalausstattung:** Stammkapital von mindestens 20 000,00 CHF.
- **Gesellschafter:** Mindestens eine natürliche oder juristische Person oder Personengesellschaft.

- **Änderbarkeit Gesellschafterbestand:** Übertragung von Anteilen in der Regel nur mit Zustimmung der Gesellschafterversammlung und notarieller Beurkundung möglich.
- **Organisation:** Organe:
  (1) Gesellschafterversammlung, die das Eigentum repräsentiert und alle Gesellschafter umfasst;
  (2) Geschäftsführung als Leitungsorgan, die die Geschäfte führt und die Gesellschaft nach außen vertritt;
  (3) Revisionsstelle, die die Rechnungslegung und die Anträge zur Verwendung des Bilanzgewinns prüft und gegen die kleine Gesellschaften bei Erfüllung bestimmter Voraussetzungen optieren können (Opting-out).
- **Drittgeschäftsführung:** Möglich.
- **Haftung:** Teilhaftung der Gesellschafter mit ihrer Kapitaleinlage, die Statuten können allerdings eine Nachschusspflicht vorsehen.
- **Gewinn- und Verlustverteilung:** In der Regel im Verhältnis der Kapitaleinlagen.
- **Unternehmerische Mitbestimmung Arbeitnehmer:** Keine.
- **Rechtsgrundlage:** Obligationenrecht: Artikel 772 ff.
- **Varianten:** Keine.

4.4.3 Aktiengesellschaften

Aktiengesellschaften sind von großer wirtschaftlicher Bedeutung, da die meisten der größten Unternehmen der Welt diese Rechtsform haben. In der Schweiz sind sie zudem die häufigste Rechtsform für Gesellschaften. Darüber hinaus ist die Rechtsform Voraussetzung für die Zulassung an einer Börse, über die dann eine Beteiligungsfinanzierung über die Ausgabe von neuen Aktien möglich ist. Eine weitere Besonderheit der Aktiengesellschaften ist, dass die Gesellschafter – zumindest im Außenverhältnis – regelmäßig anonym bleiben (↗ Abbildung 4-10).

Die bei Aktiengesellschaft verwendeten Aktien können folgendermaßen definiert werden:

> **Aktien** sind Wertpapiere, die einen Anteil am Vermögen einer Aktiengesellschaft und eine Mitgliedschaft in der Aktiengesellschaft verbriefen.

Aktienarten

Nach diesen Funktionen lassen sich folgende Arten von Aktien unterscheiden (↗ Abbildung 4-11):

- Hinsichtlich ihrer Funktion als Wertpapier können **Inhaberaktien**, deren Inhaber der Aktiengesellschaft nicht bekannt sind und die sich durch eine leichte Übertragbarkeit auszeichnen, und **Namensaktien**, deren Inhaber der Aktiengesellschaft über ein Aktienregister bekannt sind, unterschieden werden.
- Hinsichtlich ihrer Funktion als Anteil am Vermögen der Aktiengesellschaft können **Nennbetragsaktien**, die auf einen bestimmten, ins Grundkapital eingebrachten Betrag lauten, und **Stückaktien**, die nicht auf einen bestimmten Betrag lauten, sondern nur einen gleichgroßen Anteil am Grundkapital verbriefen, unterschieden werden.

Abb. 4-10

Merkmale der Aktiengesellschaft

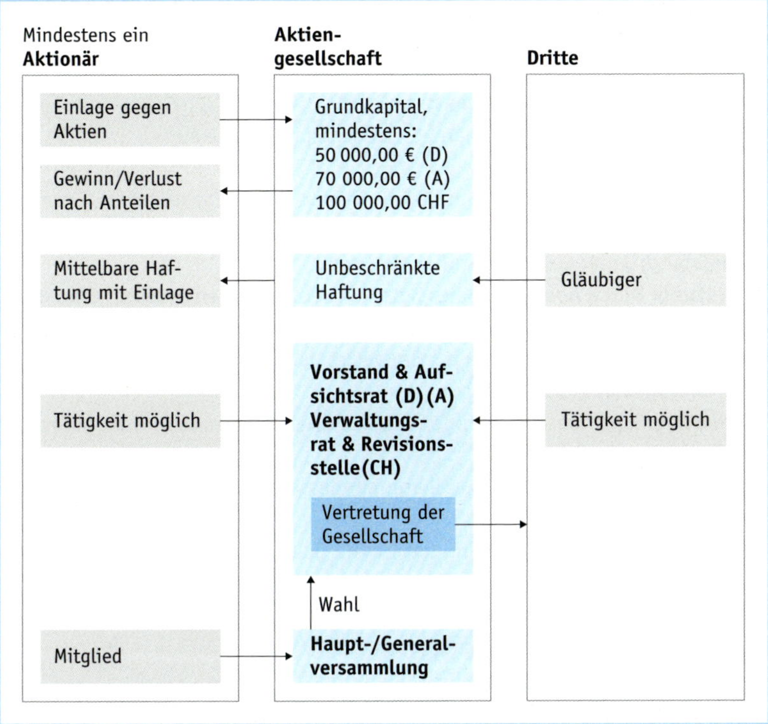

Abb. 4-11

Aktienarten

- Hinsichtlich ihrer Funktion als Mitgliedschaftsrecht an der Aktiengesellschaft können **Stammaktien**, die mit normalen Stimmrechten und Dividenden ausgestattet sind, **Stimmrechtsaktien**, die mit einer Vorzugsstellung hinsichtlich der Stimmrechte ausgestattet sind, und **Vorzugsaktien**, die mit einer Vorzugsstellung hinsichtlich der Dividenden ausgestattet sind, unterschieden werden.

4.4.3.1 Deutsche Aktiengesellschaft

Merkmale

Die Gesellschaft weist folgende charakteristischen Merkmale auf:

- **Abkürzung:** AG
- **Klassifikation:** Körperschaft, juristische Person, Kapitalgesellschaft, Form-Kaufmann.
- **Gegenstand:** Jeder gesetzlich zulässige Zweck.
- **Errichtung:** Durch Abschluss eines notariell beurkundeten Gesellschaftsvertrages (Satzung).
- **Entstehung:** Durch Eintragung ins Handelsregister.
- **Rechtsfähigkeit:** Voll rechtsfähig.
- **Firmierung:** Personen-, Sach- oder Fantasiefirma mit Rechtsformzusatz »Aktiengesellschaft« oder »AG«.
- **Kapitalausstattung:** Grundkapital von mindestens 50 000,00 Euro, das in Aktien zerlegt ist.
- **Gesellschafter:** Mindestens eine natürliche oder juristische Person oder Personengesellschaft.
- **Änderbarkeit Gesellschafterbestand:** Übertragung von Aktien in der Regel ohne Zustimmung der Hauptversammlung möglich.
- **Organisation:** Organe:
  (1) Hauptversammlung, die das Eigentum repräsentiert und alle Aktionäre umfasst;
  (2) Vorstand als Leitungsorgan, der die Geschäfte führt und die Gesellschaft nach außen vertritt;
  (3) Aufsichtsrat als Aufsichtsorgan, der auch den Vorstand bestellt.
- **Drittgeschäftsführung:** Möglich.
- **Haftung:** Teilhaftung der Aktionäre mit ihrer Kapitaleinlage.
- **Gewinn- und Verlustverteilung:** In der Regel Dividende je Aktie im Verhältnis der Nominalwerte.
- **Unternehmerische Mitbestimmung Arbeitnehmer:** Bei großen Gesellschaften im Aufsichtsrat vertreten.
- **Rechtsgrundlage:** Aktiengesetz.
- **Varianten:** Börsennotierte und nicht börsennotierte Aktiengesellschaften.

4.4.3.2 Österreichische Aktiengesellschaft

Merkmale

Die Gesellschaft weist folgende charakteristischen Merkmale auf:

- **Abkürzung:** AG
- **Klassifikation:** Körperschaft, juristische Person, Kapitalgesellschaft, Unternehmen kraft Rechtsform.
- **Gegenstand:** Jeder gesetzlich zulässige Zweck.

- **Errichtung:** Durch Feststellung einer notariell beurkundeten Satzung.
- **Entstehung:** Durch Eintragung ins Firmenbuch.
- **Rechtsfähigkeit:** Voll rechtsfähig.
- **Firmierung:** Personen-, Sach- oder Fantasiefirma mit Rechtsformzusatz »Aktiengesellschaft« oder »AG«.
- **Kapitalausstattung:** Grundkapital beziehungsweise Nominale von mindestens 70 000,00 Euro, das in Aktien zerlegt ist.
- **Gesellschafter:** Mindestens eine natürliche oder juristische Personen oder eine offene Gesellschaft oder Kommanditgesellschaft.
- **Änderbarkeit Gesellschafterbestand:** Übertragung von Aktien in der Regel ohne Zustimmung der Hauptversammlung möglich.
- **Organisation:** Organe:
  (1) Hauptversammlung, die das Eigentum repräsentiert und alle Aktionäre umfasst;
  (2) Vorstand als Leitungsorgan, der die Geschäfte führt und die Gesellschaft nach außen vertritt;
  (3) Aufsichtsrat als Aufsichtsorgan, der auch den Vorstand bestellt.
  (4) Abschlussprüfer zur Prüfung des Jahresabschlusses und des Lageberichts.
- **Drittgeschäftsführung:** Möglich.
- **Haftung:** Teilhaftung der Aktionäre mit ihrer Kapitaleinlage.
- **Gewinn- und Verlustverteilung:** In der Regel Dividende je Aktie im Verhältnis der Nominalwerte.
- **Unternehmerische Mitbestimmung Arbeitnehmer:** Immer im Aufsichtsrat vertreten.
- **Rechtsgrundlage:** Bundesgesetz über Aktiengesellschaften.
- **Varianten:** Börsennotierte und nicht börsennotierte Aktiengesellschaften.

4.4.3.3 Schweizerische Aktiengesellschaft

Merkmale

Die Gesellschaft weist folgende charakteristischen Merkmale auf:

- **Abkürzung:** AG
- **Klassifikation:** Körperschaft, juristische Person, Kapitalgesellschaft, in der Regel kaufmännisches Unternehmen.
- **Gegenstand:** In der Regel Betrieb eines kaufmännischen Unternehmens zur Verfolgung wirtschaftlicher Zwecke.
- **Errichtung:** Durch Abschluss eines notariell beurkundeten Gesellschaftsvertrages (Statuten), Bestellung der Organe sowie Zeichnung und Feststellung der Aktien.
- **Entstehung:** Durch Eintragung ins Handelsregister.
- **Rechtsfähigkeit:** Voll rechtsfähig.
- **Firmierung:** Personen-, Sach- oder Fantasiefirma mit Rechtsformzusatz »Aktiengesellschaft« oder »AG«.
- **Kapitalausstattung:** Grundkapital von mindestens 100 000,00 CHF, das in Aktien zerlegt ist.
- **Gesellschafter:** Mindestens eine natürliche oder juristische Person oder eine Personengesellschaft.

- **Änderbarkeit Gesellschafterbestand:** Übertragung von Aktien in der Regel ohne Zustimmung der Generalversammlung möglich.
- **Organisation:** Organe:
  (1) Generalversammlung, die das Eigentum repräsentiert und alle Aktionäre umfasst;
  (2) Verwaltungsrat als Leitungs- und Aufsichtsorgan, der die Geschäfte führt und die Gesellschaft nach außen vertritt;
  (3) Revisionsstelle, die die Rechnungslegung und die Anträge zur Verwendung des Bilanzgewinns prüft und gegen die kleine Gesellschaften bei Erfüllung bestimmter Voraussetzungen optieren können (Opting-out).
- **Drittgeschäftsführung:** Möglich.
- **Haftung:** Teilhaftung der Aktionäre mit ihrer Kapitaleinlage.
- **Gewinn- und Verlustverteilung:** In der Regel Dividenden je Aktie im Verhältnis der Nominalwerte.
- **Unternehmerische Mitbestimmung Arbeitnehmer:** Keine.
- **Rechtsgrundlage:** Obligationenrecht: Artikel 620 ff.
- **Varianten:** Börsenkotierte und nicht börsenkotierte Aktiengesellschaften.

4.4.3.4 Societas Europaea

Merkmale

Die Societas Europaea ist eine an der Aktiengesellschaft orientierte supranationale europäische Rechtsform, die eine monistische oder dualistische Spitzenorganisation (↗ Kapitel 6 Unternehmensverfassung) haben kann und darüber hinaus folgende charakteristischen Merkmale aufweist:

- **Abkürzung:** SE
- **Klassifikation:** Körperschaft, juristische Person, Kapitalgesellschaft.
- **Gegenstand:** Jeder gesetzlich zulässige Zweck.
- **Errichtung:** Möglichkeiten:
  (1) Umwandlung in eine Societas Europaea von einer bestehenden nationalen Aktiengesellschaft, die seit mindestens zwei Jahren eine dem Recht eines anderen Mitgliedstaates unterliegende Tochtergesellschaft unterhält. Eine reine Zweigniederlassung ist in diesem Fall nicht ausreichend;
  (2) Gründung eines gemeinsamen Tochterunternehmens als Societas Europaea durch mindestens zwei Personen- oder Kapitalgesellschaften, die dem Recht unterschiedlicher Mitgliedstaaten unterliegen oder seit mindestens zwei Jahren ein Tochterunternehmen oder eine Zweigniederlassung in einem anderen Mitgliedsstaat unterhalten;
  (3) Gründung einer gemeinsamen Holding als Societas Europaea durch mindestens zwei Kapitalgesellschaften, die dem Recht unterschiedlicher Mitgliedstaaten unterliegen oder seit mindestens zwei Jahren ein Tochterunternehmen oder eine Zweigniederlassung in einem anderen Mitgliedsstaat unterhalten;
  (4) Verschmelzung zu einer Societas Europaea von mindestens zwei Aktiengesellschaften, die aus verschiedenen Mitgliedsstaaten stammen beziehungsweise deren jeweiligem Recht unterliegen.
- **Entstehung:** Durch Registereintragung in dem Mitgliedsstaat, in dem die Gesellschaft ihren Sitz hat.

- **Rechtsfähigkeit:** Voll rechtsfähig.
- **Firmierung:** Gemäß nationalem Recht des Mitgliedsstaates, in dem die Gesellschaft ihren Sitz hat, mit Rechtsformzusatz »SE«.
- **Kapitalausstattung:** Grundkapital von mindestens 120 000,00 Euro, das in Aktien zerlegt ist.
- **Gesellschafter:** Abhängig von der Art der Gründung.
- **Änderbarkeit Gesellschafterbestand:** Keine einheitliche Regelung.
- **Organisation:** Organe bei einer **monistischen Spitzenorganisation:**
  (1) Hauptversammlung, die das Eigentum repräsentiert und alle Aktionäre umfasst;
  (2) Verwaltungsrat als Leitungs- und Aufsichtsorgan;
  Organe bei einer **dualistischen Spitzenorganisation**:
  (1) Hauptversammlung, die das Eigentum repräsentiert und alle Aktionäre umfasst;
  (2) Vorstand als Leitungsorgan;
  (3) Aufsichtsrat als Aufsichtsorgan.
- **Drittgeschäftsführung:** Möglich.
- **Haftung:** Teilhaftung der Aktionäre mit ihrer Kapitaleinlage.
- **Gewinn- und Verlustverteilung:** Gemäß nationalem Recht des Mitgliedsstaates, in dem die Gesellschaft ihren Sitz hat.
- **Unternehmerische Mitbestimmung Arbeitnehmer:** Gemäß Verhandlungen, andernfalls gemäß nationalem Recht des Mitgliedsstaates in dem die Gesellschaft ihren Sitz hat.
- **Rechtsgrundlage:** Verordnung (EG): Nummer 2157/2001 und Nummer 1791/2006, ergänzt um Gesetze zur Umsetzung in nationales Recht.
- **Varianten:** Börsennotierte und nicht börsennotierte Aktiengesellschaften.

4.5 Stiftungen

Während es bei den vorangegangenen Rechtsformen immer Eigentümer der Unternehmen gibt, gibt es bei Stiftungen keine Eigentümer mehr:

> **Stiftungen** sind rechtlich verselbstständigte Vermögensmassen mit eigener Rechtspersönlichkeit ohne Eigentümer, die über ihre Organe wie natürliche Personen am Rechtsverkehr teilnehmen und die mit ihrem vom Stifter gewidmeten Vermögen die von ihrem Stifter festgelegten Zwecke dauerhaft fördern sollen.

Im Rahmen der Gründung überträgt der Stifter der Stiftung im Rahmen einer Schenkung, die als **Stiftungsgeschäft** bezeichnet wird, dauerhaft einen Teil seines Vermögens, auf den er danach keinen Anspruch mehr hat. Das Betriebsvermögen der Stiftung wird deshalb auch als **Zweckvermögen** bezeichnet, da es nur noch dem Zweck der Stiftung dient, die die alleinigen Rechte an ihrem Vermögen hat und alleine für

Abb. 4-12

Grundstruktur von Stiftungen

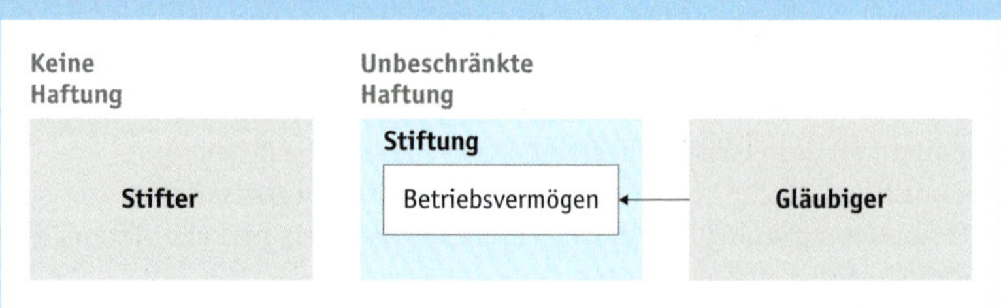

ihre Verbindlichkeiten haftet. Stiftungen sind dabei juristische Personen, gelten aber nicht als Körperschaften (↗ Abbildung 4-12).

Nachfolgend werden wir privatrechtliche Stiftungen betrachten. Deren Errichtung kann insbesondere nachfolgende Motive haben.

Motive privatrechtlicher Stiftungen

Förderung ideeller Zwecke

Historisch betrachtet wurden Stiftungen zur dauerhaften Förderung ideeller Zwecke ins Leben gerufen. Solche ideellen Zwecke können beispielsweise die Förderung

- von Kindern, Jugendlichen und älteren Menschen,
- von Wohlfahrt und mildtätigen Zwecken,

Wirtschaftspraxis 4-2

Stiftungen in Deutschland, Österreich und der Schweiz

In **Deutschland** existierten im Jahr 2014 insgesamt 20 784 Stiftungen, von denen 691 Neugründungen waren. 95 Prozent aller Stiftungen verfolgen einen gemeinnützigen Zweck. Die zehn größten deutschen Stiftungen privaten Rechts nach dem Vermögen waren im Jahr 2014:

- *Else Kröner-Fresenius-Stiftung:* 5,300 Milliarden Euro,
- *Robert Bosch Stiftung GmbH:* 5,160 Milliarden Euro,
- *Dietmar Hopp Stiftung gGmbH:* 4,500 Milliarden Euro,
- *Klaus Tschira Stiftung gGmbH:* 3,778 Milliarden Euro,
- *Volkswagen Stiftung:* 2,673 Milliarden Euro,
- *Baden-Württemberg Stiftung gGmbH:* 2,501 Milliarden Euro,
- *Deutsche Bundesstiftung Umwelt:* 2,055 Milliarden Euro,
- *Joachim Herz Stiftung:* 1,300 Milliarden Euro,
- *Alfried Krupp von Bohlen und Halbach-Stiftung:* 1,102 Milliarden Euro,
- *Software AG Stiftung:* 0,989 Milliarden Euro.

In **Österreich** werden Stiftungen aufgrund der rechtlichen Rahmenbedingungen hauptsächlich zu eigennützigen Zwecken errichtet. So gab es Ende 2012 rund 2 600 Privatstiftungen, die ein Gesamtvermögen in Höhe von etwa 70 Milliarden Euro verwalteten. Nur rund 20 Prozent aller 3 300 österreichischen Stiftungen waren dagegen gemeinnütziger Natur und wurden insbesondere in den Handlungsfeldern Soziale Dienste sowie Bildung und Forschung tätig. Zu den gemeinnützigen Stiftungen zählen beispielsweise Sparkassenstiftungen, Landesstiftungen und Bundesstiftungen, da auch diese Stiftungen einen gemeinnützigen oder mildtätigen Zweck erfüllen müssen.

In der **Schweiz** waren Ende des Jahres 2013 insgesamt 12 909 gemeinnützige Stiftungen registriert, von denen 381 im Jahr 2013 neu gegründet wurden. Der Anteil der gemeinnützigen Stiftungen an allen Schweizer Stiftungen betrug 74 Prozent. Das Vermögen der Schweizer Stiftungen wird auf insgesamt 70 Milliarden Schweizer Franken geschätzt.

Quellen: *Bundesverband Deutscher Stiftungen* (2015), *Bund gemeinnütziger Stiftungen* (2014): Gemeinnützige Stiftungen: Wie wir Österreich zum Blühen bringen, S. 40 f., Der Schweizer Stiftungsreport 2014 (https://ceps.unibas.ch, Stand 08.04.15).

- von Gesundheit, Erziehung und Bildung,
- von Forschung und Wissenschaft,
- von Kunst, Kultur und Sport,
- von Völkerverständigung und Integration,
- von Kirchen sowie
- von Umweltschutz oder Denkmalschutz sein.

Existenzsicherung von Unternehmen
Private Stiftungen haben häufig das Motiv, die Existenz eines Unternehmens, das sie betreiben oder an dem sie beteiligt sind, über den Tod des Gründers hinaus sicherzustellen. Entsprechende Stiftungen werden auch als **unternehmensverbundene Stiftungen** oder **Unternehmensstiftungen** bezeichnet. Durch das Einbringen von Unternehmensanteilen in die Stiftung verlieren die Erben des Stifters die an die Unternehmensanteile gebundenen Verfügungs-, Stimm- und Kontrollrechte zugunsten der Stiftungsorgane. Dadurch wird sichergestellt, dass die Unternehmensanteile nicht durch Erbgänge zersplittert werden und dass der Unternehmenserhalt nicht durch ein schlechtes Management der Erben oder durch Streitigkeiten zwischen ihnen gefährdet wird. Zudem sind Stiftungen regelmäßig erbschaftssteuerlich bevorzugt, da durch den Tod des Stifters kein Erbschaftsfall eintritt.

Versorgung von Familien
Die Errichtung von Stiftungen kann auch mit dem Motiv erfolgen, die Familien der Stifter oder gar sie selbst zu versorgen. Entsprechende Stiftungen werden auch als **Familienstiftungen** bezeichnet. Bei ihrer Errichtung wird festgelegt, dass Teile der mit dem Stiftungsvermögen erwirtschafteten Gewinne den sogenannten **Destinatären** als Versorgungsleistungen zur Verfügung gestellt werden. Dadurch dass die Familienmitglieder nicht Eigentümer des Vermögens der Stiftung sind, wird ihnen zum einen die Möglichkeit genommen, das Vermögen zu verbrauchen, und zum anderen können Gläubiger von Familienmitgliedern das Stiftungsvermögen nicht pfänden. Unter Umständen kann sogar ein Gläubigerzugriff auf die Ausschüttungen an die Destinatäre über entsprechende Passagen in der Satzung der Stiftung verhindert werden.

Wirtschaftspraxis 4-3

Die Robert Bosch Stiftung

»Meine Absicht geht dahin, neben der Linderung von allerhand Not vor allem auf die Hebung der sittlichen, gesundheitlichen und geistigen Kräfte des Volkes hinzuwirken.« So der Auftrag von *Robert Bosch* (1861–1942) an die *Vermögensverwaltung Bosch GmbH*, aus der später die *Robert Bosch Stiftung GmbH* hervorging.
Die Stiftung hält 92 Prozent des Stammkapitals der *Robert Bosch GmbH*. Die damit erzielten Gewinne dienen ausschließlich der Finanzierung gemeinnütziger Zwecke, wofür die Stiftung im Jahr 2019 über 100 Millionen Euro ausgab. Förderschwerpunkte sind dabei die Bereiche Gesundheitspflege, Völkerverständigung, Wohlfahrtspflege, Bildung und Erziehung, Kunst und Kultur, Geistes-, Sozial- und Naturwissenschaften. Gefördert werden unter anderem über Stipendien, Projektförderungen, Preisstiftungen, Seminare und Förderwettbewerbe.
Die Organe der Stiftung sind die Gesellschafterversammlung, das Kuratorium sowie die Geschäftsführung.

Quelle: *Robert Bosch Stiftung GmbH*: Bericht 2019 – Die Stiftung in Zahlen, Stuttgart 2020.

Zusammenfassung Kapitel 4

- Rechtsformen sind rechtliche Eigenschaften, die Betrieben durch Rechtsgeschäfte zugeordnet werden und die Rechtsbeziehungen der Betriebe im Innen- und im Außenverhältnis regeln.
- Rechtsformentscheidungen sind Entscheidungen über die Zuordnung von Rechtsformen zu Betrieben. Dabei besteht ein Typenzwang.
- In Deutschland werden Betriebe, die ein Handelsgewerbe betreiben, als Kaufleute bezeichnet, in Österreich Betriebe, die dauerhaft selbstständig wirtschaftlich tätig sind, als Unternehmen und in der Schweiz Betriebe, die ein nach kaufmännischer Art geführtes Handels-, Fabrikations- oder anderes Gewerbe betreiben, als kaufmännische Unternehmen.
- Juristische Personen sind voll rechtsfähige Rechtspersönlichkeiten, die über ihre Organe wie natürliche Personen am Rechtsverkehr als Träger von Rechten und Pflichten teilnehmen können.
- Die Firma ist der Name von kaufmännischen Unternehmen, unter denen diese ihre Geschäfte betreiben und im Außenverhältnis in Erscheinung treten.
- Gesellschaften sind zweckgerichtete Personenvereinigungen auf der Grundlage von privatrechtlichen Gesellschaftsverträgen.
- Gegenstand der Geschäftsführung ist die Gestaltung und Steuerung aller gewöhnlichen Geschäfte im Innenverhältnis von Unternehmen.
- Gegenstand der Vertretung ist die Durchführung aller Geschäfte im Namen des Unternehmens im Außenverhältnis.
- Die unternehmerische Mitbestimmung seitens der Arbeitnehmer kann in manchen Ländern durch ihre Beteiligung in den Aufsichts- oder sogar in den Leitungsorganen von Unternehmen erfolgen.
- Die Publizität besagt, welche Informationen Unternehmen welchen Unternehmensexternen in welchem Detaillierungsgrad zur Verfügung stellen müssen.
- Die Gründung von Gesellschaften erfolgt idealtypisch in den vier Phasen: Errichtung einer Vorgründungsgesellschaft, Errichtung einer Vorgesellschaft, Vorbereitung der Entstehung, Entstehung der Gesellschaft.
- Einzelunternehmen sind ohne Gesellschafter selbstständig tätige natürliche Personen. Das Unternehmen und sein Betriebsvermögen sind dabei nicht verselbstständigt.
- Personengesellschaften sind für eine kleinere Anzahl von Gesellschaftern konzipierte Gesellschaftsformen, die von einer engen, persönlichen Beziehung zwischen Gesellschaftern und Gesellschaft und von einer fortgesetzten Zugehörigkeit aller Gesellschafter ausgehen.
- Bei Personengesellschaften gilt die Gesamthandschaft aller Gesellschafter nach der diese unter anderem gemeinsam für Gesellschaftsverbindlichkeiten haften.
- Die drei wichtigsten Arten von Personengesellschaften sind Gesellschaften bürgerlichen Rechts (D)(A)/Einfache Gesellschaften (CH), Offene Handelsgesellschaften (D)/Offene Gesellschaften (A)/Kollektivgesellschaften (CH) und Kommanditgesellschaften.

- Kommanditgesellschaften haben voll- und teilhaftende Gesellschafter.
- Körperschaften sind rechtlich verselbstständigte Organisationen mit eigener Rechtspersönlichkeit und zudem juristische Personen.
- Kapitalgesellschaften sind Körperschaften, die für eine größere Anzahl von Gesellschaftern konzipiert wurden und von einer primär kapitalbasierten Beziehung zwischen Gesellschaftern und Gesellschaft und nicht von einer fortgesetzten Zugehörigkeit aller Gesellschafter ausgehen.
- Kapitalgesellschaften haben Organe über die sie am Rechtsverkehr teilnehmen.
- Kapitalgesellschaften sind selbst Eigentümer ihres Betriebsvermögens und haften alleine für ihre Verbindlichkeiten.
- Die zwei wichtigsten Arten von Kapitalgesellschaften sind die Gesellschaften mit beschränkter Haftung und die Aktiengesellschaften.
- Aktien sind Wertpapiere, die einen Anteil am Vermögen einer Aktiengesellschaft und eine Mitgliedschaft in der Aktiengesellschaft verbriefen.
- Stiftungen sind rechtlich verselbstständigte Vermögensmassen mit eigener Rechtspersönlichkeit ohne Eigentümer, die über ihre Organe wie natürliche Personen am Rechtsverkehr teilnehmen und die mit ihrem vom Stifter gewidmeten Vermögen die von ihrem Stifter festgelegten Zwecke dauerhaft fördern sollen.
- Die wichtigsten Motive für die Errichtung privatrechtlicher Stiftungen sind die Förderung ideeller Zwecke, die Existenzsicherung von Unternehmen und die Versorgung von Familien.

Weiterführende Literatur Kapitel 4

Deutsche Rechtsformen

Stehle, H./Stehle, A./Leuz, N.: Die rechtlichen und steuerlichen Wesensmerkmale der verschiedenen Gesellschaftsformen, Stuttgart.

Saenger, I.: Gesellschaftsrecht, München.

Windbichler, C.: Gesellschaftsrecht, München.

Kübler, F./Assmann, H.-D.: Gesellschaftsrecht, Die privatrechtlichen Ordnungsstrukturen und Regelungsprobleme von Verbänden und Unternehmen, Heidelberg.

Österreichische Rechtsformen

Rieder, B./Huemer. D.: Gesellschaftsrecht, Wien.

Weber, M.: Unternehmens- und Gesellschaftsrecht, Wien.

Schweizerische Rechtsformen

Peter V./Kunz, P. V.: Rundflug über's schweizerische Gesellschaftsrecht, Bern.

Meier-Hayoz, A./Forstmoser, P.: Schweizerisches Gesellschaftsrecht, Bern.

Schlüsselbegriffe Kapitel 4

- Rechtsform
- Numerus Clausus
- Typenzwang
- Innengesellschaft
- Stille Gesellschaft
- Außengesellschaft
- Verselbstständigungsgrad
- Handelsgewerbe (D)
- Kaufmann (D)
- Ist-Kaufmann (D)
- Form-Kaufmann (D)
- Kann-Kaufmann (D)
- Unternehmen kraft Betreibens (A)
- Unternehmen kraft Rechtsform (A)
- Unternehmen kraft Eintragung (A)
- Gewerbe (CH)
- Kaufmännisches Unternehmen (CH)
- Rechtsfähigkeit
- Juristische Person
- Firma
- Rechtsformzusatz
- Personenfirma
- Sachfirma
- Fantasiefirma
- Etablissement
- Enseigne
- Kapitalausstattung
- Stammkapital
- Grundkapital
- Gesellschafter
- Gesellschaft
- Einpersonengesellschaft
- Spitzenorganisation
- Geschäftsführung
- Vertretung
- Gesamtgeschäftsführung
- Einzelgeschäftsführung
- Selbstorganschaft
- Drittorganschaft
- Fremdorganschaft
- Drittgeschäftsführung
- Geschäftsführungsorgan
- Prokura
- Handlungsvollmacht
- Haftung
- Teilhaftung
- Haftsumme (D)(A)
- Kommanditsumme (CH)
- Vollhaftung
- Unbeschränkte Haftung
- Gesamtschuldnerische Haftung
- Solidarische Haftung
- Unmittelbare Haftung
- Subsidiäre Haftung
- Gewinn- und Verlustverteilung
- Betriebliche Mitbestimmung
- Unternehmerische Mitbestimmung
- Publizität
- Unternehmensregister
- Handelsregister
- Firmenbuch
- Betriebs- und Unternehmensregister
- European Business Register
- Bundesanzeiger
- Gewinnbesteuerung
- Gründung
- Vorgründungsgesellschaft
- Errichtung
- Vorgesellschaft
- Gesellschaftserklärung
- Gesellschaftsvertrag
- Entstehung
- Einzelunternehmen
- Einzelunternehmerin
- Einzelunternehmer
- Einzelkaufmann
- Gewerberechtlicher Geschäftsführer (A)
- Einzelfirma (CH)
- Personengesellschaft
- Gesamthandseigentum
- Gesamthandsvermögen
- Gesamthandschaft
- Gesellschaft bürgerlichen Rechts (D)(A)
- Einfache Gesellschaft (CH)
- Offene Handelsgesellschaft (D)
- Offene Gesellschaft (A)
- Kollektivgesellschaft
- Europäische Wirtschaftliche Interessenvereinigung
- Kommanditgesellschaft
- Komplementär
- Kommanditist (D)(A)
- Kommanditär (CH)
- Kapitalgesellschaft
- Körperschaft
- Trennungsprinzip
- Gesellschaft mit beschränkter Haftung
- Gesellschafterversammlung
- Aufsichtsrat (D)(A)
- Abschlussprüfer
- Revisionsstelle (CH)
- Aktiengesellschaft
- Aktie
- Inhaberaktie
- Namensaktie
- Nennbetragsaktie
- Stückaktie
- Stammaktie
- Stimmrechtsaktie
- Vorzugsaktie
- Hauptversammlung (D)(A)
- Vorstand (D)(A)
- Nominale (A)
- Generalversammlung (CH)
- Verwaltungsrat (CH)
- Societas Europaea
- Stiftung
- Stiftungsgeschäft
- Zweckvermögen
- Unternehmensstiftung
- Familienstiftung
- Destinatär
- Stiftung

Fragen Kapitel 4

Frage 4-1: *Definieren Sie den Begriff »Rechtsform«.*

Frage 4-2: *Definieren Sie den Begriff »Rechtsformentscheidung«.*

Frage 4-3: *Erläutern Sie den Unterschied zwischen Außen- und Innengesellschaften.*

Frage 4-4 (D): *Erläutern Sie, was unter einem »Kaufmann« verstanden wird.*

Frage 4-5 (D): *Nennen Sie die drei Arten von Kaufleuten.*

Frage 4-6 (A): *Erläutern Sie, was unter einem »Unternehmen« verstanden wird.*

Frage 4-7 (A): *Nennen Sie die drei Arten von Unternehmen.*

Frage 4-8 (CH): *Erläutern Sie, was unter einem »kaufmännischen Unternehmen« verstanden wird.*

Frage 4-9: *Erläutern Sie, was die Rechtsfähigkeit von Unternehmen besagt.*

Frage 4-10: *Definieren Sie den Begriff »Juristische Person«.*

Frage 4-11: *Definieren Sie den Begriff »Firma«.*

Frage 4-12: *Nennen Sie mindestens drei Arten von Firmen.*

Frage 4-13: *Definieren Sie den Begriff »Gesellschaft«.*

Frage 4-14: *Erläutern Sie die Unterschiede zwischen Geschäftsführung und Vertretung.*

Frage 4-15: *Erläutern Sie die Unterschiede zwischen Gesamt- und Einzelgeschäftsführung.*

Frage 4-16: *Erläutern Sie die Unterschiede zwischen Selbst- und Fremdorganschaft.*

Frage 4-17: *Erläutern Sie am Beispiel einer Kommanditgesellschaft die Unterschiede zwischen Teil- und Vollhaftung.*

Frage 4-18: *Erläutern Sie die Unterschiede zwischen einer unmittelbaren und einer subsidiären Haftung.*

Frage 4-19: *Nennen Sie die zwei Arten der kollektiven Mitbestimmung von Arbeitnehmern.*

Frage 4-20: *Erläutern Sie den Begriff »Publizität«.*

Frage 4-21: *Nennen Sie die vier Phasen bei der Gründung von Gesellschaften.*

Frage 4-22: *Definieren Sie den Begriff »Einzelunternehmen«.*

Frage 4-23: *Nennen Sie die charakteristischen Merkmale von deutschen/österreichischen/schweizerischen Einzelunternehmen im Hinblick auf den Gegenstand, die Firmierung, die Kapitalausstattung, die Inhaber und die Haftung.*

Frage 4-24: *Definieren Sie den Begriff »Personengesellschaft«.*

Frage 4-25 (D) (CH): *Erläutern Sie, was unter einem Gesamthandsvermögen verstanden wird.*

Frage 4-26: *Nennen Sie drei Zwecke, zu denen die Gesellschaften bürgerlichen Rechts/Einfachen Gesellschaften eingesetzt werden können.*

Frage 4-27: *Nennen Sie die charakteristischen Merkmale der deutschen/österreichischen Gesellschaften bürgerlichen Rechts/schweizerischen Einfachen Gesellschaften im Hinblick auf die Klassifikation, den Gegenstand, die Entstehung, die Firmierung, die Kapitalausstattung, die Gesellschafter, die Organisation, die Drittgeschäftsführung und die Haftung.*

Frage 4-28: *Nennen Sie die charakteristischen Merkmale der deutschen Offenen Handelsgesellschaften/österreichischen Offenen Gesellschaften/schweizerischen Kollektivgesellschaften im Hinblick auf die Klassifikation, den Gegenstand, die Entste-*

hung, die Firmierung, die Kapitalausstattung, die Gesellschafter, die Organisation, die Drittgeschäftsführung und die Haftung.

Frage 4-29: *Nennen Sie die charakteristischen Merkmale der Europäischen Wirtschaftlichen Interessenvereinigung im Hinblick auf die Klassifikation, den Gegenstand, die Entstehung, die Firmierung, die Kapitalausstattung, die Gesellschafter, die Organe, die Drittgeschäftsführung und die Haftung.*

Frage 4-30: *Nennen Sie die zwei Arten von Gesellschaftern, die es bei der Kommanditgesellschaft gibt.*

Frage 4-31: *Nennen Sie die charakteristischen Merkmale der deutschen/österreichischen/schweizerischen Kommanditgesellschaften im Hinblick auf die Klassifikation, den Gegenstand, die Entstehung, die Firmierung, die Kapitalausstattung, die Gesellschafter, die Organisation, die Drittgeschäftsführung und die Haftung.*

Frage 4-32: *Definieren Sie den Begriff »Körperschaft«.*

Frage 4-33: *Definieren Sie den Begriff »Kapitalgesellschaft«.*

Frage 4-34: *Erläutern Sie, welche grundlegenden Unterschiede zwischen Kapital- und Personengesellschaften bestehen.*

Frage 4-35: *Erläutern Sie, was das Trennungsprinzip besagt.*

Frage 4-36: *Nennen Sie die charakteristischen Merkmale der deutschen/österreichischen/schweizerischen Gesellschaften mit beschränkter Haftung im Hinblick auf die Klassifikation, den Gegenstand, die Errichtung, die Entstehung, die Firmierung, die Kapitalausstattung, die Gesellschafter, die Organisation, die Drittgeschäftsführung und die Haftung.*

Frage 4-37: *Definieren Sie den Begriff »Aktie«.*

Frage 4-38: *Erläutern Sie, worin sich Inhaber- von Namensaktien unterscheiden.*

Frage 4-39: *Erläutern Sie, worin sich Nennbetrags- von Stückaktien unterscheiden.*

Frage 4-40: *Erläutern Sie, worin sich Stamm-, Stimmrechts- und Vorzugsaktien unterscheiden.*

Frage 4-41: *Nennen Sie die charakteristischen Merkmale der deutschen/österreichischen/schweizerischen Aktiengesellschaften im Hinblick auf die Klassifikation, den Gegenstand, die Errichtung, die Entstehung, die Firmierung, die Kapitalausstattung, die Gesellschafter, die Organisation, die Drittgeschäftsführung und die Haftung.*

Frage 4-42: *Erläutern Sie, welche unterschiedlichen Aufgaben die Organe von deutschen/österreichischen/schweizerischen Aktiengesellschaften haben.*

Frage 4-43: *Nennen Sie die charakteristischen Merkmale der Societas Europaea im Hinblick auf die Klassifikation, den Gegenstand, die Errichtung, die Entstehung, die Firmierung, die Kapitalausstattung, die Gesellschafter, die Organe, die Drittgeschäftsführung und die Haftung.*

Frage 4-44: *Definieren Sie den Begriff »Stiftung«.*

Frage 4-45: *Erläutern Sie, was unter einem Zweckvermögen verstanden wird.*

Frage 4-46: *Nennen Sie drei mögliche Motive für die Errichtung privatrechtlicher Stiftungen.*

Frage 4-47: *Erläutern Sie, was unter Destinatären verstanden wird.*

Fallstudie Kapitel 4

Fallstudie 4-1: Motorgeräuscheapp

Ein deutscher/österreichischer/schweizerischer Student hat eine Applikation für Mobiltelefone entwickelt, die abhängig von der Beschleunigung Motorgeräusche von Rennwagen ertönen lässt. Der Student will die Applikation jetzt vermarkten und weiterentwickeln. Erörtern Sie die Vor- und Nachteile verschiedener Rechtsformen für dieses Vorhaben.

Fallstudie 4-2: Navigationsapp

*Drei deutsche/österreichische/schweizerische Studenten aus wohlhabenden Familien haben eine Idee für eine Mobiltelefonapplikation, die die Navigation von Autos revolutionieren könnte. Die Studenten wollen die Applikation jetzt in einem gemeinsamen Unternehmen entwickeln und vermarkten. Zur Finanzierung des Vorhabens wollen Sie auch Risikokapital (**↗ Kapitel 2 Entscheidungstheorie**) einsetzen. Erörtern Sie die Vor- und Nachteile verschiedener Rechtsformen für das gemeinsame Unternehmen.*

Fallstudie 4-3: Automobilzulieferer

Zwei kleine deutsche/österreichische/schweizerische Automobilzulieferer, die bisher als Einzelunternehmer tätig sind und jeweils einige wenige Mitarbeiter haben, wollen ihre Unternehmen in einem gemeinsamen Unternehmen zusammenführen. Erörtern Sie die Vor- und Nachteile verschiedener Rechtsformen für das gemeinsame Unternehmen.

Fallstudie 4-4: Unternehmenserhalt

Ein deutscher/österreichischer/schweizerischer Einzelunternehmer, dessen Unternehmen 350 Mitarbeiter hat, ist 73 Jahre alt und hat fünf Kinder, die untereinander völlig zerstritten sind und von denen keines sein Unternehmen weiterführen will. Da das Unternehmen sein Lebenswerk ist, will der Unternehmer dessen Existenz sichern und noch zu Lebzeiten einen Nachfolger einlernen. Erörtern Sie verschiedene gesellschaftsrechtliche Optionen für den Unternehmer.

Fallstudie 4-5: Supranationales Gemeinschaftsunternehmen

Ein deutscher und ein österreichischer Automobilzulieferer, die beide die Rechtsform einer Gesellschaft mit beschränkter Haftung haben, wollen die Entwicklung und die Produktion eines bestimmten Produkts in einem Gemeinschaftsunternehmen mit Sitz in Deutschland/Österreich zusammenfassen. Erörtern Sie die Vor- und Nachteile verschiedener Rechtsformen für das Vorhaben.

5 Entscheidungen über zwischenbetriebliche Verbindungen

Kapitelnavigator

Inhalt	Lernziel
5.1 Grundlagen	5-1 Die Grundlagen von Entscheidungen über zwischenbetriebliche Verbindungen kennen.
5.2 Formen der Kooperation	5-2 Die verschiedenen Formen der Kooperation kennen.
5.3 Formen der Konzentration	5-3 Die verschiedenen Formen der Konzentration kennen.
5.4 Besondere Ausprägungen zwischenbetrieblicher Verbindungen	5-4 Die besonderen Ausprägungen zwischenbetrieblicher Verbindungen kennen.

So wie es zwischen Menschen mehr oder weniger enge Verbindungen gibt, so kann es auch zwischen Betrieben mehr oder weniger enge Verbindungen geben. In der Regel dienen diese dazu, gemeinsame Ziele zu verfolgen oder – wenn es sich um sehr enge Verbindungen handelt – nicht aus sich selbst heraus, sondern extern zu wachsen.

Bei den weiteren Ausführungen werden wir dabei von folgender Definition zwischenbetrieblicher Verbindungen ausgehen (vergleiche *Pausenberger, E.* 1989: Seite 621):

Der Begriff der **zwischenbetrieblichen Verbindung** bezeichnet aus funktionaler Sicht den Prozess des Eingehens einer Verbindung zwischen Unternehmen und aus institutioneller Sicht den daraus resultierenden Zustand in Form einer Verbindung zwischen diesen Unternehmen.

5.1 Grundlagen

5.1.1 Formen zwischenbetrieblicher Verbindungen

Die unterschiedlichen Formen von zwischenbetrieblichen Verbindungen lassen sich anhand der in ↗ Abbildung 5-1 aufgeführten Kriterien systematisieren. Nachfolgend werden wir insbesondere auf die Ebenen, die Reichweite, die Bindungsintensität und die Bindungsinstrumente der Verbindungen eingehen (vergleiche zum Folgenden *Hopfenbeck, W.* 1998: Seite 148 f. und *Steiner, M.* 1993: Seite 161).

Abb. 5-1

Merkmale zwischenbetrieblicher Verbindungen

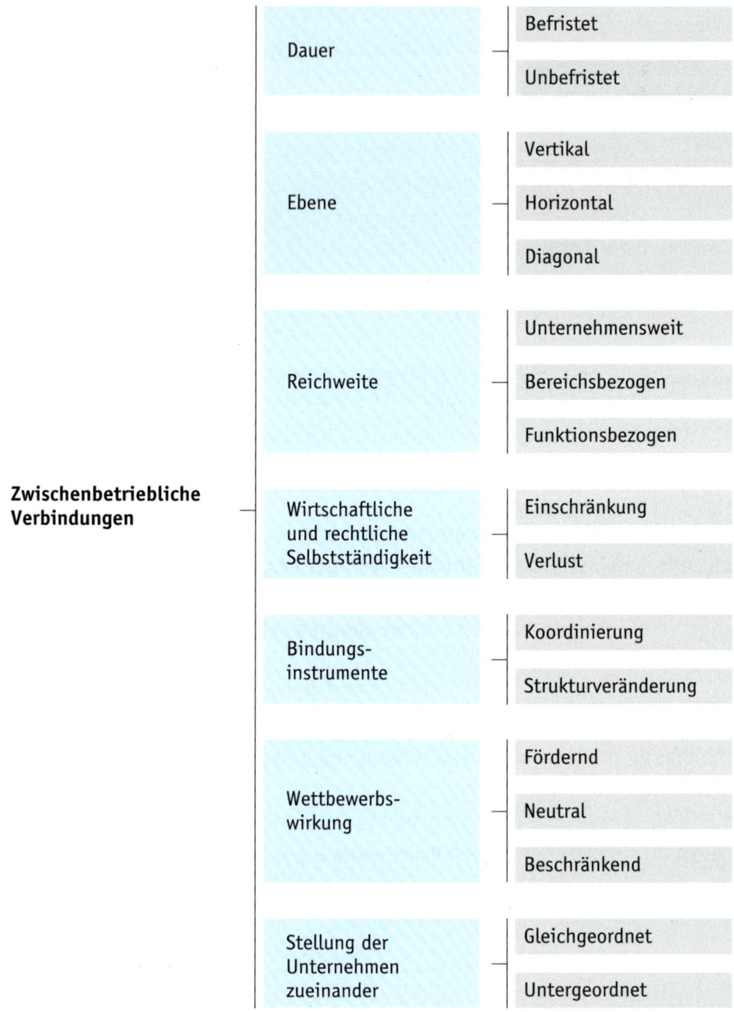

Vergleiche *Pausenberger, E.* 1989: Seite 622

5.1.1.1 Ebenen zwischenbetrieblicher Verbindungen

In Abhängigkeit von Unterschieden hinsichtlich der Produktions- und der Absatzstufen und hinsichtlich der Branchen der sich verbindenden Unternehmen können drei Arten von Verbindungen unterschieden werden (↗ Abbildung 5-2, *Pausenberger, E.* 1989: Seite 622 f. und *Wöhe, G.* 2002: Seite 303 f.):

Grundformen von zwischenbetrieblichen Verbindungen

Vertikale zwischenbetriebliche Verbindungen

Bei einer vertikalen zwischenbetrieblichen Verbindung arbeiten Unternehmen aus vor- und nachgelagerten Produktions- und Absatzstufen zusammen, also beispielsweise ein Automobilhersteller mit einem Zulieferer oder einem Autohändler. Erfolgt eine Mehrheitsbeteiligung an dem vor- oder nachgelagerten Unternehmen oder eine Fusion mit diesem Unternehmen, so wird von einer **Rückwärts-** oder einer **Vorwärtsintegration** gesprochen.

Horizontale zwischenbetriebliche Verbindungen

Kennzeichnend für horizontale zwischenbetriebliche Verbindungen ist die Beteiligung von Unternehmen derselben Branche und derselben Produktions- oder Absatzstufe. Dies ist beispielsweise dann der Fall, wenn zwei Automobilhersteller gemeinsam Fahrzeuge entwickeln.

Diagonale zwischenbetriebliche Verbindungen

Bei diagonalen zwischenbetrieblichen Verbindungen, die auch als heterogen, gemischt, diversifiziert oder konglomerat bezeichnet werden, verbinden sich branchenfremde Unternehmen miteinander. Dies ist beispielsweise der Fall, wenn ein Automobilhersteller mit einem Kreditkartenunternehmen zusammenarbeitet.

Abb. 5-2

Ebenen zwischenbetrieblicher Verbindungen

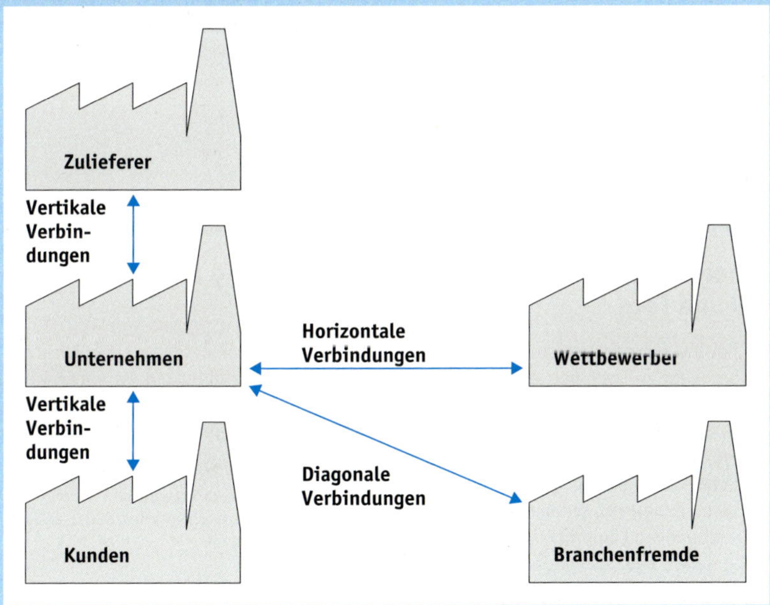

Wirtschaftspraxis 5-1

Gemeinsame Entwicklung integrierter Trainingssysteme

Im Rahmen einer diagonalen Zusammenarbeit entwickelten der Sportartikelhersteller *Adidas* und der marktführende Hersteller von Herzfrequenzmessgeräten, *Polar,* unter der Bezeichnung »*Project Fusion*« ein integriertes Trainingssystem, bei dem ein Sensor zur Messung der Herzfrequenz in die Oberbekleidung und ein Sensor zur Messung der Geschwindigkeit und der Distanz in die Schuhe von *Adidas* integriert wurden. Die damit ermittelten Daten werden per Funk an einen Running Computer von *Polar* am Handgelenk übertragen, wo sie angezeigt und aufgezeichnet werden. Ein ähnliches System, bei dem der *iPod* als Auswertungssystem arbeitet, entwickelten auch die Unternehmen *Nike* und *Apple* im Rahmen einer diagonalen Zusammenarbeit.

Quellen: *Hofer, J.*: Gespräch mit dem Hosenträger, in: Handelsblatt, Nummer 137 vom 19.07.2006, Seite 18 und *Riecke, T.*: Nike trägt Apples iPod in die Welt des Sports, in: Handelsblatt, Nummer 101 vom 26.05.2006, Seite 18.

Die nachfolgenden Ausführungen beziehen sich vor allem auf horizontale und diagonale zwischenbetriebliche Verbindungen, während auf vertikale Verbindungen im ↗ Kapitel 15 Beschaffung näher eingegangen wird.

5.1.1.2 Reichweite zwischenbetrieblicher Verbindungen

Hinsichtlich der Reichweiten zwischenbetrieblicher Verbindungen können drei Formen unterschieden werden:

Grundformen von zwischenbetrieblichen Verbindungen

Unternehmensweite zwischenbetriebliche Verbindungen
Bei unternehmensweiten zwischenbetrieblichen Verbindungen wird entlang der gesamten Wertschöpfungskette mit anderen Unternehmen zusammengearbeitet. Diese Form der Verbindung findet sich meist bei kleinen und mittleren Unternehmen, die nicht divisional organisiert sind.

Wirtschaftspraxis 5-2

Bereichs- und funktionsbezogene Verbindung zwischen VW und Ford

Ein Beispiel für eine bereichs- und funktionsbezogene zwischenbetriebliche Verbindung ist die gemeinsame Entwicklung und Produktion des *VW Sharan*, des *Ford Galaxy* und des *Seat Alhambra* durch die *Volkswagen AG* und die *Ford AG*. Seit die *EU-Kommission* die Verbindung 1991 genehmigte, werden die – bis auf den Kühlergrill und einzelne Designteile – baugleichen Fahrzeuge in einem Gemeinschaftsunternehmen in der Nähe von Lissabon produziert. Der Absatz der Fahrzeuge erfolgt dann getrennt nach Marken, wobei sich die Fahrzeuge hinsichtlich des Verkaufspreises erheblich unterscheiden.

Quelle: *Schäfer-Kunz, J.*: Strategische Allianzen im deutschen und europäischen Kartellrecht, Frankfurt et al. 1995, Seite 112 ff.

Abb. 5-3

Beispiele funktionsbezogener zwischenbetrieblicher Verbindungen

Bereichsbezogene zwischenbetriebliche Verbindungen

Größere Unternehmen arbeiten mit anderen Unternehmen in der Regel nur in bestimmten Produkt-, Kunden- oder geografischen Bereichen zusammen.

Funktionsbezogene zwischenbetriebliche Verbindungen

Unabhängig von der Größe der beteiligten Unternehmen beschränken sich zwischenbetriebliche Verbindungen häufig auf einzelne Funktionen, also beispielsweise die gemeinsame Entwicklung eines neuen Produkts, dessen Produktion oder dessen Absatz (↗ Abbildung 5-3).

5.1.1.3 Bindungsintensität zwischenbetrieblicher Verbindungen

Der Maßstab für die Bindungsintensität von zwischenbetrieblichen Verbindungen ist der Grad der wirtschaftlichen und rechtlichen Selbstständigkeit der beteiligten Unternehmen. Dabei können zwei Grundformen unterschieden werden (↗ Abbildung 5-4, *Pausenberger, E.* 1989: Seite 623 f. und *Wöhe, G.* 2002: Seite 303):

Grundformen zwischenbetrieblicher Verbindungen

Kooperation

Bei der Kooperation bleibt die rechtliche Selbstständigkeit der beteiligten Unternehmen ganz und die wirtschaftliche Selbstständigkeit zumindest weitgehend erhalten. Die Bindungsintensität wird insbesondere durch entsprechende Verträge zwischen den beteiligten Unternehmen erhöht.

Abb. 5-4

Bindungsintensität zwischenbetrieblicher Verbindungen

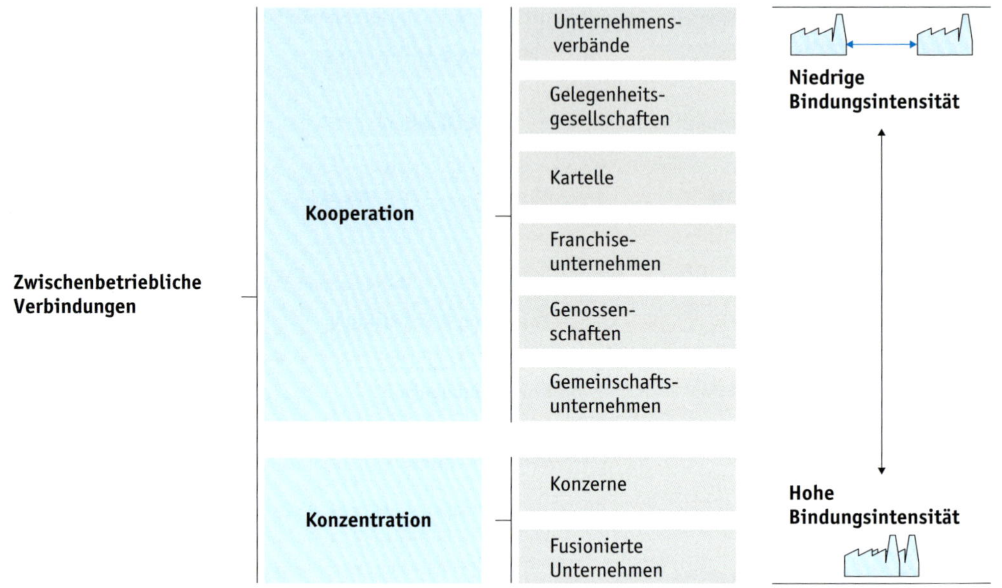

Vergleiche *Wöhe, G.* 2002: Seite 302

Konzentration
Bei der Konzentration durch die Bildung von Konzernen verlieren die beteiligten Unternehmen ihre wirtschaftliche, bei der Fusion zusätzlich noch ihre rechtliche Selbstständigkeit.

5.1.1.4 Bindungsinstrumente zwischenbetrieblicher Verbindungen

Zwischenbetriebliche Verbindungen lassen sich auch danach differenzieren, welche Bindungsinstrumente eingesetzt werden. Grundsätzlich können Bindungen durch Verhaltenskoordinierung und/oder Strukturveränderungen geschaffen werden (↗ Abbildung 5-5, zum Folgenden vergleiche *Schäfer-Kunz, J.* 1995: Seite 75 ff.):

Bindung durch Verhaltenskoordinierung

Instrumente der Verhaltenskoordinierung

Unternehmen können ihr Vorgehen insgesamt oder in bestimmten Unternehmensbereichen und/oder Funktionen aufeinander abstimmen. Mögliche Instrumente zur Verhaltenskoordinierung im Rahmen der Verbindung von Unternehmen sind:

- der Abschluss von **Verträgen**,
- die Stellung von **Aufsichtsorganen**, wie beispielsweise Aufsichtsräten, und
- die – heute nicht mehr ganz so wichtige – Erzeugung von **familiären Beziehungen**, wie etwa durch Heirat.

Abb. 5-5

Bindungsinstrumente

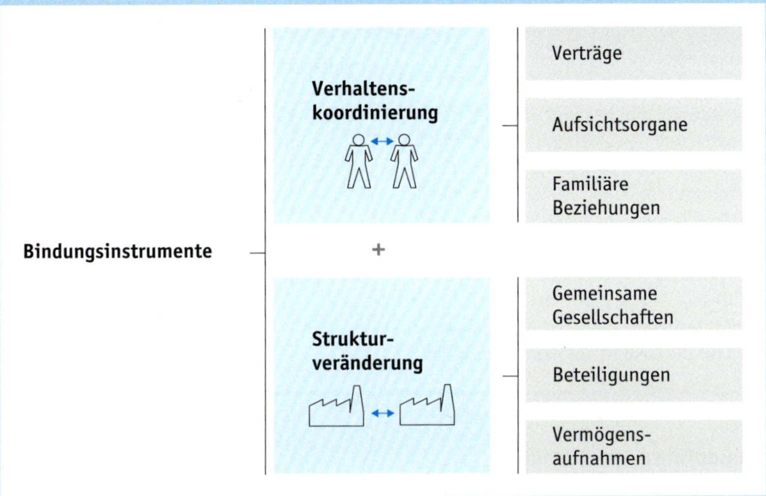

Bindung durch Strukturveränderungen

Instrumente der Strukturveränderung

Um engere Bindungen zwischen Unternehmen herzustellen, stimmen diese häufig nicht nur ihre Vorgehensweise aufeinander ab, sondern schaffen durch die Gründung von Gesellschaften sowie den Einsatz von Kapital zusätzliche Bindungen. Entsprechende Bindungsinstrumente sind:

- die Gründung **gemeinsamer Gesellschaften**, wie dies beispielsweise bei Verbänden, Arbeitsgemeinschaften, Genossenschaften oder Gemeinschaftsunternehmen anzutreffen ist,
- das Eingehen von einseitigen oder wechselseitigen **Beteiligungen** und
- die **Aufnahme des Vermögens** anderer Unternehmen im Rahmen von Fusionen.

5.1.1.4.1 Verträge

Bei den meisten zwischenbetrieblichen Verbindungen werden Verträge als Bindungsinstrumente zwischen den Unternehmen eingesetzt. Klassische Vertragsarten, die dazu eingesetzt werden sind:

Kooperationsverträge

Kooperationsverträge enthalten beispielsweise Angaben über den Gegenstand und das Ziel der zwischenbetrieblichen Verbindung, die Dauer der Verbindung und die Rechte und Pflichten der beteiligten Unternehmen.

Beherrschungsverträge

Beherrschungsverträge werden primär innerhalb von Konzernen eingesetzt. Über sie wird die Leitung eines Unternehmens einem anderen Unternehmen unterstellt.

Wirtschaftspraxis 5-3

Der Beherrschungs- und Gewinnabführungsvertrag zwischen Wella und Procter & Gamble

Im Juni 2004 veröffentlichte die *Wella AG* folgende Presseinformation:
»Die *Wella AG* gibt bekannt, dass der Beherrschungs- und Gewinnabführungsvertrag mit der *Procter & Gamble Holding GmbH & Co. Operations OHG*, einer 100%igen Tochter der *Procter & Gamble Company*, im Handelsregister Darmstadt eingetragen und somit wirksam geworden ist. Die Hauptversammlung der *Wella AG* am 8. Juni 2004 hatte dem Vertrag zugestimmt. Damit sind wichtige Weichen für die Zukunft der *Wella AG* gestellt. Auf Basis des Vertrages wird es jetzt möglich, zukünftige Strukturen für das Unternehmen zu erarbeiten und somit Mitarbeitern langfristige Perspektiven aufzuzeigen und Kunden auch weiterhin ein verlässlicher Partner zu sein. ...«

Quelle: *Wella AG*: Beherrschungsvertrag zwischen der Wella AG und Procter & Gamble wirksam, unter: www.wella.com, Stand: 11.06.2004.

Gewinnabführungsverträge
Gewinnabführungsverträge werden primär innerhalb von Konzernen eingesetzt. Über sie verpflichten sich Unternehmen, Teile oder die Gesamtheit ihrer Gewinne an ein anderes Unternehmen abzuführen. In der Regel entsteht damit aber auch gleichzeitig für das empfangende Unternehmen die Pflicht zum Verlustausgleich, falls keine Gewinne erwirtschaftet werden.

5.1.1.4.2 Beteiligungen

Beteiligungen werden bei vielen zwischenbetrieblichen Verbindungen als sehr starkes Bindungsinstrument eingesetzt. Unternehmen können sich an anderen Unternehmen beteiligen

- durch **Kauf von Geschäftsanteilen** von anderen Gesellschaftern oder
- durch **Einbringung von Eigenkapital** im Rahmen einer Kapitalerhöhung (↗ Kapitel 12 Finanzierung).

Nach der Richtung unterscheiden wir:

- **einseitige Beteiligungen** und
- **wechselseitige Beteiligungen.**

Nach dem Grad der Beteiligung unterscheiden wir:

- **Minderheitsbeteiligungen** mit bis zu 50 Prozent stimmrechtsfähigem Anteil an einem anderen Unternehmen und
- **Mehrheitsbeteiligungen** ab 50 Prozent stimmrechtsfähigem Anteil an einem anderen Unternehmen.

Durch Beteiligungen erhalten Unternehmen:

- **Gewinnansprüche** und
- **Einflussmöglichkeiten auf die Unternehmenspolitik.**

Welche Einflussmöglichkeiten Beteiligungen gewähren, hängt außer vom Grad der Beteiligung auch von der Rechtsform und von länderspezifischen Regelungen ab. Typische Einflussmöglichkeiten sind:

- Bestimmung von Leitungs- und Aufsichtsorganen,
- Abnahme von Jahresabschlüssen/-rechnungen,
- Änderungen von Unternehmenssatzungen und
- Eingliederungen von Unternehmen durch Enteignung von Minderheitsgesellschaftern (englisch: Squeeze-out).

5.1.2 Ziele zwischenbetrieblicher Verbindungen

Mögliche Ziele zwischenbetrieblicher Verbindungen

Es gibt eine Vielzahl möglicher Ziele bei der Verbindung von Unternehmen. Meistens bestimmt dabei eine Zielkombination aus einem Hauptziel und mehreren Nebenzielen die rechtliche Form, die Intensität und die Dauer der Verbindung. Die möglichen Ziele zwischenbetrieblicher Verbindungen lassen sich in folgende Kategorien unterteilen (↗ Abbildung 5-6, zum Folgenden vergleiche *Schäfer-Kunz, J.* 1995: Seite 129 f. und die dort angegebene Literatur):

Abb. 5-6

Zielpentagon zwischenbetrieblicher Verbindungen

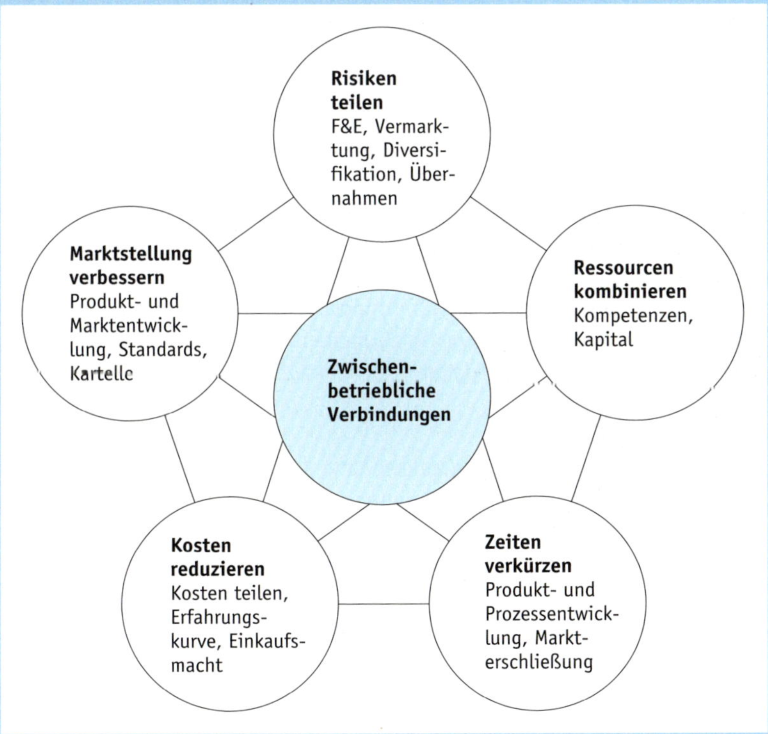

Wirtschaftspraxis 5-4

Die wichtigsten Ziele von Fusionen und Unternehmenskäufen

Im Jahr 1998 befragte die Unternehmensberatung A. T. Kearney 260 Unternehmen der *Fortune-500-Gruppe* zu ihren Zielen bei Fusionen und Unternehmenskäufen. Die Umfrage zeigte, dass die meisten Unternehmen vor allem

- ein weiteres Wachstum ihres Stammgeschäfts (85 Prozent der Nennungen),
- die Realisierung von Synergien auf der Kostenseite (57 Prozent der Nennungen) und
- den Erwerb von bestimmten Technologien (52 Prozent der Nennungen) anstrebten.

Eine Neupositionierung gegenüber den Wettbewerbern (21 Prozent der Nennungen) oder das Erzielen von Steuervorteilen (12 Prozent der Nennungen) spielten dagegen nur eine untergeordnete Rolle.

Quelle: *Picot, G.*: Handbuch Mergers & Acquisitions, Planung, Durchführung, Integration, Stuttgart 2002, Seite 22.

Ressourcenziele

Häufig verbinden sich Unternehmen mit anderen Unternehmen, um ihre Ressourcen zu vereinen, so beispielsweise wenn zwei Fahrzeughersteller die Ressourcen Kapital und Know-how bei der Entwicklung neuer Fahrzeuge kombinieren. Zwischenbetriebliche Verbindungen können darüber hinaus auch das Ziel haben, durch organisatorisches Lernen vom Partner Know-how und Kompetenzen zuzugewinnen (↗ Kapitel 7 Organisation).

Zeitziele

Zwischenbetriebliche Verbindungen können aus den Zielsetzungen heraus erfolgen, neue Produkte und Prozesse durch die Nutzung entsprechenden Know-hows des Partners schneller zu entwickeln und ausländische Märkte über die Nutzung vorhandener Vertriebsstrukturen schneller zu erschließen.

Kostenziele

Zwischenbetriebliche Verbindungen können auch das Ziel verfolgen, durch eine gemeinsame Forschung und Entwicklung die entsprechenden Kosten zu teilen oder durch eine gemeinsame Produktion Erfahrungskurveneffekte zu erzielen (↗ Kapitel 9 Controlling). Durch einen gemeinsamen Einkauf kann die Einkaufsmacht gegenüber Zulieferern vergrößert und dadurch die Einkaufspreise gesenkt werden.

Marktstellungsziele

Durch zwischenbetriebliche Verbindungen kann versucht werden, die Marktstellung zu verbessern. So kann durch die Verbindung mit ortsansässigen Unternehmen der Zugang zu ausländischen Märkten erleichtert oder sogar erst ermöglicht werden. Auch durch die gemeinsame Entwicklung neuer Produkte, durch die Entwicklung und Durchsetzung neuer Marktstandards und durch Absprachen im Rahmen von Kartellen können die Marktstellung der beteiligten Unternehmen verbessert und durch die Errichtung von Marktschranken Märkte abgeschottet werden.

Risikoziele

Durch wechselseitige Beteiligungen oder Fusionen können sich Unternehmen vor dem Risiko feindlicher Übernahmen schützen. Zwischenbetriebliche Verbindungen können auch dazu dienen, operative Risiken, wie Forschungs- und Entwicklungsrisiken oder Vermarktungsrisiken, zu teilen und in neue Geschäftsfelder zu diversifizieren.

5.1.3 Restriktionen zwischenbetrieblicher Verbindungen

Bei Entscheidungen über zwischenbetriebliche Verbindungen gilt es in der Regel, eine Reihe von internen und externen Restriktionen zu beachten.

5.1.3.1 Unternehmensinterne Restriktionen zwischenbetrieblicher Verbindungen

Zu den unternehmensinternen Restriktionen zählen insbesondere:

- **Bedingungen in Satzungen oder Geschäftsordnungen,** nach denen bei zwischenbetrieblichen Verbindungen beispielsweise die Eigentümer oder die Aufsichtsgremien zustimmen müssen, und
- **persönliche Präferenzen von Entscheidungsträgern**, die beispielsweise um die Unabhängigkeit ihrer Unternehmen besorgt sind.

5.1.3.2 Unternehmensexterne Restriktionen zwischenbetrieblicher Verbindungen

Nach allgemeiner Auffassung hat der Staat in einer marktwirtschaftlichen Ordnung dafür zu sorgen, dass **Märkte als Allokationsmechanismen in ihrer Funktionsweise nicht beeinträchtigt** werden. Durch die entsprechenden gesetzlichen Regelungen können sich externe Restriktionen für zwischenbetriebliche Verbindungen ergeben.

5.1.3.2.1 Auswirkungen zwischenbetrieblicher Verbindungen auf den Wettbewerb

5.1.3.2.1.1 Wettbewerbsarten

Wettbewerbsarten

Zwischenbetriebliche Verbindungen können sich auf zwei Arten des Wettbewerbs auswirken:

Produktwettbewerb

> Der **Produktwettbewerb** ist der Wettbewerb um die Entwicklung und die Verbesserung von vergleichbaren Produkten.

Durch einen funktionierenden Produktwettbewerb soll zum einen sichergestellt werden, dass die Verbraucher zwischen möglichst vielen unterschiedlichen Produkten wählen können, und zum anderen, dass die Produkte von möglichst hoher Qualität sind.

Preiswettbewerb

Der **Preiswettbewerb** ist der Wettbewerb um die Preise vergleichbarer Produkte.

Durch einen funktionierenden Preiswettbewerb soll sichergestellt werden, dass die Verbraucher Produkte zu möglichst niedrigen Preisen erwerben können.

5.1.3.2.1.2 Marktformen

Als wichtigster Indikator für das Funktionieren von Märkten gilt die Verteilung von Marktanteilen auf die im Markt agierenden Unternehmen. Durch die Verbindung von Unternehmen kann es zu einer Konzentration von Marktanteilen kommen. In Abhängigkeit von der Konzentration der Marktanteile bei Anbietern oder Nachfragern werden verschiedene **Marktformen** unterschieden (↗ Tabelle 5-1). Wettbewerbsrechtlich von besonderer Bedeutung sind dabei Monopole und Oligopole.

Monopole

Ein **Monopol** liegt vor, wenn ein Unternehmen keinem oder keinem wesentlichen Wettbewerb ausgesetzt ist.

Entsprechende Unternehmen werden auch als »marktbeherrschend« bezeichnet. Wann von einem Monopol ausgegangen wird, ist dabei länderspezifisch unterschiedlich:

- Im deutschen *Gesetz gegen Wettbewerbsbeschränkungen* § 18 Absatz 4 wird von einem Monopol ausgegangen, wenn ein Unternehmen einen Marktanteil von mindestens 40 Prozent hat.
- Im österreichischen *Kartellgesetz* § 4 Begriffsbestimmung, Absatz 2 wird von einem Monopol ausgegangen, wenn ein Unternehmen einen Marktanteil von mindestens 30 Prozent hat oder einen Marktanteil von mehr als 5 Prozent hat und dem Wettbewerb von höchstens zwei Unternehmen ausgesetzt ist oder einen Marktan-

Tab. 5-1

Marktformenschema

Angebot / **Nachfrage**	**Monopolistisch** (ein Anbieter)	**Oligopolistisch** (mehrere Anbieter)	**Atomistisch** (viele Anbieter)
Monopolistisch (ein Nachfrager)	Bilaterales Monopol	Beschränktes Nachfragemonopol	Nachfragemonopol (Monopson)
Oligopolistisch (mehrere Nachfrager)	Beschränktes Angebotsmonopol	Bilaterales Oligopol	Nachfrageoligopol (Oligopson)
Atomistisch (viele Nachfrager)	Angebotsmonopol	Angebotsoligopol	Vollkommene Konkurrenz (Polypol)

Vergleiche *Schierenbeck, H.* 2003: Seite 286

teil von mehr als 5 Prozent hat und zu den vier größten Unternehmen auf dem Markt gehört, die zusammen einen Anteil von mindestens 80 Prozent haben.

- Im schweizerischen *Bundesgesetz über Kartelle und andere Wettbewerbsbeschränkungen* Artikel 4, Absatz 2 wird von einem Monopol ausgegangen, wenn einzelne Unternehmen, in der Lage sind, sich von andern Marktteilnehmern (Mitbewerbern, Anbietern oder Nachfragern) in wesentlichem Umfang unabhängig zu verhalten.

Oligopole

Ein **Oligopol** liegt vor, wenn einige wenige Unternehmen in ihrer Gesamtheit keinem oder keinem wesentlichen Wettbewerb ausgesetzt sind.

Wann von einem Oligopol ausgegangen wird, ist dabei länderspezifisch unterschiedlich:

- Im deutschen *Gesetz gegen Wettbewerbsbeschränkungen* § 18 Absatz 6 wird von einem Oligopol ausgegangen, wenn drei oder weniger Unternehmen zusammen einen Marktanteil von mindestens 50 Prozent haben oder fünf oder weniger Unternehmen einen Marktanteil von mindestens zwei Dritteln.
- Im österreichischen *Kartellgesetz* § 4 Begriffsbestimmung, Absatz 2a wird von einem Oligopol ausgegangen, wenn eine Gesamtheit von Unternehmen zusammen einen Marktanteil von mindestens 50 Prozent hat und aus drei oder weniger Unternehmen besteht oder einen Marktanteil von mindestens zwei Dritteln hat und aus fünf oder weniger Unternehmen besteht.
- Im schweizerischen *Bundesgesetz über Kartelle und andere Wettbewerbsbeschränkungen* Artikel 4, Absatz 2 wird von einem Oligopol ausgegangen, wenn mehrere Unternehmen, in der Lage sind, sich von andern Marktteilnehmern (Mitbewerbern, Anbietern oder Nachfragern) in wesentlichem Umfang unabhängig zu verhalten.

Bei der wettbewerbsrechtlichen Untersuchung von Märkten kann insbesondere die **Marktabgrenzung** problematisch sein. So ist es in der Regel nicht sinnvoll, die Märkte für Personenkraftwagen und Lastkraftwagen gemeinsam zu betrachten, obwohl es sich bei beiden um Märkte für Kraftfahrzeuge handelt. Einen quantitativen Indikator für die Konzentration innerhalb einer Branche stellt der sogenannte **Herfindahl-Hirschman-Index** (HHI) dar, mittels dem viele Kartellbehörden die Auswirkungen von zwischenbetrieblichen Verbindungen untersuchen.

Zwischenübung Kapitel 5.1.3.2.1.2

Um welche Marktform handelt es sich bei den folgenden Beispielen jeweils?
- *Transport von Standardbriefen,*
- *Automobilzuliefererteile,*
- *Möbel,*
- *Verkehrsflugzeuge,*
- *Landwirtschaftliche Produkte.*

5.1.3.2.1.3 Negative und positive Auswirkungen

Zwischenbetriebliche Verbindungen können sich negativ aber auch positiv auf den Wettbewerb auswirken. Negative Auswirkungen werden insbesondere in folgenden Fällen vermutet:

Negative Auswirkungen

- Wenn zwischenbetriebliche Verbindungen mehrere Funktionsbereiche (Entwicklung, Produktion, Marketing) umfassen, da die Kostenstrukturen der beteiligten Unternehmen ähnlicher und damit ihre Möglichkeiten, sich preislich zu unterscheiden, geringer werden.
- Wenn sich Unternehmen verbinden, die vergleichbare Produkte anbieten, da die Produktvielfalt und damit die Wahlmöglichkeiten für die Verbraucher eingeschränkt werden könnten.

Zwischenbetriebliche Verbindungen müssen den Wettbewerb aber nicht zwangsläufig beschränken. Zu positiven Auswirkungen auf den Wettbewerb kann es insbesondere in folgenden Fällen kommen:

Positive Auswirkungen

- Wenn Unternehmen nur gemeinsam in einen bereits bestehenden Markt eindringen können beziehungsweise nur gemeinsam aus ihm nicht ausscheiden, erhöht sich durch zwischenbetriebliche Verbindungen die Anzahl der Anbieter.
- Wenn neue Produkte erst durch die Koppelung von Ressourcen und Kompetenzen mehrerer Unternehmen entwickelt werden können, erhöht sich durch zwischenbetriebliche Verbindungen die Anzahl angebotener Produkte.
- Wenn es durch zwischenbetriebliche Verbindungen zur Bildung von Standards kommt, die sich positiv auf die Produktqualität auswirken.

Ausnahmen vom Kartellverbot

Aufgrund solcher möglicher positiver Auswirkungen gibt es in allen Kartellgesetzen auch Ausnahmetatbestände für zwischenbetriebliche Verbindungen.

5.1.3.2.2 Kartellgesetze und -behörden

Um den Wettbewerb zu schützen, müssen wettbewerbsbeschränkende Praktiken von Unternehmen unterbunden werden. Die Basis dafür bilden entsprechende Gesetze und die Behörden zu deren Umsetzung:

Kartellgesetze und -behörden in Deutschland
In Deutschland wird das Funktionieren von Märkten insbesondere durch das **Gesetz gegen Wettbewerbsbeschränkungen** sichergestellt. Verantwortliche Behörden sind das *Bundeskartellamt* und die Landeskartellämter der einzelnen Bundesländer.

Kartellgesetze und -behörden in Österreich
In Österreich wird das Funktionieren von Märkten insbesondere durch das **Kartellgesetz** und das **Wettbewerbsgesetz** sichergestellt. Verantwortliche Behörden sind die *Bundeswettbewerbsbehörde* und der *Bundeskartellanwalt*.

Kartellgesetze und -behörden in der Schweiz
In der Schweiz wird das Funktionieren von Märkten insbesondere durch das **Bundesgesetz über Kartelle und andere Wettbewerbsbeschränkungen** sichergestellt. Verantwortliche Behörde ist die *Wettbewerbskommission*.

Kartellgesetze und -behörden in Europa
Auf europäischer Ebene wird das Funktionieren von Märkten insbesondere durch **Artikel 101 und 102 des Vertrags über die Arbeitsweise der Europäischen Union** sichergestellt. Das europäische Kartellrecht hat dabei grundsätzlich Vorrang vor dem Kartellrecht der Mitgliedstaaten. Verantwortlich ist der Kommissar für Wettbewerb der *EU-Kommission* in Brüssel und die ihm unterstehende *Generaldirektion Wettbewerb*.

Zur Unterbindung oder zur Ahndung wettbewerbsbeschränkender Praktiken haben die Kartellbehörden dabei verschiedene Möglichkeiten, wie die Einschränkung oder die Untersagung zwischenbetrieblicher Verbindungen oder die Verhängung von Geldstrafen.

Wirtschaftspraxis 5-5

Das Zementkartell

Wie teuer wettbewerbsbeschränkende Absprachen werden können, erfuhren die Mitglieder des sogenannten »Zementkartells«. Im Jahr 2003 verhängte das *Bundeskartellamt* gegen zwölf Mitglieder des Kartells Bußgelder von über 700 Millionen Euro, davon allein 252 Millionen Euro gegen die *Heidelberg-Cement AG*.
Die Führungskräfte der Zementhersteller hatten sich seit den 1970er-Jahren ein- bis zweimal jährlich am Rande von Messen und Verbandstagen getroffen. Bei den Treffen einigten sie sich unter anderem auf Lieferquoten und Preise sowie den Aufkauf und die spätere Stilllegung von konkurrierenden Zementwerken. Neben den Führungstreffen gab es nach Angaben des Kartellamts eine »Arbeitsebene«, die die getroffenen Beschlüsse operativ umsetzte. Über die entsprechenden Absprachen fand das Bundeskartellamt schriftliche Aufzeichnungen als Beweis.
Durch das Kartell »zementierten« die Mitglieder ein hohes Preisniveau. So sanken die Preise für Zement nach der Zerschlagung des Kartells um mehr als 10 Prozent.

Quellen: Zementhersteller müssen Bußgeld zahlen, unter: www.handelsblatt.com, Stand: 17.12.2003; Zementkartell muss Rekordbußgeld zahlen, in: Handelsblatt, Nummer 74 vom 15.04.2003, Seite 1.

5.1.4 Vorgehensweise beim Eingehen von zwischenbetrieblichen Verbindungen

5.1.4.1 Vorgehensweise beim Eingehen von Kooperationen

Empirische Studien zeigen, dass rund die Hälfte aller Kooperationen scheitern. Die Risiken von Kooperationen liegen vor allem in dem vermehrten Abstimmungs- und Koordinationsbedarf, in dem Abfluss von Know-how und in dem Entstehen von ungewollten Abhängigkeiten, die die unternehmerische Entscheidungsfreiheit einschränken.

Um die Kooperationsrisiken zu verringern, sollte bei der Partnerwahl deshalb vorsichtig verfahren und die Kooperation schrittweise von den Randbereichen hin zu den Kernkompetenzen ausgeweitet werden. Dadurch wird sichergestellt, dass nicht von Anfang an sensible und für die langfristige Wettbewerbsfähigkeit wichtige Bereiche offengelegt werden.

5.1.4.2 Vorgehensweise bei Beteiligungen und Fusionen

Fusionsprozess

Die meisten Fusionen und Unternehmenskäufe, die auch als **Mergers and Acquisitions** bezeichnet werden, sind im Hinblick auf die Rentabilität der beteiligten Unternehmen nicht sehr erfolgreich. In der Regel wird dies auf Fehler bei der Planung und bei der Realisierung zurückgeführt. Die Vorgehensweise erfolgt idealerweise in den folgenden Schritten (↗ Abbildung 5-7, zum Folgenden vergleiche *Picot, G.* 2000 und *Beisel, W./Klumpp, H.-H.* 2006):

Abb. 5-7

Vorgehensweise bei Beteiligungen und Fusionen

Strategieentwicklung ↓	Wahl der Art der Zusammenarbeit, Partner-Soll-Profil
Screening ↓	Vorauswahl Unternehmen
Prüfung (Due Diligence) ↓	Stärken und Schwächen, Chancen und Risiken des vorausgewählten Unternehmens
Verhandlung ↓	Kaufpreis, Kaufbedingungen, rechtliche und steuerliche Regelungen, Banken, Kartellbehörden
Beteiligung/ Fusion ↓	Kauf oder Tausch von Aktien/Geschäftsanteilen
Integration ↓	Integration von Organisation, Unternehmenskultur, Produktion, Datenverarbeitung ...
Controlling	Steuerung Integrationsprozess, Dokumentation »Lessons learned«

Strategieentwicklung
Als Grundlage der Beteiligung oder Fusion muss im Rahmen der unternehmensstrategischen Ausrichtung eine klare und zielgerichtete Strategie erarbeitet werden. Aufbauend auf der Wahl der angestrebten Art der zwischenbetrieblichen Verbindung wird dann ein Soll-Profil des Unternehmens erstellt, an dem eine Beteiligung erworben oder mit dem eine Fusion eingegangen werden soll.

Screening
Das Soll-Profil dient als Grundlage für das sogenannte »Screening«, in dem gezielt nach geeigneten Unternehmenskandidaten für eine Beteiligung oder eine Fusion gesucht und eine Vorauswahl getroffen wird.

Prüfung/Due Diligence
Das Unternehmen, das für eine Beteiligung oder Fusion als am besten geeignet erscheint, wird in der sogenannten »Due Diligence« einer sorgfältigen Beurteilung hinsichtlich seiner Stärken und Schwächen sowie den mit der Beteiligung oder der Fusion verbundenen Chancen und Risiken unterzogen. Dabei ist es insbesondere wichtig, die zu erwartenden Synergien und Transaktionskosten realistisch einzuschätzen.

Verhandlung
Nach einer erfolgreichen Prüfung beginnen die Verhandlungen über die Höhe des Kaufpreises und die Kaufbedingungen sowie die Gestaltung der rechtlichen und steuerlichen Regelungen. Zudem müssen im Allgemeinen viele Abstimmungen durchgeführt werden, wie beispielsweise mit Banken hinsichtlich der Finanzierung und eventuell hinsichtlich der Strategien beim Aufkauf von Aktien an den Börsen oder mit Kartellbehörden hinsichtlich der wettbewerbspolitischen Unbedenklichkeit des Vorhabens.

Beteiligung/Fusion
Wenn die Verhandlungen erfolgreich verlaufen sind, erfolgt die eigentliche Beteiligung oder Fusion. Dazu werden Aktien oder Geschäftsanteile erworben oder bei der Fusion Altaktien gegen Aktien des aufnehmenden Unternehmens getauscht.

Integration
Damit eine Beteiligung oder eine Fusion erfolgreich ist, müssen im Rahmen der sogenannten Post-Merger-Integration (PMI) die bisher wirtschaftlich und rechtlich unabhängigen Unternehmen zusammengeführt werden. Im Rahmen eines Change-Management-Prozesses sind dazu beispielsweise die Organisationsstrukturen, die Unternehmenskulturen und die Produktions-, die Datenverarbeitungs- und die sonstigen Systeme zusammenzuführen. Dabei ist eine ganzheitliche Vorgehensweise wichtig, die sowohl die »harten« als auch die »weichen« Faktoren berücksichtigt und unterschiedliche Unternehmenskulturen und -identitäten konsequent und nachhaltig integriert.

Controlling
Ein laufendes Controlling des Integrationsprozesses trägt mit dazu bei, den Erfolg der Beteiligung oder Fusion langfristig sicherzustellen. Für zukünftige Beteiligungen oder Fusionen empfiehlt es sich zudem, die in den vorangegangenen Schritten gewonnenen Erkenntnisse, die sogenannten »Lessons learned«, zu dokumentieren.

5.2 Formen der Kooperation

Kennzeichnend für Kooperationen ist eine niedrige Bindungsintensität zwischen den beteiligten Unternehmen und damit einhergehend eine große Selbstständigkeit der beteiligten Unternehmen. Kooperationen können dementsprechend folgendermaßen definiert werden (vergleiche *Rose, G./Glorius-Rose, C.* 2001: Seite 150 und *Wöhe, G.* 2002: Seite 303):

Eine **Kooperation** ist die Verbindung von zwei oder mehr Unternehmen, bei der die wirtschaftliche Selbstständigkeit der beteiligten Unternehmen weitgehend und die rechtliche Selbstständigkeit ganz erhalten bleibt.

Nachfolgend werden Kooperationen in Form von Unternehmensverbänden, Gelegenheitsgesellschaften, Kartellen, Franchiseunternehmen, Genossenschaften und Gemeinschaftsunternehmen vorgestellt.

5.2.1 Unternehmensverbände

Unternehmensverbände weisen in der Regel die niedrigste Bindungsintensität zwischenbetrieblicher Verbindungen auf und gelten als wettbewerbsrechtlich unbedenklich.

Unternehmensverbände sind freiwillige oder gesetzlich vorgeschriebene Vereinigungen von Unternehmen, die die Interessen ihrer Mitglieder fördern und ihre Mitglieder gegenüber der Öffentlichkeit, staatlichen Regierungs-, Verwaltungs- und Gesetzgebungsorganen sowie anderen Vereinigungen und Personen vertreten (vergleiche *Helmig, B.* 2015).

Arten von Unternehmensverbänden

Die Unternehmensverbände umfassen insbesondere:

- **Wirtschafts(fach)verbände**, in denen sich Unternehmen aus bestimmten Wirtschaftszweigen oder Regionen zusammenschließen und die in der Regel primär Repräsentationsfunktionen übernehmen und darüber hinaus ihre Mitglieder über aktuelle, den Wirtschaftszweig oder die Region betreffende Entwicklungen informieren,
- **Berufsständische Vereinigungen und Kammern**, wie Industrie- und Handelskammern oder Handwerkskammern, die die Interessen der gewerblichen Wirt-

schaft oder der Handwerksbetriebe eines Kammerbezirks vertreten und häufig auch in der Berufsausbildung tätig sind, sowie

- **Arbeitgeberverbände**, die ihre Mitglieder insbesondere bei Verhandlungen gegenüber Arbeitnehmern und Gewerkschaften vertreten.

5.2.2 Gelegenheitsgesellschaften

Arten von Gelegenheitsgesellschaften

Arbeitsgemeinschaften und Konsortien werden auch als »Gelegenheitsgesellschaften« oder als »Kooperationen im engeren Sinne« bezeichnet (vergleiche *Wöhe, G.* 2002: Seite 309 ff.):

Arbeitsgemeinschaften

In Arbeitsgemeinschaften arbeiten Unternehmen mit dem Ziel zusammen, eine inhaltlich klar definierte Aufgabe bis zu einem bestimmten Zeitpunkt zu erfüllen (↗ Abbildung 5-8). Sie sind vorwiegend im Baugewerbe und bei industriellen Großprojekten anzutreffen, wenn ein einzelnes Unternehmen aufgrund seiner produktionstechnischen und/oder finanziellen Möglichkeiten nicht in der Lage oder willens ist, einen Auftrag allein abzuwickeln. Von der »Arge« ist die Generalunternehmerschaft zu unterscheiden, bei der ein Anbieter die Gesamtverantwortung für einen Auftrag trägt und Teile davon an Subunternehmer weitergibt.

Konsortien

Im internationalen Sprachgebrauch wird der Begriff »Konsortium« in der Regel synonym zum vorgenannten Begriff der »Arbeitsgemeinschaft« verwendet, so wird beispielsweise vom »*Airbus*-Konsortium« gesprochen.

Abb. 5-8

Arbeitsgemeinschaft

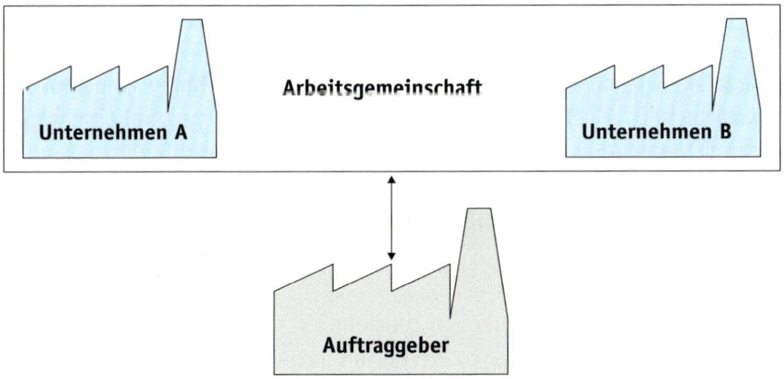

Vergleiche *Jung, H.* 2004: Seite 125

Wirtschaftspraxis 5-6

Ein Konsortium half Metro bei der Trennung von Praktiker

Kurz nachdem sie ihr Tochterunternehmen, die *Praktiker Bau- und Heimwerkermärkte Holding AG* an die Börse gebracht hatte, trennte sich die *Metro AG* im Jahr 2006 komplett von ihrem Anteil in Höhe von 40,5 Prozent. Bei der Platzierung der Aktien am Kapitalmarkt wurde das Unternehmen von einem Konsortium aus *JPMorgan*, *ABN Amro* und *Deutscher Bank* unterstützt.

Quelle: Metro trennt sich komplett von Praktiker, unter: www.handelsblatt.com, Stand: 11.04.2006.

Konsortien und Konsortialgeschäfte

Konsortien im engeren Sinne sind Gelegenheitsgesellschaften von Banken zur Durchführung von sogenannten **Konsortialgeschäften**. Die verschiedenen Formen von Konsortien führen typischerweise folgende Konsortialgeschäfte durch:

- **Emissionskonsortien** übernehmen im Rahmen der Beteiligungsfinanzierung übergangsweise neue Aktien und andere Wertpapiere und führen dann eine Emission – also Ausgabe – dieser Aktien und Wertpapiere an der Börse durch,
- **Kreditkonsortien** vergeben Großkredite, deren Umfang die finanziellen Möglichkeiten einzelner Banken übersteigt,
- **Garantiekonsortien** übernehmen Bürgschaften, beispielsweise bei Finanzierungen im Exportbereich, wenn unsicher ist, ob die Kunden zahlen werden.

Die Zusammenarbeit in Konsortien dient primär der Risiko- und Arbeitsteilung und der Kombination der Finanzkraft der beteiligten Banken. In der Regel erfolgt die Führung des Konsortiums durch eine der beteiligten Banken, den sogenannten **Konsortialführer** (vergleiche *Jung, H.* 2004: Seite 126 f.).

5.2.3 Kartelle

Kartelle sind zwischenbetriebliche Verbindungen, die das Ziel verfolgen, die Funktionsmechanismen von Märkten und damit den Wettbewerb einzuschränken.

Arten von Kartellen

In der Regel erfolgt dies zum Vorteil der beteiligten Unternehmen und zum Nachteil der Volkswirtschaft. Als Bindungsinstrumente werden nichtvertragliche Absprachen und Verträge verwendet. Nach dem Inhalt der Verbindung werden insbesondere folgende Kartellarten unterschieden (vergleiche *Bestmann, U.* 1992: Seite 64, *Diederich, H.* 1992: Seite 117 f., *Wöhe, G.* 2002: Seite 312 ff.):

Preiskartelle

Bei Preiskartellen werden Absprachen hinsichtlich der Preise getroffen. Dies kann sich auf die Preise von angebotenen Produkten beziehen, die möglichst hoch gehalten werden sollen, oder auf die Preise von nachgefragten Gütern, die möglichst niedrig gehalten werden sollen.

Mengenkartelle
Bei Mengenkartellen, die auch als **Quotenkartelle** bezeichnet werden, werden Absprachen hinsichtlich der Produktionsmengen getroffen, wodurch indirekt auch der Preis der angebotenen Produkte beeinflusst wird.

Konditionenkartelle
Bei Konditionenkartellen werden Absprachen hinsichtlich der Konditionen von Lieferungen und Leistungen getroffen, also beispielsweise, ob eine kostenlose Lieferung frei Haus erfolgt. Zu den Konditionenkartellen gehören auch die **Rabattkartelle**, bei denen Absprachen hinsichtlich der zu gewährenden Preisnachlässe getroffen werden.

Submissionskartelle
Bei Submissionskartellen werden Absprachen hinsichtlich der Angebotspreise bei Ausschreibungen getroffen, wodurch festgelegt wird, welches Unternehmen des Kartells einen Auftrag erhält.

Gebietskartelle
Bei Gebietskartellen werden Absprachen hinsichtlich Absatzgebieten getroffen, wodurch die Anzahl der Anbieter in einer Region klein gehalten wird.

Syndikate
Syndikate sind Kartelle, bei denen als Bindungsinstrumente gemeinsame Organe verwendet werden. Beispiele für Syndikate sind das Rheinisch-Westfälisches Kohlen-Syndikat, das bis 1945 über eine Aktiengesellschaft den Verkauf der Kohle aus dem rheinisch-westfälischen Kohlenrevier regelte, oder die in Wien beheimatete Organisation erdölexportierender Länder OPEC, in der Förderquoten für die Mitglieder festgelegt werden.

Neben diesen aus volkswirtschaftlicher Sicht negativen Kartellen gibt es auch Kartelle, die positiv beurteilt werden:

Normenkartelle
Bei Normenkartellen werden Absprachen hinsichtlich der technischen Eigenschaften von Produkten getroffen, um diese zu standardisieren.

Mittelstandskartelle
Bei Mittelstandskartellen treffen kleine und mittlere Unternehmen Absprachen, durch die deren Wettbewerbsposition gegenüber größeren Unternehmen verbessert wird. Zu den Mittelstandskartellen gehören die **Spezialisierungskartelle** bei denen Absprachen getroffen werden, welche Unternehmen sich auf welche Produkte spezialisieren.

5.2.4 Franchiseunternehmen

Das Franchising ist dadurch gekennzeichnet, dass ein Franchisegeber mit rechtlich selbstständigen Franchisenehmern zusammenarbeitet. Dabei kann es sich um Handels-, Produktions- oder Dienstleistungsunternehmen handeln. Die Franchisenehmer müssen das für ihre Geschäftstätigkeit erforderliche Kapital selber aufbringen. Die Rechte und Pflichten der beiden Vertragsparteien werden ausführlich geregelt. Die Bindung von Franchisegeber und -nehmer ist dabei oft so eng, dass außenstehende Personen die Vertriebsstätten der Franchisenehmer für unternehmenseigene Filialen halten (sogenannte »Quasi-Filialisierung«). Für den Franchisegeber ist auf diese Weise eine rasche Marktdurchdringung möglich.

Franchisegeber

Zu den Aufgaben des Franchisegebers gehören beispielsweise die Warenauswahl, die Vorgabe von Kalkulationsrichtlinien, die Gestaltung des Marketingkonzepts, die überregional einheitliche Produktwerbung, die Beteiligung an regionalen Verkaufsförderungs- und Werbeaktionen, die Bereitstellung von Dekorationsmaterial und Messediensten, die Personalschulung und die Verkaufsberatung.

Franchisenehmer

Die Pflichten des Franchisenehmers sind insbesondere die Abnahme von Mindestmengen, die ausschließliche Beschränkung des angebotenen Sortiments auf die Produkte des Franchisegebers, die Einhaltung des vorgegebenen Preisniveaus und die Unterstützung der überregionalen Werbemaßnahmen durch eigene, lokale Aktionen. Der Franchisenehmer erhält das Recht, das Firmenzeichen und andere rechtlich geschützte Güter des Franchisegebers zu nutzen (zum Beispiel Verpackungsmaterial, Geschäftsausstattung). Seine Vorteile liegen in der Teilhabe am Know-how und am Unternehmens- und Markenimage des Franchisegebers sowie in der Entlastung von vielen Aufgaben und Entscheidungen im Bereich der Sortiments-, Preis- und Kommunikationspolitik.

Das Franchising wird unter anderem im Automobilhandel, bei Schnellgaststätten, bei Tankstellen oder bei Baumärkten eingesetzt. Prominente Beispiele sind *McDonald's*, *Eismann*, *Schülerhilfe*, *TUI* und *OBI* (vergleiche *Rose, G./Glorius-Rose, C.* 2001: Seite 152 f. und *Wöhe, G.* 2002: Seite 593 f.).

5.2.5 Genossenschaften

Viele Unternehmen arbeiten in Genossenschaften zusammen.

In einer **Genossenschaft** werden betriebliche Teilfunktionen für alle Mitglieder der Genossenschaft durchgeführt.

Formen von Genossenschaften

Entsprechend der durchgeführten Funktionen werden unter anderem die folgenden typischen Ausprägungen der Genossenschaft unterschieden:

- **Rohstoffvereine**, wie Einkaufsgenossenschaften, bei denen die Mitglieder durch den gemeinsamen Einkauf bessere Konditionen erzielen,
- **Produktivgenossenschaften**, wie Winzergenossenschaften, bei denen durch die gemeinsame Nutzung von Produktionsressourcen Erfahrungskurven- und Synergieeffekte erzielt werden,

- **Absatzgenossenschaften**, wie Molkerei- und Obstverwertungsgenossenschaften, die für die Mitglieder deren Produkte absetzen, und
- **Vorschuss- und Kreditvereine**, wie Volks- und Raiffeisenbanken, die primär der Finanzierung der Mitglieder dienen.

Die Bindung der zusammenarbeitenden Unternehmen erfolgt in einer Genossenschaft dabei einerseits durch Verträge und andererseits durch die Beteiligung an der Genossenschaft.

5.2.6 Gemeinschaftsunternehmen

Zwischenbetriebliche Verbindungen in Form von Gemeinschaftsunternehmen, die bei der Beteiligung von ausländischen Partnern auch als **Joint-Ventures** bezeichnet werden, erfolgt oftmals dann, wenn zwei Unternehmen in einem bestimmten, abgegrenzten Geschäftsfeld zusammenarbeiten wollen. Gemeinschaftsunternehmen eignen sich insbesondere für die Durchführung einer gemeinsamen Forschung, Entwicklung und Produktion, da sie einem geplanten längerfristigen Engagement der Partner ein starkes Maß an Integration gegenüberstellen, während die beteiligten Unternehmen im Verhältnis zueinander weiterhin rechtlich und wirtschaftlich selbstständig bleiben.

Bildung von Gemeinschaftsunternehmen

Die Verbindung der beteiligten Unternehmen erfolgt in der Regel durch die Gründung eines rechtlich selbstständigen Gemeinschaftsunternehmens. Mögliche Varianten dazu sind die Beteiligung an einer bereits bestehenden Tochtergesellschaft eines der Partner oder der gemeinschaftliche Anteilserwerb an einem bereits bestehenden »fremden« Unternehmen. Üblich bei der Bildung eines Gemeinschaftsunternehmens sind gleich hohe Beteiligungen, beispielsweise bei zwei Partnern jeweils 50 Prozent (↗ Abbildung 5-9).

Abb. 5-9

Gemeinschaftsunternehmen

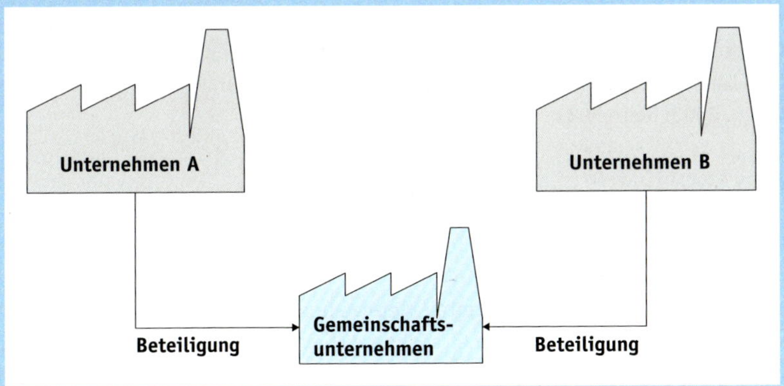

Wirtschaftspraxis 5-7

Ein funkelndes Gemeinschaftsunternehmen

De Beers, der größte Diamantenproduzent der Welt, brach im Jahr 2002 mit seiner bisherigen Unternehmenstradition und wandte sich zum ersten Mal in seiner über 100-jährigen Geschichte direkt an die Endverbraucher. Das Unternehmen eröffnete dazu in London das erste Geschäft einer geplanten Kette von weltweit 100 Filialen. Allerdings machte *De Beers* seine ersten Schritte auf dem Ladenparkett nicht allein. Der Konzern, der seine Wurzeln in Südafrika und seine Zentrale inzwischen in London hat, gründete dafür im Jahr 2000 mit der französischen *LVMH Group* das Gemeinschaftsunternehmen »*De Beers LV*«. Mit dem Pariser Konzern, zu dem weltberühmte Luxusmarken wie *Louis Vuitton, Moët & Chandon, Hennessy, Dom Pérignon, Veuve Clicquot Ponsardin, TAG Heuer* und *Dior* gehören, soll die neue Marke »*De Beers*« zu einem Begriff wie *Tiffany, Cartier* oder *Bulgari* werden. Die Zusammenarbeit gilt für Marktkenner als ideale Verbindung: *De Beers* steht für die Qualität der Diamanten, *LVHM* bringt sein Know-how im Einzelhandel und das kreative Potenzial seiner Designer ein.

Hinter dem neuen Kapitel in der *De-Beers*-Geschichte steckt dabei *Nicky Oppenheimer*. Der Chairman des Diamantenimperiums hatte lange über neue Vermarktungsstrategien nachgedacht. Die *Oppenheimers*, die laut *Forbes*-Magazin eine der reichsten Familien der Welt sind, bestimmen seit vier Generationen das internationale Diamantengeschäft. *Oppenheimer* sieht im Endkundengeschäft ein großes Potenzial, da die 15 größten Juweliermarken der Welt nur 13 Prozent der Diamantenumsätze auf sich vereinen, während beispielsweise die 13 bekanntesten Parfümmarken 80 Prozent des Branchenumsatzes unter sich aufteilen.
Analysten schätzen, dass *De Beers LV* 400 Millionen Dollar in die ersten 50 Filialen investieren muss. Damit sich diese Investition lohnt, müssen die Geschäfte dann mindestens 250 Millionen Dollar Umsatzerlös und 25 Millionen Dollar Gewinn im Jahr erwirtschaften.

Quelle: *Hoffbauer, A.*: De Beers will als Luxusmarke funkeln, in: Handelsblatt, Nummer 226 vom 22.11.2002, Seite 16.

Rechtsformen von Gemeinschaftsunternehmen

Gemeinschaftsunternehmen werden regelmäßig als Kapitalgesellschaften gegründet. Die Gründung als Kapitalgesellschaft erleichtert eine paritätische Führung des Gemeinschaftsunternehmens und ermöglicht einen hohen Grad an Autonomie von den Muttergesellschaften. (vergleiche *Schäfer-Kunz, J.* 1995: Seite 78 f. und die dort angegebene Literatur).

5.3 Formen der Konzentration

Kennzeichnend für die Konzentration ist eine hohe Bindungsintensität zwischen den beteiligten Unternehmen und damit einhergehend eine Einschränkung von deren Selbstständigkeit. Die Konzentration kann wie folgt definiert werden (vergleiche *Wöhe, G.* 2002: Seite 303):

Eine **Konzentration** ist die Verbindung von zwei oder mehr Unternehmen, bei der die wirtschaftliche Selbstständigkeit der beteiligten Unternehmen ganz verloren geht.

Die Bindung zwischen den beteiligten Unternehmen erfolgt bei der Konzentration außer durch Maßnahmen der Verhaltenskoordinierung vor allem durch Strukturveränderungen in Form von Beteiligungen oder durch die Aufnahme des Vermögens im Rahmen der Fusion.

5.3.1 Konzerne

Ein Konzern entsteht in der Regel durch den Erwerb von Beteiligungen an anderen Unternehmen. Alle Beteiligten bleiben rechtlich selbstständig, das heißt, sie bilanzieren weiterhin getrennt. Für Konzerne wird auch der Oberbegriff des verbundenen Unternehmens verwendet. Konzerne können folgendermaßen definiert werden:

> Sind ein herrschendes und ein oder mehrere abhängige Unternehmen unter der einheitlichen Leitung des herrschenden Unternehmens zusammengefasst, so bilden sie einen **Konzern**; die einzelnen Unternehmen sind **Konzernunternehmen.**

Abb. 5-10

Stammhaus- und Holdingkonzern

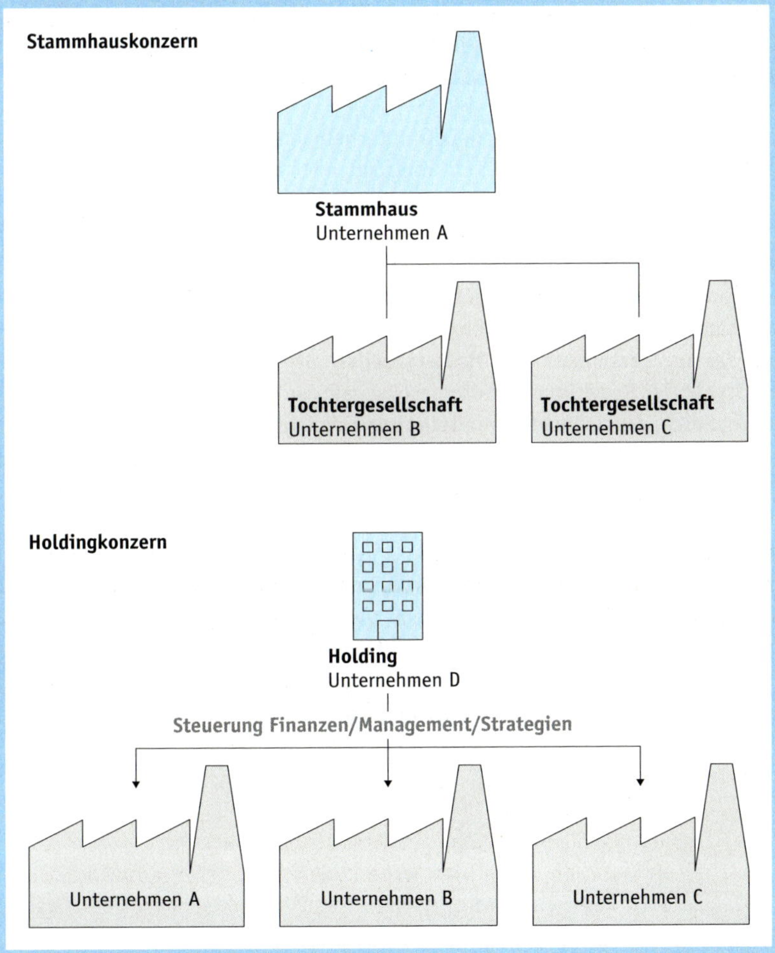

Wirtschaftspraxis 5-8

Warum Bayer in eine Holding umgewandelt wurde

In ihrem Geschäftsbericht für das Jahr 2001 verdeutlicht die *Bayer AG* unter der Überschrift »Konzernumbau eingeleitet« die Motive für die Umwandlung von einem Stammhaus- in einen Holdingkonzern: »Wir beabsichtigen, den Konzern in eine strategische Holding mit vier rechtlich selbständigen operativen Einheiten für Health Care, CropScience, Polymere und Chemie sowie drei Servicegesellschaften zu überführen. Unter dem Dach einer gemeinsamen *Bayer*-Holding werden so die besten Voraussetzungen für strategische Partnerschaften geschaffen, die insbesondere in den Bereichen Health Care und Chemie angestrebt werden. Für eine rasche und erfolgreiche Integration des Pflanzenschutzgeschäfts von *Aventis CropScience* bildet diese Organisationsform eine optimale Basis. Im Polymergeschäft wird die Holdingstruktur eine noch engere Ausrichtung des Geschäfts an die Bedürfnisse des Marktes und der Kunden ermöglichen. Die Aufgaben des zukünftigen Holding-Vorstands werden auf die Formulierung der Gesamtstrategie und die Festlegung von Performancezielen, die Finanzierung und Kapitalallokation sowie die Führungskräfteentwicklung konzentriert sein.«

Quelle: *Bayer AG*: Geschäftsbericht 2001, Leverkusen 2002.

Arten von Konzernen

Abhängig davon, ob das herrschende Unternehmen operativ tätig ist, also eigene Leistungsbeziehungen zu Märkten unterhält oder nicht, werden Stammhauskonzerne und Holdingkonzerne unterschieden (↗ Abbildung 5-10):

Stammhauskonzern
Der Stammhauskonzern ist die traditionelle Organisationsform von Konzernen. Stammhauskonzerne sind dadurch gekennzeichnet, dass das herrschende Unternehmen, das als Stammhaus oder **Muttergesellschaft** bezeichnet wird, noch operativ tätig ist. In der Regel ist die Muttergesellschaft deutlich größer als die abhängigen Unternehmen, die als **Tochtergesellschaften** bezeichnet werden. Zudem hat die Muttergesellschaft oft erheblichen Einfluss auf die operativen Tätigkeiten der Tochtergesellschaften, sodass deren Autonomie stark reduziert ist.

Holdingkonzern
Holdingkonzerne sind dadurch gekennzeichnet, dass die Leitung bei einer rechtlich selbstständigen Holdinggesellschaft liegt, die nicht mehr operativ tätig ist. Falls die Holdinggesellschaft den Konzern primär über finanzielle Größen steuert, handelt es sich um eine **Finanzholding**. Hat die Holdinggesellschaft dagegen auch Einfluss auf die Besetzung von Managementpositionen oder die Strategie der Konzernunternehmen, so handelt es sich um eine **Managementholding** oder **Strategieholding**.

5.3.2 Fusionierte Unternehmen

Bei einer **Fusion** verlieren die fusionierenden Unternehmen sowohl ihre wirtschaftliche als auch ihre rechtliche Selbstständigkeit.

Arten von Fusionen

Die Fusion, die auch als »Merger« bezeichnet wird, ist damit die engste Form der zwischenbetrieblichen Verbindung. Ihre Motive sind beispielsweise die Verbesserung der Marktposition, die Erweiterung der Eigen- und Fremdkapitalbasis oder die Erzielung von Synergieeffekten. Findet eine Fusion statt, so existiert danach mindestens ein Unternehmen weniger. Eine Fusion kann durch Aufnahme oder durch Neugründung erfolgen (↗ Abbildung 5-11, zum Folgenden vergleiche *Wöhe, G.* 2002: Seite 319):

Abb. 5-11

Arten der Fusion

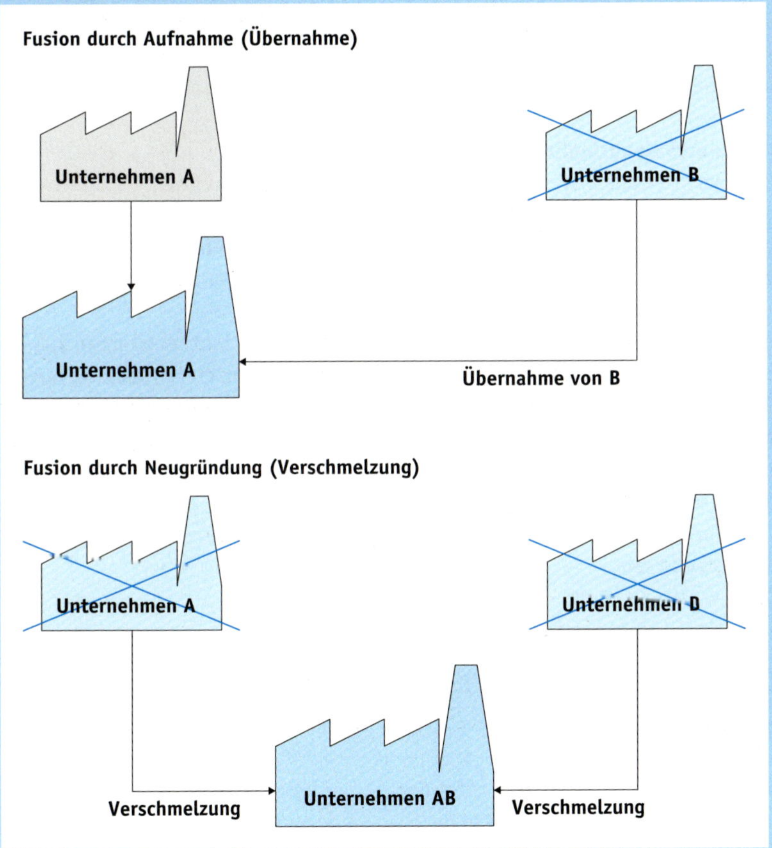

Wirtschaftspraxis 5-9

Die meisten Fusionen sind nicht erfolgreich

Im Rahmen einer von der Unternehmensberatung *A. T. Kearney* im Jahr 1998 durchgeführten empirischen Untersuchung zeigte sich, dass nur bei 29 Prozent der betrachteten Fusionen eine Verbesserung der Rentabilität eintrat, während es bei 57 Prozent der Fusionen sogar zu einer Verschlechterung kam. Darüber hinaus erbrachte die Untersuchung eine weitere wesentliche Erkenntnis: Rund fünfzig Prozent aller Zusammenschlüsse in den Vereinigten Staaten scheiterten innerhalb von vier Jahren.

Quelle: *Picot, G.* (Herausgeber): Handbuch Mergers & Acquisitions, Planung, Durchführung, Integration, Stuttgart 2000, Seite 6 f.

Fusion durch Aufnahme (Übernahme)
Bei der Fusion durch Aufnahme wird das Vermögen eines oder mehrerer Unternehmen vollständig von dem aufnehmenden Unternehmen übernommen. Die aufgenommenen Unternehmen werden gelöscht. Die Aktionäre des aufgenommenen Unternehmens erhalten im Gegenzug Aktien des aufnehmenden Unternehmens.

Fusion durch Neugründung (Verschmelzung)
In diesem Fall gehen zwei oder mehr Unternehmen mit allen ihren Vermögensgegenständen in dem neu gegründeten Unternehmen auf. Alle »alten« Unternehmen existieren fortan nicht mehr. Die Aktionäre der aufgenommenen Unternehmen erhalten für ihre bisherigen Aktien Aktien des neu gegründeten Unternehmens.

Genehmigungspflicht

Fusionen sind ab bestimmten Größenordnungen von den Kartellbehörden zu genehmigen. Diese können Fusionen untersagen, wenn zu erwarten ist, dass die fusionierten Unternehmen eine marktbeherrschende Stellung aufbauen oder ihre bisherige Marktstellung deutlich verstärken. Die Beurteilungskriterien hierfür sind insbesondere der Marktanteil, die Finanzkraft, der Zugang zu den Absatz- und Beschaffungsmärkten sowie die bereits bestehenden Verflechtungen mit anderen Unternehmen. Dabei können sowohl einzelne Unternehmen als auch Unternehmensgruppen marktbeherrschend sein.

5.4 Besondere Ausprägungen zwischenbetrieblicher Verbindungen

Innerhalb der aufgeführten Grundformen gibt es besondere Ausprägungen zwischenbetrieblicher Verbindungen, die in der Regel aufgrund bestimmter Rahmenbedingungen entstehen. Im Mittelpunkt der neueren Entwicklungen stehen dabei insbesondere Überlegungen, wie sich die Verbindung der beteiligten Unternehmen noch effizienter und flexibler gestalten lässt. Die ↗ Abbildung 5-12 gibt eine Übersicht über die Einordnung der besonderen Ausprägungen zwischenbetrieblicher Verbindungen.

Abb. 5-12

Einordnung besonderer Ausprägungen zwischenbetrieblicher Verbindungen

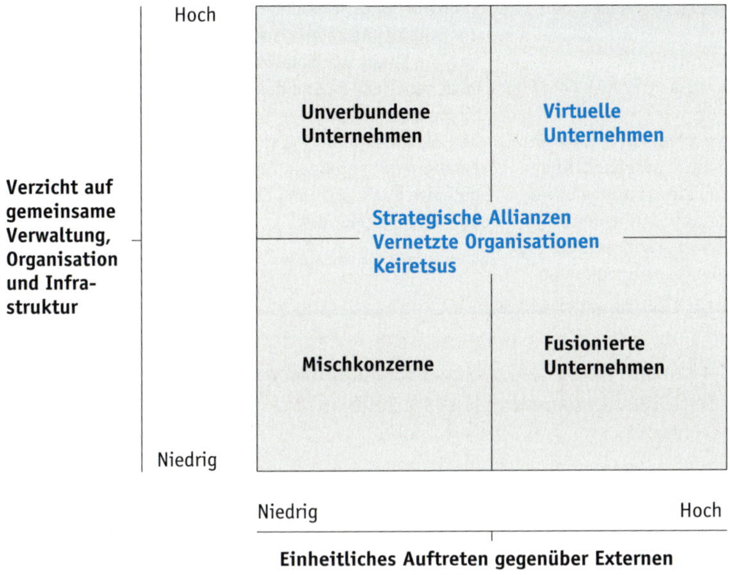

Vergleiche *Scholz, C.* 1996: Seite 27

5.4.1 Strategische Allianzen

Strategische Allianzen sind begrifflich schwer abzugrenzen, da sie von informellen Kooperationen ohne verpflichtende Absprachen bis hin zu Gemeinschaftsunternehmen (Joint-Ventures) reichen. Die Verbindung resultiert dabei aus dem Bedürfnis der Kooperationspartner, die erwarteten Synergieeffekte optimal zu nutzen, die bestehenden Risiken zu teilen und so letztendlich die Wettbewerbspositionen merklich zu stärken.

Kennzeichnend für strategische Allianzen ist eine strategische, das heißt langfristige und richtungweisende zwischenbetriebliche Verbindung. In der Regel sind sie international und global ausgerichtet. Die Partner kommen dabei häufig aus verschiedenen Ländern und verfügen über unterschiedliche komplementäre Ressourcen. Sie bleiben rechtlich und wirtschaftlich selbstständig und nehmen nur in den Kooperationsbereichen partielle Einschränkungen ihrer Entscheidungsfreiheit hin. Die Verbindung betrifft somit nicht das gesamte Unternehmen, sondern nur ausgewählte Kooperationsfelder mit genau definierten Zielsetzungen. Anzutreffen sind die strategischen Allianzen am häufigsten in den technologieorientierten Branchen, wie beispielsweise der Telekommunikation, der Elektrotechnik beziehungsweise Elektro-

Wirtschaftspraxis 5-10

Die Netzwerke der Fluggesellschaften

Im Bereich der Fluggesellschaften gibt es weltweit drei große Netzwerke:

- *Star-Alliance,*
- *Sky-Team* und
- *Oneworld*-Netzwerk.

Viele Passagiere geben inzwischen netzwerkgebundenen Fluggesellschaften den Vorzug, da diese Gesellschaften größere Streckennetze anbieten und die Leistungen ihrer Mitglieder in den jeweiligen Vielfliegerprogrammen angerechnet werden. Innerhalb der Netzwerke können die Fluggesellschaften Skalen- und Synergieeffekte erzielen. So kann durch das sogenannte Codesharing, bei dem ein Flug die Flugnummern unterschiedlicher Fluggesellschaften hat, die Streckenauslastung erhöht werden. Häufig werden auch der Check-In und das Boarding auf den Flughäfen von einem Netzwerkpartner für die anderen Partner mit betrieben, und die Kunden können die Lounges von Netzwerkpartnern mit benutzen. Teilweise erfolgt sogar die gesamte Buchungs- und Flugabwicklung über gemeinsame Software-Plattformen.

Quellen: www.staralliance.com; www.skyteam.com; www.oneworld.com

nik, der Chemie sowie der Luft- und Raumfahrttechnik (vergleiche *Hopfenbeck., W.* 1998: Seite 188, *Schäfer-Kunz, J.* 1995: Seite 25 ff.).

5.4.2 Vernetzte Organisationen

Vernetzte Organisationen, die auch als **Netzwerkorganisationen** bezeichnet werden, sind eine Form der Verbindung mehrerer Unternehmen.

Netzwerke sind komplexe und mehrdimensionale Beziehungsgeflechte aus selbstständigen Personen, Gruppen und Unternehmen, die relativ stabile Beziehungen aufweisen, durch gemeinsame Werte verbunden sind und auf die Realisierung von Wettbewerbsvorteilen in komplexen und dynamischen Märkten abzielen (vergleiche *Brütsch, D.* 1999: Seite 18, *Sydow, J.* 1999: Seite 3).

Die Netzwerk-Partner sind im Rahmen einer vertikalen und/oder horizontalen Arbeitsteilung auf bestimmte Teilaktivitäten spezialisiert und besitzen dort ihre Kernkompetenzen. Die traditionellen Unternehmensgrenzen werden dadurch fließend und lösen sich tendenziell auf, was allerdings nicht heißt, dass die beteiligten Unternehmen ihre wirtschaftliche oder gar ihre rechtliche Selbstständigkeit aufgeben.

Die Bandbreite von vernetzten Organisationen reicht von eher losen Strukturen mit einer geringen Bindungsintensität bis hin zu sogenannten **fokalen Netzwerken**, in denen ein dominantes Unternehmen die anderen Organisationen in eine enge und gut koordinierte Beziehung einbindet (vergleiche *Vahs, D.* 2019: Seite 542 ff.).

5.4.3 Keiretsus

Bis zum Ende des Zweiten Weltkrieges wurde die japanische Wirtschaft von stark hierarchisch organisierten Großkonzernen geprägt, den sogenannten **Zaibatsu**. Nach Zerschlagung dieser Unternehmen durch die amerikanische Besatzungsmacht entwickelte sich in der Folge dann das heute noch bestehende System der **Keiretsus**. Diese bestehen aus einem Netz rechtlich selbstständiger, aber wirtschaftlich interdependenter Unternehmen aus verschiedenen Branchen, die über gegenseitige Minderheitsbeteiligungen miteinander verbunden sind. In der Regel sind auch Zulieferer in die Gruppen eingebunden. Es bestehen also auch vertikale leistungswirtschaftliche Beziehungen.

Leitung

Keiretsus besitzen keine übergeordnete Instanz, die mit der Konzernzentrale eines westlichen Unternehmens vergleichbar ist. Jedes Unternehmen ist hinsichtlich seiner unternehmerischen Entscheidungen autonom.

Bindungsinstrumente

Zwischen den Unternehmen des Keiretsu bestehen dennoch Abhängigkeiten. Die Unternehmen halten gegenseitige Kapitalbeteiligungen, typischerweise zwischen 2 und 5 Prozent, selten über 10 Prozent (↗ Abbildung 5-13). Stets wird dabei darauf geachtet, dass die Mitglieder des Keiretsu den größten Aktionär stellen. Vor Entscheidungen innerhalb des Keiretsu wird ein Konsens aller Betroffenen hergestellt. Dadurch werden ein identischer Informationsstand und eine Ausrichtung auf ein gemeinsames Ziel erreicht. Innerhalb der Keiretsu herrscht großes gegenseitiges Vertrauen. Informationen und Know-how sind dadurch über Unternehmensgrenzen hinweg frei zugänglich. Hierin liegt die Hauptstärke des Keiretsu. Zwischen den Unternehmen eines Keiretsu erfolgt zudem ein Personalaustausch, der das Gemeinschaftsgefühl weiter verstärkt.

Ein wesentliches Prinzip des Keiretsu ist das Weiterbestehen eines internen Wettbewerbs zwischen den verbundenen Unternehmen. Die Unternehmen des Verbundes

Abb. 5-13

Ausschnitt aus einem Keiretsu

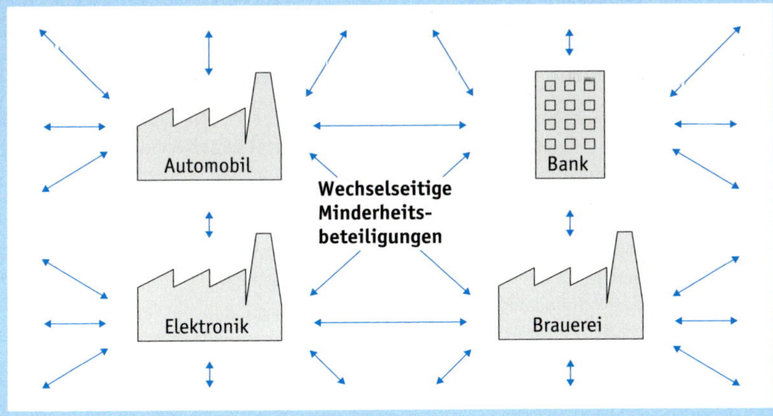

Wirtschaftspraxis 5-11

Mitsubishi – ein Beispiel für ein Keiretsu

Mitsubishi, Japans größte Unternehmensgruppe, besteht aus einem Kern von 30 Unternehmen, die Mitglieder des sogenannten »*Mitsubishi Kinyokai*« sind und von denen 11 zu Japans 100 größten Unternehmen gehören. Der erweiterten Gruppe des »*Mitsubishi Public Affairs Committee*« gehören weitere 45 Unternehmen an.
Die *Mitsubishi*-Gruppe umfasst eine große Bandbreite von Branchen, wie Handel, Automobilbau, Anlagenbau, Luft- und Raumfahrtindustrie, Elektronik, Banken, Versicherungen, Chemie und mit der *Kirin Brewery Co., Ltd.* auch Japans größte Brauerei. Die Gruppe besitzt dabei kein übergeordnetes Leitungsorgan, sondern nur in ihrem sogenannten »Freitags-Komitee« ein informelles Spitzengremium, das sich aus Vertretern der wichtigsten Unternehmen zusammensetzt.

Quelle: *Mitsubishi.com Committee*: Mitsubishi Companies, unter: www.mitsubishi.com, Stand: 2006.

werden dabei immer an den besten Unternehmen außerhalb des Verbundes gemessen. Eine Auftragsvergabe wegen der reinen Verbundzugehörigkeit, wie sie innerhalb westlicher Konzerne häufig üblich ist, gibt es nicht. Durch den internen Wettbewerb soll das gesamte Unternehmensgeflecht im Wettbewerb nach außen stärker werden (vergleiche *Schäfer-Kunz, J.* 1995: Seite 171 f. und die dort angegebene Literatur).

5.4.4 Virtuelle Unternehmen

Im Jahr 1992 wurde der Begriff der Virtualität von *William H. Davidow* und *Michael S. Malone* in die Managementpraxis eingeführt (vergleiche *Davidow, W. H./Malone, M. S.* 1993). In einem virtuellen Unternehmen beziehungsweise einer virtuellen Organisation werden für einen begrenzten Zeitraum ad-hoc aufgabenspezifische und standortübergreifende zwischenbetriebliche Kooperationen gebildet, deren Ziele die Bewältigung von komplexen und neuartigen Problemen bei einer hohen Marktunsi-

Wirtschaftspraxis 5-12

Der virtuelle Mikrosystemtechnikspezialist

Die hochkomplexen Fertigungsverfahren der Mikrosystemtechnik wurden lange in ihrer ganzen Breite nur von wenigen großen Konzernen beherrscht. Um gegenüber solchen Großunternehmen bestehen zu können und die Nachteile kleiner und mittlerer Unternehmen in der Mikrosystemtechnik auszugleichen, bündelten im Jahr 2001 fünf mittlere Unternehmen ihre Innovationskraft und ihre Fertigungskapazitäten in einem virtuellen Unternehmen namens »*MikroWebFab*«. Das Unternehmen bietet seinen Kunden Entwicklungs-, Fertigungs- und Servicedienstleistungen im Bereich der Mikrosystemtechnik an. Als erste Referenzprodukte dienten beispielsweise magnetoresistive Sensoren und Bioanalysesysteme.

Quellen: Elf Firmen gründen Netzwerk, in: Handelsblatt, Nummer 243 vom 17.12.2001, Seite 19; Das Unternehmen MicroWebFab, unter: www.microwebfab.de, Stand: 2006.

cherheit, die gegenseitige Ergänzung von Fähigkeiten und die Kostenteilung sind. Die jeweiligen rechtlich und wirtschaftlich unabhängigen Partner konzentrieren sich dabei auf ihre komplementären **Kernkompetenzen** und vernetzen diese möglichst effektiv und effizient miteinander.

Durch dieses Modell erreichen die beteiligten Unternehmen bei einer hohen Flexibilität und Reaktionsgeschwindigkeit eine »virtuelle Größe« trotz einer »realen Kleinheit« (vergleiche *Mertens, P. et al.* 1998: Seite 31, 47 ff., *Reichwald, R. et al.* 1998: Seite 253 und *Vahs, D.* 2019: Seite 544 ff.).

Zusammenfassung Kapitel 5

- Unternehmen können intern oder extern wachsen.
- Zwischenbetriebliche Verbindungen können vertikal, horizontal oder diagonal sowie unternehmensweit, bereichsbezogen oder funktionsbezogen erfolgen.
- Bei der Konzentration ist die Bindungsintensität höher als bei der Kooperation.
- Bindungen zwischen Unternehmen können durch Verhaltenskoordinierung und/oder durch Strukturveränderungen geschaffen werden.
- Durch Mehrheitsbeteiligungen kann die Unternehmenspolitik maßgeblich beeinflusst werden.
- Bei zwischenbetrieblichen Verbindungen können Marktstellungs-, Ressourcen-, Kosten-, Zeit- und/oder Risikoziele verfolgt werden.
- Die Kartellbehörden stellen sicher, dass zwischenbetriebliche Verbindungen nicht den Wettbewerb beschränken.
- Bei einer Kooperation bleibt die wirtschaftliche Selbstständigkeit der beteiligten Unternehmen weitgehend und die rechtliche Selbstständigkeit ganz erhalten.
- Formen der Kooperation sind Unternehmensverbände, Gelegenheitsgesellschaften, Kartelle, Franchiseunternehmen, Genossenschaften und Gemeinschaftsunternehmen.
- Bei der Konzentration durch die Bildung von Konzernen verlieren die beteiligten Unternehmen ihre wirtschaftliche, bei der Fusion zusätzlich noch ihre rechtliche Selbstständigkeit.
- Konzerne können in Stammhaus- und Holdingkonzerne unterteilt werden.
- Eine Fusion von Unternehmen kann durch Aufnahme oder durch Neugründung erfolgen.

Weiterführende Literatur Kapitel 5

Zwischenbetriebliche Verbindungen allgemein

Jansen, S. A.: Mergers & Acquisitions: Unternehmensakquisitionen und -kooperationen – Eine strategische, organisatorische und kapitalmarkttheoretische Einführung, Wiesbaden.

Rose, G./Glorius-Rose, C.: Unternehmen: Rechtsformen und Verbindungen, Ein Überblick aus betriebswirtschaftlicher, rechtlicher und steuerlicher Sicht, Köln.

Pausenberger, E.: Zur Systematik von Unternehmenszusammenschlüssen, in: Das Wirtschaftsstudium 11/1989, Seiten 621 – 626.

Zimmermann, A.: Kooperationen erfolgreich gestalten: Konzepte und Instrumente für Berater und Entscheider, Stuttgart.

Kartellrecht

Emmerich, V.: Kartellrecht, München.

Besondere Ausprägungen zwischenbetrieblicher Verbindungen

Brandenburger, A. M./Nalebuff, B. J.: Coopetition: kooperativ konkurrieren, Delmenhorst.

Davidow, W. H./Malone, M. S. 1993: Das virtuelle Unternehmen, Der Kunde als Co-Produzent, Frankfurt, New York 1993.

Schlüsselbegriffe Kapitel 5

- Vorwärtsintegration
- Rückwärtsintegration
- Bindungsintensität
- Bindungsinstrument
- Verhaltenskoordinierung
- Strukturveränderung
- Beherrschungsvertrag
- Gewinnabführungsvertrag
- Minderheitsbeteiligung
- Mehrheitsbeteiligung
- Wechselseitige Beteiligung
- Due Diligence
- Post-Merger-Integration
- Marktform
- Monopol
- Oligopol
- Wettbewerb
- Kooperation
- Unternehmensverband
- Arbeitgeberverband
- Kammer
- Arbeitsgemeinschaft
- Emissionskonsortium
- Kartell
- Franchiseunternehmen
- Genossenschaft
- Gemeinschaftsunternehmen
- Konzentration
- Stammhauskonzern
- Holdingkonzern
- Mischkonzern
- Fusion
- Übernahme
- Verschmelzung
- Strategische Allianz
- Vernetzte Organisation
- Keiretsu
- Virtuelles Unternehmen

Fragen Kapitel 5

Frage 5-1: *Definieren Sie den Begriff »zwischenbetriebliche Verbindung«.*

Frage 5-2: *Erläutern Sie anhand von Beispielen die Unterschiede zwischen horizontalen, vertikalen und diagonalen zwischenbetrieblichen Verbindungen.*

Frage 5-3: *Erläutern Sie, welche drei Formen von zwischenbetrieblichen Verbindungen hinsichtlich der Reichweite unterschieden werden können.*

Frage 5-4: *Nennen Sie die drei Möglichkeiten der Bindung zwischen Betrieben über eine Verhaltenskoordinierung.*

Frage 5-5: *Nennen Sie die drei Möglichkeiten der Bindung zwischen Betrieben über Strukturveränderungen.*

Frage 5-6: *Erläutern Sie, welche drei Formen von Verträgen typischerweise als Bindungsinstrumente bei zwischenbetrieblichen Verbindungen eingesetzt werden.*

Frage 5-7: *Erläutern Sie, welche zwei Möglichkeiten es für Unternehmen gibt, um sich an anderen Unternehmen zu beteiligen.*

Frage 5-8: *Erläutern Sie, was unter einer Mehrheitsbeteiligung verstanden wird.*

Frage 5-9: *Nennen Sie mindestens drei Beispiele dafür, welche Einflussmöglichkeiten Beteiligungen gewähren können.*

Frage 5-10: *Nennen Sie die fünf möglichen Zielkategorien von zwischenbetrieblichen Verbindungen.*

Frage 5-11: *Erläutern Sie, welche zwei Arten des Wettbewerbs unterschieden werden.*

Frage 5-12: *Definieren Sie den Begriff »Monopol«.*

Frage 5-13: *Definieren Sie den Begriff »Oligopol«.*

Frage 5-14: *Erläutern Sie, was unter einer Due Diligence verstanden wird.*

Frage 5-15: *Definieren Sie den Begriff »Kooperation«.*

Frage 5-16: *Definieren Sie den Begriff »Unternehmensverband«.*

Frage 5-17: *Erläutern Sie, wozu Arbeitsgemeinschaften gebildet werden.*

Frage 5-18: *Erläutern Sie, welche drei Arten von Bank-Konsortien es für welche Arten von Konsortialgeschäften gibt.*

Frage 5-19: *Definieren Sie den Begriff »Kartell«.*

Frage 5-20: *Nennen Sie mindestens fünf Arten von Kartellen, die volkswirtschaftlich negativ beurteilt werden.*

Frage 5-21: *Nennen Sie zwei Arten von Kartellen, die volkswirtschaftlich positiv beurteilt werden.*

Frage 5-22: *Erläutern Sie den Unterschied zwischen Preis- und Mengenkartellen.*

Frage 5-23: *Erläutern Sie, was unter Franchiseunternehmen verstanden wird.*

Frage 5-24: *Definieren Sie den Begriff »Genossenschaft«.*

Frage 5-25: *Nennen Sie mindestens drei Arten von Genossenschaften.*

Frage 5-26: *Erläutern Sie an einem Beispiel, was unter einer Produktivgenossenschaft verstanden wird.*

Frage 5-27: *Erläutern Sie, was unter einem Gemeinschaftsunternehmen verstanden wird.*

Frage 5-28: *Definieren Sie den Begriff »Konzentration«.*

Frage 5-29: *Definieren Sie den Begriff »Konzern«.*

Frage 5-30: *Erläutern Sie den Unterschied zwischen Stammhaus- und Holdingkonzernen.*

Frage 5-31: *Erläutern Sie, was unter einem Mischkonzern verstanden wird.*

Frage 5-32: *Definieren Sie den Begriff »Fusion«.*

Frage 5-33: *Erläutern Sie, welche zwei Möglichkeiten der Fusion es gibt.*

Frage 5-34: *Erläutern Sie, was unter einer strategischen Allianz verstanden wird.*

Frage 5-35: *Definieren Sie den Begriff »Netzwerk«.*

Frage 5-36: *Erläutern Sie, was unter einem Keiretsu verstanden wird.*

Frage 5-37: *Erläutern Sie, was unter einem virtuellen Unternehmen verstanden wird.*

Fallstudie Kapitel 5

Durch den weiter wachsenden Markt- und Wettbewerbsdruck wird auch für die Speedy GmbH die Frage nach Verbindungen mit anderen Unternehmen immer dringlicher. Die Geschäftsleitung beschließt deshalb, dieses Thema auf die Tagesordnung ihrer nächsten Sitzung zu setzen. Der konkrete Anlass hierfür sind Überlegungen, ob und in welcher Form der geplante geländetaugliche Sportwagen Speedster Off-Road gemeinsam mit anderen Unternehmen realisiert werden soll. Aufgrund des zu diesem Zeitpunkt angenommenen hohen Neuigkeitsgrades sieht die Geschäftsführung einerseits erhebliche Risiken in dem Projekt, möchte aber andererseits nicht auf eine mögliche Marktführerschaft in diesem, nach der Einschätzung von Marktforschern, äußerst attraktiven Marktsegment verzichten. Der Geschäftsführer, Dr. Scharrenbacher, bittet Sie, ihn bei der Vorbereitung der Sitzung mit folgenden Ausarbeitungen zu unterstützen:
(1) Wie könnte mit anderen Unternehmen im Hinblick auf die Entwicklung, die Produktion, das Marketing, die Materialwirtschaft sowie die Finanzierung des Speedster Off-Road zusammengearbeitet werden? Unterteilen Sie die Möglichkeiten in horizontale, vertikale und diagonale Formen der Verbindung und stellen Sie das Ergebnis grafisch dar.
(2) Könnte die Speedy GmbH durch die Verbindung mit anderen Unternehmen für den Speedster Off-Road ergänzende, völlig neue Dienstleistungen anbieten, um sich damit von den Wettbewerbern zu differenzieren?
(3) Stellen Sie jeweils die Vor- und Nachteile sowie die Risiken der verschiedenen gefundenen Möglichkeiten der Verbindung dar.
(4) Für welche der gefundenen Möglichkeiten soll sich die Speedy GmbH Ihrer Meinung nach entscheiden?

Präsentieren Sie nachfolgend Ihre Ergebnisse. Untermauern Sie Ihre Überlegungen dabei zusätzlich mit Recherchen.

Teil II
Unternehmensführung

Abb. II-1

Einordnung der Unternehmensführung in das 4-Ebenen-Modell der BWL

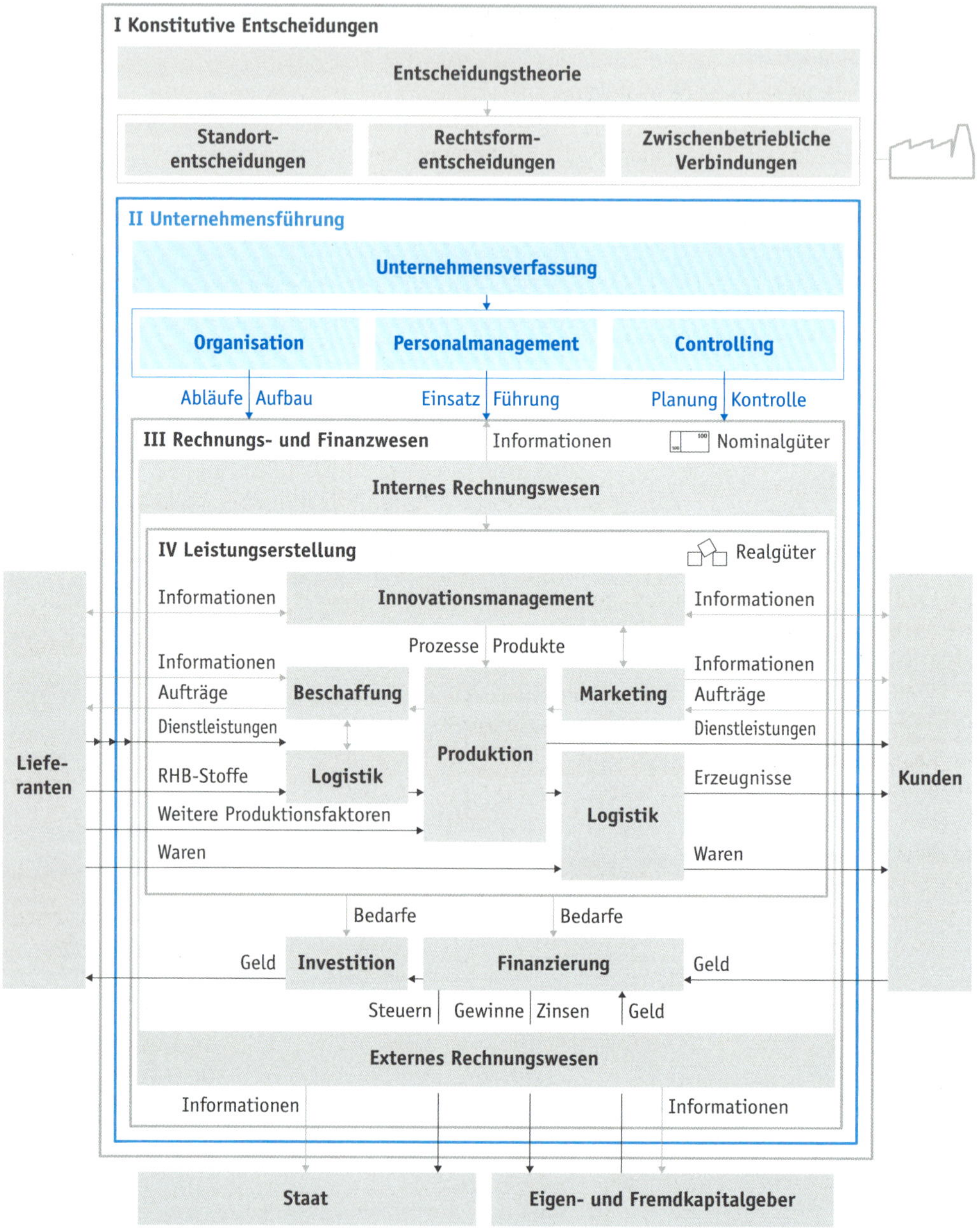

Die Unternehmensführung bildet innerhalb des durch die konstitutiven Entscheidungen vorgegebenen Rahmens die zweite Ebene des diesem Buch zugrunde liegenden 4-Ebenen-Modells der BWL (↗ Abbildung II-1).

Die **Unternehmensführung** bezeichnet aus funktionaler Sicht die übergeordnete grundlegende Gestaltung und Steuerung von Unternehmen und aus institutioneller Sicht die Träger dieser Aufgaben.

Die Träger der Unternehmensführung werden auch als **Unternehmensleitung** oder als **Management** bezeichnet (vergleiche *Werder, A. von* 2008: Seite 17). Darunter werden mindestens die Personen verstanden, die eine Position in der obersten Hierarchieebene eines Unternehmens innehaben, also Vorstände oder Geschäftsführer. Teilweise werden darunter auch alle Personen verstanden, die überhaupt eine Führungsposition im Unternehmen innehaben, also zusätzlich auch Bereichs-, Abteilungs- oder Gruppenleiter.

Das System der Unternehmensführung umfasst zum einen die Unternehmensverfassung, die den Handlungsrahmen der Führung vorgibt, und zum anderen, innerhalb dieses Rahmens die drei **Führungsinstrumente** Organisation, Personalmanagement und Controlling.

Um Ihnen die wichtigsten Kenntnisse und Fertigkeiten im Hinblick auf die aufgeführten Teilbereiche der Unternehmensführung zu vermitteln, wurde der zweite Teil dieses Buchs dementsprechend in folgende Kapitel untergliedert:

- Im ↗ **Kapitel 6 Unternehmensverfassung** werden wir uns zuerst damit beschäftigen, welche Regeln für die Leitung und die Überwachung von Unternehmen gelten sollten.
- Im ↗ **Kapitel 7 Organisation** werden wir uns dann anschauen, wie die Prozesse und die Strukturen innerhalb von Unternehmen gestaltet werden.
- Im ↗ **Kapitel 8 Personalmanagement** werden wir auf den Einsatz und die Führung von Mitarbeitern innerhalb der durch die Organisation geschaffenen Strukturen eingehen.
- Im ↗ **Kapitel 9 Controlling** werden wir zuletzt betrachten, welche Planungs-, Kontroll- und Informationsprozesse in Unternehmen ablaufen.

6 Unternehmensverfassung

Kapitelnavigator

Inhalt	Lernziel
6.1 Grundlagen	6-1 Die Grundlagen der Unternehmensverfassung kennen.
6.2 Regelwerke der Unternehmensverfassung	6-2 Die wichtigsten Regelwerke der Unternehmensverfassung kennen.
6.3 Regelungsgegenstände von Unternehmensverfassungen	6-3 Die wichtigsten Regelungsgegenstände von Unternehmensverfassungen kennen.

Damit Unternehmen erfolgreich sind, muss sichergestellt werden, dass alle Anspruchsgruppen, die Einfluss auf die Unternehmensführung nehmen können, in erster Linie im Sinne des Unternehmens und nicht im eigenen Sinne, also opportunistisch handeln. Anspruchsgruppen sind dabei insbesondere das Management, aber auch die Eigentümer, die Aufsichtsgremien und – für den Fall einer Mitbestimmung – die Mitarbeiter. Zudem muss sichergestellt werden, dass im Rahmen der Unternehmensführung die »richtigen« Entscheidungen getroffen werden und beispielsweise existenzbedrohende Risiken nicht eingegangen werden. Um diese zu erreichen, gibt es insbesondere für die Führung großer Unternehmen eine Reihe von Vorgaben, die in ihrer Gesamtheit eine Unternehmensverfassung darstellen.

Unternehmensverfassungen, die auch als **Spitzenverfassungen** oder als **Corporate-Governance-Systeme** bezeichnet werden, geben der jeweiligen Unternehmensführung einen Ordnungsrahmen vor (*Macharzina, K.* 2003: Seite 133). Sie können entsprechend folgendermaßen definiert werden:

Unternehmensverfassungen sind Regelwerke für die Leitung und die Überwachung von Unternehmen.

Abb. 6-1

Positionierung der Unternehmensverfassung

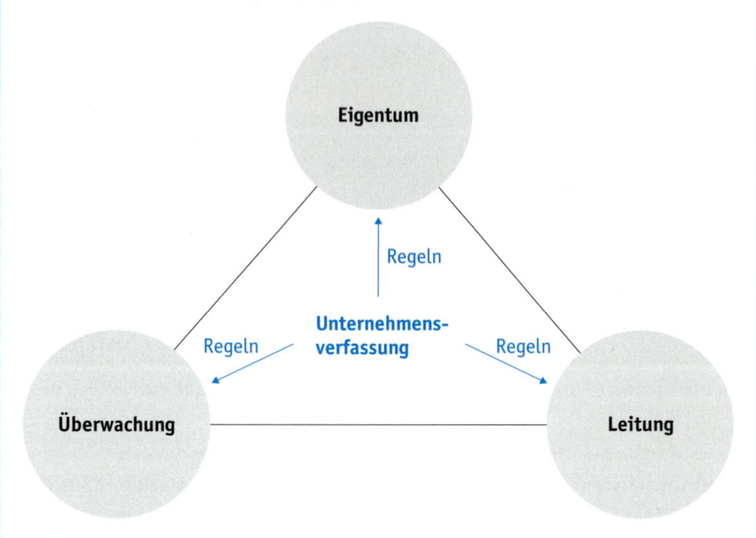

6.1 Grundlagen

6.1.1 Unternehmensverfassungen als Staatsverfassungen der Unternehmen

Um sich die Aufgaben von Unternehmensverfassungen zu verdeutlichen, eignen sich insbesondere Vergleiche mit Staatsverfassungen (↗ Tabelle 6-1). Beide Verfassungstypen regeln die Ziele ihrer Systeme und streben eine **Gewaltenteilung** innerhalb ihrer Organe an. Zudem regeln sie die Rechte und Pflichten ihrer Systemmitglieder, also der Bürger oder der Stakeholder. Die entsprechenden Regeln bilden dann eine verbindliche Rahmenordnung für das jeweilige System und die in ihm handelnden Organe (vergleiche *Bleicher, K.* 1994: Seite 290 f., *Macharzina, K.* 2003: Seite 135 f.).

6.1.2 Manager als wichtigste Adressaten der Unternehmensverfassung

Da Manager in der Regel den größten Einfluss auf die Entwicklung von Unternehmen haben, sind sie auch die wichtigsten Adressaten der in Unternehmensverfassungen hinterlegten Regeln. Der Aufstieg der Manager begann dabei mit der zunehmenden Auftrennung zwischen Eigentum und Leitung in der Mitte des 19. Jahrhunderts.

Tab. 6-1

Staats- und Unternehmensverfassung im Vergleich

	Staatsverfassung	Unternehmensverfassung
Systemziele	Staatsziele (zum Beispiel finanzielles Gleichgewicht des Staatshaushalts, Sicherung des Umweltschutzes)	Unternehmensziele (zum Beispiel Gewinn, Liquidität, Kapitalrentabilität, Kundenzufriedenheit)
Zweck, Struktur und Kompetenzen der Leitungsorgane	Staatsorgane (zum Beispiel Parlament, Regierung, Bundesrat)	Unternehmensorgane (zum Beispiel Vorstand, Aufsichtsrat, Hauptversammlung)
Grundrechte und -pflichten der Systemmitglieder	Grundrechte und -pflichten der Staatsbürger	Grundrechte und -pflichten der Unternehmensmitglieder (Anteilseigner, Arbeitnehmer, Manager)

Vergleiche *Macharzina, K.* 2003: Seite 136

Heute werden die meisten Großunternehmen von Managern geführt. Das Gegenmodell dieser Auftrennung ist der **Unternehmer**, der in seiner Person Eigentum und Leitung vereint. Da Managern ein anderes Rollenverständnis als Unternehmern unterstellt wird (↗ Tabelle 6-2), wird auch davon ausgegangen, dass ihr Handeln stärker reguliert werden muss.

Tab. 6-2

Unterschiede zwischen Unternehmern und Managern

	Unternehmer	Manager
Haftung	Unbeschränkte Vollhaftung mit dem Eigenkapital	Haftung nur im Rahmen der Verantwortung
Motivation	Selbstverwirklichung	Machtausübung
Verpflichtung	Zeitlich unbegrenzt	Nur so lange, bis eine bessere Position frei wird
Umgang mit Fehlern	Fehler dienen als Chance, um zu lernen	Fehler werden so weit wie möglich vermieden

6.2 Regelwerke der Unternehmensverfassung

Die Regeln zur Unternehmensführung finden sich nicht in einem einzigen Gesetz, sondern in einer Reihe von gesetzlichen und untergesetzlichen Regelwerken. Welche Vorschriften dabei für ein Unternehmen gelten, hängt davon ab, in welchem Land sich das Unternehmen befindet, welche Rechtsform es hat, wie groß es ist und ob es börsennotiert ist oder nicht.

Die in Unternehmensverfassungen eingehenden Regeln können nach dem Grad der Verpflichtung unterteilt werden in (vergleiche *Werder, A. von* 2008: Seite 11 f.):

- **Gesetzliche Regelwerke**, deren Regeln verbindlich einzuhalten sind, und
- **Untergesetzliche Regelwerke**, die auch als **Soft-Laws** bezeichnet werden und deren Regeln lediglich aufgrund einer Selbstverpflichtung seitens der Unternehmen eingehalten werden.

Außer nach dem Grad der Verpflichtung können die in Unternehmensverfassungen eingehenden Regeln auch nach dem Geltungsbereich in:
- **transnationale Regelwerke**,
- **nationale Regelwerke** und
- **unternehmensinterne Regelwerke**

unterteilt werden (vergleiche zum Folgenden *Welge, M. K./Eulerich, M.* 2012: Seite 40 ff.).

6.2.1 Transnationale Regelwerke

Eine Reihe von Regelungen zur Unternehmensverfassung gelten länderübergreifend. Entsprechende Regelwerke sind unter anderem:
- Die **Corporate-Governance-Grundsätze der OECD**, die lediglich empfehlenden Charakter haben und insbesondere dabei helfen sollen, Unternehmensziele zu identifizieren und Möglichkeiten für deren Verwirklichung aufzuzeigen.
- Die **Abschlussprüferrichtlinie der Europäischen Union**, die verpflichtenden Charakter hat und von den Mitgliedsstaaten in nationales Recht umgesetzt wurde.
- Der **Europäische Corporate-Governance-Rahmen**, der sich derzeit noch im Entwurfsstadium befindet.

6.2.2 Nationale Regelwerke

Neben den transnationalen Regelwerken gibt es zahlreiche nationale Regelwerke zur Unternehmensführung, die in der Regel für die dort ansässigen Unternehmen den höchsten Verpflichtungsgrad aufweisen.

6.2.2.1 Deutsche Regeln zur Unternehmensführung

Der **Deutsche Corporate Governance Kodex** (DCGK) ist das wichtigste Regelwerk zur Unternehmensführung in Deutschland. Der Kodex umfasst (↗ Tabelle 6-3):
- **Hinweise auf vorhandene gesetzliche Regeln**, die entsprechend verpflichtend einzuhalten sind,
- **Empfehlungen**, die über die gesetzlichen Regeln hinausgehen aber nicht verpflichtend einzuhalten sind, und
- **unverbindliche Anregungen**.

Auch wenn der Kodex selbst nur empfehlenden Charakter hat, so müssen Vorstände und Aufsichtsräte von börsennotierten Aktiengesellschaften dennoch gemäß dem *Aktiengesetz* § 161 in einer Entsprechenserklärung einmal jährlich erklären, ob sie die Empfehlungen des Kodex eingehalten haben und falls sie abgewichen sind, wo sie

Tab. 6-3

Übersicht über die Bestimmungen und Regelungen des *Deutschen Corporate Governance Kodex*

Kapitel	Inhalt
1. Präambel	Zielsetzungen des Kodex, duales Führungssystem, verwendete Formulierungen, Geltungsbereich
2. Aktionäre und Hauptversammlung	Rechte der Aktionäre, Vorgehensweise bei Hauptversammlungen, Einladung zu Hauptversammlungen
3. Zusammenwirken von Vorstand und Aufsichtsrat	Abzustimmende Sachverhalte, Informationsversorgung des Aufsichtsrates, Erstellung eines Corporate-Governance-Berichtes
4. Vorstand	Aufgaben, Zuständigkeiten, Zusammensetzung, Vergütung, Vorgehen bei Interessenkonflikten
5. Aufsichtsrat	Aufgaben, Zuständigkeiten, Zusammensetzung, Vergütung, Befugnisse des Aufsichtsratsvorsitzenden, Bildung von Ausschüssen, Vorgehen bei Interessenkonflikten, Effizienzprüfung
6. Transparenz	Festlegung der zu veröffentlichenden Sachverhalte, Vorgehen bei der Information von Aktionären und Anlegern
7. Rechnungslegung und Abschlussprüfung	Vorgehen bei der Aufstellung von Konzernabschlüssen und Zwischenberichten, Vorgehen bei der Abschlussprüfung

Vergleiche *Regierungskommission Deutscher Corporate Governance Kodex* 2005

dies getan haben (vergleiche *Lutter, M./Krieger, G.* 2002: Seite 5). Die Erklärung ist den Aktionären zugänglich zu machen, was im Regelfall über die Geschäftsberichte der Unternehmen erfolgt.

6.2.2.2 Österreichische Regeln zur Unternehmensführung

Der **Österreichische Corporate Governance Kodex** (ÖCGK) ist das wichtigste Regelwerk zur Unternehmensführung in Österreich. Der Kodex umfasst:

- **Law-Regeln**, die in verschiedenen Gesetzen verankert sind und entsprechend verpflichtend einzuhalten sind,
- **Comply-Regeln**, die für eine Börsenzulassung einzuhalten sind, und
- **Recommend-Regeln**, deren Einhaltung unverbindlich ist.

Für den Kodex gilt das Comply-or-Explain-Prinzip, nach dem Abweichungen vom Kodex öffentlich aufzuzeigen und zu erklären sind.

6.2.2.3 Schweizerische Regeln zur Unternehmensführung

Die Regelwerke zur Unternehmensführung in der Schweiz sind:

- **Swiss Code of Best Practice for Corporate Governance**, der vorhandene gesetzliche Regelungen konkretisiert und ergänzende Empfehlungen gibt, und
- **Richtlinien zur Zulassung an der Swiss Exchange**, die für die dort gelisteten Unternehmen verbindlich Mindestanforderungen zur Corporate Governance enthalten.

Wirtschaftspraxis 6-1

Nichtanwendung von Empfehlungen der Corporate Governance Kodizes in Deutschland, Österreich und der Schweiz

Viele Unternehmen in **Deutschland** wenden nicht alle Empfehlungen des *Deutschen Corporate Governance Kodex* an. So gaben beispielsweise der Vorstand und der Aufsichtsrat der *Daimler AG* im Geschäftsbericht 2014 die folgende Erklärung ab: »Die *Daimler AG* entspricht den Empfehlungen der ‚Regierungskommission Deutscher Corporate Governance Kodex' in der Fassung vom 24. Juni 2014 seit deren Bekanntmachung durch das *Bundesministerium der Justiz* im amtlichen Teil des Bundesanzeigers am 30. September 2014 mit Ausnahme von Ziffer 3.8 Absatz 3 (Höhe des Selbstbehalts bei der D&O-Versicherung für den Aufsichtsrat) und einer vorsorglich erklärten Abweichung von Ziffer 5.4.1 Absatz 2 (konkrete Ziele für die Zusammensetzung des Aufsichtsrats) und wird den Empfehlungen auch künftig mit den genannten Abweichungen entsprechen. Seit Abgabe der letzten Entsprechenserklärung im Dezember 2013 hat die *Daimler AG* den Empfehlungen des Deutschen Corporate Governance Kodex in der Fassung vom 13. Mai 2013 mit den bereits genannten Ausnahmen und der in der letzten Entsprechenserklärung für die Zeit bis 31. Dezember 2013 vorsorglich erklärten Abweichung von Ziffer 4.2.3 Absatz 2 S. 6 (betragsmäßige Höchstgrenzen für die Vorstandsvergütung insgesamt und für ihre variablen Vergütungsteile) entsprochen.«

Hinsichtlich der Anwendung des **Österreichischen Corporate Governance Kodex** stellte beispielsweise die *STRABAG SE* in ihrem Geschäftsbericht 2013 fest: »Die *STRABAG SE* bekennt sich uneingeschränkt zum ÖCGK und seinen Zielsetzungen und betrachtet es als vorrangige Aufgabe, sämtliche Regelungen des ÖCGK einzuhalten. Dieses Bekenntnis ist eine freiwillige Selbstverpflichtung der *STRABAG SE* mit dem Ziel, das Vertrauen der Aktionärinnen und Aktionäre zu stärken und die hohen unternehmensinternen Rechts-, Verhaltens- und Ethikstandards der *STRABAG SE* weiter kontinuierlich zu optimieren. Zudem ist das Unternehmen durch die Notiz seiner Aktien im Prime Market der Wiener Börse verpflichtet, die Vorgaben des ÖCGK einzuhalten. Aufgrund dieses Bekenntnisses hat die *STRABAG SE* nicht nur den gesetzlichen Anforderungen zu genügen. Vielmehr bewirkt diese freiwillige Selbstverpflichtung, dass sie die Nichteinhaltung von C-Regeln (Comply or Explain) – das sind Regeln, die über die gesetzlichen Anforderungen hinausgehen – zu begründen hat. Im Sinn dieser Systematik des ÖCGK hat die *STRABAG SE* die Abweichung von den C-Regeln 2, 27, 27a und 38 des ÖCGK wie folgt erklärt: … Regel C-27 ÖCGK: Der *STRABAG SE* ist es ein Anliegen, die Vergütung des Vorstandes nach messbaren Kriterien sowie transparent und nachvollziehbar zu gestalten. Die Vergütung des Vorstandes richtet sich daher nach dem Umfang des Aufgabenbereiches, der Verantwortung und der persönlichen Leistung des Vorstandsmitgliedes, der Erreichung des Unternehmenszieles sowie der Größe und der wirtschaftlichen Lage des Unternehmens. Nicht-finanzielle Kriterien werden für die Vergütung der Vorstände nicht herangezogen, da diese im Rahmen der Geschäftstätigkeit der *STRABAG SE* keine transparente und nachvollziehbare Vergütung gewährleisten.«

In der **Schweiz** weichen Unternehmen nur selten vom *Swiss Code of Best Practice for Corporate Governance* ab, wie zum Beispiel der Finanzbericht der *Schindler Holding AG* aus dem Jahr 2015 zeigt: »Der Bericht zur Corporate Governance enthält die erforderlichen Angaben gemäss der per 31. Dezember 2014 gültigen Richtlinie betreffend Informationen zur Corporate Governance der SIX Swiss Exchange Corporate Governance-Richtlinie (RLCG) und folgt im Aufbau deren Struktur. Die geforderte Offenlegung von Vergütungen und Beteiligungen der obersten Unternehmensebene werden im Vergütungsbericht ausgewiesen. Zudem wird neu gemäss dem Grundsatz ‚comply or explain' eine Erklärung abgegeben, falls die Corporate Governance des Unternehmens von den Empfehlungen des Swiss Code of Best Practice for Corporate Governance (nachfolgend Swiss Code) abweicht. … Lediglich betreffend die Zusammensetzung der Verwaltungsratsausschüsse weicht die Gesellschaft von den Empfehlungen des Swiss Code ab. Dies ist vor allem darauf zurückzuführen, dass Grossaktionäre selber im Verwaltungsrat vertreten sind und damit das langfristige Aktionärsinteresse direkt wahrnehmen.«

Quellen: *Daimler AG:* Geschäftsbericht 2014, Stuttgart 2015, S. 181, *Regierungskommission Deutscher Corporate Governance Kodex:* Deutscher Corporate Governance Kodex, Fassung vom 24. Juni 2014 mit Beschlüssen aus der Plenarsitzung vom 24. Juni 2014, *STRABAG SE:* Geschäftsbericht 2013, S. 36 f., Österreichischer Arbeitskreis für Corporate Governance 2006: Österreichischer Corporate Governance Kodex (www.wienerborse.at, Stand 23.03.15), *Economiesuisse:* Swiss Code of best practice for Corporate Governance (www.economiesuisse.ch, Stand 23.03.15), *SIX Swiss Exchange AG:* Richtlinie betr. Informationen zur Corporate Governance (www.six-exchange-regulation.com, Stand 24.03.15), *Der Schweizerische Bundesrat 2014:* Verordnung gegen übermässige Vergütungen bei börsennotierten Aktiengesellschaften (www.admin.ch/opc/de/classified-compilation/20132519/index.html, Stand 24.03.15), *Schindler Holding AG:* Finanzbericht 2014, Ebikon 2015, S. 103, 107.

6.2.2.4 Amerikanische Regeln zur Unternehmensführung

Der **Sarbanes-Oxley Act** (SOX) ist das wichtigste Regelwerk zur Unternehmensführung in den Vereinigten Staaten. Er kann auch Einfluss auf europäische Unternehmen haben, da ihn auch ausländische Unternehmen befolgen müssen, die an amerikanischen Börsen gelistet werden wollen oder die amerikanische Unternehmen beliefern wollen. Er hat insbesondere Regelungen hinsichtlich der internen Kontrollen, der Dokumentation und der Offenlegung zum Gegenstand. Hauptziel ist dabei der Anlegerschutz.

6.2.3 Unternehmensinterne Regelwerke

In Unternehmen selbst können Festlegungen und Ergänzungen zu den vorgenannten Gesetzen und Kodizes in eigenen **Governance-Leitlinien** festgelegt werden. Entsprechende Regeln gelten nur für das erlassende Unternehmen und haben insofern nur empfehlenden und keinen verpflichtenden Charakter.

6.3 Regelungsgegenstände von Unternehmensverfassungen

Nachdem wir nun einige der wichtigsten Regelwerke von Unternehmensverfassungen kennen, stellt sich nun die Frage, was in diesen geregelt werden kann. Nachfolgend wird dazu zuerst eine Übersicht über die wichtigsten Regelungsbestände gegeben, bevor dann vertiefend auf die Spitzenorganisation und die Beschlussfassung innerhalb der Spitzenorganisation eingegangen wird.

6.3.1 Übersicht über die Regelungsgegenstände

Die Regelwerke zur Unternehmensverfassung können insbesondere die nachfolgenden Sachverhalte regeln:

Ausrichtung der Unternehmensziele

Hinsichtlich der Ziele von Unternehmen kann beispielsweise geregelt werden:

- welche Ziele am wichtigsten sind,
- inwiefern Ziele der Unternehmenseigner (Shareholder) zu berücksichtigen sind,
- inwiefern Ziele anderer Anspruchsgruppen (Stakeholder) zu berücksichtigen sind.

Zugang zu Leitungs- und Überwachungsorganen

Hinsichtlich des Zugangs zu Leitungs- und Überwachungsorganen kann beispielsweise geregelt werden:

- welche Qualifikationen die Personen haben sollen,
- inwiefern die Personen unabhängig sein sollen,
- inwiefern die Personen bestimmten Anspruchsgruppen, wie Arbeitnehmern oder Frauen, angehören sollen,
- inwiefern Übergänge von Personen aus den Leitungsorganen in die Überwachungsorgane zulässig sein sollen.

Rechte und Pflichten der Leitungsorgane
Die Rechte und Pflichten der Leitungsorgane können insbesondere im Hinblick auf folgende Punkte geregelt werden:
- Verschwiegenheit der Organmitglieder,
- Wettbewerbsverbot der Organmitglieder,
- Interessenskonflikte der Organmitglieder,
- Vorteilsgewährung durch die Organmitglieder,
- Vergütung der Organmitglieder,
- Einhaltung der gesetzlichen Bestimmungen und der unternehmensinternen Richtlinien (Compliance),
- Zusammenarbeit mit Überwachungsorganen,
- Verpflichtungen zur Information von Überwachungsorganen,
- Beteiligung an der Prüfung und Feststellung von Jahresabschlüssen/-rechnungen,
- Beteiligung an Hauptversammlungen,
- Haftung der Organmitglieder und zu leistende Entschädigungszahlungen,
- Häufigkeit von Sitzungen,
- Beschlussfassung in Sitzungen,
- Zustimmungspflichtige Geschäfte,
- Aufsichtsratsmandate bei anderen Unternehmen,
- Überprüfung der Effizienz der eigenen Arbeit,
- Weiterbildung der Organmitglieder.

Rechte und Pflichten der Überwachungsorgane
Die Rechte und Pflichten der Überwachungsorgane können insbesondere im Hinblick auf folgende Punkte geregelt werden:
- Verschwiegenheit der Organmitglieder,
- Wettbewerbsverbot der Organmitglieder,
- Interessenskonflikte der Organmitglieder,
- Vorteilsgewährung durch die Organmitglieder,
- Vergütung der Organmitglieder,
- Berater-, Dienstleistungs- oder Werkverträge der Organmitglieder mit dem Unternehmen,
- Zusammenarbeit mit Leitungsorganen,
- Beteiligung an der Gestaltung der Vergütung der Leitungsorgane,
- Möglichkeiten zur Einholung von Informationen im Unternehmen,
- Möglichkeiten zur Beratung durch externe Sachverständige auf Unternehmenskosten,
- Beteiligung an der Prüfung und Feststellung von Jahresabschlüssen/-rechnungen,

- Beteiligung an Hauptversammlungen,
- Haftung der Organmitglieder und zu leistende Entschädigungszahlungen,
- Häufigkeit von Sitzungen,
- Beschlussfassung in Sitzungen,
- Zustimmungspflichtige Geschäfte,
- Bildung und Beteiligung an Ausschüssen,
- Aufsichtsratsmandate bei anderen Unternehmen,
- Überprüfung der Effizienz der eigenen Arbeit,
- Weiterbildung der Organmitglieder.

Rechte und Pflichten der Unternehmenseigner

Die Rechte und Pflichten der Unternehmenseigner können insbesondere im Hinblick auf folgende Punkte geregelt werden:

- Beteiligung an Hauptversammlungen,
- Stimmrechte auf Hauptversammlungen,
- Nutzung elektronischer Medien für Stimmabgaben,
- Beteiligung an der Feststellung von Jahresabschlüssen/-rechnungen,
- Bezugsrechte neuer Aktien.

Transparenz und Publizität

Durch Transparenz und Publizität sollen Informationsasymmetrien zwischen den verschiedenen Anspruchsgruppen vermieden werden. Entsprechende Regelungen können sich unter anderem auf folgende Informationen beziehen:

- Jahresabschlüsse/-rechnungen und Lageberichte,
- Stellungnahmen der Leitungs- und Überwachungsorgane zum Jahresabschluss,
- Funktionsweisen der internen Kontrollsysteme,
- Ausschüsse der Überwachungsorgane,
- Mitglieder der Leitungs- und Überwachungsorgane,
- Vergütungen der Mitglieder der Leitungs- und Überwachungsorgane,

Wirtschaftspraxis 6-2

Corporate Governance bei VW

Im Jahr 2006 kündigte der Aufsichtsratsvorsitzende der *Volkswagen AG Ferdinand Piëch* an, im Folgejahr auf den Vorsitz in dem Überwachungsgremium zu verzichten. *Piëch* zog damit die Konsequenz aus der Kritik, dass seine Position nicht mit den Corporate-Governance-Regeln von *VW* vereinbar sei, da es zu Interessenkonflikten kommen könnte.
Die Familien *Piëch* und *Porsche* sind die wichtigsten Anteilseigner des Stuttgarter Sportwagenherstellers *Dr. Ing. h. c. F. Porsche AG*, der sich im Jahr 2005 mit 18,53 Prozent an *VW* beteiligte und damit größter Aktionär des Unternehmens wurde. Aufgrund dieser Beteiligung war nicht mehr länger gewährleistet, dass *Piëch* in seiner Funktion als Aufsichtsratsvorsitzender von *VW* nur *VW*- und nicht auch *Porsche*-Interessen vertritt.
Bei einer konsequenten Anwendung der Corporate-Governance-Regeln von *VW* hätte *Piëch* auch aus einem anderen Grund nicht Aufsichtsratsvorsitzender von *VW* werden dürfen: In der Ziffer 5.4.4 des Deutschen Corporate Governance Kodex wird empfohlen, dass ein Vorstandsvorsitzender nicht unmittelbar nach dem Auslaufen seines Vertrags den Vorsitz des Aufsichtsrats übernimmt.

Quelle: *Menzel, S.*: Endlich Bewegung, in: Handelsblatt, Nummer 16 vom 23.01.2006, Seite 1.

- weitere Mandate der Mitglieder der Leitungs- und Überwachungsorgane,
- Anzahl der Sitzungen der Leitungs- und Überwachungsorgane,
- Teilnehmer an den Sitzungen der Leitungs- und Überwachungsorgane.

Informationssysteme
Hinsichtlich der Informationssysteme im Unternehmen können insbesondere Anforderungen im Hinblick auf die Einführung und Gestaltung folgender Systeme geregelt werden:
- Risikomanagementsysteme,
- Kontrollsysteme,
- Planungs- und Forecastingsysteme,
- Reportingsysteme.

Prüfung
Hinsichtlich der Prüfung kann beispielsweise geregelt werden:
- welche Abschlussprüfer die Jahresabschlüsse/-rechnungen überprüfen,
- was schwerpunktmäßig überprüft werden soll.

6.3.2 Spitzenorganisation

Die **Spitzenorganisation**, die auch als **Führungsorganisation** bezeichnet wird, beschreibt die Strukturen der Leitungs- und Aufsichtsorgane eines Unternehmens.

Die Gestaltung der Spitzenorganisation hängt dabei von länderspezifischen Regelungen ab. Im Wesentlichen lassen sich zwei Modelle der Spitzenorganisation unterscheiden, die monistische und die dualistische Spitzenorganisation (↗ Abbildung 6-2).

6.3.2.1 Monistische Spitzenorganisation

Die monistische Spitzenorganisation, die auch als **One-Tier-System** bezeichnet wird, ist die international verbreitetste Form der Spitzenorganisation. Sie besteht in der Schweiz in Form eines **Verwaltungsrates** und in angloamerikanischen Ländern in Form eines **Boards**, die jeweils sowohl als Leitungs- als auch als Überwachungsorgan fungieren (vergleiche *Lutter, M./Krieger, G.* 2002: Seite 3).

Geschäftsführung bei schweizerischen Aktiengesellschaften
Der Verwaltungsrat schweizerischer Aktiengesellschaften ist für die Führung der Geschäfte verantwortlich, er kann aber auch – was insbesondere bei größeren Unternehmen üblich ist – eine separate Geschäftsführung einsetzen. Idealerweise sollten die Verwaltungsräte dabei nicht gleichzeitig der Geschäftsführung angehören. Folgende Aufgaben dürfen zudem gemäß *Obligationenrecht* Artikel 716a nicht auf die Geschäftsführung übertragen werden, sondern müssen beim Verwaltungsrat verbleiben:
- die Oberleitung der Gesellschaft und die Erteilung der nötigen Weisungen,

Abb. 6-2

Systeme der Spitzenorganisation

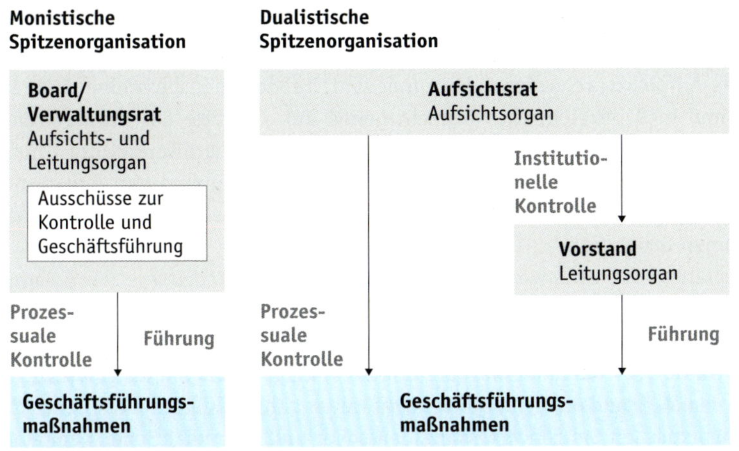

Vergleiche *Bleicher, K./Leberl, D./Paul, H.* 1989

- die Festlegung der Organisation,
- die Ausgestaltung des Rechnungswesens, der Finanzkontrolle sowie der Finanzplanung,
- die Ernennung und die Abberufung der mit der Geschäftsführung und der Vertretung betrauten Personen,
- die Oberaufsicht über die mit der Geschäftsführung betrauten Personen, namentlich im Hinblick auf die Befolgung der Gesetze, Statuten, Reglemente und Weisungen,
- die Erstellung des Geschäftsberichts sowie die Vorbereitung der Generalversammlung und die Ausführung ihrer Beschlüsse sowie
- die Benachrichtigung der Justiz im Falle der Überschuldung.

Ausschüsse des Verwaltungsrates bei schweizerischen Aktiengesellschaften

Es ist üblich, dass der Verwaltungsrat schweizerischer Aktiengesellschaften bestimmte Aufgaben an Ausschüsse delegiert. Der *Swiss Code of Best Practice for Corporate Governance* empfiehlt die Einrichtung folgender Ausschüsse:

- **Prüfungsausschuss**, der auch als » Audit Committee« bezeichnet wird und insbesondere für die externe Revision, das interne Kontrollsystem und die Jahresabschlüsse/-rechnungen zuständig ist,
- **Entschädigungsausschuss**, der auch als »Compensation Committee« bezeichnet wird und insbesondere für die Vergütung der Mitglieder des Verwaltungsrates und der Geschäftsführung zuständig ist,

- **Nominierungsausschuss**, der auch als »Nomination Committee« bezeichnet wird und insbesondere für die Auswahl von Kandidaten für den Verwaltungsrat zuständig ist.

6.3.2.2 Dualistische Spitzenorganisation

Die dualistische Spitzenorganisation, die auch als **Two-Tier-System** oder als **Vorstands-Aufsichtsratssystem** bezeichnet wird, findet sich insbesondere in Deutschland und in Österreich. Ihre Wurzeln gehen auf die Mitte des 19. Jahrhunderts zurück. Dort erfolgte mit einer zunehmenden Betriebsgröße und der Gründung zahlreicher Aktiengesellschaften immer mehr eine Trennung von Eigentum und Verfügungsgewalt sowie die Etablierung der Unternehmensleitung als einer eigenständigen Institution.

Im Jahre 1861 verankerte das *Allgemeine Deutsche Handelsgesetzbuch* dann zum ersten Mal die Trennung von Leitung und Überwachung in der Gestalt des Aufsichtsrats als Überwachungsgremium in deutschen Aktiengesellschaften. Diese Organtrennung wurde 1937 durch die Novellierung des *Aktiengesetzes* mit der Hauptversammlung, dem Vorstand und dem Aufsichtsrat weiter konkretisiert und damit das Modell der dualistischen Spitzenverfassung deutscher und österreichischer Kapitalgesellschaften geschaffen (vergleiche *Macharzina, K.* 2003: Seite 137).

Die dualistische Spitzenorganisation umfasst entsprechend zusätzlich zur Hauptversammlung folgende zwei Organe:

Leitungsorgan

Der Vorstand oder die Geschäftsführung bilden das Leitungsorgan. Dem obersten Leitungsorgan obliegen die Geschäftsführung des Unternehmens nach innen und seine Vertretung nach außen. Dabei ist die Leitung zwingend an die ihr auferlegten Rahmenvorgaben gebunden. Im Mittelpunkt steht in der Regel das Handeln zum Wohl des Unternehmens. Hierunter werden im Allgemeinen die langfristige Existenzsicherung und der Erhalt der Ertragskraft verstanden.

Überwachungsorgan

Der Aufsichtsrat bildet das Überwachungsorgan. Seine Aufgabe besteht primär in der Überwachung des Leitungsorgans.

6.3.3 Beschlussfassung

Um ihre Aufgaben effizient erfüllen zu können, müssen in den Leitungs- und Überwachungsorganen klare Regelungen hinsichtlich der Beschlussfassung getroffen werden. Die Beschlussfassung kann entsprechend des Direktorial- oder des Kollegialprinzips erfolgen. Wie die Beschlussfassung jeweils erfolgt, legen die Leitungs- und Überwachungsorgane dabei in **Geschäftsordnungen** fest (vergleiche *Bleicher, K.* 1991: Seite 374 f., *Seidel, E./Redel, W.* 1987: Seite 23 und *Vahs, D.* 2019: Seite 86 ff.):

Direktorialprinzip
Das Direktorialprinzip sieht vor, dass dem Vorsitzenden des Organs, also beispielsweise dem Geschäftsführungs- oder Vorstandsvorsitzenden, das alleinige Entscheidungs- und Leitungsrecht übertragen wird.

- Beim **reinen Direktorialprinzip** kann der Vorsitzende des Organs gegen den Willen aller übrigen Mitglieder entscheiden und Weisungen erteilen.
- Das **abgeschwächte Direktorialprinzip** räumt Mitgliedern des Organs ein Vetorecht ein, das es beispielsweise dem Vorstandsvorsitzenden einer Aktiengesellschaft nicht erlaubt, Entscheidungen gegen die Mehrheit seiner Vorstandskollegen durchzusetzen.

Kollegialprinzip
Beim Kollegialprinzip entscheiden alle Mitglieder des Organs in gemeinsamer Verantwortung. Es lassen sich die drei Ausprägungen unterscheiden:

- Bei der **Abstimmungskollegialität** werden die Beschlüsse des Organs mehrheitlich gefasst.
- Im Falle der **Primatkollegialität** hat die Stimme des Vorsitzenden als »Primus inter Pares« bei Stimmengleichheit ein höheres Gewicht.
- Die **Kassationskollegialität** verlangt Einstimmigkeit bei der Beschlussfassung. Wird kein Konsens erzielt, kommt kein gültiger Beschluss zustande.

Zusammenfassung Kapitel 6

- Unternehmensverfassungen sind Regelwerke für die Leitung und die Überwachung von Unternehmen.
- Die Unternehmensverfassung weist Parallelen zur Staatsverfassung auf.
- In den meisten Ländern ist die monistische Verfassung sehr verbreitet, die keine Trennung von Aufsichts- und Leitungsorgan vorsieht.
- Die dualistische Spitzenverfassung deutscher und österreichischer Kapitelgesellschaften umfasst ein Aufsichts- und ein Leitungsorgan.

Weiterführende Literatur Kapitel 6

Bleicher, K./Leberl, D./Paul, H.: Unternehmensverfassung und Spitzenorganisation, Wiesbaden.

Müller-Stewens, G./Brauer, M.: Corporate Strategy & Governance: Wege zur nachhaltigen Wertsteigerung im diversifizierten Unternehmen, Stuttgart.

Werder, A. von: Führungsorganisation – Grundlagen der Corporate Governance, Spitzen- und Leitungsorganisation, Wiesbaden.

Schlüsselbegriffe Kapitel 6

- Corporate-Governance-System
- Spitzenverfassung
- Unternehmensverfassung
- Gewaltenteilung
- Staatsverfassung
- Manager
- Unternehmer
- Untergesetzliches Regelwerk
- Soft-Law
- Corporate-Governance-Grundsätze
- Abschlussprüferrichtlinie
- Gesetz zur Kontrolle und Transparenz im Unternehmensbereich
- Entsprechenserklärung
- Governance-Leitlinie
- Shareholder
- Stakeholder
- Leitungsorgan
- Überwachungsorgan
- Compliance
- Transparenz
- Publizität
- Informationssystem
- Risikomanagementsystem
- Kontrollsystem
- Forecastingsystem
- Reportingsystem
- Spitzenorganisation
- Führungsorganisation
- Monistische Spitzenorganisation
- One-Tier-System
- Verwaltungsrat-System
- Vereinigungsmodell
- Board-System
- Board of Directors
- Chief Executive Officer (CEO)
- Audit Committee
- Shareholder's Meeting
- Dualistische Spitzenorganisation
- Two-Tier-System
- Vorstands-Aufsichtsratssystem
- Beschlussfassung
- Geschäftsordnung
- Direktorialprinzip
- Kollegialprinzip
- Abstimmungskollegialität
- Primatkollegialität
- Kassationskollegialität

Fragen Kapitel 6

Frage 6-1: *Definieren Sie den Begriff »Unternehmensverfassung«.*

Frage 6-2: *Nennen Sie ein Synonym für den Begriff Unternehmensverfassung.*

Frage 6-3: *Nennen Sie die Art von Unternehmen, für die Unternehmensverfassungen insbesondere von Bedeutung sind.*

Frage 6-4: *Erläutern Sie vier Punkte, in denen sich Manager von Unternehmern unterscheiden.*

Frage 6-5: *Erläutern Sie, was unter untergesetzlichen Regelwerken im Hinblick auf die Unternehmensverfassung verstanden wird.*

Frage 6-6: *Nennen Sie mindestens zwei transnationale Regelwerke der Unternehmensverfassung.*

Frage 6-7: *Nennen Sie ein nationales Regelwerk der Unternehmensverfassung.*

Frage 6-8: *Nennen Sie mindestens sechs Gruppen von Sachverhalten, die in Unternehmensverfassungen geregelt werden können.*

Frage 6-9: *Nennen Sie mindestens drei Sachverhalte, die in Unternehmensverfassungen im Hinblick auf den Zugang zu Leitungs- und Überwachungsorganen geregelt werden können.*

Frage 6-10: *Nennen Sie mindestens fünf Sachverhalte, die in Unternehmensverfassungen im Hinblick auf die Rechte und Pflichten der Leitungsorgane geregelt werden können.*

Frage 6-11: *Nennen Sie mindestens fünf Sachverhalte, die in Unternehmensverfassungen im Hinblick auf die Rechte und Pflichten der Überwachungsorgane geregelt werden können.*

Frage 6-12: *Erläutern Sie, wozu die Regelung der Transparenz und Publizität dienen soll.*

Frage 6-13: *Definieren Sie den Begriff der Spitzenorganisation.*

Frage 6-14: *Nennen Sie die zwei grundsätzlichen Systeme der Spitzenorganisation.*

Frage 6-15: *Erläutern Sie, was unter einer monistischen Spitzenorganisation verstanden wird und welche Organe dort welche Aufgaben wahrnehmen.*

Frage 6-16: *Erläutern Sie, was unter einer dualistischen Spitzenorganisation verstanden wird und welche Organe dort welche Aufgaben wahrnehmen.*

Frage 6-17: *Nennen Sie die zwei grundsätzlichen Möglichkeiten der Beschlussfassung in Leitungs- und Überwachungsorganen.*

Frage 6-18: *Erläutern Sie, was unter dem Direktorialprinzip verstanden wird und welche zwei Ausprägungen es haben kann.*

Frage 6-19: *Erläutern Sie, was unter dem Kollegialprinzip verstanden wird und welche drei Ausprägungen es haben kann.*

Fallstudie Kapitel 6

Auch die Geschäftsführung der Speedy GmbH will einen Corporate Governance Kodex einführen. Unterstützen Sie die Geschäftsführung dabei, indem Sie recherchieren, welchem Kodex sich Vorstände und Aufsichtsräte anderer Unternehmen - insbesondere der Automobilbranche - verpflichten, und entwickeln Sie darauf aufbauend einen Corporate Governance Kodex für die Speedy GmbH.

7 Organisation

Kapitelnavigator

Inhalt	Lernziel
7.1 Grundlagen	7-1 Die Grundlagen der Organisation kennen.
7.2 Organisatorische Analyse	7-2 Die Elemente und Vorgehensweisen bei der organisatorischen Analyse kennen.
7.3 Gestaltung der Ablauforganisation mittels der Arbeitssynthese	7-3 Die Elemente und Vorgehensweisen bei der Gestaltung von Ablauforganisationen kennen.
7.4 Gestaltung der Aufbauorganisation mittels der Aufgabensynthese	7-4 Die Elemente und Vorgehensweisen bei der Gestaltung von Aufbauorganisationen kennen.
7.5 Neuere Organisationsansätze	7-5 Neuere Organisationsansätze kennen.
7.6 Gestaltung organisatorischer Veränderungen	7-6 Die Vorgehensweisen bei organisatorischen Veränderungen kennen.

Jedes zielgerichtete Zusammenwirken von Teilen eines Ganzen beruht auf einer Ordnung. Ohne diese Ordnung herrscht Chaos. Im Chaos lassen sich aber komplexe Aufgaben nicht systematisch und zielgerichtet bewältigen. Deshalb bedarf es einer Organisation. Die entsprechenden Organisationsstrukturen sind ein Instrument zur Steuerung des Verhaltens und der Leistung der Organisationsmitglieder im Hinblick auf die Organisationsziele.

Der Begriff Organisation bezeichnet entsprechend allgemein die zielorientierte ganzheitliche Gestaltung von Beziehungen in sozialen Systemen (vergleiche *Vahs, D.* 2019: Seite 10 ff.). Innerhalb dieser Definition werden wir aus betriebswirtschaftlicher Sicht von folgender Definition ausgehen:

Der Begriff **Organisation** bezeichnet aus funktionaler Sicht die zielorientierte ganzheitliche Gestaltung von Prozessen und Strukturen innerhalb von Betrieben und aus institutioneller Sicht das Ergebnis dieser Tätigkeit.

Wirtschaftspraxis 7-1

Webers Bürokratiemodell

Einer der ersten richtungweisenden Ansätze der Organisationstheorie stammt von dem deutschen Juristen, Nationalökonomen und Soziologen *Max Weber* (1864–1920). *Weber* war an der Frage interessiert, wie in der Gesellschaft, in der Verwaltung und in Unternehmen Herrschaft ausgeübt wird. Nach seiner Ansicht gibt es mit der traditionellen, der charismatischen und der bürokratiebasierten Herrschaft drei »Idealtypen« der Herrschaft. Anhand der von ihm identifizierten Strukturmerkmale einer »spezifisch modernen Form der Verwaltung« entwickelte er sein »Bürokratiemodell«. Merkmale dieses Modells sind die Arbeitsteilung, eine Amtshierarchie mit über- und untergeordneten Stellen, die Aufgabenerfüllung nach festen Regeln und Normen und die ausschließlich schriftliche Kommunikation, etwa in Form von Briefen, Formularen und Aktennotizen.

Quelle: *Vahs, D.*: Organisation, 10. Auflage, Stuttgart 2019, Seite 27 ff. und die dort angegebene Literatur.

7.1 Grundlagen

Dualproblem der organisatorischen Gestaltung

Die organisatorische Gestaltung erfolgt entsprechend dem **Analyse-Synthese-Konzept** in folgenden Schritten (vergleiche ↗ Abbildung 7-1 und *Vahs, D.* 2019: Seite 49 ff.):

Organisatorische Analyse
Im Rahmen der **organisatorischen Differenzierung** wird die Gesamtaufgabe des Unternehmens analysiert, indem sie in Teilaufgaben und Arbeitsgänge zerlegt wird. Diesem Vorgehen liegt das Prinzip der **Arbeitsteilung** zugrunde.

Organisatorische Synthese
Im Rahmen der **organisatorischen Integration** werden die Teilaufgaben und Arbeitsgänge wieder zu größeren organisatorischen Einheiten wie Prozessketten und Abteilungen zusammengeführt. Diesem Vorgehen liegt das Prinzip der **Arbeitsvereinigung** zugrunde.

Fallbeispiel 7-1 **Organisation der Rechnungsprüfung**

▸▸▸ Im Rahmen einer internen Revision bei der *Speedy GmbH* wurde durch Zufall entdeckt, dass es im letzten Geschäftsjahr erhebliche Unregelmäßigkeiten bei der Bezahlung von Rechnungen gab. In einer nachfolgenden Analyse wurden dafür folgende Ursachen ermittelt:

- Es wurden Leistungen in Rechnung gestellt und bezahlt, die so nicht bestellt und/oder erbracht worden waren.
- Es wurden Leistungen in Rechnung gestellt und bezahlt, die offensichtlich nicht für die *Speedy GmbH*, sondern für den Privatbereich einzelner Mitarbeiter der *Speedy GmbH* bestimmt waren.

Abb. 7-1

Analyse-Synthese-Konzept zur Entwicklung der Gesamtorganisation

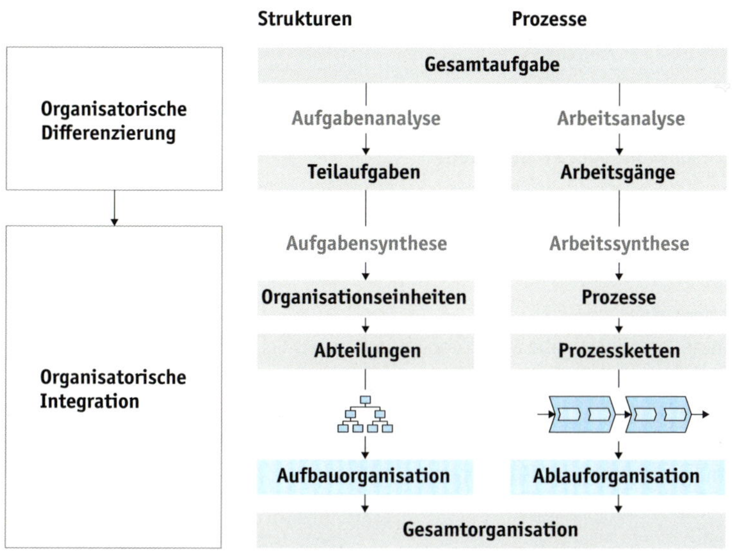

Vergleiche *Bleicher, K.* 1991: Seite 49

- Auf Rechnungen wurden die Einzelpositionen zum Schaden der *Speedy GmbH* falsch multipliziert und/oder addiert.

Der entsprechende finanzielle Schaden war erheblich. Zusätzlich zu den sofort eingeleiteten Personalmaßnahmen beauftragte Herr *Dr. Scharrenbacher* deshalb den Leiter Finanzen, Herrn *Kolb* damit, eine verbesserte Vorgehensweise bei der Rechnungsprüfung zu entwickeln und in die Organisation der *Speedy GmbH* zu integrieren. Auf diese Weise sollen entsprechende Unregelmäßigkeiten in Zukunft verhindert werden. ◂◂◂

7.2 Organisatorische Analyse

7.2.1 Ermittlung von Teilaufgaben im Rahmen der Aufgabenanalyse

Die Aufgabenanalyse dient der Ermittlung von Teilaufgaben, auf deren Basis im Rahmen der Aufgabensynthese Organisationseinheiten und Abteilungen und damit die Aufbauorganisation gestaltet werden kann. Unter Aufgaben wird dabei Folgendes verstanden (vergleiche *Hill, W./Fehlbaum, R./Ulrich, P.* 1994: Seite 122 f., *Kosiol, E.* 1976a: Seite 43):

Aufgaben beschreiben, was verpflichtend auszuführen ist, um ein definiertes Ziel zu erreichen.

Aufgabenmerkmale

Aufgaben beschreiben also, »was« zu machen ist. Konkretisiert wird dies durch folgende Aufgabenmerkmale (vergleiche *Vahs, D.* 2019: Seite 51):

Verrichtung
Art der durchzuführenden geistigen oder körperlichen Tätigkeit, zum Beispiel Planen, Beschaffen oder Produzieren.

Objekt
Gegenstand der Aufgabe, zum Beispiel Werkstücke oder Informationen.

Aufgabenträger
Personen, die die Aufgabe ausführen, zum Beispiel Geschäftsführer oder Lagerarbeiter.

Sachmittel
Hilfsmittel, die bei der Aufgabenerfüllung eingesetzt werden, zum Beispiel Datenverarbeitungssysteme oder Maschinen.

Zeit
Zeitpunkt, Zeitraum oder zeitliche Reihenfolge, zu dem die Aufgabe durchgeführt wird, zum Beispiel 01.01.2016, vom 01.01. bis zum 01.02.2016 oder in chronologischer Reihenfolge.

Raum
Ort, an dem die Aufgabe durchgeführt wird, zum Beispiel Werk Karlsruhe, Gebäude IV, Zimmer 102.

Vorgehen bei der Aufgabenanalyse

Im Rahmen der Aufgabenanalyse werden Gesamtaufgaben systematisch in Teilaufgaben zerlegt und diese wiederum in mehreren Schritten in noch kleinere Teilaufgaben. Durch dieses Vorgehen entsteht eine **Teilaufgabenhierarchie**. Die im Rahmen der Aufgabenanalyse ermittelten Teilaufgaben niedrigster Ordnung werden auch als **Elementaraufgaben** bezeichnet. Sinnvollerweise liegt die Grenze der Aufgabenanalyse dort, wo ein Aufgabenbereich entsteht, der sich einer existierenden oder gedachten Person zuordnen lässt.

7.2.2 Ermittlung von Arbeitsgängen im Rahmen der Arbeitsanalyse

Die Arbeitsanalyse dient der Ermittlung von Arbeitsgängen, auf deren Basis im Rahmen der Arbeitssynthese Prozesse und Prozessketten und damit die Ablauforganisation gestaltet werden kann.

Arbeitsgänge beschreiben in zeitlicher, räumlicher und personeller Hinsicht, wie Aufgaben im Detail zu erfüllen sind.

Die Arbeitsanalyse ist eine Fortführung der Aufgabenanalyse unter besonderer Betonung der für die Aufgabenerfüllung durchzuführenden Arbeitsgänge. Der Übergang von der Aufgaben- zur Arbeitsanalyse ist prinzipiell immer dort zu sehen, wo die Frage nach dem **Aufgabeninhalt** beziehungsweise dem »Was?« in die Frage nach der **Aufgabenerfüllung** beziehungsweise nach dem »Wie?« übergeht (↗ Abbildung 7-2, vergleiche *Wittlage, H.* 1993: Seite 203 ff.).

Vorgehen bei der Arbeitsanalyse

Der Ausgangspunkt der Arbeitsanalyse sind die Teilaufgaben niedrigster Ordnung, die Elementaraufgaben. Sie stellen als **Arbeitsgänge** die Arbeitsteile höchster Ordnung dar. Indem diese Arbeitsgänge schrittweise weiter zerlegt werden, entsteht wiederum eine Ordnungshierarchie, deren Endpunkt die sogenannten **Gangelemente** als Arbeitsteile niedrigster Ordnung bilden. Gangelemente können beispielsweise einzelne Handgriffe sein, die im Zuge einer bestimmten Verrichtung auszuführen sind.

Fallbeispiel 7-2 (Fortsetzung 7-1) **Organisation der Rechnungsprüfung**

▸▸▸ Im Rahmen der Verbesserung der Rechnungsprüfung in der *Speedy GmbH* analysierte die von Herrn *Kolb* gebildete Problemlösegruppe, wie die Rechnungsprüfung aktuell erfolgt. Darauf aufbauend wurden weitere Aufgaben und Arbeitsgänge festgelegt, die im Rahmen der Rechnungsprüfung durchzuführen sind.
Die Rechnungsprüfung ist eine Teilaufgabe des Rechnungswesens. Sie kann weiter in die drei Teilaufgaben: inhaltliche, rechnerische und formale Rechnungsprüfung unterteilt werden. Zur Durchführung dieser Teilaufgaben sind jeweils mehrere

Abb. 7-2

Aufgaben- und Arbeitsanalyse am Beispiel einer Verfahrensentscheidung für die Motorenproduktion

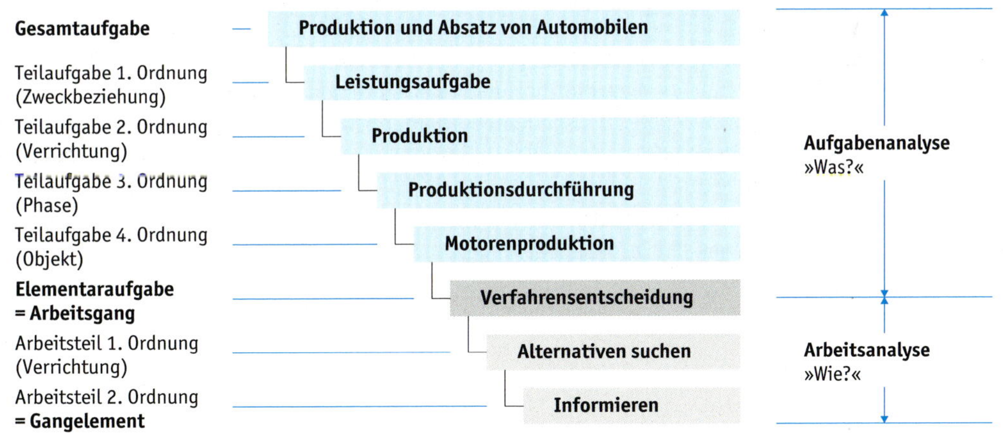

Vergleiche *Vahs, D.* 2019: Seite 53

Arbeitsgänge durchzuführen. So sind – falls im Bestellsystem der *Speedy GmbH* kein Auftrag vorliegt, anhand dessen die Angaben auf der Rechnung überprüft werden können – zur rechnerischen Prüfung folgende Arbeitsgänge erforderlich: Multiplikation der Nettoeinzelbeträge je Rechnungsposition mit der jeweiligen Menge. Addition der sich ergebenden Nettogesamtbeträge. Addition der Umsatzsteuer zu dem sich ergebenden Nettorechnungsbetrag. Vergleich des sich ergebenden Bruttorechnungsbetrages mit dem auf der vorliegenden Rechnung ausgewiesenen Betrag. ◂◂◂

7.3 Gestaltung der Ablauforganisation mittels der Arbeitssynthese

Kriterien der Arbeitssynthese

Die Arbeitssynthese fasst die in der Arbeitsanalyse gewonnenen Arbeitsgänge zu Prozessen und diese wiederum zu Prozessketten zusammen, die dann die Ablauf- beziehungsweise Prozessorganisation bilden. Die Arbeitssynthese erfolgt anhand von drei Kriterien, die sich gegenseitig beeinflussen (vergleiche *Kosiol, E.* 1976a: Seite 212 ff.):

Zeitliche Synthese (Wann?)
Im Rahmen der zeitlichen Synthese werden die zeitliche Reihenfolge der einzelnen Arbeitsgänge und deren jeweilige Zeitdauer bestimmt. Danach werden die zeitlichen und sachlichen Abhängigkeiten zwischen den Arbeitsgängen gestaltet.

Räumliche Synthese (Wo?)
Die räumliche beziehungsweise lokale Synthese gestaltet die räumliche Anordnung der Arbeitsplätze und Bearbeitungsstationen und die Zuordnung der Arbeitsgänge zu diesen. Insbesondere bei materiellen Prozessen, wie sie in der Produktion und in der Logistik vorkommen, ist dabei auf eine optimale räumliche Anordnung zu achten, um Durchlaufzeiten und Transportwege zu minimieren.

Personale Synthese (Wer?)
Schließlich erfolgt die Zuordnung der einzelnen Arbeitsgänge zu gedachten Personen oder Organisationseinheiten. Hierdurch wird die Ablauf- mit der Aufbauorganisation verknüpft.

In der Organisationspraxis werden die Ergebnisse der Arbeitssynthese in Ablaufdiagrammen, Prozessbeschreibungen und Prozesslandkarten dokumentiert.

7.3.1 Bildung von Prozessen

Unter einem **Prozess**, der auch als Arbeitsprozess oder Aufgabenerfüllungsprozess bezeichnet wird, wird die zielgerichtete Erstellung einer Leistung durch eine Folge von logisch zusammenhängenden Arbeitsgängen beziehungsweise Aktivitäten verstanden, die innerhalb einer Zeitspanne nach bestimmten Regeln durchgeführt wird.

In diesem Sinne umfassen Prozesse inhaltlich abgeschlossene Vorgänge, die von einem bestimmten Ereignis, zum Beispiel einem Auftrag, angestoßen werden und einen definierten Input und Output haben.

Inhaltlicher Umfang von Prozessen

Der inhaltliche Umfang eines Prozesses hängt dabei von der subjektiven Problemsicht des Organisators ab. Beispielsweise handelt es sich bei der aus relativ wenigen Arbeitsgängen bestehenden Rechnungsprüfung ebenso um einen Prozess wie bei der komplexen und schnittstellenübergreifenden Abwicklung eines individuellen Kundenauftrags im Investitionsgüterbereich (vergleiche *Gaitanides, M.* 1983: Seite 65 und *Vahs, D.* 2019: Seite 215 ff.).

7.3.1.1 Merkmale von Prozessen

Prozessmerkmale

Prozesse sind durch die im Folgenden dargestellten Merkmale gekennzeichnet (↗ Abbildung 7-3, zum Folgenden vergleiche *Jackson, P./Ashton, D.* 1996: Seite 78 ff., *REFA* (Herausgeber) 1984: Seite 94 ff. und *Vahs, D.* 2019: Seite 218 ff.):

Start- und Endereignis

Ein Prozess wird durch ein **externes Startereignis** in Form eines Inputs oder durch ein **zeitliches Startereignis** in Form des Erreichens eines bestimmten Zeitpunkts angestoßen. Das Prozessergebnis selbst ist ein Endereignis, das als Startereignis wiederum Folgeprozesse auslösen kann. Ein Startereignis bei der Rechnungsprüfung ist beispielsweise der Rechnungseingang, ein Endereignis der Abschluss der Überprüfung.

In- und Output

Ein Prozess transformiert einen Input, der aus mindestens einem Prozess (Quelle) stammt, in einen Output, der an mindestens einen Prozess (Senke) weitergegeben wird. Der **Input** eines Prozesses besteht entweder aus materiellen Gütern, wie zum Beispiel Werkstoffen, oder aus immateriellen Gütern, wie zum Beispiel Kundenaufträgen. Der **Output** besteht dementsprechend aus materiellen oder immateriellen Gütern, wie beispielsweise Erzeugnissen oder Problemlösungen. Der Input bei der Rechnungsprüfung ist beispielsweise die ungeprüfte Rechnung, der Output die mit einem Prüfvermerk versehene überprüfte Rechnung.

Prozessquellen und -senken

Die Prozessquellen und -senken können interner und externer Natur sein. Interne Prozessquellen und -senken sind als vor- oder nachgelagerte Prozesse ein Teil der Prozesskette, die innerhalb des Betriebes abgewickelt wird. Dadurch entstehen **interne Lie-**

Abb. 7-3

Prozessmerkmale

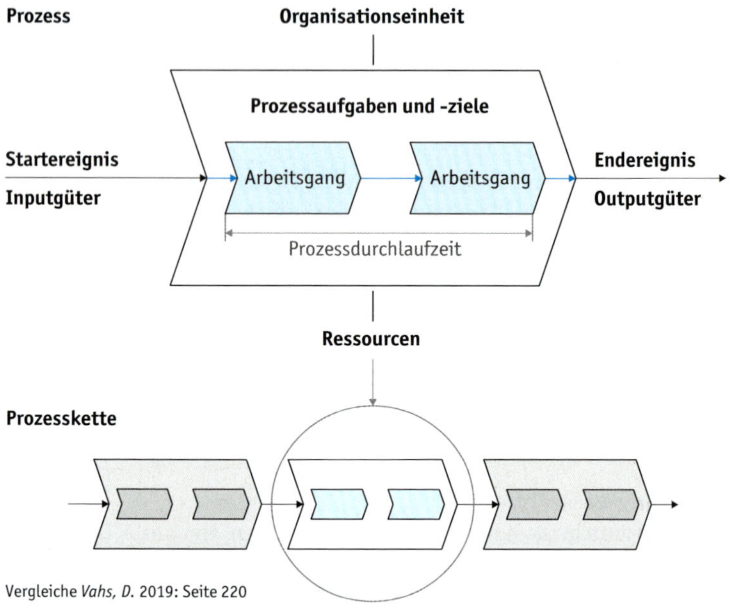

Vergleiche *Vahs, D.* 2019: Seite 220

feranten-Kunden-Beziehungen zwischen den einzelnen Prozessen. Bei externen Prozessquellen und -senken befinden sich die Kunden oder die Lieferanten außerhalb des Betriebes, so beispielsweise wenn ein Lieferant seine Rechnung schickt.

Prozessaufgaben und -ziele

Ein Prozess hat immer eine Aufgabe und ist auf die Erreichung von bestimmten Zielen gerichtet. Die Aufgabe kennzeichnet den Prozesszweck und dient der Ableitung der erforderlichen Arbeitsgänge. Eine mögliche Prozessaufgabe ist beispielsweise die Prüfung einer Rechnung. Spezifische Prozessziele sind insbesondere die Qualität, die Durchlaufzeit und die Kosten des Prozesses, also beispielsweise alle falschen Rechnungen zu identifizieren und für die Prüfung einer Rechnung im Durchschnitt höchstens zehn Minuten zu benötigen.

Arbeitsgänge

Die Transformation des Inputs in den Output geschieht durch eine Abfolge von inhaltlich miteinander verknüpften und zweckgerichteten Arbeitsgängen. Sie stellen den Kern der Prozessabwicklung dar und werden auch als Aktivitäten, Arbeitsschritte, Tätigkeiten oder Verrichtungen bezeichnet. Ein Arbeitsgang bei der Rechnungsprüfung ist beispielsweise die Prüfung, ob die Preise der Einzelpositionen richtig addiert wurden.

Durchlaufzeit
Der Zeitraum vom Start eines Prozesses bis zu dessen Beendigung wird als Durchlaufzeit bezeichnet.

Zugeordnete Ressourcen
Zur Durchführung von Prozessen werden insbesondere Ressourcen in Form von menschlicher Arbeitskraft und Sachmitteln benötigt. Die Arbeitskraft ergibt sich aus der zugeordneten Organisationseinheit. Sachmittel sind alle materiellen Hilfsmittel zur Prozessabwicklung. Sie reichen von Büroeinrichtungen über Datenverarbeitungssysteme bis zu Fertigungseinrichtungen und Transportmitteln. Eine Ressource bei der Rechnungsprüfung ist beispielsweise ein Taschenrechner.

Zugeordnete Organisationseinheiten
Die Verantwortung für Prozesse wird Organisationseinheiten zugeordnet. Dadurch erfolgt eine Verknüpfung der Ablauforganisation mit der Aufbauorganisation.

7.3.1.2 Arten von Prozessen

Prozesse lassen sich nach verschiedenen Kriterien unterteilen (↗ Abbildung 7-4). In seinem sogenannten **Wertkettenmodell** (↗ Kapitel 9 Controlling) unterscheidet der amerikanische Wirtschaftswissenschaftler *Michael E. Porter* anhand des Marktbezugs Primär- und Sekundärprozesse (vergleiche *Porter, M. E.* 2000: Seite 65 ff. und *Vahs, D.* 2019: Seite 220 ff.):

Unterteilung von Prozessen nach dem Marktbezug

Primärprozesse
Die Primärprozesse sind als Marktprozesse unmittelbar an der Wertschöpfung beteiligt und auf die Erstellung und den Absatz der Produkte des Unternehmens gerichtet,

Abb. 7-4

Prozessarten

Vergleiche *Vahs, D.* 2019: Seite 220, 221

wie zum Beispiel Logistik-, Produktions-, Vertriebs- und Serviceprozesse. Sie werden auch als **direkte Leistungsprozesse** bezeichnet.

Sekundärprozesse
Bei den Sekundärprozessen handelt es sich um Prozesse, die für die Sicherstellung der Betriebsbereitschaft sorgen und die Ausführung der Primärprozesse unterstützen, wie zum Beispiel Planungs-, Beschaffungs-, Wartungs- und Finanzprozesse. Sie besitzen keinen unmittelbaren Marktbezug und werden entsprechend auch als **indirekte Leistungsprozesse** bezeichnet.

Unterteilung von Prozessen nach der Art der Tätigkeit

Im neuen *St. Galler* Management-Modell, das im ↗ Kapitel 1 Grundlagen vorgestellt wurde, wird der Ansatz von *Porter* weiterentwickelt. In dem Modell erfolgt eine Unterteilung in drei Prozesskategorien nach der Art der Tätigkeit (vergleiche *Rüegg-Stürm, J.* 2002: Seite 68 ff):

Managementprozesse
Managementaufgaben werden über normative Orientierungsprozesse, strategische Entwicklungsprozesse und operative Führungsprozesse durchgeführt.

Geschäftsprozesse
Die Geschäftsprozesse dienen der Erbringung der marktbezogenen Kernleistungen von Unternehmen. Sie werden weiter unterteilt in Leistungsinnovations-, Leistungserstellungs- und Kundenprozesse. Geschäftsprozesse werden auch als **Kernprozesse** bezeichnet, da sie es in der Regel sind, die eine entscheidende Differenzierung gegenüber Wettbewerbern ermöglichen.

Unterstützungsprozesse
Unterstützungsprozesse schaffen die zur Durchführung der Geschäftsprozesse notwendige Infrastruktur. Sie werden unterteilt in die Prozesse der Infrastrukturbewirtschaftung, der Informationsbewältigung, der Personalarbeit, der Bildungsarbeit, der Kommunikation, der Risikobewältigung und des Rechtswesens.

7.3.2 Bildung von Prozessketten

Werden mehrere inhaltlich zusammenhängende Prozesse miteinander verbunden, so entstehen sogenannte Prozessketten. Beispielsweise kann sich eine Prozesskette »Auftragsabwicklung« aus den drei Prozessen »Auftrag annehmen«, »Auftrag ausführen« und »Produkt ausliefern« zusammensetzen (vergleiche *Vahs, D.* 2019: Seite 219 f.). Prozessketten sind dabei in der Regel abteilungsübergreifend. So sind beispielsweise an der Durchführung der Prozesskette »Auftragsabwicklung« die Abteilungen Marketing, Produktion, Logistik und Rechnungswesen gemeinsam beteiligt.

Verknüpfungsarten von Prozessen

Häufig haben Prozessketten keinen sequentiellen Charakter, sondern es gibt innerhalb der Kette Verzweigungen und Zusammenführungen, weil Prozesse parallel ablaufen oder weil es alternative Abläufe gibt. Um entsprechende Abläufe darzustel-

Abb. 7-5

Verknüpfungsarten von Prozessen

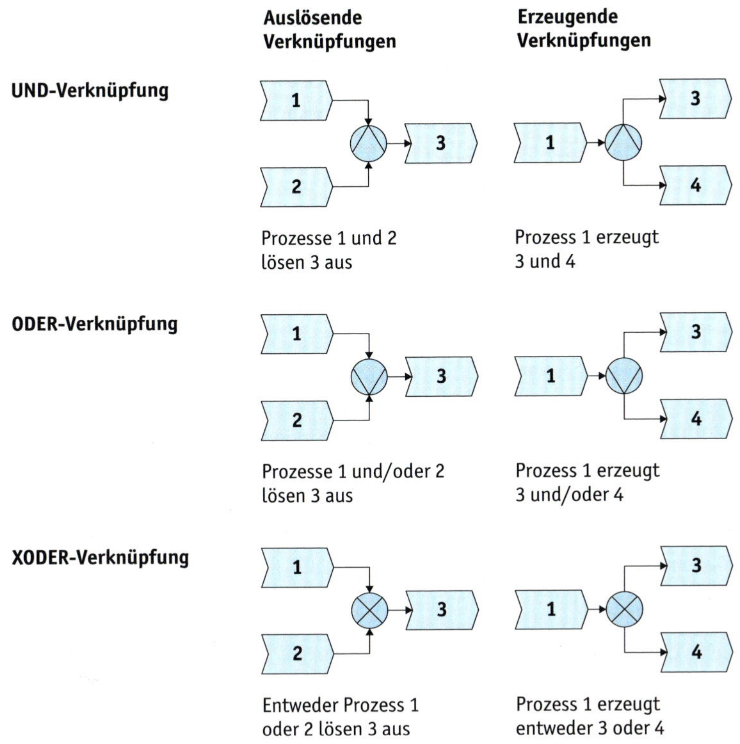

Vergleiche *Keller, G./Nüttgens, M./Scheer, A.-W.* 1992: Seite 15

len, können Prozesse beziehungsweise Ereignisse über UND-, ODER- sowie Exklusiv-ODER- beziehungsweise XODER-Operatoren verknüpft werden (↗ Abbildung 7-5). Ein Prozess wird dann beispielsweise erst gestartet, wenn alle vorangegangenen Prozesse durchgeführt wurden oder ein Prozess kann in Abhängigkeit von seinem Ergebnis zu zwei alternativen nachfolgenden Prozessen führen.

Darstellung von Prozessketten

Für die grafische Darstellung von Prozessketten gibt es eine Reihe von Standards, wie beispielsweise:

- **objektorientierte Methoden**, wie die Unified Modeling Language (UML),
- **datenflussorientierte Methoden**, wie die in der DIN 66001 genormten Flussdiagramme, und
- **kontrollflussorientierte Methoden**, wie die Ereignisgesteuerten Prozessketten (EPK).

Aufgrund der Verwendung bei der Implementierung von *SAP*-Systemen haben dabei insbesondere die Ereignisgesteuerten Prozessketten eine große Verbreitung in der betrieblichen Praxis gefunden.

Fallbeispiel 7-3 (Fortsetzung 7-1) **Organisation der Rechnungsprüfung**

▸▸▸ Im Fallbeispiel der Verbesserung der Rechnungsprüfung in der *Speedy GmbH* erfolgt im Anschluss an den Eingang der Rechnung eine Aufteilung der Prüfung auf die Prüfung in der Buchhaltung und mit einer UND-Verknüpfung die Prüfung in der Abteilung, die die Bestellung veranlasst hat. Die Ergebnisse der Prüfung werden mit einer ODER-Verknüpfung zusammengeführt. Ergibt sich bei einer oder beiden Prüfungen, dass die Rechnung nicht bezahlt werden soll, wird diesem Ergebnis gefolgt und es werden entsprechende weitere Prozesse ausgelöst. ◂◂◂

7.3.3 Möglichkeiten der Gestaltung und Optimierung von Prozessen und Prozessketten

Bei der Bildung von Prozessen und Prozessketten wird versucht, eine zeit-, kosten- und qualitätsoptimale Ablaufstruktur zu finden. Als grundsätzliche Optionen für die Gestaltung und Optimierung von Prozessen und Prozessketten bieten sich vor allem folgende Möglichkeiten an (↗ Abbildung 7-6, zum Folgenden vergleiche *Schmelzer, H. J./Sesselmann, W.* 2006: Seite 114 f. und *Vahs, D.* 2019: Seite 250):

Weglassen

Nicht wertschöpfende Arbeitsgänge oder Prozesse, wie beispielsweise unnötige Prüfprozesse bei der Rechnungsprüfung, werden eliminiert.

Hinzufügen

Arbeitsgänge oder Prozesse, die einer Verbesserung der Zielerreichung dienen, werden ergänzt. So ist es beispielsweise sinnvoll, im Rahmen der Rechnungsprüfung zusätzlich zu überprüfen, ob der auf Rechnungen ausgewiesene Umsatzsteuersatz korrekt ist.

Zusammenfassen

Arbeitsgänge oder Prozesse, die besser von einer statt von mehreren Personen nacheinander bewältigt werden können, werden gebündelt. Die Zusammenfassung von Prozessen zur Reduzierung von Schnittstellen ist auch einer der wichtigsten Ansätze des später vorgestellten Business-Process-Reengineering.

Aufteilen

Arbeitsgänge oder Prozesse, die beispielsweise für eine existierende oder gedachte Person zu umfangreich sind, werden auf zwei oder mehr Prozesse aufgeteilt. Durch eine starke Aufteilung von Arbeitsgängen in der industriellen Massenproduktion im Rahmen des sogenannten »Taylorismus« werden die Anforderungen an die Arbeiter niedrig und die Anlernzeiten kurz.

Abb. 7-6

Möglichkeiten der Prozessgestaltung

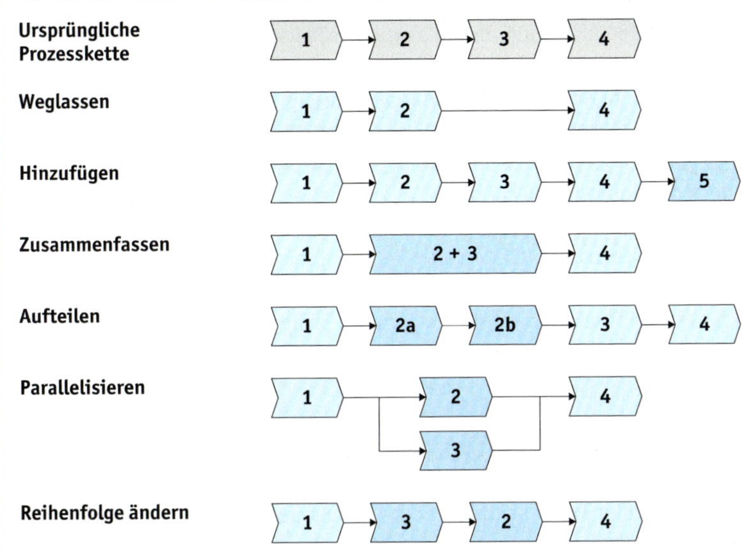

Vergleiche *Vahs, D.* 2019: Seite 250

Wirtschaftspraxis 7-2

Prozessoptimierungen bei der Deutsche Post AG

Die *Deutsche Post AG* ist ein Musterbeispiel für ein Unternehmen, das ständig nach Möglichkeiten sucht, die eigenen und die Prozesse seiner Kunden zu verbessern.
So ersetzt beispielsweise das Produkt *STAMPIT* die klassische Briefmarke. Bei *STAMPIT* handelt es sich um einen zweidimensionalen Barcode, der so auf Briefe gedruckt wird, dass er im Sichtfenster erscheint und dadurch bei der Briefsortierung automatisch überprüft werden kann. Durch *STAMPIT* können Kunden über das Internet Postwertzeichen kaufen und bei sich vor Ort ausdrucken. Durch Hinzufügen der Prozesse zur Online-Bereitstellung von Postwertzeiten bei der *Deutschen Post AG* entfallen beim Kunden somit die Prozesse zum Kauf von Postwertzeichen in einer Filiale, während bei der *Deutsche Post AG* die Prozesse zur Produktion und zum Absatz von Postwertzeichen überflüssig werden.
Ein weiteres Beispiel für Prozessoptimierungen sind die im Jahre 2005 eingeführten Packstationen. Es handelt sich dabei um eine Art Postfach für Pakete, über das die Kunden rund um die Uhr Pakete empfangen und versenden können. Bei der Logistiktochter der Post, der *DHL*, entfallen dadurch insbesondere die Prozesse zur Auslieferung von Paketen. Bei den Kunden entstehen zwar zusätzliche Prozesse aufgrund der Fahrten zu den Packstationen. Insbesondere ganztägig Berufstätige können dadurch jedoch auch außerhalb der normalen Schalterstunden Pakete empfangen und versenden.
Weitere Neuheiten, die auch der Optimierung von Prozessen dienen, waren in den letzten Jahren z. B. E-Postbrief (seit 2010), PostIdent (seit 2015), eIDAS-Briefe (seit 2020) oder das Frankieren mit dem eigenen Handy.

Quellen: *Deutsche Post AG*: Stampit – Porto einfach selbst gedruckt, unter: www.stampit.de, Stand: 2006; *DHL Express Vertriebs GmbH & Co. OHG*: Packstation, unter: www.packstation.de, Stand: 2006; https://www.deutschepost.de/de.html

Parallelisieren
Arbeitsgänge oder Prozesse, die voneinander unabhängig ablaufen können, werden simultan durchgeführt, um Durchlaufzeiten zu verkürzen, wie beispielsweise die gleichzeitige Prüfung einer Rechnung in der Buchhaltung und einer Rechnungskopie in der bestellenden Abteilung. Im Innovationsmanagement ist die parallele Durchführung der Entwicklung von Produkten und der Planung der benötigten Produktionseinrichtungen im Rahmen des sogenannten »Simultaneous Engineering« eine der wichtigsten Möglichkeiten zur Verkürzung der Zeit zur Markteinführung von Produkten.

Verändern der Reihenfolge
Die Veränderung der Reihenfolge der Arbeitsgänge oder Prozesse kann sinnvoll sein, um Durchlaufzeiten zu reduzieren oder Fehlerraten zu verringern. So ist es beispielsweise sinnvoll, erst zu prüfen, ob die auf einer Rechnung aufgeführten Positionen überhaupt bestellt wurden, und erst dann zu prüfen, ob die Einzelbeträge auf der Rechnung richtig addiert wurden.

7.3.4 Bildung der Ablauforganisation

Die Gesamtheit aller Prozessketten bildet die Ablauforganisation und die sogenannte **Wertschöpfungskette** beziehungsweise **Wertkette** (Value Chain) eines Unternehmens. Sie umfasst sämtliche Tätigkeiten, durch die ein Produkt entwickelt, produziert und abgesetzt wird (vergleiche ↗ Kapitel 9 Controlling und *Porter, M. E.* 2000: Seite 63).

7.4 Gestaltung der Aufbauorganisation mittels der Aufgabensynthese

Die Aufgabensynthese fasst die in der Aufgabenanalyse gewonnenen Teilaufgaben zu Aufgabenkomplexen zusammen, die dann wiederum Organisationseinheiten und Abteilungen zugeordnet werden. Dabei ist zu entscheiden, welche Arten von Organisationseinheiten und wie viele gebildet werden.

7.4.1 Bildung von Organisationseinheiten

Organisationseinheiten sind sämtliche organisatorische Elemente, die durch die dauerhafte Zuordnung von Teilaufgaben auf eine oder mehrere existierende oder gedachte Personen entstehen.

Merkmale von Organisationseinheiten

Für Organisationseinheiten sind folgende Merkmale charakteristisch (vergleiche *Vahs, D.* 2019: Seite 62 ff.):

- **Dauerhafte Aufgabenbündelung** durch die Übertragung von auszuführenden Teilaufgaben an die Organisationseinheit.

Abb. 7-7

Arten von Organisationseinheiten

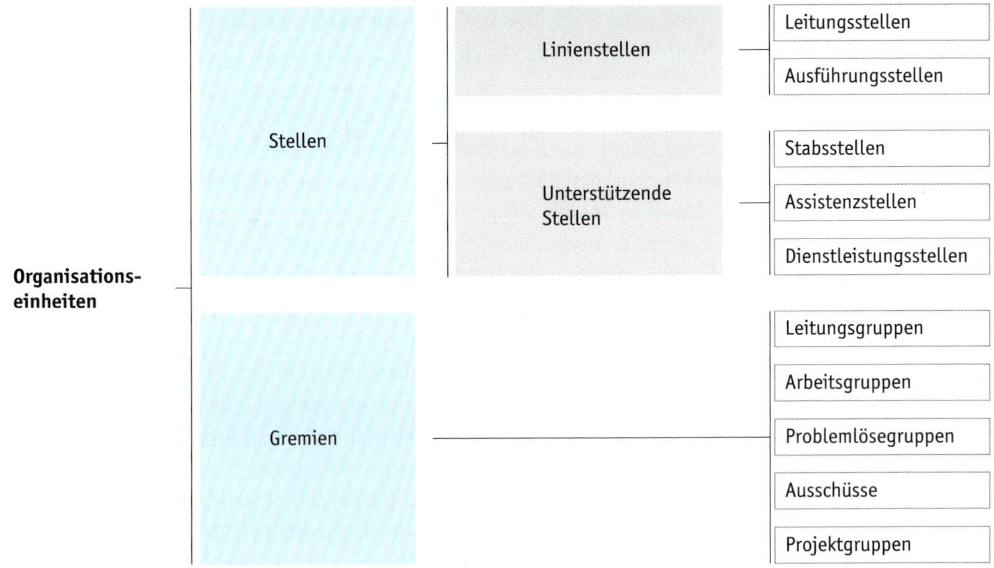

Vergleiche *Vahs, D.* 2019: Seite 69

- **Versachlichter Personenbezug** durch die Anpassung des Umfangs und des Anspruchsniveaus der übertragenen Teilaufgaben an das Leistungsvermögen mindestens einer gedachten Person, die als **Stelleninhaber** bezeichnet wird.
- **Kompetenzzuweisung** durch die Übertragung von formalen Rechten und Befugnissen an den Stelleninhaber.
- **Verantwortungszuweisung** durch die Pflicht des Stelleninhabers, für die Folgen seiner Entscheidungen und Handlungen einzustehen.

Die Organisationseinheiten können weiter in Stellen und Gremien unterteilt werden (↗ Abbildung 7-7).

7.4.1.1 Stellen

Stellen sind Organisationseinheiten, die durch die dauerhafte Zuordnung von Teilaufgaben auf eine existierende oder gedachte Person entstehen. Sie sind das Basiselement der Aufbauorganisation.

In Anlehnung an die englischsprachige Managementlehre können Stellen weiter in **Linienstellen** (englisch: Line) und **unterstützende Stellen** (englisch: Staff) differenziert werden (vergleiche *Vahs, D.* 2019: Seite 70 ff.).

7.4.1.1.1 Linienstellen

Kennzeichnend für Linienstellen ist ihre unmittelbare Einbindung in die sogenannten **direkten Bereiche** des Unternehmens, die für die Erbringung der marktbezogenen Kernleistungen, wie beispielsweise die Beschaffung, die Produktion oder den Absatz, zuständig sind. Die Linienstellen werden weiter in Leitungs- und Ausführungsstellen unterteilt (vergleiche *Vahs, D.* 2019: Seite 71).

7.4.1.1.1.1 Leitungsstellen

Arten von Weisungsbefugnissen

Leitungsstellen, die auch als **Instanzen** bezeichnet werden, treffen für andere Stellen verbindliche Entscheidungen und setzen diese in Weisungen um, die von den untergeordneten Stellen auszuführen sind. Sie sind demgemäß mit Fremdentscheidungs- und Weisungskompetenzen ausgestattete Stellen. Im Allgemeinen wird zwischen disziplinarischen und fachlichen Weisungsbefugnissen differenziert:

Disziplinarische Weisungsbefugnisse

Die disziplinarischen Weisungsbefugnisse umfassen personalpolitische Maßnahmen gegenüber anderen Stellen. Dazu gehören im Tagesgeschäft unter anderem die Anwesenheitskontrolle, die Regelung von Abwesenheits- und Urlaubszeiten, die Genehmigung von Dienstreisen und die Aussprache von Lob oder Tadel gegenüber den unterstellten Personen. Langfristig beziehen sich die disziplinarischen Weisungsbefugnisse unter anderem auf die Einstellung und die Entlassung von Mitarbeitern, die Aus- und Weiterbildung sowie die Gehaltsfindung.

Fachliche Weisungsbefugnisse

Die fachlichen Weisungsbefugnisse beziehen sich auf die Art und Weise der Aufgabenerfüllung durch andere Stellen. Hierzu gehören zum Beispiel Weisungen hinsichtlich der durchzuführenden Aufgaben, der einzusetzenden Sachmittel, des Ortes, des Zeitraums sowie der einzusetzenden Mitarbeiter.

Die disziplinarischen und fachlichen Weisungsbefugnisse leiten sich aus dem **Direktionsrecht** des Arbeitgebers ab, das den Arbeitnehmer dazu verpflichtet, den Anordnungen des Arbeitgebers im Hinblick auf die ihm im Rahmen seines Arbeitsverhältnisses übertragenen Aufgaben Folge zu leisten (vergleiche *Bühner, R.* 1996: Seite 67, *Hohmeister, F.* 2002, Seite 35 f. und *Vahs, D.* 2019: Seite 72 ff.).

Arten von Instanzen

In Unternehmen können obere, mittlere und untere Instanzen unterschieden werden (vergleiche *Bühner, R.* 1996: Seite 68 f., *Staehle, W. H.* 1991: Seite 82 f. und *Vahs, D.* 2019: Seite 73 f.):

Obere Instanzen

Obere Instanzen, die auch als **Top-Management** bezeichnet werden, treffen Führungsentscheidungen, die das Unternehmen insgesamt betreffen und für seinen Bestand und seine Zukunft von großer Bedeutung sind, wie Standort-, Kooperations- und Produktprogrammentscheidungen. Beispiele für obere Instanzen sind die Geschäftsführung und der Vorstand.

Mittlere Instanzen
Mittlere Instanzen, die auch als **Middle-Management** bezeichnet werden, haben eine Mittlerfunktion zwischen den Entscheidungen der oberen Instanzen und deren praktischer Umsetzung. Der Schwerpunkt ihrer Tätigkeit liegt in der Konkretisierung der Entscheidungen für ihren jeweiligen Verantwortungsbereich und in der Entscheidung über die Maßnahmen zur Zielerreichung sowie deren Durchsetzung. Typische mittlere Instanzen sind Bereichs-, Werks-, Hauptabteilungs- und Abteilungsleiter.

Untere Instanzen
Untere Instanzen, die auch als **Lower-Management** bezeichnet werden, übermitteln die Pläne und Anordnungen der mittleren Instanzen an die ihnen unterstellten Ausführungsstellen, planen operative Maßnahmen und beaufsichtigen die Ausführungsstellen. Die unteren Instanzen sind dabei selbst in erheblichem Umfang ausführend tätig. Typische untere Instanzen sind Gruppenleiter und Meister.

7.4.1.1.1.2 Ausführungsstellen

Stellen ohne Leitungskompetenzen

Stellen ohne Weisungskompetenzen gegenüber anderen Stellen werden als Ausführungsstellen bezeichnet. Ihnen obliegt in erster Linie die Ausführung der von den Instanzen getroffenen Entscheidungen. Ihre Entscheidungskompetenzen beschränken sich ausschließlich auf den eigenen Verantwortungsbereich. Die Ausführungsstellen bilden die unterste Ebene der Hierarchie eines Unternehmens. Allerdings ist die Bandbreite der Tätigkeitsmerkmale und der Anforderungen an die Stelleninhaber erheblich. Sie reicht von den sich ständig wiederholenden Routinearbeiten am Fließband bis zu der Lösung hoch komplexer Probleme in Entwicklungsabteilungen (vergleiche *Vahs, D.* 2019: Seite 75 f.).

7.4.1.1.2 Unterstützende Stellen

Die unterstützenden Stellen werden dem **indirekten Bereich** zugeordnet, da sie nur mittelbar der Erbringung der marktbezogenen Kernleistungen von Unternehmen dienen. Zu den unterstützenden Stellen zählen die Stabs-, die Assistenz- und die Dienstleistungsstellen. Die ersten beiden Stellenarten sind dabei sogenannte **Leitungshilfsstellen**, da sie den Leitungsstellen direkt zu deren Unterstützung und Entlastung zugeordnet werden (vergleiche *Vahs, D.* 2019: Seite 75 ff.).

7.4.1.1.2.1 Stabsstellen

Spezialisierte Leitungshilfsstellen

Stabsstellen sind spezialisierte Leitungshilfsstellen, die insbesondere Beratungsfunktionen und fachbezogene Aufgaben ohne Fremdentscheidungs- und Weisungskompetenzen wahrnehmen. Sie sind immer an eine Leitungsstelle gebunden und erfüllen Funktionen, die zum Aufgabenbereich der jeweiligen Leitungsstelle gehören. Dazu werden die Stabsstellen sowohl an der Vorbereitung von Entscheidungen als auch an der Kontrolle von deren Realisierung beteiligt. Die eigentliche Entscheidung bleibt jedoch der Leitungsstelle und deren Umsetzung den Ausführungsstellen überlassen. Beispiele für klassische Stabsaufgaben sind Unternehmensplanung, Revision, Recht, Organisation, Statistik oder Public-Relations (vergleiche *Kieser, A./*

Wirtschaftspraxis 7-3

Stäbe haben ihren Ursprung im militärischen Bereich

Der Begriff der Stabsstelle kommt aus dem militärischen Bereich. Der obersten Leitung von bestimmten Truppenteilen sind in der Regel Führungs- oder Kommandostäbe zugeordnet, so zum Beispiel General-, Divisions- oder Regimentsstäbe. Die Stäbe sollen die militärischen Führer beraten und bei der Wahrnehmung ihrer Führungsaufgaben unterstützen. Ihnen obliegen unter anderem die taktische Einsatzplanung, das Nachrichtenwesen und die Truppenlogistik.

Erst gegen Ende des 19. Jahrhunderts wurde der Stabsgedanke im Bereich der Wirtschaft aufgegriffen. Von der Leistungsfähigkeit des preußischen Generalstabs im Deutsch-Französischen Krieg 1870/71 beeindruckt, untersuchte *Henri Fayol* die Möglichkeiten, Stäbe auch zur Unterstützung der Unternehmensführung einzusetzen.

Quelle: *Vahs, D.*: Organisation, 9. Auflage, Stuttgart 2019: Seite 75.

Kubicek, H. 1992: Seite 136 ff., *Staehle, W.H.* 1991: Seite 662 ff., *Steinle, C.* 1992 Spalte 2310 ff. und *Vahs, D.* 2019: Seite 75 ff.).

7.4.1.1.2.2 Assistenzstellen

Generalisierte Leitungshilfsstellen

Assistenzstellen sind generalisierte Leitungshilfsstellen ohne Fremdentscheidungs- und Weisungskompetenzen. Während Stabsstellen im Wesentlichen mit klar definierten Daueraufgaben befasst sind, erfüllen Assistenzstellen wechselnde Aufgaben, deren Spektrum von einfachen Schreibtätigkeiten bis hin zur Lösung von komplexen Problemen reichen kann. Assistenzstellen werden nur fallweise und gemäß einem von der Instanz erteilten Auftrag aktiv. Beispiele für Assistenzstellen sind Sekretariate und Vorstandsassistenten (vergleiche *Vahs, D.* 2019: Seite 78).

7.4.1.1.2.3 Dienstleistungsstellen

Unterstützungsaufgaben für mehrere Leitungsstellen

Dienstleistungsstellen, die häufig auch als **Zentralstellen**, **Zentralabteilungen**, **Servicestellen** oder **Service-Center** bezeichnet werden, sind spezialisierte Stellen, die zentrale Unterstützungsaufgaben für mehrere Leitungsstellen wahrnehmen. Im Unterschied zu den Stabsstellen, die lediglich eine beratende Funktion besitzen, haben Dienstleistungsstellen das Recht, Richtlinien für eine einheitliche und wirtschaftliche Abwicklung von bestimmten Aufgaben innerhalb des Unternehmens vorzugeben. Sie besitzen also eine **Richtlinienkompetenz**, die in der Praxis mitunter aufgabenbezogen durch fachliche Weisungsbefugnisse gegenüber Linienstellen ergänzt wird. So gibt es bei größeren Unternehmen häufig ein Zentralcontrolling, das gegenüber den Controllingstellen der Unternehmensbereiche fachliche Weisungsbefugnisse hat (↗ Abbildung 7-13, vergleiche *Vahs, D.* 2019: Seite 78 f.).

Tab. 7-1

Arten von Gremien

	Aufgaben	Umfang der Mitarbeit	Zeitraum der Mitarbeit
Leitungsgruppen	Unternehmens-führung	Vollzeit	Unbefristet
Arbeitsgruppen	Produktion	Vollzeit	Unbefristet
Projektgruppen	Projektdurch-führung	Voll- oder Teilzeit	Befristet
Problemlöse-gruppen	Problemlösung	Teilzeit	Befristet
Ausschüsse	Koordination	Teilzeit	–

Vergleiche *Vahs, D.* 2019: Seite 84

7.4.1.2 Gremien

Häufig ist es sinnvoll, Aufgaben nicht einzelnen Personen, sondern Gruppen zu übertragen, den sogenannten Gremien (vergleiche *Vahs, D.* 2019: Seite 80 ff.):

Gremien beziehungsweise **Gruppen** sind Organisationseinheiten, die durch die dauerhafte Zuordnung von Teilaufgaben auf eine existierende oder gedachte Vereinigung von mehreren Personen entstehen.

Im Hinblick auf die Aufgaben, den Umfang der Mitarbeit und den Zeitraum der Mitarbeit werden fünf verschiedene Gruppen unterschieden, auf die nachfolgend eingegangen wird (↗ Tabelle 7-1, vergleiche *Vahs, D.* 2019: Seite 84 ff.).

7.4.1.2.1 Leitungsgruppen

Leitungsgruppen werden in der Regel auf der Ebene des Top-Managements gebildet, um dort Führungsaufgaben für das gesamte Unternehmen wahrzunehmen. Typische Leitungsgruppen sind die Geschäftsführung einer Gesellschaft mit beschränkter Haftung oder der Vorstand einer Aktiengesellschaft.

7.4.1.2.2 Arbeitsgruppen

Neben der Leitungsgruppe ist die Arbeitsgruppe das zweite hauptamtliche Gremium. Arbeitsgruppen werden im Rahmen der sogenannten **Gruppenarbeit** eingesetzt.

Erste Ansätze der Gruppenarbeit finden sich Anfang der 1970er-Jahre in dem damaligen Werk *Kalmar* des schwedischen Fahrzeugherstellers *Volvo*. Aus etwa 600 Einzelarbeitsplätzen wurden Teams mit jeweils 15 bis 25 Mitgliedern gebildet, denen in sich geschlossene Aufgabenbereiche, wie beispielsweise die Radmontage oder die Produktion von Bremsanlagen, übertragen wurden.

Merkmale von Arbeitsgruppen

Kennzeichnend für Arbeitsgruppen ist ihre Autonomie hinsichtlich der Aufgabenverteilung, die Möglichkeit zum Arbeitsplatzwechsel innerhalb der Gruppe, die sogenannte **Job-Rotation**, und die Möglichkeit zur Mitgestaltung von Arbeitsinhalten, Arbeitsbedingungen und Arbeitsplätzen. Von den Gruppenmitgliedern werden die weitgehend selbstständige Lösung von Problemen im Arbeitsablauf und deren permanente Verbesserung im Sinne des **Kaizen-Prinzips** (von: Kai, japanisch: Veränderung und von: zen, japanisch: zum Besseren) ebenso erwartet, wie die laufende Erweiterung und Verbesserung ihrer individuellen Kenntnisse, Fähigkeiten und Fertigkeiten.

Jede Gruppe wählt einen Gruppensprecher, der nach innen eine Koordinations- und nach außen eine Vertretungsfunktion hat. Er arbeitet als gleichrangiges Gruppenmitglied mit und besitzt keine Weisungsbefugnisse. Die Entscheidungen über Gruppenangelegenheiten werden in regelmäßigen Sitzungen von den gleichberechtigten Gruppenmitgliedern getroffen.

Arbeitsgruppen können durch die stärkere Beteiligung der Mitarbeiter an der Gestaltung ihrer Arbeitsinhalte einen Abbau von Monotonie, eine erhöhte Motivation, effizientere Arbeitsabläufe, geringere Instandhaltungskosten und eine höhere Produktqualität bewirken (vergleiche *Bartölke, K.* 1992 Spalte 2385 ff., *Bleicher, K.* 1991: Seite 113 ff., *Krüger, W.* 1993: Seite 54 f., *Scholz, C.* 1994: Seite 348 f., *Staehle, W.H.* 1991: Seite 677 ff. und *Vahs, D.* 2019: Seite 86 ff.).

7.4.1.2.3 Projektgruppen

Projektgruppen werden temporär zur Durchführung von bestimmten Vorhaben gebildet.

> **Projekte** sind zeitlich befristete, zielorientierte und neuartige Vorhaben, die eine besonders hohe Komplexität aufweisen und eine interdisziplinäre Zusammenarbeit der betroffenen Bereiche erfordern.

Projektgruppen können sowohl als hauptamtliches als auch als nebenamtliches Gremium installiert werden, wobei sich die Konfiguration im Laufe der Projektabwicklung ändern kann. So können je nach Projektstand weitere Experten hinzugezogen oder zusätzliche Teilprojektgruppen gebildet werden.

Projektgruppen erfordern eine interne Strukturierung, um die Projektaufgabe zielgerichtet und koordiniert bearbeiten zu können. Deshalb wird in der Regel ein **Projektleiter** beziehungsweise **Projektmanager** eingesetzt, der die Verantwortung für die Durchführung des Projekts trägt und mit aufgabenbezogenen Kompetenzen ausgestattet wird.

Der ungestörte und schnelle Kommunikationsfluss ist einer der wichtigsten Vorteile von Projektgruppen, denn das Fach- und Erfahrungswissen jedes einzelnen Teammitgliedes ist für den Projekterfolg unverzichtbar. Der Projektleiter sollte deshalb sozusagen die Rolle des »Dirigenten eines Orchesters« übernehmen (vergleiche *Litke, H.-D.* 1995: Seite 170 ff. und *Vahs, D.* 2019: Seite 92 ff.).

7.4.1.2.4 Problemlösegruppen

Der Begriff der Problemlösegruppe ist ein Oberbegriff für eine Vielzahl verschiedener Arten der Kleingruppenarbeit, die in der betrieblichen Praxis anzutreffen sind. Im Mittelpunkt der Aktivitäten von Problemlösegruppen stehen in der Regel operative

Fragen der Qualitäts- und der Produktivitätsverbesserung. Weitere, in diese Richtung wirkende Zielsetzungen können die Verbesserung der Arbeitsabläufe, der Mitarbeitermotivation und des Informationsaustausches sein. Personell werden Problemlösegruppen aufgrund ihrer Aufgabenstellungen in der Regel mit Angehörigen der Ausführungsebene und des unteren Managements besetzt (vergleiche *Schanz, G.* 1994: Seite 423 f., *Scholz, C.* 1994: Seite 349 ff. und *Vahs, D.* 2019: Seite 91).

Zu den Problemlösegruppen gehören auch die sogenannten **Task-Forces**. Sie bestehen zumeist aus Führungskräften und werden nach dem Auftreten eines dringlichen und wichtigen Problems als vorläufiges Gremium zusammengestellt und mit den für die Aufgabenerfüllung erforderlichen Kompetenzen ausgestattet (vergleiche *Hill, W./Fehlbaum, R./Ulrich, P.* 1994: Seite 203 ff., *Krüger, W.* 1993: Seite 398, *Schanz, G.* 1994: Seite 186 f.).

Fallbeispiel 7-4 (Fortsetzung 7-1) **Organisation der Rechnungsprüfung**

▸▸▸ Im Fallbeispiel der Verbesserung der Rechnungsprüfung in der *Speedy GmbH* richtete der Leiter Finanzen, Herr *Kolb*, eine Problemlösegruppe ein, die aus dem Leiter der Buchhaltung und jeweils einem Mitarbeiter aus dem Einkauf und der Produktion bestand. Die Gruppe traf sich solange wöchentlich, bis die verbesserte Rechnungsprüfung erfolgreich in die Organisation der *Speedy GmbH* integriert worden war. ◂◂◂

7.4.1.2.5 Ausschüsse

Ausschüsse gehören zu den nebenamtlichen Gremien. Ihre Mitglieder nehmen Problemlösungs- und Koordinationsaufgaben wahr. Im Vordergrund der Ausschussarbeit steht nicht die arbeitsteilige Aufgabenbewältigung, sondern die ganzheitliche und gemeinsame Bearbeitung der jeweiligen Ausschussthemen. Kennzeichnend für den Ausschuss ist die diskontinuierliche Zusammenarbeit seiner Mitglieder, die sich nur zu bestimmten Terminen treffen und für diese Zeit von ihren hauptamtlichen Tätigkeiten befreit werden.

Ausschüsse können unbefristet zur Bewältigung von Daueraufgaben eingerichtet werden, wie beispielsweise Planungs-, Investitions- oder Produktausschüsse, oder auf Zeit zur Bearbeitung von Sonderaufgaben, wie beispielsweise Untersuchungsausschüsse (vergleiche *Bleicher, K.* 1991: Seite 126, *Mag, W.* 1992 Spalte 252 ff. und *Vahs, D.* 2019: Seite 88 ff.).

7.4.1.3 Möglichkeiten der Bildung von Organisationseinheiten

Die Bildung von Organisationseinheiten kann aufgrund verschiedener Merkmale erfolgen (vergleiche *Bühner, R.* 1996: Seite 71 ff., *Krüger, W.* 1993: Seite 47, *Thom, N.* 1992 Spalte 2325 f. und *Vahs, D.* 2019: Seite 66 f.):

Bildung anhand der Aufgabe (ad rem)

Üblicherweise orientiert sich die Bildung von Organisationseinheiten nicht an einer existierenden, sondern an einer gedachten Person mit einer arbeitswissenschaftlich begründbaren **Normalleistung**. Im Mittelpunkt steht die Aufgabe. Dadurch wird die Bildung von Organisationseinheiten versachlicht.

Bildung anhand einer Person (ad personam)
Bei einer personenunabhängigen Bildung von Organisationseinheiten bleiben individuelle Unterschiede in der Leistungsfähigkeit und dem Leistungswillen einzelner Personen unberücksichtigt. Insofern eignet sich die Bildung von Organisationseinheiten anhand der Aufgabe nicht für hochqualifizierte Spezialisten oder Führungskräfte der oberen Hierarchieebene. In solchen Fällen erfolgt häufig eine Bildung ad personam. Die Stellen werden also direkt auf den konkreten zukünftigen Stelleninhaber zugeschnitten, um dessen Qualifikationspotenzial bestmöglich für die Organisation nutzen zu können.

Bildung anhand der Sachmittel (ad instrumentum)
Besitzt die Sachmittelausstattung einer Organisationseinheit besondere Bedeutung, ist es sinnvoll, sich bei der Bildung der Organisationseinheit nach der technischen Ausstattung zu richten. So orientieren sich beispielsweise die Zusammenfassung von Teilaufgaben und deren personale Zuordnung in einer hochgradig automatisierten Fertigung überwiegend an produktionstechnischen Gesichtspunkten.

Bildung aufgrund gesetzlicher Vorschriften
Schließlich können rechtliche Normen der Grund für die Bildung von bestimmten Organisationseinheiten sein, die dann mit entsprechend qualifizierten Personen, den sogenannten **Beauftragten**, besetzt werden. Die Wahrnehmung der Aufgaben kann entweder vollzeitlich oder teilzeitlich erfolgen. Beispiele für gesetzlich verankerte Stellen sind Datenschutz-, Arbeitssicherheits- und Abfallbeauftragte. Auch der Vorstand einer Aktiengesellschaft, die Geschäftsführung einer Gesellschaft mit beschränkter Haftung und der Betriebsrat gehören zu den gesetzlich vorgeschriebenen Organisationseinheiten.

Fallbeispiel 7-5 (Fortsetzung 7-1) **Organisation der Rechnungsprüfung**
▸▸▸ Im Fallbeispiel der Verbesserung der Rechnungsprüfung in der *Speedy GmbH* erfolgte die Bildung der entsprechenden Organisationseinheit anhand der Aufgabe, also ad rem. Dabei wurde lange diskutiert, ob die Aufgaben einer Ausführungsstelle in der Buchhaltung, einer der Geschäftsführung zugeordneten Stabsstelle oder einem aus Mitarbeitern der Buchhaltung, des Einkaufs und der Produktion bestehenden Rechnungsprüfungsausschuss zugeordnet werden sollten. Schließlich entschieden sich Herr *Dr. Scharrenbacher* und Herr *Kolb* dafür, die Aufgaben einer Ausführungsstelle in der Buchhaltung zu übertragen. ◂◂◂

7.4.2 Abteilungsbildung

Nach der Bildung von Organisationseinheiten werden diese anhand von bestimmten Kriterien (↗ Abbildung 7-8) geordnet und im Zuge der Abteilungsbildung zur **Aufbauorganisation** zusammengefasst.

Eine **Abteilung** entsteht durch die unbefristete Unterstellung von einer oder mehreren Organisationseinheiten unter eine gemeinsame Leitungsstelle.

Gerade größere Organisationen neigen dabei zur Bildung einer Vielzahl von Abteilungsebenen. Es entstehen Abteilungen, Hauptabteilungen, Bereiche, Direktionen und damit eine Hierarchie von Organisationseinheiten. Das Ergebnis der Abteilungsbildung wird in der Regel in einem Organisationsschaubild, dem **Organigramm**, grafisch dargestellt (vergleiche *Vahs, D.* 2019: Seite 94 ff.).

Abb. 7-8

Gestaltungsdimensionen von Aufbauorganisationen

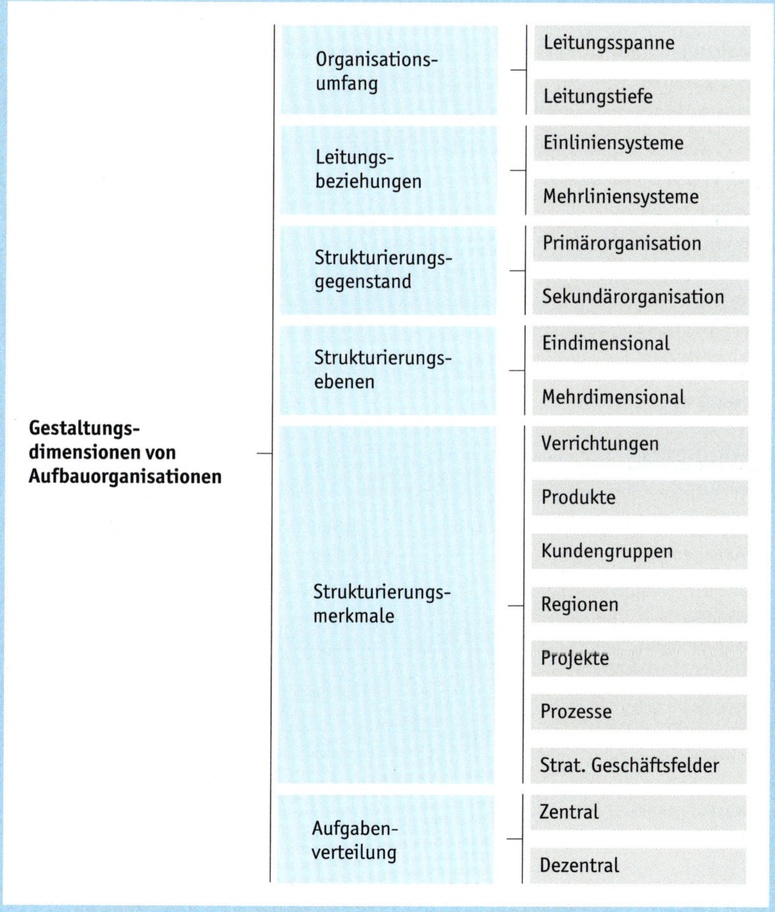

7.4.2.1 Leitungsspanne und -tiefe

Die Leitungsspanne und die Leitungstiefe bestimmen die äußere Gestalt der Aufbauorganisation. Die entsprechende Leitungshierarchie lässt sich als **Managementpyramide** darstellen (↗ Abbildung 7-9).

Unter der **Leitungsspanne**, die synonym auch als Leitungsbreite, Kontrollspanne oder Subordinationsquote bezeichnet wird, wird die Anzahl der einer Instanz direkt unterstellten Mitarbeiter verstanden.

Optimale Leitungsspanne

Die Leitungsspanne nimmt in der Hierarchie im Allgemeinen von oben nach unten zu. Empirische Studien zeigten dabei, dass die optimale Leitungsspanne nicht existiert. So schwankt die Leitungsspanne in der betrieblichen Praxis zwischen einer und über 100 Personen. Wenn ausschließlich mittels persönlicher Weisungen geführt wird, kommt es durch eine große Anzahl direkt unterstellter Personen schnell zu einer Überlastung der Führungskapazitäten des Vorgesetzten. Mittels formaler **Koordinationsinstrumente**, wie der Selbstkoordination oder standardisierten Abläufen, kann die Leitungsspanne jedoch weiter erhöht werden (vergleiche *Bleicher, K.* 1991: Seite 47, *Kieser, A./Kubicek, H.* 1992: Seite 151, *Schanz, G.* 1994: Seite 125 f. und *Vahs, D.* 2019: Seite 113 ff.).

Die **Leitungstiefe**, die synonym auch als Gliederungstiefe oder vertikale Spanne bezeichnet wird, ist die Anzahl der Hierarchieebenen unterhalb einer Instanz.

Abb. 7-9

Managementpyramide

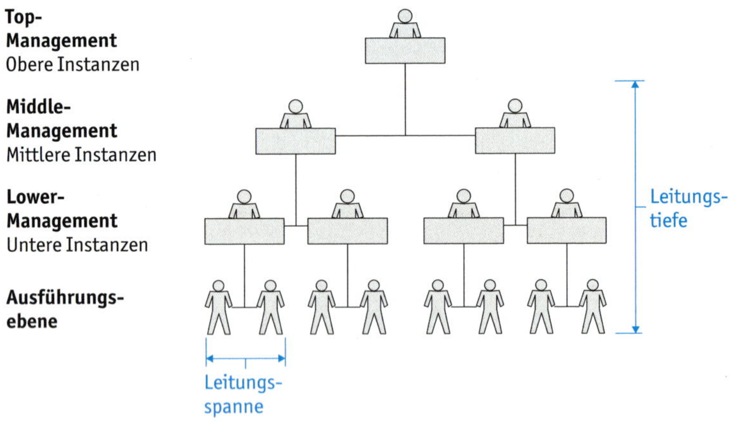

Vergleiche *Vahs, D.* 2019: Seite 74

Bei gegebener Zahl von Organisationseinheiten vergrößert sich die Leitungstiefe, je geringer die Leitungsspannen sind. Kleine Leitungstiefen ermöglichen einen schnellen und unverfälschten Informationsaustausch und tragen dadurch zu einer Beschleunigung der betrieblichen Kommunikations- und Entscheidungsprozesse bei (vergleiche *Vahs, D.* 2019: Seite 98 ff.).

Zusammenhang zwischen Leitungsspanne und Leitungstiefe

Wirtschaftspraxis 7-4

Die Reduzierung der Leitungstiefe der Henkel KGaA

Im Zuge der Umsetzung von Lean-Management-Ansätzen reduzierten viele Unternehmen in den 1990er-Jahren ihre Leitungstiefe, wie auch das folgende Beispiel der *Henkel KGaA* zeigt.
Aufgrund einer Analyse der geänderten externen Rahmenbedingungen und einer ersten weltweiten Führungskräftebefragung unter anderem zu den Themen Information, Führung, Zusammenarbeit und Personalentwicklung wurde bei *Henkel* 1991 mit einem Veränderungsprogramm begonnen, das unter anderem die Hierarchieverflachung und die Verbreiterung der Leitungsspannen vorsah. Mittelfristig wurde aufgaben- und ressortspezifisch eine durchschnittliche Erweiterung der Leitungsspanne, die 1993 je nach Leitungsebene zwischen 4,8 und 6,8 lag, um 50 Prozent angestrebt. Wesentliche Zielsetzungen dieser Maßnahmen waren die stärkere Delegation von Verantwortung und Kompetenzen an die unteren Hierarchieebenen und die Flexibilisierung der Aufgabenstrukturen.

Quelle: *Schweiker, K. F. et al.*: Restrukturierungsprogramme in der *Henkel*-Gruppe, in: Organisationsstrategien zur Sicherung der Wettbewerbsfähigkeit, Lösungen deutscher Unternehmungen, herausgegeben von *Frese, E./Maly, W.*, Zeitschrift für betriebswirtschaftliche Forschung, Sonderheft 33/1994, Seite 63–81.

7.4.2.2 Leitungsbeziehungen

Organisationseinheiten sind durch verschiedene Wege miteinander verbunden. Neben **Transportwegen**, die dem Austausch von materiellen Gütern dienen, gibt es **Kommunikationswege**, die als **Mitteilungswege** dem Austausch von Informationen und als **Entscheidungswege** der Willensbildung und -durchsetzung dienen (vergleiche *Hill, W./Fehlbaum, R./Ulrich, P.* 1994: Seite 136 ff.).

Um ein koordiniertes Handeln der einzelnen Organisationseinheiten sicherzustellen, müssen im Rahmen der Abteilungsbildung die Kommunikationswege und die Weisungsbeziehungen zwischen den über- und untergeordneten Organisationseinheiten festgelegt werden. Das so entstehende **Leitungssystem**, das auch als Leitungs- oder Führungsorganisation bezeichnet wird, verbindet die Organisationseinheiten mit den jeweils übergeordneten Leitungsstellen mittels sogenannter **Linien**, die von oben nach unten den Entscheidungsweg und von unten nach oben den Mitteilungsweg bilden.

Merkmale von Leitungssystemen

Das Leitungssystem kann grundsätzlich als Einlinien- oder als Mehrliniensystem gestaltet werden. Diese Gestaltungsalternativen werden auch Organisationstypen genannt (↗ Abbildung 7-10, dazu und zum Folgenden vergleiche *Bühner, R.* 1996: Seite 108 ff., *Hill, W./Fehlbaum, R./Ulrich, P.* 1994: Seite 209 ff., *Kieser, A./Kubicek, H.* 1992: Seite 127 ff., *Schanz, G.* 1994: Seite 28 ff., *Staerkle, R.* 1992 Spalte 1232 ff., *Wittlage, H.* 1993a: Seite 136 ff. und *Vahs, D.* 2019: Seite 107 ff.):

Organisationstypen

Einliniensystem

Dem Einliniensystem liegt das von *Fayol* formulierte **Prinzip der Einheit der Auftragserteilung** zugrunde. Eine nachgeordnete Organisationseinheit erhält danach ausschließlich von der ihr direkt vorgesetzten Leitungsstelle Anweisungen, wobei über die einzelnen Hierarchieebenen hinweg keine Instanz übersprungen werden darf, sondern der sogenannte **Instanzenzug** oder **Dienstweg** eingehalten werden muss. Dadurch werden häufig jedoch die Informations- und Abstimmungsprozesse verzögert.

Direkte Kommunikationsbeziehungen zwischen Organisationseinheiten der gleichen Hierarchieebene über sogenannte ***Fayolsche* Brücken** sind nur ausnahmsweise und mit anschließender Unterrichtung der übergeordneten Instanzen erlaubt.

Das Einliniensystem wird zum sogenannten **Stabliniensystem**, wenn den Leitungsstellen Stäbe als Leitungshilfsstellen zugeordnet werden.

Mehrliniensystem

Beim Mehrliniensystem erhalten in Anlehnung an das Funktionsmeistersystem von *Taylor* die nachgeordneten Organisationseinheiten von mehreren vorgesetzten Leitungsstellen Anweisungen. Durch diese Mehrfachunterstellung sollen eine Spezialisierung der Instanzen und eine Verkürzung der Kommunikationswege realisiert werden.

Bei der Anwendung des Mehrliniensystems können sich die Mitarbeiter mit ihren Problemen direkt an die jeweiligen Spezialisten wenden. Deshalb wird das Mehrliniensystem auch als **Prinzip des kürzesten Weges** bezeichnet. Im Vordergrund steht

Abb. 7-10

Ein- und Mehrliniensystem

Vergleiche *Vahs, D.* 2019: Seite 108

Wirtschaftspraxis 7-5

Abgleich disziplinarischer und fachlicher Weisungsbefugnisse in der Bayer AG

Das Verhältnis zwischen Disziplinar- und Fachvorgesetzten ist bei der *Bayer AG* in den »Grundsätzen für Führung und Zusammenarbeit« geregelt, in denen es unter anderem heißt:
»Vorgesetzter eines Mitarbeiters ist der Linienvorgesetzte. Bedingt das Aufgabengebiet eines Mitarbeiters besondere Fachkenntnisse eines Vorgesetzten oder ist es einem anderen Führungsbereich zugeordnet, so kann für den Mitarbeiter zusätzlich ein Fachvorgesetzter bestimmt werden. Dabei bleibt die personelle und organisatorische Verantwortung für den Mitarbeiter bei dem Linienvorgesetzten, die betreffende Fachverantwortung geht auf den Fachvorgesetzten über. Die Kompetenzverteilung zwischen Linien- und Fachvorgesetztem soll durch Absprache festgelegt werden. Linien- und Fachvorgesetzter informieren und beraten sich gegenseitig. Dies gilt insbesondere bei Entscheidungen, die von der abgesprochenen Kompetenzverteilung abweichen. Hat einer der beiden Vorgesetzten Bedenken gegen eine solche Entscheidung des anderen und ist eine Einigung nicht zu erreichen, so entscheiden die jeweils vorgesetzten Führungsstellen.«

Quelle: *Bayer AG* (Herausgeber): Mitarbeiterführung, Führungsgrundsätze, Leverkusen 1991, Seite 8.

die Fachkompetenz der Vorgesetzten und nicht deren Positionsmacht. Allerdings können aufgrund der sich überschneidenden Kommunikationswege Weisungskonflikte entstehen. Zudem ist bei Vorliegen eines schlechten Arbeitsergebnisses nicht immer eindeutig zu klären, welche Instanz hierfür verantwortlich ist.

7.4.2.3 Strukturierungsgegenstand

Gegenstand der Strukturierung im Rahmen der Abteilungsbildung sind die Primär- und die Sekundärorganisation eines Unternehmens (vergleiche *Vahs, D.* 2019: Seite 141 ff.):

Primärorganisation

Die Verbindung von allen dauerhaften Stellen und Gremien schafft eine hierarchische Struktur, die als Primärorganisation bezeichnet wird. Die Primärorganisation stellt gewissermaßen das »Grundgerüst« der Aufbauorganisation eines Unternehmens dar. Sie hat vor allem dafür zu sorgen, dass die marktbezogenen Kernleistungen des Unternehmens effektiv erbracht werden.

Sekundärorganisation

Die Primärorganisation ist häufig nicht in der Lage, bestimmte bereichsübergreifende Aufgabenstellungen, wie beispielsweise die Durchführung komplexer Projekte, effizient zu lösen. Deshalb wird die Primärorganisation oft durch bereichsübergreifende, flexible Strukturen ergänzt, die unter dem Begriff der Sekundärorganisation zusammengefasst werden und in erster Linie Planungs-, Koordinations-, Realisations- und Kontrollaufgaben haben.

7.4.2.4 Strukturierungsebenen

In Abhängigkeit von der Anzahl der verwendeten Strukturierungsmerkmale werden ein- und mehrdimensionale Organisationsformen unterschieden (vergleiche *Vahs, D.* 2019: Seite 145 ff.):

Eindimensionale Organisationsformen
Eindimensionale Organisationsformen sind dadurch gekennzeichnet, dass ihnen nur ein Strukturierungsmerkmal zugrunde liegt. Zu den eindimensionalen Organisationsformen zählen insbesondere die funktionale und die divisionale Organisation.

Mehrdimensionale Organisationsformen
Bei den mehrdimensionalen Organisationsformen werden die Organisationseinheiten unter gleichzeitiger Anwendung von zwei Strukturierungsmerkmalen in der **Matrixorganisation** und von drei und mehr Strukturierungsmerkmalen in der **Tensororganisation** gebildet. Die Strukturierung erfolgt dabei nach Funktionen und/oder Objekten, wie Produkten, Kundengruppen, Regionen, Projekten, Prozessen oder strategischen Geschäftsfeldern.

Elemente der Matrixorganisation

Durch die Anwendung mehrerer Gestaltungsdimensionen kommt es bei der Matrix-/Tensororganisation zu einer Aufteilung der Leitungsfunktionen. Eine untergeordnete Organisationseinheit, die sogenannte Matrixschnittstelle, erhält dadurch von zwei oder mehr übergeordneten Leitungsstellen, den sogenannten **Matrixstellen**, Anweisungen. Es handelt sich bei der Matrix-/Tensororganisation insofern um ein Mehrliniensystem.

Sämtliche Matrixstellen sind direkt der obersten Instanz unterstellt, die als **Matrixleitung** bezeichnet wird. Vorrangige Aufgaben der Matrixleitung sind die Koordination der Matrixstellen und die Schlichtung im Konfliktfall.

Die **Matrixschnittstellen** sind für die eigentliche Aufgabenerfüllung zuständig. Bei ihnen handelt es sich entweder um reine Ausführungsstellen oder um Leitungsstellen, denen weitere Organisationseinheiten zugeordnet sind (↗ Abbildung 7-11).

Einsatz der Matrixorganisation

Die Matrix-/Tensororganisation ist vorrangig für große Mehrproduktunternehmen geeignet, die sich in einem dynamischen Umfeld befinden, das schnelle und flexible Reaktionen erfordert. Die Anpassungsfähigkeit der Matrix-/Tensororganisation an sich verändernde Umweltbedingungen ist aufgrund ihrer mehrdimensionalen Verknüpfungen sehr hoch. Das vorhandene Spezialwissen und die spezifischen Sichtweisen der verschiedenen Dimensionen erlauben ganzheitliche und innovative Problemlösungen. Durch das zugrunde liegende Mehrliniensystem sind die Kommunikationswege kurz. Problematisch ist jedoch die Kompetenzabgrenzung. Sie führt immer wieder zu Schnittstellenkonflikten, die einen erhöhten Regelungsbedarf nach sich ziehen, dem beispielsweise in Form von Handbüchern und Richtlinien Genüge getan wird.

7.4.2.5 Strukturierungsmerkmale
Die Strukturierung der Primär- und Sekundärorganisation kann nach verschiedenen Merkmalen erfolgen, auf die nachfolgend eingegangen wird (↗ Abbildung 7-12, zum Folgenden vergleiche *Kieser, A./Kubicek, H.* 1992: Seite 86 ff. und *Vahs, D.* 2019: Seite 97 ff.).

Abb. 7-11

Elemente der Matrixorganisation

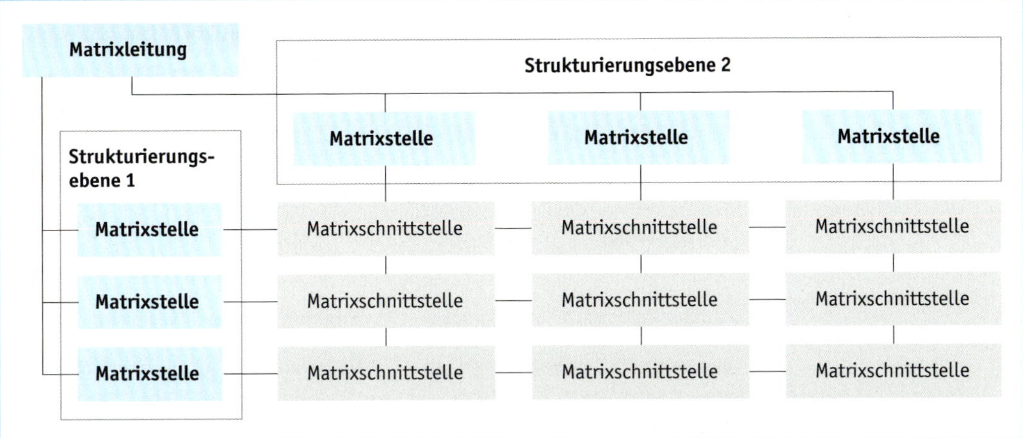

Wirtschaftspraxis 7-6

Die Tensororganisation von PricewaterhouseCoopers

Um eine konsequente Fokussierung auf die von den Kunden nachgefragten Leistungen, auf die jeweilige Branche und auf die Größe der Kunden und ihre besonderen Aufgabenstellungen zu ermöglichen, hatte sich *PricewaterhouseCoopers* 1998 dafür entschieden, eine Tensororganisation einzuführen. Auf globaler Ebene erfolgte die Strukturierung nach den drei Dimensionen: Services, Industries und Geographies.

In der Dimension »Services« erfolgte eine Strukturierung nach Produkten in die fünf Bereiche: »Wirtschaftsprüfung und prüfungsnahe Dienstleistungen«, »Steuer- und Rechtsberatung«, »Unternehmensberatung«, »Corporate Finance-Beratung« sowie »Human-Resource-Beratung«.

In der Dimension »Industries« erfolgte eine Strukturierung nach Kundengruppen durch die Differenzierung von zwei Größenordnungen von Unternehmen und die Unterteilung in die fünf Branchen: »Finanzdienstleistungen«, »Konsumgüter- und Industrieprodukte«, »Information«, »Telekommunikation und Medien«, »Energiewirtschaft« sowie »Dienstleistungen«.

In der Dimension »Geographies« erfolgte eine Strukturierung nach Regionen in globale Aktivitäten, Aktivitäten in Staatengemeinschaften sowie Aktivitäten in einzelnen Staaten beziehungsweise Territorien.

Die genannten Dimensionen wurden durch die internen Funktionsbereiche »Operations«, »Human Capital« und »Risk Management« ergänzt. Zudem unterstützen mehrere internationale Wissenszentren die Berater mit ihrem Expertenwissen und aktuellen Markt- und Branchenanalysen.

Quelle: *PricewaterhouseCoopers* (Herausgeber): Unternehmens- und Imagebroschüre, 1998.

7.4.2.5.1 Strukturierung nach Verrichtungen

Bei der Strukturierung nach Verrichtungen werden einer Leitungsstelle gleichartige oder verwandte Funktionen zugeordnet. Die Strukturierung nach Verrichtungen kann sich auf die Primär- oder die Sekundärorganisation beziehen:

Abb. 7-12

Strukturierungsalternativen der Aufbauorganisation

Funktionale Organisation

Organisationsformen bei der Strukturierung nach Verrichtungen

Wird die Primärorganisation eines Unternehmens nach Verrichtungen strukturiert, wird dies als »Funktionale Organisation« bezeichnet. Die Strukturierung erfolgt dabei zumeist entsprechend der Kernleistungen eines Unternehmens in Forschung und Entwicklung, Materialwirtschaft, Produktion, Marketing und so weiter.

Die funktionale Organisation hat in der Praxis insbesondere bei kleinen und mittleren Unternehmen mit einem überschaubaren und homogenen Produktprogramm eine weite Verbreitung gefunden (↗ Abbildung 7-14, vergleiche *Vahs, D.* 2019: Seite 145 ff.).

Funktionsmanagement

Das Funktionsmanagement ist eine Form der Sekundärorganisation, die eine vorhandene Primärorganisation um Organisationseinheiten ergänzt, die bereichsübergreifende Querschnittsfunktionen, wie Planungs-, Koordinations-, Realisations- und Kontrollaufgaben, wahrnehmen. Querschnittsfunktionen, die häufig in Form eines Funktionsmanagements organisiert werden, sind das Controlling, die Logistik, die Qualitätssicherung und der Umweltschutz. Die im Rahmen des Funktionsmanagements anzutreffende rein fachliche Zuordnung von Organisationseinheiten der Primärorganisation zu entsprechenden Zentralstellen oder -abteilungen wird auch als **Dotted-Line-Prinzip** bezeichnet (↗ Abbildung 7-13, vergleiche *Vahs, D.* 2019: Seite 184 f.).

7.4.2.5.2 Strukturierung nach Produkten

Organisationsformen bei der Strukturierung nach Produkten

Bei der Strukturierung nach Produkten werden diejenigen Organisationseinheiten unter einer Leitungsstelle zusammengefasst, die entweder technologisch ähnliche Produkte oder Produkte für die gleichen Marktsegmente verantworten. Abhängig davon, ob die Primär- oder die Sekundärorganisation von Unternehmen nach Produkten strukturiert wird, ergeben sich unterschiedliche Organisationsformen:

Divisionale Organisation

Erfolgt die Strukturierung der Primärorganisation eines Unternehmens nach Produkten, Kundengruppen oder Regionen, wird die entsprechende Organisation als divisionale, Sparten- oder Geschäftsbereichsorganisation und die entsprechenden Unter-

Abb. 7-13

Funktionsmanagement am Beispiel des Controllings in einer divisionalen Organisation

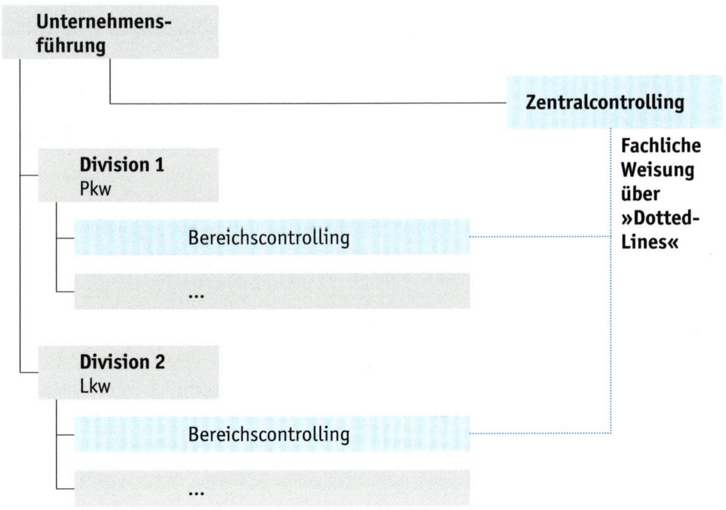

Vergleiche *Vahs, D.* 2019: Seite 185

nehmensbereiche als **Divisionen**, **Sparten** oder **Geschäftsbereiche** bezeichnet (↗ Abbildung 7-13).

Vor allem größere Unternehmen mit einem heterogenen Produktprogramm sind vielfach divisional organisiert. Wenn die einzelnen Divisionen für die entstehenden Kosten verantwortlich sind, handelt es sich um sogenannte **Cost-Center**, bei Verantwortung für die wirtschaftlichen Ergebnisse um **Profit-Center** und bei Verantwortung für die Verwendung der erwirtschafteten Gewinne um **Investment-Center**.

Der wesentliche Vorteil der divisionalen Organisation ist in der besseren Ausrichtung des Unternehmens auf die spezifischen Erfordernisse von Markt und Wettbewerb zu sehen. Kritisch ist anzumerken, dass die relativ große Selbstständigkeit der Divisionen und das daraus resultierende Autonomiestreben die Gefahr der Suboptimierung in sich bergen und zu Spartenegoismus führen kann (vergleiche *Vahs, D.* 2015: Seite 151 ff.).

Produktmanagement

Wird die Sekundärorganisation eines Unternehmens nach Produkten strukturiert ergibt sich ein Produktmanagement, das in der Regel eine Produkt-Markt-Querschnittsfunktion gegenüber den Funktionsbereichen wahrnimmt.

Formen des Produktmanagements

In der betrieblichen Praxis sind vier verschiedene Formen des Produktmanagements anzutreffen (vergleiche *Bühner, R.* 1996: Seite 190, *Vahs, D.* 2019: Seite 177 ff.):

- das **Linien-Produktmanagement**, bei dem die Produktmanager als Linienstellen dem Marketing zugeordnet werden (↗ Abbildung 7-14),
- das **Stabs-Produktmanagement**, bei dem die Produktmanager der Unternehmensführung als Stab zugeordnet werden,

Wirtschaftspraxis 7-7

Die Divisionen der Siemens AG

Die Struktur der *Siemens AG* im Jahr 2012 ist ein Beispiel für eine divisionale Organisation. Der operative Bereich des Unternehmens ist nach Produkten in die vier Sektoren »Energy«, »Healthcare«, »Industry« und »Infrastructure & Cities« gegliedert. Diese Bereiche sind jeweils in Divisionsunternehmen aufgeteilt, die ihrerseits für die Entwicklung, die Produktion und den Vertrieb ihrer Leistungen zuständig sind und die operative Verantwortung für ihre Geschäftstätigkeit tragen.

Die vier funktional ausgerichteten Zentralabteilungen »Corporate Development«, »Corporate Finance«, »Corporate Personnel« und »Corporate Technology« und die fünf Zentralstellen »Corporate Communications«, »Corporate Information Office«, »Global Procurement and Logistics«, »Government Affairs« und »Management Consulting Personnel« übernehmen Koordinations-, Kontroll- und Querschnittsaufgaben für das Gesamtunternehmen.

Daneben existieren weitere rechtlich selbstständige Gesellschaften und regionale Einheiten, die das Unternehmen und seine Produktbereiche weltweit einheitlich repräsentieren sollen. Insofern wird die Produktverantwortung durch eine vertriebsbezogene regionale Struktur ergänzt.

Auch mit der erneuten, grundlegenden Organisationsänderung im Jahr 2019 blieb die Divisionalstruktur der Siemens AG erhalten: Neben drei nach Produkt- und Marktgesichtspunkten gegliederten Operating Companies ohne eigene Rechtsform (Gas and Power, Smart Infrastructure und Digital Industries) entstanden drei rechtlich verselbstständigte, börsennotierte Strategic Companies (*Siemens Alstom, Siemens Gamsea, Siemens Healthineers*).

Quelle: *Vahs, D.* Organisation, 10. Auflage, Stuttgart 2019, S. 165 f.

Abb. 7-14

Linien-Produktmanagement in einer funktionalen Organisation

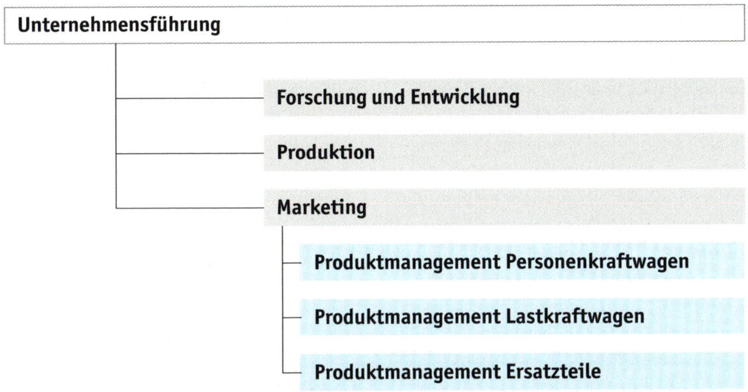

Vergleiche *Vahs, D.* 2019: Seite 179

- das **Matrix-Produktmanagement**, bei dem den Produktmanagern gegenüber der Primärorganisation fachliche Weisungsbefugnisse eingeräumt werden und
- der **Produktausschuss**, der sich aus Vertretern der Primärorganisation zusammensetzt und die Aufgaben des Produktmanagements übernimmt.

7.4.2.5.3 Strukturierung nach Kundengruppen

Um besser auf die Kundenbedürfnisse eingehen zu können, kann die Organisation eines Unternehmens nach Kundengruppen strukturiert werden. So erfolgt beispielsweise bei Banken in der Regel eine Strukturierung nach Geschäfts- und Privatkunden oder im Handel eine Strukturierung nach Groß- und Einzelkunden. Der Vorteil derartiger Strukturen besteht insbesondere darin, dass Kunden entsprechend der »One-

Wirtschaftspraxis 7-8

Procter & Gamble entwickelte das Produktmanagement

Das Produktmanagement wurde 1927 von *Procter & Gamble* entwickelt und eingeführt, um die sich infolge der Weltwirtschaftskrise abzeichnenden Absatzschwierigkeiten bei Konsumartikeln zu überwinden. Verstärkte Anwendung fand das Produktmanagement in den Vereinigten Staaten nach dem Zweiten Weltkrieg und in Deutschland seit den 1960er-Jahren. Heute wird das Konzept vor allem in der Konsum- und in der Investitionsgüterindustrie eingesetzt.

Quelle: *Tietz, B.*: Organisation des Produktmanagements, in: *Frese, E.* (Herausgeber): Handwörterbuch der Organisation, 3. Auflage, Stuttgart 1992, Spalte 2067.

Wirtschaftspraxis 7-9

Key-Account-Manager kümmern sich um Großkunden

Die Ausrichtung der Organisation auf bestimmte Kundengruppen und Großkunden, sogenannte »Key-Accounts« ist in der Investitionsgüterindustrie seit Langem üblich, weil die Individualität der Problemlösungen eine sehr enge Zusammenarbeit zwischen Herstellern und Abnehmern erfordert.
Seit dem Ende der 1970er-Jahre gibt es den Key-Account-Manager auch in der Konsumgüterindustrie. Er soll den mächtigen Einkäufern von Handelsketten wie *Aldi*, *Rewe* oder *Metro* als spezialisierter Gesprächspartner entgegentreten. Mittlerweile ist der Trend zur gezielten Kundenbetreuung auch in anderen Branchen üblich. Ob Automobilzulieferer, Banken oder Telekommunikationsdienstleister – viele Unternehmen haben den Kunden und damit das Kundenmanagement für sich entdeckt und versuchen auf diesem Weg, die Kundenneugewinnung und -bindung zu verbessern.

Quelle: *Meffert, H.*: Organisation des Kundenmanagements, in: Handwörterbuch der Organisation, 3. Auflage, herausgegeben von *Frese, E.*, Stuttgart 1992, Spalte 1215 ff.

face-to-the-customer-Philosophie« nur einen Ansprechpartner haben, wenn es um die gesamte Produktpalette des Unternehmens geht.

Die Strukturierung nach Kundengruppen kann sich sowohl auf die Primär- als auch auf die Sekundärorganisation beziehen. Bei der Anwendung auf die Primärorganisation ergibt sich eine divisionale Organisation, bei der Anwendung auf die Sekundärorganisation ein **Kundenmanagement** (vergleiche *Vahs, D.* 2019: Seite 180 ff. und 180 ff.).

7.4.2.5.4 Strukturierung nach Regionen

Vor allem international tätige Unternehmen werden häufig auch nach Regionen strukturiert. Das ist sinnvoll, wenn wichtige Aufgaben »vor Ort« wahrgenommen werden sollen oder die unmittelbare Marktnähe von Bedeutung ist, also zum Beispiel bei der Nutzung von Standortvorteilen oder bei der Umgehung von Handelshemmnissen.

Die Strukturierung nach Regionen kann sich sowohl auf die Primär- als auch auf die Sekundärorganisation beziehen. Wird die Primärorganisation nach Regionen

Wirtschaftspraxis 7-10

Regionalstrukturen bei Procter & Gamble

Bei *Procter & Gamble* wird der Aspekt des lokalen Agierens durch sieben regionale Marktentwicklungsorganisationen in Nordamerika, Asien/Indien/Australien, Nordostasien, China, Osteuropa/Mittlerer Osten/Afrika, Westeuropa und Lateinamerika abgedeckt, deren Aufgaben wie folgt beschrieben werden: »Interface with customers to ensure marketing plans fully capitalize on local understandig, to seek synergy across programs to leverage Corporate scale, and to develop strong programs that change the game in our favor at point of purchase.«

Quelle: *The Procter & Gamble Company* (Herausgeber): Corporate Structure, unter: www.pg.com, Stand: 2002.

strukturiert, ergibt sich eine divisionale Organisation (vergleiche *Vahs, D.* 2019: Seite 151 ff.).

7.4.2.5.5 Strukturierung nach Projekten

Grundformen des Projektmanagements

In der Regel wird die Strukturierung nach Projekten vor allem für die Sekundärorganisation verwendet. Dabei werden die folgenden Grundformen des Projektmanagements unterschieden (vergleiche *Vahs, D.* 2019: Seite 185 ff.):

Reine Projektorganisation

Kennzeichnend für die reine Projektorganisation ist die fachliche und disziplinarische Unterstellung der Projektmitarbeiter unter den Projektmanager als »Vorgesetzten auf Zeit«. Alle Projektbeteiligten sind vollamtlich im Projekt tätig (↗ Abbildung 7-15).

Stabs-Projektorganisation

Die Aufgabe der Projektkoordination kann einer oder mehreren eigens dafür geschaffenen Stabsstellen übertragen werden. Gemäß der Stabsdoktrin bedeutet dies, dass die Projektstelle weder Entscheidungs- noch Weisungskompetenzen besitzt. Die Projektverantwortung liegt bei der übergeordneten Instanz, während der Projektmanager oder besser: »Projektkoordinator« im Wesentlichen für die Terminüberwachung, die Kostenkontrolle und sonstige projektverfolgende Maßnahmen zuständig ist.

Matrix-Projektorganisation

Beim Matrix-Projektmanagement wird die Primärorganisation durch eine Projektstruktur überlagert. Die Projektmanager können sich in der Regel auf einzelne Mitar-

Abb. 7-15

Reines Projektmanagement ergänzend zu einer funktionalen Organisation

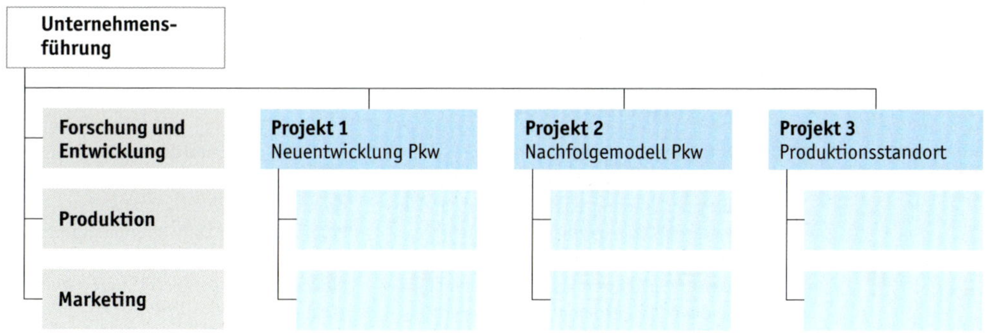

Vergleiche *Vahs, D.* 2019: Seite 192

Abb. 7-16

Matrix-Projektmanagement in einer funktionalen Organisation

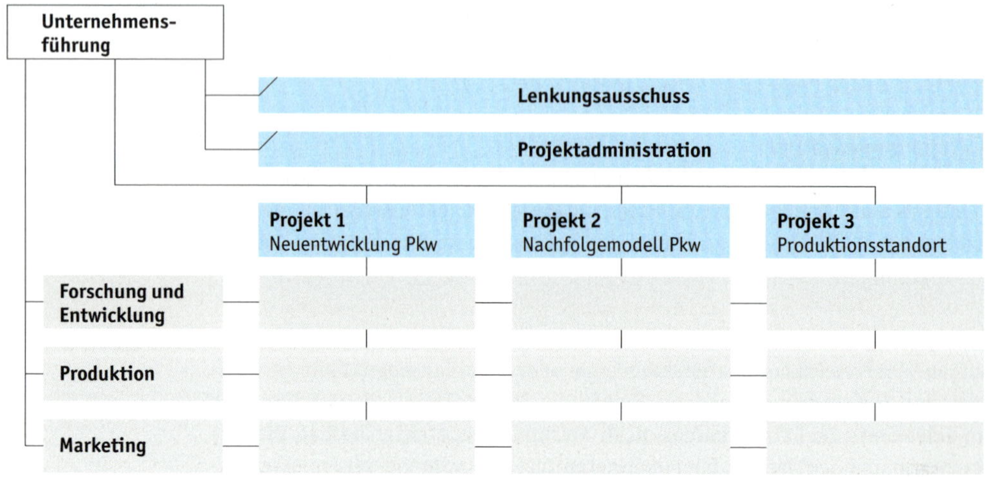

Vergleiche *Vahs, D.* 2019: Seite 190

beiter aus den Funktions- oder Geschäftsbereichen stützen, die ihnen zumindest fachlich, teilweise auch disziplinarisch unterstellt werden.

Werden in einem Unternehmen mehrere Projekte im Rahmen eines sogenannten **Multiprojektmanagements** gleichzeitig abgewickelt, kann es sinnvoll sein, eine zentrale **Projektadministration** einzurichten, deren Aufgabe die Unterstützung und die Entlastung der Projektmanager in allen administrativen Angelegenheiten ist, so

Wirtschaftspraxis 7-11

Die Wurzeln des Projektmanagements liegen im militärischen Bereich

Der Grundgedanke des Projektmanagements geht auf die großen waffentechnischen Vorhaben der Vereinigten Staaten während des Zweiten Weltkriegs zurück. Vor allem das 1941 begonnene »*Manhattan Engineering District Projekt*«, die Entwicklung und der Bau der ersten Atombombe, erforderte wegen der weitreichenden Verflechtungen von Regierung, Militär, Industrie und Universitäten völlig neue Organisationsstrukturen. Nach dem Ende des Zweiten Weltkriegs erfuhr das Projektmanagement in der Realisierung des *Polaris*-Nuklearwaffen-Programms, der Luftwaffenprogramme im Langstreckenbomber-Bereich und des *Apollo*-Programms der *NASA* eine Weiterentwicklung.

Quelle: *Madauss, B. J.*: Handbuch Projektmanagement, 6. Auflage, Stuttgart 2000, Seite 12 ff.

beispielsweise bei der Projektberichterstattung und -dokumentation. Außerdem wird häufig ein **Lenkungsausschuss** installiert. Hier werden die wesentlichen, für die Projektdurchführung notwendigen Entscheidungen getroffen und deren Umsetzung überwacht (↗ Abbildung 7-16).

7.4.2.5.6 Strukturierung nach Prozessen

Die Strukturierung nach Prozessen wird in der Regel als Sekundärorganisation angewendet. Die Bildung von Organisationseinheiten und Abteilungen erfolgt dabei unter ausdrücklicher Berücksichtigung der spezifischen Erfordernisse eines effizienten Ablaufs der betrieblichen Prozesse. Die sich ergebenden Organisationseinheiten dienen der Unterstützung der Prozesse. Die Orientierung an der Wertschöpfungskette erschließt ein erhebliches Optimierungspotenzial, weil nicht die Aufgabenhierarchie, sondern die zeitlich-logische Ablauffolge das vorrangige Gestaltungskriterium ist (↗ Abbildung 7-17, vergleiche *Gaitanides, M./Scholz, R./Vrohlings, A.* 1994: Seite 5 und *Vahs, D.* 2019: Seite 207 ff.).

7.4.2.5.7 Strukturierung nach strategischen Geschäftsfeldern

Durch die Bildung einer auf strategischen Geschäftsfeldern (SGF) basierenden Sekundärorganisation wird der gesamte Tätigkeitsbereich eines Unternehmens in einzelne, voneinander unterscheidbare Planungseinheiten zerlegt. Das Besondere bei der Bildung von strategischen Geschäftsfeldern ist es, dass der von »innen nach außen« gerichtete Blick durch eine von »außen nach innen« gerichtete Perspektive ergänzt wird. Dabei wird das Unternehmensumfeld in voneinander so gut wie möglich abgegrenzte strategische Geschäftsfelder aufgeteilt.

Abb. 7-17

Matrix-Prozessmanagement in einer funktionalen Organisation

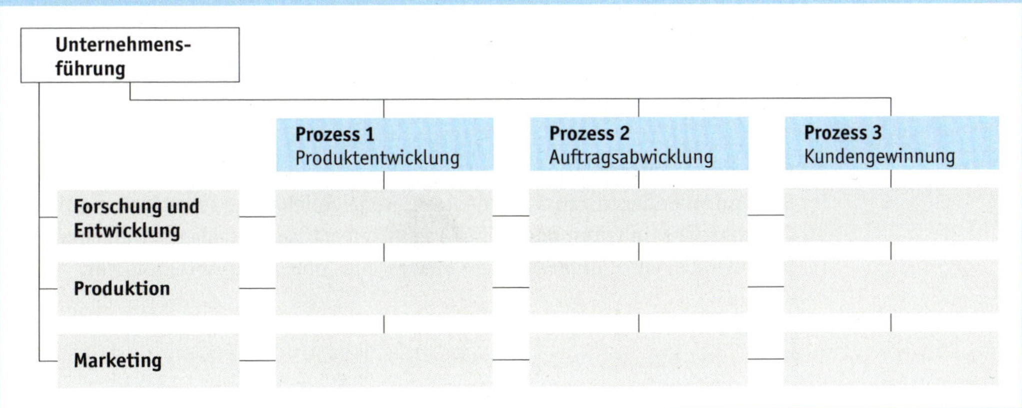

Wirtschaftspraxis 7-12

General Electric richtete als erstes Unternehmen strategische Geschäftsfelder ein

Der amerikanische Konzern *General Electric Co. (GE)* richtete erstmalig 1971 strategische Geschäftsfelder (SGF) ein und implementierte sie organisatorisch in Form von 43 strategischen Geschäftseinheiten (SGE). Damit sollte einerseits das seit der Mitte der 1960er-Jahre anhaltende immense Wachstum bewältigt und andererseits den kleineren, spezialisierten Konkurrenten begegnet werden, die in den jeweiligen Marktsegmenten oftmals erfolgreicher waren als das global orientierte Unternehmen *General Electric*. Wenige Jahre später hatten bereits 20 Prozent der besonders erfolgreichen »*Fortune* 500«-Firmen in den Vereinigten Staaten das Konzept der strategischen Geschäftseinheiten umgesetzt. Inzwischen sind nahezu alle mittleren und großen Unternehmen in Europa und in den Vereinigten Staaten in strategische Geschäftseinheiten untergliedert.

Quelle: *Vahs, D.*: Organisation, 10. Auflage, Stuttgart 2019: Seite 194 und die dort angegebene Literatur.

Ein **strategisches Geschäftsfeld** kann als die Gesamtheit von homogenen Produkt-Markt-Kombinationen definiert werden, die gemeinsam eine Funktion erfüllen und sich eindeutig von anderen Produkt-Markt-Kombinationen unterscheiden.

Neben Produkten und Märkten kommen Problemlösungen, Technologien oder Wettbewerber als weitere mögliche Kriterien für die Differenzierung von strategischen Geschäftsfeldern in Betracht (vergleiche *Vahs, D.* 2019: Seite 193 ff.).

7.4.2.6 Aufgabenverteilung

Prinzipien der Aufgabenverteilung

Gleichartige Aufgaben können in der Aufgabensynthese nach zwei Grundprinzipien behandelt werden (↗ Abbildung 7-18, zum Folgenden vergleiche *Vahs, D.* 2019: Seite 56 f.):

Aufgabenzentralisation

Eine Aufgabenzentralisation liegt vor, wenn gleichartige Teilaufgaben in einer Organisationseinheit oder Abteilung zusammengefasst werden, also beispielsweise wenn in einem Unternehmen nur eine Controlling-Abteilung für alle Unternehmensbereiche besteht.

Aufgabendezentralisation

Eine Aufgabendezentralisation liegt vor, wenn gleichartige Teilaufgaben auf mehrere Organisationseinheiten oder Abteilungen verteilt werden, also beispielsweise wenn jeder Bereich eines Unternehmens eine eigene Controlling-Abteilung hat.

Abb. 7-18

Zentralisation- und Dezentralisation von Aufgaben

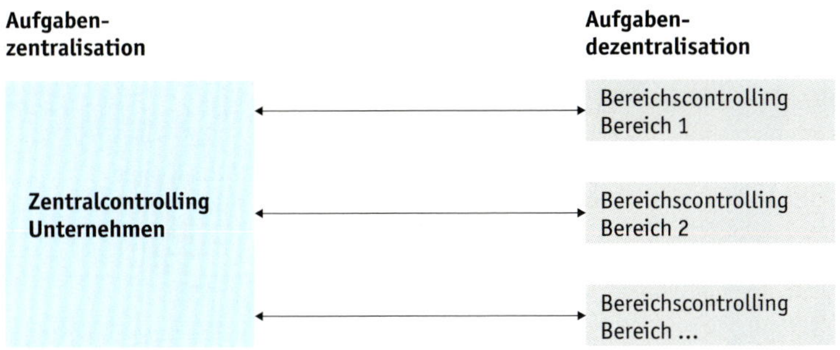

Vergleiche *Vahs, D.* 2015: Seite 56

7.5 Neuere Organisationsansätze

Zukünftige Organisationen müssen wesentlich anpassungsfähiger sein, als dies heute schon der Fall ist. Hierarchische Strukturen werden dadurch weiter an Bedeutung verlieren und der Trend zu evolutiven und polyzentrischen Organisationsformen wird sich verstärken. Zu diesen Organisationsformen gehören die hybrid-modulare, die digital-vernetzte und die virtuell-agile Organisation (↗ Abbildung 7-19, die angegebene Literatur bei *Vahs, D.* 2019: Seite 540 ff. und zur vernetzten und virtuellen Organisation auch das ↗ Kapitel 5 Entscheidungen über zwischenbetriebliche Verbindungen).

Die **hybrid-modulare Organisation** eignet sich für solche Unternehmen, die ein komplexes Leistungsprogramm mit vielen Produktvarianten aufweisen und für die stabile Mischformen aus unterschiedlichen Organisationskonzepten sinnvoll sind. Sie ist durch relativ kleine und überschaubare Einheiten (sogenannte Module oder Segmente) gekennzeichnet, deren Prozesse konsequent und ganzheitlich auf den externen Markt hin ausgerichtet sind. Die operativen Aufgaben, die Ergebnisverantwortung und die Kompetenzen sind weitgehend dezentralisiert und gewähren den einzelnen Modulen ein hohes Maß an Entscheidungsautonomie hinsichtlich ihres Ressourceneinsatzes. Organisatorische Schnittstellen und die damit regelmäßig verbundenen Probleme werden durch die strukturelle Zusammenfassung von interdependenten Aufgaben möglichst vermieden. Dadurch wird einerseits die Komplexität der Leistungserstellung reduziert und andererseits die Nähe zum Markt erhöht. Die Module können schnell und flexibel auf Veränderungen ihres Umfeldes reagieren. Die modulare Organisation entspricht folglich von ihrem Grundgedanken her einer divisionalen Struktur mit ergebnisverantwortlichen Organisationseinheiten.

Digital-vernetzte Organisation

Eine Form der sowohl unternehmensinternen als auch unternehmensübergreifenden Zusammenarbeit ist die **digital-vernetzte Organisation.** Netzwerke sind komplexe

Abb. 7-19

Neuere Organisationsformen

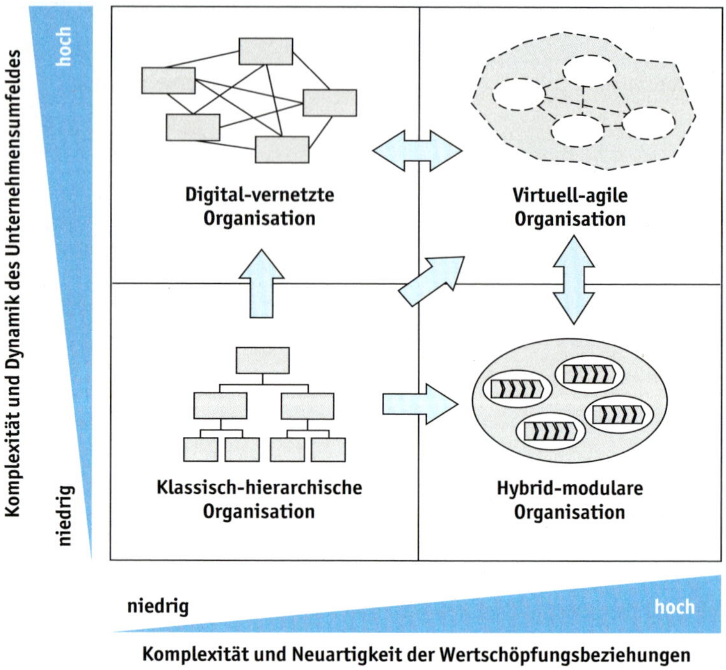

Quelle: *Vahs*, D. 2019: Seite 541

und mehrdimensionale Beziehungsgeflechte aus selbstständigen Einheiten (Personen, Gruppen, Unternehmen), die relativ stabile Beziehungen aufweisen, durch gemeinsame Werte verbunden sind und auf die Realisierung von Wettbewerbsvorteilen in komplexen und dynamischen Märkten zielen. Aufgrund des durchgängigen Einsatzes computergestützter, standardisierter Geschäftsprozesse auch über Geschäftsprozesse auch über die Unternehmensgrenzen hinaus entsteht eine mobile oder leitungsgebundene Vernetzung der gesamten Wertschöpfungskette, die sich durch eine hohe Verarbeitungsgeschwindigkeit und Durchgängigkeit auszeichnet und die den Umgang mit digitalen Massendaten (big data) bis hin zu Data-Driven Decision Making beherrscht. Das Leitbild sind **»Echtzeitunternehmen«** (realtime enterprises), in denen alle relevanten Informationen in einem digitalen Modell vorliegen und in denen die Wertschöpfung zwischen vielen eng vernetzten, in Echtzeit kommunizierenden Akteuren stattfindet.

Virtuell-agile Organisation

Die **virtuell-agile Organisation** verbindet die Kennzeichen virtueller mit denen agiler Strukturen. Die Ursprünge der Virtualisierung finden sich in der Informatik der siebziger Jahre. Damals wurden »virtuelle« Datenspeicher entwickelt, um eine scheinbar größere Kapazität des Hauptspeichers durch die Auslagerung von Daten und Programmen zu erzielen. 1992 wurde der Begriff der **Virtualität** von *William H. Davidow* und *Michael S. Malone* in die Managementpraxis eingeführt und hat seitdem eine regelrechte Inflation erfahren. Trotz einer kontrovers geführten »Virtualisierungsdebatte« in der Mitte der 1990er Jahre, in der die virtuelle Organisation zeitweise als »modischer Mythos« abgetan wurde, hat das Thema nichts von seiner Aktualität verloren. In jüngerer Zeit ist angesichts der weiter steigenden Intensität des Wettbewerbs, der fortschreitenden Digitalisierung, der zunehmenden Durchlässigkeit von Branchengrenzen und einer immer komplexeren und dynamischeren Umwelt (»Störung ist Alltag«) häufig von der Notwendigkeit zu mehr **Agilität** die Rede (von lat. agilis: von großer Beweglichkeit zeugend, regsam und wendig). Dabei handelt es sich um einen vielschichtigen und inzwischen schillernden Begriff. Im Wesentlichen ist Agilität durch Schnelligkeit bei der Planung und Umsetzung von Maßnahmen, hohe Anpassungsfähigkeit, ausgeprägte Kundenorientierung und eine spezifische mentale Haltung der Organisationsmitglieder hinsichtlich des Umgangs mit Veränderungen gekennzeichnet (»agiles Mindset«). Typische Arbeitsformen agiler Organisationen sind **Scrum** (Zerlegung der Arbeitsschritte in Phasen von zwei bis vier Wochen, Bearbeitung in kleinen Teams, Scrum-Master überwacht die Einhaltung der Regeln, Product-Owner behält die Wünsche des Auftraggebers im Blick), **Design-Thinking** (Entwicklung innovativer Geschäftsmodelle oder Leistungen durch Kooperation von Menschen unterschiedlicher Disziplinen) und **Holokratie** (selbstständige Einheiten aus aus Mitarbeitern, so genannte Holons, schließen sich mit anderen Holons zu einer weitgehend hierarchiefreien Struktur mit klaren Regeln zusammen). Weitergehende Erläuterungen und Praxisbeispiele finden sich bei *Vahs, D.* 2019 S. 540 ff.

7.6 Gestaltung organisatorischer Veränderungen

Ein geplanter organisatorischer Wandel durch die zielgerichtete Anpassung einer bestehenden Organisation an zukünftige Anforderungen kann wesentlich zu der langfristigen Existenz- und Erfolgssicherung von Unternehmen beitragen.

Die entsprechenden Konzepte des organisatorischen Wandels können zum einen hinsichtlich des Ausmaßes und zum anderen hinsichtlich des gewählten Ansatzes unterteilt werden.

7.6.1 Ausmaß des organisatorischen Wandels

Hinsichtlich des Ausmaßes können zwei Arten des Wandels unterschieden werden (↗ Abbildung 7-20, zum Folgenden vergleiche *Vahs, D.* 2015: Seite 264 ff.):

Wandel erster Ordnung
Bei einem Wandel erster Ordnung, der auch als **evolutionärer Wandel** bezeichnet wird, »... erfolgt lediglich eine inkrementelle Modifikation der Arbeitsweise einer Organisation ohne Veränderung des vorherrschenden Bezugsrahmens oder des dominanten Interpretationsschemas« (*Staehle, W.H.* 1991: Seite 829). Ein typisches Vorgehensmodell des Wandels erster Ordnung sind **kontinuierliche Verbesserungsprozesse** (KVP).

Abb. 7-20

Evolutionärer und revolutionärer Wandel

Vergleiche *Rüegg-Stürm, J.* 2002: Seite 83 und *Vahs, D.* 2019: Seite 311

Wandel zweiter Ordnung

Der Wandel zweiter Ordnung, der auch als **revolutionärer Wandel** bezeichnet wird, umfasst dagegen eine »... einschneidende, paradigmatische Veränderung der Arbeitsweise einer Organisation insgesamt, und zwar mit einer Änderung des Bezugsrahmens« (*Staehle, W. H.* 1991: Seite 829). Entsprechend groß ist in der Regel die

Wirtschaftspraxis 7-13

Wie Porsche den Turnaround schaffte

Ein Beispiel für die erfolgreiche Anwendung des revolutionären Ansatzes ist die *Porsche AG*. Durch neue Wettbewerber, den Einbruch der Vereinigten Staaten als wichtigsten Auslandsmarkt und eine falsche Einschätzung der Preiselastizität der Nachfrage bei Sportwagen-Kunden war das Unternehmen Ende der 1980er-Jahre in eine tiefe Krise geraten. Die Konsequenz dieses »Schockereignisses« war der »größte Veränderungsprozess in der Geschichte des Unternehmens«. Die alten Denkmuster und Zusammenhänge galten nicht mehr. Stattdessen musste das Bewährte vollkommen infrage gestellt werden. »Auf das, was als Antwort herauskam, treffen sicherlich auch die Attribute des. Zauberwortes Reengineering zu: auf den Kunden ausgerichteter Umbau des Unternehmens, in rasantem Tempo, vieles zeitgleich, ein radikales Programm mit dem Ziel einer sprunghaften Prozessinnovation«, so beschreibt der damalige Vorstandsvorsitzende den Veränderungsprozess bei *Porsche*.

Quelle: *Wiedeking, W.*: Reengineering und Restrukturierung am Beispiel der *Porsche AG*, in: Reengineering, Konzepte und Umsetzung innovativer Strategien und Strukturen, Kongress-Dokumentation 48. Deutscher Betriebswirtschafter-Tag 1994, herausgegeben von der *Schmalenbach-Gesellschaft – Deutsche Gesellschaft für Betriebswirtschaft e. V.*, Stuttgart 1995, Seite 205–217.

Abb. 7-21

Ansätze des organisatorischen Wandels

Vergleiche *Vahs, D.* 2019: Seite 349

Angst der Betroffenen vor derartigen fundamentalen Änderungen und ihren Auswirkungen, die einen weitreichenden Bruch mit der Vergangenheit beziehungsweise einen **Turnaround** darstellen. Ein typisches Vorgehensmodell des Wandels zweiter Ordnung ist das Business-Process-Reengineering (BPR) auf das nachfolgend noch eingegangen werden wird.

7.6.2 Ansätze des organisatorischen Wandels

Im Hinblick auf die Herangehensweise lassen sich drei Ansätze des organisatorischen Wandels unterscheiden (↗ Abbildung 7-21, zum Folgenden vergleiche *Vahs, D.* 2019: Seite 349 ff.):

Wirtschaftspraxis 7-14

Change Management bei Mercedes-Benz

Die *Mercedes-Benz AG* hat 1993 das »*Mercedes-Benz*-Erfolgsprogramm« initiiert, das seinen Schwerpunkt zunächst im kulturellen Wandel hatte und in seinem Verlauf zu einem ganzheitlichen Veränderungskonzept erweitert wurde. In dem damaligen Geschäftsbericht des Unternehmens hieß es dementsprechend:

»Das *Mercedes-Benz*-Erfolgsprogramm hat 1995 an Schubkraft gewonnen. Als Kulturentwicklungsprogramm 1993 gestartet, welches das Denken und Verhalten der Mitarbeiter als Erfolgsfaktor in den Vordergrund stellte, bündelt es heute die gesamtheitliche Veränderung des Unternehmens in einem integrierten Ansatz. Auf der Basis des Leitbildes »*Mercedes-Benz* – Ihr guter Stern« und den vier Grundhaltungen des Erfolgsprogramms – Kompromisslose Kunden- und Marktorientierung, Kontinuierlicher Verbesserungsprozess, Null-Fehler-Ziel und Konsequente Entscheidungsdelegation – werden strategische, prozess- bzw. strukturorientierte sowie verhaltensbezogene Veränderungen auf allen Ebenen des Unternehmens vorangetrieben«.

Auch neuere Beispiele in der Daimler AG zeigen, welche Bedeutung das Thema »Kulturwandel« hat, wie beispielsweise das Programm »Leadership 20X - Change the game«, dass eine »aktive Gestaltung des Kulturwandels« ermöglichen soll.

Quellen: *Mercedes-Benz AG* (Herausgeber): Geschäftsbericht 1995, Seite 34; https://www.daimler.com/karriere/ueber-uns/kultur-benefits/leadership-2020/

Organisationsgestaltung

Technologischer Ansatz

Die Organisationsgestaltung zielt auf die systematische Planung, Einführung und Kontrolle von organisatorischen Regeln ab und wird deshalb auch als »struktureller Ansatz« oder »technologischer Ansatz« bezeichnet. Im Mittelpunkt stehen die Funktionalität und die Effizienz der betrieblichen Strukturen und Prozesse. Sie werden bewusst und rational gestaltet, ständig überwacht und erforderlichenfalls wieder reorganisiert. Der Mensch spielt in diesem Ansatz als eine Ressource neben anderen nur eine untergeordnete Rolle.

Organisationsentwicklung

Verhaltensorientierter Ansatz

Der Organisationsentwicklung liegt ein verhaltensorientierter Ansatz zugrunde, bei dem die gegenseitigen Abhängigkeiten und vielfältigen Beziehungen zwischen den Individuen, den Gruppen, der Umwelt und der Zeit berücksichtigt werden. Das Ziel der Organisationsentwicklung ist dabei primär die Verbesserung der sozialen Rahmenbedingungen, so etwa der Führungsphilosophie oder des Betriebsklimas. Dieser Ansatz beruht auf der Annahme, dass bessere Arbeitsbedingungen und damit stärker motivierte Mitarbeiter auch die Effektivität und Effizienz von Unternehmen steigern.

Change Management

Change Management ist die zielgerichtete Analyse, Planung, Realisierung, Evaluierung und laufende Weiterentwicklung von ganzheitlichen Veränderungsmaßnahmen in Unternehmen.

Unter dem »Change Management« ist insofern ein Veränderungsansatz zu verstehen, der sowohl die »harte« Seite des Wandels, also die Strategie, die Organisation und die Technologie, als auch die »weiche« Seite des Wandels, also die Unternehmenskultur, miteinander verbindet. Das Change Management zielt nicht auf einzelne, akute Problembereiche, sondern versucht, das Unternehmen als Ganzes vorausschauend und zielgerichtet weiterzuentwickeln. Wie wichtig eine derartige ganzheitliche Perspektive ist, zeigen auch empirische Untersuchungen (vergleiche *Vahs, D./Leiser, W.* 2007).

Wirtschaftspraxis 7-15

Wissensmanagement in der Henkel AG & Co. KGaA

Was unter »Wissensmanagement« in der betrieblichen Praxis zu verstehen ist, zeigt das Beispiel der *Henkel AG & Co. KGaA*: »Seit 1999 sammeln wir unter dem Stichwort »Knowledge Management« systematisch internes Wissen sowie übertragbare Erfahrungen und stellen diese in Datenbanken den Mitarbeitern bereit. Derzeit stehen rund 1 200 Themen zu Prozesswissen, Erfolgsfaktoren, Lösungsvorschlägen und Fehleranalysen zur Verfügung. Wissensmanagement ist ein wirksames Instrument, die Qualität von Entscheidungen zu verbessern und Innovationen zu beschleunigen.«

Quelle: *Vahs, D.*: Organisation, 10. Auflage, Stuttgart 2019, S. 444.

7.6.3 Veränderungsmodelle

In den vergangenen Jahren ist der geplante Wandel von Unternehmen, zum Gegenstand von zahlreichen Veränderungsmodellen geworden (vergleiche *Vahs, D.* 2019: Seite 272 ff.):

Lean-Ansätze
Der Begriff »**Lean-Management**« (englisch: schlankes Management) wurde durch das 1990 erschienene Buch von *Womack, Jones* und *Roos* »The Machine That Changed The World« (deutsch 1991: »Die zweite Revolution in der Automobilindustrie«) bekannt. Das Buch basiert auf Studien des *Massachusetts Institute of Technology* (*MIT*). Ziel der Studien war es, im Rahmen eines umfassenden Leistungsvergleichs die Möglichkeiten zur Steigerung der Produktivität und zur Vermeidung von Verschwendung durch eine »schlanke Produktion« (englisch: Lean-Production) aufzuzeigen. Das Vorbild des schlanken Produktionssystems mit geringen Beständen, kurzen Liege- und Leerzeiten und optimiertem Materialeinsatz war die Automobilfertigung von *Toyota*, die *Eiji Toyoda* und *Taiichi Ohno* schon in den 1950er-Jahren nach dem Just-in-time-Prinzip organisiert und durch die Auslagerung von zahlreichen Teilaufgaben an selbstständige Zulieferunternehmen optimiert hatten (vergleiche *Picot, A./Dietl, H./Franck, E.* 1997: Seite 327 f.).

Reengineering-Ansätze
Schon in der ersten Hälfte der 1990er-Jahre wurde das Lean-Management zunehmend vom Business-Reengineering abgelöst. Der Begriff stammt von dem *MIT*-Professor *Michael H. Hammer*. Beim **Business-Process-Reengineering** (BPR) werden alle bestehenden Abläufe kritisch auf ihre Effektivität und Effizienz hinterfragt und dann schnell und radikal völlig neu gestaltet. Dieser »Clean-Sheet-Ansatz« soll sicherstellen, dass nicht nur einzelne Merkmale der relevanten Prozesse verbessert werden, sondern dass sämtliche Geschäftsprozesse optimal gestaltet und schnell umgesetzt werden.

Qualitätsmanagement-Ansätze
Etwa seit Mitte der 1990er-Jahre hat sich die Qualitätsorientierung zum Leitgedanken von vielen Unternehmen entwickelt. Neu daran ist nicht das Streben nach einer verbesserten Qualität der Produkte und Verfahren, sondern die Philosophie eines integrierten, das heißt alle Teilbereiche des Unternehmens und seines relevanten Umfeldes gleichermaßen umfassenden Qualitätsmanagements in Form des sogenannten Total-Quality-Managements (↗ Kapitel 17 Produktionswirtschaft).

Lernende Organisation
Ein neueres Modell des organisatorischen Wandels stellt das Konzept der lernenden Organisation dar. Das organisatorische Lernen beschreibt dabei die Generierung, die Nutzung und die Weiterentwicklung des in einem Unternehmen vorhandenen Wissens. So wie Menschen sich durch die Aneignung von Wissen verändern und sich in ihrer Umwelt besser behaupten können, so sollen sich auch Unternehmen durch

organisatorisches Lernen verändern und wettbewerbsfähiger werden. Dies soll dadurch geschehen, dass das von allen Organisationsmitgliedern geteilte Wissen, die organisatorische Wissensbasis, laufend aktualisiert und erweitert wird. Das Ziel ist damit letztendlich die Kollektivierung des individuellen Wissens, wobei hierin auch das Kernproblem der lernenden Organisation zu sehen ist: Nach wie vor handeln nämlich viele Menschen in den Unternehmen nach dem Motto »Wissen ist Macht«, was per se eine Wissenskollektivierung zumindest teilweise ausschließt (vergleiche *Vahs, D.* 2019: Seite 442 ff.).

Zusammenfassung Kapitel 7

- Der Begriff Organisation umfasst sowohl die zielorientierte ganzheitliche Gestaltung von Beziehungen in sozialen Systemen als auch das Ergebnis dieser Tätigkeit.
- Bei der Organisationsgestaltung erfolgt erst eine organisatorische Differenzierung (Analyse) und dann eine organisatorische Integration (Synthese).
- Im Rahmen der Aufgabenanalyse wird ermittelt, was zu tun ist, im Rahmen der anschließenden Arbeitsanalyse, wie dies zu tun ist.
- In der Arbeitssynthese werden Arbeitsgänge zeitlich, räumlich und personell zu Prozessen und diese wiederum zu Prozessketten zusammengefasst.
- Die Gesamtheit aller Prozessketten bildet die Ablauforganisation.
- In der Aufgabensynthese werden Aufgaben Organisationseinheiten zugeordnet, die dann wiederum in Abteilungen zusammengefasst werden.
- Organisationseinheiten werden in Linienstellen, unterstützende Stellen und Gremien unterteilt.
- Organisationseinheiten können nach Aufgaben, Personen, Sachmitteln oder aufgrund gesetzlicher Vorschriften gebildet werden.
- Eine Abteilung entsteht durch die unbefristete Unterstellung von einer oder mehreren Organisationseinheiten unter eine gemeinsame Leitungsstelle.
- Die Leitungsspanne und -tiefe bestimmen den Organisationsumfang.
- Beim Einliniensystem erhalten Organisationseinheiten von einer, beim Mehrliniensystem von mehreren vorgesetzten Leitungsstellen Anweisungen.
- Ergänzend zur Primärorganisation kann eine Sekundärorganisation zur übergreifenden Koordination eingesetzt werden.
- Wird die Aufbauorganisation nach zwei und mehr Merkmalen strukturiert, entsteht eine Matrix- oder Tensororganisation.
- Durch die Strukturierung der Primärorganisation nach Verrichtungen entsteht eine funktionale Organisation, durch die Strukturierung nach Produkten, Kundengruppen oder Regionen eine divisionale Organisation.
- Die Aufbauorganisation kann auch nach Projekten, Prozessen oder strategischen Geschäftsfeldern strukturiert werden.
- Aufgaben können zentralisiert oder dezentralisiert werden.
- Neuere Organisationsformen wie die modulare, die vernetzte oder die virtuelle Organisation dienen insbesondere der Erhöhung der Flexibilität.

- Der organisatorische Wandel kann evolutionär oder revolutionär erfolgen.
- Change Management ist ein ganzheitlicher Ansatz des organisatorischen Wandels, der Elemente der Organisationsgestaltung und der Organisationsentwicklung enthält.

Weiterführende Literatur Kapitel 7

Organisation allgemein
Vahs, D.: Organisation: Ein Lehr- und Managementbuch, Stuttgart.

Geschäftsprozessmanagement
Schmelzer, H. J./Sesselmann, W.: Geschäftsprozessmanagement in der Praxis: Kunden zufrieden stellen – Produktivität steigern – Wert erhöhen, München.
Freund, J./Rücker, B./Henninger, T.: Praxishandbuch BPMN, München

Klassiker
Kosiol, E.: Organisation der Unternehmung, Wiesbaden.
Bleicher, K.: Organisation: Strategien, Strukturen, Kulturen, Wiesbaden.

Schlüsselbegriffe Kapitel 7

- Organisation
- Aufgabenanalyse
- Arbeitsanalyse
- Arbeitssynthese
- Prozess
- Prozesskette
- Ablauforganisation
- Wertkette
- Aufgabensynthese
- Organisationseinheit
- Stelle
- Instanz
- Stabsstelle
- Gremium
- Abteilung
- Leitungsspanne
- Leitungstiefe
- Einliniensystem
- Mehrliniensystem
- Primärorganisation
- Sekundärorganisation
- Division
- Produktmanagement
- Strategisches Geschäftsfeld
- Organisationsentwicklung
- Organisationsgestaltung
- Change Management

Fragen Kapitel 7

Frage 7-1: *Definieren Sie den Begriff »Organisation«.*
Frage 7-2: *Erläutern Sie, was unter dem Analyse-Synthese-Konzept verstanden wird.*
Frage 7-3: *Definieren Sie den Begriff »Aufgabe«.*
Frage 7-4: *Nennen Sie mindestens vier Aufgabenmerkmale.*
Frage 7-5: *Definieren Sie den Begriff »Arbeitsgang«.*
Frage 7-6: *Erläutern Sie, anhand welcher drei Kriterien die Arbeitssynthese durchgeführt wird.*
Frage 7-7: *Definieren Sie den Begriff »Prozess«.*
Frage 7-8: *Nennen Sie mindestens vier Prozessmerkmale.*
Frage 7-9: *Nennen Sie die zwei Prozessarten, die nach dem Marktbezug unterschieden werden können.*
Frage 7-10: *Nennen Sie die drei Prozessarten, die nach der Tätigkeit unterschieden werden können.*
Frage 7-11: *Erläutern Sie, was unter Prozessketten verstanden wird.*
Frage 7-12: *Nennen Sie mindestens vier Möglichkeiten der Gestaltung und Optimierung von Prozessen und Prozessketten.*
Frage 7-13: *Definieren Sie den Begriff »Organisationseinheit«.*
Frage 7-14: *Nennen Sie mindestens drei Merkmale von Organisationseinheiten.*
Frage 7-15: *Definieren Sie den Begriff »Stelle«.*
Frage 7-16: *Erläutern Sie den Unterschied zwischen Linien- und unterstützenden Stellen.*
Frage 7-17: *Erläutern Sie, welche zwei Arten von Linienstellen es gibt.*
Frage 7-18: *Erläutern Sie, welche zwei Arten von Weisungsbefugnissen es gibt.*
Frage 7-19: *Erläutern Sie, welche drei Arten von unterstützenden Stellen es gibt.*
Frage 7-20: *Definieren Sie den Begriff »Gremium«.*
Frage 7-21: *Nennen Sie mindestens drei Arten von Gremien.*
Frage 7-22: *Nennen Sie zwei Beispiele für Leitungsgruppen.*
Frage 7-23: *Erläutern Sie, was unter einer Arbeitsgruppe verstanden wird.*
Frage 7-24: *Definieren Sie den Begriff »Projekt«.*
Frage 7-25: *Erläutern Sie, was unter einem Ausschuss verstanden wird.*
Frage 7-26: *Nennen Sie mindestens drei Möglichkeiten der Bildung von Organisationseinheiten.*
Frage 7-27: *Definieren Sie den Begriff »Abteilung«.*
Frage 7-28: *Definieren Sie den Begriff »Leitungsspanne«.*
Frage 7-29: *Definieren Sie den Begriff »Leitungstiefe«.*
Frage 7-30: *Erläutern Sie den Zusammenhang zwischen Leitungsspanne und Leitungstiefe.*
Frage 7-31: *Erläutern Sie, welche zwei Arten von Organisationstypen es gibt.*
Frage 7-32: *Erläutern Sie die Vor- und Nachteile des Mehrliniensystems.*
Frage 7-33: *Erläutern Sie den Unterschied zwischen der Primär- und der Sekundärorganisation.*
Frage 7-34: *Nennen Sie die drei Elemente aus denen Matrixorganisationen bestehen.*

Frage 7-35: *Nennen Sie mindestens vier Strukturierungsmerkmale von Aufbauorganisationen.*
Frage 7-36: *Erläutern Sie den Unterschied zwischen der funktionalen Organisation und dem Funktionsmanagement.*
Frage 7-37: *Erläutern Sie, was unter einer divisionalen Organisation verstanden wird.*
Frage 7-38: *Nennen Sie mindestens drei Formen des Produktmanagements.*
Frage 7-39: *Erläutern Sie, welche drei Grundformen des Projektmanagements es gibt.*
Frage 7-40: *Definieren Sie den Begriff »strategisches Geschäftsfeld«.*
Frage 7-41: *Erläutern Sie, welche zwei Formen der Aufgabenverteilung es gibt.*
Frage 7-42: *Nennen Sie mindestens zwei neuere Organisationsansätze.*
Frage 7-43: *Erläutern Sie den Unterschied zwischen einem Wandel erster und zweiter Ordnung.*
Frage 7-44: *Erläutern Sie den Unterschied zwischen der Organisationsgestaltung und der Organisationsentwicklung.*
Frage 7-45: *Definieren Sie den Begriff »Change Management«.*
Frage 7-46: *Erläutern Sie, was unter dem Lean-Management verstanden wird.*
Frage 7-47: *Erläutern Sie, was unter der lernenden Organisation verstanden wird.*

Fallstudie Kapitel 7

Fallstudie 7-1: Ablauforganisation

Die Speedy GmbH möchte ihre Kunden auch bei Fahrzeugpannen und Unfällen unterstützen und dafür entsprechende Dienstleistungen anbieten. Entwickeln Sie für den optimalen Ablauf im Falle einer Panne oder eines Unfalls eine detaillierte Prozesskette inklusive möglicher Verzweigungen. Überlegen Sie auch, durch welche Technologien der Ablauf noch weiter verbessert werden könnte.

Fallstudie 7-2: Aufbauorganisation

Die derzeitige funktionale Organisation der Speedy GmbH (Hinweis: Die bestehende Aufbauorganisation wird in der Fallstudie des Kapitels 1 beschrieben) führt zu Bereichsegoismen. So besteht beispielsweise der Eindruck, dass der Bereich Forschung und Entwicklung weder auf die Kosten der eingesetzten Materialien noch auf die praktische Umsetzbarkeit seiner Entwicklungen achtet. Die Beschaffung lässt hingegen Qualitätsaspekte zugunsten von Kostenaspekten außer Acht. Besonders kritisch wirken sich die Bereichsegoismen auch auf die Entwicklung des neuen Speedster Off-Road aus, die bislang sehr langsam und unkoordiniert vorangeht. Der teilweise stagnierende Absatz von Fahrzeugen in wichtigen ausländischen Absatzregionen deutet zudem darauf hin, dass die Speedy GmbH nicht marktorientiert genug organisiert ist. Die Geschäftsführung der Speedy GmbH bittet Sie deshalb, eine alternative Aufbauorganisation für die Speedy GmbH zu entwickeln.

Präsentieren Sie nachfolgend Ihre Ergebnisse. Untermauern Sie Ihre Überlegungen dabei zusätzlich mit Recherchen.

8 Personalmanagement

Kapitelnavigator

Inhalt	Lernziel
8.1 Grundlagen	8-1 Die Grundlagen des Personalmanagements kennen.
8.2 Personalbeschaffung	8-2 Die Elemente und Vorgehensweisen bei der Personalbeschaffung kennen.
8.3 Personaleinsatz	8-3 Die Elemente und Vorgehensweisen beim Personaleinsatz kennen.
8.4 Personalbeurteilung	8-4 Die Elemente und Vorgehensweisen bei der Personalbeurteilung kennen.
8.5 Personalentwicklung	8-5 Die Elemente und Vorgehensweisen bei der Personalentwicklung kennen.
8.6 Personalfreisetzung	8-6 Die Elemente und Vorgehensweisen bei der Personalfreisetzung kennen.
8.7 Kennzahlen	8-7 Die wichtigsten Personal-Kennzahlen kennen.

Der »Inputfaktor Personal« gilt in der betrieblichen Praxis heute als entscheidender Faktor in einem sich weiter verschärfenden globalen Wettbewerb. Während die technischen Einsatzgüter hinsichtlich ihrer Leistungsfähigkeit kaum mehr Differenzierungsmöglichkeiten bieten, wird in gut ausgebildeten, hoch motivierten und innovativen Mitarbeitern zu Recht ein Potenzial gesehen, das den Erfolg oder den Misserfolg eines Unternehmens entscheidend beeinflusst.

Basierend auf den Vorbemerkungen verwenden wir in diesem Kapitel folgende Definition des Personalmanagements:

Gegenstand des **Personalmanagements** ist die Planung, die Beschaffung und die Gestaltung des Einsatzes der Mitarbeiter eines Unternehmens.

Synonym zum Begriff des Personalmanagements werden dabei die Begriffe **Personalwirtschaft** oder **Human-Resource-Management** verwendet. Institutionell ist das Personalmanagement nicht nur in den Personalabteilungen der Unternehmen verankert, sondern wird von allen Führungskräften wahrgenommen, die Personalverantwortung tragen.

8.1 Grundlagen

8.1.1 Entwicklung des Personalmanagements

Wandel der Aufgaben des Personalmanagements

Das Personalmanagement hat in den letzten Jahrzehnten einen erheblichen Bedeutungswandel erlebt (vergleiche *Krieg, H.-J./Ehrlich, H.* 1998: Seite 4 ff., 43 ff., *Scholz, C.* 1994: Seite 22 ff.):

Phase der Bürokratisierung
Noch in den 1950er-Jahren stand die reine **Personalverwaltung** im Vordergrund der Personalarbeit (Personalmanagement als Ordnungsfunktion). Hierzu gehörten vor allem die Lohn- und Gehaltsabrechnung, die Personalstatistik und die Personaleinsatzplanung.

Phase der Professionalisierung
In den 1960er-Jahren rückte die Personalplanung für die betrieblichen Teilbereiche mittels Kontrollberichten, Schaubildern und anderen Organisationshilfen in den Vordergrund. Ihren Höhepunkt fand diese Entwicklung Anfang der 1970er-Jahre, als Stellenbeschreibungen und formalisierte Zielvereinbarungen zu den Standardinstrumenten vieler Personalbereiche gehörten. Allerdings gewann in dieser Zeit auch die **Personalentwicklung** an Bedeutung.

Phase der Humanisierung und Ökonomisierung
Teilweise angeregt durch Vorbilder in den Vereinigten Staaten und in Japan wurde in den 1980er-Jahren im Personalmanagement zunehmend ein **strategischer Wettbewerbsfaktor** gesehen. Um den damit verbundenen Anforderungen gerecht zu werden, entwickelten viele Unternehmen eine Personalstrategie, die der zukunftsgerichteten Orientierung der Personalarbeit dienen sollte. Vor dem Hintergrund einer weltweit verschärften Wettbewerbssituation wurde das Personalmanagement allerdings auch unter Kostengesichtspunkten zunehmend »in die Pflicht genommen«, das heißt, insbesondere die Personalplanung musste sich intensiv Gedanken über die Möglichkeiten zur Senkung der Personalkosten und zum effizienten Einsatz der vorhandenen Personalressourcen machen.

Phase der Dezentralisierung
Vor allem in den 1990er-Jahren hat sich gezeigt, dass sich die Wahrnehmung der Aufgaben des Personalmanagements nicht auf die »Organisationseinheit Personal«, also die Personalabteilung oder den Personalbereich, beschränken kann, sondern eine Aufgabe aller betrieblichen Funktionsbereiche ist. Diese **Personalinterfunktionalität** (vergleiche *Scholz, C.* 1994: Seite 23) bedeutet, dass jeder Vorgesetzte die Rolle eines Personalmanagers wahrzunehmen hat, das heißt in seinem Verantwortungsbereich für die Umsetzung der Aufgaben des Personalmanagements verantwortlich ist. Der zentralen Personalabteilung kommt damit zusätzlich zu ihren anderen Aufgaben die Funktion der Integration aller dezentralen Aktivitäten des Personalmanagements zu.

8.1.2 Ziele des Personalmanagements

Die Ziele des Personalmanagements leiten sich aus den konkreten sachlichen und ökonomischen Leistungszielen eines Unternehmens ab:

Sachziel
Das Personalmanagement verfolgt das Ziel, eine ausreichende Anzahl von Arbeitskräften mit einer angemessenen Qualifikation zur richtigen Zeit am richtigen Ort zur Verfügung zu stellen.

Formalziel
Wie der Begriff des Personalmanagements ausdrückt, geht es um die Personalarbeit unter Berücksichtigung ökonomischer Gesichtspunkte. Dabei wird angestrebt, dass die mit dem Personaleinsatz verbundenen Kosten (Personal- und Personalnebenkosten) niedriger sind als die in Geldgrößen bewertete Arbeitsleistung. Problematisch ist dabei allerdings, dass in der betrieblichen Praxis die Arbeitsleistung, insbesondere in den Verwaltungsbereichen, oft nur schwer monetär bewertet werden kann.

Sozialziel
Das Sozialziel bezieht sich auf die Erfüllung von Bedürfnissen und Interessen der Mitarbeiter. Es wird deshalb auch als »Mitarbeiterziel« bezeichnet. Als Teilziele sind beispielsweise die Arbeitsplatzsicherheit (im Sinne eines Schutzes vor Kündigung), die Sicherheit am Arbeitsplatz oder eine gerechte Entlohnung der erbrachten Arbeitsleistung zu nennen. Dabei hat sich gezeigt, dass der Grad der Verwirklichung des Sozialziels einen starken Einfluss auf die Erreichung der ökonomischen Ziele hat.

Praxis und Wissenschaft erleben immer wieder, dass der Einsatz geeigneter Methoden und Verfahren allein nicht ausreicht, um Unternehmen erfolgreich zu machen. Vielmehr hängt der Unternehmenserfolg zu einem großen Teil von dem Leistungswillen und der Leistungsfähigkeit der Mitarbeiter ab. Von daher gilt es, das im Unternehmen vorhandene Wissens-, Erfahrungs- und Fähigkeitspotenzial zielorientiert freizusetzen und durch geeignete Maßnahmen ständig zu erweitern (zum Beispiel Weiterbildung, Personalentwicklung, Entgeltsystem, Arbeitsplatzgestaltung, Schaffen von Kreativitäts- und Entscheidungsfreiräumen). Damit wird auch dem zunehmenden Wunsch der Mitarbeiter nach Selbstverwirklichung am Arbeitsplatz Rechnung getragen.

Fallbeispiel 8-1 **Personalziele bei einem Automobilhersteller**

▸▸▸ Die *Speedy GmbH* plant ihren Personalbedarf auf der Grundlage der geplanten Ausbringungsmenge an Fahrzeugen. Angesichts der festgelegten Planmengen an Personenkraftwagen für die Folgeperiode errechnet die Personalabteilung beispielsweise gemeinsam mit dem Produktionsbereich den Bedarf an direkten (in der Produktion beschäftigten) und indirekten (in den produktionsnahen Verwaltungsbereichen wie der Arbeitsvorbereitung oder der Qualitätssicherung beschäftigten) Arbeitskräften. Dabei spielen sowohl konkrete Bedarfswerte der betreffenden Fachbereiche als auch Erfahrungswerte eine Rolle. Aufgrund des Wettbewerbsdrucks wurde dabei seitens der Personalabteilung in der Vergangenheit immer wieder versucht, den Bedarf an Arbeitskräften zu reduzieren, um so die Personalkosten zu senken, die bei der *Speedy GmbH* einen wesentlichen Kostenfaktor darstellen. Dies führte unter anderem zu erheblichen Rationalisierungen im Produktionsbereich durch den Einsatz vollautomatisierter Produktionseinrichtungen oder durch die Fremdvergabe von Produktionsaufträgen (»Outsourcing«) und lief in der Regel nicht konfliktfrei ab, weil die Arbeitnehmer das Sozialziel der Sicherheit ihrer Arbeitsplätze gefährdet sahen. Das Fallbeispiel zeigt, dass es sich bei dem Sachziel, dem Formalziel und dem Sozialziel des Personalmanagements häufig um konfliktäre Zielsetzungen handelt. ◂◂◂

8.1.3 Restriktionen des Personalmanagements

Bevor wir nachfolgend auf die Handlungsfelder des Personalmanagements eingehen werden, müssen die rechtlichen Rahmenbedingungen personeller Entscheidungen und Maßnahmen aufgezeigt werden. Die rechtlichen Rahmenbedingungen können in das kollektive und das individuelle Arbeitsrecht unterteilt werden.

8.1.3.1 Kollektives Arbeitsrecht

Das kollektive Arbeitsrecht regelt die rechtlichen Rahmenbedingungen für Kollektive also Gruppen von Arbeitnehmern. Ihm liegt der Grundgedanke des Schutzes des wirtschaftlich schwächeren Arbeitnehmers gegenüber dem Arbeitgeber zugrunde.

Regelungen auf staatlicher Ebene

Das Arbeitsrecht auf staatlicher Ebene gibt die für alle Arbeitgeber und alle Arbeitnehmer innerhalb eines Staates geltenden Rechte und Pflichten vor. Es kann unter anderem folgende Sachverhalte regeln:

- Arbeitszeiten,
- Urlaubsansprüche,
- Teilzeitarbeit,
- Altersversorgung,
- Entgeltfortzahlung im Krankheitsfall,
- Arbeitssicherheit,
- Arbeitsstätten,
- Kündigungsschutz,
- Arbeitnehmerbeteiligung an arbeitsrechtlichen und personellen Entscheidungen,
- Arbeitnehmermitbestimmung in Leitungs- und Aufsichtsorganen sowie
- Arbeitskämpfe.

Wirtschaftspraxis 8-1

Zeitgemäßes Arbeitszeitgesetz

Arbeitsrechtliche Regelungen sind immer wieder Gegenstand politischer Auseinandersetzungen. So war beispielsweise die Frage, ob das Arbeitszeitgesetz und die darin festgeschriebene Ruhezeit von 11 Stunden zwischen zwei Arbeitszeiten angesichts der Digitalisierung und des heutigen Bedarfs an Flexibilität noch zeitgemäß sei, ein Thema auf dem CDU-Parteitag 2019.

Quelle: https://www.handelsblatt.com/politik/deutschland/arbeitsmarkt-auf-dem-cdu-parteitag-droht-zoff-ueber-das-arbeitszeitgesetz/25250592.html, aufgerufen am 30.11.2020.

Regelungen für bestimmte Gruppen

Innerhalb der Regelungen auf staatlicher Ebene können für bestimmte Gruppen ergänzende Regelungen gelten, so insbesondere:

- hinsichtlich der Arbeitsbedingungen innerhalb bestimmter Branchen, wie dies beispielsweise in Tarifverträgen erfolgt, oder
- hinsichtlich des Schutzes spezieller Gruppen, wie Behinderten, Jugendlichen oder Schwangeren.

Regelungen auf betrieblicher Ebene

Innerhalb der vorgenannten Regelwerke können auf der betrieblichen Ebene zwischen einzelnen Arbeitgebern und deren Arbeitnehmern Regelungen getroffen werden, so beispielsweise über:

Aufgaben des Personalmanagements

- die Verteilung und die Lage der Arbeitszeiten im Unternehmen,
- die Entlohnungsgrundsätze im Unternehmen oder
- die Akkord- und Prämiensätze im Unternehmen.

8.1.3.2 Individuelles Arbeitsrecht

Das individuelle Arbeitsrecht regelt die wechselseitigen Rechte und Pflichten, die sich aus einem Arbeitsvertrag zwischen einem einzelnen Arbeitnehmer und seinem Arbeitgeber ergeben. Durch den Arbeitsvertrag wird insbesondere festgelegt:

- der Beginn und gegebenenfalls das Ende des Arbeitsverhältnisses,
- der Arbeitsort,
- die zu erfüllenden Aufgaben,
- die Zusammensetzung der Vergütung und deren Fälligkeit,
- die Arbeitszeiten,
- die jährlichen Urlaubsansprüche,
- die Kündigungsfristen,
- die für das Arbeitsverhältnis geltenden kollektiven Rechtsnormen.

Abb. 8-1

Zentrale Aufgabenbereiche des Personalmanagements

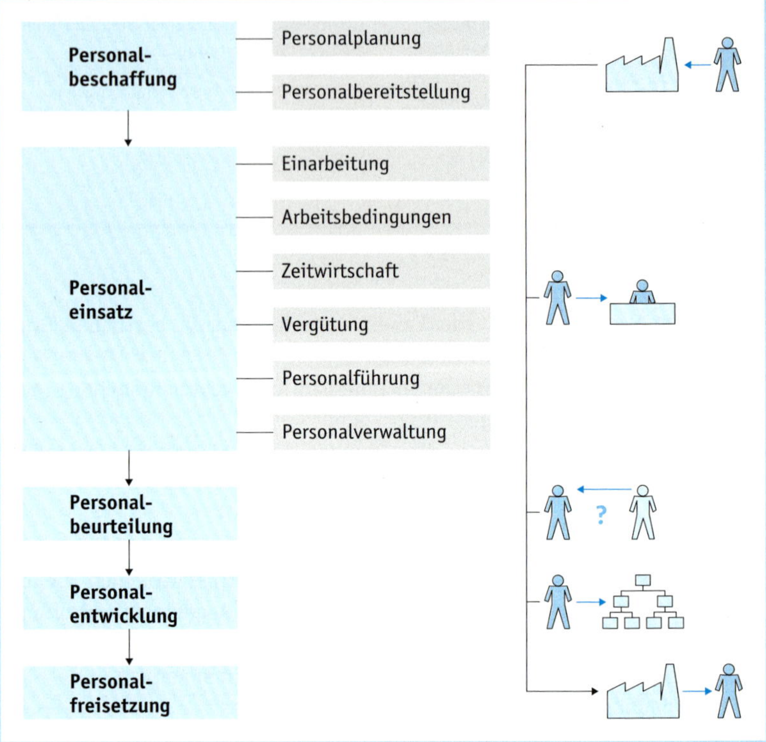

8.1.4 Aufgaben und Vorgehensweise

Welche Funktionen hat das Personalmanagement heute in einem Unternehmen zu erfüllen? Als zentrale Aufgabenbereiche des Personalmanagements können die Personalbeschaffung, der Personaleinsatz, die Personalbeurteilung, die Personalentwicklung und die Personalfreisetzung gelten. Sie bilden einen Prozess, der sich in Abhängigkeit von der jeweiligen Unternehmenssituation laufend wiederholt (↗ Abbildung 8-1):

Personalbeschaffung
Die Personalbeschaffung ist die Voraussetzung für eine erfolgreiche Personalarbeit. Sie umfasst im Rahmen der Personalplanung die quantitative und die qualitative Personalbedarfsermittlung für den kurz-, mittel- und langfristigen Zeitraum. Im Rahmen der Personalbereitstellung ist der ermittelte Personalbedarf durch entsprechende Maßnahmen der Personalsuche und der Personalauswahl termingerecht zu decken. Dadurch sollen Probleme vermieden werden, die sich aus einer Unter- oder

Überdeckung des Personalbedarfs, einer Unter- oder Überforderung einzelner Mitarbeiter an den zugewiesenen Arbeitsplätzen, überhöhten Fehlzeiten oder Fehlleistungen ergeben.

Personaleinsatz
Der Personaleinsatz umfasst die Einarbeitung neuer Mitarbeiter, die Gestaltung von Arbeitsbedingungen, Arbeitszeit und Vergütung, die Personalführung sowie die Personalverwaltung.

Personalbeurteilung
Die Personalbeurteilung erfolgt im Hinblick auf die Festlegung von personalpolitischen Maßnahmen.

Personalentwicklung
Die anschließende Personalentwicklung strebt eine Weiterentwicklung der Mitarbeiter im Hinblick auf eine bessere Erreichung der Unternehmensziele an.

Personalfreisetzung
Die Personalfreisetzung beschäftigt sich schließlich mit der Trennung des Unternehmens von seinen Mitarbeitern.

8.2 Personalbeschaffung

8.2.1 Personalplanung

Die Personalplanung ist ein systematischer Prozess, in dessen Verlauf die für die Zielerreichung wesentlichen personellen Größen vorausschauend festgelegt werden.

Personalplan

Das Ergebnis der Personalplanung ist der Personalplan, der quantitative und qualitative Soll-Werte (Plan-Werte) enthält. Er ist neben anderen Funktionsbereichsplänen, wie beispielsweise dem Absatz-, dem Produktions-, dem Beschaffungs- und dem Finanzplan, ein integraler Bestandteil jeder Unternehmensplanung (↗ Abbildung 8-2). Hinsichtlich des Planungszeitraums werden in der Wirtschaftspraxis operative Personalpläne mit einem Planungshorizont von einem Jahr und strategische Personalpläne mit einem Planungshorizont von etwa drei bis acht Jahren unterschieden.

Menschliche Arbeit lässt sich nicht lagern, kostenneutral »auf Vorrat« beschaffen oder mathematisch exakt in ihrem Leistungsvolumen kalkulieren, was insbesondere für dispositive Tätigkeiten und den Verwaltungsbereich gilt. Somit ist es eine schwierige und anspruchsvolle Aufgabe, den Personalbedarf langfristig zu planen und durch geeignete Maßnahmen zu decken.

Grundfragen der Personalplanung

Die folgenden Fragen können als Grundfragen der Personalplanung gelten, die durch den Einsatz von entsprechenden Planungsmethoden zu beantworten sind:

Abb. 8-2

Integration der Personalplanung in die Unternehmensplanung

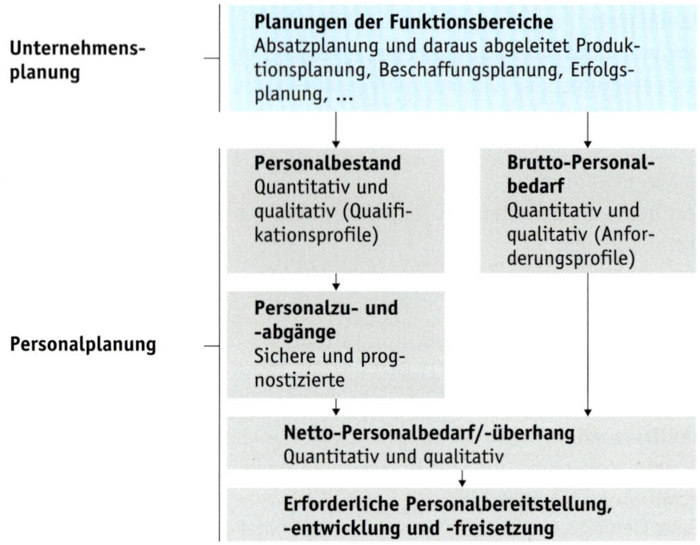

Vergleiche *Berthel, J.* 1995: Seite 119

- Wie viele Mitarbeiter werden in den einzelnen Organisationseinheiten (Abteilungen, Bereiche, Direktionen) in der Planperiode benötigt (quantitativer [Brutto-] Personalbedarf)?
- Welchen qualitativen Anforderungen müssen die Mitarbeiter in der Planperiode genügen (qualitativer Personalbedarf)?
- Werden innerhalb der Planperiode quantitative und/oder qualitative Veränderungen des Personalbedarfs erwartet?

Fallbeispiel 8-2 **Personalplanung bei einem Automobilhersteller**

▸▸▸ Wenn die *Speedy GmbH* ihren Gesamtplan für das neue Geschäftsjahr aufstellt, benötigt der Personalchef die Teilbereichspläne und den sich aus ihnen ergebenden Personalbedarf der anderen Funktionsbereiche. In der Regel finden dann mehrere Geschäftsführungssitzungen statt, um die Bereichspläne aufeinander abzustimmen. Beispielsweise übersteigen die Personalanforderungen und die sich daraus ergebenden Personalkosten jedes Mal das vorgesehene Personalbudget. »Kürzungsrunden« und Rationalisierungsüberlegungen sind die Folge. Nach der Planverabschiedung ist es dann allerdings die Aufgabe des Personalbereichs, den festgeschriebenen Planbedarf sachzielgerecht zu decken. ◂◂◂

Tab. 8-1

Vorgehensweise zur Berechnung des Personalbedarfs/-überhangs

	Prognostizierter **Brutto-Personalbedarf** am Jahresende
–	**Personalbestand** am Jahresanfang
+	**Personalabgänge** während des Jahres (1. Sichere Abgänge z. B. Pensionierungen; 2. Aus Erfahrungswerten statistisch ermittelbare Abgangswerte durch Fluktuation, Invalidität, Tod; 3. Abgänge als Auswirkung getroffener Entscheidungen wie Beförderungen und Versetzungen)
–	Bereits feststehende **Personalzugänge** während des Jahres (z. B. durch bereits geschlossene Arbeitsverträge)
=	Bis zum Jahresende zu beschaffender **Netto-Personalbedarf** oder freizusetzender **Netto-Personalüberhang**

8.2.1.1 Ermittlung des quantitativen Personalbedarfs

Der **Netto-Personalbedarf** lässt sich vereinfachend wie in ↗ Tabelle 8-1 dargestellt errechnen (vergleiche *Berthel, J.* 1995: Seite 161, *Krieg, H.-J./Ehrlich, H.* 1998: Seite 53 ff.).

Die einfache Bedarfsrechnung birgt allerdings einige Unsicherheiten in sich, da beispielsweise die fluktuationsbedingten Abgänge von der im Planungszeitraum aktuellen Wirtschaftslage abhängen. Ebenso spielen das Betriebsklima und die sich darauf auswirkenden Zukunftsaussichten des Unternehmens eine Rolle. Zudem wird der quantitative (Brutto-)Personalbedarf in der Praxis häufig mittels statistischer Methoden (Trendfortschreibung), Prognosen (Prognose der Entwicklung der Arbeitsproduktivität) und oft auch auf der Basis von subjektiven Schätzungen der verantwortlichen Führungskräfte ermittelt. Alles dies sind Faktoren, die in der Regel dazu führen, dass die Planwerte im laufenden Jahr immer wieder korrigiert und entsprechende **Personalanpassungsmaßnahmen** durch die Beschaffung oder die Freisetzung von Personal vorgenommen werden müssen.

Zwischenübung Kapitel 8.2.1.1

Da die Fertigungstiefe der Speedy GmbH reduziert werden soll, wird sich das zu beschaffende Teilespektrum einer Gruppe in der Abteilung Beschaffung erheblich vergrößern. Der Gruppenleiter schätzt deshalb, dass im nächsten Jahr 7 statt der vorhandenen 5 Mitarbeiter benötigt werden. Einer der vorhandenen Mitarbeiter will im nächsten Jahr in den Vorruhestand wechseln, ein anderer Mitarbeiter soll eine Gruppenleiterposition in einer anderen Gruppe übernehmen. Der Gruppenleiter hat deshalb bereits einer Studentin, die eine Zeitlang in der Gruppe mitgearbeitet hat, für das Ende ihres Studiums im nächsten Jahr einen Arbeitsvertrag angeboten, den diese angenommen hat. Wie hoch ist der Netto-Personalbedarf der Gruppe im nächsten Jahr? (Hinweis: Zwischenergebnisse dienen der Selbstkontrolle)

Wirtschaftspraxis 8-2

Fehlzeiten müssen beim Brutto-Personalbedarf berücksichtigt werden

Eine nicht zu vernachlässigende Thematik bei der Planung des Brutto-Personalbedarfs sind Fehl- beziehungsweise Ausfallzeiten. Dabei handelt es sich um Zeiten, zu denen die Mitarbeiter während ihrer vereinbarten Arbeitszeit aus bestimmten Gründen nicht zur Verfügung stehen, wie beispielsweise aufgrund von Erholungs- und Bildungsurlaub, Fortbildungsveranstaltungen, Krankheit, Kuren oder »fehlender Motivation«. Werden allein die krankheitsbedingten Fehlzeiten betrachtet, müssen laut dem *Statistischen Bundesamt* pro Arbeitnehmer in Deutschland 10,9 Tage bei der Personalbedarfsplanung miteinberechnet werden (Stand 2019).

In Österreich waren im Jahr 2019 sogar 13,3 Krankheitstage pro Arbeitnehmer zu berücksichtigen.
In der Schweiz wurden im gleichen Jahr dagegen durchschnittlich nur insgesamt rund 9,4 Arbeitstage (84 Arbeitsstunden) als Fehlzeiten ausgewiesen, wovon 7,2 Tage auf Krankheiten zurückzuführen waren.

Quelle: www.destatis.de (Stand 14.10.2020), *Statistik Austria:* www.statistik.at (Stand 14.10.2020), *Statistik Schweiz:* www.statistik.ch (Stand 14.10.2020).

	Brutto-Personalbedarf am Jahresende	
–	**Personalbestand** am Jahresanfang	
+	**Personalabgänge** während des Jahres	
–	Bereits feststehende **Personalzugänge** während des Jahres	
=	Bis zum Jahresende zu beschaffender **Netto-Personalbedarf**	**3 Mitarbeiter**

8.2.1.2 Ermittlung des qualitativen Personalbedarfs

Stellenbeschreibung

Der qualitative Personalbedarf erfasst die fachlichen und die persönlichen Anforderungen (= Soll-Vorstellungen) an die Mitarbeiter, auf die nachfolgend bei der Personalbeurteilung eingegangen wird. Anhand von Arbeitsplatzanalysen (zum Beispiel durch Beobachtung, Interview oder Arbeitstagebuch), mit denen alle vorhandenen oder geplanten Arbeitsplätze und -vorgänge untersucht und beschrieben werden, lassen sich die Anforderungen an den jeweiligen Stelleninhaber ableiten. Diese Anforderungen sind in Abhängigkeit von dem zu bewältigenden Schwierigkeitsgrad der Arbeitsaufgabe zu bewerten und finden ihren Niederschlag in den in der Regel personenunabhängig abgefassten Arbeitsplatz- oder Stellenbeschreibungen (↗ Tabelle 8-2).

Qualifikationspotenzial

Um den qualitativen Nettopersonalbedarf ermitteln zu können, ist das gegenwärtig verfügbare dem zukünftig erforderlichen Qualifikationspotenzial der Mitarbeiter gegenüberzustellen. Hierzu sind klare Vorstellungen darüber zu entwickeln, welche Qualifikationen derzeit im Unternehmen vorhanden sind und welche Anforderungen an die Mitarbeiter zukünftig gestellt werden. Die Analyse des Qualifikationspotenzials erfordert dessen systematische Erfassung und Beurteilung, beispielsweise anhand von Leistungsbewertungen (zum Beispiel im Rahmen der jährlichen Leistungsbeurteilung) und Potenzialeinschätzungen (zum Beispiel im Rahmen von Führungskräfte-Assessment-Centern). Die Darstellung der zukünftigen Anforderungen setzt möglichst treffsichere Prognosen über die Arbeitssituation des Planjahres voraus, die insbesondere bei schwer planbaren, innovativen Aufgaben regelmäßig Probleme

Tab. 8-2

Beispiel einer Stellenbeschreibung der *BHW Bausparkasse AG*

Stellenbeschreibung	**Leiter des Referats Büroorganisation**
Unternehmensbereich	Zentraldienste (UBZ)
Organisationseinheit	Hauptabteilung Organisation und Verwaltung (ORG-VW)
Referat	Büroorganisation (BUE 5)
Stellenbeschreibung	Leiter des Referates
Der Stelleninhaber ist unterstellt	dem Leiter der Hauptabteilung
Der Stelleninhaber ist überstellt	dem Beauftragten für das Betriebliche Vorschlagswesen (in BVW-Angelegenheiten)
Der Stelleninhaber wird vertreten	von dem Beauftragten für das betriebliche Vorschlagswesen
Vollmachten	Korrespondenzvollmacht 2 nach der für die BHW Bausparkasse gültigen Vollmachtenregelung
Ziele der Stelle	Unterstützen des Leiters der Hauptabteilung bei der Erfüllung seiner Aufgaben, insbesondere durch Erarbeitung von Gutachten, Beratung in methodischen Fragen, Ausarbeitung von Vorschlägen und Alternativkonzepten in organisatorischen Aufgabenstellungen; Fördern und Nutzen des Ideenpotentials der Mitarbeiter in allen betrieblichen Belangen im Rahmen des Betrieblichen Vorschlagswesens; Sicherstellen der Durchführung und Weiterentwicklung des Betrieblichen Vorschlagswesens
Aufgaben	▸ Führen und Leiten des Referats nach den Unternehmensgrundsätzen (Grundsätze für Führung und Zusammenarbeit, Organisationsgrundsätze und Planungsgrundsätze) gemäß dem Anforderungsprofil ▸ Erarbeiten von Vorschlägen zur Weiterentwicklung und Verbesserung des Betrieblichen Vorschlagswesens (BVW) ▸ Leiten der Sitzungen des Bewertungsausschusses für das BVW ▸ Erarbeiten von Vorschlägen zur Weiterentwicklung und Verbesserung der Investitions- und Budgetkontrolle in der BHW-Gruppe ▸ Beraten und Koordinieren in Fragen der Aus- und Weiterbildung von Auszubildenden, Jungkaufleuten und Praktikanten im Unternehmensbereich (UB) Zentraldienste ▸ Entwickeln von Grundsätzen zur Arbeitsgestaltung unter Berücksichtigung aktueller Erkenntnisse aus der Arbeitswissenschaft, Arbeitspsychologie und Ergonomie ▸ Auf- und Ausbauen eines organisatorisch ausgerichteten Kennzahlensystems (sowohl hausintern als auch im Vergleich zu Wettbewerbern) ▸ Vertreten des UB Zentraldienste im Ausschuss für Arbeitsschutz und Betriebssicherheit, Führen des Sitzungsprotokolls sowie Weitergeben der aus diesem Ausschuss resultierenden organisatorischen Aufträge an die zuständigen Stellen ▸ Ausarbeiten von Vorschlägen zur Organisation des Datenschutzes, zusammen mit dem Datenschutzbeauftragten der BHW-Gruppe ▸ Erstellen von Gutachten, Stellungnahmen und alternativen Lösungskonzepten für Organisationsvorhaben auf Veranlassung des Hauptabteilungsleiters und in Abstimmung mit dem Leiter der Abteilung Betriebsorganisation und dem Leiter des Referats Organisationstechnik ▸ Beraten der Hauptabteilungsleiter in Fragen der die Organisation betreffenden grundsätzlichen Personalentwicklungsmaßnahmen ▸ Erstellen der Maßnahmen-, Personalbedarfs- und Budgetplanung für das Referat einschließlich Überwachen der Kosten ▸ Wahrnehmen von Aufgaben für die BHW-Gruppe sowie für die von der BHW Bausparkasse betreuten Mandanten in Abstimmung mit dem Vorgesetzten ▸ Erledigen von Einzelaufträgen und Sonderaufgaben, die dem Wesen nach zum Aufgabenbereich gehören

Abb. 8-3

Beispiel für ein Anforderungs- und Fähigkeitsprofil

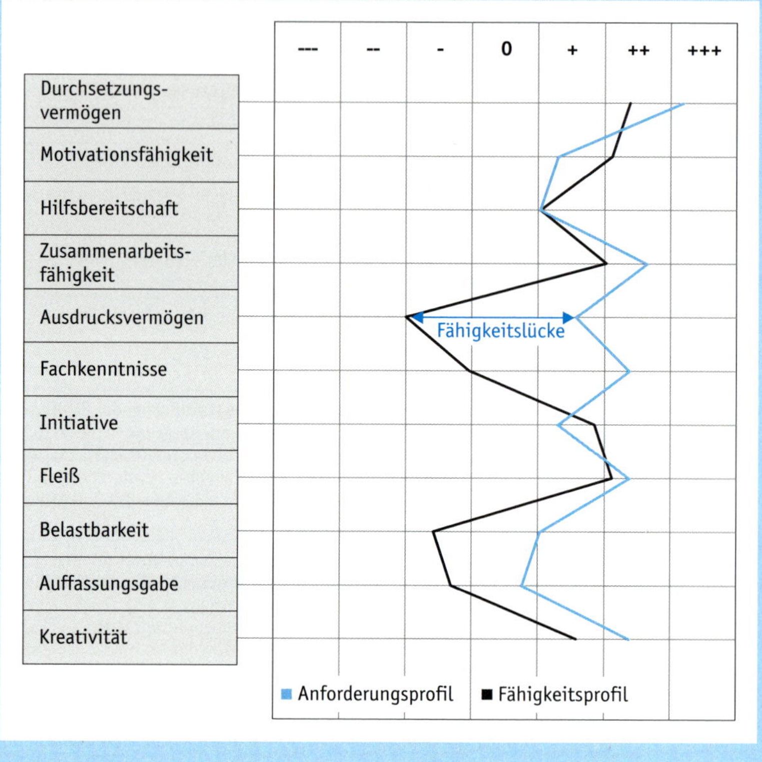

bereiten (zum Beispiel bei der auftragsorientierten Einzelfertigung eines relativ breiten Produktspektrums).

Anforderungs- und Fähigkeitsprofil

Der Soll- und der Ist-Zustand des Qualifikationspotenzials lassen sich mittels Anforderungsprofil (Soll-Profilen) und Fähigkeitsprofilen (Ist-Profilen) grafisch veranschaulichen. Auf diese Weise lassen sich auch sogenannte **Fähigkeitslücken** visualisieren (↗ Abbildung 8-3; der Doppelpfeil bei dem Kriterium »Ausdrucksvermögen« zeigt beispielhaft eine solche Fähigkeitslücke).

8.2.1.3 Personalanpassungsmaßnahmen

Personalbedarfsschwankungen

Oft ändern sich die zum Planungszeitpunkt gültigen Prämissen in der Umsetzungsphase. Dies ist in der betrieblichen Praxis häufiger der Fall, beispielsweise durch unerwartet im Markt auftretende Wettbewerber (geringere Absatzzahlen als geplant und damit reduzierter Personalbedarf) oder durch Zusatzaufträge (höhere Stückzahlen und damit erhöhter Personalbedarf).

Derartige ungeplante Personalbedarfe oder -überhänge können beispielsweise über zeitlich befristete Arbeitsverträge, flexible Arbeitszeitregelungen oder über entsprechende Personalzu- und -abgänge ausgeglichen werden. Allerdings sind umfangreichere, nicht vorhersehbare Schwankungen problematisch, da den Unternehmen durch die arbeitsrechtlichen Vorschriften häufig enge Grenzen bei der Disposition von Arbeitskräften gesetzt sind.

8.2.2 Personalbereitstellung

Nachdem der Netto-Personalbedarf ermittelt worden ist, soll die erforderliche Arbeitsleistung zum richtigen Zeitpunkt, am richtigen Ort und in der richtigen Qualität bereitstehen. Hierzu muss das Unternehmen die potenziellen Arbeitskräfte zunächst identifizieren (Personalsuche), danach in einem Auswahl- und Verhandlungsprozess die am besten qualifizierten Personen gewinnen (Personalauswahl) und sie schließlich in den betrieblichen Leistungsprozess integrieren (Personaleinsatz).

8.2.2.1 Personalsuche

Im Rahmen der Personalsuche kann das Unternehmen die Arbeitskräfte zum einen auf dem externen oder auf dem internen Arbeitsmarkt suchen:

Alternativen der Personalsuche

Externe Personalsuche
Die Problematik der externen Personalsuche liegt vor allem in der mangelnden Transparenz des Arbeitsmarktes, der teilweise geringen Mobilität der Arbeitskräfte und der Tatsache, dass konjunktur- und branchenabhängig in bestimmten Berufszweigen mitunter Engpässe auftreten, wie beispielsweise bei Datenverarbeitungsfachleuten oder bei Ingenieuren.

Interne Personalsuche
Eine zweite Möglichkeit besteht in der unternehmensinternen Personalrekrutierung, das heißt über die Umbesetzung von Stellen (zum Beispiel mithilfe innerbetrieblicher Stellenausschreibungen), die Vereinbarung von Mehrarbeit (in Form von Überstunden und Sonderschichten) und die Veränderung von Aufgabeninhalten.

Im Folgenden wird vor allem auf die externe Personalbeschaffung eingegangen, die in die unbefristete Neueinstellung eines Mitarbeiters oder immer häufiger auch in den Abschluss eines Zeitarbeitsvertrages mündet, zum Beispiel im Rahmen des Personalleasings. Die Voraussetzung hierfür ist der Einsatz von geeigneten Methoden und Verfahren der **Personalwerbung** (Personalmarketing), die auf das Unternehmen als Arbeitgeber aufmerksam machen, seine Vorzüge und Potenziale aufzeigen und auf diese Weise geeignete potenzielle Arbeitnehmer dazu bewegen sollen, mit dem Unternehmen in Kontakt zu treten und gegebenenfalls Eintrittsverhandlungen aufzunehmen. Im Folgenden werden verschiedene Wege der Personalsuche aufgezeigt (vergleiche *Berthel, J.* 1995: Seite 169 ff., *Drumm, H. J.* 1995: Seite 271 ff.):

Instrumente der Personalsuche

Massenmedien

Ein wichtiges Instrument der Personalsuche ist der Einsatz von Massenmedien, wie beispielsweise **Anzeigen** in Tageszeitungen und Fachzeitschriften, **Rundfunkspots** oder **Internet-Stellenanzeigen**. Sie sprechen zumeist bestimmte Zielgruppen an, die zu einer Bewerbung aufgefordert werden sollen oder enthalten allgemeine positive Botschaften über das Unternehmen.

Direktkontakte

Wirkungsvoller sind dagegen die Formen der Personalsuche, bei denen der direkte Kontakt zu den potenziellen Arbeitnehmern hergestellt wird. Hierzu gehören beispielsweise die Durchführung von **Veranstaltungen** an den Ausbildungsstätten (Bewerbertage an Schulen und Hochschulen), die **Präsenz auf Fachmessen** (zum Beispiel Stände auf Absolventenkongressen) oder die Ausschreibung und die Durchführung von **Praktika** und **Diplomarbeiten** in den Unternehmen.

Arbeitsagenturen

Auch die lokalen oder überregionalen Vermittlungsdienste der Arbeitsagenturen unterstützen die Unternehmen bei der Personalsuche. Der Erfolg hängt jedoch stark von der Arbeitsmarktsituation und der gewünschten Qualifikation des zukünftigen Mitarbeiters ab.

Personalberater

Insbesondere bei der Suche nach Führungskräften des mittleren und oberen Managements und nach bestimmten Spezialisten werden zunehmend Personalberater eingeschaltet, die in dem Bereich des **Direct Search** (sogenanntes »Headhunting«), also der gezielten und unmittelbaren Ansprache von Führungskräften, über ein spezifisches Know-how zur Identifikation und Gewinnung von Interessenten verfügen.

Unternehmenspublikationen

Allgemeine Unternehmenspublikationen (Imagebroschüren, Geschäftsberichte, Recruitingbroschüren) enthalten Informationen über die Größe, das Produktprogramm, die Philosophie und die Geschäftsentwicklung des Unternehmens. Teilweise wird auch auf die Sozialleistungen, die Ausbildungsmethoden und die verfügbaren Traineeprogramme für Hochschulabsolventen eingegangen. Sie dienen damit weniger der Personalsuche als vielmehr dem Personalmarketing.

Mitarbeiter des Unternehmens

Letztendlich sind vor allem die Mitarbeiter eines Unternehmens selbst ein wesentlicher Imagefaktor für die Personalsuche beziehungsweise für das Personalmarketing, da deren Glaubwürdigkeit von außenstehenden Personen in der Regel als sehr hoch eingeschätzt wird. Unternehmen müssen sich jedoch bewusst sein, dass diese Einschätzung sowohl für positive als auch für negative Äußerungen gleichermaßen gilt.

Abb. 8-4

Ablauf der Personalauswahl

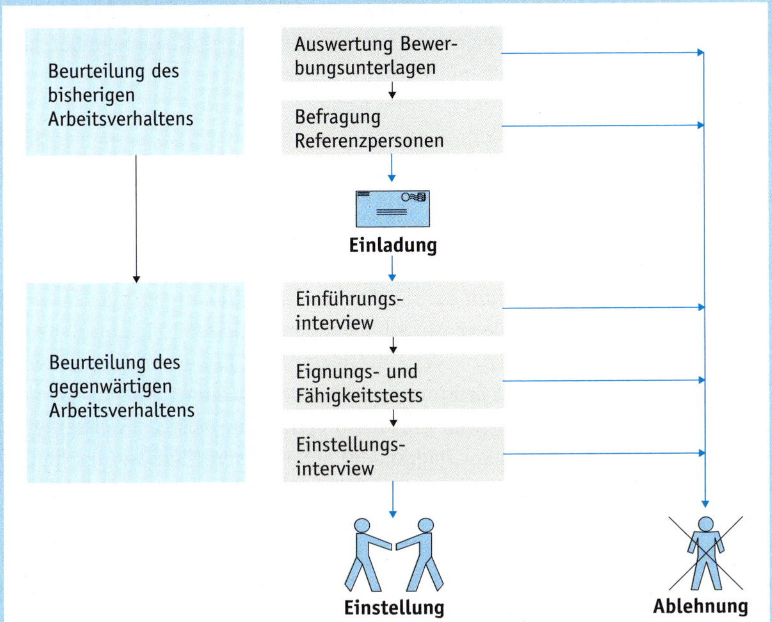

Vergleiche *Thommen, J.-P./Achleitner A.-K.* 2003: Seite 675

8.2.2.2 Personalauswahl

Sind genügend Interessenten vorhanden, die durch die Maßnahmen des Personalmarketings zu einer Bewerbung veranlasst wurden oder die sich aus eigener Initiative beworben haben, so muss von dem Unternehmen eine Personalauswahl getroffen werden. Das dabei eingesetzte Auswahlverfahren soll sicherstellen, dass derjenige Bewerber eingestellt wird, der dem Anforderungsprofil der zu besetzenden Stelle am besten entspricht. Bei der Personalauswahl können neben den fachlichen, psychischen und physischen Kriterien auch solche Merkmale geprüft werden, die sich auf das Arbeitsverhalten beziehen. Die gängigen **Personalauswahlverfahren** betrachten zwei Aspekte (↗ Abbildung 8-4):

Aspekte der Personalauswahl

Bisheriges Arbeitsverhalten

Aus dem bisherigen Arbeitsverhalten des Bewerbers lassen sich Rückschlüsse auf sein zukünftiges Arbeitsverhalten ziehen. In diesem Fall werden Methoden zur Bewertung der Bewerbungsunterlagen (vor allem von früheren Arbeitszeugnissen und anderen Leistungsnachweisen) als Auswahlverfahren eingesetzt und eventuell vom Bewerber benannte Referenzpersonen befragt.

Gegenwärtiges Arbeitsverhalten
Aus dem gegenwärtigen Verhalten des Bewerbers in arbeitsnahen Situationen lassen sich Rückschlüsse auf sein zukünftiges Arbeitsverhalten ziehen. Zu den hier eingesetzten Testverfahren gehören Einzelinterviews sowie psychologische Eignungs- und Fähigkeitstests, die in einer Beziehung zu dem künftigen Aufgabenbereich stehen und sowohl die fachliche und methodische als auch die soziale Kompetenz des Bewerbers prüfen. Hierbei kommen häufig **Assessment-Center** (AC) als umfassende Testverfahren zum Einsatz. Im Rahmen solcher Assessment-Center werden ergänzend zu den vorgenannten Auswahlverfahren häufig noch Gruppendiskussionen, Rollenspiele und Fallstudien durchgeführt.

Fallbeispiel 8-3 **Personalauswahl bei einem Automobilhersteller**
▸▸▸ Wie wird in der *Speedy GmbH* bei der Personalauswahl vorgegangen? Zunächst werden von der Personalabteilung die eingegangenen Bewerbungsunterlagen ausgewertet. Dabei werden die Form der Unterlagen, das Bewerbungsschreiben, der Lebenslauf und die vorgelegten Zeugnisse und Referenzen eingehend analysiert. Solche Bewerber, die den festgelegten Anforderungen (zum Beispiel Fachkenntnisse, Notendurchschnitt, Persönlichkeitsmerkmale) nicht entsprechen, werden bereits in dieser Auswahlstufe ausgeschieden. In der Regel sind dies zwischen 80 und 90 Prozent der eingegangenen Bewerbungen. Die verbliebenen Bewerber werden dann in einer zweiten Stufe zu einem Vorstellungsgespräch eingeladen, dem sich in einer dritten Stufe ein zweitägiges Assessment-Center mit 10–15 Bewerbern anschließt. Im Rahmen dieses AC werden verschiedene Einzel- und Gruppenübungen durchgeführt (zum Beispiel Postkorb-Übungen, Bearbeitung von Beispielen, Einzel- und Gruppenpräsentationen, Rollenspiele, schriftliche Ausarbeitungen). Die Personalabteilung und die am AC beteiligten Führungskräfte verschiedener Fachabteilungen beurteilen die Kandidaten anhand eines Kriterienkataloges. Dieses Vorgehen dient

Wirtschaftspraxis 8-3

Die Auswahl von High Potentials bei Unilever

Die Auswahl von Nachwuchskräften erfolgt bei dem internationalen Markenartikelhersteller *Unilever* in mehreren Stufen. Alle Bewerber, die an dem Nachwuchsprogramm »*UniTrain*« teilnehmen wollen, durchlaufen zuerst ein »unique.st« genanntes internetbasiertes Testverfahren. Mithilfe dieses Online-Assessments werden ausschließlich kognitive Fähigkeiten getestet, während »weiche« Faktoren, wie beispielsweise Teamfähigkeit und Kommunikationsgeschick, zunächst unberücksichtigt bleiben. Etwa die Hälfte aller Teilnehmer besteht den Test im Internet und kann dann an einem anschließenden Telefoninterview teilnehmen. Wenn sich dabei der positive Eindruck des Unternehmens bestätigt, werden die Bewerber schließlich zum Live-Assessment eingeladen auf dessen Basis *Unilever* seine zukünftigen High Potentials auswählt. Allerdings gibt es kein Standardprogramm für den Umgang mit Toptalenten. Vielmehr müssen Unternehmen ihren eigenen Weg finden, um glaubwürdig und attraktiv zu sein.

Quelle: *Böcker, M.*: Die Rückkehr des Online-Assessment, in: Handelsblatt, Nummer 156 vom 13.08.2004, Seite k01.

der Prüfung, ob und inwieweit die Bewerber im Hinblick auf ihre Eignung, Einstellung und sonstigen Persönlichkeitsmerkmale den Anforderungsprofilen der zu besetzenden Stellen entsprechen. Die erfolgreichen Kandidaten erhalten im Anschluss an das AC ein konkretes Vertragsangebot. In der Vergangenheit hat sich in der *Speedy GmbH* gezeigt, dass die Validität der AC-Ergebnisse im Vergleich zu anderen Auswahlverfahren relativ hoch ist (»Trefferquote« bis zu 75 Prozent). ◂◂◂

8.3 Personaleinsatz

Um die Mitarbeiter langfristig zu binden, müssen Rahmenbedingungen geschaffen werden, die einen Verbleib im Unternehmen attraktiv machen, denn Fluktuation ist ein erheblicher Kostenverursacher, wie bereits gezeigt wurde. So entstehen beispielsweise hohe Kosten für die Anwerbung und die Einarbeitung von neuen Mitarbeitern. Außerdem ist es selbstverständlich im Interesse des Unternehmens, dass die Mitarbeiter die ihnen gestellten Aufgaben optimal erfüllen und damit aktiv zur Erreichung der Unternehmensziele beitragen. Im Rahmen des Personaleinsatzes wird versucht, diesen Sachverhalten so gut wie möglich Rechnung zu tragen. Entsprechende Ansatzpunkte sind die folgenden Bestimmungsfaktoren der Arbeitsleistung (↗ Abbildung 8-5, zum Folgenden vergleiche *Jung, H.* 2004: Seite 923):

Bestimmungsfaktoren der Arbeitsleistung

Leistungsvermögen

Das Leistungsvermögen wird durch die Leistungsfähigkeit und die Leistungsdisposition bestimmt. Die **Leistungsfähigkeit** ergibt sich aus den angeborenen physischen

Abb. 8-5

Bestimmungsfaktoren der Arbeitsleistung

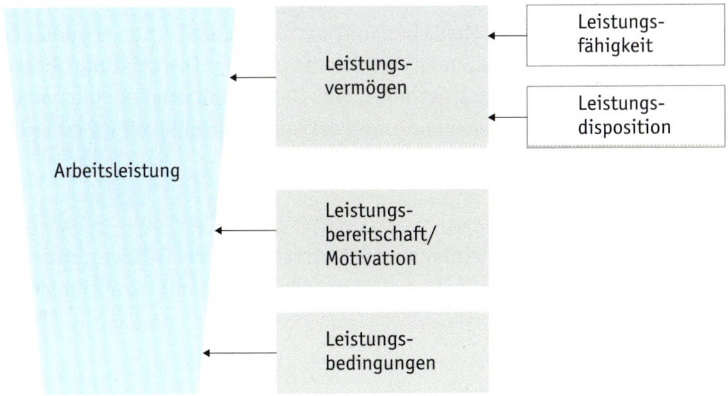

Vergleiche *Jung, H.* 2004: Seite 923

Wirtschaftspraxis 8-4

Normen für Einstellungstests

Es wird geschätzt, dass in **Deutschland** jedes Jahr etwa 40 Millionen Personalentscheidungen getroffen werden. Die meisten dieser Entscheidungen werden auf der Basis des nach wie vor beliebtesten Auswahlverfahrens getroffen, nämlich dem klassischen, frei geführten Vorstellungsgespräch. Dieses Verfahren gibt in der Regel jedoch nur eine begrenzt gültige Antwort auf die Frage nach den späteren Leistungen des Bewerbers.
Damit Personalentscheidungen unabhängig vom Entscheider und damit objektiv, hinsichtlich der mehrfachen Durchführung zuverlässig und hinsichtlich der Ergebnisse mit hoher Gültigkeit getroffen werden können, hat das *Deutsche Institut für Normung* auf Initiative des *Berufsverbandes deutscher Psychologinnen und Psychologen (BdP)* im Jahr 2002 die DIN 33430 »Anforderungen an Verfahren und deren Einsatz bei berufsbezogenen Eignungsbeurteilungen« veröffentlicht.
Diese DIN wurde im Jahr 2014 durch die E DIN 33430:2014-11 *»Anforderungen an berufsbezogene Eignungsdiagnostik«* ersetzt. Diese Norm soll unter anderem als Leitfaden für die Planung und die Durchführung von Eignungsbeurteilungen dienen, Personalverantwortlichen in Unternehmen bei der Qualitätssicherung von Personalentscheidungen helfen und Bewerber vor unsachgemäßen Eignungsbeurteilungen schützen. Die aktuelle Norm besteht in der Fassung DIN 33430:2016-07.
In **Österreich** existiert dementsprechend die ÖNORM D 4000: 2005 07 01 *»Anforderungen an Prozesse und Methoden in der Personalauswahl und -entwicklung«*, die sich an der DIN 33430 orientiert.
Laut dem Zentrum für Testentwicklung und Diagnostik am Department für Psychologie der Universität Fribourg (Schweiz) ist auch in der **Schweiz** die Bedeutung der DIN 33430 hoch, da einerseits eine Internationalisierung der Norm angestrebt wird und andererseits die schweizerische und die deutsche Industrie sehr eng miteinander verzahnt sind. Im internationalen Kontext gilt darüber hinaus die ISO 10667-1 *»Requirements for the client«* beziehungsweise die ISO 10667-2 *»Assessment service delivery - Procedures and methods to assess people in work and organizational settings«* aus dem Jahr 2011.

Quellen: *Deutsche Gesellschaft für Psychologie:* Mitteilungsdetail, Neue Standards für die berufsbezogene Eignungsbeurteilung: Die DIN 33430 (http://www.dgps.de/index.php?id=143&tx_ttnews%5Btt_news%5D=953&cHash=ce73dd1d918146c9872c3ccd87ad7023, Stand 30.03.15), Paulus, J.: DIN-Norm für Personalchefs, in: Bild der Wissenschaft, 7/2003, Seite 69, DIN 33430: Requirements for proficiency assessment procedures and their implementation (http://www.bdp-verband.org/bdp/politik/clips/din33430en.pdf, Stand 11.03.15), E DIN 33430: 2014-11: Anforderungen an berufsbezogene Eignungsdiagnostik (http://perinorm-fr.redi-bw.de/volltexte/UP210215DE/2244898/2244898.pdf, Stand 11.03.15), ISO 10667-1:2011(en) (https://www.iso.org/obp/ui/#iso:std:56441:en, Stand 11.03.15), ISO 10667-2:2011(en) (https://www.iso.org/obp/ui/#iso:std:iso:10667:-2:ed-1:v1:en, Stand 11.03.15), Anforderungen an Verfahren und deren Einsatz bei berufsbezogenen Eignungsbeurteilungen (https://www.unifr.ch/ztd/din/welcome.html, Stand 31.03.15); DIN 33430:2016-07. Anforderungen an berufsbezogene Eignungsdiagnostik, unter: https://www.beuth.de/de/norm/din-33430/254909784, Stand: 02.12.2020.

und psychischen Anlagen des Menschen und aus dem durch Lernen erworbenen Wissen. Sie bestimmt die maximal mögliche Arbeitsleistung. Die **Leistungsdisposition** hängt unter anderem vom Tagesrhythmus, vom Gesundheitszustand und vom Ermüdungsgrad ab. Sie bestimmt, welcher Anteil der Leistungsfähigkeit für die Arbeit zur Verfügung steht.

Leistungsbereitschaft

Die Leistungsbereitschaft beziehungsweise **Motivation** ist der Wille von Mitarbeitern, ihr Leistungsvermögen in den Prozess der Leistungserstellung einzubringen.

Leistungsbedingungen

Die Leistungs- beziehungsweise **Arbeitsbedingungen** ergeben sich insbesondere aus den Arbeitsinhalten, der Gestaltung des Arbeitsplatzes und dem Arbeitsumfeld. Wenn sie nicht optimal sind, schränken sie die aufgrund von Leistungsvermögen und Leistungsbereitschaft maximal mögliche Arbeitsleistung weiter ein.

8.3.1 Einarbeitung

Problematik des Personaleinsatzes

Der Personaleinsatz beginnt zu dem Zeitpunkt, an dem der neue Mitarbeiter seine Arbeit aufnimmt (Arbeits-, Dienstantritt). Allerdings ist die Personalbereitstellung erst dann erfolgreich abgeschlossen, wenn er dauerhaft fachlich und sozial in das Unternehmen integriert werden konnte. Die ersten Wochen und Monate sind besonders kritisch, wie Untersuchungen zeigen: Die Fluktuationsrate innerhalb der ersten sechs bis zwölf Monate liegt vielfach zwischen 30 und 60 Prozent. Die durch derartige Frühfluktuationen verursachten Kosten belaufen sich auf Beträge zwischen 20 000 Euro für einen Facharbeiter und weit über 150 000 Euro für eine Führungskraft. Als besondere Problemfelder gelten die mit dem Arbeitsplatzwechsel oder dem Arbeitsbeginn nach dem Studium oder der Ausbildung verbundene Orientierungslosigkeit von vielen neuen Mitarbeitern, die noch nicht verinnerlichte Unternehmenskultur, der Realitätsschock (vor allem bei jungen Mitarbeitern, die von der Hochschule kommen) und Führungsdefizite der Vorgesetzten. Am schädlichsten wirkt sich nach einer empirischen Studie jedoch die qualitative Unterforderung aus, die zur Sinnfrage und damit zur Demotivation führt (»Was soll ich eigentlich in diesem Unternehmen?«).

Um derartigen Problemen entgegenzuwirken, haben viele Unternehmen Einarbeitungsprogramme entwickelt, die den neuen Mitarbeiter gezielt an seine Arbeitsaufgabe und sein neues Arbeitsumfeld heranführen und ihm von Anfang an die notwendige Orientierung geben. Zu den Kernbestandteilen von derartigen Programmen gehören beispielsweise Einführungsseminare, Patenkonzepte und Traineeprogramme (vergleiche *Berthel, J.* 1995: Seite 201 ff.).

8.3.2 Gestaltung der Arbeitsbedingungen

Die Arbeitsbedingungen sind eine wichtige Einflussgröße der Arbeitsleistung. Durch ihre Gestaltung werden wirtschaftliche und soziale Ziele gleichermaßen angesprochen. Gestaltbar sind der Arbeitsinhalt, der Arbeitsplatz und das Arbeitsumfeld:

Gestaltung des Arbeitsinhalts

Möglichkeiten zur Gestaltung der Arbeitsinhalte

Eine dem jeweiligen Stelleninhaber entsprechende Gestaltung des Arbeitsinhalts ist eine wichtige Voraussetzung für dessen Arbeitszufriedenheit und Arbeitsleistung. Sind die Arbeitsinhalte zu einseitig und oder zu weit gefasst, so führt dies zu Monotonie oder zu Überforderung. In beiden Fällen wird die erbrachte Leistung des Mitarbeiters suboptimal sein. Um dem entgegenzuwirken, können die folgenden Konzepte eingesetzt werden, mit denen die Mitarbeiter neue Fach- und Führungserfahrungen gewinnen:

Wirtschaftspraxis 8-5

Die »Open-Door-Policy« von Hewlett-Packard

Viele Unternehmen beeinflussen die Unternehmenskultur durch bestimmte Grundsätze. So ist die *Hewlett-Packard GmbH* für ihre »Open-Door-Policy« bekannt. Gemäß diesem Grundsatz arbeiten Vorgesetzte und Mitarbeiter Schreibtisch an Schreibtisch in Großraumbüros zusammen und gehen über alle Hierarchieebenen hinweg offen miteinander um. *Hewlett-Packard* will damit erreichen, dass das Management durch Inspiration und nicht durch Furcht führt, dass die Kreativität und der Teamgeist der Mitarbeiter gestärkt werden, dass Mitarbeiter Informationen miteinander teilen und dass Mitarbeiter eigenverantwortlich Entscheidungen treffen.

Quelle: *Hewlett-Packard GmbH*: Geschäftsethik, http://www.hp.com/hpinfo/abouthp/diversity/open-door.html, Stand: 2020.

- **Job-Enlargement:** Quantitative Aufgabenerweiterung durch das Hinzufügen von neuen, inhaltlich in etwa gleichartigen Verrichtungen,
- **Job-Enrichment:** Qualitative Erweiterung des Arbeitsfeldes, die durch höhere Ansprüche sowie mehr Kompetenzen und Verantwortung eine hohe motivationale Wirkung besitzt,
- **Job-Rotation:** Planmäßiger Stellenwechsel innerhalb des Unternehmens mit veränderten Aufgaben, Kompetenzen und Verantwortung,
- **Selbststeuernde Gruppen:** Die Verantwortung für die Aufgabenerfüllung geht gesamthaft auf eine Arbeitsgruppe über. Grundsätzlich sollte jede Tätigkeit innerhalb der Gruppe von jedem Gruppenmitglied ausgeübt werden können.

Gestaltung des Arbeitsplatzes

Gestaltungsgrößen des Arbeitsplatzes

Die Gestaltung des Arbeitsplatzes ist eine wesentliche Leistungsdeterminante. Zu den Gestaltungsgrößen gehören insbesondere:

- die Anordnung der Arbeitselemente, wie zum Beispiel die Positionierung der Werkzeuge und des Materials in der Produktion,
- die ergonomische Arbeitsplatzgestaltung,
- die Beleuchtung,
- die Farbgebung des Arbeitsraums,
- das Raumklima,
- der Lärmpegel und
- andere störende Umwelteinflüsse.

Gestaltung des Arbeitsumfeldes

Schließlich wirkt sich auch das Arbeitsumfeld positiv oder negativ auf die Leistung des Mitarbeiters aus. Was allgemein mit **Betriebsklima** bezeichnet wird, ist eigentlich das Sozialklima des Unternehmens. Da viele Mitarbeiter mehr Zeit im Unternehmen als mit ihrer Familie verbringen, ist die Bedeutung der Entwicklung und der Pflege des Sozialklimas für ein Unternehmen von grundlegender Bedeutung. Möglich ist dies beispielsweise durch:

Einflussgrößen auf das Betriebsklima

- eine Art und Weise der **Mitarbeiterführung**, die den Mitarbeiter als Menschen betrachtet, der eigene Ziele, Vorstellungen und Handlungsmotive besitzt,

Wirtschaftspraxis 8-6

Ein Hoch auf die Work-Life-Balance

Der Abkehr von einem primär der Arbeit gewidmeten Leben zeigt sich beispielhaft in der Entwicklung der Wochenarbeitszeit der deutschen Arbeitnehmer. Im Jahr 1900 wurde noch 60 Stunden in der Woche gearbeitet. 1918 wurde dann der 8-Stunden-Tag eingeführt, 1956 die Fünf-Tage-Woche und 1965 schließlich die 40-Stunden-Woche. Die tariflich vereinbarte Wochenarbeitszeit liegt seit Ende der 1990er-Jahre im Durchschnitt bei etwa 37,7 Stunden pro Woche. Deutschland, Österreich und die Schweiz sind heute im internationalen Vergleich Länder, in denen relativ wenig gearbeitet wird, wie auch der nachfolgende Ausschnitt aus dem Länderranking im Jahr 2017 zeigt:

Platz 1: Kambodscha: 2 456 h/Jahr
Platz 5: Singapur: 2 238 h/Jahr
Platz 11: Volksrepublik China: 2 174 h/Jahr
Platz 39: Vereinigte Staaten: 1 757 h/Jahr
Platz 43: Japan: 1 738 h/Jahr
Platz 44: Österreich: 1 613 h/Jahr
Platz 57: Schweiz: 1 590 h/Jahr
Platz 66: Deutschland: 1 354 h/Jahr

Quelle: https://ourworldindata.org/working-hours, Stand: 25.04.2021.

- die Gestaltung eines **Sozialklimas**, das sowohl unter materiellen als auch unter immateriellen Gesichtspunkten als »angenehm« empfunden wird. Materielle Gestaltungsspielräume liegen in der Entlohnung, der Arbeitszeitgestaltung und der betrieblichen Altersversorgung. Immaterielle Anreize kann die Unternehmenskultur bieten, wobei sie beispielsweise über die Mitarbeiterinformation, das Zulassen von Kritik und Kreativität motivierend auf die Mitarbeiter wirkt,
- **Ausbildungs- und Aufstiegsanreize** im Rahmen der Personalentwicklung, die zu einer Befriedigung der Bedürfnisse nach Wertschätzung und Selbstverwirklichung beitragen.

8.3.3 Zeitwirtschaft

8.3.3.1 Arbeitszeit

Im Rahmen der Zeitwirtschaft werden Arbeitszeiten und entsprechende Arbeitszeitmodelle festgelegt und die Arbeitszeiten der einzelnen Mitarbeiter gemäß diesen Vorgaben geplant und kontrolliert. Die Arbeitszeit kann folgendermaßen definiert werden:

Arbeitszeit ist »... die Zeit vom Beginn bis zum Ende der Arbeit ohne die Ruhepausen«.

Bestimmungsparameter der Arbeitszeit

Bei der Festlegung der Arbeitszeit können die folgenden Bestimmungsparameter verändert werden (vergleiche *Wöhe, G.* 1993: Seite 264 ff.):

- **Dauer** der Arbeit und der Pausen,
- **Beginn und Ende** der Arbeitszeit und der Pausen,
- **Verteilung** der Arbeit auf Tage, Wochen, Jahre.

Wirtschaftspraxis 8-7

Neue Arbeitszeitmodelle

Die *Volkswagen AG* führte im Jahr 2006 in ihrem Stammwerk Wolfsburg ein neues Arbeitszeitmodell ein, um 50 Millionen Euro im Jahr einzusparen. Das neue Arbeitszeitmodell umfasste einen Drei-Schicht-Betrieb von Montag bis Donnerstag mit je 7,2 Arbeitsstunden und eine freiwillige Dauernachtschicht. Über das Jahr betrachtet blieb durch dieses Modell die 28,8-Stunden- und 4-Tage-Woche für die Mitarbeiter erhalten, jedoch fielen bezahlte Pausen und Nachschichtzuschläge weg. Das neue Arbeitszeitmodell war Teil des Kostensenkungsprogramms *ForMotion*, mit dem *VW* bis zum Jahr 2008 insgesamt sieben Milliarden Euro einsparen wollte.
Auch aktuelle Beispiele zeigen, dass neue Arbeitszeitmodelle sowohl für die Unternehmen als auch für deren Mitarbeiter attraktiv sein können. So hat beispielsweise Microsoft Japan die 4-Tage-Woche getestet - mit verblüffenden Ergebnissen, denn die Produktivität stieg um 40 Prozent an, obwohl oder weil die Mitarbeiter in der Firmenzentrale jeden Freitag als einen besonderen bezahlten Urlaub frei bekamen. Außerdem gaben 92 Prozent der Mitarbeiter an, dass sie mit ihrer Arbeitssituation glücklich waren. Fazit des Versuchs: Mitarbeiter, die weniger arbeiten, arbeiten womöglich klüger.

Quellen: VW führt Schichtmodell ein, unter: www.handelsblatt.com, Stand: 17.10.2005; VW will mit neuem Schichtmodell Millionen sparen, unter: www.handelsblatt.com, Stand: 08.11.2005; https://www.businessinsider.de/karriere/arbeitsleben/microsoft-japan-4-tage-woche-40-prozent-produktiver-2019-11/

Die Freiheitsgrade werden bei der Festlegung der Arbeitszeiten allerdings durch eine Reihe von gesetzlichen und anderen Regelungen eingeschränkt.

8.3.3.2 Arbeitszeitmodelle

Durch die Variation der Dauer, des Beginns und des Endes sowie der Verteilung der Arbeitszeit ergeben sich verschiedene Arbeitszeitmodelle. Primäre Ziele bei der Entwicklung von Arbeitszeitmodellen sind eine bessere Anpassung an Personalbedarfsschwankungen und eine bessere Nutzung der kapitalintensiven Anlagen. Es lassen sich verschiedene Arbeitszeitmodelle unterscheiden (vergleiche *Wöhe, G.* 1993: Seite 266 ff.):

Gleitende Arbeitszeit

Bei der gleitenden Arbeitszeit handelt es sich um ein insbesondere im Angestelltenbereich vorzufindendes Arbeitszeitmodell. Der Arbeitnehmer kann bei diesem Modell innerhalb bestimmter, festgelegter Zeitspannen seinen Arbeitsbeginn und sein Arbeitsende selbst bestimmen.

Schichtarbeitszeitmodelle

Schichtarbeitszeitmodelle werden häufig in der industriellen Produktion und in Branchen eingesetzt, bei denen eine durchgängige Bereitschaft gegeben sein muss, so etwa im Gesundheitswesen. Ein Arbeitsplatz wird bei diesem Modell nacheinander von verschiedenen Arbeitnehmern besetzt.

Teilzeitarbeit

Bei der Teilzeitarbeit ist die Arbeitszeit gegenüber der üblichen Arbeitszeit verkürzt, beispielsweise auf acht Stunden in der Woche. Die Teilzeitarbeit wird insbesondere bei kurzfristigen Nachfrageschwankungen, zum Beispiel im Einzelhandel oder in der Gastronomie, eingesetzt.

Jahresarbeitszeitmodelle
Bei Jahresarbeitszeitmodellen wird die jährliche und nicht wie sonst üblich die wöchentliche oder monatliche Arbeitszeit festgesetzt. In Jahreszeiten mit größerem Arbeitsbedarf kann dann mehr, in Jahreszeiten mit geringerem Bedarf entsprechend weniger gearbeitet werden. Jahresarbeitszeitmodelle werden insbesondere in Branchen mit saisonalen Schwankungen eingesetzt, wie beispielsweise in der Landwirtschaft.

Lebensarbeitszeitmodelle
Bei Lebensarbeitszeitmodellen wird die Dauer der Arbeitszeit auf Basis der erwarteten Lebensarbeitszeit festgelegt. Der Arbeitnehmer kann in diesem Modell über die Jahre hinweg Zeit ansammeln und mit diesem Zeitbudget dann früher in den Ruhestand wechseln oder sich längere Zeit beurlauben lassen.

8.3.4 Vergütung

Wirkung des Arbeitsentgelts

Verliert das Geld angesichts des vielfach postulierten Übergangs unserer Gesellschaft vom Materialismus zum Post-Materialismus als **Leistungsanreiz** an Bedeutung? Obwohl interessante und fordernde Arbeitsaufgaben eine hohe Leistungsmotivation bewirken, ist die Vergütung der Arbeitsleistung für die Mehrheit der Mitarbeiter immer noch das Instrument mit der größten Anreizwirkung. Geld ist nach wie vor ein wichtiges Statussymbol und dient der Befriedigung der individuellen Wertschätzungsbedürfnisse (vergleiche *Schanz, G.* 1993: Seite 478). Aus Unternehmenssicht sind die Personalkosten eine wesentliche Einflussgröße für die Höhe der Gesamtkosten, was sie nicht nur für die Personalabteilung, sondern auch für das Finanz- und Rechnungswesen (insbesondere das Controlling) interessant macht. Von daher verdient die Frage der Vergütung eine besondere Aufmerksamkeit.

8.3.4.1 Zusammensetzung der Vergütung
Der Begriff »Vergütung« wird als ein Sammelbegriff für Lohn, Gehalt, Entlohnung, Entgelt oder Ähnliches verwendet und umfasst sämtliche Entgeltbestandteile. Die rechtliche Grundlage für die Vergütung einer Arbeitsleistung ist der Arbeitsvertrag. Die Gesamtvergütung eines Arbeitnehmers setzt sich aus dem **Entgelt für die geleistete Arbeit** (Direktvergütung) und den **Personalnebenkosten** zusammen, die aus den gesetzlichen (zum Beispiel Sozialversicherungsbeiträge des Arbeitgebers, Lohnfortzahlung im Krankheitsfall), den tariflichen und den freiwilligen Sozialleistungen bestehen (zum Beispiel Urlaubsgeld, 13. Monatsgehalt, betriebliche Altersversorgung). In den letzten Jahrzehnten hat sich der Anteil der Personalnebenkosten bezogen auf die Personalkosten insgesamt deutlich erhöht: Waren es im produzierenden Gewerbe 1966 noch 30,2 Prozent, so stieg dieser Anteil bis 1992 auf 45,6 Prozent, im

Abb. 8-6

Formen der Vergütung

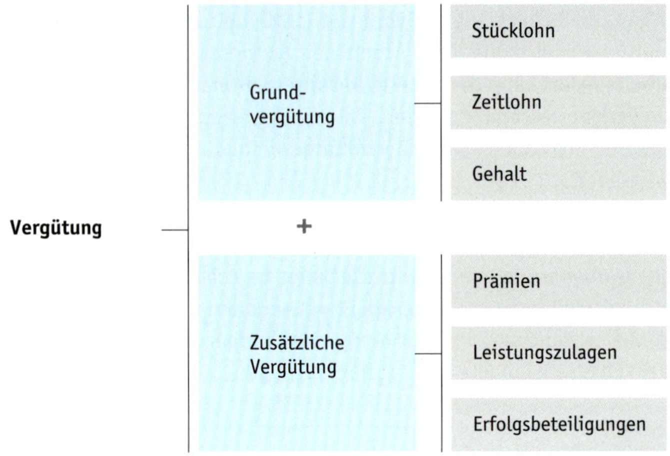

Vergleiche *Bröckermann, R.* 2012: Seite 246 und 269

Abb. 8-7

Stücklohn

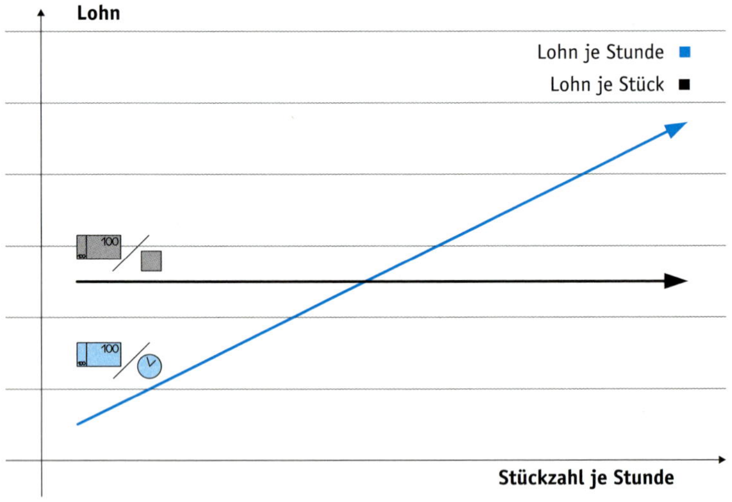

Bankgewerbe stieg dieser Anteil bis 1992 sogar auf 50,7 Prozent (vergleiche *Berthel, J.* 1995: Seite 383 ff.).

Lohngerechtigkeit

Die Gestaltung der Vergütung ist in der Praxis immer wieder ein Anlass für Konflikte zwischen dem Arbeitgeber und dem Arbeitnehmer. Das Empfinden darüber, welche Höhe der Vergütung als »gerecht« und »angemessen« anzusehen ist, differiert mitunter sehr stark. Deshalb ist die Lohngerechtigkeit eine wesentliche Voraussetzung für die Höhe der Vergütung. Im Allgemeinen wird die Entlohnung dann als gerecht empfunden, wenn sie den Anforderungen der Arbeitsaufgabe, der Qualifikation des Mitarbeiters und der tatsächlichen Arbeitsleistung entspricht. Dem ist durch eine nachvollziehbare und transparente Lohn- und Gehaltsdifferenzierung ausreichend Rechnung zu tragen.

8.3.4.2 Formen der Vergütung

Die Vergütung setzt sich aus einer Grundvergütung und gegebenenfalls einer zusätzlichen Vergütung zusammen (↗ Abbildung 8-6).

Folgende Formen der Grundvergütung werden unterschieden (vergleiche *Bröckermann, R.* 2012: Seite 201 ff.):

Stücklohn (Akkordlohn)

Formen der Grundvergütung

Der Stücklohn bietet eine unmittelbare Motivation zur Mehrleistung, da hier ein fester Geldbetrag pro **Leistungseinheit** bezahlt wird. Während der Lohnanteil an den Stückkosten konstant bleibt, steigt oder sinkt die Vergütung proportional zur erbrachten Leistungsmenge, wobei in der Praxis ein bestimmter Mindestlohn nicht

Abb. 8-8

Zeitlohn

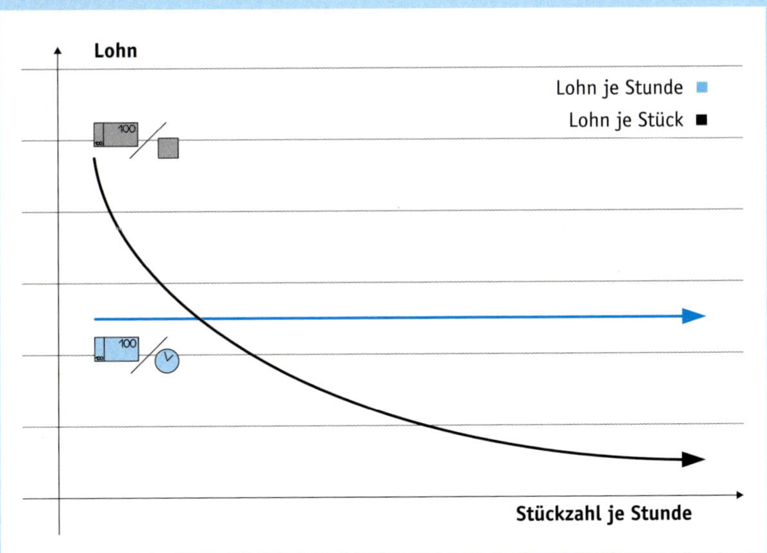

unterschritten wird (↗ Abbildung 8-7). Diese Lohnform kommt sinnvollerweise dann zum Einsatz, wenn die Leistungsmenge vom Mitarbeiter beeinflusst werden kann und das Arbeitsergebnis einfach und individuell messbar ist. Außerdem sollte die Qualität der Arbeitsleistung eine untergeordnete Rolle spielen oder durch entsprechende Qualitätsprämien Berücksichtigung finden. Durch die zunehmende Automatisierung in der industriellen Produktion verliert der Stücklohn in seiner reinen Form zunehmend an Bedeutung.

Zeitlohn

Der Zeitlohn ist die rechnerisch einfachste Lohnform. Die Arbeitstätigkeit wird nicht pro Leistungseinheit, sondern in Abhängigkeit von der **Leistungsdauer** vergütet (Stunde, Tag, Woche, Monat). Die Leistung selbst und ihre Qualität sind für die Bemessung der Vergütung ohne Bedeutung. Dies führt einerseits zu konstanten Lohnkosten je Zeiteinheit und andererseits bei einer steigenden Leistungsmenge zu fallenden Lohnkosten je Arbeitseinheit (Lohnstückkostendegression, ↗ Abbildung 8-8). Der Zeitlohn ohne die Ergänzung um leistungsbezogene Bestandteile (Leistungszulagen) bietet damit keinen Anreiz zu einer erhöhten Arbeitsleistung. Er kommt vornehmlich bei Tätigkeiten mit hohen Qualitätsanforderungen zur Anwen-

Wirtschaftspraxis 8-8

Gehälter und Prämien der Fußballer in Deutschland, Österreich und der Schweiz

Die Profis der **deutschen Fußballbundesliga** erhalten in der Regel zusätzlich zu ihrem Gehalt bei der Erreichung bestimmter Ziele vorher vereinbarte Prämien. Üblich sind dabei Auflaufprämien beziehungsweise Antrittsprämien für jedes Spiel, an dem die Spieler teilnehmen, Erfolgsprämien für einen Sieg oder ein Unentschieden und Prämien für das Erreichen bestimmter Runden in den verschiedenen Fußballligen. Für den Sieg bei Fußballweltmeisterschaften wurden je Spieler in den letzten Jahrzehnten folgende Prämien vereinbart und im Erfolgsfall bezahlt: Deutschland 1974: 70 000,00 DM, Argentinien 1978: 70 000,00 DM, Spanien 1982: 70 000,00 DM, Mexiko 1986: 100 000,00 DM, Italien 1990: 125 000,00 DM, USA 1994: 125 000,00 DM, Frankreich 1998: 150 000,00 DM, Japan und Südkorea 2002: 92 000,00 Euro, Deutschland 2006: 300 000,00 Euro, Südafrika 2010: 250 000 Euro, Brasilien 2014: 300 000 Euro; Frankreich 2018: 300 000 Euro. Im Vergleich zum Grundgehalt und den Werbeeinnahmen vieler Fußballer im Ausland sind die Gehälter und Prämien in Deutschland jedoch immer noch relativ »bescheiden«. So soll der argentinische Fußballspieler *Lionel Messi* im Jahr 2013 beim *FC Barcelona* zusätzlich zu einem Gehalt von 12,5 Millionen Euro und Werbeeinnahmen von 26 Millionen Euro »nur« 2,5 Millionen Euro Prämiengelder erhalten haben. 2014 verdiente er insgesamt sogar 65 Millionen Euro.
In **Österreich** haben im Jahr 2014 nur rund ein Viertel der Fußballer in der höchsten Liga mehr als 150 000 Euro pro Jahr verdient. Zu den Vereinen, die am besten zahlen, gehört offenbar der *FC Red Bull Salzburg*. Diesem Club gehörte bis 2012 auch der Argentinier *Gonzalo Zarate* an, der dort mehr als eine Million Euro im Jahr erhielt und 2012 zu den *Young Boys Bern* in die Schweiz wechselte.
Die Monatsgehälter **schweizerischer Fußballer** liegen im Vergleich zu Deutschland deutlich niedriger. Im Jahr 2012 war *Alex Frei* beim *FC Basel* mit einem geschätzten Jahresgehalt von 1,7 Millionen Schweizer Franken der Top-Verdiener unter den Schweizer Fußballern. Dagegen erhält beispielsweise *Arjen Robben* beim bayerischen Fußballverein *FC Bayern* ein Jahresgehalt von rund 8 Millionen Euro. Der Schweizer Fußballverband hätte seinen Nationalspielern bei der Weltmeisterschaft 2014 für das Erreichen des Halbfinales allerdings rund 580 000 Franken als Prämie gezahlt, was zum damaligen Kurs etwa 483 000 Euro waren.

Quellen: *Bauer, P.:* Der Fußball ernährt nur wenige gut, in: Der Standard vom 03.10.14, *Hermanns, S.:* Nur der Titel zählt, in: Handelsblatt, Nummer 59 vom 24.03.05, S. 48, *Golla, G.:* Personalfluktuation und Unternehmenserfolg: Die relative Bedeutung allgemeinen und spezifischen Humankapitals für die Performance professioneller Sport-Teams, Dissertation, Greifswald 2002, S. 30 f., 300 000 Euro für den WM-Gewinn, in: *Süddeutsche Zeitung* vom 29.11.13, *Handelsblatt:* France Football – Messi war 2013 der Topverdiener, *Handelsblatt* vom 19.3.14, http://www.nzz.ch/aktuell/sport/fussball/eine-halbe-million-fuer-den-wm-titel-1.18314177 (Stand 31.03.15); https://fussball-geld.de/fussball-wm-2018-russland-die-spieler-praemien-der-wm-teilnehmer/ (Stand: 02.12.2020).

dung oder bei einer erhöhten Unfallgefahr und wenn die Arbeitsleistung nur schwer messbar ist.

Gehalt

Zwischen Zeitlohn und Gehalt besteht heute zumeist nur noch ein Unterschied hinsichtlich der Empfänger, da in der Praxis in der Regel zwischen Lohn- und Gehaltsempfängern unterschieden wird.

Formen der zusätzlichen Vergütung

In Abhängigkeit von den individual- und kollektivrechtlichen Bedingungen und der Erreichung bestimmter Zielvorgaben erhalten Arbeitnehmer häufig eine zusätzliche Vergütung, so insbesondere in Form von Prämien, Leistungszulagen oder Erfolgsbeteiligungen.

Prämien

Zusätzlich zum Zeit- oder zum Stücklohn werden häufig Prämien für bestimmte Leistungen bezahlt, um die Arbeitnehmer zu einer Steigerung der Mengenleistung und/oder zu einer Erhöhung der Arbeitsqualität zu veranlassen (zum Beispiel Prämien für Termineinhaltung, geringe Unfallzahlen, Abarbeitung einer Aufgabe mit weit über den Erwartungen liegenden Ergebnissen, optimale Nutzung einer kapitalintensiven Anlage, hohe Qualität der Arbeitsausführung). Prämien eignen sich insbesondere dort, wo die über den Anforderungen liegende Leistung eines Mitarbeiters nicht direkt gemessen werden kann.

Leistungszulagen

Leistungszulagen stehen nicht mit einer Mehrleistung im Zusammenhang. Sie sind vielmehr Ausgleichsleistungen für eine besondere Beeinträchtigung des Arbeitnehmers bei der Erbringung der Arbeitsleistung, beispielsweise durch Lärm, Schmutz oder Gefahren (sogenannte Lärm-, Schmutz- und Gefahrenzulagen), oder für eine Leistungserbringung unter besonderen Umständen (zum Beispiel Schicht-, Nachtarbeits-, Ortszulagen, die teilweise auch als »Zuschläge« bezeichnet werden).

Erfolgsbeteiligungen

Erfolgsbeteiligungen im weiteren Sinne können sich auf den Unternehmenserfolg insgesamt oder auf den Erfolg einzelner Arbeitnehmer oder Gruppen beziehen. So kommen beispielsweise im Vertriebsbereich häufig **Provisionen** zum Einsatz, bei denen es sich um einen festen Prozentsatz vom Umsatzerlös oder Deckungsbeitrag handelt. Die Höhe der Vergütung steht damit in einer direkten Beziehung zum Absatzerfolg.

Demgegenüber zielt die **Tantieme** oder Erfolgsbeteiligung im engeren Sinne auf eine Beteiligung am Gesamterfolg des Unternehmens. Sie soll den Mitarbeiter noch stärker auf die Unternehmensziele verpflichten und eine Identifikation mit diesen Zielen fördern. Ihre Höhe orientiert sich zumeist an der Höhe des Umsatzerlöses, des Gewinns oder an Rentabilitätskennziffern wie der Eigenkapitalrentabilität. Eine Beteiligung am Umsatzerlös ist jedoch insofern problematisch, als die Höhe des Umsatzerlöses nur bedingt eine Aussage über den Unternehmenserfolg zulässt. Die am häufigsten praktizierten Beteiligungsformen sind Mitarbeiterdarlehen, stille Beteiligungen und Belegschaftsaktien.

Cafeteria-Modelle

Neuere Modelle der Gehaltsfindung (insbesondere für Führungskräfte) gehen von einer Kombination von fixen und variablen Gehaltsbestandteilen aus, wobei die tatsächliche Höhe der variablen Zahlungen zum einen durch die allgemeine Geschäftsentwicklung und zum anderen durch die individuelle Leistung der Führungskraft bestimmt wird. Teilweise haben die Mitarbeiter im Rahmen sogenannter »Cafeteria-Systeme« die Möglichkeit, aus einem Angebot von Vergütungsbestandteilen (zum Beispiel Versicherungen, Firmenwagen, Arbeitgeberdarlehen, betriebliche Altersversorgung) gemäß ihren individuellen Bedürfnissen selbst auswählen zu können.

Fallbeispiel 8-4 **Vergütung bei einem Automobilhersteller**

▸▸▸ Mit dem Beginn des neuen Geschäftsjahres hat die *Speedy GmbH* eine neue Vergütungsregelung für ihre Führungskräfte eingeführt: Deren Gehalt setzt sich nun aus einem fixen Bestandteil, dem sogenannten Grundgehalt, und aus variablen, leistungsbezogenen Bestandteilen zusammen. Während das Grundgehalt etwa 60 Prozent der Gesamtvergütung ausmacht, werden die übrigen 40 Prozent erfolgsabhängig vergütet, das heißt, 25 Prozent sind abhängig von der Erreichung der im Rahmen von Zielvereinbarungsgesprächen festgelegten Individualziele jeder einzelnen Führungskraft und 15 Prozent orientieren sich an den übergeordneten Unternehmenszielen. Dadurch sollen die Führungskräfte zu einer stärkeren Zusammenarbeit über die Ressortgrenzen hinweg veranlasst werden und das Unternehmen stärker »als Ganzes« sehen. ◂◂◂

8.3.5 Personalführung

Die Personalführung wird auch oft als »Führung im engeren Sinne« bezeichnet. Sie bezieht sich auf das Verhältnis zwischen den Vorgesetzten und ihren Mitarbeitern und dient damit der unmittelbaren Beeinflussung des Leistungsverhaltens der Mitarbeiter im Hinblick auf die Unternehmensziele.

Zielkonflikte

Dabei muss berücksichtigt werden, dass diejenigen Ziele, welche die Mitarbeiter für sich selber setzen die sogenannten »Individualziele«, nicht immer mit den Unternehmenszielen übereinstimmen. Daraus entstehen häufig Zielkonflikte, die im Allgemeinen zulasten des Unternehmens gehen. Im Rahmen der Personalführung wird versucht, durch geeignete Motivationsmaßnahmen zumindest eine teilweise Übereinstimmung von Unternehmens- und Individualzielen zu erreichen.

Fallbeispiel 8-5 **Personalführung bei einem Automobilhersteller**

▸▸▸ Beispielsweise hat der Personalchef der *Speedy GmbH* schon vor längerer Zeit ein Zielvereinbarungssystem eingeführt. Im Rahmen der jährlichen Planungsrunde stimmen die Vorgesetzten mit den ihnen unterstellten Mitarbeitern die Ziele des Unternehmens und die individuellen Mitarbeiterziele soweit als möglich aufeinander ab. Dadurch wird eine hohe Akzeptanz der gemeinsam festgelegten Ziele erreicht. Konkret hat sich der Erfolg dieses Systems in einem Rückgang der Personalfluktuation und in einer deutlich geringeren Absentismusquote gezeigt. ◂◂◂

8.3.5.1 Modelle des Personalmanagements

Menschenbilder

Der Umgang mit Menschen erfolgt vor dem Hintergrund eines bestimmten, durch Erziehung und Erlebnisse geformten »Menschenbildes«. Modelle des Personalmanagements sind im Grunde genommen nichts anderes als der Versuch, derartige Menschenbilder zu vereinfachen und in einer allgemeinen Form darzustellen. Sie bestehen aus Annahmen über die Determinanten menschlichen Verhaltens und ermöglichen so Aussagen darüber, wie sich das Verhalten der Mitarbeiter von Unternehmen im Hinblick auf die Unternehmensziele beeinflussen lässt. Derartige Erklärungsansätze sollen mit dazu beitragen, den Umgang mit der »Ressource Personal« so sinnvoll wie möglich zu gestalten und Personalprobleme besser lösen zu können. Letztendlich geht es dabei um die Frage, über welche Steuerungsgrößen die Arbeitsleistung gesteigert und dadurch die Erreichung der ökonomischen Ziele sichergestellt werden kann. Drei bekannte Modelle werden im Folgenden dargestellt.

8.3.5.1.1 Mechanistisches Grundmodell des Scientific Management

Angesichts der zunehmenden Mechanisierung und Arbeitsteilung in den Unternehmen des ausgehenden 19. Jahrhunderts befasste sich der amerikanische Betriebsingenieur *Frederick W. Taylor* (1856–1915) mit der Frage, wie der Einsatz der menschlichen Arbeitskraft in der Produktion möglichst effizient gestaltet werden kann. In dem 1913 erschienenen Buch über »Die Grundsätze wissenschaftlicher Betriebsführung« (»The Principles of Scientific Management«) formulierte er seine Vorstellungen über die Bestimmungsgrößen des menschlichen Arbeitsverhaltens und die Möglichkeiten zu einer systematischen Erhöhung der Arbeitsleistung durch den optimalen Einsatz von Mensch und Maschine.

Vor dem Hintergrund eines niedrigen Bildungsniveaus, einer in den Vereinigten Staaten fehlenden Lehrlings-, Gesellen- und Meisterausbildung sowie eines Überangebots an Arbeitskräften ging *Taylor* dabei von einem Menschenbild aus, das den Arbeiter lediglich als maschinenähnlichen Ausführungsgehilfen sah. Dieser reagiert ausschließlich auf monetäre Reize und kann somit durch eine als gerecht empfundene Entlohnung in seinen Ansprüchen zufriedengestellt werden. Um die Grundlage hierfür zu schaffen, zerlegt das Scientific Management jede Tätigkeit bis in das letzte Detail, um ihre Ausführung optimal planen und gestalten zu können. Dadurch soll ein Höchstmaß an Effizienz erreicht werden. Beispielsweise werden im Rahmen des tayloristischen Ansatzes die folgenden Maßnahmen ergriffen (vergleiche *Vahs, D.* 2019: Seite 28 ff.):

Merkmale des tayloristischen Ansatzes

- Es werden Arbeitsmethoden festgelegt, die aufgrund von systematischen Zeit- und Bewegungsstudien zur Ermittlung des »one best way« der Arbeitsausführung ein maximales Arbeitsergebnis gewährleisten sollen.
- Die **Arbeitsplätze** werden im Hinblick auf die physiologischen Merkmale des Arbeiters optimal gestaltet. Einflussfaktoren sind beispielsweise Umgebungseinflüsse wie die Lichtstärke, die Raumklimatisierung und die zweckmäßige Anordnung der Maschinen und Werkzeuge.
- Die Arbeitsteilung erfolgt mit der Zielsetzung, die Anforderungen so niedrig zu halten, dass Arbeiter nur eine **kurze Anlernzeit** benötigen, um die einzelnen Arbeitsvorgänge optimal durchführen zu können.

- Dispositive Planungsaufgaben und die Entwicklung von Regeln zur Festlegung von Arbeitsschwerpunkten und -reihenfolgen werden an speziell ausgebildete Vorgesetzte delegiert, die sogenannten **Funktionsmeister** (Prinzip der Trennung von Hand- und Kopfarbeit).
- Ein **System von Leistungsnormen** und leistungsbezogenen Entlohnungsregeln dient dazu, den Arbeiter zu motivieren und die leistungsmaximale Arbeitsmethode anzuwenden (Einführung des Zeitlohnakkords beziehungsweise differenzierter Akkordlöhne).

Kritik des Ansatzes

Aus heutiger Sicht ist der völlige Verzicht des »Taylorismus« auf die psychologischen und sozialen Komponenten der Arbeitsgestaltung nicht nachvollziehbar. Um die Arbeiter zu Höchstleistungen zu motivieren, wird ausschließlich auf materielle Anreize zurückgegriffen und das Menschbild eines »rational economic man« oder »homo oeconomicus« unterstellt, der seinen ökonomischen Nutzen zu maximieren sucht. Die Bedeutung von nichtmonetären Leistungsanreizen (beispielsweise von interessanten Arbeitsaufgaben und eigenverantwortlichem Handeln) für die menschliche Arbeitsleistung wurde erst später nachgewiesen, obwohl sich bereits zu *Taylors* Lebzeiten teilweise heftiger Widerstand gegen die »Entmenschlichung der menschlichen Arbeit« regte.

8.3.5.1.2 Grundmodell der Human-Relations-Bewegung

Mit der Human-Relations-Bewegung gab es einen Paradigmenwechsel in der Managementforschung (vergleiche *Berthel, J.* 1995: Seite 16). Die Begründer dieser Bewegung waren die drei Wissenschaftler *Mayo, Roethlisberger* und *Dickson*. Auf der Basis von Arbeitsexperimenten, die in den *Hawthorne*-Werken der *Western Electric Company* in den 1920er- und 1930er-Jahren durchgeführt und dadurch als »Hawthorne-Experimente« bekannt wurden, entstand die Theorie, dass die Menschen in Unternehmen nicht als isolierte Individuen handeln und denken. Vielmehr werden sie in ihrem Verhalten und in ihrem Leistungswillen stark von ihrer Zufriedenheit mit der Arbeitssituation beeinflusst, die wiederum von den sozialen Bedingungen und Beziehungen abhängt (Menschenbild des **»social man«**). Der Struktur und der Ausprägung ihres betrieblichen sozialen Umfeldes kommt demzufolge eine besondere Bedeutung zu. So zeigten die Experimente beispielsweise, dass

Forschungsergebnisse

- die sozialen Interaktionsprozesse zwischen den Mitgliedern einer Organisationseinheit einen grundlegenden Einfluss auf deren Verhalten ausüben,
- sich neben der offiziellen Gruppenstruktur ein informales Gruppengefüge bildet und
- diese ungeplanten Gruppen bewusst oder unbewusst eigene Regeln, Normen und Verhaltenserwartungen entwickeln, die von den formal vorgegebenen Normen abweichen können.

Kritik des Ansatzes

Die Vertreter der Human-Relations-Bewegung plädierten daher für die gezielte Förderung der sozialen Beziehungen, weil sie erkannten, dass sich diese positiv auf die Arbeitszufriedenheit und damit indirekt auf die Arbeitsleistung auswirken. Allerdings wird auch hier ein monokausaler Zusammenhang unterstellt, indem die

Tab. 8-3

Theory X von *McGregor*

Typ X-Menschenbild	Typ Y-Menschenbild
▸ Der durchschnittliche Mensch hat eine angeborene Abscheu vor der Arbeit und wird die Arbeit meiden, wenn es möglich ist. ▸ Die meisten Menschen müssen unter Strafandrohung zur Arbeit gezwungen, kontrolliert und geführt werden, damit sie einen angemessenen Beitrag zur Zielerreichung leisten. ▸ Der Mitarbeiter möchte gelenkt werden. Er meidet die Verantwortung. Er hat wenig Ehrgeiz. Er wünscht Sicherheit über alles.	▸ Arbeit ist für den Menschen so natürlich wie Ruhe und Spiel. ▸ Wenn ein Mensch sich mit den Zielen identifiziert, übt er Selbstdisziplin und Selbstkontrolle. Fremdkontrolle und Strafandrohung sind wirkungslos. ▸ Die Verpflichtung gegenüber einer Zielsetzung ist eine Funktion der Belohnung. ▸ Bei entsprechender Anleitung sucht der Mensch die Verantwortung. ▸ Einfallsreichtum und Kreativität sind in der arbeitenden Bevölkerung weit verbreitet. ▸ Das geistige Potenzial wird im industriellen Leben kaum aktiviert.

Erfolgsdeterminante »Lohn« durch die Erfolgsdeterminante »Arbeitszufriedenheit« ersetzt wird. Aus diesem Grund ist auch das Modell der Human-Relations-Bewegung in seiner Aussagekraft eingeschränkt, denn es ist unwahrscheinlich, dass die Leistungsbereitschaft des Menschen lediglich von einer einzigen Bestimmungsgröße abhängt. So führt beispielsweise ein gutes »Betriebsklima« noch lange nicht zwangsläufig zu einer höheren Arbeitsleistung (vergleiche *Berthel, J.* 1995: Seite 17).

8.3.5.1.3 Human-Resource-Modell

Anfang der 1960er-Jahre entstand eine neue Sichtweise des Menschen im Unternehmen. Ihre Vertreter (vor allem *Maslow*, *McGregor*, *Argyris*) sahen das Bedürfnis nach Selbstverwirklichung und nach psychologischem Wachstum im Mittelpunkt des neuen Menschenbildes eines »complex man«, der eben nicht nur auf die Entlohnung seiner Arbeit und auf die sozialen Rahmenbedingungen reagiert. Erst wenn die Bedürfnisse nach persönlicher Entfaltung im Rahmen der beruflichen Tätigkeit verwirklicht werden können, sind die Mitarbeiter bereit, einem Unternehmen ihre volle Leistungskraft zur Verfügung zu stellen.

Daraus schlossen die Vertreter des Human-Resource-Ansatzes, der auch als »humanistischer Ansatz« bezeichnet wird, dass die Arbeitsaufgaben bedürfnisgerecht zu gestalten sind. In diesem Fall entstehen zwischen den Individualzielen der Mitarbeiter und den Zielsetzungen des Unternehmens keine Konflikte, und die sogenannte »intrinsische« Motivation aus der Aufgabe heraus führt zu einer entsprechend hohen Arbeitsleistung.

Kritik des Ansatzes

In der betrieblichen Führungspraxis fand diese Sichtweise nicht zuletzt deshalb eine hohe Akzeptanz, weil die Mitarbeiter nicht über Lohnerhöhungen oder andere kostenintensive Anreize motiviert werden mussten. Stattdessen versuchten die Unternehmen, die Entscheidungs- und Handlungsspielräume ihrer Mitarbeiter zu erweitern, die Aufgabenbereiche zu vergrößern und einen partizipativen Führungsstil zu pflegen. Allerdings fand und findet die Umsetzung dieses Ansatzes an den strukturellen und personellen Rahmenbedingungen jedes einzelnen Betriebes ihre jeweiligen Grenzen (vergleiche *Berthel, J.* 1995: Seite 18).

8.3.5.2 Motivationstheoretische Ansätze

Bedürfnispyramide

Die Ziele, die Mitarbeiter für sich selber setzen, hängen von deren Motiven ab. Bekannt ist in diesem Zusammenhang die Motivations- oder Bedürfnispyramide von *Maslow* geworden, die ein hierarchisch geordnetes Bedürfnissystem darstellt (↗ Kapitel 18 Marketing). Aus dieser Hierarchisierung der Bedürfnisse ergeben sich unmittelbare Auswirkungen für die Festlegung von Leistungsanreizen im Führungssystem, bei dem in Abhängigkeit von der Situation des einzelnen Mitarbeiters unterschiedliche Leistungsanreize wirksam sind. Trotz der Plausibilität des *Maslow*schen Ansatzes ist zu kritisieren, dass eine zweifelsfrei nachweisbare Verknüpfung zwischen den Annahmen der individuellen Bedürfnisbefriedigung und dem tatsächlichen Verhalten ebenso fehlt wie eine ausreichende empirische Basis (vergleiche *Staehle, W. H.* 1991: Seite 202 ff., *Steinmann, H./Schreyögg, G.* 1993: Seite747 ff.).

Theory X

Konkreter auf die Arbeitssituation geht *McGregor* mit seiner »Theory X« ein. Er ist einer der prominentesten Vertreter der dualistischen Ansätze, in denen auf das Konstrukt »Menschenbild« zurückgegriffen wird (vergleiche *Staehle, W. H.* 1991: Seite 173 f.). *McGregors* Theorie bezieht sich auf zwei unterschiedliche Menschentypen und ihre Arbeitsmotivation: den Typ X und den Typ Y (↗ Tabelle 8-3). Jeder Typ muss mit anderen Leistungsanreizen motiviert werden: Während der ideale Typ Y durch die Zuweisung eines eigenen Aufgaben- und Verantwortungsbereiches mehr Leistung zeigt, wird Typ X diesen Freiraum dazu nutzen, Arbeit zu vermeiden und dementsprechend weniger leisten. Auch wenn diese beiden extremen Ausprägungen von Menschentypen in der beschriebenen Form in der Wirklichkeit nur sehr selten anzutreffen sind, geben sie dennoch Aufschluss über die bei bestimmten Mitarbeitern wirksamen und unwirksamen Leistungsanreize. Im Mittelpunkt stehen dabei die sozialen und ideellen Bedürfnisse der Menschen und nicht mehr die ausschließlich materielle Bedürfnissituation. Insofern hat *McGregor* mit seinem Ansatz einen weiteren Weg zur Steigerung der Arbeitsmotivation aufgezeigt.

8.3.5.3 Führungsstile

Unter dem **Führungsstil** wird das langfristig relativ stabile Verhalten eines Vorgesetzten verstanden, das von der jeweiligen Führungssituation unabhängig ist.

Der Führungsstil ist damit eine wichtige Einflussgröße im Hinblick auf die Steuerung des Mitarbeiterverhaltens. Er prägt das Verhalten des Vorgesetzten in konkreten Situationen und bildet den Handlungsrahmen, in dem sich die Personalführung vollzieht. Der Führungsstil kann anhand von drei Merkmalen charakterisiert werden:

Merkmale des Führungsstils

Taktik bei der Willensdurchsetzung

Die Taktik bei der Willensdurchsetzung bezeichnet die Vorgehensweise, mit der ein Vorgesetzter seine Mitarbeiter von einer getroffenen oder zu treffenden Entscheidung überzeugen oder zu einer bestimmten Handlung bewegen möchte. Dabei können formale oder inhaltliche Argumente eingesetzt werden.

Ausmaß der Partizipation

Je nachdem, ob die Mitarbeiter an den Entscheidungen beteiligt werden oder nicht, werden partizipative Gruppenentscheidungen und autoritäre Einzelentscheidungen unterschieden.

Art der Kontrolle

Bezüglich der Kontrolle können verschiedene Aspekte untersucht werden: Nach dem Inhalt werden Tätigkeits- und Ergebniskontrollen unterschieden, nach der Häufigkeit regelmäßige und unregelmäßige Kontrollen und nach der Richtung einseitige und beiderseitige Kontrollen.

Abb. 8-9

Führungsstile

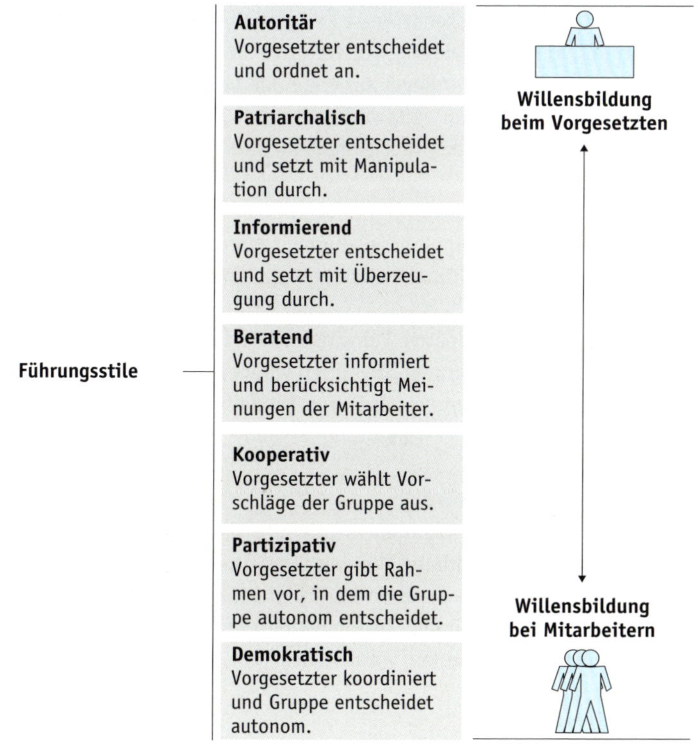

Vergleiche *Tannenbaum, R./Schmidt, W. H.* 1958: Seite 96

Anhand dieser Merkmale können vereinfachend zwei gegensätzliche Führungsstile unterschieden werden:

Grundlegende Führungsstile

Autoritärer Führungsstil
Bei der Willensdurchsetzung setzt der Führende die ihm aufgrund seiner Position zugesprochene formale Autorität ein, das heißt, er kann sich sachlichen Argumenten verschließen, wenn sie seinen Zielen zuwiderlaufen.

Im Hinblick auf die Partizipation ist eine strenge Trennung von Entscheidung, Ausführung und Kontrolle festzustellen. Nur der Führende hat Entscheidungs- und Weisungskompetenzen, während der Geführte die erteilten Anweisungen zu akzeptieren und auszuführen hat.

Der Führende kontrolliert seine Mitarbeiter oft, unregelmäßig und unangekündigt. Primär interessiert ihn dabei, ob die Mitarbeiter tatsächlich arbeiten (Tätigkeitskontrolle). Das Kontrollrecht besteht dabei nur in der einen Richtung vom Vorgesetzten zum Mitarbeiter.

Partizipativer Führungsstil
Zur Willensdurchsetzung setzt der Führende inhaltliche Argumente aufgrund seines Expertenwissens ein. Die Argumente der Mitarbeiter werden von ihm gehört und bei der Entscheidung in angemessener Weise berücksichtigt.

Die Trennung von Entscheidung, Ausführung und Kontrolle wird gemildert. Die Entscheidungen werden in der Regel auf diejenige betriebliche Ebene verlagert, auf der die notwendige Fachkompetenz vorhanden ist. Durch diese Delegation werden eine höhere Identifikation mit den Aufgaben und damit eine höhere Akzeptanz erreicht.

Eine regelmäßige und angekündigte Kontrolle bezieht sich bei diesem Führungsstil primär auf die Arbeitsergebnisse. Zudem werden verstärkt Mechanismen der Selbstkontrolle eingesetzt. Grundsätzlich besteht ein beiderseitiges Kontrollrecht.

Der autoritäre und der partizipative Führungsstil sind nicht die beiden einzigen Möglichkeiten der Mitarbeiterführung. Sie bilden vielmehr die Extrempositionen an den beiden Enden eines Kontinuums, das eine Vielfalt von Mischformen der beiden grundlegenden Stile umfasst (↗ Abbildung 8-9).

8.3.5.4 Managementprinzipien
Die Managementprinzipien umfassen bestimmte Gestaltungs- und Verhaltensvorschriften, die auf eine einheitliche Personalführung ausgerichtet sind. Diese Prinzipien erstrecken sich zum einen auf die Mitarbeiterführung und zum anderen auf allgemeine Organisationsprinzipien. Im Folgenden werden die Grundzüge von fünf bekannten Managementprinzipien vorgestellt.

8.3.5.4.1 Management-by-Delegation

Bei der **Führung durch Aufgabenübertragung** handelt es sich um ein partizipatives Führungskonzept. Bei diesem Konzept werden die für die Aufgabenbewältigung erforderlichen Entscheidungskompetenzen und die zugehörige Verantwortung ohne Einschränkungen auf die nachgeordneten Ebenen übertragen.

Beurteilung

Dadurch ergibt sich eine weitgehende Entlastung der Leitungsstellen. Durch die Verteilung der Kompetenzen ist grundsätzlich eine schnellere Entscheidungsfindung möglich. Die erforderlichen organisatorischen Regelungen sind vom Umfang her sehr viel geringer als beim weiter unten dargestellten Management-by-Exception. Problematisch ist aber vor allem die mangelnde Kontrolle, da es nicht erforderlich ist, Rückmeldungen über die laufenden oder abgeschlossenen Tätigkeiten zu geben. Eine strenge und klar abgegrenzte Aufgabenzuordnung ist aufgrund der sich laufend verändernden Arbeitsanforderungen außerdem in vielen Fällen nicht möglich.

8.3.5.4.2 Management-by-Decision-Rules

Bei der **Führung durch Vorgabe von Entscheidungsregeln** werden die delegierten Aufgaben von den Mitarbeitern nicht selbstständig durchgeführt, sondern entsprechend bestimmter Vorgaben beziehungsweise Entscheidungsregeln abgewickelt.

Dieses Managementprinzip wird eingesetzt, wenn die durchzuführenden Aufgaben und die dabei zu treffenden Entscheidungen einander immer sehr ähnlich sind, sodass die Entscheidungsregeln im Vorhinein festgelegt werden können. So können beispielsweise Entscheidungen über die Vergabe von Krediten bei Banken oder viele Entscheidungen in Behörden nach immer gleichen Regeln erfolgen.

Wirtschaftspraxis 8-9

Management-by-Objectives ermöglicht Telearbeit

Telearbeit ist dadurch gekennzeichnet, dass beim Kunden, unterwegs oder zu Hause gearbeitet wird, aber nur noch selten im Büro. Schnelle Datennetze und leistungsfähige Laptops machen diese Form der mobilen Arbeit möglich, die heute von vielen Unternehmen genutzt wird. Da bei der Telearbeit keine Überwachung im herkömmlichen Sinne mehr möglich ist, erfolgt die Führung in der Regel durch Zielvereinbarungen. So ist beispielsweise bei der *IBM* die erreichte Kundenzufriedenheit das Hauptkriterium für die Leistungsbeurteilung.

Welche Bedeutung die sogenannte »Telearbeit« gerade in unseren Tagen hat, zeigt die Corona-Krise, denn fast alle Unternehmen haben in vielen Bereichen auf Home-Office und Video-Conferencing umgestellt, während Vor-Ort-Kontakte über Dienstreisen und Büropräsenz zur Ausnahme geworden sind.

Die Auswahl der richtigen Mitarbeiter ist dabei der wichtigste Erfolgsgarant für die Telearbeit. Nicht jeder Mitarbeiter verfügt jedoch über genug Eigenverantwortung und Disziplin für diese Art der Tätigkeit und nicht jeder Manager kommt mit dieser sehr selbstständigen und auf Vertrauen basierenden Arbeitsform zurecht. Insofern sind Vorgesetzte und Mitarbeiter sorgfältig auszuwählen und auf diese Art der Tätigkeit vorzubereiten.

Quelle: *Brückner, M.*: Die Zahl der anwesenden Mitarbeiter besagt nichts mehr über die Wertigkeit der Manager – Tele-Arbeit stellt Führungsverhalten auf die Probe, in: Handelsblatt, Nummer 49 vom 08.03.1996: Seite k01.

8.3.5.4.3 Management-by-Exception

Gemäß der **Führung nach dem Ausnahmeprinzip** werden die zu bewältigenden Aufgaben und die erforderlichen Kompetenzen fast vollständig an die ausführenden Stellen delegiert. Die Durchführung der Aufgaben und die damit verbundene Verantwortung obliegen damit den betreffenden Mitarbeitern. Nur wenn bereits vorher festgelegte Toleranzwerte überschritten werden, greift der jeweilige Vorgesetzte in Ausnahmefällen in den Prozess der Aufgabenerfüllung ein. Eine organisatorische Voraussetzung ist somit die genaue Definition der zugrunde liegenden Aufgaben, ihrer Grenzen und der erforderlichen Kompetenzen.

Beurteilung

Positiv wirkt sich dieses Managementprinzip auf die Leitungsebenen aus. Sie werden von Routine- und Kontrolltätigkeiten zu einem großen Teil entlastet und können sich dadurch auf »echte« Führungsaufgaben konzentrieren. Durch die Delegation von Verantwortung und Entscheidungsbefugnissen auf die Mitarbeiter wird deren Arbeitsmotivation erhöht. Allerdings kann das Prinzip des Management-by-Exception in Ausnahmefällen dazu führen, dass die nachgeordneten Stellen ein Eingreifen von oben dadurch verhindern wollen, indem sie negative Informationen unterdrücken. Insofern setzt dieser Führungsstil ein hohes Maß an Vertrauen zwischen den Vorgesetzten und den nachgeordneten Stellen voraus.

Fallbeispiel 8-6 **Management-by-Exception bei einem Automobilhersteller**

▸▸▸ Für Beschaffungen im Produktionsbereich gilt in der *Speedy GmbH* das Management-by-Exception-Prinzip. So dürfen die Produktionsplaner nur Sachanlagen mit Anschaffungskosten von bis zu 10 000 Euro selbst bestellen. Bestellungen bis zu 20 000 Euro darf der Leiter der Produktionsplanung und -steuerung genehmigen und über noch höhere Beträge entscheidet die Geschäftsführung der *Speedy GmbH*. ◂◂◂

8.3.5.4.4 Management-by-Results

Die **Führung durch Ergebnisüberwachung** ist ein Führungskonzept, bei dem die zu erfüllenden Ziele »von oben« vorgegeben werden. Eine Abstimmung der Ziele zwischen Vorgesetzten und Mitarbeitern erfolgt nicht. Die Führungskraft übernimmt die Kontrollaufgabe, da die Zielerreichung in der Regel auch hier mit einer ergebnisgebundenen Entlohnung einhergeht.

Beurteilung

Dieses Managementprinzip ähnelt von der Grundidee dem Management-by-Objectives. Es ist jedoch wesentlich autoritärer ausgerichtet, da den Mitarbeitern keine Mitsprache- und Widerspruchsrechte bei der Zielfestsetzung eingeräumt werden.

8.3.5.4.5 Management-by-Objectives

Die **Führung durch Zielvereinbarung** bezeichnet ein Managementprinzip, bei dem die jeweiligen Vorgesetzten die Ziele gemeinsam mit ihren Mitarbeitern festlegen. Ausgehend von den Unternehmenszielen werden dabei möglichst realistische und exakt definierte Leistungsziele vereinbart. Die Zwischenergebnisse werden regelmäßig mit den gesetzten Zielen verglichen. Gegebenenfalls werden unangemessene Zielsetzungen korrigiert oder ausgesondert. Abweichungen der Ist- von den Planwerten werden gemeinsam analysiert und diskutiert.

Innerhalb seines Aufgabenbereiches kann jeder Mitarbeiter selbstständig entscheiden, wie er die vereinbarten Ziele erreichen will. Die Leistungsbeurteilung erfolgt auf der Grundlage des Grades der Zielerfüllung. Die Voraussetzung hierfür ist eine detaillierte Planung aller Teilziele sowie eine umfassende Erfolgskontrolle. Üblich ist ein Management-by-Objectives beispielsweise im Vertriebsbereich, in dem die Ziele über eindeutige monetäre Vorgaben definiert werden können (zum Beispiel Umsatzerlös, Gewinn, Deckungsbeitrag).

Beurteilung

Besonders hervorzuheben an diesem Managementkonzept ist die simultane Förderung der Ziele »Mitarbeitermotivation« und »Optimierung des Unternehmenserfolges«. Dadurch wird die partnerschaftliche Zusammenarbeit unterstützt und die betrieblichen und die individuellen Zielsysteme werden einander angenähert oder sogar zu einer Übereinstimmung gebracht. Für dieses Konzept spricht zudem die Möglichkeit einer klaren Zuordnung der Handlungs- und Entscheidungsverantwortung. Die Mitwirkung bei der Zielvereinbarung verbessert darüber hinaus die Akzeptanz der Unternehmensziele.

Ein möglicher Nachteil besteht jedoch in der Gefahr von unrealistischen Zielvereinbarungen, die von den Vorgesetzten und ihren Mitarbeitern in Unkenntnis der Sachlage getroffen werden. Dies ist insbesondere dann kritisch, wenn es den Vorgesetzten später an der Bereitschaft zu einer Korrektur der zu optimistischen Ziele fehlt. Schließlich erfordert das Management-by-Objectives aufgrund der damit verbundenen Abstimmungsprozesse vergleichsweise viel Zeit.

8.3.6 Personalverwaltung

Aufgaben der Personalverwaltung

Zu den Aufgaben der Personalverwaltung gehören neben der Vorbereitung und der Abwicklung von Personalveränderungen in erster Linie die Bearbeitung von Personalinformationen und Vergütungsangelegenheiten (vergleiche *Berthel, J.* 1995: Seite 416 ff.):

Personalinformationsverarbeitung

Um den Personaleinsatz steuern zu können, sind aktuelle Informationen über die verfügbaren quantitativen und qualitativen Potenziale erforderlich. Die Personalabteilung ist die zentrale Stelle für die Sammlung, die Verarbeitung und die Weitergabe von Personalinformationen. Hierzu führt sie für jeden Mitarbeiter eine Personalakte, in der alle wesentlichen Informationen, wie beispielsweise persönliche Daten (zum Beispiel Name, Geburtstag, Familienstand), Verhaltensdaten (zum Beispiel Fehlzeiten, Verhalten am Arbeitsplatz) und Leistungsdaten (zum Beispiel Beurteilungen, Zeugnisse), enthalten sind. Um die Informationsbearbeitung zu systematisieren und effizienter zu gestalten, haben einige Unternehmen umfassende Personalinformationssysteme eingerichtet, in denen sämtliche Arbeitsplatz- und Mitarbeiterdaten gespeichert sind. Allerdings sind bei der Erfassung und der Speicherung von Personaldaten die rechtlichen Restriktionen zu beachten, die sich aus Datenschutzgesetzen ergeben können.

Wirtschaftspraxis 8-10

Die Leadership-Kriterien von smart

Der Automobilhersteller *smart* verwendet im Rahmen seiner Personalbeurteilung folgende fünf Leadership-Kriterien:

- der Mitarbeiter denkt und handelt strategisch und gibt Orientierung,
- der Mitarbeiter initiiert und treibt Veränderungen,
- der Mitarbeiter zeigt und unterstützt Top-Performance,
- der Mitarbeiter geht mit Wissen und Informationen professionell um und
- der Mitarbeiter schafft Wertschöpfung und handelt im Sinne des Unternehmens.

Quelle: *smart GmbH*.

Vergütungsangelegenheiten

Die zweite wesentliche Aufgabe der Personalverwaltung ist die **Abrechnung** der Löhne für die Arbeiter und der Gehälter für die Angestellten. Sie ist in ihrer Bedeutung für die Arbeitsmotivation nicht zu unterschätzen, denn eine falsch berechnete oder zu spät ausgezahlte Vergütung führt regelmäßig zu einer Verärgerung der Betroffenen. Durch den Einsatz der Datenverarbeitung ist die Fehleranfälligkeit in den meisten Unternehmen heute jedoch gering.

8.4 Personalbeurteilung

In den meisten Unternehmen werden alle Mitarbeiter in regelmäßigen Zeitabständen beurteilt (vergleiche zum Folgenden auch *Bröckermann, R.* 2012: Seite 155.). Die Personalbeurteilung kann folgendermaßen definiert werden:

> Die **Personalbeurteilung** ist die Bewertung von Mitarbeitern hinsichtlich ihrer Arbeitsergebnisse, hinsichtlich ihres Leistungs-, Führungs- und sozialen Verhaltens sowie hinsichtlich ihres Potenzials.

Wirtschaftspraxis 8-11

Die Performancestufen von smart-Mitarbeitern

Zur Beschreibung der Performancestufen seiner Mitarbeiter verwendet der Automobilhersteller *smart* die folgenden fünf Gesamteinstufungen:

- Insufficient,
- Inconsistent,
- Fully Effective,
- Excellent und
- Outstanding.

Bei Mitarbeitern der ersten beiden Kategorien wird versucht, die Performance zu verbessern, bei Mitarbeitern mit mittlerer Beurteilung wird eine Weiterentwicklung auf der gleichen Ebene empfohlen, bei Mitarbeitern der letzten beiden Stufen wird das Potenzial für eine Beförderung gesehen.

Quelle: *smart GmbH*.

Abb. 8-10

Human-Resources-Portfolio

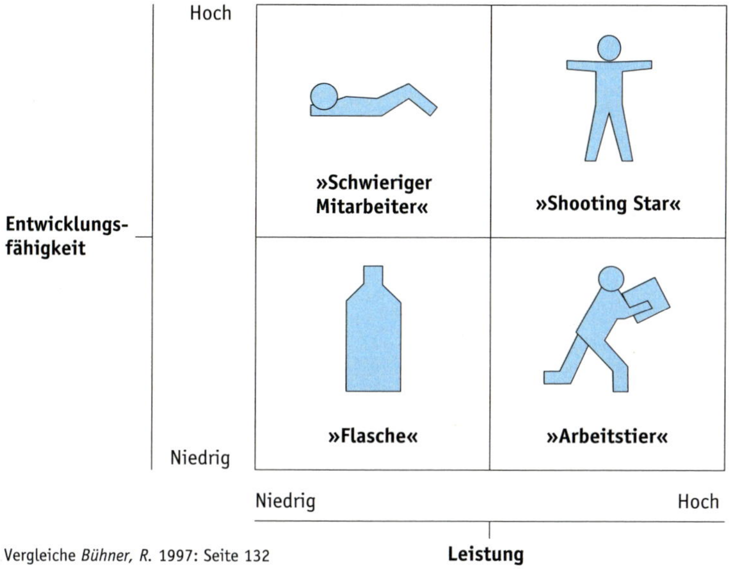

Vergleiche *Bühner, R.* 1997: Seite 132

Die Ergebnisse der Beurteilung dienen zur Festlegung weiterer personalpolitischer Maßnahmen, wie Gehaltserhöhungen, Beförderungen oder Freisetzungen. Im Hinblick auf die Zielsetzung werden die **Leistungsbeurteilung** und die **Potenzialbeurteilung** unterschieden.

Beurteilungskriterien

Für die Personalbeurteilung werden insbesondere die folgenden Kriterien nach *Raschke* verwendet (vergleiche *Olfert, K.* 1990: Seite 226 ff.):

- **Geistige Fähigkeiten** (Auffassungsgabe, Gedächtnis, Kreativität),
- **Arbeitsverhalten** (Arbeitsgüte, Arbeitstempo, Ausdauer, Belastbarkeit, Fleiß, Fachkenntnisse, Initiative, Lernwillen, Selbstständigkeit, Verantwortungsbereitschaft, Zuverlässigkeit),
- **Persönliches Auftreten** (Erscheinungsbild, Ausdrucksvermögen, Selbstbewusstsein),
- **Verhalten gegenüber Kollegen und Vorgesetzten** (Aufgeschlossenheit, Hilfsbereitschaft, Toleranz, Zusammenarbeit) und
- **Führungsverhalten** (Durchsetzungsvermögen, Motivationsfähigkeit, Objektivität).

Methoden der Personalbeurteilung

Bei der Personalbeurteilung kommen im Wesentlichen die folgenden Methoden zur Anwendung:

Methode der freien Beschreibung
Bei dieser Methode bestimmt allein der Beurteilende, anhand welcher Bewertungskriterien er die Beurteilung durchführt und wie er die Eigenschaften des Beurteilten beschreibt.

Fragebogen mit frei formulierten Antworten
Bei dieser Methode werden dem Beurteilenden Fragen zu den Eigenschaften des zu beurteilenden Mitarbeiters vorgegeben. Die Beantwortung der Fragen erfolgt frei formuliert.

Rangordnungsmethode
Beim Rangordnungsverfahren wird der zu beurteilende Mitarbeiter hinsichtlich verschiedener vorgegebener Beurteilungskriterien mit anderen Mitarbeitern verglichen und so eine Rangordnung gebildet.

Einstufungsmethode
Bei der sehr weit verbreiteten Einstufungsmethode wird der Ausprägungsgrad der Beurteilungskriterien durch Einordnung in verbal oder numerisch definierte Skalen ermittelt.

Wirtschaftspraxis 8-12

Maßgeschneiderte Weiterbildung für Manager

Viele **deutsche Großunternehmen** lassen sich von einigen der weltweit bekanntesten Business Schools anspruchsvolle Fortbildungsprogramme für ihre Führungskräfte »maßschneidern«. So schicken Unternehmen wie *Allianz, BMW, Deutsche Bank, RWE, SAP* oder *Thyssen-Krupp* ihre Manager zur *Harvard Business School*, der *London Business School*, dem *IMD* oder dem *Insead*, deren Unternehmensprogramme inhaltlich und methodisch exakt auf die Anforderungen der jeweiligen Auftraggeber abgestimmt werden. Der Medienkonzern *Bertelsmann* lässt beispielsweise pro Jahr etwa 100 Senior Executives an seinem »Mastering New Challenges-Program« an der *Harvard Business School* und am *IMD* teilnehmen und in seinem Nachwuchsprogramm »Preparing for Opportunities« etwa 80 Nachwuchsführungskräfte am *Insead* weiterbilden. Diese unternehmensspezifischen Fortbildungsprogramme sind zwar in der Regel teurer als die Standardprogramme der Business Schools, sie bieten aber zum einen den Vorteil, dass insbesondere solche Inhalte vermittelt werden, welche die Teilnehmer in ihrem Arbeitsumfeld tatsächlich benötigen, und zum anderen die Chance, dass die Teilnehmer mit Kollegen aus ihrem Unternehmen tragfähige Netzwerke bilden können.

In **Österreich** veranstaltet zum Beispiel die international renommierte *Wirtschaftsuniversität Wien* unternehmensspezifische Programme im Rahmen der *WU Executive Academy*. Etwa 2 000 Führungskräfte, Fachkräfte und High-Potentials aus über 75 Ländern nehmen jedes Jahr an diesen High-Level-Programmen teil.
Auch in der **Schweiz** werden unter anderem am *Gottlieb-Duttweiler-Lehrstuhl für Internationales Handelsmanagement* der *Universität St. Gallen*, welcher im Jahr 2000 in Kooperation mit dem Handelsunternehmen *Migros* gegründet wurde, Führungskräfteseminare, Research Workshops und maßgeschneiderte Firmenprogramme sowie Kongresse in den Bereichen Handel und E-Commerce angeboten. Darüber hinaus werden das »St. Galler Cross-Channel Management Seminar« zum zertifizierten Cross-Channel Manager und das »Certificate Program in International Retail Management« durchgeführt.

Quelle: *Mohr, C.*: Maßgeschneidertes Wissen für Manager, in: Handelsblatt Nr. 5 vom 06.01.06, Seite k03, http://www.irm.unisg.ch/de/forschungszentrum/gottlieb+duttweiler+lehrstuhl (Stand 23.03.15), https://www.executiveacademy.at/Documents/Brochure-Unternehmensprogramme.pdf (Stand 23.03.15).

Als Ergebnis der Beurteilung kann eine Klassifikation von Mitarbeitern erfolgen. Einen Ansatz dazu stellt der Portfolio-Ansatz von *Odiorne* dar (vergleiche *Odiorne, G. S.: 1984*). In der Vier-Felder-Matrix wird die aktuelle Leistung eines Mitarbeiters oder Mitarbeitertyps in Beziehung zu seiner Entwicklungsfähigkeit gesetzt (↗ Abbildung 8-10). In Abhängigkeit von der Positionierung sind dann die entsprechenden Personalentwicklungsmaßnahmen durchzuführen. Vor allem die »Stars« (auch als »High-Potentials« bezeichnet) mit einem hohen persönlichen Potenzial und herausragenden Arbeitsergebnissen sind gezielt in ihrer Karriere zu fördern, während die »Flaschen« mit geringem Potenzial und schwacher Arbeitsleistung letztendlich zu entlassen sind. Laut *Odiorne* sind rund 79 Prozent der Führungskräfte »Arbeitstiere« und bilden damit gewissermaßen das »Rückgrat« der Unternehmen, denn den karrierefreudigen »Shootingstars« sind die notwendigen Routineaufgaben nicht herausfordernd genug.

Human-Resources-Portfolio

8.5 Personalentwicklung

Die Personalentwicklung strebt eine Weiterentwicklung der Mitarbeiter im Hinblick auf eine bessere Erreichung ihrer persönlichen Ziele und der Unternehmensziele an. Sie wirkt auf das Qualifikationspotenzial ein und umfasst alle Hierarchieebenen. Gegenstände von Personalentwicklungsmaßnahmen sind:

Kompetenzarten

- die **Fachkompetenz**, also das fachlich-anwendungsbezogene Wissen,
- die **Methodenkompetenz**, also die analytischen und konzeptionellen Fähigkeiten, und
- die **Sozialkompetenz**, also das personen- und gruppenbezogene Verhalten,

der Mitarbeiter. Durch entsprechende Maßnahmen, zum Beispiel Training-on-the-job, Seminare, Einzel- und Gruppencoachings, die zwischen der Personalabteilung, der Fachabteilung und den betroffenen Personen abzustimmen sind, sollen die Mitarbeiter für die Übernahme höherwertigerer Aufgaben qualifiziert werden. Die Grundlagen hierfür bilden die Nachfolge- und Laufbahnplanung für Führungspositionen und die Durchführung von Management-Audits, mit denen die Bedarfsentwicklung der strategisch wichtigen Führungsstellen einerseits und die Fähigkeiten der jetzigen Stelleninhaber andererseits analysiert werden.

Fallbeispiel 8-7 **Personalentwicklung bei einem Automobilhersteller**

▸▸▸ Die *Speedy GmbH* stand in der Vergangenheit immer wieder vor dem Problem, dass bei dem (ungeplanten) Ausscheiden von Führungskräften zunächst keine oder nur unzureichend qualifizierte Nachfolger zur Verfügung standen. Um die Nachfolgeplanung für Führungspositionen reibungsloser zu gestalten und Qualifikationslücken so weit wie möglich zu vermeiden, hat die Personalabteilung im aktuellen Geschäftsjahr gemeinsam mit den anderen Funktionsbereichen und einer externen Unternehmensberatung ein Personalentwicklungsprogramm konzipiert: »PEP 0010«. Dieses Programm ist ein fester Bestand der strategischen Personalplanung. Auf der Grundlage von Stellenanalysen wurden die Anforderungsprofile überarbeitet und für die nächsten zehn Jahre fortgeschrieben. Gleichzeitig wurde die Qualifikation der derzeitigen

Führungskräfte in Management-Audits überprüft und in standardisierter Form erfasst. Dadurch konnte der Weiterbildungsbedarf für jede einzelne Führungs- und Führungsnachwuchskraft festgestellt werden. Im Rahmen von »PEP 0010« finden derzeit Qualifizierungsmaßnahmen statt, die sowohl interne On-the-job-Maßnah-

Abb. 8-11

Maßnahmen der Personalfreisetzung

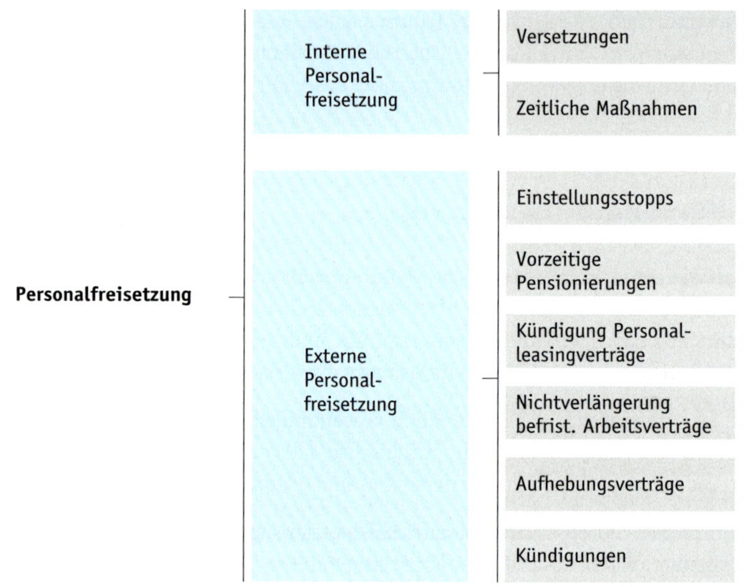

Vergleiche *Thommen, J.-P./Achleitner A.-K.* 2003: Seite 733

Wirtschaftspraxis 8-13

Massiver Stellenabbau bei der Lufthansa

Die Lufthansa hatte aufgrund der Corona-Pandemie und der damit verbundenen massiven Einschränkungen im Luftverkehr im zweiten Quartal 2020 einen Milliardenverlust hinnehmen müssen. Deshalb meldete der Konzern, dass bei dem geplanten Stellenabbau betriebsbedingte Kündigungen auch in Deutschland nicht mehr vermeidbar seien. Angesichts stockender Verhandlungen mit den Gewerkschaften verschärfte das Unternehmen die Gangart beim Abbau von Tausenden von Arbeitsplätzen. Der Plan, betriebsbedingte Kündigungen zu vermeiden, war angesichts der dramatischen Entwicklungen und der Verhandlungen mit den Gewerkschaften auch für Deutschland nicht mehr realistisch, teilte der inzwischen teilverstaatlichte Konzern bei der Vorlage seiner damaligen Quartalsbilanz mit. So war von einem Abbau von weltweit etwa 22 000 Vollzeitstellen die Rede.

Quelle: https://www.tagesschau.de/wirtschaft/lufthansa-stellenabbau-101.html

men, wie die Übernahme von Projektaufgaben, als auch externe Trainingsmaßnahmen bis hin zum berufsbegleitenden MBA-Studium umfassen. ◂◂◂

8.6 Personalfreisetzung

Die Personalfreisetzung ist ein weiteres Handlungsfeld des Personalmanagements. Bei ihm geht es um die Verringerung von Personalüberhängen. Die Personalfreisetzung kann sowohl intern durch eine zeitliche und örtliche Personalanpassung als auch extern durch die Kündigung von Mitarbeitern erfolgen. Personalfreisetzungen haben für das Unternehmen sowohl positive (vor allem wirtschaftliche) als auch negative Wirkungen (Verschlechterung des Betriebsklimas, Imageverlust). Für die betroffenen Mitarbeiter wirken sie sich dagegen fast ausschließlich negativ aus (zum Beispiel Bedrohung der materiellen Existenz, Statusverlust, geringeres Selbstwertgefühl).

Ursachen für die Personalfreisetzung sind unter anderem eine verschärfte Wettbewerbssituation beispielsweise durch das Auftreten von neuen Wettbewerbern im Markt, eine negative konjunkturelle Entwicklung, saisonale Schwankungen des Absatzes, der zu Rationalisierungen führende technologische Wandel, strategische Fehleinschätzungen des Managements oder die mangelnde Leistungsbereitschaft und -leistungsfähigkeit von Mitarbeitern (vergleiche *Berthel, J.* 1995: Seite 207 f., *Schanz, G.* 1993: Seite 292 f.).

Personalfreisetzungs-Prozess

Der Prozess der Personalfreisetzung kann in fünf Phasen gegliedert werden (vergleiche *Scholz, C.* 1994: Seite 258):

- Ermittlung des Personalüberhangs (= Freisetzungsvolumen),
- Wahl der Freisetzungsform (interne und/oder externe Personalfreisetzung),
- Identifikation der freizusetzenden Mitarbeiter,
- Durchführung der Personalfreisetzung,
- Kontrolle der Personalfreisetzung.

Berthel unterscheidet die interne und die externe Personalfreisetzung (↗ Abbildung 8-11, vergleiche *Berthel, J.* 1995: Seite 213 ff.).

Wirtschaftspraxis 8-14

Unentschuldigtes Fernbleiben ist der wichtigste Kündigungsgrund

Empirische Untersuchungen ergaben insbesondere folgende Gründe für arbeitgeberseitige Kündigungen:

- unentschuldigtes Fernbleiben, 23 Prozent der Kündigungen,
- mangelhafte Leistungen, 21 Prozent der Kündigungen,
- häufige und lange Krankheiten, 20 Prozent der Kündigungen,
- Arbeitsmangel, 16 Prozent der Kündigungen,
- fehlende Eignung, 12 Prozent der Kündigungen,
- Unpünktlichkeit, 11 Prozent der Kündigungen,
- Alkoholmissbrauch, 10 Prozent der Kündigungen,
- abnehmende Leistungsfähigkeit, 10 Prozent der Kündigungen,
- Rationalisierungen, 9 Prozent der Kündigungen, und
- Arbeitsverweigerungen, 8 Prozent der Kündigungen.

Allerdings glaubten 57 Prozent der Gekündigten, dass vor allem persönliche Unstimmigkeiten ausschlaggebend für die Kündigung durch den Arbeitgeber waren.

Quellen: *Scholz, C.:* Personalmanagement, 4. Auflage, München 1994

8.6.1 Interne Personalfreisetzung

Maßnahmen der internen Personalfreisetzung

Die interne Personalfreisetzung erfolgt ohne eine Verringerung des Personalbestandes. Maßnahmen der internen Personalfreisetzung sind insbesondere (vergleiche *Bröckermann, R.* 2012: Seite 12 und *Thommen, J.-P./Achleitner A.-K.* 2003: Seite 734):

- **Versetzungen** auf der gleichen Hierarchieebene (horizontale Versetzungen) oder Beförderungen (vertikale Versetzungen) und
- **zeitliche Maßnahmen**, wie der Abbau von Überstunden, der Abbau von Urlaubstagen, die Einführung von Kurzarbeit oder die Vereinbarung von Teilzeitarbeit.

8.6.2 Externe Personalfreisetzung

Maßnahmen der externen Personalfreisetzung

Im Falle der externen Personalfreisetzung wird der Personalbestand zahlenmäßig verringert. Allerdings müssen Unternehmen zunehmend erkennen, wie schwer es ist, den damit verbundenen Know-how-Verlust angemessen zu ersetzen. Maßnahmen der externen Personalfreisetzung sind insbesondere (vergleiche *Bröckermann, R.* 2012: Seite 349.):

- **Einstellungsstopps**, die durch die natürliche **Fluktuation** aufgrund von Kündigungen, Pensionierungen, Invalidität oder Tod zu einer Reduzierung des Personalbestandes in einer Größenordnung von 2 bis 20 Prozent pro Jahr führen können (vergleiche *Schanz, G.* 1993: Seite 294),
- **vorzeitige Pensionierungen** älterer Arbeitnehmer,
- **Kündigungen von Personalleasingverträgen**,
- **Nichtverlängerungen von befristeten Arbeitsverträgen**,
- Schließung von **Aufhebungsverträgen** im gegenseitigen Einvernehmen und als letzte Möglichkeit
- **Kündigungen von Arbeitnehmern**.

Hinsichtlich der Kündigung sind die ordentliche und die außerordentliche Kündigung zu unterscheiden:

Arten der Kündigung

Ordentliche Kündigung
Die Gründe für eine ordentliche Kündigung können in der Person des Arbeitnehmers (zum Beispiel mangelnde Eignung, das heißt, der Mitarbeiter kann die ihm gestellten Aufgaben nicht bewältigen), in dessen Verhalten (zum Beispiel Verstoß gegen Arbeitszeitvorschriften; allerdings muss der Kündigung in der Regel eine Abmahnung vorausgehen) und in dringenden betrieblichen Erfordernissen liegen. Solche Erfordernisse können sich unter anderem aus Rationalisierungsmaßnahmen oder aus einem dauerhaften Mangel an Aufträgen ergeben, der Kündigungen unvermeidbar macht.

Außerordentliche Kündigung
Die außerordentliche Kündigung erfolgt in der Regel fristlos aus wichtigem Grund, wie beispielsweise einer groben Verletzung des Treueverhältnisses zum Arbeitgeber

(zum Beispiel durch Unterschlagung von Geldmitteln, Weitergabe vertraulicher Informationen an Dritte, Alkohol- und Drogenabhängigkeit).

Im Falle einer Kündigung sind die allgemeinen Vorschriften des Kündigungsschutzes und die einschlägigen Vorschriften zum Schutz von Schwerbehinderten, Müttern, etc. zu beachten.

Outplacement

Um insbesondere Führungskräften das Ausscheiden aus dem Unternehmen zu erleichtern, bieten viele Unternehmen mittlerweile sogenannte »Outplacement-Programme« an. Sie umfassen sowohl eine Unterstützung in materieller Hinsicht (zum Beispiel durch Abfindungen) als auch in psychologischer Hinsicht (zum Beispiel durch das Angebot von Qualifizierungsmaßnahmen) und sollen die mit einer externen Personalfreisetzung verbundenen Probleme verringern (vor allem Vermeidung eines Rechtsstreits). Damit dient das Outplacement nicht nur den betroffenen Mitarbeitern, sondern trägt auch dazu bei, negative Imagewirkungen auf das freisetzende Unternehmen zu vermeiden oder zumindest zu reduzieren.

8.7 Kennzahlen

Zur Information und Steuerung werden im Personalmanagement eine Reihe von Kennzahlen verwendet. Die Informationen werden dem Management und den Mitarbeitern in den Personalabteilungen in der Regel in monatlichen Berichten zur Verfügung gestellt. Zur Information über die verschiedenen Bereiche des Personalmanagements können unter anderem die nachfolgenden Kennzahlen eingesetzt werden (vergleiche *Jung, H.* 2003: Seite 542 ff.):

Kennzahlen der Personalbeschaffung

$$\text{Personalbedarf} = \frac{\text{Benötigte Arbeitsstunden (Arbeitsvolumen)}}{\text{Durchschnittliche Arbeitszeit je Mitarbeiter}} \; [\text{Mitarbeiter}]$$

$$\text{Bewerberquote} = \frac{\text{Gesamtzahl der Bewerbungen}}{\text{Gesamtzahl der Ausschreibungen}} \; [\text{Bewerbungen/Ausschreibung}]$$

Kennzahlen des Personaleinsatzes

$$\text{Personalaufwand je Mitarbeiter} = \frac{\text{Gesamtaufwendungen für Personal}}{\text{Gesamtzahl der Mitarbeiter}} \; [\text{€/Mitarbeiter}]$$

$$\text{Tarifgruppenstruktur} = \frac{\text{Anzahl der Mitarbeiter in einer bestimmten Tarifgruppe}}{\text{Gesamtzahl der Mitarbeiter}} \; [\%]$$

$$\text{Behindertenanteil} = \frac{\text{Anzahl beschäftigter Behinderter}}{\text{Gesamtzahl der Mitarbeiter}} \; [\%]$$

$$\text{Frauenanteil} = \frac{\text{Anzahl beschäftigter Frauen}}{\text{Gesamtzahl der Mitarbeiter}} \; [\%]$$

$$\begin{array}{l}\text{Durchschnittsalter}\\ \text{der Mitarbeiter}\end{array} = \frac{\text{Summe der Lebensalter aller Mitarbeiter}}{\text{Gesamtzahl der Mitarbeiter}} \; [\text{Jahre/Mitarbeiter}]$$

$$\text{Krankheitsquote} = \frac{\text{Summe der durch Krankheit ausgefallenen Arbeitstage}}{\text{Soll-Arbeitstage}} \; [\%]$$

Kennzahlen der Personalentwicklung

$$\text{Qualifikationsstruktur} = \frac{\text{Anzahl der Mitarbeiter mit einer bestimmten Qualifikation}}{\text{Gesamtzahl der Mitarbeiter}} \; [\%]$$

$$\begin{array}{l}\text{Weiterbildungszeit}\\ \text{je Mitarbeiter}\end{array} = \frac{\text{Gesamtzahl der Weiterbildungstage}}{\text{Gesamtzahl der Mitarbeiter}} \; [\text{Tage/Mitarbeiter}]$$

Kennzahlen der Personalfreisetzung

$$\text{Fluktuationsrate} = \frac{\text{Anzahl der Austritte}}{\text{Durchschnittliche Anzahl der Mitarbeiter}} \; [\%]$$

$$\begin{array}{l}\text{Durchschnittliche}\\ \text{Betriebszugehörigkeit}\end{array} = \frac{\text{Summe der Betriebszugehörigkeit aller Mitarbeiter}}{\text{Gesamtzahl der Mitarbeiter}} \; [\text{Jahre/Mitarbeiter}]$$

Zusammenfassung Kapitel 8

- Gegenstand des Personalmanagements ist die Planung, die Beschaffung und der zielgerichtete und effiziente Einsatz der Mitarbeiter eines Unternehmens.
- In der Personalplanung wird der quantitative und qualitative Netto-Personalbedarf ermittelt.
- Im Rahmen der Personalbereitstellung werden die potenziellen Arbeitskräfte identifiziert und danach in einem Auswahl- und Verhandlungsprozess die am besten qualifizierten Personen gewonnen.
- Die Personalauswahl basiert sowohl auf dem bisherigen Arbeitsverhalten als auch auf dem gegenwärtigen Verhalten.
- Leistungsvermögen, -bereitschaft und -bedingungen bestimmen die Arbeitsleistung.
- Die gestaltbaren Arbeitsbedingungen umfassen Arbeitsinhalt, Arbeitsplatz und Arbeitsumfeld.
- Die Arbeitszeit ist die Zeit vom Beginn bis zum Ende der Arbeit ohne die Ruhepausen.

- Arbeitszeitmodelle variieren die Dauer, den Beginn, das Ende sowie die Verteilung der Arbeitszeit.
- Die Vergütung besteht aus einer Grund- und einer zusätzlichen Vergütung.
- Beim Stücklohn wird die Leistungsmenge vergütet.
- Beim Zeitlohn und beim Gehalt wird die Leistungsdauer vergütet.
- Formen der zusätzlichen Vergütung sind Prämien, Leistungszulagen und Erfolgsbeteiligungen.
- Modelle des Personalmanagements dienen dazu, Menschenbilder zu vereinfachen und in einer allgemeinen Form darzustellen.
- Unter dem Führungsstil wird das langfristig relativ stabile Verhalten eines Vorgesetzten verstanden, das von der jeweiligen Führungssituation unabhängig ist.
- Managementprinzipien umfassen bestimmte Gestaltungs- und Verhaltensvorschriften, die auf eine einheitliche Personalführung ausgerichtet sind.
- Die Personalbeurteilung ist die Bewertung von Mitarbeitern hinsichtlich ihrer Arbeitsergebnisse, hinsichtlich ihres Leistungs-, Führungs- und Sozialverhaltens sowie hinsichtlich ihres Potenzials.
- Gegenstand von Personalentwicklungsmaßnahmen sind die Fachkompetenz, die Methodenkompetenz und die Sozialkompetenz der Mitarbeiter.
- Die interne Personalfreisetzung erfolgt ohne eine Verringerung des Personalbestandes.
- Im Falle der externen Personalfreisetzung wird der Personalbestand zahlenmäßig verringert.

Weiterführende Literatur Kapitel 8

Bröckermann, R.: Personalwirtschaft: Lehr- und Übungsbuch für Human Resource Management, Stuttgart.

Scholz, C.: Grundzüge des Personalmanagements, München.

Schlüsselbegriffe Kapitel 8

- Arbeitsrecht
- Personalplanung
- Personalbedarf
- Stellenbeschreibung
- Arbeitsleistung
- Job-Enlargement
- Job-Enrichment
- Job-Rotation
- Arbeitszeit
- Schichtarbeit
- Teilzeitarbeit
- Zeitlohn
- Stücklohn
- Gehalt
- Prämie
- Cafeteria-System
- Theory X
- Theory Y
- Führungsstil
- Managementprinzip
- Management-by-Delegation
- Management-by-Decision-Rules
- Management-by-Exception
- Management-by-Results
- Management-by-Objectives
- Personalbeurteilung
- Personalentwicklung
- Fachkompetenz
- Methodenkompetenz
- Sozialkompetenz
- Kündigung

Fragen Kapitel 8

Frage 8-1: *Definieren Sie den Begriff »Personalmanagement«.*

Frage 8-2: *Erläutern Sie, welche Ziele im Personalmanagement verfolgt werden.*

Frage 8-3: *Erläutern Sie, welche rechtlichen Rahmenbedingungen für das Personalmanagement von Bedeutung sind.*

Frage 8-4: *Nennen Sie mindestens vier Aufgaben des Personalmanagements.*

Frage 8-5: *Erläutern Sie, wie bei der Personalplanung vorgegangen wird.*

Frage 8-6: *Erläutern Sie, wie bei der Ermittlung des quantitativen Personalbedarfs vorgegangen wird.*

Frage 8-7: *Nennen Sie mindestens fünf Elemente von Stellenbeschreibungen.*

Frage 8-8: *Erläutern Sie, wozu Anforderungs- und Fähigkeitsprofile dienen.*

Frage 8-9: *Erläutern Sie, welche Anpassungsmaßnahmen bei Personalbedarfsschwankungen ergriffen werden können.*

Frage 8-10: *Erläutern Sie, worin sich die externe von der internen Personalsuche unterscheidet.*

Frage 8-11: *Nennen Sie mindestens fünf Instrumente der Personalsuche.*

Frage 8-12: *Erläutern Sie, welche zwei Aspekte bei der Personalauswahl betrachtet werden.*

Frage 8-13: *Erläutern Sie, welche drei Faktoren die Arbeitsleistung bestimmen.*

Frage 8-14: *Erläutern Sie, welche drei Aspekte bei der Gestaltung der Arbeitsbedingungen beachtet werden müssen.*

Frage 8-15: *Definieren Sie den Begriff »Arbeitszeit«.*

Frage 8-16: *Nennen Sie die drei Parameter, die die Arbeitszeit bestimmen.*

Frage 8-17: *Nennen Sie mindestens vier Arbeitszeitmodelle.*

Frage 8-18: *Erläutern Sie, was unter Schichtarbeitszeitmodellen verstanden wird.*

Frage 8-19: *Erläutern Sie, was unter Jahresarbeitszeitmodellen verstanden wird.*

Frage 8-20: *Erläutern Sie, aus welchen zwei Bestandteilen sich die Vergütung zusammensetzen kann.*

Frage 8-21: *Erläutern Sie, welche drei Formen der Grundvergütung unterschieden werden.*

Frage 8-22: *Nennen Sie drei Formen der zusätzlichen Vergütung.*

Frage 8-23: *Erläutern Sie den Unterschied zwischen Prämien und Leistungszulagen.*

Frage 8-24: *Erläutern Sie, wie sich beim Akkordlohn die Lohnkosten je Stück bei einer Steigerung der je Stunde produzierten Stückzahl verändern.*

Frage 8-25: *Nennen Sie drei Modelle des Personalmanagements.*

Frage 8-26: *Erläutern Sie, welche zwei Menschenbilder die Theory X von McGregor unterscheidet.*

Frage 8-27: *Definieren Sie den Begriff »Führungsstil«.*

Frage 8-28: *Erläutern Sie, welche drei Merkmale Führungsstile kennzeichnen.*

Frage 8-29: *Erläutern Sie, welche zwei grundlegenden Führungsstile es gibt.*

Frage 8-30: *Erläutern Sie, wie sich der patriarchalische vom informierenden Führungsstil unterscheidet.*

Frage 8-31: *Erläutern Sie, wie sich der beratende vom kooperativen Führungsstil unterscheidet.*

Frage 8-32: *Nennen Sie fünf Managementprinzipien.*
Frage 8-33: *Erläutern Sie, was unter dem Management-by-Delegation verstanden wird.*
Frage 8-34: *Erläutern Sie, was unter dem Management-by-Decision-Rules verstanden wird und wo es eingesetzt werden kann.*
Frage 8-35: *Erläutern Sie, was unter dem Management-by-Exception verstanden wird.*
Frage 8-36: *Erläutern Sie, was unter dem Management-by-Results verstanden wird.*
Frage 8-37: *Erläutern Sie den Unterschied zwischen dem Management-by-Results und dem Management-by-Objectives.*
Frage 8-38: *Erläutern Sie, welche zwei Aufgaben die Personalverwaltung vorrangig hat.*
Frage 8-39: *Definieren Sie den Begriff »Personalbeurteilung«.*
Frage 8-40: *Nennen Sie mindestens vier Kriterien der Personalbeurteilung.*
Frage 8-41: *Erläutern Sie vier Methoden der Personalbeurteilung.*
Frage 8-42: *Erläutern Sie, wie das Human-Resources-Portfolio aufgebaut ist.*
Frage 8-43: *Nennen Sie drei Kompetenzarten, die Gegenstand von Personalentwicklungsmaßnahmen sein können.*
Frage 8-44: *Erläutern Sie, worin sich die interne von der externen Personalfreisetzung unterscheidet.*
Frage 8-45: *Nennen Sie zwei Maßnahmen der internen Personalfreisetzung.*
Frage 8-46: *Nennen Sie mindestens vier Maßnahmen der externen Personalfreisetzung.*
Frage 8-47: *Erläutern Sie, welche zwei Arten der Kündigung es gibt.*
Frage 8-48: *Erläutern Sie, was unter einem Outplacement verstanden wird.*

Fallstudie Kapitel 8

Fallstudie 8-1: Ermittlung des Personalbedarfs

Der Personalbereich der Speedy GmbH geht für das Geschäftsjahr 0003 von den in der ↗ Tabelle 8-4 angegebenen Daten für das Gesamtunternehmen aus. Für das Jahr 0003 wird mit einer Produktion und einem Absatz von 100 000 Fahrzeugen des Typs Speedster City und 75 000 Fahrzeugen des Typs Speedster Family gerechnet. Ermitteln Sie anhand dieser Rahmendaten in der nachfolgenden Tabelle den Netto-Personalbedarf an Lohn- und Gehaltsempfängern für das Jahr 0003.

	Lohnempfänger	Gehaltsempfänger
Brutto-Personalbedarf für den *Speedster City*		
Brutto-Personalbedarf für den *Speedster Family*		
Fix benötigte Anzahl von Mitarbeitern		
Brutto-Personalbedarf gesamt Ende 0003	1 589 Mitarbeiter	
Personalbestand Anfang 0003		
Personalabgänge 0003		
Personalzugänge 0003		
Netto-Personalbedarf bis Ende 0003	310 Mitarbeiter	139 Mitarbeiter

Tab. 8-4

Personaldaten der *Speedy GmbH* für das Jahr 0003

	Lohnempfänger	Gehaltsempfänger
Benötigte Mitarbeiter je *Speedster City*	0,0070 Mitarbeiter je Fahrzeug	0,0010 Mitarbeiter je Fahrzeug
Benötigte Mitarbeiter je *Speedster Family*	0,0091 Mitarbeiter je Fahrzeug	0,0010 Mitarbeiter je Fahrzeug
Fix benötigte Anzahl von Mitarbeitern	206 Mitarbeiter	1 190 Mitarbeiter
Mitarbeiterzahl Anfang 0003	1 463 Mitarbeiter	1 350 Mitarbeiter
Erwartete Fluktuation 0003 bezogen auf die Mitarbeiterzahl Anfang 0003	10 %	6 %
Zusätzlich feststehende Pensionierungen 0003	58 Mitarbeiter	54 Mitarbeiter
Für 0003 bereits neu eingestellte Mitarbeiter	20 Mitarbeiter	11 Mitarbeiter

Fallstudie 8-2: Anforderungs- und Fähigkeitsprofil

Da auch der bisherige Leiter Beschaffung in Pension geht, wird bei der Speedy GmbH in Kürze dessen Position vakant. Überlegen Sie, welche fünf Anforderungen der neue Leiter erfüllen muss und ordnen Sie diese Anforderungen hinsichtlich ihrer Bedeutung für die Auswahl des Nachfolgers.

Fallstudie 8-3: Personalauswahl

Auf eine entsprechende interne und externe Ausschreibung hin bewerben sich die folgenden fünf Kandidaten für die Position des Leiters Beschaffung:

- *Kai T. ist 45 Jahre alt, verheiratet und Vater von zwei Kindern. Er ist seit vier Jahren Gruppenleiter in der Beschaffung der Speedy GmbH. Nach einem durchschnittlichen Realschulabschluss hat er eine Ausbildung zum Industriekaufmann gemacht und bei verschiedenen Unternehmen in der Beschaffung gearbeitet. Er gilt als zuverlässiger, verhandlungsstarker Mitarbeiter, der allerdings nicht sehr innovativ ist. Seine Englisch- und Computer-Kenntnisse sind mittelmäßig.*
- *Jörg A. ist 39 Jahre alt, geschieden und alleinerziehender Vater eines Kindes. Nach einem sehr guten Wirtschaftsingenieur-Studium ist er seit 10 Jahren bei einem großen Automobilkonzern in verschiedenen Positionen in der Beschaffung tätig, derzeit als Gruppenleiter. Er gibt in seiner Bewerbung an, über sehr gute Englisch- und Software-Kenntnisse zu verfügen.*
- *Astrid C. ist 33 Jahre alt, ledig und kinderlos. Sie hat an der Technischen Universität München Betriebswirtschaftslehre studiert und bei einem renommierten Professor mit hervorragendem Ergebnis zum Thema E-Procurement promoviert. Sie ist seit einem Jahr für einen großen Automobilkonzern als Projektleiterin für die Einführung einer Beschaffungssoftware in den Vereinigten Staaten zuständig.*
- *Jan S. ist 40 Jahre alt, verheiratet und kinderlos. Nach einem guten Maschinenbau-*

studium hat er bei der Niederlassung eines amerikanischen Herstellers von Waschmitteln und ähnlichen Konsumgütern ein Trainee-Programm im Bereich Materialwirtschaft absolviert. Er ist jetzt seit 11 Jahren für das Unternehmen tätig, davon ein Jahr als Leiter der Materialwirtschaft.

- *Magnus R. ist 37 Jahre alt, verheiratet und Vater von einem Kind. Der ehemalige Preisträger des Bundeswettbewerbs Mathematik hat nach einem ausgezeichneten Germanistikstudium in Betriebswirtschaftslehre promoviert. Er ist jetzt seit 6 Jahren bei der Niederlassung einer amerikanischen Top-Management-Unternehmensberatung tätig. Als Senior-Consultant ist er dabei für den Bereich Automotive mitverantwortlich.*

Bringen Sie die Kandidaten in eine Reihenfolge hinsichtlich ihrer Eignung für die ausgeschriebene Position.

Fallstudie 8-4: Personalbeurteilung

Simulieren Sie anschließend eine Gruppendiskussion im Rahmen eines Assessment-Centers. Teilen Sie dazu Ihre Gruppe in zwei jeweils gleich große Teilgruppen ein, die sich bei den anschließenden Diskussionen abwechselnd gegenseitig beobachten. Ein Mitglied der beobachtenden Gruppe sollte dabei jeweils ein Mitglied der diskutierenden Gruppe beobachten. Verwenden Sie für die Beobachtungen die im ↗ Kapitel Personalbeurteilung aufgeführten Beurteilungskriterien. Führen Sie dann zu folgender Frage eine zeitlich begrenzte erste Diskussion durch:

»Welche fünf Anforderungen muss der neue Leiter Beschaffung der Speedy GmbH erfüllen?« (Hinweis: Jedes Gruppenmitglied der diskutierenden Gruppe muss dabei die anderen Mitglieder möglichst von seinen Anforderungen und seiner Kriterienreihenfolge überzeugen.)

Im Anschluss an die Diskussion sollten die Beobachter den Beobachteten in einem Zweiergespräch ihre Eindrücke mitteilen. Anschließend tauschen die beobachtende und die diskutierende Teilgruppe die Rollen. Die Gruppe, die bisher beobachtet hat, soll jetzt die nachfolgende Frage diskutieren:

»Welcher der fünf Bewerber ist am besten für die Position des Leiters Beschaffung geeignet?« (Hinweis: Jedes Gruppenmitglied der diskutierenden Gruppe muss dabei die anderen Mitglieder möglichst von seinen Kandidaten und seiner Bewerberreihenfolge überzeugen.)

Tauschen Sie im Anschluss an die Diskussion erneut Ihre gegenseitigen Beobachtungen aus.

Fallstudie 8-5: Vergütung

Um die Leistung des Leiters der Beschaffung zu steigern, sollen 40 % seiner Vergütung leistungsorientiert erfolgen. Überlegen Sie in der Gruppe, welche Kriterien Sie heranziehen würden, um die Leistungen des Leiters Beschaffung zu messen.

Fallstudie 8-6: Schichtarbeitszeitmodelle

Bei der Speedy GmbH gibt es ein Servicetelefon für Pannen und Unfälle, das 24 Stunden am Tag inklusive des Wochenendes besetzt sein soll. Von Montag bis Freitag von 8:00 Uhr bis 19:00 Uhr sollen dazu zwei Mitarbeiter, die restliche Zeit ein Mitarbeiter zur Verfügung stehen. Ein Mitarbeiter arbeitet durchschnittlich 1 540 Stunden im Jahr. Ermitteln Sie den Mindestpersonalbedarf für den Betrieb des Servicetelefons und entwickeln Sie für einen Monat einen Schichtplan zur Besetzung des Telefons.

9 Controlling

Kapitelnavigator

Inhalt	Lernziel
9.1 Grundlagen	9-1 Die Grundlagen des Controllings kennen.
9.2 Planung	9-2 Die Elemente und Vorgehensweisen bei der strategischen und operativen Planung kennen.
9.3 Kontrolle	9-3 Die Elemente und Vorgehensweisen bei der Kontrolle kennen.
9.4 Informationsversorgung	9-4 Die Elemente und Vorgehensweisen bei der Informationsversorgung kennen.

Im Anschluss an die Festlegung der Abläufe und des Aufbaus durch die Organisation und die Besetzung der dabei geschaffenen Stellen durch das Personalmanagement kann der eigentliche Führungsprozess durchgeführt werden, der vom Controlling als drittem Führungsinstrument koordiniert wird.

Der Begriff des Controllings leitet sich von dem englischen Begriff »to control« im Sinne von »lenken, steuern, regeln« ab. Das Controlling stellt sicher, dass der Führungsprozess unabhängig vom aktuellen Management in geregelter Art und Weise abläuft. Es kann entsprechend folgendermaßen definiert werden (vergleiche hierzu die ausführlichen Darstellungen bei *Horváth, P.* 1996 und *Weber, J.* 1993):

Das **Controlling** koordiniert sämtliche Planungs-, Kontroll- und Informationsaktivitäten zur Steuerung von Unternehmen.

9.1 Grundlagen

9.1.1 Führungsprozess

Der Führungsprozess, der Gegenstand des Controllings ist, kann in verschiedene, klar voneinander abgrenzbare Einzelphasen unterteilt werden (↗ Abbildung 9-1), die regelmäßig zu durchlaufen sind. Dabei dürfen die einzelnen Phasen nicht als unabhängig voneinander angesehen werden. Zwischen ihnen bestehen vielmehr systematische Folge- und Informationsbeziehungen, die nicht zwingend linear verlaufen, sondern vielfältige Vor- und Rückkopplungen über Feed-back- und Feed-forward-

Informationen aufweisen (vergleiche *Hahn, D.* 1994: Seite 41 ff., *Wild, J.* 1982: Seite 33 ff.).

Der Führungsprozess umfasst folgende Phasen (vergleiche *Küpper, H.-U.* 1997: Seite 59 ff., *Macharzina, K.* 2003: Seite 376 ff., *Mag, W.* 1993: Seite 15 ff., *Töpfer, A.* 1976: Seite 81 ff., *Wild, J.* 1982: Seite 33 ff.):

Planungsphase

Zielbildung

Die Zielbildung ist die erste Phase des Planungsprozesses. Mit der Entwicklung von Zielen als anzustrebenden Soll-Zuständen wird die Grundlage geschaffen, um später getroffene und in Handlungen umgesetzte Entscheidungen hinsichtlich ihrer Vorteilhaftigkeit beurteilen zu können. Mit der Zielbildung werden demnach Maßstäbe aufgestellt, an denen das zukünftige Handeln zu messen ist (vergleiche zur Zielbildung ↗ Kapitel 2 Entscheidungstheorie).

Problemanalyse

Planungsprozesse werden in der Regel erst ausgelöst, wenn Probleme auftreten. Probleme können grundsätzlich als Abweichung des Soll-Zustandes vom prognostizierten Wird- oder vom realisierten Ist-Zustand gekennzeichnet werden. Wird eine solche Abweichung festgestellt, müssen deren Ursachen und die zu erwartenden Konsequenzen ermittelt werden. Hierzu wird ausgehend von einer Lageanalyse, welche die gegenwärtige Situation so umfassend wie nötig beschreibt, eine Lageprognose erstellt, die Aussagen über die zukünftigen Auswirkungen des Problems enthält. Der Abgleich von Lageanalyse und Lageprognose führt dann zu der sogenannten »Ziellücke«, deren Ausmaß den Umfang des vorhandenen Problems kennzeichnet.

Alternativen aufstellen

Um die festgestellte Ziellücke schließen zu können, sind geeignete Aktivitäten erforderlich. Im Rahmen der Aufstellung von Alternativen werden deshalb systematisch Lösungsideen gesucht, die für eine Problemlösung geeignet erscheinen.

Entscheidungsphase

Alternativen bewerten und entscheiden

In der Entscheidungsphase werden den Handlungsalternativen die prognostizierten Auswirkungen auf die Ziele zugeordnet und diese damit bewertet. Im Rahmen der Entscheidung wird dann die nutzenmaximale Alternative ausgewählt.

Vorgabe von Soll-Werten

Durch die Entscheidung für eine Alternative kommt es zugleich zur Vorgabe von Soll-Werten. Hierbei kann es sich sowohl um quantitative als auch um qualitative Soll-Werte handeln. Wichtig ist dabei, dass die Soll-Werte operational sind, also hinsichtlich Inhalt, Ausmaß, Zeitbezug und sachlichem Geltungsbereich ausreichend beschrieben sind.

Durchsetzung und Ausführung

Realisierungsphase

Im Anschluss an die Entscheidung ist es im Zuge der Realisierung wichtig, die getroffenen Entscheidungen durchzusetzen, also möglichst alle Betroffenen davon zu überzeugen. Im Anschluss erfolgt dann die eigentliche Ausführung.

Ermittlung von Wird-/Ist-Werten

Zur Steuerung ist es erforderlich, fortlaufend die prognostizierten Wird-Werte und die realisierten Ist-Werte zu ermitteln. Sie messen das Ergebnis der Planrealisation und schaffen damit die Grundlage für eine Beurteilung, ob und in welchem Ausmaß die Planvorgaben erfüllt wurden.

Abweichungsanalyse

Kontrollphase

Im Rahmen der Kontrolle werden **Soll-Wird-** und **Soll-Ist-Vergleich** durchgeführt. Diese ermöglichen die Ermittlung von aufgetretenen Abweichungen nach Art und Umfang und damit Aussagen über den Grad der Zielerreichung. Die darauf folgende **Abweichungsanalyse** soll herausfinden, worauf die ermittelten Abweichungen zurückzuführen sind. So wird beispielsweise im Rahmen der Plankostenrechnung zwischen Beschäftigungs- und Verbrauchsabweichungen unterschieden, die je nach

Abb. 9-1

Die Phasen des Führungsprozesses

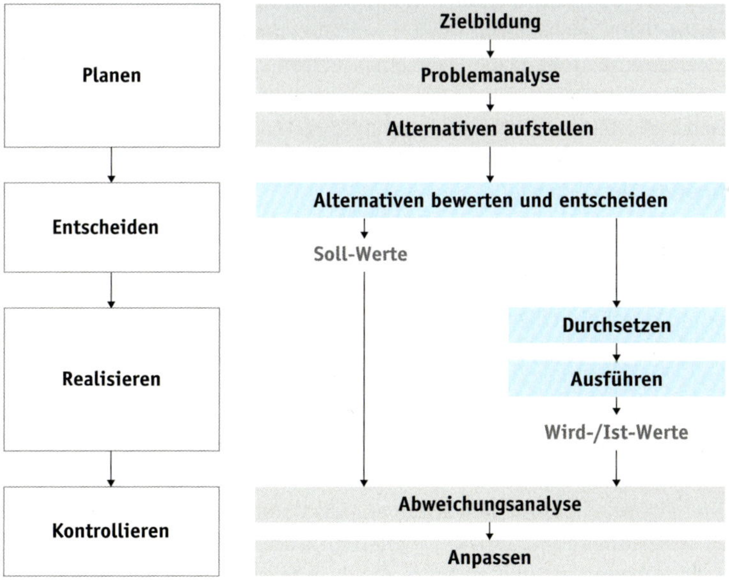

Vergleiche *Wöhe, G.* 2002: Seite 86

Ausprägung auf nicht beeinflussbare Preisänderungen oder auf den ineffizienten Einsatz der zur Verfügung gestellten Ressourcen zurückzuführen sind.

Anpassung
Auf der Grundlage der Ergebnisse der Abweichungsanalyse können dann gegebenenfalls erforderliche Korrekturen der Planumsetzung initiiert werden, oder die Planung muss insgesamt geändert werden. Letzteres ist beispielsweise dann der Fall, wenn sich die Annahmen der Planung und die daraus resultierenden Zielprognosen und Ziele, beispielsweise aufgrund der gesamtwirtschaftlichen Entwicklung der Wettbewerbssituation oder unternehmensinterner Ursachen, als völlig unrealistisch erwiesen haben.

9.1.2 Aufgaben des Controllings im Führungsprozess

In Anlehnung an die Aufgabendefinition des amerikanischen *Financial Executives Institute* (FEI) lassen sich folgende Kernaufgaben des Controllings unterscheiden: (↗ Abbildung 9-2, zum Folgenden vergleiche *Financial Executives Institute* 1962: Seite 289):

Kernaufgaben des Controllings

Koordination der Planung
Als Grundlage des Führungsprozesses koordiniert das Controlling die strategische, taktische und operative Planung. Dazu wird unter anderem festgelegt, welche Pläne zu welcher Zeit benötigt werden, wer die Planungen durchführt und welche Instrumente zur Erstellung der Pläne eingesetzt werden. Abhängig von der betrieblichen Aufgabenverteilung wirkt das Controlling häufig auch bei der Erstellung der Pläne mit.

Koordination der Kontrolle
Die aus der Planung resultierenden Soll-Werte auf strategischer, taktischer und operativer Ebene müssen im Rahmen der Kontrolle mit den sich bei der Realisierung ergebenden Ist-Werten verglichen und Abweichungsursachen analysiert werden. Das Controlling koordiniert diese Tätigkeiten und ist abhängig von der betrieblichen Aufgabenverteilung auch an der eigentlichen Durchführung der Kontrollen beteiligt.

Koordination der Informationsversorgung
Planung und Kontrolle sind informationsverarbeitende Prozesse, die auf Informationen über das Unternehmen und seine Umwelt basieren und die Informationen in Form von Plänen und Berichten erzeugen. Das Controlling koordiniert die entsprechende Erstellung und Weiterleitung von Informationen an die verschiedenen Empfänger im Management und gestaltet die dazu notwendigen Datenverarbeitungssysteme.

Abb. 9-2

Management und Controlling im Führungsprozess

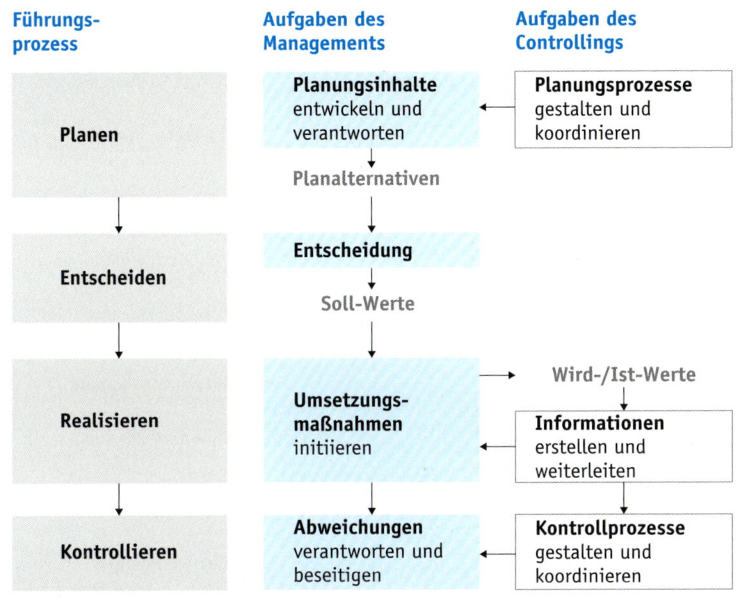

Vergleiche *Kreuzer, C.* 2005: Seite 102

9.2 Planung

9.2.1 Grundlagen

Die Planung ist ein unentbehrliches Instrument, um Unternehmen zielgerichtet zu steuern. Den weiteren Ausführungen soll folgende Definition zugrunde liegen:

Planung ist ein systematischer Prozess, der dazu dient, zu erreichende Zustände und den Weg dorthin zu beschreiben sowie die auf dem Weg möglicherweise auftretenden Probleme vorausschauend zu identifizieren und zu lösen.

Das Ergebnis der Planung sind einzelne **Pläne** oder Systeme von mehreren Plänen.

9.2.1.1 Arten der Planung

Die betriebswirtschaftliche Bedeutung der Planung hat dazu geführt, dass im Laufe der Zeit eine Vielzahl von Unterscheidungsmerkmalen für die verschiedenen Planungsarten herausgearbeitet wurde. Die ↗ Abbildung 9-3 zeigt die Unterscheidungsmerkmale und die verschiedenen Merkmalsausprägungen der Planung.

Abb. 9-3

Typologisierung von Planungsarten

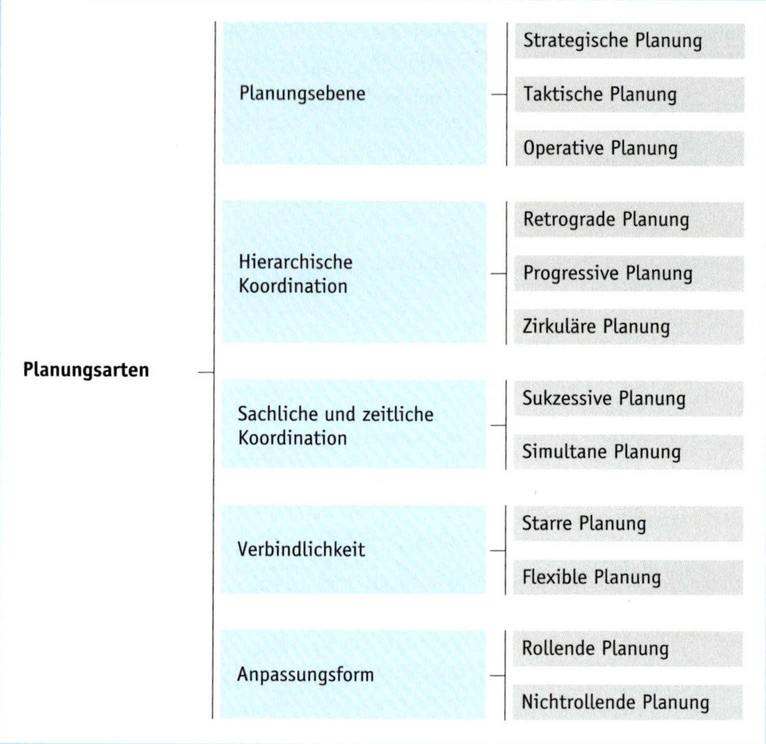

9.2.1.1.1 Strategische, taktische und operative Planung

Die Unterscheidung nach der Planungsebene nimmt Bezug darauf, dass die verschiedenen in einem Unternehmen aufgestellten Pläne in einem Über- und Unterordnungsverhältnis zueinander stehen und dementsprechend eine Planungshierarchie bilden. Dabei grenzen die übergeordneten Pläne jeweils den Handlungsrahmen für die untergeordneten Planungsebenen ab (vergleiche *Heinen, E.* 1991: Seite 64 ff.). In der Literatur und in der betrieblichen Praxis hat sich eine Drei-Ebenen-Einteilung in Form der strategischen, der taktischen und der operativen Planung herausgebildet (↗ Tabelle 9-1):

Planungsebenen

Strategische Planung

Strategische Pläne besitzen eine grundlegende Bedeutung für das Unternehmen. Sie betreffen in der Regel alle Unternehmensbereiche und sind eher vage und global definiert. Die strategische Planung bezieht sich auf einen Zeitraum, der etwa 5 bis 8 Jahre beträgt. Allerdings ist der Planungshorizont je nach Branche sehr unterschiedlich. Zumeist geht es im Rahmen dieser Langfristplanung um die gleichzeitige Optimie-

Tab. 9-1

Kennzeichnung von strategischer, taktischer und operativer Planung

Planungsebenen / Merkmale	Strategische Planung	Taktische Planung	Operative Planung
Zeithorizont	Langfristig (> 5 Jahre)	Mittelfristig (1–5 Jahre)	Kurzfristig (< 1 Jahr)
Differenzierungsgrad	Ein Gesamtplan	Wenige Teilpläne	Viele Teilpläne
Detaillierungsgrad	Niedriger Detaillierungsgrad, Kernprobleme	Mittlerer Detaillierungsgrad	Hoher Detaillierungsgrad, Detailprobleme
Einsatzbereiche	Schlecht definierte Probleme, z. B. Planung von Produktionsstandorten oder Absatzmärkten	Gut definierte Probleme, z. B. Investitions- oder Produktprogrammplanung	Sehr gut definierte Probleme, z. B. Kapazitätsplanung

Vergleiche *Pfohl, H.-C.* 1981: Seite 123

rung von mehreren abhängigen Größen (mehrdimensionales Zielsystem). Der lange Planungszeitraum und die Vielfalt der zu berücksichtigenden Einflussgrößen führen dazu, dass die strategische Planung außerordentlich komplex ist. Typische Beispiele für strategische Planungen sind die Errichtung einer neuen Produktionsstätte, die Erschließung eines neuen Absatzmarktes oder die Planung des zukünftigen Produktportfolios einschließlich der damit verbundenen Maßnahmen der Neuproduktentwicklung.

Taktische Planung

Aus der strategischen Planung werden die taktischen Pläne in Form von groben Maßnahmenkatalogen abgeleitet. Sie bilden den Rahmen für die Handlungen der organisatorischen Untereinheiten des Unternehmens (Funktions-, Geschäfts-, Länderbereiche). Im Gegensatz zu den strategischen Entscheidungen ist der Planungshorizont mittelfristig auf 1–5 Jahre angelegt, wodurch sich die Komplexität und die Unsicherheit der Entscheidungssituation verringern. Allerdings sind aufgrund des höheren Konkretisierungsgrades die zahlreichen Interdependenzen zwischen den einzelnen Funktionsbereichen zu berücksichtigen. Deshalb ist eine enge Zusammenarbeit zwischen den verschiedenen Organisationseinheiten bei der taktischen Planung zwingend erforderlich. Beispiele für taktische Planungssituationen sind mittelfristige Investitions- oder Produktprogrammentscheidungen.

Operative Planung

Operative Pläne sind kurzfristig orientiert (bis zu einem Jahr) und zumeist sehr detailliert. Sie beinhalten konkrete Ziele und Maßnahmen. So erfolgt zum Beispiel die geplante Anpassung an Nachfrageschwankungen durch konkrete Maßnahmen der zeitlichen, mengen- oder intensitätsmäßigen Kapazitätssteuerung in Form von Überstunden oder Kurzarbeit.

Formen der hierarchischen Plankoordination

9.2.1.1.2 Retrograde, progressive und zirkuläre Planung

Für die hierarchische Koordination von Plänen gibt es mehrere Verfahren (↗ Abbildung 9-4, zum Folgenden vergleiche *Mag, W.* 1993: Seite 54 f.):

Retrograde Planung (Top-down-Planung)

Bei der retrograden Planung verläuft die Planungsrichtung von der Unternehmensführung (»von oben«) zur Ausführungsebene (»nach unten«). Bei diesem Vorgehen sind die unteren (Planungs-) Hierarchien nur unzureichend in den Planungsprozess integriert. Ihre Pläne leiten sich jeweils unmittelbar aus denen der höheren Ebenen ab. Alle relevanten Planungsentscheidungen liegen damit letztendlich beim Top-Management. Die Motivationswirkung für die unteren Planungsebenen und deren Identifikation mit dem Unternehmensgesamtplan und ihrem jeweiligen Teilplan ist demzufolge häufig gering.

Progressive Planung (Bottom-up-Planung)

Die progressive Planung kehrt den eben skizzierten Planungsvorgang um. Es erfolgt eine Planung »von unten nach oben«. Durch die schrittweise Aggregation der Teilpläne von Hierarchiestufe zu Hierarchiestufe muss die Unternehmensführung die einzelnen Teilplanungen letztendlich koordinieren und zu einem unternehmerischen Gesamtplan zusammenfügen. Diese Koordination ist durchaus problematisch, weil die Einzelpläne bereits einen hohen Detaillierungsgrad aufweisen, der eine gegenseitige Abstimmung im Hinblick auf die Oberziele des Unternehmens erschwert.

Zirkuläre Planung (Gegenstrom-Verfahren)

Die zirkuläre Planung verbindet die beiden Verfahren der retrograden und der progressiven Planung miteinander. Nach einer retrograden Phase, in der von der Unternehmensführung die globalen Rahmenziele »top-down« vorgegeben werden, folgt eine progressive Phase, in der die Teilziele und die geplanten Maßnahmen »bottom-up« präzisiert und im Hinblick auf den Gesamtplan schrittweise integriert werden. Entspricht der so entstandene Gesamtplan nicht den Vorstellungen der Unternehmensführung, so finden weitere Planungsdurchläufe statt. Das Verfahren wird deshalb auch als »Gegenstromplanung« oder »Down-up-Planung« bezeichnet. Mit seiner Hilfe lassen sich die horizontalen und die vertikalen Interdependenzen zwischen den Plänen besser berücksichtigen. Durch das partizipative Vorgehen werden die Akzeptanz der Planvorgaben und die Motivation der Planungsträger wesentlich erhöht. Diese Vorteile werden allerdings mit einem höheren Koordinations- und Zeitaufwand erkauft.

9.2.1.1.3 Sukzessive und simultane Planung

Formen der zeitlichen Koordination

Wenn in einem Unternehmen mehrere Pläne erstellt werden, so beispielsweise Absatz-, Beschaffungs-, Finanz-, Personalpläne, müssen im Rahmen des Planungsprozesses die Interdependenzen zwischen diesen Einzelplänen berücksichtigt werden. Nur auf diese Weise ist sichergestellt, dass sich die Einzelpläne in die Gesamtplanung einfügen und keine Ziel- und Mittelkonflikte auftreten. Diese Planabstimmung kann sachlich und zeitlich sukzessiv oder simultan erfolgen (vergleiche *Hahn, D.* 1994: Seite 75 f.):

Abb. 9-4

Planungsarten nach hierarchischer Koordination

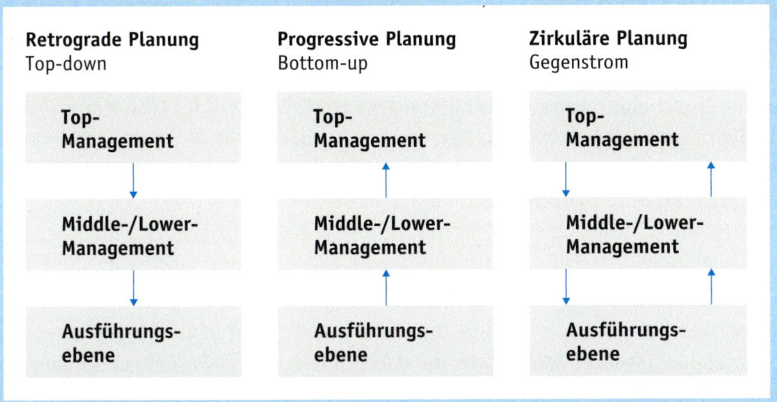

Sukzessive Planung

Im Rahmen der sukzessiven Planung werden die vorliegenden Einzelpläne schrittweise und aufeinander aufbauend erstellt und anschließend zusammengeführt beziehungsweise verdichtet. Dieses Verfahren ist zwar relativ einfach zu handhaben, birgt aber die Gefahr, dass die ganzheitliche Sicht verloren geht.

Simultane Planung

Bei der sukzessiven Planung wird den bestehenden Interdependenzen zwischen den Einzelplänen erst bei deren Konsolidierung Rechnung getragen. Dagegen betrachtet die simultane Planung diese Wirkungszusammenhänge bereits von Anfang an. In einem einzigen Entscheidungsprozess werden gleichzeitig alle betrachteten Planungsbereiche und Planungsperioden unter Berücksichtigung der zwischen ihnen auftretenden Wechselbeziehungen zusammengefügt. Aufgrund der sich dadurch ergebenden Komplexität wird in der Praxis selten simultan geplant.

Fallbeispiel 9-1 **Sukzessive Planung bei einem Automobilhersteller**

▸▸▸ In der *Speedy GmbH* erfolgt die Planung sukzessiv. Dazu wird zunächst ein Absatzplan für das nächste Geschäftsjahr erstellt. Aus dem Absatzplan wird dann der Produktionsplan abgeleitet. Darauf aufbauend erfolgt dann sukzessive die Personal-, Investitions- und Beschaffungsplanung. Die resultierenden Auswirkungen im Rechnungs- und Finanzwesen werden abschließend in Erfolgs- und Finanzplänen berücksichtigt. ◂◂◂

9.2.1.1.4 Starre und flexible Planung

Je nachdem, ob die Planung im Zeitablauf den veränderten Rahmenbedingungen angepasst werden kann oder nicht, lassen sich die starre und die flexible Planung unterscheiden:

Formen der Planverbindlichkeit

Starre Planung
Bei dem Vorliegen von starren Plänen sind die Teilpläne für den gesamten Planungszeitraum verbindlich, das heißt, zu Beginn der Planungsperiode werden die einzelnen Pläne nicht nur für die erste Teilperiode, sondern auch für alle geplanten Folgeperioden definitiv festgelegt. Dieses Vorgehen ist jedoch nur bei Vorliegen vollkommener Informationen sinnvoll, da eine flexible Reaktion auf Veränderungen der Entscheidungssituation nicht möglich ist. Insofern ist eine starre Planung in einem marktwirtschaftlichen System wenig sinnvoll, in dem fortlaufend Veränderungen auftreten, so beispielsweise hinsichtlich der Markt- und Wettbewerbsverhältnisse.

Flexible Planung
Im Gegensatz zur starren Planung wird bei der flexiblen Planung nur über diejenigen Alternativen definitiv entschieden, die in der gerade beginnenden Periode realisiert werden sollen. Über die Folgepläne wird dann von Periode zu Periode in Abhängigkeit von der jeweils aktuell eingetretenen Situation beschlossen. Dieses Vorgehen wird der großen Dynamik von heutigen Wirtschaftsprozessen gerecht und trägt mit dazu bei, eine Fehlallokation der knappen Unternehmensressourcen zu vermeiden.

9.2.1.1.5 Anpassungsformen der Planung
Die Rahmenbedingungen der Planung sind im Zeitablauf nur sehr selten stabil. Vielmehr erweist sich die Unternehmensumwelt in aller Regel als außerordentlich dynamisch. Beispielsweise treten neue Wettbewerber auf oder die Einstellung der Konsumenten gegenüber bestimmten Produkten verändert sich. Damit stellt sich die Frage, wie die Unternehmensplanung den sich laufend verändernden Planungsprämissen ausreichend Rechnung tragen kann, das heißt, welche Anpassungsform geeignet erscheint.

Rollende Planung

Die wohl bekannteste Anpassungsform ist die rollende (auch rollierende, gleitende) Planung, bei der die Anpassung von Feinplänen nach Ablauf eines Teilplans und die Anpassung von Grobplänen in Jahresabständen erfolgen (vergleiche *Heinen, E.* 1991: Seite 66, *Macharzina, K.* 2003: Seite 383, *Wild, J.* 1982: Seite 144 f., 178 f.). Das Prinzip der rollenden Planung verdeutlicht das Beispiel in der ↗ Abbildung 9-5 (vergleiche *Troßmann, E.* 1992: Seite 124). Zunächst werden im Rahmen der Mittelfristplanung die nächsten fünf Jahre grob geplant. Danach erfolgt eine detaillierte Planung des ersten Planjahres (Jahr 01) auf der Basis einer Quartalsplanung. Am Ende des ersten Quartals wird die Planung »fortgeschrieben«, das heißt, das nächste Quartal (1. Quartal im Jahr 02) wird detailliert geplant. Am Ende des ersten Planjahres erfolgt eine Grobplanung des Jahres 06. Dadurch wird die Rahmenplanung um ein Jahr fortgeschrieben und der Planungsprozess beginnt wieder in der geschilderten Weise.

9.2.1.2 Aufgaben der Planung
In der Literatur finden sich einige wesentliche Aufgaben der Planung. Zu ihnen gehören (vergleiche *Küpper, H.-U.* 1997: Seite 59, *Macharzina, K.* 2003: Seite 351 f., *Mag, W.* 1993: Seite 6, *Wild, J.* 1982: Seite 15 ff.):

Abb. 9-5

Beispiel für einen Planungszyklus bei rollender Planung

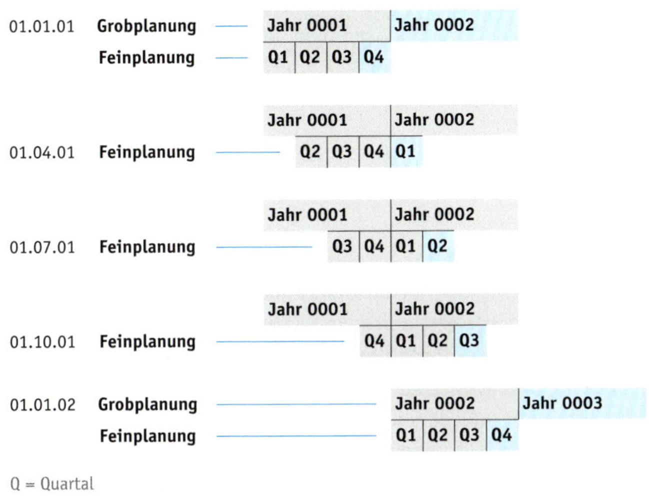

Ausrichtung der Planungsobjekte auf die angestrebten Ziele

Durch die Planung wird die Vielzahl der Teil- und Zwischenziele, die innerhalb eines Unternehmens bestehen, geordnet und auf die strategischen Unternehmensziele hin ausgerichtet. Dadurch können die im Planungszeitraum voraussichtlich verfügbaren finanziellen, personellen und materiellen Ressourcen optimal eingesetzt werden.

Risikoerkennung und Flexibilitätserhöhung

Unter Zuhilfenahme von entsprechenden Planungsmethoden und -verfahren können die mit dem »Blick in die Zukunft« verbundenen Risiken rechtzeitig erkannt und frühzeitig entsprechende Gegenmaßnahmen eingeleitet werden. Weitreichende Planungsaktivitäten verschaffen dem Planenden demnach einen zeitlichen Anpassungsvorsprung.

Schaffung von Entscheidungsgrundlagen

Da sämtlichen Planungsaktivitäten das Bestreben zugrunde liegt – oder zumindest liegen sollte – nicht irgendeine, sondern die für die Zielerreichung beste Alternative zu wählen, erfordert die Planung eine intensive Auseinandersetzung mit den Planungsinhalten und den Rahmenbedingungen der Planung. Dadurch werden vorschnelle Entscheidungen und eine Fehlallokation der knappen Mittel vermieden.

Information und Motivation

Die Planung legt die anzustrebenden Ziele, die zweckmäßigste Alternative zur Zielerreichung, die einzusetzenden Ressourcen und nicht zuletzt die Termine verbindlich fest. Sie bietet damit allen Beteiligten eine umfassende Orientierung für deren zukünftiges Handeln. Die Möglichkeit, aktiv am Planungsprozess teilzunehmen, beispielsweise im Rahmen eines Managements-by-Objectives, wirkt darüber hinaus motivierend und fördert in der Umsetzungsphase eine den Plänen entsprechende Verhaltensweise der Unternehmensmitglieder.

9.2.2 Strategische Planung

9.2.2.1 Grundlagen

Strategiebegriff

Der Strategiebegriff ist in den letzten Jahrzehnten zu einem Modewort des modernen Managements geworden. Sein sprachlicher Ursprung liegt im Griechischen und geht auf die beiden Worte »stratós« (Heer) und »ágein« (führen) zurück. Strategie bedeutet demnach die Kunst der Heerführung oder die Feldherrnkunst. Der Strategiebegriff wurde von *John von Neumann* und *Oskar Morgenstern*, den beiden Erfindern der sogenannten »Spieltheorie«, aus dem militärischen Bereich auf die Wirtschaftswissenschaften übertragen. Strategie bedeutet in der Spieltheorie eine Folge von Einzelschritten, die auf ein bestimmtes Ziel hin ausgerichtet ist. *Igor Ansoff* hat den Strategiebegriff 1965 im Management eingeführt und die Strategie als Maßnahmen zur Sicherung des langfristigen Unternehmenserfolgs definiert (vergleiche *Bea, F. X./Haas, J.* 1997: Seite 45, *Macharzina, K.* 2003: Seite 235). Den weiteren Ausführungen liegt folgende Definition der Unternehmensstrategie zugrunde:

> Eine **Strategie** ist das rational geplante Entscheidungs-, Maßnahmen- und Verhaltensbündel, das der langfristigen Sicherung des Unternehmenserfolgs dient.

9.2.2.1.1 Arten von Strategien

In der Praxis werden Strategien häufig anhand von denjenigen Unternehmenseinheiten und -bereichen unterschieden, die von der Strategieformulierung betroffen sind. Diese Form der Differenzierung führt zu einer Unterscheidung von Unternehmensstrategien (Corporate Strategies), Funktionsbereichsstrategien (Functional Unit Strategies) und Geschäftsbereichsstrategien (Business Unit Strategies). Die zwischen diesen drei Strategietypen bestehenden Zusammenhänge werden in der ↗ Abbildung 9-6 verdeutlicht (vergleiche *Braun, C. C.* 1995: Seite 17 f., *Hahn, D.* 1997: Seite 152, *Pümpin, C./Gälweiler, A./Neubauer, F.-F.* et al. 1981: Seite 20).

Unternehmensstrategien

Auf Gesamtunternehmensebene richtet sich der strategische Fokus vor allem auf solche Fragestellungen, die sich aus den Grundsatzproblemen der Unternehmenstätigkeit ableiten lassen. Hier stellt sich also weniger die Frage, wie etwas getan werden

Abb. 9-6

Arten von Strategien

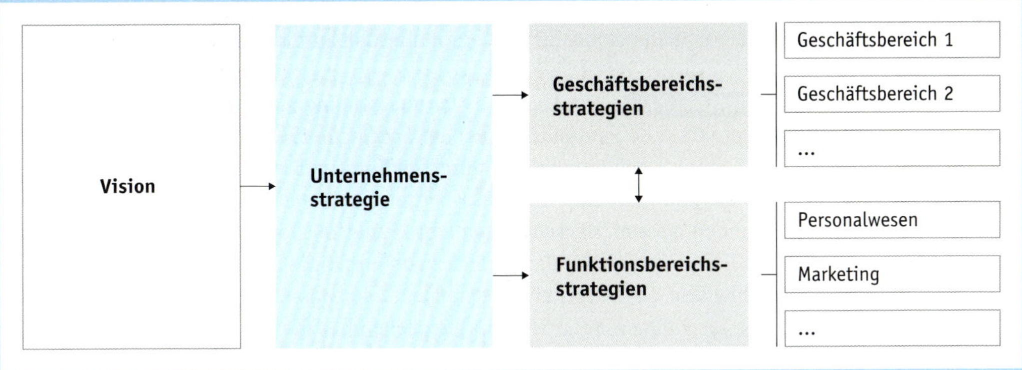

soll, als vielmehr, was überhaupt getan werden soll. Im Mittelpunkt steht demnach die Effektivität (effectiveness: »to do the right things«). Die Kernfragen einer effektiven strategischen Unternehmensführung sind beispielsweise:

Strategische Kernfragen

- Auf welchen Märkten soll das Unternehmen präsent sein?
- Welche Produkte sollen auf den jeweiligen Märkten angeboten werden?
- Wo liegen zukünftige Kernkompetenzen?

Die Fragen verdeutlichen, dass es bei der Formulierung der Unternehmensstrategie um Produkt-Markt-Strategien geht, die festlegen, welche langfristigen Wachstums- und Ertragsziele verfolgt werden und welche grundlegenden Handlungsprogramme hierzu eingesetzt werden sollen. Im Rahmen der strategischen Umsetzung erfolgt dann die Verteilung der zur Verfügung stehenden finanziellen, materiellen und personellen Ressourcen auf der Gesamtunternehmensebene.

Funktions- und Geschäftsbereichsstrategien

Stärkere Effizienzorientierung

Die Funktionsbereichs- und die Geschäftsbereichsstrategien zeichnen sich durch eine stärkere Effizienzorientierung aus. Dieses Streben nach Effizienz (efficiency: »to do the things right«) ergibt sich aus ihrer schrittweisen Ableitung aus der übergeordneten Unternehmensstrategie:

- Die **Funktionsbereichsstrategien** legen die grundsätzlichen Zielsetzungen und Aktivitäten der verschiedenen Funktionsbereiche eines Unternehmens fest, zum Beispiel in Form der Personalstrategie, der Forschungs- und Entwicklungs-Strategie, der Marketing-Strategie oder der Datenverarbeitung-Strategie.
- Im Rahmen der **Geschäftsbereichsstrategie** wird die strategische Ausrichtung eines einzelnen Geschäftsbereichs (Division, Sparte, Center, Business-Unit) festgelegt, wobei sich ein Geschäftsbereich (organisatorische Einheit) in der Praxis häufig auf ein Geschäftsfeld konzentriert (strategische Einheit), das heißt für die Bearbeitung eines spezifischen Markts oder Marktsegments verantwortlich ist.

Durch ihre Stellung als untergeordnete Strategieebenen sind die Funktionsbereichs- und die Geschäftsbereichsstrategien eng mit der Unternehmensstrategie verknüpft. Zwischen ihnen bestehen weitreichende Beziehungen sowohl hinsichtlich der Ressourcenbindung als auch in Bezug auf die strategische Zielausrichtung. Sie müssen deshalb im Rahmen der Strategieformulierung aufeinander abgestimmt werden.

Fallbeispiel 9-2 **Strategische Planung bei einem Automobilhersteller**

▸▸▸ Der jährliche Planungsprozess der *Speedy GmbH* verläuft in mehreren Abschnitten: Zunächst werden von der Geschäftsführung die Rahmenziele für das folgende Geschäftsjahr erarbeitet. Sie müssen ihrerseits in den Rahmen der strategischen Zielsetzungen passen. Danach legen die Funktionsbereiche ihre Zielsetzungen fest (zum Beispiel die Höhe der Bereichskosten und die Leistungsmenge). Nach der Verabschiedung des Unternehmensplans und der Bereichspläne werden alle Führungskräfte im Rahmen des Führungsgesprächs über die Planung informiert. Sie geben diese Information wiederum an ihre Mitarbeiter weiter und vereinbaren jeweils individuelle Mitarbeiterziele für das folgende Geschäftsjahr. Darüber hinaus sind die Plandaten und ihr aktueller Zielerreichungsgrad jederzeit im Intranet der *Speedy GmbH* abrufbar. ◂◂◂

9.2.2.1.2 Vorgehensweise bei der strategischen Planung

Hinsichtlich der Vorgehensweise bei der strategischen Planung bestehen in der Betriebswirtschaftslehre sehr unterschiedliche Ansätze, die *Mintzberg* in die »zehn Schulen« der strategischen Planung unterteilt (vergleiche *Mintzberg, H.* 2005).

Das in diesem Buch verwendete Modell wird in ↗ Abbildung 9-7 dargestellt. Es enthält sowohl Elemente des Strategiemodells der *Harvard Business School* als auch des *St. Galler General Management Navigators* von *Müller-Stewens* und *Lechner* (vergleiche *Müller-Stewens, G./Lechner C.* 2005: Seite 27 ff. und 61 ff.). Ergänzend dazu werden verschiedene Instrumente der Strategieformulierung im Modell aufgeführt und eingeordnet.

Schritte der strategischen Planung

In Abhängigkeit von der Zielsetzung kann die strategische Planung ressourcen- oder marktorientiert erfolgen. Generell lassen sich dabei mehrere Schritte unterscheiden, die zur Entwicklung und Umsetzung einer Unternehmensstrategie vollzogen werden müssen (vergleiche *Hinterhuber, H. H.* 1996: Seite 113 ff., *Müller-Stewens, G./Lechner C.* 2005: Seite 27 ff. und *Ulrich, H./Fluri, E.* 1995: Seite 116 ff.):

Initiierung

Der Prozess der strategischen Planung kann durch verschiedene Impulse initiiert werden, wie beispielsweise durch das Auftreten neuer Konkurrenten oder durch das Bestreben von Mitarbeitern, ein Unternehmen in eine bestimmte Richtung zu entwickeln.

Situationsanalyse

Im Rahmen der Situationsanalyse werden die gegenwärtige und die zukünftig zu erwartende Situation des Unternehmens und seiner Umwelt analysiert. Die Analyse

Abb. 9-7

Vorgehensweise bei der strategischen Planung

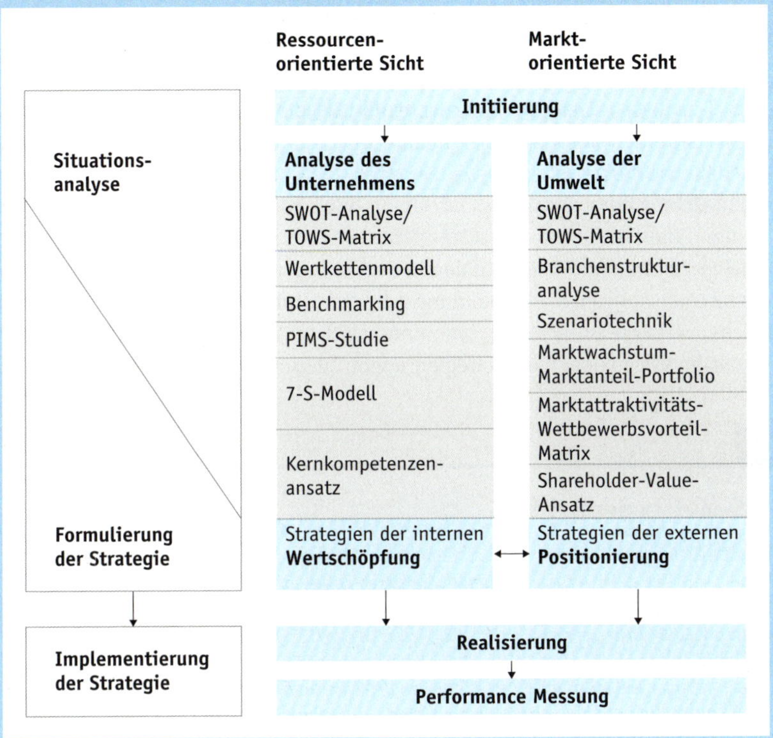

des Unternehmens ergibt dabei dessen Stärken und Schwächen, die Analyse der Umwelt die Chancen und Risiken des Unternehmens.

Für die Situationsanalyse gibt es eine Reihe von methodischen Ansätzen. In der Regel ist dabei keine eindeutige Abgrenzung zu der nachfolgenden Strategieformulierung möglich, da sich aus den Analyseergebnissen im Allgemeinen immer auch bestimmte Strategien ergeben.

Strategieformulierung

Die Formulierung von Strategien kann ressourcen- und/oder marktorientiert erfolgen. Sie wird weiter unterteilt in die Entwicklung verschiedener Strategiealternativen und in die anschließende Entscheidung für eine dieser Alternativen.

Implementierung der Strategie

Im Anschluss an die Formulierung von Strategien werden diese implementiert. Die Implementierung umfasst die Realisierung und Performance-Messung zur Kontrolle des Implementierungserfolgs.

9.2.2.2 Ressourcenorientierte Strategieformulierung

Im Mittelpunkt der ressourcenorientierten Strategieformulierung stehen die Stärken und Schwächen von Unternehmen und basierend darauf die Strategien zur Gestaltung und Optimierung der internen Wertschöpfung.

9.2.2.2.1 SWOT-Analyse und TOWS-Matrix

SWOT-Analyse

Die SWOT-Analyse (Strengths-Weaknesses-Opportunities-Threats) ist ein Analyseinstrument, das einen Überblick über die internen Stärken und Schwächen eines Unternehmens sowie dessen externe Gelegenheiten und Bedrohungen gibt. Die SWOT-Analyse umfasst insofern sowohl ressourcen- als auch marktorientierte Aspekte.

TOWS-Matrix

In der darauf aufbauenden TOWS-Matrix werden die Stärken und Schwächen zu den Gelegenheiten und Bedrohungen in Beziehung gesetzt und daraus vier Gruppen von Strategien abgeleitet (↗ Abbildung 9-8). Die Strategien werden dann einer systematischen Analyse unterzogen, um mindestens eine geeignete strategische Handlungsoption für jede der vier Strategiegruppen zu ermitteln. Durch die ausgewählten

Wirtschaftspraxis 9-1

SWOT-Analyse und TOWS-Matrix der BMW AG

Eine in den 1990er-Jahren erstellte SWOT-Analyse der *BMW AG* ergab folgende Einschätzung:

- **Stärken (Strengths S):** (S1) die Produktqualität wurde seit 1989 um etwa 25 Prozent erhöht. (S2) *BMW* verfügt in der Fertigung über hohe Flexibilitätspotenziale. (S3) *BMW* verfügt mit der *Forschungs- und Ingenieurzentrum GmbH* über einen »Think-Tank«. (S4) *BMW* ist in den vergangenen Jahren stärker gewachsen als die Gesamtbranche. (S5) *BMW* hat seine Kompetenzen auf den Automobilbereich fokussiert.
- **Schwächen (Weaknesses W):** (W1) überdurchschnittliches Lohnniveau im Vergleich zu ausländischen Herstellern. (W2) *BMW* ist an relativ wenigen strategischen Allianzen beteiligt. (W3) Konkurrent *Mercedes-Benz* setzt in Japan und in den Vereinigten Staaten wesentlich mehr Komfortlimousinen ab. (W4) *BMW* verfügt lediglich über eine Marke.
- **Gelegenheiten (Opportunities O):** (O1) Der dichter werdende Straßenverkehr erfordert neue, kompakte Fahrzeugkonzepte. (O2) immer mehr junge Menschen können sich einen *BMW* leisten. (O3) die Wiedervereinigung ermöglicht den Aufbau von Werken in Ostdeutschland.
- **Gefahren (Threats T):** (T1) der Dollar notiert niedrig. (T2) die japanische Konkurrenz erweitert ihr Angebot im Bereich der Komfortlimousinen. (T3) die Benzinkosten steigen. (T4) die Gesellschaft wird gegenüber Ökologieproblemen sensibler. (T5) die Auslastung in der Automobilbranche schwankt stark. (T6) der Welt-Automobilmarkt wächst nur begrenzt.

Aufbauend darauf ließen sich in einer TOWS-Matrix folgende Strategien ableiten:

- **Strength-Opportunities-Strategien (SO):** Strategie aus (S2), (S3), (O1), (O2): Markteinführung des *BMW 316i compact*; Strategie aus (S5), (O3): Aufbau und Erweiterung des *BMW*-Werkes in Eisenach/Thüringen; Strategie aus (S1), (S2), (S3), (O1): Entwicklung eines Kleinwagens für den Stadtverkehr.
- **Weakness-Opportunity-Strategie (WO):** Strategie aus (W1), (O3): Aufbau und Erweiterung des *BMW*-Werkes in Eisenach/Thüringen.
- **Strength-Threats-Strategien (ST):** Strategie aus (S5), (T1), (T5): Aufnahme der Roadster-Fertigung in den Vereinigten Staaten; Strategie aus (S2), (S3), (T6): Angebot einer hohen Ausstattungsvielfalt in der Kompaktklasse; Strategie aus (S4), (S5), (T2), (T5), (T6): Konzernwachstum, Gewinnung einer zweiten Marke und Diversifikation durch Übernahme der *Rover Group PLC*.
- **Weakness-Threats-Strategien (WT):** Strategie aus (W1), (W3), (T1), (T5): Aufnahme der Roadster-Fertigung in den Vereinigten Staaten; Strategie aus (W4), (T2), (T5), (T6): Konzernwachstum, Gewinnung einer zweiten Marke und Diversifikation durch Übernahme der *Rover Group PLC*; Strategie aus (W2), (W4), (T3), (T4): Gewinnung einer zweiten Marke und Diversifikation; Entwicklung eines Kleinwagens für den Stadtverkehr.

Quelle: *Macharzina, K.*: Unternehmensführung, 2. Auflage, Wiesbaden 1995, Seite 278 f.

Abb. 9-8

SWOT-Analyse und TOWS-Matrix

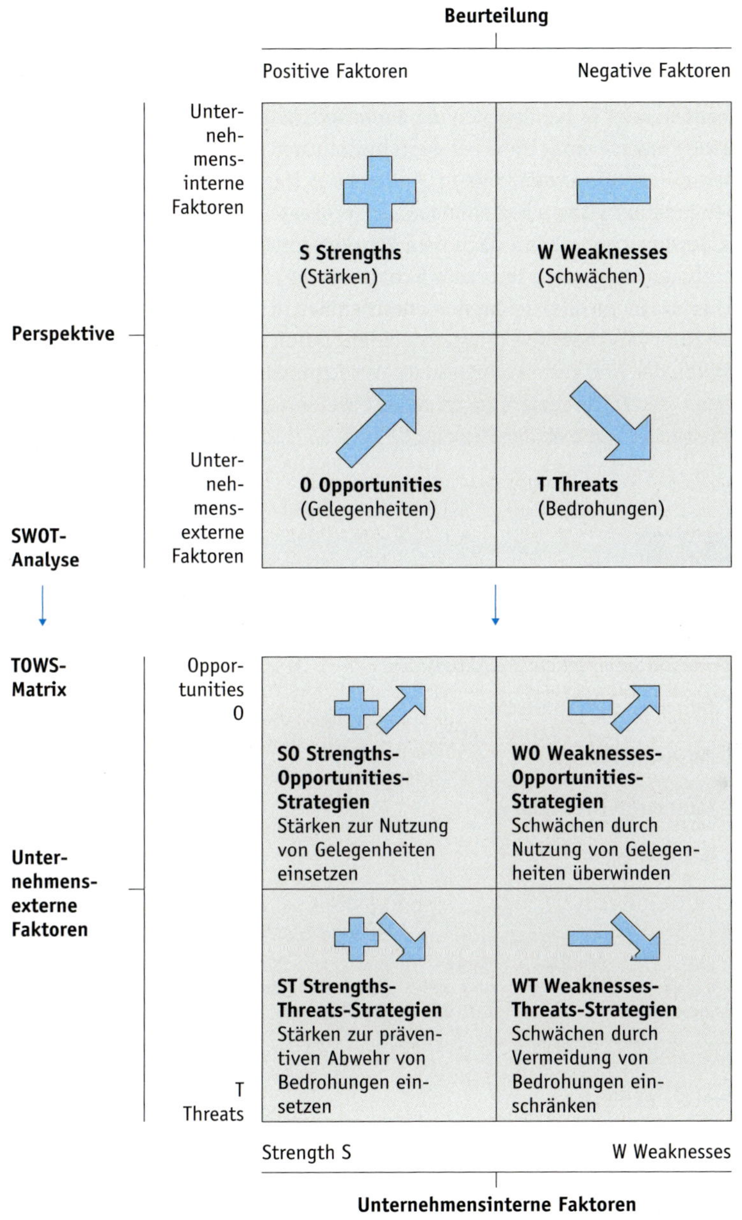

Vergleiche ähnlich *Macharzina, K.* 2003: Seite 299

Strategien sollen zum einen Stärken ausgebaut und Schwächen des Unternehmens reduziert werden und zum anderen sich bietende Chancen genutzt und Risiken so weit wie möglich vermieden werden (vergleiche *Macharzina, K.* 2003: Seite 298 ff. und *Müller-Stewens, G./Lechner C.* 2005: Seite 224 ff.).

9.2.2.2.2 Wertkettenmodell

Das Wertkettenmodell wurde von dem amerikanischen Wirtschaftswissenschaftler *Porter* entwickelt. Es handelt sich um ein analytisches Instrument, mit dessen Hilfe sämtliche Prozesse eines Unternehmens hinsichtlich ihres Einflusses auf die Gewinnspanne untersucht werden können. Anhand des Marktbezugs werden dabei Primär- und Sekundäraktivitäten beziehungsweise -prozesse unterschieden.

Die Gewinnspanne kann nach dem Wertkettenmodell gesteigert werden, indem Unternehmen strategisch relevante Aktivitäten zu niedrigeren Kosten als ihre Wettbewerber erbringen oder indem sich Unternehmen in strategisch relevanten Aktivitäten von ihren Wettbewerbern unterscheiden. Durch die systematische Analyse aller Aktivitäten der Wertkette können somit Ansatzpunkte für Strategien der Kostensenkung und der Differenzierung formuliert werden (↗ Abbildung 9-9, *Porter, M. E.* 2000: Seite 65 ff. und *Müller-Stewens, G./Lechner C.* 2005: Seite 216 ff.).

Abb. 9-9

Wertkettenmodell

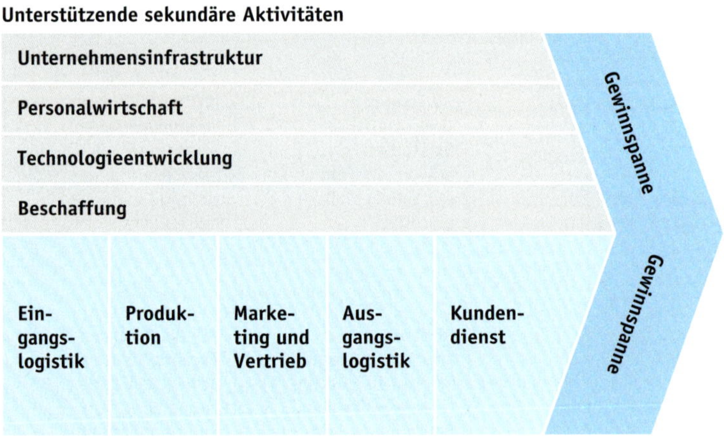

Vergleiche *Porter, M. E.* 2000: Seite 62

9.2.2.2.3 Benchmarking

Das Benchmarking (englisch: Leistungsvergleich) ist eine Analysemethode, bei der durch systematische Vergleiche die besten Methoden und Verfahren zur Durchführung eines bestimmten Prozesses, die sogenannten **Best-Practices**, identifiziert und im eigenen Unternehmen angewendet werden sollen. Das Benchmarking läuft in folgenden Schritten ab (vergleiche *Jung, H.* 2003: Seite 311 ff.):

Vorgehensweise beim Benchmarking

Auswahl der Benchmarkingbereiche

Im ersten Schritt wird festgelegt, welche Prozesse verglichen werden sollen. Dies können beispielsweise Produktions- oder Logistikprozesse, aber auch administrative Prozesse sein.

Auswahl der Benchmarks

In dieser Phase werden die Benchmarks festgelegt, die für die Vergleiche herangezogen werden. In der Regel handelt es sich dabei um Kennzahlen, wie beispielsweise die Liefertreue in der Logistik, die für die Produktion vergleichbarer Produkte erforderliche Arbeitszeit, die Anzahl der durchgeführten Buchungen je Mitarbeiter und Tag im Rechnungswesen oder die Wartezeit bei einem Anruf im Servicebereich.

Arten des Benchmarkings

Auswahl von Vergleichspartnern

Im nächsten Schritt werden mögliche Vergleichspartner gesucht. Hinsichtlich der Vergleichspartner lassen sich folgende Formen des Benchmarkings unterscheiden (↗ Abbildung 9-10):

- Beim **internen Benchmarking** erfolgt der Vergleich innerhalb des Betriebes, beispielsweise indem zwei Werke miteinander verglichen werden, die ähnliche Produkte produzieren.

Abb. 9-10

Arten des Benchmarkings

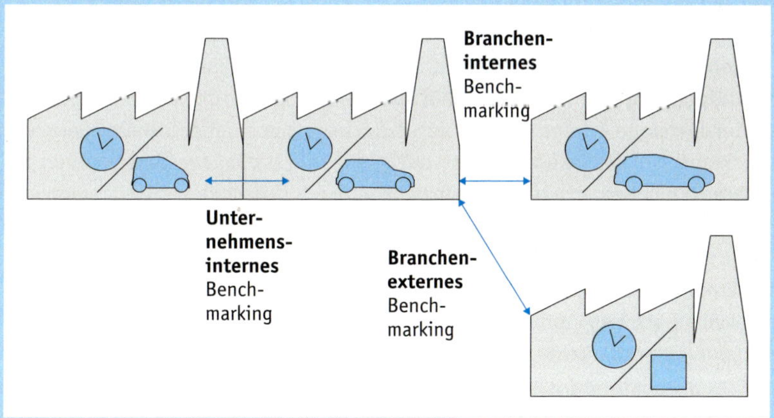

Wirtschaftspraxis 9-2

Der wichtigste Benchmark der Automobilhersteller

Als wichtigster Benchmark der Automobilhersteller gilt die von der Unternehmensberatung *Harbour Consulting* ermittelte Kennzahl »Arbeitsstunden pro Auto«. Sie ist ein Maß für die Produktivität von Automobilherstellern. Die berücksichtigten Arbeitsstunden umfassen dabei nicht nur Arbeitsstunden von Mitarbeitern, die direkt an der Produktion von Automobilen beteiligt sind, sondern auch Arbeitsstunden von Mitarbeitern aus indirekten Bereichen, wie der Materialwirtschaft oder der Verwaltung.
Der Benchmark erlaubt sowohl unternehmensinterne Vergleiche zwischen verschiedenen Standorten als auch brancheninterne Vergleiche zwischen verschiedenen Automobilherstellern. So wurden im Jahr 2005 zur Herstellung eines *Ford Fiesta* in Köln 14,95 Arbeitsstunden pro Auto benötigt (Rang 1 des *Harbour Report Europe* 2005), während dafür im spanischen Valencia 19,00 Arbeitsstunden (Rang 8 des *Harbour Report Europe* 2005) erforderlich waren. Für die Produktion eines *Audi TT* im ungarischen Györ fielen hingegen sogar 80,60 Arbeitsstunden an, was den *Audi TT* auf den Rang 47 des *Harbour Report Europe* 2005 brachte.

Quelle: *Harbour Report*: Bestgehütetes Geheimnis, in: *Capital*, 6/2006, Seite 39.

- Beim **brancheninternen Benchmarking** erfolgt ein direkter Vergleich mit Konkurrenten. Dies soll in der Regel Aufschluss über die Positionierung im Markt geben.
- Beim **branchenexternen Benchmarking** erfolgt der Vergleich mit Unternehmen aus völlig anderen Bereichen und Branchen. Dadurch soll bei speziellen Prozessen branchenübergreifend die beste Vorgehensweise ermittelt werden.

Durchführung des Vergleichs
Das interne Benchmarking wird häufig von internen Beratungsabteilungen durchgeführt. Das brancheninterne und das branchenexterne Benchmarking erfolgen in der Regel unter der Moderation eines Verbandes oder einer Unternehmensberatung, die die Daten anonym erfassen und auswerten. Ein Problem stellt dabei häufig die genaue Beschreibung der Best-Practices dar, um diese auch in anderen Unternehmen einsetzen zu können.

Ableitung von Strategien
Die im Rahmen des Benchmarkings gewonnenen Erkenntnisse geben Aufschluss über die eigenen Stärken und Schwächen. Diese Erkenntnisse können die Grundlage für die Formulierung von Strategien sein. Da die Analyse in der Regel für bestimmte Funktionsbereiche erfolgt, eignen sich die Erkenntnisse dabei insbesondere für die Entwicklung von Funktionsbereichsstrategien. Durch die Identifikation von Kernkompetenzen lassen sich darüber hinaus aber auch Unternehmensstrategien entwickeln beziehungsweise weiterentwickeln.

9.2.2.2.4 PIMS-Studie
Bei der PIMS-Studie (Profit Impact of Market Strategy) handelt es sich um eine seit den 1960er-Jahren durchgeführte branchenübergreifende Analyse der Entwicklung von etwa 3 000 strategischen Geschäftseinheiten (SGE) in mehr als 400 Unternehmen. Die Studie wurde ursprünglich von *General Electric* initiiert und von *Sidney Schoeffler* von der *Harvard Business School* geleitet.

Die Studie verfolgt das Ziel, mittels multipler Regressionsanalysen den Einfluss von 37 Faktoren, wie beispielsweise des Marktanteils, der Produktqualität, der Forschungs- und Entwicklungsausgaben oder dem Diversifizierungsgrad, auf den Return-on-Investment (ROI) und den Cashflow der Strategischen Geschäftseinheiten zu ermitteln. Aus den sich ergebenden Zusammenhängen lassen sich auch Unternehmensstrategien ableiten. Die Studie ergab unter anderem folgende Zusammenhänge (vergleiche *Müller-Stewens, G./Lechner C.* 2005: Seite 320 ff.):

Zielsetzung der PIMS-Studie

Einflussfaktoren auf ROI und Cashflow

- Der **Marktanteil** hat den größten positiven Einfluss auf die Zielgrößen Return-on-Investment und Cashflow.
- Eine im Vergleich zu Wettbewerbern hohe **Produktqualität** wirkt sich sehr positiv auf den Return-on-Investment und den Cashflow aus, da höhere Preise erzielt werden können.
- Eine hohe **Produktivität**, ausgedrückt als »Wertschöpfung je Beschäftigter«, wirkt sich positiv auf den Return-on-Investment und den Cashflow aus. Allerdings nicht, wenn die Produktivität mit einer hohen **Investitionsintensität** einhergeht.
- Mit einer hohen **Innovationsrate** kann eine Verbesserung des Return-on-Investment und des Cashflows erreicht werden, allerdings nur, wenn die Unternehmen über einen hohen Marktanteil verfügen.

9.2.2.2.5 7-S-Modell

In dem 7-S- oder **Erfolgsfaktoren-Modell** werden sieben erfolgsrelevante Faktoren von Unternehmen aufgezeigt (↗ Abbildung 9-11). Das Modell beruht auf einer Untersuchung von 62 amerikanischen Unternehmen, wie *Hewlett-Packard*, *IBM*, *3M*, *Kodak* oder *Procter & Gamble*, und den Erfahrungen von *Peters* und *Waterman*, die diese als Mitarbeiter des Beratungsunternehmens *McKinsey* sammelten. Das Modell soll die »Spitzenleistungen« der – zum Zeitpunkt der Untersuchung Anfang der 1980er-Jahre – exzellenten Unternehmen erklären (vergleiche *Peters, T. J./Waterman, R. H.* 1984: Seite 32, *Waterman, R. H./Peters, T. J./Phillips, J. R.* 1980: Seite 2 ff.).

Erfolgsfaktoren

Peters und *Waterman* unterscheiden in ihrem Erfolgsfaktorenmodell die drei »harten« Faktoren: Strategie, Strukturen, Systeme, die einen eher rational-quantitativen Charakter aufweisen, und die vier »weichen« Faktoren: Ziele, Fähigkeiten, Personal, Führungsstil/-kultur, die vorwiegend emotional-qualitativer Natur sind. Ähnlich wie das Wertkettenmodell stellen diese sieben Erfolgsfaktoren einen Rahmen für die strukturierte Analyse und Strategieformulierung dar. Nach Ansicht von *Peters* und *Waterman* macht dabei erst die Wechselwirkung dieser Faktoren ein Unternehmen erfolgreich, wobei es nach ihrer Meinung überwiegend die weichen Faktoren sind, die Unternehmen zu Spitzenleistungen führen, und nicht, wie häufig angenommen, die harten Faktoren.

Merkmale erfolgreicher Unternehmen

Peters und *Waterman* identifizierten zudem folgende acht Merkmale von exzellenten Unternehmen (vergleiche *Peters, T. J./Waterman, R. H.* 1984: Seite 36 ff.):

- Primat des Handelns (»A bias for action«),
- Nähe zum Kunden (»Close to the customer«),
- Freiraum für Unternehmertum (»Autonomy and entrepreneurship«),
- Produktivität durch Menschen (»Productivity through people«),
- Sichtbar gelebtes Wertesystem (»Hands-on, value driven«),

Abb. 9-11

7-S-Modell

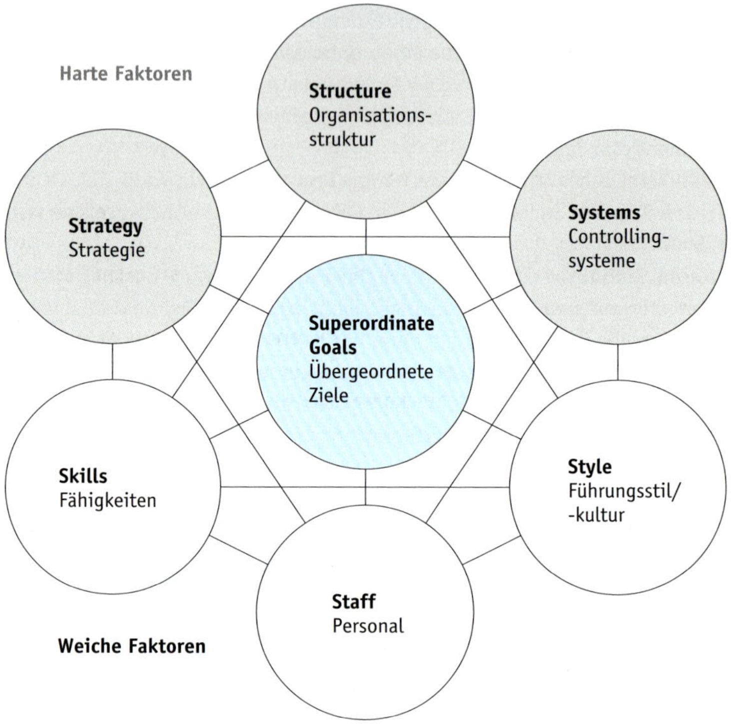

Vergleiche *Peters, T. J./Watermann, R. H.* 1982: Seite 9

- Bindung an angestammte Geschäfte (»Stick to the knitting«),
- Einfache, flexible Organisationsstrukturen (»Simple form, lean staff«),
- Straff-lockere Führung (»Simultaneous loose-tight properties«).

Diese Merkmale können auch heute noch Anregungen für die Festlegung der zu verfolgenden Unternehmensziele und Strategien geben. Sie sind in den meisten Fällen jedoch zu allgemein, um den spezifischen Anforderungen der in der Praxis anzutreffenden Unternehmenssituationen gerecht zu werden (vergleiche *Vahs, D.* 2019: Seite 5 ff.).

9.2.2.2.6 Kernkompetenzenansatz

Die in den vorangegangenen Kapiteln beschriebenen Ansätze können zur Identifikation von sogenannten Kernkompetenzen verwendet werden. Das Konzept der Kernkompetenzen wurde von den beiden amerikanischen Managementwissenschaftlern *Prahalad* und *Hamel* entwickelt (vergleiche *Prahalad, C.K./Hamel G.* 1996: Seite 309 ff.). Aufgrund der Beobachtung der Erfolge und Misserfolge verschiedener Unternehmen entwickelten sie die Auffassung, dass erfolgreiche Unternehmen nicht über ein Portfolio von Geschäftseinheiten, sondern über ein Portfolio von Kernkompetenzen verfügen.

Kernkompetenzen sind die kollektiv erworbenen Fähigkeiten und das Wissen eines Unternehmens, das dieses über Jahre und Jahrzehnte durch die permanente Weiterentwicklung seiner Produkte und Prozesse aufgebaut hat.

So kann ein Unternehmen beispielsweise Ingenieure mit sehr speziellen Kenntnissen beschäftigen, es kann spezielle Produktionseinrichtungen besitzen oder es kann über entsprechende Patente verfügen. Aufgrund ihrer langen Entwicklungsdauer sind Kernkompetenzen dabei in der Regel schwer von Wettbewerbern zu imitieren.

Kernprodukte und Geschäftseinheiten

Prahalad und *Hamel* sehen diversifizierte Konzerne bildhaft gesprochen sozusagen als Bäume (↗ Abbildung 9-12), Die Kernkompetenzen sind die Wurzeln des Baums. Durch die Kombination von Kernkompetenzen entstehen die **Kernprodukte** eines Unternehmens, der Stamm des Baums. So konnte beispielsweise der japanische Elektronikkonzern *Canon* durch die Kombination seiner Kernkompetenzen in der Fotooptik und der Mikroelektronik das Kernprodukt digitale Fotoapparate entwickeln. Durch die Anpassung der Kernprodukte an die Markterfordernisse entstehen **Geschäftseinheiten** und **Produkte**, die als die Zweige und die Blätter beziehungsweise die Früchte des Baums angesehen werden können. Bei *Canon* sind dies beispielsweise Fotoapparate für den Konsumbereich und den industriellen Bereich. Im Rahmen der strategischen Planung gilt es nun zu überprüfen:

- welche Kernkompetenzen ein Unternehmen hat und
- welche Kernkompetenzen es nicht hat,
- welche der vorhandenen Kompetenzen in das Unternehmensportfolio passen und

Abb. 9-12

Kernkompetenzenansatz

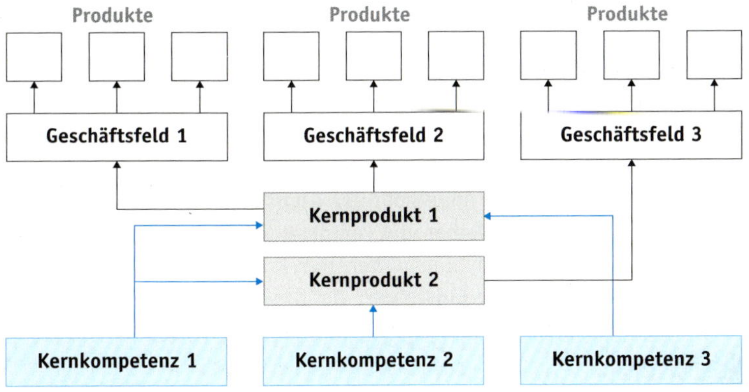

Vergleiche *Prahalad, C. K./Hamel G.* 1996: Seite 315

Wirtschaftspraxis 9-3

Die Kernkompetenzen von Canon

Als Kernkompetenzen des japanischen Unternehmens *Canon Inc.* gelten die Feinmechanik, die Feinoptik und die Mikroelektronik. Auf diesen Kernkompetenzen basieren Kernprodukte, wie beispielsweise Kameras, Drucker, Kopierer oder Videosysteme. Im Consumer-Bereich von *Canon* resultieren daraus dann beispielsweise Produkte wie verschiedene Kompakt- und Spiegelreflexkameras.

Quelle: *Prahalad, C. K./Hamel G.*: Nur Kernkompetenzen sichern das Überleben, in: Strategie – Die brillanten Beiträge der weltbesten Strategie-Experten, herausgegeben von *Montgomery, C. A./Porter M. E.*, Wien 1996, Seite 309–335.

- welche der vorhandenen Kompetenzen nicht benötigt werden und deshalb beispielsweise verkauft werden sollten und
- welche Kompetenzen, beispielsweise durch Zukauf von Unternehmen, aufgebaut werden sollten.

9.2.2.3 Marktorientierte Strategieformulierung

Im Mittelpunkt der marktorientierten Strategieformulierung stehen die Chancen und Risiken von Unternehmen in ihrer Umwelt und basierend darauf die Strategien zur Verbesserung der externen Positionierung gegenüber Marktteilnehmern und anderen Stakeholdern.

9.2.2.3.1 Branchenstrukturanalyse

Die Branchenstrukturanalyse ist ein Instrument zur Analyse der Unternehmensumwelt. Sie stammt von dem amerikanischen Strategieexperten *Porter* (vergleiche *Porter M. E.* 1996: Seite 13 ff.). Zu Beginn der Branchenstrukturanalyse wird die Branche abgegrenzt.

Nach *Porter* ist eine **Branche** eine Gruppe von Unternehmen, die Produkte erzeugen, die sich gegenseitig nahezu ersetzen können.

Wettbewerbsbestimmende Kräfte

Wie eng die Branchengrenzen dabei gezogen werden, hängt von den Analysezielen ab. Sind diese sehr global, kann beispielsweise die gesamte Automobilbranche betrachtet werden, sind diese sehr speziell, können beispielsweise nur zweisitzige Luxuscabriolets betrachtet werden. Innerhalb einer Branche hängt die Wettbewerbssituation dann von fünf Kräften, den sogenannten **Five-Forces** ab (↗ Abbildung 9-13):

- Intensität des Wettbewerbs innerhalb der **Branche**: Dieser hängt insbesondere von der Anzahl der Wettbewerber und von deren Marktanteilen ab. Viele Wettbewerber führen in der Regel zu einem intensiven Preiswettbewerb.
- Markteintrittsschranken für **Einsteiger**: Wenn neue Wettbewerber leicht in die Branche eintreten können, führt dies tendenziell zu niedrigen Gewinnen innerhalb der Branche.
- Bedrohung durch **Ersatz-** beziehungsweise **Substitutionsprodukte**: Ersatzprodukte können die Branchenstruktur völlig verändern, wenn sie dafür sorgen, dass die Nachfrage nach den vorhandenen Produkten einbricht. Beispiele für Ersatz-

Abb. 9-13

Branchenstrukturanalyse

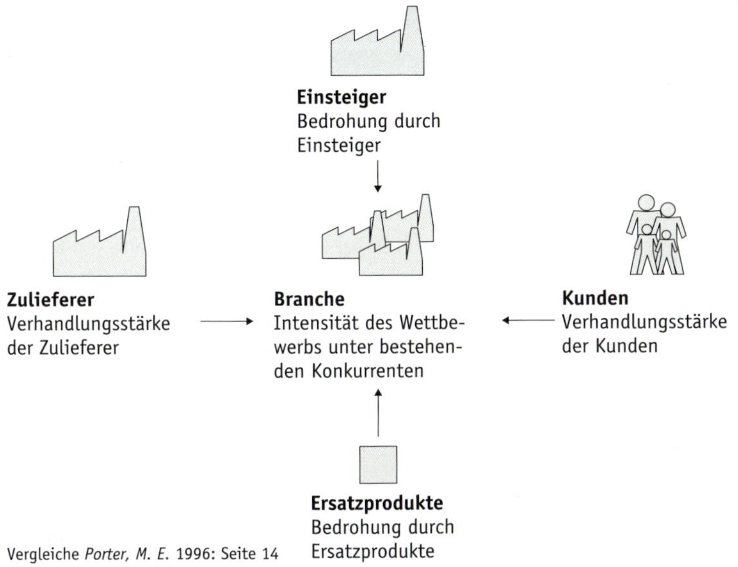

Vergleiche *Porter, M. E.* 1996: Seite 14

produkte sind Feuerzeuge, die Streichhölzer ersetzen, oder der Internettelefonanbieter Skype, der die klassische Telefonie ersetzt.

- Verhandlungsstärke der **Zulieferer** in Preis- und Vertragsverhandlungen: Mit der Anzahl der Zulieferer geht in der Regel die Verhandlungsstärke des einzelnen Zulieferers zurück.
- Verhandlungsstärke der **Kunden** in Preis- und Vertragsverhandlungen: Mit der Anzahl der Kunden geht in der Regel die Verhandlungsstärke des einzelnen Kunden zurück.

Nach *Porter* wird die Rentabilität einer Branche dabei von der stärksten **Wettbewerbskraft** bestimmt. Ist diese Wettbewerbskraft identifiziert, so gilt es, entsprechende Strategien zu entwickeln. Wenn beispielsweise die Verhandlungsstärke der Zulieferer zu groß ist, so könnte versucht werden, einzelne Zulieferunternehmen aufzukaufen oder zusätzliche Zulieferer aufzubauen.

9.2.2.3.2 Szenariotechnik

Die Szenariotechnik (von: scenarium, lateinisch: Szenenfolge im Drama) wurde in den 1950er-Jahren von *Herman Kahn* im Rahmen von militärstrategischen Studien in den Vereinigten Staaten entwickelt.

Unterschied zu Prognosetechniken

Die Szenariotechnik unterscheidet sich von der Prognosetechnik, bei der in der Vergangenheit beobachtete Zusammenhänge einfach in die Zukunft fortgeschrieben werden. Während Prognosen beispielsweise die in den letzten Jahren festgestellte Umsatzsteigerung eines Unternehmens um fünf Prozent pro Jahr für das anstehende Planjahr fortschreiben, ist die Szenariotechnik ein Projektionsverfahren. Sie beschreibt die logische Entwicklung des Projektionsgegenstandes im Zeitablauf unter alternativen Rahmenbedingungen und gibt damit eine Antwort auf die Frage: »Was passiert, wenn ...?«. So werden beispielsweise für die Ermittlung der Umsatzerlöse eines Unternehmens für das folgende Geschäftsjahr verschiedene Szenarien aufgestellt, die bestimmte Marketingaktionen der Wettbewerber abbilden und alternative gesamtwirtschaftliche Entwicklungen mit einbeziehen.

Vorgehensweise

Im Rahmen der Szenariotechnik werden in der Regel drei bis fünf Szenarien der Umfeldsituation entwickelt, so zum Beispiel Zunahme, Abnahme oder Kontinuität der Nachfrage in einem Marktsegment. Dabei werden normalerweise ein **Best-Case-Szenario** und ein **Worst-Case-Szenario** erstellt, die die sogenannte »Prognosetrompete« bilden, sowie für den wahrscheinlichsten Fall ein Trend-Szenario (↗ Abbildung 9-14). Zusätzlich werden mögliche Störereignisse im Projektionszeitraum, wie zum Beispiel das Auftreten eines neuen Wettbewerbers, mit ihren Auswirkungen beschrieben und mögliche Gegenmaßnahmen entwickelt (*Geschka, H./Hammer, R.* 1986: Seite 245 ff., *Staehle, W. H.* 1991: Seite 507 f. und *Vahs, D.* 2019: Seite 474 ff.).

Der Vorteil der Szenariotechnik ergibt sich damit vor allen Dingen daraus, dass sie die quantitativen und qualitativen Einflussfaktoren der künftigen Umfeldentwicklung und damit auch sogenannte **schwache Signale** (»weak signals«) gesamthaft berücksichtigt und so mehrere alternative Zukunftsbilder zeichnet, die als Grundlage

Abb. 9-14

Szenariotechnik

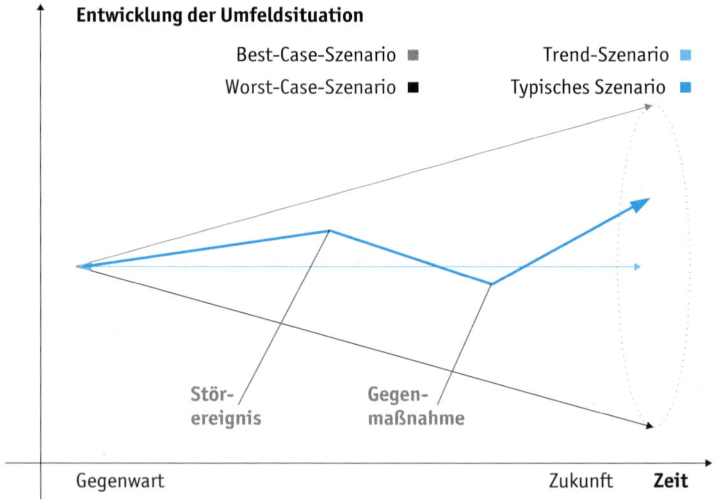

Vergleiche *Vahs, D.* 2019: Seite 476

Wirtschaftspraxis 9-4

Einsatz der Szenariotechnik bei Shell

Der Mineralölkonzern Shell ist einer der Pioniere beim Einsatz der Szenariotechnik in der Strategischen Planung.
In der Shell-Studie »Shell Energie Szenarien für Deutschland« aus dem Jahr 2017 werden mögliche Entwicklungen der deutschen Energiepfade als Reaktion auf gesellschaftlichen, wirtschaftlichen, politischen, geopolitischen und technologischen Wandel in zwei Szenarien betrachtet.
Im ersten Szenario »Winning the Marathon« bleibt die Energienachfrage weiterhin hoch, wobei Kohle bis etwa 2040 vollständig aus dem Energiemix entfernt wird. Dabei decken bis 2050 Erneuerbare Energien die Hälfte des Primärenergiebedarfs, Öl und Gas die andere.
Im zweiten Szenario »Slowing Momentum« nimmt die Energienachfrage hingegen aufgrund einer rückläufigen Einwohnerzahl und des geringeren Wirtschaftswachstums zwischen 2020 und 2050 insgesamt um 30 Prozent stetig ab. Kohle bleibt dabei im Energiemix enthalten. Photovoltaik und Windkraft wachsen in beiden Szenarien stark.

Quelle: *Shell Energieszenarien Deutschland*, unter: https://www.shell.de/medien/shell-publikationen/energieszenarien/_jcr_content/par/relatedtopics_8666.stream/1505305389981/f8e7d4039198ddc71f38de822ba5dadf90149050/german-etcc-brochure.pdf, Stand: 02.12.2020.

für die strategische Planung dienen können. Die Unsicherheitsfaktoren und die möglichen Störgrößen werden offensichtlich. In den verschiedenen Szenarien lassen sich zudem die Wirkungen von Gegenmaßnahmen simulieren und beurteilen. Damit dient die Szenariotechnik insbesondere auch der Krisenprävention (vergleiche *Hinterhuber, H. H.* 1996: Seite 215 f.).

9.2.2.3.3 Marktwachstum-Marktanteil-Portfolio

Als ein Instrument für die strategische Steuerung eines Unternehmens bietet sich das schon »klassisch« zu nennende Marktwachstum-Marktanteil-Portfolio an. In seiner ursprünglichen Form als **Vier-Felder-Matrix** wurde es von der *Boston Consulting Group (BCG)* entwickelt, einem amerikanischen Beratungsunternehmen, das sich vor allem auf dem Gebiet der Strategieberatung einen Namen gemacht hat. Das Marktwachstum-Marktanteil-Portfolio wird deshalb auch häufig als **BCG-Portfolio** bezeichnet. In der Marktattraktivität-Wettbewerbsvorteil-Matrix, die gemeinsam von der *General Electric Corporation* und der Beratungsgesellschaft *McKinsey & Co.* entwickelt wurde, fand das Marktwachstum-Marktanteil-Portfolio später eine Erweiterung.

Ursprünge der Portfoliotechnik

Die Portfoliotechnik hat bei der Festlegung von Unternehmensstrategien und im Rahmen der strategischen Steuerung in den letzten Jahrzehnten eine große Bedeutung erlangt. Ihre ursprüngliche Herkunft ist die finanzwirtschaftliche **Portefeuille-Theorie**, die sich mit der Vermögensaufteilung auf verschiedene Anlageformen wie Geld- und Sachanlagen, Wertpapiere oder Rentenpapiere mit dem Ziel der Ertragsmaximierung beziehungsweise der Risikominimierung befasst. Dieses finanzwirtschaftliche Konzept lässt sich auf den Produkt-Markt-Bereich, den Beschaffungsbereich, den Personalbereich und andere unternehmerische Entscheidungsfelder übertragen. Das Grundkonzept des Marktwachstum-Marktanteil-Portfolios geht dabei von einem Mehrproduktunternehmen aus, in dem eine klare Abgrenzung der einzelnen Produktgruppen beziehungsweise strategischen Geschäftsfelder (SGF) voneinander möglich ist. Angewandt wurde das Portfoliokonzept in der betrieblichen Praxis erstmals von der *General Electric Corporation* (vergleiche *Macharzina, K.* 2003: Seite 304 ff.).

Abb. 9-15

Marktwachstum-Marktanteil-Portfolio

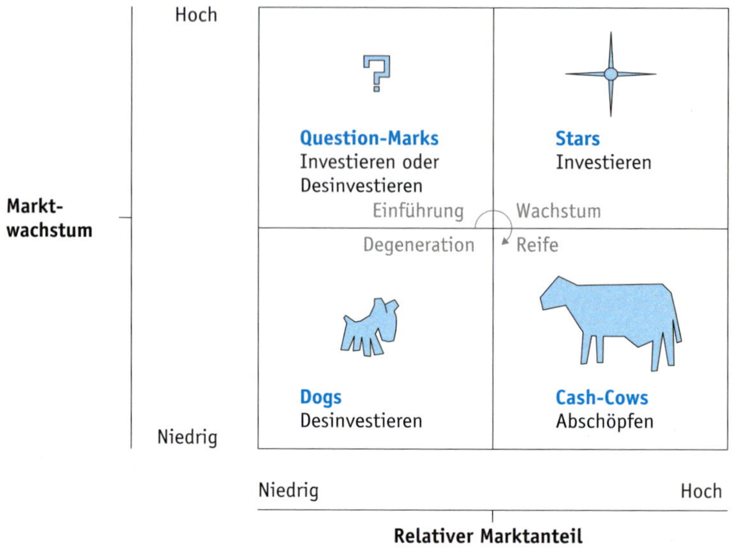

Vergleiche *Henderson, B. D.* 1994a: Seite 287

BCG-Matrix

Die in der ↗ Abbildung 9-15 dargestellte *BCG*-Matrix (Marktanteils-Marktwachstums-Portfolio) stellt die einfachste, aber auch die in der Praxis am weitesten verbreitete Portfolio-Version dar. Die strategische Steuerung erfolgt bei diesem Portfolio anhand der beiden Dimensionen »durchschnittliches Marktwachstum« (Ordinate, umweltbezogene Dimension) und »relativer Marktanteil« (Abszisse, unternehmensbezogene Dimension). Dabei bezeichnet das durchschnittliche **Marktwachstum** die erwartete Entwicklung des Marktvolumens der für die Geschäftsfelder relevanten Märkte und der relative **Marktanteil** den Anteil eines Strategischen Geschäftsfeldes

Wirtschaftspraxis 9-5

Portfoliomanagement bei BASF

Die *BASF AG* betreibt ein sehr ausgeprägtes Portfoliomanagement. Das Portfolio des Unternehmens umfasste im Jahr 2006 die Bereiche »Kunststoffe«, »Veredlungsprodukte«, »Chemikalien«, »Öl und Gas« sowie »Pflanzenschutz und Ernährung«. Zur Optimierung dieses Portfolios wurden laufend Unternehmen zugekauft und andere wieder verkauft. So wurde beispielsweise durch den Kauf der Bauchemie-Sparte von *Degussa* der Bereich Veredlungsprodukte erweitert, die Übernahme des Bereichs Elektronikchemikalien von *Merck* im Jahr 2005 stärkte dagegen das Spezialitätengeschäft des Bereichs Chemikalien.

Weitere wichtige Zukäufe waren 2018 das Gemüsesaatgut von Bayer, 2019 Isobionics/Conagen für Biotechnologie und 2020 Solvay für Polyamid, die in das Produktportfolio integriert werden mussten.
Auf der anderen Seite verkaufte *BASF* in den letzten Jahren seine amerikanische Polystyrolsparte an *Ineos*, die Beteiligung am Kunststoff-Konzern *Basell* an *Access Industries* und die Sparte Druckfarben an den Finanzinvestor *CVC*.

Quellen: *Hofmann, S.*: Schub für die *BASF*-Chemie, in: Handelsblatt, Nummer 105 vom 01.06.2006, Seite 12; https://www.basf.com/global/de/investors/basf-at-a-glance/strategy/portfolio-optimization/acquisitions.html

(SGF) im Verhältnis zum Marktanteil des stärksten Konkurrenten in dem relevanten Marktsegment.

9.2.2.3.3.1 Normstrategien

Für jedes der vier Matrixfelder des Produkt-Markt-Portfolios können generelle **Normstrategien** abgeleitet werden. Derartige Strategien geben gewissermaßen die Handlungsrichtung im Sinne einer Empfehlung vor:

Offensivstrategie
Für die **Question-Marks** handelt es sich bei der Normstrategie in jedem Fall um eine Offensivstrategie, denn entweder lassen sich die Nachwuchsprodukte zu Star-Produkten weiterentwickeln (Investitionsstrategie) oder sie werden vorzeitig zu Dog-Produkten (Desinvestitionsstrategie).

Investitionsstrategie
Demgegenüber ist in die **Stars** zu investieren, um die dominierende Marktstellung erhalten oder weiter ausbauen zu können. Durch diese Investitionsstrategie sollen die strategischen Erfolgspotenziale auch zukünftig gesichert werden.

Abschöpfungsstrategie
Die erforderlichen Investitionsmittel liefern die **Cash-Cows**, die bei geringen Investitionen und einem hohen Marktanteil eine Abschöpfungsstrategie sinnvoll machen.

Desinvestitionsstrategie
Schließlich ist eine Desinvestitionsstrategie in denjenigen strategischen Geschäftsfeldern empfehlenswert, die gleichermaßen ein geringes Marktwachstum und niedrige relative Marktanteile aufweisen.

9.2.2.3.3.2 Produktlebenszyklus-Modell

Das Produktlebenszyklus-Modell ist eine der theoretischen Säulen des Marktwachstum-Marktanteil-Portfolios. Es geht davon aus, dass Produkte im Laufe ihres »Lebens« von der Idee bis zur Elimination verschiedene Phasen durchlaufen, die jeweils durch ganz bestimmte Merkmale gekennzeichnet sind.

Phasen des Produktlebenszyklus

Der Lebenszyklus eines Produkts besteht aus der Entwicklungsperiode und der Marktperiode. Periodenübergreifend lässt sich der sogenannte **Innovationszyklus** abgrenzen, der neben der Entwicklungsperiode noch die Markteinführungsphase umfasst (↗ Abbildung 9-16):

Entwicklungsperiode
Da ein Unternehmen möglichst frühzeitig nach der Markteinführung eines Produkts positive Deckungsbeiträge und Gewinne erzielen möchte, sollen marktfähige Produktinnovationen das Ergebnis der Entwicklungsperiode sein. In der Entwicklungsperiode selber fallen Kosten an, denen keine Umsatzerlöse gegenüberstehen. Insofern ergeben sich in dieser Phase negative Produktdeckungsbeiträge, die in den späteren Lebenszyklusphasen ausgeglichen werden müssen.

Abb. 9-16

Produktlebenszyklus

Einführungs- und Wachstumsphase

In der Einführungs- und der Wachstumsphase gilt es dann, die speziellen Kundenwünsche zu berücksichtigen und das Produkt durch Verbesserungsinnovationen zu variieren oder zu differenzieren. Dies geschieht auch, um sich im Kampf um Marktanteile gegenüber den Wettbewerbern behaupten zu können.

Reifephase

Prozessinnovationen, also die Optimierung vor allem der Beschaffungs-, Logistik-, Produktions- und Marketingprozesse, kommen vor allem in der Reifephase zum Einsatz. Mit ihrer Hilfe sollen angesichts sinkender Zuwachsraten die Kosten reduziert und so die Deckungsbeiträge trotz intensiver Konkurrenz verbessert werden.

Sättigungs- und Degenerationsphase

Neigt sich der Produktlebenszyklus seinem Ende entgegen und sinken in der Sättigungs- und in der Degenerationsphase die Absatzmenge und der Produktdeckungsbeitrag schließlich auch absolut, so kann mithilfe von Produktdifferenzierungen und -variationen versucht werden, den Absatz und damit auch den Deckungsbeitrag des Produkts noch einmal zu steigern **(Relaunch)**, bevor es endgültig vom Markt genommen und durch ein innovatives Nachfolgeprodukt ersetzt werden muss **(Produktelimination)**.

Modellkritik

Das Modell des Produktlebenszyklus ist ein deterministisches, zeitraumbezogenes Marktreaktionsmodell. Es sind unterschiedliche Kurvenverläufe denkbar, wobei zumeist von einem ertragsgesetzförmigen Kurvenverlauf (S-Kurve) ausgegangen wird. Die Einteilung der einzelnen Phasen erfolgt dabei relativ willkürlich und orientiert sich an den mathematischen Charakteristika des Kurvenverlaufs (eine eingehende Erläuterung der einzelnen Phasen findet sich beispielsweise bei *Meffert, H.* 1998: Seite 329 ff.).

Zuordnung zum Marktwachstum-Marktanteil-Portfolio

Die Phasen des Produktlebenszyklus lassen sich den Feldern des Marktwachstum-Marktanteil-Portfolios zuordnen:

- So ist die Einführungsphase von neuen Produkten beziehungsweise strategischen Geschäftsfeldern (SGF) idealtypisch durch einen zunächst niedrigen Marktanteil und ein hohes durchschnittliches Marktwachstum gekennzeichnet. Der Markterfolg ist unsicher, das heißt, die Produkte/SGF sind **Question-Marks.**
- Nach einer erfolgreichen Markteinführung steigt der relative Marktanteil bei einem weiterhin hohen Marktwachstum an. Diejenigen Produkte/SGF, die diese Wachstumsphase erreichen, werden zu sogenannten **Stars** mit hohen Umsatzerlösen und hohen Deckungsbeiträgen.
- Auch in der dritten Phase (Reife) bleibt der relative Marktanteil hoch, während das durchschnittliche Marktwachstum zurückgeht. Die Produkte/SGF liefern hohe Umsatzerlöse, während die Investitionen bereits weitgehend amortisiert sind (**Cash-Cows**).
- In der vierten und letzten Phase des Produktlebenszyklus gehen sowohl das durchschnittliche Marktwachstum als auch der relative Marktanteil weiter zurück. Der Deckungsbeitrag und die Rentabilität der in der Degenerationsphase befindlichen Produkte/SGF (**Dogs**) tendieren gegen Null, und irgendwann werden diese Produkte/SGF aus dem Portfolio eliminiert.

9.2.2.3.3.3 Erfahrungskurvenkonzept

Das Erfahrungskurvenkonzept ist eine weitere theoretische Säule des Marktwachstum-Marktanteil-Portfolios. Aus ihm lässt sich die Bedeutung der Höhe des **relativen Marktanteils** für die Entwicklung eines strategischen Geschäftsfeldes im Marktwachstum-Marktanteil-Portfolio ableiten (vergleiche *Macharzina, K.* 2003: Seite 312 f.). Das Erfahrungskurvenkonzept (experience curve) besagt, dass die Stückkosten eines Produkts mit jeder Verdoppelung der im Zeitablauf kumulierten Produktionsmenge um einen konstanten Prozentsatz sinken (↗ Abbildung 9-17). Dieser Zusammenhang wurde in einer Studie der *Boston Consulting Group* nachgewiesen. Ökonomisch schlägt sich das Ergebnis in den sogenannten **Skaleneffekten** beziehungsweise den **Economies-of-Scale** nieder. Die Erfahrungskurve hat verschiedene Ursachen (vergleiche *Coenenberg, A. G.* 2003: Seite 185 ff.):

Ursachen der Erfahrungskurve

Dynamische Skaleneffekte

Dynamische Skaleneffekte entstehen durch die Anzahl der insgesamt produzierten Erzeugnisse. Die Stückkosten sinken aufgrund von:

- **Lernkurveneffekten**, da viele Tätigkeiten den Ausführenden leichter fallen und fehlerfreier ausgeführt werden können, wenn sie fortlaufend wiederholt ausgeübt werden,
- **technischem Fortschritt** durch die Weiterentwicklung der Erzeugnisse und der Prozesse und
- **Rationalisierungseffekten**, beispielsweise durch den Ersatz von menschlicher Arbeitskraft durch Maschinen.

Statische Skaleneffekte

Statische Skaleneffekte entstehen nicht durch die Anzahl der insgesamt produzierten Erzeugnisse, sondern durch die Anzahl der in einer Periode, beispielsweise einem Geschäftsjahr, hergestellten Erzeugnisse. Die Stückkosten sinken aufgrund von:

- **Fixkostendegressionen**, wenn beispielsweise Fixkosten für die Entwicklung, das Marketing oder die Abschreibungen der Produktionseinrichtungen auf eine größere Stückzahl umgelegt werden, und
- **Betriebsgrößeneffekten**, beispielsweise durch die Nutzung der Marktmacht im Einkauf oder durch die Bündelung von Know-how in der Forschung und der Entwicklung.

Abb. 9-17

Erfahrungskurve

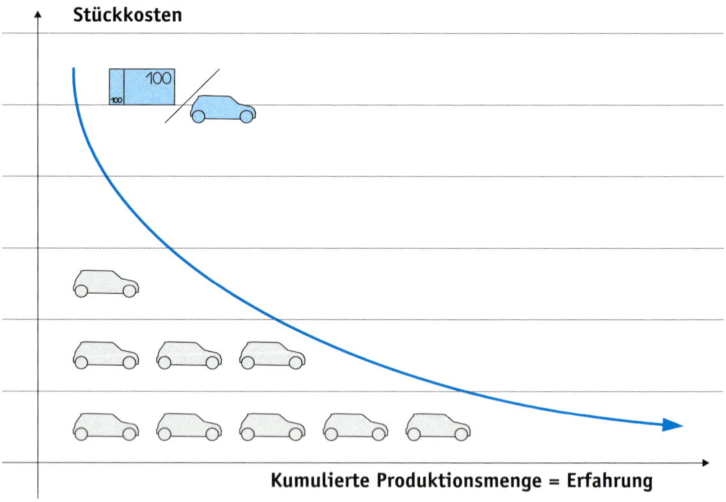

Vergleiche *Henderson, B. D.* 1994b: Seite 424

Wie stark der Rückgang der Stückkosten der ersten produzierten Einheit k(1) in Abhängigkeit von der danach insgesamt produzierten Stückzahl x ist, wird durch die sogenannte **Kostenelastizität** bestimmt:

$$k(x) = \frac{k(1)}{x^{-\text{Kostenelastizität}}}$$

mit:

k = Stückkosten [€/Stück]
x = Insgesamt produzierte Stückzahl [Stück]

Die Kostenelastizität kann mittels der Zweipunktmethode ermittelt werden, wenn für zwei kumulierte Produktionsmengen x_1 und x_2 die Stückkosten k_1 und k_2 bekannt sind:

$$\text{Kostenelastizität} = \frac{\ln(k_2) - \ln(k_1)}{\ln(x_2) - \ln(x_1)}$$

mit:

x_1 = Insgesamt produzierte Stückzahl 1 [Stück]
x_2 = Insgesamt produzierte Stückzahl 2 [Stück]
k_1 = Stückkosten bei der insgesamt produzierten Stückzahl x_1 [€/Stück]
k_2 = Stückkosten bei der insgesamt produzierten Stückzahl x_2 [€/Stück]

Eine noch genauere Ermittlung der Kostenelastizität ist mittels einer linearen Regression möglich; auf diese soll hier jedoch nicht näher eingegangen werden.

Auf Basis der Kostenelastizität kann auch die sogenannte **Erfahrungsrate** ermittelt werden. Diese gibt an, um wie viel Prozent die Stückkosten bei einer Verdoppelung der kumulierten Produktionsmenge zurückgehen:

$$\text{Erfahrungsrate} = 1 - \frac{1}{2^{-\text{Kostenelastizität}}}$$

Die Erfahrungsrate hängt dabei vom Produkt ab und natürlich davon, inwieweit Kostensenkungspotentiale auch wirklich durch die Unternehmen ausgeschöpft werden. In der Industrie sind Erfahrungsraten bis zu 30 Prozent anzutreffen, was einer Kostenelastizität von etwa –0,5 entspricht (vergleiche *Homburg, C.* 2000: Seite 72 ff.).

Zwischenübung Kapitel 9.2.2.3.3.2

Bei der Speedy GmbH wurden für einen neuen Motor die Stückkosten k des ersten produzierten Motors und die des zehnten produzierten Motors ermittelt.

Stückzahl x	**ln (x)**	**Stückkosten k**	**ln (k)**
1 Stück		10 000,00 €/Motor	
10 Stück		6 309,57 €/Motor	

Berechnen Sie mittels dieser Angaben die Kostenelastizität und die Erfahrungsrate der Motorenproduktion:

Kostenelastizität	
Erfahrungsrate	

Berechnen Sie zudem, wie sich die Stückkosten k bei den folgenden Stückzahlen x idealerweise entwickeln werden:

Insgesamt produzierte Anzahl von Motoren x	**Kosten je Motor k**
100 Stück	
200 Stück	
100 000 Stück	
200 000 Stück	870,55 €/Motor

9.2.2.3.4 Marktattraktivität-Wettbewerbsvorteil-Matrix

»GE-Matrix«

Im Gegensatz zu dem in der ↗ Abbildung 9-15 dargestellten Marktwachstums-Marktanteil-Portfolio bietet die in der ↗ Abbildung 9-18 erläuterte Marktattraktivität-Wettbewerbsvorteil-Matrix, die auch als »GE-Matrix« oder »McKinsey-Matrix« bezeichnet wird, differenziertere Strategieoptionen. Anstelle des durchschnittlichen Marktwachstums wird hier die **Marktattraktivität** (Marktwachstum und -größe, Marktqualität, Energie- und Rohstoffversorgung, Umweltsituation) und anstelle des relativen Marktanteils werden die **relativen Wettbewerbsvorteile** (relative Marktposition, relatives Produktionspotenzial, relatives Forschungs- und Entwicklungspotenzial, relative Qualifikation der Führungskräfte und Mitarbeiter) als Dimensionen gewählt. Dadurch wird die sehr vereinfachende Sichtweise des Marktwachstum-Marktanteil-Portfolios beseitigt.

9.2.2.3.5 Shareholder-Value-Ansatz

Das Ziel der wertorientierten Ansätze der Strategieformulierung, die insbesondere auf *Rappaport* und *Copeland* zurückgehen, ist die systematische Steigerung des Unternehmenswertes. Beim Shareholder-Value-Ansatz (englisch: Wert für die Aktionäre/Gesellschafter) bezieht sich die Wertsteigerung dabei auf das in ein Unternehmen investierte Eigenkapital (vergleiche *Jung, H.* 2003: Seite 521 ff.).

Ermittlung des Shareholder-Values

Für das investierte Eigenkapital erhalten die Aktionäre beziehungsweise die Gesellschafter in den folgenden Jahren als Rückflüsse die sogenannten **Free-Cashflows** (↗ Kapitel 10 Externes Rechnungswesen). Für die Ermittlung des Shareholder-Values gibt es verschiedene Methoden. Die am häufigsten eingesetzte Methode ist die **Discounted-Cashflow-Methode** (DCF). Bei dieser Methode ergibt sich der Shareholder-Value aus dem Barwert zukünftiger Free-Cashflows, also dem Wert zukünftiger Free-Cashflows zum Zeitpunkt der Ermittlung des Shareholder-Values (vergleiche zur Ermittlung von Barwerten das ↗ Kapitel 13 Investition). Die Free-Cashflows werden dazu über einen Zeitraum von 5–10 Jahren geschätzt. Für die folgende Zeit wird der

Abb. 9-18

Marktattraktivität-Wettbewerbsvorteil-Matrix

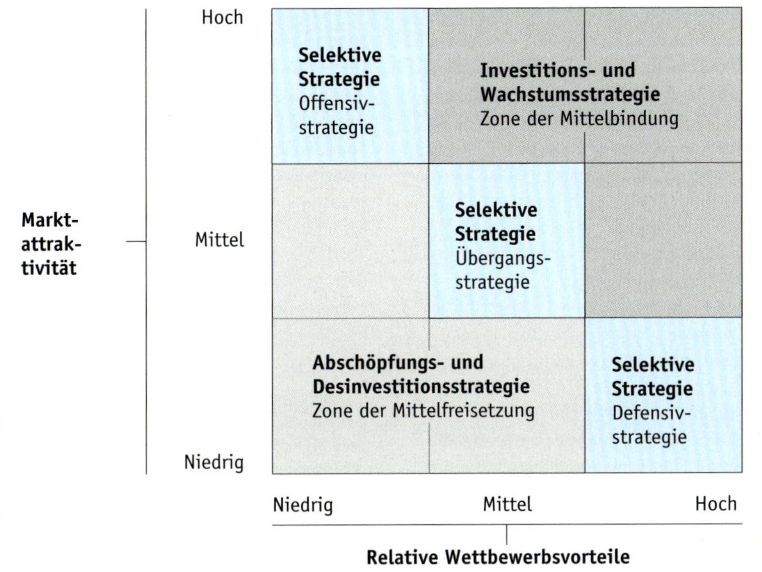

Vergleiche *Müller-Stewens, G./Lechner C.* 2005: Seite 303

sogenannte Fortführungs- beziehungsweise Residualwert herangezogen, der sich ergibt, wenn das Unternehmen ewig Free-Cashflows in der bisherigen Höhe erwirtschaften würde.

Prämissen der Wertorientierung

Aus der Zielsetzung der Steigerung des Shareholder-Value lassen sich verschiedene strategische Vorgaben ableiten:

- **Unternehmensportfolios** werden nach finanzwirtschaftlichen Kriterien und nicht aus marktlicher Sicht oder aus Kompetenzsicht zusammengestellt.
- Im Hinblick auf die **Kapitalaufbringung** wird zur Steigerung der Rentabilität beziehungsweise der Verzinsung angestrebt, die Kapitalkosten zu minimieren.
- Im Hinblick auf die **Kapitalverwendung** wird zur Steigerung der Rentabilität beziehungsweise der Verzinsung angestrebt, unrentable Unternehmensbereiche zu verkaufen und andere Unternehmen, insbesondere im Hinblick auf die Steigerung der Rentabilität, zu akquirieren.

Kritik des Ansatzes

Am Shareholder-Value-Ansatz wird zum einen kritisiert, dass er sich nur an den Anteilseignern und damit nur an einer von mehreren möglichen Anspruchsgruppen orientiert. Zum anderen wird bemängelt, dass die ausschließlich finanzwirtschaftliche Betrachtungsweise häufig zu kurzfristig orientiert ist, um den Erfolg eines Unternehmens dauerhaft sicherzustellen. Aufgrund der Kritikpunkte des Shareholder-Value wurde der Ansatz des **Stakeholder-Value** (englisch: Wert für die Anspruchs-

Wirtschaftspraxis 9-6

Zur Steigerung des Shareholder-Values macht Konica Minolta keine Fotos mehr

Konica Minolta Holdings, Inc., der drittgrößte Fotofilm-Hersteller der Welt, beschloss im Jahr 2006 die Produktion von Kameras, Fotopapieren und Filmen einzustellen, da sich das schrumpfende Film- und Kamerageschäft zu einem chronischen Verlustbringer des Unternehmens entwickelt hatte. Mit »Minolta« ging dem Unternehmen dabei aber auch die Marke verloren, mit der es im Konsumbereich identifiziert wurde.

»Würden wir an den Verlust bringenden Geschäften festhalten, könnten wir Firmenwert und Shareholder-Value nicht steigern«, begründete *Yoshikatsu Ota*, der neue Präsident des Unternehmens den größten Einschnitt in die Firmengeschichte. *Konica Minolta* konzentrierte sich stattdessen auf seine Kernkompetenzen im Bereich der Büroausrüstung.

Der Slogan des Unternehmens »Giving Shape to Ideas« zeigt, dass dieses Grundprinzip auch heute gilt und Konica Minolta sozusagen »jung halten« soll: »Seit unserer Gründung haben wir uns der Innovation verschrieben. Giving shape to ideas ist das Grundprinzip für unsere Aktivitäten. Wir entwickeln uns ständig weiter. Dies steht für uns so sehr im Vordergrund, dass wir uns ein 140 Jahre altes Start-up nennen.«

Quellen: *Bastian, N.*: *Konica* macht keine Fotos mehr, in: Handelsblatt, Nummer 15 vom 20.01.2006, Seite 11; https://www.konicaminolta.de/de-de/ueber-konica-minolta

gruppen) entwickelt, der weitere Interessengruppen, wie Mitarbeiter, Lieferanten, Gläubiger oder Gewerkschaften mit in die Überlegungen einbezieht.

9.2.3 Operative Planung

9.2.3.1 Grundlagen

Im Rahmen der operativen Planung werden die in der strategischen Planung formulierten langfristigen Strategien in detaillierte, kurzfristige Pläne mit einem Zeithorizont von in der Regel einem Geschäftsjahr überführt und die Umsetzung dieser Pläne dann kontrolliert. In vielen Unternehmen wird die entsprechende Planung auch als **Jahresplanung** bezeichnet. Typischerweise werden in der operativen Planung dazu folgende Einzelpläne erstellt (↗ Abbildung 9-19, zum Folgenden vergleiche *Jung, H.* 2003: Seite 372 ff.):

Einzelpläne

- **Absatzpläne** mit den geplanten Absatzzahlen der verschiedenen Bereiche,
- **Produktionspläne** mit den für die Produktion der geplanten Absatzmengen benötigten Kapazitäten,
- **Beschaffungspläne** mit den zu lagernden und den zu beschaffenden Materialien.
- **Personalpläne** mit den geplanten Maßnahmen der Personalbeschaffung und -entwicklung,
- **Investitionspläne** mit den in den verschiedenen Bereichen geplanten Investitionen,
- **Erfolgspläne** mit den geplanten Umsatzerlösen und Aufwendungen beziehungsweise Kosten der verschiedenen Bereiche,

Abb. 9-19

Struktur der Einzelpläne

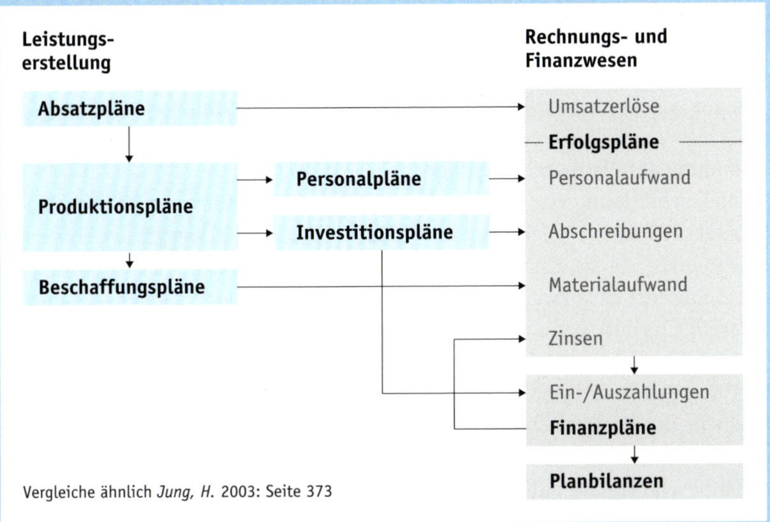

Vergleiche ähnlich *Jung, H.* 2003: Seite 373

- **Finanzpläne** mit den erwarteten Ein- und Auszahlungen und
- **Planbilanzen** mit den Auswirkungen der Einzelpläne auf das Vermögen und die Schulden des Unternehmens.

Während des Geschäftsjahres und danach erfolgt die operative Kontrolle der Planvorgaben. Diese wird in Form von **Soll-Ist-Vergleichen** und anschließenden **Abweichungsanalysen** mit einer Ermittlung der Abweichungsursachen durchgeführt. Damit sollen nach Möglichkeit schon während des Geschäftsjahres auftretenden Abweichungen entgegengewirkt und nachfolgende Planungen im Sinne eines Regelkreises genauer durchgeführt werden.

9.2.3.2 Budgetierung

Auf Basis der Pläne der operativen Planung erfolgt die Zuweisung von Budgets.

> **Budgets** sind Kostenvorgaben für Kostenstellen auf der Basis von Leistungsvorgaben.

Die Kostenstellen sind dabei in der Regel den Organisationseinheiten des Unternehmens zugeordnet (vergleiche zu Kostenstellen auch das ↗ Kapitel 11 Internes Rechnungswesen).

Schritte zur Ermittlung des Budgets

Bei der Ermittlung des in einer Kostenstelle im nächsten Geschäftsjahr benötigten Budgets kann in folgenden Schritten vorgegangen werden:

Festlegung eines Beschäftigungsmaßstabes für die Kostenstelle

Bei Kostenstellen im Produktionsbereich werden beispielsweise die Produktionszahlen als Beschäftigungsmaßstab verwendet. Werden in der Kostenstelle verschiedene Erzeugnisse produziert, so sind die unterschiedlichen Aufwendungen dafür beispielsweise durch Äquivalenzziffern zu nivellieren. In administrativen Bereichen müssen indirekte Beschäftigungsmaßstäbe gewählt werden, so beispielsweise die Anzahl der durchzuführenden Buchungen in der Buchhaltung.

Bestimmung der Planbeschäftigung

Die Planbeschäftigung von Kostenstellen wird im Allgemeinen aus den Absatzplänen abgeleitet. So kann beispielsweise die Produktion daraus ableiten, wie viele verschiedene Produkte sie im Planungszeitraum herstellen muss. Die Buchführung kann damit zumindest ansatzweise ermitteln, wie viele Buchungen sie in der Planperiode voraussichtlich durchzuführen hat.

Ermittlung des benötigten Budgets

Mit den in der Kostenrechnung ermittelten variablen und fixen beziehungsweise beschäftigungsabhängigen und beschäftigungsunabhängigen Kosten kann auf Basis der Planbeschäftigung dann das im nächsten Geschäftsjahr benötigte Budget der Kostenstelle errechnet werden.

Die spätere Durchführung von Soll-Ist-Vergleichen der Budgets und von Abweichungsanalysen erfolgt dann im Rahmen der Plankostenrechnung (vergleiche dazu das ↗ Kapitel 11 Internes Rechnungswesen).

Abb. 9-20

Vorgehensweise bei der Budgetierung

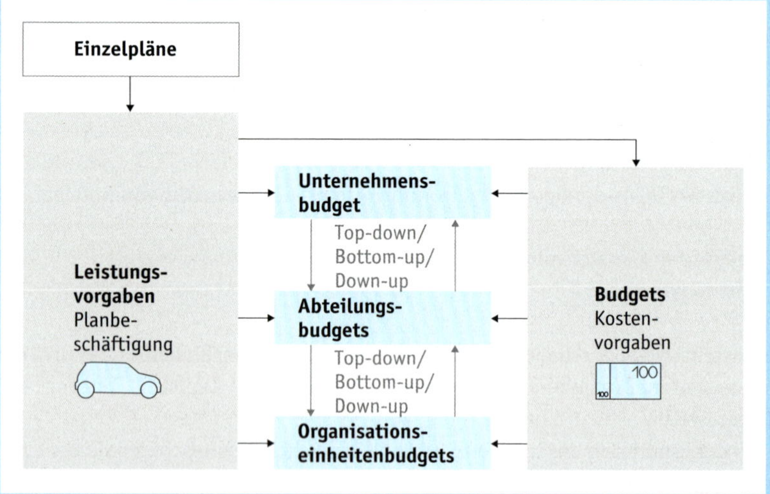

Im Anschluss an die Ermittlung der Budgets oder parallel dazu erfolgt in der Regel ein Abgleich der Budgets zwischen den verschiedenen Hierarchieebenen. Der Abgleich kann auf drei Arten erfolgen (↗ Abbildung 9-20, zum Folgenden vergleiche *Jung, H.* 2003: Seite 386 ff.):

Budgetierungsarten

Top-down-Budgetierung
Bei der Top-down-Budgetierung macht die Unternehmensführung (»von oben«) den untergeordneten Ausführungsebenen (»nach unten«) Budgetvorgaben für das kommende Geschäftsjahr. Bei diesem Vorgehen sind die unteren Hierarchien also nicht an der Budgetierung beteiligt.

Bottom-up-Budgetierung
Bei der Bottom-up-Budgetierung ermitteln die untergeordneten Ausführungsebenen (»von unten«) ihr benötigtes Budget für das kommende Geschäftsjahr und melden dies der Unternehmensführung (»nach oben«), die die Budgets dann zusammenfasst. Dies kann problematisch sein, da erfahrungsgemäß das Gesamtbudget des Unternehmens überschritten wird.

Down-up-Budgetierung
Die Down-up-Budgetierung stellt eine Mischform der beiden vorgenannten Budgetierungsformen dar. Sie ist die in der Praxis am häufigsten vorkommende Form der Budgetierung. Die Vorgaben der Unternehmensführung werden dabei mit den Planungen der Ausführungsebenen abgestimmt und daraus dann ein Gesamtbudget entwickelt.

9.2.3.3 Besondere Ausprägungen der Budgetierung

Insbesondere für die Budgetierung in administrativen Bereichen, wie dem Personalwesen, dem Marketing oder dem Rechnungswesen, gibt es Weiterentwicklungen der traditionellen Budgetierung:

Weiterentwicklungen der Budgetierung

Gemeinkosten-Wertanalyse (GWA)
Bei diesem von der Unternehmensberatung *McKinsey* entwickelten Verfahren wird die aus der Forschung und Entwicklung bekannte Methode der Wertanalyse auf administrative Bereiche übertragen. Dabei wird für jede Kostenstelle hinterfragt, welchen Wert die dort erbrachten Leistungen für das Unternehmen haben, welches Budget dieser Kostenstelle dementsprechend zugeordnet werden sollte und welche Einsparmöglichkeiten es erforderlichenfalls gibt, um dieses Budget zu erreichen.

Zero-Base-Budgeting (ZBB)
Beim Zero-Base-Budgeting werden alle Leistungen der Kostenstellen von Grund auf infrage gestellt, also quasi kein Budget beziehungsweise »Zero« (Null) zur Verfügung gestellt. Um dann ein Budget zu erhalten, muss begründet werden, warum und wofür ein Budget gebraucht wird. Dazu werden von jeder Kostenstelle sogenannte Entscheidungspakete mit durchzuführenden Tätigkeiten und entsprechenden Kosten definiert und in eine Reihenfolge hinsichtlich ihrer Bedeutung für die Zielerreichung gebracht.

Jedem Entscheidungspaket werden zudem Leistungsstufen mit den dazu benötigten Budgets zugeordnet, also beispielsweise mit welchem Budget kann eine Minimalleistung erbracht werden, mit welchem Budget eine Normalleistung. Von Seiten der Unternehmensführung ist dann zu entscheiden, welche der Entscheidungspakete durchgeführt werden sollen und falls ja, in welcher Leistungsstufe dies erfolgen soll.

Fallbeispiel 9-3 **Budgetierung bei einem Automobilhersteller**

▸▸▸ Im Bereich Personalbeschaffung wären für die *Speedy GmbH* beispielsweise folgende Entscheidungspakete denkbar:

- Teilnahme an einem Absolventenkongress, Kosten: 15 000,00 Euro, Nutzen: Kontakt zu 500 Absolventen,
- Schalten eines Banners auf einer geeigneten Internetplattform,
  Kosten: 6 000,00 Euro, Nutzen: Kontakt zu 8 000 Interessenten.

Aufgrund des besseren Kosten-Nutzen-Verhältnisses wird beschlossen, einen Banner zu schalten. Dies soll allerdings nicht das ganze Jahr erfolgen, sondern nur 6 Monate und damit für 3 000,00 Euro. ◂◂◂

9.3 Kontrolle

Im Rahmen des betrieblichen Führungsprozesses sind die Planung und die Kontrolle untrennbar miteinander verbunden. Der Satz »Planung ohne Kontrolle ist sinnlos, Kontrolle ohne Planung unmöglich« macht dies deutlich (*Wild, J.* 1982: Seite 44). Grund dafür ist, dass Pläne im Allgemeinen mit Unsicherheiten verbunden sind. Für die zielgerichtete Führung eines Unternehmens ist es deshalb unerlässlich, die Zielerreichung laufend zu überprüfen, entstandene Planabweichungen aufzudecken und auf ihre Ursachen hin zu analysieren. An dieser Stelle setzen die Maßnahmen der Kontrolle an.

Kontrolle ist ein systematischer Prozess zur Ermittlung und Analyse von Abweichungen zwischen geplanten Soll- und prognostizierten Wird- oder realisierten Ist-Werten.

9.3.1 Kontrollarten

Arten der Kontrolle

Abhängig davon, welche Größen verglichen werden, können insbesondere folgende Arten der Kontrolle unterschieden werden (vergleiche *Macharzina, K.* 2003: Seite 373 ff., *Pfohl, H.-C.* 1981: Seite 59 ff., *Schierenbeck, H.* 1993: Seite 89, *Schweitzer, M.* 1993: Seite 96 f.):

Soll-Wird-Vergleich: Planfortschrittskontrolle

Als Soll-Wird-Vergleich stellen Planfortschrittskontrollen nach bestimmten Planabschnitten (sogenannten **Milestones** oder **Checkpoints**) den vorgegebenen Zielgrößen bereits während der Planperiode die prognostizierten Wird-Größen der späteren Planrealisierung gegenüber. Dadurch können mögliche Störgrößen rechtzeitig entdeckt und potenzielle Soll-Ist-Abweichungen vermieden werden.

Soll-Ist-Vergleich: Ergebniskontrolle

Am Ende der Planrealisierung steht die Ergebniskontrolle in Form eines Soll-Ist-Vergleichs. Diese ermöglicht Aussagen über den Grad der Planerfüllung. Als Ex-post-Kontrolle repräsentiert die Ergebniskontrolle dabei die »traditionelle« Sichtweise der Kontrollfunktion im Unternehmen. Die Resultate der Ergebniskontrolle stellen gemeinsam mit den Erkenntnissen der im Abweichungsfall durchzuführenden Ursachenanalyse wichtige Rückkopplungsinformationen für die Steuerung des Unternehmensgeschehens dar.

Weitere Kontrollarten sind die **Zielkontrolle**, die der Überprüfung dient, ob realistische Ziele gewählt wurden, und die **Prämissenkontrolle**, die der Überprüfung dient, ob bei der Planung von den richtigen Prämissen ausgegangen wurde.

Fallbeispiel 9-4 **Abweichungsanalyse bei einem Automobilhersteller**

▸▸▸ Im vergangenen Geschäftsjahr hat die *Speedy GmbH* ihr Ergebnisziel nicht erreicht. Anstatt ein Ergebnis vor Steuern in Höhe von 15 Millionen Euro (Soll-Wert) zu erzielen, belief sich das tatsächliche Ergebnis vor Steuern auf lediglich 12,2 Millionen Euro (Ist-Wert). Im Rahmen ihrer Planungssitzung setzt sich die Geschäftsführung mit der Frage auseinander, welche Ursachen zu der Ergebnisdifferenz von – 2,8 Millionen Euro geführt haben. Dazu hat der Geschäftsführer, *Dr. Scharrenbacher*, den Leiter des Finanzwesens beauftragt, eine Abweichungsanalyse durchzuführen und die Soll-Ist-Überleitung zu erläutern. *Manfred Kolb* präsentiert in der Planungsrunde das in der ↗ Abbildung 9-21 dargestellte Ergebnis:

- Nach seiner Analyse ist ein Betrag von – 0,8 Mill. Euro auf sogenannte Mengen- und Struktureffekte zurückzuführen. Das bedeutet einerseits, dass die geplanten

Abb. 9-21

Soll-Ist-Überleitung als Ergebnis einer Abweichungsanalyse

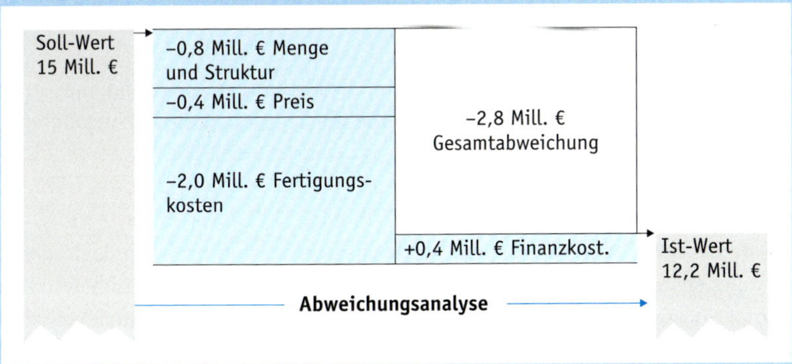

Absatzstückzahlen nicht erreicht wurden. Andererseits gab es zwischen den einzelnen Produktgruppen offenbar strukturelle Verschiebungen, die sich ebenfalls negativ auf das Ergebnis ausgewirkt haben. So wurden beispielsweise von dem Produkt »*Speedster Family*«, das aufgrund seiner preislichen Positionierung im Markt nur einen geringen Ergebnisbeitrag erbringt, mehr Fahrzeuge als geplant abgesetzt. Demgegenüber blieb der Absatz des »*Speedster Off-Road*« (hoher Ergebnisbeitrag) deutlich hinter den Erwartungen zurück.

- Aufgrund des starken Wettbewerbs im Segment der familienfreundlichen Fahrzeuge musste zudem der Preis des »*Speedster Family*« im vergangenen Geschäftsjahr zweimal gesenkt werden. Dies bewirkte einen negativen Preiseffekt von – 0,4 Millionen Euro.
- Besonders negativ wirkte sich die Erhöhung der Fertigungskosten um 2,0 Millionen Euro auf das Ergebnis aus. Die Kostensteigerung ergab sich aufgrund von ungeplanten Ersatzinvestitionen in der *Speedster Off-Road*-Produktion, die allerdings zwingend erforderlich waren, um die gewünschte Produktqualität in diesem Premium-Segment sicherzustellen.
- Schlussendlich gab es wenigstens einen positiven ergebniswirksamen Effekt, wie Finanzchef *Kolb* nicht ohne Stolz vermerkt: Durch sein Verhandlungsgeschick gegenüber den Fremdkapitalgebern der *Speedy GmbH* konnten die Finanzierungskosten im letzten Geschäftsjahr um 0,4 Millionen Euro gesenkt werden. ◂◂◂

9.3.2 Aufgaben der Kontrolle

Die im Rahmen des Planungsprozesses aufgestellten Pläne sind im Allgemeinen mit Unsicherheiten verbunden, die eine exakte Planerfüllung fast unmöglich machen. Damit hat die Kontrolle einige wichtige Aufgaben für die Unternehmensführung (vergleiche *Macharzina, K.* 2003: Seite 370 ff.):

Beobachtungs- und Abbildungsfunktion
Durch die Ermittlung der Leistungsergebnisse, die als Folge der im Rahmen der Planung getroffenen Entscheidungen eingetreten sind, werden wichtige Informationen für zukünftige Planungsprozesse gewonnen.

Beurteilungsfunktion
Erst durch den Vergleich mit einer normierten Größe können die tatsächlich erreichten Leistungsergebnisse objektiv bewertet und hinsichtlich ihres Wirkungspotenzials eingeschätzt werden.

Präventivfunktion
Die systematische Überwachung der Leistungsergebnisse führt auch dazu, dass die Unternehmensmitglieder im Bewusstsein der bevorstehenden Kontrollmaßnahmen ihr Verhalten stärker an den festgelegten Zielen ausrichten und dadurch verhaltensbedingte Planabweichungen weitgehend vermieden werden können.

9.4 Informationsversorgung

9.4.1 Berichtswesen

Die Planung und die Kontrolle eines Unternehmens beruhen auf Informationen. Sie bilden in der heutigen Zeit einen wesentlichen Produktionsfaktor, ja sogar die Unternehmensressource schlechthin (vergleiche *Macharzina, K.* 2003: Seite 774).

Informationen sind zweckgerichtetes Wissen.

Die Koordination der Versorgung mit Informationen ist die zweite Hauptaufgabe des Controllings. Im Rahmen dieser Koordination ist festzulegen, wer welche Informationen in welchem Verdichtungsgrad zu welchem Zeitpunkt erhält (vergleiche *Horváth, P.* 1991: Seite 347). Die Durchführung der Informationsversorgung erfolgt dabei durch das Berichtswesen beziehungsweise das **Reporting**. Dieses hat im Einzelnen die Aufgaben (vergleiche *Jung, H.* 2003: Seite 139 ff.):

Aufgaben des Berichtswesens

- der **Informationserstellung**, also die Erfassung und die Aufbereitung von Informationen aus dem Unternehmen und erforderlichenfalls seinem näheren und weiteren Umfeld und
- der gezielten **Weiterleitung** dieser Informationen an das Management zur Informationsverwendung.

Die Informationen werden dabei in der Regel in Form von Berichten aufbereitet. In Abhängigkeit von der Verwendung der Informationen lassen sich folgende Berichtsarten unterscheiden:

Berichtsarten

Standardberichte

Standardberichte werden in gleicher Form mit gleichen Inhalten in regelmäßigen Zeitabständen für das Management erstellt. Die Inhalte der Berichte werden dabei einmalig im Rahmen einer Informationsbedarfsanalyse ermittelt. Typische Berichtszeiträume sind Wochen, Monate, Quartale und Jahre.

Fallbeispiel 9-5 **Standardberichte bei einem Automobilhersteller**

▸▸▸ So erhält beispielsweise das Produktionsmanagement der *Speedy GmbH* regelmäßig Informationen über die aktuellen Produktionszahlen, das Management des Personalbereichs Informationen über die Personalzu- und -abgänge und das Management des Marketingbereichs Informationen über die Produktverkäufe. ◂◂◂

Abweichungsberichte

Abweichungsberichte werden ebenfalls in der Regel in standardisierter Form und mit standardisierten Inhalten erstellt. Sie erfolgen aber erst bei Über- oder Unterschreitung bestimmter Toleranzwerte und damit unregelmäßig. Die Inhalte der Abweichungsberichte werden normalerweise einmalig im Vorfeld festgelegt. Abweichungsberichte sollen im Sinne eines Regelkreises Maßnahmen des Managements auslösen, um den festgestellten Abweichungen entgegenzuwirken. Typische Abweichungen,

Wirtschaftspraxis 9-7

Der Ampel-Bericht

In der *Siemens AG* wurde zur Steuerung der 100 Geschäftseinheiten im Jahr 2005 ein neues Berichtssystem eingeführt, das die Rentabilität der Geschäftseinheiten darstellt. Die Zielvorgabe für die Umsatzrentabilität beträgt bei der *Siemens AG* 8 bis 11 Prozent. Die entsprechenden Berichte basieren auf den Farben einer Ampel. Grün bedeutet exzellente Rentabilität, Gelb befriedigende Rentabilität und bei Rot müssen die verantwortlichen Bereichsleiter vor den anderen Bereichsleitern ausführen, mit welchen Maßnahmen sie die Rentabilität steigern wollen.

Quellen: *Kleinfeld* steuert *Siemens* mit der Ampel, unter: www.faz.net, Stand: 04.07.2005; *Siemens* streicht weitere 1 000 Stellen, unter: www.faz.net, Stand: 28.04.2006.

die Berichte auslösen, sind zu hohe Kosten, zu niedrige Produktionszahlen oder zu niedrige Umsatzerlöse.

Fallbeispiel 9-6 **Abweichungsberichte im Marketing**

▸▸▸ Beispielsweise erhält das Management des Marketings der *Speedy GmbH* einen Bericht, wenn die monatlichen Auftragseingänge einen bestimmten Wert unterschreiten. Das Management versucht dann, etwa durch verstärkte Marketingaktivitäten, die Auftragseingänge wieder zu erhöhen. ◂◂◂

Bedarfsberichte

Bedarfsberichte werden auf Aufforderung des Managements für spezielle Zwecke erstellt. Sie sind nicht standardisiert. Häufig werden sie verfasst, wenn ein Problem auftritt und das Management ausführliche und detaillierte Informationen über das Problem und dessen Ursachen haben möchte.

Fallbeispiel 9-7 **Bedarfsberichte im Marketing**

▸▸▸ Da sich das Management des Marketings im vorgenannten Fallbeispiel nicht sicher ist, warum die Auftragseingänge so zurückgegangen sind, wird ein Controller beauftragt, einen Bericht zu erstellen, bei welchen Außendienstmitarbeitern, bei welchen Produkten und in welchen Absatzregionen es zu Rückgängen der Auftragseingänge kam. ◂◂◂

9.4.2 Kennzahlen und Kennzahlensysteme

9.4.2.1 Kennzahlen

Berichte basieren in der Regel zu großen Teilen auf Kennzahlen und deren grafischer Darstellung.

Kennzahlen sind Zahlen, die betriebliche Sachverhalte in konzentrierter Form abbilden.

Arten von Kennzahlen

Hinsichtlich der Ermittlung lassen sich Kennzahlen folgendermaßen unterteilen (↗ Abbildung 9-22, zum Folgenden vergleiche *Jung, H.* 2003: Seite 154 ff.):

Abb. 9-22

Arten von Kennzahlen

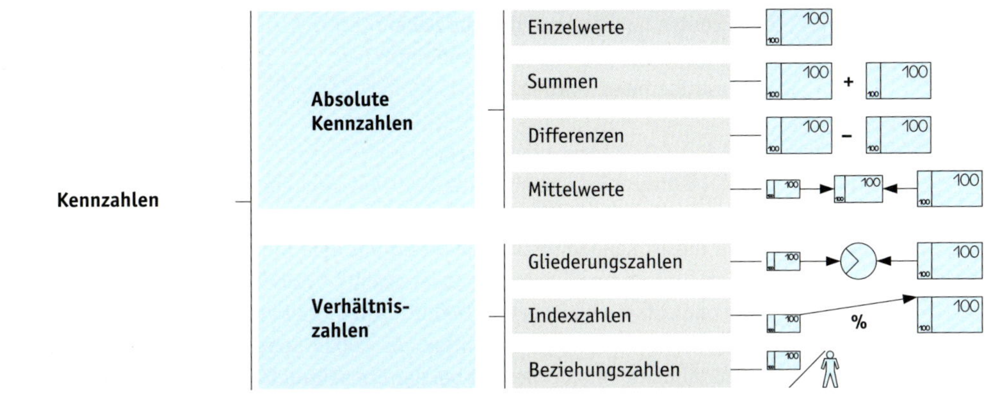

Vergleiche *Jung, H.* 2003: Seite 155

Absolute Kennzahlen

Absolute Kennzahlen sind Einzelwerte oder Werte, die durch Addition, Subtraktion oder durch Mittelung gebildet werden. Die absoluten Kennzahlen lassen sich entsprechend weiter unterteilen in:

- **Einzelwerte**, so beispielsweise den Umsatzerlös eines Monats,
- **Summen**, so beispielsweise die Summen der Umsatzerlöse der letzten zwölf Monate,
- **Differenzen**, so beispielsweise die absolute Veränderung der Umsatzerlöse zwischen zwei Jahren, und
- **Mittelwerte**, so beispielsweise der durchschnittliche Umsatzerlös der letzten zwölf Monate.

Verhältniszahlen

Bei Verhältniszahlen werden absolute Kennzahlen durcheinander dividiert und damit in Beziehung zueinander gesetzt. Die Verhältniszahlen lassen sich unterteilen in:

- **Gliederungszahlen**, die eine Teilgröße zu einer Gesamtgröße ins Verhältnis setzen, so beispielsweise der Umsatzerlös eines Geschäftsbereichs zum Gesamtumsatzerlös des Unternehmens,
- **Indexzahlen**, die die relative beziehungsweise prozentuale Entwicklung einer Größe aufzeigen, so beispielsweise die prozentuale Veränderung des Umsatzerlöses zwischen zwei Jahren, und
- **Beziehungszahlen**, die zwei absolute Kennzahlen durcheinander dividieren, die in einer bestimmten sachlichen Beziehung zueinander stehen, so beispielsweise der Umsatzerlös je Mitarbeiter.

9.4.2.2 Kennzahlensysteme

In Kennzahlensystemen werden verschiedene Kennzahlen im Hinblick auf eine bestimmte Zielsetzung zueinander in Beziehung gesetzt (vergleiche *Jung, H.* 2003: Seite 161 ff.). Mit dem ROI- und *ZVEI*-Kennzahlensystem sowie der Balanced-Scorecard werden nachfolgend drei der bekanntesten Kennzahlensysteme vorgestellt, mit denen Unternehmen die entscheidungsrelevanten Informationen für ihre Führungskräfte aufbereiten können.

9.4.2.2.1 ROI-Kennzahlensystem

Das ROI-Kennzahlensystem wurde 1919 von dem Chemieunternehmen *DuPont* entwickelt. Es wird deshalb auch als ***DuPont*-Kennzahlensystem** bezeichnet. An der Spitze dieses Kennzahlensystems steht mit dem ROI beziehungsweise dem Return-on-Investment eine Rentabilitätskennzahl (↗ Abbildung 9-23). Der Return-on-Investment entspricht in seiner Definition im ROI-Kennzahlensystem der **Gesamtkapitalrentabilität** (vergleiche *Wöhe, G.* 2002: Seite 1070 f.). Anders als bei der ursprünglichen Version werden bei der Ermittlung des Return-on-Investment heute auch Fremdkapitalzinsen berücksichtigt. Bei *DuPont* wurde dies nicht gemacht, da das Unternehmen nicht mit verzinslichem Fremdkapital arbeiten durfte. Das Kennzahlensystem verdeutlicht den Einfluss der Erträge, der Aufwendungen, des Vermögens und des Kapitals auf die Rentabilität des in das Unternehmen investierten Kapitals. Es kann somit insbesondere für eine finanzwirtschaftlich orientierte Steuerung des Unternehmens verwendet werden (vergleiche *Jung, H.* 2003: Seite 163 f.).

Wirtschaftspraxis 9-8

ROI und Umsatzrentabilität deutscher, österreichischer und schweizerischer Unternehmen

Der Return-on-Investment und die Umsatzrentabilität gehören nach wie vor zu den wichtigsten Kennzahlen zur Steuerung und Beurteilung von Unternehmen.
Das *Institut für Wirtschaftsprüfung* der *Universität des Saarlandes* hat im Jahr 2005 den ROI für eine Reihe großer **deutscher Unternehmen** ermittelt. Diese hatten einen durchschnittlichen Return-on-Investment von 7,8 Prozent. Der Spitzenreiter war der Sportartikelhersteller *Puma AG* mit einem Return-on-Investment von 40 Prozent, das Schlusslicht der Arzneimittelhersteller *Evotec AG* mit –66,9 Prozent. Demgegenüber lag die Umsatzrentabilität der *DAX*-Unternehmen im Jahr 2013 zwischen 19,8 Prozent, die die *SAP AG* erzielte, und -5,1 Prozent, die die *RWE AG* erzielte.
In **Österreich** war im Jahr 2013 die *Siemens AG Österreich* mit einer Brutto-Umsatzrendite von 16,4 Prozent das renditestärkste Unternehmen, während die *Red Bull GmbH* mit knapp 10 Prozent beispielsweise im oberen Mittelfeld lag und die *Gesundheits- und Spitals-AG (gaspag)* mit –12,1 Prozent das Schlusslicht bildete.
Beispielhaft für die **Schweiz** sei hier zunächst das im Jahr 2014 auf Platz 10 der Fortune-Global 500 befindliche Schweizer Unternehmen *Glencore plc* genannt. Es erzielte als eines der umsatzstärksten Schweizer Unternehmen 2013 eine Umsatzrentabilität von -3,18 Prozent (2010: 0,89 Prozent) und einen Return-on-Investment von –4,78 Prozent (2010: 1,62 Prozent). Demgegenüber erzielte beispielsweise die *Nestlé S. A.* im Jahr 2013 eine Umsatzrentabilität von 10,87 Prozent (2010: 31,2 Prozent) und einen Return-on-Investment von 8,32 Prozent (2010: 30,66 Prozent).

Quellen: http://de.statista.com/statistik/daten/studie/292789/umfrage/netto-umsatzrenditen-der-dax-unternehmen/, http://www.trendtop500.at/unternehmen/, http://fortune.com/global500/, http://www.wallstreet-online.de/aktien, http://www.handelszeitung.ch/bildergalerie/die-groessten-unternehmen-der-schweiz (alle Stand 09.04.15).

Abb. 9-23

ROI-Kennzahlensystem

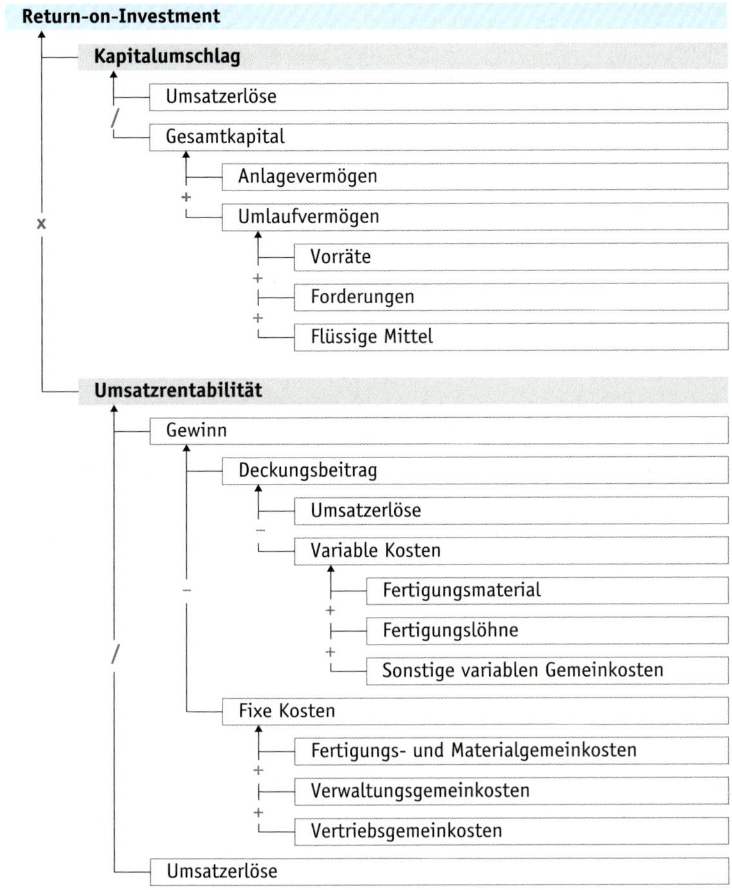

Vergleiche *Horváth, P.* 1991: Seite 518

Zwischenübung Kapitel 9.4.2.2.1

Welcher Return-on-Investment und welche Umsatzrentabilität ergeben sich, wenn Umsatzerlösen von 800 000,00 Euro variable Kosten von 450 000,00 Euro und fixe Kosten von 250 000,00 Euro gegenüberstehen und das Anlagevermögen 250 000,00 Euro und das Umlaufvermögen 500 000,00 Euro betragen (Hinweis: Zwischenergebnisse dienen der Selbstkontrolle).

Deckungsbeitrag	
Gewinn	
Umsatzrentabilität	
Gesamtkapital	
Kapitalumschlag	
Return-on-Investment	**13,3 %**

9.4.2.2.2 ZVEI-Kennzahlensystem

Analysemöglichkeiten

Der *Zentralverband der Elektrotechnischen Industrie* (*ZVEI*) entwickelte 1969 mit dem *ZVEI*-Kennzahlensystem ein ebenfalls primär finanzwirtschaftlich orientiertes Kennzahlensystem zur Wachstums- und Strukturanalyse von Unternehmen, in dessen Mittelpunkt die Eigenkapitalrentabilität steht (↗ Abbildung 9-24):

Wachstumsanalyse

Im Rahmen der Wachstumsanalyse kann die zeitliche Veränderung von Größen, wie des Auftragsbestandes, der Umsatzerlöse, des Jahresüberschusses/-gewinns, des Cashflows, des Personalaufwands, der Wertschöpfung oder der Mitarbeiterzahl, analysiert werden.

Strukturanalyse

Im Rahmen der Strukturanalyse werden die Einflussfaktoren auf die Eigenkapitalrentabilität analysiert. Dieser Teil ähnelt dem ROI-Kennzahlensystem. Im Vergleich zu diesem System lässt das *ZVEI*-Kennzahlensystem mit etwa 200 Kennzahlen aber wesentlich differenziertere Analysen zu (vergleiche *Horváth, P.* 1991: Seite 519 ff.).

9.4.2.2.3 Balanced-Scorecard

Perspektiven der Balanced-Scorecard

Die Balanced-Scorecard (englisch: ausbalancierte Kennzahlentafel) ist ein auf die beiden amerikanischen Wirtschaftswissenschaftler *Kaplan* und *Norton* zurückgehendes ganzheitliches Kennzahlensystem. *Kaplan* und *Norton* gehen davon aus, dass sich Unternehmen, um langfristig erfolgreich zu sein, nicht nur an finanzwirtschaftlichen Kriterien orientieren dürfen, wie dies die ROI- und *ZVEI*-Kennzahlensysteme tun. Stattdessen müssen sie für eine »ausbalancierte« Steuerung des Unternehmens die vier folgenden, sich gegenseitig beeinflussenden Perspektiven beachten (↗ Abbildung 9-25).

Wissensperspektive

Die Wissens- beziehungsweise Lern- und Entwicklungsperspektive beschreibt die Ziele des Unternehmens im Hinblick auf das im Unternehmen vorhandene Wissen und die Weiterentwicklung dieses Wissens. Im Mittelpunkt stehen dabei die Mitarbeiter mit ihrer Qualifikation und Motivation sowie die Innovations- und Änderungsfähigkeit des Unternehmens. Messgrößen sind beispielsweise Kennzahlen wie die Fluktuationsrate, die Mitarbeiterzufriedenheit, die Aufwendungen für Weiterbildung oder

Abb. 9-24

***ZVEI*-Kennzahlensystem**

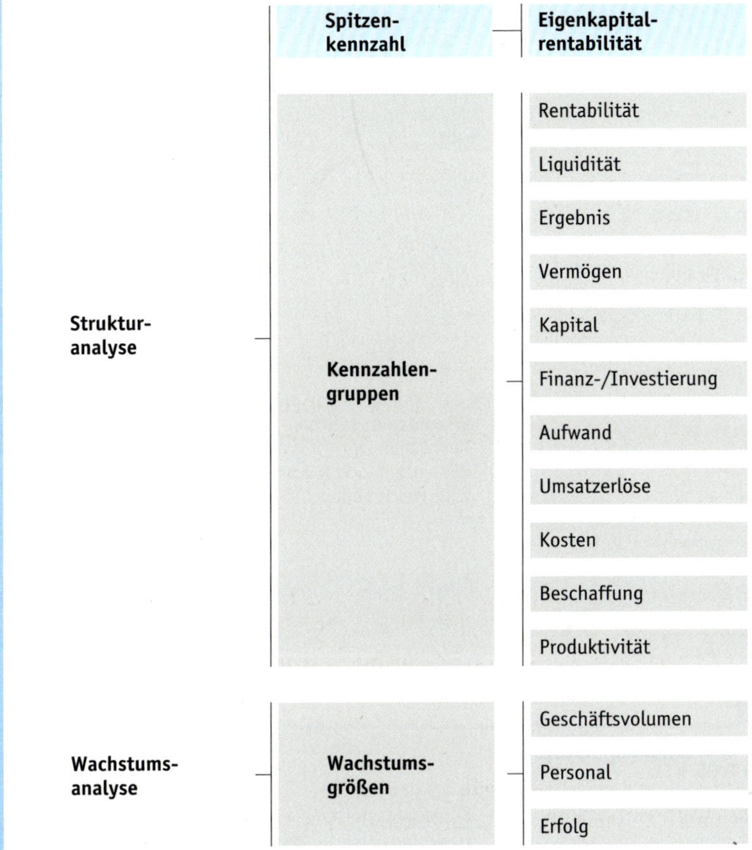

Vergleiche *Horváth, P.* 1991: Seite 522

das Durchschnittsalter der Produkte. Die Mitarbeiterqualifikation und -motivation wirken sich insbesondere auf die Durchführung der Prozesse im Unternehmen aus.

Prozessperspektive

Im Mittelpunkt der Prozessperspektive steht die Leistungserstellung des Unternehmens, also Innovations-, Produktions- und Marketingprozesse und deren Verbesserung in Bezug auf Kosten, Qualität und Zeit. Kennzahlen zur Messung der Prozessperspektive sind beispielsweise die Produktivität, die Ausschussquote oder die Entwicklungszeit. Die Beherrschung der Prozesse beeinflusst insbesondere die Kundenzufriedenheit.

Abb. 9-25

Aufbau einer Balanced-Scorecard

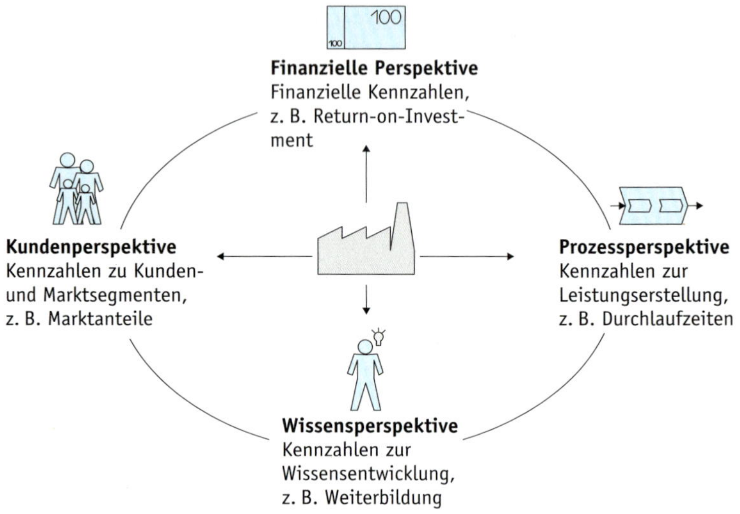

Vergleiche *Hahn, D.* 1998: Seite 574

Wirtschaftspraxis 9-9

Die Balanced-Scorecard des VfB

Der Fußball-Bundesligist *VfB Stuttgart* führte im Jahr 2004 das »*Balanced Scorecard Planning System*« oder kurz »*BalPlan*« als neues Steuerungsinstrument ein. Die Balanced-Scorecard umfasst 130 Kennzahlen in den vier Dimensionen »Wirtschaftliche Perspektive«, »Kundenperspektive«, »Sportliche Perspektive« und »Interne Prozess- und Potenzialperspektive«:

- Steuerungsgrößen der Dimension »Wirtschaftliche Perspektive« sind unter anderem der Umsatz, die Profitabilität, die eventuell um Spielertransfers bereinigte Liquidität, der Verschuldungsgrad, die beispielsweise durch die Kennzahl »Sportbudget zu erzielten Ligapunkten« gemessene Etat-Effizienz und die Wertsteigerung für die Aktionäre.
- Steuerungsgrößen der Dimension »Kundenperspektive« sind unter anderem die Stadionauslastung, der Anteil an Neukunden, der Catering-Umsatzerlös je Stadionbesucher und die Loyalität der Fans.
- Steuerungsgrößen der Dimension »Sportliche Perspektive« sind unter anderem der Tabellenplatz in der Meisterschaft, die in anderen Wettbewerben erreichten Runden, die beispielsweise durch die »durchschnittliche Beschäftigungsdauer« gemessene Trainerkontinuität und der unter anderem durch die »Summe der Marktwerte« gemessene Teamwert.
- Steuerungsgrößen der Dimension »Interne Prozess- und Potenzialperspektive« sind unter anderem die Talent-Scouting-Erfolgsquote, der Anteil der aus der eigenen Jugend in die Profi-Mannschaft übernommenen Spieler, die durchschnittliche Wartezeit in der Telefon-Hotline und die Management-Kontinuität.

Quelle: *Schönwitz, D.*: Die Geheimwaffe des VfB,
in: Handelsblatt, Nummer 31 vom 13.02.2004, Seite k01.

Kundenperspektive

Die Kundenperspektive beschreibt die Ziele in Bezug auf die relevanten Kunden- und Marktsegmente. Die Kundenperspektive wird mit Kennzahlen wie dem Marktanteil, dem Anteil an Neukunden, der Kundenzufriedenheit oder der Kundentreue quantifiziert. Die erreichte Kundenzufriedenheit hat letztendlich großen Einfluss auf die Erreichung der finanziellen Ziele.

Finanzperspektive

Die Finanzperspektive beschreibt die finanziellen Ziele des Unternehmens. Auch innerhalb der Balanced-Scorecard sind die Finanzziele den anderen Zielen übergeordnet. Kennzahlen zur Messung der Finanzperspektive sind zumeist klassische Kennzahlen, wie die Umsatz- und die Eigenkapitalrentabilität, der Unternehmenswert, der Cashflow oder die Liquidität.

Kaplan und *Norton* empfehlen, die genannten vier Perspektiven durch nicht mehr als insgesamt 25 Kennzahlen abzubilden. Die Balanced-Scorecard ist in ihrer genauen Ausgestaltung nicht standardisiert. Vielmehr muss eine Anpassung an die speziellen Gegebenheiten des Unternehmens erfolgen, das sie einsetzt. Das Konzept der Balanced-Scorecard kann und soll auch nicht nur zur Steuerung des gesamten Unternehmens verwendet werden. Vielmehr ist an einen pyramidenartigen Einsatz in den untergeordneten Hierarchieebenen gedacht.

In den vier Perspektiven der Balanced-Scorecard spiegeln sich die Vorstellungen von *Kaplan* und *Norton* hinsichtlich der Erfolgsfaktoren von Unternehmen wider. Insofern lassen sich aus der Balanced-Scorecard auch Strategien ableiten (vergleiche *Jung, H.* 2003: Seite 173 f. und *Hahn, D.* 1998: Seite 574 f.)

Zusammenfassung Kapitel 9

- Planung und Kontrolle sind Teil des Führungsprozesses, der außerdem die Phasen Entscheiden und Realisieren umfasst.
- Das Controlling koordiniert sämtliche Planungs-, Kontroll- und Informationsaktivitäten zur Steuerung von Unternehmen.
- Planung ist ein systematischer Prozess, der dazu dient, die anzustrebenden Ziele festzulegen und zukünftige Probleme vorausschauend zu identifizieren und zu lösen.
- Hinsichtlich des Umfangs und des Zeithorizonts der Planung werden insbesondere die strategische, die taktische und die operative Planung unterschieden.
- Eine Strategie ist das rational geplante Entscheidungs-, Maßnahmen- und Verhaltensbündel, das der langfristigen Sicherung des Unternehmenserfolgs dient.
- Strategien werden in Unternehmens-, Geschäftsbereichs- und Funktionsbereichsstrategien unterteilt.
- Die Strategieformulierung kann ressourcen- oder marktorientiert erfolgen.

- Instrumente der ressourcenorientierten Strategieformulierung sind die SWOT-Analyse und die TOWS-Matrix, das Wertkettenmodell, das Benchmarking, die PIMS-Studie, das 7-S-Modell sowie der Kernkompetenzenansatz.
- Instrumente der marktorientierten Strategieformulierung sind die Branchenstrukturanalyse, die Szenariotechnik, das Marktwachstum-Marktanteil-Portfolio, die Marktattraktivität-Wettbewerbsvorteil-Matrix sowie der Shareholder-Value-Ansatz.
- Im Rahmen der operativen Planung werden aufeinander aufbauend Absatz-, Produktions-, Beschaffungs-, Personal-, Investitions-, Erfolgs- und Finanzpläne sowie Planbilanzen erstellt.
- Budgets sind Kostenvorgaben für Kostenstellen auf der Basis von Leistungsvorgaben.
- Kontrolle ist ein systematischer Prozess zur Ermittlung und Analyse von Abweichungen zwischen geplanten Soll- und tatsächlich realisierten Ist-Werten.
- Im Berichtswesen werden Informationen in Form von Standard-, Abweichungs- und Bedarfsberichten erstellt und weitergeleitet.
- Der Return-on-Investment und die Umsatzrentabilität sind wichtige Größen zur Steuerung von Unternehmen.
- Die Balanced-Scorecard bildet zusätzlich zu Finanzaspekten auch Prozess-, Wissens- und Kundenaspekte ab.

Weiterführende Literatur Kapitel 9

Controlling allgemein

Weber, J./Schäffer, U.: Einführung in das Controlling, Stuttgart.
Horváth, P.: Controlling, München.

Strategische Planung

Müller-Stewens, G./Lechner, C.: Strategisches Management: Wie strategische Initiativen zum Wandel führen, Stuttgart.
Mintzberg, H.: Strategy Safari, Heidelberg.

Kennzahlen

Reichmann, T.: Controlling mit Kennzahlen: Die systemgestützte Controlling-Konzeption mit Analyse- und Reportinginstrumenten, München.

Klassiker

Montgomery, C. A./Porter M. E. (Herausgeber): Strategie – Die brillanten Beiträge der weltbesten Strategie-Experten, Wien.
Oetinger, B. von (Herausgeber): Das Boston Consulting Group Strategie-Buch, Düsseldorf et al.

Schlüsselbegriffe Kapitel 9

- Führungsprozess
- Planung
- Unternehmensstrategie
- Strategieformulierung
- Ressourcenorientierung
- Marktorientierung
- SWOT-Analyse/TOWS-Matrix
- Wertkettenmodell
- Benchmarking
- PIMS
- 7-S-Modell
- Kernkompetenz
- Branchenstruktur
- Szenario
- Marktwachstum-Marktanteil-Portfolio
- Produktlebenszyklus
- Erfahrungskurve
- Marktattraktivität-Wettbewerbsvorteil-Matrix
- Shareholder-Value
- Budget
- Kontrolle
- Bericht
- Kennzahl
- Return-on-Investment
- Umsatzrentabilität
- Balanced-Scorecard

Fragen Kapitel 9

Frage 9-1: *Definieren Sie den Begriff »Controlling«.*

Frage 9-2: *Erläutern Sie, in welchen vier Phasen der Führungsprozess verläuft.*

Frage 9-3: *Erläutern Sie, welche drei Aufgaben das Controlling hat.*

Frage 9-4: *Definieren Sie den Begriff »Planung«.*

Frage 9-5: *Erläutern Sie, welche Merkmale die strategische, die taktische und die operative Planung aufweisen.*

Frage 9-6: *Erläutern Sie, welche drei Formen der hierarchischen Plankoordination unterschieden werden.*

Frage 9-7: *Erläutern Sie den Unterschied zwischen der sukzessiven und der simultanen Planung.*

Frage 9-8: *Erläutern Sie den Unterschied zwischen der starren und der flexiblen Planung.*

Frage 9-9: *Erläutern Sie, was unter der rollenden Planung verstanden wird.*

Frage 9-10: *Definieren Sie den Begriff »Strategie«.*

Frage 9-11: *Erläutern Sie, was unter einer Unternehmensstrategie verstanden wird.*

Frage 9-12: *Erläutern Sie, was unter Funktions- und Geschäftsbereichsstrategien verstanden wird.*

Frage 9-13: *Nennen Sie die vier Schritte der strategischen Planung.*

Frage 9-14: *Erläutern Sie, worin sich die ressourcen- von der marktorientierten Strategieformulierung unterscheidet.*

Frage 9-15: *Nennen Sie mindestens vier Modelle der ressourcenorientierten Strategieformulierung.*

Frage 9-16: *Erläutern Sie die Struktur der SWOT-Analyse.*

Frage 9-17: *Erläutern Sie die vier Strategien gemäß der TOWS-Matrix.*

Frage 9-18: *Erläutern Sie die Struktur des Wertkettenmodells.*

Frage 9-19: *Erläutern Sie, wofür das Wertkettenmodell dient.*

Frage 9-20: *Erläutern Sie, wofür das Benchmarking dient.*

Frage 9-21: *Erläutern Sie, welche drei Arten des Benchmarkings es gibt.*

Frage 9-22: *Erläutern Sie, was unter Best-Practices verstanden wird.*

Frage 9-23: *Erläutern Sie, was in der PIMS-Studie untersucht wird.*

Frage 9-24: *Erläutern Sie die Struktur des 7-S-Modells.*

Frage 9-25: *Erläutern Sie, was das 7-S-Modell besagt.*

Frage 9-26: *Definieren Sie den Begriff »Kernkompetenz«.*

Frage 9-27: *Erläutern Sie, was der Kernkompetenzenansatz besagt.*

Frage 9-28: *Nennen Sie mindestens vier Modelle der marktorientierten Strategieformulierung.*

Frage 9-29: *Definieren Sie den Begriff »Branche«.*

Frage 9-30: *Erläutern Sie, welche fünf Kräfte in der Branchenstrukturanalyse analysiert werden.*

Frage 9-31: *Erläutern Sie, wofür die Branchenstrukturanalyse dient.*

Frage 9-32: *Erläutern Sie, worin sich Prognosen und Szenarien unterscheiden.*

Frage 9-33: *Nennen Sie die drei Szenarien, die bei Anwendung der Szenariotechnik normalerweise erstellt werden.*

Frage 9-34: *Erläutern Sie die Struktur des Marktwachstum-Marktanteil-Portfolios.*

Frage 9-35: *Erläutern Sie, worin sich das Marktwachstum-Marktanteil-Portfolio von dem Kernkompetenzenansatz unterscheidet.*

Frage 9-36: *Erläutern Sie, welche Normstrategien es im Marktwachstum-Marktanteil-Portfolio gibt.*

Frage 9-37: *Erläutern Sie die sechs Phasen, in denen ein typischer Produktlebenszyklus verläuft.*

Frage 9-38: *Erläutern Sie, was unter einem Relaunch verstanden wird.*

Frage 9-39: *Erläutern Sie, was Erfahrungskurven besagen.*

Frage 9-40: *Erläutern Sie, worin sich dynamische von statischen Skaleneffekten unterscheiden.*

Frage 9-41: *Nennen Sie drei Ursachen von dynamischen Skaleneffekten.*

Frage 9-42: *Nennen Sie zwei Ursachen von statischen Skaleneffekten.*

Frage 9-43: *Erläutern Sie, welchen Einfluss Skaleneffekte darauf haben können, ob global oder lokal produziert wird.*

Frage 9-44: *Erläutern Sie, welchen Einfluss Skaleneffekte auf zwischenbetriebliche Verbindungen haben können.*

Frage 9-45: *Erläutern Sie die Struktur der Marktattraktivitäts-Wettbewerbsvorteil-Matrix.*

Frage 9-46: *Erläutern Sie, welche Zielsetzung beim Shareholder-Value-Ansatz verfolgt wird.*

Frage 9-47: *Nennen Sie mindestens fünf Einzelpläne der operativen Planung.*

Frage 9-48: *Nennen Sie die zwei Einzelpläne, auf die sich Absatzpläne primär auswirken.*

Frage 9-49: *Nennen Sie die drei Einzelpläne, auf die sich Produktionspläne primär auswirken.*

Frage 9-50: *Definieren Sie den Begriff »Budget«.*

Frage 9-51: *Erläutern Sie, wie bei der Budgetierung vorgegangen wird.*

Frage 9-52: *Nennen Sie die drei Arten des Budgetabgleichs.*
Frage 9-53: *Erläutern Sie, welche besonderen Ausprägungen der Budgetierung es gibt.*
Frage 9-54: *Definieren Sie den Begriff »Kontrolle«.*
Frage 9-55: *Erläutern Sie die zwei wichtigsten Arten der Kontrolle.*
Frage 9-56: *Definieren Sie den Begriff »Information«.*
Frage 9-57: *Erläutern Sie, welche drei Arten von Berichten es gibt.*
Frage 9-58: *Definieren Sie den Begriff »Kennzahl«.*
Frage 9-59: *Erläutern Sie, welche zwei Arten von Kennzahlen es gibt.*
Frage 9-60: *Erläutern Sie die drei Arten von Verhältniszahlen.*
Frage 9-61: *Nennen Sie ein Synonym zum Begriff ROI-Kennzahlensystem.*
Frage 9-62: *Erläutern Sie, welche zwei Analysen mittels des ZVEI-Kennzahlensystems durchgeführt werden können.*
Frage 9-63: *Erläutern Sie, welche vier Perspektiven die Balanced-Scorecard umfasst.*

Fallstudie Kapitel 9

Die Geschäftsführung der Speedy GmbH will im nächsten Monat eine Klausursitzung zur zukünftigen Strategie des Unternehmens durchführen. Herr Dr. Scharrenbacher bittet Sie deshalb, ihn bei der Vorbereitung dieser Sitzung zu unterstützen. Er möchte auf der Sitzung verschiedene Ansätze für die Speedy GmbH diskutieren.

Fallstudie 9-1: Kernkompetenzen

Überlegen Sie, über welche Kernkompetenzen Automobilhersteller typischerweise verfügen. Welche Kernkompetenzen könnte demgegenüber die Speedy GmbH haben? Welche Kernkompetenzen sollte die Speedy GmbH zukünftig noch entwickeln, und welche Kernprodukte und Geschäfte könnte die Speedy GmbH aus ihren Kernkompetenzen zukünftig ableiten? Stellen Sie die Ergebnisse Ihrer Überlegungen grafisch dar.

Fallstudie 9-2: Branchenstrukturanalyse

Führen Sie für den neuen Speedster Off-Road eine Branchenstrukturanalyse durch. Was ist in dieser Branche Ihrer Meinung nach die stärkste Wettbewerbskraft? Welche Strategie leiten Sie daraus für die Speedy GmbH ab? Stellen Sie die Ergebnisse Ihrer Überlegungen grafisch dar.

Fallstudie 9-3: Marktwachstum-Marktanteil-Portfolio

Ordnen Sie die Produkte der Speedy GmbH den Feldern des Marktwachstum-Marktanteil-Portfolios zu und stellen Sie das Ergebnis grafisch dar (Hinweis: Hierzu relevante Angaben zur Speedy GmbH finden Sie insbesondere in den Kapiteln Grundlagen sowie Externes und Internes Rechnungswesen). Welche Strategien leiten Sie daraus für die Speedy GmbH ab? Ermitteln Sie zum Vergleich das Marktwachstum-Marktanteil-Portfolio eines wirklichen Automobilherstellers.

Fallstudie 9-4: Marktattraktivität-Wettbewerbsvorteil-Matrix

Ordnen Sie die Produkte der Speedy GmbH den Feldern der Marktattraktivität-Wettbewerbsvorteil-Matrix zu, und stellen Sie das Ergebnis grafisch dar. Welche Strategien leiten Sie daraus für die Speedy GmbH ab? Stellen Sie zum Vergleich die Bereiche eines wirklichen Automobilherstellers in der Marktattraktivität-Wettbewerbsvorteil-Matrix dar.

Fallstudie 9-5: Erfahrungskurve

Bei einem Unternehmen wurden für ein neues Erzeugnis die Stückkosten k bei den folgenden Stückzahlen x ermittelt:

Stückzahl x	ln (x)	Stückkosten k	ln (k)
1 Stück		2 000,00 €/Stück	
20 Stück		900,00 €/Stück	

(1) Berechnen Sie mittels dieser Angaben die **Kostenelastizität** *und die* **Erfahrungsrate** *für das neue Erzeugnis:*

Kostenelastizität	
Erfahrungsrate	

(2) Prognostizieren Sie auf Basis der zuvor ermittelten Daten, wie sich die **Stückkosten k** *des Erzeugnisses bei den folgenden Stückzahlen x entwickeln werden:*

Insgesamt produzierte Anzahl x	Stückkosten k
100 Stück	
1 000 Stück	
10 000 Stück	
100 000 Stück	92,96 €/Stück

Fallstudie 9-6: Kennzahlensystem

Für die monatlichen Berichte an die Geschäftsführung hätte Dr. Scharrenbacher zudem gerne ein Kennzahlensystem, mit dem er schnell einen Überblick über den aktuellen Zustand der Speedy GmbH erhält. Welche Kennzahlen würden Sie in einer Balanced-Scorecard für die Speedy GmbH aufführen?
Stellen Sie zusätzlich die Finanzdaten der Speedy GmbH in einem ROI-Kennzahlensystem dar. Ergänzen Sie dazu die nachfolgende Tabelle, die die Daten der Speedy GmbH für das Geschäftsjahr 0001 enthält (vergleiche zu den Daten ↗ Kapitel 10 Externes Rechnungswesen und ↗ Kapitel 11 Internes Rechnungswesen).

Fertigungsmaterial	498 200,00 €
Fertigungslöhne	66 650,00 €
Variable Kosten	
Umsatzerlöse	1 150 000,00 €
Deckungsbeitrag	
Fertigungsgemeinkosten inkl. Materialgemeinkosten	300 337,00 €
Verwaltungsgemeinkosten	115 786,00 €
Vertriebsgemeinkosten	42 477,00 €
Fixe Kosten	
Gewinn	
Umsatzrentabilität	
Umlaufvermögen	655 000,00 €
Anlagevermögen	335 000,00 €
Gesamtkapital	
Kapitalumschlag	
Return-on-Investment	**12,8 %**

Präsentieren Sie nachfolgend Ihre Ergebnisse. Untermauern Sie Ihre Überlegungen dabei zusätzlich mit Recherchen.

Teil III

Rechnungs- und Finanzwesen

Abb. III-1

Einordnung des Rechnungs- und Finanzwesens in das 4-Ebenen-Modell der BWL

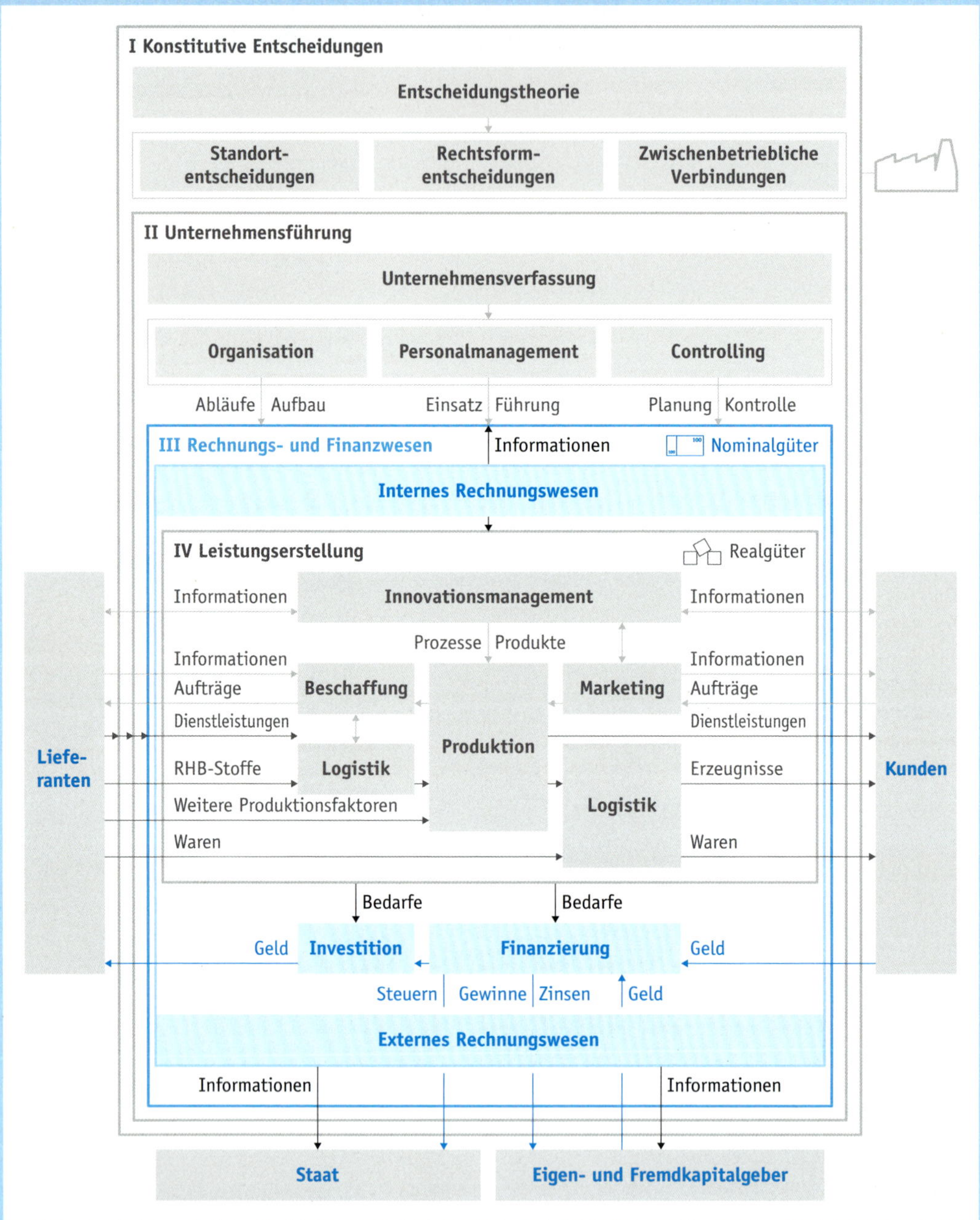

Das Rechnungs- und das Finanzwesen bilden die dritte Ebene des diesem Buch zugrunde liegenden 4-Ebenen-Modells (↗ Abbildung III-1). Beide Bereiche haben die Nominalgüter, also das Geld zum Gegenstand und beide Bereiche stellen Schnittstellen zwischen der Ebene der Unternehmensführung und der Ebene der Leistungserstellung dar. Das Rechnungswesen bildet dabei in erster Linie die informationelle Schnittstelle:

Gegenstand des **Rechnungswesens** ist die Ermittlung und die Bereitstellung von Informationen über monetäre Größen in Betrieben und die ihnen zugrunde liegenden mengenmäßigen Größen.

Das Finanzwesen dient hingegen in erster Linie der Umsetzung der Vorgaben der Unternehmensführung im Hinblick auf die Leistungserstellung:

Gegenstand des **Finanzwesens** ist die Bereitstellung und Verwendung finanzieller Mittel.

Um Ihnen die wichtigsten Kenntnisse und Fertigkeiten im Hinblick auf das Rechnungs- und das Finanzwesens zu vermitteln, wurde der dritte Teil dieses Buchs in folgende Kapitel untergliedert:

- Im ↗ **Kapitel 10 Externes Rechnungswesen** werden wir uns zuerst damit beschäftigen, welche Informationen externen Stakeholdern zur Verfügung gestellt werden.
- Im ↗ **Kapitel 11 Internes Rechnungswesen** werden wir uns dann anschauen, wie die Informationen ermittelt werden, die die internen Stakeholder zur Steuerung von Unternehmen benötigen.
- Im ↗ **Kapitel 12 Finanzierung** werden wir darauf eingehen, welche Möglichkeiten Unternehmen haben, sich Geld zu beschaffen.
- Im ↗ **Kapitel 13 Investition** werden wir zuletzt betrachten, wie das Geld möglichst vorteilhaft in Unternehmen verwendet wird.

10 Externes Rechnungswesen

Kapitelnavigator

Inhalt	Lernziel
10.1 Grundlagen	10-1 Die Grundlagen des externen Rechnungswesens kennen.
10.2 Buchführung	10-2 Die Aufgaben der Buchführung kennen.
10.3 Jahresabschluss/-rechnung	10-3 Die Auswirkungen von Geschäftsvorfällen auf die Jahres(abschluss)rechnungen ermitteln können.
10.4 Kennzahlen	10-4 Die wichtigsten Kennzahlen des externen Rechnungswesens kennen.

Zur Rechenschaftslegung gegenüber Externen ist es notwendig, alle monetär wirksamen betrieblichen Geschehnisse zu dokumentieren. Diese Aufgabe erfolgt auf Basis der im Rechnungswesen ermittelten Informationen.

Gegenstand des **externen Rechnungswesens** ist insbesondere die Ermittlung und die Bereitstellung von Informationen über wert- und mengenmäßige Größen, die benötigt werden, um Informationsadressaten außerhalb des Unternehmens über den Zustand und die Veränderungen von Unternehmen zu informieren.

Informationsadressaten

Das externe Rechnungswesen wird synonym auch als **Finanz-** oder **Geschäftsbuchführung** bezeichnet. Es wendet sich insbesondere an folgende Informationsadressaten:

- Eigenkapitalgeber beziehungsweise Anteilseigner, wie Gesellschafter oder Aktionäre,
- Fremdkapitalgeber beziehungsweise Gläubiger, wie Banken,
- Finanzbehörden,
- Lieferanten.

Abb. 10-1

Wert und mengenmäßige Informationen, die Gegenstand des Rechnungswesens sind

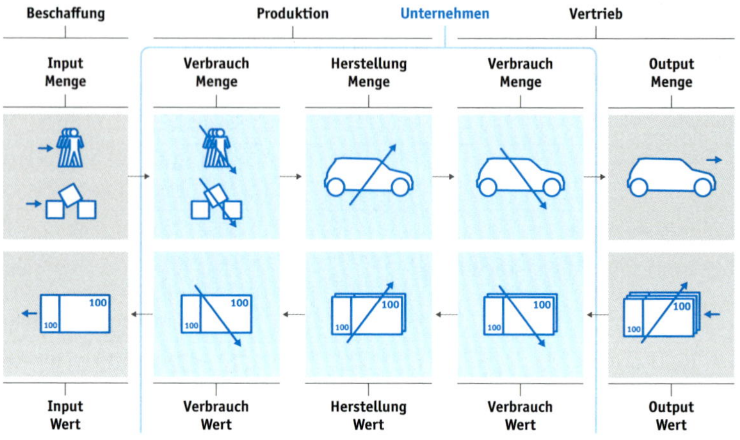

Vergleiche *Schäfer-Kunz, J.* 2019: Seite 7

10.1 Grundlagen

10.1.1 Einordnung

Das externe Rechnungswesen ist einer der zwei Teilbereiche des Rechnungswesens. Schnittstellen bestehen insbesondere zu folgenden Bereichen (vergleiche ↗ Abbildung 10-2):

- **Leistungserstellung:** Im externen Rechnungswesen werden alle in Unternehmen ablaufenden *Umsatzprozesse* und damit die Leistungserstellung abgebildet. In der Bilanz sind davon insbesondere die Posten des Umlaufvermögens betroffen, in der Gewinn- und Verlust-/Erfolgsrechnung die Posten des Betriebsergebnisses und in der Kapital-/Geldflussrechnung die Posten des Cashflows aus laufender Geschäftstätigkeit.
- **Finanzierung:** Im externen Rechnungswesen werden alle in Unternehmen ablaufenden *Finanzierungsprozesse* abgebildet. In der Bilanz sind davon insbesondere die Posten des Eigen- und des Fremdkapitals betroffen, in der Gewinn- und Verlust-/Erfolgsrechnung die Posten des Finanzergebnisses und in der Kapital-/Geldflussrechnung die Posten des Cashflows aus der Finanzierungstätigkeit.
- **Investition:** Im externen Rechnungswesen werden alle in Unternehmen ablaufenden *Investitionsprozesse* abgebildet. In der Bilanz sind davon insbesondere die Posten des Anlagevermögens betroffen, in der Gewinn- und Verlust-/Erfolgsrech-

Abb. 10-2

Einordnung des externen Rechnungswesens

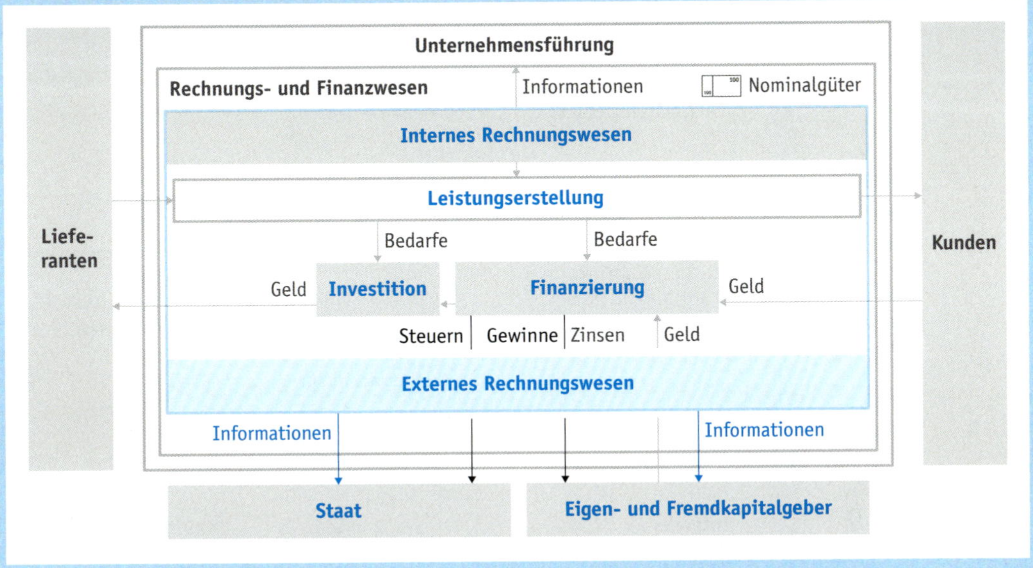

nung die Posten des Betriebs- und des Finanzergebnisses und in der Kapital-/Geldflussrechnung die Posten des Cashflows aus der Investitionstätigkeit.

- **Internes Rechnungswesen:** Das interne Rechnungswesen basiert weitgehend auf den im externen Rechnungswesen ermittelten Daten.
- **Eigenkapitalgeber:** Die Informationen für die Eigenkapitalgeber und die Höhe der an sie ausschüttbaren Gewinne werden im externen Rechnungswesen ermittelt.
- **Staat:** Die Informationen für den Staat und dabei insbesondere die für die Berechnungen der zu zahlenden Steuern notwendigen Informationen werden vom externen Rechnungswesen zur Verfügung gestellt.

10.1.2 Aufgaben des externen Rechnungswesens

Teilbereiche des externen Rechnungswesens

Das externe Rechnungswesen wird weiter in zwei Bereiche mit unterschiedlichen Aufgaben unterteilt (vergleiche ↗ Abbildung 10-3 und zum Folgenden *Schäfer-Kunz, J.* 2019: Seite 9 f.).

Buchführung

Die Buchführung dient primär der vollständigen **Dokumentation** aller in Unternehmen ablaufenden finanziellen Prozesse, die im Rechnungswesen auch als **Geschäfts-**

Abb. 10-3

Teilbereiche des externen Rechnungswesens

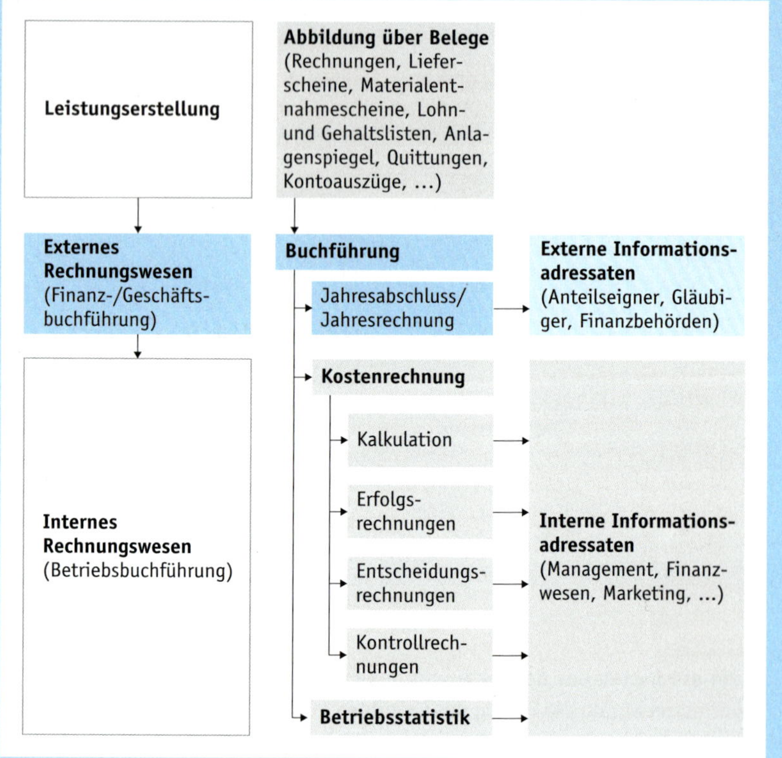

vorfälle bezeichnet werden. Durch Erfüllung dieser Aufgaben schafft die Buchführung die Datenbasis für das gesamte Rechnungswesen von Unternehmen.

Jahresabschluss/-rechnung

Die Jahresabschlüsse beziehungsweise in der Schweiz die Jahresrechnungen dienen im Allgemeinen der **Information** und im Speziellen der **Rechenschaftslegung** durch die Aufbereitung der in der Buchführung gewonnenen Daten. Unter dem Begriff werden sowohl die Tätigkeiten am Ende des Geschäftsjahres als auch deren Ergebnis verstanden.

Neben der Information dienen die Jahresabschlüsse/-rechnungen auch der **Zahlungsbemessung** im Hinblick auf die Ausschüttungen an die Unternehmenseigner und im Hinblick auf die zu zahlenden Steuern vom Einkommen und vom Ertrag.

10.2 Buchführung

10.2.1 Belege

Die Buchführung von Unternehmen basiert auf Belegen (↗ Abbildung 10-3).

Belege sind Dokumente, die das Bindeglied zwischen Geschäftsvorfällen auf der einen und den zugehörigen Buchungen auf der anderen Seite bilden.

Die Belege sollen sowohl die zugrunde liegenden Geschäftsvorfälle dokumentieren als auch deren Richtigkeit beweisen. Für die Buchführung gilt entsprechend gemäß dem sogenannten **Belegprinzip** immer der Grundsatz: »Keine Buchung ohne Beleg!« (vergleiche *Schäfer-Kunz, J.* 2019: Seite 95).

10.2.2 Buchen auf Konten

Um während der Geschäftsjahre alle Geschäftsvorfälle aufzeichnen und dann anhand dieser Aufzeichnungen nach Abschluss der Geschäftsjahre die Jahresabschlüsse/-rechnungen erstellen zu können, werden alle Geschäftsvorfälle auf Konten verbucht (vergleiche zum Folgenden *Schäfer-Kunz, J.* 2019: Seite 49f.). Die Bezeichnung »Konto« leitet sich von dem italienischen Begriff »conto« ab, der übersetzt »Rechnung« bedeutet.

Konten sind zweiseitige Rechnungen.

Aufgrund ihres Aussehens werden Konten auch als T-Konten bezeichnet (↗ Abbildung 10-4). Auf den beiden Kontoseiten können Geldbeträge eingetragen werden, die dann jeweils aufsummiert werden und die Kontosummen ergeben. Die linke Seite von Konten wird als »Soll« und die gegenüberliegende rechte Seite als »Haben« bezeichnet.

Wenn während des Geschäftsjahres Eintragungen auf Konten vorgenommen werden, so wird dies als **Buchen** bezeichnet. Eintragungen auf den Soll-Seiten der Konten werden entsprechend als »Soll-Buchungen«, Eintragungen auf den Haben-Seiten als »Haben-Buchungen« bezeichnet.

Kennzeichen der doppelten Buchführung

Kennzeichnend für die **doppelte Buchführung** ist, neben der Eintragung in zwei Bücher auf die wir gleich noch eingehen werden,

- dass jeder Geschäftsvorfall mindestens zwei Konten betrifft und
- dass allen Buchungen im Soll Gegenbuchungen in gleicher Höhe im Haben gegenüberstehen müssen.

Ob Konten durch Buchungen zu- oder abnehmen, hängt von der Art des Kontos ab und von der Seite des Kontos, auf der gebucht wird. Manche Konten nehmen im Soll zu und im Haben ab, manche im Haben zu und im Soll ab. Die Differenz der Buchungen auf den Soll- und den Haben-Seiten ergibt für jedes Konto den »Saldo«. Er wird in der Regel erst zum Ende eines Geschäftsjahres im Rahmen der Erstellung der

Abb. 10-4

Rechnung in Staffel- und in Kontenform

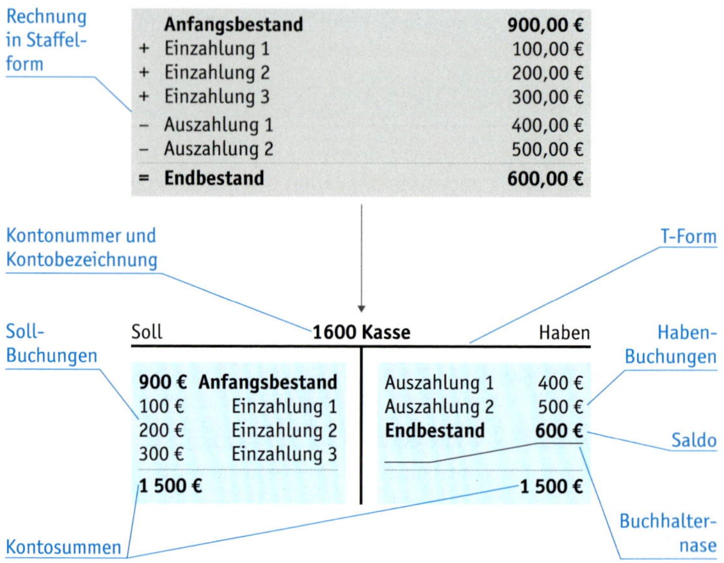

Vergleiche *Schäfer-Kunz, J.* 2019: Seite 50

Jahresabschlüsse/-rechnungen ermittelt. Seine Buchung bewirkt, dass die Kontosummen der Soll- und der Haben-Seiten übereinstimmen.

10.2.3 Aufbau von Buchführungssystemen

Während die Buchführung heute fast ausnahmslos über entsprechende Softwaresysteme erfolgt, wurde sie früher anhand von schriftlichen Eintragungen in Büchern vorgenommen. Die verschiedenen Bücher hatten jeweils unterschiedliche Funktionen. Diese werden heute in den Buchführungssoftwaresystemen über verschiedene Programmteile und über bestimmte Berichte und Auswertungen realisiert (vergleiche zum Folgenden ↗ Abbildung 10-5, *Schäfer-Kunz, J.* 2019: Seite 100 ff. und *Eisele, W.* 2002: Seite 504 ff.).

10.2.3.1 Grundbücher

Im Rahmen der Erfassung der Belege werden die sich dabei ergebenden Buchungssätze chronologisch, also zeitlich geordnet, in die Grundbücher der Buchführungssoftwaresysteme eingetragen und anschließend verbucht. Die Grundbücher werden im Rahmen der sogenannten Grundaufzeichnung geführt.

Abb. 10-5

Teilbereiche von Buchführungssystemen

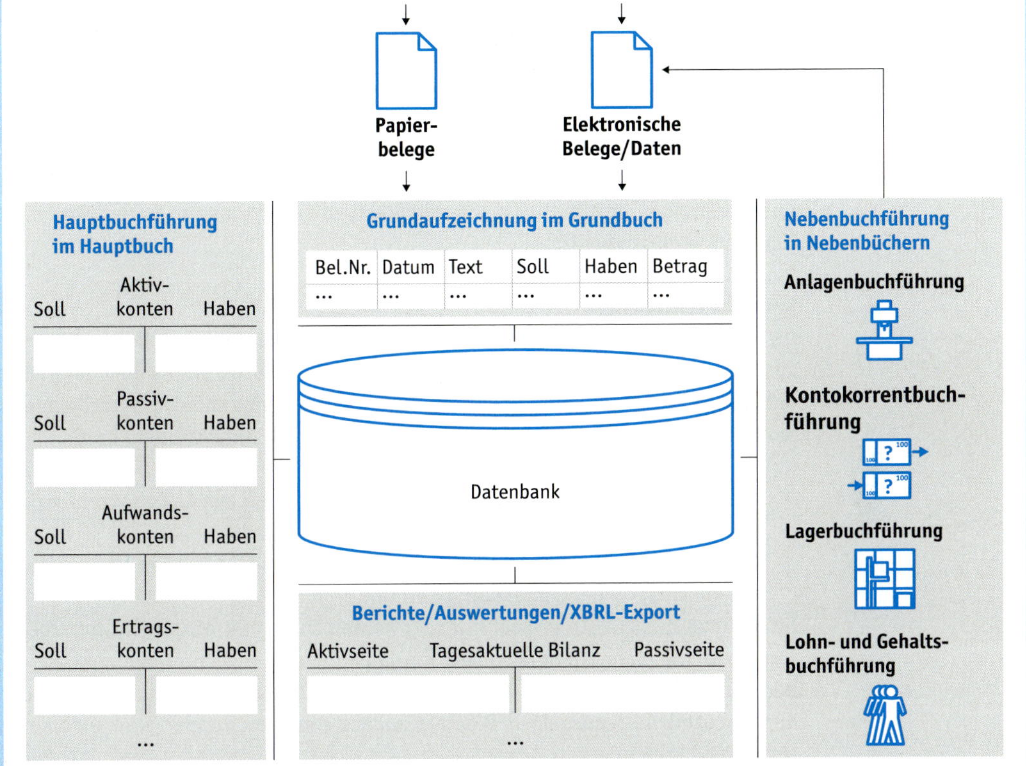

Vergleiche *Schäfer-Kunz, J.* 2019: Seite 101

10.2.3.2 Ordnungsbücher

Während die Geschäftsvorfälle in den Grundbüchern chronologisch geordnet werden, werden sie in den Ordnungsbüchern nach der Gattung, also sachlich, geordnet. Die Ordnungsbücher umfassen die Haupt-, die Neben-, die Inventar- und die Bilanzbücher.

10.2.3.2.1 Hauptbücher

Zusätzlich zu der Eintragung der Buchungssätze in die Grundbücher werden im Rahmen der sogenannten Hauptbuchführung entsprechende Eintragungen – heute automatisiert durch die Buchführungssoftware – in den Hauptbüchern vorgenommen und damit eine **doppelte Buchführung** durchgeführt. Die Hauptbücher enthalten alle sogenannten Sachkonten inklusive der auf ihnen durchgeführten Buchungen.

10.2.3.2.2 Nebenbücher

Die Nebenbücher, die im Rahmen der Nebenbuchführung geführt werden, enthalten ergänzende Informationen zu den Hauptbüchern. Sie umfassen in der Regel folgende Bücher:

Anlagenbücher

Die in den Hauptbüchern geführten Anlagevermögenskonten enthalten lediglich Informationen über die Werte der verschiedenen Anlagegüter, ohne genauer zwischen den einzelnen Anlagegütern zu unterscheiden. Zur Ergänzung werden in der Anlagenbuchführung die Daten der einzelnen Anlagegüter, wie deren Anschaffungskosten und deren Hersteller, verwaltet. Zudem werden dort die planmäßigen Abschreibungen ermittelt und die entsprechenden Buchungen in den Grund- und Hauptbüchern ausgelöst.

Kontokorrentbücher

Die in den Hauptbüchern geführten Konten für Forderungen und Verbindlichkeiten aus Lieferungen und Leistungen enthalten lediglich Informationen über deren Werte, ohne genauer zwischen einzelnen Kunden und Lieferanten zu unterscheiden. Die Kontokorrentbuchführung erfolgt über eigene Konten, die Personenkonten. Sie verwaltet ergänzend zu der Hauptbuchführung:

- in der **Kreditorenbuchführung** die Verbindlichkeiten aus Lieferungen und Leistungen und die entsprechenden Zahlungstermine und
- in der **Debitorenbuchführung** die Forderungen aus Lieferungen und Leistungen und die entsprechenden Zahlungstermine.

Im Rahmen der Kreditorenbuchführung werden zudem termingerecht die Überweisungen an die Lieferanten ausgelöst und im Rahmen der Debitorenbuchführung die Rechnungen an die Kunden erstellt und entsprechende Buchungen in den Grund- und Hauptbüchern ausgelöst. Die Rechnungsstellung an Kunden wird auch als **Fakturierung** bezeichnet.

Lagerbücher

Die in den Hauptbüchern geführten Bestandskonten für Werkstoffe, Erzeugnisse und Waren enthalten lediglich Informationen über deren Werte, ohne diese genauer aufzuschlüsseln. Zur Ergänzung werden in der Lagerbuchführung die Lagerzu- und -abgänge sowie die resultierenden Lagerbestände der einzelnen Werkstoffe, Erzeugnisse und Waren mengen- und wertmäßig verwaltet und mit weiteren Informationen, wie beispielsweise den Lieferantendaten, verknüpft. Bei jedem Lagerzu- oder -abgang und bei jeder Korrektur von Lagerbeständen werden zudem entsprechende Buchungen in den Grund- und Hauptbüchern ausgelöst.

Lohn- und Gehaltsbücher

Die in den Hauptbüchern geführten Lohn- und Gehaltskonten enthalten lediglich Informationen über die Werte der verschiedenen Personalaufwendungen, ohne genauer zwischen den einzelnen Arbeitnehmern zu unterscheiden. Zur Ergänzung werden in der Lohn- und Gehaltsbuchführung die Daten der einzelnen Arbeitnehmer, wie beispielsweise deren Eingruppierung und deren Steuerklasse, verwaltet. Zudem wer-

Wirtschaftspraxis 10-1

Die umsatzstärksten Unternehmen der Welt

Gemessen am Umsatzerlös waren die zehn größten Unternehmen der Welt nach der Liste Global 500 des Magazins *Fortune* im Jahr 2020:

Rang	Unternehmen	Land	Branche	Umsatz
1	Wal-Mart	Vereinigte Staaten	Handel	524 Mrd. $
2	Sinopec	Volksrepublik China	Energie	408 Mrd. $
3	State Grid	Volksrepublik China	Energie	384 Mrd. $
4	China National Petroleum	Volksrepublik China	Energie	379 Mrd. $
5	Royal Dutch Shell	Niederlande	Energie	352 Mrd. $
6	Saudi Aramco	Saudi-Arabien	Energie	330 Mrd. $
7	Volkswagen	Deutschland	Automobil	283 Mrd. $
8	BP	Vereinigtes Königreich	Energie	283 Mrd. $
9	Amazon	Vereinigte Staaten	Handel	281 Mrd. $
10	Toyota Motor	Japan	Automobil	275 Mrd. $

Quelle: https://fortune.com/global500/, Stand: 20.01.2021

den dort termingerecht die Überweisungen an die Arbeitnehmer und die entsprechenden Buchungen in den Grund- und Hauptbüchern ausgelöst.

10.2.3.2.3 Inventar- und Bilanzbücher

Die Inventar- und die Bilanzbücher enthalten die Inventare und die Jahresabschlüsse/-rechnungen von Unternehmen.

10.3 Jahresabschluss/-rechnung

Nach Abschluss der Geschäftsjahre werden die in der Buchführung gewonnenen Informationen im Rahmen der Jahresabschlüsse, die in der Schweiz auch als Jahresrechnungen bezeichnet werden, für die externen Informationsadressaten aufbereitet.

10.3.1 Bestandteile

Jahres(abschluss)-rechnungen

Welche Unterlagen Jahresabschlüsse/-rechnungen in welchem Detaillierungsgrad enthalten, hängt insbesondere von der Größe der erstellenden Unternehmen ab. Den Kern bilden die drei Jahres(abschluss)rechnungen (vergleiche ↗ Abbildung 10-6 und *Schäfer-Kunz, J.* 2019: Seite 19 f.):

- Die **Bilanz** gibt Aufschluss über die *Vermögenslage*, indem sie zeigt, woher Unternehmen ihr Kapital bekommen und wie sie ihr Kapital verwenden.

Abb. 10-6

Jahres(abschluss)rechnungen

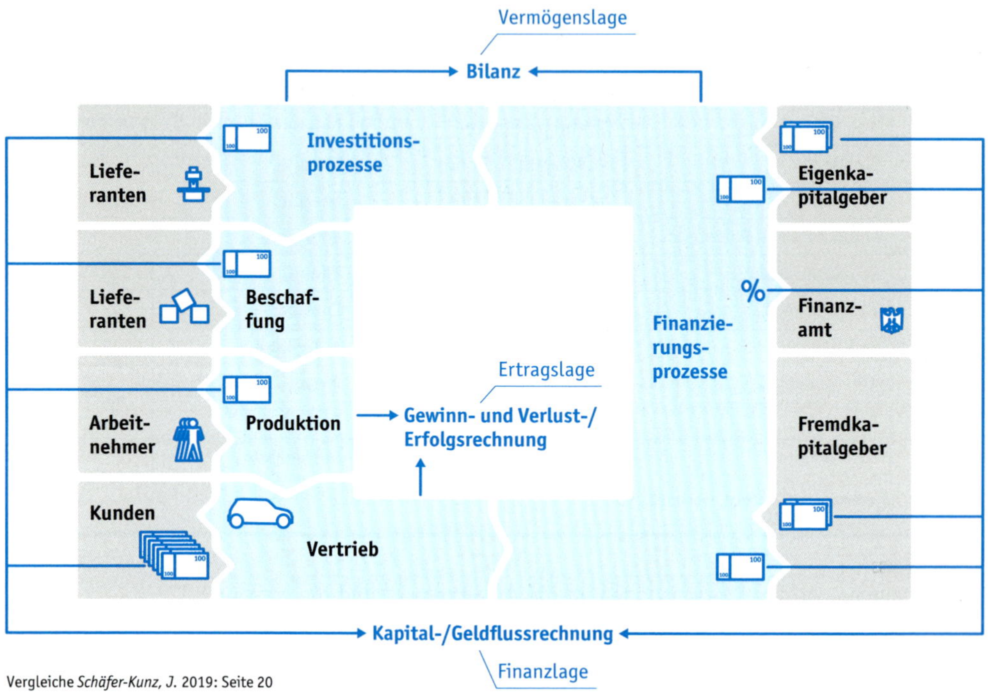

Vergleiche *Schäfer-Kunz, J.* 2019: Seite 20

- In der **Kapital-/Geldflussrechnung**, die nur sehr große Unternehmen erstellen müssen, werden Aus- und Einzahlungen einander gegenübergestellt, wodurch sich insbesondere die *Finanzlage* und damit die *Liquidität* von Unternehmen beurteilen lässt.
- In der **Gewinn- und Verlust-/Erfolgsrechnung** werden Aufwendungen und Erträge einander gegenübergestellt, wodurch sich insbesondere die *Ertragslage* und damit der *Erfolg* von Unternehmen beurteilen lässt.

Die Jahres(abschluss)rechnungen sind die Hauptbestandteile der Berichte, mit denen größere Unternehmen zumeist in gedruckter Form jährlich oder in Form von Zwischenberichten teilweise sogar jedes Quartal über ihre Situation informieren.

Ergänzende Unterlagen

Ergänzend zu den Jahres(abschluss)rechnungen sind gegebenenfalls noch weitere Unterlagen zu erstellen, so insbesondere:

- **Anhang**, der die in den Jahresabschlüssen/-rechnungen gemachten Angaben genauer erläutert,
- **Lagebericht**, der in der Schweiz bei kleinen und mittleren Unternehmen auch als **Jahresbericht** bezeichnet wird und nicht Teil der Jahresabschlüsse/-rechnungen

ist, sondern diese um Informationen zur Situation der Unternehmen und zu deren geplanten Weiterentwicklung ergänzt.

10.3.2 Bilanz

Bilanzseiten

Die Bilanz ist eine **Zeitpunktrechnung**, die vorrangig der Information Unternehmensexterner über die *Vermögenslage* dient (vergleiche zum Folgenden *Schäfer-Kunz, J.* 2019: Seite 21 ff.). In ihr erfolgt eine Gegenüberstellung (↗ Abbildung 10-7) des:

- **Vermögens** von Unternehmen auf der **Aktivseite** der Bilanz, die auch als *Aktiva* oder in der Schweiz als *Aktiven* bezeichnet wird, und des
- **Kapitals** von Unternehmen auf der **Passivseite** der Bilanz, die auch als *Passiva* oder in der Schweiz als *Passiven* bezeichnet wird,

zu bestimmten Stichtagen, und zwar in der Regel zu Beginn des Geschäftsjahres in einer Eröffnungsbilanz und zum Ende des Geschäftsjahres in einer Schlussbilanz. Die dazwischen liegenden Änderungen können über eine sogenannte **Beständedifferenzenbilanz** aufgezeigt werden. Der Begriff »Bilanz« stammt dabei von dem italienischen Begriff »bilancia« ab, der Bezeichnung für eine zweischalige Waage. Auch die Bilanz stellt eine Waage dar, die stets im Gleichgewicht sein muss, weshalb immer die sogenannte **Bilanzgleichung** gilt:

Aktivseite = Passivseite

Abb. 10-7

Aufbau der Bilanz

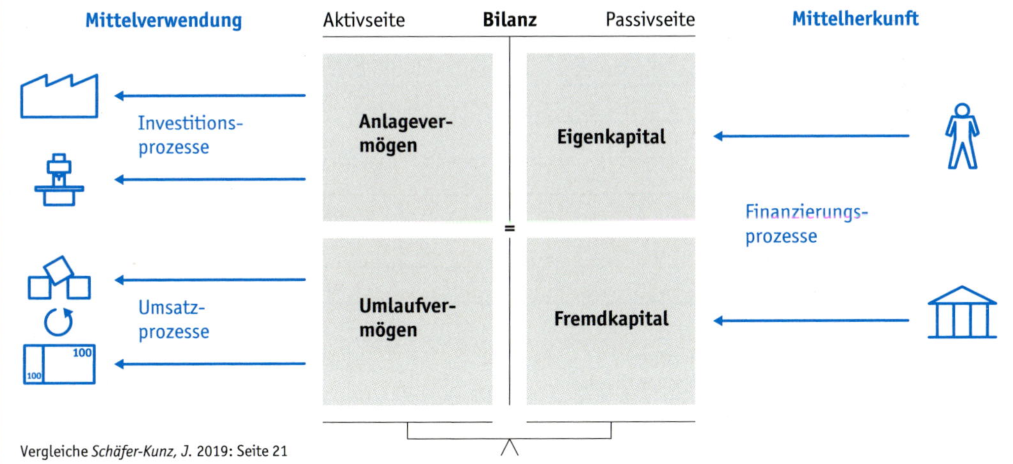

Vergleiche *Schäfer-Kunz, J.* 2019: Seite 21

Die Gliederung der Bilanz, auf die wir nachfolgend detaillierter eingehen werden, ist gesetzlich vorgegeben:

- für Deutschland im *Handelsgesetzbuch* § 266 Gliederung der Bilanz,
- für Österreich im *Unternehmensgesetzbuch* § 224 Gliederung und
- für die Schweiz im *Obligationenrecht* Artikel 959a Mindestgliederung.

Fallbeispiel 10-1 **Bilanz eines Automobilherstellers**

Beispielhaft für die Bilanz eines Automobilherstellers wird in der ↗ Tabelle 10-1 die Bilanz der *Speedy GmbH* für die Geschäftsjahre 0001 und 0002 dargestellt.

Tab. 10-1

Bilanz der *Speedy GmbH* zum 31.12.0002 in T€

Aktivseite	**0002**	**0001**
Anlagevermögen		
Immaterielle Vermögensgegenstände/Werte	65 000	65 000
Sachanlagen	320 000	205 000
Finanzanlagen	65 000	65 000
	450 000	**335 000**
Umlaufvermögen		
Vorräte	75 000	60 000
Forderungen aus Lieferungen und Leistungen	285 000	205 000
Flüssige Mittel	400 000	390 000
	760 000	**655 000**
Summe Aktivseite	**1 210 000**	**990 000**
Passivseite	**0002**	**0001**
Eigenkapital		
Stammkapital	15 000	15 000
Gewinnrücklagen/-reserven	358 000	258 000
Bilanzgewinn	120 000	0
	493 000	**273 000**
Rückstellungen		
	460 000	**460 000**
Verbindlichkeiten		
Verbindlichkeiten gegenüber Kreditinstituten/ kurz- und langfristige verzinsliche Verbindlichkeiten	150 000	150 000
Verbindlichkeiten aus Lieferungen und Leistungen	107 000	107 000
	257 000	**257 000**
Summe Passivseite	**1 210 000**	**990 000**

◂◂◂

10.3.2.1 Vermögen auf der Aktivseite

Das Vermögen auf der Aktivseite der Bilanz gibt Auskunft über die Verwendung des Kapitals von Unternehmen als Resultat von deren *Investitions-* und *Umsatzprozessen*. Das Vermögen wird nach der geplanten Verbleibdauer im Unternehmen weiter in das Anlage- und in das Umlaufvermögen unterteilt und darüber hinaus nach der Liquidierbarkeit, also der Möglichkeit, es in Geld umzuwandeln, geordnet. In Deutschland und in Österreich wird zuerst das Anlagevermögen und dann das Umlaufvermögen aufgeführt, in der Schweiz erfolgt dies umgekehrt.

Anlagevermögen

Das **Anlagevermögen** umfasst alle Vermögensgegenstände und Werte, die dazu bestimmt sind, dauernd dem Geschäftsbetrieb von Unternehmen zu dienen.

Posten des Anlagevermögens

Durch die Vermögensgegenstände und Werte des Anlagevermögens sollen finanzielle Mittel erwirtschaftet werden, ohne dass sie selbst veräußert werden. Die wichtigsten Posten des Anlagevermögens sind:

- **Immaterielle Vermögensgegenstände/Werte**, die weder eine physische Substanz haben, noch monetär sind, wie beispielsweise Patente,
- **Sachanlagen**, die eine physische also körperliche Substanz aufweisen, wie beispielsweise Gebäude, Maschinen oder die Betriebs- und Geschäftsausstattung sowie
- **Finanzanlagen** und **Beteiligungen**, die monetär sind und durch die Anlage des Kapitals außerhalb des Unternehmens entstehen.

Umlaufvermögen

Das **Umlaufvermögen** umfasst alle Vermögensgegenstände und Werte, die nicht dazu bestimmt sind, dauernd dem Geschäftsbetrieb von Unternehmen zu dienen.

Posten des Umlaufvermögens

Die Vermögensgegenstände und Werte des Umlaufvermögens sollen im Rahmen der Leistungserstellung möglichst häufig die Phasen der *Umsatzprozesse* durchlaufen, um Umsatzerlöse und damit Gewinne und positive Cashflows zu generieren. Dazu sollen die flüssigen Mittel durch die Beschaffungs- und die Produktionsprozesse möglichst schnell in Waren und in fertige Erzeugnisse umgewandelt werden, die ihrerseits durch die Vertriebsprozesse wieder möglichst schnell in flüssige Mittel zurückgewandelt werden sollen. Die wichtigsten Posten des Umlaufvermögens sind:

- **Vorräte**, die insbesondere die Werkstoffe, also Roh-, Hilfs- und Betriebsstoffe, die unfertige und fertige Erzeugnisse sowie die Waren umfassen.
- **Forderungen**, die Ansprüche auf Zahlungen darstellen und in der Regel insbesondere aus **Forderungen aus Lieferungen und Leistungen** gegenüber Kunden bestehen.
- **Kassenbestand und Guthaben bei Kreditinstituten,** die auch als **flüssige** oder **liquide Mittel** bezeichnet werden und insbesondere das Bargeld von Unterneh-

men und deren Buchgeld auf Kontokorrentkonten umfassen. Dieser Posten bildet zugleich die Schnittstelle zur Kapital-/Geldflussrechnung und wird entsprechend durch Auszahlungen vermindert und durch Einzahlungen erhöht.

10.3.2.2 Kapital auf der Passivseite

Das Kapital auf der Passivseite der Bilanz gibt Auskunft über die Herkunft der Mittel von Unternehmen als Resultat von deren *Finanzierungsprozessen* und darüber, wer welche rechtlichen Ansprüche und wer welche Verfügungsgewalt hinsichtlich des Vermögens hat. Das Kapital wird nach dem Rechtsverhältnis zu den Kapitalgebern weiter in das Eigen- und in das Fremdkapital unterteilt und darüber hinaus nach der Fälligkeit, also dem Zeitpunkt, bis zu dem es zurückzuzahlen ist, geordnet. In Deutschland und in Österreich werden zuerst das Eigenkapital und dann das Fremdkapital aufgeführt, in der Schweiz erfolgt dies umgekehrt.

Eigenkapital

> Das **Eigenkapital** zeigt auf, welche Mittel Unternehmen von ihren Eignern zeitlich unbefristet in haftender Weise zur Verfügung gestellt wurden.

Neben dieser Definition kann das Eigenkapital auch bilanziell als Vermögen abzüglich der Schulden definiert werden. Die Differenz wird auch als **Reinvermögen** bezeichnet, da sie aufzeigt, was den Unternehmenseignern nach Abzug des vorrangig zu bedienenden Fremdkapitals an Vermögen bleiben würde. Die wichtigsten Posten des Eigenkapitals von Kapitalgesellschaften sind:

Posten des Eigenkapitals

- **Stamm-/Grundkapital**, das von den Eignern bei der Gründung oder bei Kapitalerhöhungen in die Gesellschaft eingebracht wird.
- **Gewinnrücklagen/-reserven**, die durch einbehaltene Gewinne gebildet werden und teilweise zum Ausgleich von Verlusten wieder aufgelöst werden können.
- **Bilanzgewinn oder -verlust**, der sich durch das Ergebnis des Geschäftsjahres ergibt und die Schnittstelle zur Gewinn- und Verlust-/Erfolgsrechnung bildet. Er wird entsprechend durch Aufwendungen vermindert und durch Erträge erhöht.

In Österreich wird gegebenenfalls ergänzend zum Eigenkapital noch der Posten **Unversteuerte Rücklagen** ausgewiesen.

Fremdkapital

> Das **Fremdkapital**, das häufig auch als **Schulden** bezeichnet wird, zeigt auf, welche Mittel Unternehmen von ihren Gläubigern zeitlich befristet mit festem Rückzahlungsanspruch in nicht haftender Weise zur Verfügung gestellt wurden.

Das Fremdkapital kann nach der Fälligkeit weiter in das kurz- und das langfristige Fremdkapital unterteilt werden. In Deutschland und Österreich wird das Fremdkapital in folgende Posten unterteilt:

- **Rückstellungen**, bei denen unsicher ist, in welcher Höhe oder zu welchen Zeitpunkten Zahlungen zu leisten sind und die beispielsweise für Pensionen gebildet werden.
- **Verbindlichkeiten**, die sichere Verpflichtungen zu Zahlungen darstellen und insbesondere gegenüber Kreditinstituten aufgrund von erhaltenen Krediten und gegenüber Lieferanten aufgrund von erhaltenen Lieferungen und Leistungen bestehen.

Wirtschaftspraxis 10-2

Die wertvollsten Unternehmen der Welt

Gemessen an der Gesamtmarktkapitalisierung, also dem Wert aller im Umlauf befindlichen Aktien, waren die zehn wertvollsten Aktiengesellschaften der Welt im Dezember 2019:

Rang	Unternehmen	Land	Branche	Marktkapitalisierung
1	Saudi Aramco	Saudi-Arabien	Energie	1 879 Mrd. $
2	Apple	Vereinigte Staaten	Technologie	1 305 Mrd. $
3	Microsoft	Vereinigte Staaten	Technologie	1 203 Mrd. $
4	Alphabet	Vereinigte Staaten	Technologie	923 Mrd. $
5	Amazon	Vereinigte Staaten	Internethandel	916 Mrd. $
6	Facebook	Vereinigte Staaten	Technologie	585 Mrd. $
7	Alibaba	Volksrepublik China	Internethandel	569 Mrd. $
8	Berkshire Hathaway	Vereinigte Staaten	Finanzinvestor	554 Mrd. $
9	Tencent	Volksrepublik China	Technologie	461 Mrd. $
10	JPMorgan Chase	Vereinigte Staaten	Bank	437 Mrd. $

Quelle: PwC (2020): Global Top 100 companies by market capitalisation, Seite 26

In der Schweiz wird das Fremdkapital anders untergliedert und in folgende Posten unterteilt:

- **Langfristiges Fremdkapital** mit einer Fälligkeit über einem Jahr, das insbesondere die Rückstellungen und die langfristig verzinslichen Verbindlichkeiten gegenüber Kreditinstituten umfasst.
- **Kurzfristiges Fremdkapital** mit einer Fälligkeit bis zu einem Jahr, das insbesondere die Verbindlichkeiten aus Lieferungen und Leistungen und die kurzfristig verzinslichen Verbindlichkeiten gegenüber Kreditinstituten umfasst.

10.3.2.3 Formen der Bilanzänderungen

Da sich alle Geschäftsvorfälle auf die Bilanz auswirken, ändern sich deren Posten während des Geschäftsjahres laufend. Um die Bilanz dabei im Gleichgewicht zu halten, bedingt jede Änderung eines Bilanzpostens gleichzeitig mindestens die Änderung eines anderen Bilanzpostens. Entsprechend gibt es die folgenden vier Grundformen von Bilanzänderungen (↗ Abbildung 10-8 und ↗ Abbildung 10-9):

Abb. 10-8

Grundformen von Bilanzänderungen

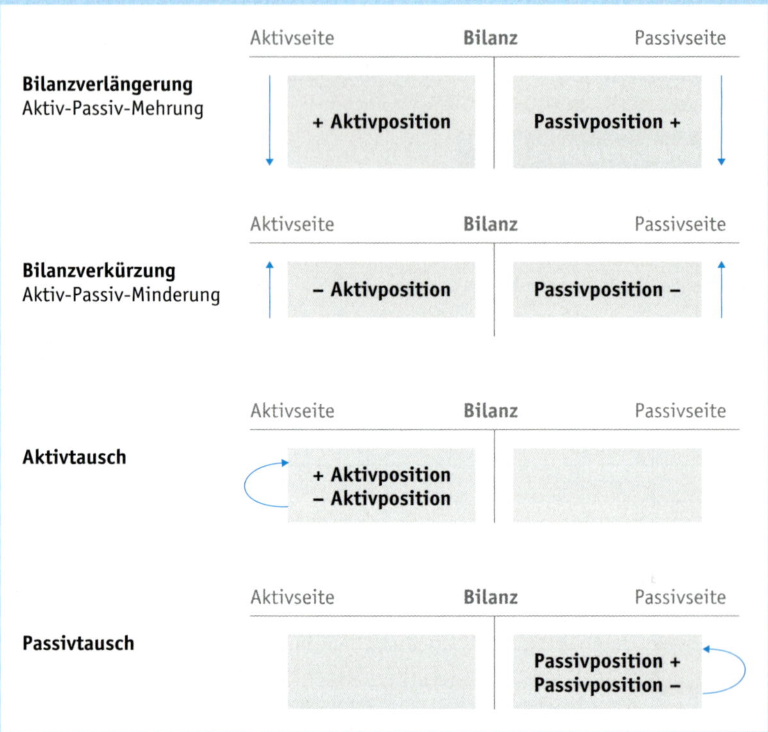

Bilanzverlängerungen/Aktiv-Passiv-Mehrungen
Eine Bilanzverlängerung liegt vor, wenn gleichzeitig mindestens ein Aktivposten und mindestens ein Passivposten zunehmen.

Bilanzverkürzungen/Aktiv-Passiv-Minderungen
Eine Bilanzverkürzung liegt vor, wenn gleichzeitig mindestens ein Aktivposten und mindestens ein Passivposten abnehmen.

Aktivtausch
Ein Aktivtausch liegt vor, wenn gleichzeitig mindestens ein Aktivposten zu- und mindestens ein Aktivposten abnehmen.

Passivtausch
Ein Passivtausch liegt vor, wenn gleichzeitig mindestens ein Passivposten zu- und mindestens ein Passivposten abnimmt.

Abb. 10-9

Beispiele für Bilanzänderungen

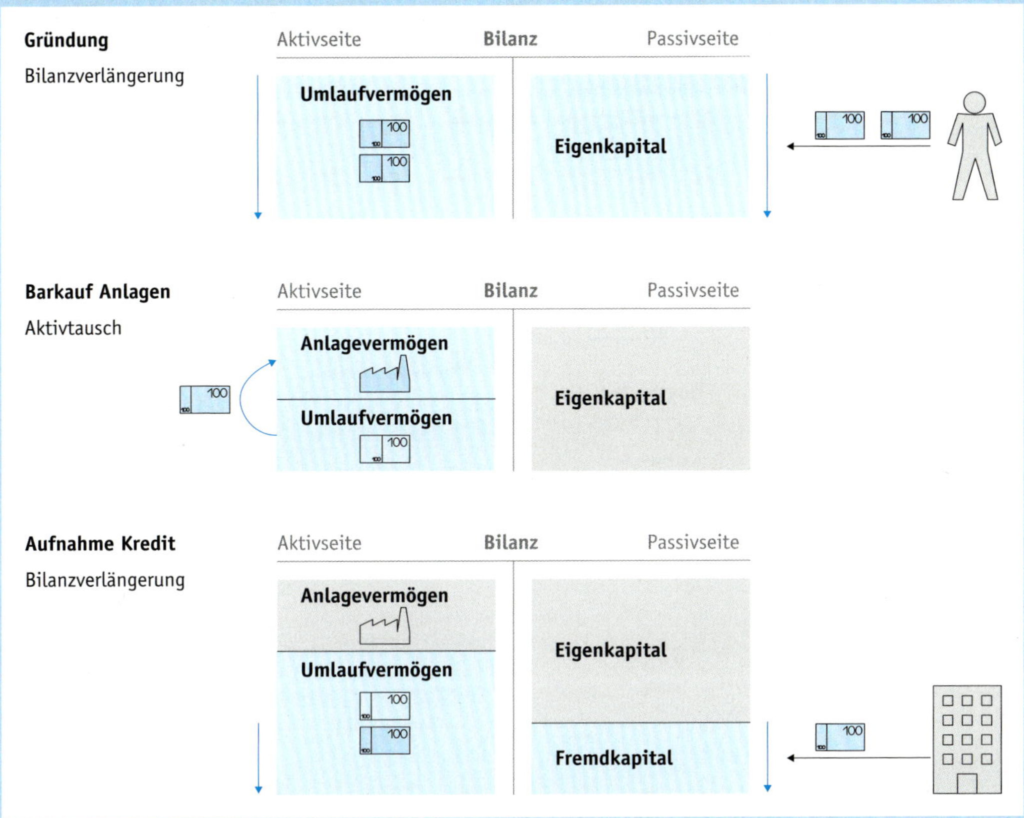

10.3.3 Kapital-/Geldflussrechnung

Die Kapitalflussrechnung, die in der Schweiz auch als Geldflussrechnung bezeichnet wird, ist eine **Zeitabschnittsrechnung** die die Ursachen von Veränderungen der flüssigen Mittel während des Geschäftsjahres aufzeigt (vergleiche zum Folgenden *Schäfer-Kunz, J.* 2019: Seite 28 ff.). Die Kapital-/Geldflussrechnung dient primär der Steuerung der *Liquidität*, also der Zahlungsfähigkeit von Unternehmen und der Information Unternehmensexterner über die *Finanzlage*.

10.3.3.1 Auszahlungen und Einzahlungen, Ausgaben und Einnahmen

Zur Beschreibung von Änderungen der flüssigen Mittel gibt es in der Betriebswirtschaftslehre zwei **Rechengrößen**, die Auszahlungen und die Einzahlungen (↗ Abbildung 10-10 und ↗ Abbildung 10-12):

Abb. 10-10

Rechengrößen des externen Rechnungswesens

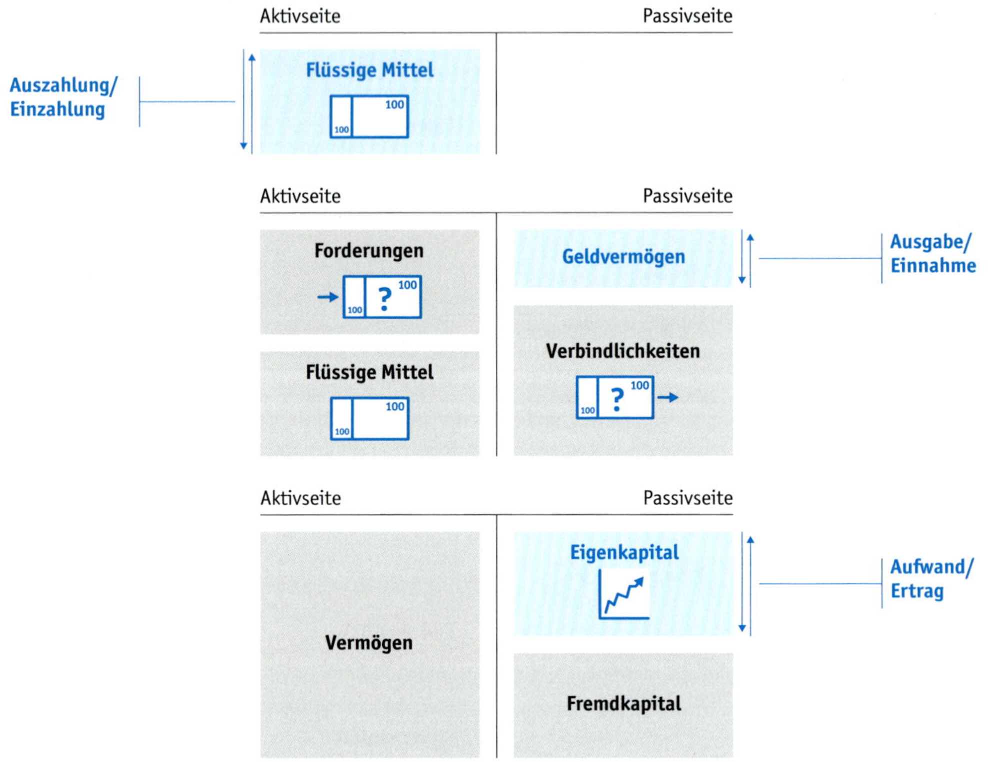

Vergleiche *Schäfer-Kunz, J.* 2019: Seite 33

Auszahlungen bezeichnen Minderungen der flüssigen Mittel durch den Abgang von Bar- oder Buchgeld.

Einzahlungen bezeichnen Mehrungen der flüssigen Mittel durch den Zugang von Bar- oder Buchgeld.

Fallbeispiel 10-2 Aus- und Einzahlungen bei einem Automobilhersteller

▸▸▸ Zu einer Auszahlung kommt es beispielsweise, wenn die *Speedy GmbH* die Löhne und die Gehälter an ihre Mitarbeiter überweist oder die Rechnungen ihrer Zulieferer für Teile bezahlt. Zu einer Einzahlung kommt es beispielsweise, wenn der Käufer eines *Speedster City* den Kaufpreis an die *Speedy GmbH* überweist. ◂◂◂

Eng verknüpft mit den Rechengrößen Auszahlungen und Einzahlungen sind die Rechengrößen Ausgaben und Einnahmen. Diese sind begrifflich weiter gefasst, denn sie beziehen sich nicht nur auf die flüssigen Mittel, sondern zusätzlich auch auf liquiditätsnahe Mittel in Form von rechtlichen Ansprüchen auf flüssige Mittel (↗ Abbildung 10-10 und ↗ Abbildung 10-12):

Ausgaben bezeichnen Minderungen des aus den flüssigen Mitteln zuzüglich den Forderungen abzüglich der Verbindlichkeiten bestehenden *Geldvermögens.*

Einnahmen bezeichnen Mehrungen des aus den flüssigen Mitteln zuzüglich den Forderungen abzüglich der Verbindlichkeiten bestehenden *Geldvermögens.*

Entsprechend dieser Definitionen kann es zu Ausgaben oder Einnahmen durch Auszahlungen oder Einzahlungen kommen oder durch die Entstehung und die Auflösung von Verbindlichkeiten und Forderungen, die sich beispielsweise bei der Beschaffung oder beim Verkauf durch Lieferungen und Leistungen ergeben.

Fallbeispiel 10-3 **Ausgaben und Einnahmen bei einem Automobilhersteller**

▸▸▸ Zu einer Ausgabe kommt es beispielsweise, wenn die *Speedy GmbH* von einem Zulieferer Teile geliefert bekommt, zu einer Einnahme, wenn ein Kunde der *Speedy GmbH* seinen neuen *Speedster City* abholt. ◂◂◂

10.3.3.2 Aufbau der Kapital-/Geldflussrechnung

Die Differenz aus allen Ein- und Auszahlungen während eines Geschäftsjahres ergibt den sogenannten **Kapitalfluss**, der synonym auch als **Geldfluss**, als **Mittelfluss** oder englisch als **Cashflow** bezeichnet wird:

Ermittlung des Cashflows

  Einzahlungen des Geschäftsjahres
– Auszahlungen des Geschäftsjahres
= Cashflow des Geschäftsjahres

Der Cashflow von Unternehmen wird im Rahmen von Kapital-/Geldflussrechnungen ermittelt, die angeben, ob die flüssigen Mittel von Unternehmen während des Geschäftsjahres zu- oder abgenommen haben und warum sie dies getan haben.

Die Gliederungen der Kapital-/Geldflussrechnunq ist in Deutschland, Österreich und der Schweiz gesetzlich nicht detailliert vorgegeben. Sie orientiert sich aber in allen diesen Ländern insbesondere am *International Accounting Standard* 7 Kapitalflussrechnung. Ergänzend dazu gibt es noch länderspezifische Empfehlungen von mit dem Rechnungswesen betrauten Gremien. Die Kapital-/Geldflussrechnung wird nach den ermittelten Cashflows in folgende drei Teilrechnungen und die Summe aus deren Ergebnissen untergliedert (↗ Abbildung 10-11):

Teilrechnungen der Kapital-/Geldflussrechnung

  Cashflow aus laufender Geschäftstätigkeit
+ Cashflow aus der Investitionstätigkeit
+ Cashflow aus der Finanzierungstätigkeit
= Zahlungswirksame Veränderungen des Finanzmittelbestandes

Abb. 10-11

Aufbau der Kapital-/Geldflussrechnung

	Auszahlungen	Einzahlungen
	Kapital-/Geldflussrechnung	
Umsatzprozesse	– Auszahlungen aus laufender Geschäftstätigkeit Cashflow aus laufender Geschäftstätigkeit	Einzahlungen aus laufender Geschäftstätigkeit
Investitionsprozesse	– Auszahlungen aus der Investitionstätigkeit + Cashflow aus der Investitionstätigkeit	Einzahlungen aus der Investitionstätigkeit
Finanzierungsprozesse	– Auszahlungen aus der Finanzierungstätigkeit + Cashflow aus der Finanzierungstätigkeit	Einzahlungen aus der Finanzierungstätigkeit
	= Zahlungswirksame Veränderungen des Finanzmittelbestandes	

Vergleiche *Schäfer-Kunz, J.* 2019: Seite 30

Fallbeispiel 10-4 **Kapital-/Geldflussrechnung eines Automobilherstellers**

▸▸▸ Beispielhaft für die Kapital-/Geldflussrechnung eines Automobilherstellers wird diese in der ↗ Tabelle 10-2 für die *Speedy GmbH* für die Geschäftsjahre 0001 und 0002 dargestellt. ◂◂◂

Cashflow aus laufender Geschäftstätigkeit

Der Cashflow aus laufender Geschäftstätigkeit, der auch als **operativer Cashflow** bezeichnet wird, zeigt auf, wie sich die Finanzmittel von Unternehmen während des Geschäftsjahres als Resultat von deren *Umsatzprozessen* im Rahmen der Leistungserstellung verändern. Der Cashflow aus laufender Geschäftstätigkeit kann auf zwei Arten ermittelt werden:

- **direkt** aus den entsprechenden Ein- und Auszahlungen oder
- **indirekt** durch entsprechende Korrekturen des in der Gewinn- und Verlust-/Erfolgsrechnung ermittelten Ergebnisses.

Tab. 10-2

Kapital-/Geldflussrechnung der *Speedy GmbH* für die Zeit vom 01.01.0002 bis 31.12.0002 in T€

	0002	0001
Cashflow aus laufender Geschäftstätigkeit	185 000	108 000
Cashflow aus der Investitionstätigkeit	–175 000	–130 000
Cashflow aus der Finanzierungstätigkeit	0	50 000
Zahlungswirksame Veränderungen des Finanzmittelbestandes	**10 000**	**28 000**

Fallbeispiel 10-5 Cashflows aus laufender Geschäftstätigkeit bei einem Automobilhersteller

▸▸▸ Bei der *Speedy GmbH* ergeben sich beispielsweise Cashflows aus laufender Geschäftstätigkeit durch Auszahlungen für Rohstoffe oder durch Einzahlungen aus dem Verkauf von Automobilen. ◂◂◂

Cashflow aus der Investitionstätigkeit

Der Cashflow aus der Investitionstätigkeit zeigt auf, welche Auszahlungen während des Geschäftsjahres im Rahmen von *Investitionsprozessen* für die Anschaffung und die Herstellung von Gegenständen des Anlagevermögens getätigt wurden und welche Einzahlungen im Rahmen von Desinvestitionen durch den Verkauf von Anlagevermögen erzielt wurden.

Cashflows, die aus der Nutzung von Investitionen resultieren und in die Gewinn- und Verlust-/Erfolgsrechnung eingehen, werden allerdings nicht unter dem Cashflow aus der Investitionstätigkeit, sondern unter dem aus laufender Geschäftstätigkeit ausgewiesen.

Fallbeispiel 10-6 Cashflows aus der Investitionstätigkeit bei einem Automobilhersteller

▸▸▸ Bei der *Speedy GmbH* ergeben sich beispielsweise Cashflows aus der Investitionstätigkeit durch den Kauf oder durch den Verkauf von Maschinen zur Fertigung von Automobilen. ◂◂◂

Cashflow aus der Finanzierungstätigkeit

Der Cashflow aus der Finanzierungstätigkeit zeigt auf, wie viele Finanzmittel während des Geschäftsjahres im Rahmen von *Finanzierungsprozessen* zur Finanzierung des Unternehmens in das Eigen- oder in das Fremdkapital eingebracht oder aus diesem wieder entnommen wurden.

Cashflows, die aus der Nutzung von Finanzierungen resultieren und in die Gewinn- und Verlust-/Erfolgsrechnung eingehen, wie insbesondere Zinszahlungen, werden allerdings nicht unter dem Cashflow aus der Finanzierungstätigkeit, sondern unter dem aus laufender Geschäftstätigkeit ausgewiesen.

Fallbeispiel 10-7 Cashflows aus der Finanzierungstätigkeit bei einem Automobilhersteller

▸▸▸ Bei der *Speedy GmbH* ergeben sich beispielsweise Cashflows aus der Finanzierungstätigkeit durch das Geld, das bei der Gründung in die *Speedy GmbH* investiert wird, oder durch das Geld, das sich die *Speedy GmbH* bei Kreditinstituten leiht. ◂◂◂

Zahlungswirksame Veränderungen des Finanzmittelbestandes

Zahlungswirksame Veränderungen des Finanzmittelbestandes, der auch als **Finanzmittelfond** bezeichnet wird, ergeben sich aus der Summe der drei vorgenannten Cashflows und bilden die Schnittstelle zu dem in der Bilanz ausgewiesenen Posten »Kassenbestand und Guthaben bei Kreditinstituten/Flüssige Mittel«.

Ergänzend zu den vorgenannten Cashflows kann außerhalb der Kapital-/Geldflussrechnung noch der sogenannte **Free Cashflow** ermittelt werden, indem von dem Cashflow aus laufender Geschäftstätigkeit der davon für Investitionen verwendete Cashflow abgezogen wird. Der sich ergebende Free Cashflow zeigt insbesondere auf, welche Mittel Unternehmen zur Selbstfinanzierung (↗ Kapitel 12 Finanzierung) zur Verfügung stehen.

10.3.4 Gewinn- und Verlust-/Erfolgsrechnung

Während die Kapital-/Geldflussrechnung die Ursachen von Veränderungen der flüssigen Mittel während des Geschäftsjahres aufzeigt, zeigt die Gewinn- und Verlustrechnung, die in der Schweiz auch als Erfolgsflussrechnung bezeichnet wird, die Ursachen von Veränderungen des Eigenkapitals während des Geschäftsjahres auf (vergleiche zum Folgenden *Schäfer-Kunz, J.* 2019: Seite 34 ff.). Wie die Kapital-/Geldflussrechnung ist sie damit ebenfalls eine **Zeitabschnittsrechnung.** Sie dient primär der Steuerung des *Ergebnisses* und der Information Unternehmensexterner über die *Ertragslage*.

10.3.4.1 Aufwendungen und Erträge

Zur Beschreibung von Änderungen des Eigenkapitals gibt es in der Betriebswirtschaftslehre zwei **Rechengrößen**, die Aufwendungen und die Erträge (↗ Abbildung 10-10 und ↗ Abbildung 10-12):

Aufwendungen bezeichnen Minderungen des aus dem Vermögen abzüglich der Schulden bestehenden Eigenkapitals, die nicht auf Entnahmen der Unternehmenseigner zurückzuführen sind, sondern insbesondere auf den Verbrauch von Vermögensgegenständen oder auf Ausgaben für die Inanspruchnahme von Gütern.

Erträge bezeichnen Mehrungen des aus dem Vermögen abzüglich der Schulden bestehenden Eigenkapitals, die nicht auf Einlagen der Unternehmenseigner zurückzuführen sind, sondern insbesondere auf die Herstellung von Vermögensgegenständen oder auf Einnahmen aus dem Verkauf oder der Bereitstellung von Gütern.

Häufig ist die Festlegung des Zeitpunkts, zu dem Aufwendungen und Erträge im Rechnungswesen zu berücksichtigen sind, problematisch. Bei der Beschaffung oder beim Verkauf werden in der Regel die Zeitpunkte der Lieferungen und Leistungen

Abb. 10-12

Rechengrößen des externen Rechnungswesens im Kontext der betrieblichen Leistungserstellung

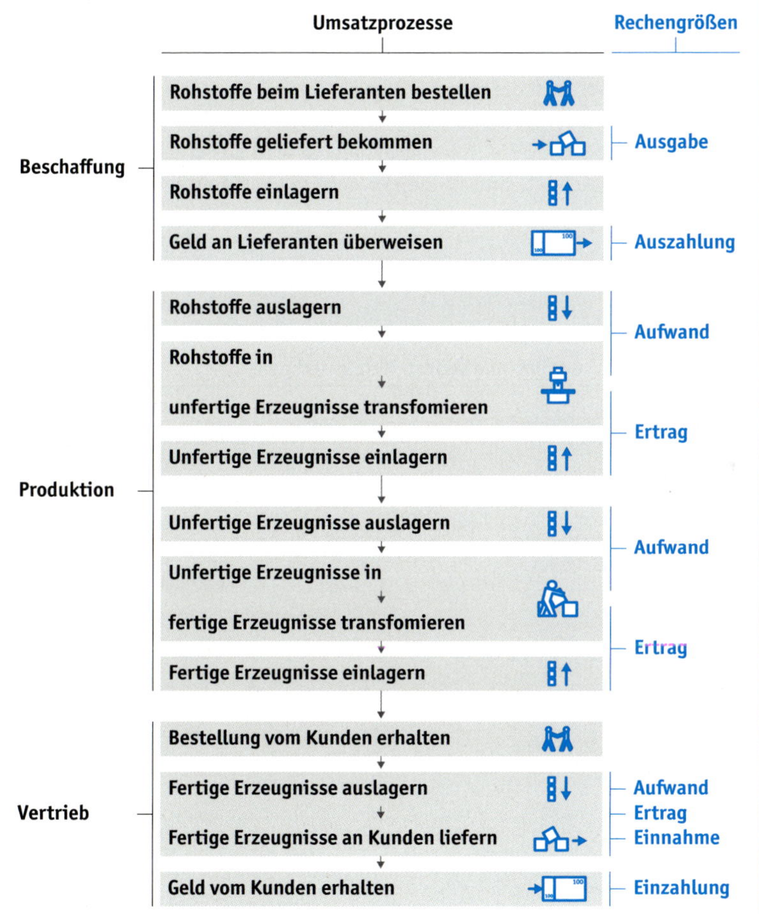

Vergleiche *Schäfer-Kunz, J.* 2019: Seite 34

herangezogen. Bei kontinuierlichen Aufwendungen und Erträgen, wie beispielsweise der stetigen Inanspruchnahme der Arbeitskraft von Arbeitnehmern oder dem stetigen Gebrauch von gemieteten Räumen, werden als Zeitpunkte in der Regel die Zahlungszeitpunkte herangezogen.

Fallbeispiel 10-8 Aufwendungen und Erträge bei einem Automobilhersteller

▸▸▸ Bei der *Speedy GmbH* entstehen beispielsweise Aufwendungen, wenn Teile in die Automobile eingebaut und damit verbraucht werden oder wenn Maschinen eingesetzt und damit verbraucht werden. Erträge entstehen beispielsweise, wenn Automobile hergestellt oder verkauft werden. ◂◂◂

10.3.4.2 Aufbau der Gewinn- und Verlust-/Erfolgsrechnung

Ermittlung des Ergebnisses

Die Differenz aus allen Erträgen und Aufwendungen eines Geschäftsjahres ergibt das Ergebnis:

  Erträge des Geschäftsjahres
– Aufwendungen des Geschäftsjahres
= Ergebnis des Geschäftsjahres

Sind die Erträge größer als die Aufwendungen, so wird das Ergebnis als **Überschuss** oder als **Gewinn** bezeichnet; sind sie kleiner, so wird es als **Fehlbetrag** oder als **Verlust**

Abb. 10-13

Erfolgsermittlung durch Eigenkapitalvergleich

	Aufwendungen	Gewinn- und Verlust-/Erfolgsrechnung – Erträge
Umsatz- und Investitionsprozesse	– Aufwendungen aus dem im Unternehmen selbst genutzten Vermögen **= Betriebsergebnis**	Erträge aus dem im Unternehmen selbst genutzten Vermögen
Investitions- und Finanzierungsprozesse	– Aufwendungen aus Kapitalanlage- und Finanzierungsgeschäften **+ Finanzergebnis**	Erträge aus Kapitalanlagegeschäften
	= Ergebnis der gewöhnlichen Geschäftstätigkeit	
	+ Ergebnis der nicht gewöhnlichen Geschäftstätigkeit	
	– Steuern	
	= Jahresüberschuss/-gewinn	

Vergleiche *Schäfer-Kunz, J.* 2019: Seite 35

Tab. 10-3

Gewinn- und Verlust-/Erfolgsrechnung der *Speedy GmbH* für die Zeit vom 01.01.0002 bis 31.12.0002 in T€

	0002	**0001**
Umsatzerlöse	1 655 000	1 150 000
Bestandsveränderungen an fertigen und unfertigen Erzeugnissen	–45 000	35 000
Materialaufwand	–765 000	–530 000
Personalaufwand	–225 000	–215 000
Abschreibungen auf immaterielle Vermögensgegenstände/Werte des Anlagevermögens und Sachanlagen	–60 000	–38 000
Sonstige/übrige betriebliche Aufwendungen	–270 000	–195 000
Betriebsergebnis	290 000	207 000
Finanzergebnis	55 000	68 000
Ergebnis der gewöhnlichen Geschäftstätigkeit	**345 000**	**275 000**
Steuern	–125 000	–102 000
Jahresüberschuss/-gewinn	**220 000**	**173 000**
Einstellung in/Zuweisung zu Gewinnrücklagen/-reserven	–100 000	–173 000
Bilanzgewinn	**120 000**	**0**

bezeichnet. Die Gliederung der Gewinn- und Verlust-/Erfolgsrechnung, auf die wir nachfolgend detaillierter eingehen werden, ist gesetzlich vorgegeben:

- für Deutschland im *Handelsgesetzbuch* § 275 Gliederung,
- für Österreich im *Unternehmensgesetzbuch* § 231 Gliederung und
- für die Schweiz im *Obligationenrecht* Artikel 959b Erfolgsrechnung; Mindestgliederung.

Die Gewinn- und Verlust-/Erfolgsrechnung kann nach den ermittelten Ergebnissen in folgende Teilrechnungen und die Summe aus deren Ergebnissen untergliedert werden (↗ Abbildung 10-13):

Teilrechnungen der Gewinn- und Verlust-/Erfolgsrechnung

  Betriebsergebnis
\+ Finanzergebnis
= Ergebnis der gewöhnlichen Geschäftstätigkeit
\+ Ergebnis der nicht gewöhnlichen Geschäftstätigkeit
– Steuern
= Jahresüberschuss/-gewinn oder Jahresfehlbetrag/-verlust

Fallbeispiel 10-9 Gewinn- und Verlust-/Erfolgsrechnung eines Automobilherstellers

▸▸▸ Beispielhaft für die Gewinn- und Verlust-/Erfolgsrechnung eines Automobilherstellers wird diese in der ↗ Tabelle 10-3 für die *Speedy GmbH* für die Geschäftsjahre 0001 und 0002 dargestellt. ◂◂◂

Betriebsergebnis

Das Betriebsergebnis, das nicht gesondert im gesetzlichen Gliederungsschema der Gewinn- und Verlust-/Erfolgsrechnung in Deutschland und in der Schweiz aufgeführt wird, ergibt sich im Rahmen der gewöhnlichen Geschäftstätigkeit aus dem im Unternehmen selbst genutzten Vermögen (vergleiche *Eisele, W.* 2002: Seite 78). Zur Ermittlung des Betriebsergebnisses gibt es zwei Verfahren:

- das **Gesamtkostenverfahren**, das auch als **Produktionserfolgsrechnung** bezeichnet wird, und
- das **Umsatzkostenverfahren**, das auch als **Absatzerfolgsrechnung** bezeichnet wird.

Posten des Betriebsergebnisses

Aufgrund des einführenden Charakters dieses Buches, werden wir uns nachfolgend nur näher mit dem Gesamtkostenverfahren beschäftigen. In ihm erfolgt insbesondere eine Gegenüberstellung folgender Aufwendungen und Erträge:

- **Umsatzerlöse**, die in der Schweiz teilweise auch als **Nettoerlöse** und in anderen Kapiteln in diesem Buch auch nur als **Umsätze** bezeichnet werden, sind primär Erträge, die sich aus dem Verkauf von Gütern ergeben, so beispielsweise durch den Verkauf von Automobilen bei der *Speedy GmbH*.
- **Bestandsveränderungen an fertigen und unfertigen Erzeugnissen** ergeben sich durch die Herstellung oder den Verbrauch von fertigen und unfertigen Erzeugnissen, also beispielsweise, wenn bei der *Speedy GmbH* Automobilteile oder fertige Automobile hergestellt werden oder Automobilteile für die Produktion oder fertige Automobile für den Verkauf auslagert werden.
- **Materialaufwand** ergibt sich durch den Verbrauch von Roh-, Hilfs- und Betriebsstoffen in der Produktion und von Waren im Vertrieb.
- **Personalaufwand** ergibt sich durch Aufwendungen für Löhne und Gehälter sowie durch soziale Aufwendungen des Arbeitgebers, beispielsweise für die Krankenversicherung seiner Arbeitnehmer.
- **Abschreibungen** dienen der Erfassung von Wertverlusten von Vermögensgegenständen, so beispielsweise dem Wertverlust eines Produktionsgebäudes oder einer Maschine der *Speedy GmbH* durch deren Benutzung und Alterung.
- **Sonstige/übrige betriebliche Aufwendungen** sind ein Sammelposten für alle nicht im gesetzlichen Gliederungsschema der Gewinn- und Verlust-/Erfolgsrechnung vorgegebenen Arten von Aufwendungen, so beispielsweise Aufwendungen für Mieten, für Reinigungsleistungen, für Instandhaltungen, für Ausgangsfrachten, für Beratungen, für Versicherungen, für Werbung, für Bewirtungen, für Reisen, für Porto, für Telefonate oder für Büromaterial.

Finanzergebnis

Das Finanzergebnis, das nicht gesondert in den gesetzlichen Gliederungsschemata der Gewinn- und Verlust-/Erfolgsrechnungen in Deutschland und in der Schweiz aufgeführt wird, ergibt sich im Rahmen der gewöhnlichen Geschäftstätigkeit von Unternehmen (vergleiche *Eisele, W.* 2002: Seite 78):

- aufgrund von **Kapitalanlagegeschäften**, also Investitionen außerhalb des eigenen Unternehmens durch die Unternehmen Gewinne aus Beteiligungen und Zinsen erhalten können, und
- aufgrund von **Finanzierungsgeschäften**, also Investitionen von Unternehmensexternen in das Unternehmen, für die Unternehmen Zinsen zahlen müssen.

Ergebnis der gewöhnlichen Geschäftstätigkeit

Das Ergebnis der gewöhnlichen Geschäftstätigkeit, das nicht gesondert im gesetzlichen Gliederungsschema der Erfolgsrechnung in der Schweiz aufgeführt wird, ergibt sich als Summe aus dem Betriebs- und dem Finanzergebnis.

Abb. 10-14

Zusammenhang zwischen den Jahres(abschluss)rechnungen

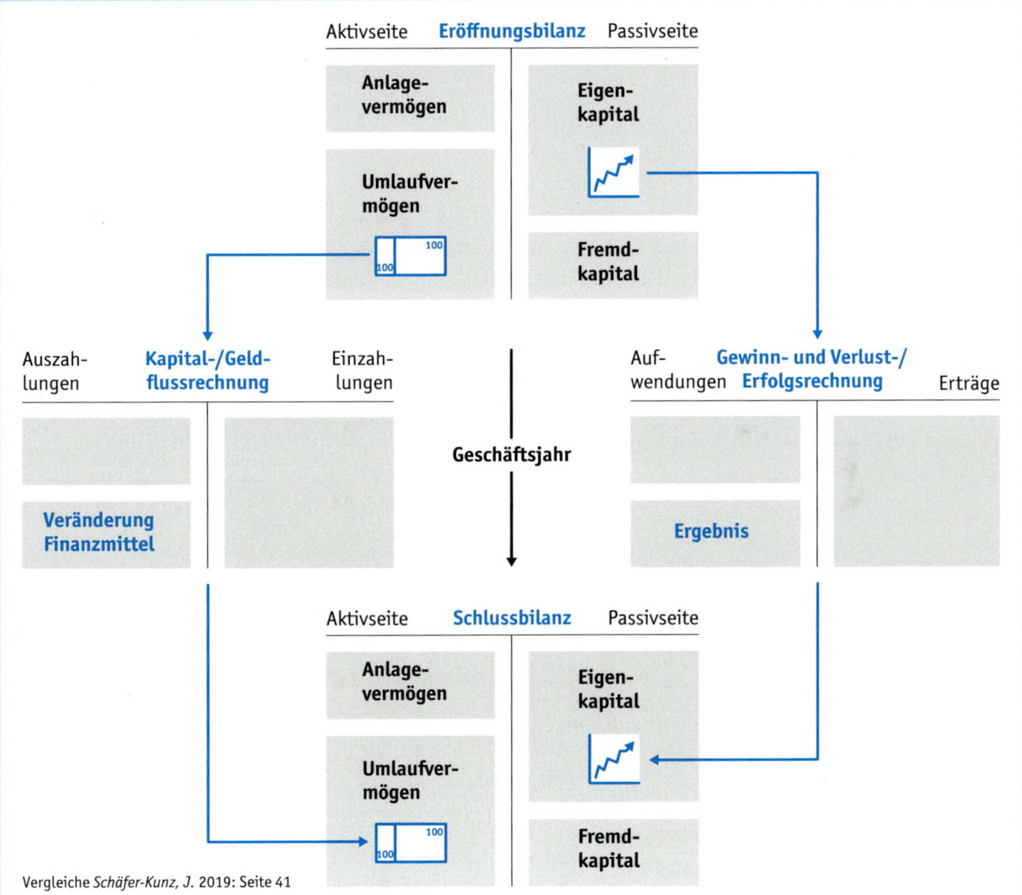

Vergleiche *Schäfer-Kunz, J.* 2019: Seite 41

Ergebnis der nicht gewöhnlichen Geschäftstätigkeit
Das Ergebnis der nicht gewöhnlichen Geschäftstätigkeit, das in Deutschland und Österreich als **außerordentliches Ergebnis** und in der Schweiz als **betriebsfremdes, außerordentliches, einmaliges oder periodenfremdes Ergebnis** bezeichnet wird, dient der Berichtigung des Ergebnisses der gewöhnlichen Geschäftstätigkeit. Es wird nur ausgewiesen, wenn es während des Geschäftsjahres zu ungewöhnlichen Geschäftsvorfällen gekommen ist, deren Berücksichtigung im gewöhnlichen Ergebnis zu einem unrealistischen Bild des Unternehmens führen würde, so beispielsweise bei Schäden durch Naturkatastrophen, bei hohen Schadensersatzzahlungen oder bei erheblichen Buchgewinnen aus der Veräußerung von Beteiligungen.

Steuern
Von den vorgenannten Ergebnissen werden die wahrscheinlich zu leistenden Steuerzahlungen abgezogen, die bei der Aufstellung der Gewinn- und Verlust-/Erfolgsrechnung erwartet werden. In Deutschland umfassen diese die Steuern vom Einkommen und vom Ertrag und die sonstigen Steuern, in Österreich die Steuern vom Einkommen und vom Ertrag und in der Schweiz die direkten Steuern.

Jahresüberschuss/-gewinn oder Jahresfehlbetrag/-verlust
Der Jahresüberschuss/-gewinn oder Jahresfehlbetrag/-verlust ergibt sich zuletzt als Summe der vorgenannten Posten. Er bildet die Schnittstelle zur Bilanz. In Deutschland und in Österreich wird er vor der Verwendung als Jahresüberschuss oder Jahresfehlbetrag bezeichnet, in der Schweiz als Jahresgewinn oder Jahresverlust.

Nach der teilweisen oder vollständigen Verwendung, die insbesondere Ausschüttungen an die Unternehmenseigner und Einstellungen in die Rücklagen/Reserven umfasst, wird er als **Bilanzgewinn** oder **Bilanzverlust** bezeichnet.

10.3.5 Zusammenhang der Jahres(abschluss)rechnungen

Zwischen den drei Jahres(abschluss)rechnungen gibt es zahlreiche Zusammenhänge. Die wichtigsten Schnittstellen sind (vergleiche ↗ Abbildung 10-14 und *Schäfer-Kunz, J.* 2019: Seite 39 f.)):

- **Zusammenhang zwischen Gewinn- und Verlust-/Erfolgsrechnung und Bilanz:** In der Gewinn- und Verlust-/Erfolgsrechnung ausgewiesene Aufwendungen vermindern den im Eigenkapital ausgewiesenen Bilanzposten Bilanzgewinn oder -verlust während Erträge ihn erhöhen.
- **Zusammenhang zwischen Kapital-/Geldflussrechnung und Bilanz:** In der Kapital-/Geldflussrechnung ausgewiesene Auszahlungen vermindern den im Umlaufvermögen ausgewiesenen Bilanzposten flüssige Mittel während Einzahlungen ihn erhöhen.

Zwischenübung Kapitel 10.2

Durch Eintragung der nachfolgenden Geschäftsvorfälle in die am Ende aufgeführten Jahres(abschluss)rechnungen der Speedy GmbH können Sie nachvollziehen, wie sich die in ↗ Tabelle 10-1 aufgeführte Bilanz, die in ↗ Tabelle 10-2 aufgeführte Kapital-/Geldflussrechnung und die in ↗ Tabelle 10-3 aufgeführte Gewinn- und Verlust-/Erfolgsrechnung der Speedy GmbH zum 31.12.0002 ergeben haben (Hinweise: Die Umsatzsteuer wird aus Vereinfachungsgründen nicht berücksichtigt und da die Geschäftsvorfälle entsprechend den Stufen der Leistungserstellung aufgeführt werden und Zusammenfassungen von normalerweise über das ganze Geschäftsjahr verteilten Geschäftsvorfällen darstellen, kommt es zwischendurch zu negativen Bankbeständen).

(A) Kauf von Werkstoffen gegen Banküberweisungen für 825 000 T€
Während des Geschäftsjahres werden Werkstoffe, wie beispielsweise Stahl, gekauft und im Eingangslager eingelagert:

- **Gewinn- und Verlust-/Erfolgsrechnung:** *Kein Einfluss, dies hat erst der nachfolgende Verbrauch der gekauften Werkstoffe.*
- **Kapital-/Geldflussrechnung:** *Der Cashflow aus laufender Geschäftstätigkeit nimmt um 825 000 T€ ab.*
- **Bilanz:** *Aktivtausch, der Posten Vorräte nimmt um 825 000 T€ zu, der Posten flüssige Mittel nimmt um den gleichen Betrag ab.*
- **Rechengrößen:** *Auszahlung, Ausgabe.*

(B) Kauf von Sachanlagen gegen Banküberweisungen für 175 000 T€
Während des Geschäftsjahres werden beispielsweise Maschinen gekauft:

- **Gewinn- und Verlust-/Erfolgsrechnung:** *Kein Einfluss, dies haben erst die Abschreibungen für die gekauften Sachanlagen.*
- **Kapital-/Geldflussrechnung:** *Der Cashflow aus der Investitionstätigkeit nimmt um 175 000 T€ ab.*
- **Bilanz:** *Aktivtausch, der Posten Sachanlagen nimmt um 175 000 T€ zu, der Posten flüssige Mittel nimmt um den gleichen Betrag ab.*
- **Rechengrößen:** *Auszahlung, Ausgabe.*

(C) Verbrauch von Werkstoffen für 765 000 T€
Während des Geschäftsjahres werden dem Eingangslager Materialien, wie beispielsweise Stahl, entnommen und in der Produktion verwendet und somit verbraucht.

- **Gewinn- und Verlust-/Erfolgsrechnung:** *Der Materialaufwand (Hinweis: Der Verbrauch von Werkstoffen und Waren wird immer als Materialaufwand, und nicht als Bestandsveränderung erfasst) nimmt um 765 000 T€ zu, wodurch der Bilanzgewinn in gleichem Umfang abnimmt.*
- **Kapital-/Geldflussrechnung:** *Kein Einfluss, da sich der Bilanzposten flüssige Mittel nicht ändert.*
- **Bilanz:** *Bilanzverkürzung, der Posten Vorräte nimmt um 765 000 T€ ab, der Posten Bilanzgewinn nimmt um den gleichen Betrag ab.*

- **Rechengrößen:** *Aufwand, die Auszahlung und die Ausgabe erfolgten bereits beim Kauf der Werkstoffe unter (A).*

(D) Zahlung von Löhnen und Gehältern in Höhe von 225 000 T€ per Banküberweisung
Während des Geschäftsjahres werden die Löhne und die Gehälter der Mitarbeiter überwiesen:

- **Gewinn- und Verlust-/Erfolgsrechnung:** *Der Personalaufwand nimmt um 225 000 T€ zu, wodurch der Bilanzgewinn in gleichem Umfang abnimmt.*
- **Kapital-/Geldflussrechnung:** *Der Cashflow aus laufender Geschäftstätigkeit nimmt um 225 000 T€ ab.*
- **Bilanz:** *Bilanzverkürzung, der Posten flüssige Mittel nimmt um 225 000 T€ ab, der Posten Bilanzgewinn nimmt um den gleichen Betrag ab.*
- **Rechengrößen:** *Auszahlung, Ausgabe, Aufwand.*

(E) Wertverlust von Sachanlagen in Höhe von 60 000 T€
Während des Geschäftsjahres verlieren die Sachanlagen an Wert, beispielsweise durch Nutzung der Maschinen:

- **Gewinn- und Verlust-/Erfolgsrechnung:** *Die Abschreibungen auf Sachanlagen nehmen um 60 000 T€ zu, wodurch der Bilanzgewinn in gleichem Umfang abnimmt.*
- **Kapital-/Geldflussrechnung:** *Kein Einfluss, da sich der Bilanzposten flüssige Mittel nicht ändert.*
- **Bilanz:** *Bilanzverkürzung, der Posten Sachanlagen nimmt um 60 000 T€ ab, der Posten Bilanzgewinn nimmt um den gleichen Betrag ab.*
- **Rechengrößen:** *Aufwand, die Auszahlung und die Ausgabe erfolgten bereits beim Kauf der Sachanlagen unter (B).*

(F) Zahlung von Fremdleistungen im Umfang von 270 000 T€ per Banküberweisung
Während des Geschäftsjahres werden Fremdleistungen, wie beispielsweise die Miete, ein Putzservice oder die Beratung durch einen Steuerberater, per Überweisung bezahlt:

- **Gewinn- und Verlust-/Erfolgsrechnung:** *Die sonstigen/übrigen betrieblichen Aufwendungen nehmen um 270 000 T€ zu, wodurch der Bilanzgewinn in gleichem Umfang abnimmt.*
- **Kapital-/Geldflussrechnung:** *Der Cashflow aus laufender Geschäftstätigkeit nimmt um 270 000 T€ ab.*
- **Bilanz:** *Bilanzverkürzung, der Posten flüssige Mittel nimmt um 270 000 T€ ab, der Posten Bilanzgewinn nimmt um den gleichen Betrag ab.*
- **Rechengrößen:** *Auszahlung, Ausgabe, Aufwand.*

(G) Produktion und Einlagerung von unfertigen und fertigen Erzeugnissen für 1 030 000 T€
Während des Geschäftsjahres werden unfertige Erzeugnisse, wie beispielsweise Kotflügel aus Stahl, und fertige Erzeugnisse, wie Automobile oder Ersatzteile, hergestellt und in die Produktions- und Distributionslager eingelagert:

- **Gewinn- und Verlust-/Erfolgsrechnung:** *Es kommt zu positiven Bestandsveränderungen von 1 030 000 T€ (Hinweis: Die Produktion und der Verbrauch von Erzeugnis-*

sen wird immer als Bestandsveränderung und nicht als Materialaufwand erfasst), wodurch der Bilanzgewinn in gleichem Umfang zunimmt.

- **Kapital-/Geldflussrechnung:** *Kein Einfluss, da sich der Bilanzposten flüssige Mittel nicht ändert.*
- **Bilanz:** *Bilanzverlängerung, der Posten Vorräte nimmt um 1 030 000 T€ zu, der Posten Bilanzgewinn nimmt um den gleichen Betrag zu.*
- **Rechengrößen:** *Ertrag.*

(H) Auslagerung von unfertigen Erzeugnissen für die Produktion und von fertigen Erzeugnissen für den Verkauf für 1 075 000 T€

Während des Geschäftsjahres werden den Produktionslagern unfertige Erzeugnisse zur Weiterverarbeitung und den Distributionslagern fertige Erzeugnisse zur Übergabe an die Kunden entnommen. Da die entsprechenden Lager zu Beginn des Geschäftsjahres bereits Bestände auswiesen, ist es möglich, mehr auszulagern als eingelagert wurde:

- **Gewinn- und Verlust-/Erfolgsrechnung:** *Es kommt zu negativen Bestandsveränderungen von 1 075 000 T€, wodurch der Bilanzgewinn in gleichem Umfang abnimmt.*
- **Kapital-/Geldflussrechnung:** *Kein Einfluss, da sich der Bilanzposten flüssige Mittel nicht ändert.*
- **Bilanz:** *Bilanzverkürzung, der Posten Vorräte nimmt um 1 075 000 T€ ab, der Posten Bilanzgewinn nimmt um den gleichen Betrag ab.*
- **Rechengrößen:** *Aufwand.*

(I) Verkäufe gegen Banküberweisung für 1 575 000 T€

Während des Geschäftsjahres werden ausgelagerte fertige Erzeugnisse, wie Automobile oder Ersatzteile, abgesetzt:

- **Gewinn- und Verlust-/Erfolgsrechnung:** *Es kommt zu Umsatzerlösen von 1 575 000 T€, wodurch der Bilanzgewinn in gleichem Umfang zunimmt.*
- **Kapital-/Geldflussrechnung:** *Der Cashflow aus laufender Geschäftstätigkeit nimmt um 1 575 000 T€ zu.*
- **Bilanz:** *Bilanzverlängerung, der Posten flüssige Mittel nimmt um 1 575 000 T€ zu, der Posten Bilanzgewinn nimmt um den gleichen Betrag zu.*
- **Rechengrößen:** *Einzahlung, Einnahme, Ertrag.*

(J) Zielverkäufe für 80 000 T€

Während des Geschäftsjahres werden ausgelagerte fertige Erzeugnisse, wie Automobile oder Ersatzteile, mit einem Zahlungsziel von beispielsweise 30 Tagen verkauft. Zum Jahresende haben die Kunden die Rechnungen noch nicht bezahlt:

- **Gewinn- und Verlust-/Erfolgsrechnung:** *Es kommt zu Umsatzerlösen von 80 000 T€, wodurch der Bilanzgewinn in gleichem Umfang zunimmt.*
- **Kapital-/Geldflussrechnung:** *Kein Einfluss, da sich der Bilanzposten flüssige Mittel nicht ändert.*
- **Bilanz:** *Bilanzverlängerung, der Posten Forderungen aus Lieferungen und Leistungen nimmt um 80 000 T€ zu, der Posten Bilanzgewinn nimmt um den gleichen Betrag zu.*
- **Rechengrößen:** *Einnahme, Ertrag.*

(K) Erhalt von Dividenden aus Beteiligungen in Höhe von 65 000 T€ per Banküberweisung

Während des Geschäftsjahres erhält die Speedy GmbH von Aktiengesellschaften, an denen sie beteiligt ist, Dividenden:

- **Gewinn- und Verlust-/Erfolgsrechnung:** *Es kommt zu einer Erhöhung des Finanzergebnisses um 65 000 T€, wodurch der Bilanzgewinn in gleichem Umfang zunimmt.*
- **Kapital-/Geldflussrechnung:** *Da der Geschäftsvorfall aus der Nutzung einer Investition resultiert und in die Gewinn- und Verlust-/Erfolgsrechnung eingeht, nimmt der Cashflow aus laufender Geschäftstätigkeit und nicht der aus der Investitionstätigkeit um 65 000 T€ zu.*
- **Bilanz:** *Bilanzverlängerung, der Posten flüssige Mittel nimmt um 65 000 T€ zu, der Posten Bilanzgewinn nimmt um den gleichen Betrag zu.*
- **Rechengrößen:** *Einzahlung, Einnahme, Ertrag.*

(L) Zahlung von Zinsen für Bankverbindlichkeiten in Höhe von 10 000 T€ per Banküberweisung

Während des Geschäftsjahres zahlt die Speedy GmbH Zinsen für Bankkredite:

- **Gewinn- und Verlust-/Erfolgsrechnung:** *Es kommt zu einer Reduzierung des Finanzergebnisses um 10 000 T€, wodurch der Bilanzgewinn in gleichem Umfang abnimmt.*
- **Kapital-/Geldflussrechnung:** *Da der Geschäftsvorfall aus der Nutzung einer Finanzierung resultiert und in die Gewinn- und Verlust-/Erfolgsrechnung eingeht, nimmt der Cashflow aus laufender Geschäftstätigkeit und nicht der aus der Finanzierungstätigkeit um 10 000 T€ ab.*
- **Bilanz:** *Bilanzverkürzung, der Posten flüssige Mittel nimmt um 10 000 T€ ab, der Posten Bilanzgewinn nimmt um den gleichen Betrag ab.*
- **Rechengrößen:** *Auszahlung, Ausgabe, Aufwand.*

Gewinn- und Verlust-/Erfolgsrechnung der *Speedy GmbH* für die Zeit vom 01.01.0002 bis 31.12.0002 in T€

Umsatzerlöse	
Bestandsveränderungen an fertigen und unfertigen Erzeugnissen	
Materialaufwand	
Personalaufwand	
Abschreibungen auf immaterielle Vermögensgegenstände/ Werte des Anlagevermögens und Sachanlagen	
Sonstige/übrige betriebliche Aufwendungen	
Betriebsergebnis	
Finanzergebnis	
Ergebnis der gewöhnlichen Geschäftstätigkeit	**+ 345 000**
Steuern	–125 000
Jahresüberschuss/-gewinn	**= 220 000**
Einstellung in/Zuweisung zu Gewinnrücklagen/-reserven	– 100 000
Bilanzgewinn	**= 120 000**

Kapital-/Geldflussrechnung der *Speedy GmbH* für die Zeit vom 01.01.0002 bis 31.12.0002 in T€

Cashflow aus laufender Geschäftstätigkeit	(A) – 825 000
	Steuern: – 125 000
Cashflow aus der Investitionstätigkeit	
Cashflow aus der Finanzierungstätigkeit	± 0
Zahlungswirksame Veränderungen des Finanzmittelbestandes	**+ 10 000**

Beständedifferenzenbilanz der *Speedy GmbH* für die Zeit vom 01.01.0002 bis 31.12.0002 in T€

Aktivseite	Änderungen 0002
Anlagevermögen	–
Immaterielle Vermögensgegenstände/Werte	± 0
Sachanlagen	
Finanzanlagen	± 0
Umlaufvermögen	–
Vorräte	(A) + 825 000
Forderungen aus Lieferungen und Leistungen	
Flüssige Mittel	
	Steuern: – 125 000
Summe Änderungen Aktivseite	**+ 220 000**

Passivseite	Änderungen 0002
Eigenkapital	—
Stammkapital	± 0
Gewinnrücklagen/-reserven	+ 100 000
Bilanzgewinn	
	– 125 000
	– 100 000
Rückstellungen	—
Verbindlichkeiten	—
Verbindlichkeiten gegenüber Kreditinstituten/ kurz- und langfristige verzinsliche Verbindlichkeiten	± 0
Verbindlichkeiten aus Lieferungen und Leistungen	± 0
Summe Änderungen Passivseite	**+ 220 000**

10.4 Kennzahlen

Die Kennzahlen zur Analyse von Jahresabschlüssen/-rechnungen können in erfolgs- und finanzwirtschaftliche Kennzahlen unterteilt werden (vergleiche zum Folgenden *Schäfer-Kunz, J.* 2019: Seite 615 ff.).

10.4.1 Erfolgswirtschaftliche Kennzahlen

Im Rahmen der erfolgswirtschaftlichen Analyse soll insbesondere die Ertragslage von Unternehmen beurteilt werden. Entsprechend steht die Gewinn- und Verlust-/Erfolgsrechnung im Fokus der Analyse. Die erfolgswirtschaftliche Analyse umfasst die folgenden Analysen (vergleiche *Coenenberg, A. G. und andere* 2009b: Seite 529 ff.).

Kennzahlen der Rentabilitätsanalyse

Rentabilitätsanalyse

Die Rentabilitätsanalyse dient der branchenübergreifenden Beurteilung der durch die Tätigkeit von Unternehmen erzielten Verzinsung. Für ihre Durchführung können unter anderem folgende Kennzahlen verwendet werden:

$$\text{Eigenkapitalrentabilität} = \frac{\text{Jahresüberschuss/-gewinn}}{\text{Eigenkapital}}$$

$$\text{Return-on-Investment} = \frac{\text{Jahresüberschuss/-gewinn}}{\text{Gesamtkapital}}$$

Kennzahlen der Aufwandsstrukturanalyse

Aufwandsstrukturanalyse

Die Aufwandsstrukturanalyse dient der brancheninternen Beurteilung der Wirtschaftlichkeit und der ihr zugrunde liegenden Produktivität. Für ihre Durchführung können unter anderem folgende Kennzahlen verwendet werden, wenn eine nach dem Gesamtkostenverfahren aufgestellte Gewinn- und Verlust-/Erfolgsrechnungen vorliegt:

$$\text{Materialintensität} = \frac{\text{Materialaufwand}}{\text{Gesamtleistung}}$$

$$\text{Personalintensität} = \frac{\text{Personalaufwand}}{\text{Gesamtleistung}}$$

Die Gesamtleistung ergibt sich aus den Umsatzerlösen zuzüglich den Bestandsveränderungen an fertigen und unfertigen Erzeugnissen zuzüglich den aktivierten Eigenleistungen.

10.4.2 Finanzwirtschaftliche Kennzahlen

Kennzahlen der Investitionsanalyse

Im Rahmen der finanzwirtschaftlichen Analyse sollen insbesondere die Vermögens- und die Finanzlage von Unternehmen beurteilt werden. Entsprechend steht die Bilanz und ergänzend die Kapital-/Geldflussrechnung im Fokus der Analyse. Die finanzwirtschaftliche Analyse umfasst zusätzlich zu den im ↗ Kapitel 12 Finanzierung aufgeführten Kennzahlen noch die Kennzahlen der **Investitionsanalyse** (vergleiche *Coenenberg, A. G. und andere* 2009b: Seite 535 ff.). Diese dient der Beurteilung der Anpassungsfähigkeit von Unternehmen im Hinblick auf Beschäftigungsschwankungen. Für ihre Durchführung können unter anderem folgende Kennzahlen verwendet werden:

$$\text{Anlageintensität} = \frac{\text{Anlagevermögen}}{\text{Gesamtvermögen}}$$

$$\text{Umlaufintensität} = \frac{\text{Umlaufvermögen}}{\text{Gesamtvermögen}}$$

Zusammenfassung Kapitel 10

- Gegenstand des externen Rechnungswesens ist insbesondere die Ermittlung und die Bereitstellung von Informationen über wert- und mengenmäßige Größen, die benötigt werden, um Informationsadressaten außerhalb des Unternehmens über den Zustand und die Veränderungen von Unternehmen zu informieren.
- Die Aufgaben des externen Rechnungswesens umfassen insbesondere die Durchführung der Buchführung und die Erstellung von Jahresabschlüssen/-rechnungen.
- Die Buchführung basiert auf Belegen, die das Bindeglied zwischen Geschäftsvorfällen und den zugehörigen Buchungen bilden.
- Bei der doppelten Buchführung wird jeder Geschäftsvorfall in zwei Bücher eingetragen und bewirkt mindestens die Veränderung der Soll-Seite eines Kontos und der Haben-Seite eines anderen Kontos.
- Die wichtigsten Bücher der Buchführung sind das Grund-, das Haupt- und die Nebenbücher.
- Jahresabschlüsse/-rechnungen umfassen immer Bilanzen und Gewinn- und Verlust-/Erfolgsrechnungen.
- Nur sehr große Unternehmen müssen Kapital-/Geldflussrechnungen erstellen.
- In der Bilanz erfolgt eine Gegenüberstellung des Vermögens und der Schulden.
- Gemäß der Bilanzgleichung sind die Aktiv- und die Passivseite immer gleich groß.
- Die Aktivseite der Bilanz besteht aus dem Anlage- und dem Umlaufvermögen, die Passivseite aus dem Eigen- und dem Fremdkapital.
- Die Bilanzverlängerung, die Bilanzverkürzung, der Aktivtausch und der Passivtausch sind die vier Möglichkeiten der Bilanzänderung.
- Monetäre Zugänge und Mehrungen des Eigenkapitals werden mit den Begriffen Einzahlungen, Einnahmen und Erträge beschrieben.
- Monetäre Abgänge und Minderungen des Eigenkapitals werden mit den Begriffen Auszahlungen, Ausgaben und Aufwendungen beschrieben.
- Cashflows bezeichnen aus Ein- und Auszahlungen resultierende Geldzu- und -abflüsse.
- Die Kapital-/Geldflussrechnung stellt die Cashflows aus der laufenden Geschäftstätigkeit, der Investitionstätigkeit und der Finanzierungstätigkeit dar.
- In der Gewinn- und Verlust-/Erfolgsrechnung werden Erträge und Aufwendungen einander gegenübergestellt und damit der Bilanzgewinn oder -verlust ermittelt.

Weiterführende Literatur Kapitel 10

Externes Rechnungswesen allgemein

Schäfer-Kunz, J.: Buchführung und Jahresabschluss: Auf der Grundlage der Kontenrahmen SKR03, SKR04 und IKR, Stuttgart.

Jahresabschluss
Coenenberg, A. G./Haller, A./Schultze, W.: Jahresabschluss und Jahresabschlussanalyse: Betriebswirtschaftliche, handelsrechtliche, steuerrechtliche und internationale Grundsätze - HGB, IFRS, US-GAAP, DRS, Stuttgart.

Schlüsselbegriffe Kapitel 10

- Buchführung
- Geschäftsvorfall
- Jahresabschluss
- Jahresrechnung
- Beleg
- Konto
- Grundbuch
- Hauptbuch
- Nebenbuch
- Anlagenbuch
- Kontokorrentbuch
- Kreditorenbuchführung
- Debitorenbuchführung
- Fakturierung
- Lagerbuch
- Lohn- und Gehaltsbuch
- Jahresabschlussrechnung
- Bilanz
- Vermögenslage
- Kapitalflussrechnung
- Geldflussrechnung
- Finanzlage
- Liquidität
- Gewinn- und Verlustrechnung
- Erfolgsrechnung
- Ertragslage
- Anhang
- Lagebericht
- Zeitpunktrechnung
- Vermögen
- Aktiva
- Aktiven
- Kapital
- Passiva
- Passiven
- Anlagevermögen
- Immaterieller Vermögensgegenstand
- Immaterieller Wert
- Sachanlage
- Finanzanlage
- Umlaufvermögen
- Vorrat
- Forderung
- Lieferung
- Leistung
- Kassenbestand
- Guthaben bei Kreditinstituten
- Flüssige Mittel
- Bargeld
- Buchgeld
- Eigenkapital
- Reinvermögen
- Stammkapital
- Grundkapital
- Gewinnrücklage
- Gewinnreserve
- Fremdkapital
- Schulden
- Rückstellung
- Verbindlichkeit
- Bilanzverlängerung
- Bilanzverkürzung
- Aktivtausch
- Passivtausch
- Zeitabschnittsrechnung
- Rechengröße
- Auszahlung
- Einzahlung
- Ausgabe
- Einnahme
- Mittelfluss
- Cashflow
- Aufwand
- Ertrag
- Betriebsergebnis
- Umsatzerlös
- Nettoerlös
- Bestandsveränderung
- Abschreibung
- Finanzergebnis
- Jahresüberschuss/-fehlbetrag
- Jahresgewinn/-verlust
- Bilanzgewinn/-verlust

Fragen Kapitel 10

Frage 10-1: *Definieren Sie den Begriff »Externes Rechnungswesen«.*

Frage 10-2: *Nennen Sie die zwei Teilbereiche des Rechnungswesens und erläutern Sie deren Aufgaben.*

Frage 10-3: *Definieren Sie den Begriff »Beleg«.*

Frage 10-4: *Definieren Sie den Begriff »Konto«.*

Frage 10-5: *Erläutern Sie, was die doppelte Buchführung kennzeichnet.*

Frage 10-6: *Führen Sie aus, wie Geschäftsvorfälle in Grundbüchern geordnet werden.*

Frage 10-7: *Nennen Sie mindestens drei Arten von Nebenbüchern.*

Frage 10-8: *Erläutern Sie, was unter der »Fakturierung« verstanden wird.*

Frage 10-9: *Nennen Sie die drei Rechnungen, die den Kern von Jahresabschlüssen/-rechnungen bilden.*

Frage 10-10: *Erläutern Sie, worüber die Bilanz informiert.*

Frage 10-11: *Nennen Sie die Bilanzgleichung.*

Frage 10-12: *Erläutern Sie, worüber die Aktivseite der Bilanz Auskunft gibt.*

Frage 10-13: *Erläutern Sie den Unterschied zwischen dem Anlage- und dem Umlaufvermögen.*

Frage 10-14: *Erläutern Sie was unter »Forderungen« verstanden wird.*

Frage 10-15: *Nennen Sie den Bilanzposten, der die Schnittstelle zur Kapital-/Geldflussrechnung bildet.*

Frage 10-16: *Erläutern Sie, worüber die Passivseite der Bilanz Auskunft gibt.*

Frage 10-17: *Definieren Sie den Begriff »Eigenkapital«.*

Frage 10-18: *Nennen Sie den Bilanzposten, der die Schnittstelle zur Gewinn- und Verlust-/Erfolgsrechnung bildet.*

Frage 10-19: *Definieren Sie den Begriff »Fremdkapital«.*

Frage 10-20: *Erläutern Sie, was unter »Verbindlichkeiten« verstanden wird.*

Frage 10-21: *Nennen Sie die vier Arten von Bilanzänderungen.*

Frage 10-22: *Erläutern Sie, worüber die Kapital-/Geldflussrechnung informiert.*

Frage 10-23: *Definieren Sie den Begriff »Auszahlung«.*

Frage 10-24: *Definieren Sie den Begriff »Einnahme«.*

Frage 10-25: *Nennen Sie die beiden Rechengrößen, die in der Kapital-/Geldflussrechnung einander gegenübergestellt werden.*

Frage 10-26: *Definieren Sie den Begriff »Cashflow«.*

Frage 10-27: *Erläutern Sie an Beispielen, welche drei Cashflows in der Kapital-/Geldflussrechnung ermittelt werden.*

Frage 10-28: *Erläutern Sie, was der »Free Cashflow« aufzeigt.*

Frage 10-29: *Erläutern Sie, worüber die Gewinn- und Verlust-/Erfolgsrechnung informiert.*

Frage 10-30: *Definieren Sie den Begriff »Aufwand«.*

Frage 10-31: *Definieren Sie den Begriff »Ertrag«.*

Frage 10-32: *Nennen Sie ein Beispiel für einen Geschäftsvorfall, bei dem es sich gleichzeitig um eine Auszahlung, eine Ausgabe und einen Aufwand handelt.*

Frage 10-33: *Nennen Sie ein Beispiel für einen Geschäftsvorfall, bei dem es sich nur um eine Ausgabe handelt.*

Frage 10-34: *Nennen Sie ein Beispiel für einen Geschäftsvorfall, bei dem es sich nur um eine Auszahlung handelt.*

Frage 10-35: *Nennen Sie die beiden Rechengrößen, die in der Gewinn- und Verlust-/ Erfolgsrechnung einander gegenübergestellt werden.*

Frage 10-36: *Nennen Sie mindestens drei Ergebnisse, die im Rahmen der Teilrechnungen in der Gewinn- und Verlust-/Erfolgsrechnung ermittelt werden.*

Frage 10-37: *Nennen Sie die Güter auf die sich Bestandsveränderungen in der Gewinn- und Verlust-/Erfolgsrechnung beziehen.*

Frage 10-38: *Erläutern Sie, wodurch sich Materialaufwendungen ergeben können.*

Fallstudie Kapitel 10

Während des Januars des Geschäftsjahres 0003 kam es bei der Speedy GmbH zu folgenden Geschäftsvorfällen (Hinweis: Die Umsatzsteuer ist nachfolgend jeweils nicht zu berücksichtigen):

(A) *Kauf eines neuen Hochleistungscomputers für 350 T€ gegen Banküberweisung.*
(B) *Kauf von Aktien zur langfristigen Beteiligung an einem anderen Unternehmen für 200 T€ gegen Banküberweisung.*
(C) *Zielkauf von Kunststoffen für 8 T€ mit einem Zahlungsziel von zehn Tagen.*
(D) *Bezahlung der Rechnung für die unter (C) gekauften Kunststoffe per Banküberweisung.*
(E) *Verbrauch von Kunststoffen für die Produktion von Autotüren gemäß Materialentnahmeschein für 4 T€.*
(F) *Just-in-time-Anlieferung von Sitzen und einer entsprechenden Rechnung über 20 T€ durch einen Zulieferer. Die Sitze werden nicht eingelagert, sondern direkt in der Produktion eingebaut. Die Rechnung wird verbucht aber noch nicht gezahlt, um das Zahlungsziel von 30 Tagen auszunutzen.*
(G) *Überweisung von Gehältern in Höhe von 300 T€.*
(H) *Produktion und Einlagerung von Autotüren für 9 T€.*
(I) *Auslagerung von im Vorjahr produzierten Speedster Fahrzeugen für 500 T€ für den Verkauf.*
(J) *Barverkauf und Lieferung eines unter (I) ausgelagerten Speedster Family für 20 T€ an einen Privatkunden.*
(K) *Verkauf und Lieferung von unter (I) ausgelagerten Speedster City für 998 T€ auf Ziel an einen Autovermieter.*
(L) *Bezahlung der Rechnung für die unter (K) verkauften Speedster City durch den Autovermieter per Banküberweisung.*
(M) *Der Hauptgesellschafter der Speedy GmbH erhöht seine Einlage in das Unternehmen per Banküberweisung um 1 000 T€.*
(N) *Aufnahme eines Bankkredits von 100 T€.*

(1) Tragen Sie die Geschäftsvorfälle in die nachfolgende Gewinn- und Verlust-/Erfolgsrechnung, Kapital-/Geldflussrechnung und Beständedifferenzenbilanz ein und bestimmten Sie für die einzelnen Geschäftsvorfälle jeweils, ob es sich um einen Aktivtausch, einen Passivtausch, eine Bilanzverlängerung oder eine Bilanzverkürzung handelt und ob es sich um eine Einzahlung, Einnahme, Ertrag, Auszahlung, Ausgabe und/oder Aufwand handelt (Hinweis: Zwischenergebnisse dienen der Selbstkontrolle).

Gewinn- und Verlust-/Erfolgsrechnung der *Speedy GmbH* für die Zeit vom 01.01.0003 bis 31.01.0003 in T€

Umsatzerlöse	
Bestandsveränderungen an fertigen und unfertigen Erzeugnissen	
Materialaufwand	
Personalaufwand	
Abschreibungen auf immaterielle Vermögensgegenstände/ Werte des Anlagevermögens und Sachanlagen	0
Sonstige/übrige betriebliche Aufwendungen	0
Betriebsergebnis	
Finanzergebnis	0
Ergebnis der gewöhnlichen Geschäftstätigkeit	
Steuern	0
Jahresüberschuss/-gewinn	
Einstellung in/Zuweisung zu Gewinnrücklagen/-reserven	0
Bilanzgewinn	**203**

Kapital-/Geldflussrechnung der *Speedy GmbH* für die Zeit vom 01.01.0003 bis 31.01.0003 in T€

Cashflow aus laufender Geschäftstätigkeit	
Cashflow aus der Investitionstätigkeit	
Cashflow aus der Finanzierungstätigkeit	
Zahlungswirksame Veränderungen des Finanzmittelbestandes	**1 260**

Beständedifferenzenbilanz der *Speedy GmbH* für die Zeit vom 01.01.0003 bis 31.01.0003 in T€

Aktivseite	Änderungen
Anlagevermögen	–
Immaterielle Vermögensgegenstände/Werte	± 0
Sachanlagen	
Finanzanlagen	
Umlaufvermögen	–
Vorräte	
Forderungen aus Lieferungen und Leistungen	
Flüssige Mittel	
Summe Änderungen Aktivseite	**+ 1 323**

Passivseite	Änderungen
Eigenkapital	–
Stammkapital	
Gewinnrücklagen/-reserven	± 0
Bilanzgewinn	
Rückstellungen	–

Verbindlichkeiten	–
Verbindlichkeiten gegenüber Kreditinstituten/kurz- und langfristige verzinsliche Verbindlichkeiten	
Verbindlichkeiten aus Lieferungen und Leistungen	
Summe Änderungen Passivseite	

Geschäftsvorfall	Aktivtausch	Passivtausch	Bilanzverlängerung	Bilanzverkürzung	Einzahlung	Einnahme	Ertrag	Auszahlung	Ausgabe	Aufwand
A										
B										
C										
D										
E										
F										
G										
H										
I										
J										
K										
L										
M										
N										

(2) Erstellen Sie in der nachfolgenden Tabelle die Bilanz der Speedy GmbH zum 31.01.0003 indem Sie die in der ↗ Tabelle 10-1 aufgeführte Bilanz der Speedy GmbH zum 31.12.0002 um die in der Zeit vom 01.01.0003 bis 31.01.0003 aufgetretenen Bilanzdifferenzen korrigieren.

Bilanz der *Speedy GmbH* zum 31.01.0003 in T€

Aktivseite	
Anlagevermögen	–
Immaterielle Vermögensgegenstände/Werte	
Sachanlagen	
Finanzanlagen	
Umlaufvermögen	–
Vorräte	
Forderungen aus Lieferungen und Leistungen	
Flüssige Mittel	
	760 773
Summe Aktivseite	
Passivseite	
Eigenkapital	–
Stammkapital	
Gewinnrücklagen/-reserven	
Bilanzgewinn	
Rückstellungen	
Verbindlichkeiten	–
Verbindlichkeiten gegenüber Kreditinstituten/kurz- und langfristige verzinsliche Verbindlichkeiten	
Verbindlichkeiten aus Lieferungen und Leistungen	
	257 120
Summe Passivseite	**1 211 323**

11 Internes Rechnungswesen

Kapitelnavigator

Inhalt	Lernziel
11.1 Grundlagen	11-1 Die Grundlagen des internen Rechnungswesens kennen.
11.2 Kostentheorie	11-2 Die Aussagen der Kostentheorie kennen.
11.3 Kalkulation	11-3 Kalkulationen durchführen können.
11.4 Erfolgsrechnungen	11-4 Die Einsatzfelder von Erfolgsrechnungen kennen.
11.5 Entscheidungsrechnungen	11-5 Die Einsatzfelder von Entscheidungsrechnungen kennen.
11.6 Kontrollrechnungen	11-6 Die Einsatzfelder von Kontrollrechnungen kennen.

Um ihre Arbeit durchführen zu können, benötigen sowohl die Mitglieder der Unternehmensleitung als auch alle mit administrativen Aufgaben betrauten Mitarbeiter eine Vielzahl von Informationen.

Gegenstand des **internen Rechnungswesens** ist insbesondere die Ermittlung und die Bereitstellung von Informationen über wert- und mengenmäßige Größen, die benötigt werden, um die betriebliche Leistungserstellung zu steuern.

Entsprechend wendet sich das interne Rechnungswesen an Informationsadressaten, die die Leistungserstellung im Unternehmen zu verantworten haben, so insbesondere an:

- Aufsichtsgremien, wie den Aufsichtsrat von Aktiengesellschaften,
- Mitglieder des Vorstandes oder der Geschäftsführung,
- Mitglieder des Managements und
- Arbeitnehmer.

11.1 Grundlagen

11.1.1 Kosten und Leistungen

Während im externen Rechnungswesen die Begriffe Aufwendungen und Erträge üblich sind, werden im internen Rechnungswesen die Begriffe Kosten und Leistungen verwendet.

Kosten bezeichnen für bestimmte kalkulatorische Zwecke anzusetzende Aufwandsäquivalente, die insbesondere aus dem Verbrauch oder der Inanspruchnahme von Gütern im Rahmen der normalen, also gewöhnlichen, betriebszweck- und periodenbezogenen Tätigkeit von Unternehmen resultieren.

Leistungen bezeichnen für bestimmte kalkulatorische Zwecke anzusetzende Ertragsäquivalente, die insbesondere aus der Herstellung, dem Verkauf oder der Bereitstellung von Gütern im Rahmen der normalen, also gewöhnlichen, betriebszweck- und periodenbezogenen Tätigkeit von Unternehmen resultieren.

Als Basis des internen Rechnungswesens ist eine Abgrenzung zum externen Rechnungswesen durchzuführen:

Abgrenzung von Kosten und Aufwendungen
Im Hinblick auf die Abgrenzung von Kosten und Aufwendungen werden diese weiter in folgende Rechengrößen unterteilt:

- Kosten, die in ihrer Höhe Aufwendungen entsprechen, werden als **Grundkosten** bezeichnet.
- Bei den **neutralen Aufwendungen** handelt es sich um Aufwendungen ohne Kostenbezug, die in nicht betriebstypischer Weise (betriebsfremde Aufwendungen) oder in einer anderen Periode (periodenfremde Aufwendungen) entstanden sind oder die in ungewöhnlicher Höhe (außerordentliche Aufwendungen) auftreten. Beispiele dafür sind Aufwendungen für die Werkswohnungen eines Automobilherstellers, Steuernachzahlungen oder Schäden durch Umweltkatastrophen.
- Bei den **Zusatzkosten** handelt es sich um Kosten, denen kein Aufwand gegenübersteht. Dies trifft zu auf kalkulatorische Unternehmerlöhne und Mieten bei Einzelunternehmen und Personengesellschaften und auf kalkulatorische Wagnisse für nicht versicherbare Risiken.
- Darüber hinaus gibt es noch **Anderskosten**. Dies sind Kosten, denen Aufwendungen in anderer Höhe gegenüberstehen, da diese anders berechnet werden. Dies trifft zu auf die Kosten versus die Aufwendungen verbrauchter Werkstoffe, die Herstell- versus die Herstellungskosten verbrauchter Erzeugnisse, die kalkulato-

rischen versus die bilanziellen Abschreibungen, die kalkulatorischen versus die pagatorischen Zinsen und die Selbstversicherungs- versus die gezahlten Versicherungsprämien.

Abgrenzung von Leistungen und Erträgen
Im Hinblick auf die Abgrenzung von Leistungen und Erträgen werden diese weiter in folgende Rechengrößen unterteilt:

- Leistungen, die in ihrer Höhe Erträgen entsprechen, werden als **Grundleistungen** bezeichnet.
- Bei den **neutralen Erträgen** handelt es sich um Erträge ohne Leistungsbezug, die in nicht betriebstypischer Weise (betriebsfremde Erträge) oder in einer anderen Periode (periodenfremde Erträge) entstanden sind oder die in ungewöhnlicher Höhe (außerordentliche Erträge) auftreten. Beispiele dafür sind staatliche Subventionen, nachträgliche Steuerrückerstattungen oder der Verkauf von Produktionseinrichtungen zu einem Betrag über dem Restbuchwert.
- **Zusatzleistungen** sind Leistungen, die nicht gleichzeitig einen Ertrag darstellen.
- **Andersleistungen** sind Leistungen, denen Erträge in anderer Höhe gegenüberstehen, insbesondere wenn hergestellte Erzeugnisse in der Kostenrechnung anders als in der Buchführung bewertet werden.

Abgrenzungsrechnung

Die Überleitung der Erträge und Aufwendungen aus dem externen Rechnungswesen in Leistungen und Kosten im internen Rechnungswesen erfolgt im Rahmen der Kostenartenrechnung über eine sogenannte Abgrenzungsrechnung. Dabei wird das **Gesamtergebnis** des externen Rechnungswesens durch Abspaltung eines **neutralen Ergebnisses** in das **Betriebsergebnis** des internen Rechnungswesens überführt.

11.1.2 Einordnung

Das interne Rechnungswesen ist neben dem externen Rechnungswesen, der zweite Hauptbestandteil des Rechnungswesens. Schnittstellen bestehen insbesondere zu folgenden Bereichen (↗ Abbildung 11-1):

- **Externes Rechnungswesen:** Das interne Rechnungswesen basiert weitgehend auf den Daten des externen Rechnungswesens.
- **Unternehmensführung:** Das interne Rechnungswesen liefert der Unternehmensführung die für die Steuerung des Unternehmens benötigen Informationen.
- **Leistungserstellung:** Das interne Rechnungswesen liefert der Leistungserstellung vielfältige Informationen, so beispielsweise Preisuntergrenzen für Produkte, Preisobergrenzen für Zukaufteile, Daten zur Planung des optimalen Produktprogramms oder Kostenstellendaten.

Abb. 11-1

Einordnung des internen Rechnungswesens

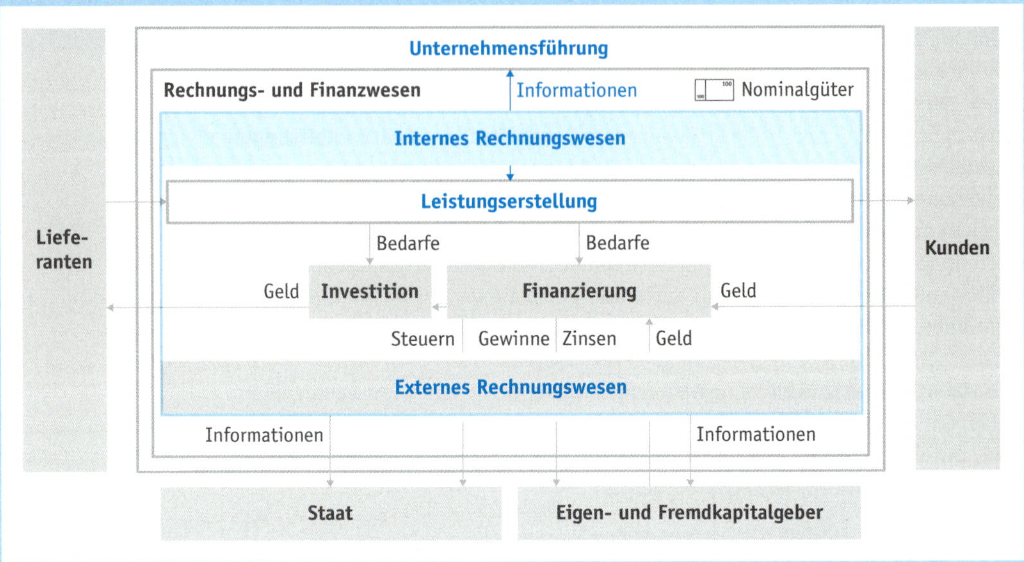

11.1.3 Unterteilung

Unterteilung des internen Rechnungswesens

Teilbereiche des internen Rechnungswesens sind die Kostenrechnung und die Betriebsstatistik. Die Kosten- beziehungsweise die **Kosten- und Leistungsrechnung**, die im Mittelpunkt der nachfolgenden Ausführungen stehen wird, lässt sich nach Aufgaben weiter in:

- die Kalkulation,
- die Erfolgsrechnung,
- die Entscheidungsrechnung sowie
- die Kontrollrechnung

unterteilen (↗ Abbildung 11-2, vergleiche *Jórasz, W.* 2003: Seite 14 ff. und *Coenenberg, A. G.* 2003: Seite 18 f.).

Kostenrechnungssysteme lassen sich darüber hinaus in Abhängigkeit vom Zeitbezug der Rechengrößen in Ist-, Normal- und Plankostenrechnungen unterscheiden. In Abhängigkeit von dem Ausmaß der verrechneten Kosten werden außerdem Voll- und Teilkostenrechnungen differenziert (↗ Abbildung 11-3, zum Folgenden vergleiche *Jórasz, W.* 2003: Seite 29 ff.).

Abb. 11-2

Teilbereiche des internen Rechnungswesens

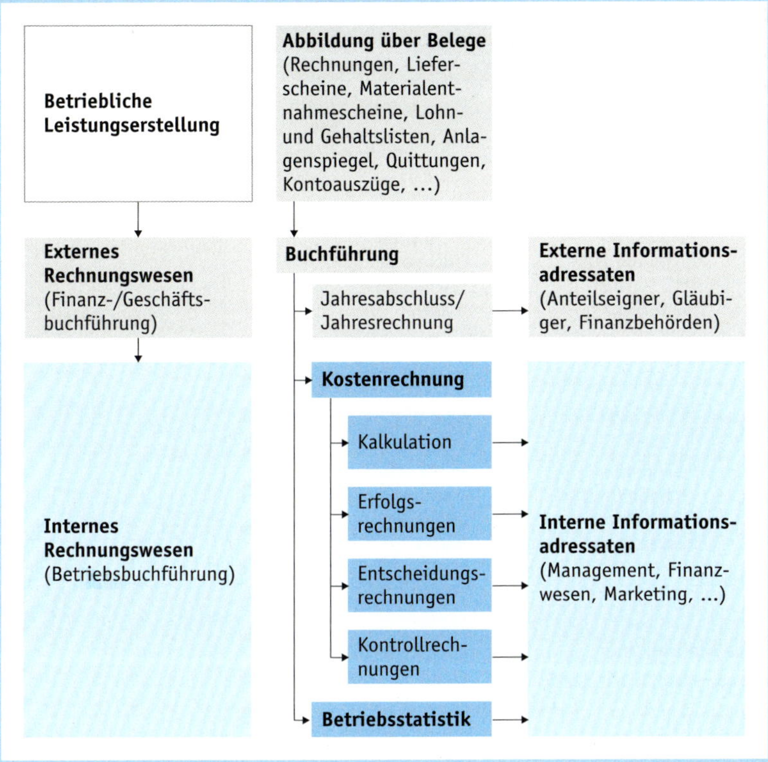

Ist-, Normal- und Plankostenrechnung

Istkostenrechnung

Gegenstand der Istkostenrechnung sind die tatsächlich in einer Periode angefallenen Kosten. Da sich diese Kosten nur nachträglich ermitteln lassen, ist die Istkostenrechnung vergangenheitsorientiert. Auf Vollkostenbasis stellt sie die traditionelle Form der Kosten- und Leistungsrechnung dar (vergleiche *Hummel, S./Männel, W.* 1995: Seite 112 f.).

Normalkostenrechnung

Gegenstand der Normalkostenrechnung sind die in den vergangenen Perioden durchschnittlich angefallenen Istkosten. Durch die Durchschnittsbildung werden Schwankungen der Kosten in verschiedenen Perioden nivelliert und die Kosten somit besser vergleichbar gemacht. Da sie sich auf Istkosten bezieht, handelt es sich bei der Normalkostenrechnung ebenfalls um eine vergangenheitsorientierte Rechnung (vergleiche *Hummel, S./Männel, W.* 1995: Seite 113).

Plankostenrechnung

Gegenstand der Plankostenrechnung sind zukünftige, für eine erwartete Beschäftigung prognostizierte Kosten. Bei der Plankostenrechnung handelt es sich also um eine zukunftsorientierte Rechnung. Die Plankosten stellen in der Regel Vorgaben für Kostenstellen dar. Im Rahmen der Plankostenrechnung werden die Einhaltung

Abb. 11-3

Einteilung der Kostenrechnungssysteme

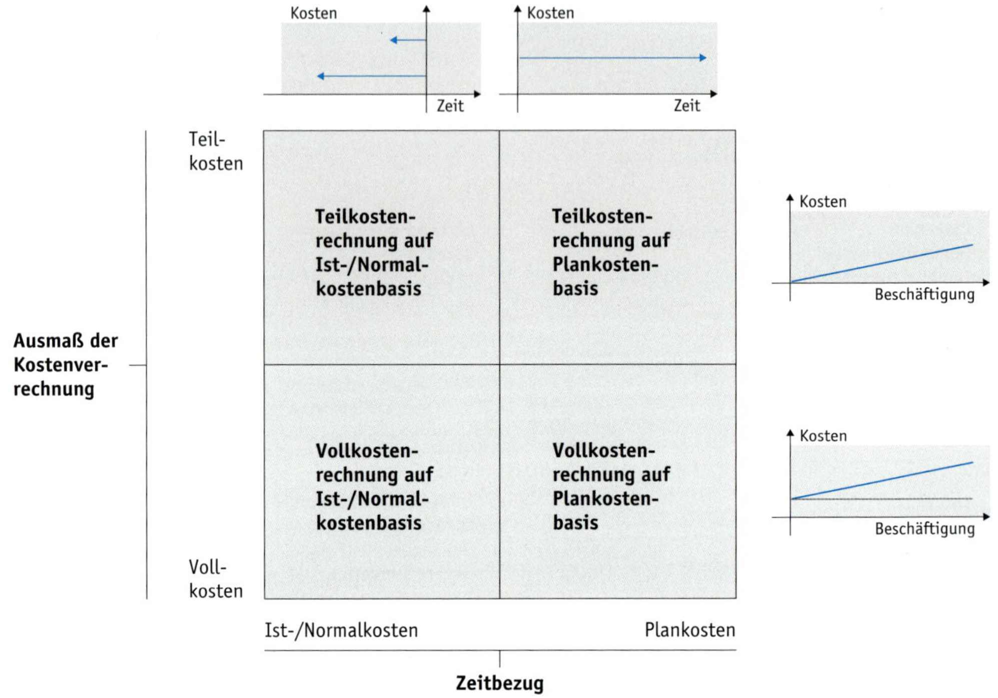

Vergleiche *Hummel, S./Männel, W.* 1995: Seite 44

dieser Kosten kontrolliert und die Ursache von Abweichungen analysiert (vergleiche *Hummel, S./Männel, W.* 1995: Seite 114 f.).

Voll- und Teilkostenrechnung

Vollkostenrechnung

Im Rahmen der Vollkostenrechnung werden alle angefallenen Kosten auf die Kostenträger verrechnet. Durch dieses Vorgehen wird sichergestellt, dass mit den kalkulierten Preisen alle entstehenden Kosten gedeckt werden. Die Vollkostenrechnung auf Istkostenbasis ist das in der Praxis am weitesten verbreitete Kostenrechnungssystem (vergleiche *Hummel, S./Männel, W.* 1995: Seite 44 f.). Da bei der Vollkostenrechnung alle und somit auch die fixen Kosten proportionalisiert werden, werden den Kostenträgern Kosten zugerechnet, die diese gar nicht verursacht haben. Darüber hinaus ist es in der Regel nicht möglich, die für eine Entscheidung relevanten Kosten zu identifizieren. Um diese Mängel zu beheben, werden Teilkostenrechnungen bedarfsweise ergänzend zu Vollkostenrechnungen durchgeführt.

Teilkostenrechnung

Im Rahmen der Teilkostenrechnung erfolgt in allen Stufen der Kostenrechnung eine Kostenspaltung, die es ermöglicht, Kostenträgern nur die Einzelkosten oder die variablen Kosten zuzurechnen, die diese wirklich verursacht haben (Verursachungsprinzip). In der Regel erfolgt die Kostenspaltung im Rahmen der Teilkostenrechnung dabei in fixe und variable Kosten (vergleiche *Hummel, S./Männel, W.* 1995: Seite 49 ff.).

11.1.4 Aufgaben der Kostenrechnung

Grundfunktionen der Kostenrechnung

Die wichtigste Funktion der Kostenrechnung besteht darin, bestimmte Kosten und Leistungen auf bestimmte Objekte zu verteilen (↗ Abbildung 11-4). So werden über die Kalkulation Kosten und Leistungen auf Kostenträger, wie beispielsweise Produkte, verteilt. Über die Erfolgsrechnung erfolgt eine Verteilung von Kosten und Leistungen auf Geschäftsbereiche, über die Entscheidungsrechnung auf Entscheidungsalternativen, wie beispielsweise die Eigenerstellung oder den Zukauf von Gütern. Im Rahmen der Kontrollrechnung werden schließlich Kosten und Leistungen auf Projekte oder Kostenstellen, wie beispielsweise Abteilungen, verteilt.

11.1.5 Vorgehensweise bei der Kostenrechnung

Die Kostenrechnung erfolgt immer in drei aufeinander aufbauenden Stufen, nämlich der Kostenarten-, der Kostenstellen- und der Kostenträgerrechnung (↗ Abbildung 11-5). Die Kostenartenrechnung dient dabei der **Kostenermittlung**, während die Kostenstellen- und die Kostenträgerrechnung der **Kostenverteilung** auf Kostenstellen und Kostenträger dienen. Die verschiedenen Kostenrechnungssysteme umfassen immer die genannten Stufen. Sie unterscheiden sich jedoch hinsichtlich der Vorgehensweise innerhalb der Stufen.

Abb. 11-4

Grundfunktionen der Kostenrechnung

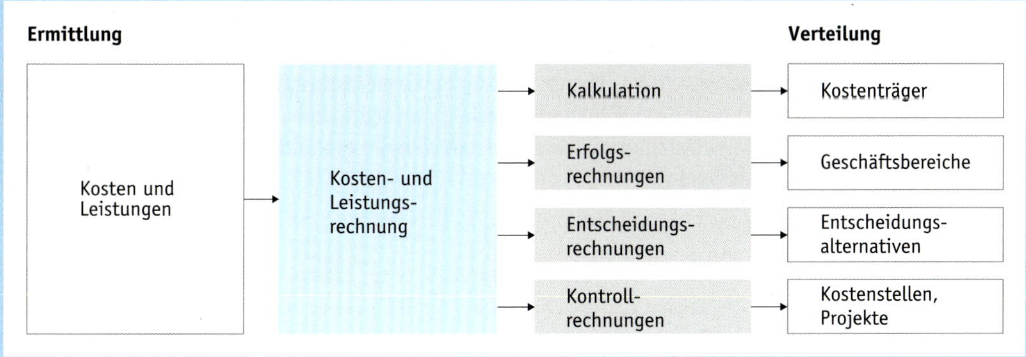

Abb. 11-5

Vorgehensweise bei der Kostenrechnung

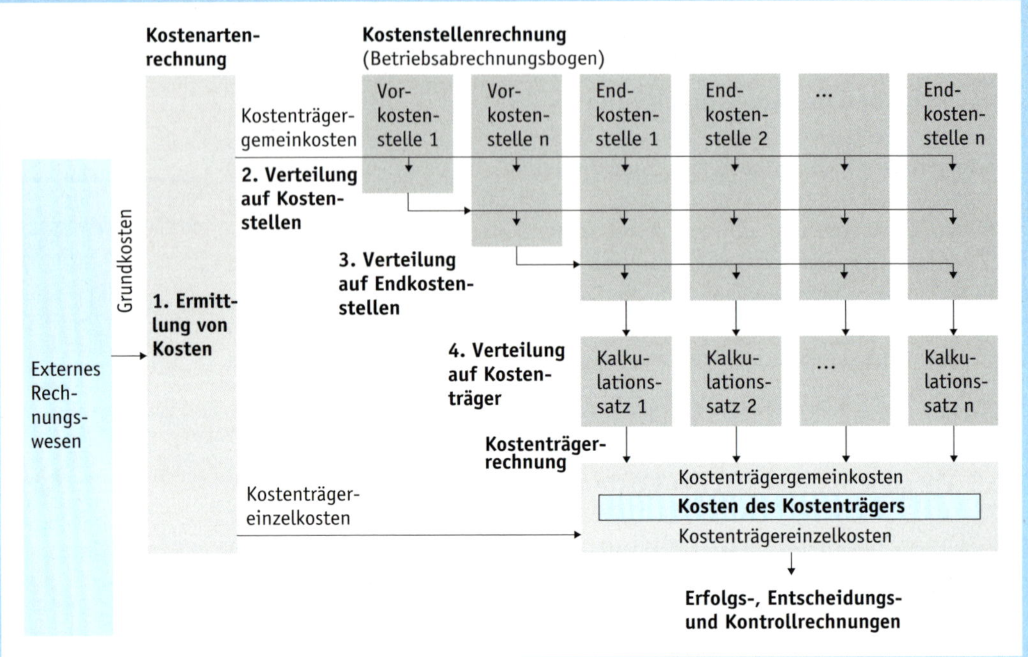

11.2 Kostentheorie

Das interne Rechnungswesen basiert auf der Kostentheorie, die ihrerseits auf der **Produktionstheorie** aufbaut und diese ergänzt (↗ Abbildung 11-6). Die Kostentheorie erklärt, wie sich die Gesamtkosten K im Verhältnis zur Anzahl der produzierten Güter x verändern. Ebenso wie die Produktionsfunktionen können auch die Kostenfunktionen unterschiedliche Verlaufsformen haben. Die Summe der mit Faktorpreisen k multiplizierten Verbrauchsmengen der Produktionsfaktoren q ergibt dabei die Gesamtkosten K:

Allgemeine Kostenfunktion

$$K = q_1 \times k_1 + q_2 \times k_2 + \ldots + q_n \times k_n$$

mit:

- K = Gesamtkosten
- q = Verbrauchsmenge des Produktionsfaktors
- k = Faktorpreis des Produktionsfaktors
- n = Anzahl der Produktionsfaktoren

Abb. 11-6

Einordnung der Kostentheorie

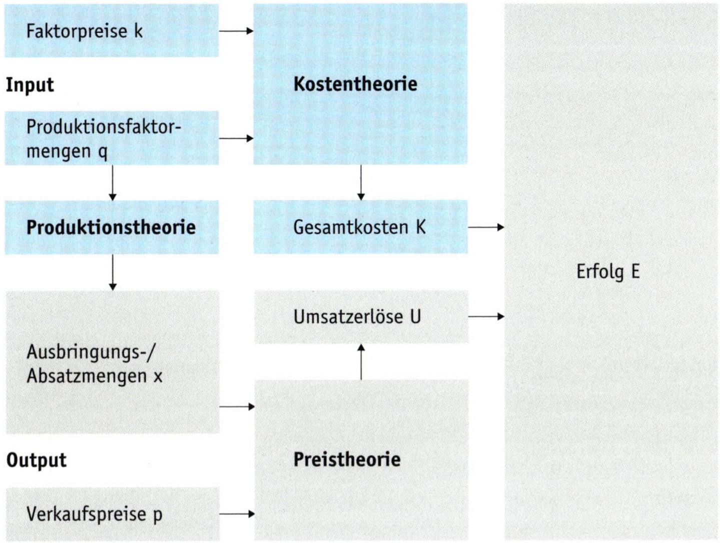

Vergleiche *Fandel, G.* 1989: Seite 15

Bei den sogenannten Kostenträgereinzelkosten, auf die nachfolgend noch ausführlich eingegangen wird, ist dieser Zusammenhang leicht nachvollziehbar. Problematischer ist dagegen die Behandlung von Kostenträgergemeinkosten, da der Verbrauch der entsprechenden Produktionsfaktoren nur indirekt oder gar nicht von der Anzahl der produzierten Güter abhängt. Die deshalb erforderlichen Schlüsselungen erfolgen über die nachfolgend beschriebenen Systeme der Kostenrechnung.

11.3 Kalkulation

Die Kalkulation bildet den Kern des internen Rechnungswesens. Es handelt sich dabei um eine Vollkostenrechnung auf Ist- oder Normalkostenbasis, die zur Ermittlung der Kosten von Kostenträgern, also insbesondere von Produkten, durchgeführt wird. Nachfolgend werden die dazu in der Kostenarten-, der Kostenstellen- und der Kostenträgerrechnung durchzuführenden Schritte beschrieben.

Abb. 11-7

Aufgaben der Kostenartenrechnung

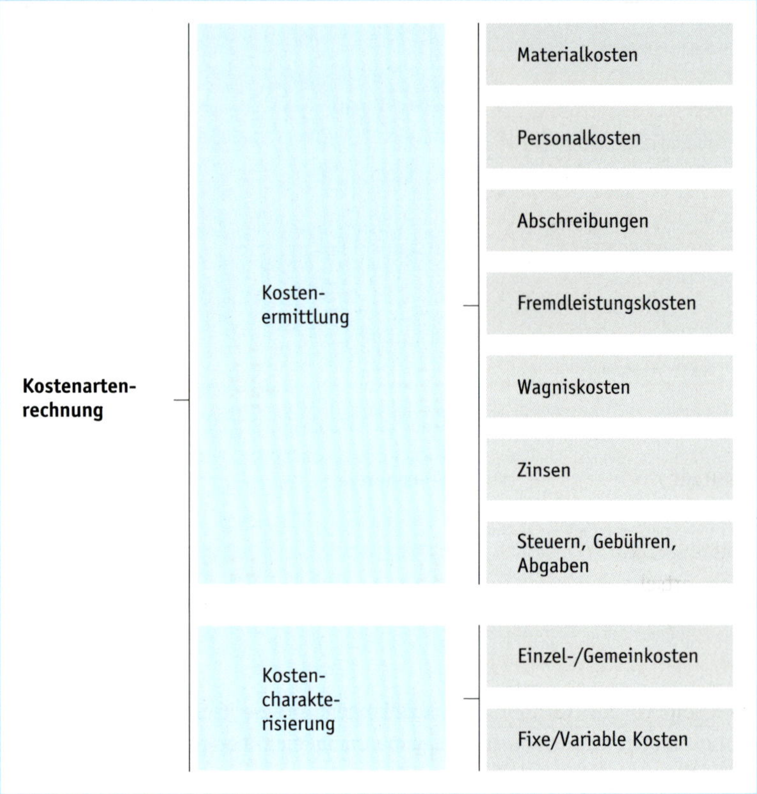

11.3.1 Kostenartenrechnung

Die Kostenartenrechnung ist die erste Stufe der Kostenrechnung und damit die Basis für die nachfolgenden Kostenstellen- und Kostenträgerrechnungen. Die Kostenartenrechnung hat die Aufgabe, die in der Kostenrechnung zu verteilenden Kosten zu ermitteln und diese für die Festlegung der weiteren Behandlung in Einzel- und Gemeinkosten sowie in fixe und variable Kosten zu unterteilen (↗ Abbildung 11-7).

Datenherkunft

Die Kostenartenrechnung basiert auf Informationen, die das externe Rechnungswesen zur Verfügung stellt. Aus diesem System werden die **Grundkosten** übernommen, also Kosten, die mit Aufwendungen übereinstimmen (↗ Kapitel 10 Externes Rechnungswesen). Zusätzlich werden in der Kostenartenrechnung die **Zusatzkosten** ermittelt. Dabei handelt es sich insbesondere um die kalkulatorischen Abschreibungen und die kalkulatorischen Zinsen.

Die in Unternehmen verwendeten Kostenarten werden in sogenannten **Kostenartenplänen** dokumentiert. Üblicherweise erfolgt eine Untergliederung in Materialkosten, Personalkosten, Abschreibungen, Fremdleistungskosten, Wagniskosten, Zinsen sowie Steuern, Gebühren und Abgaben (vergleiche *Jórasz, W.* 2003: Seite 53 ff.).

Dokumentation

11.3.1.1 Kostenermittlung

11.3.1.1.1 Materialkosten

Die Materialkosten können abhängig von der Materialart in Kosten für Rohstoffe, Hilfsstoffe, Betriebsstoffe und Waren untergliedert werden. Rohstoffe und Waren werden dabei in der Regel als Einzelkosten, Hilfsstoffe und Betriebsstoffe als Gemeinkosten behandelt. Die kostenmäßige Bewertung des verbrauchten Materials erfolgt über den Anschaffungspreis oder über den Wiederbeschaffungspreis. Für die Ermittlung der verbrauchten Mengen gibt es folgende Methoden.

Inventurmethode

Ermittlung des Mengenverbrauchs

Bei der Inventurmethode wird am Ende einer Periode der Bestand an Materialien im Rahmen der Inventur erfasst und dem Bestand am Ende der vorausgegangenen Periode gegenübergestellt.

Fortschreibungsmethode

Bei der Fortschreibungsmethode erfolgt die Erfassung des Materialverbrauchs fortlaufend über Materialentnahmescheine.

Retrograde Methode

Bei der retrograden Methode wird der Materialverbrauch anhand der produzierten Halb- und Fertigerzeugnisse über die entsprechenden Stücklisten berechnet.

Wirtschaftspraxis 11-1

Die Materialkosten des iPhones

Den weitaus größten Anteil an den Kosten eines iPhones haben nach Expertenschätzungen die Materialkosten. Diese sollen bei der 11er-Baureihe des iPhones im Schnitt bei 385,00 $ liegen. Den größten Anteil daran haben folgende vier Bauteile (hier exemplarisch für ein iPhone 11 Pro):

- Display: 86,00 $,
- Hauptkamera: 52,00 $,
- Speicher 25,00 $,
- Gehäuse 8,00 $.

Verbaut werden diese zugekauften Bauteile dann im Rahmen der Endmontage von dem chinesischen Unternehmen Foxconn.

Quelle: Focus (2019): Das iPhone wird wieder zur Gewinnmaschine – und Apple hat noch mehr zu bieten, vom: 26.11.2019, unter: https://www.focus.de/finanzen/boerse/aktien/analyse-zeigt-inneren-wert-iphone-marge-zieht-wieder-an-apple-profitiert-von-services-und-wachstum_id_11389075.html.

11.3.1.1.2 Personalkosten

Die Personalkosten werden auf Basis der Daten ermittelt, die die Lohn- und Gehaltsbuchführung liefert. Die Personalkosten werden üblicherweise weiter in Lohnkosten, Gehaltskosten, Personalzusatzkosten und den kalkulatorischen Unternehmerlohn untergliedert:

Bestandteile der Personalkosten

Lohnkosten

Lohnkosten entstehen durch die Bezahlung der Arbeiter. Fertigungslöhne, die über Arbeitspläne direkt bestimmten Produkten zugerechnet werden können, sind dabei Kostenträgereinzelkosten. Hilfslöhne sind in der Regel Gemeinkosten.

Gehaltskosten

Gehaltskosten entstehen durch die Bezahlung der Angestellten. In der Regel sind die Gehälter auch Gemeinkosten.

Personalzusatzkosten

Unter den Personalzusatzkosten werden insbesondere Lohn- und Gehaltsnebenkosten, aber auch Zulagen und Prämien zusammengefasst. Beispiele sind der Arbeitgeberanteil zur Krankenversicherung, das Urlaubsgeld, die Abgaben für Behinderte, die vermögenswirksamen Leistungen oder die Beihilfen für die Verpflegung. Die Personalzusatzkosten stellen in der Regel Gemeinkosten dar.

Kalkulatorischer Unternehmerlohn

Der kalkulatorische Unternehmerlohn wird bei Eigentümerunternehmen angesetzt, deren Eigentümer kein Gehalt für ihre Tätigkeit beziehen. Die Höhe des kalkulatorischen Unternehmerlohns richtet sich dabei nach dem Gehalt von Führungskräften in vergleichbaren Positionen (vergleiche *Hummel, S./Männel, W.* 1995: Seite 184 f.).

11.3.1.1.3 Abschreibungen

Durch Abschreibungen werden Wertminderungen des Vermögens abgebildet. Abschreibungen stellen dabei im Hinblick auf die Kostenträger in der Regel Gemeinkosten dar, können aber über das Anlagevermögen den Kostenstellen als Einzelkosten zugerechnet werden (vergleiche dazu und zum Folgenden *Jórasz, W.* 2003: Seite 72 ff.).

Unterschiede zu bilanziellen Abschreibungen

In der Kostenrechnung werden die sogenannten **kalkulatorischen Abschreibungen** verwendet. Diese sollen den wirklichen Verbrauch des Anlagevermögens aufzeigen. Entsprechend wird von folgenden Abschreibungsparametern ausgegangen:

- Betroffene Anlagegüter: nur betriebsnotwendige,
- Abschreibungsbasis: erwartete Wiederbeschaffungskosten,
- Resterlöswert: erwarteter Liquidationserlös oder 0,00 Euro,
- Nutzungsdauer: wirtschaftliche Nutzungsdauer, die von den betriebsspezifischen Aufgaben und Einsatzbedingungen und damit dem Leistungsvolumen abhängt,
- Abschreibungsmethode: Methode, die die Wertminderung möglichst gut abbildet.

Durch die Abschreibungsmethode wird festgelegt, wie die Wertminderung auf die Perioden innerhalb der Nutzungsdauer verteilt wird. In der Praxis gebräuchliche

Abschreibungsmethoden sind insbesondere die lineare und teilweise die geometrisch degressive Abschreibung.

Lineare Abschreibung

Bei Anwendung der linearen Abschreibungsmethode werden die in der Kostenrechnung zu berücksichtigen Abschreibungsbeträge folgendermaßen berechnet:

$$\text{Abschreibungsbetrag} = \frac{\text{Wiederbeschaffungskosten} - \text{Liquidationserlös}}{\text{Nutzungsdauer}}$$

Degressive Abschreibung

Im Vergleich dazu werden die Abschreibungsbeträge bei Anwendung der geometrisch degressiven Abschreibungsmethode nach folgender Formel ermittelt:

$$\text{Abschreibungsbetrag} = \text{Fortgeführte Wiederbeschaffungskosten} \times \text{Abschreibungssatz}$$

Die fortgeführten Wiederbeschaffungskosten ergeben sich dabei aus den Wiederbeschaffungskosten abzüglich der bisher vorgenommenen Abschreibungen.

11.3.1.1.4 Fremdleistungskosten

Fremdleistungskosten entstehen durch die Inanspruchnahme von Dienstleistungen Externer. Beispiele für solche Dienstleistungen sind Instandhaltungs-, Rechtsberatungs-, Reinigungs-, Wach-, Transport-, Versicherungs- und Forschungsleistungen sowie die Vermietung von Gebäuden und Anlagen. Die Fremdleistungskosten stellen in der Regel Kostenträgergemeinkosten dar.

11.3.1.1.5 Wagniskosten

Durch das Ansetzen von Wagniskosten sollen Einzelrisiken, wie beispielsweise der Verlust von Anlagegütern aufgrund von außergewöhnlichen Schäden, der Verlust von gelagerten Erzeugnissen, fehlgeschlagene Forschungsvorhaben oder Transportschäden, in der Kostenrechnung berücksichtigt werden. Keine Wagniskosten werden für das allgemeine Unternehmerrisiko angesetzt, das sich auf Nachfrageänderungen und den technischen Fortschritt bezieht, und für Risiken, die versichert sind. Die Höhe der anzusetzenden Wagniskosten kann sich an den Schadensaufwendungen der Vergangenheit oder an den entsprechenden Versicherungsprämien orientieren. Die Wagniskosten stellen in der Regel Kostenträgergemeinkosten dar, die über die Kostenstellenrechnung verrechnet werden.

11.3.1.1.6 Zinsen

Während im externen Rechnungswesen nur Fremdkapitalzinsen als Aufwand berücksichtigt werden, können bei der Kostenrechnung auch Zinsen für das im betriebsnotwendigen Kapital enthaltene Eigenkapital angesetzt werden. Durch diese kalkulatorischen Zinsen soll dem Umstand Rechnung getragen werden, dass durch die Bindung von Kapital im Unternehmen diese Geldmittel einer anderweitigen Nutzung, also zum Beispiel einer Anlage in Wertpapieren, entzogen werden und somit Zinserträge verloren gehen. Im Hinblick auf die Zurechnung auf Kostenträger stellen die kalkulatorischen Zinsen Gemeinkosten dar.

Das betriebsnotwendige Kapital ergibt sich aus dem betriebsnotwendigen Vermögen durch Abzug von zinslos zur Verfügung gestelltem Kapital, wie Rückstellungen, Anzahlungen von Kunden und Verbindlichkeiten aus Lieferungen und Leistungen.

Für den für die Berechnung zu verwendenden kalkulatorischen Zinssatz gibt es verschiedene Ansätze:

- **Weighted Average Cost of Capital** (WACC), die die schwierig zu bestimmenden Eigenkapitalkosten nach dem Capital Asset Pricing Model (CAPM), die Fremdkapitalkosten und den Steuersatz berücksichtigen.
- **Zinsen für Staatsanleihen**, gegebenenfalls zuzüglich eines Risikoaufschlags.
- **Höchster Fremdkapitalzinssatz**, der vom Unternehmen gezahlt wird.

11.3.1.1.7 Steuern, Gebühren und Abgaben

Zusätzlich zu den genannten Kostenarten müssen Unternehmen eine Reihe von Abgaben an die öffentliche Hand leisten. Neben **Steuern** sind das auch **Gebühren**, wie beispielsweise die Müllabfuhrgebühren, und **öffentliche Abgaben**, wie beispielsweise Erschließungsbeiträge. Im Gegensatz zu den Steuern, die der Finanzierung von Staatsaufgaben dienen, stehen den Gebühren und Abgaben dabei konkrete Leistungen der öffentlichen Hand gegenüber. Steuern, Gebühren und Abgaben stellen in der Regel ebenfalls Kostenträgergemeinkosten dar.

Abb. 11-8

Kostencharakterisierung

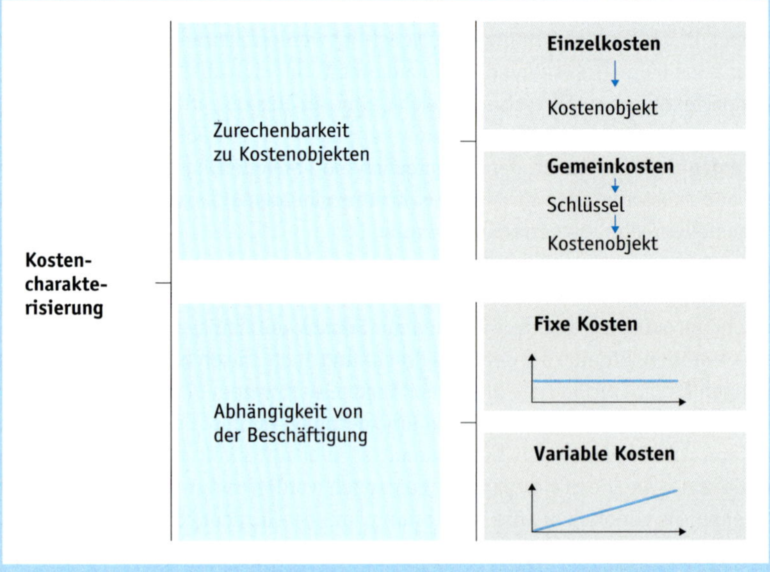

11.3.1.2 Kostencharakterisierung

Ergänzend zu der Ermittlung der Kosten muss im Rahmen der Kostenartenrechnung für die nachfolgenden Schritte der Kostenrechnung deren Charakter bestimmt werden. Abhängig von dieser Einordnung wird festgelegt, welche Kosten in welcher Weise Kostenträgern und Kostenstellen zugerechnet werden. Für die Charakterisierung werden die Kosten in Einzel- und Gemein- sowie in fixe und variable Kosten unterteilt (↗ Abbildung 11-8).

Zwischen den Einzel- und den Gemeinkosten sowie den fixen und den variablen Kosten bestehen Zusammenhänge: Einzelkosten sind stets variabel, Gemeinkosten sind meistens fix, können aber auch variabel sein (vergleiche *Coenenberg, A. G.* 2003: Seite 35).

11.3.1.2.1 Einzel- und Gemeinkosten

Je nachdem, ob die Kosten einem Kalkulationsobjekt, wie einem Kostenträger oder einer Kostenstelle, zugerechnet werden können oder nicht, erfolgt eine Unterteilung in Einzel- und Gemeinkosten (vergleiche *Coenenberg, A. G.* 2003: Seite 32 f.):

Einzelkosten

> **Einzelkosten** können einem Kostenobjekt über Belege in einer wirtschaftlichen Art und Weise eindeutig zugerechnet werden.

So können beispielsweise die Kosten eines zugekauften Lenkrads über Stücklisten direkt einem Automobil als Materialkosten zugerechnet werden. Auch die Personalkosten, die durch die Montage des Lenkrads entstehen, könnten dem Automobil zugerechnet werden, da die entsprechenden Zeiten in einem Arbeitsplan hinterlegt sind.

Abb. 11-9

Unterteilung in Einzel- und Gemeinkosten in der Kostenarten- und in der Kostenstellenrechnung

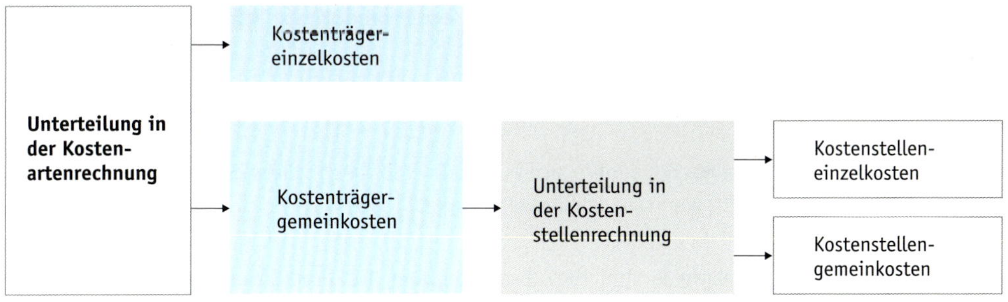

Vergleiche *Jórasz, W.* 2003: Seite 57

Gemeinkosten

Gemeinkosten können einem Kostenobjekt nicht über Belege und/oder nicht in einer wirtschaftlichen Art und Weise eindeutig zugerechnet werden.

Häufig können Kosten einem Kalkulationsobjekt nicht eindeutig zugerechnet werden, da sie mehrere Kalkulationsobjekte oder sogar den gesamten Betrieb betreffen oder da es keine entsprechenden Belege gibt über die eine Zuordnung möglich wäre. So können beispielsweise häufig die Abschreibungen für Gebäude keinem bestimmten Produkt zugerechnet werden, da mehrere Produkte in dem Gebäude hergestellt werden. Die Gemeinkosten werden den Kostenobjekten dann über **Schlüssel** zugerechnet.

Unechte Gemeinkosten

Neben diesen »echten« Gemeinkosten gibt es auch sogenannte »unechte« Gemeinkosten, die zwar Kalkulationsobjekten eindeutig zugerechnet werden könnten, dies aus Wirtschaftlichkeitsgründen aber nicht werden. So ist beispielsweise der Aufwand zur Erfassung, wie viel Hilfsstoffe in einem Produkt verwendet werden, in der Regel höher, als der Wert der verbrauchten Hilfsstoffe.

Im Rahmen der Kostenartenrechnung erfolgt zuerst eine Unterteilung in Kostenträgereinzel- und Kostenträgergemeinkosten. Die in die Kostenstellenrechnung eingehenden Kostenträgergemeinkosten werden weiter in Kostenstelleneinzel- und Kostenstellengemeinkosten unterteilt (↗ Abbildung 11-9).

Fallbeispiel 11-1 **Kostenrechnung Automobilhersteller**

▸▸▸ Aufbauend auf den Daten des externen Rechnungswesens wurden für das Geschäftsjahr 0001 im Rahmen der Kostenartenrechnung der *Speedy GmbH* die in der ↗ Tabelle 11-1 aufgeführten Kostenarten ermittelt und in Kostenträgereinzel-, Kostenstelleneinzel- und Kostenstellengemeinkosten unterteilt. ◂◂◂

11.3.1.2.2 Fixe und variable Kosten

In Abhängigkeit davon, ob sich Kosten mit der Beschäftigung ändern oder nicht, werden sie in variable und fixe Kosten unterteilt. Der Beschäftigungsmaßstab hängt von der analysierten betrieblichen Funktion ab, so ist der klassische Beschäftigungsmaßstab der Produktion beispielsweise die produzierte Stückzahl (vergleiche *Coenenberg, A. G.* 2003: Seite 33 ff.).

Fixe Kosten

Fixe Kosten ändern sich innerhalb eines bestimmten Beschäftigungsintervalls nicht, wenn sich die Beschäftigung ändert.

Beispielsweise sind die Abschreibungen für Produktionsgebäude fix, solange die Gebäude für die zu produzierenden Stückzahlen ausreichen. Verändern sich die Kosten bei der Überschreitung bestimmter Beschäftigungsgrenzen schlagartig, so handelt es sich um sogenannte **intervall-** oder **sprungfixe Kosten**. Beispielsweise sind die

Tab. 11-1

Kostenarten der *Speedy GmbH*

	Kostenart	Betrag
Kostenträgereinzelkosten	Materialeinzelkosten (Rohstoffe)	498 200 T€
	Fertigungslöhne	66 650 T€
Kostenstelleneinzelkosten	Material (Hilfs- und Betriebsstoffe)	31 800 T€
	Hilfslöhne	36 550 T€
	Gehälter	111 800 T€
	Kalkulatorische Abschreibungen	38 000 T€
Kostenstellengemeinkosten	Fremdleistungskosten	191 100 T€
	Versicherungen	3 380 T€
	Kalkulatorische Zinsen	45 450 T€
	Grundsteuer	520 T€

Abschreibungen für Maschinen bis zu einer bestimmten Produktionsmenge fix. Wird diese Menge überschritten, so muss eine weitere Maschine gekauft werden, wodurch sich die Abschreibungen entsprechend erhöhen.

Variable Kosten

Variable Kosten ändern sich innerhalb eines bestimmten Beschäftigungsintervalls, wenn sich die Beschäftigung ändert.

So ändern sich beispielsweise die Materialkosten für Rohstoffe oder die Personalkosten für Akkordlöhne, wenn größere Stückzahlen hergestellt werden. Die variablen Kosten können sich **proportional**, **degressiv** (zum Beispiel Materialkosten beim Vorliegen von Mengenrabatten) oder in sehr seltenen Fällen auch **progressiv** (zum Beispiel Schichtzulagen) zur Beschäftigung verändern.

Die vorgenannten Möglichkeiten von Kostenverläufen in Abhängigkeit von der Beschäftigung werden in der ↗ Abbildung 11-10 zusammengefasst.
Um das Verhalten der verschiedenen Kostenarten in Bezug auf Beschäftigungsänderungen zu charakterisieren, wird im Rahmen der sogenannten Kostenauflösung häufig eine Funktion K (x) zur Beschreibung des Kostenverlaufs aufgestellt:

Kostenauflösung

$$K(x) = K_f + k_v \times x$$

mit:

$K(x)$ = Kostenfunktion [€]
K_f = Fixe Kosten [€]
k_v = Variable Stückkosten [€/Stück]
x = Beschäftigung [Stück]

Abb. 11-10

Kostenverläufe

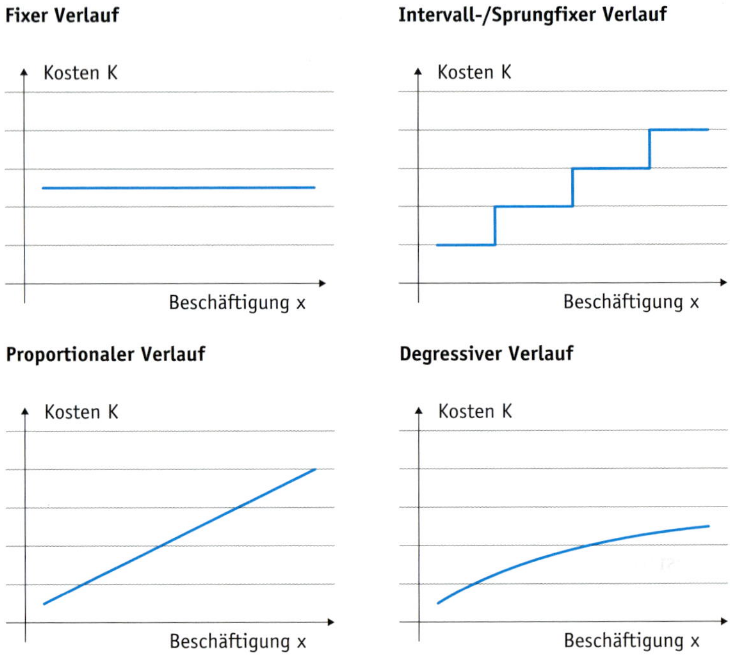

Vergleiche *Jórasz, W.* 2003: Seite 59

Die fixen Kosten K_f und die variablen Kosten k_v werden dabei so bestimmt, dass sich eine möglichst genaue Korrelation zu den bisherigen Kosten-Beschäftigungskombinationen ergibt. Die sich ergebende Kostenauflösung ist insbesondere für die Erfolgsrechnungen auf Teilkostenbasis und für die Entscheidungsrechnungen von Bedeutung, da darüber die variablen Selbstkosten ermittelt werden können (vergleiche *Coenenberg, A. G.* 2003: Seite 36 ff.).

11.3.2 Kostenstellenrechnung

Die Kostenstellenrechnung ist die zweite Stufe der Kostenrechnung. Sie verbindet die Kostenarten- mit der Kostenträgerrechnung. In die Kostenstellenrechnung gehen die Gemeinkosten ein, die nicht direkt den Kostenträgern zugeordnet werden können (vergleiche *Coenenberg, A. G.* 2003: Seite 98 ff.). Im Rahmen der Kostenstellenrechnung werden diese Kostenträgergemeinkosten dann auf die Kostenstellen verteilt. Dadurch ist es zum einen möglich, zu analysieren und zu kontrollieren, in welchen Bereichen des Unternehmens welche Kosten anfallen, und zum anderen können Kalkulationssätze gebildet werden, mit denen sich diese Kosten den Kostenträgern des Unternehmens zuordnen lassen.

11.3.2.1 Bildung und Strukturierung von Kostenstellen

Zur Durchführung der Kostenstellenrechnung muss das ganze Unternehmen über Kostenstellen abgebildet werden.

> **Kostenstellen** sind Teilbereiche eines Unternehmens, deren Kosten erfasst, geplant und kontrolliert werden (vergleiche *Hummel, S./Männel, W.* 1995: Seite 190).

Bildung von Kostenstellen

In der Regel werden die Kostenstellen dabei analog zu der Organisationsstruktur und damit zu den Verantwortungsbereichen von Unternehmen gebildet. Der Leiter der Produktion ist dann beispielsweise auch für die Kostenstelle »Produktion« verantwortlich. Entsprechend gibt es in den meisten Fällen auch eine **Kostenstellenhierarchie**, die oft mit sogenannten **Kostenplätzen** bis auf die Maschinenebene hinunter reicht und in sogenannten **Kostenstellenplänen** dokumentiert wird (↗ Abbildung 11-11).

Unterteilung nach rechentechnischen Gesichtspunkten

Zur Durchführung der Kostenstellenrechnung werden die so gebildeten Kostenstellen weiter in Vor- und Endkostenstellen unterteilt (vergleiche *Hummel, S./Männel, W.* 1995: Seite 192 ff.):

Vorkostenstellen

Auf den Vorkostenstellen werden die Kosten innerbetrieblicher Leistungen erfasst, die dann vollständig auf Endkostenstellen verrechnet werden. Beispiele für Vorkostenstellen sind die Kantine, die Informationsverarbeitung, die Arbeitsvorbereitung oder die Energieversorgung.

Endkostenstellen

Endkostenstellen dienen im Gegensatz zu den Vorkostenstellen unmittelbar der Erstellung der Kostenträger. Ihre Kosten werden vollständig auf die Kostenträger verrechnet, während die Kosten der Vorkostenstellen erst den Endkostenstellen und dann über diese den Kostenträgern zugerechnet werden. Klassisch sind die Endkostenstellen:

- Material(wirtschaft),
- Fertigung,
- Verwaltung und
- Vertrieb.

Unterteilung nach produktionstechnischen Gesichtspunkten

Neben der genannten Unterteilung kann auch eine Unterteilung in **Hauptkostenstellen**, die für die Herstellung der Hauptprodukte zuständig sind, **Nebenkostenstellen**, die für die Herstellung von Nebenprodukten zuständig sind, und **Hilfskostenstellen**, die nur indirekt an der Herstellung beteiligt sind und damit mit den Vorkostenstellen übereinstimmen, erfolgen (vergleiche *Coenenberg, A. G.* 2003: Seite 57 ff.).

Abb. 11-11

Kostenstellenhierarchie

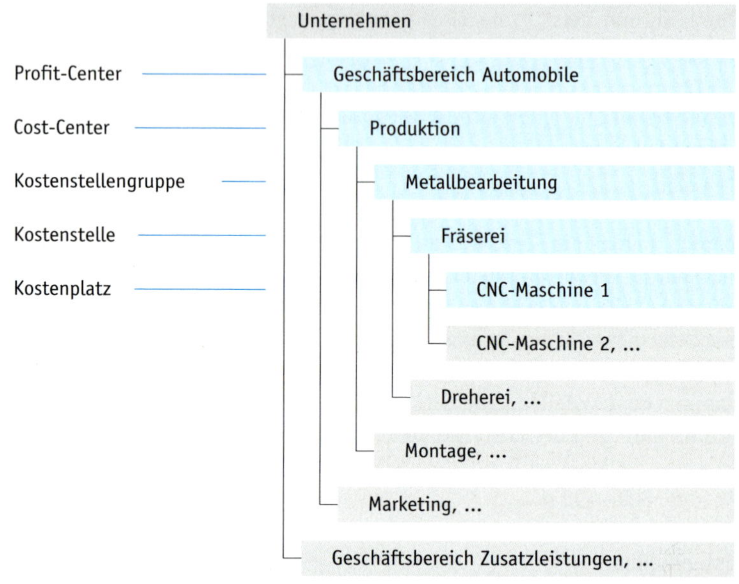

Vergleiche *Coenenberg, A. G.* 2003: Seite 59

Fallbeispiel 11-2 (Fortsetzung 11-1) **Kostenrechnung Automobilhersteller**

▸▸▸ Im Kostenrechnungssystem der *Speedy GmbH* bestehen aktuell die zwei Vorkostenstellen Kantine und Instandhaltung und die vier Endkostenstellen Material, Fertigung, Verwaltung und Vertrieb. ◂◂◂

11.3.2.2 Verrechnung der Kostenträgergemeinkosten

Als erster Schritt der Kostenstellenrechnung werden die sogenannten primären Gemeinkosten, also die in der Kostenartenrechnung identifizierten Kostenträgergemeinkosten auf die Vor- und Endkostenstellen verteilt. Die Verrechnung der Kostenträgergemeinkosten auf Kostenstellen wird im sogenannten **Betriebsabrechnungsbogen (BAB)** durchgeführt. Dabei handelt es sich um eine Tabelle, bei der in der Vertikalen die zu verteilenden Kostenarten und in der Horizontalen die empfangenden Kostenstellen, unterteilt in Vor- und Endkostenstellen, aufgeführt werden. Die Verrechnung der Kostenträgergemeinkosten auf Kostenstellen und die Ermittlung neuer Verrechnungs- und Zuschlagssätze wird dabei in der Regel monatlich oder jährlich durchgeführt.

Tab. 11-2

Verteilung der Kostenstelleneinzel- und -gemeinkosten auf Kostenstellen im Betriebsabrechnungsbogen der *Speedy GmbH* (BWL6_11_Tabelle-Fallbeispiel.xls)

			Vorkostenstellen		Endkostenstellen			
Kostenstellen-daten		**Summe**	**Kantine**	**Instand-haltung**	**Material**	**Ferti-gung**	**Verwal-tung**	**Vertrieb**
Fläche [m²]		**130 000**	1 300	3 900	19 500	78 000	15 600	11 700
Betriebsnotwen-diges Vermögen [T€]		**909 000**	9 090	18 180	227 250	545 400	45 450	63 630
Kostenstell-einzelkosten	**Zurechnung**							
Material (HB-Stoffe) [T€]	Entnahme-schein	**31 800**	318	636	6 360	22 896	954	636
Hilfslöhne [T€]	Lohnlisten	**36 550**	906	1 812	10 870	15 715	5 435	1 812
Gehälter [T€]	Gehaltsliste	**111 800**	1 118	1 118	3 354	12 298	78 260	15 652
Kalk. Abschrei-bungen [T€]	Anlage-vermögen	**38 000**	760	1 520	3 420	25 840	3 420	3 040
Kostenstellen-gemeinkosten	**Schlüssel**							
Fremdleistungs-kosten [T€]	Fläche	**191 100**	1 911	5 733	28 665	114 660	22 932	17 199
Versicherungen [T€]	Betriebs-notwendiges Vermögen	**3 380**	34	67	845	2 028	169	237
Kalkulatorische Zinsen [T€]	Betriebs-notwendiges Vermögen	**45 450**	455	909	11 363	27 270	2 272	3 181
Grundsteuer [T€]	Fläche	**520**	5	16	78	312	62	47
Primäre Gemein-kosten [T€]		**458 600**	**5 507**	**11 811**	**64 955**	**221 019**	**113 504**	**41 804**

Unterteilung der Kostenträgergemeinkosten

Für die Verrechnung werden die Kosten in Kostenstelleneinzel- und in Kostenstellengemeinkosten unterteilt (vergleiche dazu und zum Folgenden *Hummel, S./Männel, W.* 1995: Seite 202 ff. und *Jórasz, W.* 1996: Seite 124 ff.):

Kostenstelleneinzelkosten

Kostenstelleneinzelkosten können den Kostenstellen direkt zugerechnet werden. Beispiele sind Materialkosten für Hilfs- und Betriebsstoffe, die den Kostenstellen über Entnahmescheine zugerechnet werden, Hilfslöhne und Gehälter, die den Kostenstellen über Lohn- und Gehaltslisten zugerechnet werden und kalkulatorische Abschreibungen, die den Kostenstellen entsprechend dem dort vorhandenen Anlagevermögen zugerechnet werden.

Kostenstellengemeinkosten
Die Kostenstellengemeinkosten können den Kostenstellen nicht direkt zugerechnet werden. Stattdessen werden diese Kosten den Kostenstellen über einen Schlüssel zugerechnet. Dazu können:

- **Mengenschlüssel**, wie zum Beispiel die Anzahl der Mitarbeiter oder die Fläche der Kostenstelle, oder
- **Wertschlüssel,** wie zum Beispiel die Kostenstelleneinzelkosten, das betriebsnotwendige Vermögen oder die Umsatzerlöse,

verwendet werden. So kann beispielsweise die Miete von Unternehmen über die Fläche der Kostenstellen auf diese verrechnet werden.

Fallbeispiel 11-3 (Fortsetzung 11-1) **Kostenrechnung Automobilhersteller**
▸▸▸ Die ↗ Tabelle 11-2 zeigt die Verrechnung der Kostenstelleneinzel- und Kostenstellengemeinkosten in der Kostenrechnung der *Speedy GmbH* im Geschäftsjahr 0001. Die Hilfs- und Betriebsstoffe werden den Kostenstellen dabei über Materialentnahmescheine zugerechnet, die Hilfslöhne und Gehälter über Lohn- und Gehaltslisten. Die Abschreibungen werden für das in jeder Kostenstelle vorhandene Anlagevermögen berechnet. Die Kostenstellengemeinkosten werden mit den Schlüsselgrößen Fläche und betriebsnotwendiges Vermögen auf die Kostenstellen verrechnet. ◂◂◂

Zwischenübung Kapitel 11.3.2.2

In einem Unternehmen ergaben sich im Geschäftsjahr Kostenstellengemeinkosten von 100 000,00 €. Verteilen Sie diese in der nachfolgenden Tabelle entsprechend dem angegebenen Umlageschlüssel auf die Kostenstellen und ermitteln Sie die primären Gemeinkosten.

Kostenstellendaten	Summe	Vorkostenstelle 1	Vorkostenstelle 2	Endkostenstelle Material	Endkostenstelle Fertigung	Endkostenstelle Verwaltung	Endkostenstelle Vertrieb
Umlageschlüssel Kostenstellengemeinkosten		1	4	11	30	16	18
Kostenstelleneinzelkosten	**2 764 000,00 €**	3 750,00 €	4 900,00 €	485 250,00 €	1 258 000,00 €	637 700,00 €	374 400,00 €
Kostenstellengemeinkosten	**100 000,00 €**						
Primäre Gemeinkosten							**396 900,00 €**

11.3.2.3 Verrechnung innerbetrieblicher Leistungen

Als zweiter Schritt der Kostenstellenrechnung erfolgt die Verrechnung der innerbetrieblichen Leistungen beziehungsweise der sogenannten **sekundären Gemeinkosten**, indem die Kosten der Vorkostenstellen auf die Endkostenstellen umgelegt werden. Dazu eignen sich verschiedene Verfahren (↗ Abbildung 11-12, zum Folgenden vergleiche *Hummel, S./Männel, W.* 1995: Seite 211 ff. und *Jórasz, W.* 2003: Seite 120 ff.):

Verfahren der innerbetrieblichen Leistungsverrechnung

Anbauverfahren

Beim Anbauverfahren werden die Kosten der Vorkostenstellen direkt und vollständig auf die Endkostenstellen verteilt. Leistungsbeziehungen zwischen den Vorkostenstellen werden nicht berücksichtigt.

Abb. 11-12

Möglichkeiten der innerbetrieblichen Leistungsverrechnung

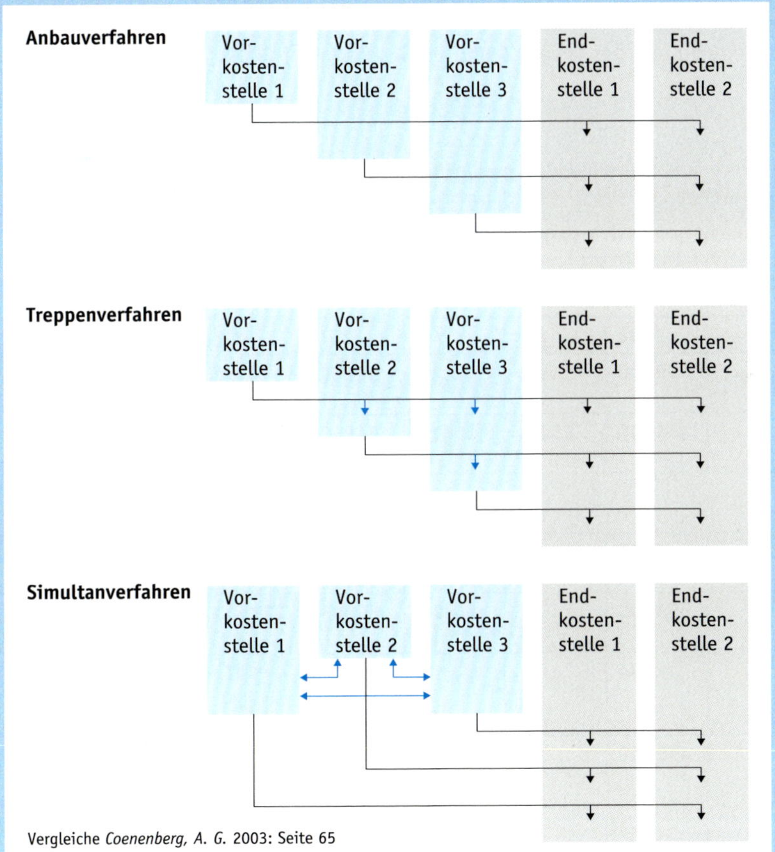

Vergleiche *Coenenberg, A. G.* 2003: Seite 65

Treppenverfahren

Beim Treppenverfahren werden die Kosten der Vorkostenstellen vollständig auf die Endkostenstellen und im Gegensatz zum Anbauverfahren auch auf andere Vorkostenstellen verteilt. Dieses Verfahren wird beginnend mit der Vorkostenstelle, die die meisten Leistungen abgibt und die wenigsten Leistungen empfängt, so lange durchgeführt, bis die Kosten aller Vorkostenstellen auf die Endkostenstellen umgelegt wurden. Anders als das Anbauverfahren berücksichtigt das Treppenverfahren dadurch einseitige Leistungsbeziehungen zwischen den Vorkostenstellen, wodurch es genauer als das Anbauverfahren ist.

Simultanverfahren

Die Simultanverfahren berücksichtigen auch gegenseitige Leistungsbeziehungen zwischen den Kostenstellen. Diese können über Gleichungssysteme beschrieben werden, durch deren Lösung die Kostenumlage von den Vor- auf die Endkostenstellen erfolgt. Die Simultanverfahren erzielen dadurch die genauesten Ergebnisse.

Fallbeispiel 11-4 (Fortsetzung 11-1) **Kostenrechnung Automobilhersteller**

▸▸▸ Die ↗ Tabelle 11-3 zeigt die Verrechnung innerbetrieblicher Leistungen in der Kostenrechnung der *Speedy GmbH* im Geschäftsjahr 0001. Die Verrechnung erfolgt

Tab. 11-3

Innerbetriebliche Leistungsverrechnung nach dem Treppenverfahren im Betriebsabrechnungsbogen der *Speedy GmbH* (BWL6_11_Tabelle-Fallbeispiel.xls)

			Vorkostenstellen		Endkostenstellen			
Kostenstellendaten		**Summe**	**Kantine**	**Instandhaltung**	**Material**	**Fertigung**	**Verwaltung**	**Vertrieb**
Mitarbeiterzahl		**2 688**	27	40	207	1 218	987	209
Instandhaltungsstunden [h]		**59 400**	594	0	11 880	44 550	1 188	1 188
Primäre Gemeinkosten [T€]		**458 600**	**5 507**	**11 811**	**64 955**	**221 019**	**113 504**	**41 804**
Leistungsverrechnung	**Schlüssel**							
Umlage Kantine [T€]	Mitarbeiterzahl	**5 507**		83	428	2 521	2 042	433
Zwischensumme [T€]		**458 600**		**11 894**	**65 383**	**223 540**	**115 546**	**42 237**
Umlage Instandhaltung [T€]	Instandhaltungsstunden	**11 894**			2 403	9 011	240	240
Primäre und sekundäre Gemeinkosten [T€]		**458 600**			**67 786**	**232 551**	**115 786**	**42 477**
Kostenart					MGK	FGK	VwGK	VtGK

mit dem Treppenverfahren. Zuerst werden dazu die im vorherigen Schritt ermittelten primären Gemeinkosten der Kantine auf alle anderen Kostenstellen proportional zur Anzahl der jeweiligen Mitarbeiter verrechnet. Danach werden die Kosten der Instandhaltung zuzüglich der verrechneten Kosten der Kantine auf alle anderen Kostenstellen außer der Kantine über die in Anspruch genommenen Instandhaltungsstunden verrechnet. Die von der Kantine in Anspruch genommenen Instandhaltungsstunden bleiben also unberücksichtigt, was zu einer gewissen Ungenauigkeit führt. ◂◂◂

Zwischenübung Kapitel 11.3.2.3

In der vorangegangenen Zwischenübung haben Sie die primären Gemeinkosten eines Unternehmens ermittelt. Verwenden Sie diese, um im Rahmen der innerbetrieblichen Leistungsverrechnung mittels des Treppenverfahrens zuerst die Kosten der Vorkostenstelle 1, entsprechend dem angegebenen Umlageschlüssel, und dann die Kosten der Vorkostenstelle 2, entsprechend dem angegebenen Umlageschlüssel, auf die Endkostenstellen Material, Fertigung, Verwaltung und Vertrieb umzulegen.

Kostenstellendaten	Vorkostenstelle 1	Vorkostenstelle 2	Endkostenstelle Material	Endkostenstelle Fertigung	Endkostenstelle Verwaltung	Endkostenstelle Vertrieb
Umlageschlüssel Vorkostenstelle 1	20	40	200	1600	120	40
Umlageschlüssel Vorkostenstelle 2	2	198	10	10	140	40
Primäre Gemeinkosten	**5 000,00 €**					
Umlage Vorkostenstelle 1	–					
Zwischensumme	–	**10 000,00 €**				
Umlage Vorkostenstelle 2	–	–				
Primäre und sekundäre Gemeinkosten	–	–				**399 000,00 €**
Kostenart	–	–	MGK	FGK	VwGK	VtGK

11.3.3 Kostenträgerrechnung

Die Kostenträgerrechung ist die dritte und letzte Stufe der Kostenrechnung. Mit ihr soll die Frage beantwortet werden, wofür Kosten angefallen sind.

> **Kostenträger** sind die Objekte, auf die bestimmte Kosten von Unternehmen verteilt werden.

Sie können weiter unterteilt werden in Absatzleistungen und Eigenleistungen. Im Rahmen der sogenannten **Kostenträgerstückrechnung**, die die **Kalkulation** im engeren Sinne darstellt, werden die **Selbstkosten** ermittelt, die bei der Produktion und bei dem Absatz der Kostenträger entstehen. Die Selbstkosten werden insbesondere verwendet, um Verkaufspreise und interne Verrechnungspreise festzulegen (vergleiche *Hummel, S./Männel, W.* 1995: Seite 260 ff. und *Jórasz, W.* 2003: Seite 154 ff.).

Wirtschaftspraxis 11-2

Die Kalkulation von Antibiotika

Die Kosten und die Preise einer Packung des Antibiotikums Gentamicin, dessen Wirkstoff in China produziert wird, setzen sich in etwa folgendermaßen zusammen (in Klammern zum Vergleich jeweils die geschätzten Kosten und Preise bei einer Produktion des Wirkstoffes in Slowenien):

- **Materialkosten** für den Wirkstoff Gentamicin 0,35 € (1,15 €).
- **Fertigungskosten** für das Ansetzen, das Abfüllen, das Prüfen und das Verpacken des Medikaments in Deutschland inklusive der Kosten weiterer Komponenten: 0,85 € (0,85 €).
- **Herstellkosten**: 1,20 € (2,00 €).
- **Anteilige Entwicklungs-, Verwaltungs- und Vertriebskosten** zuzüglich des Gewinnaufschlags des Herstellers: 0,40 € (0,40 €)
- **Nettoverkaufspreis** für Kliniken: 1,60 € (2,40 €).
- **Bruttoverkaufspreis** in Apotheken inklusive der Handelsmargen der Großhändler, Zwischenhändler und Apotheken und inklusive der Umsatzsteuer: 21,31 € (26,44 €).

Quelle: Welt am Sonntag (2020): Produkt 4: Antibiotikum, in: Welt am Sonntag, Nummer 19 vom 10.05.2020, Seite 19.

Wirtschaftspraxis 11-3

Die Kalkulation von Strumpfhosen

Die Kosten und die Preise von Strickstrumpfhosen, die in China produziert werden, setzen sich in etwa folgendermaßen zusammen (in Klammern zum Vergleich jeweils die geschätzten Kosten und Preise bei einer Produktion in Deutschland):

- **Materialkosten** für 130 g Garn: 1,34 € (2,43 €).
- **Fertigungskosten** für 8 Minuten maschinelle und 7 Minuten Handarbeit inklusive des Verpackens: 0,93 € (3,76 €).
- **Herstellkosten** inklusive des Transports und des Zolls: 2,79 € (7,73 €).
- **Anteilige Verwaltungs- und Vertriebskosten** zuzüglich des Gewinnaufschlags des Herstellers: 0,47 €.
- **Nettoverkaufspreis für den Handel:** 3,26 €.
- **Handelsmarge:** 5,14 €.
- **Bruttoverkaufspreis für den Endkunden** inklusive der Umsatzsteuer: 10,00 € (23,78 €).

Quelle: Welt am Sonntag (2020): Produkt 1: Die Strumpfhose, in: Welt am Sonntag, Nummer 19 vom 10.05.2020, Seite 18.

Wirtschaftspraxis 11-4

Die Kalkulation von Kopfhörern

Die Kosten und die Preise von Kopfhörern, die in China produziert werden, setzen sich in etwa folgendermaßen zusammen (in Klammern zum Vergleich jeweils die geschätzten Kosten und Preise bei einer Produktion in Deutschland):

- **Materialkosten** für 24 bis 30 Teile ohne die 2 in Europa produzierten herstellertypischen Schallwandler: 24,00 € (100,00 €).
- **Fertigungskosten**: 10,00 € (230,00 €).
- **Herstellkosten** ohne die Schallwandler: 34,00 € (330,00 €).
- **Anteilige Entwicklungs-, Verwaltungs- und Vertriebskosten** zuzüglich der Kosten der Schallwandler und des Gewinnaufschlags des Herstellers: 75,00 €
- **Nettoverkaufspreis** für den Handel: 109,00 €.
- **Handelsmarge:** 58,23 €.
- **Bruttoverkaufspreis** für den Endkunden inklusive der Umsatzsteuer: 199,00 € (600,00 €).

Quelle: Welt am Sonntag (2020): Produkt 3: Kopfhörer, in: Welt am Sonntag, Nummer 19 vom 10.05.2020, Seite 19.

Abb. 11-13

Einsatzfelder verschiedener Kostenträgerrechnungen

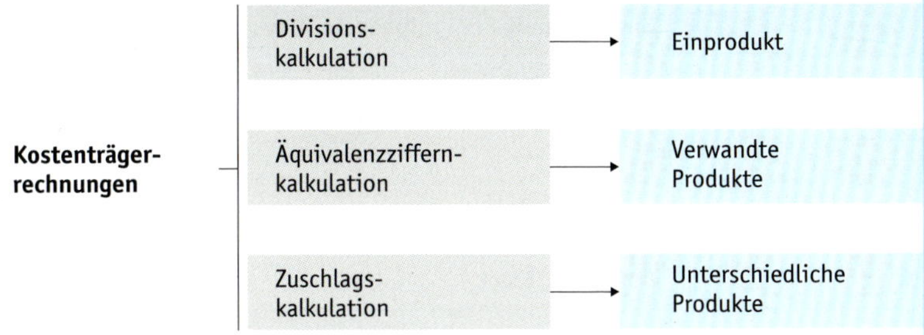

Vergleiche *Coenenberg, A. G.* 2003: Seite 74

11.3.3.1 Verfahren der Kostenträgerrechnung

Kalkulationssätze

Abhängig von der Komplexität und der Verschiedenartigkeit der Produkte eines Betriebes eignen sich verschiedene Verfahren der Kostenträgerrechnung für die Bestimmung der Selbstkosten (↗ Abbildung 11-13). Die Verfahren unterscheiden sich darin, welche Art von Kalkulationssatz verwendet wird, um Kosten auf die Kostenträger umzulegen. Zur Bildung der Kalkulationssätze werden die zu verrechnenden Kosten ins Verhältnis zu einer von der Herstellung des Kostenträgers abhängigen Mengen- oder Wertgröße gesetzt, um damit eine Basis für die Kalkulation der Kostenträger zu erhalten:

$$\text{Kalkulationssatz} = \frac{\text{Zu verrechnende Kosten}}{\text{Bezugsbasis}}$$

Arten von Kalkulationssätzen

Abhängig von der Bezugsbasis werden zwei Arten von Kalkulationssätzen unterschieden.

Verrechnungssätze

Bei Verrechnungssätzen ist die Bezugsbasis eine **Mengengröße**, also beispielsweise die Anzahl der Kostenträger oder die Bearbeitungsdauer auf einer Maschine. Verrechnungssätze kommen bei den Verfahren der Divisionskalkulation, der Äquivalenzziffernkalkulation und der Maschinenstundensatzrechnung zum Einsatz.

Zuschlagssätze

Bei Zuschlagssätzen ist die Bezugsbasis eine **Wertgröße**, also beispielsweise die Materialeinzelkosten der Kostenträger. Zuschlagssätze kommen bei den Verfahren der Zuschlagskalkulation und der Maschinenstundensatzrechnung zum Einsatz.

Tab. 11-4

Einstufige Divisionskalkulation für die Produkte der *Speedy GmbH*
(BWL6_11_Tabelle-Fallbeispiel.xls)

	Speedy GmbH	Speedster City	Speedster Family
Gesamtkosten K der Periode	1 023 450 T€		
Produktions- und Absatzstückzahl X der Periode		85 000 Stück	40 000 Stück
/ Summe Produktions- und Absatzstückzahl X der Periode	125 000 Stück		
= Verrechnungssatz Vs je Stück	**8 187,60 €/Stück**		
× 1			
= Selbstkosten Sk je Stück		**8 187,60 €/Stück**	**8 187,60 €/Stück**

11.3.3.2 Divisionskalkulation

Bei der Divisionskalkulation werden auf alle Kostenträger unabhängig von Unterschieden zwischen diesen die gleichen Kosten verrechnet. Die Divisionskalkulation findet deshalb insbesondere bei sogenannten Einproduktunternehmen Anwendung, die nur ein einziges Produkt oder sehr ähnliche Produkte herstellen.

Abhängig davon, ob Unterschiede zwischen Produktions- und Absatzstückzahlen berücksichtigt werden oder nicht, und davon, ob Lagerbestände innerhalb der Produktion berücksichtigt werden sollen oder nicht, wird zwischen der ein-, zwei- und mehrstufigen Divisionskalkulation unterschieden, wobei wir nachfolgend nur auf die **einstufige Divisionskalkulation** eingehen werden. Bei dieser werden keine Unterschiede zwischen Produktions- und Absatzstückzahlen und keine Lagerbestände innerhalb der Produktion berücksichtigt. Die Selbstkosten Sk je Kostenträger werden durch Division der Gesamtkosten K des Unternehmens durch die gesamten in einer Periode hergestellten Produktionsmengen X aller Kostenträger ermittelt. Eine Kostenstellenrechnung ist dazu nicht erforderlich:

$$Vs = \frac{K}{\sum_{i=1}^{n}(X_{Kostenträger_i} \times 1)}$$

$$Sk = Vs \times 1$$

mit:

Vs = Verrechnungssatz [€/Stück]
K = Gesamtkosten der Periode [€]
n = Anzahl der Kostenträger, bei Einproduktunternehmen ist $n = 1$
$X_{Kostenträger\ i}$ = Produktions- beziehungsweise Absatzstückzahl der Periode des Kostenträgers i [Stück]
Sk = Selbstkosten je Stück [€/Stück]

Fallbeispiel 11-5 (Fortsetzung 11-1) **Kostenrechnung Automobilhersteller**

▸▸▸ Bei der *Speedy GmbH* ergaben sich im Geschäftsjahr 0001 Gesamtkosten von 1 023 450 T€. Um die Selbstkosten je Auto zu ermitteln, wird dieser Betrag durch die gesamte Zahl produzierter beziehungsweise abgesetzter Autos geteilt. Die sich ergebenden Selbstkosten je Auto sind allerdings für alle Autos gleich, unabhängig davon, welcher Aufwand zu ihrer Herstellung erforderlich war. ◂◂◂

11.3.3.3 Äquivalenzziffernkalkulation

Bei der Äquivalenzziffernkalkulation handelt es sich um eine Abwandlung der Divisionskalkulation. Sie wird in erster Linie bei Unternehmen eingesetzt, die im gleichen Leistungserstellungsprozess zwar verschiedene, aber miteinander verwandte Produkte herstellen. Mittels der Äquivalenzziffern wird angegeben, wie viel größer oder kleiner der Aufwand zur Herstellung eines bestimmten Produkts im Vergleich zu einem Einheitsprodukt ist. Durch die Umrechnung aller Stückzahlen auf die Stückzahlen eines Einheitsprodukts können dann die Kosten anhand einer Divisionskalkulation verteilt werden (vergleiche *Hummel, S./Männel, W.* 1995: Seite 275 ff., *Jórasz, W.* 2003: Seite 180 ff.).

Nach der Anzahl der Bezugsgrößen, die zur Verteilung der Gesamtkosten verwendet werden, werden die einstufige und die mehrstufige Äquivalenzziffernkalkulation unterschieden, wobei wir nachfolgend nur auf die **einstufige Äquivalenzziffernkalkulation** eingehen werden. Bei dieser erfolgt die Verteilung der Gesamtkosten K auf die Kostenträger anhand einer einzigen Bezugsgröße:

$$Vs = \frac{K}{\sum_{i=1}^{n}(X_{Kostenträger_i} \times Äz_{Kostenträger_i})}$$

$$Sk_{Kostenträger_i} = Vs \times Äz_{Kostenträger_i}$$

mit:

Vs	=	Verrechnungssatz [€/Stück]
K	=	Gesamtkosten der Periode [€]
n	=	Anzahl der Kostenträger
$X_{Kostenträger_i}$	=	Produktions- und Absatzstückzahl der Periode des Kostenträgers i [Stück]
$Äz_{Kostenträger_i}$	=	Äquivalenzziffer des Kostenträgers i
$Sk_{Kostenträger_i}$	=	Selbstkosten je Kostenträger i [€/Stück]

Fallbeispiel 11-6 (Fortsetzung 11-1) **Kostenrechnung Automobilhersteller**

▸▸▸ Bei der *Speedy GmbH* ergaben sich im Geschäftsjahr 0001 Gesamtkosten von 1 023 450 T€. Auf Basis der Herstellungszeit wurde festgelegt, dass der *Speedster Family* das 1,2-fache der Kosten des *Speedster City* tragen soll. ◂◂◂

Tab. 11-5

Einstufige Äquivalenzziffernkalkulation für die Produkte der *Speedy GmbH*
(BWL6_11_Tabelle-Fallbeispiel.xls)

	Speedy GmbH	Speedster City	Speedster Family
Gesamtkosten K je Jahr	1 023 450 T€		
Produktions- und Absatzstückzahl X je Jahr		85 000 Stück	40 000 Stück
× Äquivalenzziffer Äz		1,0	1,2
= Einheitsstückzahlen		**85 000 Stück**	**48 000 Stück**
/ Summe Einheitsstückzahlen	133 000 Stück		
= Selbstkosten Einheitsprodukt	**7 695,11 €/Stück**		
× Äquivalenzziffer Äz		1,0	1,2
= Selbstkosten Sk je Stück		**7 695,11 €/Stück**	**9 234,13 €/Stück**

11.3.3.4 Zuschlagskalkulation

Während die Verfahren der Divisionskalkulation und der Äquivalenzziffernkalkulation Kosten ins Verhältnis zu Stückzahlen setzen, setzen die Verfahren der Zuschlagskalkulation Gemeinkosten ins Verhältnis zu Einzelkosten.

Abhängig davon, ob auf diese Weise einer oder mehrere Zuschlagssätze gebildet werden, werden die Verfahren der summarischen und der differenzierten Zuschlagskalkulation unterschieden, wobei wir nachfolgend nur auf die **differenzierte Zuschlagskalkulation** eingehen werden. Aufgrund des einführenden Charakters dieses Lehrbuches werden wir dabei vereinfachend davon ausgehen, dass die Produktionsstückzahlen den Absatzstückzahlen entsprechen und dass keine Sondereinzelkosten der Fertigung und des Vertriebes anfallen.

Die Zuschlagskalkulation eignet sich insbesondere für Unternehmen mit einer Einzel- oder einer Serienfertigung, die sehr unterschiedliche Produkte herstellen.

11.3.3.4.1 Ermittlung der Zuschlagssätze des Unternehmens

Bei der differenzierten Zuschlagskalkulation werden zuerst für das ganze Unternehmen geltende Zuschlagssätze ermittelt. Die Zuschlagssätze für die Endkostenstellen Material und Fertigung werden berechnet, indem die in der Kostenstellenrechnung ermittelten Gemeinkosten dieser Kostenstellen durch die gesamten Material- und Fertigungseinzelkosten des Unternehmens geteilt werden. Die Einzelkosten werden dabei auf Basis der Produktionsstückzahlen ermittelt:

$$Zs_{MGk} = \frac{MGK}{\sum_{i=1}^{n}(X_{Pr\ Kostenträger_i} \times MEk_{Kostenträger_i})} = \frac{MGK}{MEK}$$

$$Zs_{FGk} = \frac{FGK}{\sum_{i=1}^{n}(X_{Pr\ Kostenträger_i} \times FEk_{Kostenträger_i})} = \frac{FGK}{FEK}$$

mit:

Zs_{MGk}	=	Materialgemeinkostenzuschlagssatz [%]
MGK	=	Materialgemeinkosten der Periode [€]
n	=	Anzahl der Kostenträger
$X_{Pr\ Kostenträger_i}$	=	Produktionsstückzahl der Periode des Kostenträgers i [Stück]
$MEk_{Kostenträger_i}$	=	Materialeinzelkosten je Kostenträger i [€/Stück]
MEK	=	Materialeinzelkosten der Periode [€]
Zs_{FGk}	=	Fertigungsgemeinkostenzuschlagssatz [%]
FGK	=	Fertigungsgemeinkosten der Periode [€]
$FEk_{Kostenträger_i}$	=	Fertigungseinzelkosten je Kostenträger i [€/Stück]
FEK	=	Fertigungseinzelkosten der Periode [€]

Als Basis für die Ermittlung der Zuschlagssätze der Endkostenstellen Verwaltung und Vertrieb dienen die Herstellkosten des Unternehmens. Normalerweise werden diese auf Basis der Absatzstückzahlen ermittelt. Da wir diese aus Vereinfachungsgründen mit den Produktionsstückzahlen gleich gesetzt haben, können die Herstellkosten und die auf ihnen basierenden Zuschlagssätze folgendermaßen ermittelt werden:

$$HK = MGK + MEK + FGK + FEK$$

$$Zs_{VwGk} = \frac{VwGK}{HK}$$

$$Zs_{VtGk} = \frac{VtGK}{HK}$$

mit:

HK	=	Herstellkosten der Periode [€]
MGK	=	Materialgemeinkosten der Periode [€]
MEK	=	Materialeinzelkosten der Periode [€]
FGK	=	Fertigungsgemeinkosten der Periode [€]
FEK	=	Fertigungseinzelkosten der Periode [€]
Zs_{VwGk}	=	Verwaltungsgemeinkostenzuschlagssatz [%]
VwGK	=	Verwaltungsgemeinkosten der Periode [€]
Zs_{VtGk}	=	Vertriebsgemeinkostenzuschlagssatz [%]
VtGK	=	Vertriebsgemeinkosten der Periode [€]

Tab. 11-6

Schema zur Ermittlung der Zuschlagssätze der *Speedy GmbH* für das Jahr 0001 (BWL6_11_Tabelle-Fallbeispiel.xls)

	Speedy GmbH	Speedster City	Speedster Family
Materialgemeinkosten MGK je Jahr aus Kostenstellenrechnung	67 786 T€		
Materialeinzelkosten MEk je Stück		3 745,86 €/Stück	4 495,04 €/Stück
Produktionsstückzahl je Jahr		85 000 Stück	40 000 Stück
Materialeinzelkosten MEK je Jahr		318 398 T€	179 802 T€
Summe der Materialeinzelkosten MEK je Jahr	498 200 T€		
Zs_{MGk} = MGK / MEK	**13,6 %**		
Fertigungsgemeinkosten FGK je Jahr aus Kostenstellenrechnung	232 551 T€		
Fertigungseinzelkosten FEk je Stück		486,50 €/Stück	632,45 €/Stück
Produktionsstückzahl je Jahr		85 000 Stück	40 000 Stück
Fertigungseinzelkosten FEK je Jahr		41 352 T€	25 298 T€
Summe der Fertigungseinzelkosten FEK je Jahr	66 650 T€		
Zs_{FGk} = FGK / FEK	**348,9 %**		
Verwaltungsgemeinkosten VwGK je Jahr aus Kostenstellenrechnung	115 786 T€		
Herstellkosten HK = MGK + MEK + FGK + FEK	865 187 T€		
Zs_{VwGk} = VwGK / HK	**13,4 %**		
Vertriebsgemeinkosten VtGK je Jahr aus Kostenstellenrechnung	42 477 T€		
Herstellkosten HK = MGK + MEK + FGK + FEK	865 187 T€		
Zs_{VtGk} = VtGK / HK	**4,9 %**		

Fallbeispiel 11-7 (Fortsetzung 11-1) **Kostenrechnung Automobilhersteller**

▸▸▸ Zur Ermittlung der Zuschlagssätze der *Speedy GmbH* für das Jahr 0001 müssen zuerst die gesamten Material- und Fertigungseinzelkosten der *Speedy GmbH* ermittelt werden. Dazu werden die Material- und die Fertigungseinzelkosten des *Speedster City* und des *Speedster Family* jeweils mit den Produktionsstückzahlen multipliziert und dann die Summen dieser Werte gebildet. Mit den Einzelkosten und den im Betriebsabrechnungsbogen in der ↗ Tabelle 11-3 ermittelten Gemeinkosten der Kostenstellen Material (MGK), Fertigung (FGK), Verwaltung (VwGK) und Vertrieb (VtGK) können dann die Zuschlagssätze der *Speedy GmbH* ermittelt werden (↗ Tabelle 11-6). ◂◂◂

Tab. 11-7

Schema zur Durchführung der Zuschlagskalkulation für die einzelnen Produkte (BWL6_11_Tabelle-Fallbeispiel.xls)

Materialkosten	Speedster City	Speedster Family
Materialeinzelkosten MEk	3 745,86 €/Stück	4 495,04 €/Stück
Materialgemeinkostenzuschlagssatz Zs_{MGk}	13,6 %	13,6 %
+ Materialgemeinkosten MGk = MEk × Zs_{MGk}	509,44 €/Stück	611,33 €/Stück
= **Materialkosten Mk = MEk × (1 + Zs_{MGk})**	**4 255,30 €/Stück**	**5 106,37 €/Stück**
Fertigungskosten		
Fertigungseinzelkosten FEk	486,50 €/Stück	632,45 €/Stück
Fertigungsgemeinkostenzuschlagssatz Zs_{FGk}	348,9 %	348,9 %
+ Fertigungsgemeinkosten FGk = FEk × Zs_{FGk}	1 697,40 €/Stück	2 206,62 €/Stück
= **Fertigungskosten Fk = FEk × (1 + Zs_{FGk})**	**2 183,90 €/Stück**	**2 839,07 €/Stück**
Herstellkosten		
Materialkosten Mk	4 255,30 €/Stück	5 106,37 €/Stück
+ Fertigungskosten Fk	2 183,90 €/Stück	2 839,07 €/Stück
= **Herstellkosten Hk = MEk + MGk + FEk + FGk**	**6 439,20 €/Stück**	**7 945,44 €/Stück**
Selbstkosten		
Herstellkosten Hk	6 439,20 €/Stück	7 945,44 €/Stück
Verwaltungsgemeinkostenzuschlagssatz Zs_{VwGk}	13,4 %	13,4 %
+ Verwaltungsgemeinkosten VwGk = Hk × Zs_{VwGk}	862,85 €/Stück	1 064,69 €/Stück
Vertriebsgemeinkostenzuschlagssatz Zs_{VtGk}	4,9 %	4,9 %
+ Vertriebsgemeinkosten VtGk = Hk × Zs_{VtGk}	315,52 €/Stück	389,33 €/Stück
= **Selbstkosten Sk = Hk × (1 + Zs_{VwGk} + Zs_{VtGk})**	**7 617,57 €/Stück**	**9 399,46 €/Stück**

11.3.3.4.2 Kalkulation einzelner Kostenträger

Mittels der für das ganze Unternehmen geltenden Zuschlagssätze können nachfolgend die Selbstkosten der einzelnen Kostenträger ermittelt werden. Welche Selbstkosten für einen Kostenträger anfallen, hängt dadurch von seinen jeweiligen Material- und Fertigungseinzelkosten ab:

$$Sk_{Kostenträger_i} = (MEk_{Kostenträger_i} \times (1 + Zs_{MGk}) + FEk_{Kostenträger_i} \times (1 + Zs_{FGk})) \times (1 + Zs_{VwGk} + Zs_{VtGk})$$

mit:

$Sk_{Kostenträger_i}$ = Selbstkosten je Kostenträger i [€/Stück]
$MEk_{Kostenträger_i}$ = Materialeinzelkosten je Kostenträger i [€/Stück]
Zs_{MGk} = Materialgemeinkostenzuschlagssatz [%]
$FEk_{Kostenträger_i}$ = Fertigungseinzelkosten je Kostenträger i [€/Stück]
Zs_{FGk} = Fertigungsgemeinkostenzuschlagssatz [%]
Zs_{VwGk} = Verwaltungsgemeinkostenzuschlagssatz [%]
Zs_{VtGk} = Vertriebsgemeinkostenzuschlagssatz [%]

Fallbeispiel 11-8 (Fortsetzung 11-1) **Kostenrechnung Automobilhersteller**

▸▸▸ Mit den Zuschlagssätzen der *Speedy GmbH* können anschließend in ↗ Tabelle 11-7 die Selbstkosten des *Speedster City* und des *Speedster Family* berechnet werden. ◂◂◂

Zwischenübung Kapitel 11.3.3.4

In der vorangegangenen Zwischenübung haben Sie die Gemeinkosten der Endkostenstellen eines Unternehmens ermittelt. Das Unternehmen hat zwei Produkte. Die Materialeinzelkosten des Produkts A, von dem in der Periode 10 000 Stück produziert und abgesetzt wurden, betrugen 100,00 Euro je Stück, die Fertigungseinzelkosten 150,00 Euro je Stück. Die Materialeinzelkosten des Produkts B, von dem 20 000 produziert und abgesetzt wurden, betrugen 200,00 Euro je Stück, die Fertigungseinzelkosten 250,00 Euro je Stück.

Ermitteln Sie mittels dieser Angaben in der nachfolgenden Tabelle die Selbstkosten der beiden Produkte (Hinweis: Zwischenergebnisse dienen der Selbstkontrolle).

	Unternehmen	**Produkt A**	**Produkt B**
MGK je Jahr aus Kostenstellenrechnung	€	–	–
Stückzahl je Jahr	–	10 000 Stück	20 000 Stück
MEk je Stück	–	100,00 €/Stück	200,00 €/Stück
MEK je Jahr	–	€	€
Summe der MEK je Jahr	€	–	–
Zs_{MGk}	%	–	–
MGk je Stück	–	€/Stück	€/Stück
Mk je Stück	–	€/Stück	€/Stück
FGK je Jahr aus Kostenstellenrechnung	1 300 000,00 €	–	–
Stückzahl je Jahr	–	10 000 Stück	20 000 Stück
FEk je Stück	–	150,00 €/Stück	250,00 €/Stück
FEK je Jahr	–	€	€
Summe der FEK je Jahr	€	–	–
Zs_{FGk}	%	–	–
FGk je Stück	–	€/Stück	€/Stück
Fk je Stück	–	€/Stück	€/Stück

	Unternehmen	Produkt A	Produkt B
Hk je Stück	**—**	**290,00 €/Stück**	**€/Stück**
HK je Jahr (MGK + ...)	€	—	—
VwGK je Jahr aus Kostenstellenrechnung	€	—	—
Zs_{VwGk}	%	—	—
VwGk je Stück	—	€/Stück	€/Stück
VtGK je Jahr aus Kostenstellenrechnung	€	—	—
Zs_{VtGk}	%	—	—
VtGk je Stück	—	€/Stück	€/Stück
Sk je Stück	**—**	**€/Stück**	**561,60 €/Stück**

11.3.3.5 Maschinenstundensatzrechnung

Die Maschinenstundensatzrechnung erweitert die differenzierte Zuschlagskalkulation um eine Verrechnungssatzkalkulation für die Fertigungsgemeinkosten. Diese werden über mehrere Verrechnungssätze und einen Zuschlagssatz für Restgemeinkosten auf die Kostenträger verrechnet statt über einen einzigen Zuschlagssatz, wie dies bei der differenzierten Zuschlagskalkulation erfolgt. Durch dieses Vorgehen ist eine verursachungsgerechtere Verrechnung der Fertigungsgemeinkosten möglich. Die Umlage der Material-, Verwaltungs- und Vertriebskosten erfolgt hingegen nach wie vor über Zuschlagssätze, wie bei der Zuschlagskalkulation beschrieben.

Zur Durchführung der Maschinenstundensatzrechnung wird die Fertigungsendkostenstelle weiter unterteilt:

- in Maschinenkostenstellen für Werkstätten mit gleichartigen Maschinen, wie beispielsweise eine Dreherei, eine Fräserei oder eine Lackiererei, oder noch differenzierter
- in Maschinenkostenplätze für einzelne Maschinen.

Darüber hinaus wird eine Kostenstelle für maschinenunabhängige Restgemeinkosten eingerichtet, die nicht den Werkstätten oder den Maschinen zugeordnet werden können, so beispielsweise die Personalkosten des Fertigungsleiters.

Zur Ermittlung der Maschinenstundensätze werden die sich im Rahmen der Kostenstellenrechnung ergebenden Fertigungsgemeinkosten FGK, die den Werkstätten oder den einzelnen Maschinen zugerechnet werden können, wie:

- Kosten für Hilfsstoffe,
- Kosten für Betriebsstoffe inklusive Verbrauchswerkzeugen und Energie,
- Miete,
- Reparaturkosten,

- kalkulatorische Abschreibungen und
- kalkulatorische Zinsen,

durch die gesamten Maschinen- beziehungsweise Nutzungsstunden MH der Werkstätten oder der einzelnen Maschinen während der Periode geteilt:

$$Vs_{Mh_j} = \frac{FGK_j}{MH_j} = \frac{FGK_j}{\sum_{i=1}^{n} (X_{Kostenträger_i} \times Mh_{Kostenträger_{ij}})}$$

mit:

$Vs_{Mh\,j}$ = Maschinenstundensatz der Werkstatt/Maschine j [€/h]
FGK_j = Fertigungsgemeinkosten der Periode der Werkstatt/Maschine j [€]
MH_j = Maschinenstunden der Periode der Werkstatt/Maschine j [h]
n = Anzahl der Kostenträger

Tab. 11-8

Schema zur Durchführung der Maschinenstundensatzrechnung (BWL6_11_Tabelle-Fallbeispiel.xls)

Rahmendaten	Speedy GmbH	Speedster City	Speedster Family
Fertigungsgemeinkosten FGK je Jahr	232 551 000,00 €		
Teilefertigung			
Fertigungsgemeinkosten $FGK_{Teilefertigung}$ je Jahr	155 809 170,00 €		
Produktionsstückzahlen X je Jahr		85 000 Stück	40 000 Stück
× Maschinenstunden $Mh_{Teilefertigung}$ je Stück		15 h/Stück	20 h/Stück
= Maschinenstunden $MH_{Teilefertigung}$ je Jahr	2 075 000 h	1 275 000 h	800 000 h
= Maschinenstundensatz $Mhs_{Teilefertigung}$	**75,09 €/h**		
× Maschinenstunden $Mh_{Teilefertigung}$ je Stück		15 h/Stück	20 h/Stück
= Fertigungsgemeinkosten $FGk_{Teilefertigung}$ je Stück		**1 126,35 €/Stück**	**1 501,80 €/Stück**
Montage			
Fertigungsgemeinkosten $FGK_{Montage}$ je Jahr	58 137 750,00 €		
Produktionsstückzahlen X je Jahr		85 000 Stück	40 000 Stück
× Maschinenstunden $Mh_{Montage}$ je Stück		10 h/Stück	15 h/Stück
= Maschinenstunden $MH_{Montage}$ je Jahr	1 450 000 h	850 000 h	600 000 h
= Maschinenstundensatz $Mhs_{Montage}$	**40,10 €/h**		
× Maschinenstunden $Mh_{Montage}$ je Stück		10 h/Stück	15 h/Stück
= Fertigungsgemeinkosten $FGk_{Montage}$ je Stück		**401,00 €/Stück**	**601,50 €/Stück**

$X_{Kostenträger_i}$ = Produktionsstückzahl der Periode des Kostenträgers i [Stück]
$Mh_{Kostenträger_{ij}}$ = Maschinenstunden je Kostenträger i auf der Maschine j [h/Stück]

Die Maschinen- beziehungsweise Nutzungsstunden ergeben sich dabei aus der Summe der mit den Produktionsstückzahlen X multiplizierten Maschinenstunden Mh der einzelnen Kostenträger. Diese können in der Regel den Arbeitsplänen entnommen werden.

Tab. 11-8

Fortsetzung

Prüfung			
Fertigungsgemeinkosten $FGK_{Prüfung}$ je Jahr	6 976 530,00 €		
Produktionsstückzahlen X je Jahr		85 000 Stück	40 000 Stück
× Maschinenstunden $Mh_{Prüfung}$ je Stück		2 h/Stück	3 h/Stück
= Maschinenstunden $MH_{Prüfung}$ je Jahr	290 000 h	170 000 h	120 000 h
= Maschinenstundensatz $Mhs_{Prüfung}$	**24,06 €/h**		
× Maschinenstunden $Mh_{Prüfung}$ je Stück		2 h/Stück	3 h/Stück
= Fertigungsgemeinkosten $FGk_{Prüfung}$ je Stück		**48,12 €/Stück**	**72,18 €/Stück**
Fertigungsrestgemeinkosten			
Fertigungsrestgemeinkosten FRGK je Jahr	11 627 550,00 €		
Produktionsstückzahlen X je Jahr		85 000 Stück	40 000 Stück
× Fertigungseinzelkosten FEk je Stück		486,50 €/Stück	632,45 €/Stück
= Fertigungseinzelkosten FEK je Jahr	66 650 500,00 €	41 352 500,00 €	25 298 000,00 €
= Fertigungsrestgemeinkostenzuschlagssatz FRGkZs	**17,45 %**		
× Fertigungseinzelkosten FEk je Stück		486,50 €/Stück	632,45 €/Stück
= Fertigungsrestgemeinkosten FRGk je Stück		**84,89 €/Stück**	**110,36 €/Stück**
Fertigungskosten			
Fertigungseinzelkosten FEk je Stück		486,50 €/Stück	632,45 €/Stück
+ Fertigungsgemeinkosten $FGk_{Teilfertigung}$ je Stück		1 126,35 €/Stück	1 501,80 €/Stück
+ Fertigungsgemeinkosten $FGk_{Montage}$ je Stück		401,00 €/Stück	601,50 €/Stück
+ Fertigungsgemeinkosten $FGk_{Prüfung}$ je Stück		48,12 €/Stück	72,18 €/Stück
+ Fertigungsrestgemeinkosten FRGk je Stück		84,89 €/Stück	110,36 €/Stück
= Fertigungskosten Fk je Stück		**2 146,86 €/Stück**	**2 918,29 €/Stück**

Zusätzlich werden die verbleibenden Fertigungsrestgemeinkosten FRGk, die keiner Werkstätte oder Maschine zugerechnet werden können, über einen Zuschlagssatz ZS_{FRGk} auf Basis der Fertigungseinzelkosten, wie bei der Zuschlagskalkulation beschrieben, auf die Kostenträger verrechnet.

$$Zs_{FRGk} = \frac{FRGK}{\sum_{i=1}^{n}(X_{Kostenträger_i} \times FEk_{Kostenträger_i})}$$

mit:

Zs_{FRGk}	=	Fertigungsrestgemeinkostenzuschlagssatz [%]
FRGK	=	Fertigungsrestgemeinkosten der Periode [€]
n	=	Anzahl der Kostenträger
$X_{Kostenträger_i}$	=	Produktionsstückzahl der Periode des Kostenträgers i [Stück]
$FEk_{Kostenträger_i}$	=	Fertigungseinzelkosten je Kostenträger i [€/Stück]

Die einem Kostenträger zuzuordnenden Fertigungsgemeinkosten FGk ergeben sich dann als Summe der anteiligen Gemeinkosten der Werkstätten oder Maschinen, die der Kostenträger im Rahmen der Fertigung durchläuft, zuzüglich der anteiligen Fertigungsrestgemeinkosten:

$$FGk_{Kostenträger_i} = \sum_{j=1}^{m}(Vs_{Mh_j} \times Mh_{Kostenträger_{ij}}) + Zs_{FRGk} \times FEk_{Kostenträger_i}$$

mit:

$FGk_{Kostenträger_i}$	=	Fertigungsgemeinkosten je Kostenträger i [€/Stück]
m	=	Anzahl der Werkstätten/Maschinen
Vs_{Mh_j}	=	Maschinenstundensatz der Werkstatt/Maschine j [€/h]
$Mh_{Kostenträger_{ij}}$	=	Maschinenstunden je Kostenträger i auf der Maschine j [h/Stück]
Zs_{FRGk}	=	Fertigungsrestgemeinkostenzuschlagssatz [%]
$FEk_{Kostenträger_i}$	=	Fertigungseinzelkosten je Kostenträger i [€/Stück]

Fallbeispiel 11-9 (Fortsetzung 11-1) **Kostenrechnung bei einem Automobilhersteller**

▸▸▸ Zur genaueren Verrechnung der Fertigungsgemeinkosten wurde die Fertigungskostenstelle der *Speedy GmbH* in die vier Maschinenkostenstellen: Teilefertigung, Montage, Prüfung und Fertigungsrestgemeinkosten zerlegt. Für die Verrechnung der sich in der Kostenstellenrechnung ergebenden Gemeinkosten der ersten drei Maschinenkostenstellen wurden dann Maschinenstundensätze gebildet und die Fertigungsgemeinkosten je Kostenstelle und je Kostenträger ermittelt. Für die Fertigungsrestgemeinkosten wurde hingegen ein Zuschlagssatz auf Basis der Fertigungseinzelkosten ermittelt und damit die Fertigungsrestgemeinkosten je Kostenträger berechnet.
Die gesamten Fertigungskosten je Kostenträger ergeben sich dann aus den Fertigungseinzelkosten und der Summe der Fertigungsgemeinkosten der Maschinenkostenstelle. ◂◂◂

11.3.4 Ermittlung des Verkaufspreises

Ausgehend von den in der Kostenträgerrechnung ermittelten Selbstkosten kann der Bruttoverkaufspreis ermittelt werden, also der Preis, zu dem die Produkte den Kunden des Unternehmens angeboten werden. Dieser Verkaufspreis stellt die langfristige Preisuntergrenze dar.

Zur Berechnung des Bruttoverkaufspreises wird zu den Selbstkosten zuerst ein Gewinnaufschlag addiert, wodurch sich der Barverkaufspreis ergibt. Der Gewinnaufschlagssatz wird dabei in der Regel für jedes Produkt vorgegeben:

$$\text{Barverkaufspreis}_{\text{Kostenträger}_i} = \text{Selbstkosten}_{\text{Kostenträger}_i} \times (1 + \text{Gewinnaufschlagssatz})$$

Um Gewinnschmälerungen zu vermeiden, werden im Anschluss in der Regel die erfahrungsgemäß gewährten Skonto- und Rabattsätze auf den Barverkaufspreis aufgeschlagen, wodurch sich der Ziel- und der Nettoverkaufspreis ergeben:

Tab. 11-9

Schema zur Ermittlung von Bruttoverkaufspreisen (BWL6_11_Tabelle-Fallbeispiel.xls)

Ermittlung des Verkaufspreises	**Speedster City**	**Speedster Family**
Barverkaufspreis		
Selbstkosten Sk	7 617,57 €/Stück	9 399,46 €/Stück
Gewinnaufschlagssatz	7 %	9 %
= **Barverkaufspreis** = Sk × (1 + Gewinnaufschlagssatz)	**8 150,80 €/Stück**	**10 245,41 €/Stück**
Zielverkaufspreis		
Barverkaufspreis	8 150,80 €/Stück	10 245,41 €/Stück
Durchschnittlicher Skontosatz bezogen auf den Zielverkaufspreis	2 %	2 %
= **Zielverkaufspreis** = Barverkaufspreis / (1 – Skonto)	**8 317,14 €/Stück**	**10 454,50 €/Stück**
Nettoverkaufspreis		
Zielverkaufspreis	8 317,14 €/Stück	10 454,50 €/Stück
Durchschnittlicher Rabattsatz bezogen auf den Nettoverkaufspreis	1 %	1 %
= **Nettoverkaufspreis** = Zielverkaufspreis / (1 – Rabatt)	**8 401,15 €/Stück**	**10 560,10 €/Stück**
Bruttoverkaufspreis		
Nettoverkaufspreis	8 401,15 €/Stück	10 560,10 €/Stück
Umsatzsteuersatz	19 %/20 %/8 %	19 %/20 %/8 %
= **Bruttoverkaufspreis**= Nettoverkaufspreis × (1 + Umsatzsteuersatz)	**9 997,37/10 081,38/ 9 073,24 €/Stück**	**12 566,52/12 672,12/ 11 404,91 €/Stück**

$$\text{Zielverkaufspreis}_{\text{Kostenträger}_i} = \frac{\text{Barverkaufspreis}_{\text{Kostenträger}_i}}{1 - \text{Skontosatz}}$$

$$\text{Nettoverkaufspreis}_{\text{Kostenträger}_i} = \frac{\text{Zielverkaufspreis}_{\text{Kostenträger}_i}}{1 - \text{Rabattsatz}}$$

Zuletzt wird die Umsatzsteuer zum Nettoverkaufspreis hinzuaddiert, wodurch sich der Bruttoverkaufspreis ergibt:

$$\text{Bruttoverkaufspreis}_{\text{Kostenträger}_i} = \text{Nettoverkaufspreis}_{\text{Kostenträger}_i} \times (1 + \text{Umsatzsteuersatz})$$

Fallbeispiel 11-10 (Fortsetzung 11-1) **Kostenrechnung Automobilhersteller**

▸▸▸ Die ↗ Tabelle 11-9 zeigt für das Geschäftsjahr 0001 die Ermittlung der Bruttoverkaufspreise für den *Speedster City* und für den *Speedster Family*. Der Gewinnaufschlag wurde von der Geschäftsführung der *Speedy GmbH* aufgrund der aktuellen Marktsituation vorgegeben. Die Skonto- und Rabattsätze wurden auf Basis der bisherigen Verkäufe ermittelt. ◂◂◂

Zwischenübung Kapitel 11.3.4

Welcher Bruttoverkaufspreis ergibt sich für ein Produkt mit den in der nachfolgenden Tabelle angegebenen Werten?

Selbstkosten Sk	**313,20 €/Stück**
Gewinnaufschlagssatz	10 %
Barverkaufspreis	
Durchschnittlicher Skontosatz	3 %
Zielverkaufspreis	
Durchschnittlicher Rabattsatz	10 %
Nettoverkaufspreis	
Umsatzsteuersatz	19 %/20 %/8 %
Bruttoverkaufspreis	**469,62/473,57/426,21 €/Stück**

11.3.5 Prozesskostenrechnung

Die Prozesskostenrechnung ist ein System der Vollkostenrechnung, das in der Regel zusätzlich zu den vorhandenen »traditionellen« Kostenrechnungssystemen eingesetzt wird. Ihr Hauptziel ist die Erhöhung der Kostentransparenz in den Gemeinkostenbereichen, wie der Verwaltung, dem Marketing oder der Forschung und Entwicklung, um die Kosten besser kontrollieren zu können und um Ansatzpunkte für Kostenreduzierungen zu finden. Um dies zu erreichen, werden die Prozesse in den Gemeinkostenbereichen kostenstellenübergreifend analysiert und kalkuliert. Beispiele für Prozesse sind die Änderung eines Produktes, die Gewinnung eines neuen Kunden oder die Erstellung und Bezahlung einer Rechnung.

Cost Driver

Im Anschluss an die Bestimmung der Prozesse werden der oder die Einflussfaktoren auf die Kosten der Prozesse, die sogenannten Cost Driver, ermittelt. Ein häufig anzutreffender Kostentreiber ist beispielsweise die Variantenzahl. Im Rahmen der Prozesskostenrechnung lassen sich die kostenmäßigen Auswirkungen einer Veränderung der Variantenzahl analysieren und dadurch eine Optimierung der Variantenzahl vornehmen (vergleiche *Coenenberg, A. G.* 2003: Seite 205 ff.).

11.4 Erfolgsrechnungen

Die Erfolgsrechnungen haben die Aufgabe, den im Rahmen der gewöhnlichen betrieblichen Tätigkeit der Periode erwirtschafteten Gewinn oder Verlust von Betrieben und ihren Geschäftsbereichen zu ermitteln. Die im internen Rechnungswesen durchgeführten Erfolgsrechnungen unterscheiden sich dabei von den im externen Rechnungswesen durchgeführten Gewinn- und Verlust-/Erfolgsrechnungen dadurch,

Abb. 11-14

Arten von Erfolgsrechnungen

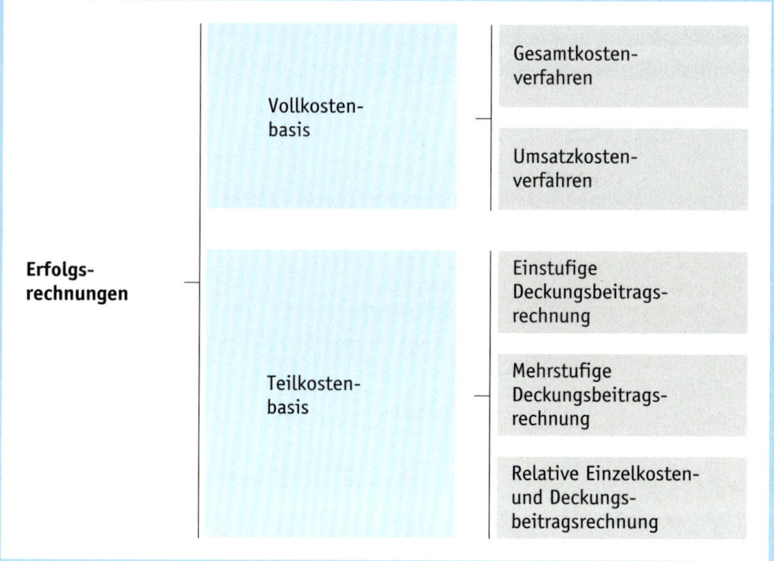

dass Leistungen und Kosten statt Erträge und Aufwendungen einander gegenübergestellt werden.

Unterteilung der Erfolgsrechnungen

In der Regel handelt es sich bei den Erfolgsrechnungen um Kostenrechnungen auf Ist- oder Normalkostenbasis. Eine Unterteilung erfolgt jedoch danach, ob die Erfolgsrechnungen auf Voll- oder Teilkostenbasis durchgeführt werden (↗ Abbildung 11-14).

11.4.1 Erfolgsrechnungen auf Vollkostenbasis

Die Erfolgsrechnungen auf Vollkostenbasis werden auch als **Kostenträgerzeitrechnungen** bezeichnet. Die erzeugten Leistungen einer Periode, also eines Geschäftsjahrs, eines Quartals oder eines Monats, werden bei diesen Rechnungen den entstandenen Kosten gegenübergestellt. Mittels des **Gesamtkosten-** oder des **Umsatzkostenverfahrens** (↗ Kapitel 10 Externes Rechnungswesen) kann damit der Periodenerfolg, oder bei unterjähriger Berechnung beispielsweise der Erfolg eines Monats, ermittelt werden (vergleiche *Hummel, S./Männel, W.* 1995: Seite 260 und *Jórasz, W.* 2003: Seite 155).

11.4.2 Erfolgsrechnungen auf Teilkostenbasis

Während im Rahmen der Erfolgsrechnungen auf Vollkostenbasis alle Kosten inklusive der fixen Kosten auf die Kostenträger verrechnet werden, werden bei den Erfolgsrechnungen auf Teilkostenbasis nur die von den Kostenträgern wirklich verursachten Kosten verrechnet. Mittels dieser Kosten lässt sich dann der sogenannte Deckungsbeitrag der Kostenträger ermitteln.

Der **Deckungsbeitrag** ist der Betrag, den ein Kostenträger zur Deckung noch nicht subtrahierter Kosten und damit zum Erfolg beiträgt (vergleiche *Hummel, S./Männel, W.* 1995: Seite 50).

Abb. 11-15

Zusammenhang von Umsatzerlös, Deckungsbeitrag und Erfolg

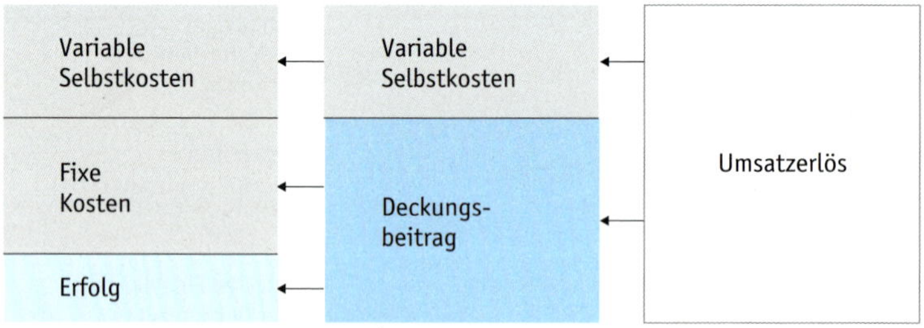

Vergleiche *Thommen, J.-P./Achleitner, A.-K.* 2003: Seite 456

Die verschiedenen Systeme der Erfolgsrechnung auf Teilkostenbasis ziehen dabei unterschiedliche Kosten ab (vergleiche *Coenenberg, A. G.* 2003: Seite 97 ff. und *Olfert, K.* 1994: Seite 278). Der sich bei Subtraktion der variablen Selbstkosten ergebende Zusammenhang zwischen Umsatzerlös, Deckungsbeitrag und Erfolg wird in der ↗ Abbildung 11-15 verdeutlicht.

Fallbeispiel 11-11 **Deckungsbeitrag Automobilhersteller**

▸▸▸ Die Kostenträgereinzelkosten eines Autos betragen 5 000,00 €. Zusätzlich entstehen durch die Produktion des Autos variable Kostenträgergemeinkosten in Höhe von 3 000,00 €. Von dem Auto werden jedes Jahr 100 000 Stück zum Preis von 20 000,00 € zuzüglich Umsatzsteuer verkauft. Damit ergeben sich folgender Stückdeckungsbeitrag je Auto und folgender Gesamtdeckungsbeitrag je Jahr:

Stückdeckungsbeitrag = 20 000,00 €/Stück − (5000,00 €/Stück + 3000,00 €/Stück)
= 12 000,00 €/Stück

Gesamtdeckungsbeitrag = 12 000,00 €/Stück × 100 000 Stück = 1 200 000 000,00 € ◂◂◂

11.4.2.1 Einstufige Deckungsbeitragsrechnung

Bei der einstufigen Deckungsbeitragsrechnung, die auch als **Direct Costing** bezeichnet wird, wird der Deckungsbeitrag der Kostenträger ermittelt, indem von den Umsatzerlösen die variablen Selbstkosten abgezogen werden:

Deckungsbeitrag = Umsatzerlös − Variable Selbstkosten

Die variablen Selbstkosten umfassen dabei die Kostenträgereinzel- und die variablen Kostenträgergemeinkosten.

Abb. 11-16

Aufbau der einstufigen Deckungsbeitragsrechnung

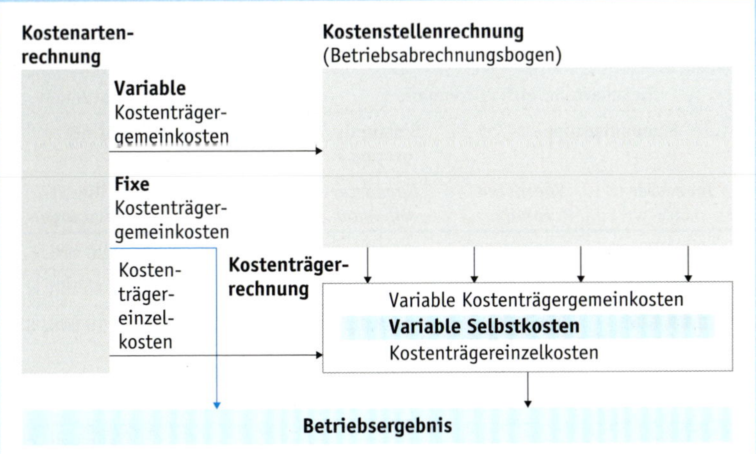

Vergleiche *Jórasz, W.* 2003: Seite 259

Das Betriebsergebnis ergibt sich bei der einstufigen Deckungsbeitragsrechnung dann, indem von den Deckungsbeiträgen aller Kostenträger die gesamten fixen Kostenträgergemeinkosten des Betriebes abgezogen werden (↗ Tabelle 11-10).

Voraussetzung für die Durchführung von einstufigen Deckungsbeitragsrechnungen ist eine Trennung von fixen und variablen Kostenträgergemeinkosten in der Kostenarten- und Kostenstellenrechnung, da in der anschließenden Kostenträgerrechnung nur die variablen Kostenträgergemeinkosten auf die Kostenträger verrechnet werden (↗ Abbildung 11-16).
Mit der einstufigen Deckungsbeitragsrechnung können insbesondere unprofitable Produkte mit einem negativen Deckungsbeitrag identifiziert werden. Die ermittelten variablen Selbstkosten werden zudem für die nachfolgenden Entscheidungsrechnungen benötigt (vergleiche *Coenenberg, A. G.* 2003: Seite 101).

Fallbeispiel 11-12 **Einstufige Deckungsbeitragsrechnung Automobilhersteller**

▸▸▸ Die in ↗ Tabelle 11-10 dargestellte einstufige Deckungsbeitragsrechnung der *Speedy GmbH* ergibt, dass die Ersatzteile einen negativen Deckungsbeitrag aufweisen. Als mögliche Gegenmaßnahmen schlägt die Geschäftsführung vor, zu prüfen, ob die Umsatzerlöse durch Erhöhungen der Verkaufspreise gesteigert werden können oder ob die variablen Selbstkosten durch Rationalisierungen reduziert werden können. ◂◂◂

11.4.2.2 Mehrstufige Deckungsbeitragsrechnung

Gliederung der Fixkosten

Bei der mehrstufigen Deckungsbeitragsrechnung, die auch als **stufenweise Fixkostendeckungsrechnung** bezeichnet wird, werden die fixen Kostenträgergemeinkosten des Betriebes weiter hierarchisch untergliedert, so etwa in:

- **Erzeugnisfixkosten**, wie beispielsweise Kosten für produktspezifische Spritzgussformen,

Tab. 11-10

Einstufige Deckungsbeitragsrechnung für die *Speedy GmbH*

	Geschäftsbereich Automobile			Bereich Zusatzleistungen	
	Erzeugnisgruppe 1		Erzeugnisgruppe 2	Erzeugnisgruppe 3	
	Speedster City	*Speedster Family*	*Speedster Off-Road*	Ersatzteile	Dienstleistungen
Umsatzerlöse	**800 Mill. €**	**680 Mill. €**	**30 Mill. €**	**60 Mill. €**	**80 Mill. €**
– Variable Selbstkosten	430 Mill. €	360 Mill. €	16 Mill. €	65 Mill. €	30 Mill. €
= **Deckungsbeitrag**	**370 Mill. €**	**320 Mill. €**	**14 Mill. €**	**–5 Mill. €**	**50 Mill. €**
– Fixe Kostenträgergemeinkosten					629 Mill. €
= **Betriebsergebnis**					**120 Mill. €**

- **Erzeugnisgruppenfixkosten**, wie beispielsweise Kosten zur Entwicklung von Erzeugnisgruppen,
- **Bereichsfixkosten**, wie beispielsweise Kosten eines Bereichscontrollings, und
- **Betriebsfixkosten**, wie beispielsweise Kosten der Unternehmensführung.

Im Rahmen der mehrstufigen Deckungsbeitragsrechnung werden dann verschiedene Deckungsbeiträge ermittelt, indem von den Umsatzerlösen erst die variablen Selbstkosten und dann in mehreren Schritten die oben genannten Fixkosten der verschiedenen Hierarchiestufen abgezogen werden (↗ Tabelle 11-11).

Um die Fixkosten der verschiedenen Hierarchiestufen zu ermitteln, müssen in der Kostenstellenrechnung nicht nur fixe und variable Kostenträgergemeinkosten getrennt werden, sondern auch die fixen Kosten über zusätzliche Kostenstellen den verschiedenen Hierarchiestufen zugeordnet werden (vergleiche *Coenenberg, A. G.* 2003: Seite 235 f.).

Die mehrstufige Deckungsbeitragsrechnung erlaubt eine noch differenziertere Analyse als die einstufige Deckungsbeitragsrechnung. Sie gibt insbesondere Hinweise darauf, welche Unternehmensbereiche aufgrund hoher Fixkosten für negative

Tab. 11-11

Mehrstufige Deckungsbeitragsrechnung für die *Speedy GmbH*

	Geschäftsbereich Automobile			Bereich Zusatzleistungen	
	Erzeugnisgruppe 1		Erzeugnisgruppe 2	Erzeugnisgruppe 3	
	Speedster City	*Speedster Family*	*Speedster Off-Road*	Ersatzteile	Dienstleistungen
Umsatzerlöse	**800 Mill. €**	**680 Mill. €**	**30 Mill. €**	**60 Mill. €**	**80 Mill. €**
– Variable Selbstkosten	430 Mill. €	360 Mill. €	16 Mill. €	65 Mill. €	30 Mill. €
= **Deckungsbeitrag 1**	**370 Mill. €**	**320 Mill. €**	**14 Mill. €**	**–5 Mill. €**	**50 Mill. €**
– Erzeugnisfixkosten	240 Mill. €	230 Mill. €	50 Mill. €	15 Mill. €	5 Mill. €
= **Deckungsbeitrag 2**	**130 Mill. €**	**90 Mill. €**	**–36 Mill. €**	**–20 Mill. €**	**45 Mill. €**
– Erzeugnisgruppenfixkosten		20 Mill. €	24 Mill. €		12 Mill. €
= **Deckungsbeitrag 3**		**200 Mill. €**	**–60 Mill. €**		**13 Mill. €**
– Bereichsfixkosten			15 Mill. €		8 Mill. €
= **Deckungsbeitrag 4**			**125 Mill. €**		**5 Mill. €**
– Betriebsfixkosten					10 Mill. €
= **Betriebsergebnis**					**120 Mill. €**

Deckungsbeiträge verantwortlich sind und von anderen Bereichen »quersubventioniert« werden.

Fallbeispiel 11-13 **Mehrstufige Deckungsbeitragsrechnung Automobilhersteller**
▸▸▸ Die in ↗ Tabelle 11-11 dargestellte mehrstufige Deckungsbeitragsrechnung der *Speedy GmbH* ergibt, dass zusätzlich zu den negativen Deckungsbeiträgen der Ersatzteile durch hohe Erzeugnisfixkosten ein negativer Deckungsbeitrag 2 beim *Speedster Off-Road* verursacht wird. Eine daraufhin vom Controlling durchgeführte Analyse zeigt, dass es sich um Kosten handelt, die einmalig durch die Markteinführung des neuen *Speedster Off-Road* entstanden. Weitere Maßnahmen werden deshalb nicht eingeleitet. ◂◂◂

11.4.2.3 Relative Einzelkosten- und Deckungsbeitragsrechnung

Bei der relativen Einzelkosten- und Deckungsbeitragsrechnung nach *Riebel* handelt es sich ebenfalls um eine Erfolgsrechnung auf Teilkostenbasis.

Identitätsprinzip

Entsprechend dem sogenannten Identitätsprinzip werden in der relativen Einzelkosten- und Deckungsbeitragsrechnung jeweils nur die direkt zurechenbaren Einzelkosten auf Bezugsgrößen verrechnet. Die Bezugsgrößen sind hierarchisch strukturiert. Die Aufspaltung in Einzel- und Gemeinkosten ist nicht absolut, sondern nur relativ zu den Bezugsgrößen. So lassen sich beispielsweise die Treibstoffkosten einem einzelnen Lkw, die Kosten des für die Instandhaltung der Lkws verantwortlichen Mitarbeiters dem gesamten Fuhrpark und die Kosten einer Tankstelle allen diesel- und benzingetriebenen Fördermitteln als Einzelkosten zurechnen.

Die Kosten werden in der Hierarchie der Bezugsgrößen dabei jeweils auf der niedrigsten Stufe zugerechnet, bei der sie noch als Einzelkosten ausgewiesen werden können. Alle Kosten, die einer Bezugsgröße direkt zugerechnet werden können, stellen gegenüber den dieser Bezugsgröße untergeordneten Bezugsgrößen Gemeinkosten dar. So sind die Kosten des für die Instandhaltung zuständigen Mitarbeiters in Bezug auf den Fuhrpark Einzelkosten, hinsichtlich des einzelnen Lkws jedoch Gemeinkosten (vergleiche *Riebel, P.* 1994, *Schäfer-Kunz, J./Tewald, C.* 1998: Seite 127 ff.).

Durch das stringente Vorgehen bei der Einteilung in Einzel- und Gemeinkosten eignet sich die relative Einzelkosten- und Deckungsbeitragsrechnung sehr gut für die Entscheidungsunterstützung. Die aufwändige Durchführung hat jedoch bislang eine größere Verbreitung in der betrieblichen Praxis verhindert.

11.5 Entscheidungsrechnungen

Eine wichtige Aufgabe der Kostenrechnung besteht in der Lieferung von Kosteninformationen für die Vorbereitung und Durchführung betrieblicher Entscheidungen. Im Hinblick auf die Entscheidungen müssen die sogenannten entscheidungsrelevanten Kosten ermittelt werden.

Entscheidungsrelevante Kosten sind »Kosten ..., die erwartungsgemäß ausschließlich durch eine ganz bestimmte Entscheidungsalternative ausgelöst werden. In Zukunft für mehrere Entscheidungsalternativen gemeinsam anfallende Kosten sind keine alternativenspezifischen und demzufolge auch keine relevanten Kosten.« (*Hummel, S./Männel, W.* 1995: Seite 117)

Nachfolgend soll auf Entscheidungen im Hinblick auf die Planung des Produktionsprogramms, die Bestimmung von Preisober- und -untergrenzen, die Ermittlung von Gewinnschwellen und die Optimierung der Leistungstiefe eingegangen werden (↗ Abbildung 11-17).

11.5.1 Programmplanung

Vorgehensweise

Im Rahmen der Programmplanung wird festgelegt, welche Produkte sowohl kurz- als auch langfristig in welcher Menge produziert werden. Da entsprechende Entscheidungen erheblichen Einfluss auf das Sortiment des Unternehmens haben, sind sie insbesondere mit den Bereichen Marketing und Forschung und Entwicklung abzustimmen. Das Vorgehen bei der Planung des Produktionsprogramms ist davon abhängig, ob ein **Kapazitätsengpass** vorliegt oder nicht (vergleiche *Coenenberg, A. G.* 2003: Seite 293 ff., *Olfert K.* 1994: Seite 314 ff.).

Programmplanung ohne Vorliegen eines Engpasses
Bestehen keine Engpässe, so verbleiben alle Kostenträger im Sortiment, die einen positiven Deckungsbeitrag aufweisen.

Programmplanung bei Vorliegen eines Engpasses
Das Vorliegen eines Engpasses bedeutet, dass nicht so viele Leistungen produziert werden können, wie abgesetzt werden könnten. In dieser Entscheidungssituation

Abb. 11-17

Einsatzfelder der Entscheidungsrechnungen

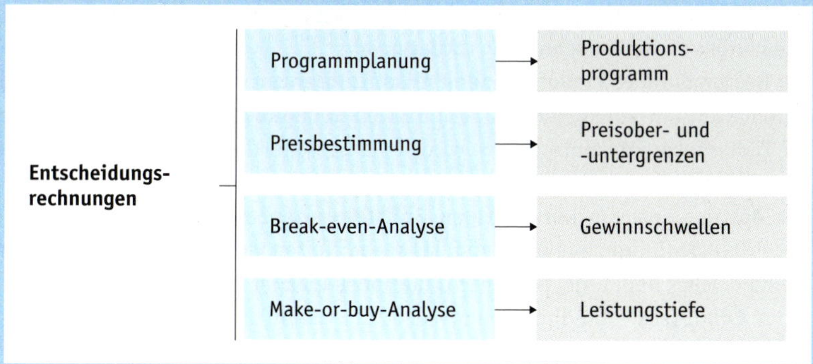

sollten diejenigen Leistungen produziert werden, die bezogen auf die Inanspruchnahme des Engpassfaktors den größten Deckungsbeitrag aufweisen. Zur Ermittlung dieser Leistungen wird der engpassbezogene Deckungsbeitrag mittels Division des Deckungsbeitrages durch die von der Leistung in Anspruch genommenen Einheiten des Engpassfaktors ermittelt. Einheiten des Engpassfaktors können abhängig von der Art des Faktors beispielsweise Arbeitsminuten oder Maschinenminuten sein:

$$\text{Deckungsbeitrag je Einheit des Engpassfaktors} = \frac{\text{Deckungsbeitrag}}{\text{Engpassbelastung pro Stück}}$$

Je größer der engpassbezogene Deckungsbeitrag ist, desto vorteilhafter ist die Erstellung der entsprechenden Leistung. Das Sortiment ergibt sich dann aus den vorteilhaftesten Leistungen, die gerade noch produziert werden können.

11.5.2 Preisbestimmung

Preisgrenzen

Die Preisbestimmung wird unterteilt in die Bestimmung von Preisobergrenzen für Produktionsfaktoren, die Unternehmen zukaufen, und von Preisuntergrenzen für Produkte, die Unternehmen verkaufen (vergleiche *Coenenberg, A.G.* 2003: Seite 313 ff., *Olfert K.* 1994: Seite 295 ff.):

Preisobergrenzen
Für Verhandlungen mit Lieferanten im Beschaffungsbereich ist es wichtig, die Preisobergrenzen zu kennen. Die Preisobergrenzen von Werkstoffen sind dadurch gekennzeichnet, dass die Produkte, in denen die Werkstoffe verwendet werden, gerade keinen Deckungsbeitrag mehr erbringen.

Preisuntergrenzen
Um den Preis als Wettbewerbsfaktor einsetzen zu können, müssen mögliche Preisuntergrenzen bekannt sein. Dabei sind insbesondere kurzfristige Preisuntergrenzen relevant, die eingesetzt werden, wenn ein Produkt für einen begrenzten Zeitraum sehr preiswert angeboten werden soll, beispielsweise um ein neues Produkt zu etablieren oder um Wettbewerber vom Markt zu verdrängen. Die zu wählende Preisuntergrenze hängt von der Entscheidungssituation ab:

Entscheidungssituationen

- Zur Bestimmung von **langfristigen Preisuntergrenzen** werden die im Rahmen der Kalkulation auf Vollkostenbasis ermittelten **Selbstkosten** herangezogen. Durch die Wahl dieser Preisuntergrenze wird sichergestellt, dass durch den Verkauf der Produkte alle Kosten des Unternehmens abgedeckt werden.
- Zur Bestimmung von **kurzfristigen Preisuntergrenzen** werden die im Rahmen der Erfolgsrechnung auf Teilkostenbasis ermittelten **variablen Selbstkosten** verwendet. Muss bei ausgelasteten Produktionskapazitäten, also bei dem Vorliegen eines **Engpasses**, eine Preisuntergrenze für zusätzlich herzustellende Produkte bestimmt werden, beispielsweise aufgrund der Anfrage eines Kunden, so müssen zu den variablen Selbstkosten noch die Deckungsbeiträge von anderen Produkten

addiert werden, die bei Erhalt des Auftrages nicht produziert und abgesetzt werden könnten.

11.5.3 Break-even-Analyse

Die Break-even-Analyse, die auch als **Gewinnschwellenanalyse** bezeichnet wird, dient insbesondere dazu, die Absatz- und die Produktionsmenge zu bestimmen, ab der sowohl die fixen als auch die variablen Kosten durch die Umsatzerlöse gedeckt sind, sodass ein Gewinn erwirtschaftet wird (↗ Abbildung 11-18). Der entsprechende Punkt wird als **Break-even-Point**, **Kostendeckungspunkt** oder **Gewinnschwelle** bezeichnet.

Berechnung

Der Break-even-Point wird ermittelt, indem die Gesamtkostenfunktion mit der Umsatzerlösfunktion gleichgesetzt wird. Damit ergibt sich folgende Formel zur Berechnung der Break-even-Menge x_{Be}:

$$x_{Be} = \frac{K_f}{p - k_v}$$

mit:

x_{Be} = Break-even-Menge [Stück]
K_f = Fixe Kosten [€]

Abb. 11-18

Break-even-Analyse

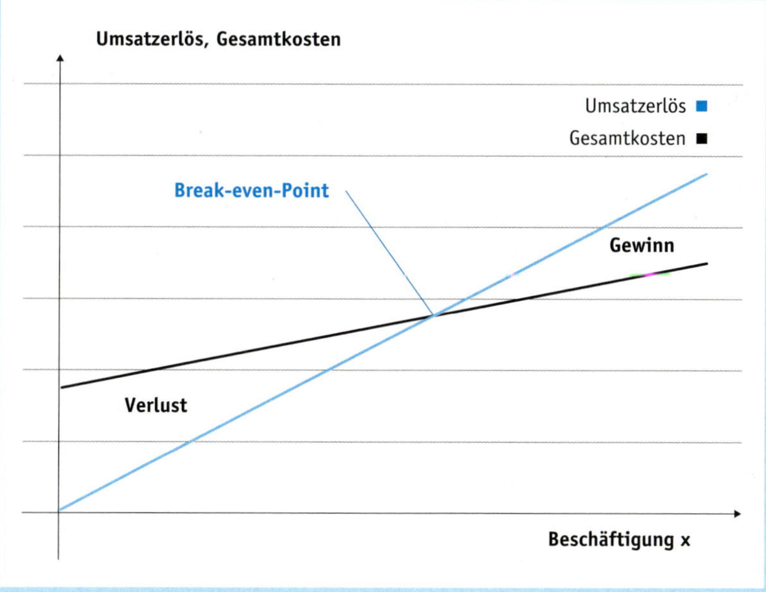

p = Verkaufspreis [€]
k_v = Variable Stückkosten [€/Stück]

Anwendung

Die Break-even-Analyse wird insbesondere im Rahmen von **Businessplänen** eingesetzt, um für neue Produkte abzuschätzen, ob das Marktpotenzial groß genug ist, um die Gewinnzone zu erreichen.

Fallbeispiel 11-14 **Break-even-Menge**

▸▸▸ Ein neues Produkt soll einen Verkaufspreis p von 100,00 €/Stück haben. Die prognostizierten variablen Kosten k_v je Stück betragen 60,00 €/Stück, die fixen Kosten K_f 200 000,00 €. Als Break-even-Menge ergibt sich:

$$x_{Be} = \frac{200\,000{,}00\,€}{100{,}00\,\frac{€}{\text{Stück}} - 60{,}00\,\frac{€}{\text{Stück}}} = 5\,000\ \text{Stück}$$ ◂◂◂

11.5.4 Make-or-buy-Analysen

Entscheidungssituationen

Die Optimierung der Leistungstiefe durch den Zukauf (Buy) von Leistungen ist insbesondere in der Produktion und in der Logistik eine häufig anzutreffende Fragestellung. Neben strategischen Aspekten, wie Differenzierungsvorteilen oder Abhängigkeiten, und qualitativen Aspekten, wie der Produktqualität oder der Risikoteilung, sind kostenbezogene Aspekte von besonderer Bedeutung bei der Entscheidungsfindung. Die anzuwendende Entscheidungsregel ist primär abhängig von der Entscheidungssituation (vergleiche *Schäfer-Kunz, J./Tewald, C.* 1998):

Zukauf von bisher selbst erstellten Gütern

Um zu überprüfen, ob durch den Zukauf von bisher selbst erstellten Gütern Kosten reduziert werden können, können näherungsweise die in der Erfolgsrechnung ermittelten **variablen Selbstkosten** mit den von Lieferanten angebotenen Preisen verglichen werden. Für eine genauere Analyse muss dann untersucht werden, welche Kosten wirklich durch den Fremdbezug abgebaut werden könnten.

Zukauf von zusätzlich nachgefragten Gütern

Soll eine Nachfrageerhöhung durch Zukauf gedeckt werden, hängen die zu vergleichenden Kosten davon ab, ob es sich um eine kurzfristig anhaltende oder um eine längerfristige Nachfrageerhöhung handelt und ob das Unternehmen über freie Produktionskapazitäten verfügt oder nicht.

- Soll eine **kurzfristige Nachfrageerhöhung** durch Zukauf gedeckt werden, wenn ein Unternehmen nicht über freie Produktionskapazitäten verfügt, so müssen die Kosten der zugekauften Güter niedriger sein als die eigenen **variablen Selbstkosten zuzüglich der Deckungsbeiträge** von anderen Produkten, die aufgrund der Eigenerstellung nicht produziert werden können. Um keine Kunden zu verlieren, werden Unternehmen in solchen Situationen aber in der Regel unabhängig von den Ergebnissen der Make-or-buy-Analysen die Güter zukaufen.

- Sollen **länger andauernde Nachfrageerhöhungen** abgedeckt werden, so müssen alternativ zum Fremdbezug eigene Kapazitäten aufgebaut werden. In diesen Fällen ist eine **Investitionsrechnung** durchzuführen (↗ Kapitel 13 Investition).

11.6 Kontrollrechnungen

11.6.1 Systeme der Kontrollrechnung

Die Systeme der Kontrollrechnung haben die Aufgabe, Kosten- und Leistungsabweichungen zu analysieren, um bei kritischen Abweichungen korrigierende Maßnahmen einleiten zu können. Systeme der Kontrollrechnung sind insbesondere (vergleiche *Coenenberg, A. G.* 2003: Seite 358 ff.):

- die **Plankostenrechnungen**, die Abweichungen zwischen geplanten und entstandenen Kosten von Kostenstellen analysieren,
- die **Ergebnisabweichungsanalysen**, die Abweichungen zwischen geplanten und erzielten Ergebnissen analysieren, und
- die **Kostenkontrollen von Projekten**, die Abweichungen zwischen geplanten und erzielten Projektkosten im Verhältnis zum Projektfortschritt analysieren (↗ Kapitel 14 Innovationsmanagement).

Nachfolgend wird näher auf die Plankostenrechnungen eingegangen.

11.6.2 Plankostenrechnungen

Kostenvorgaben

Im Rahmen der **Budgetierung** (↗ Kapitel 9 Controlling) werden Kostenstellen Budgets für das Geschäftsjahr vorgegeben, die sie einhalten sollen. Die Budgets basieren auf den geplanten Leistungen der Kostenstellen, die auch als **Planbeschäftigungen** bezeichnet werden. Die Budgets der Kostenstellen setzten sich dabei aus Budgets für die verschiedenen Kostenarten in den Kostenstellen zusammen, es gibt also ein Budget für die Materialkosten, ein Budget für die Personalkosten und so weiter.

Beschäftigungsmaßstab

Der Beschäftigungsmaßstab, der für die Planung verwendet wird, hängt von der Art der in den Kostenstellen ausgeübten Tätigkeiten ab. Während in der Produktion beispielsweise die produzierte Stückzahl der Beschäftigungsmaßstab sein kann, kann dies in der Buchhaltung beispielsweise die Anzahl der verbuchten Belege sein.

Um zu prognostizieren, welche Kosten in einer Kostenstelle anfallen werden und wie groß insofern das Budget dieser Kostenstelle sein sollte, wird im Rahmen der **Kostenauflösung** für jede Kostenart eine auf der Beschäftigung x basierende Sollkostenfunktion K_S (x) aufgestellt, die bei der **flexiblen Plankostenrechnung auf Vollkostenbasis** die fixen Kosten K_f und die variablen Stückkosten k_v enthält:

$$K_S(x) = K_f + k_v \times x$$

mit:

$K_S(x)$ = Sollkostenfunktion [€]
K_f = Fixe Kosten [€]
k_v = Variable Stückkosten [€/Stück]
x = Beschäftigung [Stück]

Mit dieser Funktion können für eine geplante Beschäftigung x_P die Plankosten K_P ermittelt werden. Diesen Plankosten können im Rahmen der Kostenkontrolle dann die wirklich entstandenen Istkosten K_I bei der Istbeschäftigung x_I gegenübergestellt werden. In der Regel weicht die Istbeschäftigung x_I jedoch von der geplanten Beschäftigung x_P ab, so beispielsweise wenn aufgrund geringerer als erwarteter Absätze weniger produziert werden musste. Für die Kostenkontrolle werden deshalb mit der Sollkostenfunktion die Sollkosten K_S ermittelt, die in der Kostenstelle bei der Istbeschäftigung x_I eigentlich hätten anfallen müssen.

Verbrauchsabweichungen

Die Abweichung zwischen den Sollkosten K_S und den wirklich entstandenen Istkosten K_I wird als Verbrauchsabweichung ΔV bezeichnet:

$$\Delta V = K_I - K_S$$

mit:

ΔV = Verbrauchsabweichung [€]
K_I = Istkosten [€]
K_S = Sollkosten [€]

Für Verbrauchsabweichungen kann in der Regel der Leiter der Kostenstelle verantwortlich gemacht werden. Ursachen können in der Produktion beispielsweise ungünstig gewählte Fertigungsverfahren, ungünstige Losgrößen, hohe Rüstkosten, ungünstige Erzeugniseinlastungen, fehlerhafte Maschinenbedienungen oder hoher Ausschuss sein.

Weitere Abweichungen

Die Abweichung zwischen den Sollkosten K_S und den proportional verrechneten Plankosten K_{Pverr} wird als **Beschäftigungsabweichung** ΔB bezeichnet:

$$\Delta B = K_S - K_{Pverr} = K_S - K_P \times \frac{x_I}{x_P}$$

mit:

ΔB = Beschäftigungsabweichung der Periode [€]
K_S = Sollkosten der Periode [€]
K_{Pverr} = Verrechnete Plankosten der Periode [€]
K_P = Plankosten der Periode [€]
x_I = Istbeschäftigung der Periode [Stück]
x_P = Planbeschäftigung der Periode [Stück]

Beschäftigungsabweichungen ergeben sich durch Abweichungen der Ist- von der Planbeschäftigung, beispielweise, wenn aufgrund von veränderten Absatzstückzahlen mehr oder weniger als ursprünglich geplant produziert wurde. Für Beschäftigungsabweichungen kann der Leiter der Kostenstelle in der Regel nicht verantwort-

Abb. 11-19

Beispiel einer flexiblen Plankostenrechnung auf Vollkostenbasis

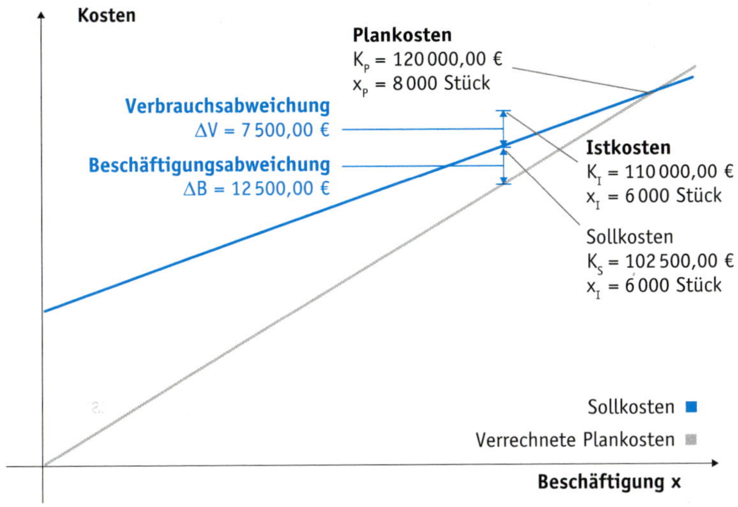

Vergleiche *Jórasz, W.* 2003: Seite 249

lich gemacht werden, genauso wie für **Preisabweichungen ΔP**, die sich durch Veränderungen der Preise von Produktionsfaktoren ergeben.

Fallbeispiel 11-15 **Plankostenrechnung bei einem Automobilhersteller**

▸▸▸ Für die Personalkosten einer Fertigungskostenstelle der *Speedy GmbH* wird von einer Sollkostenfunktion mit fixen Kosten K_f von 50 000,00 Euro und variablen Stückkosten k_v von 8,75 Euro je gefertigtem Stück ausgegangen. Für das gerade vergangene Geschäftsjahr wurde bei der Budgetierung von einer Produktionsstückzahl beziehungsweise Planbeschäftigung x_P von 8 000 Stück ausgegangen. Der Kostenstelle wurde deshalb ein Budget von 120 000,00 Euro als Plankosten zugewiesen (↗ Abbildung 11-19).

Entgegen der Prognose musste nur eine Iststückzahl x_I von 6 000 Stück produziert werden. Dadurch hätten sich Sollkosten K_S von 102 500,00 Euro in der Kostenstelle ergeben müssen. In Wirklichkeit entstanden aber Istkosten K_I von 110 000,00 Euro. Der Leiter der Kostenstelle muss deshalb eine Verbrauchsabweichung ΔV von 7 500,00 Euro verantworten und gemeinsam mit dem Controlling nach den Ursachen der Abweichung suchen. Für die Beschäftigungsabweichung ΔB ist der Leiter der Kostenstelle hingegen nicht verantwortlich:

$$\Delta B = K_S - K_P \times \frac{x_I}{x_P} = 102\,500{,}00\,€ - 120\,000{,}00\,€ \times \frac{6\,000\text{ Stück}}{8\,000\text{ Stück}} = 12\,500{,}00\,€$$ ◂◂◂

Zusammenfassung Kapitel 11

- Gegenstand des Internen Rechnungswesens ist die Ermittlung und die Bereitstellung von Informationen über monetäre und mengenmäßige Größen, die benötigt werden, um die betriebliche Leistungserstellung zu planen und zu kontrollieren.
- Die Kostenrechnung als wichtigster Teil des internen Rechnungswesens umfasst die Kalkulation, die Erfolgsrechnung, die Entscheidungsrechnung sowie die Kontrollrechnung.
- Kostenrechnungssysteme lassen sich in Abhängigkeit vom Zeitbezug in Ist-, Normal-, und Plankostenrechnungen und in Abhängigkeit vom Ausmaß der verrechneten Kosten in Voll- und Teilkostenrechnungen unterteilen.
- Die Kostenrechnung erfolgt in den drei Stufen Kostenarten-, Kostenstellen- und Kostenträgerrechnung.
- In der Kostenartenrechnung werden Materialkosten, Personalkosten, Abschreibungen, Fremdleistungskosten, Wagniskosten, Zinsen sowie Steuern, Gebühren und Abgaben ermittelt und in Einzel- und Gemein- sowie in fixe und variable Kosten unterteilt.
- Einzelkosten können Kalkulationsobjekten eindeutig zugerechnet werden, Gemeinkosten nicht.
- Variable Kosten ändern sich mit der Beschäftigung, fixe nicht.
- In der Kostenstellenrechnung werden erst die Kostenträgergemeinkosten auf die Kostenstellen verteilt und dann im Rahmen der innerbetrieblichen Leistungsverrechnung die Kosten der Vorkostenstellen auf die Endkostenstellen.
- In der Kostenträgerrechnung werden die Kosten auf die Kostenträger verteilt.
- In der Zuschlagskalkulation werden die Selbstkosten der Kostenträger durch Zuschläge auf die Einzelkosten ermittelt.
- In den Erfolgsrechnungen wird das Betriebsergebnis ermittelt und analysiert.
- Der Deckungsbeitrag ist der Betrag, den ein Kostenträger zur Deckung noch nicht subtrahierter Kosten und damit zum Gewinn beiträgt.
- Entscheidungsrechnungen dienen der Planung des Produktionsprogramms, der Bestimmung von Preisgrenzen, der Ermittlung von Gewinnschwellen und der Optimierung der Leistungstiefe.
- In der Plankostenrechnung werden die geplanten Kosten von Kostenstellen mit den tatsächlich entstandenen Kosten verglichen.

Weiterführende Literatur Kapitel 11

Coenenberg, A. G./Fischer, T./Günther, T.: Kostenrechnung und Kostenanalyse, Stuttgart.

Hummel, S./Männel, W.: Kostenrechnung (2 Bände), Wiesbaden.

Friedl, G./Hofmann, C./Pedell, B.: Kostenrechnung, München.

Schlüsselbegriffe Kapitel 11

- Kalkulation
- Erfolgsrechnung
- Entscheidungsrechnung
- Kontrollrechnung
- Kostenrechnungssystem
- Istkostenrechnung
- Normalkostenrechnung
- Plankostenrechnung
- Vollkostenrechnung
- Teilkostenrechnung
- Kostenartenrechnung
- Kostenstellenrechnung
- Kostenträgerrechnung
- Kalkulatorische Abschreibung
- AfA-Tabelle
- Lineare Abschreibung
- Kalkulatorische Zinsen
- Betriebsnotwendiges Vermögen
- Einzelkosten
- Gemeinkosten
- Unechte Gemeinkosten
- Kostenträgereinzelkosten
- Kostenträgergemeinkosten
- Kostenstelleneinzelkosten
- Kostenstellengemeinkosten
- Beschäftigung
- Variable Kosten
- Fixe Kosten
- Sprungfixe Kosten
- Kostenstelle
- Vorkostenstelle
- Endkostenstelle
- Betriebsabrechnungsbogen
- Innerbetriebliche Leistungsverrechnung
- Anbauverfahren
- Treppenverfahren
- Simultanverfahren
- Kostenträgerstückrechnung
- Kalkulationssatz
- Verrechnungssatz
- Zuschlagssatz
- Divisionskalkulation
- Äquivalenzziffernkalkulation
- Zuschlagskalkulation
- Verkaufspreis
- Prozesskostenrechnung
- Kostenträgerzeitrechnung
- Deckungsbeitrag
- Einstufige Deckungsbeitragsrechnung
- Mehrstufige Deckungsbeitragsrechnung
- Relative Einzelkosten- und Deckungsbeitragsrechnung
- Programmplanung
- Engpass
- Preisobergrenze
- Preisuntergrenze
- Break-even-Point
- Make-or-buy
- Plankostenrechnung
- Sollkosten
- Beschäftigungsabweichung
- Verbrauchsabweichung

Fragen Kapitel 11

Frage 11-1: *Definieren Sie den Begriff »Internes Rechnungswesen«.*

Frage 11-2: *Definieren Sie den Begriff »Kosten«.*

Frage 11-3: *Definieren Sie den Begriff »Leistungen«.*

Frage 11-4: *Nennen Sie die vier Teilbereiche der Kostenrechnung.*

Frage 11-5: *Erläutern Sie, welche drei Grundtypen von Kostenrechnungssystemen sich nach dem Zeitbezug unterscheiden lassen.*

Frage 11-6: *Erläutern Sie, welche zwei Grundtypen von Kostenrechnungssystemen sich nach dem Ausmaß der verrechneten Kosten unterscheiden lassen.*

Frage 11-7: *Nennen Sie die drei Stufen der Kostenrechnung.*

Frage 11-8: *Erläutern Sie, welche Aufgaben die Kostenartenrechnung hat.*

Frage 11-9: *Nennen Sie mindestens fünf Kostenarten.*

Frage 11-10: *Erläutern Sie den Unterschied zwischen Einzel- und Gemeinkosten.*

Frage 11-11: *Erläutern Sie an einem Beispiel, was unter unechten Gemeinkosten verstanden wird.*

Frage 11-12: *Erläutern Sie den Unterschied zwischen fixen und variablen Kosten.*

Frage 11-13: *Nennen Sie jeweils ein Beispiel für sprungfixe und für degressive Kosten.*

Frage 11-14: *Definieren Sie den Begriff »Kostenstelle«.*

Frage 11-15: *Erläutern Sie, welche Aufgaben die Kostenstellenrechnung hat.*

Frage 11-16: *Erläutern Sie den Unterschied zwischen Vor- und Endkostenstellen.*

Frage 11-17: *Erläutern Sie, in welchen zwei Stufen die Kostenstellenrechnung durchgeführt wird.*

Frage 11-18: *Erläutern Sie die zwei Möglichkeiten, Kostenstellengemeinkosten auf Kostenstellen zu verrechnen.*

Frage 11-19: *Nennen Sie die drei Verfahren um innerbetriebliche Leistungen zu verrechnen.*

Frage 11-20: *Definieren Sie den Begriff »Kostenträger«.*

Frage 11-21: *Erläutern Sie, welche Aufgaben die Kostenträgerrechnung hat.*

Frage 11-22: *Erläutern Sie, welche zwei Arten von Kalkulationssätzen unterschieden werden.*

Frage 11-23: *Nennen Sie zwei Verfahren der Kostenträgerrechnung, die auf Verrechnungssätzen basieren.*

Frage 11-24: *Nennen Sie ein Verfahren der Kostenträgerrechnung, das auf Zuschlagssätzen basiert.*

Frage 11-25: *Erläutern Sie, welchen Vorteil der Einsatz der Maschinenstundensatzrechnung hat.*

Frage 11-26: *Erläutern Sie, warum bei der Ermittlung von Verkaufspreisen Skonto- und Rabattsätze aufgeschlagen werden.*

Frage 11-27: *Definieren Sie den Begriff »Deckungsbeitrag«.*

Frage 11-28: *Erläutern Sie, wozu die einstufige Deckungsbeitragsrechnung dient.*

Frage 11-29: *Erläutern Sie, welche Vorteile die mehrstufige Deckungsbeitragsrechnung bietet.*

Frage 11-30: *Definieren Sie den Begriff »entscheidungsrelevante Kosten«.*

Frage 11-31: *Erläutern Sie, wie das Produktionsprogramm bei Vorliegen eines Engpasses ermittelt werden kann.*

Frage 11-32: *Erläutern Sie, wie sich die verschiedenen Preisgrenzen ergeben.*

Frage 11-33: *Erläutern Sie, was bei der Break-even-Analyse bestimmt wird.*

Frage 11-34: *Erläutern Sie, wie bei Make-or-buy-Entscheidungen vorgegangen wird.*

Frage 11-35: *Erläutern Sie, wozu die Plankostenrechnung dient.*

Frage 11-36: *Erläutern Sie, welche Abweichungsarten bei der Plankostenrechnung unterschieden werden.*

Fallstudie Kapitel 11

Für das kommende Geschäftsjahr sollen die Zuschlagssätze der Speedy GmbH berechnet und damit die Produkte der Speedy GmbH kalkuliert und Verkaufspreise für sie ermittelt werden.

			Vorkostenstellen		Endkostenstellen			
		Summe	**Kantine**	**Instand-haltung**	**Material**	**Ferti-gung**	**Verwal-tung**	**Vertrieb**
Kostenstellendaten	—	—	—	—	—	—	—	—
Fläche [m²]	—		1 350	4 050	20 250	81 000	16 200	12 150
Betriebsnotwendiges Vermögen [T€]	—		11 290	22 580	282 250	677 400	56 450	79 030
Mitarbeiterzahl	—	**2 813**	28	43	216	1 275	1 033	218
Instandhaltungs-stunden [h]	—	**63 855**	639	0	12 771	47 891	1 277	1 277
Kostenstelleneinzel-kosten	**Zurechnung**	—	—	—	—	—	—	—
Material (HB-Stoffe) [T€]	Entnahme-schein	**45 900**	459	918	9 180	33 048	1 377	918
Hilfslöhne [T€]	Lohnlisten	**38 250**	906	1 877	11 388	16 508	5 694	1 877
Gehälter [T€]	Gehaltsliste	**117 000**	1 170	1 170	3 510	12 870	81 900	16 380
Kalk. Abschreibungen [T€]	Anlagever-mögen	**60 000**	1 200	2 400	5 400	40 800	5 400	4 800
Summe	—	**261 150**	**3 735**	**6 365**	**29 478**	**103 226**	**94 371**	**23 975**
Kostenstellengemein-kosten	**Schlüssel**	—	—	—	—	—	—	—
Fremdleistungskosten [T€]	Fläche	**264 600**	2 646	7 938			31 752	23 814
Versicherungen [T€]	Betriebs-notwen-diges Vermögen	**4 860**	49	97			243	340
Kalkulatorische Zinsen [T€]	Betriebs-notwen-diges Vermögen	**56 450**	565	1 129			2 822	3 951
Grundsteuer [T€]	Fläche	**540**	5	16			65	49
Summe	—	**326 450**	**3 265**	**9 180**			**34 882**	**28 154**
Primäre Gemeinkosten [T€]	—	**587 600**	**7 000**	**15 545**			**129 253**	**52 129**
Leistungsverrechnung	**Schlüssel**	—	—	—	—	—	—	—
Umlage Kantine [T€]	Mitarbeiter-zahl	—	—	108				
Zwischensumme [T€]	—	**587 600**	—	**15 653**				
Umlage Instandhaltung [T€]	Instand-haltungs-stunden	—	—	—	3 162			
Kostenart	—	—	—	—	MGK	FGK	VwGK	VtGK
Primäre und sekundäre Gemeinkosten [T€]	—	**587 600**	—	—				

Fallstudie 11-1: Durchführung der Kostenstellenrechnung

Vervollständigen Sie den in der Tabelle auf der Vorseite aufgeführten Betriebsabrechnungsbogen der Speedy GmbH (Hinweis: Zwischenergebnisse dienen der Selbstkontrolle). Gehen Sie dabei in folgenden Schritten vor:

(1) Ermitteln Sie in der Rubrik »Kostenstellendaten« die Summen der Flächen und des betriebsnotwendigen Vermögens über alle Kostenstellen hinweg.

(2) Ergänzen Sie in der Rubrik »Kostenstellengemeinkosten« die fehlenden Daten, indem Sie die Summen der Kostenstellengemeinkosten mittels der angegebenen Schlüssel auf die Kostenstellen umlegen. Beispielsweise können die Fremdleistungskosten der Fertigung bestimmt werden, indem die Fläche der Fertigung durch die Gesamtfläche aller Kostenstellen geteilt und dieser Quotient dann mit der Summe der Fremdleistungskosten multipliziert wird.

(3) Ermitteln Sie die fehlenden primären Gemeinkosten der Kostenstellen, indem Sie die Summen der Kostenstelleneinzel- und der Kostenstellengemeinkosten bilden und addieren.

(4) Legen Sie im Rahmen einer innerbetrieblichen Leistungsverrechnung mittels des Treppenverfahrens in der Rubrik »Leistungsverrechnung« die Kosten der Kantine über die Mitarbeiterzahl je Kostenstelle auf die anderen Kostenstellen um (Hinweis: Die Mitarbeiter der Kantine sind dabei nicht zu berücksichtigen).

(5) Legen Sie anschließend die Kosten der Instandhaltung zuzüglich der verrechneten Kosten der Kantine auf alle anderen Kostenstellen außer der Kantine über die in Anspruch genommenen Instandhaltungsstunden um (Hinweis: Die Instandhaltungsstunden der Kantine und der Instandhaltung sind dabei nicht zu berücksichtigen).

(6) Ermitteln Sie die Summen der Gemeinkosten der Endkostenstellen (MGK, FGK, VwGK, VtGK), indem Sie die primären Gemeinkosten sowie die Umlage der Kantine und der Instandhaltung addieren.

Fallstudie 11-2: Ermittlung von Zuschlagssätzen

Ermitteln Sie auf Basis der Daten des Betriebsabrechnungsbogens in der nachfolgenden Tabelle die Zuschlagssätze der Speedy GmbH. Gehen Sie dabei in folgenden Schritten vor:

(1) Übertragen Sie aus dem Betriebsabrechnungsbogen die Gemeinkosten der Endkostenstellen (MGK, FGK, VwGK, VtGK) in die nachfolgende Tabelle.

(2) Ermitteln Sie die Material- und Fertigungseinzelkosten (MEK, FEK) der Speedy GmbH, indem Sie die Stückzahlen der beiden Produkte mit deren jeweiligen Material- und Fertigungseinzelkosten multiplizieren.

(3) Berechnen Sie die Material- und Fertigungsgemeinkostenzuschlagssätze (Zs_{MGk}, Zs_{FGk}), indem Sie die Gemeinkosten (MGK, FGK) durch die entsprechenden Einzelkosten (MEK, FEK) teilen.

(4) Ermitteln Sie die Herstellkosten (HK), indem Sie die Material- und Fertigungseinzel- und gemeinkosten (MGK, MEK, FGK, FEK) addieren.

(5) Berechnen Sie die Verwaltungs- und die Vertriebsgemeinkostenzuschlagssätze (Zs_{VwGk}, Zs_{VtGk}), indem Sie die Gemeinkosten der Kostenstellen Verwaltung und Vertrieb (VwGK, VtGK) durch die Herstellkosten (HK) teilen.

	Speedy GmbH	*Speedster City*	*Speedster Family*
Materialgemeinkosten MGK je Jahr	88 282 T€	–	–
Materialeinzelkosten MEk je Stück	–	4 156,65 €/Stück	4 987,98 €/Stück
Produktions- und Absatzstückzahl	–	95 000 Stück	65 000 Stück
Materialeinzelkosten MEK je Jahr	–	394 882 T€	T€
Summe der Materialeinzelkosten MEK je Jahr	T€	–	–
Materialgemeinkosten-zuschlagssatz Zs_{MGk}	%	–	–
Fertigungsgemeinkosten FGK je Jahr	T€	–	–
Fertigungseinzelkosten FEk je Stück	–	388,58 €/Stück	505,15 €/Stück
Produktions- und Absatzstückzahl	–	95 000 Stück	65 000 Stück
Fertigungseinzelkosten FEK je Jahr	–	T€	T€
Summe der Fertigungseinzel-kosten FEK je Jahr	T€	–	–
Fertigungsgemeinkosten-zuschlagssatz Zs_{FGk}	%	–	–
Verwaltungsgemeinkosten VwGK je Jahr	T€	–	–
Herstellkosten HK je Jahr	T€	–	–
Verwaltungsgemeinkosten-zuschlagssatz Zs_{VwGk}	%	–	–
Vertriebsgemeinkosten VtGK je Jahr	T€	–	–
Herstellkosten HK je Jahr	T€	–	–
Vertriebsgemeinkosten-zuschlagssatz Zs_{VtGk}	**4,4 %**	–	–

Fallstudie 11-3: Ermittlung von Selbstkosten und Bruttoverkaufspreisen

Basierend auf den Zuschlagssätzen der Speedy GmbH können die Bruttoverkaufspreise der einzelnen Produkte der Speedy GmbH ermittelt werden. Dabei sollen nicht nur bestehende Produkte, wie der Speedster Family, kalkuliert werden, sondern für die weiteren Marketingaktivitäten auch der Bruttoverkaufspreis des neuen Speedster Off-Roads berechnet werden.

Vervollständigen Sie zur Ermittlung der Bruttoverkaufspreise die in der nachfolgenden Tabelle aufgeführte Rechnung mit den dort angegebenen Werten für den Gewinnaufschlag, das Skonto, den Rabatt und die Umsatzsteuer (Hinweis: Zwischenergebnisse dienen der Selbstkontrolle). Die benötigen Zuschlagssätze (Zs_{MGk}, Zs_{FGk}, Zs_{VwGk}, Zs_{VtGk}) können der vorangegangenen Tabelle entnommen werden.

		Speedster Family	*Speedster Off-Road*
	Materialeinzelkosten MEk	4 987,98 €/Stück	6 000,00 €/Stück
	Materialgemeinkostenzuschlagssatz Zs_{MGk}		
+	Materialgemeinkosten MGk		
=	**Materialkosten Mk**		
	Fertigungseinzelkosten FEk	505,15 €/Stück	650,00 €/Stück
	Fertigungsgemeinkostenzuschlagssatz Zs_{FGk}	450,4 %	450,4 %
+	Fertigungsgemeinkosten FGk		
=	**Fertigungskosten Fk**		
=	**Herstellkosten Hk**	**8 381,85 €/Stück**	
	Verwaltungsgemeinkostenzuschlags-satz Zs_{VwGk}		
+	Verwaltungsgemeinkosten VwGk		
	Vertriebsgemeinkostenzuschlagssatz Zs_{VtGk}		
+	Vertriebsgemeinkosten VtGk		
=	**Selbstkosten Sk**		**11 914,52 €/Stück**
	Gewinnaufschlagssatz	8,0 %	10,0 %
=	**Barverkaufspreis**	**10 455,52 €/Stück**	
	Durchschnittlicher Skontosatz	3,0 %	2,0 %
=	**Zielverkaufspreis**		**13 373,44 €/Stück**
+	Rabatt	2,0 %	1,0 %
=	**Nettoverkaufspreis**	**10 998,87 €/Stück**	
	Umsatzsteuersatz	19 %/20 %/8 %	19 %/20 %/8 %
+	Umsatzsteuer		
=	**Bruttoverkaufspreis**	**13 088,66/ 13 198,64/ 11 878,78 €/Stück**	**16 075,15/ 16 210,24/ 14 589,21 €/Stück**

12 Finanzierung

Kapitelnavigator

Inhalt	Lernziel
12.1 Grundlagen	12-1 Die Grundlagen der Finanzierung kennen und Finanzplanungen durchführen können.
12.2 Beteiligungsfinanzierung	12-2 Die Formen der Beteiligungsfinanzierung kennen.
12.3 Selbstfinanzierung	12-3 Die Formen der Selbstfinanzierung kennen.
12.4 Kreditfinanzierung	12-4 Die Formen der Kreditfinanzierung kennen.
12.5 Finanzierung aus Rückstellungen	12-5 Die Formen der Finanzierung aus Rückstellungen kennen.
12.6 Weitere Formen der Finanzierung	12-6 Weitere Formen der Finanzierung kennen.
12.7 Kapitalsubstitution	12-7 Die Möglichkeiten der Finanzierung durch Kapitalsubstitution kennen.
12.8 Kennzahlen	12-8 Die wichtigsten Finanz-Kennzahlen ermitteln können.

Um wirtschaften zu können, benötigen Unternehmen Geld beziehungsweise Kapital. Im Rahmen der Finanzierung muss deshalb ermittelt werden, wie viel Kapital benötigt wird und wie dieses Kapital beschafft werden kann.

Die Finanzierung kann entsprechend bilanziell wie folgt definiert werden:

Unter der **Finanzierung** werden alle Aktivitäten verstanden, die sich auf den Umfang und die Zusammensetzung des auf der Passivseite der Bilanz ausgewiesenen Kapitals auswirken (vergleiche *Schäfer-Kunz, J.* 2019: Seite 221).

12.1 Grundlagen

12.1.1 Begriffe

Kapitalarten

Das auf der Passivseite der Bilanz ausgewiesene Kapital kann nach verschiedenen Kriterien systematisiert werden:

Tab. 12-1

Unterschiede zwischen Eigen- und Fremdkapital

	Eigenkapital	Fremdkapital
Einflussmöglichkeiten auf die Finanz- und Geschäftspolitik	Gegeben	In der Regel nicht gegeben
Fristigkeit der Überlassung	Zeitlich unbegrenzt	Zeitlich begrenzt
Gegenleistung für die Kapitalnutzung	Gewinnanteil	Zinsen
Haftung	Mit Einlage und abhängig von der Rechtsform darüber hinaus	Keine Haftung
Rechtsanspruch auf Rückzahlung	Nicht gegeben	Gegeben

Rechtsverhältnis zu Kapitalgebern
Abhängig vom Rechtsverhältnis zu den Kapitalgebern erfolgt eine Unterteilung in (↗ Tabelle 12-1):

- **Eigenkapital**, das von den Eignern des Unternehmens, wie beispielsweise Aktionären, zur Verfügung gestellt wird, und in
- **Fremdkapital**, das von den Gläubigern des Unternehmens, wie beispielsweise Banken zur Verfügung gestellt wird.

Fristigkeit
Abhängig von der Fristigkeit der Mittelüberlassung erfolgt eine Unterteilung in:

- **kurzfristiges Kapital**, das innerhalb von einem Jahr zurückgezahlt werden muss,
- **mittelfristiges Kapital**, das innerhalb von fünf Jahren zurückgezahlt werden muss, und
- **langfristiges Kapital**, das nach mehr als fünf Jahren oder gar nicht zurückgezahlt werden muss.

12.1.2 Einordnung

Die Finanzierung ist einer der Teilbereiche des Finanzwesens. Schnittstellen bestehen insbesondere zu folgenden Bereichen (↗ Abbildung 12-1):

- **Eigenkapitalgeber:** Eigenkapitalgeber stellen Unternehmen im Rahmen der Beteiligungs- oder Selbstfinanzierung Eigenkapital zur Verfügung und erhalten im Gegenzug Gewinnanteile.
- **Fremdkapitalgeber:** Fremdkapitalgeber stellen Unternehmen im Rahmen der Kreditfinanzierung oder der Finanzierung aus Rückstellungen Fremdkapital zur Verfügung und erhalten im Gegenzug Zinsen.

Abb. 12-1

Einordnung der Finanzierung

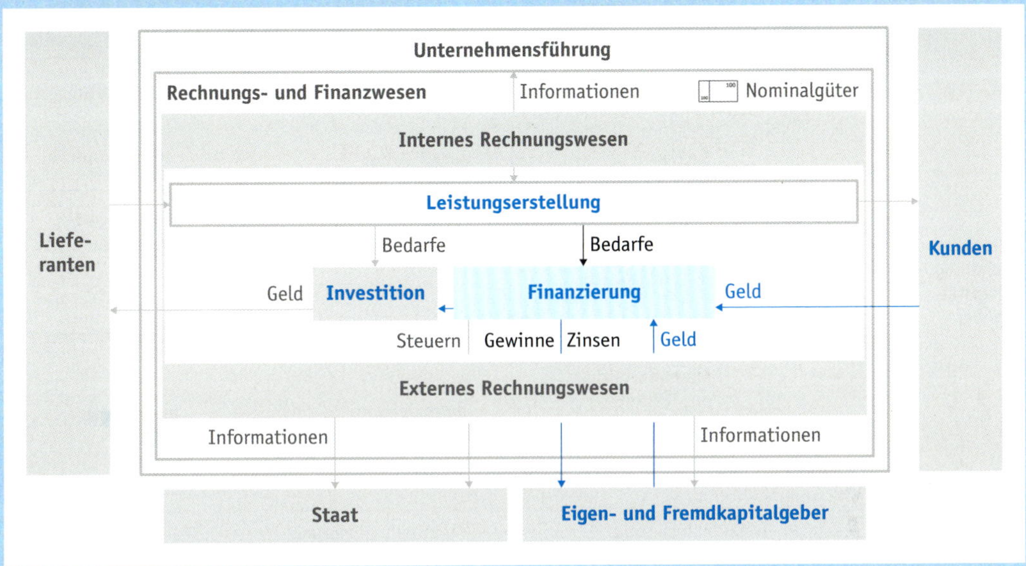

- **Kunden:** Das Geld, das Unternehmen von Kunden als Gegenleistung für die Produkte erhalten, dient der Selbstfinanzierung.
- **Leistungserstellung:** Der Leistungserstellungsbereich bestimmt den Investitions- und damit den Finanzierungsbedarf.
- **Investition:** Der Finanzbereich gibt den maximal möglichen Investitionsrahmen vor.

Im externen Rechnungswesen werden Finanzierungsprozesse folgendermaßen in den Jahres(abschluss)rechnungen abgebildet:
- **Bilanz:** In den Posten des Eigen- und Fremdkapitals.
- **Gewinn- und Verlust-/Erfolgsrechnung:** In den Posten des Finanzergebnisses.
- **Kapital-/Geldflussrechnung:** In den Posten des Cashflows aus der Finanzierungstätigkeit.

12.1.3 Unterteilung der Finanzierungsformen

Die Möglichkeiten der Finanzierung lassen sich nach dem Rechtsverhältnis zu den Kapitalgebern unterteilen in (vergleiche *Schäfer-Kunz, J.* 2019: Seite 222):
- die **Eigenfinanzierung**, bei der von den Eignern des Unternehmens zur Verfügung gestelltes Kapital zur Finanzierung verwendet wird, und
- die **Fremdfinanzierung**, bei der von den Gläubigern des Unternehmens zur Verfügung gestelltes Kapital zur Finanzierung verwendet wird.

Abb. 12-2

Finanzierungsformen

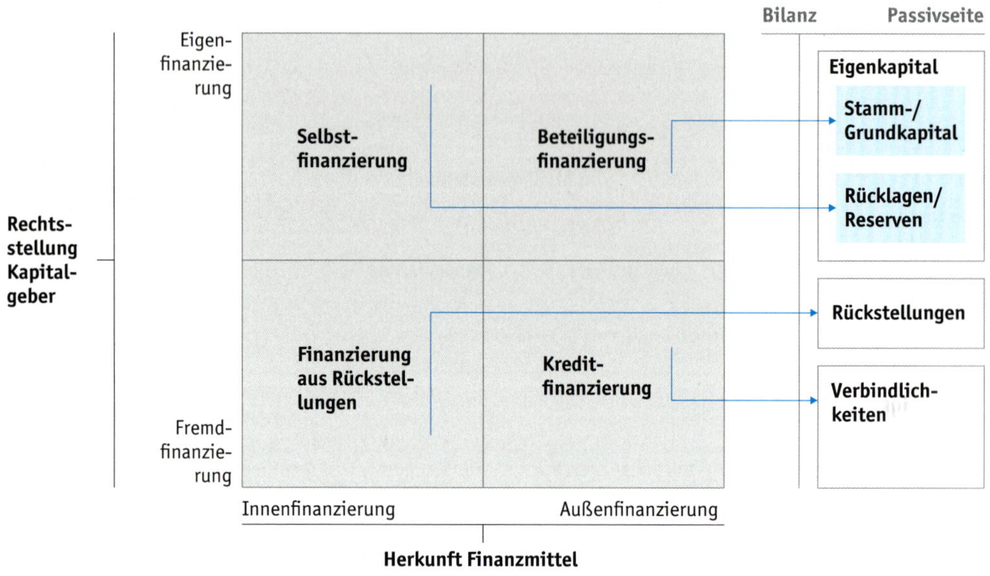

Vergleiche *Perridon, L./Steiner, M.* 1991: Seite 132, 274

Nach der Herkunft des Kapitals lassen sich die Möglichkeiten der Finanzierung unterteilen in:

- die **Außenfinanzierung**, bei der von Kapitalgebern außerhalb des Unternehmens eingebrachtes Kapital zur Finanzierung verwendet wird, und
- die **Innenfinanzierung**, bei der vom Unternehmen selbst erzeugtes Kapital zur Finanzierung verwendet wird.

Aus der Kombination der vorgenannten Möglichkeiten ergeben sich vier Formen der Finanzierung, nämlich (↗ Abbildung 12-2):

- die Beteiligungsfinanzierung,
- die Selbstfinanzierung,
- die Kreditfinanzierung und
- die Finanzierung aus Rückstellungen.

12.1.4 Ziele der Finanzierung

Im Rahmen der Finanzierung werden insbesondere folgende Ziele verfolgt (vergleiche *Schmidt, R. H.* 1990: Seite 171 ff.):

Wirtschaftspraxis 12-1

Insolvenzen in Deutschland, Österreich und der Schweiz

Im Jahr 2019 gab es in **Deutschland** etwa 18 830 Insolvenzen. Zu den bekanntesten Unternehmen, die in den letzten Jahren insolvent gingen, gehören das Medienunternehmen Kirch Media 2002, die Bauunternehmen Philip Holzmann 2002 und Walter Bau 2005, der Automobilzulieferer Karmann 2009, die Handelsunternehmen Arcandor 2009, Schlecker 2012 und Praktiker 2013, der Verlag Weltbild 2014, die Fluggesellschaft Air Berlin 2017, das Touristikunternehmen Thomas Cook 2019, der Buchgroßhändler Koch, Neff und Volckmar 2019, die Hersteller von Unterhaltungselektronik Grundig 2003 und Loewe 2013/19, die Modeunternehmen Gerry Weber 2019 und Strenesse 2014/19 sowie der Finanzdienstleister Wirecard 2020.

Im Jahr 2019 gab es in **Österreich** etwa 5 020 Insolvenzen. Zu den bekanntesten Unternehmen, die in den letzten Jahren insolvent gingen, gehören die Industrieholding A-TEC Industries 2010, das Bauunternehmen Alpine 2013 und die Commerzialbank Mattersburg 2020.

Im Jahr 2019 gab es in der **Schweiz** etwa 4 690 Insolvenzen. Zu den bekanntesten Unternehmen, die in den letzten Jahren insolvent gingen, gehören die Fluggesellschaft Swissair 2001 und die Erb-Gruppe 2003.

Quelle: Statista

Zahlungsfähigkeit

Zielsystem der Finanzierung

Wenn Unternehmen nicht mehr zahlungsfähig sind, sind sie **insolvent** und müssen gegebenenfalls ihre Betriebstätigkeit einstellen. Die Sicherstellung der Zahlungsfähigkeit hat deshalb im Rahmen der Finanzierung die höchste Priorität. Unter der **Zahlungsfähigkeit** beziehungsweise der **Liquidität** wird dabei die Fähigkeit eines Unternehmens verstanden, zu jeder Zeit seine fälligen Verbindlichkeiten zurückzahlen zu können. Um die Liquidität sicherzustellen, ist eine möglichst weit vorausschauende Finanzplanung erforderlich.

Kreditwürdigkeit

Die Kreditwürdigkeit bestimmt, ob Unternehmen Kredite erhalten und zu welchen Konditionen Unternehmen Kredite erhalten. Die Sicherstellung einer hohen Kreditwürdigkeit ist deshalb ein weiteres wichtiges finanzwirtschaftliches Ziel.

Unabhängigkeit

Die Bewahrung der Unabhängigkeit von Kapitalgebern im Hinblick auf deren Möglichkeiten, die Finanz- und Geschäftspolitik von Unternehmen zu bestimmen, ist ein weiteres wichtiges finanzwirtschaftliches Ziel.

12.1.5 Vorgehensweise

Im Rahmen des Führungsprozesses sind hinsichtlich der Finanzierung kontinuierlich folgende Tätigkeiten durchzuführen:

Planungsphase

In der Planungsphase muss zuerst der Finanzierungsbedarf ermittelt werden. Wie viel Kapital benötigt wird, hängt insbesondere davon ab, wie viel Mittel in das Anlagevermögen investiert werden müssen und wie viel Umlaufvermögen aufgrund des Cash-to-Cash-Zyklus zu finanzieren ist.

Cash-to-Cash-Zyklus

Der Cash-to-Cash-Zyklus gibt den zu finanzierenden Zeitraum zwischen den Auszahlungen für die zur Leistungserstellung benötigten Güter und den Einzahlungen der Kunden für die erhaltenen Produkte an. Einflussfaktoren auf den Cash-to-Cash-Zyklus sind die Dauer der Leistungserstellung, die insbesondere den Umfang der zu finanzierenden Vorräte bestimmt, und die Zahlungsziele, die die Lieferanten dem Unternehmen gewähren und die das Unternehmen den Kunden gewährt (↗ Abbildung 12-3).

Finanzplan

Die prognostizierten Ein- und Auszahlungen des Unternehmens werden dann in einem Finanzplan zusammengefasst, aus dem ersichtlich wird, ob und wenn ja zu welchem Zeitpunkt Liquiditätsengpässe auftreten (↗ Abbildung 12-4).

Im Anschluss an die Finanzplanung werden verschiedene Alternativen der Mittelbeschaffung aufgestellt.

Entscheidungsphase

In der Entscheidungsphase erfolgen Entscheidungen darüber, wie viel Kapital in welcher Art beschafft werden soll.

Realisierungsphase

In der Realisierungsphase werden die benötigten Finanzmittel beschafft, indem beispielsweise mit Banken entsprechende Gespräche geführt werden.

Kontrollphase

Im Rahmen der Kontrollphase wird die Finanzplanung fortlaufend auf Soll-Ist-Abweichungen überprüft, und es werden erforderlichenfalls entsprechende Anpassungen eingeleitet.

Abb. 12-3

Einflussfaktoren auf den Cash-to-Cash-Zyklus

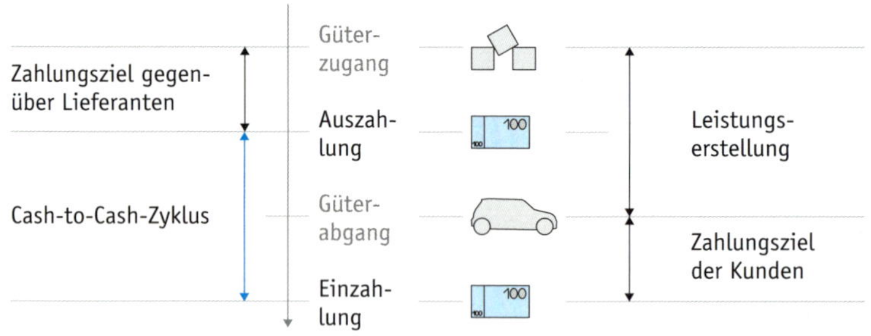

Vergleiche *Kreuzer, C.* 2005: Seite 344

Abb. 12-4

Planung der Bestände an flüssigen Mitteln im Rahmen der Finanzplanung

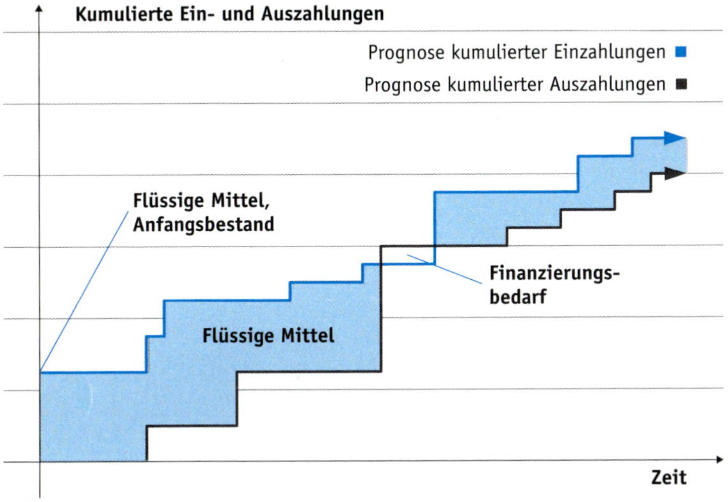

Vergleiche *Perridon, L./Steiner, M.* 1991: Seite 534

Zwischenübung Kapitel 12.1.5

(1) Cash-to-Cash-Zyklus

Wie lange ist der Cash-to-Cash-Zyklus eines Unternehmens, wenn die durchschnittliche Zahlungsdauer des Unternehmens gegenüber Lieferanten 85 Tage beträgt, die durchschnittliche Dauer der Leistungserstellung 210 Tage und die durchschnittliche Zahlungsdauer der Kunden des Unternehmens 8 Tage?

Cash-to-Cash-Zyklus:	

(2) Finanzplanung
Ausgehend von einem Anfangsbestand an Zahlungsmitteln von 390 000 T€ werden für das Geschäftsjahr 0002 der Speedy GmbH die in der nachfolgenden Tabelle angegebenen Ein- und Auszahlungen erwartet.

	Einzahlungen	Auszahlungen	Zahlungsmittel-bestand
Dezember 0001			**390 000 T€**
Januar 0002	10 000 T€	–100 000 T€	
Februar 0002	20 000 T€	–200 000 T€	
März 0002	50 000 T€	–80 000 T€	
April 0002	70 000 T€	–140 000 T€	
Mai 0002	90 000 T€	–300 000 T€	
Juni 0002	150 000 T€	–30 000 T€	
Juli 0002	130 000 T€	–40 000 T€	
August 0002	40 000 T€	–60 000 T€	
September 0002	20 000 T€	–130 000 T€	
Oktober 0002	200 000 T€	–20 000 T€	
November 0002	180 000 T€	–10 000 T€	
Dezember 0002	190 000 T€	–30 000 T€	**400 000 T€**

Ermitteln Sie mit diesen Daten die Zahlungsmittelbestände während des Geschäftsjahres. Gab es kritische Situationen und wann hätten Sie was getan, um diese kritischen Situationen zu vermeiden?

12.2 Beteiligungsfinanzierung

Bei der **Beteiligungsfinanzierung** wird von externen Kapitalgebern eingebrachtes Eigenkapital zur Finanzierung verwendet.

Bei der Beteiligungsfinanzierung handelt es sich also um eine Außen- und Eigenfinanzierung. Zu Beteiligungsfinanzierungen kommt es:
- bei der **Gründung** von Unternehmen und gegebenenfalls
- in der folgenden **Umsatzphase** in Form von sogenannten **Kapitalerhöhungen**.

Formen der Beteiligungsfinanzierung

Im Hinblick auf die Herkunft der Mittel werden zwei Formen der Beteiligungsfinanzierung unterschieden (vergleiche *Perridon, L./Steiner, M.* 1991: Seite 277 ff., *Wöhe, G.* 2002: Seite 675 ff.):

Beteiligungsfinanzierung über Private Equity
Nicht börsennotierte Unternehmen, wie beispielsweise Einzelunternehmen, Personengesellschaften, Gesellschaften mit beschränkter Haftung oder kleinere Aktienge-

Wirtschaftspraxis 12-2

Venture Capital von Intel

Viele große Unternehmen engagieren sich aus strategischen Gründen mit Venture Capital bei jungen Unternehmen. So hielt der amerikanische Chip-Hersteller *Intel* im Jahr 2002 über sein Tochterunternehmen *Intel-Capitel* rund 500 Beteiligungen im Wert von 1,7 Milliarden Dollar an jungen Unternehmen. *Intel* geht dabei in der Regel Minderheitsbeteiligungen von 5 bis 10 Prozent in den für *Intel* strategisch relevanten Bereichen Internet-Infrastruktur, Mobilfunk, Kommunikation, optische Netzwerke und Computertechnologien ein.

Quelle: Eher noch mehr investieren, in: Handelsblatt, Nummer 67 vom 08.04.2002, Seite n05.

sellschaften, sind auf Private Equity (englisch: Privates Beteiligungskapital) angewiesen, für das es in der Regel keine organisierten Märkte gibt.

Für **Start-up-Unternehmen**, also Unternehmen in der Gründungsphase, oder für stark wachsende Unternehmen kann die Beteiligungsfinanzierung unter Umständen über sogenanntes **Venture Capital** (englisch: Risikokapital) erfolgen. Die Kapitalgeber gehen dabei in der Regel Minderheitsbeteiligungen mit der Zielsetzung ein, das Unternehmen an dem die Beteiligung erfolgt nach etwa zwei bis fünf Jahren Gewinn bringend im Rahmen eines **Going-public** beziehungsweise **Initial Public Offering** (**IPO**) an die Börse zu bringen oder die Beteiligung an ein anderes Unternehmen zu verkaufen.

Beteiligungsfinanzierung über Public Equity

Public Equity (englisch: Öffentliches Beteiligungskapital) steht in der Regel nur börsennotierten Aktiengesellschaften zur Verfügung, die über die Ausgabe von neuen Aktien eine Erhöhung des Eigenkapitals durchführen können.

Die Rechte und die Pflichten, die sich aus einer Beteiligung ergeben, hängen von der Rechtsform des Unternehmens und der Ausgestaltung des Gesellschaftsvertrages ab. Mögliche Rechte und Pflichten sind beispielsweise die Mitarbeit in der Unternehmensführung, das Mitspracherecht bei unternehmerischen Entscheidungen, die Beteiligung am Gewinn, die Beteiligung am Liquidationserlös, die Beteiligung an Verlusten und die gesamtschuldnerische Haftung.

12.3 Selbstfinanzierung

Bei der **Selbstfinanzierung** wird das Eigenkapital durch die Einbehaltung von Gewinnen erhöht.

Bei der Selbstfinanzierung handelt es sich also um eine Innen- und Eigenfinanzierung. Die Finanzierung erfolgt dabei nicht durch Einzahlungen, wie typischerweise bei der Beteiligungsfinanzierung, sondern dadurch, dass es während der Finanzierungsdauer nicht zu Auszahlungen kommt, da Gewinne nicht ausgeschüttet werden.

Arten der Selbstfinanzierung

In Abhängigkeit von der Erkennbarkeit der Finanzierung in der Bilanz werden die offene und die stille Selbstfinanzierung unterschieden (vergleiche *Perridon, L./Steiner, M.* 1991: Seite 392 ff., *Wöhe, G.* 2002: Seite 728 ff.).

Offene Selbstfinanzierung

Bei der offenen Selbstfinanzierung werden die in der Gewinn- und Verlust-/Erfolgsrechnung ausgewiesenen Gewinne zur Bildung von Rücklagen/Reserven herangezogen. In der Bilanz werden die entsprechenden Gewinne als Gewinnrücklagen/-reserven ausgewiesen.

Stille Selbstfinanzierung

Bei der stillen Selbstfinanzierung wird das in der Gewinn- und Verlust-/Erfolgsrechnung ausgewiesene Jahresergebnis reduziert, indem im Rahmen der steuerrechtlich zulässigen Spielräume Vermögenspositionen niedriger bewertet oder höhere Rückstellungen gebildet werden. Durch das dadurch verringerte Jahresergebnis werden zum einen die Auszahlungen für Steuern vom Einkommen und vom Ertrag reduziert und zum anderen werden in der Regel weniger flüssige Mittel für Dividendenzahlungen beziehungsweise Gewinnausschüttungen benötigt. Diese Mittel können dann zur Finanzierung verwendet werden.

Zeitliche Begrenzung

In der Regel ist die stille Selbstfinanzierung im Gegensatz zur offenen Selbstfinanzierung zeitlich begrenzt. Die stille Selbstfinanzierung hat deshalb für Unternehmen die Qualität eines zinslosen Kredits. Werden die niedriger bewerteten Vermögensgegenstände zu einem den Buchwert übersteigenden Preis verkauft oder die höheren Rückstellungen aufgelöst, muss der entstehende Gewinn versteuert und gegebenenfalls für Dividendenzahlungen beziehungsweise Gewinnausschüttungen verwendet werden.

12.4 Kreditfinanzierung

Bei der **Kreditfinanzierung** wird von externen Kapitalgebern eingebrachtes Fremdkapital zur Finanzierung verwendet.

Bei der Kreditfinanzierung handelt es sich also um eine Außen- und Fremdfinanzierung. Zwischen dem Kreditgeber und dem Kreditnehmer besteht bei der Kreditfinanzierung ein schuldrechtlicher Vertrag. Der Kreditgeber hat aber – zumindest theoretisch – kein Mitwirkungsrecht bei der Geschäftsführung des Kreditnehmers. Anders als bei der Beteiligungsfinanzierung werden zudem im Voraus die Verzinsung und die Tilgung festgelegt (vergleiche *Perridon, L./Steiner, M.* 1991: Seite 295 ff.).

Wirtschaftspraxis 12-3

Die Bonitätsnoten der Ratingagenturen

Die Ratingagenturen *Standard & Poor's*, *Fitch* und *Moody's* unterteilen Unternehmen und öffentliche Kreditnehmer hinsichtlich ihrer Bonität in zwei Klassen. Innerhalb der Klassen erfolgt durch Buchstabenkombinationen eine weitere Differenzierung:

- **Investmentklasse**: Das »AAA« von *Standard & Poor's* und *Fitch* und das »Aaa« von *Moody's* stellen die besten Bewertungen dar. Es besteht praktisch keine Ausfallgefahr. Bei »AA« ist die Bonität immer noch hoch, im Bereich »A« gut. Das »BBB« von *Standard & Poor's* und *Fitch* und das »Baa« von *Moody's* stehen für eine mittlere Bonität.
- **Spekulationsklasse**: Ab Noten von »BB« beziehungsweise »Ba« gelten Anleihen von Unternehmen oder öffentlichen Kreditnehmern als spekulative »Junk-Bonds« (englisch: Schrott-Anleihen) mit einer hohen Wahrscheinlichkeit, dass Zinsen nicht pünktlich gezahlt werden. Bei einem CCC kann nur noch eine sehr gute wirtschaftliche Entwicklung die Bedienung der Schulden sicherstellen, bei einem »CC« ist die Ausfallgefahr sehr hoch und bei einem »C« oder »D« ist der Schuldner schon in Zahlungsverzug.

Quelle: Das ABC der Bonität, unter: www.handelsblatt.com, Stand: 26.06.2006.

Prüfung des Kreditnehmers

Aufgrund der vom *Basler Ausschuss für Bankenaufsicht* erarbeiteten Eigenkapitalvorschriften, die als »**Basel II**« bekannt wurden und die gemäß der europäischen Richtlinie 2006/49/EG seit dem 01.01.2007 in den Mitgliedsstaaten der *Europäischen Union* angewendet werden, erfolgt vor der Vergabe größerer Kredite im Rahmen von sogenannten **Ratings** (englisch: Beurteilung) eine Überprüfung der **Bonität** des Kreditnehmers, also von seiner Fähigkeit, zukünftig seinen Schuldendienstverpflichtungen nachzukommen. Prüfkriterien sind unter anderem die Wettbewerbsposition des Unternehmens, die Eignung und die Pläne des Managements sowie die Ertrags- und die Finanzlage. Basierend auf dieser Prüfung legt der Kreditgeber dann die Kredithöhe und die Kreditzinsen fest (vergleiche *Nagl, A.* 2003: Seite 65 ff.).

Kreditbesicherung

Als Ergebnis der Prüfung wird zudem häufig eine Kreditbesicherung gefordert, die sicherstellt, dass der Kreditgeber im Insolvenzfall zumindest einen Teil der bereitgestellten Finanzmittel zurückerhält. Formen der Kreditbesicherungen sind insbesondere (vergleiche *Perridon, L./Steiner, M.* 1991: Seite 297 ff.):

- Bürgschaften,
- Sicherungsübereignungen von materiellen Gütern,
- Grundpfandrechte an Grundstücken in Form von Hypotheken und
- Sicherungsabtretungen von Rechten und Forderungen.

Nach der Fristigkeit lassen sich die in ↗ Abbildung 12-5 aufgeführten Formen der Kreditfinanzierung unterscheiden, auf die nachfolgend noch genauer eingegangen wird (vergleiche dazu *Perridon, L./Steiner, M.* 1991: Seite 305 ff., *Schierenbeck, H.* 2003: Seite 430 ff. und *Wöhe, G.* 2002: Seite 686 ff.).

Mezzaninefinanzierung

Da sie nicht nur Fremd-, sondern auch Eigenkapitalmerkmale aufweisen, werden die nachfolgend aufgeführten Wandelschuldverschreibungen, Optionsschuldverschreibungen, Gewinnschuldverschreibungen und Genussscheine zudem der sogenannten Mezzaninefinanzierung zugerechnet (vergleiche *Hugentobler, W./Blattner, M.* 2005: Seite 448).

Abb. 12-5

Formen der Kreditfinanzierung

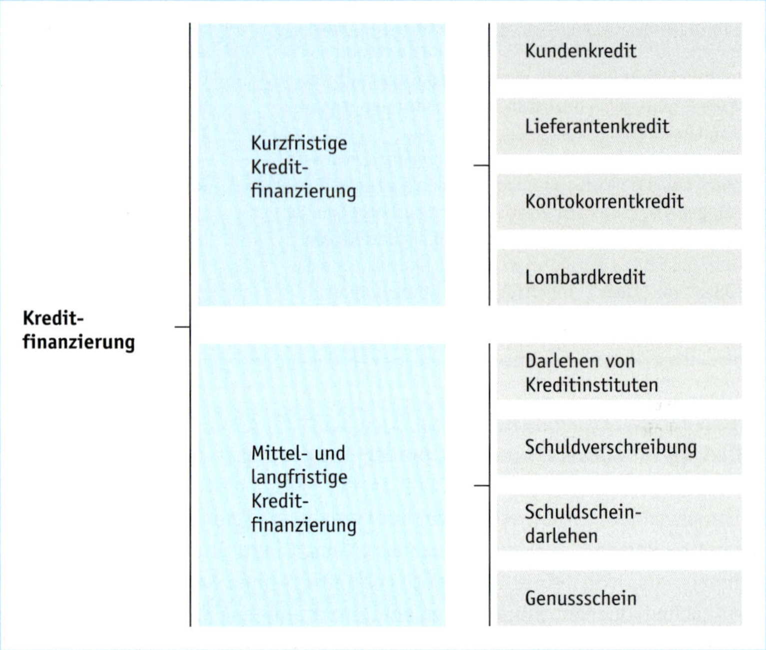

12.4.1 Kundenkredit

Kundenkredite sind in der Regel zinslose An- oder Vorauszahlungen von Abnehmern an ihre Lieferanten. Sie sind bei Großprojekten üblich, bei denen umfangreiche Leistungen über einen längeren Zeitraum hinweg erstellt werden, so beispielsweise im Maschinen-, Schiff- oder Hausbau. Die Kundenkredite bilden zusammen mit den nachfolgend aufgeführten Lieferantenkrediten die sogenannten **Handelskredite**.

12.4.2 Lieferantenkredit

Lieferantenkredite ergeben sich durch das Zahlungsziel, das Lieferanten ihren Abnehmern einräumen. Dies geschieht beispielsweise durch auf Rechnungen ausgewiesene Formulierungen wie »zahlbar innerhalb von 10 Tagen«. In der Regel besteht dabei zur Kreditsicherung ein Eigentumsvorbehalt des Lieferanten an den gelieferten Produkten, bis die Bezahlung erfolgt ist. Der Lieferantenkredit ist in der betrieblichen Praxis sehr häufig anzutreffen. Die Konditionen hängen dabei primär von den Machtverhältnissen zwischen Abnehmern und Lieferanten ab.

Wirtschaftspraxis 12-4

Lieferanten sind die größten Kreditgeber für kurzfristiges Kapital

In dem Zeitraum von 2002 bis 2009 haben sich deutsche Unternehmen durch Handelskredite durchschnittlich mit 345 Milliarden Euro kurzfristig fremdfinanziert. Davon waren 228 Milliarden Euro sogenannte Lieferantenkredite (Inanspruchnahme von Zahlungszielen) und 117 Milliarden Euro erhaltene Anzahlungen von Kunden. Im Vergleich dazu lag das Volumen der kurzfristigen Fremdfinanzierung durch Bankkredite lediglich bei rund 170 Milliarden Euro. Die Lieferantenkredite sind somit im Rahmen der kurzfristigen Fremdfinanzierung das wichtigste Finanzierungsmittel.
Auch in Österreich lässt sich diese Tendenz erkennen. Laut einer Umfrage vom *Kreditschutzverbund KSV 1870* bei insgesamt 1 400 österreichischen Unternehmen sind auch im Nachbarstaat die Unternehmen weniger gewillt, kurzfristige Bankkredite in Anspruch zu nehmen. Wenn die Eigenmittel nicht ausreichen, wird statt dessen auf die kurzfristige Refinanzierung durch die Inanspruchnahme von Zahlungszielen zurückgegriffen. Etwa 20 Prozent aller Unternehmen nutzen dieses Instrument in größerem Rahmen.
In der Schweiz zeichnet sich eine vergleichbare Entwicklung ab. Durch das sogenannte Factoring, also die Abtretung von offenen Rechnungen an Factoringgesellschaften, wird die Liquidität erhöht. So wurde im Jahr 2014 in der Schweiz ein inländisches Rechnungsvolumen von umgerechnet 4,1 Milliarden Euro über Factoring abgewickelt, was einer Zunahme gegenüber 2013 um 5,8 Prozent entspricht. Das Rechnungsvolumen gegenüber ausländischen Abnehmern über Factoring belief sich auf 77,4 Milliarden Euro. Dies bedeutet ein Plus von 14,7 Prozent gegenüber dem Vorjahr.

Quellen: Handelskredite im Spiegel der Unternehmensabschlussanalyse, in : Deutsche Bundesbank, Monatsbericht Oktober 2012, 64. Jahrgang Nr. 10, Seite 57 https://www.ksv.at/pressemeldungen/kredit-nur-gegen-persoenliche-haftung (Stand 29.03.15), https://www.ptext.ch/nachrichten/schweiz-rechnungen-wert-gut-4-milliarden-schweizer-franken-factoring-abgewickelt-898479 (Stand 29.03.15).

12.4.3 Kontokorrentkredit

Ein Kontokorrentkredit (von: conto corrente, italienisch: laufende Rechnung) ist der Betrag, um den ein Kontokorrent- beziehungsweise Girokonto überzogen werden darf. Für den Kreditnehmer bestehen dabei mit der Bank verhandelbare Höchstgrenzen. Der Kontokorrentkredit ist eine der am häufigsten benutzten Formen der kurzfristigen Kreditfinanzierung. Der einfachen Handhabbarkeit stehen in der Regel hohe Zinsen und damit Kreditkosten gegenüber.

12.4.4 Lombardkredit

Ein Lombardkredit ist ein kurzfristiger Kredit, bei dem ein leicht zu liquidierendes, mobiles Gut als Pfand dient. Die Beleihungsgrenze liegt in der Regel bei 60 bis 80 Prozent des Wertes des verpfändeten Gutes. Der Lombardkredit wird meist zur Überbrückung temporärer Liquiditätsprobleme eingesetzt. In Abhängigkeit von den verpfändeten Gütern werden Effektenlombards, Edelmetalllombards, Warenlombards und Forderungslombards unterschieden. Die größte Bedeutung in der Praxis haben Effektenlombards, bei denen leicht verkäufliche Wertpapiere, wie beispielsweise Aktien, als Pfand dienen.

12.4.5 Darlehen von Kreditinstituten

Darlehen von Kreditinstituten stellen die klassische Form der mittel- und langfristigen Kreditfinanzierung kleiner und mittelgroßer Unternehmen dar. Die Kreditkonditionen hängen dabei insbesondere von dem **Rating** des Kreditantragstellers ab.

12.4.6 Schuldverschreibungen

Schuldverschreibungen, die auch als **Anleihen**, **Obligationen** oder **Bonds** bezeichnet werden, dienen der langfristigen Kreditfinanzierung von Großunternehmen. Es handelt sich bei den Schuldverschreibungen um auf einen bestimmten Nennbetrag ausgestellte, festverzinsliche Wertpapiere, mit denen sich der ausstellende Kreditnehmer dem Kreditgeber gegenüber zur gleichmäßigen Tilgung und Zinszahlung verpflichtet. Die oft mehrere Hundert Millionen Euro betragenden Gesamtschulden werden in der Regel in Teilschuldverschreibungen aufgeteilt und dann über Börsen gehandelt, sodass auch Privatpersonen als Kreditgeber auftreten können.

Varianten der Schuldverschreibung

Zusätzlich zu den klassischen Schuldverschreibungen wurden insbesondere folgende Varianten entwickelt:

Zerobonds
Bei Zerobonds beziehungsweise **Null-Kupon-Anleihen** werden die zu zahlenden Zinsen und Zinseszinsen von dem kreditnehmenden Unternehmen einbehalten und erst beim Ablauf der Schuldverschreibung ausbezahlt.

Floating-Rate-Notes
Bei Floating-Rate-Notes besteht keine feste Verzinsung. Der Zinssatz wird vielmehr in festgelegten Intervallen, in der Regel alle sechs Monate, an einen Referenzzinssatz angepasst.

Mischformen der Schuldverschreibung

Teilweise werden normale Schuldverschreibungen auch mit zusätzlichen Rechten gekoppelt, um ihre Attraktivität zu steigern und die zu zahlenden Zinsen zu reduzieren. Dadurch entstehen insbesondere folgende Mischformen:

Wandelschuldverschreibungen
Wandelschuldverschreibungen beziehungsweise **Wandelanleihen** beinhalten das Recht, sie in einem festgelegten Verhältnis in Aktien des kreditnehmenden Unternehmens zu wandeln.

Optionsschuldverschreibungen
Optionsschuldverschreibungen beziehungsweise **Optionsanleihen** beinhalten das Recht, Aktien des kreditnehmenden Unternehmens zu einem bestimmten Kurs zu beziehen.

Wirtschaftspraxis 12-5

Die Finanzierung der Übernahme von Schering

Die *Bayer AG* hat die über 16 Milliarden Euro teure Übernahme des Pharmaunternehmens *Schering* im Jahr 2006 mit vier Milliarden Euro Eigenkapital und vergleichbaren Mitteln, mit zwei Milliarden Euro aus Vermögensumschichtungen durch Verkäufe von Unternehmensbeteiligungen und mit Krediten finanziert. Unter anderem wurde dazu eine sogenannte Zwangswandelanleihe von 2 Milliarden Euro begeben. Bei dieser Form der Schuldverschreibung müssen die Kreditgeber in Aktien des kreditnehmenden Unternehmens wandeln. Die Anleihe wurde von einem Konsortium unter der Führung der *Citigroup* und der *Credit Suisse* innerhalb von vier Stunden bei institutionellen Investoren untergebracht.

Quelle: Bayer besorgt sich Kapital, in: Handelsblatt, Nummer 64 vom 30.03.2006, Seite 21.

Gewinnschuldverschreibungen
Gewinnschuldverschreibungen garantieren zusätzlich zu einer festen Verzinsung einen Anteil am Gewinn des kreditnehmenden Unternehmens.

12.4.7 Schuldscheindarlehen

Schuldscheindarlehen sind Kredite mit Laufzeiten von vier bis zehn Jahren, bei denen als Beweisurkunde für den Kreditgeber ein nicht frei veräußerbarer Schuldschein ausgestellt wird. Die Kreditnehmer sind in der Regel Großunternehmen, die Kreditgeber in der Regel Versicherungsunternehmen und Sozialversicherungsträger. Im Unterschied zu Schuldverschreibungen, die in den meisten Fällen über Börsen vermittelt werden, kommen Schuldscheindarlehen direkt zwischen den Unternehmen zustande.

12.4.8 Genussscheine

Bei Genussscheinen, die auch als **Partizipationsscheine** bezeichnet werden, handelt es sich um Kredite, die als Verzinsung und damit Genussrecht in der Regel Anteile am Erfolg inklusive möglichen Verlusten des kreditnehmenden Unternehmens verbriefen. Anders als Beteiligungen verbriefen Genussscheine keine Mitgliedschafts- und damit Stimmrechte, sondern lediglich Gläubigerrechte. Bei Genussscheinen handelt es sich um Wertpapiere, die über Börsen gehandelt werden und abhängig von der vertraglichen Gestaltung dem Fremd- oder dem Eigenkapital zugeordnet werden. In der Regel endet ihre Laufzeit mit dem Ablauf der Kreditfrist.

12.5 Finanzierung aus Rückstellungen

Bei der **Finanzierung aus Rückstellungen** werden die für Rückstellungen vorgesehenen finanziellen Mittel bis zu ihrer Fälligkeit zur Finanzierung verwendet.

Bei der Finanzierung aus Rückstellungen handelt es sich um eine Form der Fremdfinanzierung, da die Rückstellungen für zukünftig erwartete Verbindlichkeiten gegenüber Externen, wie beispielsweise Pensionären, gebildet werden. Die Finanzierung erfolgt dabei nicht durch Einzahlungen, wie typischerweise bei der Kreditfinanzierung, sondern dadurch, dass es während der Finanzierungsdauer nicht zu Auszahlungen kommt.

Arten von Rückstellungen

Unternehmen bilden Rückstellungen für Verpflichtungen, die zwar am Bilanzstichtag bekannt sind, deren Fälligkeitstermin oder deren genaue Höhe aber unsicher sind. Rückstellungen lassen sich nach der Fristigkeit unterscheiden:

- **Kurzfristige Rückstellungen** werden beispielsweise für Steuern, Instandhaltungen oder Provisionen gebildet.
- **Mittelfristige Rückstellungen** dienen beispielsweise der Absicherung von Prozessrisiken oder von Garantieverpflichtungen.
- **Langfristige Rückstellungen** werden insbesondere für Pensionsansprüche von Unternehmensmitarbeitern gebildet.

Da die Rückstellungen vor der Fälligkeit der entsprechenden Verbindlichkeiten gebildet werden, können sie zur kurz-, mittel- und langfristigen Finanzierung von Unternehmen verwendet werden (vergleiche *Perridon, L./Steiner, M.* 1991: Seite 407 ff., *Wöhe, G.* 2002: Seite 732 ff.).

12.6 Weitere Formen der Finanzierung

12.6.1 Finanzierung aus Vermögensumschichtungen

Bei der **Finanzierung aus Vermögensumschichtung** erfolgt die Bereitstellung von finanziellen Mitteln durch den Verkauf von Vermögensgegenständen.

Bei der Finanzierung aus Vermögensumschichtungen handelt es sich also um eine Innenfinanzierung. Während sich die bisher dargestellten Möglichkeiten der Innenfinanzierung immer auf die Passivseite der Bilanz auswirkten, handelt es sich bei der Finanzierung durch Vermögensumschichtungen aus bilanzieller Sicht um einen Aktivtausch (↗ Kapitel 10 Externes Rechnungswesen), so beispielsweise wenn ein Gebäude verkauft wird, wodurch das Anlagevermögen abnimmt, während gleichzeitig die flüssigen Mittel zunehmen. Entsprechende Vorgänge werden in der Kapital-/ Geldflussrechnung als Cashflow aus der (Des-)Investitionstätigkeit ausgewiesen. Da das Geld nicht von externen Kapitalgebern stammt, wird die Finanzierung durch Vermögensumschichtung der Innenfinanzierung zugerechnet. Aufgrund der fehlenden

Auswirkungen auf die Passivseite der Bilanz ist jedoch keine Zuordnung zur Eigen- oder Fremdfinanzierung möglich.

12.6.2 Subventionsfinanzierung

Bei der **Subventionsfinanzierung** wird von staatlichen Kapitalgebern eingebrachtes Kapital zur Finanzierung verwendet, für dessen Einbringung keine unmittelbaren geldlichen Gegenleistungen zu erbringen sind.

Typische Erscheinungsformen der Subventionsfinanzierung sind direkte Kapitalzuschüsse, zinsreduzierte Kredite oder Steuerbegünstigungen. Entsprechende Subventionen werden beispielsweise eingesetzt, um den Aufbau von Betriebsstätten in strukturschwachen Regionen zu fördern oder um die Durchführung von innovativen, aber risikoreichen Forschungsvorhaben, an denen ein öffentliches Interesse besteht, sicherzustellen (vergleiche *Schierenbeck, H.* 2003: Seite 447 f.).

12.7 Kapitalsubstitution

Statt Kapital zu beschaffen, kann auch das zu finanzierende Anlage- und Umlaufvermögen von Unternehmen reduziert werden und damit Eigen- oder Fremdkapital substituiert werden.

12.7.1 Miete, Pacht und Leasing

Um keine Finanzierung vornehmen zu müssen, werden insbesondere Sachanlagen häufig nicht angeschafft oder selbst hergestellt, sondern gemietet, gepachtet oder geleast. Zwischen diesen drei Möglichkeiten bestehen dabei folgende Unterschiede:

Miete
Werden Anlagegüter gemietet, so darf der Mieter, also das mietende Unternehmen, diese Mietsache während der Mietzeit gegen Entgelt gebrauchen.

Pacht
Die Pacht unterscheidet sich von der Miete dadurch, dass der Pächter die Pachtsache nicht nur gebrauchen darf, sondern auch die damit direkt erwirtschafteten Erträge erhält. Dies ist beispielsweise bei der Pacht einer Jagd, eines Gastronomiebetriebs oder einer Landwirtschaftsfläche der Fall.

Leasing
Beim Leasing handelt es sich um eine atypische Form der Miete. Über zusätzliche vertragliche Bestimmungen werden dabei Risiken und Pflichten vom Leasinggeber,

also dem Vermieter, auf den Leasingnehmer, also den Mieter, übertragen. Dadurch ergeben sich abhängig von der Vertragsgestaltung mehr oder weniger die Merkmale eines Ratenkaufs. Risiken und Pflichten, die übertragen werden können, sind beispielsweise Risiken von Wertminderungen des Leasinggegenstandes oder Verpflichtungen zur Instandhaltung des Leasinggegenstandes.

Während gemietete und gepachtete Anlagegüter grundsätzlich nicht dem Eigentum des Mieters beziehungsweise Pächters zugeordnet und somit nicht in deren Bilanz ausgewiesen werden, hängt dies beim Leasing von den getroffenen vertraglichen Bestimmungen ab. Entsprechend werden verschiedene Formen des Leasings unterschieden, auf die hier jedoch nicht näher eingegangen werden soll.

12.7.2 Sale-and-lease-back

Das Sale-and-lease-back-Verfahren stellt eine Mischung aus Vermögensumschichtung und Leasing dar. Unternehmen verkaufen dabei Güter des Anlagevermögens, wie beispielsweise Immobilien, an Leasingunternehmen und mieten die Güter dann von diesen zurück.

12.7.3 Factoring

Das **Factoring** bezeichnet den Aufkauf von Forderungen aus Lieferungen und Leistungen durch eine Factoringgesellschaft, den sogenannten Factor.

Abb. 12-6

Ablauf des Factorings

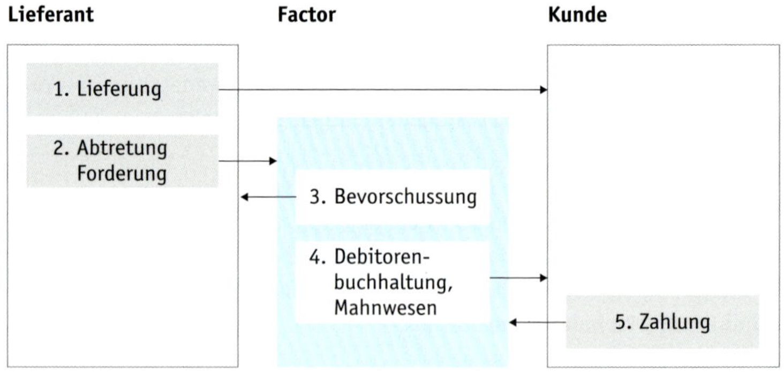

Vergleiche *Jung, H.* 2004: Seite 745

Funktionen des Factors

Im Einzelnen übernimmt der Factor für Unternehmen (↗ Abbildung 12-6, zum Folgenden vergleiche *Jung, H.* 2004: Seite 745):

- **Finanzierungsfunktionen**, da Unternehmen vom Factor das Geld, das ihnen ihre Kunden schulden, bekommen,
- **Kreditversicherungsfunktionen**, da der Factor beim echten Factoring das Risiko trägt, wenn Kunden nicht zahlen.
- **Dienstleistungsfunktionen**, da der Factor administrative Aufgaben, wie beispielsweise die Debitorenbuchhaltung oder das Mahnwesen übernimmt.

Die Gebühren für das Factoring betragen allerdings 10 bis 15 Prozent des Forderungsvolumens. Das Factoring stellt damit eine relativ teure Form der Fremdfinanzierung dar (vergleiche *Perridon, L./Steiner, M.* 1991: Seite 359 ff., *Wöhe, G.* 2002: Seite 710 ff.).

Zwischenübung Kapitel 12.2–12.7

Markieren Sie bei den folgenden Finanzierungen die zutreffenden Klassifikationen mit einem Kreuz und die nicht zutreffenden mit einem horizontalen Strich:

Zu klassifizierende Finanzierungen	Eigenfinanzierung	Innenfinanzierung	Beteiligungsfinanzierung	Kreditfinanzierung	Kapitalsubstitution
Ein Einzelunternehmer least ein Auto.					
Im Zuge der Gründung einer Kapitalgesellschaft werden 25 000,00 € auf deren Konto eingezahlt.					
Ein Unternehmen bildet Rückstellungen für Pensionen.					
Ein Unternehmen erhält für eine große Bestellung eine Anzahlung von 10 000,00 €.					
Eine Bank erhöht ihr Stamm-/Grundkapital um 200 000 000,00 €.					
Ein Chemieunternehmen begibt eine Anleihe über 50 000 000,00 €.					
Die Aktionäre einer Aktiengesellschaft beschließen, vom Gewinn 10 000,00 € einzubehalten.					

12.8 Kennzahlen

Im Hinblick auf die Steuerung der Finanzierung ist insbesondere die Kapitalstruktur von Bedeutung. Zu Erfassung und Optimierung der Kapitalstruktur gibt es eine Reihe von Kennzahlen und **Finanzierungsregeln**, wobei letztere hinsichtlich ihrer Bedeutung umstritten sind. Die horizontale Kapitalstruktur bezieht sich auf Posten der Aktiv- und der Passivseite der Bilanz, die vertikale Kapitalstruktur nur auf die Struktur innerhalb einer Seite der Bilanz (↗ Abbildung 12-7).

Abb. 12-7

Kapitalstruktur

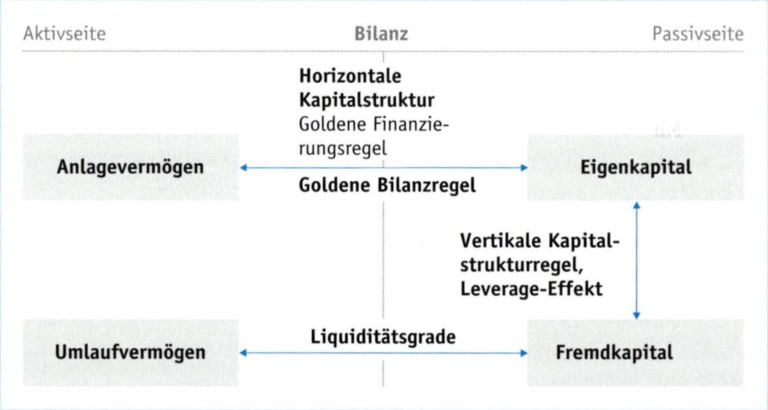

12.8.1 Horizontale Kapitalstruktur

Für die Analyse und Verbesserung der horizontalen Kapitalstruktur sind die folgenden Kennzahlen und Regeln von Bedeutung (vergleiche *Günther, P./Schittenhelm, F.A.* 2003: Seite 10 f.).

12.8.1.1 Liquiditätsgrade

Die Liquiditätsgrade ersten bis dritten Grades sind ein Maßstab dafür, ob genug flüssige Mittel und gegebenenfalls in flüssige Mittel umwandelbare Vermögensgegenstände vorhanden sind, um kurzfristige Verbindlichkeiten zu erfüllen. Sie setzen entsprechend die liquiden Mittel, die Forderungen und das Umlaufvermögen in ein Verhältnis zu den kurzfristigen Verbindlichkeiten. Als Regel gilt dabei, dass die Liquidität dritten Grades über 200 Prozent betragen sollte. Werte unter 100 Prozent gelten hingegen als Indikator dafür, dass die Existenz des Unternehmens bedroht ist.

Liquiditätsgrade

Die Liquiditätsgrade werden folgendermaßen ermittelt (vergleiche *Coenenberg, A. G.* 2005: Seite 959, 964 und 1006):

$$\text{Liquidität 1. Grades} = \frac{\text{Liquide Mittel}}{\text{Kurzfristiges Fremdkapital}} [\%]$$

$$\text{Liquidität 2. Grades} = \frac{\text{Liquide Mittel} + \text{Forderungen a. Lieferungen u. Leistungen}}{\text{Kurzfristiges Fremdkapital}} [\%]$$

$$\text{Liquidität 3. Grades} = \frac{\text{Umlaufvermögen}}{\text{Kurzfristiges Fremdkapital}} [\%]$$

Der Posten »Liquide Mittel« setzt sich dabei aus den Bilanzpositionen:

- flüssige Mittel und
- Wertpapiere des Umlaufvermögens

zusammen, der Posten »Kurzfristiges Fremdkapital« näherungsweise aus den Bilanzpositionen:

- Bilanzgewinn,
- 50 Prozent der Rückstellungen,
- Verbindlichkeiten aus Lieferungen und Leistungen,
- übrige Verbindlichkeiten und
- passive Rechnungsabgrenzungsposten.

12.8.1.2 Goldene Finanzierungsregel/Goldene Bankregel

Die goldene Finanzierungsregel, die auch als »Goldene Bankregel« bezeichnet wird, besagt, dass die Dauer der Kapitalbindung in dem Anlage- und Umlaufvermögen mit der Dauer der Kapitalüberlassung übereinstimmen soll. Die sogenannte »Goldene Bilanzregel« operationalisiert diese Regel, indem gefordert wird, dass das Anlagevermögen mit Eigenkapital und langfristigem Fremdkapital finanziert wird:

Goldene Bilanzregel

$$\frac{\text{Eigenkapital} + \text{langfristiges Fremdkapital}}{\text{Anlagevermögen}} \geq 1$$

Der Posten »Langfristiges Fremdkapital« setzt sich dabei näherungsweise aus folgenden Bilanzpositionen zusammen:

- 50 Prozent der Rückstellungen,
- Anleihen,
- Verbindlichkeiten gegenüber Kreditinstituten.

12.8.2 Vertikale Kapitalstruktur

Für die Erfassung und Optimierung der vertikalen Kapitalstruktur sind insbesondere die folgenden Kennzahlen und Regeln, die sich auf die Passivpositionen der Bilanz beziehen, von Bedeutung (vergleiche *Günther, P./Schittenhelm, F. A.* 2003: Seite 8 f. und 64 ff.).

12.8.2.1 Vertikale Kapitalstrukturregel

Gemäß der vertikalen Kapitalstrukturregel soll genauso viel Eigen- wie Fremdkapital eingesetzt werden. Dies wird insbesondere damit begründet, dass dadurch das Risiko der Gläubiger niedrig ist. Die vertikale Kapitalstruktur kann mittels des Verschuldungsgrades oder mittels der Eigenkapitalquote analysiert werden. Nach der vertikalen Kapitalstrukturregel sollte der Verschuldungsgrad kleiner als 100 Prozent beziehungsweise die Eigenkapitalquote größer als 50 Prozent sein.

$$\text{Verschuldungsgrad} = \frac{\text{Fremdkapital}}{\text{Eigenkapital}} \, [\%]$$

$$\text{Eigenkapitalquote} = \frac{\text{Eigenkapital}}{\text{Eigenkapital} + \text{Fremdkapital}} \, [\%]$$

Dem Fremdkapital werden für die Ermittlung auch die Rückstellungen und die passiven Rechnungsabgrenzungsposten zugerechnet.

12.8.2.2 Leverage-Effekt

Die meisten Unternehmen halten sich nicht an die vertikale Kapitalstrukturregel, sondern setzen wesentlich mehr Fremd- als Eigenkapital ein. Als Grund dafür wird insbesondere der sogenannte Leverage-Effekt (englisch: Hebel-Effekt) genannt. Dieser besagt, dass die Rentabilität des in ein Unternehmen investierten Eigenkapitals durch eine höhere Verschuldung gesteigert werden kann, wenn die im Unternehmen

Wirtschaftspraxis 12-6

Die Eigenkapitalquoten deutscher Unternehmen

Das *Institut für Wirtschaftsprüfung* der Universität des Saarlandes hat die Eigenkapitalquote für eine Reihe großer deutscher Unternehmen ermittelt. Die analysierten Unternehmen hatten im Jahr 2005 eine durchschnittliche Eigenkapitalquote von 39,7 Prozent (entspricht einem Verschuldungsgrad von 152 Prozent). Spitzenreiter war *T-Online International* mit einer Eigenkapitalquote von 90,9 Prozent (entspricht einem Verschuldungsgrad von 10 Prozent), Schlusslicht die *Deutsche Post* mit 5,4 Prozent (entspricht einem Verschuldungsgrad von 1 752 Prozent).

Quelle: Deutschlands Top-Konzerne, in: Handelsblatt Nr. 161 vom 22.08.2005, S. 11.

erzielte Gesamtrentabilität größer ist als der Zinssatz, zu dem Fremdkapital aufgenommen werden kann:

$$R_E = R + (R - r) \times \frac{FK}{EK}$$

mit:

R_E	=	Eigenkapitalrentabilität
R	=	Gesamtkapitalrentabilität
r	=	Fremdkapitalzinssatz
FK	=	Fremdkapital
EK	=	Eigenkapital
FK/EK	=	Verschuldungsgrad

Der höheren Eigenkapitalrentabilität steht aber auch ein höheres Risiko gegenüber, da es bei einem hohen Verschuldungsgrad und einer zurückgehenden Gesamtrentabilität schnell zu einer negativen Eigenkapitalrentabilität und damit langfristig zu einer Überschuldung und Insolvenz kommen kann. Dieser Zusammenhang wird in der ↗ Tabelle 12-2 verdeutlicht.

Tab. 12-2

Auswirkungen des Leverage-Effekts

	Eigenkapitalrentabilität bei einem Fremdkapitalzinssatz von 5 %		
Verschuldungsgrad / Gesamtkapitalrentabilität	**0**	**2**	**4**
0 %	0 %	–10 %	–20 %
5 %	5 %	5 %	5 %
10 %	10 %	20 %	30 %

Zwischenübung Kapitel 12.8

Aus der Bilanz der Speedy GmbH zum 31.12.0001 wurden die in nachfolgender Tabelle dargestellten Werte abgeleitet. Wie ist die Kapitalstruktur der Speedy GmbH auf Basis dieser Werte zu beurteilen?

Anlagevermögen	**335 000 T€**
Umlaufvermögen	**655 000 T€**
Forderungen aus Lieferungen und Leistungen	205 000 T€
Liquide Mittel	390 000 T€
Eigenkapital	**273 000 T€**
Fremdkapital	**717 000 T€**
Langfristiges Fremdkapital	380 000 T€
Kurzfristiges Fremdkapital	337 000 T€
Liquidität 1. Grades	
Liquidität 2. Grades	
Liquidität 3. Grades	
Goldene Bilanzregel	
Verschuldungsgrad	
Eigenkapitalquote	

Zusammenfassung Kapitel 12

- Unter der Finanzierung werden alle Aktivitäten verstanden, die sich auf den Umfang und die Zusammensetzung des auf der Passivseite der Bilanz ausgewiesenen Kapitals auswirken.
- Je nach Rechtsstellung des Kapitalgebers werden die Eigen- und die Fremdfinanzierung unterschieden.
- In Abhängigkeit von der Herkunft des Kapitals werden die Innen- und die Außenfinanzierung unterschieden.
- Unter der Liquidität wird die Fähigkeit eines Unternehmens verstanden, zu jeder Zeit seine fälligen Verbindlichkeiten zurückzahlen zu können.
- Bei der Beteiligungsfinanzierung wird von externen Kapitalgebern eingebrachtes Eigenkapital zur Finanzierung verwendet.
- Bei der Selbstfinanzierung wird das Eigenkapital durch die Einbehaltung von Gewinnen erhöht.
- Bei der Kreditfinanzierung wird von externen Kapitalgebern eingebrachtes Fremdkapital zur Finanzierung verwendet.

- Erscheinungsformen der kurzfristigen Kreditfinanzierung sind Kunden-, Lieferanten-, Kontokorrent- und Lombardkredite.
- Erscheinungsformen der mittel- und langfristigen Kreditfinanzierung sind Bankkredite, Schuldverschreibungen, Schuldscheindarlehen und Genussscheine.
- Bei der Finanzierung aus Rückstellungen werden die für Rückstellungen vorgesehenen finanziellen Mittel bis zu ihrer Fälligkeit zur Finanzierung verwendet.
- Bei der Finanzierung aus Vermögensumschichtung erfolgt die Bereitstellung von finanziellen Mitteln durch den Verkauf von Vermögensgegenständen.
- Bei der Subventionsfinanzierung wird von staatlichen Kapitalgebern eingebrachtes Kapital zur Finanzierung verwendet, für dessen Einbringung keine unmittelbaren geldlichen Gegenleistungen zu erbringen sind.
- Das Factoring bezeichnet den Aufkauf von Forderungen aus Lieferungen und Leistungen durch eine Factoringesellschaft.
- Für die Analyse und die Optimierung der horizontalen Kapitalstruktur werden die Liquiditätsgrade und die Goldene Finanzierungsregel verwendet.
- Für die Analyse und die Optimierung der vertikalen Kapitalstruktur werden der Verschuldungsgrad und der Leverage-Effekt verwendet.

Weiterführende Literatur Kapitel 12

Perridon, L./Steiner, M.: Finanzwirtschaft der Unternehmung, München.

Schlüsselbegriffe Kapitel 12

- Finanzierung
- Eigenkapital
- Fremdkapital
- Eigenfinanzierung
- Fremdfinanzierung
- Außenfinanzierung
- Innenfinanzierung
- Liquidität
- Cash-to-Cash-Zyklus
- Beteiligungsfinanzierung
- Public Equity
- Private Equity
- Venture Capital
- Going-public
- Initial Public Offering
- Selbstfinanzierung
- Kreditfinanzierung
- Rating
- Bonität
- Junk-Bond
- Kreditbesicherung
- Mezzaninefinanzierung
- Handelskredit
- Kundenkredit
- Lieferantenkredit
- Kontokorrentkredit
- Lombardkredit
- Bankkredit
- Schuldverschreibung
- Anleihe
- Obligation
- Bond
- Zerobond
- Floating-Rate-Note
- Wandelschuldverschreibung
- Optionsschuldverschreibung
- Gewinnschuldverschreibung
- Schuldscheindarlehen
- Genussschein
- Rückstellung
- Vermögensumschichtung
- Subventionsfinanzierung
- Kapitalsubstitution
- Leasing
- Sale-and-lease-back
- Factoring
- Liquiditätsgrad
- Goldene Bankregel
- Verschuldungsgrad
- Leverage-Effekt

Fragen Kapitel 12

Frage 12-1: *Definieren Sie den Begriff »Finanzierung«.*

Frage 12-2: *Erläutern Sie anhand von mindestens vier Kriterien, worin sich das Eigen- vom Fremdkapital unterscheidet.*

Frage 12-3: *Erläutern Sie, was unter mittelfristigem Kapital verstanden wird.*

Frage 12-4: *Erläutern Sie den Unterschied zwischen der Innen- und der Außenfinanzierung.*

Frage 12-5: *Nennen Sie die vier wichtigsten Formen der Finanzierung.*

Frage 12-6: *Nennen Sie drei Ziele der Finanzierung.*

Frage 12-7: *Erläutern Sie, wovon der Finanzierungsbedarf abhängt.*

Frage 12-8: *Erläutern Sie, wozu eine Finanzplanung durchgeführt wird.*

Frage 12-9: *Definieren Sie den Begriff »Beteiligungsfinanzierung«.*

Frage 12-10: *Erläutern Sie, für welche Unternehmen sich eine Beteiligungsfinanzierung über Private Equity eignet.*

Frage 12-11: *Erläutern Sie, was unter Venture Capital verstanden wird.*

Frage 12-12: *Erläutern Sie, wie die Beteiligungsfinanzierung über Public Equity erfolgt.*

Frage 12-13: *Erläutern Sie, wie die Selbstfinanzierung erfolgt.*

Frage 12-14: *Erläutern Sie, was unter der offenen Selbstfinanzierung verstanden wird.*

Frage 12-15: *Definieren Sie den Begriff »Kreditfinanzierung«.*

Frage 12-16: *Erläutern Sie, wozu Ratings dienen.*

Frage 12-17: *Erläutern Sie, was unter der Bonität verstanden wird.*

Frage 12-18: *Nennen Sie mindestens fünf Formen der Kreditfinanzierung.*

Frage 12-19: *Erläutern Sie, was kennzeichnend für Mezzaninefinanzierungen ist.*

Frage 12-20: *Erläutern Sie, was unter einem Kundenkredit verstanden wird.*

Frage 12-21: *Erläutern Sie, was unter einem Lieferantenkredit verstanden wird.*

Frage 12-22: *Erläutern Sie, was unter einem Kontokorrentkredit verstanden wird.*

Frage 12-23: *Erläutern Sie, was unter Schuldverschreibungen verstanden wird.*

Frage 12-24: *Erläutern Sie, wie die Finanzierung aus Rückstellungen erfolgt.*

Frage 12-25: *Erläutern Sie, wie die Finanzierung aus Vermögensumschichtung erfolgt.*

Frage 12-26: *Erläutern Sie, was unter einer Kapitalsubstitution verstanden wird.*

Frage 12-27: *Nennen Sie mindestens drei Möglichkeiten der Kapitalsubstitution.*

Frage 12-28: *Erläutern Sie die Unterschiede zwischen der Miete, der Pacht und dem Leasing.*

Frage 12-29: *Erläutern Sie, was unter dem Sale-and-lease-back verstanden wird.*

Frage 12-30: *Erläutern Sie, was unter dem Factoring verstanden wird.*

Frage 12-31: *Erläutern Sie, was die goldene Bilanzregel besagt.*

Frage 12-32: *Erläutern Sie, welchen Zusammenhang der Leverage-Effekt beschreibt.*

Fallstudie Kapitel 12

Analysieren Sie auf Basis der in nachfolgender Tabelle angegebenen Werte die Kapitalstruktur der Speedy GmbH und interpretieren Sie die Ergebnisse.

Anlagevermögen	**450 000 T€**
Umlaufvermögen	**760 000 T€**
Forderungen aus Lieferungen und Leistungen	285 000 T€
Liquide Mittel	400 000 T€
Eigenkapital	**493 000 T€**
Fremdkapital	**717 000 T€**
Langfristiges Fremdkapital	380 000 T€
Kurzfristiges Fremdkapital	457 000 T€
Liquidität 1. Grades	
Liquidität 2. Grades	
Liquidität 3. Grades	
Goldene Bilanzregel	
Verschuldungsgrad	
Eigenkapitalquote	

13 Investition

Kapitelnavigator

Inhalt	Lernziel
13.1 Grundlagen	13-1 Die Grundlagen von Investitionen kennen.
13.2 Ermittlung der Investitionsdaten	13-2 Investitionsdaten ermitteln können.
13.3 Statische Verfahren der Investitionsrechnung	13-3 Die statischen Verfahren der Investitionsrechnung durchführen können.
13.4 Dynamische Verfahren der Investitionsrechnung	13-4 Die dynamischen Verfahren der Investitionsrechnungen durchführen können.
13.5 Qualitative Aspekte von Investitionsentscheidungen	13-5 Die qualitativen Aspekte von Investitionsentscheidungen kennen.
13.6 Kennzahlen	13-6 Die wichtigsten Investitions-Kennzahlen kennen.

Um erfolgreich zu sein, müssen Unternehmen das ihnen im Rahmen der Finanzierung zur Verfügung gestellte Kapital »richtig« verwenden. Was richtig ist, wird im Investitionsbereich entschieden. Als Maßstab dienen dabei die durch die Verwendung des Kapitals erwirtschafteten finanziellen Mittel.

Unter einer Investition kann entsprechend allgemein die Verwendung finanzieller Mittel für die Erwirtschaftung finanzieller Mittel verstanden werden. In der Regel wird der Investitionsbegriff aber auf Anlagegüter eingeschränkt. Er kann dann bilanziell wie folgt definiert werden:

> Unter **Investitionen** werden alle Aktivitäten verstanden, die sich auf den Umfang und die Zusammensetzung des in der Bilanz ausgewiesenen Anlagevermögens auswirken (vergleiche *Schäfer-Kunz, J.* 2019: Seite 281 f.).

13.1 Grundlagen

13.1.1 Einordnung

Der Investitionsbereich ist einer der Teilbereiche des Finanzwesens. Schnittstellen bestehen insbesondere zu folgenden Bereichen (↗ Abbildung 13-1):

Abb. 13-1

Einordnung des Investitionsbereichs

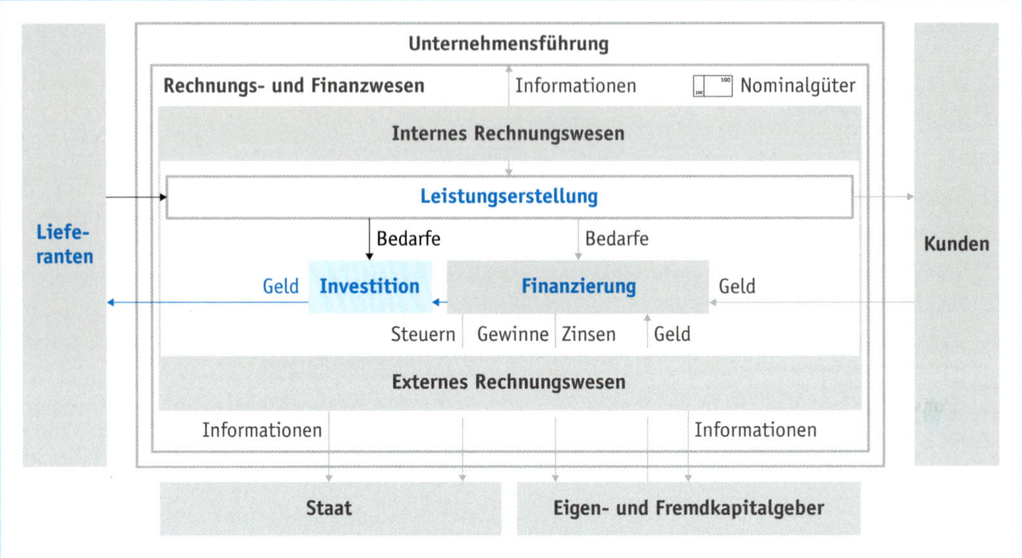

- **Leistungserstellung:** Der Leistungserstellungsbereich bestimmt den Investitionsbedarf.
- **Finanzierung:** Der Finanzbereich gibt den maximal möglichen Investitionsrahmen vor.
- **Lieferanten:** Die Investitionsmittel fließen Lieferanten zu, die im Gegenzug die für die Leistungserstellung benötigten Investitionsgüter liefern.

Im externen Rechnungswesen werden Investitionsprozesse folgendermaßen in den Jahres(abschluss)rechnungen abgebildet:

- **Bilanz:** In den Posten des Anlagevermögens.
- **Gewinn- und Verlust-/Erfolgsrechnung:** In den Posten des Betriebs- und des Finanzergebnisses.
- **Kapital-/Geldflussrechnung:** In den Posten des Cashflows aus der Investitionstätigkeit.

13.1.2 Unterteilung der Investitionen

Investitionen lassen sich hinsichtlich des Investitionsobjekts, der Zielsetzung der Investition, der Nutzungsdauer des Investitionsobjekts und des Auftretens im Zeitablauf klassifizieren (↗ Abbildung 13-2).

Unterteilung nach dem Investitionsobjekt

Investitionen in Betriebsmittel beziehungsweise Sachanlagen werden als **Real-** oder **Sachinvestitionen** bezeichnet. Sie werden im Mittelpunkt der nachfolgenden Ausführungen stehen. Bei Investitionen in Unternehmensbeteiligungen oder in andere Möglichkeiten der Finanzanlage handelt es sich um **Finanzinvestitionen**, bei Investitionen in Dienstleistungen oder Know-how um **immaterielle Investitionen**.

Unterteilung nach der Zielsetzung

Von besonderer Bedeutung für die Beurteilung von Investitionen ist die Zielsetzung beziehungsweise der Anlass einer Investition. Hinsichtlich der Zielsetzung lassen sich folgende Investitionen unterscheiden:

Errichtungsinvestitionen

Eine Errichtungsinvestition liegt bei der erstmaligen Beschaffung eines Betriebsmittels zur Produktion eines neuen Produkts vor. Das ist beispielsweise der Fall, wenn eine neue Fabrik errichtet wird.

Abb. 13-2

Investitionsarten

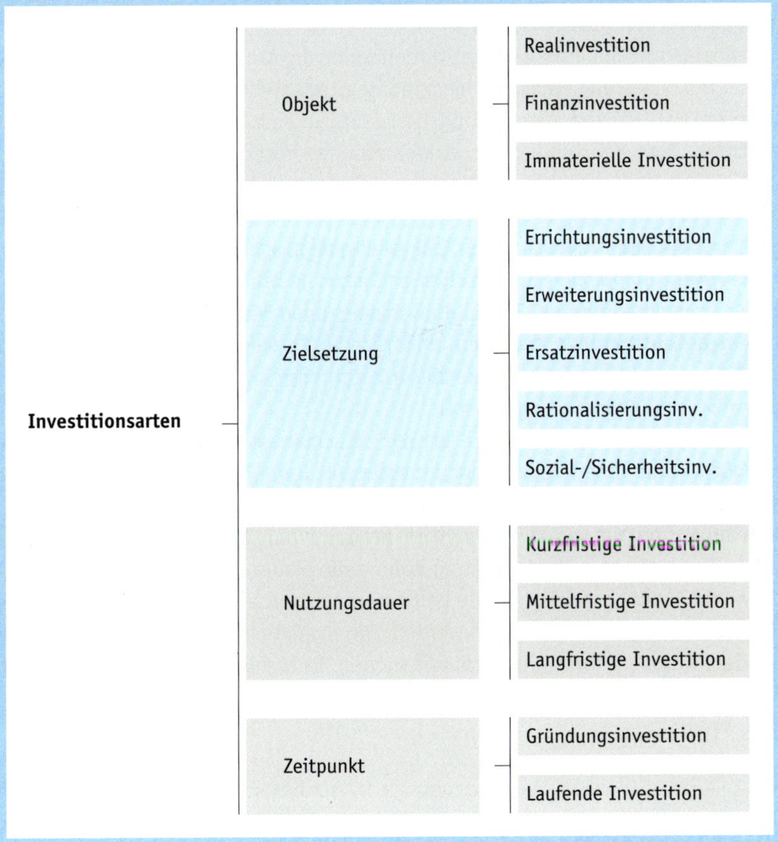

Erweiterungsinvestitionen
Charakteristisch für eine Erweiterungsinvestition ist, dass die Kapazität der vorhandenen Betriebsmittel vergrößert wird, beispielsweise indem eine zweite, mit der bisherigen Einrichtung identische Produktionseinrichtung beschafft wird. Meist ist dies notwendig, um die gestiegene Nachfrage nach einem Produkt befriedigen zu können.

Ersatzinvestitionen
Bei einer Ersatzinvestition werden Betriebsmittel, die hohe Instandhaltungskosten verursachen oder nicht mehr dem aktuellen Stand der Technik entsprechen, durch neue Betriebsmittel ersetzt. Dies ist beispielsweise bei dem Ersatz einer alten, manuell gesteuerten Fräsmaschine durch einen CNC-Fräsautomaten der Fall.

Rationalisierungsinvestitionen
Im Rahmen von Rationalisierungsinvestitionen wird menschliche Arbeitskraft durch (voll-)automatische Betriebsmittel ersetzt, also beispielsweise ein manueller Montageplatz durch einen Montageautomaten.

Sozial-/Sicherheitsinvestitionen
Durch Sozial- und Sicherheitsinvestitionen sollen die Arbeitsbedingungen verbessert werden. Die Schaffung eines Betriebskindergartens stellt beispielsweise eine Sozialinvestition dar, ein verbesserter Eingriffsschutz an einer Maschine eine Sicherheitsinvestition. Eine Beurteilung der wirtschaftlichen Vorteilhaftigkeit entsprechender Investitionen ist meist nicht möglich.

Fallbeispiel 13-1 Investitionsentscheidung Montageautomat
▸▸▸ Die *Speedy GmbH* stellt für den eigenen Bedarf in ihrer Produktion Türmodule her, die eine Innenverkleidung, eine Schließanlage, einen Fensterheber inklusive Fenster und einen Lautsprecher umfassen. Die Türmodule werden von fünf Mitarbeitern manuell montiert. Durch die Löhne dieser Mitarbeiter entstehen im Jahr Auszahlungen von 50 000,00 Euro je Mitarbeiter.
Der Produktionsleiter, Herr *Röthi*, erwägt, die manuelle Türmodulmontage durch einen Halb- oder einen Vollautomat zu ersetzen. Beim Halbautomaten würden drei der fünf Mitarbeiter wegrationalisiert, beim Vollautomaten alle fünf Mitarbeiter.
Durch die Automaten würde sich auch die produzierbare Menge an Türmodulen erhöhen. Nach einer ersten Untersuchung könnte die bisher produzierte und abgesetzte Menge von 30 000 Stück durch die beiden Investitionsalternativen um 5 000 Stück auf 35 000 Stück je Jahr gesteigert werden. Die zusätzlichen Türmodule würden dann an andere Automobilhersteller verkauft werden. Es handelt sich bei dem Fallbeispiel also nicht nur um eine Rationalisierungs-, sondern auch um eine Erweiterungsinvestition. ◂◂◂

Zwischenübung Kapitel 13.1.2

In einem Fertigungsbereich mit 20 Mitarbeitern wird überlegt, 2 Mitarbeiter durch eine Maschine zu ersetzen. Um welche Art von Investition handelt es sich?

Investitionsart	

13.1.3 Aufgaben im Investitionsbereich

Die mit Investitionsentscheidungen von Unternehmen betrauten Bereiche haben in der Regel folgende Aufgaben:

Überprüfung der Investitionsdaten
Im Rahmen von Investitionsentscheidungen werden zuerst die Daten und die getroffenen Annahmen, die in der Regel von anderen Bereichen bereitgestellt werden, auf ihre Richtigkeit und Plausibilität hin überprüft.

Überprüfung der Mindestvorteilhaftigkeit
In der Regel bestehen in Unternehmen bestimmte Mindestanforderungen an Investitionsprojekte, so beispielsweise, dass die Amortisationsdauer weniger als drei Jahre beträgt oder der interne Zinsfuß größer als 12 Prozent ist. Zur Überprüfung wird die **absolute Vorteilhaftigkeit** der einzelnen Investitionsprojekte bestimmt.

Wahl zwischen Investitionsalternativen
Die Wahl zwischen Investitionsalternativen ist durchzuführen, wenn es verschiedene Investitionsmöglichkeiten gibt, mit denen dasselbe Ziel erreicht werden kann, so beispielsweise wenn eine Auswahl zwischen den Fräsmaschinen verschiedener Hersteller getroffen werden muss. Zur Auswahl wird die **relative Vorteilhaftigkeit** der Investitionsalternativen bestimmt.

Auswahl der besten Investitionsprojekte
Eine Auswahl der besten Investitionsprojekte ist erforderlich, wenn nicht genügend finanzielle Mittel zur Verfügung stehen, um alle vorteilhaften Investitionen durchführen zu können.

Investitionscontrolling
Die im Rahmen der Investitionsentscheidung ermittelten Daten werden während der Realisierung der Investition zur Steuerung und zur Kontrolle herangezogen. Falls im Projektverlauf absehbar ist, dass die Investitionsziele nicht erreicht werden, kann es dadurch sogar zu einem Abbruch des Investitionsprojekts kommen.

13.1.4 Vorgehensweise bei Investitionsentscheidungen

Investitionsentscheidungen laufen in der Regel in den nachfolgend beschriebenen Phasen ab (↗ Abbildung 13-3, zum Folgenden vergleiche *Perridon, L./Steiner, M.* 1991: Seite 28 ff. und *Thommen, J.-P./Achleitner, A.-K.* 2003: Seite 588 ff.):

Abb. 13-3

Vorgehensweise bei Investitionsentscheidungen

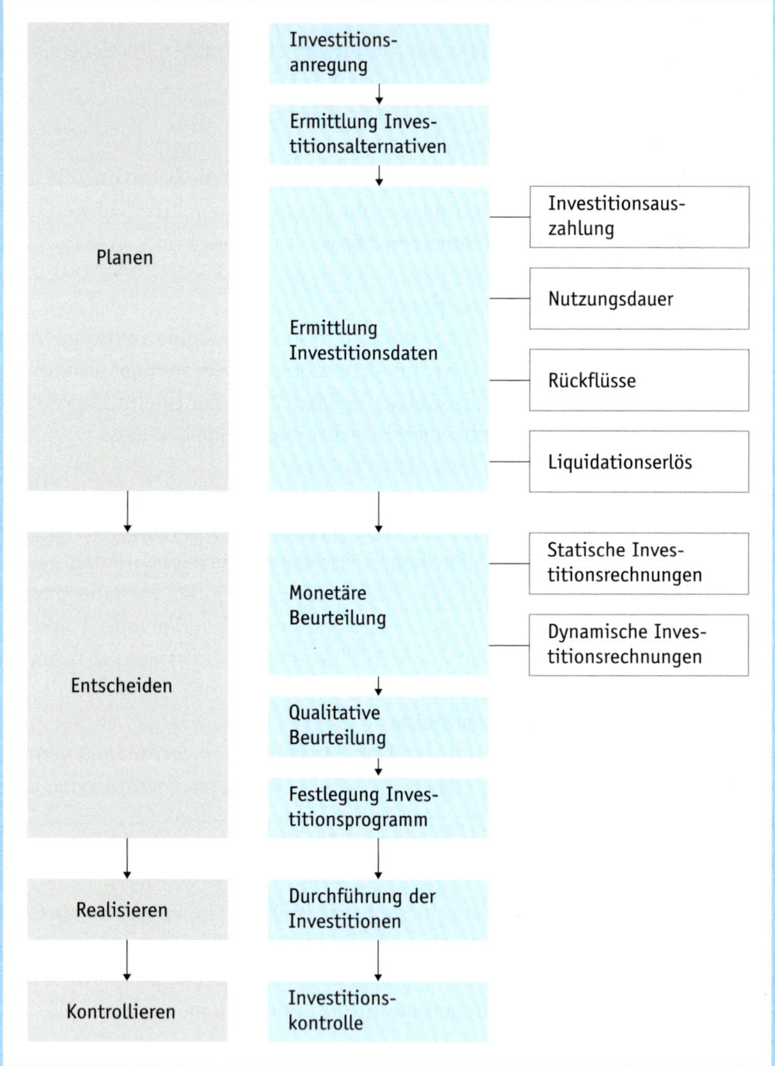

Planungsphase

Investitionsanregung

Die Planungsphase beginnt mit der Anregung einer Investition. Meistens erfolgt dies aufgrund von Planungen in den verschiedenen Unternehmensbereichen, zu deren Realisierung Investitionen notwendig sind. So kann beispielsweise im Produktionsbereich eines Unternehmens aufgrund einer prognostizierten Nachfragesteigerung ein Bedarf für eine zusätzliche Spritzgussmaschine für Kunststoffteile entstehen.

Investitionsalternativen und -daten

Aufgrund der Investitionsanregung werden nachfolgend mögliche Investitionsalternativen und die entsprechenden Investitionsdaten ermittelt. Da die Auswirkungen in der Zukunft liegen, kommen hierbei in der Regel Prognose- und Schätzverfahren zur Anwendung. In dem vorgenannten Beispiel könnte ein Produktionsplaner des Unternehmens verschiedene Angebote für Spritzgussmaschinen einholen und die finanziellen Auswirkungen auf das Unternehmen ermitteln.

Entscheidungsphase

Beurteilung

Nach der Bestimmung der verschiedenen Investitionsalternativen und ihrer Auswirkungen werden die Alternativen mittels der statischen und der dynamischen Verfahren der Investitionsrechnung quantitativ und im Hinblick auf die Erreichung bestimmter Ziele, wie beispielsweise der Flexibilität, oftmals auch qualitativ beurteilt. Basierend auf dieser Beurteilung erfolgt dann eine Entscheidung für eine Investitionsalternative. So entscheidet sich der Produktionsplaner in dem vorgenannten Beispiel aufgrund des höheren Kapitalwerts für eine der Spritzgussmaschinen.

Investitionsprogramm

Für das gesamte Unternehmen stellt sich häufig nicht nur die Frage, ob eine einzelne Investition durchgeführt werden soll oder nicht, sondern es bestehen gleichzeitig Investitionsbedarfe in verschiedenen Unternehmensbereichen, über die entschieden werden muss. Da oft nicht genügend finanzielle Mittel vorhanden sind, um alle Investitionen durchzuführen, müssen den Investitionen Prioritäten zugeordnet und damit ein Investitionsprogramm aufgestellt werden.

Realisierungsphase

Nachdem entschieden wurde, welche Investitionen durchgeführt werden sollen, werden diese realisiert. In dem vorgenannten Beispiel wird die Spritzgussmaschine beschafft, in der Produktion des Unternehmens aufgebaut und in Betrieb genommen.

Kontrollphase

Die Investitionskontrolle umfasst zum einen die sogenannte **Ausführungskontrolle**, bei der überprüft wird, ob die Investitionsvorhaben wie geplant realisiert worden sind, und zum anderen die sogenannte **Ergebniskontrolle** bei der überprüft wird, ob die Investitionen die erwarteten Ergebnisse erzielt haben. So überprüft im vorgenannten Beispiel ein Controller des Unternehmens nach der Inbetriebnahme der Spritzgussmaschine, ob die laufenden Maschinenkosten mit den geplanten Kosten übereinstimmen. Sollten sich bei den Kontrollen Abweichungen ergeben, sind entsprechende Korrekturmaßnahmen einzuleiten.

13.2 Ermittlung der Investitionsdaten

Vor der Durchführung von Investitionsrechnungen müssen eine Reihe von Daten für die verschiedenen Investitionsalternativen ermittelt werden. In der Regel sind dies:

- die Investitionsauszahlung,
- die Nutzungsdauer,
- der Liquidationserlös und
- die Rückflüsse über den Jahren.

Da die Investitionsdaten zu großen Teilen auf Prognosen und Schätzungen basieren, stellen sie den größten Unsicherheitsfaktor bei der monetären Beurteilung von Investitionsvorhaben dar. Den nachfolgend beschriebenen Verfahren der Investitionsrechnung liegen zudem eine Reihe vereinfachender Annahmen zugrunde. Es wird unterstellt, dass

Prämissen

- die Zahlungsströme den Investitionsobjekten eindeutig zugeordnet werden können,
- die Zeitpunkte und die Höhe der zukünftigen Zahlungsströme bekannt sind,
- sich die tatsächliche Nutzungsdauer der Investitionsobjekte genau bestimmen lässt,
- ein vollkommener Kapitalmarkt vorliegt, auf dem die Aufnahme und die Anlage von Kapital zum selben Zinssatz erfolgen, und
- sich die Zinsen während der gesamten Nutzungsdauer des Investitionsobjekts nicht verändern.

Vor der Ermittlung der Investitionsdaten muss darüber hinaus abgegrenzt werden, in welchem Umfang durch die Investition verursachte Zins- und Steuerzahlungen berücksichtigt werden sollen:

Zinszahlungen

Bei der Innenfinanzierung von Investitionen werden in der Regel Zinseinzahlungen, die bisher mit den verwendeten Mitteln erzielt wurden, reduziert. Wenn für die Investition zusätzliche Verbindlichkeiten aufgenommen werden, entstehen hingegen Auszahlungen für Zinsen (↗ Abbildung 13-4). Die durch die Investition erzeugten Rückflüsse können zudem wieder investiert oder zur Tilgung von Verbindlichkeiten herangezogen werden. In Abhängigkeit von den Rückflüssen verändern sich dadurch in jeder Periode die in der Investitionsrechnung zu berücksichtigenden Zinsen für das investierte und erzeugte Kapital.

Steuerzahlungen

Durch Investitionen entstehen Erträge und Aufwendungen, die die vom Unternehmen zu zahlenden Steuern erhöhen oder reduzieren. Bei der Berücksichtigung steuerlicher Effekte von Investitionen werden in die Investitionsrechnung zusätzlich die resultierenden Ein- und Auszahlungen einbezogen.

Bei den nachfolgenden Ausführungen werden Zins- und Steuerzahlungen nicht berücksichtigt.

Abb. 13-4

Veränderung der Zinszahlungen aufgrund der Finanzierung von Investitionen

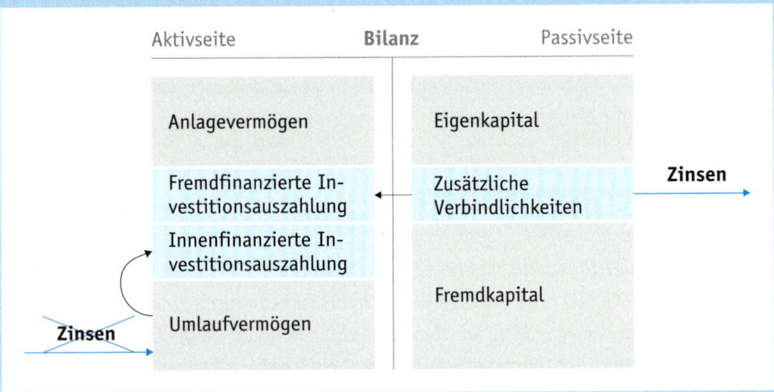

13.2.1 Ermittlung der Investitionsauszahlung

Eine Sachinvestition beginnt typischerweise mit der Herstellung oder der Beschaffung des Anlageguts.

Bei der **Investitionsauszahlung** beziehungsweise dem **Kapitaleinsatz** handelt es sich um alle Auszahlungen, die geleistet werden, um Anlagegüter zu erwerben und in einen betriebsbereiten Zustand zu versetzen.

Die Ermittlung des Kapitaleinsatzes erfolgt anhand einer möglichst vollständigen Auflistung der Anschaffungspreise aller benötigten Anlagegüter und einer Abschätzung der durch die Herstellung, den Kauf und die Inbetriebnahme entstehenden Anschaffungsnebenkosten. Für den Bau einer neuen Fabrik müssen beispielsweise umfangreiche Planungen durchgeführt, Grundstücke gekauft, Gebäude mit der entsprechenden Ausrüstung errichtet, Produktions- und Logistikeinrichtungen beschafft und installiert, Mitarbeiter eingestellt und geschult sowie Patente für die zu produzierenden Produkte erworben werden.

Fallbeispiel 13-2 (Fortsetzung 13-1) **Investitionsentscheidung Montageautomat**

▸▸▸ In dem Fallbeispiel der Produktion von Türmodulen lässt sich der Produktionsleiter, Herr *Röthi* von einem Sondermaschinenbauer Angebote ausarbeiten. Die Investitionsauszahlungen zum Bau und zur Aufstellung bei der *Speedy GmbH* würden für den Halbautomaten 650 000,00 Euro betragen und für den Vollautomaten 1 000 000,00 Euro. Für das Fallbeispiel ergeben sich damit die in der ↗ Tabelle 13-1 aufgeführten Werte. ◂◂◂

Tab. 13-1

Investitionsauszahlungen des Fallbeispiels (BWL6_13_Tabelle-Fallbeispiel.xls)

A	Investitionsdaten	Halbautomat	Vollautomat
A1	Investitionsauszahlung I_0	650 000,00 €	1 000 000,00 €

Zwischenübung Kapitel 13.2.1

Bei der Rationalisierungsinvestition im Fertigungsbereich würde der Anschaffungspreis der Maschine 198 000,00 Euro betragen. Durch die Fundamentierung, die Aufstellungen und den Anschluss der Maschine würden Auszahlungen von 20 000,00 Euro entstehen. Durch die Schulung der Mitarbeiter auf der Maschine würden Auszahlungen von 2 000,00 Euro entstehen. Im Zuge der Aufstellung der Maschine könnte auch der Pausenraum erneuert werden. Dadurch würden Auszahlungen von 30 000,00 Euro entstehen. Ermitteln Sie die durch die Anschaffung der Maschine verursachte Investitionsauszahlung.

Investitionsauszahlung I_0	

13.2.2 Ermittlung der Nutzungsdauer

Dem Kapitaleinsatz zu Beginn einer Investition stehen in der Regel Rückflüsse in den nachfolgenden Jahren gegenüber.

Die **Nutzungsdauer** einer Investition gibt an, über welchen Zeitraum mit Rückflüssen aus einer Investition gerechnet wird.

Bei Betriebsmitteln, die speziell für die Produktion eines bestimmten Produkts gebaut werden, wie beispielsweise Montage- oder Prüfautomaten, ergibt sich die Nutzungsdauer in der Regel aus der erwarteten Produktlebensdauer. Bei universell einsetzbaren Betriebsmitteln, wie beispielsweise einer Stanzmaschine, kann als Nutzungsdauer auch die erwartete Lebensdauer des Betriebsmittels herangezogen werden.

Fallbeispiel 13-3 (Fortsetzung 13-1) **Investitionsentscheidung Montageautomat**

▸▸▸ In dem Fallbeispiel wird damit gerechnet, dass die Türmodule, aufgrund der Modelllebensdauern der *Speedster*, in denen sie verwendet werden, fünf Jahre lang produziert werden. Für das Fallbeispiel ergeben sich damit die in der ↗ Tabelle 13-2 aufgeführten Werte. ◂◂◂

Tab. 13-2

Nutzungsdauern des Fallbeispiels (BWL6_13_Tabelle-Fallbeispiel.xls)

A	Investitionsdaten	Halbautomat	Vollautomat
A2	Nutzungsdauer n	5 Jahre	5 Jahre

13.2.3 Ermittlung des Liquidationserlöses

Nach Beendigung der Nutzung der Betriebsmittel können diese häufig noch verkauft werden. So werden beispielsweise ganze Produktionslinien in Schwellen- und Entwicklungsländer verkauft, wo sie dann eine weitere Verwendung finden. Die dabei entstehenden Einzahlungen stellen den Liquidationserlös dar.

Fallbeispiel 13-4 (Fortsetzung 13-1) **Investitionsentscheidung Montageautomat**
▸▸▸ In dem Fallbeispiel der Produktion von Türmodulen wird damit gerechnet, dass die Automaten nach der Nutzung an ein ausländisches Unternehmen verkauft werden können. Aufgrund von Erfahrungen in ähnlichen Fällen wird mit Liquidationserlösen von 150 000 Euro für den Halb- und von 200 000 Euro für den Vollautomaten gerechnet. Für das Fallbeispiel ergeben sich damit die in der ↗ Tabelle 13-3 aufgeführten Werte. ◂◂◂

Tab. 13-3

Liquidationserlöse des Fallbeispiels (BWL6_13_Tabelle-Fallbeispiel.xls)

A	Investitionsdaten	Halbautomat	Vollautomat
A3	Liquidationserlös L_5	150 000,00 €	200 000,00 €

13.2.4 Ermittlung der Rückflüsse

Die durch Investitionen verursachten Rückflüsse R ergeben sich aus der Differenz zwischen Einzahlungen und Auszahlungen (vergleiche *Perridon, L./Steiner, M.* 1991: Seite 58):

Rückfluss R = Einzahlungen – Auszahlungen

Entscheidungsrelevante Rückflüsse

Entscheidungsrelevant für Investitionsrechnungen sind dabei jeweils nur die Ein- und Auszahlungen, die durch die Wahl einer Investitionsalternative verursacht werden, und nicht die Ein- und Auszahlungen, die unabhängig von der Wahl der Investitionsalternative bestehen.

13.2.4.1 Ermittlung der durch Investitionen verursachten Einzahlungen

Durch Errichtungs- oder Erweiterungsinvestitionen können neue Produkte oder eine größere Anzahl der bisher schon produzierten Produkte hergestellt werden. Durch den Verkauf dieser Produkte entstehen zusätzliche Umsatzerlöse und damit Einzahlungen.

Durch Ersatz- oder Rationalisierungsinvestitionen entstehen keine zusätzlichen Einzahlungen. Stattdessen kommt es zu einer Reduzierung von Auszahlungen durch eingesparte Energie, Instandhaltungen und Reparaturen bei Ersatzinvestitionen oder durch eingesparte Löhne und Gehälter bei Rationalisierungsinvestitionen.

Fallbeispiel 13-5 (Fortsetzung 13-1) **Investitionsentscheidung Montageautomat**

▸▸▸ Wie die Einzahlungen im Rahmen von Investitionsrechnungen ermittelt werden, zeigt das Rechenschema in ↗ Tabelle 13-4, am Fallbeispiel der Produktion von Türmodulen. Die eingesparten Auszahlungen kommen durch den Wegfall der Löhne von 50 000,00 Euro je Mitarbeiter der drei beziehungsweise fünf wegrationalisierten Mitarbeiter zustande.

Für die zusätzlich produzier- und absetzbaren Türmodule wird mit einem Verkaufspreis von 100,00 Euro je Stück gerechnet. Durch den Verkauf von 5 000 Stück würde es im Fallbeispiel somit zu zusätzlichen Einzahlungen von 500 000,00 Euro kommen. Einzahlungen durch Zinsen oder durch reduzierte Steuern werden nicht berücksichtigt. ◂◂◂

Tab. 13-4

Einzahlungen des Fallbeispiels (BWL6_13_Tabelle-Fallbeispiel.xls)

Investitionsdaten / A	Ermittlung der durch die Investition verursachten Einzahlungen	Halbautomat	Vollautomat
A4	Anzahl wegrationalisierter Mitarbeiter	3	5
A5	Lohn je Mitarbeiter je Jahr	50 000,00 €	50 000,00 €
A6	Reduzierte Auszahlungen durch die Aufgabe des Betriebs alter Betriebsmittel (Ersatzinvestitionen) oder durch die Wegrationalisierung von Mitarbeitern je Jahr (Rationalisierungsinvestitionen) = A4 × A5	150 000,00 €	250 000,00 €
A7	Anzahl zusätzlich produzier- und absetzbarer Produkte	5 000 Stück	5 000 Stück
A8	Stückverkaufspreis je zusätzlich abgesetztem Produkt	100,00 €	100,00 €
A9	Einzahlungen durch zusätzlich abgesetzte Produkte je Jahr (Errichtungs-/Erweiterungsinvestitionen) = A7 × A8	500 000,00 €	500 000,00 €
A10	(Einzahlungen durch Zinsen je Jahr)	–	–
A11	(Reduzierte Auszahlungen für Steuern je Jahr)	–	–
A12	**Summe der Einzahlungen je Jahr = A6 + A9 + A10 + A11**	**650 000,00 €**	**750 000,00 €**

Zwischenübung Kapitel 13.2.4.1

Bei der Rationalisierungsinvestition im Fertigungsbereich würden 2 der 20 Mitarbeiter durch die Maschine ersetzt werden. Die Maschine würde drei Jahre genutzt werden. Der Lohn je Mitarbeiter würde im 1. Jahr 53 000,00 Euro, im 2. Jahr 54 000,00 Euro und im 3. Jahr 55 000,00 Euro betragen. Durch die im Fertigungsbereich hergestellten Erzeugnisse werden jedes Jahr Umsatzerlöse von 5 000 000,00 Euro erzielt. Ermitteln Sie die durch die Investition verursachten Einzahlungen:

Einzahlungen 1. Jahr:	
Einzahlungen 2. Jahr:	
Einzahlungen 3. Jahr:	

13.2.4.2 Ermittlung der durch Investitionen verursachten Auszahlungen

Den durch Errichtungs- oder Erweiterungsinvestitionen verursachten Einzahlungen stehen in der Regel zusätzliche Auszahlungen für die Produktion der zusätzlichen Produkte gegenüber, so insbesondere für Material und Personal.

Bei den meisten Investitionen entstehen zusätzliche Auszahlungen für den Betrieb neuer Betriebsmittel, so beispielsweise für Energie, zusätzliches geschultes Bedienpersonal, Instandhaltungen, Reparaturen und Zinsen.

Fallbeispiel 13-6 (Fortsetzung 13-1) **Investitionsentscheidung Montageautomat**

▸▸▸ Wie die Auszahlungen im Rahmen von Investitionsrechnungen ermittelt werden zeigt das Rechenschema in ↗ Tabelle 13-5, am Fallbeispiel der Produktion von Türmodulen.

Tab. 13-5

Auszahlungen des Fallbeispiels (BWL6_13_Tabelle-Fallbeispiel.xls)

Investitionsdaten / A	Ermittlung der durch die Investition verursachten Auszahlungen	Halbautomat	Vollautomat
A7	Anzahl zusätzlich produzier- und absetzbarer Produkte	5 000 Stück	5 000 Stück
A13	Auszahlungen je zusätzlich produziertem Produkt (Material, Löhne, ...)	70,00 €	70,00 €
A14	Auszahlungen durch zusätzlich produzierte Produkte je Jahr (Errichtungs-/Erweiterungsinvestitionen) = A7 × A13	350 000,00 €	350 000,00 €
A15	Auszahlungen durch den Betrieb neuer Betriebsmittel je Jahr (Energie, Maschinenbedienung, Instandhaltung, Reparaturen, ...)	50 000,00 €	100 000,00 €
A16	(Auszahlungen für Zinsen je Jahr)	–	–
A17	(Auszahlungen für Steuern je Jahr)	–	–
A18	**Summe der Auszahlungen je Jahr = A14 + A15 + A16 + A17**	**400 000,00 €**	**450 000,00 €**

Durch die Produktion der 5 000 zusätzlichen Türmodule würde es im Fallbeispiel zu zusätzliche Auszahlungen von 70,00 Euro je Stück für Material und Löhne in den der Montage vor- und nachgelagerten Bereichen kommen.
Für den Betrieb des Halbautomaten wird mit stückzahlunabhängigen Auszahlungen für Energie, Maschinenbedienung, Instandhaltungen und Reparaturen in Höhe von 50 000,00 Euro je Jahr gerechnet. Die entsprechenden Auszahlungen für den Betrieb des Vollautomaten würden 100 000,00 Euro je Jahr betragen.
Auszahlungen durch Zinsen oder durch Steuern werden wiederum nicht berücksichtigt. ◂◂◂

Zwischenübung Kapitel 13.2.4.2

Bei der Rationalisierungsinvestition im Fertigungsbereich würden durch den Betrieb der Maschine im 1. Jahr Strom- und Wartungskosten in Höhe von 3 500,00 Euro, im 2. Jahr von 4 000,00 Euro und im 3. Jahr von 4 500,00 Euro entstehen. Für die Materialien, die für die im Fertigungsbereich hergestellten Erzeugnisse verwendet werden, entstehen jedes Jahr Auszahlungen von 1 000 000,00 Euro. Ermitteln Sie die durch die Investition verursachten Auszahlungen:

Auszahlungen 1. Jahr:	
Auszahlungen 2. Jahr:	
Auszahlungen 3. Jahr:	

13.2.4.3 Ansatz von Abschreibungen im Rahmen von Investitionsrechnungen

Für bestimmte Verfahren der Investitionsrechnung müssen auch Abschreibungen ermittelt und zu den vorgenannten Auszahlungen addiert werden. Abschreibungen sind die Aufwendungen beziehungsweise Kosten zur Erfassung der Wertminderung des abnutzbaren Anlagevermögens. Die bei einigen Verfahren der Investitionsrechnung berücksichtigten Abschreibungen verteilen die Investitionsauszahlung auf die Nutzungsdauer des Betriebsmittels (vergleiche *Hummel, S./Männel, W.* 1990: Seite 375).

Unter Zugrundelegung einer linearen Abschreibung ergeben sich die Abschreibungen je Periode durch die gleichmäßige Verteilung der Differenz zwischen der Investitionsauszahlung I_0 am Anfang und dem Liquidationserlös L_n am Ende der Nutzungsdauer auf die gesamte Nutzungsdauer n (vergleiche *Perridon, L./Steiner, M.* 1991: Seite 39, *Schierenbeck, H.* 2002: Seite 343):

Abschreibung

$$A = \frac{I_0 - L_n}{n}$$

mit:

A = Durchschnittliche Abschreibung je Periode [€/Jahr]
I_0 = Investitionsauszahlung [€]
L_n = Liquidationserlös am Ende der Nutzungsdauer [€]
n = Nutzungsdauer [Jahre]

Wird von steuerlichen Effekten abgesehen, beeinflussen die Abschreibungen nur den Erfolg, nicht aber die Rückflüsse, da sie zwar Aufwendungen und Kosten, aber keine Auszahlungen sind (vergleiche *Hummel, S./Männel, W.* 1990: Seite 65). Die Abschreibungen werden deshalb nur bei der Kosten-, der Gewinn- und der Rentabilitätsvergleichsrechnung berücksichtigt. Bei den dynamischen Verfahren der Investitionsrechnung geht der Wertverlust der Betriebsmittel hingegen durch die Differenz zwischen dem Kapitaleinsatz und dem Liquidationserlös in die Berechnungen ein. Bei der Amortisationsrechnung wird nur der Kapitaleinsatz berücksichtigt.

Fallbeispiel 13-7 (Fortsetzung 13-1) **Investitionsentscheidung Montageautomat**

▸▸▸ Wie die Abschreibungen im Rahmen von Investitionsrechnungen ermittelt werden zeigt das Rechenschema in ↗ Tabelle 13-6, am Fallbeispiel der Produktion von Türmodulen. ◂◂◂

Tab. 13-6

Abschreibungen des Fallbeispiels (BWL6_13_Tabelle-Fallbeispiel.xls)

	Abschreibungen	Halbautomat	Vollautomat
A1	Investitionsauszahlung I_0	650 000,00 €	1 000 000,00 €
A2	Nutzungsdauer n	5 Jahre	5 Jahre
A3	Liquidationserlös L_5	150 000,00 €	200 000,00 €
	Abschreibungen für die Automaten je Jahr = (A1 – A3) / A2	100 000,00 €	160 000,00 €

Zwischenübung Kapitel 13.2.4.3

Ermitteln Sie die bei der Rationalisierungsinvestition im Fertigungsbereich anzusetzenden jährlichen Abschreibungen, wenn die Maschine nach 3 Jahren für 40 000,00 Euro verkauft werden könnte.

Abschreibung	

13.2.5 Aufstellung der Zahlungsreihe

In Zahlungsreihen von Investitionen werden deren positive und negative Zahlungsströme über der Zeit zusammengefasst (↗ Abbildung 13-5). Die Zahlungsreihe beginnt in der Regel mit der **Investitionsauszahlung**. Der Investitionsauszahlung stehen in den nachfolgenden Perioden dann positive **Rückflüsse** und am Ende zusätzlich ein **Liquidationserlös** gegenüber.

Abb. 13-5

Zahlungsreihe einer Investition

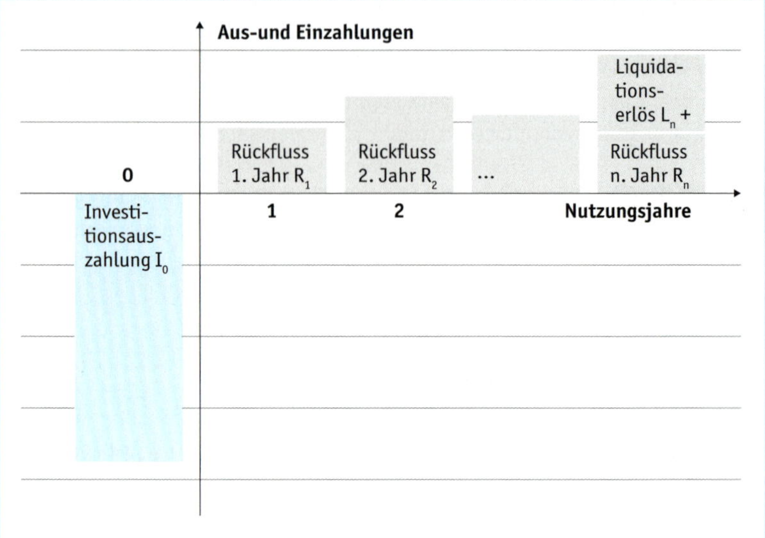

Fallbeispiel 13-8 (Fortsetzung 13-1) **Investitionsentscheidung Montageautomat**

▸▸▸ Auf Basis der in den vorangegangenen Kapiteln ermittelten Investitionsdaten kann die in ↗ Tabelle 13-7 dargestellte Zahlungsreihe des Fallbeispiels aufgestellt werden. ◂◂◂

Tab. 13-7

Zahlungsreihe des Fallbeispiels (BWL6_13_Tabelle-Fallbeispiel.xls)

Zahlungsreihe / B	Jahr	Halbautomat	Vollautomat
B1	0. Jahr: Investitionsauszahlung I_0 = – A1	–650 000,00 €	–1 000 000,00 €
B2	1. Jahr: Rückfluss R_1 = A12 – A18	250 000,00 €	300 000,00 €
B3	2. Jahr: Rückfluss R_2 = A12 – A18	250 000,00 €	300 000,00 €
B4	3. Jahr: Rückfluss R_3 = A12 – A18	250 000,00 €	300 000,00 €
B5	4. Jahr: Rückfluss R_4 = A12 – A18	250 000,00 €	300 000,00 €
B6	5. Jahr: Rückfluss R_5 = A12 – A18	250 000,00 €	300 000,00 €
B7	5. Jahr: Liquidationserlös L_5 = A3	150 000,00 €	200 000,00 €

Zwischenübung Kapitel 13.2.5

Stellen Sie die durch die Rationalisierungsinvestition im Fertigungsbereich entstehende Zahlungsreihe auf.

0. Jahr: Investitionsauszahlung I_0	
1. Jahr: Rückfluss R_1	
2. Jahr: Rückfluss R_2	
3. Jahr: Rückfluss R_3	
3. Jahr: Liquidationserlös L_3	40 000,00 €

13.3 Statische Verfahren der Investitionsrechnung

In Anschluss an die Ermittlung der Investitionsdaten und die Aufstellung der Zahlungsreihe können zur Beurteilung der monetären Vorteilhaftigkeit von Investitionen Investitionsrechnungen durchgeführt werden. Die Verfahren der Investitionsrechnung lassen sich in statische und dynamische Verfahren unterteilen.

Im Rahmen der statischen Verfahren der Investitionsrechnung (↗ Abbildung 13-6) wird mit Durchschnittswerten operiert. Der Zeitpunkt, zu dem Rückflüsse anfallen, hat dadurch keinen Einfluss auf das Ergebnis der Investitionsrechnung. Die statischen Verfahren bieten gegenüber den dynamischen Verfahren den Vorteil einer einfachen Rechenmethodik. Diesem Vorteil steht bei mehrjährigen Investitionen mit in den einzelnen Perioden stark schwankenden Rückflüssen eine geringere Genauigkeit gegenüber. Zudem ist es bei den meisten Verfahren nicht möglich, unterschiedliche Nutzungsdauern und ungleiche Kapitaleinsätze zu berücksichtigen, was die Praxistauglichkeit der statischen Verfahren infrage stellt.

Abb. 13-6

Übersicht über die statischen Verfahren der Investitionsrechnung

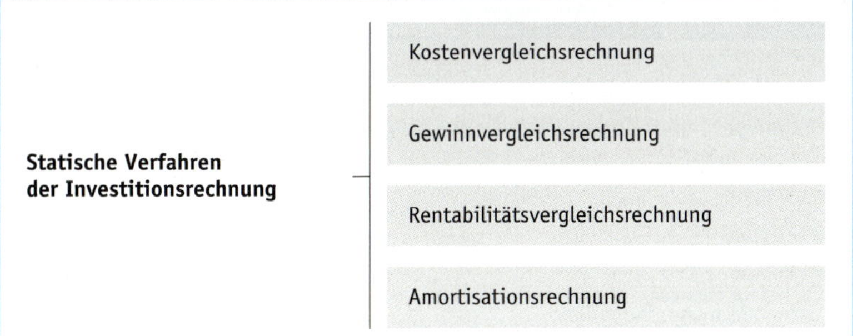

Vergleiche *Jung, H.* 2004: Seite 783

13.3.1 Kostenvergleichsrechnung

Im Rahmen der Kostenvergleichsrechnung werden die Kosten von mehreren Investitionsalternativen miteinander verglichen.

Vorgehensweise

Die in der Kostenvergleichsrechnung anzusetzenden Kosten ergeben sich näherungsweise, indem die Abschreibungen zu den durch die Investition verursachten Auszahlungen hinzuaddiert werden:

$$\text{Kosten} \approx \text{Auszahlungen} + \text{Abschreibungen}$$

Für den Kostenvergleich können die durchschnittlichen Kosten je Jahr, die durchschnittlichen Kosten je Stück oder die Kosten über die gesamte Nutzungsdauer verwendet werden. Letztere werden insbesondere in der Informationsverarbeitungsbranche auch als **Total Cost of Ownership** (TCO) bezeichnet.

Vorteilhaftigkeit

Die absolute Vorteilhaftigkeit einer Investition lässt sich mittels der Kostenvergleichsrechnung nicht beurteilen.

Hinsichtlich der relativen Vorteilhaftigkeit gilt, dass eine Investition 1 vorteilhafter als eine Investition 2 ist, wenn:

$$\text{Kosten}_{\text{Investition 1}} < \text{Kosten}_{\text{Investition 2}}$$

Anwendung

Der Einsatz der Kostenvergleichsrechnung ist nur sinnvoll, wenn sich Investitionsalternativen nicht hinsichtlich der durch sie verursachten Erträge beziehungsweise Einzahlungen unterscheiden. Mittels der Kostenvergleichsrechnung lassen sich zudem nur Aussagen hinsichtlich der relativen Vorteilhaftigkeit von Investitionsalternativen machen.

Fallbeispiel 13-9 (Fortsetzung 13-1) **Investitionsentscheidung Montageautomat**

▸▸▸ Für das Fallbeispiel ergeben sich die in der ↗ Tabelle 13-8 aufgeführten Werte. Kosten entstehen durch den Betrieb der Automaten und durch die Produktion der zusätzlichen Türmodule. Der Halbautomat hat dabei sowohl die niedrigeren Kosten je Jahr als auch je Stück. Er stellt somit nach der Kostenvergleichsrechnung die vorteilhaftere Investitionsalternative dar. ◂◂◂

Zwischenübung Kapitel 13.3.1

Ermitteln Sie für die Rationalisierungsinvestition im Fertigungsbereich die Kosten je Jahr und die gesamten Kosten über der Nutzungsdauer.

1. Jahr: Kosten_1	
2. Jahr: Kosten_2	
3. Jahr: Kosten_3	
Durchschnittliche Kosten je Jahr	**64 000,00 €**
Kosten über der Nutzungsdauer	

Tab. 13-8

Kostenvergleichsrechnung für das Fallbeispiel (BWL6_13_Tabelle-Fallbeispiel.xls)

C	Kostenvergleichsrechnung	Halbautomat	Vollautomat
A18	Summe der Auszahlungen je Jahr	400 000,00 €	450 000,00 €
C1	Abschreibungen für die Automaten je Jahr	100 000,00 €	160 000,00 €
C2	1. Jahr: $Kosten_1 \approx A18 + C1$	500 000,00 €	610 000,00 €
C3	2. Jahr: $Kosten_2 \approx A18 + C1$	500 000,00 €	610 000,00 €
C4	3. Jahr: $Kosten_3 \approx A18 + C1$	500 000,00 €	610 000,00 €
C5	4. Jahr: $Kosten_4 \approx A18 + C1$	500 000,00 €	610 000,00 €
C6	5. Jahr: $Kosten_5 \approx A18 + C1$	500 000,00 €	610 000,00 €
C7	**Durchschnittliche Kosten je Jahr**	**500 000,00 €**	**610 000,00 €**
A7	Anzahl zusätzlich produzier- und absetzbarer Produkte	5 000 Stück	5 000 Stück
C8	**Durchschnittliche Kosten je Stück = C7 / A7**	**100,00 €**	**122,00 €**
C9	**Kosten über der Nutzungsdauer**	**2 500 000,00 €**	**3 050 000,00 €**

13.3.2 Gewinnvergleichsrechnung

Die Gewinnvergleichsrechnung ist eine Weiterentwicklung der Kostenvergleichsrechnung. Bei ihr werden die Gewinne von mehreren Investitionsalternativen miteinander verglichen.

Vorgehensweise

Der in der Gewinnvergleichsrechnung anzusetzende Gewinn ergibt sich näherungsweise, indem die in der Kostenvergleichsrechnung ermittelten Kosten von den Einzahlungen abgezogen werden:

$$\text{Gewinn E} \approx \text{Einzahlungen} - \text{Kosten}$$

Alternativ kann der Gewinn auch näherungsweise ermittelt werden, indem die durch die Investition verursachten Rückflüsse um die Abschreibungen korrigiert werden:

$$\text{Gewinn E} \approx \text{Rückfluss R} - \text{Abschreibungen}$$

Vorteilhaftigkeit

Hinsichtlich der absoluten Vorteilhaftigkeit gilt, dass eine Investition vorteilhaft ist, wenn:

$$\text{Gewinn} > 0$$

Hinsichtlich der relativen Vorteilhaftigkeit gilt, dass eine Investition 1 vorteilhafter als eine Investition 2 ist, wenn:

$$\text{Gewinn}_{\text{Investition 1}} > \text{Gewinn}_{\text{Investition 2}}$$

Anwendung

Die Gewinnvergleichsrechnung ermöglicht auch den Vergleich von Investitionsalternativen mit unterschiedlichen Erträgen beziehungsweise Einzahlungen. Ihr Einsatz ist allerdings nur sinnvoll, wenn sich die Investitionsalternativen nicht hinsichtlich der Nutzungsdauer unterscheiden. Die Gewinnvergleichsrechnung ist zudem nur bedingt zur Beurteilung der absoluten Vorteilhaftigkeit einer Investition geeignet.

Fallbeispiel 13-10 (Fortsetz. 13-1) **Investitionsentscheidung Montageautomat**

▸▸▸ Für das Fallbeispiel ergeben sich die in der ↗ Tabelle 13-9 aufgeführten Werte. Die eingesparten Kosten erhöhen den Gewinn. Durch den Verkauf der zusätzlich produzierten Türmodule entstehen Erträge, die nach Abzug der Kosten ebenfalls den Gewinn erhöhen. Der Halbautomat weist dabei den höheren Gewinn aus und ist somit auch nach der Gewinnvergleichsrechnung die vorteilhaftere Investitionsalternative. ◂◂◂

Tab. 13-9

Gewinnvergleichsrechnung für das Fallbeispiel (BWL6_13_Tabelle-Fallbeispiel.xls)

D	Gewinnvergleichsrechnung	Halbautomat	Vollautomat
A12	Summe der Einzahlungen je Jahr	650 000,00 €	750 000,00 €
D1	1. Jahr: $Gewinn_1 \approx A12 - C2$	150 000,00 €	140 000,00 €
D2	2. Jahr: $Gewinn_2 \approx A12 - C3$	150 000,00 €	140 000,00 €
D3	3. Jahr: $Gewinn_3 \approx A12 - C4$	150 000,00 €	140 000,00 €
D4	4. Jahr: $Gewinn_4 \approx A12 - C5$	150 000,00 €	140 000,00 €
D5	5. Jahr: $Gewinn_5 \approx A12 - C6$	150 000,00 €	140 000,00 €
D6	**Durchschnittlicher Gewinn E je Jahr = (D1 + D2 + D3 + D4 + D5) / A2**	**150 000,00 €**	**140 000,00 €**

Zwischenübung Kapitel 13.3.2

Ermitteln Sie für die Rationalisierungsinvestition im Fertigungsbereich die Gewinne je Jahr und den durchschnittlichen Gewinn je Jahr und beurteilen Sie die Vorteilhaftigkeit der Investition.

1. Jahr: $Gewinn_1$	
2. Jahr: $Gewinn_2$	
3. Jahr: $Gewinn_3$	
Durchschnittlicher Gewinn je Jahr	

13.3.3 Rentabilitätsvergleichsrechnung

Die Rentabilitätsvergleichsrechnung stellt eine weiter verbesserte Form der Kosten- und der Gewinnvergleichsrechnung dar.

Vorgehensweise

Im Rahmen der Rentabilitätsvergleichsrechnung wird der **Return-on-Investment** (ROI) ermittelt. Während dazu bei dem im ↗ Kapitel 9 Controlling vorgestellten ROI-Kennzahlensystem der Gewinn des Unternehmens ins Verhältnis zum Gesamtkapital gesetzt wurde, wird bei der Rentabilitätsvergleichsrechnung der durch die Investition verursachte Gewinn ins Verhältnis zum Kapitaleinsatz zu Beginn der Investition gesetzt:

$$\text{Return-on-Investment} = \frac{\text{Durchschnittlicher Gewinn E}}{\text{Investitionsauszahlung } I_0} [\%]$$

Alternativ kann als Bezugsgröße auch der durchschnittliche Kapitaleinsatz während der Laufzeit der Investition herangezogen werden. Dieser ergibt sich als Mittelwert zwischen der Investitionsauszahlung I_0 am Anfang und dem Liquidationserlös L_n am Ende der Nutzungsdauer (vergleiche *Perridon, L./Steiner, M.* 1991: Seite 50, *Blohm, H./Lüder, K.* 1991: Seite 166 f.):

$$\bar{I} = \frac{I_0 + L_n}{2}$$

mit:

$\bar{I}$ = Durchschnittlicher Kapitaleinsatz [€]

I_0 = Investitionsauszahlung [€]

L_n = Liquidationserlös am Ende der Nutzungsdauer [€]

Vorteilhaftigkeit

Hinsichtlich der absoluten Vorteilhaftigkeit gilt, dass eine Investition vorteilhaft ist, wenn:

$\text{Return-on-Investment} > 0$

und

Return-on-Investment > Mindest-Return-on-Investment des Unternehmens

Hinsichtlich der relativen Vorteilhaftigkeit gilt, dass eine Investition 1 vorteilhafter als eine Investition 2 ist, wenn:

$\text{Return-on-Investment}_{\text{Investition 1}} > \text{Return-on-Investment}_{\text{Investition 2}}$

Anwendung

Für die Rentabilitätsvergleichsrechnung gelten die bei der Gewinn- und der Kostenvergleichsrechnung aufgeführten Kritikpunkte weitgehend nicht. Ihr Einsatz ist aber nur sinnvoll, wenn sich Investitionsalternativen nicht hinsichtlich des Kapitaleinsatzes unterscheiden, da sonst die Anlagemöglichkeiten für die Kapitaldifferenzen berücksichtigt werden müssten.

Fallbeispiel 13-11 (Fortsetz. 13-1) **Investitionsentscheidung Montageautomat**
▸▸▸ Für das Fallbeispiel ergeben sich die in der ↗ Tabelle 13-10 aufgeführten Werte. Der Halbautomat weist – bezogen auf die Investitionsauszahlung zu Beginn – den größeren Return-on-Investment auf und stellt deshalb auch nach der Rentabilitätsvergleichsrechnung die vorteilhaftere Alternative dar. ◂◂◂

Tab. 13-10

Rentabilitätsvergleichsrechnung für das Fallbeispiel (BWL6_13_Tabelle-Fallbeispiel.xls)

E	Rentabilitätsvergleichsrechnung	Halbautomat	Vollautomat
A1	Investitionsauszahlung I_0	650 000,00 €	1 000 000,00 €
D6	Durchschnittlicher Gewinn E je Jahr	150 000,00 €	140 000,00 €
E1	**Return-on-Investment ROI = D6 / A1**	**23,08 %**	**14,00 %**

Zwischenübung Kapitel 13.3.3

Ermitteln Sie für die Rationalisierungsinvestition im Fertigungsbereich den Return-on-Investment und beurteilen Sie ausgehend von einem Mindest-Return-on-Investment von 15% die Vorteilhaftigkeit.

0. Jahr: Investitionsauszahlung I_0	220 000,00 €
Durchschnittlicher Gewinn E je Jahr	44 000,00 €
Return-on-Investment	

13.3.4 Statische Amortisationsrechnung

Im Rahmen der Amortisationsrechnung wird der Zeitraum ermittelt, der benötigt wird, um das investierte Kapital über die Rückflüsse zurückzugewinnen. Der Zeitraum dient insbesondere zur Beurteilung des Risikos von Investitionen, da Investoren im Hinblick auf mögliche zukünftige Marktänderungen möglichst kurze Amortisationszeiten bevorzugen.

Vorgehensweise

Anders als die bisher vorgestellten statischen Verfahren der Investitionsrechnung betrachtet die Amortisationsrechnung die Rückflüsse. Für die Ermittlung der Amortisationsdauer gibt es zwei Möglichkeiten:

Kumulationsmethode
Die Amortisationsdauer kann zum einen mittels der Kumulationsmethode ermittelt werden, indem die Rückflüsse aufsummiert werden, bis sie den Kapitaleinsatz übersteigen (↗ Abbildung 13-7).

Abb. 13-7

Vorgehen bei der statischen Amortisationsrechnung

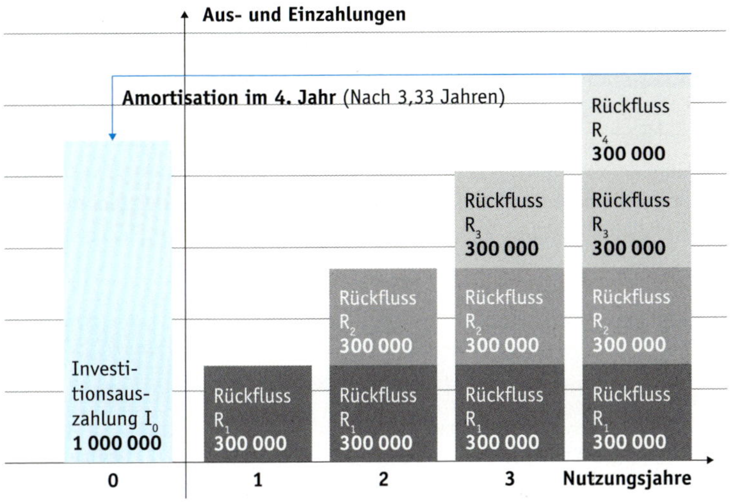

Vergleiche *Warnecke, H. J.* et al. 1996: Seite 55

Durchschnittsmethode

Alternativ kann die Amortisationsdauer mittels der Durchschnittsmethode aus dem Verhältnis des Kapitaleinsatzes I_0 zu den durchschnittlichen Rückflüssen R ermittelt werden. Der Liquidationserlös wird dabei in der Regel nicht einbezogen, da von einer Amortisation vor dem Ende der Nutzungsdauer ausgegangen wird:

$$\text{Amortisationsdauer} = \frac{\text{Investitionsauszahlung } I_0}{\text{Durchschnittlicher Rückfluss R}} \text{ [Jahre]}$$

Vorteilhaftigkeit

Hinsichtlich der absoluten Vorteilhaftigkeit gilt, dass eine Investition vorteilhaft ist, wenn:

Amortisationsdauer < Nutzungsdauer

und

Amortisationsdauer < Höchst-Amortisationsdauer des Unternehmens

In der Praxis sind dabei Amortisationsdauern bis zu drei Jahren üblich. Hinsichtlich der relativen Vorteilhaftigkeit gilt, dass eine Investition 1 vorteilhafter als eine Investition 2 ist, wenn:

$$\text{Amortisationsdauer}_{\text{Investition 1}} < \text{Amortisationsdauer}_{\text{Investition 2}}$$

Anwendung

Die Amortisationsrechnung eignet sich sowohl zur absoluten Beurteilung des Risikos von Investitionen als auch zum Alternativenvergleich. Da die Amortisationsdauer vor allem ein Maß für das Investitionsrisiko ist, sollte die statische Amortisationsrechnung allerdings nur ergänzend zu Investitionsrechenverfahren eingesetzt werden, die die Wirtschaftlichkeit beurteilen.

Fallbeispiel 13-12 (Fortsetzung 13-1) **Investitionsentscheidung Montageautomat**
▸▸▸ Für das Fallbeispiel ergeben sich die in der ↗ Tabelle 13-11 aufgeführten Werte. Beide Investitionen amortisieren sich innerhalb der Nutzungsdauer. Der Halbautomat weist die kürzere Amortisationsdauer auf. Die entsprechende Investition weist also das geringere Risiko auf und ist somit zu bevorzugen. Die sich rechnerisch ergebende Dauer von 2,6 Jahren ist erfahrungsgemäß auch ein in der Praxis noch akzeptabler Wert. ◂◂◂

Tab. 13-11

Statische Amortisationsrechnung für das Fallbeispiel (🖰 BWL6_13_Tabelle-Fallbeispiel.xls)

F	Statische Amortisationsrechnung	Halbautomat	Vollautomat
A1	Investitionsauszahlung I_0	650 000,00 €	1 000 000,00 €
D1	Durchschnittlicher Rückfluss R je Jahr	250 000,00 €	300 000,00 €
F2	**Amortisationsdauer = A1 / D1**	**2,60 Jahre**	**3,33 Jahre**

Zwischenübung Kapitel 13.3.4

Ermitteln Sie für die Rationalisierungsinvestition im Fertigungsbereich die statische Amortisationsdauer und beurteilen Sie ausgehend von einer Höchstamortisationsdauer von zwei Jahren die Vorteilhaftigkeit der Investition.

0. Jahr: Investitionsauszahlung I_0	220 000,00 €
Durchschnittlicher Rückfluss R je Jahr	
Amortisationsdauer	

13.4 Dynamische Verfahren der Investitionsrechnung

Die dynamischen Verfahren der Investitionsrechnung (↗ Abbildung 13-8) berücksichtigen im Gegensatz zu den statischen Verfahren die Zeitpunkte, zu denen Rückflüsse anfallen. Da frühere Rückflüsse zinsbringend investiert werden können, haben diese für Investoren einen höheren Wert als gleich hohe, spätere Rückflüsse. Die dynamischen Verfahren bieten gegenüber den statischen Verfahren entsprechend

Abb. 13-8

Übersicht über die dynamischen Verfahren der Investitionsrechnung

Dynamische Verfahren der Investitionsrechnung
- Kapitalwertmethode
- Interne Zinsfußmethode
- Annuitätenmethode

den Vorteil der höheren Genauigkeit und die Möglichkeit des Vergleichs von Investitionsalternativen mit unterschiedlichen Nutzungsdauern und Kapitaleinsätzen. Die genannten Vorteile werden jedoch mit einem höheren Aufwand bei der Datenermittlung und einer komplizierteren Rechenmethodik erkauft. Der höheren Genauigkeit steht zudem eine große Ungenauigkeit bei der Schätzung der zukünftigen Rückflüsse gegenüber.

13.4.1 Diskontierung

Um Investitionsalternativen im Rahmen der dynamischen Verfahren der Investitionsrechnung vergleichbar zu machen, werden die zu unterschiedlichen Zeitpunkten auftretenden Rückflüsse diskontiert und damit auf den Zeitpunkt der Investition bezogen. Die Diskontierung beziehungsweise **Abzinsung** ist eine umgekehrte Zinseszinsrechnung. Die Abzinsung erfolgt mittels des Kalkulationszinsfußes r. Der abgezinste Betrag wird als Barwert bezeichnet. Er gibt an, was ein in der Zukunft liegender Rückfluss zum Zeitpunkt der Investition t_0 wert ist, wenn eine periodische Verzinsung mit dem Kalkulationszinsfuß r erfolgen würde.

Barwert

Für einen bestimmten zukünftigen Rückfluss R ergibt sich der Barwert R_0 aus der Multiplikation von R mit dem sogenannten Barwertfaktor:

$$R_0 = R_t \times \frac{1}{(1+r)^t}$$

mit:

R_0 = Barwert des Rückflusses [€]
R_t = Rückfluss im Jahr t [€]
r = Kalkulationszinsfuß [%]
t = Jahr

Ein Rückfluss von 121,00 Euro in zwei Jahren wäre also beispielsweise bei einem Kalkulationszinsfuß von 10 Prozent heute 100,00 Euro wert.

Abb. 13-9

Einflussfaktoren auf den Kalkulationszinsfuß

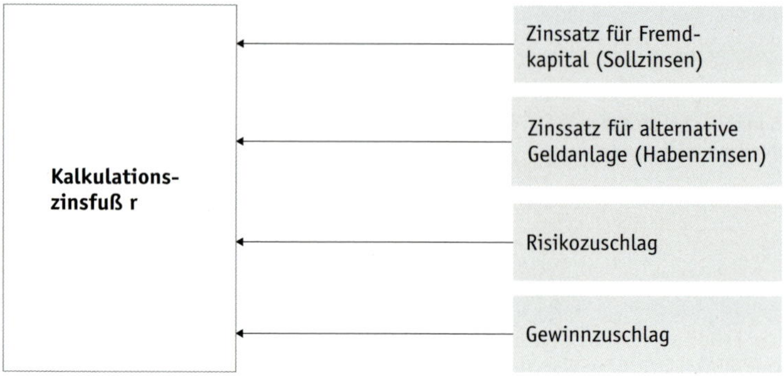

Vergleiche *Jung, H.* 2004: Seite 801

Wahl des Kalkulationszinsfußes

Die Wahl des Kalkulationszinsfußes r beeinflusst die Ergebnisse der dynamischen Verfahren erheblich. Der Kalkulationszinsfuß kann grundsätzlich vom Entscheidungsträger frei gewählt werden. Je höher der Kalkulationszinsfuß ist, desto unvorteilhafter erscheinen Investitionen. Die Höhe des Kalkulationszinsfußes orientiert sich entweder:

- an den Zinssätzen, zu denen Fremdkapital beschafft werden kann (**Sollzinsen**), oder
- an den Zinssätzen, zu denen Geld in alternativen Kapitalanlagen angelegt werden kann (**Habenzinsen**).

In größeren Unternehmen existieren meist einheitliche Vorgaben über die Höhe des zu verwendenden Kalkulationszinsfußes. In der Regel werden die Soll- oder die Habenzinsen dabei noch um **Risiko- und Gewinnzuschläge** erhöht (↗ Abbildung 13-9). Bei den nachfolgenden Rechnungen wird davon ausgegangen, dass es keine Kapitalrestriktionen gibt und der Kalkulationszinsfuß im Zeitablauf konstant ist.

13.4.2 Kapitalwertmethode

Im Rahmen der Kapitalwertmethode wird eine Investition an einer Alternativinvestition gemessen, die sich mit dem Kalkulationszinsfuß r verzinst.

Vorgehensweise

Der Kapitalwert wird durch die Addition aller abgezinsten Rückflüsse R und des abgezinsten Liquidationserlöses L_n abzüglich der Investitionsauszahlung I_0 ermittelt (↗ Abbildung 13-10):

Abb. 13-10

Ermittlung des Kapitalwertes

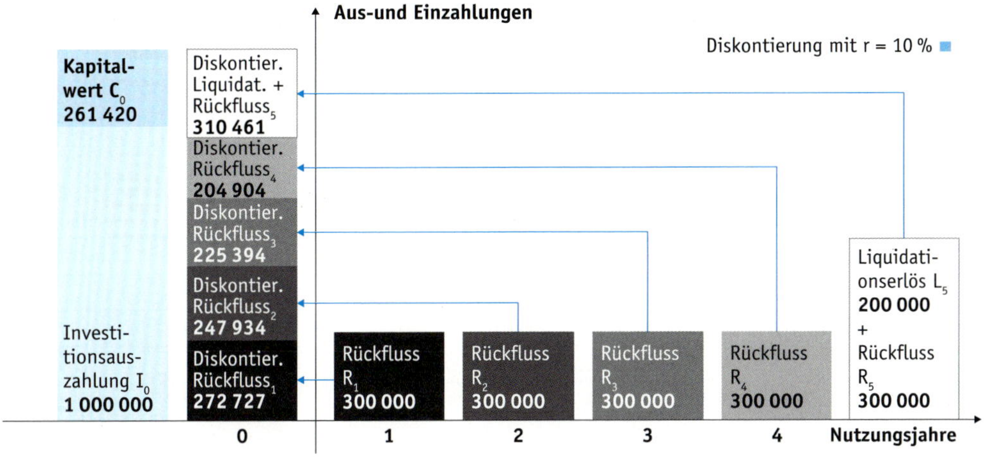

Vergleiche *Warnecke, H. J.* et al. 1996: Seite 92

$$C_0 = \frac{R_1}{(1+r)^1} + \frac{R_2}{(1+r)^2} + \ldots + \frac{R_n}{(1+r)^n} + \frac{L_n}{(1+r)^n} - I_0$$

mit:

C_0 = Kapitalwert [€]
R_t = Rückflüsse in den verschiedenen Jahren t [€]
r = Kalkulationszinsfuß [%]
n = Nutzungsdauer [Jahre]
L_n = Liquidationserlös [€]
I_0 = Investitionsauszahlung [€]

Vorteilhaftigkeit

Hinsichtlich der absoluten Vorteilhaftigkeit gilt, dass eine Investition vorteilhaft ist und die geforderte Mindestverzinsung erzielt, wenn:

Kapitalwert ≥ 0

Wenn der Kapitalwert größer als Null ist, wird dabei nicht nur die Mindestverzinsung erreicht, sondern im Vergleich zu einer Alternativinvestition ergibt sich auch ein Kapitalzuwachs.

Hinsichtlich der relativen Vorteilhaftigkeit gilt, dass eine Investition 1 vorteilhafter als eine Investition 2 ist, wenn:

$\text{Kapitalwert}_{\text{Investition 1}} > \text{Kapitalwert}_{\text{Investition 2}}$

Fallbeispiel 13-13 (Fortsetz. 13-1) **Investitionsentscheidung Montageautomat**

▸▸▸ Die Berechnung der Kapitalwerte der beiden Investitionsalternativen des Fallbeispiels wird in der ↗ Tabelle 13-12 dargestellt. Beide Alternativen weisen einen positiven Kapitalwert auf und erbringen somit die geforderte Verzinsung von 10 Prozent sowie einen darüber hinausgehenden Kapitalzuwachs. Der Halbautomat hat den größeren Kapitalwert und stellt somit wiederum die vorteilhaftere Alternative dar. ◂◂◂

Tab. 13-12

Kapitalwertberechnung für das Fallbeispiel (BWL6_13_Tabelle-Fallbeispiel.xls)

G	Kapitalwertmethode	Halbautomat	Vollautomat
A1	Investitionsauszahlung I_0	650 000,00 €	1 000 000,00 €
G1	Kalkulationszinsfuß r	10,0 %	10,0 %
G2	1. Jahr: Diskontierter Rückfluss $R_{01} = B2 / (1 + G1)^1$	227 272,73 €	272 727,27 €
G3	2. Jahr: Diskontierter Rückfluss $R_{02} = B3 / (1 + G1)^2$	206 611,57 €	247 933,88 €
G4	3. Jahr: Diskontierter Rückfluss $R_{03} = B4 / (1 + G1)^3$	187 828,70 €	225 394,44 €
G5	4. Jahr: Diskontierter Rückfluss $R_{04} = B5 / (1 + G1)^4$	170 753,36 €	204 904,04 €
G6	5. Jahr: Diskontierter Rückfluss $R_{05} = B6 / (1 + G1)^5$	155 230,33 €	186 276,40 €
G7	5. Jahr: Diskontierter Liquidationserlös $L_{05} = B7 / (1 + G1)^5$	93 138,20 €	124 184,26 €
G8	**Kapitalwert C_0 = G2 + G3 + G4 + G5 + G6 + G7 – A1**	**390 834,89 €**	**261 420,29 €**

Zwischenübung Kapitel 13.4.2

Ermitteln Sie für die Rationalisierungsinvestition im Fertigungsbereich die diskontierten Rückflüsse, den diskontierten Liquidationserlös und den Kapitalwert mit einem Kalkulationszinsfuß von 10 Prozent und beurteilen Sie die Vorteilhaftigkeit der Investition.

0. Jahr: Investitionsauszahlung I_0	
1. Jahr: Diskontierter Rückfluss R_{01}	
2. Jahr: Diskontierter Rückfluss R_{02}	85 950,41 €
3. Jahr: Diskontierter Rückfluss R_{03}	
3. Jahr: Diskontierter Liquidationserlös L_{03}	
Kapitalwert C_0	

13.4.3 Interne Zinsfußmethode

Bei der Internen Zinsfußmethode wird der Zinsfuß ermittelt, mit dem sich das investierte Kapital verzinst.

Vorgehensweise

Die Ermittlung des internen Zinsfußes r_i erfolgt, indem der Kapitalwert C_0 gleich Null gesetzt wird. Da hierzu in der Regel eine Gleichung n-ten Grades gelöst werden muss, kann der Kapitalwert alternativ auch nährungsweise berechnet werden (↗ Abbildung 13-11). Dazu werden zu zwei beliebigen Versuchszinssätzen r_1 und r_2 die entsprechenden Kapitalwerte C_{01} und C_{02} errechnet. Anhand dieser Werte kann der interne Zinsfuß r_i dann mittels Interpolation ermittelt werden:

$$r_i \approx r_1 - \frac{C_{01} \times (r_2 - r_1)}{C_{02} - C_{01}}$$

mit:

r_i = Interner Zinsfuß [%]
r_1, r_2 = Versuchszinssätze 1 und 2 [%]
C_{01}, C_{02} = Kapitalwerte, die sich bei den beiden Versuchszinssätzen ergeben [€]

Vorteilhaftigkeit

Hinsichtlich der absoluten Vorteilhaftigkeit gilt, dass eine Investition vorteilhaft ist, wenn:

Interner Zinsfuß > 0

und

Interner Zinsfuß > Mindest-Verzinsung des Unternehmens

Abb. 13-11

Näherungsverfahren zur Bestimmung des internen Zinsfußes

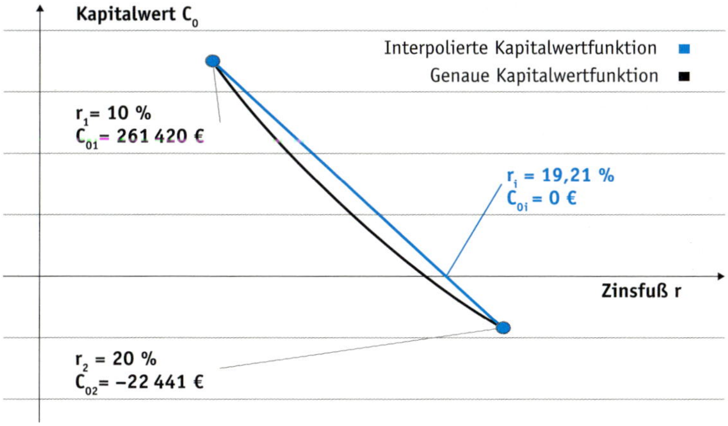

Vergleiche *Warnecke, H. J.* et al. 1996: Seite 101

Hinsichtlich der relativen Vorteilhaftigkeit gilt, dass eine Investition 1 vorteilhafter als eine Investition 2 ist, wenn:

$$\text{Interner Zinsfuß}_{\text{Investition 1}} > \text{Interner Zinsfuß}_{\text{Investition 2}}$$

Fallbeispiel 13-14 (Fortsetz. 13-1) **Investitionsentscheidung Montageautomat**

▸▸▸ In der ↗ Tabelle 13-13 werden die Ergebnisse der näherungsweisen und der genaueren iterativen Ermittlung des internen Zinsfußes für das Fallbeispiel dargestellt. Der Halbautomat hat einen höheren internen Zinsfuß und ist somit zu bevorzugen. Wie am Beispiel des Halbautomaten zudem deutlich wird, kann es zu erheblichen Abweichungen zwischen dem näherungsweise bestimmten Zinsfuß und dem iterativ ermittelten Zinsfuß kommen. ◂◂◂

Tab. 13-13

Berechnung des internen Zinsfußes für das Fallbeispiel (BWL6_13_Tabelle-Fallbeispiel.xls)

H	Interne Zinsfußmethode	Halbautomat	Vollautomat
G1	Versuchszinssatz r_1	10,0 %	10,0 %
G8	Kapitalwert C_{01}	390 834,89 €	261 420,29 €
H1	Versuchszinssatz r_2	20,0 %	20,0 %
H2	Kapitalwert C_{02}	157 934,67 €	–22 440,84 €
H3	**Näherungsweise ermittelter intern. Zinsfuß** $r_i = G1 - (H1 - G1) \times G8 / (H2 - G8)$	**26,78 %**	**19,21 %**
H4	**Iterativ ermittelter interner Zinsfuß** r_i	**29,95 %**	**19,05 %**

Zwischenübung Kapitel 13.4.3

Ermitteln Sie für die Rationalisierungsinvestition im Fertigungsbereich den internen Zinsfuß und beurteilen Sie ausgehend von einer Mindestverzinsung von 15 % die Vorteilhaftigkeit der Investition.

Versuchszinssatz r_1	10,0 %
Kapitalwert C_{01}	68 448,53 €
Versuchszinssatz r_2	28,0 %
Kapitalwert C_{02}	–7 065,51 €
Näherungsweise ermittelter interner Zinsfuß r_i	

13.4.4 Annuitätenmethode

Bei der Annuitätenmethode wird der Kapitalwert einer Investition in gleich große jährliche Beträge beziehungsweise **Annuitäten** A_n umgerechnet, deren abgezinste Summe wieder den Kapitalwert C_0 ergeben würde.

Vorgehensweise

Die Ermittlung der Annuität erfolgt über den sogenannten **Kapitalwiedergewinnungsfaktor**. Dieser Faktor stellt den Kehrwert des Rentenbarwertfaktors dar. Die Formel für die Berechnung der Annuität einer Investition lautet somit:

$$AN = C_0 \times \frac{r \times (1+r)^n}{(1+r)^n - 1}$$

mit:

AN = Annuität [€]
C_0 = Kapitalwert [€]
r = Kalkulationszinsfuß [%]
n = Nutzungsdauer [Jahre]

Vorteilhaftigkeit

Hinsichtlich der absoluten Vorteilhaftigkeit gilt, dass eine Investition vorteilhaft ist, wenn:

$$\text{Annuität} \geq 0$$

Hinsichtlich der relativen Vorteilhaftigkeit gilt, dass eine Investition 1 vorteilhafter als eine Investition 2 ist, wenn:

$$\text{Annuität}_{\text{Investition 1}} > \text{Annuität}_{\text{Investition 2}}$$

Fallbeispiel 13-15 (Fortsetz. 13-1) **Investitionsentscheidung Montageautomat**
▸▸▸ Für das Fallbeispiel ergeben sich die in ↗ Tabelle 13-14 aufgeführten Werte. Der Halbautomat weist dabei die höhere Annuität auf und ist somit zu bevorzugen. ◂◂◂

Tab. 13-14

Annuitätenberechnung für das Fallbeispiel (BWL6_13_Tabelle-Fallbeispiel.xls)

I	Annuitätenmethode	Halbautomat	Vollautomat
A2	Nutzungsdauer n	5 Jahre	5 Jahre
G1	Kalkulationszinsfuß r	10,0 %	10,0 %
G8	Kapitalwert C_0	390 834,89 €	261 420,29 €
I1	**Annuität AN** **= G8 × (G1 × (1 + G1)^A2) / ((1 + G1)^A2 – 1)**	**103 101,26 €**	**68 962,01 €**

Zwischenübung Kapitel 13.4.4

Ermitteln Sie für die Rationalisierungsinvestition im Fertigungsbereich die Annuität auf Basis der in der nachfolgenden Tabelle angegebenen Investitionsdaten und beurteilen Sie die Vorteilhaftigkeit der Investition.

Nutzungsdauer n	3 Jahre
Kalkulationszinsfuß r	10,0 %
Kapitalwert C_0	68 448,53 €
Annuität AN	

13.5 Qualitative Aspekte von Investitionsentscheidungen

Qualitative Kriterien zur Investitionsbeurteilung

Investitionsentscheidungen werden in der Regel nicht nur aufgrund der Ergebnisse von Investitionsrechnungen, sondern auch unter Berücksichtigung von qualitativen Faktoren getroffen. Von besonderer Bedeutung sind die nachfolgenden Kriterien (↗ Abbildung 13-12):

Marktbezogene Kriterien
Zu den marktbezogenen Kriterien gehört der Zeitpunkt, bis zu dem eine Investition realisiert werden kann, damit die Marktleistungen erbracht werden können, die Produktqualität, die aufgrund der Investition realisiert werden kann, und unter Umständen die Auftragsdurchlaufzeit, die aufgrund der Investition realisiert werden kann.

Technische Kriterien
Die technischen Kriterien hängen primär davon ab, in welche Art von Betriebsmitteln investiert werden soll. Sie umfassen die mengen- und die typmäßige Flexibilität, die Lebensdauer und die Störanfälligkeit des Betriebsmittels, die Verfügbarkeit von Serviceleistungen, wie beispielsweise einem 24-Stunden-Service, oder die durch die Investition verursachte Umweltbelastung.

Soziale Kriterien
Die aufgrund der Investition notwendigen Entlassungen, die für die Bedienung des Betriebsmittels benötigte Mitarbeiterqualifikation, die Auswirkungen auf die Arbeitsbedingungen, wie beispielsweise der durch das Betriebsmittel erzeugte Lärm, und die Auswirkungen auf die Arbeitssicherheit gehören zu den sozialen Kriterien zur Beurteilung von Investitionen.

Diese Aspekte werden häufig im Rahmen einer Nutzwertanalyse betrachtet. Um monetäre und qualitative Faktoren gleichermaßen zu berücksichtigen, kann beispielsweise auch der Kapitalwert mit dem Nutzenwert multipliziert werden (vergleiche *Blohm, H./Lüder, K.* 1991: Seite 174 ff.).

Abb. 13-12

Qualitative Kriterien zur Investitionsbeurteilung

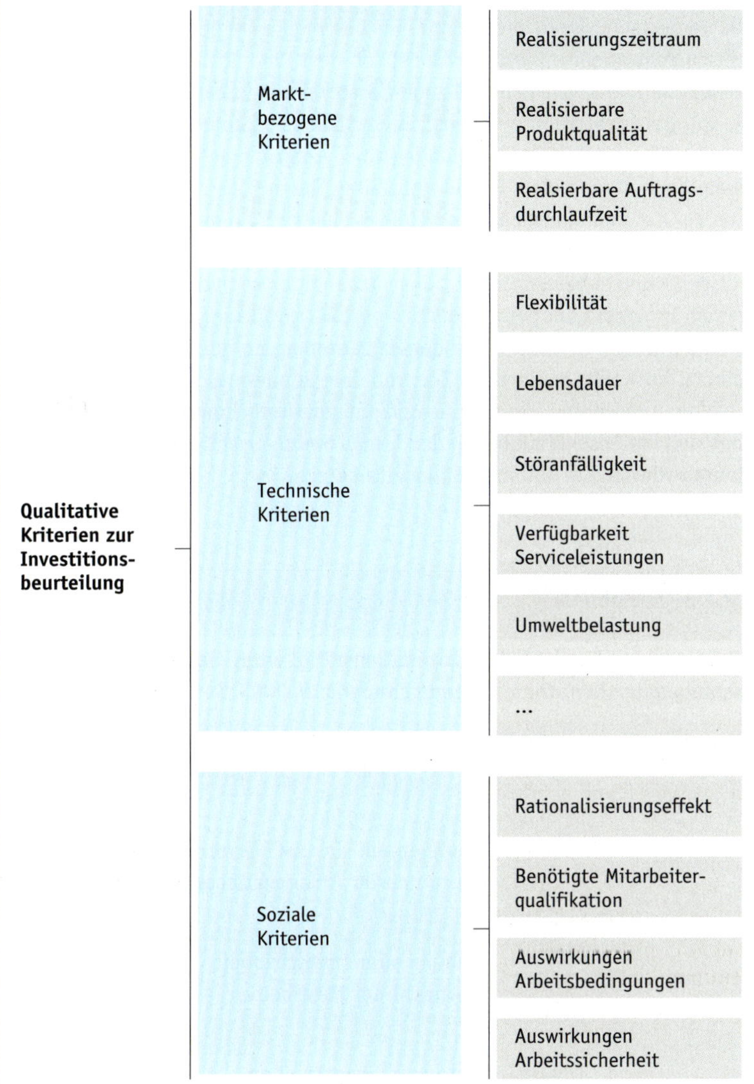

Vergleiche *Thommen, J.-P./Achleitner, A.-K.* 2003: Seite 590

Fallbeispiel 13-16 (Fortsetzung 13-1) **Investitionsentscheidung Montageautomat**

▸▸▸ Auch bei der Entscheidung über den Ersatz der manuellen Türmontage in der *Speedy GmbH* durch einen Halbautomaten oder einen Vollautomaten gilt es, verschiedene qualitative Aspekte zu beachten. Da der Automat in einer alten Fabrikhalle aufgestellt werden soll, deren Decken nur eine bestimmte Tragfähigkeit aufweisen, darf er nicht zu schwer sein. Da ungewiss ist, ob dem Produktionsbereich im nächsten Jahr ausreichend finanzielle Mittel zugewiesen werden, um die Investition zu finanzieren, soll die Investition möglichst im laufenden Geschäftsjahr erfolgen, für das noch genug finanzielle Mittel vorhanden sind. Aufgrund schlechter Erfahrungen in der Vergangenheit ist es dem Produktionsleiter, Herrn *Röthi*, zudem besonders wichtig, dass der Automat aus möglichst wenigen elektrischen und pneumatischen Komponenten besteht, da mit steigender Anzahl auch die Störanfälligkeit steigt. Um die qualitativen Aspekte bei der Investitionsentscheidung zu berücksichtigen, lässt Herr *Röthi* einen Ingenieur aus seinem Bereich eine Nutzwertanalyse erstellen, die alle zu beachtenden Kriterien enthält. Da der Halbautomat ein geringeres Gewicht als der Vollautomat aufweist, in kürzerer Zeit von dem Sondermaschinenhersteller gebaut werden kann und weniger elektrische und pneumatische Komponenten enthält, entscheidet sich die Geschäftsführung der *Speedy GmbH* abschließend dafür, die manuelle Montage durch den Halbautomaten zu ersetzen. ◂◂◂

13.6 Kennzahlen

Zur Steuerung der betrieblichen Investitionstätigkeiten eignen sich insbesondere die nachfolgenden Kennzahlen (vergleiche *Jung, H.* 2003: Seite 531):

$$\text{Investitionsstruktur} = \frac{\text{Investition je Unternehmensbereich/Betriebsmitteltyp/...}}{\text{Summe aller Investitionen}} \, [\%]$$

$$\text{Investitionsdeckung} = \frac{\text{Abschreibungen auf das Anlagevermögen}}{\text{Investitionen im Anlagevermögen}} \, [\%]$$

$$\text{Investitionen je Mitarbeiter} = \frac{\text{Summe aller Investitionen}}{\text{Anzahl der Mitarbeiter}} \, [\text{€/Mitarbeiter}]$$

$$\text{Investitionsquote} = \frac{\text{Investitionen in Anlagevermögen}}{\text{Anlagevermögen}} \, [\%]$$

Zusammenfassung Kapitel 13

- Unter einer Investition wird die Verwendung finanzieller Mittel für Güter verstanden, die der Erwirtschaftung finanzieller Mittel dienen.
- Hinsichtlich der Zielsetzung werden Errichtungs-, Erweiterungs-, Ersatz-, Rationalisierungs-, Sozial- und Sicherheitsinvestitionen unterschieden.
- Zur Durchführung von Investitionsrechnungen müssen die Investitionsauszahlung, die Rückflüsse und der Liquidationserlös ermittelt werden.
- Bei Ersatz- und Rationalisierungsinvestitionen ergeben sich Einzahlungen durch eingesparte Auszahlungen.
- Statische Verfahren der Investitionsrechnung sind die Kostenvergleichs-, die Gewinnvergleichs-, die Rentabilitätsvergleichs- und die statische Amortisationsrechnung.
- Die statische Amortisationsdauer wird zur Beurteilung des Risikos von Investitionen eingesetzt.
- Die dynamischen Verfahren der Investitionsrechnung berücksichtigen die Zeitpunkte, zu denen Rückflüsse anfallen.
- Der durch Diskontierung ermittelte Barwert gibt an, was ein in der Zukunft liegender Rückfluss zu Beginn der Investition wert ist.
- Dynamische Verfahren der Investitionsrechnung sind die Kapitalwertmethode, die interne Zinsfußmethode und die Annuitätenmethode.
- Ist der Kapitalwert einer Investition Null, wird eine Verzinsung zum Kalkulationszinsfuß erreicht.
- Der interne Zinsfuß ist der Zinssatz, bei dem der Kapitalwert einer Investition Null ist.
- Bei der Annuitätenmethode wird der Kapitalwert in gleich große Beträge über die Nutzungsdauer verteilt.
- Neben monetären Aspekten werden bei Investitionen in der Regel auch marktbezogene, technische und soziale Kriterien berücksichtigt.

Weiterführende Literatur Kapitel 13

Perridon, L./Steiner, M.: Finanzwirtschaft der Unternehmung, München.

Schlüsselbegriffe Kapitel 13

- Investition
- Realinvestition
- Sachinvestition
- Finanzinvestition
- Immaterielle Investition
- Errichtungsinvestition
- Erweiterungsinvestition
- Ersatzinvestition
- Rationalisierungsinvestition
- Sozialinvestition
- Sicherheitsinvestition
- Investitionsrechnung
- Zahlungsreihe
- Investitionsauszahlung
- Nutzungsdauer
- Liquidationserlös
- Rückfluss
- Kostenvergleichsrechnung
- Gewinnvergleichsrechnung
- Rentabilitätsvergleichsrechnung

- Amortisationsdauer
- Diskontierung
- Barwert
- Kapitalwert
- Kalkulationszinsfuß
- Rentenbarwertfaktor
- Interner Zinsfuß
- Annuität
- Kapitalwiedergewinnungsfaktor

Fragen Kapitel 13

Frage 13-1: *Definieren Sie den Begriff »Investition«.*

Frage 13-2: *Nennen Sie mindestens vier Investitionsarten, die sich nach der Zielsetzung unterscheiden lassen.*

Frage 13-3: *Erläutern Sie, was unter einer Ersatzinvestition verstanden wird.*

Frage 13-4: *Erläutern Sie, was unter Sozial- und Sicherheitsinvestitionen verstanden wird.*

Frage 13-5: *Erläutern Sie den Unterschied zwischen der absoluten und der relativen Vorteilhaftigkeit von Investitionen.*

Frage 13-6: *Erläutern Sie, in welcher Situation die besten Investitionsprojekte bestimmt werden müssen.*

Frage 13-7: *Definieren Sie den Begriff »Investitionsauszahlung«.*

Frage 13-8: *Erläutern Sie, woraus sich die Rückflüsse bei Rationalisierungsinvestitionen ergeben.*

Frage 13-9: *Nennen Sie die Verfahren der Investitionsrechnung, bei denen Abschreibungen berücksichtigt werden.*

Frage 13-10: *Erläutern Sie, warum Abschreibungen nicht bei Verfahren der Investitionsrechnung berücksichtigt werden, die auf Rückflüssen basieren.*

Frage 13-11: *Erläutern Sie, welche Unterschiede zwischen den statischen und den dynamischen Verfahren der Investitionsrechnung bestehen.*

Frage 13-12: *Erläutern Sie, was anhand der Amortisationsdauer primär beurteilt wird.*

Frage 13-13: *Nennen Sie vier Einflussfaktoren auf die Höhe des bei den dynamischen Verfahren der Investitionsrechnung zu verwendenden Kalkulationszinsfuß.*

Frage 13-14: *Erläutern Sie, welche Verzinsung bei einem Kapitalwert von Null erreicht wird.*

Frage 13-15: *Nennen Sie die drei Kriterien-Kategorien zur qualitativen Beurteilung von Sachinvestitionen.*

Frage 13-16: *Nennen Sie mindestens fünf qualitative Kriterien zur Beurteilung von Sachinvestitionen.*

Fallstudie Kapitel 13

Fallstudie 13-1: Zahlungsreihe

Nach einer genaueren Analyse der Absatzmöglichkeiten für die zusätzlich produzierbaren Türmodule wurden für die Produktion und den Absatz des vorher beschriebenen Beispiels statt der zusätzlichen 5 000 Türmodule je Jahr die in ↗ Tabelle 13-15 angegebenen Stückzahlen ermittelt.

Tab. 13-15

Geänderte Investitionsdaten des Fallbeispiels

A	Investitionsdaten	Halbautomat	Vollautomat
$A7_1$	1. Jahr: Anzahl zusätzlich produzier- und absetzbarer Produkte	900 Stück	900 Stück
$A7_2$	2. Jahr: Anzahl zusätzlich produzier- und absetzbarer Produkte	2 800 Stück	2 800 Stück
$A7_3$	3. Jahr: Anzahl zusätzlich produzier- und absetzbarer Produkte	4 700 Stück	4 700 Stück
$A7_4$	4. Jahr: Anzahl zusätzlich produzier- und absetzbarer Produkte	5 600 Stück	5 600 Stück
$A7_5$	5. Jahr: Anzahl zusätzlich produzier- und absetzbarer Produkte	6 800 Stück	6 800 Stück

Ermitteln Sie mit den neuen zusätzlichen Produktions- und Absatzzahlen für die beiden Investitionsalternativen die Zahlungsreihen und tragen Sie das Ergebnis in die nachfolgende Tabelle ein (Hinweis: Zwischenergebnisse dienen der Selbstkontrolle).

B	Zahlungsreihe	Halbautomat	Vollautomat
B1	0. Jahr: Investitionsauszahlung I_0 = A1	−650 000,00 €	−1 000 000,00 €
B2	1. Jahr: Rückfluss R_1	127 000,00 €	
B3	2. Jahr: Rückfluss R_2		
B4	3. Jahr: Rückfluss R_3		
B5	4. Jahr: Rückfluss R_4		
B6	5. Jahr: Rückfluss R_5		354 000,00 €
B7	5. Jahr: Liquidationserlös L_5 = A3	150 000,00 €	200 000,00 €

Fallstudie 13-2: Investitionsrechnungen

Bei einer noch genaueren Analyse der Absatzmöglichkeiten für die zusätzlich produzierbaren Türmodule wurde die in ↗ Tabelle 13-16 angegebene Zahlungsreihe ermittelt.

Tab. 13-16

Geänderte Zahlungsreihe des Fallbeispiels

B	Zahlungsreihe	Halbautomat	Vollautomat
B1	0. Jahr: Investitionsauszahlung I_0 = A1	−650 000,00 €	−1 000 000,00 €
B2	1. Jahr: Rückfluss R_1	130 000,00 €	180 000,00 €
B3	2. Jahr: Rückfluss R_2	190 000,00 €	240 000,00 €
B4	3. Jahr: Rückfluss R_3	250 000,00 €	300 000,00 €
B5	4. Jahr: Rückfluss R_4	280 000,00 €	330 000,00 €
B6	5. Jahr: Rückfluss R_5	310 000,00 €	360 000,00 €
B7	5. Jahr: Liquidationserlös L_5 = A3	150 000,00 €	200 000,00 €

Ermitteln Sie auf Basis der Zahlungsreihe die Werte (Hinweis: Zwischenergebnisse dienen der Selbstkontrolle) zur Beurteilung der absoluten und der relativen Vorteilhaftigkeit der Investitionsalternativen ausgehend von einem Mindest-Return-on-Investment von 10 %, einer Höchstamortisationsdauer von drei Jahren und einer Mindestverzinsung von 20 % mittels:

- *der Gewinnvergleichsrechnung (Hinweis: Verwenden Sie die durchschnittlichen Rückflüsse je Jahr),*
- *der Rentabilitätsvergleichsrechnung (Hinweis: Verwenden Sie die durchschnittlichen Rückflüsse je Jahr),*
- *der statischen Amortisationsrechnung (Hinweis: Verwenden Sie die durchschnittlichen Rückflüsse je Jahr),*
- *der Kapitalwertmethode (Hinweis: Verwenden Sie nicht die durchschnittlichen Rückflüsse, sondern die einzelnen Rückflüsse je Jahr),*
- *der Internen Zinsfußmethode (Hinweis: Bei einem zweiten Versuchszinssatz von 20 Prozent ergaben sich für den Halbautomat ein Kapitalwert von 54 848,25 Euro und für den Vollautomat ein Kapitalwert von −125 527,26 Euro) und*
- *der Annuitätenmethode mit einem Kalkulationszinsfuß von 10 Prozent.*

D	**Gewinnvergleichsrechnung**	**Halbautomat**	**Vollautomat**
D1	Durchschnittlicher Rückfluss R je Jahr		
C1	Abschreibungen für die Automaten je Jahr		
D2	Durchschnittlicher Gewinn E je Jahr		122 000,00 €
E	**Rentabilitätsvergleichsrechnung**		
E1	Return-on-Investment ROI	20,3 %	
F	**Statische Amortisationsrechnung**		
F2	Amortisationsdauer		3,5 Jahre
G	**Kapitalwertmethode**		
G1	Kalkulationszinsfuß r_1	10,0 %	10,0 %
G2	1. Jahr: Diskontierter Rückfluss R_{01}	118 181,82 €	
G3	2. Jahr: Diskontierter Rückfluss R_{02}		
G4	3. Jahr: Diskontierter Rückfluss R_{03}		
G5	4. Jahr: Diskontierter Rückfluss R_{04}		
G6	5. Jahr: Diskontierter Rückfluss R_{05}		
G7	5. Jahr: Diskontierter Liquidationserlös L_{05}		124 184,26 €
G8	Kapitalwert C_{01}	289 902,89 €	

H	**Interne Zinsfußmethode**		
H1	Versuchszinssatz r_2	20,0 %	20,0 %
H2	Kapitalwert C_{02}	54 848,25 €	–125 527,26 €
H3	Näherungsweise ermittelter intern. Zinsfuß r_i		
H4	Iterativ ermittelter interner Zinsfuß r_i	23,1 %	15,1 %
I	**Annuitätenmethode**		
I1	Annuität AN		42 336,41 €

Teil IV
Leistungserstellung

Abb. IV-1

Einordnung der Leistungserstellung in das 4-Ebenen-Modell der BWL

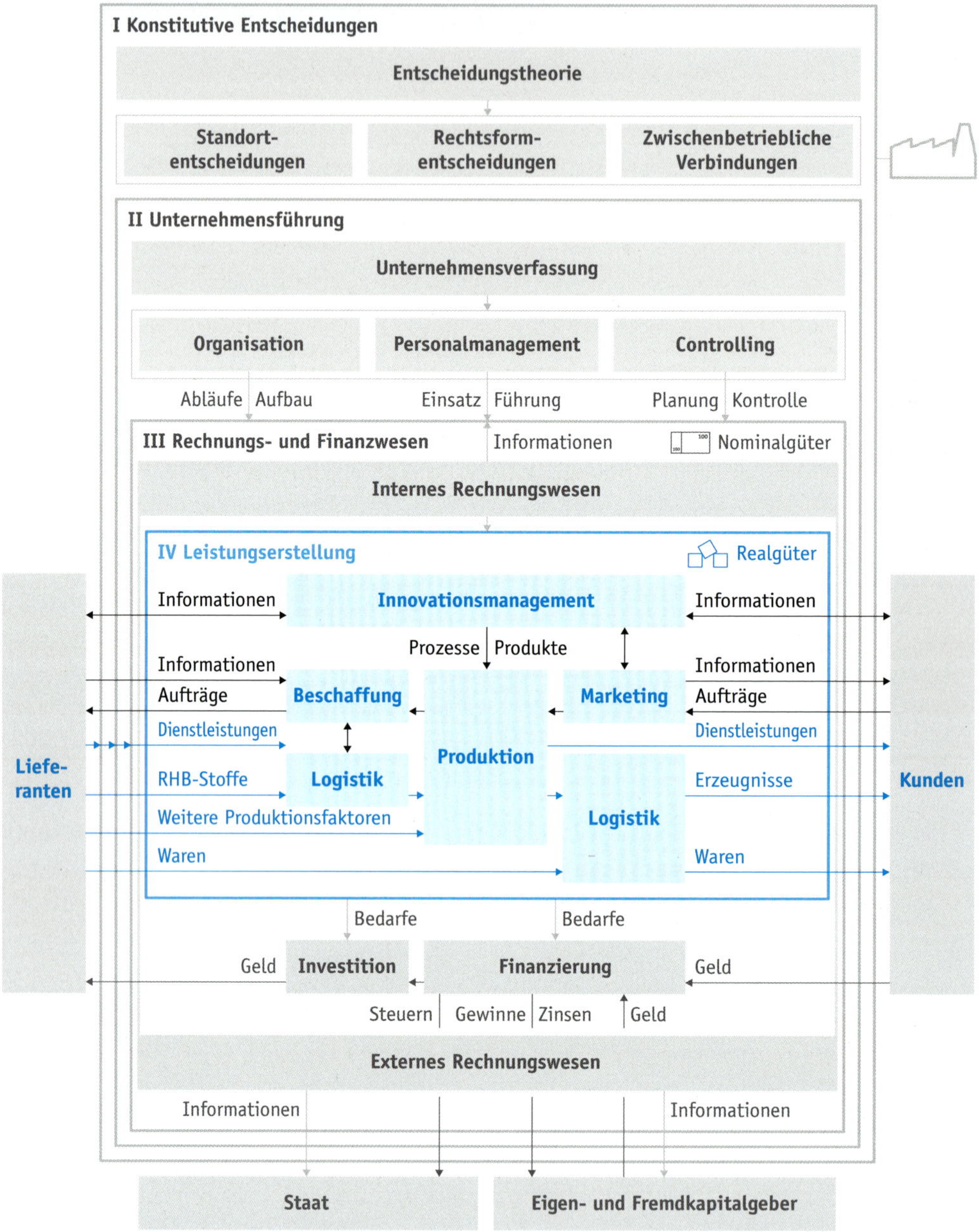

Die betriebliche Leistungserstellung bildet den Kern des diesem Buch zugrunde liegenden 4-Ebenen-Modells der BWL (↗ Abbildung IV-1). Sie hat primär die Realgüter in Form von Erzeugnissen, Waren und Dienstleistungen zum Gegenstand.

Um Ihnen die wichtigsten Kenntnisse und Fertigkeiten im Hinblick auf die Teilbereiche der Leistungserstellung zu vermitteln, wurde der vierte Teil dieses Buchs in folgende Kapitel untergliedert:

- Im ↗ **Kapitel 14 Innovationsmanagement** werden wir uns zuerst mit der Entwicklung neuer Produkte beschäftigen,
- Im ↗ **Kapitel 15 Beschaffung** werden wir uns dann anschauen, wie die Versorgung der Leistungserstellung mit Gütern, wie Rohstoffen, durch die Erteilung von Aufträgen an Lieferanten sichergestellt wird.
- Im ↗ **Kapitel 16 Logistik** werden wir ergänzend darauf eingehen wie die Ver- und Entsorgung von Unternehmen und ihren Kunden mit Gütern durch Logistikfunktionen, wie Transporte und Lagerungen, erfolgt.
- Im ↗ **Kapitel 17 Produktionswirtschaft** steht der Transformationsprozess von Produktionsfaktoren in Produkte im Mittelpunkt, der durch die in Aufträge umgewandelte Nachfrage der Kunden nach Produkten angestoßen wird.
- Im ↗ **Kapitel 18 Marketing** werden wir zuletzt betrachten, wie Kunden dazu gebracht werden, Produkte nachzufragen.

14 Innovationsmanagement

Kapitelnavigator

Inhalt	Lernziel
14.1 Grundlagen	14-1 Die Grundlagen des Innovationsmanagements kennen.
14.2 Strategisches Innovationsmanagement	14-2 Die Elemente und Vorgehensweisen des strategischen Innovationsmanagements kennen.
14.3 Operatives Innovationsmanagement	14-3 Die Elemente und Vorgehensweisen des operativen Innovationsmanagements kennen.
14.4 Innovationskultur	14-4 Den Einfluss der Innovationskultur kennen.
14.5 Kennzahlen	14-5 Die wichtigsten Innovations-Kennzahlen kennen.

Die gesamte Entwicklungsgeschichte des Menschen ist von Innovationen geprägt. Während sich Menschen in der Frühzeit durch neue Werkzeuge und Waffen gegenüber Tieren und anderen Menschen behaupten konnten, können sich Unternehmen heute durch neue Produkte und neue Prozesse gegenüber anderen Unternehmen durchsetzen. Innovationen treten dabei in den verschiedensten Formen in Erscheinung, etwa als neues Automobil, als neues Gebäude, als neue Mode, als neues Musikalbum, als neue Software, als neue Geldanlageform oder als neue Dienstleistung.

Das **Innovationsmanagement** umfasst alle Planungs-, Entscheidungs-, Organisations- und Kontrollaufgaben im Hinblick auf die Forschung, Entwicklung, Produktion und Markteinführung neuer Produkte und Prozesse.

14.1 Grundlagen

Makroökonomische Bedeutung von Innovationen

Welchen Einfluss Innovationen auf die Entwicklung von Volkswirtschaften haben, zeigte der russische Wirtschaftswissenschaftler *Nikolai D. Kondratieff* bereits 1926 mit seinem Modell der »long wave cycles« beziehungsweise der **langen Konjunkturwellen**. Diese auch als »*Kondratieff*-Zyklen« bezeichneten Wellen kommen durch Basisinnovationen zustande, die jeweils eine 50 bis 60 Jahre andauernde wirtschaftliche Aufschwungphase nach sich ziehen und dadurch zu einer Erhöhung des Volkseinkommens führen. Bislang werden folgende *Kondratieff*-Zyklen unterschieden (↗ Abbildung 14-1, zum Folgenden vergleiche *Kondratieff, N. D.* 1984: Seite 1 ff.):

Wirtschaftspraxis 14-1

Innovative Menschen verdrängten den Neandertaler

Der heutige Stand der Forschung geht davon aus, dass der *Homo sapiens* als Vorfahre des heutigen Menschen bei seiner Ausbreitung in Europa den *Neandertaler* vor etwa 40 000 Jahren verdrängte. Die beiden Menschentypen konkurrierten damals um dieselben Territorien, dieselben Nutztiere, dieselben Brennvorräte und dieselben Höhlen. Da der *Homo sapiens* jedoch über bessere Kleidung, bessere Werkzeuge und bessere Waffen verfügte und zudem das Feuer besser kontrollieren konnte, wird vermutet, dass er den *Neandertaler* innerhalb von etwa 1 000 bis 6 000 Jahren verdrängte.

Möglicherweise hätte es unter etwas glücklicheren Umständen auch ganz anders ausgehen können, meinen Vertreter einer anderen Sichtweise wie Krist Vaesen von der Eindhoven University of Technology im Fachblatt »PLOS«. Sie gehen davon aus: Der Neandertaler hatte schlicht demografisches Pech, weil es im entscheidenden Augenblick einfach nicht genug von ihnen gab. Damit konnte er sich nicht gegen den Homo sapiens durchsetzen.

Quellen: Neandertaler schneller verdrängt als bisher bekannt, unter: www.faz.net, Stand: 22.02.2006; https://www.spektrum.de/news/starb-der-neandertaler-einfach-so-aus/1688798

Kondratieff-Zyklen

- Zu einem ersten Zyklus kam es aufgrund der Erfindung der **Dampfmaschine** durch den Engländer *James Watt* im Jahre 1769, die den Übergang von der handwerklichen zur industriellen Produktion einleitete.
- Der zweite *Kondratieff*-Zyklus wurde durch die Erfindung neuer Verfahren der **Stahlproduktion** durch *Krupp* und *Hoesch* und durch die Erfindung der **Dampflokomotive** durch *George Stephenson* im Jahr 1814 ausgelöst.

Abb. 14-1

***Kondratieff*-Zyklen**

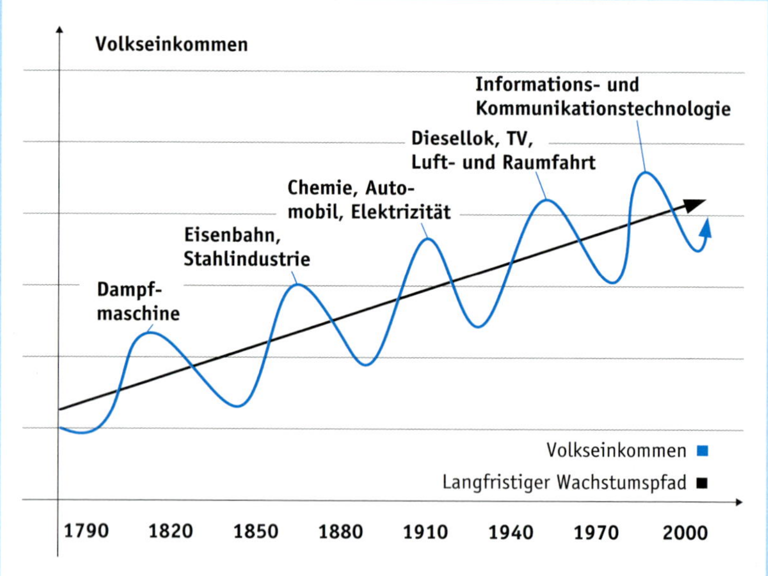

- Der zunehmende Einsatz von **Elektrizität** als Energiequelle in der industriellen Produktion und die Erfindung des **Automobils** und neuer Verfahren der **Chemieproduktion** leiteten ab etwa 1880 den dritten *Kondratieff*-Zyklus ein.
- Auslöser des vierten *Kondratieff*-Zyklus war insbesondere die Entwicklung der **Luft- und Raumfahrttechnik** und des **Fernsehens.**
- Der vorerst letzte weltwirtschaftlich bedeutsame Konjunkturschub beruhte auf der **Informations- und Kommunikationstechnologie**, durch die der Übergang von einer Industrie- zu einer Dienstleistungsgesellschaft eingeleitet wurde.

Heute wird angenommen, dass der nächste *Kondratieff*-Zyklus durch Innovationen auf dem Gebiet der **Life-Sciences** (englisch: Lebenswissenschaften), ausgelöst werden wird, zu denen unter anderem die Ernährungswissenschaften, die Medizin, die Molekularbiologie und die Neurowissenschaften zählen.

Mikroökonomische Wirkung von Innovationen

Die meisten Innovationen, die die *Kondratieff*-Zyklen auslösten, führten zur Gründung von Unternehmen, die die Innovationen verwerteten und weiterentwickelten. Diese Unternehmen prosperierten, da ihnen die neuen Produkte Alleinstellungsmerkmale im Markt verschafften. Auch heute hängt die Wettbewerbsfähigkeit von Unternehmen ganz wesentlich von ihrer Fähigkeit ab, Innovationen hervorzubringen. Die Art und Weise, wie das Management von Innovationen erfolgt, ist deshalb von großer Bedeutung für den wirtschaftlichen Erfolg von Unternehmen und für ihre langfristige Existenzsicherung.

Abb. 14-2

Einfluss des Innovationsmanagements auf die Kosten

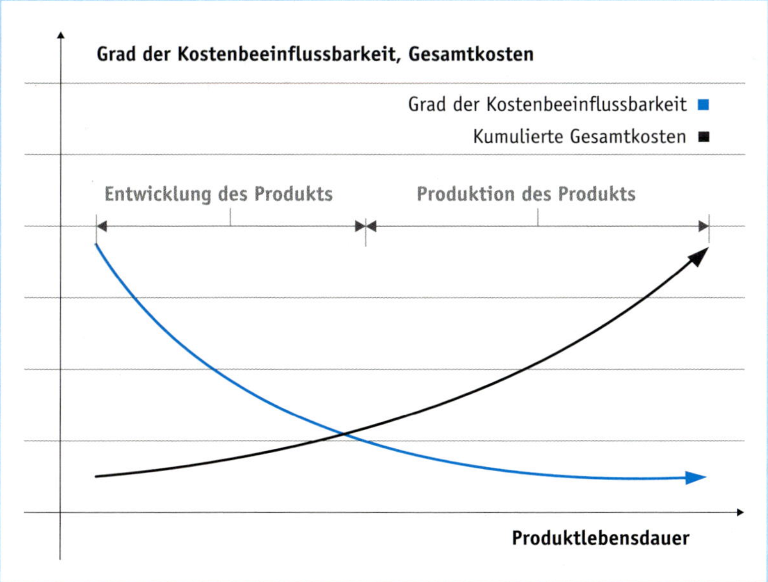

Einfluss auf die Kostenstruktur

Das Innovationsmanagement hat aber nicht nur erheblichen Einfluss auf die Marktstellung, sondern auch auf die Kostenstruktur von Unternehmen. Der Grund dafür liegt darin, dass die Herstellkosten von Produkten bereits in der Entwicklungsphase weitgehend festgelegt werden. Demgegenüber nehmen die Möglichkeiten zur Kostenbeeinflussung durch eine optimale Planung oder durch Rationalisierungsmaßnahmen in der sich der Entwicklung anschließenden Produktionsphase immer weiter ab (↗ Abbildung 14-2).

14.1.1 Begriffe

14.1.1.1 Forschung und Entwicklung

Technische Innovationen, die nachfolgend primär betrachtet werden, basieren auf der Durchführung von Forschungs- und Entwicklungsaktivitäten.

Die **Forschung und Entwicklung** umfasst sämtliche Aktivitäten, die dem Erwerb von neuem Wissen und der Verwendung dieses Wissens in neuen Produkten und Prozessen dienen.

Innovationsphasen

Die Forschung schafft dabei die Grundlagen für die nachfolgende Entwicklung, die ihrerseits die Basis der nachfolgenden Produktion und Markteinführung ist. Im sogenannten *Frascati*-Handbuch der *OECD* erfolgt eine weitere zeitliche Differenzierung der Forschung in die **Grundlagenforschung** und die **angewandte Forschung** sowie der Entwicklung in die **Vorentwicklung** und die **Entwicklung im engeren Sinne** (↗ Abbildung 14-3, vergleiche *Gerpott, T. J.* 2005: Seite 25 und 31 ff., *OECD* 1982: Seite 29 sowie *Specht, G./Beckmann, C./Amelingmeyer, J.* 2002: Seite 14).

Vom Innovationsmanagement ist das **Forschungs- und Entwicklungsmanagement** abzugrenzen, das mit der Entwicklung der Produkte und Prozesse vor der eigentlichen Produktion und Markteinführung abschließt. Von dem Forschungs- und Entwicklungsmanagement wiederum unterscheidet sich das **Technologiemanagement**, das nur Planungs-, Entscheidungs-, Organisations- und Kontrollaufgaben im Hinblick auf die angewandte Forschung und die Vorentwicklung umfasst (vergleiche *Gerpott, T. J.* 2005: Seite 57).

14.1.1.2 Theorien als Ergebnis der Grundlagenforschung

Die Grundlagenforschung hat die von einer praktischen Anwendung unabhängige Gewinnung von neuen Theorien zum Ziel.

Theorien sind allgemeine wissenschaftliche Erkenntnisse, die empirisch feststellbare Ursache-Wirkungsbeziehungen beschreiben.

Theorien erklären also in abstrakter Form in der Realität zu beobachtende Sachverhalte (vergleiche *Specht, G./Beckmann, C./Amelingmeyer, J.* 2002: Seite 12). Beispielsweise besagt die physikalische Theorie, dass die sogenannte Gleitreibung zwischen zwei Körpern, die sich zueinander bewegen, kleiner ist als die sogenannte

Abb. 14-3

Phasen und Begriffe des Innovationsmanagements

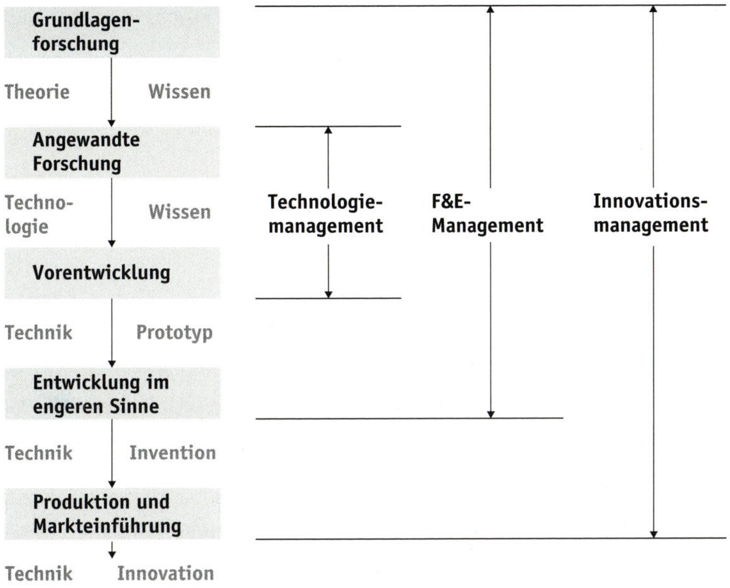

Vergleiche *Specht, G./Beckmann, C./Amelingmeyer, J.* 2002: Seite 16

Haftreibung zwischen zwei Körpern, die sich nicht zueinander bewegen. Zwischen der Bewegung und der Reibung besteht also eine Ursache-Wirkungsbeziehung.

Obwohl Theorien immateriell sind, werden zu ihrer Herleitung und Überprüfung häufig Versuchsaufbauten in Laboratorien realisiert. So ist beispielsweise die *Europäische Organisation für Kernforschung CERN* in Genf das größte Teilchen-Physik-Labor der Welt.

Träger der Grundlagen-forschung

Träger der Grundlagenforschung sind in der Regel staatliche Forschungseinrichtungen, wie Institute an Hochschulen oder Großforschungseinrichtungen, zu denen unter anderem die *Max-Planck-Gesellschaft* gehört. Unternehmen engagieren sich in dieser Phase der Forschung und Entwicklung hingegen eher selten, da sie sich aufgrund des fehlenden unmittelbaren Anwendungsbezugs keinen ökonomischen Nutzen davon versprechen.

14.1.1.3 Technologien als Ergebnis der angewandten Forschung

Die angewandte Forschung baut auf den Ergebnissen der Grundlagenforschung auf. Ihr Gegenstand ist die Gewinnung von Technologien.

> **Technologien** sind auf Theorien basierende Anweisungen zum technischen Handeln.

Abb. 14-4

Systematisierung von Technologien

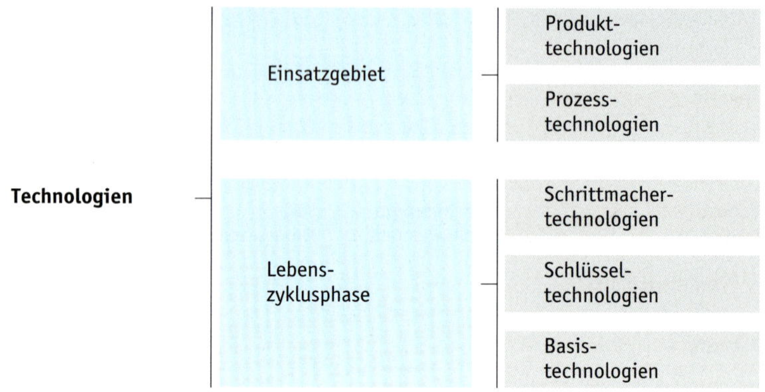

Vergleiche *Gerpott, T. J.* 2005: Seite 26 f.

Technologien sind also Funktionsprinzipen, die Ziel-Mittelbeziehungen zur Lösung praktischer Probleme beschreiben (vergleiche *Gerpott, T. J.* 2005: Seite 27 und *Specht, G./Beckmann, C./Amelingmeyer, J.* 2002: Seite 12 f.). Beispielsweise basiert die in vielen Automobilen umgesetzte Antiblockier-Technologie auf der im vorherigen Kapitel beschriebenen Theorie der Haft- und Gleitreibung. Die Antiblockier-Technologie beschreibt, wie die Räder eines Automobils so abgebremst werden können, dass sie nicht blockieren. Durch diese Technologie wird beim Bremsen die Haftreibung statt der Gleitreibung genutzt, wodurch die Bremswirkung erheblich vergrößert wird.

Wirtschaftspraxis 14-2

Die MP3-Technologie

Ende der 1980er-Jahre wurde am *Fraunhofer Institut für Integrierte Schaltungen* (*IIS*) eine Technologie zur Komprimierung von Audioinformationen entwickelt, die bald darauf die Musikindustrie revolutionieren sollte. *MPEG-1, Layer 3* – oder abgekürzt *MP3* – ist eine Technologie, die beschreibt, wie aus Audioinformationen Teile entfernt werden können, die von den meisten Hörern nicht wahrgenommen werden. Die Komprimierung erfolgt dabei unter Berücksichtigung der psychoakustischen Eigenschaften des menschlichen Ohrs. So kann das menschliche Gehör beispielsweise zwei Töne erst ab einem gewissen Mindestunterschied der Frequenzen voneinander unterscheiden oder direkt nach sehr lauten Tönen keine sehr leisen Töne wahrnehmen. Durch Ausnutzung dieser Effekte lassen sich Audioinformationen ohne hörbare Unterschiede um den Faktor 1 : 10 bis 1 : 20 komprimieren.
Damit wurde ein Multimilliarden-Markt geboren. Zwischen den Jahren 2005 bis 2018 wurden allein in Deutschland mit dieser Technologie bis zu 700 Millionen Euro pro Jahr umgesetzt.

Quellen: *Fraunhofer-Institut für Integrierte Schaltungen*: MP3: MPEG Audio Layer-3, unter: www.iis.fraunhofer.de, Stand: 2006; https://de.statista.com/statistik/daten/studie/5606/umfrage/entwicklung-der-umsaetze-mit-mp3--und-mpeg4-playern-seit-2005/

Wirtschaftspraxis 14-3

Die Bedeutung gewerblicher Schutzrechte

Welche Bedeutung gewerbliche Schutzrechte für die Wirtschaft haben, zeigt in **Deutschland** beispielsweise der Bestand des *Deutschen Patent- und Markenamtes* an solchen Rechten. So verwaltete das Amt im Jahr 2019 einen Bestand von 131 999 Patenten, 76 919 Gebrauchsmustern und 830 319 Marken. Einschließlich der mit Wirkung für die Bundesrepublik Deutschland vom *Europäischen Patentamt (EPA)* erteilten Patente waren im Jahr 2019 insgesamt 569 196 Patente in Deutschland gültig.
In **Österreich** waren im Jahr 2019 171 654 Patente geschützt. Des Weiteren waren im gleichen Jahr 98 957 Zeichen (Wort-, Wortbild- und Bildmarken) als nationale Marken und 121 102 Zeichen als internationale Marken durch das *Österreichische Patentamt (ÖPA)* geschützt.

In der **Schweiz** fanden 2018/2019 beim *Eidgenössischen Institut für Geistiges Eigentum* 14 763 Markeneintragungen und 16 840 Internationale Registrierungen mit Schutzausdehnung auf die Schweiz statt. Darüber hinaus bestanden 2018/2019 121 695 bezahlte Patente mit Wirkung für die Schweiz und Liechtenstein.

Quellen: Deutsches Patent- und Markenamt: Jahresbericht 2019; Österreichisches Patentamt: Geschäftsbericht 2019; Österreichisches Patentamt: Statistische Übersicht über Geschäftsumfang und Geschäftstätigkeit in Patentangelegenheiten Gebrauchsmusterangelegenheiten Markenangelegenheiten Musterangelegenheiten 2019; Justiz- und Polizeidepartement: Jahresbericht 2018/19.

Technologiearten

Technologien können nach verschiedenen Kriterien systematisiert werden (↗ Abbildung 14-4, zum Folgenden vergleiche *Gerpott, T. J.* 2005: Seite 26 f.).

Systematisierung von Technologien nach dem Einsatzgebiet
Hinsichtlich des Einsatzgebiets können Produkt- und Prozesstechnologien unterschieden werden. **Produkttechnologien** sind die in den Produkten zur Anwendung kommenden Technologien, **Prozesstechnologien** dienen hingegen der Erstellung von Produkten.

Systematisierung von Technologien nach der Lebenszyklusphase
Hinsichtlich der Lebenszyklusphase können Schrittmachertechnologien, Schlüsseltechnologien und Basistechnologien unterschieden werden. Von **Schrittmachertechnologien** wird erwartet, dass sie zukünftig einen großen Einfluss auf die Struktur einer Branche haben werden. Wenn diese Technologien dann nachfolgend von den ersten Unternehmen beherrscht und eingesetzt werden, handelt es sich um **Schlüsseltechnologien**. Werden diese Technologien schließlich von allen Unternehmen einer Branche beherrscht, werden sie zu **Basistechnologien**.

Schutz von Technologien

Wenn sie einen entsprechenden Neuigkeitsgrad aufweisen, lassen sich Technologien durch **Patente** schützen. Unternehmen ist es dadurch möglich, ihre Position als Ersterfinder beziehungsweise Pionierunternehmen zumindest für einen gewissen Zeitraum gegenüber Wettbewerbern abzusichern.

14.1.1.4 Technik als Ergebnis der Entwicklung

Die Entwicklung basiert auf den in der angewandten Forschung gewonnenen Technologien. Wenn diese Technologien in Prototypen und nachfolgend in Produkten oder Prozessen realisiert werden, handelt es sich um Technik.

Technik ist die Umsetzung von Technologien in materiellen oder immateriellen Produkten und Prozessen.

In dem im vorherigen Kapitel beschriebenen Beispiel ist Technik also das realisierte Antiblockier-System eines Automobils. Neben den materiellen Komponenten ist dabei für die Realisierung auch eine immaterielle Software notwendig, die das Antiblockier-System steuert (vergleiche *Gerpott, T. J.* 2005: Seite 17 ff. und *Specht, G./Beckmann, C./Amelingmeyer, J.* 2002: Seite 12 f.). Die Entwicklung gliedert sich in zwei Phasen.

Entwicklungsphasen

Vorentwicklung

In der Vorentwicklung wird ein **Prototyp** entwickelt, der es ermöglicht, die Funktionsweise des späteren Produktes oder Prozesses in der Realität zu überprüfen.

Entwicklung im engeren Sinne

Die sich der Vorentwicklung anschließende Entwicklung im engeren Sinne mündet in einem produzier- und vermarktbaren Produkt oder einem umsetzbaren Prozess. Dabei handelt es sich zugleich um eine Invention (vergleiche *Gerpott, T. J.* 2005: Seite 25 ff. und *Specht, G./Beckmann, C./Amelingmeyer, J.* 2002: Seite 13).

Eine **Invention** ist eine technisch realisierte Erfindung eines neuen Produktes oder Prozesses als Ergebnis der Forschung und Entwicklung.

Schutz von Inventionen

Wenn Inventionen entsprechende Unterschiede zum aktuellen Stand der Technik aufweisen, lassen sie sich als **Gebrauchsmuster** oder unter Umständen sogar als **Patent** schützen. Die ästhetische Gestaltung von Inventionen lässt sich zudem als **Geschmacksmuster** schützen.

14.1.1.5 Innovationen als Ergebnis der Produktion und Markteinführung

Wird die Invention schließlich im Rahmen der betrieblichen Leistungserstellung verwendet, handelt es sich um eine Innovation.

Unter einer **Innovation** wird die erstmalige wirtschaftliche Nutzung einer Invention durch die Produktion und den Absatz eines neuen Produkts oder durch den Einsatz eines neuen Prozesses in der Produktion verstanden.

Der Begriff »Innovation« stammt dabei von dem lateinischen Wort »innovatio« ab, das so viel wie Neuerung, Erneuerung, Neueinführung oder auch Neuheit bedeutet.

Innovationsarten

Innovationen können weiter in Produkt- und Prozessinnovationen unterteilt werden (vergleiche *Gerpott, T. J.* 2005: Seite 37 ff. und *Specht, G./Beckmann, C./Amelingmeyer, J.* 2002: Seite 13 f.).

Produktinnovationen

Innovationen, die sich auf die von einem Unternehmen produzierten und abgesetzten Produkte beziehen, werden als Produktinnovationen bezeichnet. Sie lassen sich weiter unterteilen in

- **Marktneuheiten**, die es bisher überhaupt nicht gab, und
- **Unternehmensneuheiten**, die nur für das Unternehmen neu sind.

Wirtschaftspraxis 14-4

Die Entwicklung des Spielfilms »Final Destination«

In der Filmindustrie werden häufig vor der endgültigen Fertigstellung »Filmprototypen« erstellt, die dazu verwendet werden, Testvorführungen vor einem dem Zielpublikum entsprechenden Testpublikum durchzuführen. Entsprechende Tests des Horrorfilms »*Final Destination*« des amerikanischen Unternehmens *New Line Cinema* ergaben beispielsweise, dass das Publikum mit dem zuerst realisierten, eher nachdenklichen Ende, bei dem eine der Hauptdarstellerinnen dem Tod durch die Geburt eines Kindes entging, nicht zufrieden war. Das Publikum erwartete stattdessen auch am Ende eine überraschende Sterbeszene. Aus diesem Grund wurde ein neues, die Erwartungen des Publikums befriedigendes Ende für den Film entwickelt und in einem sechs Tage dauernden und zwei Millionen Dollar kostenden Nachdreh filmisch umgesetzt.

Quelle: Testing Final Destination, unter: Hauptmenü/Extras/Dokumentationen, DVD Final Destination, USA 2000.

Prozessinnovationen

Innovationen, die sich auf die von einem Unternehmen durchgeführten Prozesse der Leistungserstellung beziehen, werden als Prozess- oder **Verfahrensinnovationen** bezeichnet. Die Prozessinnovationen können weiter in folgende Innovationen unterteilt werden:

- **Technische Prozessinnovationen** sind beispielsweise neue Verfahren der Metallbearbeitung oder eine neue Buchhaltungssoftware.
- **Sozialinnovationen** sind nichttechnische Prozessinnovationen, die den Menschen und sein Verhalten im Unternehmen zum Gegenstand haben. Hierzu gehören beispielsweise neue Ansätze zur Steigerung der Arbeitszufriedenheit oder neue Ansätze der Arbeitszeitregelung.
- **Strukturinnovationen** bezeichnen Änderungen der Aufbau- und der Ablauforganisation im Rahmen des organisatorischen Wandels (↗ Kapitel 7 Organisation).
- **Geschäftsmodellinnovationen** beziehen sich zuletzt auf die gesamte Art und Weise, wie Unternehmen Geschäfte machen.

Gegenstand der nachfolgenden Ausführungen werden dabei technische Prozessinnovationen sein.

Bedeutung von Produkt- und Prozessinnovationen

Welche Bedeutung Produkt- und Prozessinnovationen im Verlauf der Zeit für Unternehmen haben, hängt in der Regel vom Reifegrad und von der Art der betreffenden Branche ab. Während sich Unternehmen in jungen Branchen vornehmlich durch Produktinnovationen differenzieren, gewinnen Prozessinnovationen und die durch sie erreichbaren Kostenreduzierungen mit einem zunehmenden Reifegrad der Branche an Bedeutung (↗ Abbildung 14-5). In manchen Branchen sind zur Produktion von neuen Produkten jedoch auch neue Produktionsprozesse erforderlich, weshalb beispielsweise in der Halbleiterindustrie Produkt- und Prozessinnovation zeitgleich erfolgen.

Abb. 14-5

Veränderung der Bedeutung von Produkt- und Prozessinnovationen im Zeitablauf

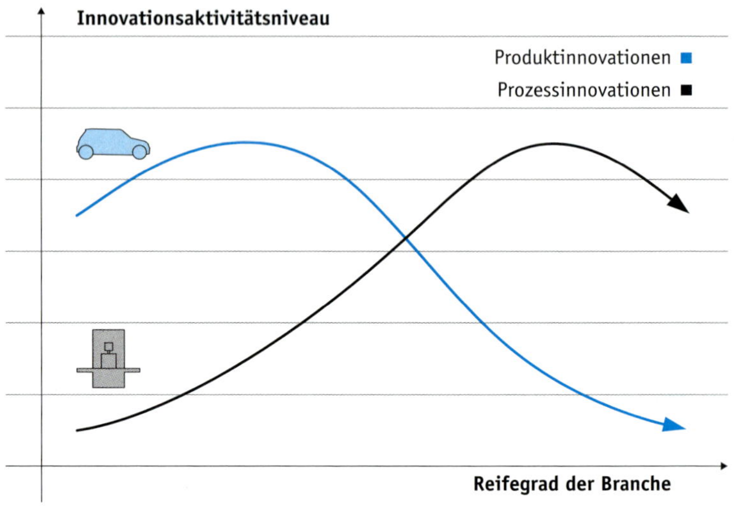

Vergleiche *Utterback, J. M.* 1994: Seite 91

14.1.2 Einordnung des Innovationsmanagements

Das Innovationsmanagement ist Teil der Leistungserstellung. Schnittstellen bestehen insbesondere zu folgenden Bereichen (↗ Abbildung 14-6):

- **Kunden:** Das Innovationsmanagement erhält von Kunden Anstöße zur Entwicklung und lässt Kunden Prototypen testen und beurteilen.
- **Marketing:** In der Regel erstellt das Marketing im Rahmen der Produktpolitik Vorgaben für das Innovationsmanagement hinsichtlich der zu entwickelnden Produkte.
- **Lieferanten:** Mit Lieferanten erfolgt eine Abstimmung, wer welche Entwicklungsarbeiten übernimmt, und hinsichtlich der Schnittstellen zwischen den von den Lieferanten entwickelten Teilen und den selbst entwickelten Teilen.
- **Produktion:** Die Produktion erhält am Ende vom Innovationsmanagement die Daten der zu produzierenden Produkte. Bei der Entwicklung liefert die Produktion Hinweise im Hinblick auf eine produktionsgerechte Gestaltung der Produkte.

14.1.3 Entwicklung des Innovationsmanagements

Entwicklungsphasen des Innovationsmanagements

Aus der historischen Perspektive heraus lassen sich folgende Entwicklungsphasen des Innovationsmanagements unterscheiden:

Abb. 14-6

Einordnung des Innovationsmanagements in die Leistungserstellung

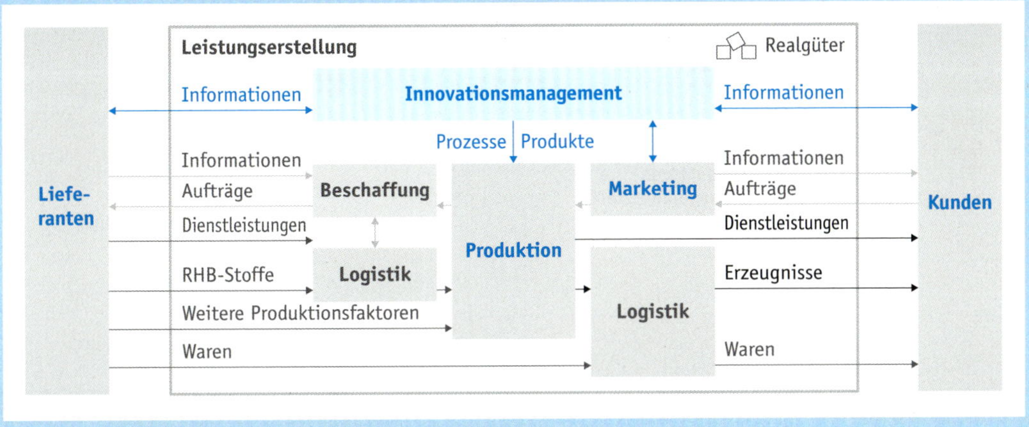

Phase des Technology-Pushs

Bis Mitte der 1960er-Jahre wurden Innovationen in der Regel technologiegetrieben durch den sogenannten Technology-Push (englisch: **Technologiedruck**) initiiert. Die Ergebnisse der Forschung und Entwicklung bestimmten also, welche Produkte angeboten wurden. Die Beziehungen zwischen Unternehmen und ihren Kunden waren zu dieser Zeit typisch für sogenannte Verkäufermärkte.

Phase des Market-Pulls

Mit dem Wechsel vom Verkäufer- zum Käufermarkt wurden Innovationen ab Ende der 1960er-Jahre primär markt- und kundengetrieben durch den sogenannten Market-Pull (englisch: **Marktsog**) initiiert. Die Unternehmen entwickelten also nicht mehr das, was technisch möglich war, sondern das, was die Kunden vermeintlich wollten.

Phase der Ökologieorientierung

Infolge der ersten großen Energiekrise in den Jahren 1973/74 und dem dadurch zunehmenden ökologischen Bewusstsein breiter Bevölkerungsschichten dominierten Forderungen nach »sauberen« Technologien und ökologische Zielsetzungen, wie beispielsweise Recyclingfähigkeit und Ressourcenschonung, lange Zeit die Innovationsaktivitäten von Unternehmen.

Phase der Open-Innovation

Insbesondere im Bereich der Softwareentwicklung etablierte sich seit Mitte der 1980er-Jahre die Idee, Software nicht von Unternehmen, sondern von vielen unabhängigen Personen entwickeln zu lassen. Die Betriebssysteme *Linux* oder *Apple* mit seinen Apps sind Beispiele für so entstandene Software.

Abb. 14-7

Ziele des Innovationsmanagements

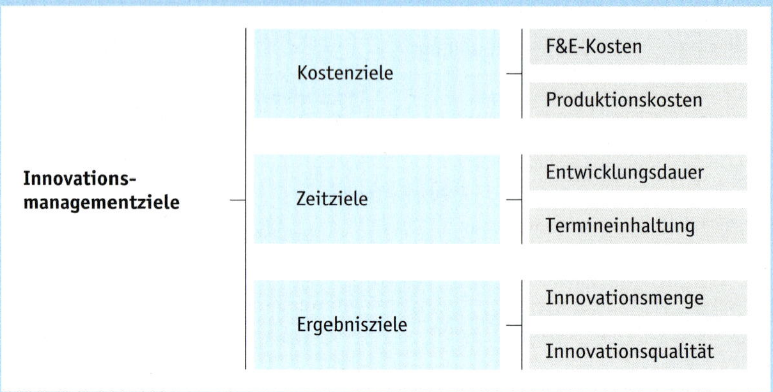

14.1.4 Ziele des Innovationsmanagements

Zielsystem des Innovationsmanagements

Die Ziele des Innovationsmanagements lassen sich aus den übergeordneten Unternehmenszielen ableiten. Das Hauptanliegen der Innovationstätigkeit ist es, gegenüber der Konkurrenz Wettbewerbsvorteile zu erzielen, die sich in messbaren ökonomischen Erfolgsgrößen niederschlagen, wie beispielsweise dem Gewinn oder dem Marktanteil. Um dies zu erreichen, werden mit dem Innovationsmanagement insbesondere folgende Ziele verfolgt (↗ Abbildung 14-7):

Kostenziele
Im Rahmen des Innovationsmanagements gilt es, den Aufwand für die eigentliche Entwicklung von Produkten und Prozessen zu reduzieren, um so den Gewinn zu steigern.

Da die Gestaltung der Produkte zudem erhebliche Auswirkungen auf die Produktions- und Logistikkosten hat, ist es ein weiteres Ziel des Innovationsmanagements, diese Folgekosten zu reduzieren.

Zeitziele
Im Innovationsbereich kann der Faktor Zeit erheblichen Einfluss auf den Markterfolg haben. Häufig gilt, dass diejenigen Unternehmen, die als erstes ein neues Produkt anbieten, auch den sogenannten »**Innovationsprofit**« abschöpfen können. Um zudem schnell auf Marktänderungen reagieren zu können, sollten deshalb möglichst kurze Entwicklungsdauern für neue Produkte und Prozesse realisiert werden.

Das Innovationsmanagement muss zudem dafür sorgen, dass die im Rahmen der Timingstrategie festgelegten Termine der Fertigentwicklung und der Markteinführung neuer Produkte eingehalten werden.

Ergebnisziele
Das Ergebnis des Innovationsprozesses hat eine quantitative und eine qualitative Dimension. Das quantitative Ergebnis bezieht sich auf die Menge der jährlich hervorgebrachten Technologien, Inventionen und Innovationen.

Die entwickelten Produkte müssen zudem hinsichtlich ihrer Qualität und damit hinsichtlich ihrer Funktionalität den Anforderungen der Kunden entsprechen. Dabei ist auch darauf zu achten, dass die Produkte die Kundenanforderungen nicht übertreffen, also nicht »overengineered« sind.

14.1.5 Restriktionen des Innovationsmanagements

Das Innovationsmanagement von Unternehmen unterliegt einer Reihe von externen und internen Rahmenbedingungen, die die Handlungsspielräume einschränken können:

Wettbewerbsdruck
Aufgrund der wachsenden Globalisierung gibt es heute kaum noch »geographische Marktnischen«. Der daraus resultierende unmittelbare Wettbewerbsdruck zwingt die Unternehmen geradezu zu einer ausgeprägten Innovationsorientierung. Dadurch wird nicht nur der generelle Zwang zu erfolgreichen Innovationen verstärkt, sondern häufig auch der Zeitdruck erhöht, unter dem Innovationen hervorgebracht werden müssen.

Risiken
Risiken von Innovationen

Mit Innovationen ist in der Regel nicht nur eine Reihe von Chancen, sondern auch eine Reihe von Risiken verbunden. Hierzu gehören insbesondere:
- **technische Risiken**, da nicht alle durchgeführten Forschungs- und Entwicklungsprojekte auch zu funktionsfähigen Produkten führen,
- **Marktrisiken**, da viele Inventionen aufgrund mangelnden Kundeninteresses nicht im Markt eingeführt werden, und
- **wirtschaftliche Risiken**, da nicht alle Innovationen Gewinne erwirtschaften.

Wie groß die Risiken sind, zeigt der Umstand, dass nur etwa fünf bis zehn Prozent aller Produktideen letztendlich erfolgreich sind.

Innovationshemmnisse
Häufig bestehen innerhalb von Unternehmen erhebliche Innovationshemmnisse so insbesondere aufgrund von (vergleiche *BMBF* 1996: Seite 16) unternehmensinternen Widerständen, hohen Innovationskosten, langen Amortisationsdauern, leichter Imitierbarkeit der Innovationen, fehlendem Kapital, mangelndem Fachpersonal, mangelnder technischer Ausstattung und fehlendem Know-how.

Wirtschaftspraxis 14-5

Die Lebenszyklen des Walkmans

Welche Auswirkungen der Innovationsdruck haben kann, zeigt eindrucksvoll das Beispiel des *Walkmans* der *Sony Corporation*: Seit das japanische Unternehmen 1979 den ersten *Walkman* einführte, wurden über 370 neue Modelle und Modellvarianten des tragbaren Kassettenrecorders auf den Markt gebracht und über 140 Millionen Stück abgesetzt. Die Lebenszyklen der einzelnen Modelle betrugen dabei in der Regel nicht mehr als sechs Monate.

Quelle: *Hoffritz, J.*: Arme Schlucker, in: Wirtschaftswoche 18/1996, Seite 128–131.

14.1.6 Aufgaben und Vorgehensweise

Aufgaben des Innovationsmanagements

Um zu erfolgreichen Innovationen zu gelangen, ist es von entscheidender Bedeutung, den Innovationsprozess systematisch und zielorientiert zu planen, zu realisieren und zu kontrollieren. Zu den wesentlichen Aufgaben des Innovationsmanagements gehören dementsprechend insbesondere:

- die Bestimmung der Innovationsstrategie,
- die Aufstellung des Forschungs- und Entwicklungsprojektprogramms,
- die Festlegung, wie Technologie und Technik bereitgestellt werden,
- die Planung und die Realisierung der einzelnen Forschungs- und Entwicklungsprojekte,
- die Planung und die Realisierung der Produktion und des Marketings sowie
- die Schaffung einer innovationsfördernden Organisationsstruktur und -kultur.

Abb. 14-8

Aufgaben und Vorgehensweise des Innovationsmanagements

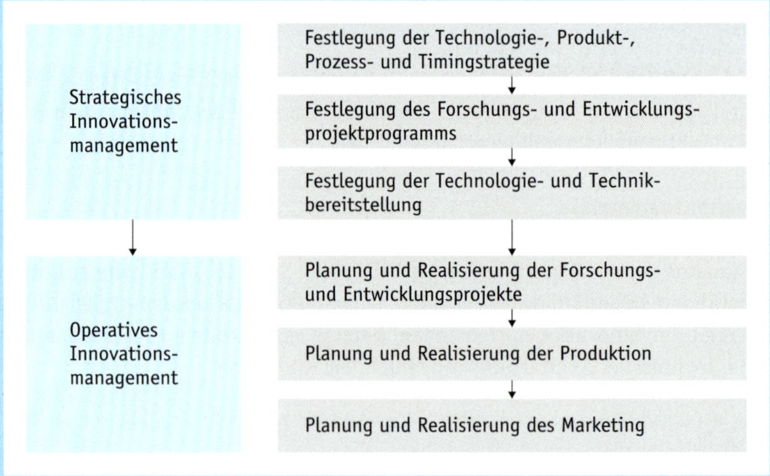

Die Vorgehensweise bei der Erfüllung dieser Aufgaben wird in der ↗ Abbildung 14-8 verdeutlicht. Danach können ein strategisches und ein operatives Innovationsmanagement unterschieden werden.

Vorgehensweise

14.2 Strategisches Innovationsmanagement

14.2.1 Innovationsstrategie

Die Innovationsstrategie ist für die zukünftige Positionierung eines Unternehmens im Markt von grundlegender Bedeutung. Sie umfasst die Technologie-, die Produkt-, die Prozess- und die Timingstrategie. Aus der Innovationsstrategie wird anschließend das Forschungs- und Entwicklungsprojektprogramm abgeleitet. Zudem wird auf ihrer Basis entschieden, wie die Technologie und die Technik bereitgestellt werden sollen (↗ Abbildung 14-9).

Wechselwirkungen zwischen den Strategien

Zwischen der Technologie-, der Produkt- und der Prozessstrategie bestehen Abhängigkeiten. So ermöglichen neue Technologien und neue Prozesse im Sinne eines Technology-Pushs die Realisierung neuer Produkte. Gleichzeitig kann im Sinne eines Market-Pulls aber auch die Nachfrage nach neuen Produkten dazu führen, dass neue Prozesse und Technologien entwickelt werden müssen, um diese Produkte zu realisieren. Der mögliche Markteintrittszeitpunkt hängt schließlich von den Inventionszeitpunkten der Produkte und der Prozesse ab.

14.2.1.1 Technologiestrategie

Im Rahmen der Bestimmung der Technologiestrategie wird festgelegt, welche Technologien das Unternehmen entwickeln beziehungsweise weiterentwickeln wird und welche es aufgeben oder verkaufen wird. Die Entwicklung und die Umsetzung von

Abb. 14-9

Teilbereiche der Innovationsstrategie

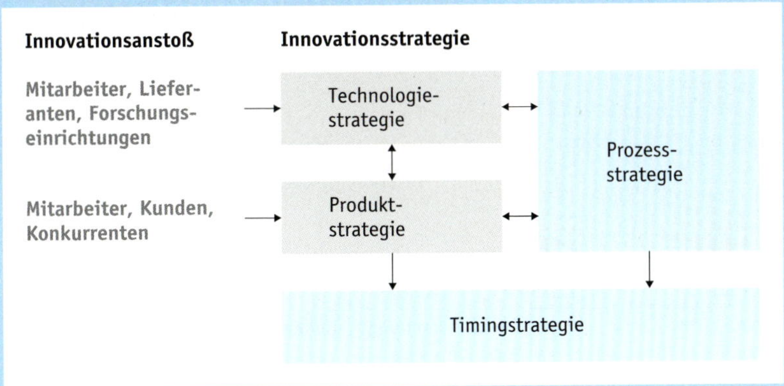

Technologiestrategien sind dabei von besonders großer Bedeutung für Unternehmen, da die meisten revolutionären Innovationen technologie- und nicht marktinduziert sind.

14.2.1.1.1 Anstoß zur Technologieentwicklung

Leistungszyklen von Technologien

Technologien durchlaufen Zyklen, gegen deren Ende sich ihre Leistungsfähigkeit einem Grenzwert nähert. Dieser Zusammenhang wird in dem sogenannten **S-Kurven-Konzept** der Unternehmensberatung *McKinsey* beschrieben. Ein neuer Leistungszyklus auf einem höheren Leistungsniveau beginnt dann durch den Übergang auf eine neue Technologie, die auch als »**Substitutionstechnologie**« bezeichnet wird, weil sie die alte Technologie im Zeitablauf ersetzt. So verdrängte beispielsweise die DVD die Videokassette als Datenträger (↗ Abbildung 14-10, vergleiche *Gerpott, T. J.* 2005: Seite 113 ff.).

Technologiefrüherkennung und -prognose

Um den Übergang auf neue Technologien nicht zu verpassen, müssen Unternehmen ihr Umfeld im Rahmen der sogenannten **Technologiefrüherkennung** systematisch auf technologierelevante **schwache Signale** hin analysieren und dann mithilfe der sogenannten **Technologieprognose** abschätzen, welche Bedeutung die neuen Technologien für die eigenen Produkte und Prozesse zukünftig haben werden.

Für die Technologiefrüherkennung und damit den Anstoß zur Technologieentwicklung sind insbesondere folgende interne und externe Informationsquellen relevant (vergleiche *Gerpott, T. J.* 2005: Seite 101 ff. und *Specht, G./Beckmann, C./Amelingmeyer, J.* 2002: Seite 80 f.):

Abb. 14-10

S-Kurven-Konzept

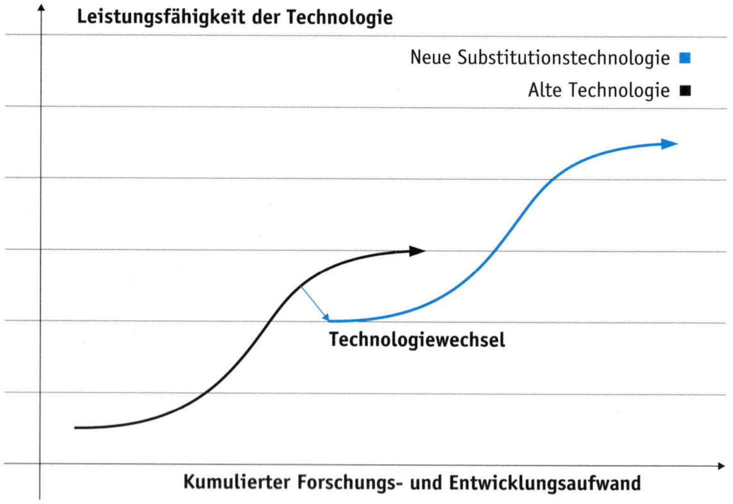

Vergleiche *Gerpott, T. J.* 2005: Seite 118

Wirtschaftspraxis 14-6

Fehlprognosen in der Computerindustrie

Wie schwierig Technologieprognosen sind, zeigt das Beispiel der *IBM*. So vertrat *Thomas J. Watson*, der frühere Vorstandsvorsitzende des Unternehmens, im Jahre 1943 folgende Einschätzung: »Ich denke, dass es einen Weltmarkt für vielleicht fünf Computer gibt.«
Einige Jahrzehnte später irrte sich das Management des Unternehmens erneut, als es um die Einschätzung des Marktpotenzials von Personalcomputern ging. Niemand hätte sich damals vorstellen können, dass im Jahr 2004 weltweit über 800 Millionen Personalcomputer im Einsatz sein würden. Statt in entsprechende Technologien zu investieren, setzte die *IBM* deshalb auf Großrechnertechnologien und verlor dadurch schnell Marktanteile an Konkurrenten wie *Apple*.
Das war zweifellos erneut ein Fehler, denn im Jahr 2020 lag der weltweite Jahresabsatz bei rund 235 Millionen PCs.

Quellen: Das hat doch keine Zukunft, in: Silvesterbeilage der Stuttgarter Zeitung vom 31.12.2005, Seite IX; https://de.statista.com/themen/159/computer/

Innovationsanstoß

Mitarbeiter
Mitarbeiter können beispielsweise über Anträge für Forschungsprojekte und über Verbesserungsvorschläge Anregungen für neu zu entwickelnde Technologien liefern.

Zulieferer
Durch innovative Zulieferer und ihre in der Entwicklung befindlichen Produkte lassen sich häufig frühzeitig Informationen über neue Technologietrends gewinnen.

Forschungseinrichtungen
Kontakte mit Forschungseinrichtungen in den für Unternehmen relevanten Technologiebereichen können Impulse für neue Technologien liefern.

Schriftliche Informationen
Zusätzlich zu den genannten Quellen können auch Artikel in Fachzeitschriften und neu angemeldete Patente der Technologiefrüherkennung dienen.

14.2.1.1.2 Auswahl der Technologiestrategie

Mögliche Technologiestrategien

Unternehmen haben hinsichtlich der zu verfolgenden Technologiestrategie folgende Alternativen:

Entwicklung beziehungsweise Weiterentwicklung von Technologien
Neue Technologien können entwickelt und bestehende Technologien können weiterentwickelt werden.

Beibehaltung von Technologien
Bestehende Technologien können beibehalten werden, ohne sie im größeren Umfang weiterzuentwickeln. Falls durch eine Technologie keine Differenzierung gegenüber anderen Unternehmen möglich ist, kann sie diesen auch über Lizenzen zu Verfügung gestellt werden.

Aufgabe von Technologien
Bestehende Technologien können aufgegeben und möglicherweise vorhandene Schutzrechte verkauft werden.

Technologieportfolio

Eine Entscheidungshilfe zur Auswahl der Technologiestrategie liefert das Technologieportfolio (↗ Abbildung 14-11). Danach haben insbesondere solche Technologien im Hinblick auf die Entwicklung beziehungsweise Weiterentwicklung eine hohe **Technologiepriorität**, die einerseits attraktiv erscheinen und die andererseits aufgrund der im Unternehmen verfügbaren Ressourcen realisiert werden können.

Die **Technologieattraktivität** beziehungsweise der Technologiedruck wird durch die Vorteile bestimmt, die durch eine Weiterentwicklung der Technologie im Hinblick auf die Bedarfsdeckung und die technologischen Potenziale des Unternehmens entstehen.

Die **Ressourcenstärke** hängt von dem vorhandenen Know-how und den finanziellen Möglichkeiten des Unternehmens in Relation zu seinen wichtigsten Wettbewerbern ab (vergleiche *Gerpott, T. J.* 2005: Seite 156 f. und *Specht, G./Beckmann, C./Amelingmeyer, J.* 2002: Seite 78 und 98 ff.)

Darstellung

Die mithilfe eines Technologieportfolios für die Entwicklung und Weiterentwicklung ausgewählten Technologien werden mit ihren gegenseitigen Abhängigkeiten

Abb. 14-11

Technologieportfolio

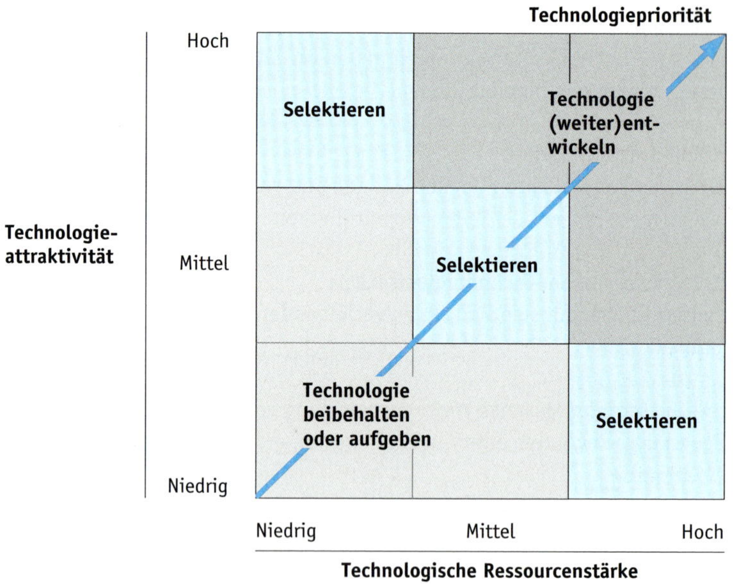

Vergleiche *Brockhoff, K.* 1997: Seite 170 und *Gerpott, T. J.* 2005: Seite 157

anschließend häufig in sogenannten **Technologie-Roadmaps** dargestellt, die damit einen Bezug zur Zeitachse herstellen und aufzeigen, wann welche Technologien realisiert werden sollen.

14.2.1.2 Produktstrategie

Im Rahmen der Produktstrategie wird entschieden, welche Produkte entwickelt und welche beibehalten oder aufgegeben werden sollen. Die Produktstrategie muss dabei insbesondere mit der **Produktpolitik** des Marketings abgestimmt werden (↗ Kapitel 18 Marketing).

14.2.1.2.1 Anstoß zur Produktentwicklung

Der Anstoß zur Produktentwicklung kann durch neu entwickelte Technologien erfolgen oder marktseitig induziert werden. Marktseitig erfolgt der Anstoß insbesondere aufgrund folgender Anregungen oder Situationen:

Anregungen von Mitarbeitern

Innovationsanstoß

Die Mitarbeiter von Unternehmen haben oft ein gutes Gefühl für am Markt benötigte Produkte. Sie können dementsprechend über Anträge für Entwicklungsprojekte und über Verbesserungsvorschläge Anregungen für neu zu entwickelnde Produkte geben.

Anregungen von Kunden

Auch die bislang nicht erfüllten Wünsche und Ideen von innovativen Kunden, den sogenannten »**Lead-Usern**«, können die Produktentwicklung anstoßen, da die Bedürfnisse dieser Kunden in der Regel den Bedürfnissen breiterer Kundenschichten zeitlich vorausgehen.

Diskrepanz zu Konkurrenzprodukten

Häufig erfolgt die Produktentwicklung aufgrund einer Diskrepanz zwischen dem eigenen Produkt und den als »besser« wahrgenommenen Konkurrenzprodukten.

Einen ersten Anhalt dafür kann eine **Preis-Nutzen-Analyse** liefern, die Rückschlüsse darüber erlaubt, ob die eigenen Produkte hinsichtlich des Preis-Nutzen-Verhältnisses für die Kunden richtig positioniert sind (↗ Abbildung 14-12). Kritisch sind dabei insbesondere Produkte, deren Preis-Nutzen-Verhältnis unter dem branchentypischen Verhältnis liegt.

Eine differenziertere Analyse der Produkteigenschaften kann mittels einer sogenannten **Konkurrenzanalyse** erfolgen. Dazu werden die für Kaufentscheidungen relevanten Eigenschaften des eigenen Produkts mit den Eigenschaften von Konkurrenzprodukten verglichen. Aus negativen Abweichungen lassen sich dann Rückschlüsse auf im Rahmen der Produktentwicklung zu verbessernden Produkteigenschaften ziehen (↗ Abbildung 14-13, vergleiche *Gerpott, T. J.* 2005: Seite 135 ff.).

Inkrafttreten neuer gesetzlicher Bestimmungen

Auch neue gesetzliche Bestimmungen, die insbesondere aus Gründen der Sicherheit, des Umweltschutzes oder des Verbraucherschutzes in Kraft treten, können die Produktentwicklung anstoßen.

Abb. 14-12

Preis-Nutzen-Analyse

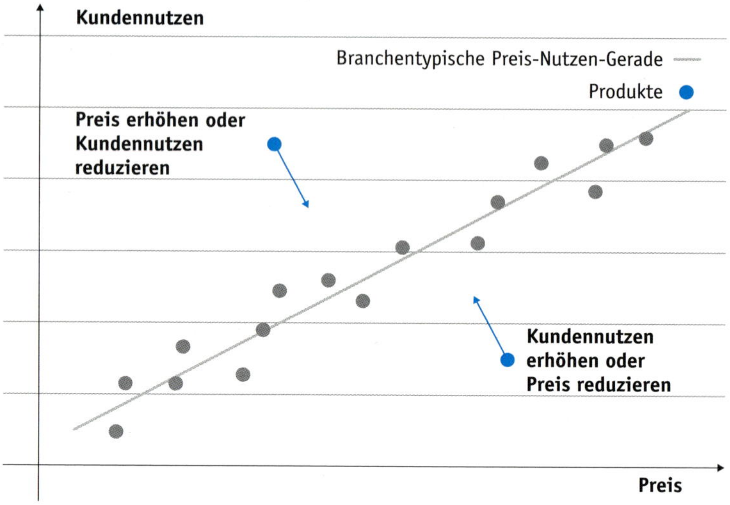

Vergleiche *Nieschlag, R./Dichtl, E./Hörschgen, H.* 1997: Seite 330

Abb. 14-13

Konkurrenzanalyse eines Automobils

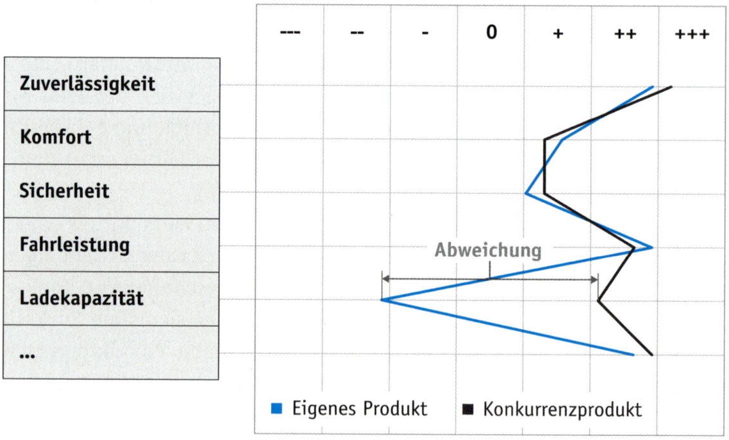

Um die aufgeführten Anregungen und Situationen zu erfassen, müssen Unternehmen ihr Umfeld und die dort auftretenden Entwicklungen im Hinblick auf zukünftig zu entwickelnde Produkte laufend analysieren.

14.2.1.2.2 Auswahl der Produktstrategie

Im Rahmen des Innovationsmanagements stehen den Unternehmen mit der Produktelimination, der Produktbeibehaltung, der Produktvariation, der Produktdifferenzierung und der Produktdiversifikation fünf strategische Handlungsfelder zur Verfügung (↗ Abbildung 14-14, zum Folgenden vergleiche *Meffert, H.* 2000: Seite 437 ff. und *Nieschlag, R./Dichtl, E./Hörschgen, H.* 1997: Seite 277):

Mögliche Produktstrategien

Produktelimination

Durch die Produktelimination wird das Absatzprogramm eines Unternehmens »bereinigt«. Aufgrund von Rentabilitäts- und Kundenanalysen werden dabei solche Produkte ausgesondert, die mittel- und langfristig keinen Markterfolg mehr versprechen oder nicht mehr zu den Kernkompetenzen des Unternehmens passen (↗ Kapitel 9 Controlling).

Produktbeibehaltung

In vielen Branchen wird ein Großteil der Produkte über Jahre hinweg unverändert beibehalten, weil sie immer noch einen ausreichenden Absatzerfolg haben. So werden zum Beispiel selbst in der schnelllebigen Musikbranche noch Alben verkauft, die schon vor Jahrzehnten aufgenommen wurden.

Produktvariation

Mit einer Produktvariation werden nur geringfügige Veränderungen der ästhetischen, physikalischen, funktionalen und/oder symbolischen Nutzenkomponenten eines im Markt eingeführten Produkts vorgenommen. Die Grundfunktionen des Produkts bleiben erhalten, und es besteht ein großer Anteil an Gleichteilen zu den bestehenden Produkten.

Abb. 14-14

Alternative Produktstrategien

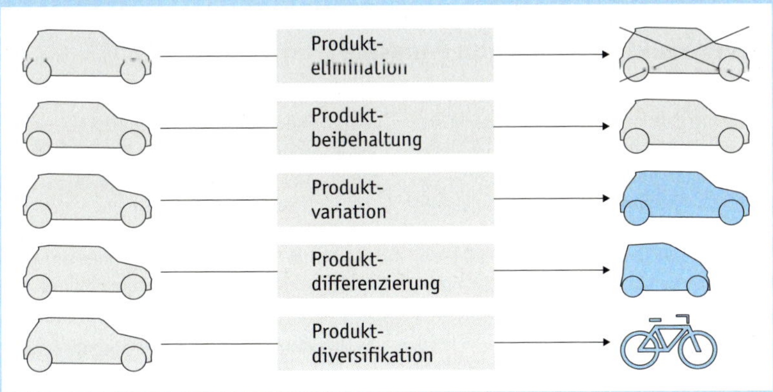

Werden die neuen Produkte ergänzend zu den bestehenden Produkten entwickelt, erweitern sie die Programm- beziehungsweise die Sortimentstiefe von Unternehmen. Produkte werden insbesondere deshalb variiert, weil die bestehenden Marktsegmente besser ausgeschöpft werden sollen. Beispiele für Produktvariationen in der Automobilindustrie sind Sondermodelle oder unterschiedliche Motorisierungen innerhalb einer Baureihe.

Nachfolgeprodukte

Darüber hinaus stellen in der Regel auch Nachfolgeprodukte, die bestehende Produkte im Rahmen eines **Relaunches** (↗ Kapitel 9 Controlling) ersetzen, Produktvariationen dar.

Produktdifferenzierung

Bei der Produktdifferenzierung hat das neue Produkt ähnliche Grundfunktionalitäten wie die bereits bestehenden Produkte und basiert auf vielen gleichen Technologien wie diese. Allerdings besteht ein wesentlich kleinerer Anteil an Gleichteilen zu den bestehenden Produkten als bei einer Produktvariation. Das neue Produkt erweitert aber ebenso die Programm- beziehungsweise die Sortimentstiefe. Durch die Produktdifferenzierung versuchen Unternehmen in der Regel, neue Marktsegmente zu erschließen. In der Automobilindustrie stellt beispielsweise die Entwicklung einer neuen Baureihe eine Produktdifferenzierung dar.

Produktdiversifikation

Bei der Produktdiversifikation hat das neue Produkt andere Grundfunktionalitäten als die bereits bestehenden Produkte. Es basiert zudem auf anderen Technologien als diese und es gibt keine oder nur sehr wenige Gleichteile. Durch die Produktdiversifikation wird die Programm- beziehungsweise Sortimentsbreite vergrößert. So haben beispielsweise in den letzten Jahren viele Automobilhersteller Fahrräder entwickelt oder bieten zusätzlich zum ursprünglichen Kerngeschäft auch Finanzdienstleistungen an.

Auswahl der Produktstrategie

Die Auswahl der zu verfolgenden Produktstrategie kann insbesondere mithilfe der im ↗ Kapitel 9 Controlling vorgestellten **Marktattraktivität-Wettbewerbsvorteil-Matrix** erfolgen (↗ Abbildung 9-18). Danach haben Produkte in attraktiven Marktsegmen-

Wirtschaftspraxis 14-7

Das Produktspektrum von Panasonic

Die *Panasonic Corporation*, die insbesondere durch ihre gleichnamige Marke bekannt ist, verfügt mit über 15 000 Produkten über ein sehr breites Produktspektrum. Eine Produktdiversifikation stellt dabei beispielsweise das gleichzeitige Anbieten von Camcordern und Elektrowerkzeugen dar. Innerhalb der Camcorder stellen die Baureihe für semiprofessionelle Anwender und die Baureihe für Einsteiger eine Produktdifferenzierung dar und innerhalb der Camcorder für Einsteiger sind deren unterschiedliche Ausstattungen ein Beispiel für eine Produktvariation.

Auf der Consumer Electronics Show (CES) 2020 zeigte Panasonic zum ersten Mal sein neues OLED-Flaggschiff, den HZW2004. Das neue „Master HDR OLED Professional Edition"-Panel wurde in Zusammenarbeit mit Hollywood-Filmproduzenten für den Einsatz im heimischen Wohnzimmer entwickelt. Damit wurde eine weitere Produktvariation im Markt platziert.

Quellen: www.panasonic.net, Stand: 26.04.2012; https://www.panasonic.com/de/corporate/presse/alle-meldungen/076-fy2019-panasonic-tv-hzw2004.html ten, in denen gegenüber den Wettbewerbern relative Vorteile bestehen, eine hohe **Marktpriorität** beziehungsweise einen großen Marktsog im Hinblick auf die Entwicklung und Weiterentwicklung. Merkmale der **Marktattraktivität** sind insbesondere die erwartete Entwicklung der Marktgröße und der Grad der Wettbewerbsintensität, Merkmale des **Wettbewerbsvorteils** sind die bestehende Marktposition und die Renditeerwartungen (vergleiche *Brockhoff, K.* 1997: Seite 170).

14.2.1.2.3 Abgleich zwischen Technologie- und Produktstrategie

Da Produkte auf Technologien beruhen und sich dadurch die Technologie- und die Produktstrategie gegenseitig beeinflussen, ist ein Abgleich zwischen beiden Strategien notwendig. Dieser Abgleich kann über ein **Markt-Technologie-Portfolio** erfol-

Abb. 14-15

Markt-Technologie-Portfolio

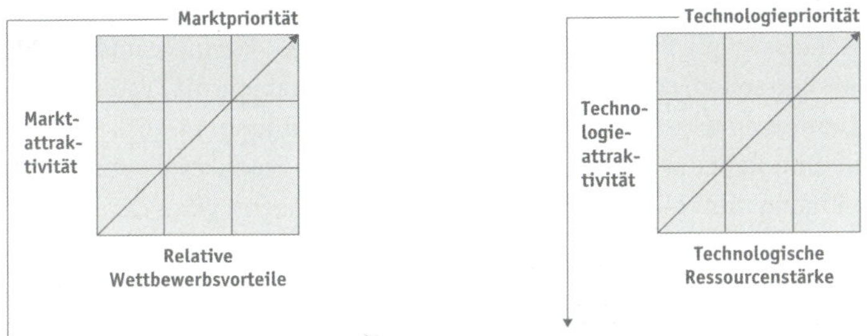

Marktpriorität \ **Technologiepriorität**	Niedrig	Mittel	Hoch
Hoch	**Selektieren** Externe Technologie bereitstellen	**Investieren** Markteintrittspionier/Modifizierender früher Folger werden	**Investieren** Ersterfinder und Markteintrittspionier werden
Mittel	**Desinvestieren** Rückzug aus Technologie	**Selektieren** Geschäftsfeld und Technologie entwickeln	**Investieren** Markteintrittspionier/Modifizierender früher Folger werden
Niedrig	**Desinvestieren** Rückzug aus Geschäftsfeld und Technologie	**Desinvestieren** Rückzug aus Geschäftsfeld, Lizenzen vergeben	**Selektieren** Lizenzen vergeben/Geschäftsfeld entwickeln

Vergleiche *Bürgel, H. D./Haller, C./Binder, M.* 1996: Seite 99 gen. Unstrittig ist dabei in der Regel die Entwicklung und Weiterentwicklung von Produkten und der ihnen zugrunde liegenden Technologien bei einer hohen Markt- und Technologiepriorität. Eine Selektion ist dagegen notwendig, wenn nur die Markt- oder nur die Technologiepriorität hoch ist (↗ Abbildung 14-15, vergleiche *Brockhoff, K.* 1997: Seite 170, *Bürgel, H. D./Haller, C./Binder, M.* 1996: Seite 96 ff., 114 ff. und *Gerpott, T. J.* 2005: Seite 161 ff.).

14.2.1.3 Prozessstrategie

Die von einem Unternehmen zu verfolgende Prozessstrategie leitet sich in den meisten Fällen aus der Technologie- und der Produktstrategie ab. Neue Technologien stoßen Prozessinnovationen insbesondere dann an, wenn durch deren Einsatz Kostenreduzierungen erwartet werden. Neue Produkte induzieren Prozessinnovationen hingegen insbesondere dann, wenn neue Prozesse notwendig sind, um die Produkte überhaupt produzieren zu können.

14.2.1.4 Timingstrategie

Im Anschluss an die Festlegung, welche Technologien, Produkte und Prozesse entwickelt werden sollen, erfolgt im Rahmen der Timingstrategie die Festlegung des **Inventionstimings** und des **Innovationstimings** (↗ Abbildung 14-16). Falls bestehende Produkte im Rahmen eines Relaunches durch neue Produkte ersetzt werden sollen, ist die Timingstrategie zusätzlich mit dem Produktlebenszyklus der betroffenen Produkte abzugleichen.

14.2.1.4.1 Inventionstiming

Im Rahmen des Inventionstimings wird bestimmt, zu welchen Zeitpunkten Inventionen vorliegen, also Produkte und Prozesse fertig entwickelt sein sollen. Im Hinblick auf das Inventionstiming können Unternehmen folgende Rollen anstreben (verglei-

Abb. 14-16

Inventions- und Innovationstiming

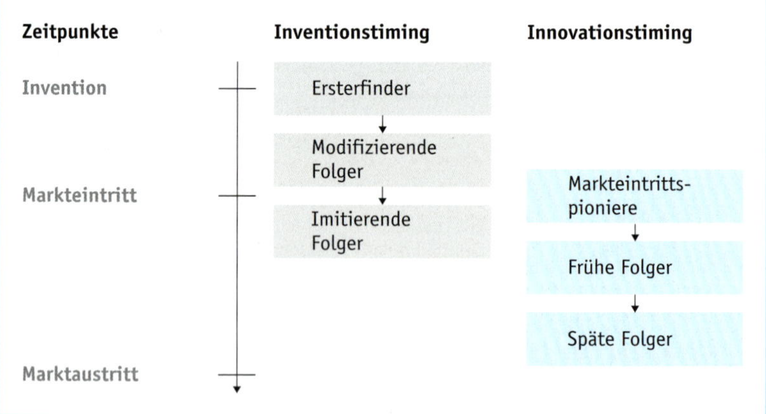

che *Gerpott, T. J.* 2005: Seite 217 f. und *Specht, G./Beckmann, C./Amelingmeyer, J.* 2002: Seite 108 f.):

Inventionstiming-strategien

Ersterfinder

Ersterfinder beziehungsweise **Pionierunternehmen** streben durch einen frühzeitigen Beginn der Forschung und Entwicklung an, vor ihren Wettbewerbern produzier- und marktfähige Produkte zu realisieren. Neben der Möglichkeit, als erstes Unternehmen in den Markt eintreten zu können, können Ersterfinder auch häufig durch die Sicherung von Schutzrechten für die neuen Produkte dauerhafte Wettbewerbsvorteile gegenüber ihren Konkurrenten erzielen. Diesen Vorteilen steht der Nachteil höherer Forschungs- und Entwicklungsaufwendungen gegenüber, da das Finden funktionierender Lösungen häufig mit vielen Irrwegen und damit mit hohen Aufwendungen verbunden ist.

Modifizierende Folger

Modifizierende Folger warten ab, bis die ersten Ergebnisse von Ersterfindern bekannt werden, und versuchen dann, die entsprechende Technologie und Technik mit einem geringeren Forschungs- und Entwicklungsaufwand durch eine Weiterentwicklung noch zu verbessern und so die häufig bei neuen Produkten vorhandenen »Kinderkrankheiten« zu vermeiden. Die Strategie des Folgers kann sich dabei als problematisch erweisen, wenn Technologien und Techniken eingesetzt werden müssen, die durch Schutzrechte geschützt sind.

Imitierende Folger

Imitierende Folger warten ebenfalls ab, bis die Ergebnisse von Ersterfindern bekannt werden. Anders als die modifizierenden Folger entwickeln sie die Technologie und Technik jedoch nicht weiter, sondern imitieren sie in ihren Produkten weitgehend. Dadurch ist der Forschungs- und Entwicklungsaufwand noch geringer als bei den modifizierenden Folgern.

14.2.1.4.2 Innovationstiming

Im Rahmen des Innovationstimings wird bestimmt, wann der Markteintritt einer Invention erfolgen soll. Im Hinblick auf das Innovationstiming können Unternehmen folgende Rollen anstreben (vergleiche *Gerpott, T. J.* 2005: Seite 218 f. und *Specht, G./Beckmann, C./Amelingmeyer, J.* 2002: Seite 108 f.):

Innovationstiming-strategien

Markteintrittspionier

Markteintrittspioniere wollen ein neues Produkt als erste verkaufen. Die Monopolstellung, die diese Unternehmen zu Beginn haben, ermöglicht es ihnen, bei der innovationsfreudigen Käufergruppe der **First-Buyer** beziehungsweise der **Lead-User** hohe Gewinne abzuschöpfen und durch Erfahrungskurveneffekte (↗ Kapitel 9 Controlling) Kostenvorteile gegenüber den später in den Markt eintretenden Unternehmen zu erzielen. Allerdings gehen Markteintrittspioniere hohe Marktrisiken ein, da noch nicht bekannt ist, ob eine neue Technologie von den Konsumenten tatsächlich so wie erwartet angenommen wird.

Wirtschaftspraxis 14-8

JVC überholte mit seinen Videorecordern Philips

Eine typische Erfolgsgeschichte eines frühen Folgers schrieb das Unternehmen *JVC* (*Victor Company of Japan, Ltd.*) Mitte der 1970er-Jahre in dem damals hoch innovativen Segment der Videorecorder. Obwohl *Philips* als Markteintrittspionier schon 1972 mit dem »*N 1500*« die ersten Geräte im Markt eingeführt hatte, konnte diese Pionierposition mangels der ausreichenden Generierung von Nachfrage nicht gehalten werden. Erst *JVC* gelang es, mithilfe eines intensiv betriebenen Marketings und einer vergleichsweise niedrigen preislichen Positionierung das *VHS*-System als Marktstandard zu etablieren. Auch der zweite Versuch von *Philips* misslang, *JVC* die Marktposition streitig zu machen. Zwar konnte mit dem in Zusammenarbeit mit *Grundig* entwickelten Standard *Video 2000* ein technisch überlegenes System präsentiert werden. Die einseitig zugunsten von *JVC* geprägten Marktverhältnisse verhinderten aber die Durchsetzung von *Video 2000* im Markt.

Die Geschichte wiederholte sich dann Jahrzehnte später bei der Frage, ob die HD-DVD von Microsoft oder die Blue-Ray von Sony obsiegen würden. Am Ende gewann die Blu-Ray diesen »Krieg der Formate«.

Quellen: *Perillieux, R.*: Einstieg bei technischen Innovationen: früh oder spät? in: Zeitschrift Führung und Organisation 1/1989, Seite 24; https://www.welt.de/wirtschaft/webwelt/article1783205/Wie-Blu-Ray-den-Formatkrieg-gewann.html

Frühe Folger

Frühe Folger mindern durch einen Markteintritt nach dem Markteintrittspionier zwar ihre Marktrisiken; die Umsetzung der Frühe-Folger-Strategie wird aber durch den Umstand erschwert, dass zumindest die Präferenzen der frühen Käufer oft bereits durch den Pionier befriedigt worden sind. Trotzdem bietet der Markt zu einem frühen Zeitpunkt noch deutliche Wettbewerbsvorteile gegenüber den später nachfolgenden Konkurrenten.

Späte Folger

Späte Folger, die auch als **Me-too-Anbieter** bezeichnet werden, treten erst in einen Markt ein, wenn sich die Marktentwicklung und das Käuferverhalten stabilisiert haben und die weitere Entwicklung relativ sicher eingeschätzt werden kann. Die Marktrisiken eines frühen Markteintritts werden damit vermieden. Häufig setzen die späten Folger auf eine Imitationsstrategie, die es ihnen ermöglicht, ihre Leistungen zu niedrigen und damit wettbewerbsfähigen Preisen anzubieten. Späte Folger stehen jedoch häufig vor Markteintrittsbarrieren und haben in der Regel keine Aussicht auf hohe Marktanteile.

14.2.2 Forschungs- und Entwicklungsprojektprogrammplanung

Im Anschluss an die Bestimmung der Innovationsstrategie wird im Rahmen der Forschungs- und Entwicklungsprojektprogrammplanung ermittelt, welche Forschungs- und Entwicklungsprojekte durchgeführt werden sollen (↗ Abbildung 14-17). Die Durchführung der Programmplanung erfolgt dabei in der Regel periodisch, also typischerweise jährlich oder halbjährlich. Dabei werden sowohl neue Forschungs- und Entwicklungsprojekte aufgelegt als auch bestehende Projekte hinsichtlich ihrer Weiterführung überprüft (vergleiche *Specht, G./Beckmann, C./Amelingmeyer, J.* 2002: Seite 201 ff.).

Abb. 14-17

Ablauf der Forschungs- und Entwicklungsprojektprogrammplanung

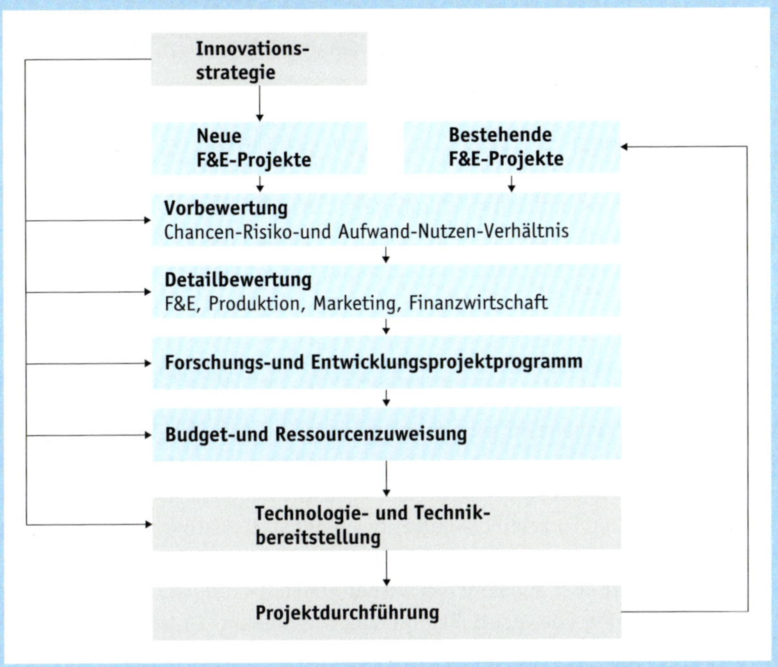

14.2.2.1 Auflegen von neuen Forschungs- und Entwicklungsprojekten

Aus der Technologie-, Produkt- und Prozessstrategie ergeben sich in der Regel neu aufzulegende Forschungs- und Entwicklungsprojekte. Diese unterscheiden sich zum Teil erheblich hinsichtlich ihrer Komplexität und reichen beispielsweise in der Automobilindustrie von der Entwicklung eines ergonomischer geformten Schaltknaufs bis hin zur Entwicklung einer völlig neuen Baureihe.

Beschreibung von F&E-Projekten

Zur Vorbereitung der Bewertung der Forschungs- und Entwicklungsprojekte müssen diese beschrieben werden. Die Beschreibung erfolgt in der Regel in einem – abhängig vom Projektumfang mehr oder weniger ausführlichen – Businessplan.

Ein **Businessplan** ist ein schriftliches Dokument, das die Realisierung eines Innovationsprojektes mit allen wesentlichen Voraussetzungen, Planungen und Maßnahmen in einem Zeithorizont von etwa ein bis fünf Jahren darstellt.

Bestandteile des Businessplans

Der Businessplan dient dabei nicht nur dem Innovationsmanagement, sondern bei größeren Vorhaben auch Aufsichtsorganen, Gesellschaftern und Kreditgebern als Entscheidungsgrundlage. Bestandteile eines Businessplans sind in der Regel (vergleiche *Nagl, A.* 2005: Seite 17 ff.):

- eine Beschreibung der zu entwickelnden **Technologie** und **Technik**,
- Angaben über die **Branchenstruktur**, die Größe der **Zielmärkte** und das geplante Vorgehen beim **Marketing**,
- eine Abschätzung der benötigten **Ressourcen**,
- eine **Grobstruktur des Projekts** mit Terminen und Kapazitäten,
- **Chancen** und **Risiken** des Projekts,
- eine **Wirtschaftlichkeitsbetrachtung** und
- eine **Finanzplanung**.

Wird ein Forschungs- und Entwicklungsprojekt auf der Basis eines Businessplans genehmigt, erfolgt anschließend eine genauere Planung des Projekts mithilfe eines Lasten- und eines Pflichtenhefts sowie detaillierter Projektstruktur-, Termin- und Kapazitätspläne.

14.2.2.2 Bewertung und Auswahl von Forschungs- und Entwicklungsprojekten

In den meisten Fällen reichen die vorhandenen Forschungs- und Entwicklungsressourcen nicht aus, um alle Projekte durchzuführen, da es in der Regel zusätzlich zu den bereits laufenden Forschungs- und Entwicklungsprojekten auch viele Anträge für neu aufzulegende Projekte gibt. In regelmäßigen Abständen müssen deshalb die laufenden und die neuen Forschungs- und Entwicklungsprojekte bewertet werden. Hinsichtlich der bereits laufenden Projekte ist in diesem Zusammenhang zu entscheiden, ob sie weitergeführt oder abgebrochen werden sollen. Bezüglich der neuen Projekte ist eine Entscheidung über deren Beginn oder Nichtbeginn zu treffen. Die der Entscheidung vorausgehende Bewertung wird in zwei Schritten durchgeführt:

Bewertung von Forschungs- und Entwicklungsprojekten

Vorbewertung

Die Vorbewertung von Forschungs- und Entwicklungsprojekten erfolgt in einer ersten Stufe in Form einer **Chancen-Risiko-Bewertung**. Projekte mit hohen Chancen und geringen oder reduzierbaren Risiken werden dann in einem zweiten Schritt einer groben **Aufwand-Nutzen-Bewertung** unterzogen. Projekte, die auch ein günstiges Aufwand-Nutzen-Verhältnis aufweisen, werden dann nachfolgend detailliert bewertet (vergleiche *Specht, G./Beckmann, C./Amelingmeyer, J.* 2002: Seite 221 f.).

Detailbewertung

Durch die Detailbewertung erhalten die Forschungs- und Entwicklungsprojekte eine Priorität hinsichtlich ihrer Durchführung. Die Bewertung kann mittels der im ↗ Kapitel 2 Entscheidungstheorie dargestellten Entscheidungsmodelle durchgeführt werden. In der Regel handelt es sich um Entscheidungen bei mehrfacher Zielsetzung. Die Zielsetzungen lassen sich dabei in Abstimmung mit der Innovationsstrategie aus den in der ↗ Abbildung 14-18 aufgeführten Kriterien ableiten (vergleiche *Specht, G./Beckmann, C./Amelingmeyer, J.* 2002: Seite 215 ff.).

Auswahl von F&E-Projekten

Das Forschungs- und Entwicklungsprojektprogramm der nächsten Periode ergibt sich dann aus den am besten bewerteten Projekten, die mit den verfügbaren Ressourcen durchgeführt werden können.

Abb. 14-18

Bewertungskriterien für Forschungs- und Entwicklungsprojekte

- **Bewertungskriterien F&E-Projekte**
  - F&E-Kriterien
    - Übereinstimmung mit Innovationsstrategie
    - Risiken
    - Vorhandenes F&E-Know-how
    - F&E-Kapazitätsbedarf und -verfügbarkeit
    - Entwicklungsdauer
    - Patentsituation
  - Produktions-Kriterien
    - Vorhandenes Produktions-Know-how
    - Kapazitätsbedarf und -verfügbarkeit
  - Marketing-Kriterien
    - Verwandtschaft zum vorhandenen Sortiment
    - Branchenstruktur und -entwicklung
    - Benötigte und vorhandene Vertriebsstrukturen
  - Finanzwirtschaftliche Kriterien
    - Investitionsbedarf
    - Umsatzerlöse
    - Return-on-Investment
    - Amortisationsdauer
    - Staatliche Fördermöglichkeiten

Vergleiche *Brockhoff, K.* 1997: Seite 251 und *Specht, G./Beckmann, C./Amelingmeyer, J.* 2002: Seite 229

Wirtschaftspraxis 14-9

Die größten Forschungs- und Entwicklungsbudgets

Welchen Umfang Forschungs- und Entwicklungsbudgets erreichen können, zeigt das jährlich von der EU-Kommission veröffentlichte Ranking der Ausgaben für Forschung und Entwicklung. Im Jahr 2018 belegte das US-Unternehmen *Alphabet* mit 18,3 Milliarden Euro den ersten Platz. Danach folgten *Samsung* (Südkorea, 14,8 Milliarden Euro) und *Microsoft* (USA, 14,7 Milliarden Euro). Auf Platz vier lag *Volkswagen* mit 13,6 Milliarden Euro.

Quelle: https://iri.jrc.ec.europa.eu/sites/default/files/2020-04/EU%20RD%20Scoreboard%202019%20FINAL%20online.pdf, Stand: 27.10.2020.

14.2.2.3 Budget- und Ressourcenzuweisung

Im Anschluss an die Auswahl der durchzuführenden Forschungs- und Entwicklungsprojekte werden das Forschungs- und Entwicklungsbudget und die Personal- und Sachressourcen des Forschungs- und Entwicklungsbereichs auf die ausgewählten Projekte verteilt (vergleiche zur Budgetierung das ↗ Kapitel 9 Controlling). Diese Zuweisung erfolgt entsprechend den in der vorangegangenen Bewertung ermittelten Prioritäten der Forschungs- und Entwicklungsprojekte (vergleiche *Specht, G./Beckmann, C./Amelingmeyer, J.* 2002: Seite 501 ff.).

14.2.3 Technologie- und Technikbereitstellung

Im Rahmen des strategischen Innovationsmanagements muss auch darüber entschieden werden, wie Technologien und Technik im Rahmen von Forschungs- und Entwicklungsprojekten bereitgestellt werden sollen. Dabei muss unterschieden werden, ob es sich um neue oder um bereits bei anderen Unternehmen vorhandene Technologie und Technik handelt (↗ Abbildung 14-19, zum Folgenden vergleiche *Gerpott, T. J.* 2005: Seite 34 ff.):

Bereitstellung neuer Technologien und Technik

Falls die bereitzustellende Technologie oder Technik Kernkompetenzen des Unternehmens betrifft, empfiehlt sich in der Regel die **autonome Forschung** und Entwicklung ohne die Beteiligung anderer Unternehmen.

Technologie und Technik, die außerhalb der Kernkompetenzen des eigenen Unternehmens liegt oder deren Entwicklung die Ressourcen des Unternehmens übersteigt, kann dagegen im Rahmen einer Vertrags- beziehungsweise **Kontrakt-Forschung und Entwicklung** von Dienstleistern, wie zum Beispiel Forschungseinrichtungen, oder in **Forschungskooperationen** mit Wettbewerbern, branchenfremden Unternehmen oder Zulieferern entwickelt werden (↗ Kapitel 5 Entscheidungen über zwischenbetriebliche Verbindungen).

Abb. 14-19

Alternativen der Technologie- und Technikbereitstellung

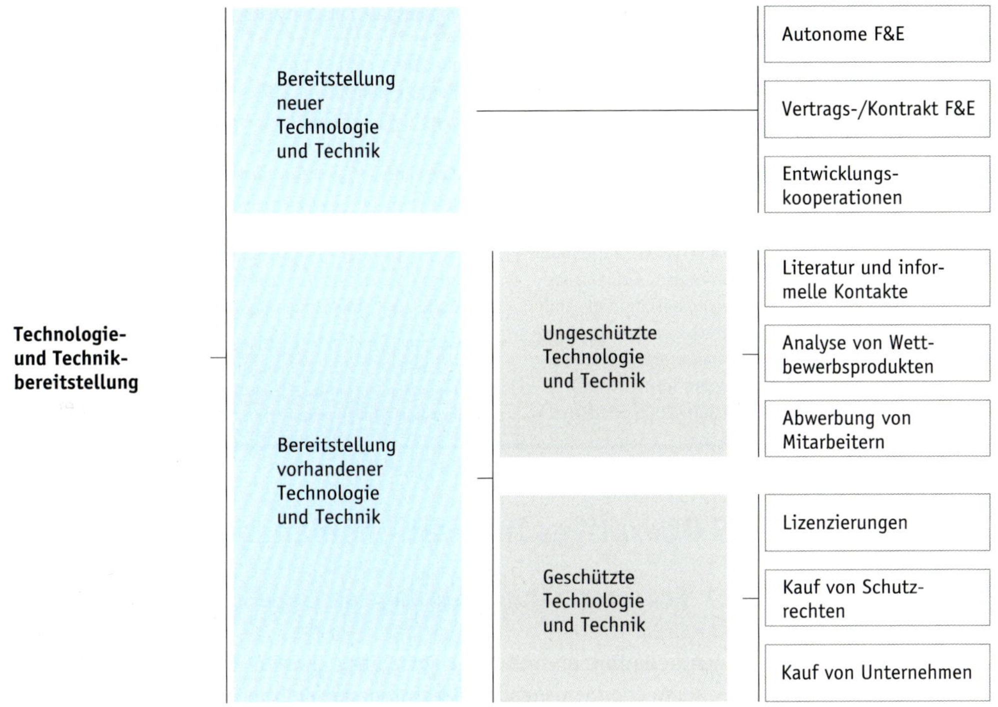

Vergleiche *Brockhoff, K.* 1997: Seite 115 und *Gerpott, T. J.* 2005: Seite 35

Bereitstellung vorhandener Technologie und Technik

Die Möglichkeiten der Bereitstellung von Technologie und Technik, die bereits bei Forschungseinrichtungen oder anderen Unternehmen vorhanden ist, hängen davon ab, ob diese durch Schutzrechte, wie Patente, Gebrauchs- oder Geschmacksmuster, geschützt sind oder nicht.

Bereitstellung ungeschützter Technologie und Technik

Über ungeschützte Technologie und Technik können sich Unternehmen über Veröffentlichungen oder informelle Kontakte aber auch durch die Zerlegung und Analyse von Wettbewerbsprodukten im Rahmen des sogenannten **Reverse-Engineerings** Kenntnisse verschaffen. Auch die Abwerbung entsprechender Know-how-Träger ist ein in der Unternehmenspraxis häufig beschrittener Weg zur Know-how-Beschaffung.

Bereitstellung geschützter Technologie und Technik

Geschützte Technologien und Technik können hingegen durch Lizenzierung, durch den Kauf von Schutzrechten oder durch den Kauf von ganzen Unternehmen bereitgestellt werden.

Wirtschaftspraxis 14-10

Informationsbereitstellung durch Industriespionage

Manche Unternehmen beschaffen sich Informationen auch bei ihren Wettbewerbern ohne deren Wissen.
Beispielsweise gab der Konsumgüterhersteller *Procter & Gamble Co.* im Jahr 2001 zu, bei seinem niederländisch-britischen Rivalen *Unilever N. V.* spioniert zu haben, um an firmeninterne Informationen über Haarpflegeprodukte zu gelangen. Dazu hat *Procter & Gamble* ein Unternehmen engagiert, das in den Mülleimern des Konkurrenten nach Geschäftsgeheimnissen suchte. Zudem hatten als Marktforscher getarnte Vertreter des Unternehmens versucht, Informationen von *Unilever*-Mitarbeitern zu erhalten.
In einem anderen Fall wurde der führende amerikanische Luftfahrt- und Rüstungskonzern *Boeing* beschuldigt, Ende der 1990er-Jahre illegal interne Unterlagen von *Lockheed Martin* gekauft zu haben, um sich damit einen Vorteil im Hinblick auf Regierungsaufträge für den Transport von Satelliten ins All zu verschaffen. Im Jahr 2006 einigte sich *Boeing* deshalb mit dem amerikanischen Justizministerium auf einen Vergleich, der die Einstellung der schwebenden Strafverfahren gegen das Unternehmen gegen die Zahlung eines Bußgeldes von 615 Millionen Dollar vorsah.
Auch aktuelle Beispiele zeigen, dass Firmen oder Staaten immer wieder versuchen, sich durch Industriespionage Wettbewerbsvorteile zu verschaffen.
So wurde im Jahr 2020 das deutsche Chemieunternehmen Lanxess zum Opfer eines Hacker-Angriffs. Nach Recherchen steckte hinter der Attacke eine Gruppe mit dem Namen »Winnti«. Experten vermuteten, dass die Hacker eine Verbindung zur chinesischen Regierung hatten.

Quellen: Unilever im Visier von Spionen, in: Handelsblatt, Nummer 169 vom 03.09.2001, Seite 13; Boeing beugt sich US-Justiz, in: Handelsblatt, Nummer 94 vom 16.05.2006, Seite 107; https://www.tagesschau.de/investigativ/ndr/hackerangriff-chemieunternehmen-101.html

14.3 Operatives Innovationsmanagement

14.3.1 Phasen der Durchführung von Forschung und Entwicklung

Die eigentliche Durchführung der Forschung und Entwicklung erfolgt in der Regel durch entsprechend ausgebildete Naturwissenschaftler und Ingenieure. Eine Reihe von technischen Richtlinien beschreibt für verschiedene Güter die Vorgehensweise bei der Durchführung der Forschung und Entwicklung. Beispielsweise enthält die *VDI*-Richtlinie 2222 die Konstruktionsmethodik materieller Güter. Im Allgemeinen werden bei der Durchführung der Forschung und Entwicklung immer die Phasen: Festlegung der Aufgabenstellung, Konzeption, Entwurf, Ausarbeitung, Realisierung und Erprobung durchlaufen (↗ Abbildung 14-20).

Im Rahmen der Durchführung der Forschung und Entwicklung hat das Innovationsmanagement die Aufgabe, die Durchführung zu steuern und unterstützende methodische Hilfsmittel, wie beispielsweise das Quality Function Deployment, die Failure Mode and Effects Analysis, das Target Costing oder die Wertanalyse, zur Verfügung zu stellen (↗ Abbildung 14-23).

14.3.2 Detailplanung von Forschungs- und Entwicklungsprojekten

14.3.2.1 Festlegung der Aufgabenstellung über Lasten- und Pflichtenhefte

Zur genaueren Festlegung der Aufgabenstellung von Forschungs- und Entwicklungsprojekten werden die entsprechenden Businesspläne in der Regel um Lasten- und Pflichtenhefte gemäß der DIN 69905 ergänzt.

Abb. 14-20

Phasen der Durchführung von Forschung und Entwicklung

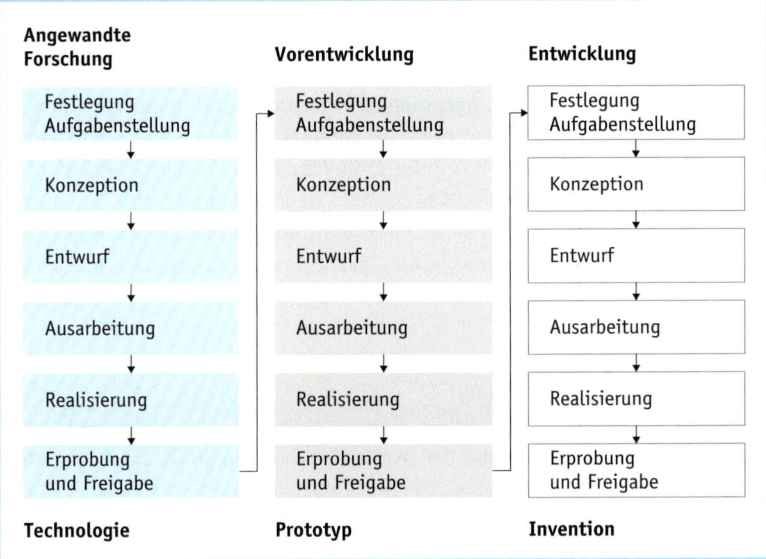

Das **Lastenheft** definiert aus Unternehmenssicht die Anforderungen an die zu erbringenden Forschungs- und Entwicklungsleistungen.

Dazu werden beispielsweise zu entwickelnde materielle Güter hinsichtlich ihrer Funktionalität, ihrer Leistung, ihrer qualitativen Anforderungen, ihrer Abmessungen, ihres Gewichts, ihres Designs, der zu verwendenden Zukaufteile und so weiter beschrieben. Je nachdem wer die Forschung und Entwicklung durchführt, richtet sich das Lastenheft entweder an die Forschungs- und Entwicklungsabteilung oder an die Zulieferer des Unternehmens.

Das **Pflichtenheft** definiert aus Sicht des Leistungserbringers, wie das vorgegebene Lastenheft umgesetzt werden soll.

In der Regel erfolgt diese Beschreibung mit einem wesentlich höheren Detaillierungsgrad als im Lastenheft. So wird ein Produktkonzept im Pflichtenheft unter anderem bis auf die Ebene der einzelnen Baugruppen und gegebenenfalls der Einzelteile technisch beschrieben und durch konkrete Zielkosten- und Wirtschaftlichkeitsaussagen ergänzt.

14.3.2.2 Strukturierung von Forschungs- und Entwicklungsprojekten

Um Forschungs- und Entwicklungsprojekte im Rahmen des Projektmanagements steuern zu können, ist es erforderlich, die Projekte zu strukturieren und einen soge-

Typische Strukturierung von Forschungs- und Entwicklungsprojekten

nannten **Projektstrukturplan** zu erstellen. Typischerweise werden Forschungs- und Entwicklungsprojekte folgendermaßen strukturiert (↗ Abbildung 14-21, zum Folgenden vergleiche *Bürgel, H. D./Haller, C./Binder, M.* 1996: Seite 122 ff. und *Schmeisser, W.* et al. 2006: Seite 71 ff.):

Objektorientierte Strukturierung

Bei Forschungs- und Entwicklungsprojekten, die komplexe Produkte zum Gegenstand haben, erfolgt in der Regel zuerst in mehreren Stufen eine objektorientierte Unterteilung. Dazu wird das Projekt in **Teilprojekte** gegliedert, die jeweils Teilobjekte zum Gegenstand haben. Soll beispielsweise eine neue Automobilbaureihe entwickelt werden, so kann das Projekt »Entwicklung eines Automobils« in die Teilprojekte »Entwicklung der Karosserie«, »Entwicklung des Fahrwerks« und »Entwicklung des Antriebs« unterteilt werden, die dann wiederum in weitere Teilprojekte gegliedert werden können.

Phasenorientierte Strukturierung

Unterhalb der objektorientiert gebildeten Teilprojekte erfolgt in der Regel eine zeitliche Strukturierung entsprechend der in der ↗ Abbildung 14-20 aufgeführten **Forschungs- und Entwicklungsphasen**. Bei komplexen Objekten sind dabei zusätzliche Phasen für die Integration der Teilobjekte vorzusehen.

Abb. 14-21

Projektstrukturierung

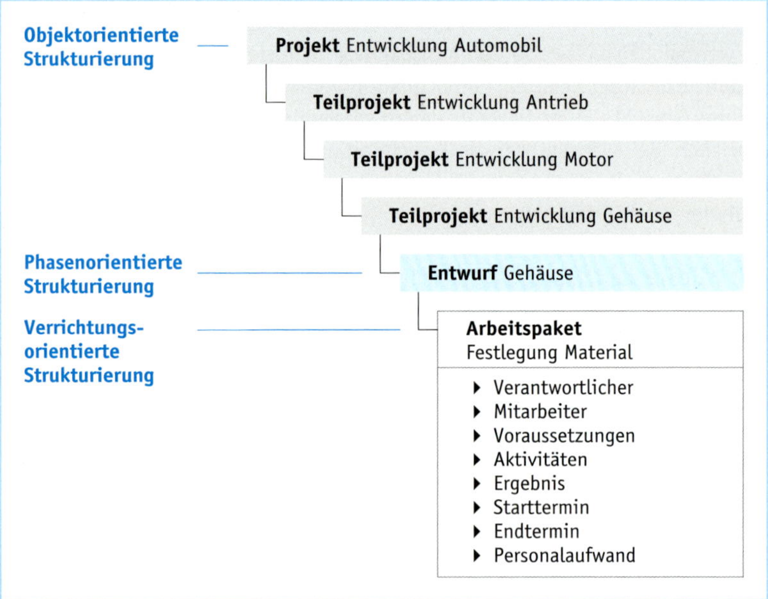

Verrichtungsorientierte Strukturierung
Die Strukturierung der Forschungs- und Entwicklungsprojekte endet mit der Definition von **Arbeitspaketen.** Diese werden insbesondere durch die Merkmale Arbeitspaketverantwortlicher, am Arbeitspaket beteiligte Mitarbeiter, Voraussetzungen zur Erledigung des Arbeitspakets, im Arbeitspaket durchzuführende Aktivitäten, erwartete Ergebnisse, Start- und Endtermin sowie erwarteter Personalaufwand beschrieben.

14.3.2.3 Termin- und Kapazitätsplanung

Parallel zur Projektstrukturierung erfolgt eine projektübergreifende Termin- und Kapazitätsplanung mit der festgelegt wird, welche Arbeitspakete, in welchem Zeitraum, von welchen Personen mit welchen Sachmitteln durchgeführt werden. Bei dieser Planung kommt insbesondere die in der DIN 69900 beschriebene **Netzplantechnik** zur Anwendung.

Verkürzung von Entwicklungszeiten

Im Rahmen des sogenannten **Simultaneous Engineerings** wird zudem versucht, die Forschungs- und Entwicklungszeiten durch die parallele Durchführung von Arbeitspaketen zu reduzieren (↗ Kapitel 7 Organisation). Diese Zeitreduzierung wird insbesondere dadurch erreicht, dass schon während der Entwicklung der Produkte mit der Entwicklung und der Realisierung der erforderlichen Produktionsprozesse begonnen wird (↗ Abbildung 14-22).

Abb. 14-22

Simultaneous Engineering

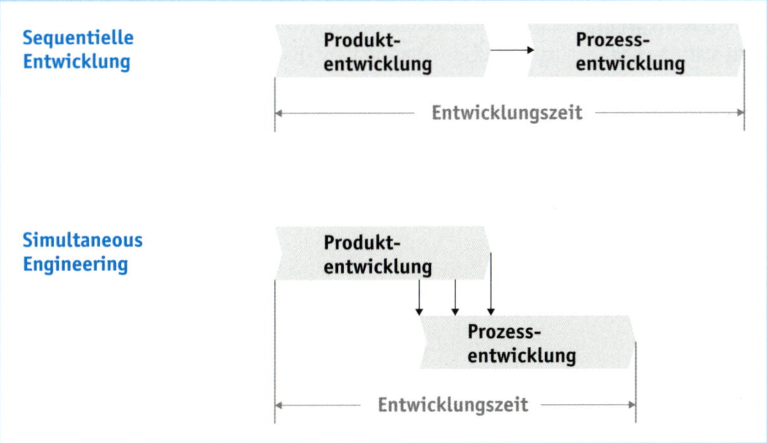

Abb. 14-23

Instrumente des operativen Innovationsmanagements

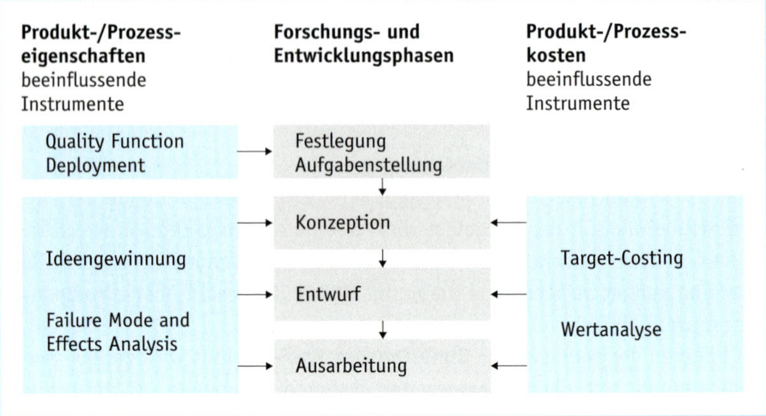

14.3.3 Instrumente des operativen Innovationsmanagements

14.3.3.1 Quality Function Deployment

Das Quality Function Deployment (QFD) dient dazu, Kundenanforderungen bereits bei der Festlegung der Aufgabenstellungen für die Produkt- und Prozessentwicklung stärker zu berücksichtigen. Unter Qualität wird dabei nicht nur die Zuverlässigkeit von Produkten und Prozessen verstanden, sondern alle Merkmale, die einen Kundennutzen stiften. Der Quality-Function-Deployment-Prozess erfolgt in vier aufeinander aufbauenden Stufen (↗ Abbildung 14-24):

Phasen des Quality Function Deployment

Produktplanung
In der Produktplanung werden aus Kundenanforderungen Funktionsmerkmale abgeleitet.

Teileplanung
In der Teileplanung werden aus den Funktionsmerkmalen Merkmale von Produkten, Baugruppen und Bauteilen abgeleitet.

Prozessplanung
In der Prozessplanung werden aus den Merkmalen von Produkten, Baugruppen und Bauteilen Betriebsabläufe abgeleitet.

Produktionsplanung
In der Produktionsplanung werden aus den Betriebsabläufen konkrete Produktionserfordernisse abgeleitet.

Abb. 14-24

Phasen des Quality Function Deployment

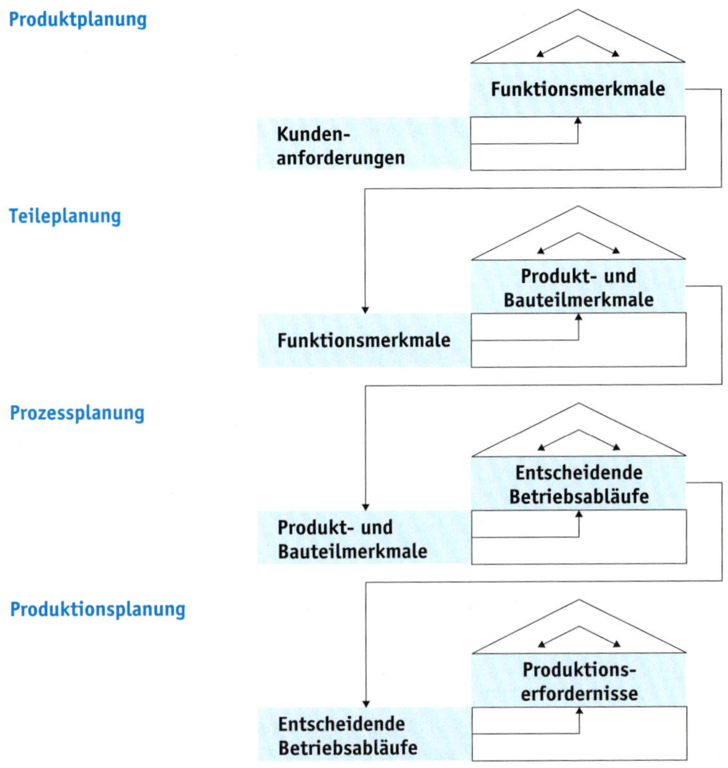

Vergleiche *Specht, G./Beckmann, C./Amelingmeyer, J.* 2002: Seite 170

In jeder Stufe wird dazu anhand einer Beziehungsmatrix ermittelt, welche technischen Lösungen am besten zur Erfüllung der Anforderungen beitragen. So leiten sich beispielsweise aus der Kundenanforderung, dass eine Autotür bei Regen dicht sein soll, die Funktionsmerkmale ab, dass die Tür abdichten und dass die Dichtungen wasserbeständig sein sollen. Mithilfe einer dachförmigen Korrelationsmatrix wird zudem bestimmt, welchen Einfluss die technischen Lösungen aufeinander haben (vergleiche *Specht, G./Beckmann, C./Amelingmeyer, J.* 2002: Seite 167 ff.).

14.3.3.2 Methoden der Ideengewinnung

In den Phasen Konzeption, Entwurf und Ausarbeitung müssen in Forschungs- und Entwicklungsprojekten immer wieder Ideen gewonnen werden. Neue Ideen werden dabei mittels der **Ideengenerierung** gewonnen, bestehende Ideen mittels der **Ideensammlung** (↗ Abbildung 14-25).

Abb. 14-25

Methoden der Ideengewinnung

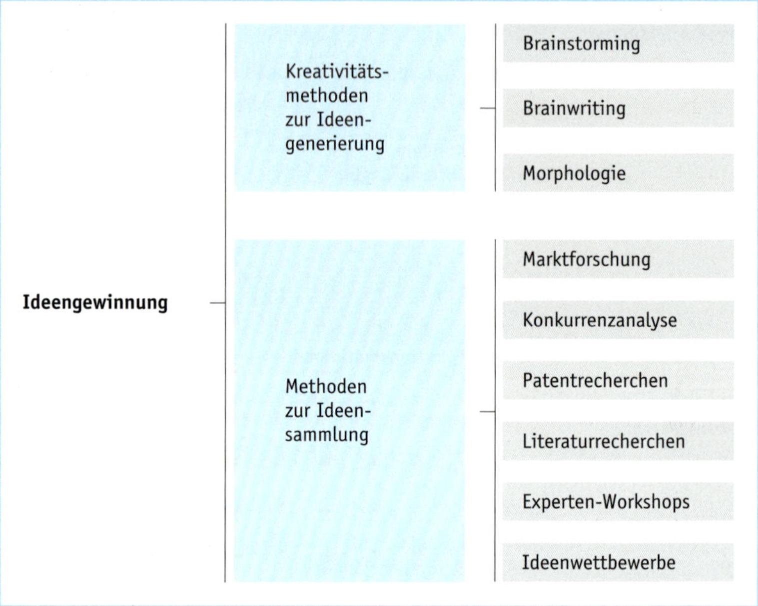

14.3.3.2.1 Ideengenerierung

Kreativitätsmethoden

Die Generierung von neuen Ideen erfordert bei den beteiligten Personen das Ingangsetzen kreativer Prozesse. Hier setzen die Kreativitätsmethoden an, von denen im Folgenden die drei bekanntesten Verfahren kurz dargestellt werden (vergleiche *Specht, G./Beckmann, C./Amelingmeyer, J.* 2002: Seite 136 ff.):

Brainstorming

Beim Brainstorming generiert eine interdisziplinär zusammengesetzte Gruppe von fünf bis zwölf Personen in einer etwa 30 bis 60 Minuten dauernden »Ideenkonferenz« Ideen durch das wechselseitige Aufgreifen und Weiterentwickeln von Ideen. Um den dabei entstehenden Ideenfluss nicht zu unterbrechen, ist jede Form von Kritik während der Sitzung verboten, während ein »Herumspinnen« der Teilnehmer ausdrücklich erwünscht ist. Dadurch sollen in kurzer Zeit möglichst viele Ideen generiert werden, die erst im Anschluss an die Sitzung bewertet werden.

Brainwriting

Beim Brainwriting schreiben die Mitglieder einer interdisziplinär zusammengesetzten Gruppe zu Beginn jeweils eigene Ideen auf vorbereitete Formulare. Diese Ideen werden dann von den anderen Teilnehmern weiterentwickelt. Bei der sogenannten »635 Methode«, einer Ausprägung des Brainwritings, schreiben sechs Teilnehmer jeweils drei Ideen auf, die dann in fünf Durchläufen von den anderen Teilnehmern weiterentwickelt werden.

Morphologie
Bei der Morphologie werden für ein Forschungs- und Entwicklungsproblem möglichst alle Lösungsparameter mit ihren jeweiligen Ausprägungen aufgelistet und durch die Neukombination der verschiedenen Ausprägungen neuartige Problemlösungen generiert. So kann die Öffnung eines Autodachs erfolgen, indem ein Teil des Dachs oder das ganze Dach geöffnet wird. Das Öffnen kann manuell, elektrisch, pneumatisch oder hydraulisch erfolgen. Das Dach kann aus Glas, Metall, Kunststoff oder Textilien bestehen. Eine Kombination dieser Ausprägungen würde beispielsweise ein elektrisch ganz öffnendes Dach aus Glas als eine mögliche Lösung ergeben.

14.3.3.2.2 Ideensammlung
Im Rahmen der Ideensammlung werden gezielt Informationsquellen genutzt. Die Ideensammlung erfolgt dementsprechend insbesondere durch Marktforschungen, Analysen von Konkurrenzprodukten, Patentrecherchen, Literaturrecherchen, Experten-Workshops und Ideenwettbewerbe.

14.3.3.2.3 Ideenbewertung und -auswahl
Im Anschluss an die Ideengenerierung und/oder -sammlung müssen die gefundenen Ideen bewertet und die bei der Konzeption, dem Entwurf oder der Ausarbeitung zu verwendende Idee ausgewählt werden. Für die Bewertung können in der Regel die gleichen Kriterien verwendet werden, die bei der Bewertung von Forschungs- und Entwicklungsprojekten zum Einsatz gekommen sind (↗ Abbildung 14-18).

14.3.3.3 Failure Mode and Effects Analysis
Die Failure Mode and Effects Analysis (englisch: Fehler-Möglichkeiten-und-Einfluss-Analyse beziehungsweise FMEA) wird insbesondere in der Konzeptions- und in der Entwurfsphase eingesetzt. Sie soll sicherstellen, dass die Produkte und die Prozesse so gestaltet werden, dass Fehler mit gravierenden Folgen vermieden werden. Die Failure Mode and Effects Analysis wird in zwei aufeinander aufbauenden Stufen durchgeführt (vergleiche *Specht, G./Beckmann, C./Amelingmeyer, J.* 2002: Seite 172 ff.):

Ablauf der FMEA

Analyse der Fehler-Möglichkeiten
In einem ersten Schritt wird analysiert, wie und wodurch Produkt- und Prozessbestandteile so versagen können, dass sie ihre Funktion nicht mehr erfüllen. Beispielsweise funktioniert eine Autobremse nicht, wenn keine Bremsflüssigkeit vorhanden ist. Ein Grund für die fehlende Bremsflüssigkeit könnte ein Leck im Bremssystem sein.

Analyse der Fehler-Auswirkungen
Im Anschluss an die Analyse der Fehler-Möglichkeiten wird bewertet, welche Auswirkungen dieses Versagen haben kann und – abhängig von der Schwere dieser Auswirkungen – welche vorbeugenden Maßnahmen eingeleitet werden können. Beispiels-

weise könnte das Nichtfunktionieren der Autobremsen dazu führen, dass die Insassen tödlich verunglücken. Eine mögliche Gegenmaßnahme wäre die Integration eines Sensors in das Bremssystem, der den Fahrer vor fehlender Bremsflüssigkeit warnt.

14.3.3.4 Target-Costing

Das Target-Costing (englisch: Zielkostenrechnung) ist ein Instrument, um aus dem am Markt vermeintlich erzielbaren Preis eines zu entwickelnden Produkts Kostenziele für die einzelnen Produktbestandteile abzuleiten. Dazu wird in folgenden Schritten vorgegangen (vergleiche *Specht, G./Beckmann, C./Amelingmeyer, J.* 2002: Seite 176 ff.):

Ablauf des Target-Costing

Bestimmung der Zielkosten des Produkts

Zuerst werden die Zielkosten beziehungsweise die sogenannten »**allowable costs**« des gesamten Produkts ermittelt. Dazu kann beispielsweise der angestrebte Gewinn von dem voraussichtlich am Markt für das Produkt erzielbaren Preis abgezogen werden oder alternativ abgeschätzt werden, welche Kostenstrukturen Wettbewerber mit vergleichbaren Produkten haben.

Planung der Zielkosten der Produktbestandteile

Die Zielkosten des gesamten Produkts werden anschließend im Rahmen der sogenannten **Zielkostenspaltung** auf die einzelnen Produktbestandteile verteilt. Als Maßstab für die Kostenverteilung dient dabei deren **Nutzenanteil**, also der Anteil, den die Produktbestandteile jeweils am Gesamtnutzen des Produkts erbringen.

Steuerung der Zielkosteneinhaltung

Zur Steuerung der Zielkosteneinhaltung wird dem Nutzenanteil der Produktbestandteile als Soll-Größe jeweils deren aktuell abgeschätzter Kostenanteil als Ist-Größe gegenübergestellt und damit der sogenannte Zielkostenindex ermittelt:

Zielkostenindex

$$\text{Zielkostenindex} = \frac{\text{Nutzenanteil des Produktbestandteils}}{\text{Kostenanteil des Produktbestandteils}}$$

Der Zielkostenindex sollte möglichst 1 sein. Die Nutzen- und die Kostenanteile der Produktbestandteile sollten sich also möglichst entsprechen. Bewegt sich der Zielkostenindex innerhalb einer vorab festgelegten **Zielkostenzone**, wird nicht steuernd eingegriffen. Ein Eingriff erfolgt erst, wenn der Zielkostenindex zu klein wird, weil der Kostenanteil des Produktbestandteils zu groß wird. In diesem Fall müssen dann Maßnahmen zur Kostenreduzierung des betroffenen Produktbestandteils eingeleitet werden.

14.3.3.5 Wertanalyse

Die in der DIN 69910 beschriebene Wertanalyse weist deutliche Parallelen zum Target Costing auf. Die Wertanalyse ist ein Instrument, das insbesondere in der Konzeptions- und Entwurfsphase zur Beurteilung von Lösungsalternativen eingesetzt wird. Die Beurteilung erfolgt dabei, indem dem erwarteten Kundennutzen einer Lösung die jeweils erwarteten Realisierungskosten gegenübergestellt werden. Durch die Einbeziehung der Wertanalyse sollen dann Produkte und Prozesse mit einem optimalen Kosten-Nutzen-Verhältnis entwickelt werden (vergleiche *Specht, G./Beckmann, C./ Amelingmeyer, J.* 2002: Seite 171 f.).

14.3.4 Überwachung von Forschungs- und Entwicklungsprojekten

Abweichungen von Forschungs- und Entwicklungsprojekten

Im Rahmen des Innovationscontrollings gilt es insbesondere, den Fortschritt von Forschungs- und Entwicklungsprojekten zu überwachen und im Falle von festgestellten Abweichungen entsprechend gegenzusteuern. Bei Forschungs- und Entwicklungsprojekten kann es zu drei Arten von Abweichungen kommen (↗ Abbildung 14-26, zum Folgenden vergleiche *Brockhoff, K.* 1997: Seite 340 und *Specht, G./Beckmann, C./Amelingmeyer, J.* 2002: Seite 473 ff.):

Leistungsabweichungen
Leistungsabweichungen entstehen, wenn die Forschung und Entwicklung nicht zu den geplanten Ergebnissen führt. Dazu kommt es meistens, wenn sich eine Technologie nicht so wie beabsichtigt in Technik umsetzen lässt. Falls keine alternativen Lösungsmöglichkeiten gefunden werden, führt das Nichterreichen von Forschungs- und Entwicklungsergebnissen in den meisten Fällen zum Projektabbruch.

Abb. 14-26

Abweichungsarten von Forschungs- und Entwicklungsprojekten

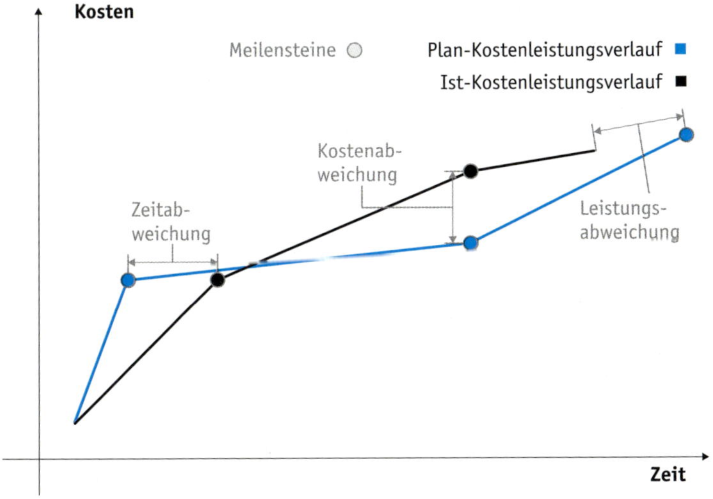

Vergleiche *Bürgel, H. D./Haller, C./Binder, M.* 1996: Seite 316 und *Specht, G./Beckmann, C./Amelingmeyer, J.* 2002: Seite 490

Zeitabweichungen
Überschreitungen der geplanten Forschungs- und Entwicklungsdauer führen zu Zeitabweichungen. Sie werden insbesondere erkannt, wenn die im Projektstrukturplan vorgegebenen Projektmeilensteine nicht zum geplanten Zeitpunkt erreicht werden.

Kostenabweichungen
Überschreitungen der Forschungs- und Entwicklungskosten führen zu Kostenabweichungen. Sie werden insbesondere erkannt, wenn die im Projektstrukturplan vorgegebenen Projektmeilensteine nicht mit den geplanten Kosten erreicht werden.

Um auch zwischen den Meilensteinen eines Projekts steuernd eingreifen zu können, werden in der Regel sogenannte **Meilenstein-Trendanalysen** zur Termin- und Kostenprognose durchgeführt.

14.3.5 Produktion und Markteinführung

Im Anschluss an die Entwicklung der Produkte und Prozesse erfolgen die Produktion und schließlich die Markteinführung. Damit werden die Inventionen zu Innovationen.

Produktion

Im Rahmen des sogenannten **Anlaufmanagements** muss in dieser Phase des Innovationsprozesses die Produktion der Produkte hochgefahren werden, um die gesetzten Leistungs- und Qualitätsziele möglichst schnell zu erreichen. Sogenannte Vor- und **Nullserien** dienen dabei dem Test des Produktionssystems und der Überprüfung der Qualität der produzierten Produkte.

Markteinführung

Im Zuge der Markteinführung versucht das Marketing insbesondere im Rahmen des sogenannten **Vorfeldmarketings** das neue Produkt durch Vorabinformationen bekannt zu machen und das Interesse potenzieller zukünftiger Käufer zu wecken (vergleiche hierzu auch das ↗ Kapitel 18 Marketing).

14.4 Innovationskultur

Neben den oben aufgeführten Methoden des Innovationsmanagements hat die Innovationskultur erheblichen Einfluss auf den Innovationserfolg von Unternehmen.

> Unter der **Innovationskultur** werden alle in einem Unternehmen wirksamen Werte, Normen und Einstellungen verstanden, die das Denken, die Entscheidungen und das Verhalten der Führungskräfte und der Mitarbeiter in Bezug auf den Umgang mit Neuerungen prägen.

Viele Unternehmen wie beispielsweise *Hewlett-Packard* oder *Bayer* bringen diese Sichtweise in ihren Unternehmensgrundsätzen zum Ausdruck, wenn sie dort beispielsweise schreiben, »eine innovationsfreudige und leistungsorientierte Unterneh-

Wirtschaftspraxis 14-11

Die Innovationskultur von 3M

Die Innovationskultur des hochinnovativen Unternehmens *3M* (*Minnesota Mining and Manufacturing Corporation*) beruht nach wie vor auf Grundprinzipien, die der frühere Präsident und Chairman of the Board, *William L. McKnight*, im Jahr 1948 formuliert hat. Diese Prinzipien propagieren ein Lernen aus Fehlern und die Gewährung von kreativen Freiräumen für alle Mitarbeiter des Unternehmens. Die Kernaussagen der sogenannten *McKnight*-Principles lauten:

- »As our business grows, it becomes increasingly necessary to delegate responsibility and to encourage men and women to exercise their initiative. This requires considerable tolerance. Those men and women, to whom we delegate authority and responsibility, if they are good people, are going to want to do their jobs in their own way.«
- »Mistakes will be made. But if a person is essentially right, the mistakes he or she makes are not as serious in the long run as the mistakes management will make if it undertakes to tell those in authority exactly how they must do their jobs.«
- »Management that is destructively critical when mistakes are made kills initiative. And it's essential that we have many people with initiative if we are to continue to grow.«

Quelle: McKnight-Principles, unter: www.3m.com, Stand: 2012.

menskultur« fördern und eine Arbeitsumgebung schaffen zu wollen, die ein »kreatives Arbeiten« ermöglicht.

Merkmale einer positiven Innovationskultur

Gerade neue, revolutionäre Ideen brauchen eine Atmosphäre im Unternehmen, die Querdenken erlaubt und den Mitarbeitern Spielräume für die Entwicklung eigener Gedanken lässt. Innovative Unternehmen weisen entsprechend eine Reihe von Merkmalen auf, die als Indikatoren für eine positive Innovationskultur angesehen werden können. Hierzu gehört insbesondere, dass:

- Innovationen einen hohen Stellenwert im Unternehmen haben,
- die Mitarbeiter die Möglichkeit haben, aus Fehlern zu lernen,
- die Mitarbeiter kreative Freiräume für eigenständige Überlegungen und Handlungen haben,
- besonders innovative Mitarbeiter, die auch als »**Innovationschampions**« bezeichnet werden, gefördert werden,
- Informationen geteilt und allen zur Verfügung gestellt werden,
- kooperativ geführt und gearbeitet wird und
- umfassende Aus- und Weiterbildungsmöglichkeiten angeboten werden.

14.5 Kennzahlen

Zur Information und Steuerung wird im Innovationsmanagement eine Reihe von Kennzahlen verwendet. Die Informationen werden dem Management und den Mitarbeitern im Innovationsmanagement in der Regel in jährlichen Berichten zur Verfügung gestellt. Es können unter anderem die nachfolgenden Kennzahlen eingesetzt werden (vergleiche *Gerpott, T. J.* 2005: Seite 75 ff. und die dort angegebenen Literatur):

Inputbezogene Kennzahlen

$$\text{F\&E-Aufwandsintensität} = \frac{\text{F\&E-Aufwendungen}}{\text{Umsatzerlöse}} [\%]$$

$$\text{F\&E-Personalintensität} = \frac{\text{Mitarbeiter mit F\&E-Aufgaben}}{\text{Gesamtzahl Mitarbeiter}} [\%]$$

Throughputbezogene Kennzahlen

$$\text{Termineinhaltungsquote} = \frac{\text{Termingerecht abgeschlossene Projektschritte}}{\text{Gesamtzahl abgeschlossener Projektschritte}} [\%]$$

$$\text{Patentproduktivität} = \frac{\text{Anzahl beantragter/erteilter Patente}}{\text{F\&E-Aufwendungen}} [\text{Patente/€}]$$

Outputbezogene Kennzahlen

$$\text{Konstruktionsquote} = \frac{\text{Anzahl erstellter Zeichnungen}}{\text{Zeitraum}} [\text{Zeichnungen/Jahr}]$$

$$\text{Patentquote} = \frac{\text{Anzahl beantragter/erteilter Patente}}{\text{Zeitraum}} [\text{Patente/Jahr}]$$

$$\text{Produktinnovationsrate} = \frac{\text{Umsatzerlös mit neuen Produkten}}{\text{Gesamtumsatzerlös}} [\%]$$

Zusammenfassung Kapitel 14

- Das Innovationsmanagement umfasst alle Planungs-, Entscheidungs-, Organisations- und Kontrollaufgaben im Hinblick auf die Forschung, Entwicklung, Produktion und Markteinführung neuer Produkte.
- Technologien sind das Ergebnis der angewandten Forschung.
- Technik ist das Ergebnis der Entwicklung.
- Eine Invention ist eine technisch realisierte Erfindung eines neuen Produktes oder Prozesses als Ergebnis der Forschung und Entwicklung.
- Unter einer Innovation wird die erstmalige wirtschaftliche Nutzung einer Invention durch die Produktion und den Absatz eines neuen Produkts (Produktinnovation) oder durch den Einsatz eines neuen Prozesses in der Produktion (Prozessinnovation) verstanden.
- Im Rahmen der Bestimmung der Technologiestrategie wird festgelegt, welche Technologien das Unternehmen entwickeln beziehungsweise weiterentwickeln soll.

- Im Rahmen der Produktstrategie wird darüber entschieden, welche Produkte entwickelt werden sollen.
- Im Innovationsmanagement gibt es mit der Produktelimination, der Produktbeibehaltung, der Produktvariation, der Produktdifferenzierung und der Produktdiversifikation fünf strategische Handlungsoptionen.
- Im Rahmen des Inventionstimings wird bestimmt, zu welchen Zeitpunkten Inventionen vorliegen sollen, während im Rahmen des Innovationstimings festgelegt wird, zu welchen Zeitpunkten mit Inventionen ein Markteintritt erfolgen soll.
- In der Forschungs- und Entwicklungsprojektprogrammplanung wird festgelegt, welche Forschungs- und Entwicklungsprojekte mit welchen Ressourcen durchgeführt werden sollen.
- Zur Steuerung von Forschungs- und Entwicklungsprojekten wird ein Projektstrukturplan erstellt und es wird eine Termin- und Kapazitätsplanung durchgeführt.
- Instrumente des operativen Innovationsmanagements sind unter anderem das Quality Function Deployment, die Ideengewinnung, die Failure Mode and Effects Analysis, das Target Costing und die Wertanalyse.
- Bei Forschungs- und Entwicklungsprojekten kann es zu Leistungs-, Zeit- und/oder Kostenabweichungen kommen.
- Die Innovationskultur ist eine wesentliche Einflussgröße in Bezug auf den Innovationserfolg.
- Positive Innovationskulturen weisen Innovationen einen hohen Stellenwert im Unternehmen zu und erlauben das Lernen aus Fehlern in einer kreativen Arbeitsatmosphäre.

Weiterführende Literatur Kapitel 14

Vahs, D./Brem, A.: Innovationsmanagement: Von der Idee zur erfolgreichen Vermarktung, Stuttgart.

Möller, K./Menninger, J./Robers, D.: Innovationscontrolling: Erfolgreiche Steuerung und Bewertung von Innovationen, Stuttgart.

Schlüsselbegriffe Kapitel 14

- Kondratieff-Zyklus
- Forschung
- Entwicklung
- Innovationsmanagement
- Forschungs- und Entwicklungsmanagement
- Technologiemanagement
- Grundlagenforschung
- Vorentwicklung
- Theorie
- Technologie
- Technik
- Prototyp
- Invention
- Innovation
- Produktinnovation
- Prozessinnovation
- Sozialinnovation
- Strukturinnovation
- Technology-Push
- Market-Pull
- S-Kurve
- Technologiefrüherkennung
- Technologieprognose

- Produktbeibehaltung
- Produktvariation
- Produktelimination
- Produktdifferenzierung
- Produktdiversifikation
- Inventionstiming
- Innovationstiming
- Ersterfinder
- Pionierunternehmen
- Folger
- Markteintrittspionier
- Lead-User
- Businessplan
- Reverse-Engineering
- Lastenheft
- Pflichtenheft
- Projektstrukturplan
- Simultaneous Engineering
- Quality Function Deployment
- Brainstorming
- Brainwriting
- Morphologie
- Failure Mode and Effects Analysis
- Target-Costing
- Wertanalyse
- Innovationskultur
- Innovationschampions

Fragen Kapitel 14

Frage 14-1: *Definieren Sie den Begriff »Innovationsmanagement«.*

Frage 14-2: *Erläutern Sie, was unter »Kondratieff-Zyklen« verstanden wird.*

Frage 14-3: *Nennen Sie mindestens vier Kondratieff-Zyklen.*

Frage 14-4: *Definieren Sie die Begriffe »Forschung und Entwicklung«.*

Frage 14-5: *Nennen Sie die fünf Phasen des Innovationsmanagements und jeweils das Ergebnis dieser Phasen.*

Frage 14-6: *Erläutern Sie, worin sich das Innovations- von dem Forschungs- und Entwicklungs- und von dem Technologiemanagement unterscheidet.*

Frage 14-7: *Definieren Sie den Begriff »Theorie« und nennen Sie ein Beispiel dafür.*

Frage 14-8: *Definieren Sie den Begriff »Technologie« und nennen Sie ein Beispiel dafür.*

Frage 14-9: *Erläutern Sie den Unterschied zwischen Produkt- und Prozesstechnologien.*

Frage 14-10: *Erläutern Sie, worin sich Schrittmachertechnologien von Schlüssel- und Basistechnologien unterscheiden.*

Frage 14-11: *Definieren Sie den Begriff »Technik« und nennen Sie ein Beispiel dafür.*

Frage 14-12: *Erläutern Sie, wie sich Technologien schützen lassen.*

Frage 14-13: *Erläutern Sie, wie sich Inventionen schützen lassen.*

Frage 14-14: *Erläutern Sie, wodurch sich Inventionen von Innovationen unterscheiden.*

Frage 14-15: *Erläutern Sie, welche zwei grundlegenden Innovationsarten es gibt.*

Frage 14-16: *Nennen Sie zwei Arten von Produktinnovationen.*

Frage 14-17: *Nennen Sie mindestens drei Arten von Prozessinnovationen.*

Frage 14-18: *Erläutern Sie, was unter Geschäftsmodellinnovationen verstanden wird.*

Frage 14-19: *Erläutern Sie, wodurch sich der Technology-Push vom Market-Pull unterscheidet.*

Frage 14-20: *Erläutern Sie, was unter Open-Innovation verstanden wird.*

Frage 14-21: *Erläutern Sie, welche Ziele das Innovationsmanagement verfolgen kann.*

Frage 14-22: *Erläutern Sie drei wesentliche Risiken von Innovationen.*

Frage 14-23: *Erläutern Sie, was das S-Kurven-Konzept beschreibt.*

Frage 14-24: *Erläutern Sie die Struktur des Technologieportfolios.*

Frage 14-25: *Nennen Sie die drei möglichen Technologiestrategien von Unternehmen.*

Frage 14-26: *Nennen Sie vier Möglichkeiten für marktseitige Anstöße zur Produktentwicklung.*
Frage 14-27: *Erläutern Sie, wozu die Preis-Nutzen-Analyse dient.*
Frage 14-28: *Erläutern Sie, wozu die Konkurrenzanalyse dient.*
Frage 14-29: *Nennen Sie die fünf möglichen Produktstrategien von Unternehmen.*
Frage 14-30: *Erläutern Sie, was unter der Produktvariation verstanden wird.*
Frage 14-31: *Erläutern Sie, welche Unterschiede zwischen der Produktdifferenzierung und der Produktdiversifikation bestehen.*
Frage 14-32: *Erläutern Sie die Struktur des Markt-Technologie-Portfolios.*
Frage 14-33: *Erläutern Sie, welche drei Rollen Unternehmen hinsichtlich des Inventionstimings anstreben können.*
Frage 14-34: *Erläutern Sie, welche drei Rollen Unternehmen hinsichtlich des Innovationstimings anstreben können.*
Frage 14-35: *Erläutern Sie, welche Aufgaben die Forschungs- und Entwicklungsprojektprogrammplanung hat.*
Frage 14-36: *Definieren Sie den Begriff »Businessplan«.*
Frage 14-37: *Erläutern Sie, in welchen zwei Stufen Forschungs- und Entwicklungsprojekte ausgewählt werden.*
Frage 14-38: *Nennen Sie die vier Kategorien von Kriterien zur Beurteilung von Forschungs- und Entwicklungsprojekten.*
Frage 14-39: *Nennen Sie mindestens zwei Möglichkeiten, um neue Technologien und Techniken bereitzustellen.*
Frage 14-40: *Nennen Sie mindestens zwei Möglichkeiten, um vorhandene Technologien und Techniken bereitzustellen, die ungeschützt sind.*
Frage 14-41: *Nennen Sie mindestens zwei Möglichkeiten, um vorhandene Technologien und Techniken bereitzustellen, die geschützt sind.*
Frage 14-42: *Nennen Sie mindestens fünf Phasen, die bei der Durchführung der Forschung und Entwicklung in der Regel durchgeführt werden.*
Frage 14-43: *Erläutern Sie, worin sich Lasten- und Pflichtenhefte unterscheiden.*
Frage 14-44: *Erläutern Sie drei typische Möglichkeiten, um Forschungs- und Entwicklungsprojekte zu strukturieren.*
Frage 14-45: *Erläutern Sie, welche Zielsetzung das Simultaneous Engineering verfolgt.*
Frage 14-46: *Erläutern Sie, wozu das Quality Function Deployment dient.*
Frage 14-47: *Nennen Sie drei Möglichkeiten der Ideengenerierung.*
Frage 14-48: *Nennen Sie mindestens vier Möglichkeiten der Ideensammlung.*
Frage 14-49: *Erläutern Sie, wozu die Failure Mode and Effects Analysis dient.*
Frage 14-50: *Erläutern Sie, wozu das Target-Costing dient.*
Frage 14-51: *Erläutern Sie, wozu die Wertanalyse dient.*
Frage 14-52: *Erläutern Sie, welche drei möglichen Abweichungen es bei Forschungs- und Entwicklungsprojekten gibt.*
Frage 14-53: *Definieren Sie den Begriff »Innovationskultur«.*
Frage 14-54: *Nennen Sie drei Merkmale einer positiven Innovationskultur.*

Fallstudie Kapitel 14

Fallstudie 14-1: Technologiestrategie

Als bekannt wird, dass ein namhafter Wettbewerber entsprechende Forschungen betreibt, erwägt auch die Geschäftsführung der Speedy GmbH, sich im Bereich der Brennstoffzellentechnologien und der Technologien für Automobile, die autonom fahren, ohne dass ein Mensch sie steuern muss, zu engagieren. Beurteilen Sie mittels eines Technologieportfolios, ob die Speedy GmbH in diese Technologien investieren sollte oder nicht.

Fallstudie 14-2: Produktstrategie

Ermitteln Sie im Rahmen eines Brainstormings Möglichkeiten der Produktvariation, der Produktdifferenzierung und der Produktdiversifikation für die Speedy GmbH. Wählen Sie nachfolgend mittels einer Marktattraktivität-Wettbewerbsvorteil-Matrix vier Ideen aus, die weiterverfolgt werden sollen.

Fallstudie 14-3: Timingstrategie

Erarbeiten Sie eine Inventions- und Innovationstimingstrategie für die vier vorher ermittelten Produktideen.

Fallstudie 14-4: Forschungs- und Entwicklungsprojektprogrammplanung

Leiten Sie aus den vier vorher ermittelten Produktideen Forschungs- und Entwicklungsprojekte mit einer Kurzbeschreibung ab. Wählen Sie mittels einer Vor- und Detailbewertung ein Projekt aus, dessen Durchführung Sie der Geschäftsführung der Speedy GmbH empfehlen würden.

Fallstudie 14-5: Projektstrukturplan

Sie wurden dem neuen Projekt »Entwicklung eines Fußgänger-Airbags« zugeordnet, in dem ein Airbag für den Frontbereich des Speedster Family entwickelt werden soll, der einen Fußgänger oder Radfahrer bei einer Kollision mit dem Speedster Family schützen soll. Erstellen Sie einen Projektstrukturplan für dieses Entwicklungsprojekt.

Präsentieren Sie nachfolgend Ihre Ergebnisse. Untermauern Sie Ihre Überlegungen dabei zusätzlich mit Recherchen.

15 Beschaffung

Kapitelnavigator

Inhalt	Lernziel
15.1 Grundlagen	15-1 Die Grundlagen der Beschaffung kennen.
15.2 Strategische Aspekte der Beschaffung	15-2 Die strategischen Aspekte der Beschaffung kennen.
15.3 Operative Aspekte der Beschaffung	15-3 Bestellpunkte und Bestellmengen bestimmen können.
15.4 Lieferantenpolitik	15-4 Die Elemente und Vorgehensweisen der Lieferantenpolitik kennen.
15.5 Elektronische Beschaffung	15-5 Die Möglichkeiten der elektronischen Beschaffung kennen.
15.6 Kennzahlen	15-6 Die wichtigsten Beschaffungs-Kennzahlen kennen.

Die Beschaffung ist heute für die meisten Unternehmen von überragender Bedeutung, da im Rahmen reduzierter Produktionstiefen ein Großteil der Wertschöpfung in Form von Zwischenprodukten zugekauft wird.

Die Beschaffung stellt dabei eine unmittelbare Verbindung zu den Beschaffungsmärkten her, die der betrieblichen Leistungserstellung vorgelagert sind. Der Gegenstand der Beschaffung lässt sich entsprechend folgendermaßen definieren:

> Gegenstand der **Beschaffung** ist es, die bedarfsgerechte Versorgung mit denjenigen Gütern sicherzustellen, die in die betriebliche Leistungserstellung eingehen.

Abgrenzung zum Einkauf

Synonym zum Begriff Beschaffung wird in der Wirtschaftspraxis häufig der Begriff **Einkauf** verwendet. Teilweise wird im Einkauf aber auch nur eine Teilfunktion der Beschaffung gesehen, die lediglich die Durchführung des eigentlichen Kaufvorganges bei unternehmensexternen Lieferanten zum Gegenstand hat.

15.1 Grundlagen

15.1.1 Begriffe

Im Mittelpunkt der Beschaffung steht das Material als Oberbegriff für eine Reihe von Gütern.

Das **Material** umfasst die Werkstoffe, die unfertigen und die fertigen Erzeugnisse sowie die Waren eines Betriebes.

Darüber hinaus kann die Beschaffung auch Informationen, Güter des Anlagevermögens, wie Patente, Grundstücke, Gebäude und Maschinen, sowie Dienstleistungen zum Gegenstand haben, während die Logistik neben dem Material auch Informationen und Personen zum Gegenstand haben kann (↗ Abbildung 15-1).

Werkstoffe

Die in die Produktion als Produktionsfaktor eingehenden Werkstoffe werden weiter in Roh-, Hilfs- und Betriebsstoffe beziehungsweise in die sogenannten **RHB-Stoffe** unterteilt.

Rohstoffe

Rohstoffe sind noch nicht in die Produktion eingegangene Sachgüter, die in Erzeugnisse eingehen werden, wobei ihre Menge je Erzeugnis genau vorbestimmt ist.

Die für die Erzeugnisse benötigten Mengen an Rohstoffen werden in der Regel über Stücklisten oder Rezepte festgelegt. Welche Arten von Rohstoffen in einem Betrieb verwendet werden, hängt insbesondere von der Erzeugungsstufe (↗ Kapitel 1 Grundlagen) und der Produktionstiefe ab. Unter Rohstoffen werden heute nicht mehr nur »rohe« Stoffe im Sinne von »unbearbeiteten« Stoffen verstanden. Beispiele für Rohstoffe sind insofern außer Urprodukten, wie beispielsweise Eisenerz oder Kohle, bereits von vorgelagerten Lieferanten bearbeitete Vorprodukte, Zwischenprodukte oder Fremdbauteile, wie beispielsweise Stahlbleche oder Elektromotoren.

Hilfsstoffe

Hilfsstoffe sind noch nicht in die Produktion eingegangene Sachgüter, die in Erzeugnisse eingehen werden, wobei ihre Menge je Erzeugnis nicht genau vorbestimmt ist.

Die für ein Erzeugnis benötigte Menge an Hilfsstoffen wird also, anders als die benötigte Menge an Rohstoffen, nicht genau mithilfe von Stücklisten oder Rezepten festgelegt. Beispiele für Hilfsstoffe sind Klebstoffe, Lacke oder Verpackungsmaterialien.

Abb. 15-1

Objekte der Beschaffung und der Logistik

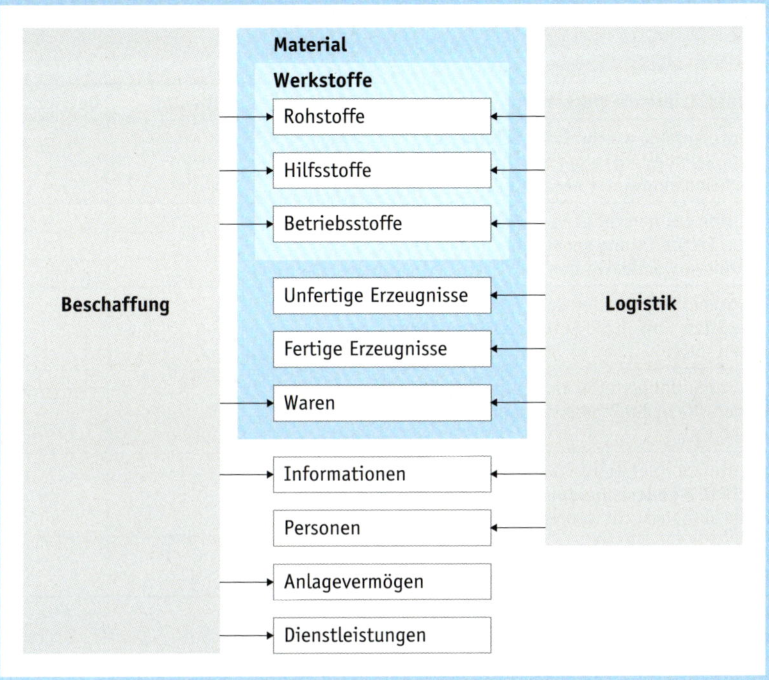

Betriebsstoffe

Betriebsstoffe sind Sachgüter, die nicht in Erzeugnisse eingehen werden, sondern unmittelbar oder mittelbar bei deren Produktion oder deren Absatz verbraucht werden.

Beispiele für Betriebsstoffe sind Schmier- und Kühlmittel, Energie und sogenannte Verbrauchswerkzeuge, wie Bohrer oder Wendeschneidplatten.

Zwischenübung Kapitel 15.1.1

Markieren Sie bei den folgenden mit Stern markierten Werkstoffen die zutreffenden Klassifikationen mit einem Kreuz und die nicht zutreffenden mit einem horizontalen Strich:

Zu klassifizierende Werkstoffe	**Rohstoff**	**Hilfsstoff**	**Betriebsstoff**
Ein Automobilhersteller kauft **Schmieröl***, das zur Schmierung seiner Maschinen in der Produktion eingesetzt werden soll.			
Ein Automobilhersteller kauft **Schmieröl***, das zur Erstbefüllung der von ihm gebauten Motoren verwendet werden soll.			
Ein Automobilhersteller kauft fertig montierte **Sitze***, die in die Automobile eingebaut werden sollen.			
Ein Automobilhersteller kauft eine **Fräsmaschine***, die in der Produktion eingesetzt werden soll.			
Ein Automobilhersteller kauft für die Fräsmaschine **Wendeschneidplatten***, die beim Fräsen aufgebraucht werden.			
Ein Automobilhersteller kauft **Strom*** für die elektrischen Geräte im Unternehmen.			
Ein Automobilhersteller kauft **Lacke*** für die Lackierung der Automobile.			

15.1.2 Einordnung der Beschaffung

Die Beschaffung ist Teil der Leistungserstellung und ein Teilbereich der Materialwirtschaft. Schnittstellen bestehen insbesondere zu folgenden Bereichen (↗ Abbildung 15-2):

- **Produktion:** Von der Produktion erhält die Beschaffung die Aufträge, Materialien zu beschaffen.
- **Logistik:** Von der Logistik erhält die Beschaffung Informationen über die Lagerbestände an Materialien.
- **Lieferanten:** Die Beschaffung wählt die Lieferanten aus und erteilt diesen Aufträge zur Lieferung von Materialien und anderen Inputgütern.
- **Investitionsbereich:** Im Hinblick auf Entscheidungen, ob und welche Sachanlagen gekauft werden sollen, erfolgt eine Zusammenarbeit mit dem Investitionsbereich.

Abb. 15-2

Einordnung der Beschaffung in die Leistungserstellung

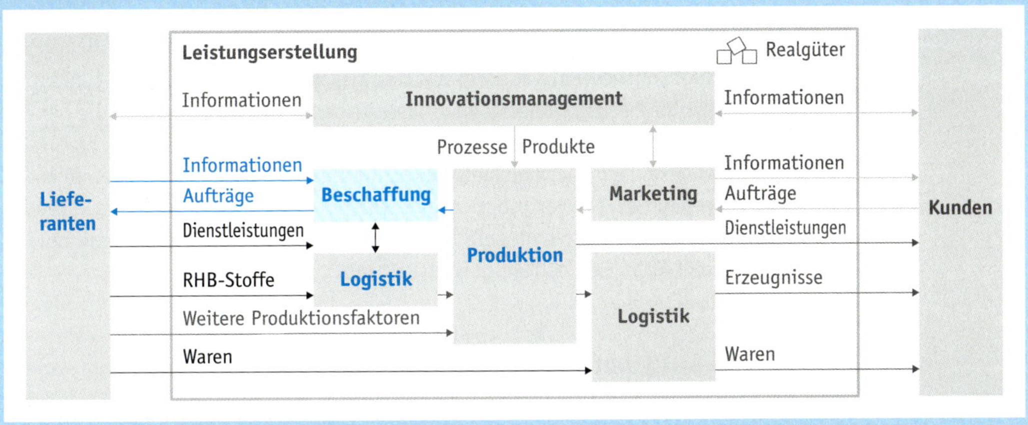

15.1.3 Ziele der Beschaffung

Die Ziele der Beschaffung ergeben sich aus den übergeordneten Unternehmenszielelen. In der Beschaffung werden insbesondere die folgenden Ziele verfolgt (↗ Abbildung 15-3).

Zielsystem der Beschaffung und der Logistik

Kostenziele

Im Hinblick auf die eigentliche Erbringung der materialwirtschaftlichen Aufgaben ist es ein Ziel, die **Beschaffungskosten** zu reduzieren.

Das wichtigste Ziel der Beschaffung ist darüber hinaus in der Regel die Reduzierung der Einkaufspreise und dadurch der **Materialkosten** des Betriebes. Da sich dadurch auch der Wert der im Betrieb gelagerten Materialien verringert, wird die

Abb. 15-3

Ziele der Beschaffung

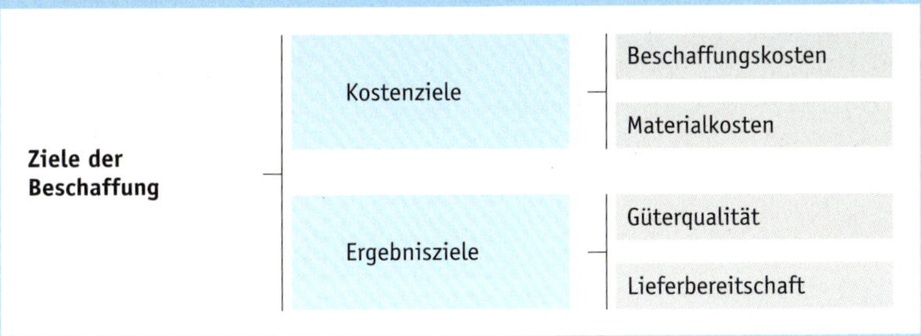

Kapitalbindung kleiner, was wiederum den Finanzierungsbedarf und die zu zahlenden Zinsen reduziert. Zudem sollen durch eine entsprechende Bestellpolitik die Lagerbestände und damit die Lagerkosten reduziert werden.

Ergebnisziele
Der Beschaffungsbereich hat nicht nur das Ziel, die Materialkosten zu senken, sondern muss gleichzeitig sicherstellen, dass die beschafften Materialien die benötigte **Qualität** aufweisen.

Eine weitere, sehr wichtige Zielsetzung der Beschaffung ist die Sicherstellung der **Lieferbereitschaft** bei der prognosegetriebenen Materialbereitstellung. Sie ist ein Maß dafür, welcher Anteil an zufälligen Bedarfen sofort beziehungsweise innerhalb einer vereinbarten Zeit befriedigt werden kann.

15.1.4 Aufgaben der Beschaffung

Aufgaben der Beschaffung

Die Beschaffung wird in die strategische und in die operative Beschaffung mit folgenden Aufgaben unterteilt (↗ Abbildung 15-4).

Aufgaben der strategischen Beschaffung
Im Rahmen der strategischen Beschaffung wird zuerst festgelegt, welche Güter selbst erstellt und welche beschafft werden sollen, bevor anschließend Entscheidungen

Abb. 15-4

Aufgaben der Beschaffung

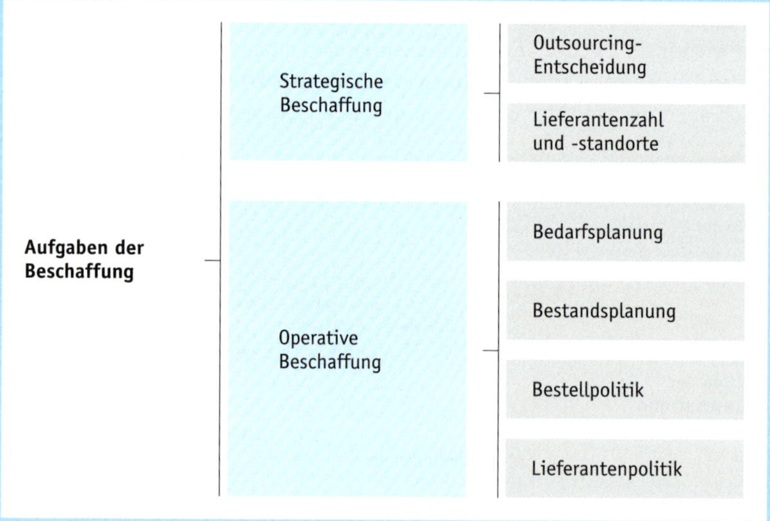

über die Komplexität der zugekauften Güter, die Anzahl der Lieferanten und die Standorte der Lieferanten getroffen werden.

Aufgaben der operativen Beschaffung
Im Rahmen der operativen Beschaffung wird insbesondere ermittelt, wie viele Güter benötigt werden, wie groß die Bestände dieser Güter sein sollen, wann und wie viel bestellt werden soll und welche Angebote von welchen Lieferanten angenommen werden sollen.

15.2 Strategische Aspekte der Beschaffung

Im Bereich der Beschaffung bestehen verschiedene strategische Handlungsoptionen, auf die nachfolgend genauer eingegangen wird (↗ Abbildung 15-5, zum Folgenden vergleiche *Pfohl, H.-C.* 1996: Seite 183 f.).

15.2.1 Insourcing versus Outsourcing

Bevor über weitergehende Strategien im Beschaffungsbereich nachgedacht wird, muss zuerst darüber entschieden werden, ob die Güter, um die es geht, selbst erstellt

Abb. 15-5

Strategische Handlungsoptionen in der Beschaffung

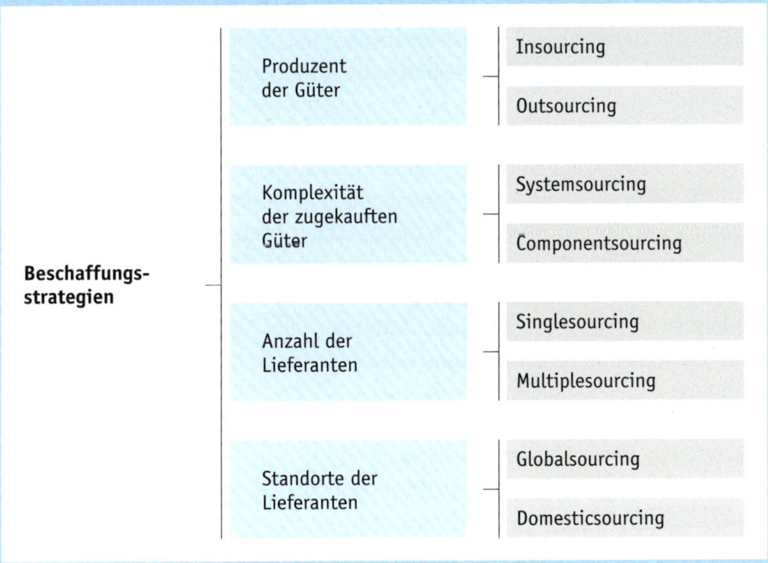

werden (Insourcing) oder von Zulieferern beziehungsweise Dienstleistern bezogen werden (Outsourcing). Entsprechende Entscheidungen werden auch als **Make-or-buy-Entscheidungen** bezeichnet. Make-or-buy-Entscheidungen haben die folgenden drei Dimensionen (vergleiche *Schäfer-Kunz, J./Tewald, C.* 1998: Seite 1 ff.).

Dimensionen von Make-or-buy-Entscheidungen

Strategische Dimension
Güter sollten insbesondere dann zugekauft werden, wenn die eigenen Kompetenzen in dem entsprechenden Bereich gering sind, während die Möglichkeiten, sich über die Güter von Wettbewerbern zu unterscheiden, groß sind.

Kostendimension
Güter werden in der Regel nur zugekauft, wenn die Einkaufspreise niedriger als die Kosten der Eigenerstellung sind.

Qualitative Dimension
Neben der Frage der Kompetenz und der Kosten ist die Qualität der zugekauften Güter von besonderer Bedeutung. Die Qualität sollte mindestens so gut wie bei einer Eigenerstellung sein. Daneben spielen auch kapazitätsmäßige sowie risikowirtschaftliche Aspekte bei der Entscheidung eine Rolle. Häufig ist es aus Kapazitätsgründen gar nicht möglich, bestimmte Güter selbst zu erstellen. Darüber hinaus bietet der Zukauf den Vorteil, dass Nachfrageschwankungen und die damit verbundenen Absatzrisiken an Zulieferer weitergegeben werden können, ohne im Unternehmen eigene Kapazitäten mit entsprechenden Fixkosten und damit Risiken aufzubauen.

15.2.2 Strategien im Rahmen des Outsourcings

Beschaffungsstrategien

Wenn sich ein Unternehmen dafür entschieden hat, Güter zuzukaufen, kann diese Entscheidung durch folgende Strategien weiter differenziert werden.

Systemsourcing versus Componentsourcing
Es können einerseits sehr einfache, standardisierte Komponenten, wie beispielsweise Schrauben, bezogen werden (Componentsourcing). Andererseits ist der Bezug von sehr komplexen Gütern möglich (Systemsourcing beziehungsweise **Modularsourcing**), so beispielsweise von ganzen Armaturenbrettern oder Sitzen in der Automobilindustrie. In den meisten Industrien geht der Trend zum Systemsourcing. Die Systemzulieferer haben dabei ihrerseits Zulieferer von Teilsystemen und so weiter. Dadurch entstehen Beschaffungspyramiden (vergleiche beispielsweise für die Automobilindustrie die ↗ Abbildung 15-6).

Singlesourcing versus Multiplesourcing
Güter können von einem (Singlesourcing) oder von mehreren Zulieferern (Multiplesourcing) bezogen werden. Je einfacher und standardisierter die Güter sind, desto mehr mögliche Zulieferer gibt es in der Regel. Wenn bei mehreren Zulieferern beschafft wird, können Preise und Qualitäten besser verglichen und entsprechender

Abb. 15-6

Sourcingstrukturen der deutschen Automobilindustrie

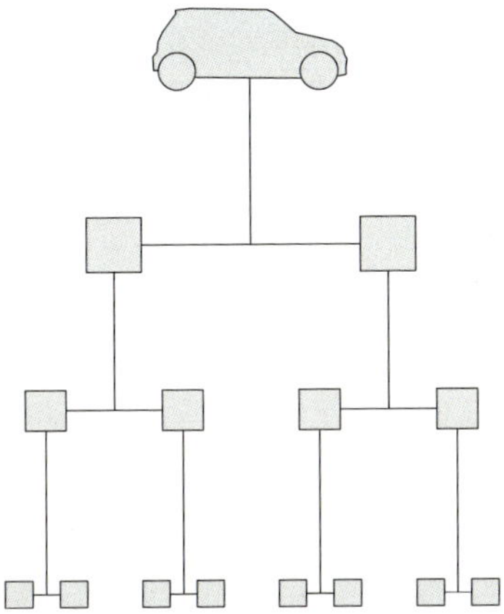

Druck auf die Zulieferer ausgeübt werden. Mit der Anzahl der Zulieferer steigen allerdings auch die Verhandlungsaufwendungen des beschaffenden Unternehmens. In der Regel wird deshalb angestrebt, bei drei bis vier Zulieferern zu kaufen.

Globalsourcing versus Domesticsourcing

Güter können von internationalen (Globalsourcing) oder von nationalen Zulieferern (Domesticsourcing) bezogen werden. Bei der Entscheidung darüber sind häufig logistische Aspekte ausschlaggebend. Den Kostenvorteilen internationaler Zulieferer stehen häufig Versorgungsrisiken, beispielsweise bei Seetransporten, gegenüber.

15.3 Operative Aspekte der Beschaffung

15.3.1 Bedarfsplanung

Im Rahmen der Bedarfsplanung wird für alle zu beschaffenden Güter ermittelt, welche Mengen zu welchen Zeitpunkten benötigt werden. Wie komplex die dabei zu bewältigenden Aufgaben sind, lässt sich aus dem Umstand schließen, dass ein Erzeugnis wie beispielsweise ein Automobil heute aus etwa 10 000 Einzelteilen besteht.

Abb. 15-7

Bedarfsarten

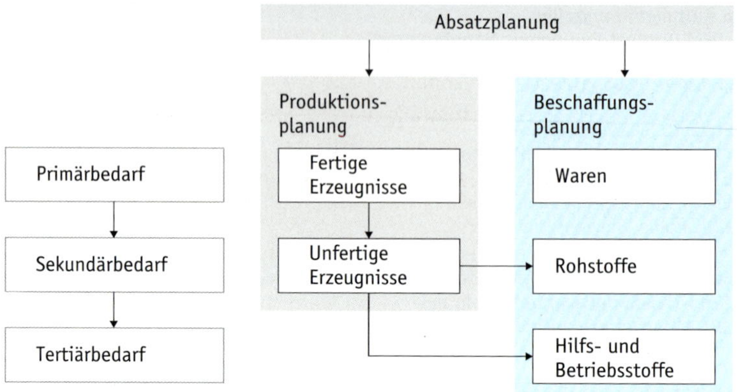

Vergleiche *Jung, H.* 2004: Seite 345

15.3.1.1 Bedarfsarten

Im Hinblick auf die Bedarfsplanung werden drei Arten von Bedarfen unterschieden (↗ Abbildung 15-7).

Primärbedarf

Der Primärbedarf ergibt sich aus dem geplanten Absatzprogramm und beschreibt den Bedarf an zu produzierenden Erzeugnissen und zu beschaffenden Waren.

Sekundärbedarf

Der Sekundärbedarf ergibt sich aus dem Primärbedarf der Produktion und beschreibt den Bedarf an zu produzierenden oder zu beschaffenden Baugruppen und Einzelteilen.

Tertiärbedarf

Der Tertiärbedarf ergibt sich aus dem Sekundärbedarf der Produktion und beschreibt den Bedarf an zu beschaffenden Hilfs- und Betriebsstoffen.

Brutto- und Nettobedarf

Für die genannten Bedarfe werden im Rahmen der Bedarfsplanung zwei Bedarfe ermittelt:

- Der **Bruttobedarf** ist der Bedarf ohne Berücksichtigung von vorhandenen Lagerbeständen.
- Der **Nettobedarf** ergibt sich aus dem Bruttobedarf, indem von diesem die vorhandenen Lagerbestände abgezogen werden.

15.3.1.2 Klassifikation der zu beschaffenden Güter

Die zu beschaffenden Güter lassen sich nach der Höhe des Bedarfs und nach der Stetigkeit des Bedarfs klassifizieren.

15.3.1.2.1 ABC-Analyse

Die ABC-Analyse dient der Klassifikation von Gütern nach der Höhe des Bedarfs oder Wertes. Sie teilt die Beschaffungsgüter oder andere zu klassifizierende Objekte nach ihrem relativen Anteil am Gesamtumfang in A-, B- und C-Güter ein. Für die Klassifikation in A-, B-, und C-Güter gibt es in der betriebswirtschaftlichen Literatur und in der Praxis keine standardisierten Vorgaben. Typischerweise werden die folgenden Prozentsätze verwendet (vergleiche zum Folgenden *Bichler, K./Schröter, N.* 1995: Seite 22 ff. und *Weber, J./Baumgarten, H.* 1999: Seite 345 f.):

ABC-Klassifikation

- **A-Güter** kennzeichnet, dass einem kleinen Anteil von etwa 10 bis 20 Prozent an der Menge ein großer Anteil von etwa 60 bis 80 Prozent am Wert gegenübersteht. A-Güter haben insofern eine hohe Priorität.
- **B-Güter** kennzeichnet, dass einem mittleren Anteil von etwa 30 bis 40 Prozent an der Menge ein mittlerer Anteil von etwa 10 bis 20 Prozent am Wert gegenübersteht. B-Güter haben insofern eine mittlere Priorität.
- **C-Güter** kennzeichnet, dass einem großen Anteil von etwa 40 bis 60 Prozent an der Menge ein kleiner Anteil von etwa 5 bis 10 Prozent am Wert gegenübersteht. C-Güter haben insofern eine niedrige Priorität.

Vorgehensweise

Bei der ABC-Analyse wird in folgenden Schritten vorgegangen (↗ Tabelle 15-1):

1. Zunächst wird basierend auf den Verbrauchsdaten der Vergangenheit der Periodenverbrauch aller Güter in Mengeneinheiten ermittelt.
2. Dann werden diese Mengeneinheiten mit ihren Preisen multipliziert, um den Wertverbrauch der einzelnen Güterarten festzustellen.
3. Danach wird jede Güterart entsprechend diesem Wertverbrauch geordnet (Spalte 3 in ↗ Tabelle 15-1).
4. Schließlich werden die kumulierten Verbrauchswerte und Prozentsätze des mengen- und wertmäßigen Verbrauchs errechnet und die Güter nach dem wertmäßigen Verbrauch in A-, B- und C-Kategorien klassifiziert (Spalten 4 und 5 in ↗ Tabelle 15-1).

Die Güter müssen bei der ABC-Analyse dabei nicht zwangsläufig in drei Klassen eingeteilt werden. Vielmehr können je nach Detaillierungserfordernis auch zwei, vier oder mehr Klassen gebildet werden. Die Ergebnisse der ABC-Analyse lassen sich anschließend mit einer sogenannten **Lorenzkurve** grafisch verdeutlichen (↗ Abbildung 15-8).

Einsatz der ABC-Analyse

Die ABC-Analyse ist eine Methode, die nicht nur in der Materialwirtschaft, sondern in allen betrieblichen Bereichen eingesetzt wird, in denen Priorisierungen vorgenommen werden müssen. So kann beispielsweise im Marketing der Umsatzerlös je Kunde ermittelt werden, um die A-Kunden mit dem größten Umsatzerlösanteil zu identifizieren.

Tab. 15-1

Vorgehensweise bei der ABC-Analyse

	Beschaffungsgut	Beschaffungsvolumen, absteigend geordnet	Kumuliertes Beschaffungsvolumen	Kumulierter Anteil am Gesamtbeschaffungsvolumen
A-Güter (2 Güter, 71,4 % Volumen)	Steuergeräte	420 000,00 €	420 000,00 €	37,5 %
	Motorbaugruppe	380 000,00 €	800 000,00 €	71,4 %
B-Güter (3 Güter, 19,2 % Volumen)	Stoßdämpfer	78 000,00 €	878 000,00 €	78,4 %
	Bleche	72 000,00 €	950 000,00 €	84,8 %
	Getriebe	65 000,00 €	1 015 000,00 €	90,6 %
C-Güter (5 Güter, 9,4 % Volumen)	Schrauben	28 000,00 €	1 043 000,00 €	93,1 %
	Zahnräder	27 000,00 €	1 070 000,00 €	95,5 %
	Spiegel	23 000,00 €	1 093 000,00 €	97,6 %
	U-Profile	18 000,00 €	1 111 000,00 €	99,2 %
	Klebstoff	9 000,00 €	1 120 000,00 €	100,0 %

Abb. 15-8

Lorenzkurve zur Darstellung der Ergebnisse einer ABC-Analyse

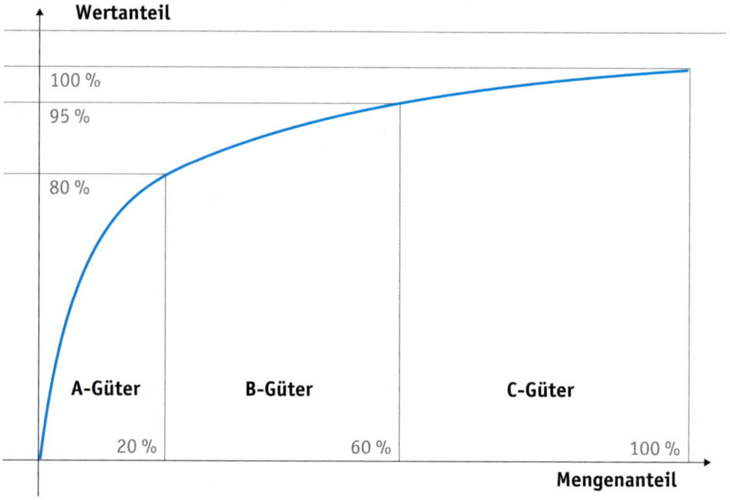

15.3.1.2.2 XYZ-Analyse

Die XYZ-Analyse dient der Klassifikation von Gütern nach der Stetigkeit des Bedarfs und damit der Prognostizierbarkeit ihres Bedarfsverlaufs. Im Rahmen der Analyse werden die Güter folgendermaßen unterteilt (vergleiche *Bichler, K./Schröter N.* 1995: Seite 25 f. und *Weber, J./Baumgarten, H.* 1999: Seite 346):

- **X-Güter** weisen einen konstanten Bedarfsverlauf auf.
- **Y-Güter** weisen einen trendförmigen oder einen saisonalen Bedarfsverlauf auf.
- **Z-Güter** weisen einen unregelmäßigen Bedarfsverlauf auf.

Vorgehensweise

Die XYZ-Klassifikation kann mittels des Variationskoeffizienten erfolgen. Dieser setzt die Schwankungsbreite des Bedarfsverlaufs ausgedrückt durch die Standardabweichung ins Verhältnis zum durchschnittlichen Bedarf im Erfassungszeitraum:

$$v_x = \frac{\sigma_x}{\overline{x}}$$

mit:

v_x = Variationskoeffizient
σ_x = Standardabweichung der Bedarfe [Stück]
$\overline{x}$ = Durchschnittliche Bedarfe je Jahr/Quartal/Monat/Woche/Tag [Stück]

Für die Klassifikation in X-, Y-, und Z-Güter gibt es in der betriebswirtschaftlichen Literatur und in der Praxis keine standardisierten Vorgaben. Typischerweise werden die folgenden Werte verwendet:

- Variationskoeffizienten v_x kleiner als 0,2: X-Gut,
- Variationskoeffizienten v_x zwischen 0,2 und 0,5: Y-Gut,
- Variationskoeffizienten v_x größer als 0,5: Z-Gut.

15.3.1.2.3 Kombinierte ABC-XYZ-Analyse

Aus der Kombination der ABC- und der XYZ-Analyse lassen sich Rückschlüsse ziehen, wie die Bedarfe zu ermitteln sind und wie die Bereitstellung erfolgen soll (↗ Tabelle 15-2).

15.3.2 Auftragsgetriebene Materialbereitstellung

Bei der auftragsgetriebenen Materialbereitstellung, die auch als bedarfsgesteuerte oder programmgebundene Materialbereitstellung bezeichnet wird, leitet sich die exakte Menge der zu beschaffenden Materialien und der exakte Zeitpunkt ihrer Bereitstellung aus dem Bedarf der übergeordneter Materialien ab. Wenn die Bedarfsmenge und der Bedarfszeitpunkt der übergeordneten Materialien genau bekannt sind, sind im Idealfall keine Lager erforderlich. Die auftragsgetriebene Materialbereitstellung eignet sich deshalb insbesondere für A-Güter und selektiv für B-Güter, da diese hohe Werte haben, wodurch bei der Lagerung eine hohe Kapitalbindung entstehen würde.

Abb. 15-9

Typische Bedarfsverläufe

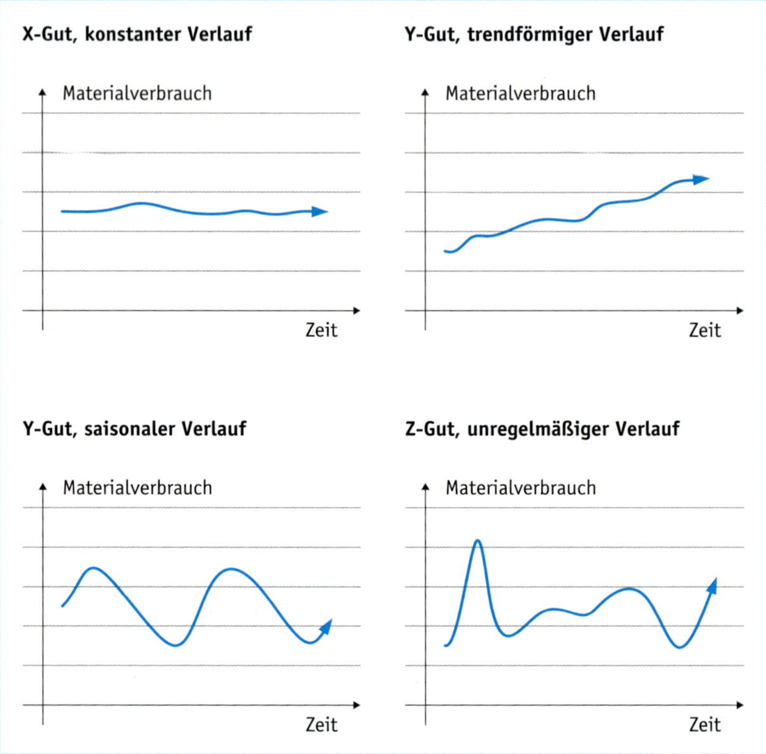

Tab. 15-2

Kombinierte ABC-XYZ-Analyse

	X-Güter	Y-Güter	Z-Güter
A-Güter	Auftragsgetriebene Bereitstellung, Just-in-time	Auftragsgetriebene Bereitstellung, eventuell Just-in-time	Auftragsgetriebene Bereitstellung, Einzelbeschaffung im Bedarfsfall
B-Güter	Auftrags- oder prognosegetriebene Bereitstellung, eventuell Just-in-time	Auftrags- oder prognosegetriebene Bereitstellung	Auftrags- oder prognosegetriebene Bereitstellung
C-Güter	Prognosegetriebene Bereitstellung	Prognosegetriebene Bereitstellung	Prognosegetriebene Bereitstellung

15.3.2.1 Bedarfsermittlung

Die Sekundär- und Tertiärbedarfe werden bei der auftragsgetriebenen Materialbereitstellung aus vorhandenen Kundenaufträgen und/oder dem prognostizierten zukünftigen Absatzprogramm abgeleitet. Diese Form der Bedarfsermittlung wird deshalb auch als deterministische oder als **programmgebundene Bedarfsplanung** bezeichnet (vergleiche *Zäpfel, G.* 1996: Seite 123 ff.).

Die Ermittlung der Bedarfe erfolgt auf der Basis von Stücklisten oder Rezepten (vergleiche *Arnold, U.* 1995: Seite 127 ff.):

Stücklisten

Stücklisten und Rezepte

Stücklisten werden für die Bedarfsermittlung beim Vorliegen von Stückgütern eingesetzt. Stücklisten sind tabellarische Verzeichnisse, die die Struktur und die Mengen an Baugruppen und Einzelteilen beschreiben, aus denen ein Erzeugnis besteht. Außer in der Materialwirtschaft werden diese Informationen beispielsweise auch in der Konstruktion, in der Arbeitsvorbereitung und im Rechnungswesen verwendet. Für die Materialwirtschaft sind insbesondere die folgenden Formen von Stücklisten wichtig:

- **Strukturstücklisten** spiegeln den Aufbau von Erzeugnissen wider. Die ↗ Tabelle 15-3 zeigt beispielhaft den Aufbau einer Strukturstückliste für die in der ↗ Abbildung 15-10 dargestellte Erzeugnisgliederung.
- **Mengenübersichtsstücklisten**, die aus den Strukturstücklisten durch Stücklistenauflösung abgeleitet werden, geben für jedes Einzelteil eines Erzeugnisses die benötigte Gesamtmenge an.

Abb. 15-10

Erzeugnisgliederung eines Automobils

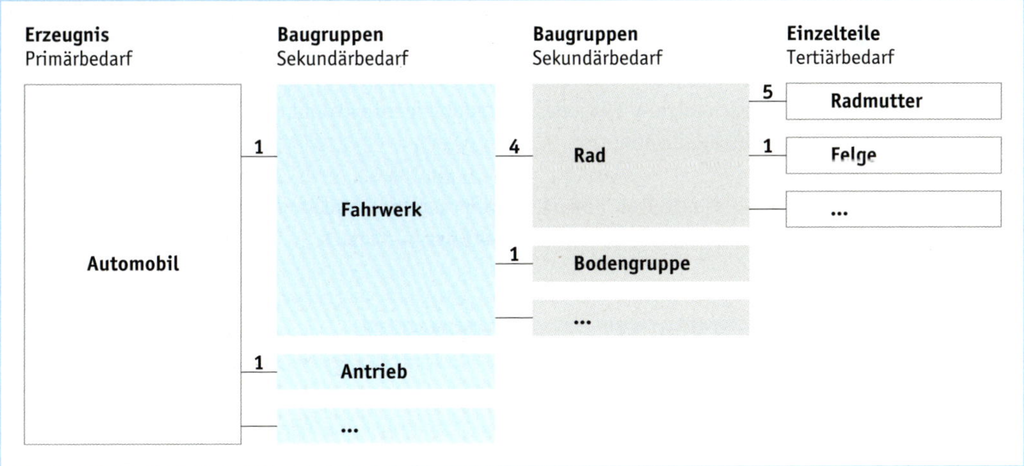

Tab. 15-3

Ausschnitt aus der Strukturstückliste eines Automobils

Gliederung	Bezeichnung	Menge
1	Fahrwerk	1
2	Antrieb	1
...	...	...
1.1	Rad	4
1.2	Bodengruppe	1
...	...	...
1.1.1	Radmutter	5
1.1.2	Felge	1
...	...	...

Rezepte

Rezepte werden für die Bedarfsermittlung beim Vorliegen von Flüssigkeiten, Gasen und teilweise von Schüttgütern verwendet. Sie kommen beispielsweise in der chemischen Industrie oder in der Nahrungsmittelindustrie zur Anwendung und beschreiben die gewichts- oder mengenmäßige Zusammensetzung von Erzeugnissen.

Stücklisten- und Rezeptauflösung

Die Bedarfsermittlung erfolgt durch Stücklisten- oder Rezeptauflösung. Zur Ermittlung der für ein Automobil benötigten Radmuttern ist bei der Stücklistenauflösung beispielsweise folgendermaßen vorzugehen (↗ Abbildung 15-10):

1. Ein Automobil besteht unter anderem aus einer Baugruppe »Fahrwerk«. Für jedes Automobil wird somit eine (1×1) dieser Baugruppen benötigt.
2. Die Baugruppe »Fahrwerk« besteht ihrerseits unter anderem aus den vier Baugruppen »Rad«. Für jedes Automobil werden somit vier ($1 \times 1 \times 4$) dieser Baugruppen benötigt.
3. Die Baugruppe »Rad« besteht ihrerseits unter anderem aus den fünf Einzelteilen »Radmutter«. Für jedes Automobil werden somit zwanzig ($1 \times 1 \times 4 \times 5$) dieser Einzelteile benötigt.

Die so ermittelten Bedarfe werden nachfolgend in der Regel noch um stochastisch ermittelte Prozentsätze für **Ausschuss** korrigiert.

Zwischenübung Kapitel 15.3.2.1.1

Ein Automobilhersteller hat für den folgenden Monat Bestellungen über 500 Autos eines bestimmten Typs, von denen bereits 40 Stück inklusive Felgen und Radmuttern produziert wurden und auf die Abholung warten. In seinem Lager hat er noch 60 Felgen ohne zugehörige Radmuttern und 633 Radmuttern. Die Radmuttern stellen Hilfsstoffe dar. Je Auto werden 4 Felgen benötigt. Zur Montage einer Felge werden 5 Radmuttern benötigt. Leiten Sie aus diesen Angaben den primären, den sekundären und den tertiären Brutto- und Nettobedarf ab.

	Bruttobedarf	Nettobedarf
Primärbedarf		
Sekundärbedarf		
Tertiärbedarf		8567 Radmuttern

15.3.2.2 Bereitstellungsprinzipien

Bei der auftragsgetriebenen Materialbereitstellung kommen insbesondere folgende Bereitstellungsprinzipien zur Anwendung:

Just-in-time-/Einsatzsynchrone Bereitstellung

Die einsatzsynchrone Bereitstellung eignet sich insbesondere für X- und selektiv auch für Y-Güter. Bei ihr werden keine Lagerbestände angelegt, sondern die Liefertermine genau auf das Produktionsprogramm abgestimmt. Die Lieferung erfolgt dann idealerweise genau zu dem Zeitpunkt, zu dem die Materialien benötigt werden.

Innerhalb der einsatzsynchronen Beschaffung erfolgt häufig ergänzend eine **Just-in-Sequence-Bereitstellung**, also eine Bereitstellung entsprechend der geplanten Verwendungsreihenfolge in der Produktion.

Einzelbereitstellung im Bedarfsfall

Die Einzelbereitstellung eignet sich insbesondere für Z-Güter. Bei ihr werden ebenfalls keine Lagerbestände angelegt, sondern die Güter erst bestellt, wenn sie benötigt werden. Dieses Vorgehen wird auch als **Hand-to-mouth-buying** bezeichnet.

15.3.3 Prognosegetriebene Materialbereitstellung

Bei der prognosegetriebenen Materialbereitstellung, die auch als verbrauchsgesteuerte Materialbereitstellung bezeichnet wird, werden die Mengen der zu beschaffenden Materialien und die Zeitpunkte ihrer Bereitstellung auf der Basis von Vergangenheitswerten der einzelnen Materialien ohne Berücksichtigung der Bedarfe übergeordneter Materialien prognostiziert. Da es sich bei der prognosegetriebenen Materialbereitstellung um kein exaktes Verfahren handelt, werden in der Regel Lager als Puffer eingesetzt, die dann abhängig vom Verbrauch aufgefüllt werden. Die prognosegetriebene Materialbereitstellung eignet sich deshalb insbesondere für C-Güter und selektiv für B-Güter, da diese keinen hohen Wert haben, wodurch bei der Lagerung keine hohe Kapitalbindung entsteht.

15.3.3.1 Bedarfsermittlung

Die Bedarfsermittlung erfolgt bei der prognosegetriebenen Materialbereitstellung in der Regel stochastisch (vergleiche zum Folgenden *Arnold, U.* 1995: Seite 134 ff. und *Zäpfel, G.* 1996: Seite 155 ff.). Bei dieser Art der Bedarfsermittlung wird der zukünftige Materialverbrauch aus dem Materialverbrauch der Vergangenheit abgeleitet, indem dieser statistisch ausgewertet und auf dieser Basis Prognosen erstellt werden.

15.3.3.2 Bestellpolitiken

Im Rahmen der Bestellpolitik werden bei der prognosegetriebenen Materialbereitstellung für alle Güter:

- die **Bestellzeitpunkte** und
- die **Bestellmengen**

Alternativen der Bestellung

festgelegt. Hinsichtlich der Bestellzeitpunkte gibt es dabei folgende Alternativen:

- **Bestellrhythmusverfahren**, bei dem in gleich bleibenden Zeitintervallen t bestellt wird, oder
- **Bestellpunktverfahren**, bei dem bei Unterschreitung eines bestimmten Bestellpunktbestandes s und damit in variablen Zeitintervallen t bestellt wird.

Hinsichtlich der Bestellmengen gibt es folgende Alternativen:

- **gleich bleibende Bestellmengen** q oder
- **variable Bestellmengen**, die so gewählt werden, dass die Lager jeweils bis zu einem bestimmten Sollniveau S aufgefüllt werden.

Abb. 15-11

Alternative Bestellpolitiken

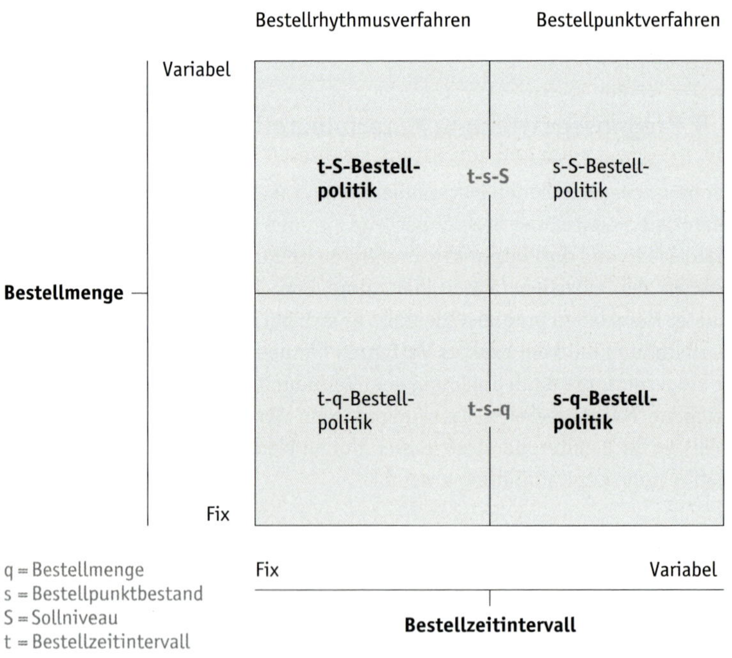

Abb. 15-12

t-S-Bestellpolitik

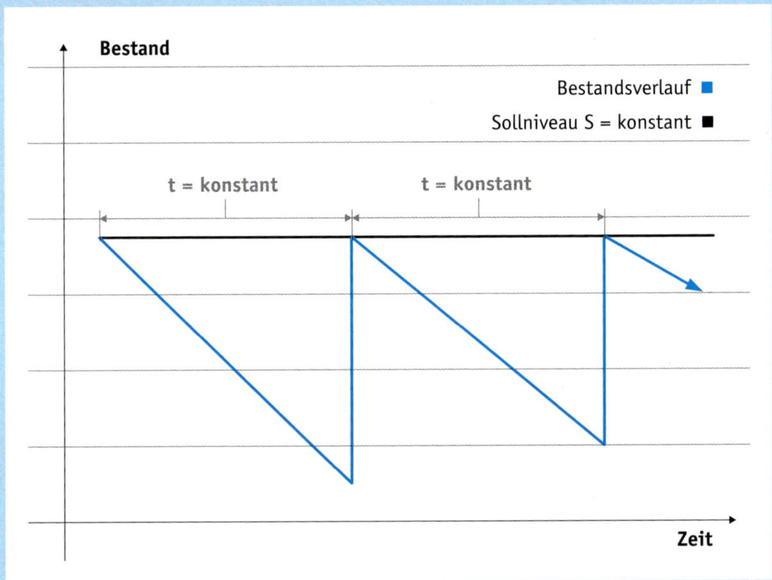

Durch Kombination dieser Möglichkeiten ergeben sich als grundlegende Alternativen der Bestellpolitik:

- die t-S-Bestellpolitik,
- die s-S-Bestellpolitik,
- die t-q-Bestellpolitik und
- die s-q-Bestellpolitik.

Darüber hinaus ergeben sich als Mischformen, die auch als **Kontrollrhythmusverfahren** bezeichnet werden, die t-s-S- und die t-s-q-Bestellpolitik (↗ Abbildung 15-11). Von besonderer Bedeutung in der Praxis sind dabei die t-S- und die s-q-Bestellpolitik, auf die wir deshalb nachfolgend näher eingehen werden.

15.3.3.2.1 t-S-Bestellpolitik

Bei der t-S-Bestellpolitik wird das Lager in konstanten Zeitintervallen t bis zu einem konstanten Sollniveau S aufgefüllt. Die zu bestellende Menge q schwankt dadurch (↗ Abbildung 15-12). Die t-S-Bestellpolitik lässt sich mit einem geringen Verwaltungsaufwand realisieren, die Lagerbestände und die Bestellmengen sind aber nicht optimal.

Fallbeispiel 15-1

▸▸▸ In der *Speedy GmbH* wird die t-S-Bestellpolitik von einem Zulieferer eingesetzt, um die Bestände an Kleinteilen aufzufüllen, wie beispielsweise Schrauben, die direkt in der Produktion gelagert werden. Dazu kommt einmal pro Woche ein Mitarbeiter des

Abb. 15-13

s-q-Bestellpolitik

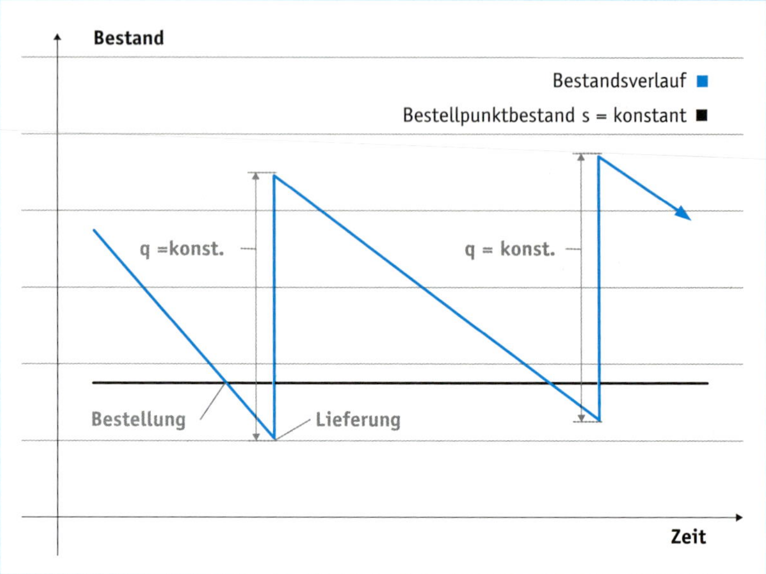

Zulieferers in die Produktion und füllt die Kleinteilebestände bis zu einem vorher definierten Niveau auf. ◂◂◂

15.3.3.2.2 s-q-Bestellpolitik

Bei der s-q-Bestellpolitik wird bei Erreichen beziehungsweise Unterschreiten eines konstanten Bestellpunktbestandes s eine Bestellung zur Auffüllung des Lagers mit der konstanten Bestellmenge q ausgelöst (↗ Abbildung 15-13). Die s-q-Bestellpolitik ermöglicht eine Optimierung der Bestellmengen und der Lagerbestände.

Fallbeispiel 15-2

▸▸▸ In der *Speedy GmbH* wird die s-q-Bestellpolitik zur Beschaffung großer Zukaufteile verwendet. Jeder Lagerzu- und -abgang wird dazu in der Lagerbuchhaltung erfasst. Bei Unterschreiten eines für jedes Zukaufteil vorgegebenen Meldebestandes wird dann computerunterstützt eine Bestellung ausgelöst. Um sie an eine veränderte Nachfrage vonseiten der Produktion anzupassen, werden die Bestellmengen und die Meldebestände zudem halbjährlich optimiert. ◂◂◂

15.3.3.2.2.1 Ermittlung des Bestellpunktbestandes

Bestellpunktbestand

Der Bestellpunktbestand s, bei dessen Unterschreiten eine Bestellung ausgelöst wird, hängt zum einen davon ab, wie schnell der Bestand durchschnittlich abnimmt und zum andern davon, ob die Abnahme konstant verläuft oder ob es größere Schwankungen gibt. Der Bestellpunktbestand s ergibt sich entsprechend aus einem Bestand zur Überbrückung der Wiederbeschaffungszeit S_W und einem Sicherheitsbestand S_S (vergleiche *Melzer-Ridinger, R.* 1994: Seite 125 ff.):

$$s = S_W + S_S$$

$$s = \bar{x}_{Tag} \times \bar{t}_w + \sigma_x \times f_s$$

mit:

- s = Bestellpunktbestand [Stück]
- S_W = Bestand zur Überbrückung der Wiederbeschaffungszeit [Stück]
- S_S = Sicherheitsbestand [Stück]
- $\bar{x}_{Tag}$ = durchschnittlicher Lagerabgang je Tag [Stück/Tag]
- $\bar{t}_w$ = durchschnittliche Wiederbeschaffungszeit [Tage]
- σ_x = Standardabweichung der Lagerabgänge [Stück]
- f_s = Sicherheitsfaktor

Der Bestand S_W zur Überbrückung der Wiederbeschaffungszeit ist das Produkt der durchschnittlichen Lagerabgänge $\bar{x}$ und der durchschnittlichen Wiederbeschaffungszeit $\bar{t}_w$.

Ermittlung des Sicherheitsbestandes

Der Sicherheitsbestand S_S kann näherungsweise ermittelt werden, indem die Standardabweichung der Lagerabgänge σ_x mit einem Sicherheitsfaktor f_s multipliziert wird, der statistisch berechnet werden kann. Die Höhe des Faktors hängt dabei vom Lieferbereitschaftsgrad ab, der erzielt werden soll (↗ Tabelle 15-4). Der **Lieferbereitschaftsgrad** ist ein Maß dafür, welcher Anteil der Bedarfe direkt aus dem Lager bedient werden kann.

Standardabweichung der Lagerabgänge

Die bei der Berechnung des Sicherheitsbestandes S_S verwendete Standardabweichung der Lagerabgänge ist ein Maß für die durchschnittliche Abweichung vom durchschnittlichen Lagerabgang und damit die Streuung um diesen Mittelwert. Sie wird für die Lagerabgänge folgendermaßen berechnet:

$$\sigma_x = \sqrt{\frac{1}{n} \times \sum_{i=1}^{n} (x_i - \bar{x}_{Quartal/Monat/Tag})^2}$$

Tab. 15-4

Sicherheitsfaktoren verschiedener Lieferbereitschaftsgrade

Lieferbereitschaftsgrad	Sicherheitsfaktor f_s
50 %	0,00
90 %	1,29
96 %	1,75
99 %	2,33

Vergleiche *Melzer-Ridinger, R.* 1994: Seite 135

Alternativ kann auch folgende Formel zur Berechnung verwendet werden:

$$\sigma_x = \sqrt{\frac{1}{n} \times \left(\sum_{i=1}^{n} x_i^2 \right) - \overline{x}^2_{Quartal/Monat/Tag}}$$

mit:

σ_x	=	Standardabweichung der Lagerabgänge [Stück]
n	=	Anzahl der erfassten Quartale/Monate/Tage
x_i	=	Lagerabgang des Quartals/Monats/Tages i [Stück]
$\overline{x}_{Quartal/Monat/Tag}$	=	Durchschnittlicher Lagerabgang je Quartal/Monat/Tag [Stück]

Je kleiner der dabei jeweils erfasste Zeitraum gewählt wird, desto genauer wird die Berechnung. Bei der Ermittlung der Standardabweichung müssen dabei auch Zeiträume ohne Lagerabgänge berücksichtigt werden, da diese auch vom durchschnittlichen Lagerabgang abweichen können. Im Hinblick auf die Lagerabgänge gibt die Standardabweichung dann an, ob die Lagerabgänge immer ähnlich groß sind oder stark schwanken. Im ersten Fall wird – da die Standardabweichung sehr klein wird – nur ein kleiner Sicherheitsbestand S_s benötigt, im zweiten Fall ergibt sich hingegen ein großer Sicherheitsbestand S_s.

Zwischenübung Kapitel 15.3.3.2.2.1

Im letzten Jahr wurden jedes Quartal die Lagerabgänge einer Baugruppe erfasst. Die Abgänge erfolgten während des Jahres an 250 Tagen. Von der Nachbestellung bis zur Einlagerung vergingen im Durchschnitt 20 Tage. In den vier Quartalen kam es zu folgenden Abgängen:

- *1. Quartal: 200 Stück,*
- *2. Quartal: 300 Stück,*
- *3. Quartal: 0 Stück und*
- *4. Quartal: 500 Stück.*

Wie ist der Bestellpunktbestand zu wählen, wenn ein Lieferbereitschaftsgrad von 96 Prozent erzielt werden soll und wie hoch ist der Variationskoeffizient des Gutes? Verwenden Sie hierzu die Tabelle auf der folgenden Seite oben (Hinweis: Zwischenergebnisse dienen der Selbstkontrolle).

	Summe der Lagerabgänge	
/	Tage mit Lagerabgängen	
=	**Durchschnittlicher Lagerabgang je Tag $\bar{x}_{Tag}$**	
×	Durchschnittliche Wiederbeschaffungszeit $\bar{t}_w$	
=	**Bestand zur Überbrückung der Wiederbeschaffungszeit S_W**	

	Summe der Lagerabgänge	
/	Anzahl der erfassten Quartale n	
=	**Durchschnittlicher Lagerabgang je Quartal $\bar{x}_{Quartal}$**	
	Standardabweichung der Lagerabgänge σ_x	**180 Stück**
×	Sicherheitsfaktor f_s	
=	**Sicherheitsbestand S_S**	

Bestellpunktbestand $s = S_W + S_S$	**395 Stück**

Variationskoeffizient $v_x = \sigma_x / \bar{x}_{Quartal}$

15.3.3.2.2.2 Ermittlung der optimalen Bestellmenge

Problem der optimalen Bestellmenge

Hinsichtlich der optimalen Bestellmengen ist über geeignete Verfahren eine (annähernd) optimale Lösung zu suchen, mit der die Summe aus bestellfixen Kosten und Lagerkosten minimiert wird. Bestellfixe Kosten fallen bei jeder Bestellung unabhängig von dem Bestellvolumen an, beispielsweise Kosten der Bestellabwicklung oder der Materialannahme. Lagerkosten entstehen durch die Lagerung von Gütern im Unternehmen und steigen mit der einzulagernden Menge. Die Bestimmungsgrößen der Lagerkosten sind die Lagerbestandsmenge, der Lagerbestandswert, die Lagerdauer, die Kapitalbindungs- und Versicherungskosten und die Wertminderungen der gelagerten Güter zum Beispiel durch Verderb oder Marktpreisschwankungen.

Ermittlung nach Andler

Im Hinblick auf die Ermittlung der optimalen Bestellmenge q_{opt} geht *Andler* davon aus, dass die jährlichen Lagerkosten K_L proportional zur Menge q, die jeweils bestellt wird, steigen, während die jährlichen Kosten für die Durchführung der Bestellungen K_B gleichzeitig sinken. Die optimale Bestellmenge q_{opt} ergibt sich dann nach der sogenannten *Andler*-Formel beziehungsweise *Andler'schen*-Losgrößenformel in dem Punkt, in dem die Summe dieser beiden Kosten minimal ist (↗ Abbildung 15-14).

Ermittlung der Lagerkosten

Die bei der Herleitung der *Andler*-Formel verwendeten jährlichen Lagerkosten K_L ergeben sich, indem der durchschnittliche jährliche Lagerwert mit dem Zins- und Lagerkostensatz k_L multipliziert wird. Dadurch werden insbesondere Zinsen für das in den Lagerbeständen gebundene Kapital, Raumkosten für die Lagerflächen und Versicherungskosten berücksichtigt. Der durchschnittliche jährliche Lagerwert ist dabei näherungsweise die Hälfte des Produkts der Bestellmenge q und des Einkaufspreises k.

Ermittlung der Bestellkosten

Die bei der Herleitung der *Andler*-Formel verwendeten jährlichen Kosten für die Durchführung der Bestellungen K_B, die auch als **mittelbare Beschaffungskosten** bezeichnet werden, ergeben sich als Produkt aus der Anzahl an jährlichen Bestellungen m_B und den fixen Kosten je Bestellung K_f .

Andler-Formel

Zur Herleitung der *Andler*-Formel werden die Lagerkosten K_L und die Bestellkosten K_B addiert, die sich ergebende Summenfunktion abgeleitet und zur Ermittlung des Minimums die Nullstelle der Ableitung bestimmt. Daraus resultiert folgende Formel für die Berechnung der optimalen Bestellmenge:

$$q_{opt} = \sqrt{\frac{2 \times x_B \times K_f}{k \times k_L}}$$

mit:

q_{opt} = Optimale Bestellmenge [Stück]
x_B = Bedarfsmenge je Jahr [Stück]
K_f = Fixkosten je Bestellung [€]
k = Einkaufspreis je Stück [€/Stück]
k_L = Zins- und Lagerkostensatz [%]

Anzahl der Bestellungen

Die Anzahl der jährlich durchzuführenden Bestellungen m_B ergibt sich dabei, indem die Bedarfsmenge je Jahr x_B durch die optimale Bestellmenge q_{opt} geteilt wird:

$$m_B = \frac{x_B}{q_{opt}}$$

mit:

m_B = Anzahl jährlicher Bestellungen
q_{opt} = Optimale Bestellmenge [Stück]
x_B = Bedarfsmenge je Jahr [Stück]

Abb. 15-14

Optimale Bestellmenge nach *Andler*

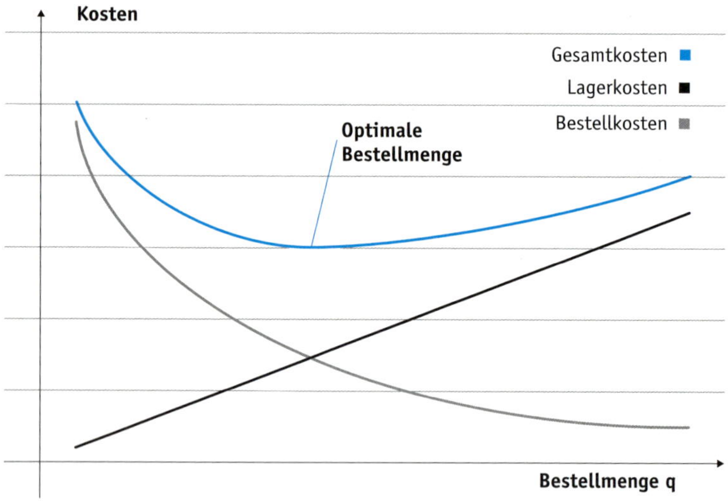

Vergleiche *Bichler K./Schröter, N.* 1995: Seite 31

Fallbeispiel 15-3 **Optimale Bestellmenge**

▸▸▸ Zur Optimierung der Bestellmenge einer Baugruppe, von der 1 000 Stück im Jahr benötigt werden, wird bei der *Speedy GmbH* berechnet, welche Bestell- und Lagerkosten entstehen würden, wenn jeweils 50 oder alternativ 200 Stück bestellt würden. Wenn jeweils 50 oder alternativ 200 Stück bestellt würden, wären dazu 20 (1 000 Stück/50 Stück) oder alternativ 5 (1 000 Stück/200 Stück) Bestellungen notwendig. Durch jede Bestellung, Lieferung und Einlagerung der Baugruppe entstehen jeweils Kosten von 50,00 Euro. Dies würde somit jährliche Bestellkosten von 1 000,00 Euro (20 Bestellungen × 50,00 Euro/Bestellung) oder alternativ 250,00 Euro (5 Bestellungen × 50,00 Euro/Bestellung) verursachen.

Bei einem gleichmäßigen Verbrauch wäre im Durchschnitt jeweils die Hälfte der Bestellmenge im Lager, also 25 (50 Stück/2) oder 100 Stück (200 Stück/2). Bei einem Einkaufspreis der Baugruppe von 100,00 Euro wäre der Lagerbestand im Durchschnitt also 2 500,00 Euro (25 Stück × 100,00 Euro) oder 1 0000,00 Euro (100 Stück × 100,00 Euro) wert. Bei einem Lagerkostensatz für die Baugruppe von 10 Prozent würden die Lagerkosten je Jahr somit 250,00 Euro (2 500,00 Euro × 0,1) oder 1 000,00 Euro (10 000,00 Euro × 0,1) betragen. Die Gesamtkosten wären dadurch mit 1 250,00 Euro bei beiden Varianten gleich, was den Schluss zulässt, dass die optimale Bestellmenge zwischen den beiden Bestellmengen liegt. ◂◂◂

Zwischenübung Kapitel 15.3.3.2.2.2

Von einer Baugruppe wurden im letzten Jahr 1 000 Stück benötigt. Durch die Bestellung und die Lieferung der Baugruppe entstanden jeweils Kosten von 50,00 Euro. Der Zins- und Lagerkostensatz für die Baugruppe betrug 10 Prozent. Die Baugruppe hatte einen Einkaufspreis von 100,00 Euro. Welche Bestellmenge ist für die Baugruppe optimal, wie viele Bestellungen müssen dazu pro Jahr durchgeführt werden und welche Gesamtkosten entstehen durch die Lagerung und durch die Bestellungen pro Jahr (Hinweis: Zwischenergebnisse dienen der Selbstkontrolle)?

	Faktor	2
×	Bedarfsmenge je Jahr x_B	
×	Fixkosten je Bestellung K_f	
/	Zins- und Lagerkostensatz k_L	
/	Einkaufspreis je Stück k	
	Wurzel	
=	**Optimale Bestellmenge q_{opt}**	
	Bedarfsmenge je Jahr x_B	
/	Optimale Bestellmenge q_{opt}	
=	**Anzahl jährlicher Bestellungen m_B**	**10 Bestellungen**

15.4 Lieferantenpolitik

Die Lieferantenpolitik umfasst insbesondere die Gestaltung der Lieferantenstruktur, die Beurteilung von Lieferanten und darauf aufbauend den Vergleich verschiedener Angebote für die zu beschaffenden Güter (vergleiche *Arnold, U.* 1995: Seite 164 ff.).

15.4.1 Lieferantenstruktur

Aufgrund der in vielen Branchen anzutreffenden reduzierten Produktionstiefen bestehen heute zwischen Unternehmen und ihren Lieferanten häufig große gegenseitige Abhängigkeiten. Neben dem Beschaffungsumfang hat dabei insbesondere die Lieferantenstruktur, also die Anzahl und die räumliche Verteilung der Lieferanten, großen Einfluss auf die Machtverhältnisse zwischen Unternehmen und ihren Lieferanten.

Hinweise dafür, wie die Lieferantenstruktur in verschiedenen Marktsituationen entwickelt werden sollte, lassen sich aus dem Marktmacht-Portfolio ableiten (↗ Abbildung 15-15).

60/30/10-Formel

Verfügen die Lieferanten über eine größere Marktmacht als die abnehmenden Unternehmen, werden die Unternehmen bestrebt sein, sich zu emanzipieren, indem sie zusätzliche Lieferanten aufbauen und dann entsprechend der «60/30/10-Formel«:

- 60 Prozent des Mengenvolumens auf einen Hauptlieferanten,
- 30 Prozent auf einen zweiten Hauptlieferanten und
- 10 Prozent auf einen Reservelieferanten

verteilen (vergleiche *Jung, H.* 2004: Seite 339 ff. und *Thommen, J.-P./Achleitner A.-K.* 2003: Seite 298).

15.4.2 Lieferantenbeurteilung

Im Rahmen der Lieferantenbeurteilung wird ermittelt, wie gut sich ein anderes Unternehmen als Lieferant eignet. Die entsprechenden Beurteilungen werden dann bei der Entwicklung der Lieferantenstruktur und bei Vergleichen von Angeboten berücksichtigt. Im Rahmen der Beschaffung werden Lieferantenbeurteilungen in der Regel aufgrund von Routinebeurteilungen, Produktänderungen, Lieferantenwechseln oder Neuprodukteinführungen durchgeführt. Beim Lieferantenwechsel und bei der Neuprodukteinführung werden dabei auch neue Lieferanten beurteilt.

Die Beurteilung kann mittels der im ↗ Kapitel 2 Entscheidungstheorie dargestellten Entscheidungsmodelle durchgeführt werden. Meist handelt es sich um Entscheidungen bei mehrfacher Zielsetzung. Die Zielsetzungen lassen sich dabei in Abstimmung mit der Beschaffungsstrategie aus den in der ↗ Abbildung 15-16 aufgeführten Kriterien ableiten (vergleiche *Arnold, U.* 1995: Seite 164 ff.).

Abb. 15-15

Marktmacht-Portfolio

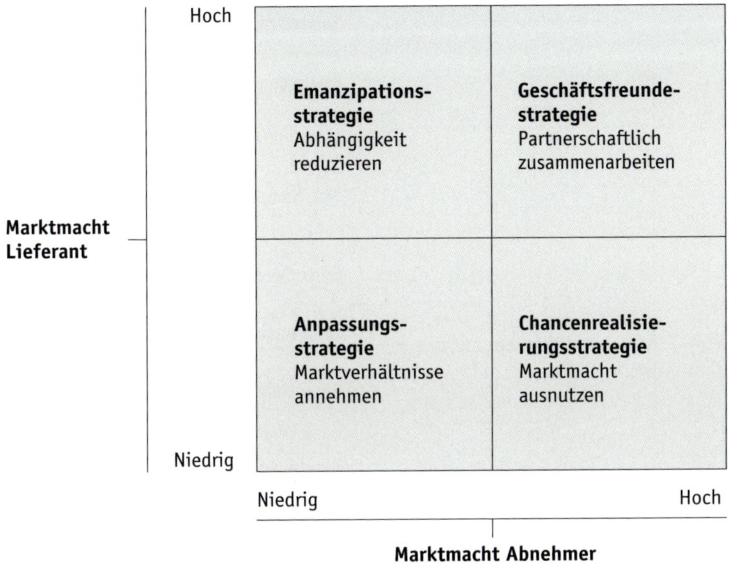

Vergleiche *Jung, H.* 2004: Seite 340

15.4.3 Angebotsvergleich

Kriterien für Angebotsvergleiche

Ist ein Gut erstmalig zu beschaffen, fällt ein bisheriger Lieferant aus oder soll ein neuer Lieferant aufgebaut werden, so werden Angebote bei möglichen Lieferanten eingeholt, die dann hinsichtlich:

- des **Einkaufspreises** der angebotenen Güter,
- der sich aus der Entscheidung ergebenden **Folgekosten**, beispielsweise durch Lizenzen,
- der **Lieferkonditionen**, wie dem Zahlungsziel, dem Zeitpunkt der Rechnungsstellung, Vertragsstrafen und Schadensersatzregelungen,
- der **Qualität** der angebotenen Güter und
- der allgemeinen **Lieferantenbeurteilung**

bewertet werden. Die isolierte Betrachtung des Einkaufspreises als zentrales Kriterium ist dabei unter langfristigen Aspekten in der Regel nicht sinnvoll. Vielmehr sollten insbesondere auch die ökonomischen und technischen Verhältnisse des Lieferanten berücksichtigt werden, die ihn befähigen, ein Gut langfristig anzubieten und weiterzuentwickeln.

Lieferverträge

Mit dem ausgewählten Lieferanten werden im Anschluss an die Bewertung Verträge geschlossen, deren Inhalte sich unter anderem auf die zu liefernden Gütermen-

Abb. 15-16

Kriterien zur Lieferantenbeurteilung

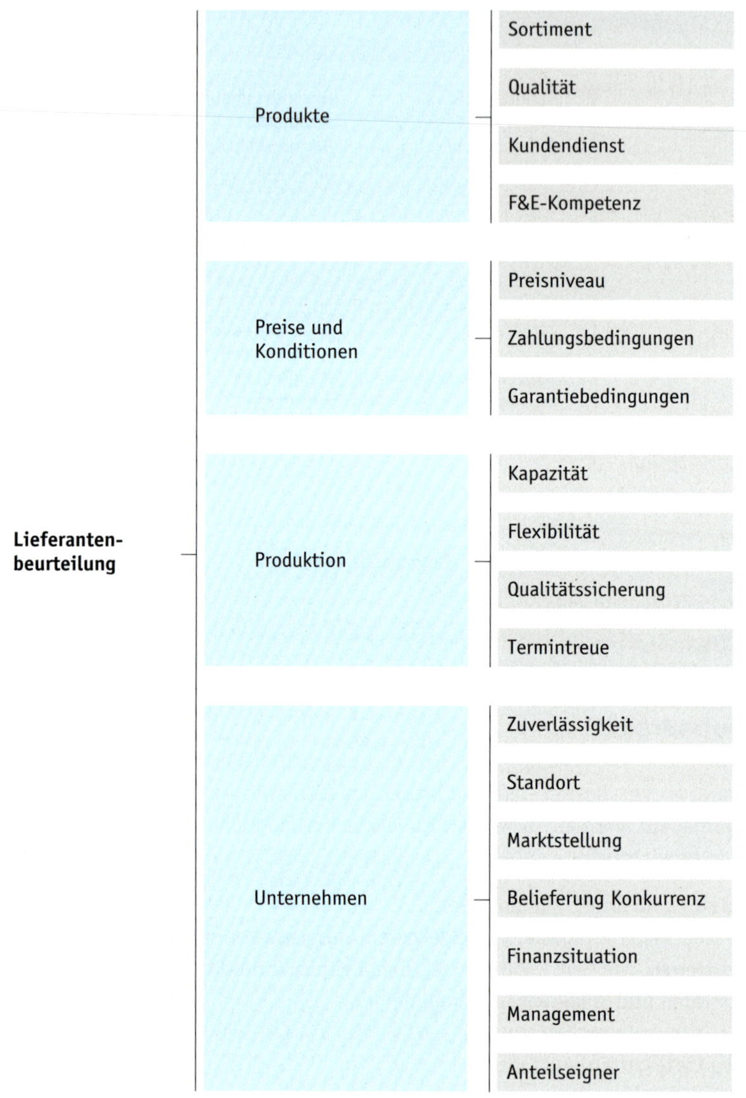

Vergleiche *Thommen, J.-P./Achleitner A.-K.* 2003: Seite 293

gen und -beschaffenheiten, die Verpackungen, die Liefertermine, die Erfüllungsorte, die Einkaufspreise einschließlich der Zahlungsbedingungen und die Entsorgung beziehen (vergleiche *Arnold, U.* 1995: Seite 172 ff.).

15.5 Elektronische Beschaffung

Die elektronische Beschaffung beziehungsweise das **E-Procurement** zielt auf die Bildung von internetbasierten Netzwerken mit Lieferanten ab, um die Kosten der einzukaufenden Produkte zu reduzieren und den Beschaffungsaufwand zu minimieren. Das Beschaffungsgut bestimmt dabei die einzusetzende Lösung (↗ Abbildung 15-17, zum Folgenden vergleiche *KPMG* 2000: Seite 4 ff.):

Purchasing Card
Bei der Purchasing Card handelt es sich um eine spezielle Kreditkarte, mit der Mitarbeiter des Unternehmens Bestellungen ohne mehrstufige Genehmigungsprozesse direkt und eigenverantwortlich bei ausgewählten Lieferanten vornehmen können.

Request for Proposal (RFP) und Request for Quotation (RFQ)
Beim Request for Proposal und Request for Quotation werden Ausschreibungsverfahren und Angebotsanfragen internetbasiert abgewickelt.

Online-Kataloge
Online-Kataloge sind elektronische Kataloge ausgewählter Lieferanten, die allen zur Beschaffung berechtigten Mitarbeitern über das Intranet des Unternehmens zur Verfügung gestellt werden.

Abb. 15-17

E-Procurement-Lösungen

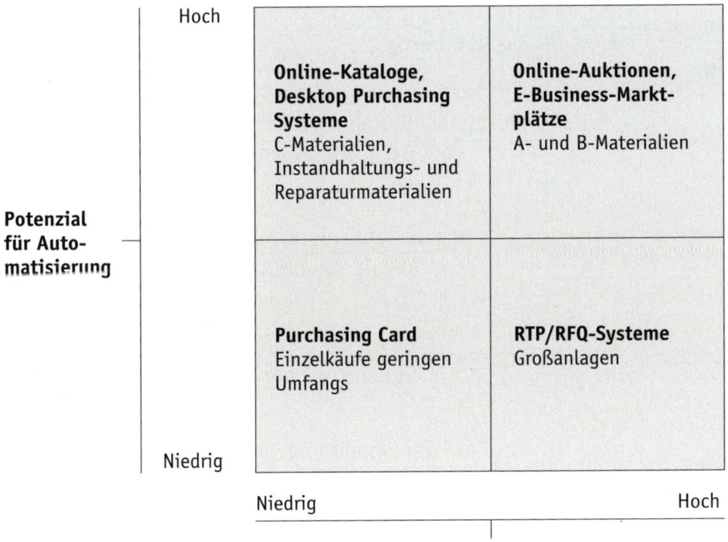

Vergleiche *KPMG* 2000: Seite 3

Desktop Purchasing
Im Rahmen des Desktop Purchasing erhalten die zur Beschaffung berechtigten Mitarbeiter eine Software, die es ihnen ermöglicht, »vom Schreibtisch aus« in Online-Katalogen ausgewählte Materialien zu bestellen.

E-Business Marktplätze
E-Business-Marktplätze sind Internet-Plattformen, auf denen analog zu realen Marktplätzen die Angebote und die Nachfragen von Unternehmen miteinander abgeglichen und Käufe durchgeführt werden.

Online-Auktionen
In der industriellen Beschaffung werden häufig umgekehrte beziehungsweise reverse Auktionen online durchgeführt. Bei dieser Auktionsform geben die Käufer einen bestimmten Materialbedarf an. Die Verkäufer der Materialien unterbieten sich dann gegenseitig hinsichtlich des Verkaufspreises.

15.6 Kennzahlen

Zur Information und Steuerung wird in der Beschaffung eine Reihe von Kennzahlen verwendet. Die Informationen werden dem Management und den Mitarbeitern in der Beschaffung in der Regel in monatlichen Berichten zur Verfügung gestellt. Es können unter anderem die nachfolgenden Kennzahlen eingesetzt werden (vergleiche *Jung, H.* 2003: Seite 488 f., 499):

$$\text{Preisindex} = \frac{\text{Preis im Berichtszeitpunkt}}{\text{Preis im Basiszeitpunkt}} \; [\%]$$

$$\text{Einsparquote} = \frac{\text{Durchschnittspreis Vorjahr} - \text{Durchschnittspreis aktuell}}{\text{Durchschnittspreis Vorjahr}} \; [\%]$$

$$\text{Beschaffungsproduktivität} = \frac{\text{Anzahl Einkaufsmaterialien}}{\text{Anzahl Einkäufer}} \; [\text{Materialien/Einkäufer}]$$

$$\text{Fehllieferungsquote Lieferanten} = \frac{\text{Zahl der Fehllieferungen}}{\text{Gesamtzahl der Lieferungen}} \; [\%]$$

$$\text{Lieferservice Lieferanten} = \frac{\text{Zahl der termingerechten Lieferungen}}{\text{Gesamtzahl der Lieferungen}} \; [\%]$$

Zusammenfassung Kapitel 15

- Gegenstand der Beschaffung ist es, die bedarfsgerechte Versorgung mit denjenigen Gütern sicherzustellen, die in die betriebliche Leistungserstellung eingehen.
- Das Material umfasst die Werkstoffe, die unfertigen und die fertigen Erzeugnisse sowie die Waren eines Betriebes.
- Strategische Handlungsoptionen der Beschaffung sind das In- oder Out-, das System- oder Component-, das Single- oder Multiple- sowie das Global- oder Domesticsourcing.
- In der Bedarfsplanung werden die Primär-, die Sekundär- und die Tertiärbedarfe ermittelt.
- Die ABC-Analyse dient der Bildung von Prioritätsklassen.
- Die XYZ-Analyse klassifiziert Güter aufgrund der Prognostizierbarkeit ihres Bedarfsverlaufs.
- Der Bestellpunktbestand besteht aus einem Bestand zur Überbrückung der Wiederbeschaffungszeit und einem Sicherheitsbestand.
- Die optimale Bestellmenge ist nach *Andler* diejenige Bestellmenge, bei der die Summe aus Lager- und Bestellkosten minimal ist.
- Die Lieferantenpolitik umfasst insbesondere die Gestaltung der Lieferantenstruktur, die Beurteilung von Lieferanten und den Vergleich von Angeboten.

Weiterführende Literatur Kapitel 15

Melzer-Ridinger, R.: Materialwirtschaft und Einkauf, München.

Schlüsselbegriffe Kapitel 15

- Beschaffung
- Material
- Rohstoff
- Hilfsstoff
- Betriebsstoff
- Lieferbereitschaft
- Einkauf
- Make-or-buy-Entscheidung
- Insourcing
- Outsourcing
- Systemsourcing
- Componentsourcing
- Singlesourcing
- Multiplesourcing
- Globalsourcing
- Domesticsourcing
- Primärbedarf
- Sekundärbedarf
- Tertiärbedarf
- ABC-Analyse
- XYZ-Analyse
- Stückliste
- Rezept
- Stücklistenauflösung
- Just-in-Time
- Just-in-Sequence
- Einzelbeschaffung
- Sicherheitsbestand
- Bestellpunktbestand
- Bestellpolitik
- Bestellrhythmusverfahren
- Bestellpunktverfahren
- t-S-Bestellpolitik
- s-q-Bestellpolitik
- Andler-Formel
- Lieferantenpolitik
- 60/30/10-Formel
- Lieferantenbeurteilung
- Angebotsvergleich
- E-Procurement

Fragen Kapitel 15

Frage 15-1: *Definieren Sie den Begriff »Beschaffung«.*

Frage 15-2: *Definieren Sie den Begriff »Rohstoffe«.*

Frage 15-3: *Erläutern Sie den Unterschied zwischen Hilfs- und Betriebsstoffen.*

Frage 15-4: *Erläutern Sie, warum die Reduzierung der Kapitalbindung ein Ziel der Beschaffung ist.*

Frage 15-5: *Erläutern Sie die drei Dimensionen von Make-or-buy-Entscheidungen.*

Frage 15-6: *Erläutern Sie den Unterschied zwischen dem System- und dem Componentsourcing.*

Frage 15-7: *Erläutern Sie den Unterschied zwischen dem Single- und dem Multiplesourcing.*

Frage 15-8: *Erläutern Sie den Unterschied zwischen dem Global- und dem Domesticsourcing.*

Frage 15-9: *Erläutern Sie, aus welchem Einzelplan die Bedarfe abgeleitet werden.*

Frage 15-10: *Nennen Sie die drei Bedarfsarten mit den zugehörigen Gütern, die im Hinblick auf die Bedarfsplanung unterschieden werden.*

Frage 15-11: *Erläutern Sie den Unterschied zwischen dem Brutto- und dem Nettobedarf.*

Frage 15-12: *Erläutern Sie, welche Aussagen sich aus der ABC-Analyse ableiten lassen.*

Frage 15-13: *Erläutern Sie die Unterschiede zwischen A-, B- und C-Gütern.*

Frage 15-14: *Erläutern Sie, welche Aussagen sich aus der XYZ-Analyse ableiten lassen.*

Frage 15-15: *Erläutern Sie die Unterschiede zwischen X-, Y- und Z-Gütern.*

Frage 15-16: *Erläutern Sie, welche Aussagen sich aus der Kombination der ABC- mit der XYZ-Analyse ableiten lassen.*

Frage 15-17: *Erläutern Sie den Unterschied zwischen der auftrags- und der prognosegetriebenen Materialbereitstellung.*

Frage 15-18: *Erläutern Sie, was unter der Just-in-time-Bereitstellung verstanden wird.*

Frage 15-19: *Erläutern Sie, was unter der Just-in-Sequence-Bereitstellung verstanden wird.*

Frage 15-20: *Erläutern Sie, wie bei der t-S-Bestellpolitik vorgegangen wird.*

Frage 15-21: *Erläutern Sie, wie bei der s-q-Bestellpolitik vorgegangen wird.*

Frage 15-22: *Erläutern Sie die Struktur des Marktmacht-Portfolios.*

Frage 15-23: *Nennen Sie die vier Kriterien-Kategorien, nach denen Lieferantenbeurteilungen durchgeführt werden.*

Frage 15-24: *Nennen Sie mindestens sechs Kriterien für eine Lieferantenbeurteilung.*

Frage 15-25: *Nennen Sie mindestens drei Kriterien für einen Angebotsvergleich.*

Frage 15-26: *Nennen Sie mindestens vier Arten der elektronischen Beschaffung.*

Frage 15-27: *Erläutern Sie, in welchen Fällen sich Online-Auktionen für die elektronische Beschaffung eignen.*

Frage 15-28: *Erläutern Sie, was unter dem Desktop Purchasing verstanden wird.*

Fallstudie Kapitel 15

Aus dem Eingangslager der Speedy GmbH wurden während eines Jahres die in der ↗ Tabelle 15-5 aufgeführten Materialien entnommen.

Fallstudie 15-1: ABC-Analyse

Führen Sie für die angegebenen Materialien eine ABC-Analyse durch, um festzustellen, auf welche Teilearten sich die Beschaffung im Hinblick auf Preissenkungsmaßnahmen konzentrieren soll. Verwenden Sie dazu und für die nachfolgenden Aufgaben die nachfolgende Tabelle (Hinweis: Zwischenergebnisse dienen der Selbstkontrolle).

Fallstudie 15-2: Bestellpunktbestände

Um die Logistikkosten zu reduzieren, sollen die Bestellpunktbestände der vorher aufgeführten Materialien ermittelt werden. Die durchschnittliche Wiederbeschaffungszeit aller Materialien beträgt 10 Tage. Zu Entnahmen kann es an 300 Tagen im Jahr kommen. Wie Sie der vorangegangenen Tabelle entnehmen können, wurden die Entnahmen monatlich erfasst (Hinweis: Beachten Sie bei der Ermittlung der Standardabweichung auch Monate ohne Entnahmen!). Ermitteln Sie die Bestellpunktbestände aller Materialien bei einem Lieferbereitschaftsgrad von 99 Prozent.

Tab. 15-5

Materialentnahmen aus dem Eingangslager der *Speedy GmbH*

Lagerabgänge	Verstell-mechanik	Halterung	Getriebe	Steuerung	Dichtgummi	Schrauben
Januar	102	300	0	0	0	2400
Februar	95	600	1600	0	170	2400
März	104	200	0	0	0	2400
April	103	500	0	0	250	2400
Mai	99	400	2000	0	0	2400
Juni	100	500	0	1200	130	2400
Juli	96	100	0	0	0	2400
August	100	400	2100	0	150	2400
September	98	600	0	0	0	2400
Oktober	101	500	0	0	270	2400
November	105	300	1500	0	0	2400
Dezember	97	400	0	0	230	2400

Fallstudie 15-3: XYZ-Analyse

Ermitteln Sie die Variationskoeffizienten der Materialen und klassifizieren Sie die Materialien damit in X-, Y- und Z-Güter.

Fallstudie 15-4: Optimale Bestellmenge

Ermitteln Sie für alle Materialien die optimalen Bestellmengen und die Anzahl jährlicher Bestellungen, wenn bei einer Bestellung in der Regel fixe Kosten von 100,00 Euro entstehen und der Zins- und Lagerkostensatz 16 Prozent beträgt.

	Verstell-mechanik	Halterung	Getriebe	Steuerung	Dichtgummi	Schrauben
Lagerabgänge je Jahr x_B	1 200 Stück					
Einkaufspreis je Stück k	680,70 €	25,88 €	13,00 €	38,48 €	4,50 €	0,10 €
Gesamteinkaufs-preis $x_B \times k$	816 840,00 €					
Kumulierte Gesamt-einkaufspreise	816 840,00 €	941 064,00 €				1 089 120,00 €
Kumulierter Anteil am Gesamteinkaufspreis	75,0 %					100,0 %
ABC-Klassifikation	A					
Durchschnittlicher Lagerabgang je Tag $\bar{x}_{Tag}$	4 Stück/Tag					
Überbrückungsbestand Wiederbeschaffung S_W	40 Stück					
Durchschnittlicher Lagerabgang je Monat $\bar{x}_{Monat}$	100 Stück					
Standardabweichung der Lagerabgänge σ_x	3 Stück					
Sicherheitsbestand S_S	7 Stück					
Bestellpunktbestand s	47 Stück	503 Stück	2 246 Stück	814 Stück	289 Stück	960 Stück
Variationskoeffizient v_x	0,030					
XYZ-Klassifikation	X					
Optimale Bestellmenge q_{opt}	46,9 Stück					
Anzahl jährlicher Bestellungen m_B	25,6	10,0	8,7	6,1	2,1	1,5

Fallstudie 15-5: Materialbereitstellung

Tragen Sie die Materialien in das nachfolgende Klassifikationsschema ein und leiten Sie daraus ab, wie die Bereitstellung der Materialien jeweils erfolgen sollte.

	X-Güter	Y-Güter	Z-Güter
A-Güter	Verstellmechanik		
B-Güter			
C-Güter			

16 Logistik

Kapitelnavigator

Inhalt	Lernziel
16.1 Grundlagen	16-1 Die Grundlagen der Logistik kennen.
16.2 Logistikfunktionen	16-2 Die verschiedenen Logistikfunktionen kennen.
16.3 Gestaltung von Logistiksystemen	16-3 Die zu gestaltenden Elemente von Logistiksystemen kennen.
16.4 Steuerung der Logistik	16-4 Die Möglichkeiten der Steuerung der Logistik kennen.
16.5 Kennzahlen	16-5 Die wichtigsten Logistik-Kennzahlen kennen.

Für das Funktionieren der Leistungserstellung ist es wichtig, dass die richtigen Güter im richtigen Zustand zur richtigen Zeit am richtigen Empfangsort verfügbar sind.

Alle diejenigen Funktionen, die dieses Ziel verfolgen, werden unter dem Begriff Logistik zusammengefasst, der entsprechend folgendermaßen definiert werden kann:

Gegenstand der **Logistik** ist es, für alle Bereiche und alle Kunden von Betrieben durch die Änderung der räumlichen, der zeitlichen und der strukturellen Eigenschaften von Gütern die Versorgung mit und die Entsorgung von Gütern entsprechend der jeweiligen Bedarfe sicherzustellen.

Die Logistik stellt dabei bei Industrie- und Handelsunternehmen eine unternehmensübergreifende Querschnittsfunktion dar, die sich über alle Phasen der Leistungserstellung erstreckt.

16.1 Grundlagen

16.1.1 Einordnung der Logistik

Die Logistik ist Teil der Leistungserstellung und ein Teilbereich der Materialwirtschaft. Schnittstellen bestehen insbesondere zu folgenden Bereichen (↗ Abbildung 16-1):

- **Produktion:** Die Logistik versorgt die Produktion mit Roh-, Hilfs-, und Betriebsstoffen, indem sie diese zwischenlagert und zu den verschiedenen Produktionsbereichen transportiert. Zudem sorgt die Logistik für eine Entsorgung von Abfällen.
- **Lieferanten:** In Absprache mit den Lieferanten stellt die Logistik die Transporte der Roh-, Hilfs-, und Betriebsstoffe und der Waren zum Unternehmen sicher.
- **Kunden:** Die Logistik versorgt die Kunden mit fertigen Erzeugnissen und Waren, indem sie diese zwischenlagert und zu den Kunden transportiert.
- **Beschaffung:** Die Logistik informiert die Beschaffung über die Lagerbestände an Materialien.

16.1.2 Unterteilung der Logistik

16.1.2.1 Unterteilung der Logistik nach Gütern

Hinsichtlich der Güter, die Gegenstand der Logistik sind, ist insbesondere eine Unterteilung in:

- die Materiallogistik,
- die Informationslogistik und
- die Personenlogistik

möglich. Je nachdem, um welches Gut es sich handelt, erfolgt die Änderung der räumlichen, zeitlichen oder strukturellen Eigenschaften dabei mit unterschiedlichen Mitteln (↗ Tabelle 16-1).

Tab. 16-1

Unterteilung der Logistik nach Gütern

	Änderung der räumlichen Gütereigenschaften	Änderung der zeitlichen Gütereigenschaften	Änderung der strukturellen Gütereigenschaften
Materiallogistik	Transportieren (Fahrzeuge, Fließbänder, ...)	Lagern (Bodenlager, Regallager, ...)	Kommissionieren, Ladeeinheiten bilden, Verpacken
Informationslogistik	Übermitteln (Compact Discs, Internet, ...)	Speichern (Festplatten, USB-Sticks, ...)	Hinzufügen, Löschen (Datenbanksoftware, ...)
Personenlogistik	Befördern (Züge, Flugzeuge, ...)	Warten (Bahnhöfe, Flughäfen, ...)	Ein-, Aus-, Umsteigen

Abb. 16-1

Einordnung der Logistik in die Leistungserstellung

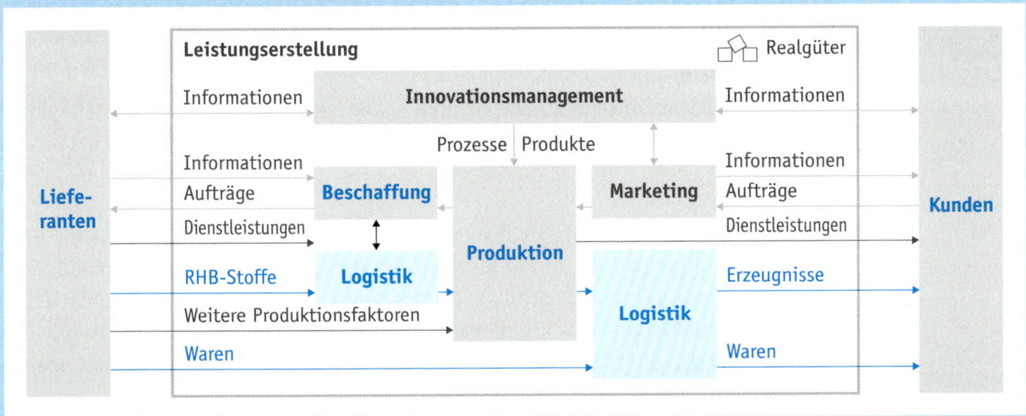

16.1.2.2 Unterteilung der Logistik nach Phasen

Die Materiallogistik, die im Mittelpunkt der nachfolgenden Ausführungen steht, kann nach Phasen weiter in die:

- Beschaffungslogistik,
- die Produktionslogistik,
- die Distributionslogistik und
- die Entsorgungslogistik

unterteilt werden (↗ Abbildung 16-2, vergleiche *Arnold, U.* 1995: Seite 6 ff.).

Abb. 16-2

Phasenspezifische Unterteilung der Materiallogistik

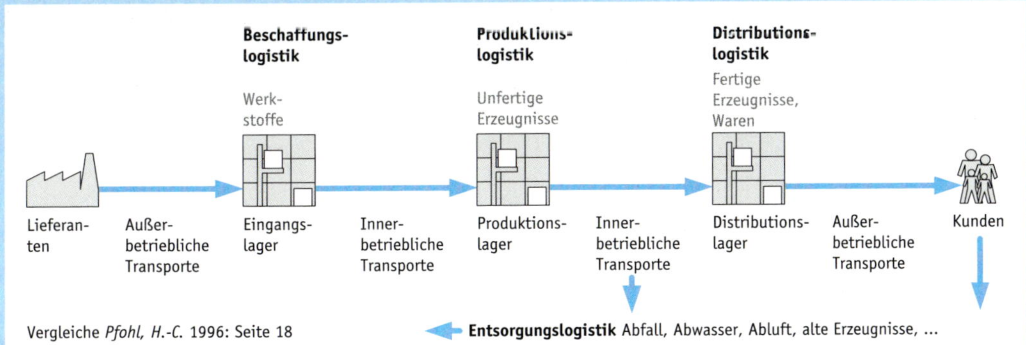

Vergleiche *Pfohl, H.-C.* 1996: Seite 18

16.1.3 Ziele der Logistik

Zielsystem der Beschaffung und der Logistik

Die Ziele der Logistik ergeben sich aus den übergeordneten Unternehmenszielen. In der Logistik werden insbesondere die folgenden Ziele verfolgt (↗ Abbildung 16-3):

Kostenziele
Im Hinblick auf die eigentliche Erbringung der materialwirtschaftlichen Aufgaben ist es ein Ziel, die meist relativ hohen **Logistikkosten** zu reduzieren.

Zeitziele
Das wichtigste Ziel der Logistik ist in der Regel die **Termineinhaltung** bei der Versorgung der Produktion und der Kunden mit Material und damit die Vermeidung von sogenannten Fehlmengenkosten. **Fehlmengenkosten** entstehen, wenn die Produktion oder die Kunden das erforderliche Material nicht zum vereinbarten Termin erhalten und dann die Produktion stillsteht, teureres Ersatzmaterial verwendet oder Konventionalstrafen gezahlt werden müssen.

Ein weiteres Zeitziel der Logistik ist die Reduzierung der **Durchlaufzeiten** des Materials durch den Betrieb, da dadurch der Bestand im Betrieb und somit die Kapitalbindung geringer werden.

Ergebnisziele
In der Logistik wird die Qualität der Leistungserbringung durch die sogenannten **4 R's** für die vier richtig zu erbringenden Aufgaben der Logistik beschrieben. Die Logistik hat danach die Zielsetzung die Materialempfänger zur richtigen Zeit, am richtigen Empfangsort, mit den – hinsichtlich der Art und der Menge – richtigen

Abb. 16-3

Ziele der Logistik

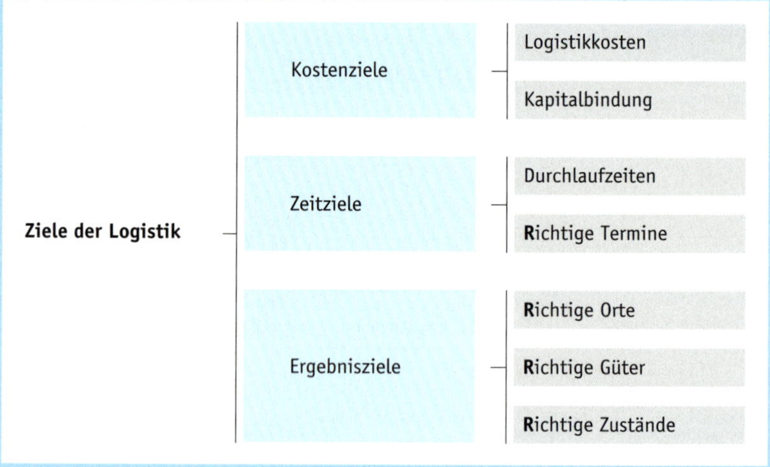

Gütern, im – hinsichtlich der Eigenschaften der Güter – richtigen Zustand zu versorgen (vergleiche *Pfohl, H.-C.* 1996: Seite 12).

16.1.4 Aufgaben der Logistik

Die Logistik hat durchführende und gestaltende Aufgaben (↗ Abbildung 16-4). Im Hinblick auf die Logistikfunktionen gilt es, die Basisfunktionen Transportieren und Lagern und die ergänzenden Funktionen Umschlagen, Kommissionieren, Verpacken und Ladeeinheiten bilden möglichst wirtschaftlich durchzuführen. Im Rahmen der Gestaltung von Logistiksystemen werden insbesondere die Strukturen der Transport-, der Lager- und der Steuerungssysteme festgelegt.

Abb. 16-4

Aufgaben der Logistik

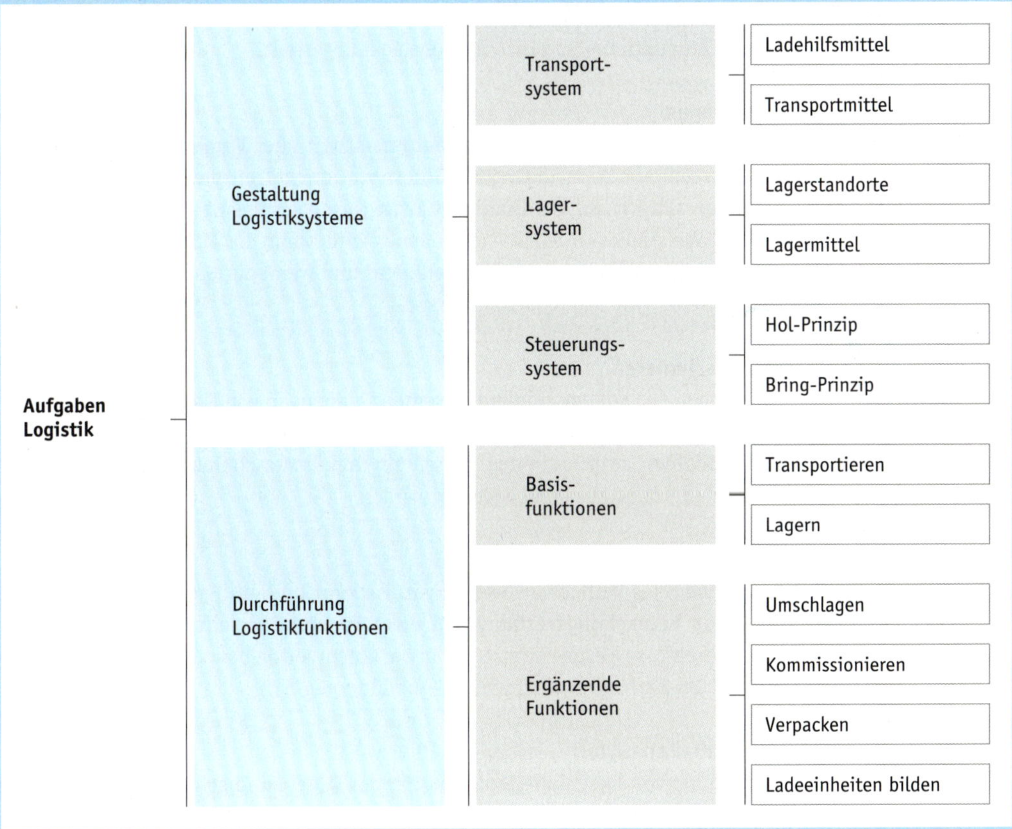

16.2 Logistikfunktionen

Logistische Basisfunktionen

Die Logistik umfasst die logistischen Basisfunktionen Transportieren und Lagern und die ergänzenden Funktionen Umschlagen, Kommissionieren, Verpacken und Ladeeinheiten bilden (vergleiche *Jünemann, R.* 1989: Seite 121 ff., *Pfohl, H.-C.* 1996: Seite 69 ff.):

Transportieren
Unter dem Transportieren wird die Raumüberbrückung beziehungsweise Ortsveränderung von Transportgütern mithilfe von Transportmitteln verstanden. Es können inner- und außerbetriebliche Transporte unterschieden werden.

Lagern
Das Lagern umfasst die Bevorratung, die Pufferung und die Verteilung von Lagergütern zur Überbrückung von Zeiträumen und zum Wechsel der Zusammensetzungsstruktur zwischen Zu- und Abgängen. Dadurch ist ein Schutz vor Versorgungsengpässen in der Produktion und hinsichtlich der Belieferung von Kunden möglich. Außerdem können Größendegressionseffekte durch Einkaufsrabatte und größere Produktionslose genutzt werden. Die entsprechenden Lager werden in Beschaffungs-, Produktions- und Distributionslager unterteilt.

Ergänzende Logistikfunktionen

Umschlagen
Der Begriff Umschlagen umfasst die Gesamtheit aller Vorgänge beim Wechsel des Transportmittels, beim Abgang von Gütern von einem Transportmittel und beim Übergang von Gütern auf ein Transportmittel, also beispielsweise, wenn Material mit einem Gabelstapler einem Lkw entnommen wird, wenn das Material dann vom Gabelstapler an einem Lagerplatz abgestellt wird und wenn der Gabelstapler das Material später wieder vom Lagerplatz aufnimmt.

Kommissionieren
Im Rahmen des Kommissionierens werden Teilmengen von Materialien aufgrund von Aufträgen zusammengestellt. Dies ist beispielsweise der Fall, wenn bei einem Automobilzulieferer aufgrund einer Bestellung drei Ersatzscheinwerfer und eine Innenraumbeleuchtung zusammengestellt werden.

Verpacken
Im Rahmen des Verpackens werden ein **Packgut** und ein **Packmittel** unter Anwendung von Verpackungsverfahren zu einer Packung beziehungsweise einem **Packstück** vereint, so beispielsweise, wenn bei einem Automobilzulieferer ein Scheinwerfer in einen Karton verpackt wird (↗ Abbildung 16-5).

Ladeeinheiten bilden
Die Bildung von Ladeeinheiten erfolgt in der Regel im Anschluss an das Verpacken. Dabei werden Packstücke und **Ladehilfsmittel** zu **Ladeeinheiten** vereint. Dies ist beispielsweise der Fall, wenn die vorgenannten Kartons mit Scheinwerfern auf Palet-

Abb. 16-5

Bildung von Packstücken und Ladeeinheiten

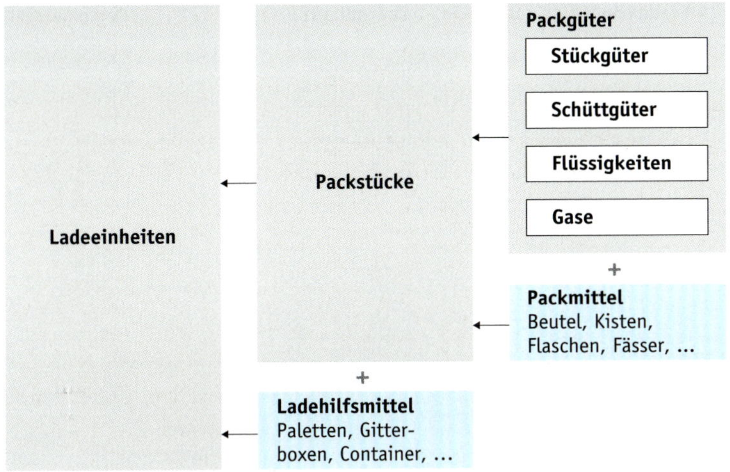

Vergleiche *Jünemann, R.* 1989: Seite 125

ten gestapelt und diese dann in einem Container untergebracht werden (↗ Abbildung 16-5). Eine oder mehrere Ladeeinheiten bilden schließlich eine **Ladung**.

16.3 Gestaltung von Logistiksystemen

16.3.1 Komponenten von Logistiksystemen

Logistiksysteme bestehen aus Liefer- und Empfangspunkten, die über Transporte miteinander verknüpft sind:

- **Lieferpunkte** sind Produktionsstätten oder Lager, die die Materialien bereitstellen.
- **Empfangspunkte** sind Produktionsstätten oder Lager, die die Materialien aufnehmen und verwenden.

Formen der Liefer- und Empfangspunkte

Die Liefer- und Empfangspunkte können hinsichtlich der ein- und ausgehenden Materialflüsse noch differenziert werden in (vergleiche *Pfohl, H.-C.* 1996: Seite 5 ff.):

- **Konzentrationspunkte**, in denen Materialien von mehreren Lieferpunkten zusammengeführt werden, beispielsweise wenn ein Zentrallager von mehreren Produktionsstätten beliefert wird, und

Abb. 16-6

Ausschnitt aus einem Logistiksystem

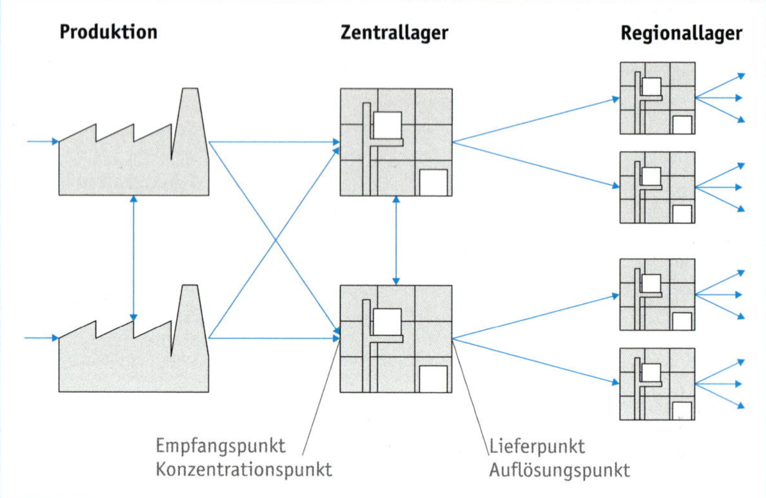

- **Auflösungspunkte**, von denen aus Materialien an mehrere Empfangspunkte geliefert werden, beispielsweise wenn ein Zentrallager mehrere Regionallager beliefert, die wiederum Auslieferungslager beliefern (↗ Abbildung 16-6).

Im Rahmen der Gestaltung von Logistiksystemen gilt es, festzulegen:
- wie viele Liefer- und Empfangspunkte es gibt,
- wo die Liefer- und Empfangspunkte geographisch anzusiedeln sind und
- wie die Liefer- und Empfangspunkte über Transporte zu verknüpfen sind.

Die beiden erstgenannten Punkte stellen dabei eine Form der Standortentscheidung dar.

16.3.2 Transportsysteme

Transportformen

Im Rahmen der Gestaltung von Transportsystemen wird festgelegt, welche Fördergüter mit welchen Förder- und Verkehrsmitteln zwischen welchen Liefer- und Empfangspunkten transportiert werden. Dabei werden inner- und außerbetriebliche Transporte unterschieden (vergleiche *Jünemann, R.* 1989: Seite 189 ff., 555 ff.):

Innerbetriebliche Transporte

Innerbetriebliche Transporte umfassen Transporte zwischen Gebäuden und innerhalb von Gebäuden, beispielsweise zwischen den in der Produktion eingesetzten Maschinen und zwischen Maschinen und Lagern.

Außerbetriebliche Transporte
Außerbetriebliche Transporte umfassen Transporte zwischen verschiedenen Unternehmen und Transporte zwischen den Produktionsstätten und den Lagern eines Unternehmens, wenn sich diese außerhalb des Betriebsgeländes befinden.

Im Rahmen der Gestaltung von Transportsystemen sind insbesondere Entscheidungen hinsichtlich der einzusetzenden Ladehilfs- und Transportmittel zu treffen.

Ladehilfsmittel
Ladehilfsmittel dienen dazu, größere Mengen von Stückgütern oder Packstücken zu Ladeeinheiten zusammenzufassen, die dadurch leichter transportiert, gelagert und umgeschlagen werden können. Typische Ladehilfsmittel sind Behälter, Werkstückträger, Paletten, Gitterboxpaletten oder Container (vergleiche *Jünemann, R.* 1989: Seite 134).

Transportmittel
Mithilfe der Transportmittel werden Ladungen in Form einzelner oder zu Ladeeinheiten zusammengefasster Güter bewegt. Die Transportmittel werden weiter in Förder- und Verkehrsmittel unterteilt (vergleiche *Jünemann, R.* 1989: Seite 189 ff. und 279 ff.):

Arten von Transportmitteln

- **Fördermittel** werden für den innerbetrieblichen Transport eingesetzt. Sie können weiter in Stetig- und Unstetigförderer unterteilt werden. Beispiele für **Stetigförderer** sind Rollenbahnen, Bandförderer oder Schwingförderer. Beispiele für **Unstetigförderer** sind Kräne, Gabelstapler, Aufzüge oder Regalbediengeräte.
- **Verkehrsmittel** werden für den außerbetrieblichen Transport verwendet. Beispiele für Verkehrsmittel sind Lastkraftwagen, Eisenbahnzüge, Schiffe und Flugzeuge.

Wirtschaftspraxis 16-1

Die Transporte zwischen den Airbus-Produktionsstätten

Durch die Aufteilung der Produktion auf verschiedene Standorte haben außerbetriebliche Transporte in vielen Unternehmen inzwischen eine große Bedeutung erlangt. So war beispielsweise geplant, das Großraumflugzeug *Airbus A380* in Betriebsstätten in Deutschland, Frankreich, Großbritannien und Spanien zu produzieren. Die Rumpfschalen des Flugzeuges sollten in Nordenham, 70 Kilometer nördlich von Bremen hergestellt werden. Die Schalen sollten anschließend in acht Meter hohen Spezialcontainern per Schiff nach Finkenwerder bei Hamburg transportiert und dort zu Rumpfsektionen zusammengebaut werden. Im Anschluss daran sollten die Rumpfsektionen mit dem über 150 Meter langen Spezialfrachter »*Ville de Bordeaux*« über die Nordsee und über die Gironde nach Bordeaux transportiert werden. Von dort aus sollten die Sektionen auf Lastkähnen 40 Kilometer weit über die Garonne verschifft werden, um dann schließlich mit Schwertransportern die restlichen 240 Kilometer nach Toulouse gebracht zu werden. Nach der dortigen Montage sollten die zusammengebauten Flugzeuge zurück nach Finkenwerder fliegen, dort fertig ausgestattet und lackiert werden und von dort aus dann schließlich an die Kunden in Europa und im Mittleren Osten ausgeliefert werden.

Quelle: *Eberle, M.*: Seine Majestät, das Flugzeug, in: Handelsblatt, Nummer 54 vom 17.03.2004, Seite 12.

16.3.3 Lagersysteme

Bei der Gestaltung von Lagersystemen sind insbesondere Entscheidungen hinsichtlich der Lagerstandorte und der Lagermittel zu treffen. Die Wahl des Lagerstandortes ist abhängig von der internen Planung des Materialflusses und der externen Transportinfrastruktur für die Materialan- beziehungsweise -auslieferung per Bahn, Straße und Wasser. Dabei bieten sich grundsätzlich zwei Möglichkeiten an:

Arten der Lagerhaltung

Zentrale Lagerhaltung
Bei der zentralen Lagerhaltung wird eine möglichst nahe räumliche Zusammenfassung aller Lagerhaltungsfunktionen und Lagergüter angestrebt. Die Vorteile liegen in der besseren Raumnutzung und einem geringeren Materialbestand, einer besseren Kontrolle der Bestände sowie einer hohen Auslastung der teuren Lagereinrichtung. Die Nachteile sind vor allem die längeren innerbetrieblichen Transportwege.

Dezentrale Lagerhaltung
Bei der dezentralen Lagerhaltung werden verschiedene Lager mit jeweils auf die nahe Absatzumgebung abgestimmten Lagerbeständen unterhalten.

In der Praxis finden sich in der Regel Zwischenformen, so beispielsweise ein Zentrallager in der Nähe der Produktion mit mehreren dezentralen Nebenlagern in verschiedenen angrenzenden Ländern und Regionen.

Nach der Festlegung der Lagerstandorte gilt es insbesondere, die einzusetzenden Lagermittel zu bestimmen. **Lagermittel** sind die Sachanlagen, die zur Lagerung eingesetzt werden. Je nach Lagermittel lassen sich drei Grundformen der Lagerung unterscheiden (vergleiche *Jünemann, R.* 1989: Seite 153).

Grundformen der Lagerung

Bodenlagerung
Bei der Bodenlagerung ist der Boden das Lagermittel, auf dem die Güter gelagert werden. Die Bodenlagerung wird häufig in der Produktion eingesetzt. Sie hat den Vorteil sehr flexibel zu sein, nachteilig ist jedoch der große Flächenbedarf.

Regallagerung
In größeren Lagern werden in der Regel Regale als Lagermittel eingesetzt. Durch die dadurch erzielbare Höhe ist der Flächenbedarf des Lagers relativ gering. Dem stehen in der Regel jedoch hohe Investitionen für Lager- und Fördermittel gegenüber.

Lagerung auf Transportmitteln
Im Rahmen des Transports von Gütern kommt es nicht nur zu einer Raum-, sondern während der Transportzeiten auch zu einer Zeitüberbrückung durch die Lagerung auf den Transportmitteln. Diese Lagerung wird insbesondere in der Produktion häufig bewusst eingeplant.

Wirtschaftspraxis 16-2

Die größten Buchlager in Deutschland, Österreich und der Schweiz

In **Deutschland** existieren insbesondere mit der *Koch, Neff & Volckmar GmbH (KNV)* und der *Libri GmbH* zwei große Zwischenbuchhändler. Das Logistikzentrum der *KNV* in Erfurt umfasst 315 000 m^2 Fläche und weist eine Lagerkapazität für über eine Million physische Produkte auf. Die *Libri GmbH* betreibt in Bad Hersfeld ihr Buchlager. Das Distributionszentrum wird dabei nicht nur von der *Libri* als Zentrallager genutzt, sondern dient auch Buchhandelsketten wie *Hugendubel* als externes Zentrallager. In dem Distributionszentrum werden die Buchsendungen aus den Distributionslagern der Verlage eingelagert und dann entsprechend der Bestellungen aus dem Bucheinzelhandel kommissioniert und mit dem Bücherwagendienst *Booxpress* ausgeliefert. Das Distributionszentrum hat dazu eine Kommissionierungsleistung von bis zu 700 000 Exemplaren täglich.

In **Österreich** ist der Zwischenbuchhandel anders strukturiert als in Deutschland. So gibt es dort Mischformen von Barsortiment und Verlagsauslieferung: Die Zwischenbuchhändler haben zwar die Auslieferungsrechte für verschiedene Verlage (in Österreich). Sie kaufen aber die Bücher dieser Verlage in der Regel mit vollem Remissionsrecht ein und werden so als Großhändler (Absatzmittler) tätig. Insofern unterhalten sie keine großen Logistikzentren wie in Deutschland.

Die *Libri Holding AG* besitzt auch 20 Prozent der Anteile des führenden Dienstleistungsunternehmens für den **Schweizer Buchhandel**, die *Buchzentrum AG*, die über 21 500 m^2 Lagerfläche verfügt.

Quellen: So kommt der neue *Potter* zum Leser (www.handelsblatt.com, Stand 08.11.03), http://www.knv-logistik.de/ueber-uns/knv-logistik/zahlen-daten-fakten.html (Stand 26.03.15), http://home.libri.de/de/home/unternehmen/firmenverbund/booxpress.html (Stand 26.03.15), http://www.buchzentrum.ch/de/ueber-uns.html (Stand 26.03.15), http://www.tagesspiegel.de/themen/reportage/leipziger-buchmesse-2015-wie-kommt-das-buch-zum-leser/11491128.html (Stand 26.03.15), http://www.boersenverein.de/de/portal/glossar/157963?glossar=0&wort=220837 (Stand 26.03.15).

16.4 Steuerung der Logistik

Steuerungsprinzipien

Die Steuerung der Logistik kann nach dem Hol- oder nach dem Bring-Prinzip erfolgen (vergleiche *Weber, J./Baumgarten, H.* 1999: Seite 426 ff.):

Hol-Prinzip
Beim Hol-Prinzip holt ein Empfangspunkt das Material bedarfsweise von einem vorgelagerten Lieferpunkt. Dieses Prinzip ist das klassische Prinzip zur Koordination der Logistik zwischen Unternehmen. Die Auslösung einer Lieferung erfolgt dabei in der Regel durch eine Bestellung. Innerbetrieblich wird das Hol-Prinzip durch das Kanban-Konzept umgesetzt (↗ Kapitel 17 Produktionswirtschaft).

Bring-Prinzip
Beim Bring-Prinzip wird das Material von einem Lieferpunkt an einen Empfangspunkt geliefert, sobald die Bearbeitung im Lieferpunkt abgeschlossen ist. Dies geschieht unabhängig davon, ob im Empfangspunkt ein Bedarf besteht oder nicht. Das Bring-Prinzip erfordert insofern einen genauen zeitlichen Abgleich der Bereitstellung und der Verwendung von Materialien.

Innerbetrieblich kann die Steuerung der Logistik **zentral** oder **dezentral** erfolgen. Die Koordination der Logistik zwischen Betrieben erfolgt in der Regel dezentral. Zur

Steuerungskonzepte

Koordination werden in den letzten Jahren vermehrt Systeme des Supply Chain Managements und des Collaborative Planning, Forecasting and Replenishments eingesetzt (↗ Abbildung 16-7).

Supply Chain Management (SCM)
Das Supply Chain Management beziehungsweise das »Versorgungskettenmanagement« ist ein Ansatz zur Optimierung der Logistikkette vom Lieferanten bis zum Kunden durch einen fortlaufenden Austausch von Informationen über Produktion und Absatz. Der Informationsaustausch erfolgt dabei in der Regel mittels des EDI-Standards (Electronic Data Interchange). Besteht ein durchgängiges Versorgungskettenmanagement, dann erhält beispielsweise das Unternehmen, das die Erze für die Stahlgewinnung fördert, Information darüber, dass ein Automobil abgesetzt wird, in dem der Stahl verwendet wird. Durch die frühzeitige Information kann das Erz fördernde Unternehmen seine Produktionsmenge wesentlich besser steuern.

Collaborative Planning, Forecasting and Replenishment (CPFR)
Das Collaborative Planning, Forecasting and Replenishment beziehungsweise die »Gemeinsame Planung, Prognose und Wiederbeschaffung« ergänzt das Konzept des Supply Chain Management insbesondere um gemeinsam durchgeführte Bedarfs- und Bestellprognosen innerhalb der Logistikkette. So bespricht beispielsweise ein Automobilhersteller eine geplante Sonderverkaufsaktion für Automobile bereits im Vorfeld mit seinen Zulieferern. Diese können sich dadurch besser auf die Produktion von höheren Stückzahlen einstellen.

Abb. 16-7

Konzepte zur Steuerung der Logistik

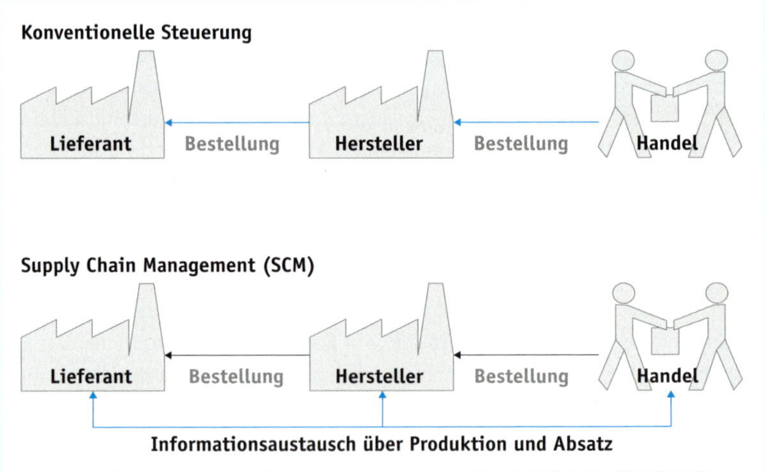

Wirtschaftspraxis 16-3

Die Steuerung der Logistik im Bekleidungseinzelhandel

Große Bekleidungskonzerne wie *Hennes & Mauritz* oder *Zara* verkaufen Bekleidung nicht nur, sondern produzieren sie auch selbst. Durch eine ausgefeilte Materialwirtschaft stellen diese Unternehmen dabei sicher, dass Informationen über den Abverkauf von der Ladenkasse direkt in die Informationsverarbeitungssysteme der Zentrallager und der Produktionsstätten überspielt werden, die dann entsprechend reagieren können.
Damit der Bekleidungseinzelhandel gegen solche Unternehmen konkurrieren kann, bietet die *Katag AG*, Europas größter Einkaufsverbund für Textilfachgeschäfte, ihren Mitgliedern ein als »Never-out-of-Stock-System« bezeichnetes elektronisches System zur Steuerung der Logistik an. Durch dieses System ist es im Einzelhandel möglich, verkaufte Artikel direkt von der Kasse aus bei den angeschlossenen Lieferanten nachzubestellen und dadurch die benötigten Lagerbestände im Geschäft zu reduzieren. Als Voraussetzung für das System schuf die *Katag* zusammen mit dem *Bundesverband des Textileinzelhandels (BTE)* in Köln einen einheitlichen Warenschlüssel für das Stammsortiment, die sogenannten *Basics*. Dieser *EAN*-Code ermöglicht es, alle Daten eines Bekleidungsartikels, wie die Ausführung, die Farbe oder die Größe, zu erfassen und damit eine standardisierte Kommunikation mit den Lieferanten sicherzustellen.

Quelle: *Vierbuchen, R.*: Katag will den Vertikalen Paroli bieten, in: Handelsblatt, Nummer 113 vom 15.06.2005, Seite 31.

16.5 Kennzahlen

Zur Information und Steuerung wird in der Logistik eine Reihe von Kennzahlen verwendet. Die Informationen werden dem Management und den Mitarbeitern in der Logistik in der Regel in monatlichen Berichten zur Verfügung gestellt. Es können unter anderem die nachfolgenden Kennzahlen eingesetzt werden (vergleiche *Jung, H.* 2003: Seite 488 f., 499):

$$\text{Lieferbereitschaftsgrad/ Servicegrad} = \frac{\text{Anzahl der befriedigten Bedarfsanforderungen}}{\text{Anzahl der abgegebenen Bedarfsanforderungen}} \; [\%]$$

$$\text{Gesamtumschlagshäufigkeit} = \frac{\text{Jahresumsatzerlös}}{\text{Lagerbestandswert}} \; [\text{Anzahl}]$$

$$\text{Umschlagsdauer} = \frac{\text{Durchschnittlicher Lagerbestand}}{\text{Jahresbedarf}} \times 365 \; [\text{Tage}]$$

$$\text{Lagerreichweite} = \frac{\text{Durchschnittlicher Lagerbestand}}{\text{Durchschnittlicher Bedarf je Tag}} \; [\text{Tage}]$$

$$\text{Lagerkapazitätsauslastungsgrad} = \frac{\text{Belegte Lagerfläche/-volumen}}{\text{Vorhandene Lagerfläche/-volumen}} \; [\%]$$

Zusammenfassung Kapitel 16

- Gegenstand der Logistik ist es, für alle Bereiche und alle Kunden von Betrieben durch die Änderung der räumlichen, zeitlichen und strukturellen Eigenschaften von Gütern die Versorgung mit und die Entsorgung von Gütern entsprechend der jeweiligen Bedarfe sicherzustellen.
- Hinsichtlich der Güter kann die Logistik in die Material-, die Informations- und die Personenlogistik unterteilt werden.
- Hinsichtlich der Phasen wird die Materiallogistik in die Beschaffungs-, die Produktions-, die Distributions- und die Entsorgungslogistik unterteilt.
- Basisfunktionen der Logistik sind das Transportieren und das Lagern, ergänzende Funktionen das Umschlagen, das Kommissionieren, das Verpacken und das Bilden von Ladeeinheiten.
- Im Rahmen der Logistik werden Transport-, Lager- und Steuerungssysteme gestaltet.

Weiterführende Literatur Kapitel 16

Hompel, M. ten/Schmidt T./Nagel, L./Jünemann, R.: Materialflusssysteme: Förder- und Lagertechnik, Berlin, Heidelberg.
Günther, H.-O./Tempelmeier, H.: Produktion und Logistik, Berlin.

Schlüsselbegriffe Kapitel 16

- Logistik
- Stückgut
- Schüttgut
- Materiallogistik
- Fehlmengenkosten
- 4 R's
- Ladehilfsmittel
- Ladeeinheit
- Ladung
- Transportmittel
- Lagermittel
- Hol-Prinzip
- Bring-Prinzip
- Supply Chain Management

Fragen Kapitel 16

Frage 16-1: *Definieren Sie den Begriff »Logistik«.*
Frage 16-2: *Nennen Sie drei Möglichkeiten zur Unterteilung der Logistik nach Gütern.*
Frage 16-3: *Nennen Sie die vier Phasen, in die die Materiallogistik unterteilt wird.*
Frage 16-4: *Erläutern Sie, mittels welcher Logistikfunktion die räumlichen Gütereigenschaften in der Materiallogistik verändert werden können.*
Frage 16-5: *Erläutern Sie, mittels welcher Logistikfunktion die zeitlichen Gütereigenschaften in der Materiallogistik verändert werden können.*
Frage 16-6: *Erläutern Sie, mittels welcher Logistikfunktionen die strukturellen Gütereigenschaften in der Materiallogistik verändert werden können.*
Frage 16-7: *Erläutern Sie, welche Zeitziele in der Logistik verfolgt werden können.*

Frage 16-8: *Erläutern Sie an einem Beispiel die «4 R's« der Logistik.*

Frage 16-9: *Nennen Sie die zwei logistischen Basisfunktionen.*

Frage 16-10: *Erläutern Sie, was unter dem Umschlagen verstanden wird.*

Frage 16-11: *Erläutern Sie, was unter dem Kommissionieren verstanden wird.*

Frage 16-12: *Erläutern Sie an einem Beispiel, aus welchen zwei Bestandteilen Packstücke bestehen.*

Frage 16-13: *Erläutern Sie an einem Beispiel, aus welchen zwei Bestandteilen Ladeeinheiten bestehen.*

Frage 16-14: *Erläutern Sie die Unterschiede zwischen Liefer- und Empfangs- sowie Konzentrations- und Auflösungspunkten.*

Frage 16-15: *Erläutern Sie den Unterschied zwischen inner- und außerbetrieblichen Transporten.*

Frage 16-16: *Erläutern Sie anhand von Beispielen die Unterschiede zwischen Förder- und Verkehrsmitteln.*

Frage 16-17: *Nennen Sie die drei Grundformen der Lagerung.*

Frage 16-18: *Erläutern Sie den Unterschied zwischen der Steuerung der Logistik nach dem Hol- und nach dem Bring-Prinzip.*

Frage 16-19: *Erläutern Sie, was unter dem Supply Chain Management verstanden wird.*

Frage 16-20: *Erläutern Sie, was unter dem Collaborative Planning, Forecasting and Replenishment verstanden wird.*

Fallstudie Kapitel 16

Für die Reparatur von Automobilen werden in allen Vertragswerkstätten der Speedy GmbH weltweit Ersatzteile benötigt. Entwickeln Sie für die Ersatzteillogistik zwei alternative Logistikkonzepte. Lassen Sie sich dabei von folgenden Fragen führen:
(1) Welche Ziele eigenen sich besonders gut zur Bewertung der Logistikkonzepte?
(2) Welche Ersatzteile sollen gelagert werden, welche bedarfsweise produziert?
(3) Wo in der Logistikkette sollen welche Ersatzteile gelagert werden?
(4) Ist die Errichtung von Zentrallagern in Kontinenten, Staaten oder Regionen sinnvoll?
(5) Sind Quertransporte von Ersatzteilen zwischen Lagern oder zwischen Vertragswerkstätten sinnvoll und wie beeinflussen sie die Lagerbestände?
(6) Welche Verkehrsmittel sollten für die Transporte eingesetzt werden?
(7) Soll die Speedy GmbH die Transporte und die Lagerung selbst durchführen oder dies von Dienstleistern durchführen lassen?
Präsentieren Sie nachfolgend Ihre Ergebnisse. Untermauern Sie Ihre Überlegungen dabei mit zusätzlichen Recherchen.

17 Produktionswirtschaft

Kapitelnavigator

Inhalt	Lernziel
17.1 Grundlagen	17-1 Die Grundlagen der Produktionswirtschaft kennen.
17.2 Produktionstheorie	17-2 Die Aussagen der Produktionstheorie kennen.
17.3 Gestaltung von Produktionssystemen	17-3 Die zu gestaltenden Elemente von Produktionssystemen kennen.
17.4 Produktionsplanung und -steuerung	17-4 Die Möglichkeiten der Produktionsplanung und -steuerung kennen.
17.5 Kennzahlen	17-5 Die wichtigsten Produktions-Kennzahlen kennen.

Die Produktion bildet den Kern der betrieblichen Leistungserstellung. Sie ist damit gewissermaßen das »Bindeglied« zwischen der Beschaffung auf der einen und dem Absatz auf der anderen Seite.

Die Produktionswirtschaft kann dementsprechend folgendermaßen definiert werden (vergleiche *Corsten, H.* 1996: Seite 1 f.):

> Gegenstand der **Produktionswirtschaft** ist die wirtschaftliche Gestaltung und Durchführung der Transformation von vorhandenen Produktionsfaktoren in Erzeugnisse, Eigenleistungen oder Verrichtungen unter Anwendung von Produktionsverfahren.

Die industrielle Produktion, die im Mittelpunkt der nachfolgenden Ausführungen steht, kann dabei weiter in:

- die **Fertigung** von Teilen und
- die **Montage** dieser Teile

untergliedert werden (vergleiche *Warnecke, H.-J.* 1995: Seite 1).

17.1 Grundlagen

17.1.1 Begriffe

Produktionsfaktoren sind die in der Produktion eingesetzten materiellen und immateriellen Güter, durch deren Gebrauch und Verbrauch neue Güter entstehen (vergleiche hierzu und zum Folgenden *Corsten, H.* 1996: Seite 8 ff.).

Klassisch werden in der Volkswirtschaftslehre die drei Produktionsfaktoren **Arbeit, Boden** und **Kapital** unterschieden.

Produktionsfaktoren nach Gutenberg

Die heute in der Betriebswirtschaftslehre gebräuchliche Unterteilung stammt von *Gutenberg*, der die folgenden Produktionsfaktoren unterscheidet (↗ Abbildung 17-1):

Werkstoffe
Hierunter fallen Roh-, Hilfs- und Betriebsstoffe, die für die Produktion und die Aufrechterhaltung der Produktion eingesetzt werden.

Betriebsmittel
Hierunter werden die Güter des Anlagevermögens verstanden, die bei der Produktion genutzt werden, so insbesondere Boden, Gebäude, Anlagen, Einrichtungen, Know-how, Patente und Lizenzen.

Menschliche Arbeit
Gutenberg unterteilt die menschliche Arbeit weiter in **objektbezogene**, ausführende Arbeiten im Produktionsprozess und in **dispositive** Arbeiten im Rahmen der Gestaltung und der Führung der Produktion.

Abb. 17-1

Produktionsfaktoren nach *Gutenberg*

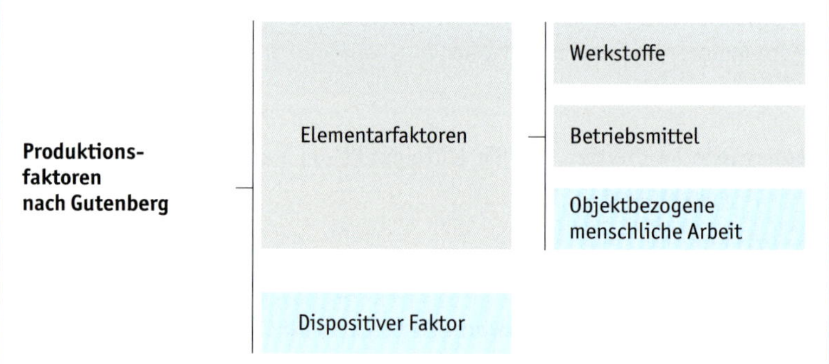

Vergleiche *Vahs, D.* 2019: Seite 19

Abb. 17-2

Einordnung der Produktion in die Leistungserstellung

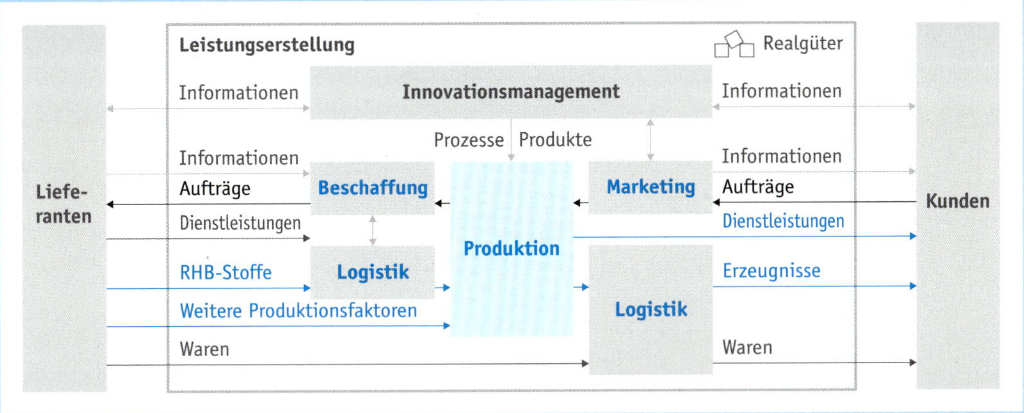

17.1.2 Einordnung der Produktion

Die Produktion ist Teil der Leistungserstellung. Schnittstellen bestehen insbesondere zu folgenden Bereichen (↗ Abbildung 17-2):

- **Logistik:** Die Logistik versorgt die Produktion mit Roh-, Hilfs-, und Betriebsstoffen, indem sie diese zwischenlagert und zu den verschiedenen Produktionsbereichen transportiert. Zudem sorgt die Logistik für eine Entsorgung von Abfällen.
- **Beschaffung:** Die Beschaffung erhält von der Produktion die Aufträge, Materialien zu beschaffen.
- **Marketing:** Die Produktion erhält vom Marketing die Aufträge, Produkte herzustellen.
- **Investitionsbereich:** Der Investitionsbereich entscheidet über die Bereitstellung von Anlagegütern in der Produktion.

17.1.3 Ziele der Produktionswirtschaft

Die Ziele der Produktionswirtschaft ergeben sich aus den übergeordneten Unternehmenszielen. Aufgrund ihrer engen Verknüpfung miteinander weisen die Ziele der Produktionswirtschaft viele Parallelen zu den Zielen der Materialwirtschaft auf. In der Produktionswirtschaft werden insbesondere die folgenden Zielsetzungen verfolgt (↗ Abbildung 17-3, zum Folgenden vergleiche *Ruile, H./Stettin, A.* 2005: Seite 216 ff.):

Zielsystem der Produktionswirtschaft

Abb. 17-3

Ziele der Produktionswirtschaft

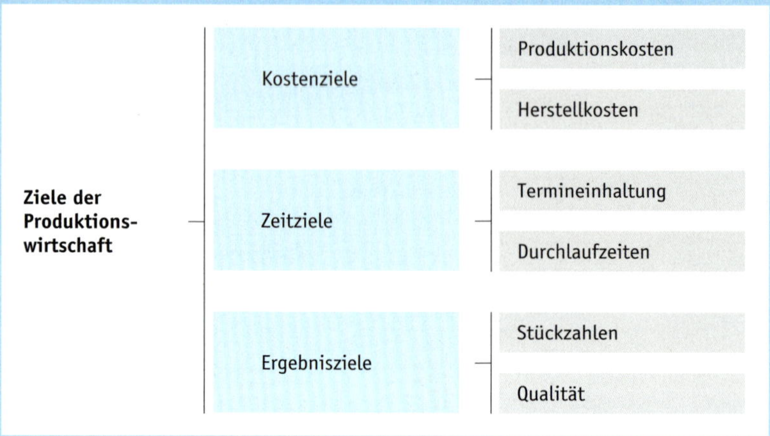

Kostenziele

Die Produktion soll insgesamt zu möglichst niedrigen **Produktionskosten** durchgeführt werden, damit möglichst niedrige **Herstellkosten** je Erzeugnis erzielt werden können.

Zeitziele

Im Hinblick auf die termingerechte Versorgung von Kunden ist die Einhaltung von **Lieferterminen** und damit die Vermeidung von Fehlmengenkosten in der Regel das wichtigste Ziel der Produktion (↗ Kapitel 16 Logistik).

Um Kundenaufträge schnell abwickeln zu können und um die Bestände und damit die Kapitalbindung zu reduzieren, sollen möglichst kurze **Durchlaufzeiten** der Materialien durch die Produktion realisiert werden.

Ergebnisziele

Insbesondere in der Massenproduktion gilt es, **Stückzahlvorgaben** je Planungsperiode, also je Monat oder je Jahr, zu erfüllen.

Darüber hinaus ist die **Qualität** der Erzeugnisse und der Eigenleistungen von großer Bedeutung für die Wettbewerbsfähigkeit.

17.1.4 Aufgaben der Produktionswirtschaft

Gestaltung von Produktionssystemen

Die Produktionswirtschaft hat gestaltende und durchführende Aufgaben (↗ Abbildung 17-4). Im Rahmen der Gestaltung von Produktionssystemen müssen zuerst das Produktionsprogramm und die benötigten Produktionskapazitäten ermittelt werden. Darauf aufbauend wird mit dem Übergangspunkt von der prognose- zur auftragsge-

Abb. 17-4

Aufgaben der Produktionswirtschaft

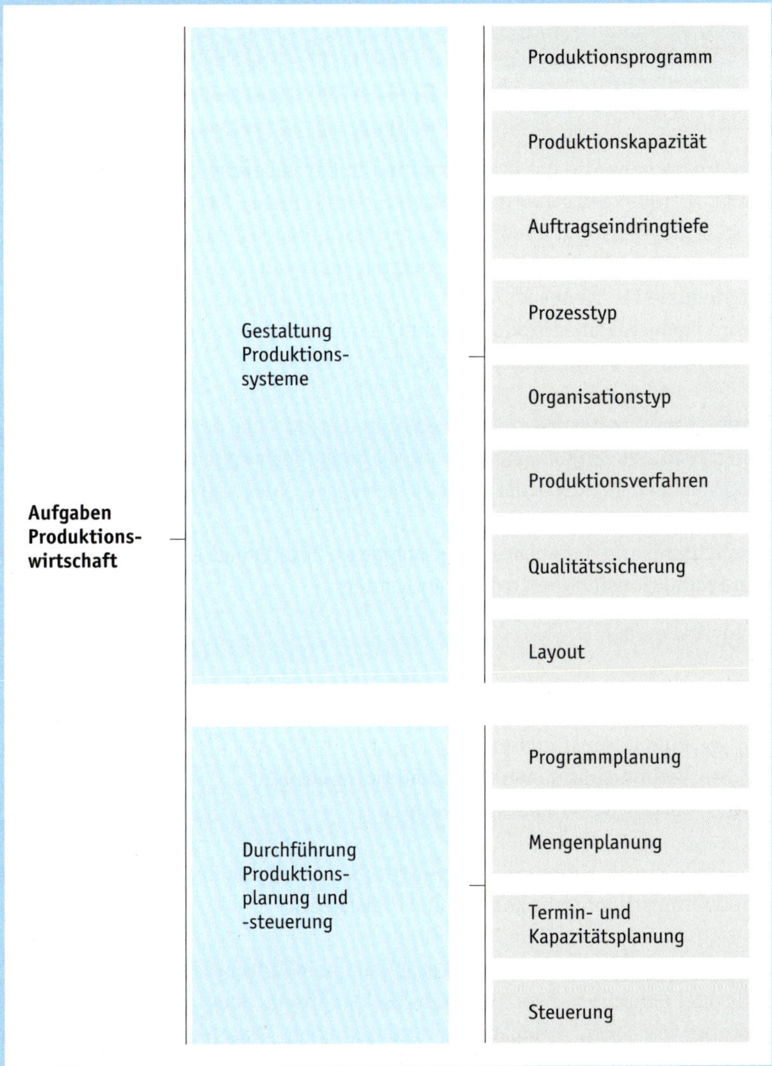

triebenen Produktion die Auftragseindringtiefe festgelegt und für die beiden resultierenden Teilbereiche der Produktion jeweils der Prozess- und der Organisationstyp bestimmt. Parallel oder im Anschluss daran werden die einzusetzenden Produktionsverfahren ausgewählt und die Qualitätssicherung gestaltet. Zuletzt werden die Teilbereiche des Produktionssystems im Rahmen der Layoutgestaltung räumlich angeordnet.

Durchführung der Produktion

Mit Blick auf die eigentliche Durchführung der Produktion sind die Programmplanung, die Mengenplanung, die Termin- und Kapazitätsplanung sowie die Steuerung der Produktion möglichst wirtschaftlich durchzuführen.

17.2 Produktionstheorie

Die Produktionstheorie hat ihren Ursprung in der Volkswirtschaftslehre (vergleiche *Frantzke, A.* 1999: Seite 130 ff., *Corsten, H.* 1996: Seite 57 ff., *Jehle, E.* et al. 1994: Seite 95 ff). Gegenstand der Produktionstheorie ist die Erklärung der Beziehungen zwischen der für die Produktion eingesetzten Menge an Produktionsfaktoren und der damit produzierten Menge an Ausbringungsgütern. Im Rahmen der Produktionstheorie wird versucht, über Produktionsfunktionen entsprechende Gesetzmäßigkeiten zwischen dem Input und dem Output zu formulieren.

Produktionsfunktionen stellen die Beziehung zwischen den technisch effizienten Faktoreinsatzkombinationen von Produktionsfaktoren und den Ausbringungsmengen an Gütern dar (vergleiche *Wöhe, G.* 2002: Seite 344 f.).

Allgemeine Produktionsfunktion

Mathematisch kann die Ausbringungsmenge an Gütern x als eine Funktion der Mengen an Produktionsfaktoren q definiert werden:

$$x = f(q_1, q_2, \ldots, q_n)$$

mit:

x	=	Ausbringungsmenge an Erzeugnissen
f()	=	Produktionsfunktion
q	=	Verbrauchsmengen der Produktionsfaktoren
n	=	Anzahl der Produktionsfaktoren

Die ↗ Abbildung 17-5 gibt einen schematischen Überblick über den Zusammenhang der Produktionstheorie zur Kosten- und Preistheorie.

Fallbeispiel 17-1 **Produktionstheorie bei einem Automobilhersteller**

▸▸▸ Für die Produktion eines Autositzes bei der *Speedy GmbH* werden beispielsweise Werkstoffe wie Stoff, Füllmaterial, Stahlschienen, Maschinen und menschliche Arbeit benötigt. Im Rahmen der Produktionstheorie wird der Frage nachgegangen, welche Mengen dieser Produktionsfaktoren zur Produktion eines oder mehrerer Autositze benötigt werden. ◂◂◂

Abb. 17-5

Einordnung der Produktionstheorie

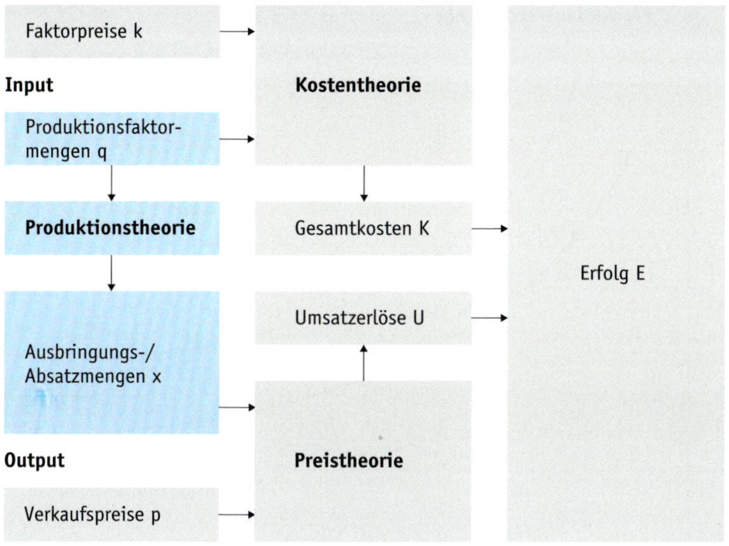

Vergleiche *Fandel, G.* 1989: Seite 15

17.2.1 Mengenverhältnisse der Produktionsfaktoren

In Abhängigkeit davon, ob die Mengen an Produktionsfaktoren q in einem bestimmten Verhältnis zueinander stehen müssen oder nicht, werden **substitutionale** und **limitationale** Produktionsfunktionen unterschieden.

17.2.1.1 Substitutionale Produktionsfunktionen

Bei substitutionalen Produktionsfunktionen müssen die Mengen an Produktionsfaktoren q nicht in einem genau festgelegten Verhältnis zueinander stehen. Die Veränderung der Menge eines einzigen Produktionsfaktors führt in der Regel zu einer Veränderung der Ausbringungsmenge an Gütern x. Genauso können gleiche Ausbringungsmengen x durch unterschiedliche Mengenkombinationen der Produktionsfaktoren erzielt werden, da sich diese gegenseitig substituieren (↗ Abbildung 17-6). Klassischerweise kann der Produktionsfaktor menschliche Arbeitskraft durch den Produktionsfaktor Betriebsmittel ersetzt werden.

17.2.1.2 Limitationale Produktionsfunktionen

Bei limitationalen Produktionsfunktionen stehen die Mengen an Produktionsfaktoren q anders als bei substitutionalen Produktionsfunktionen in einem bestimmten

Abb. 17-6

Substitutionale Produktionsfunktion

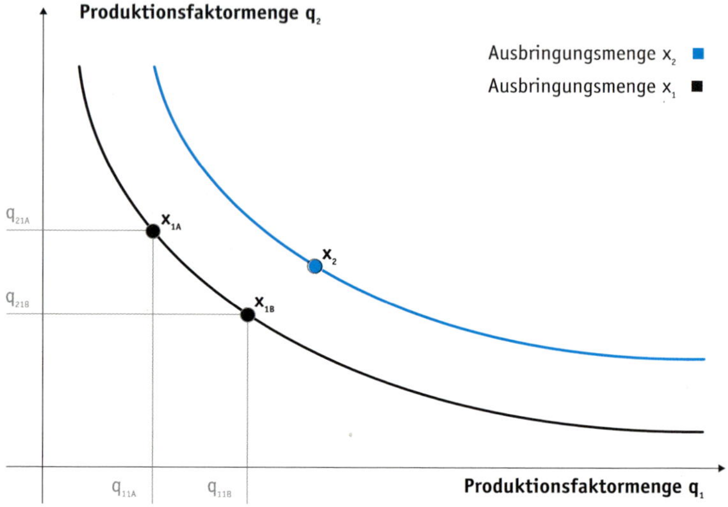

Vergleiche *Corsten, H.* 1996: Seite 60, *Wöhe, G.* 2002: Seite 347

Verhältnis zueinander. Die Veränderung der Menge eines einzigen Produktionsfaktors führt in der Regel nicht zu einer Veränderung der Ausbringungsmenge an Gütern x. Vielmehr müssen alle Mengen an Produktionsfaktoren in einem bestimmten Verhältnis zueinander gesteigert werden (↗ Abbildung 17-7).

Fallbeispiel 17-2 **Limitationale Produktionsfaktoren bei einem Automobilhersteller**

▸▸▸ Zur Produktion eines Autositzes bei der *Speedy GmbH* werden beispielsweise immer genau zwei Sitzschienen und eine Kopfstütze benötigt. ◂◂◂

17.2.2 Verhältnis der Produktionsfaktoren zur Ausbringungsmenge

Substitutionale und limitationale Produktionsfunktionen sind Grundtypen von Produktionsfunktionen im Hinblick auf das Mengenverhältnis der Produktionsfaktoren q zueinander. Das Verhältnis des Einsatzes an Produktionsfaktoren q zur Ausbringungsmenge x ist Gegenstand der nachfolgend beschriebenen Produktionsfunktionen.

Abb. 17-7

Limitationale Produktionsfunktion

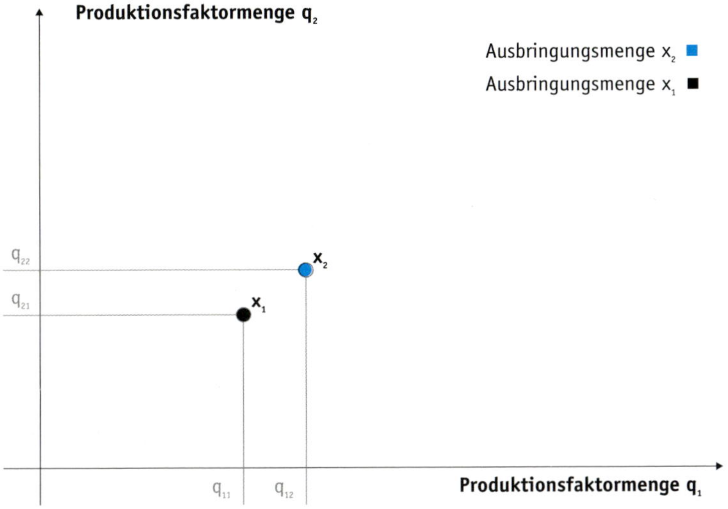

Vergleiche *Corsten, H.* 1996: Seite 61, *Wöhe, G.* 2002: Seite 348

17.2.2.1 Produktionsfunktion vom Typ A

Substitutionale Produktionsfunktion

Die Produktionsfunktion vom Typ A, die auch als **ertragsgesetzliche Produktionsfunktion** bezeichnet wird, ist typisch für die landwirtschaftliche Produktion und ein Beispiel für eine substitutionale Produktionsfunktion. In der Landwirtschaft führt ein zunehmender Einsatz von Düngemitteln, also die Steigerung der Menge des Produktionsfaktors q_1, zunächst zu einer progressiven Steigerung der Erntemenge, also der Ausbringungsmenge x. Bei einer weiteren Erhöhung der Menge an Düngemitteln wird der Anstieg degressiv. Schließlich ist sogar ein absoluter Rückgang der Erntemenge aufgrund der Überdüngung des Bodens festzustellen (↗ Abbildung 17-8).

17.2.2.2 Produktionsfunktion vom Typ B

Limitationale Produktionsfunktion

Die Produktionsfunktion vom Typ B wurde von *Erich Gutenberg* zur Beschreibung der industriellen Produktion aufgestellt. Es handelt sich dabei um eine limitationale Produktionsfunktion. *Gutenberg* unterteilt die Produktionsfaktoren hinsichtlich ihres Einflusses auf die Ausbringungsmenge x in Gebrauchs- und Verbrauchsfaktoren. Zudem beschreibt er dabei nicht die Abhängigkeit der Ausbringungsmenge x von den Mengen an Produktionsfaktoren q, sondern umgekehrt in Form von sogenannten Verbrauchsfunktionen den Verbrauch an Produktionsfaktoren in Abhängigkeit von der Ausbringungsmenge:

Abb. 17-8

Ertragsfunktion der Produktionsfunktion vom Typ A

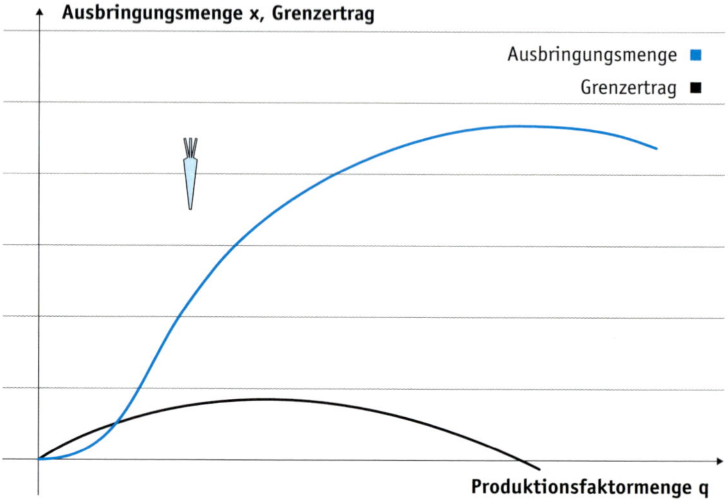

Vergleiche *Jehle, E.* et al. 1994: Seite 102

Verbrauchsfaktoren

Verbrauchsfunktionen

Der Verbrauch an Verbrauchsfaktoren q_i hängt bei der Produktionsfunktion vom Typ B unmittelbar von der Ausbringungsmenge x ab. Typische Verbrauchsfaktoren sind Materialien und Zukaufteile:

$$q_i = f_i\,(x)$$

mit:

q_i = Verbrauchsmenge des Verbrauchsfaktors i
$f_i\,()$ = Verbrauchsfunktion des Verbrauchsfaktors i
x = Ausbringungsmenge an Erzeugnissen

Gebrauchsfaktoren

Der Verbrauch von Gebrauchsfaktoren hängt bei der Produktionsfunktion vom Typ B nur mittelbar von der Ausbringungsmenge x ab. Typische Gebrauchsfaktoren sind Betriebsmittel, wie Maschinen und menschliche Arbeit. Der Verbrauch hängt dabei von den (technischen) **Eigenschaften** $z_1, z_2, \ldots$ des Gebrauchsfaktors, also beispielsweise der aufgrund der Bauart maximal erzielbaren Fräsgeschwindigkeit einer Fräsmaschine, und der **Intensität** d der Nutzung des Gebrauchsfaktors ab, also beispielsweise der wirklich verwendeten Fräsgeschwindigkeit. Die entsprechende Verbrauchsfunktion lautet (vergleiche *Wöhe, G.* 2002: Seite 392 ff.):

$$q_i = f_i\,(z_{i1}, z_{i2}, \ldots, z_{in}; d_i) \times g_i(x)$$

mit:

q_i	=	Verbrauchsmenge des Gebrauchsfaktors i
$f_i\,()$	=	Verbrauchsfunktion des Gebrauchsfaktors i
z_i	=	(Technische) Eigenschaften des Gebrauchsfaktors i
n	=	Anzahl der (technischen) Eigenschaften
d_i	=	Nutzungsintensität des Gebrauchsfaktors i
$g_i\,()$	=	Ausbringungsabhängiger Verbrauch des Gebrauchsfaktors i
x	=	Ausbringungsmenge an Erzeugnissen

Produktionsfunktion vom Typ C

An der Produktionsfunktion vom Typ B wurde insbesondere der limitationale Charakter kritisiert. Dies führte zur Entwicklung der Produktionsfunktion vom Typ C, die versucht, beide Typen von Produktionsfunktionen zu integrieren. Auf eine ausführliche Betrachtung wird an dieser Stelle jedoch ebenso verzichtet wie auf eine Erläuterung der Produktionsfunktionen vom Typ D und E.

17.3 Gestaltung von Produktionssystemen

17.3.1 Festlegung des Produktionsprogramms

Die Festlegung des Produktionsprogramms ist ein elementarer Bestandteil des strategischen Planungsprozesses eines Unternehmens, da es sich hierbei um eine Entscheidung mit mittel- bis langfristiger Reichweite und einer entsprechend großen Bedeutung für das Unternehmen handelt. Es wird festgelegt, welche Produkte für bestimmte Märkte produziert werden sollen. Zu klären ist dabei nicht nur die Frage, welche Produkt-Markt-Kombinationen angestrebt werden, sondern auch ob die Komponenten, die für die Produktion des Produktes notwendig sind, selbst produziert oder fremdbezogen werden sollen. Abhängig davon ergibt sich die Produktionstiefe (↗ Abbildung 17-9).

Produktionstiefe

Die Produktionstiefe ist dabei der prozentuale Anteil an der Wertschöpfung, den ein Unternehmen selbst erbringt. Bei einer Produktionstiefe von 30 Prozent werden also 70 Prozent des Wertes eines Erzeugnisses bei Lieferanten zugekauft und nur 30 Prozent selbst geschaffen.

Bestimmung der optimalen Produktionstiefe

Die Frage der optimalen Produktionstiefe wird primär im Zusammenhang mit erhofften Einsparungen und einem gewünschten Know-how-Zuwachs durch die Integration von externen Anbietern in den Produktionsprozess diskutiert, so zum Beispiel eine geringere Fertigungstiefe im Automobilbau durch die Produktion und den Einbau der Lenkung durch einen externen Lenkungshersteller. Die Produktionstiefe beeinflusst eine Reihe von betrieblichen Größen, die bei der Entscheidung über ihr optimales Ausmaß berücksichtigt werden müssen:

Auswirkungen der Produktionstiefe

- Anforderungen an die Maschinenausstattung, Lager- und Produktionsflächen sowie Produktionsstandorte,

Abb. 17-9

Bestimmung von Produktionsprogramm und -tiefe

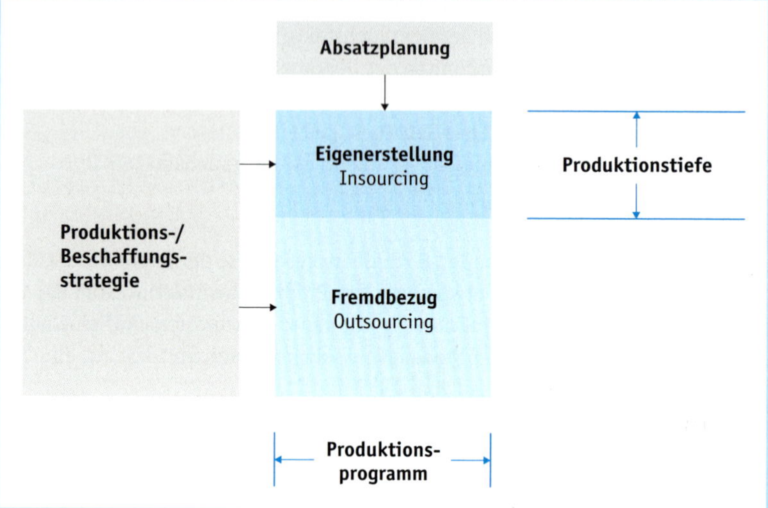

- Höhe und Struktur der Kosten, insbesondere das Verhältnis von fixen und variablen Kosten,
- Ausmaß der Kapitalbindung im Unternehmen,
- Anzahl der Mitarbeiter und Beschäftigungsrisiko des Unternehmens,
- produktionswirtschaftliche Flexibilität, denn interne Umstellungen des Leistungsprogramms sind im Normalfall schwieriger durchzusetzen als Änderungen von Zulieferleistungen durch eine Einflussnahme auf den Lieferanten oder einen Lieferantenwechsel.

Zur Bestimmung der optimalen Produktionstiefe gibt es verschiedene Möglichkeiten. Beispielsweise können externe Preise und interne Kosten miteinander verglichen werden. Zudem sind Überlegungen anhand von strategischen Checklisten üblich, welche die Vor- und Nachteile von Eigenproduktion und Fremdbezug einander qualitativ und quantitativ gegenüberstellen. Schließlich können mit einer sogenannten **Transaktionskostenanalyse** die Kosten der Information und Kommunikation ermittelt werden, die bei der Organisation und Abwicklung von arbeitsteiligen Prozessen anfallen. Hierzu zählen im Falle des Fremdbezugs die Kosten für die Suche nach Lieferanten, die Vereinbarung, Abwicklung und Kontrolle von Verträgen und die Überwachung von Lieferungen. Derartige Kosten entstehen auch bei der innerbetrieblichen Leistungserstellung und treten zu den eigentlichen Produktionskosten hinzu.

Neben den monetären Gründen für eine Fremdvergabe ist in der Praxis zu beobachten, dass Leistungen und Funktionen immer öfter ausgelagert werden, wenn sie

Wirtschaftspraxis 17-1

Die Produktionstiefe in der deutschen und schweizerischen Uhrenindustrie

An der als **»Deutschlands Uhrenmeile«** bekannten Altenberger Straße im sächsischen Glashütte ist mit den Unternehmen *A. Lange & Söhne, Glashütte Original, Union, Nomos und Nautische Instrumente Mühle* die Elite der deutschen Uhrenproduzenten angesiedelt. Während bei vielen Industrieunternehmen der Trend dahin geht, die Produktionstiefe zu reduzieren und beispielsweise in der Automobilindustrie heute Produktionstiefen von unter 20 Prozent nicht ungewöhnlich sind, geht die Entwicklung bei diesen Produzenten hochwertiger mechanischer Uhren wieder hin zu einer Erhöhung der Fertigungstiefe. So weist der Uhrenhersteller Nomos einen Eigenfertigungsanteil von 95 Prozent auf. Dafür ist nicht nur ausschlaggebend, dass Uhren nur dann den für Qualität bürgenden Schriftzug *»Glashütte«* tragen dürfen, wenn mindestens 50 Prozent der Wertschöpfung am Uhrwerk in dem Ort Glashütte selbst erfolgt sind, sondern auch die Tatsache, dass ein Uhrenproduzent sich nach den ungeschriebenen Gesetzen der Branche erst dann als »Manufaktur« bezeichnen darf, wenn er ausschließlich selbst entwickelte und von ihm weitgehend selbst produzierte Uhrwerke verwendet und nicht die von sogenannten Etablisseuren hergestellten Standardrohwerke in seinen Uhren verbaut.
Entsprechend verhält es sich auch in der für die Hochwertigkeit ihrer Produkte traditionell bekannten **Schweizer Uhrenindustrie**. So hat beispielsweise der Schweizer Luxusuhrenhersteller *Parmigiani Fleurier* eine sehr hohe Produktionstiefe, die laut der Schweizer Handelszeitung mehr als 90 Prozent beträgt. »In fact, *Parmigiani Fleurier* makes every single piece and part of the watches they produce, except for the saphire crystal and the strap, a claim that very few companies can make. Even the most complicated parts to manufacture, like the watch's hairspring, *Parmigiani Fleurier* does itself.« Ein weiterer Schweizer Luxusuhrenhersteller, das über 175 Jahre alte Unternehmen *Patek Philippe*, hat gar ein eigenes Gütezeichen geschaffen: das *»Patek Philippe Siegel«*. Das Unternehmen zählt laut der Handelszeitung zu den ganz wenigen Manufakturen, »... die von der Kreation einer Uhr über die Entwicklung eigener Werke mit uhrmacherischen Komplikationen, der Herstellung von Gehäusen, Armbändern usw. bis zur Endmontage sämtliche Fertigungsschritte beherrschen und selbst ausführen.«

Quellen: *Häußermann, M.*: Den Mond auf Trab gebracht, in: Handelsblatt, Nr. 63 vom 01.04.05, S. w03 (http://www.handelszeitung.ch/unternehmen/michel-parmigiani-kunst-und-technologie-rund-um-die-zeit, Stand 24.03.15), http://blog.parmigiani.ch/content/clearing-manufacture-air (Stand 24.03.15), http://www.handelszeitung.ch/unternehmen/patek-philippe-ii-die-unabhaengigkeitserklaerung-tickt-am-handgelenk (Stand 30.03.15).

gut strukturiert, planbar und standardisiert sind. Die Eigenproduktion wird demgegenüber vorgezogen, wenn Leistungen und Funktionen strategisch wichtig, innovativ, unternehmensspezifisch und schlecht planbar sind (vergleiche zu Make-or-buy-Entscheidungen auch *Schäfer-Kunz, J./ Tewald, C.* 1998).

17.3.2 Bestimmung der Produktionskapazitäten

Arten der Produktionskapazität

Ein Hauptproblem bei der Gestaltung von Produktionssystemen ist die Festlegung der quantitativen und der qualitativen Produktionskapazität des Gesamtbetriebes.

Quantitative Produktionskapazität

Die benötigte quantitative Produktionskapazität ergibt sich aus dem geplanten Produktionsprogramm. Sie wird weiter in die Total- und in die Periodenkapazität unterteilt. Die **Totalkapazität** beschreibt die Ausbringungsmenge eines Produktionssystems über dessen gesamte Lebensdauer, während die **Periodenkapazität** die Ausbringungsmenge pro Periode, also beispielsweise pro Jahr, beschreibt.

Qualitative Produktionskapazität

Die qualitative Produktionskapazität beschreibt die Anpassungsfähigkeit beziehungsweise die Flexibilität des Produktionssystems im Hinblick auf Erzeugnisalternativen, die produziert werden können.

Betriebsmittelzeit

Nach der Ermittlung der quantitativen und qualitativen Soll-Kapazitäten des gesamten Produktionssystems muss bestimmt werden, welche Kapazitäten die einzelnen Betriebsmittel haben müssen, um diese Soll-Kapazitäten bereitstellen zu können. Dazu ist für jedes Betriebsmittel im Kontext der Abhängigkeiten von anderen Betriebsmitteln abzuschätzen, wie groß die jeweils zur Verfügung stehende **Nutzungshauptzeit** ist und wie groß die **Rüst-** und die **Brachzeiten** sind (↗ Abbildung 17-10).

Einfluss der Arbeitszeit

Erheblichen Einfluss auf die quantitative Kapazität beziehungsweise die Anzahl der benötigten Betriebsmittel hat die wöchentliche Arbeitszeit. Werden die Kapazitäten eines Produktionssystems auf einen Ein-Schicht-Betrieb hin ausgelegt, wird etwa vier Mal so viele Kapazität benötigt wie bei einem durchgängigen Betrieb inklusive Wochenenden. Produktionssysteme werden heute in der Regel auf einen Zwei-Schicht-Betrieb hin konzipiert, um durch Personalverschiebungen eventuell auftretende Nachfrageschwankungen ausgleichen zu können. Auf einen durchgängigen Betrieb hin ausgelegt werden nur sehr kapitalintensive Produktionssysteme, wie beispielsweise Systeme zur Halbleiterproduktion, und Produktionssysteme, die aufgrund der eingesetzten Produktionsverfahren durchgängig betrieben werden müssen, wie beispielsweise Hochöfen.

Abb. 17-10

Gliederung der Betriebsmittelzeit

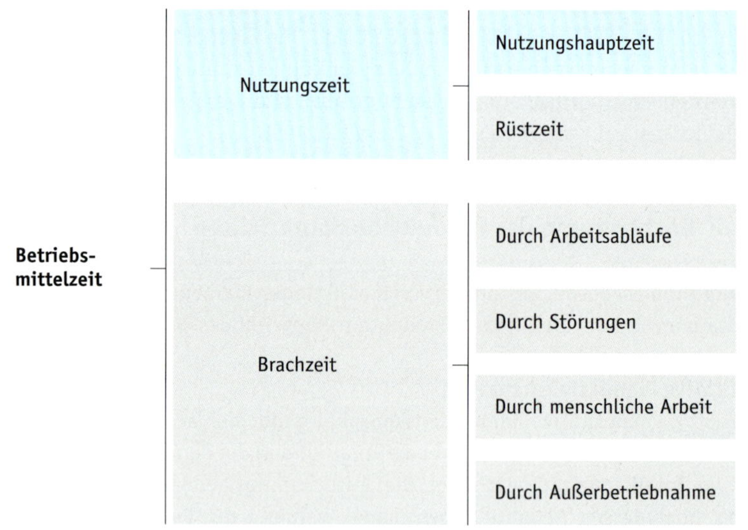

Vergleiche *Schierenbeck, H.* 2003: Seite 215 nach REFA

17.3.3 Festlegung der Auftragseindringtiefe

Die Produktion kann entweder durch Prognosen oder durch Kundenaufträge angestoßen werden. In Abhängigkeit davon, wo der sogenannte **Order-Penetration-Point** liegt, also der Punkt, an dem die prognosegetriebene in die auftragsgetriebene Produktion übergeht, werden verschiedene Ausprägungen der Auftragseindringtiefe unterschieden (↗ Abbildung 17-11, zum Folgenden vergleiche *Ruile, H./Stettin, A.* 2005: Seite 222).

Lagerproduktion (make to stock)

Bei der Lagerproduktion erfolgt eine rein prognosegetriebene Fertigung und Montage auf Lager. Die Lagerproduktion findet sich häufig bei der Massenproduktion von standardisierten Erzeugnissen ohne kundenspezifische Merkmale, so etwa von Schrauben oder von Zündkerzen.

Auftragsmontage (assemble to order)

Die Produktion vieler Erzeugnisse erfolgt in einer Mischform aus prognose- und auftragsgetriebener Produktion. Während beispielsweise bei Automobilen die Teile prog-

Abb. 17-11

Ausprägungen der Auftragseindringtiefe

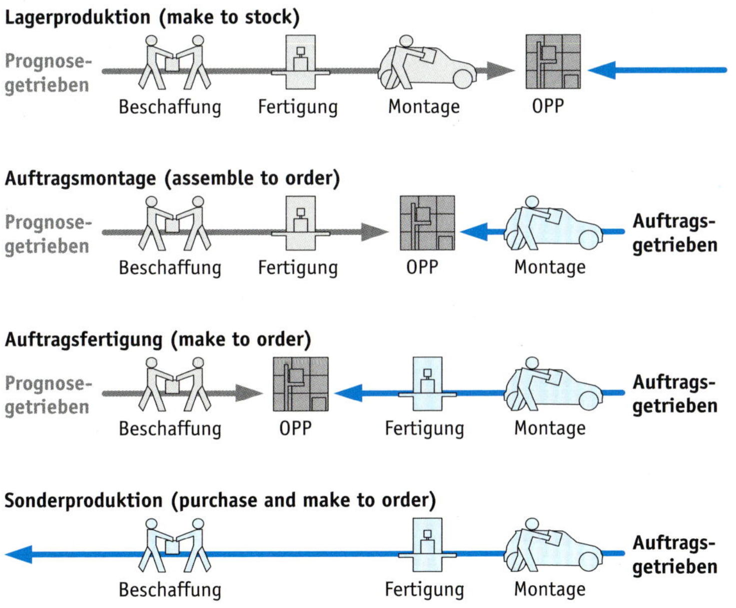

OPP = Order-Penetration-Point

Vergleiche *Zäpfel, G.* 1996: Seite 266

Wirtschaftspraxis 17-2

Die Auftragseindringtiefen in der Systemgastronomie

Die Produktionssysteme von Systemgastronomen basieren auf unterschiedlichen Auftragseindringtiefen. Beispielsweise werden bei *Burger King* und bei *McDonald's* standardisierte Hamburger quasi »auf Lager« produziert und hinter dem Verkaufspersonal zur direkten Entnahme durch dieses gelagert. Durch diese Produktionsweise ist eine sofortige Belieferung der Kunden ohne Wartezeiten aufgrund der Zubereitung möglich. Bei dem Systemgastronomen *Subway* werden dagegen die Sandwiches vor den Augen der Kunden nach deren jeweiligen Vorgaben »montiert«, während die hierzu benötigten Zutaten jeweils vorab auf Lager produziert werden.

nosegetrieben gefertigt werden, erfolgt die anschließende Montage abhängig von der vom Kunden gewünschten Ausstattung.

Auftragsfertigung (make to order)
Bei der Auftragsfertigung erfolgt nicht nur die Montage, sondern auch die Fertigung der Teile aufgrund eines Kundenauftrages. Die Materialien, aus denen die Erzeugnisse hergestellt werden, werden jedoch prognosegetrieben beschafft. Eine typische Auftragsfertigung stellt beispielsweise die Einzelproduktion von Sondermaschinen dar.

Sonderproduktion (purchase and make to order)
Die Sonderproduktion unterscheidet sich von der Auftragsfertigung dadurch, dass auch die Beschaffung bestimmter Materialien aufgrund eines Kundenauftrages erfolgt. Dies ist notwendig, wenn für ein Erzeugnis ungewöhnliche Materialien verwendet werden sollen.

17.3.4 Festlegung des Prozesstyps der Produktion

Prozesstypen

Je nach **Auflagen-** beziehungsweise **Losgröße**, also der Anzahl an gleichen Erzeugnissen, die nacheinander produziert werden, und in Abhängigkeit davon, ob die Betriebsmittel umgerüstet werden oder nicht, lassen sich verschiedene Prozesstypen der Produktion unterscheiden (↗ Abbildung 17-12, zum Folgenden vergleiche *Corsten, H.* 1996: Seite 40 f., *Ruile, H./Stettin, A.* 2005: Seite 258 f. und *Warnecke, H.-J.* 1995: Seite 4):

Einzelproduktion
Bei der Einzelproduktion beträgt die Auflagengröße eins. Die Einzelproduktion wird weiter in die **Einmalproduktion** und in die **Wiederholproduktion** in größeren unregelmäßigen Zeitabständen unterteilt. In der Regel werden die Betriebsmittel bei der Einzelproduktion nach jeder Auflage für die nächste Auflage umgerüstet. Im Rahmen der Einzelproduktion werden insbesondere nicht standardisierte Erzeugnisse im Kundenauftrag produziert, wie beispielsweise Gebäude oder Sondermaschinen.

Abb. 17-12

Prozesstypen der Produktion

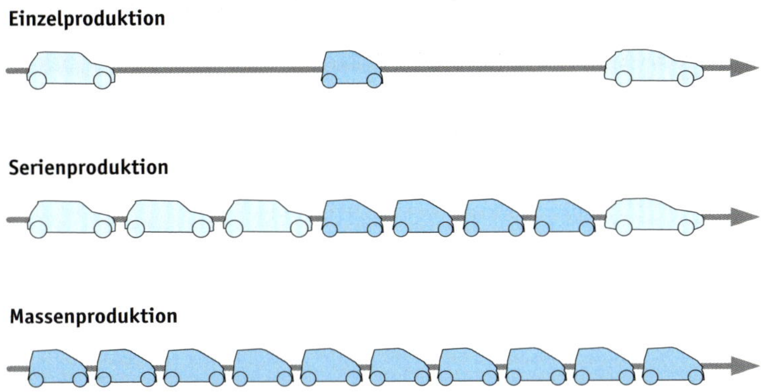

Vergleiche *Warnecke, H.-J.* 1995: Seite 4

Serienproduktion

Bei der Serienproduktion handelt es sich um eine Mehrfachproduktion, bei der die Auflagengröße vor dem Produktionsbeginn festgelegt wird. In der Regel werden die Betriebsmittel im Anschluss an die Produktion einer Serie für die Produktion der nächsten Serie umgerüstet. Im Rahmen der Serienproduktion werden insbesondere standardisierte Erzeugnisse mit kundenspezifischen Merkmalen hergestellt, wie beispielsweise Lichtmaschinen für verschiedene Motortypen.

Massenproduktion

Bei der Massenproduktion handelt es sich um eine Mehrfachproduktion, bei der vor Produktionsbeginn keine Auflagengröße festgelegt wird und bei der die Betriebsmittel nicht umgerüstet werden. Im Rahmen der Massenproduktion werden standardisierte Erzeugnisse ohne kundenspezifische Merkmale produziert, wie beispielsweise Schrauben oder Zündkerzen.

Chargenproduktion

Einen speziellen Prozesstyp stellt die Chargenproduktion dar, die insbesondere in der chemischen und in der Nahrungsmittelindustrie anzutreffen ist. Eine Chargenproduktion ist notwendig, wenn flüssige oder gasförmige Erzeugnisse nicht kontinuierlich, sondern nur in diskreten Mengen produziert werden können. Die **Charge** gibt dabei quasi die Auflagengröße an. Sie ergibt sich durch die Kapazität von Betriebsmitteln, in denen die Erzeugnisse eine bestimmte Zeit verbleiben müssen. So ergibt sich beispielsweise die Chargengröße bei der Weinproduktion durch die Kapazität der Fässer, in denen der Wein gelagert wird.

Individualisierte Massenproduktion

Eine Mischung aus Einzel- und Massenproduktion besteht bei der sogenannten **Mass-Customization** (englisch: Individualisierte Massenproduktion). Die Erzeug-

Wirtschaftspraxis 17-3

Individuelle Turnschuhe

Der Sportartikelhersteller *Nike* bietet seinen Kunden über das Internet die Möglichkeit, selbst gestaltete Turnschuhe zu bestellen. Der Kunde wählt dazu zunächst ein farbloses Turnschuhmodell aus und kann dann die Farben verschiedener Elemente, wie des Obermaterials, der Sohle, des Logos oder der Schnürsenkel, aus einer Vielzahl von Alternativen auswählen. Der von dem Kunden selbst gestaltete Schuh wird ihm dabei nach jeder Änderung am Bildschirm angezeigt. Zusätzlich können die Schuhe durch eine aus bis zu 3 Zeichen bestehende »ID« weiter individualisiert werden. Es ist zu vermuten, dass diese Form der Mass-Customization von *Nike* auch als Marktforschungsinstrument genutzt wird, um für verschiedene Kundengruppen und Regionen zu ermitteln, wohin der Trend bei Farben und Schuhmodellen geht.

Quelle: www.nike.com/de/nike-by-you

nisse durchlaufen dabei im Sinne einer Massenproduktion die immer gleichen Fertigungs- und Montageschritte. Im Sinne einer Einzelproduktion werden die Erzeugnisse dabei jedoch im Rahmen vorgegebener Auswahlmöglichkeiten individualisiert. Dadurch wird es möglich, kundenindividuelle Erzeugnisse zu Herstellkosten zu produzieren, die denen der Massenproduktion entsprechen. Die Mass-Customization findet sich heute in vielen Branchen, wie beispielsweise im Automobilbau oder in der Bekleidungsindustrie.

17.3.5 Festlegung des Organisationstyps der Produktion

Möglichkeiten der Anordnung von Betriebsmitteln

Im Rahmen der Festlegung des Organisationstyps der Produktion werden die räumliche Anordnung der Betriebsmittel und die Art der Bewegung der Erzeugnisse und der Betriebsmittel zueinander festgelegt. Hinsichtlich der räumlichen Anordnung können:

- alle Betriebsmittel an einem Ort zusammengefasst werden,
- alle Betriebsmittel, die für ähnliche Verrichtungen ausgelegt sind, zusammengefasst werden oder
- alle Betriebsmittel, die für die Produktion eines bestimmten Erzeugnistyps ausgelegt sind, zusammengefasst werden.

Hinsichtlich der Bewegung der Erzeugnisse und der Betriebsmittel zueinander können:

- zwischen den Produktionsstufen bewegliche Erzeugnisse kombiniert mit unbeweglichen Betriebsmitteln und
- zwischen den Produktionsstufen unbewegliche Erzeugnisse kombiniert mit beweglichen Betriebsmitteln

Organisationstypen der Produktion

unterschieden werden. Dadurch ergeben sich vier grundsätzliche Organisationstypen der Produktion (↗ Abbildung 17-13, zum Folgenden vergleiche *Corsten, H.* 1996: Seite 33 ff., *Ruile, H./Stettin, A.* 2005: Seite 257 f. und *Warnecke, H.-J.* 1995: Seite 8 ff.).

Abb. 17-13

Organisationstypen der Produktion

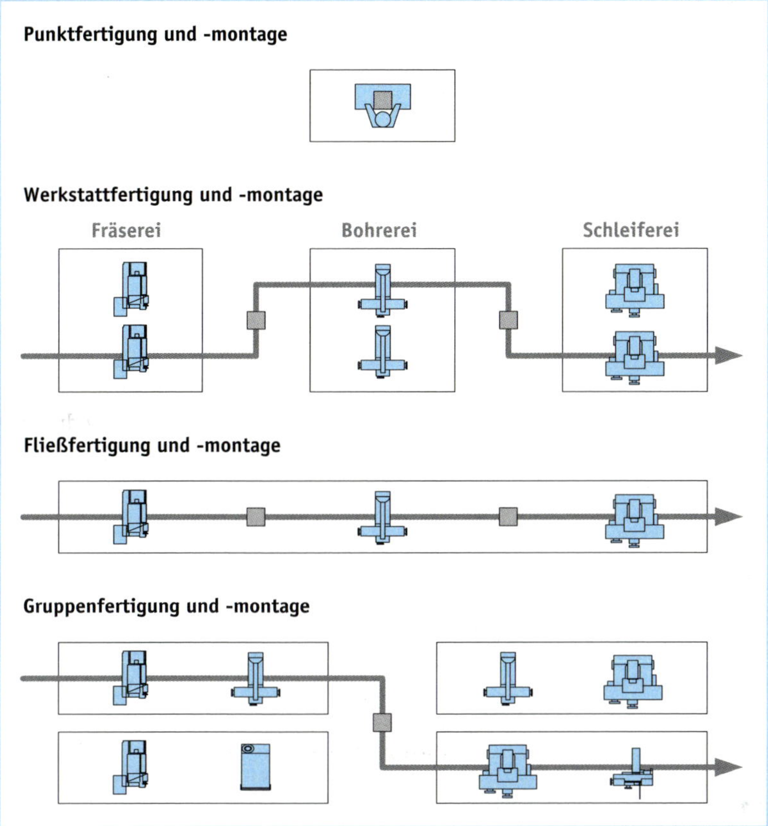

Punktfertigung und -montage

Bei der Punktfertigung und -montage werden alle Betriebsmittel an einem Ort zur Produktion eines zwischen den Produktionsstufen unbeweglichen Erzeugnisses zusammengefasst. In der Regel sind dabei die meisten Betriebsmittel relativ zum Erzeugnis beweglich. Ausprägungen der Punktfertigung und -montage sind:

- die **Einzelplatz-** beziehungsweise **Werkbankfertigung** und **-montage**, etwa bei der Herstellung von hochwertigen Uhren, bei der Reparatur von Automobilen in Autowerkstätten oder bei der Operation von Menschen in Krankenhäusern und
- die **Baustellenfertigung** und **-montage**, etwa bei der Produktion von Gebäuden, Straßen oder Schiffen.

Werkstattfertigung und -montage

Bei der Werkstattfertigung und -montage werden unbewegliche Betriebsmittel, die für ähnliche Verrichtungen ausgelegt sind, zu sogenannten **Werkstätten** zusammen-

Wirtschaftspraxis 17-4

Maschinen am laufenden Band

Die in Ditzingen bei Stuttgart beheimatete *Trumpf Werkzeugmaschinen GmbH & Co. KG*, die insbesondere Laser- und Blechbearbeitungsmaschinen herstellt, erhielt im Jahr 2002 die begehrte Auszeichnung »Fabrik des Jahres«, die das Fachblatt »Produktion« gemeinsam mit den Unternehmensberatern von *A. T. Kearney* vergibt. Prämiert wurde dabei die Umstellung der Maschinenmontage von der in der Maschinenbaubranche üblichen Punktmontage auf eine getaktete Fließmontage. Die Maschinen werden dabei unter anderem auf Luftkissenfahrzeugen von Montagestation zu Montagestation transportiert. Durch Einführung dieses Organisationstyps wurde die Produktionszeit des Unternehmens halbiert und die Flächenproduktivität um 40 Prozent gesteigert.

Quelle: *Jocham, A.*: Bei Trumpf wandern Maschinen – Montage von Station zu Station, in: Handelsblatt, Nummer 43 vom 03.03.2003, Seite 17.

gefasst und die Erzeugnisse entsprechend der jeweiligen Produktionsfolge zwischen den Werkstätten mit Unstetigförderern, wie Gabelstaplern, transportiert. Die Werkstattfertigung und -montage ist hinsichtlich der produzierbaren Erzeugnistypen sehr flexibel und aufgrund der Redundanz der Betriebsmittel sehr ausfallsicher. Nachteile sind der hohe Steuerungsaufwand und die mittlere Produktivität. Die Werkstattfertigung und -montage eignet sich insofern insbesondere für die Einzel- und die Serienproduktion.

Fließfertigung und -montage

Bei der Fließfertigung und -montage werden unbewegliche Betriebsmittel, die für die Produktion eines bestimmten Erzeugnistyps ausgelegt sind, entsprechend der Produktionsfolge nacheinander angeordnet. Für den Transport zwischen den Betriebsmitteln werden in der Regel Stetigförderer, wie Fließbänder, eingesetzt.

Die Fließfertigung und -montage ist eng mit dem Namen *Taylor* und ihrem Einsatz in den *Ford*-Werken am Anfang des 20. Jahrhunderts verbunden. Die heute aus Gründen der Motivation und der starken physischen und psychischen Belastung der Mitarbeiter mit negativen Attributen versehene Fließfertigung und -montage hat nach wie vor Vorteile bei der Massenproduktion. Die hohe Produktivität geht jedoch mit einer hohen Inflexibilität im Hinblick auf die produzierbaren Erzeugnistypen einher.

Gruppenfertigung und -montage

Die Gruppenfertigung und -montage, die auch als **Insel-** oder **Zellenfertigung** und **-montage** bezeichnet wird, stellt eine Mischung aus der Werkstatt- und der Fließfertigung und -montage dar. Teile der Produktion werden dazu im Rahmen einer Fließfertigung und -montage zu Gruppen zusammengefasst. Da die Erzeugnisse unterschiedliche Gruppen durchlaufen können, werden die Flexibilitätsvorteile der Werkstatt- mit den Produktivitätsvorteilen der Fließfertigung und -montage kombiniert.

Zwischenübung Kapitel 17.3.5

Markieren Sie bei den folgenden Produktionsbeispielen die zutreffenden Klassifikationen mit einem Kreuz und die nicht zutreffenden mit einem horizontalen Strich:

Zu klassifizierende Produktionsbeispiele	Punkt-fertigung	Werkstatt-fertigung	Fließ-fertigung
Durchführung von Operationen in einem Krankenhaus.			
Montage von Luxusuhren durch einen Uhrmacher.			
Abfüllung von Flaschen bei einem Getränkehersteller.			
Drehen von Metallteilen in der Dreherei eines Sondermaschinenbauers.			
Bau von Häusern durch ein Bauunternehmen.			
Montage von Automobilen bei einem Automobilhersteller.			
Reparatur von Automobilen in der Werkstatt eines Autohauses.			

17.3.6 Wahl der Produktionsverfahren

Zeitgleich oder im Anschluss an die Festlegung des Prozess- und des Organisationstyps der Produktion erfolgt die Entscheidung für die einzusetzenden Produktionsverfahren (vergleiche *Steinbuch, P./Olfert, K.* 1995: Seite 103 ff.).

Produktionsverfahren bezeichnen die Technologien, die in der Produktion eingesetzt werden, um die Produktionsfaktoren in Erzeugnisse und Eigenleistungen sowie deren Vorstufen zu transformieren.

Hinsichtlich der Technologie lassen sich die in der ↗ Abbildung 17-14 aufgeführten industriellen Produktionsverfahren unterscheiden.

Die Entscheidung für ein Produktionsverfahren kann mittels der im ↗ Kapitel 2 Entscheidungstheorie dargestellten Entscheidungsmodelle erfolgen. In der Regel handelt es sich um Entscheidungen bei mehrfacher Zielsetzung. Von besonderer Bedeutung bei der Wahl des Produktionsverfahrens sind die nachfolgenden Kriterien.

Kriterien zur Wahl des Produktionsverfahrens

Erzielbare Erzeugniseigenschaften

In den meisten Fällen bedingen die zu erzielenden Erzeugniseigenschaften bestimmte Produktionsverfahren. Soll beispielsweise eine feine Metalloberfläche erzielt werden, so werden meist Schleifverfahren eingesetzt.

Abb. 17-14

Industrielle Produktionsverfahren

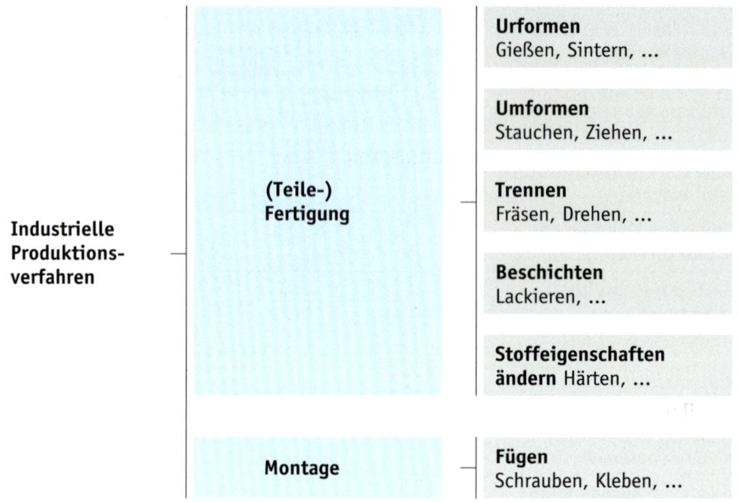

Vergleiche *Warnecke, H.-J.* 1995: Seite 3 in Anlehnung an DIN 8580

Eignung für die benötigte Periodenkapazität

Die benötigte Periodenkapazität hat ebenfalls großen Einfluss auf die Wahl des Produktionsverfahrens. In der Regel sind für die Produktion von kleinen Mengen arbeitsintensive Produktionsverfahren kostengünstiger, während für die Produktion von großen Mengen automatisierte, damit aber auch kapitalintensivere Produktionsverfahren günstiger sind. In der Automobilindustrie werden beispielsweise Karosserieersatzteile für Oldtimer häufig per Hand durch das Umformen von Blechen über Hämmer hergestellt, während die Karosserieteile der aktuellen Baureihen in automatischen Transferpressen produziert werden.

17.3.7 Gestaltung der Qualitätssicherung

Neben dem Preis dient die Qualität der Erzeugnisse heute immer häufiger als wesentliches Differenzierungskriterium. Hierbei spielen nicht nur die weiter steigenden Ansprüche der Verbraucher eine Rolle; auch intensivere Qualitätskontrollen seitens der Abnehmer oder erweiterte Risiken aus der Produkthaftung verstärken diesen Trend.

Qualität ist die Gesamtheit von Eigenschaften und Merkmalen eines Gutes, die sich auf die Eignung zur Erfüllung gegebener Anforderungen bezieht (vergleiche DIN 55350).

Aus dieser Definition wird deutlich, dass Qualität kein absoluter, sondern ein relativer Begriff ist. Ob ein Gut eine hohe oder niedrige Qualität hat, hängt davon ab, inwieweit die an das Gut gestellten Anforderungen erfüllt werden.

Qualitätsprüfverfahren

Zur Überprüfung, ob Güter bestimmten, objektiv messbaren Qualitätsanforderungen entsprechen, werden zwei Verfahren eingesetzt:

Variablenprüfung
Sie erfolgt bei Kriterien, deren Ausprägungen auf einer Skala messbar sind. Als Beispiel können hier Stahlsorten unterschiedlicher Zusammensetzung und Härte angeführt werden.

Attributprüfung
Eine Attributprüfung wird dann vorgenommen, wenn bei einem Kriterium nur geprüft werden kann, ob es erfüllt ist oder nicht, nicht aber, in welchem Ausmaß oder Umfang dem Kriterium Rechnung getragen wurde.

Prüfumfang

In Abhängigkeit von den Eigenschaften des Prüfguts sind zwei Verfahren zur Sicherstellung der Qualitätsanforderungen denkbar:

Vollerhebung
Zum einen kann im Rahmen einer Vollerhebung die gesamte Charge geprüft und minderwertige Güter aussortiert werden.

Stichproben
Zum anderen können über Stichproben Hochrechnungen auf den Ausschussanteil einer Charge vorgenommen werden. Stichproben sind bei großen Stückzahlen die wirtschaftlich sinnvollere Lösung.

Fallbeispiel 17-3 **Qualitätssicherung bei einem Automobilhersteller**

►►► In der *Speedy GmbH* werden umfangreiche Prüfungen durchgeführt. So wird beispielsweise stichprobenartig überprüft, ob die Scheinwerferleuchtmittel die geforderte Lichtstärke haben (Variablenprüfung). Aufgrund ihrer Bedeutung werden im Rahmen einer Vollerhebung alle zugekauften Bremssysteme hinsichtlich ihrer Funktionsfähigkeit überprüft (Attributprüfung). ◄◄◄

Qualitätsmanagementsystem

Um Produkte produzieren zu können, die den Anforderungen der Kunden genügen, ist es zudem erforderlich, die gesamte Produktionskette mit einem Qualitätsmanagementsystem (QMS) zu steuern und zu überwachen. Dabei wird die Produktion über die verschiedenen Stufen vom Zulieferer bis zum Abnehmer vollständig abgedeckt. Der Schwerpunkt von Qualitätsmanagementsystemen liegt auf der konstruktiven Qualitätssicherung, bei der die Erfüllung von Qualitätsanforderungen an das Produkt und an die Produktion von Vornherein geplant und nicht nur nachträglich geprüft wird.

Total Quality Management

Noch umfassender ist das sogenannte »Total Quality Management« (TQM). Darunter wird die umfassende Orientierung von Unternehmen an der Qualität verstanden. Der Ansatz umfasst insbesondere die folgenden Aspekte (vergleiche *Spur, G.* 1994: Seite 281 ff.):

Kundenorientierung
Welche Produktqualität produziert wird, soll sich aus den Anforderungen der Kunden ergeben. Kunden im TQM-Sinn sind dabei nicht nur Externe, sondern auch andere Bereiche innerhalb des Unternehmens.

Mitarbeiterorientierung
Da Mitarbeiter die Hauptverantwortung für die Qualität tragen, sollen sie in die Qualitätssicherung aktiv eingebunden und bei ihnen ein durchgängiges Qualitätsbewusstsein geschaffen werden.

Prozessorientierung
Die Qualitätssicherung bezieht sich nicht nur auf die Überprüfung der Erzeugnisse, also der Prozessergebnisse, sondern versucht, gemäß dem Motto: »Mach's gleich richtig« die Produktionsprozesse so zu gestalten, dass keine Fehler auftreten können.

Ständige Verbesserungen (KVP, CIP)
Bestehende Prozesse und Produkte sollen dauernd hinterfragt und dann Verbesserungsvorschläge erarbeitet und umgesetzt werden. Durch solche ständigen (kleinen) Verbesserungen soll die Qualität kontinuierlich gesteigert werden, weshalb von KVP (Kontinuierlicher Verbesserungsprozess) oder CIP (Continuous Improvement Process) die Rede ist.

17.3.8 Layoutgestaltung

Die vorgenannten Aspekte der Gestaltung von Produktionssystemen haben einen erheblichen Einfluss auf die räumliche Anordnung der Betriebsmittel. Die Layoutplanung hat darüber hinaus die Zielsetzung, die Produktionseinrichtungen so anzuordnen, dass der innerbetriebliche Transportaufwand und damit die Materialflusskosten minimiert werden. Da unterschiedliche Produkte häufig unterschiedliche Produktionsabläufe und damit Wege durch die Produktion haben, ist die Layoutplanung sehr aufwändig.

Darstellung der Materialflüsse

Zur Verdeutlichung der innerbetrieblichen Materialflüsse und zur Planung des Layouts werden häufig **Digraphen** oder **Sankey-Diagramme** verwendet, die die Materialflussintensität zwischen Produktionseinrichtungen durch Pfeilstärken visualisieren. So sollte die Position der Maschine 4 in der ↗ Abbildung 17-15 mit der der Maschine 2 vertauscht werden, um den Materialfluss zu optimieren.

Abb. 17-15

Sankey-Diagramm der innerbetrieblichen Materialflussintensität

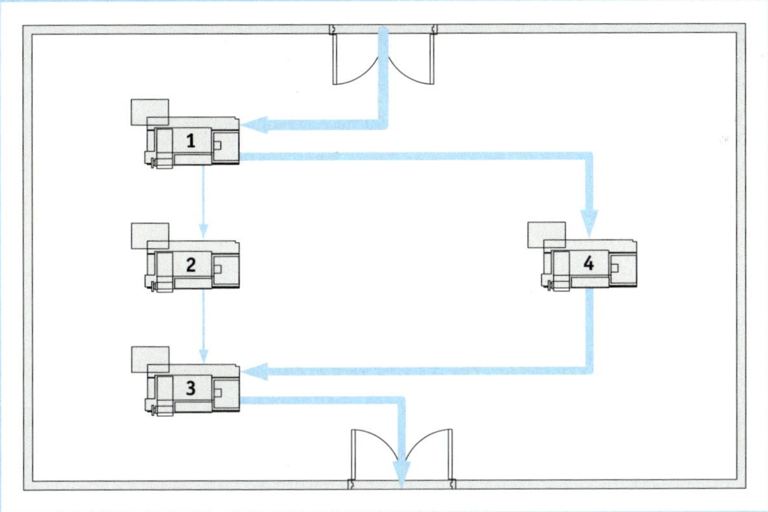

17.4 Produktionsplanung und -steuerung

Die Produktionsplanung und -steuerung hat das Ziel, die Produktionsaufträge unter Berücksichtigung der vorhandenen Betriebsmittel- und Personalkapazitäten termingerecht zu erfüllen.
Sie erfolgt in der Regel hierarchisch, indem zuerst eine Programmplanung durchgeführt wird, die sich dann in einer Mengenplanung konkretisiert. Aufbauend auf den Daten der Mengenplanung werden die Kapazitäten, mit denen die Aufträge durchgeführt werden sollen, und die Termine, zu denen die Aufträge angefangen beziehungsweise abgeschlossen sein müssen, geplant. Die eigentliche Umsetzung der Planung erfolgt dann im Rahmen der Produktionssteuerung (↗ Abbildung 17-16).

Die Produktionsplanung und -steuerung wird heute in der Regel computergestützt durchgeführt. Die aufgeführte hierarchische Planung kann beispielsweise durch Systeme, die auf dem MRP II-Konzept (Manufacturing Resource Planning) beruhen, realisiert werden.

17.4.1 Programmplanung

Fragen der Programmplanung

Die Programmplanung ist die erste Stufe der Produktionsplanung und –steuerung. Ihr Planungsgegenstand ist der Primärbedarf an fertigen Erzeugnissen. Im Rahmen der Programmplanung wird festgelegt:

Abb. 17-16

Hierarchie der Produktionsplanung und -steuerung

Vergleiche *Zäpfel, G.* 1996: Seite 63

- welche Endprodukte in welcher Menge im Planungszeitraum produziert werden,
- zu welchen Zeitpunkten die Lieferungen der Endprodukte erfolgen sollen und
- wie groß die Endlagerbestände sein sollen.

Darüber hinaus werden die Kundenaufträge verwaltet. Der Ablauf der Programmplanung ist der ↗ Abbildung 17-17 zu entnehmen. Die aggregierte Programmplanung kann dabei auf zwei Arten erfolgen.

Arten der Programmplanung

Auftragsgetriebene Programmplanung

Die auftragsgetriebene Programmplanung, die auch als programmgebunden oder bedarfsgesteuert bezeichnet wird, erfolgt deterministisch auf der Basis von bestehenden Kundenaufträgen.

Abb. 17-17

Ablauf der Programmplanung im MRP II-System

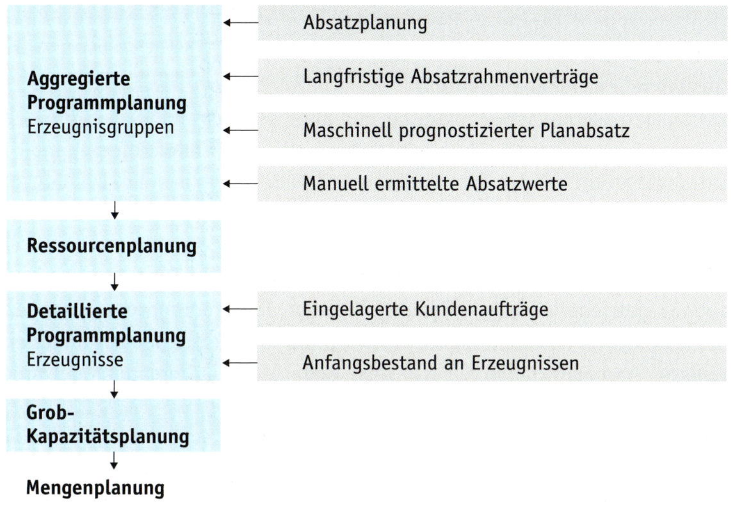

Vergleiche *Zäpfel, G.* 1996: Seite 118

Prognosegetriebene Programmplanung

Die prognosegetriebene Programmplanung, die auch als verbrauchsgesteuert bezeichnet wird, erfolgt stochastisch, indem die Primärbedarfe an fertigen Erzeugnissen auf Basis der Bedarfe in der Vergangenheit progostiziert werden.

Die Ergebnisse der Programmplanung bilden die Grundlage der nachfolgenden Mengenplanung.

17.4.2 Mengenplanung

Fragen der Mengenplanung

Die Mengenplanung ist die zweite Stufe der Produktionsplanung und -steuerung. Ihr Planungsgegenstand ist der Sekundär- und Tertiärbedarf. Im Rahmen der Mengenplanung werden die Ergebnisse der Programmplanung entsprechend detailliert und es wird festgelegt:

- wie viele unfertige Erzeugnisse und Materialien benötigt werden,
- wie groß die Lagerbestände in der Produktion und in der Beschaffung sein sollen und
- was eigen- und was fremdproduziert werden soll.

Darüber hinaus werden die entsprechenden Bestellungen eingeleitet. In Abhängigkeit davon, wann innerhalb der Produktion der Übergang von der prognose- zur auftragsgetriebenen Produktion erfolgt, wird auch die Mengenplanung prognose- oder auftragsgetrieben durchgeführt (vergleiche dazu auch die Ausführungen zur Bedarfsplanung im ↗ Kapitel 15 Beschaffung).

Arten der Mengenplanung

Auftragsgetriebene Mengenplanung
Die auftragsgetriebene Mengenplanung, die auch als programmgebunden oder bedarfsgesteuert bezeichnet wird, erfolgt deterministisch, indem die Sekundär- und Tertiärbedarfe an unfertigen Erzeugnissen und Materialien aus den Primärbedarfen an fertigen Erzeugnissen durch Stücklistenauflösungen abgeleitet werden.

Prognosegetriebene Mengenplanung
Die prognosegetriebene Mengenplanung, die auch als verbrauchsgesteuert bezeichnet wird, erfolgt stochastisch, indem die Sekundär- und Tertiärbedarfe an unfertigen Erzeugnissen und Materialien auf Basis der Bedarfe in der Vergangenheit progostiziert werden.

Die Ergebnisse der Mengenplanung bilden die Grundlage der nachfolgenden Termin- und Kapazitätsplanung.

17.4.3 Termin- und Kapazitätsplanung

Fragen der Terminplanung

Die Termin- und Kapazitätsplanung ist die dritte Stufe der Produktionsplanung und -steuerung. Im Rahmen der Termin- und Kapazitätsplanung werden die Ergebnisse der Mengenplanung detailliert und es wird festgelegt:

- wann die Durchführung von Produktionsaufträgen startet und endet,
- wie viel Kapazitäten benötigt werden und ob dieser Bedarf durch die vorhandenen Kapazitäten abgedeckt wird und
- welche Arbeitsvorgänge mit welchen Kapazitäten durchgeführt werden sollen.

Arten der Durchlaufterminierung

Die Termin- und Kapazitätsplanung wird häufig anhand einer Durchlaufterminierung durchgeführt. Dabei handelt es sich um eine zentrale, deterministische Form der Termin- und Kapazitätsplanung. In der Regel erfolgt eine kombinierte Vorwärts- und Rückwärtsterminierung (↗ Abbildung 17-18).

Vorwärtsterminierung
Bei der Vorwärtsterminierung werden Aufträge zu den frühestmöglichen Zeitpunkten auf den Betriebsmitteln eingeplant und so der frühestmögliche Endtermin ermittelt, zu dem ein Produktionsauftrag abgeschlossen wird.

Abb. 17-18

Durchlaufterminierung

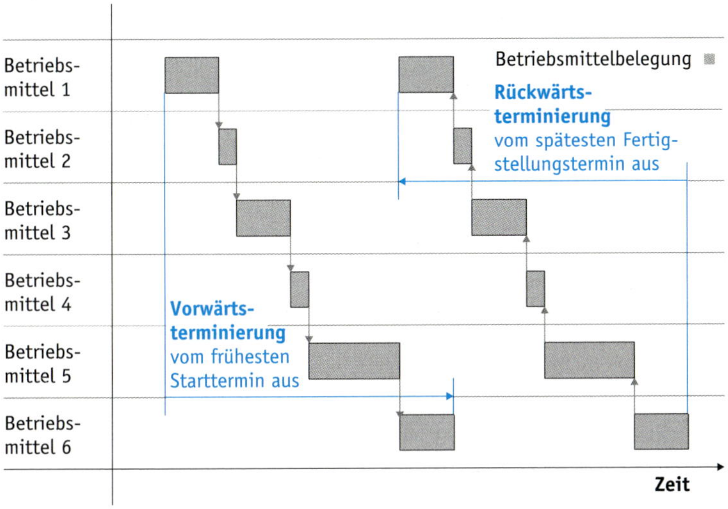

Vergleiche *Spur, G.* 1994: Seite 173

Rückwärtsterminierung
Bei der Rückwärtsterminierung wird, ausgehend von dem Zeitpunkt, zu dem der Produktionsauftrag spätestens abgeschlossen sein muss, der Zeitpunkt ermittelt, zu dem der Produktionsauftrag spätestens begonnen werden muss.

Da die Durchlaufterminierung die Auslastung der vorhandenen Kapazitäten nur unzureichend berücksichtigt, wird sie in der Regel mit weiteren Verfahren, wie der Kapazitätsterminierung, kombiniert (vergleiche *Spur, G.* 1994: Seite 173 ff.). Die Ergebnisse der Termin- und Kapazitätsplanung bilden die Grundlage der nachfolgenden Steuerung.

17.4.4 Produktionssteuerung

Fragen der Produktionssteuerung

Die Produktionssteuerung ist die vierte und letzte Stufe der Produktionsplanung und -steuerung. Im Rahmen der Produktionssteuerung werden die Ergebnisse der Termin- und Kapazitätsplanung umgesetzt, indem:
- die Verfügbarkeit der vorhandenen Produktionsfaktoren überprüft wird,
- die Produktionsaufträge den Mitarbeitern und Produktionseinrichtungen zugeordnet werden,
- die Produktionsaufträge freigegeben werden,

- der Produktionsfortschritt überwacht wird und
- Anpassungsmaßnahmen bei Soll-Ist-Abweichungen ausgelöst werden.

Arten der Produktionssteuerung

Die Produktionssteuerung kann zentral oder dezentral erfolgen (↗ Abbildung 17-19, zum Folgenden vergleiche *Weber, J./Baumgarten, H.* 1999: Seite 426 ff):

Zentrale Steuerung
Bei der zentralen Produktionssteuerung erfolgt die Steuerung durch eine übergeordnete Stelle, die eine Gesamtkoordination sämtlicher Produktionsvorgänge und innerbetrieblicher Transporte vornimmt.

Dezentrale Steuerung
Bei der dezentralen Steuerung erfolgt die Steuerung der Produktion und der Materialverteilung durch eine Vielzahl selbstregelnder Steuerkreise in den verschiedenen Bereichen der Produktion.

Kanban-Prinzip

Das japanische »Kanban-Prinzip« stellt die bekannteste Ausprägung der dezentralen Steuerung dar. Dieses Steuerungskonzept wurde in den 1950er-Jahren von dem japanischen Unternehmen *Toyota* entwickelt. Merkmale des Kanban-Prinzips sind (vergleiche *Bichler, K./Schröter N.* 1995: Seite 95 ff.):
- Zwischen den verschiedenen Stufen des Produktionsprozesses bestehen Kunden-Lieferanten-Beziehungen.
- Zwischen den Produktionsstufen bestehen Lager beziehungsweise Puffer.

Abb. 17-19

Alternativen der Produktionssteuerung

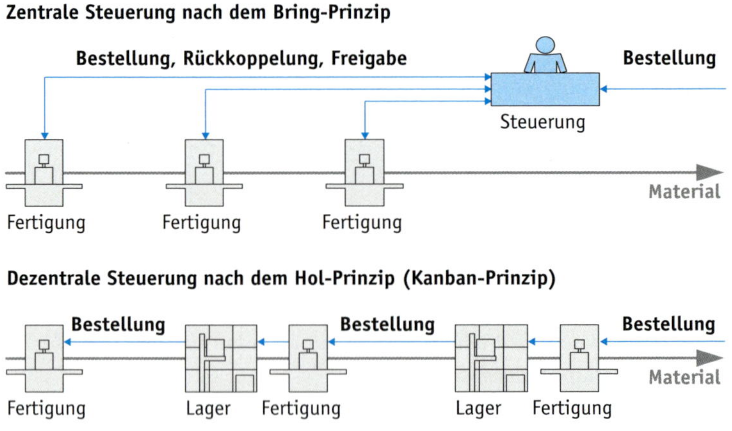

Vergleiche *Thonemann, U.* 2005: Seite 351

Wirtschaftspraxis 17-5

Kanban in der Motorenproduktion

In ihrem Berliner Werk in Marienfelde produzierte die *Daimler AG* im Jahr 2006 mit über 3 300 Mitarbeitern täglich etwa 1 000 Motoren. Das Spektrum der produzierten Motoren reicht dabei vom 41 PS starken Antrieb für den *Smart* bis zum 550 PS starken Antrieb für den *Maybach*. Die Motoren werden unter anderem in den deutschen Werken Bremen, Düsseldorf und Sindelfingen, im österreichischen Graz, im spanischen Vitoria, in den amerikanischen Werken Detroit und Tuscaloosa sowie im südafrikanischen East London verwendet.

Die Montage der im Durchschnitt aus 300 Teilen bestehenden Motoren dauert im Mittel 95 Minuten. Die Belieferung des Werks erfolgt größtenteils über ein von der *TNT Logistik GmbH* betriebenes Lieferanten-Logistikzentrum. In diesem werden die Materialien der über 500 Lieferanten im Schnitt eine Woche vor der Verwendung in der Produktion zwischengelagert. Das zugehörige Hochregallager bietet mit einem Volumen von 56 700 Kubikmetern Platz für 13 000 Paletten und 48 000 Kästen.

Die eigentliche Belieferung der Produktion erfolgt nach dem Kanban-Prinzip. Wenn der Materialvorrat am Montageband zur Neige geht, wird vollautomatisch eine Nachschubbestellung an das Lieferanten-Logistikzentrum abgeschickt. Dort wird das entsprechende Material ausgelagert und in die benachbarte Produktion transportiert. In den Besitz des Automobilherstellers geht das Material dabei erst über, wenn es das Lieferanten-Logistikzentrum verlässt. Dadurch muss die *Daimler AG* nur die in der Produktion verwendeten und nicht die im Lieferanten-Logistikzentrum gelagerten Materialien finanzieren.

Quelle: *During, R. W.*: Von Smart bis Maybach – In Marienfelde werden Motoren für die gesamte Fahrzeugpalette von *Daimler-Chrysler* gebaut, in: Handelsblatt, Nummer 83 vom 28.04.2006, Seite B22.

- Die Steuerung erfolgt nach dem sogenannten Hol-Prinzip. Nachgelagerte Produktionsstufen holen die benötigten Materialien selbstständig von den Ausgangslagern der vorausgehenden Produktionsstufen ab.
- Die Steuerkreise bestehen jeweils zwischen zwei Produktionsstufen, sodass im Unternehmen insgesamt eine Vielzahl dezentraler Steuerkreise existiert.
- Die zum Transport verwendeten Transporthilfsmittel sind mit einer Karte, dem sogenannten Kanban (japanisch: Schild, Karte), ausgestattet. Das Kanban enthält Informationen über die Menge und die Art der Produkte auf dem Transporthilfsmittel und verbleibt am Abholort.
- In der vorausgelagerten Produktionsstufe wird durch das verbleibende Kanban dann wiederum eine Produktion oder Beschaffung zur Auffüllung des Lagers beziehungsweise Puffers eingeleitet.
- Die insgesamt im Unternehmen vorhandene Materialumlaufmenge kann durch die Anzahl der verwendeten Kanbans gezielt begrenzt werden.

17.5 Kennzahlen

Zur Information und Steuerung wird in der Produktionswirtschaft eine Reihe von Kennzahlen eingesetzt. Die Informationen werden dem Management und den Mitarbeitern in der Produktionswirtschaft in der Regel in monatlichen Berichten zur Verfügung gestellt. Hierzu können unter anderem die nachfolgenden Kennzahlen verwendet werden (vergleiche *Jung, H.* 2003: Seite 511):

$$\text{Ausschussquote} = \frac{\text{Anzahl nicht verwendbarer Produkte}}{\text{Produktionsmenge}}\ [\%]$$

$$\text{Fehlerquote} = \frac{\text{Anzahl festgestellter Fehler}}{\text{Produktionsmenge}}\ [\text{Fehler/Stück}]$$

$$\text{Beschäftigungsgrad} = \frac{\text{Produktionszeit}}{\text{Geplante Produktionszeit}}\ [\%]$$

$$\text{Kapazitätsauslastungsgrad} = \frac{\text{Produktionszeit}}{\text{Maximal mögliche Produktionszeit}}\ [\%]$$

$$\text{Produktionstiefe} = \frac{\text{Produktionskosten} - \text{Materialkosten}}{\text{Produktionskosten}}\ [\%]$$

Zusammenfassung Kapitel 17

- Gegenstand der Produktionswirtschaft ist die wirtschaftliche Gestaltung und Durchführung der Transformation von vorhandenen Produktionsfaktoren in Erzeugnisse und Eigenleistungen unter Anwendung von Produktionsverfahren.
- Produktionsfaktoren sind die in der Produktion eingesetzten materiellen und immateriellen Güter.
- Produktionsfaktoren nach *Gutenberg* sind Werkstoffe, Betriebsmittel und menschliche Arbeit.
- Die Produktionstheorie beschreibt, wie sich die Produktionsfaktormenge auf die Ausbringungsmenge auswirkt.
- Es gibt limitationale und substitutionale Produktionsfunktionen.
- Die Produktionstiefe ist der prozentuale Anteil am Wert eines Erzeugnisses, den ein Unternehmen durch die Produktion selbst schafft.
- Die Produktion kann auftragsgetrieben oder prognosegetrieben erfolgen.
- Prozesstypen der Produktion sind die Einzel-, die Serien- und die Massenproduktion.
- Organisationstypen der Produktion sind die Punkt-, die Werkstatt-, die Fließ- und die Gruppenfertigung und -montage.

- Produktionsverfahren bezeichnen die Technologien, die eingesetzt werden, um die Produktionsfaktoren in Erzeugnisse und Eigenleistungen zu transformieren.
- Die Qualität ist die Gesamtheit von Eigenschaften und Merkmalen eines Erzeugnisses, die sich auf die Eignung zur Erfüllung gegebener Anforderungen bezieht.
- Die Produktionsplanung erfolgt in den Stufen Programm-, Mengen- sowie Termin- und Kapazitätsplanung.
- Die Produktionssteuerung kann zentral oder dezentral erfolgen.

Weiterführende Literatur Kapitel 17

Corsten, H./Gössinger, R.: Produktionswirtschaft: Einführung in das industrielle Produktionsmanagement, München, Wien.
Zäpfel, G.: Grundzüge des Produktions- und Logistikmanagement, München, Wien.
Fandel, G./Fistek, A./Stütz, S.: Produktionsmanagement, Berlin.
Günther, H.-O./Tempelmeier, H.: Produktion und Logistik, Berlin.

Schlüsselbegriffe Kapitel 17

- Produktionswirtschaft
- Fertigung
- Montage
- Produktionsfaktor
- Betriebsmittel
- Produktionstheorie
- Produktionsfunktion
- Produktionsprogramm
- Produktionstiefe
- Produktionskapazität
- Totalkapazität
- Periodenkapazität
- Nutzungshauptzeit
- Brachzeit
- Auftragseindringtiefe
- Order-Penetration-Point
- Lagerproduktion
- Auftragsmontage
- Auftragsfertigung
- Sonderproduktion
- Prozesstyp
- Einzelproduktion
- Serienproduktion
- Massenproduktion
- Chargenproduktion
- Mass-Customization
- Organisationstyp
- Punktfertigung
- Baustellenfertigung
- Werkstattfertigung
- Fließfertigung
- Gruppenfertigung
- Produktionsverfahren
- Qualität
- Variablenprüfung
- Attributprüfung
- Qualitätsmanagementsystem
- Total Quality Management
- Layout
- Programmplanung
- Mengenplanung
- Terminplanung
- Kapazitätsplanung
- Vorwärtsterminierung
- Rückwärtsterminierung
- Produktionssteuerung
- Bring-Prinzip
- Hol-Prinzip
- Kanban

Fragen Kapitel 17

Frage 17-1: *Definieren Sie den Begriff »Produktion«.*
Frage 17-2: *Nennen Sie die zwei Teilbereiche der Produktion.*
Frage 17-3: *Nennen Sie die drei »klassischen« Produktionsfaktoren der Volkswirtschaftslehre.*
Frage 17-4: *Nennen Sie die drei Produktionsfaktoren nach Gutenberg.*
Frage 17-5: *Erläutern Sie, welche zwei Formen menschlicher Arbeit Gutenberg unterscheidet.*
Frage 17-6: *Erläutern Sie, welche Ziele im Produktionsbereich verfolgt werden können.*
Frage 17-7: *Definieren Sie den Begriff »Produktionsfunktion«.*
Frage 17-8: *Erläutern Sie den Unterschied zwischen substitutionalen und limitationalen Produktionsfunktionen.*
Frage 17-9: *Erläutern Sie, welche Art der Produktion in der Produktionsfunktion vom Typ A abgebildet wird.*
Frage 17-10: *Erläutern Sie, welche Art der Produktion in der Produktionsfunktion vom Typ B abgebildet wird.*
Frage 17-11: *Erläutern Sie den Unterschied zwischen Verbrauchs- und Gebrauchsfaktoren bei der Produktionsfunktion vom Typ B.*
Frage 17-12: *Erläutern Sie, was unter der Produktionstiefe verstanden wird.*
Frage 17-13: *Erläutern Sie, wovon die Produktionskapazität abhängt.*
Frage 17-14: *Erläutern Sie den Unterschied zwischen der quantitativen und der qualitativen Produktionskapazität.*
Frage 17-15: *Erläutern Sie den Unterschied zwischen der Total- und der Periodenkapazität.*
Frage 17-16: *Nennen sie die zwei Zeiten in die die Betriebsmittelzeit unterteilt wird.*
Frage 17-17: *Nennen sie die zwei Zeiten in die die Nutzungszeit unterteilt wird.*
Frage 17-18: *Erläutern Sie, was unter dem Order-Penetration-Point verstanden wird.*
Frage 17-19: *Nennen sie die vier Ausprägungen der Auftragseindringtiefe.*
Frage 17-20: *Erläutern Sie anhand von Beispielen, für welche Einsatzbereiche sich die vier Ausprägungen der Auftragseindringtiefe eignen.*
Frage 17-21: *Nennen sie die drei Prozesstypen der Produktion.*
Frage 17-22: *Erläutern Sie anhand von Beispielen, für welche Einsatzbereiche sich die drei Prozesstypen der Produktion eignen.*
Frage 17-23: *Erläutern Sie, was unter der Chargenproduktion verstanden wird.*
Frage 17-24: *Erläutern Sie, was unter der Mass-Customization verstanden wird.*
Frage 17-25: *Nennen sie die vier Organisationstypen der Produktion.*
Frage 17-26: *Erläutern Sie, welche zwei Ausprägungen der Punktfertigung und -montage unterschieden werden.*
Frage 17-27: *Erläutern Sie den Unterschied zwischen der Werkstatt- und der Fließfertigung.*
Frage 17-28: *Definieren Sie den Begriff »Produktionsverfahren«.*
Frage 17-29: *Nennen sie mindestens vier Kategorien von Produktionsverfahren der Fertigung und jeweils ein Beispiel dafür.*

Frage 17-30: *Erläutern Sie, welche zwei Kriterien das einzusetzende Produktionsverfahren bestimmen.*
Frage 17-31: *Definieren Sie den Begriff »Qualität«.*
Frage 17-32: *Erläutern Sie den Unterschied zwischen der Variablen- und der Attributprüfung.*
Frage 17-33: *Erläutern Sie, was unter dem Total Quality Management verstanden wird.*
Frage 17-34: *Erläutern Sie, welche Zielsetzung die Layoutplanung von Produktionssystemen hat.*
Frage 17-35: *Nennen sie die vier Stufen der Produktionsplanung und -steuerung und jeweils das Ergebnis dieser Stufen.*
Frage 17-36: *Erläutern Sie, welche Aufgaben die Programmplanung hat.*
Frage 17-37: *Erläutern Sie, auf welche zwei Arten die Programmplanung durchgeführt werden kann.*
Frage 17-38: *Erläutern Sie, welche Aufgaben die Mengenplanung hat.*
Frage 17-39: *Erläutern Sie, auf welche zwei Arten die Mengenplanung durchgeführt werden kann.*
Frage 17-40: *Erläutern Sie, welche Aufgaben die Termin- und Kapazitätsplanung hat.*
Frage 17-41: *Erläutern Sie, welche zwei Alternativen der Durchlaufterminierung es gibt.*
Frage 17-42: *Erläutern Sie, welche Aufgaben die Produktionssteuerung hat.*
Frage 17-43: *Erläutern Sie, auf welche zwei Arten die Produktionssteuerung durchgeführt werden kann.*
Frage 17-44: *Erläutern Sie, was unter dem Kanban-Prinzip verstanden wird.*

Fallstudie Kapitel 17

In ihrem Aggregatewerk montiert die Speedy GmbH unter anderem die Motoren für ihre Fahrzeuge. Im Hinblick auf die Produktion gibt es drei verschiedene Typen von Motoren:

- ***Standardmotoren**, die für Fahrzeugsondermodelle **in gleicher Ausführung in sehr großen Stückzahlen** produziert werden. Die Motoren werden immer mit den gleichen Komponenten ausgestattet.*
- *Motoren, die für normale Fahrzeuge **in mittelgroßen Stückzahlen** entsprechend der jeweils vom Kunden gewählten Fahrzeugausstattung innerhalb eines **Baukastensystems** montiert werden. In Abhängigkeit von der Ausstattung des Fahrzeugs mit Schalt- oder Automatikgetriebe, Antriebsschlupfregelung, Klimaanlage oder Tempomat und von der gewählten Motorstärke werden unterschiedliche Komponenten montiert.*
- ***Sondermotoren**, die für Fahrzeuge für den Rennsport extra konstruiert und in **sehr kleinen Stückzahlen** produziert werden.*

Die Motoren werden aufgrund von Bestellungen der nachgelagerten Fahrzeugmontage produziert. Die Produktion ist als Werkstattfertigung organisiert. Alle Motortypen werden in denselben Werkstätten produziert. Die Bestellungen der Fahrzeugmontage werden im Aggregatewerk folgendermaßen bearbeitet:

*(A) Die Bestellung geht an die Abteilung **Auftragsverwaltung**.*

(B) Die Abteilung Auftragsverwaltung erstellt daraufhin einen Auftrag und leitet diesen an die Abteilung ***Materialwirtschaft*** *des Aggregatewerks weiter. Dort wird überprüft, ob die benötigten Materialien im Rohmateriallager des Aggregatewerks vorhanden sind. Ist dem nicht so, wird das Material nachbestellt.*
(C) Die Materialwirtschaft leitet den Auftrag dann an die ***Konstruktion*** *und die* ***Arbeitsvorbereitung*** *weiter. Dort wird überprüft, ob für den Auftrag aufgrund besonderer Kundenwünsche Konstruktionszeichnungen und Arbeitspläne abgeändert beziehungsweise erstellt werden müssen.*
(D) Die Konstruktion leitet den Auftrag dann an die ***Produktionssteuerung*** *weiter. Diese gibt der Werkstatt »Gießerei« den Auftrag, die benötigten Teile zu produzieren. Im Anschluss erfolgt eine Rückmeldung an die Produktionssteuerung. Diese gibt daraufhin der Werkstatt »Metallbearbeitung« den Auftrag, die gegossenen Teile zu bearbeiten. Nach Rückmeldung an die Produktionssteuerung werden die Teile zusammen mit Teilen aus anderen Werken und Zukaufteilen in der Werkstatt »Montage« zu Motoren zusammengebaut und von dort an das Ausgangslager des Aggregatewerks weitergeleitet.*
(E) Vom ***Ausgangslager*** *werden die Motoren an die Fahrzeugmontage ausgeliefert. Dies wird dann der Auftragsverwaltung mitgeteilt.*
(F) Die Auftragsverwaltung teilt abschließend dem ***Rechnungswesen*** *des Aggregatewerks mit, dass eine interne Leistungsverrechnung an die Fahrzeugmontage erfolgen kann.*

Aufgrund der gestiegenen Absatzzahlen und des dadurch gestiegenen Bedarfs an Motoren wird das Aggregatewerk zunehmend zum Engpassfaktor der Speedy GmbH. Wegen der daraus resultierenden längeren Lieferzeiten bei den Fahrzeugsondermodellen und den normalen Fahrzeugen haben nach Aussagen des Marketings schon viele Kunden ihr Auto bei einem Wettbewerber gekauft. Die Geschäftsführung der Speedy GmbH bittet Sie deshalb, ein neues Produktionskonzept für das Aggregatewerk zu entwickeln:
(1) Stellen Sie den bestehenden Auftragsdurchlauf graphisch dar.
(2) Überlegen Sie anschließend, wie der Auftragsdurchlauf und die Organisation der Produktion verbessert werden können, um insbesondere kürzere Lieferzeiten sicherzustellen.
(3) Stellen Sie den verbesserten Auftragsdurchlauf und ein mögliches Layout der Produktion graphisch dar.

Präsentieren Sie nachfolgend Ihre Ergebnisse.

18 Marketing

Kapitelnavigator

Inhalt	Lernziel
18.1 Grundlagen	18-1 Die Grundlagen des Marketings kennen.
18.2 Preistheorie	18-2 Die Aussagen der Preistheorie kennen.
18.3 Marktanalyse	18-3 Die Elemente und Vorgehensweisen der Marktanalyse kennen.
18.4 Marketingstrategien	18-4 Die verschiedenen Marketingstrategien kennen.
18.5 Absatzpolitische Instrumente	18-5 Die absatzpolitischen Instrumente kennen.
18.6 Kennzahlen	18-6 Die wichtigsten Marketing-Kennzahlen kennen.

Für die meisten Märkte ist heutzutage ein Angebotsüberhang charakteristisch. Deshalb müssen sich die meisten Unternehmen besonders um den Absatz ihrer Produkte bemühen.

Alle diejenigen Funktionen, die dieses Ziel verfolgen, werden unter dem Begriff Marketing zusammengefasst:

> Gegenstand des **Marketings** ist die Planung und die Durchführung von Aktivitäten, die unmittelbar oder mittelbar dazu dienen, dass Individuen oder Gruppen die Produkte eines Unternehmens kaufen oder dessen Anliegen unterstützen.

Synonyme

Synonym zum Begriff Marketing werden die Begriffe **Absatzwirtschaft** und **Absatzpolitik** verwendet. Teilweise werden auch die Begriffe **Vertrieb** oder **Verkauf** synonym verwendet. In der Regel werden darin jedoch nur Teilfunktionen des Marketings gesehen, die primär die akquisitorische Distribution zum Gegenstand haben (vergleiche *Meffert, H.* 2000: Seite 615 f. und *Nieschlag, R./Dichtl, E./Hörschgen, H.* 1997: Seite 10).

Abb. 18-1

Einordnung des Marketings in die Leistungserstellung

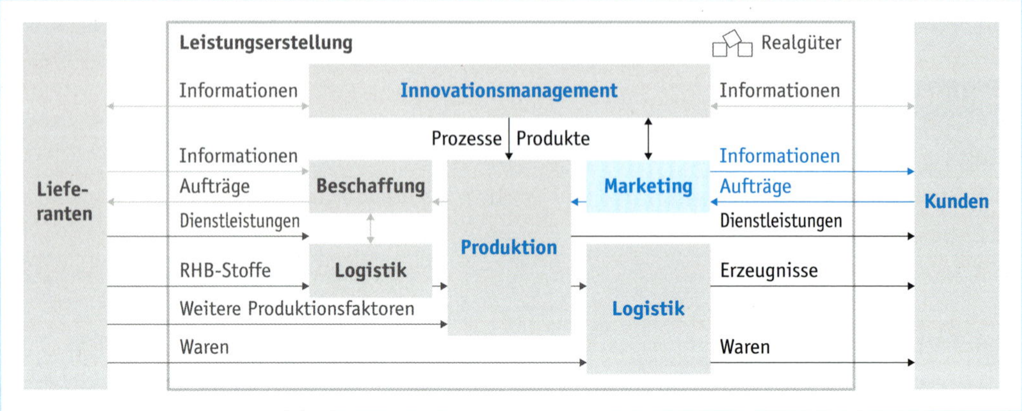

18.1 Grundlagen

18.1.1 Einordnung des Marketings

Das Marketing ist Teil der Leistungserstellung. Schnittstellen bestehen insbesondere zu folgenden Bereichen (↗ Abbildung 18-1):

- **Innovationsmanagement:** In der Regel erstellt das Marketing im Rahmen der Produktpolitik Vorgaben für das Innovationsmanagement hinsichtlich der zu entwickelnden Produkte.
- **Kunden:** Das Marketing bewirkt, dass Kunden die Produkte des Unternehmens kaufen.
- **Produktion:** Die Produktion erhält vom Marketing die Aufträge, Produkte für die Kunden herzustellen.
- **Logistik:** Die Logistik versorgt die Kunden mit fertigen Erzeugnissen und Waren, indem sie diese zwischenlagert und zu den Kunden transportiert.

18.1.2 Unterteilung des Marketings

Formen des Marketings

In Abhängigkeit von der Art des Unternehmens und den abzusetzenden Gütern lassen sich verschiedene Formen des Marketings unterscheiden (↗ Abbildung 18-2, zum Folgenden vergleiche *Schierenbeck, H.* 2003: Seite 268 ff.).

Kommerzielles Marketing
Das Marketing von gewinnorientierten Unternehmen, das im Mittelpunkt der nachfolgenden Ausführungen steht, wird als kommerzielles Marketing bezeichnet. Es

Abb. 18-2

Formen des Marketings

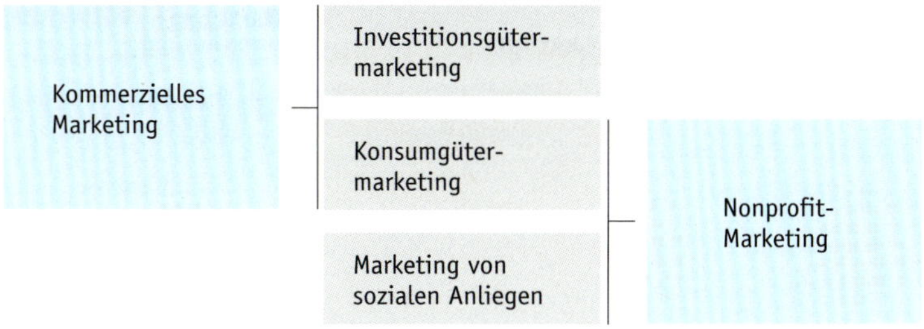

Vergleiche *Schierenbeck, H.* 2003: Seite 269

umfasst das **Investitionsgütermarketing,** für das ein direktes, auf bestimmte Unternehmen ausgerichtetes Marketing typisch ist, und das **Konsumgütermarketing**, für das ein auf breite Bevölkerungsgruppen ausgerichtetes Marketing mittels Massenmedien charakteristisch ist.

Nonprofit-Marketing
Das Marketing von gemeinnützigen Unternehmen wird als Nonprofit-Marketing bezeichnet. Viele Nonprofit-Organisationen wollen Konsumgüter und hier vor allem **konsumtive Dienstleistungen** absetzen, wie beispielsweise ein Sportverein, der seine Sportkurse vermarkten möchte. Darüber hinaus hat das Marketing bei den meisten Nonprofit-Organisationen die Aufgabe, für **soziale Anliegen** zu sensibilisieren, wie beispielsweise für den Abbau von Armut in bestimmten geografischen Regionen oder für die Erhaltung der Umwelt.

18.1.3 Entwicklung des Marketings

1950er-Jahre

Nach dem Zweiten Weltkrieg war für viele Märkte ein Nachfrageüberhang kennzeichnend. Auf diesen sogenannten **Verkäufermärkten** dominierten die Anbieter das Marktgeschehen vielfach fast monopolartig. Die Marketingaktivitäten der Unternehmen konzentrierten sich deshalb auf die Gestaltung der Verkaufspreise und die Distribution der Güter.

1960er-Jahre

Nachdem der Nachholbedarf der Jahre nach dem Zweiten Weltkrieg gedeckt war, trat etwa ab der Mitte der 1960er-Jahre auf vielen Märkten der westlichen Industriegesellschaften eine zunehmende Marktsättigung ein, die mit deutlichen Nachfragerückgängen verbunden war. Aus den Verkäufermärkten wurden dadurch **Käufermärkte,** und im Mittelpunkt des Marketings stand von nun an der Verbraucher als »König Kunde« (↗ Abbildung 18-3).

Abb. 18-3

Entwicklung der Marketingorientierung

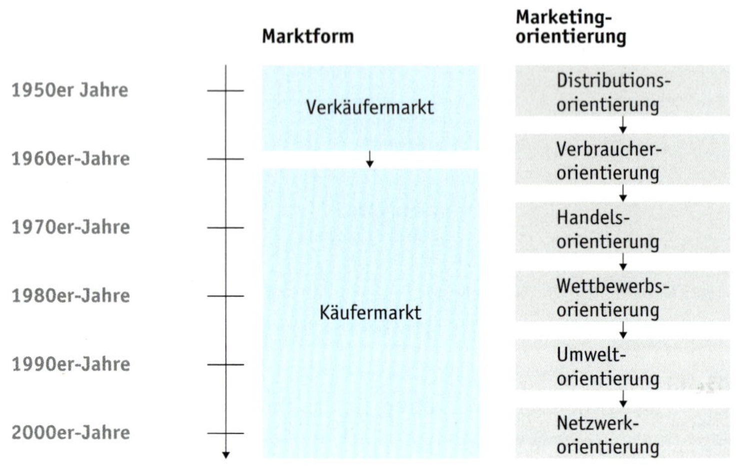

Vergleiche *Meffert, H.* 2000: Seite 5

1970er-Jahre

Die 1970er-Jahre waren von einer zunehmenden Nachfragemacht des Handels geprägt. Entsprechend wurden im Marketing verstärkt auf die Handelsstufen ausgerichtete Instrumente entwickelt und eingesetzt.

1980er-Jahre

Durch die zunehmende Internationalisierung und damit das Aufkommen zusätzlicher Wettbewerber wurde das Marketing in den 1980er-Jahren insbesondere durch den Einsatz von Instrumenten zur Differenzierung gegenüber Wettbewerbern geprägt. Für viele Unternehmen lautete die entscheidende Frage: Wie kann ich meinen Kunden den kaufentscheidenden Unterschied zwischen den eigenen Produkten und denen der Konkurrenz vermitteln?

1990er-Jahre

Bereits infolge der ersten großen Energiekrise in den Jahren 1973/74 und dem dadurch zunehmenden ökologischen Bewusstsein breiter Bevölkerungsschichten begann eine stärkere Orientierung an ökologischen, aber auch gesellschaftlichen Rahmenbedingungen, die besonders in den 1990er-Jahren ausgeprägt war und damit auch das Marketing beeinflusste.

2000er-Jahre

Aufgrund der Entwicklungen im Bereich der Informations- und Kommunikationstechnologien orientiert sich das Marketing aktuell an der Entwicklung von Netzwerken mit anderen Marktteilnehmern (vergleiche *Meffert, H.* 2000: Seite 4 ff.).

Typisch für die Käufer in der Gegenwart sind dabei sogenannte **hybride** oder **multioptionale Kunden**. Diese Kunden meiden alles Mittelmäßige und kaufen entweder preisbewusst bei Discountern oder luxusorientiert bei Premiumanbietern. Entsprechend hat das Marketing von Unternehmen derzeit insbesondere die Aufgabe, niedrige Verkaufspreise oder den durch den Kauf bestimmter Güter vermeintlich erhältlichen Lebensstil in den Mittelpunkt der Kommunikation zu stellen.

18.1.4 Ziele des Marketings

Klare und konsistente Ziele sind eine wesentliche Voraussetzung, um die Aufgaben des Marketings wirkungsvoll zu erfüllen. Sie müssen mit den anderen Zielsetzungen des Unternehmens in Einklang stehen und Zielkonflikte so weit als möglich vermeiden. Im Folgenden werden die Ziele des Marketings kurz erläutert (vergleiche *Meffert, H.* 2000: Seite 76 ff.).

Zielsystem des Marketings

Marktanteile
Der Marktanteil gibt den Grad der Ausschöpfung des Marktpotenzials durch ein Unternehmen an. Er lässt erkennen, in welchen Märkten, zum Beispiel bezogen auf bestimmte geografische Gebiete, Kundengruppen oder Produktgruppen, ein Unternehmen gegenüber seinen Konkurrenten besonders erfolgreich ist. Darüber hinaus kann auch die Etablierung in neuen Märkten, wie beispielsweise in bestimmten ausländischen Märkten, Ziel eines Unternehmens sein.

Umsatzerlöse
Zur Erzielung hoher Umsatzerlöse ist es notwendig, möglichst viele Produkte zu möglichst hohen Preisen zu verkaufen. Da das Marketing auf beide Faktoren Einfluss hat, ist der Umsatzerlös in der Regel eine der wichtigsten Zielgrößen des Marketings.

Deckungsbeiträge
Hohe Umsatzerlöse allein gewährleisten keine hohen Gewinne, da sie auch durch niedrige Preise erzielt werden können. Die erzielten Deckungsbeiträge einzelner Produkte, Produktgruppen und Kundengruppen sind deshalb eine weitere wichtige Zielgröße des Marketings.

Produkt- und Unternehmensimage
Da viele Produkte austauschbar geworden sind, werden Kaufentscheidungen häufig aufgrund des Produkt- oder Unternehmensimages getroffen. Die Vermittlung eines positiven Images ist deshalb ein weiteres wichtiges Ziel des Marketings.

Fallbeispiel 18-1 **Marketingziele eines Automobilherstellers**

▸▸▸ Im Rahmen ihres neuen, langfristigen Marketingkonzepts »Marketing 0010« hat die *Speedy GmbH* die beiden folgenden Zielsetzungen als Kernziele formuliert: »Verdoppelung des Marktanteils im Bereich der Mittelklassewagen in Europa bis zum Jahr 0010 von derzeit 4,5 Prozent auf 9 Prozent« und »Wesentliche Verbesserung des derzeitigen Markenimages des *Speedsters* auf allen europäischen Märkten«. Während die erste Zielsetzung quantitativ messbar ist und damit kaum zu Diskussionen innerhalb der Geschäftsführung führte, erhitzte das qualitative Imageziel lange Zeit die Gemüter. Die immer wieder gestellte Frage lautete: Wie soll das »Image« des *Speedsters* gemessen werden? Schließlich erfolgt eine Einigung darauf, das Imageziel zum einen durch Marktbefragungen zu operationalisieren, zum anderen geht die Geschäftsführung davon aus, dass der Absatz der Produkte direkt mit dem Markenimage korreliert und insofern höhere Absatzzahlen auch auf ein verbessertes Image zurückgeführt werden können. ◂◂◂

18.1.5 Restriktionen des Marketings

Im Marketing sind vor allem die folgenden Rahmenbedingungen zu beachten:

Rahmenbedingungen absatzwirtschaftlicher Maßnahmen

Gesamtwirtschaftliche Entwicklung
Die gesamtwirtschaftliche Entwicklung beschränkt den absatzpolitischen Handlungsspielraum der Unternehmen. Beispielsweise beeinflussen die aktuelle konjunkturelle Situation, die Stabilität des Geldwertes und die Wechselkurse die Absatzchancen auf den nationalen und internationalen Märkten.

Verhalten der Nachfrager
Das Verhalten der Nachfrager ist eine weitere Restriktion. So können die Konsumgewohnheiten oder die begrenzten finanziellen Mittel die Absatzchancen für bestimmte Produkte wesentlich verringern.

Verhalten der Wettbewerber
Auch das Verhalten der Wettbewerber bildet oft eine nicht zu unterschätzende Barriere für den Absatz der eigenen Produkte. Dabei kommt es vor allem auf die Marktmacht der einzelnen Wettbewerber und auf den Grad der Vollkommenheit des Marktes an, der es den Konsumenten erlaubt oder auch nicht erlaubt, sich alle für die Kaufentscheidung relevanten Informationen problemlos zu beschaffen (vergleiche *Ott, A. E.* 1979: Seite 39).

Rechtliche Bedingungen
Bestimmte Rechtsvorschriften können den Einsatz der Marketing-Instrumente einschränken. So ist beispielsweise die Fernsehwerbung für Zigaretten in vielen Ländern durch den Gesetzgeber verboten.

18.1.6 Aufgaben und Vorgehensweise

Marketingmanagementprozess

Innerhalb des Marketingmanagementprozesses lassen sich folgende Aufgaben des Marketings unterscheiden (↗ Abbildung 18-4, zum Folgenden vergleiche *Meffert, H.* 2000: Seite 11 ff.):

Marktanalysen durchführen
Als Basis für die Entwicklung von Marketingstrategien und die anschließende Gestaltung des Marketingmix werden mithilfe von Marktanalysen die bereits vorhandenen und die potenziellen Marktteilnehmer untersucht und Prognosen darüber erstellt, mit welchen Marketingmaßnahmen sich welche Absatzergebnisse erzielen lassen.

Marktsegmentierungen durchführen
Basierend auf der Marktanalyse wird mittels der Marktsegmentierung der Gesamtmarkt in homogene Käufergruppen für die weitere Bearbeitung durch das Marketing unterteilt.

Abb. 18-4

Aufgaben des Marketings

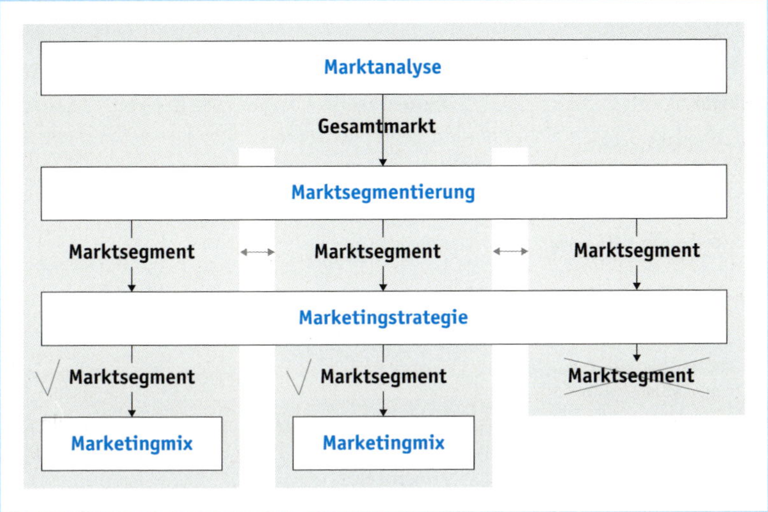

Marketingstrategien entwickeln

Im Rahmen der Entwicklung der Marketingstrategie wird anschließend festgelegt, welche Produkte des Unternehmens in welchen Marktsegmenten mit welcher Strategie abgesetzt werden sollen.

Marketingmix festlegen

Zur Umsetzung der Marketingstrategie wird zuletzt für jedes Marktsegment die Ausprägung der Produkt-, Preis-, Konditionen-, Kommunikations- und Distributionspolitik bestimmt.

18.2 Preistheorie

Ursprünglich wurde davon ausgegangen, dass der Verkaufspreis der einzige Aktionsparameter von Unternehmen ist und es keine anderen Differenzierungsmöglichkeiten gegenüber Wettbewerbern gibt. Die klassische Preistheorie beschreibt entsprechend den Zusammenhang zwischen dem Verkaufspreis, der Absatzmenge, dem Umsatzerlös und dem Unternehmenserfolg und ermöglicht damit insbesondere die theoretische Bestimmung gewinnmaximaler Verkaufspreise (↗ Abbildung 18-5).

Abb. 18-5

Einordnung der Preistheorie

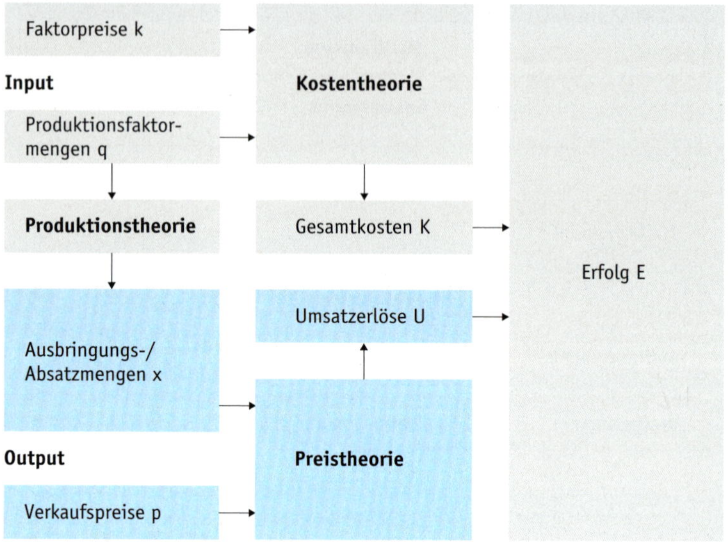

Vergleiche *Fandel, G.* 1989: Seite 15

18.2.1 Preis-Absatz-Funktion

Preis-Absatz-Funktion

Die Preistheorie basiert auf der sogenannten Preis-Absatz-Funktion, die den Zusammenhang zwischen dem Verkaufspreis p und der Absatzmenge x abbildet:

$$x = f(p)$$

mit:

- x = Absatzmenge
- $f()$ = Preis-Absatz-Funktion
- p = Verkaufspreis

In welchem Maß Änderungen der Nachfrage dabei von Änderungen des Verkaufspreises abhängig sind, wird als **Preiselastizität** der Nachfrage bezeichnet.

Auf der Grundlage von Preis-Absatz-Funktionen lassen sich bei verschiedenen Marktsituationen die optimalen Verkaufspreise ermitteln. Beispielsweise steigen im Angebotsmonopol die Umsatzerlöse zunächst mit einem zurückgehenden Verkaufspreis aufgrund der größer werdenden Absatzmengen an, um dann ab einem gewissen Punkt wieder zu fallen. Der Umsatzerlös U errechnet sich dabei als Produkt aus dem Verkaufspreis p und der Absatzmenge x:

Umsatzerlös

Abb. 18-6

Preis-Absatz- und Umsatzerlösfunktion des Angebotsmonopolisten

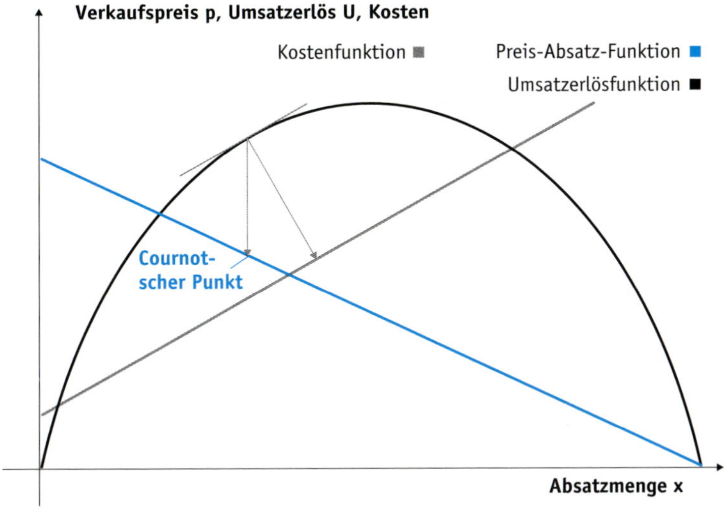

Vergleiche *Wöhe, G.* 2002: Seite 534

$U = p \times x$

mit:

U = Umsatzerlös
p = Verkaufspreis
x = Absatzmenge

Der maximale und damit optimale Gewinn ergibt sich im Angebotsmonopol dann im sogenannten *Cournotschen* Punkt, wenn der Grenzumsatzerlös, also der Anstieg des Umsatzerlöses, genauso groß ist wie die Grenzkosten, also der Anstieg der Kosten (↗ Abbildung 18-6, vergleiche *Schierenbeck, H.* 2003: Seite 287 ff. sowie *Wöhe, G.* 2002: Seite 533 ff.).

18.2.2 Nachfrageeffekte

Im Allgemeinen haben hohe Verkaufspreise niedrige Absatzmengen zur Folge und niedrige Verkaufspreise entsprechend hohe Absatzmengen. Ausnahmen von diesem Zusammenhang ergeben sich durch folgende Effekte (vergleiche *Wöhe, G.* 2002: Seite 533):

Veblen-/Prestige-Effekt
Aufgrund des *Veblen*- beziehungsweise des Prestige-Effekts kaufen Nachfrager trotz eines steigenden Verkaufspreises mehr von einem Produkt, da sie davon ausgehen,

Wirtschaftspraxis 18-1

Luxushandys

Prestige- und Qualitäts-Effekte spielten wahrscheinlich auch bei Kaufentscheidungen für die Luxushandys des Herstellers *Vertu* eine Rolle. Das im Jahr 2002 von *Nokia* gegründete Unternehmen produzierte im britischen Church Crookham technisch hervorragende Mobiltelefone unter Verwendung von Gold, Platin und Diamanten. Die Handys waren auf eine Lebensdauer von zwanzig Jahren ausgelegt und kosten zwischen 4 000,00 und 35 000,00 Euro. Das inzwischen insolvente Unternehmen ging 2017 vom Markt. Auch Apple produziert limitierte, mit Gold und Edelsteinen besetzte Sondermodelle des I-Phone.

Quellen: *König, A.*: Höhere Töchter, in: fivetonine, Nummer 4, 2006, Seite 101; Luxury phone-maker Vertu collapses, unter: https://www.bbc.com/news/technology-40593936; Die 5 teuersten Smartphones der Welt, unter: https://www.zaster-magazin.de/teuersten-handys-der-welt

dass die ihnen entgegengebrachte soziale Achtung und Wertschätzung umso größer ist, je höher der Verkaufspreis des von ihnen benutzten Produktes ist.

Snob-Effekt
Aufgrund des Snob-Effekts kaufen Nachfrager trotz eines steigenden Verkaufspreises mehr von einem Produkt, da die meisten anderen Nachfrager weniger kaufen und sie sich so von den übrigen Konsumenten differenzieren können.

Mitläufer-Effekt
Aufgrund des Mitläufer-Effekts kaufen Nachfrager trotz eines steigenden Verkaufspreises mehr von einem Produkt, da sie bestimmten Meinungsführern beziehungsweise Lead-Customern folgen, die dieses Produkt kaufen.

Qualitäts-Effekt
Aufgrund des Qualitäts-Effekts kaufen Nachfrager trotz eines steigenden Verkaufspreises mehr von einem Produkt, da sie davon ausgehen, dass es einen positiven Zusammenhang zwischen dem Verkaufspreis und der Qualität des Produkts gibt.

18.3 Marktanalyse

Als Grundlage für die Entwicklung von Marketingstrategien und die anschließende Gestaltung des Marketingmix müssen die Unternehmen ihre Kunden und ihre Wettbewerber sowie die Einflussfaktoren auf deren Verhalten kennen. Dadurch können sie abschätzen, durch welche Marketingmaßnahmen sich welche Absatzergebnisse erzielen lassen. Um entsprechende Kenntnisse zu erlangen, analysieren die Unternehmen ihre bereits bestehenden und ihre potenziellen, neuen Märkte und bilden darauf aufbauend Marktsegmente für die weitere Marktbearbeitung (vergleiche *Meffert, H.* 2000: Seite 93).

18.3.1 Käuferverhalten

18.3.1.1 Entscheider im Kaufprozess

Die Personen, die die Entscheidung im Kaufprozess treffen, müssen aus Sicht des Marketings zielgerichtet im Sinne des Unternehmens beeinflusst werden. Insofern ist die Identifikation der Kaufentscheider wesentlich für die Wahl und den Einsatz der Marketinginstrumente. Hinsichtlich der Entscheidungsträger im Kaufprozess wird zum einen unterschieden, ob es sich bei den Kunden:

- um **Haushalte** oder
- um **Betriebe**

handelt, und zum anderen, ob die Kaufentscheidung:

- von **einer** oder
- von **mehreren Personen**

getroffen wird. Den Schwerpunkt der nachfolgenden Ausführungen bilden dabei Kaufentscheidungen von Konsumenten (↗ Abbildung 18-7, vergleiche *Meffert, H.* 2000: Seite 101 ff.).

Abb. 18-7

Entscheider im Kaufprozess

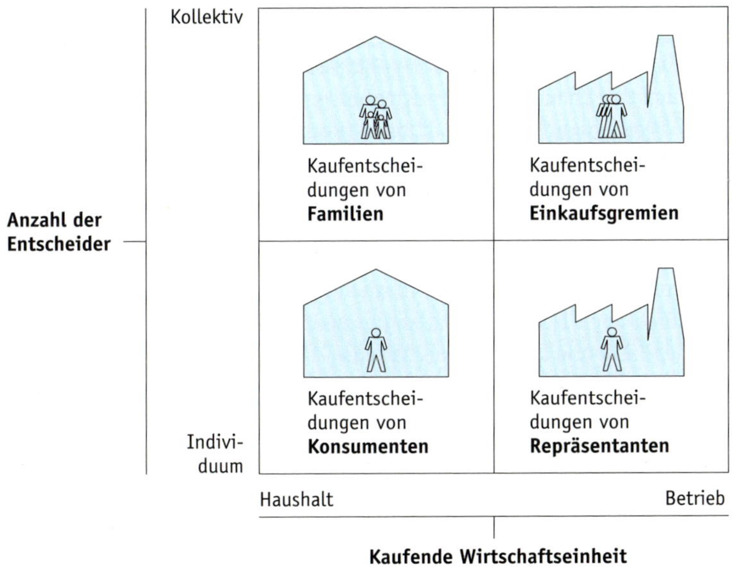

Vergleiche *Meffert, H.* 2000: Seite 101

18.3.1.2 Kaufarten

Wie Kaufprozesse ablaufen, hängt sehr davon ab, welche Produkte in welcher Situation gekauft werden. Abhängig davon werden folgende Kaufarten unterschieden:

- **Extensive Käufe:** Zu extensiven Käufen kommt es insbesondere bei teuren, langlebigen Produkten. Kennzeichnend für entsprechende Käufe ist eine umfangreiche Informationssuche und Alternativenbewertung.
- **Limitierte Käufe:** Zu limitierten Käufen kommt es insbesondere bei Produkten mit geringerem Wert. Kennzeichnend für entsprechende Käufe ist die Berücksichtigung einer limitierten Anzahl von Kriterien, also beispielsweise nur ein gutes Testurteil.
- **Impulsivkäufe:** Zu Impulsivkäufen kommt es insbesondere bei Produkten mit geringem Wert. Der Kauf wird in der Regel durch plötzlich auftretende Reize ausgelöst und erfolgt spontan und ohne größere Überlegungen.
- **Habituelle Käufe:** Zu habituellen beziehungsweise gewohnheitsmäßigen Käufen kommt es insbesondere bei Alltagsgegenständen, wie Nahrungsmitteln. Die erstmalige Entscheidung für das Produkt erfolgt dabei bei einem früheren extensiven oder limitierten Kauf.

18.3.1.3 Erklärungsmodelle des Käuferverhaltens

Kaufverhaltensmodelle

Zur Beschreibung des Käuferverhaltens werden zwei Arten von Modellen eingesetzt (vergleiche *Meffert, H.* 2000: Seite 99 f.):

Stimulus-Response-Modelle/Black-Box-Modelle

Stimulus-Response- beziehungsweise S-R-Modelle gehen davon aus, dass die beim Konsumenten ablaufenden psychischen Prozesse nicht beobachtet werden können. Der Konsument ist damit also gewissermaßen eine »Black-Box«. Erfasst werden können demzufolge lediglich seine Reaktionen (Response), wie beispielsweise eine Kaufhandlung, die er auf externe Sinneswirkungen (Stimulus), wie beispielsweise eine bestimmte Werbemaßnahme, zeigt.

Stimulus-Organismus-Response-Modelle

Die Stimulus-Organismus-Response- beziehungsweise S-O-R-Modelle berücksichtigen zusätzlich noch Merkmale und kognitive Prozesse des Konsumenten (Organismus) bei der Erklärung des Käuferverhaltens (↗ Abbildung 18-8):

- Die **neobehavioristischen Modelle** verwenden dazu Variablen, um beispielsweise den Einfluss der Einstellungen, der Motive und der Emotionen der Konsumenten auf den Kaufprozess zu analysieren.
- Die **kognitiven Modelle** betrachten zusätzlich den Einfluss des Lernens, des Denkens und des Wissens auf den Kaufprozess.

18.3.1.4 Kaufprozesse

Für das Marketing ist es wichtig zu wissen, wie die Kaufprozesse für die Produkte des Unternehmens ablaufen, um diese Prozesse gezielt zu beeinflussen. Kaufprozesse können die folgenden Phasen umfassen (↗ Abbildung 18-8, zum Folgenden vergleiche *Kotler, P./Bliemel, F.* 2001: Seite 354 ff.).

Abb. 18-8

Einflussfaktoren auf den Kaufprozess

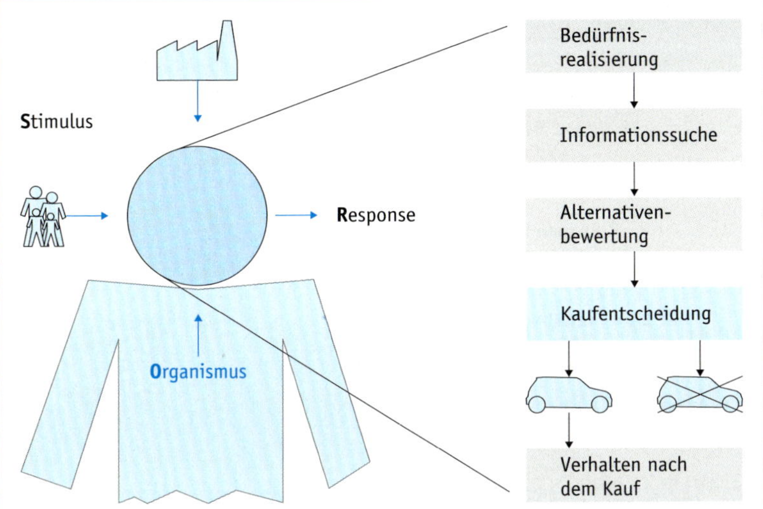

Vergleiche *Kotler, P./Bliemel, F.* 2001: Seite 355

18.3.1.4.1 Bedürfnisrealisierung

Kaufentscheidungen werden in der Regel zur Befriedigung von Bedürfnissen getroffen. In den meisten Fällen beginnen Kaufprozesse deshalb mit der Realisierung eines Bedürfnisses. Im Marketing muss deshalb analysiert werden, welche latenten Bedürfnisse potenzielle Kunden haben, und dann versucht werden, diese Bedürfnisse durch die absatzpolitischen Instrumente zu wecken. Zur Erklärung, wie Bedürfnisse entstehen, gibt es verschiedene Modelle:

Bedürfnispyramide

Die Bedürfnispyramide von *Maslow* stellt ein hierarchisch geordnetes Bedürfnissystem dar (↗ Abbildung 18-9). Nach *Maslow* wenden sich Menschen mit der zunehmenden Erfüllung einer Bedürfnisebene immer mehr der nächsthöheren Bedürfnisebene zu. Während die Ebenen eins bis vier sogenannte **Defizitbedürfnisse**, wie beispielsweise das Bedürfnis nach Nahrung, Geborgenheit, sozialen Kontakten und Wertschätzung durch Andere, beschreiben, ist das Bedürfnis nach Selbstverwirklichung in der letzten Ebene ein sogenanntes **Wachstumsbedürfnis** (vergleiche *Staehle, W. H.* 1991: Seite 202 ff., *Steinmann, H./Schreyögg, G.* 1993: Seite 747 ff.).

Limbic-Modell

Das *Limbic*-Modell ist ein aus Erkenntnissen der Neurobiologie entwickeltes Modell. Entsprechend dem Aufbau des Gehirns werden drei Haupt- und sechs Subsysteme zur

Abb. 18-9

Bedürfnispyramide nach *Maslow*

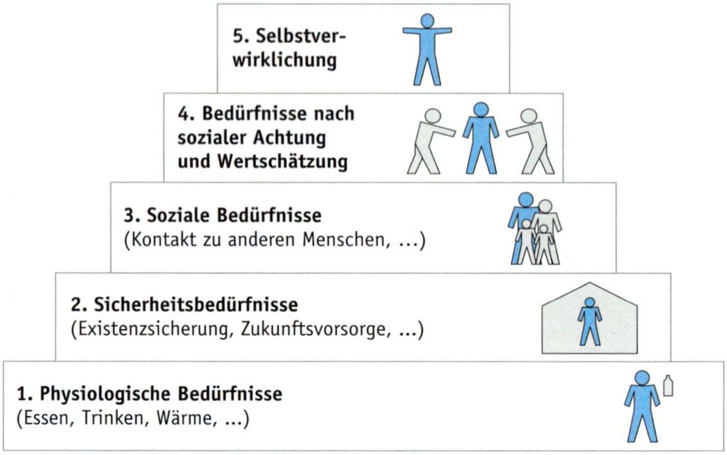

Erklärung menschlicher Emotionen und Motive unterschieden (↗ Abbildung 18-10 und vergleiche *Häusel, H.-G.* 2007b: Seiten 69 und 72).

AIDA-Modell

Der Ablauf der Bedürfnisentstehung wird im AIDA-Modell beschrieben, einem Werbewirkungsmodell. Danach werden folgende Phasen unterschieden:

- **Attention:** Der Käufer wird auf das Produkt aufmerksam.
- **Interest:** Aus Aufmerksamkeit wird Interesse.
- **Desire:** Aus Interesse wird Verlangen.
- **Action:** Das Verlangen mündet entweder direkt in einer Kaufentscheidung oder der potenzielle Käufer informiert sich ausführlicher.

Wirtschaftspraxis 18-2

Von den Bedürfnissen der Superreichen

Dass auch Superreiche noch materielle Bedürfnisse haben, zeigt *Alexander von Schönburg* in seinem Buch »Die Kunst des stilvollen Verarmens«. Er erzählt dort von einem Interview mit *Adnan Kashoggi*, der in den 1980er-Jahren häufig als »der reichste Mann der Welt« bezeichnet wurde. Das Interview fand in *Kashoggis* Privatflugzeug, einem *Boeing-Business-Jet* auf dem Londoner Flughafen Heathrow statt: »Durch das Fenster sahen wir, wie ein weiterer Privatjet auf seinen Stellplatz eingewiesen wurde. Plötzlich hatte ich *Kashoggis* Aufmerksamkeit verloren, er starrte nur noch aus dem Fenster auf dieses Flugzeug, die neue *Gulfstream V* von *Sir James Goldsmith*. Sie war ganz weiß, mit einem breiten Strich in British Racing Green verziert, der sich von der Schnauze bis zum Heck zog. Auf der Heckflosse keine ordinären Initialen, sondern das Abbild eines Skorpions. *Kashoggis* Gelassenheit war dahin. Er begann, über die Vorteile einer *Boeing* zu sprechen, obwohl ganz offensichtlich war, dass er unbedingt auch so ein Flugzeug wie *Goldsmith* haben wollte.«

Quelle: *von Schönburg, A.*: Die Kunst des stilvollen Verarmens, 7. Auflage, Berlin 2005, Seite 199 f.

Abb. 18-10

Limbic-Modell

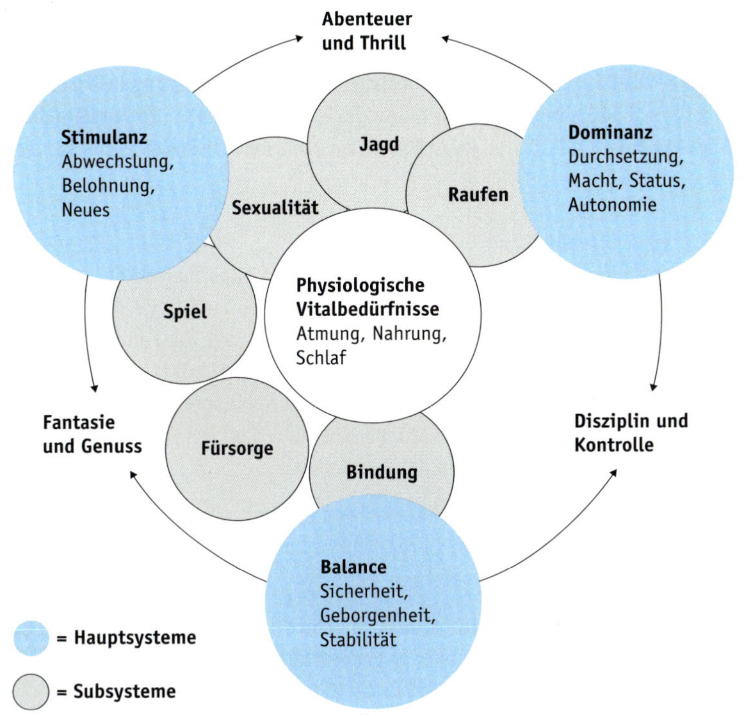

Vergleiche *Häusel, H.-G.* 2007b: Seiten 69 und 72

18.3.1.4.2 Informationssuche

Informationsquellen von potenziellen Käufern

Bei extensiven und limitierten Käufen erfolgt vor einer Kaufentscheidung die Suche nach Produkten zur Befriedigung der zuvor realisierten Bedürfnisse und nach Informationen über diese Produkte. Die Informationsquellen potenzieller Käufer sind:

- **persönliche Quellen**, wie Familienangehörige oder Freunde,
- **kommerzielle Quellen**, wie Werbespots oder Verkäufer, und
- **öffentliche Quellen**, wie Tests in Fachzeitschriften oder Meinungsäußerungen im Internet.

Im Rahmen der Marktanalyse muss das Marketing herausfinden, wie sich potenzielle Käufer informieren, und über die entsprechenden Informationskanäle dann gezielt Informationen über die Produkte verbreiten.

18.3.1.4.3 Alternativenbewertung

Bei extensiven und limitierten Käufen erfolgt nach der Informationssuche eine Bewertung der verschiedenen Produktalternativen. Das Marketing muss deshalb für die Produkte des Unternehmens zunächst feststellen, welche Kriterien den Konsumenten bei der Produktbewertung besonders wichtig sind. Anschließend muss es darauf Einfluss nehmen, dass diese Kriterien bei der Entwicklung der eigenen Produkte und bei der Gestaltung der Verkaufspreise und der Konditionen besonders gut erfüllt werden. Zudem müssen im Rahmen der Kommunikation die Vorteile des eigenen Produkts hinsichtlich der kaufrelevanten Merkmale besonders hervorgehoben werden.

18.3.1.4.4 Kaufentscheidung

Im Anschluss an die Alternativenbewertung entsteht günstigstenfalls eine **Kaufabsicht** für ein bestimmtes Produkt, die dann schließlich auch zu einem **Kauf** führt. Trotz Kaufabsichten können Einwände vonseiten Dritter, wie der Familie oder anderer für den Entscheidungsträger wichtiger sozialer Gruppen, und unvorhergesehene Ereignisse, wie beispielsweise die Kürzung des Weihnachtsgeldes oder andere finanzielle Engpässe, dazu führen, dass es nicht zu einem Kauf kommt. Im Rahmen eines Kaufs werden dann Entscheidungen bezüglich:

Attribute von Kaufentscheidungen

- des Händlers, bei dem das Produkt erworben werden soll,
- dem Zeitpunkt, zu dem gekauft werden soll, und
- der Zahlungsweise, die eingesetzt werden soll,

getroffen. Vonseiten des Marketings muss insofern insbesondere sichergestellt werden, dass die Produkte bei den entsprechenden Händlern verfügbar sind und die von den Kunden gewünschten Zahlungsweisen auch tatsächlich realisiert werden können.

Wirtschaftspraxis 18-3

Die Markenbindung in der Automobilindustrie

Die Markenbindung ist ein Indikator für die vorhandene emotionale Bindung zwischen den Konsumenten einerseits und den Produkten eines bestimmten Herstellers andererseits. Die Markenbindung kann deshalb als Prognoseinstrument für zukünftige Käufe und Marktanteile eingesetzt werden.
Eine Studie der *BBDO Consulting GmbH* ergab, dass *Audi* mit einer Markenbindung von 74 Prozent, *BMW* mit 72 Prozent und *Mercedes-Benz* mit 71 Prozent die höchsten Markenbindungen hatten. Dies wurde insbesondere darauf zurückgeführt, dass die Produkte dieser Hersteller den Leistungsversprechen und dem Image des Herstellers entsprachen.
Die niedrigste Markenbindung in der Studie wies *Seat* auf, was unter anderem darauf zurückgeführt wurde, dass die angestrebte Markenpositionierung als sportliches Auto nicht im Markt angekommen war, dass die Marke trotz der Zugehörigkeit zum *VW*-Konzern bislang kein Qualitätsimage aufbauen konnte und dass die Marke keine klassische Automobilhistorie und damit keine eigene Identität besitzt.
Allerdings wird die Markenbindung in der Automobilindustrie in der Zukunft eher abnehmen. Laut der IBM-Studie »Automotive 2030: Racing toward a digital future« sagen 48 Prozent der Konsumenten, dass die Fahrzeugmarke für sie in einem zukünftigen Szenario mit Mobilitätsdienstleistern und autonomen Fahrzeugen keine Rolle mehr spielen wird. Entscheidend werden dagegen Preis und Bequemlichkeit sein. So könnte die Mobilität der Zukunft vielleicht nicht mehr von einem individuellen Premiumerlebnis geprägt sein, das sich auch aus der Vorstellung und der Eitelkeit des Konsumenten (»Ich will einen Porsche fahren«) ableitet, sondern von der nüchternen Einschätzung von Mobilität.

Quellen: *Audi* hat die Kunden mit der höchsten Markenbindung in Deutschland, unter: www.bbdo.de, Stand: 08.06.2006; https://advertorial.sueddeutsche.de/kearney/deutschland-ein-automaerchen/

18.3.1.4.5 Verhalten nach dem Kauf

Da die Käufer eines Produkts auch andere potenzielle Käufer positiv oder negativ beeinflussen können, müssen im Marketing auch Maßnahmen getroffen werden, um die Zufriedenheit der Käufer nach dem Kauf aufrechtzuerhalten. Dies kann beispielsweise durch einen guten Kundendienst, durch Informationsbriefe oder durch die Bereitstellung ergänzender Informationen erfolgen.

18.3.2 Marktforschung

18.3.2.1 Durch die Marktforschung zu beantwortenden Fragen

Grundfragen der Marktforschung

Um das Risiko einer Fehleinschätzung der Unternehmens- und Marktsituation zu reduzieren, werden mithilfe der Marktforschung insbesondere die folgenden Fragen beantwortet (vergleiche *Kamenz, U.* 1997: Seite 57 ff.):

Beurteilung der Nachfragesituation

Wie hoch ist die voraussichtlich zu erwartende Absatzmenge des Produkts, welche Beziehung besteht zwischen der Produktmenge und dem Produktpreis, welche Struktur hat der relevante Absatzmarkt, wo liegen die Preisschwellen der Konsumenten, das heißt, wie reagiert der Markt auf Preisänderungen und welche Auswirkungen haben kommunikationspolitische Maßnahmen auf die Nachfrage und auf den Preis?

Beurteilung der Konkurrenzsituation

Welches Konkurrenzverhalten ist zu erwarten, welche Reaktionszeit benötigen die Wettbewerber, um Gegenmaßnahmen zu ergreifen, wie wirksam werden die Konkurrenzmaßnahmen sein und welche Kosten werden die eigenen Gegenmaßnahmen verursachen?

Beurteilung der Kostensituation

Wie verläuft die Kostenfunktion bei alternativen Ausbringungsmengen, wo liegen die lang- und die kurzfristigen Preisuntergrenzen und wie stellt sich die Kostensituation der Konkurrenz dar?

Preisentscheidung

Ist das Ziel eine kurz- oder eine langfristige Gewinnmaximierung, welche Preispolitik macht den Markteintritt für die Konkurrenz unattraktiv und welche Preisstrategie soll realisiert werden?

18.3.2.2 Formen der Marktforschung

Zur Beantwortung der Fragen der Marktforschung gibt es zwei sich häufig ergänzende Möglichkeiten (↗ Abbildung 18-11):

Abb. 18-11

Formen der Marktforschung

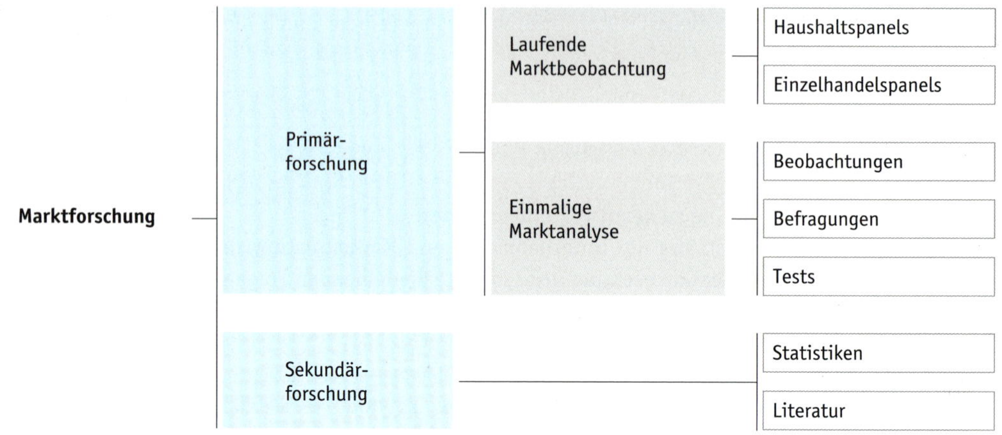

Vergleiche *Meffert, H.* 1991: Seite 184

Primärforschung

Bei der Primärforschung werden die Marktinformationen durch das Unternehmen selbst oder durch von ihm beauftragte Dienstleister ermittelt. Die Primärforschung wird weiter in laufende Marktbeobachtungen und einmalige Marktanalysen unterteilt.

- **Laufende Marktbeobachtungen**, die oft über Jahrzehnte hinweg durchgeführt werden, dienen insbesondere der Erfassung von Änderungen des Konsumentenverhaltens, die sich beispielsweise in der Zusammensetzung eines durchschnittlichen Warenkorbes, in Relation zu Marketingmaßnahmen niederschlagen.
- **Einmalige Marktanalysen** werden hingegen in der Regel vor der Erschließung neuer Märkte oder vor Produktvariationen, -differenzierungen oder -diversifikationen durchgeführt, um zu ermitteln, wie die Konsumenten voraussichtlich reagieren werden.

Sekundärforschung

Bei der Sekundärforschung wird auf bereits vorhandene Statistiken und Marktuntersuchungen zurückgegriffen, die entweder im betreffenden Unternehmen oder bei anderen Stellen, wie bei Meinungsforschungsinstituten, bei Hochschuleinrichtungen, bei Branchenverbänden oder bei statistischen Ämtern, vorliegen.

18.3.2.3 Neuere Ansätze der Marktforschung

Neue Formen der Primärforschung

Ergänzend zu den klassischen Methoden der Marktforschung gewinnen in neuerer Zeit auch andere Methoden der Primärforschung an Bedeutung.

Wirtschaftspraxis 18-4

Der gläserne Verbraucher

Mittels eines *ConsumerScan* genannten Verbraucherpanels beobachtet die *GfK AG* die Einkaufsentscheidungen und -verhaltensweisen von Verbrauchern hinsichtlich der Güter des täglichen Bedarfs. Der Panel umfasst die Bereiche Food & Getränke (Frischeprodukte, Molkereiprodukte, Süßwaren, Tiefkühlkost, sonstige Nahrungsmittel, Heißgetränke, alkoholfreie Getränke, alkoholhaltige Getränke) und Home- und Bodycare (Wasch- / Putz- / Reinigungsmittel, Kosmetik / Körperpflege, Papierwaren).
Zur Ermittlung der Daten erfassen ausgewählte Verbraucher in ganz Europa ihre Einkäufe mit sogenannten Electronic Diarys. Mit diesen Daten lassen sich dann unter anderem Aussagen darüber gewinnen, wie sich der Konsum bestimmter Marken und Produkte entwickelt, welche Verbraucher welche Produkte kaufen, wie loyal die Verbraucher gegenüber bestimmten Marken sind, welche Einkaufsstätten die Verbraucher bevorzugen und wie sich Änderungen der Verkaufspreise und der Werbung auf das Kaufverhalten auswirken.

Weitreichender ist die Analyse des Verbraucherverhaltens durch den US-Konzern Amazon: Der E-Commerce-Marktführer Amazon verwendet Predictive Analytics, um genau zu wissen, welche Produkte Menschen kaufen, anschauen und zurückgeben. Amazon sammelt tiefe, datengesteuerte Erkenntnisse, um Entscheidungen über seine Produktsortimentstrategie zu treffen. Die Verwendung von Predictive Analytics hilft Amazon dabei, den Umsatz zu maximieren, indem die Verkaufsregale und endlosen Gänge online mit den gewünschten Waren gefüllt werden.

Quellen: *GfK* ConsumerScan, unter: www.gfk.de, Stand: 02.12.2020; Predictive & Prescriptive Analytics Market | Global Players by Size, Growth Analysis by share, Upcoming Trends, Regional Forecast to 2024, unter: https://themarketfeed.com/2020/11/28/predictive-prescriptive-analytics-market-global-players-by-size-growth-analysis-by-share-upcoming-trends-regional-forecast-to-2024/, Stand: 02.12.2020.

Zaltman Metaphor Elicitation Technique

Ausgehend von der Erkenntnis, dass die meisten Kaufentscheidungen unbewusst getroffen werden und die dabei ablaufenden Vorgänge somit nicht über die in der Marktforschung üblichen Befragungen erfasst werden können, hat der *Harvard*-Professor *Gerald Zaltman* die Marktforschungsmethode »Zaltman Metaphor Elicitation Technique« (ZMET) entwickelt und sich patentieren lassen. Die Methode kombiniert Erkenntnisse aus der Anthropologie, der Kunst, der Linguistik, der Neurobiologie, der Psychoanalyse und der Soziologie und setzt auf Assoziationen zu den untersuchten Produkten, die durch Bilder ausgelöst werden. Um dies herauszufinden, werden im Rahmen dieser Methode insbesondere Bilderkollagen eingesetzt.

Neuroökonomie

Die Neuroökonomie untersucht mithilfe von Kernspintomographen und anderen Geräten, welche Vorgänge bei der Durchführung ökonomischer Aktivitäten im menschlichen Gehirn ablaufen. Marktforscher versprechen sich davon, herauszufinden, welche Regionen des Gehirns bei Kaufprozessen aktiviert werden und wie entsprechende Aktivierungen durch externe Stimulationen erreicht werden können (vergleiche *Hollricher, K.* 2005: Seite 24 ff.).

18.3.3 Marktsegmentierung

Im Rahmen der Marktsegmentierung wird der Gesamtmarkt in Marktsegmente unterteilt (↗ Abbildung 18-12, vergleiche *Meffert, H.* 2000: Seite 181 ff.).

Abb. 18-12

Beispielhafte Unterteilung eines Gesamtmarkts in Marktsegmente

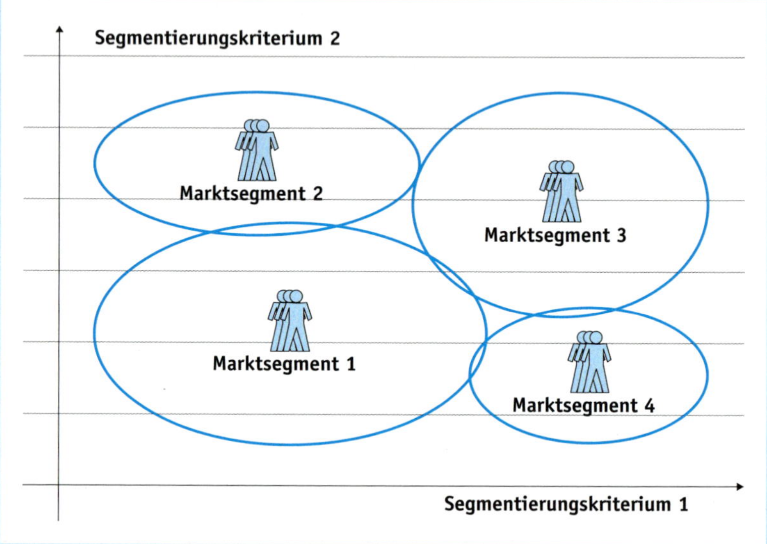

Marktsegmente sind möglichst homogene Gruppen von aktuellen und potenziellen Käufern bestimmter Produkte.

Segmentierungskriterien

Das Unternehmen kann sich dann entscheiden, welche Marktsegmente es wie bearbeiten will. Für jedes der ausgewählten Marktsegmente wird dazu ein Marketingmix erarbeitet. Märkte können anhand von einem oder von mehreren der folgenden Kriterien segmentiert werden (vergleiche *Kotler, P./Bliemel, F.* 2001: Seite 431 f. und *Thommen, J.-P./Achleitner A.-K.* 2003: Seite 133):

Geografische Segmentierungskriterien
Mögliche geografische Kriterien mit beispielhaften Ausprägungen sind die **Region** (Staat, Bundesland, Postleitzahlenbereich, ...), die **Ortsgröße** (unter 5 000 Einwohner, 5 000 bis 50 000 Einwohner, ...), das **Klima** (Sonnenscheindauer, Durchschnittstemperatur, ...) und die **Sprache**.

Demographische Segmentierungskriterien
Mögliche demographische Kriterien mit beispielhaften Ausprägungen sind das **Geschlecht** (männlich, weiblich), die **Nationalität**, die **Konfession** (keine, katho-

Abb. 18-13

SIGMA-Milieus

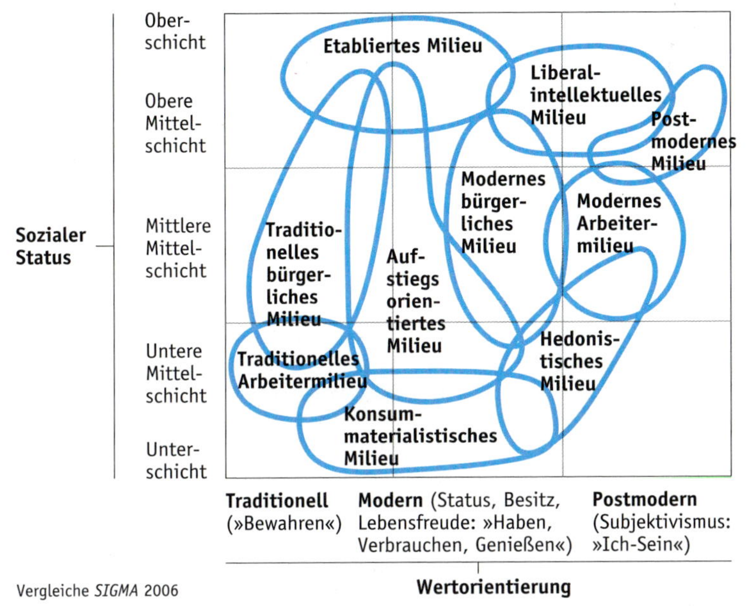

Vergleiche *SIGMA* 2006

lisch, evangelisch, ...), das **Alter**, die **Haushaltsgröße** (Einpersonenhaushalt, Mehrpersonenhaushalt, ...), die **Ausbildung** (ohne Schulabschluss, Hochschulreife, Hochschulabschluss, ...), die **Berufsgruppe** (Landwirt, Facharbeiter, Angestellter, ...), die **Kaufkraft** (verfügbares Nettoeinkommen, ...) und die **soziale Schicht** (Unterschicht, Mittelschicht, Oberschicht, ...).

Psychografische Segmentierungskriterien

Mögliche psychografische Kriterien mit beispielhaften Ausprägungen sind die **Persönlichkeit** (gesellig, ehrgeizig, impulsiv, konservativ, ...) und der **Lebensstil** (sparsam, verschwenderisch, ...).

Verhaltensbezogene Segmentierungskriterien

Mögliche verhaltensbezogene Kriterien mit beispielhaften Ausprägungen sind das **allgemeine Verhalten** (Ess- und Trinkgewohnheiten, Lesegewohnheiten, Fernsehgewohnheiten, Freizeitgestaltung, Urlaubsgestaltung, Vereinsmitgliedschaften, ...) und das **produktbezogene Verhalten** (Kaufanlässe, Kaufmotive, verwendete Informationsquellen, Markentreue, ...).

Wirtschaftspraxis 18-5

Marktsegmente für ein zielgerichtetes Marketing

Eine der bekanntesten Marktsegmentierungen der deutschen Gesellschaft stammt von der *SIGMA, Gesellschaft für internationale Marktforschung und Beratung mbH*, die nach dem sozialen Status und der Wertorientierung die folgenden zehn Milieus unterscheidet (↗ Abbildung 18-13):

- **Konsum-materialistisches Milieu** (etwa 13,6 Prozent der Wohnbevölkerung über 16): Die neuen und die alten Armen, mit geringen Chancen am Arbeitsmarkt, die in einem von materiellen Sorgen geprägten Alltag die Reichen und die Berühmten bewundern und denen Geld und Konsum sowie der Anschluss an den gesellschaftlichen Mainstream besonders wichtig sind.
- **Traditionelles Arbeitermilieu** (etwa 3,2 Prozent der Wohnbevölkerung über 16): Von der Industriegesellschaft geprägte Arbeiterschaft mit starken gewerkschaftlichen Bindungen, der materielle und soziale Sicherheit, Solidar- und Gemeinschaftswerte sowie ein bescheidener Wohlstand besonders wichtig sind.
- **Modernes Arbeitnehmermilieu** (etwa 11,5 Prozent der Wohnbevölkerung über 16): Ein insbesondere aus jüngeren Facharbeitern der modernen Dienstleistungsbranchen bestehendes Milieu, das ambitioniert und konsumfreudig ist und für das Lebensfreude, soziale Kontakte und ein ausgeglichenes Verhältnis von Arbeit, Freizeit und Familie besonders wichtig sind.
- **Hedonistisches Milieu** (etwa 9,2 Prozent der Wohnbevölkerung über 16): Von der Jugendkultur geprägtes, nach Sinneslust strebendes Milieu, das sich durch unkonventionelle Lebensformen, Freiheitsdrang, Spontaneität und die Ablehnung von Normen und Konventionen auszeichnet, das häufig die Keimzelle neuer Moden ist und dem Abwechslung, Coolness sowie »Fun and Action« besonders wichtig sind.
- **Traditionelles bürgerliches Milieu** (etwa 7,1 Prozent der Wohnbevölkerung über 16): Milieu, das sich an traditionellen Werten und Moralvorstellungen orientiert, finanziell häufig gut situiert ist und dem geordnete Verhältnisse, Sicherheit sowie ein angemessener bürgerlicher Lebensstandard besonders wichtig sind.
- **Modernes bürgerliches Milieu** (etwa 11,7 Prozent der Wohnbevölkerung über 16): Bodenständiges, häusliches und zugleich modernes Milieu, das ein ausgeglichenes, materiell wie auch emotional angenehmes und behütetes Leben ohne Risiken und Extreme anstrebt und für das Familie und Kinder die höchste Priorität haben.
- **Liberal-Intellektuelles Milieu** (etwa 10,1 Prozent der Wohnbevölkerung über 16): Das typischerweise in der gediegenen Altbauwohnung lebende Bildungsbürgertum mit postmaterialistischer Orientierung, für das Selbstverwirklichung und Ich-Identität in Beruf und Freizeit einen hohen Stellenwert haben, das Äußerlichkeitswerte ablehnt, aber das Edle, das Echte und das Auserlesene schätzt und das gleichermaßen ökologische und politische Korrektheit, soziale Gerechtigkeit und sinnstiftenden Genuss auf hohem Niveau anstrebt.
- **Aufstiegsorientiertes Milieu** (etwa 16,3 Prozent der Wohnbevölkerung über 16): Milieu, das das Erreichen des Lebensstandards gehobener Schichten als Maßstab für den eigenen Erfolg heranzieht, für das der Konsum und das zur Schau stellen renommierter Marken zum Alltag gehören und für das beruflicher Erfolg insbesondere ein Mittel zur Finanzierung von Fernreisen, Nobelsportarten, Luxusartikeln und Designermöbeln ist.
- **Etabliertes Milieu** (etwa 8,6 Prozent der Wohnbevölkerung über 16): Die konservative Elite, die einen distinguierten, traditionellen Lebensstil, gute Umgangsformen, Understatement und Diskretion besonders schätzt, sich häufig als Wahrer kultureller und moralischer Werte und Traditionen sieht und aus ihrem oftmals hohen sozialen Status und aus ihrem Selbstverständnis als Elite einen gesellschaftlichen und wirtschaftlichen Führungsanspruch ableitet.
- **Postmodernes Milieu** (etwa 8,7 Prozent der Wohnbevölkerung über 16): Die junge, formal oft hoch gebildete Avantgarde der Metropolen mit multipler Identität, die als Lebensstil-Trendsetter eine radikal subjektivistische Lebensphilosophie vertritt, als selbstbewusste Lifestyle-Architekten den Durchschnittsgeschmack ablehnt und der die Identität von Ich und Außenwelt hinsichtlich Marken und Produkten besonders wichtig sind.

Quelle: SIGMA Milieus® für Deutschland, unter: www.sigma-online.com, Stand: 28.10.2020.

Abb. 18-14

Produkt-Markt-Strategien nach Ansoff

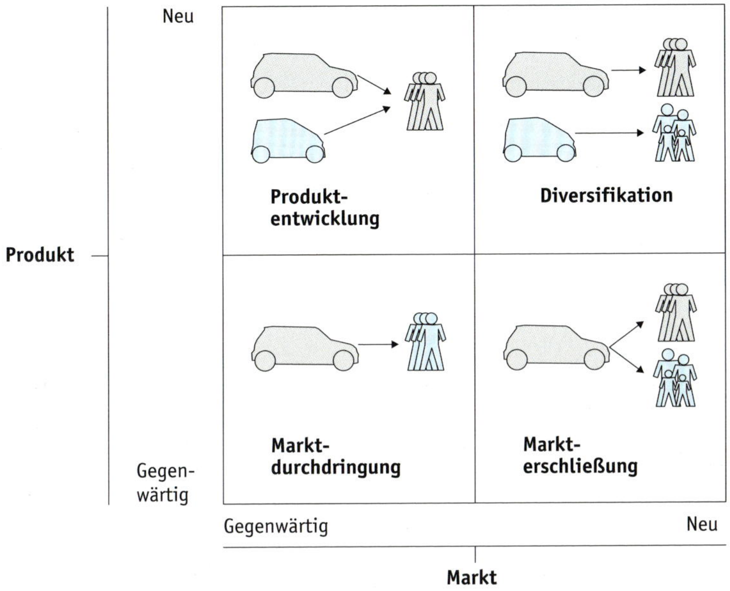

Vergleiche *Ansoff, H. I.* 1966: Seite 13

18.4 Marketingstrategien

18.4.1 Produkt-Markt-Strategien

Strategien nach Ansoff

Auf der Basis der Marktsegmentierung wird die Marketingstrategie festgelegt und entschieden, welche Produkte in welchen Märkten abgesetzt werden sollen. Folgende Produkt-Markt-Strategien sind nach *Ansoff* möglich (↗ Abbildung 18-14, zum Folgenden vergleiche *Meffert, H.* 2000: Seite 244 f.):

Marktdurchdringung
Durch Verstärkung der Marketingaktivitäten sollen die Produktverwendung bei bestehenden Kunden erhöht und Kunden gewonnen werden, die bisher nicht oder bei der Konkurrenz kauften.

Produktentwicklung
Durch Produktvariation, -differenzierung oder -diversifikation soll die Marktdurchdringung erhöht werden.

Markterschließung
Durch eine geographische Ausdehnung oder durch die Gewinnung neuer Marktsegmente sollen neue Märkte erschlossen werden.

Diversifikation
Durch eine zusätzliche Ausrichtung der Unternehmensaktivitäten auf für das Unternehmen neue Produkte und neue Märkte soll ein Wachstum erfolgen.

18.4.2 Generische Strategien

Strategien nach Porter

Im Hinblick auf die Profilierung innerhalb von Märkten gibt es nach *Porter* drei Möglichkeiten für Unternehmen, die sogenannten »generischen Strategien« (↗ Abbildung 18-15, zum Folgenden vergleiche *Porter, M. E.* 1983: Seite 62 ff.):

Strategie der Preisführerschaft
Unternehmen versuchen bei dieser Strategie, über möglichst niedrige Preise für ihre Produkte Vorteile gegenüber ihren Wettbewerbern zu erlangen. In der Automobilbranche ist das koreanische Unternehmen *KIA* ein Beispiel für ein Unternehmen mit dieser Strategie. Im Marketing wird diese Strategie insbesondere durch die Instrumente der Preispolitik umgesetzt.

Abb. 18-15

Generische Strategien

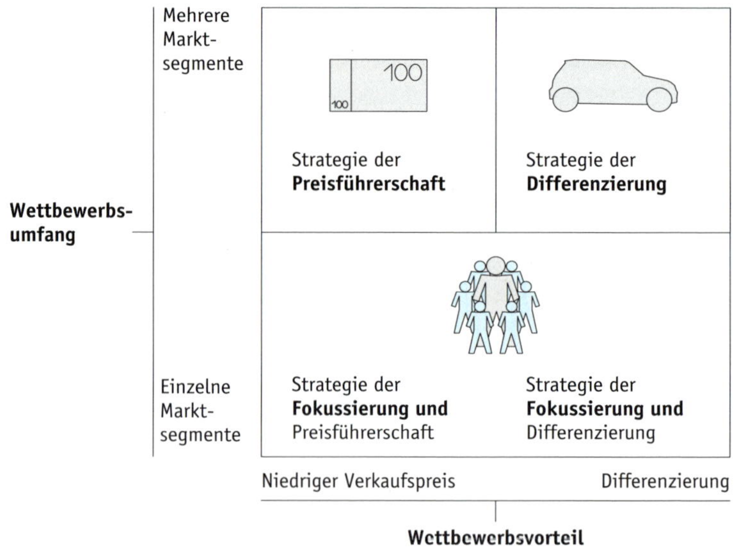

Vergleiche *Porter, M. E.* 1983: Seite 63

Strategie der Differenzierung
Bei dieser Strategie versuchen Unternehmen, sich durch zusätzliche Produkteigenschaften, wie beispielsweise die Qualität der Produkte, den Service oder durch ergänzende Dienstleistungen, von ihren Wettbewerbern zu unterscheiden. So steht beispielsweise der Automobilhersteller *Mercedes-Benz* für qualitativ hochwertige Produkte mit ergänzenden Dienstleistungen, wie einer Mobilitätsgarantie. Im Marketing wird die Strategie der Differenzierung insbesondere über die Instrumente der Produktpolitik umgesetzt.

Strategie der Fokussierung
Statt in einer Vielzahl von Marktsegmenten beziehungsweise branchenweit tätig zu sein, können Unternehmen sich auch auf bestimmte Marktsegmente beziehungsweise **Nischen** konzentrieren. Innerhalb dieser Segmente kann dann wiederum eine Strategie der Preisführerschaft oder der Differenzierung eingesetzt werden. In der Automobilbranche verfahren so beispielsweise *Smart* und *Porsche*.

18.5 Absatzpolitische Instrumente

Marketingmix

Das absatzpolitische Instrumentarium umfasst die Produktpolitik, die Preis- und Konditionenpolitik, die Kommunikationspolitik sowie die Distributionspolitik. In ihrer Ausprägung für ein bestimmtes Marktsegment werden die absatzpolitischen Instrumente als **Marketingmix** bezeichnet (↗ Abbildung 18-16).

Abb. 18-16

Marketingmix

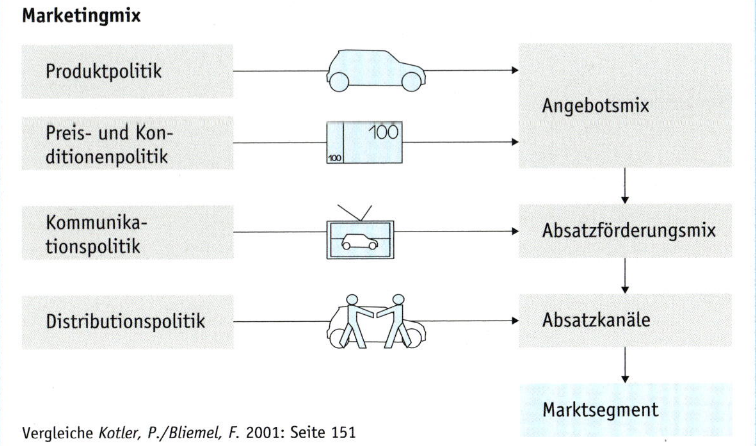

Vergleiche *Kotler, P./Bliemel, F.* 2001: Seite 151

18.5.1 Produktpolitik

Unter der **Produktpolitik** wird die marktgerechte Gestaltung der angebotenen Produkte eines Unternehmens verstanden.

Instrumente der Produktpolitik

Entscheidend für den Markterfolg eines Produkts ist dabei, ob und inwieweit es gelingt, die einzelnen Leistungs- und Nutzenmerkmale zu einer unverwechselbaren **Produktpersönlichkeit** zu integrieren. Im Rahmen der Produktpolitik gibt es dazu eine Reihe von Entscheidungstatbeständen (↗ Abbildung 18-17).

Sortimentspolitik

Im Rahmen der Sortimentspolitik werden die **Sortimentsbreite**, also die Anzahl verschiedenartiger Produktgruppen, und die **Sortimentstiefe**, also die Anzahl der Varianten innerhalb einer Produktgruppe, festgelegt. Sortimentspolitische Maßnahmen sind die Produktelimination, die -beibehaltung, die -variation, die -differenzierung und die -diversifikation, auf die bereits im ↗ Kapitel 14 Innovationsmanagement ein-

Abb. 18-17

Instrumente der Produktpolitik

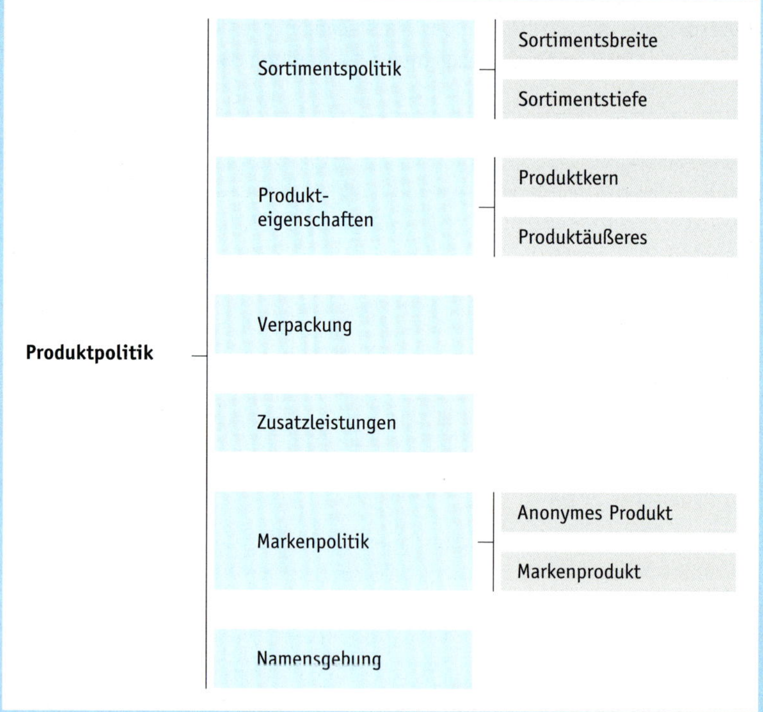

Wirtschaftspraxis 18-6

Alessis Differenzierung durch Design

Alessi Spa, der italienischen Hersteller von Haushaltsartikeln, hat sich innerhalb von wenigen Jahrzehnten von einem Handwerksbetrieb zu einer »Fabrik des italienischen Designs« entwickelt. Als wesentlicher Erfolgsfaktor des Unternehmens wird dabei die Gestaltung der Produkte gesehen. *Alessi* arbeitet dazu seit 1955 mit weltbekannten Designern wie *Ettore Sottsass, Richard Sapper, Achille Castiglioni, Aldo Rossi, Frank Gehry* und *Philippe Starck* zusammen. Deren Design verwandelt profane Haushaltsgegenstände, wie Brotkörbe, Essig- und Ölbehälter, Korkenzieher oder Espressomaschinen, in Designklassiker mit Kultstatus, die sich entsprechend gut und teuer verkaufen lassen.

Quelle: *Alessi, A.*: Die Traumfabrik, Köln 1998.

gegangen wurde. Auswirkung auf die Sortimentsbreite haben dabei die Produktdiversifikation und gegebenenfalls die Produktelimination, während die Produktvariation und die -differenzierung die Sortimentstiefe beeinflussen.

Produkteigenschaften

Die Produkteigenschaften beziehen sich auf den **Produktkern**, also die technisch-konstruktiven Eigenschaften und die Grundfunktionen eines Produkts, und das vom Kunden wahrgenommene **Produktäußere**. Im Rahmen der Produktpolitik werden entsprechend die Funktionen, der Verwendungszweck, die Qualität, die Haltbarkeit, das Material, die Form, das Design und die Farbgebung des Produkts festgelegt und dann im Rahmen der Forschung und Entwicklung umgesetzt.

Verpackung

Im Rahmen der Produktpolitik werden Vorgaben für die Gestaltung der Verpackung des Produkts gemacht. Dabei müssen Gesichtspunkte wie Befüllbarkeit, Stapelbarkeit, Schutz des Produkts, Sichtbarkeit des Produkts, Markenkennzeichnung und ökologische Qualität berücksichtigt werden.

Zusatzleistungen

Im Rahmen der Produktpolitik wird auch bestimmt, welche Zusatz- beziehungsweise Serviceleistungen angeboten werden. Zusatzleistungen sind an das Produkt gekoppelte Dienstleistungen, wie beispielsweise Beratung, Servicetelefonnummern oder Kundendienst.

Markenpolitik

Innerhalb der Markenpolitik wird festgelegt, ob das Produkt als **anonymes Produkt** (No-Name-Produkt) oder als **Markenprodukt** vermarktet werden soll. Kennzeichen von Markenprodukten sind insbesondere die gleich bleibend hohe Qualität und ein hoher Bekanntheitsgrad. Innerhalb der Markenprodukte werden Hersteller- und Handelsmarken unterschieden. Die Kennzeichnung als Markenprodukt erfolgt meist durch die optische Gestaltung sowie durch Qualitätssiegel und Warenzeichen.

Wirtschaftspraxis 18-7

Die Lieblingsmarken der Popstars

Ein deutliches Bild der von Popstars bevorzugten Auto-, Kleidungs-, Getränke- und Waffenmarken zeichnete ein von der *Agenda Inc.* erstelltes Ranking der in den Liedtexten der Top-20 der *Billboard-Charts* genannten Marken. Die meisten Nennungen hatten dort im Jahr 2005: *Mercedes-Benz* mit 100 Nennungen, *Nike* mit 63 Nennungen, *Cadillac* mit 62 Nennungen, *Bentley* mit 51 Nennungen, *Rolls-Royce* mit 46 Nennungen, *Hennessy* mit 44 Nennungen, *Chevrolet* mit 40 Nennungen, *Louis Vuitton* mit 35 Nennungen, *Louis Roederer Cristal* mit 35 Nennungen, *AK-47* mit 33 Nennungen, *Lamborghini* mit 32 Nennungen, *Dom Pérignon* mit 25 Nennungen, *Beretta* mit 24 Nennungen und *Dolce & Gabbana* mit 19 Nennungen.

Quelle: American Brandstand 2005, unter: www.americanbrandstand.com, Stand: 2006.

Namensgebung

Für den Erfolg von Produkten kann auch deren Name wichtig sein. Bei der Namensgebung ist insbesondere darauf zu achten, welche Bedeutung der Name in verschiedenen Kulturkreisen hat und welche Assoziationen dort mit ihm verbunden werden. Darüber hinaus muss geprüft werden, ob der Name für die Produktkategorie nicht schon durch Schutzrechte anderer Unternehmen geschützt ist und dadurch nicht mehr verwendet werden kann.

Fallbeispiel 18-2 **Produktpolitik eines Automobilherstellers**

▸▸▸ Bezogen auf die *Speedy GmbH* und ihr Produkt »Auto« lässt sich der Produktkern anhand der Komponenten Motor, Getriebe und Fahrwerk beschreiben. Das Produktäußere differenziert sich über die verschiedenen Karosserievarianten (zum Beispiel Limousine, Kombi, Coupé, Cabrio) und die unterschiedlichen Fahrzeugausstattungen (zum Beispiel elegant, sportlich). Als Zusatzleistungen kommen beispielsweise die angebotenen Finanzierungs- und Leasingvarianten sowie die Garantie- und Serviceleistungen des Herstellers infrage. Durch die Kombination dieser Merkmale entstehen für den Kunden eindeutig unterscheidbare Produktangebote, beispielsweise der *Speedster*-Off-Road mit Dreiliter-Einspritzmotor, Sportgetriebe und -fahrwerk, sportlicher Innenausstattung und besonderen Serviceleistungen. ◂◂◂

18.5.2 Preis- und Konditionenpolitik

Die **Preis- und Konditionenpolitik** umfasst alle Vereinbarungen über die für Produkte zu zahlenden Entgelte und über die ergänzenden Regelungen zwischen Unternehmen und ihren Kunden.

Synonym zur Preis- und Konditionenpolitik wird auch der Begriff **Kontrahierungspolitik** als Politik des Abschlusses von Verträgen verwendet.

Die Preis- und Konditionenpolitik ist ein relativ flexibles absatzpolitisches Instrument. Da die entsprechenden Entscheidungen direkt mit den jeweiligen Kaufakten

Abb. 18-18

Instrumente der Preis- und Konditionenpolitik

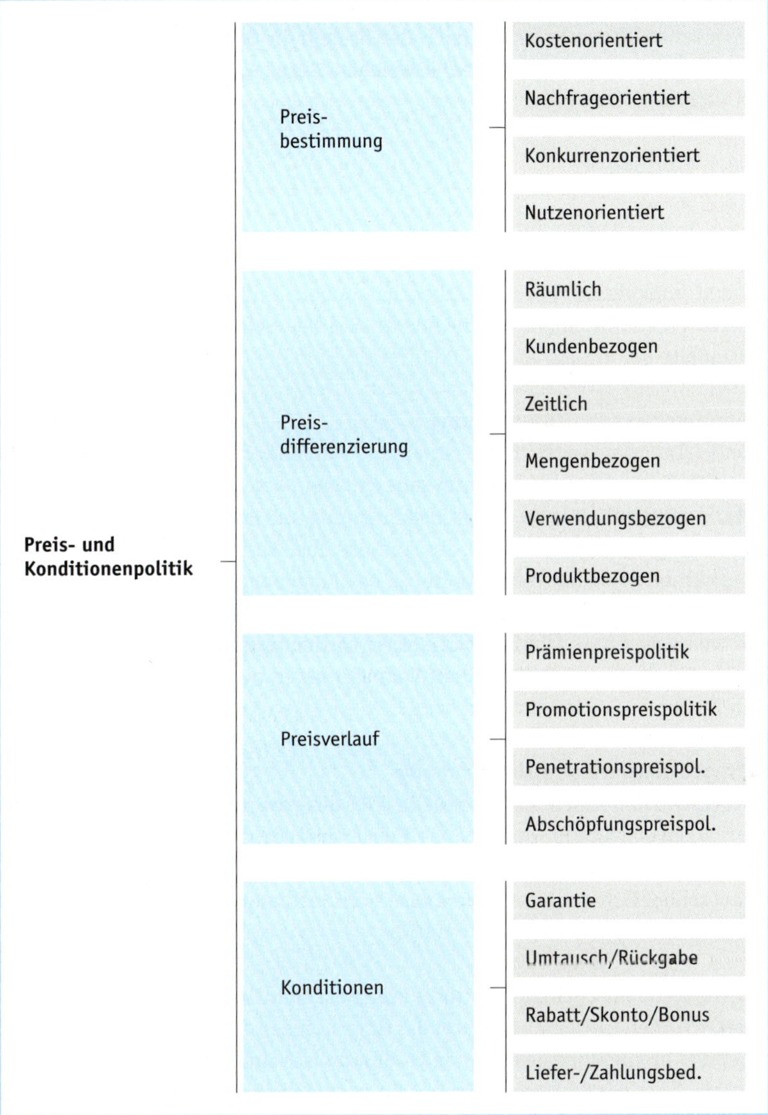

der Konsumenten zusammenhängen, können sie im Gegensatz zu den anderen Handlungsfeldern des Marketingmixes kurzfristig variiert und den Marktgegebenheiten angepasst werden. Darüber hinaus besitzen Preise und Konditionen eine starke Wirkung auf die Wahrnehmung und die Beurteilung des Produktes durch die Nachfrager. So konnte in empirischen Studien nachgewiesen werden, dass die Veränderung des

Produktpreises eine bis zu zwanzig Mal höhere Wirkung auf das Verhalten der Konsumenten hat, als es beispielsweise Veränderungen des Werbebudgets haben (vergleiche hierzu und zum Folgenden *Meffert, H.* 2000: Seite 482 ff.). Allerdings ist dabei zu berücksichtigen, dass sich gerade Preissenkungen nicht ohne Weiteres rückgängig machen lassen. In derartigen Fällen besteht die Gefahr, dass die Konsumenten auf ähnliche Wettbewerbsprodukte ausweichen, die zu einem niedrigeren Preis angeboten werden.

18.5.2.1 Preispolitik

18.5.2.1.1 Preisbestimmung

Verfahren der Preisbestimmung

In der betrieblichen Praxis erfolgt die Festlegung von Verkaufspreisen im Allgemeinen nicht entsprechend der Preistheorie, sondern mittels einem der nachfolgend dargestellten Verfahren (vergleiche *Berndt, R.* 1995: Seite 170 ff., *Kotler, P./Bliemel, F.* 2001: Seite 833 ff., *Meffert, H.* 2000: Seite 506 ff.):

Kostenorientierte Preisbestimmung

Bei der kostenorientierten Preisbestimmung wird den kalkulierten Selbstkosten ein gewisser Prozentsatz für den Gewinn zugeschlagen, der von dem jeweiligen Produkt, den Marktgegebenheiten sowie der Risikoneigung und Erfahrung der Entscheidungsträger abhängt. Erfolgt der Absatz des Produkts über Absatzmittler, so erhöht sich der Preis um einen vorgegebenen oder frei zu bestimmenden Aufschlag, die sogenannte »Handelsspanne«. Das Kostenprinzip ist in der Handhabung sehr einfach und in der Praxis weit verbreitet. Allerdings orientiert es sich ausschließlich an der Produktionsseite. Eine schnelle Reaktion auf Veränderungen der Nachfrage ist damit nicht gewährleistet.

Nachfrageorientierte Preisbestimmung

Das **Wertprinzip** betrachtet die aktuelle oder die erwartete Nachfragesituation: Bei einer starken Nachfrage werden hohe Preise verlangt und umgekehrt. Die Kosten- und die Wettbewerbssituation werden lediglich indirekt berücksichtigt. Insofern ist eine ausschließlich nachfrageorientierte Preisbestimmung insbesondere im Monopolfall zweckmäßig.

Konkurrenz- und branchenorientierte Preisbestimmung

Bei dieser Vorgehensweise verzichtet das Unternehmen auf eine eigene Preissetzung. Maßgeblich für die Höhe des eigenen Produktpreises sind die Preise des Marktführers (**Leitpreis**) oder der Durchschnittspreis für vergleichbare Produkte (**Branchenpreis**). Verändert sich der gewählte Referenzpreis, so wird der eigene Preis der jeweiligen Veränderung angepasst. Dieses Verfahren wird vor allem in Märkten mit sehr homogenen Produkten (Nahrungsmittel, Rohstoffe) und einer überwiegend oligopolistischen oder polypolistischen Struktur angewandt. Als Schwäche ist dabei vor allem die fehlende Berücksichtigung der Kostenseite zu nennen. Trotzdem ist die Ausrichtung der Preispolitik an den Hauptwettbewerbern zu einem wesentlichen Element der Preisbestimmung geworden.

Nutzenorientierte Preisbestimmung
Letztendlich entscheiden die Konsumenten darüber, welches Produkt sie zur Befriedigung ihrer individuellen Bedürfnisse erwerben. Insofern spielt der mit einem Produkt verbundene Nutzen für die Kaufentscheidung eine wichtige Rolle. Ein Unternehmen muss deshalb versuchen, mit seinem Produkt ein besseres Preis-Leistungs-Verhältnis (**Product-Value**) zu bieten als die Konkurrenz. Das Produkt wird dabei als ein Bündel von bestimmten Eigenschaften aufgefasst, die jeweils einen Teilnutzen stiften. Als Methode für die Nutzenbestimmung der einzelnen Produkteigenschaften hat sich die **Conjoint-Analyse** durchgesetzt, bei der die miteinander verbundenen Leistungseigenschaften eines Produkts hinsichtlich ihrer Wirkung auf die Kundenpräferenzen für bestimmte Anbieter bewertet werden. Damit bietet die nutzenorientierte Preisbestimmung eine – allerdings recht aufwändige – Möglichkeit zur Bestimmung des annähernd optimalen Produktpreises.

18.5.2.1.2 Preisdifferenzierung
Neben der Preisfestlegung ist zu entscheiden, ob der Markt als Einheit betrachtet oder ob für verschiedene Marktsegmente verschiedene Preise verlangt werden sollen. Bei der Preisdifferenzierung wird ein Produkt also bestimmten Kunden oder Kundengruppen zu unterschiedlichen Preisen angeboten. Dies ist möglich, wenn sich der Gesamtmarkt segmentieren lässt, keine völlige Markttransparenz herrscht und ein Unternehmen eine ausreichende Marktmacht besitzt. Für eine Preisdifferenzierung kommen folgende Kriterien in Betracht (vergleiche *Kotler, P./Bliemel, F.* 2001: Seite 851 ff., *Meffert, H.* 2000: Seite 550 ff., *Ott, A. E.* 1979: Seite 190, *Simon, H.* 1995: Seite 107):

Alternativen der Preisdifferenzierung

Räumliche Preisdifferenzierung
Beispiele einer räumlichen Preisdifferenzierung sind Inlands- und Auslandspreise oder sitzplatzabhängige Preiskategorien in Theatern.

Kundenbezogene Preisdifferenzierung
Beispiele einer kundenbezogenen Preisdifferenzierung sind Schüler-, Studenten- und Seniorenpreise oder unterschiedliche Abrechnungen ärztlicher Leistungen bei Kassen- und Privatpatienten.

Zeitliche Preisdifferenzierung
Beispiele einer zeitlichen Preisdifferenzierung sind Tages-, Nacht- und Wochenendtarife oder Vor- und Hauptsaisontarife.

Mengenbezogene Preisdifferenzierung
Beispiele einer mengenbezogenen Preisdifferenzierung sind unterschiedlich hohe Verkaufspreise für Produkte in Klein- und in Großpackungen.

Verwendungsbezogene Preisdifferenzierung
Beispiele einer verwendungsbezogenen Preisdifferenzierung sind unterschiedlich hohe Verkaufspreise für die Verwendung von Salz als Streu- oder als Speisesalz.

Wirtschaftspraxis 18-8

Die Preisdifferenzierung der Lufthansa

Als Basis einer preislichen Differenzierung hat die Lufthansa AG ihre Economy Class in zwölf Tarifklassen unterteilt. Die Tarifklassen unterscheiden sich insbesondere hinsichtlich des Verkaufspreises und hinsichtlich der Flexibilität. In den niedrigpreisigen Tarifklassen können Tickets nicht storniert und nur sehr teuer umgebucht werden. Zudem werden sie in der Regel wenige Tage vor dem Abflugtermin nicht mehr verkauft. Die hochpreisigen Tarifklassen bieten hingegen die volle Flexibilität und können noch direkt vor dem Abflug gekauft werden.

Die eigentliche Preisdifferenzierung erfolgt über die Anzahl der für einen bestimmten Flug in den verschiedenen Tarifklassen angebotenen Tickets. Bei Flügen, bei denen eine schwache Nachfrage prognostiziert wird, werden bis zu 30 Prozent der Sitze in den niedrigpreisigen Tarifklassen angeboten, während bei stark nachgefragten Flügen nur Tickets in den hochpreisigen und keine in den niedrigpreisigen Tarifklassen angeboten werden.

Auf die Nachfrage wirken sich eine Reihe von Faktoren aus. Großen Einfluss haben der Wochentag und die Abflugzeit. Am Freitagnachmittag, am Sonntagabend und am Montagmorgen ist beispielsweise die Nachfrage besonders groß, da viele Geschäftsleute ins Wochenende oder aus dem Wochenende zur Arbeit fliegen. Auch etwa 200 Termine im Jahr haben Einfluss auf die Nachfrage, so beispielsweise Feiertage und Ferien sowie große Messen und Veranstaltungen, wie etwa das Oktoberfest. Darüber hinaus haben insbesondere die Preisgestaltung der Wettbewerber und deren Sonderaktionen einen Einfluss auf die Nachfrage und damit auf die von der Lufthansa in den niedrigpreisigen Tarifklassen angeboten Tickets.

Für Kunden bedeutet die Preisdifferenzierungspolitik der Lufthansa, dass sie möglichst frühzeitig buchen und nicht auf eines der immer seltener werdenden Last-Minute-Angebote warten sollten, wenn sie preiswert fliegen möchten. An der Preisschraube haben in den vergangenen Jahren viele Fluggesellschaften gedreht. Die Folge: Nirgendwo sonst sind die Preisunterschiede für ein und dieselbe Dienstleistung so hoch. Ein Hin- und Rückflug von Frankfurt nach New York kann so zwischen 407 Euro und 6564 Euro kosten. Allerdings rechnen Experten aufgrund der global anhaltenden Coronasituation mit dem Ende der Superkonjukturphase im Luftverkehr.

Quellen: *Scherff, D.* 2006: Billiger fliegen, wenn keiner fliegt, in: Frankfurter Allgemeine Sonntagszeitung, Nummer 45 vom 12.11.2006, Seite 53; https://www.handelsblatt.com/unternehmen/management/preismanagement-holzklasse-oder-himmelbett-seite-2/2779320-2.html?ticket=ST-5604859-3w2cJmbDS9Ma23BlYEib-ap2; https://www.welt.de/wirtschaft/article207138185/Langfristig-weniger-Flugverkehr-Das-Ende-der-Superkonjunktur.html

Produktbezogene Preisdifferenzierung

Beispiele einer produktbezogenen Preisdifferenzierung sind nicht nur durch die Kosten zu erklärende Unterschiede bei den Verkaufspreisen für Bücher in gebundener Form oder als Taschenbuch oder für Normal- und für Metallic-Lackierungen bei Automobilen.

18.5.2.1.3 Preisverlauf

Preispolitische Strategien

Hinsichtlich des Verlaufs des Verkaufspreises über der Zeit können Unternehmen verschiedene preispolitische Strategien einsetzen (↗ Abbildung 18-19, zum Folgenden vergleiche *Kotler, P./Bliemel, F.* 1999: Seite 762 ff. und *Meffert, H.* 2000: Seite 549 ff.):

Prämienpreispolitik

Prämienpreise sind gleichbleibend hohe Preise, die insbesondere für Produkte mit einer hohen Qualität festgelegt werden. Sie können die Gewinnspanne deutlich vergrößern, wenn die hohen Preise nicht zu Mengenrückgängen führen. Diese Preisstrategie wird im Allgemeinen von kommunikationspolitischen Maßnahmen flankiert und durch spezifische Vertriebssysteme unterstützt. Die Zielgruppe ist dabei zumeist relativ klein und exklusiv.

Abb. 18-19

Preispolitische Strategien

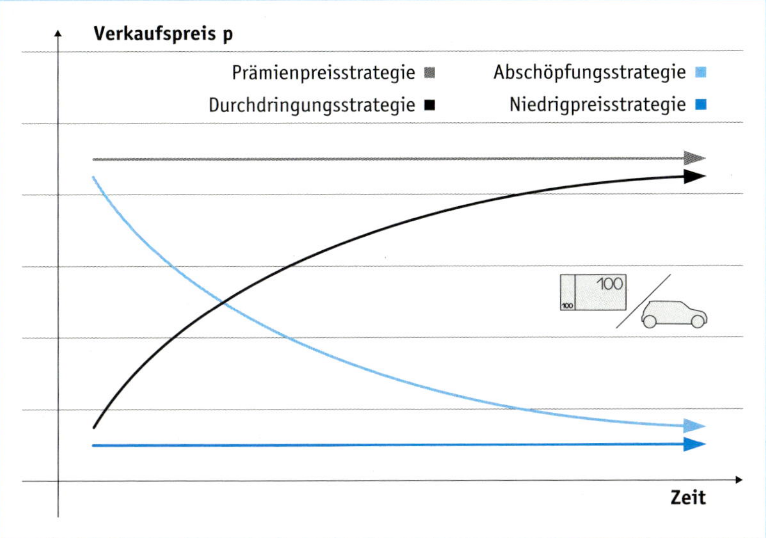

Promotionspreispolitik
Im Gegensatz zur Prämienpreispolitik setzt die Promotionspreispolitik beziehungsweise **Niedrigpreisstrategie** dauerhaft auf relativ niedrige Produktpreise. Der Schwerpunkt der Argumentation gegenüber den Kunden liegt damit auf der Preiswürdigkeit der Produkte als dem größten Kaufanreiz. Dieses Vorgehen ist die klassische Strategie von Unternehmen wie *ALDI* oder *IKEA*.

Penetrationspreispolitik
Bei der Penetrationspreispolitik beziehungsweise **Durchdringungsstrategie** werden bei der Einführung eines Produkts zunächst niedrige Preise verlangt, die später nach und nach erhöht werden. Dadurch sollen zum einen schnell neue Massenmärkte erschlossen und zum anderen potenzielle Konkurrenten vom Markt ferngehalten werden, indem Markteintrittsbarrieren aufgebaut werden. Problematisch bei dieser Vorgehensweise sind die längere Amortisationsdauer von Investitionen, die Verbindung des niedrigen Penetrationspreises mit einer geringen Produktqualität, der geringe preispolitische Spielraum nach unten und die Tatsache, dass sich nachträgliche Preiserhöhungen gegenüber den Konsumenten erfahrungsgemäß schwer erklären und durchsetzen lassen.

Abschöpfungspreispolitik
Die Abschöpfungspreispolitik (**Skimming-Pricing**) verwendet in der Einführungsphase eines Neuprodukts vergleichsweise hohe Preise, die mit einer zunehmenden Markterschließung und einem wachsenden Wettbewerbsdruck schrittweise gesenkt werden. Sinnvoll und durchsetzbar ist eine derartige Preisstrategie dann, wenn es auf

dem relevanten Markt noch keine vergleichbaren Produkte gibt und zumindest ein Teil der Kunden bereit ist, als Innovatoren einen relativ hohen Preis für das neue Produkt zu bezahlen. Bei Produkten, die schnell veralten, ist die Abschöpfungsstrategie schließlich die einzige Möglichkeit für ein Unternehmen, seine Investitionen überhaupt zu amortisieren. Hohe Einführungspreise können allerdings die Konkurrenz dazu veranlassen, so schnell wie möglich einen Markteintritt zu versuchen, um bei einem großen Bedarf ebenfalls die sogenannte **Konsumentenrente** abzuschöpfen. Dem versuchen innovative Unternehmen, mit Patenten, exklusiven Vertriebskanälen oder einer aufwändigen Produktvermarktung entgegenzuwirken.

18.5.2.2 Konditionenpolitik

Arten von Konditionen

Neben den Preisen haben die Konditionen ebenfalls großen Einfluss auf Kaufentscheidungen. Die Konditionen sind Gegenstand der vertraglichen Regelungen zwischen Verkäufern und Käufern und umfassen:

- Garantiebedingungen,
- Umtausch- und Rückgaberechte,
- Rabatte, wie Mengen-, Treue-, Sonder-, Funktionsrabatte,
- Skonti, also Preisnachlässe bei Zahlung innerhalb einer bestimmten Frist,
- Boni als periodenbezogene Form des Mengenrabatts sowie
- Lieferungs- und Zahlungsbedingungen, so beispielsweise Lieferung frei Haus, zahlbar innerhalb von 14 Tagen.

Im Rahmen der absatzwirtschaftlichen Ausrichtung eines Unternehmens ist zu entscheiden, welche Konditionen grundsätzlich gewährt werden. Darüber hinaus können die Konditionen im Rahmen der Produkteinführung sehr flexibel zum Einsatz kommen und auch kurzfristig an die aktuellen Marktbedingungen angepasst werden, so zum Beispiel in Form von Sonderkonditionen, Einführungspreisen und Ähnlichem.

Durch die Gestaltung der Konditionen lässt sich das Kaufrisiko der Kunden verringern. Beispielsweise kann durch die Vereinbarung von Probenutzungen und Rückgaberechten die Schwelle der Kaufbereitschaft herabgesetzt werden, die vor allem bei Marktneuheiten aufgrund der fehlenden Vergleichsmöglichkeiten in der Regel besonders hoch ist. Insofern ist die Konditionenpolitik ein nicht zu vernachlässigendes Handlungsfeld im Rahmen der Einführung von Neuprodukten im Markt.

18.5.3 Kommunikationspolitik

Gegenstand der **Kommunikationspolitik** ist es, den aktuellen und den potenziellen Kunden eines Unternehmens sowie der Öffentlichkeit ein den Unternehmenszielen entsprechendes Bild von den Produkten und von dem Unternehmen selbst zu vermitteln.

Unter **Kommunikation** wird dabei allgemein der Austausch von Informationen verstanden. Im Rahmen des Marketings ist dabei der **Kommunikationsmix** des Unternehmens festzulegen, auf dessen Bestandteile wir nachfolgend eingehen werden

Abb. 18-20

Instrumente der Kommunikationspolitik

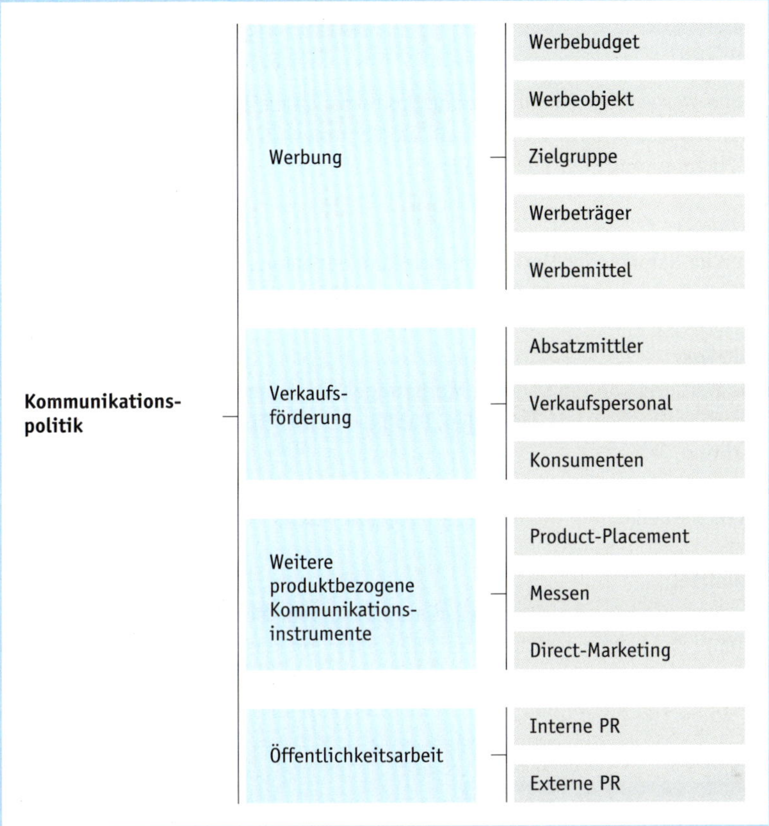

(↗ Abbildung 18-20, dazu und zum Folgenden vergleiche *Berndt, R.* 1995: Seite 274 ff., *Kotler, P./Bliemel, F.* 2001: Seite 881 ff., *Meffert, H.* 2000: Seite 678 ff. und *Pepels, W.* 1997: Seite 94 ff.).

18.5.3.1 Werbung

Werbeplanung und -kontrolle

Die klassische Werbung ist das wichtigste Instrument der Kommunikationspolitik. Im Rahmen der Werbung müssen folgende Entscheidungen getroffen werden (vergleiche *Berndt, R.* 1995: Seite 329 ff.):

Werbebudget

Die für die Werbung zur Verfügung zu stellenden finanziellen Mittel lassen sich mithilfe der folgenden Methoden festlegen:

- **Competitive-Parity-Method:** Die Höhe des Werbebudgets orientiert sich an den Werbeausgaben der wichtigsten Wettbewerber.

- **Percentage-of-Sales-Method:** Das Werbebudget ergibt sich als ein Prozentsatz des Umsatzerlöses.
- **All-you-can-afford-Method**: Die Höhe des Werbebudgets richtet sich nach den zur Verfügung stehenden Finanzmitteln.

Werbeobjekt
Mögliche Werbeobjekte sind einzelne Produkte, ganze Produktgruppen, das Unternehmen insgesamt oder die im Markt angebotenen Zusatzleistungen wie beispielsweise Finanzierung oder Kundendienst.

Zielgruppen
Aus den im Rahmen der Marktsegmentierung bestimmten möglichen Käufergruppen sind die Zielgruppen für die Werbung auszuwählen.

Werbeträger
Für die Werbung können folgende Werbeträger eingesetzt werden:

- Insertionsmedien, wie Zeitungen, Publikums- und Fachzeitschriften oder Außenwerbung,
- elektronische Medien, wie Radio, Fernsehen oder Internet,
- Direktwerbemedien, wie Briefe, Anrufe oder Mails.

Werbemittel
Werbemittel sind Ausdrucksmittel, die eine Werbebotschaft enthalten und an eine bestimmte Zielgruppe gerichtet sind. Heute werden klassische (z. B. Anzeigen, Broschüren, Give-Aways, Trikotwerbung) und digitale Werbemittel unterschieden (z. B. Werbespots, digitale Werbebanner, Newsletter, Pop-ups).

Wirtschaftspraxis 18-9

Maßgeschneiderte Internetwerbung

Mit *AdSense* bietet der Internetsuchmaschinenbetreiber *Google Inc.* eine neuartige Form der Internetwerbung an. *AdSense* blendet auf Internetseiten zu deren Inhalten passende Werbebanner ein, indem vor der Einblendung die Inhalte der Internetseite analysiert werden. Auf einer Seite zur Buchführung können deshalb beispielsweise Werbebanner für Buchführungsprogramme erscheinen.

Für die Analyse der Seiteninhalte nutzt *Google* die eigene Suchmaschinentechnologie. Da die Werbung weitgehend mit den Interessen der Besucher der Internetseite übereinstimmt, werden die Werbebanner häufiger als die Banner der klassischen Affiliate-Programme angeklickt, wodurch wiederum die Betreiber der Internetseiten besser verdienen.

AdSense berücksichtigt zudem regionale Unterschiede der Besucher, wodurch diese in erster Linie Werbung in ihrer Landessprache angeboten bekommen. Zukünftig ist damit zu rechnen, dass die Werbung aufgrund der besser werdenden Informationen über die Besucher noch genauer auf deren Interessen abgestimmt werden wird.

Quelle: https://www.google.de/adsense/start/, Stand: 02.12.2020.

Wirtschaftspraxis 18-10

Die VIP-Fahrzeugflotte von BMW

Eine kombinierte Form der Öffentlichkeitsarbeit und der konsumentenorientierten Verkaufsförderung betreiben einige Automobilhersteller mit ihren VIP-Fahrzeugen. Mit etwa tausend Limousinen verfügt dabei *BMW* über die weltweit größte Flotte zum Transport von VIPs.
Um bei öffentlichen Ereignissen, wie bei der Vergabe von Fernsehpreisen oder bei Formel 1-Rennen, aufzufallen, wird darauf geachtet, dass möglichst identische Fahrzeuge – meist *7er-BMW* oder *Rolls-Royce* – eingesetzt werden, die zudem alle in schwarzer Wagenfarbe und mit nach Möglichkeit fortlaufender Nummerierung der Kennzeichen ausgestattet sind. Für den perfekten Auftritt werden dabei nur Wagen verwendet, die nicht älter als ein Jahr sind und mindestens einmal täglich gewaschen werden. Die meisten der über 300 Chauffeure sind fahr- und produktgeschulte Studenten in zu den Automobilen passender dunkler Kleidung, die ein adäquates Gesprächsniveau sicherstellen können. Neben der öffentlichen Wirkung dient die Flotte auch dazu, die beförderten VIPs mit den Fahrzeugen vertraut zu machen und sie dafür zu begeistern. Es handelt sich insofern auch um eine konsumentenorientierte Form der Verkaufsförderung.

Quelle: *Kanter, O.*: Sänfte der Stars, in: fivetonine, Nummer 4, 2006, Seite 62 ff.

Die Gestaltung der Werbemittel umfasst deren visuelle Gestaltung und die Festlegung der zu vermittelnden **Werbebotschaften**. Diese enthalten die eigentlichen Werbeaussagen, die gegenüber den Adressaten der Werbung kommuniziert werden soll. Die Werbebotschaften können in Form einfacher Schlagworte (»Das Beste«), kurzer Slogans (»Da weiß man, was man hat«), logischer Argumentationen oder der Beschreibung bestimmter Situationen ausgestaltet werden.

18.5.3.2 Verkaufsförderung (Sales-Promotion)

Die Verkaufsförderung umfasst informierende, motivierende und schulende Maßnahmen entlang der Absatzwege. Hinsichtlich der Absatzstufen werden drei Arten der Verkaufsförderung unterschieden (*Meffert, H.* 2000: Seite 723):

Arten der Verkaufsförderung

Absatzmittlerorientierte Verkaufsförderung

Im Rahmen der absatzmittler- beziehungsweise handelsorientierten Verkaufsförderung werden unter anderem die folgenden Instrumente eingesetzt: regelmäßige Informationen der Absatzmittler, Werbemaßnahmen in der Region des Absatzmittlers, Fachmessen, Handelsseminare, Schaufensterausstattungen, Displaymaterialien für die Produktpräsentation, Produktvideos für die Verkaufsräume sowie Regalbetreuungen im Einzelhandel. Durch diese Instrumente sollen die Listungen und die Produktpräsenz bei den Absatzmittlern erhöht und die Beziehungen zu diesen gefestigt werden.

Verkaufspersonalorientierte Verkaufsförderung

Im Rahmen der verkaufspersonalorientierten Verkaufsförderung werden unter anderem die folgenden Instrumente eingesetzt: Verkäuferinformationen, Verkäufertreffen, Verkaufswettbewerbe, Prämiensysteme, Werksbesichtigungen, Produktschulungen, Verkaufshandbücher sowie Argumentationshilfen. Durch diese Instrumente sollen das Verkaufspersonal der Unternehmen und der Absatzmittler so beeinflusst werden, dass es die Produkte des Unternehmens bevorzugt und besser verkauft.

Konsumentenorientierte Verkaufsförderung

Im Rahmen der konsumenten- beziehungsweise endnachfragerorientierten Verkaufsförderung werden unter anderem die folgenden Instrumente eingesetzt: Newsletter, Prospekte, Bedienungsanleitungen, Werksbesichtigungen, Händlerlisten, Konsumentenmessen, Preisausschreiben, Gewinnspiele, Proben, Verkostungen, Zugaben von anderen Produkten, Produktvorführungen, Gutscheine sowie Rückerstattungsangebote. Durch diese Maßnahmen sollen die potenziellen Käufer in ihrer Einstellung gegenüber den angebotenen Produkten positiv beeinflusst und möglichst unmittelbar vor Ort zu Initialkäufen angeregt werden.

18.5.3.3 Weitere produktbezogene Kommunikationsinstrumente

Zusätzlich zu den aufgeführten klassischen Instrumenten der Kommunikationspolitik gibt es eine Reihe weiterer Instrumente:

Product-Placement

Unter Product-Placement wird der gezielte Einsatz eines Markenartikels in dem Medium Film verstanden, so zum Beispiel in einem Kinofilm, einer Fernsehsendung oder einem Videoclip. Produkte, die sich hierfür eignen, sind insbesondere Konsumgüter des gehobenen Bedarfs, so etwa das Sportwagencabrio *Z3* von *BMW* im *James-Bond*-Film »Golden Eye«, aber auch Dienstleistungen, wie das Logistikunternehmen *FedEx* in dem Spielfilm »Cast away«. Die Vorteile des Product-Placements sind vor allem die große Reichweite und die positive Umfeldwirkung durch die Integration des Produkts in die Spielhandlung. Zudem kann der für das Werbefernsehen typische »Zapping-Effekt« umgangen werden, der nach empirischen Studien dazu führt, dass nur etwa 20 Prozent der Fernsehzuschauer tatsächlich von einem bestimmten Werbespot erreicht werden (vergleiche *Meffert, H.* 2000: Seite 720). Problematisch am Product-Placement sind allerdings die Auswahl eines geeigneten Filmprojekts und die negative Interpretation des Product-Placements als »Schleichwerbung« durch den Zuschauer. Außerdem kann auf die beabsichtigte Werbebotschaft zumeist kein direkter Einfluss genommen werden. Auch der Erfolg des Product-Placements ist schwer vorhersehbar, weil er maßgeblich von dem Erfolg des zugrunde liegenden Films abhängt.

Messen und Ausstellungen

Eine weitere Form der Kommunikationspolitik sind Messen und Ausstellungen. Sie ermöglichen eine direkte Ansprache der Kunden und einen unmittelbaren Konkurrenzvergleich, haben Ereignischarakter und finden normalerweise in regelmäßigen zeitlichen Abständen statt. In der Praxis wird häufig zwischen Fachmessen, die nur für das Fachpublikum zugänglich sind, und allgemein zugänglichen Konsumentenmessen unterschieden.

Direkt-Marketing

Auch die Maßnahmen des Direkt-Marketing, wie Direct-Mailings oder Telefonaktionen, gewinnen zunehmend an Bedeutung. Mit derartigen Aktionen versuchen die Werbetreibenden, einen direkten persönlichen Kontakt mit der ausgewählten Zielgruppe oder zumindest eine erhöhte Aufmerksamkeit zu erreichen.

Dabei eröffnen sich den Unternehmen im Bereich der **Multimedia-Anwendungen** neue, attraktive Kommunikationskanäle. Durch die Verbindung mehrerer Medien, wie Text, Bild und Ton werden vor allem technikinteressierte Verbraucher angesprochen. Ein Beispiel für den Einsatz von Multimedia ist das Internet, das zunehmend zu einem Medium für den Aufbau von direkten Kundenkontakten wird, die bis zu dem Abschluss von Kaufverträgen reichen.

18.5.3.4 Öffentlichkeitsarbeit (Public Relations)

Im Mittelpunkt der Öffentlichkeitsarbeit stehen nicht die Produkte von Unternehmen, sondern die Unternehmen selbst. Die Kommunikation richtet sich dabei an alle **Stakeholder** des Unternehmens und nicht primär an bestimmte Zielgruppen. Bei den Stakeholdern soll durch die Öffentlichkeitsarbeit ein positives Unternehmensimage erzeugt werden.

Die Instrumente der Öffentlichkeitsarbeit können in persönliche und nicht persönliche sowie in interne und externe Instrumente unterteilt werden (vergleiche *Meffert, H.* 2000: Seite 724 ff.):

Persönliche interne Öffentlichkeitsarbeit

Instrumente der persönlichen, internen Öffentlichkeitsarbeit sind beispielsweise Betriebsversammlungen.

Nicht persönliche interne Öffentlichkeitsarbeit

Instrumente der nicht persönlichen, internen Öffentlichkeitsarbeit sind beispielsweise Mitarbeiterzeitungen oder Intranetseiten.

Persönliche externe Öffentlichkeitsarbeit

Instrumente der persönlichen, externen Öffentlichkeitsarbeit sind beispielsweise Pressekonferenzen, Betriebsbesichtigungen, Tage der offenen Tür oder Veranstaltungen im Rahmen des sogenannten Event-Marketing, so etwa die Weihnachtstour von Coca-Cola oder die Streetball Challenge von Adidas.

Nicht persönliche externe Öffentlichkeitsarbeit

Instrumente der nicht persönlichen, externen Öffentlichkeitsarbeit sind beispielsweise Unternehmenspublikationen, wie Geschäftsberichte oder Imagebroschüren, Anzeigen in Zeitungen, Pressenotizen, Internetseiten oder das Sponsoring. Letzteres kann weiter unterteilt werden in:

Sponsoring

- das **Sportsponsoring**, bei dem beispielsweise Sportvereine unterstützt werden,
- das **Kultursponsoring**, bei dem beispielsweise Kunstausstellungen oder Konzerte unterstützt werden,
- das **Sozialsponsoring**, bei dem beispielsweise Kindergärten oder Hochschulen unterstützt werden, und
- das **Umweltsponsoring**, bei dem beispielsweise Baumpflanzungen oder Luftschutzaktionen unterstützt werden.

Abb. 18-21

Koordination durch ein CRM-System

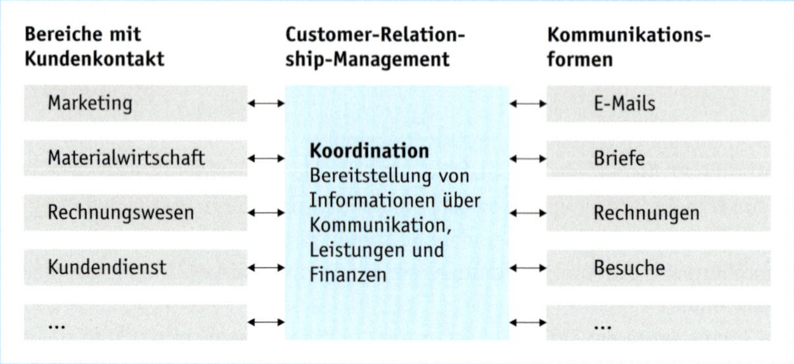

18.5.3.5 Customer-Relationship-Management

Da eine Vielzahl von Unternehmensbereichen Kundenkontakte hat, gehen viele Unternehmen heute dazu über, die dabei entstehenden Informationen zusammenzufassen und den verschiedenen Unternehmensbereichen die jeweils notwendigen Informationen zur Verfügung zu stellen. Das Customer-Relationship-Management (CRM) steht entsprechend für das Management aller Kundenbeziehungen, Kundeninformationen und kundenbezogenen Interaktionen über alle Unternehmensbereiche und Kommunikationskanäle hinweg mit der Zielsetzung, bestehende Kunden zu binden und neue Kunden zu identifizieren und zu akquirieren (↗ Abbildung 18-21). Durch dieses einheitliche Management der Kundenbeziehungen werden insbesondere Redundanzen vermieden. So verwenden beispielsweise alle Bereiche die gleichen Kundenadressen und die Kunden werden nicht unkoordiniert von verschiedenen Bereichen des Unternehmens kontaktiert.

18.5.4 Distributionspolitik

Die **Distributionspolitik** umfasst alle Entscheidungen und Maßnahmen, die im Zusammenhang mit dem Weg der Produkte von den Unternehmen zu ihren Kunden stehen.

Hierzu sind die Distributionsziele zu formulieren, die Absatzwege und die Distributionslogistik festzulegen und alle Maßnahmen zur Umsetzung der Distributionspolitik zu planen, durchzuführen und zu kontrollieren (↗ Abbildung 18-22, zum Folgenden vergleiche *Berndt, R.* 1995: Seite 459 ff., *Kotler, P./Bliemel, F.* 2001: Seite 1073 ff. und *Meffert, H.* 2000: Seite 600 ff.).

Abb. 18-22

Instrumente der Distributionspolitik

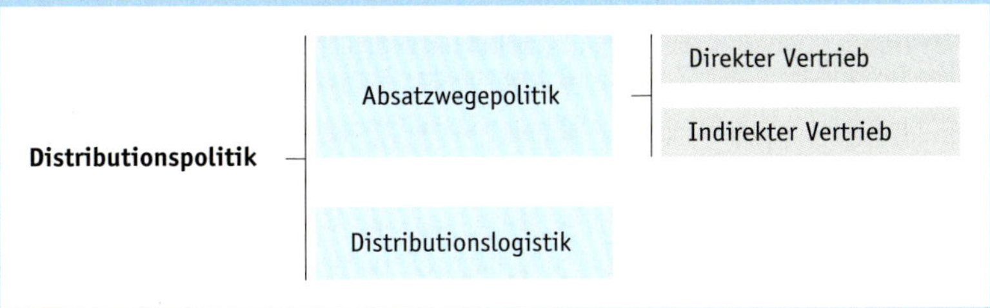

18.5.4.1 Absatzwegepolitik (Akquisitorische Distribution)

Die **Absatzwege** (synonym: Absatzkanäle, Vertriebswege) umfassen die wirtschaftlichen, rechtlichen und sozialen Beziehungen zwischen allen am Distributionsprozess beteiligten Personen und Institutionen. Dabei können zwischen dem Hersteller und dem Endkunden sowohl **Absatzmittler**, wie zum Beispiel Großhändler oder Einzelhändler, als auch **Absatzhelfer**, wie zum Beispiel Handelsvertreter oder Makler, auftreten. Während die Absatzmittler die Instrumente des Marketingmixes zumindest teilweise eigenständig einsetzen, erfüllen die Absatzhelfer lediglich vertriebsunterstützende Funktionen.

In der Regel setzen Unternehmen im Rahmen des sogenannten **Multi-Channel-Managements** auch mehrere Absatzwege für ihre Produkte ein. Dies ist beispielsweise dann der Fall, wenn ein Produkt sowohl direkt über den Internetshop eines Unternehmens gekauft werden kann als auch parallel dazu im Einzelhandel. Hinsichtlich des Absatzweges lassen sich zwei grundlegende Alternativen unterscheiden (↗ Abbildung 18-23):

Alternative Absatzwege

Direkter Vertrieb

Beim direkten Vertrieb sind keine Absatzmittler in den Vertrieb eingebunden. Er wird deshalb auch als **Direktvertrieb** bezeichnet. Der Absatz erfolgt über eine zentrale Verkaufsabteilung, einen eigenen Versandhandel oder über herstellereigene Vertriebsstellen. Beispiele für einen direkten Absatz finden sich im Großanlagenbau, im Vertrieb von komplexen und entsprechend erklärungsbedürftigen Kommunikationssystemen oder bei Direktversicherungen. Auch verschiedene Konsumgüterhersteller, wie *WMF*, *Aigner* und *Vorwerk*, haben sich für diese Absatzvariante entschieden oder betreiben zumindest einen sogenannten »Werks-« oder »Fabrikverkauf« (Factory-Outlet). Allerdings verzichten viele Unternehmen aus Kostengründen auf einen direkten Absatz ihrer Produkte, weil der Aufbau eines eigenen Vertriebsnetzes, sofern er erforderlich ist, zumeist teurer ist als die Nutzung von Absatzmittlern. Über sie kann vielfach zu günstigeren Konditionen an den Endverbraucher geliefert werden. Die unbestrittenen Vorteile des direkten Absatzes sind jedoch der unmittelbare Kundenkontakt und die vollständige Kontrolle über den Absatzkanal.

Indirekter Vertrieb

Beim indirekten Vertrieb werden eine oder mehrere Absatzstufen zwischen den Hersteller und seine Kunden geschaltet. Die Anzahl der Absatzstufen bestimmt damit die Länge des Absatzweges:

Abb. 18-23

Absatzwege

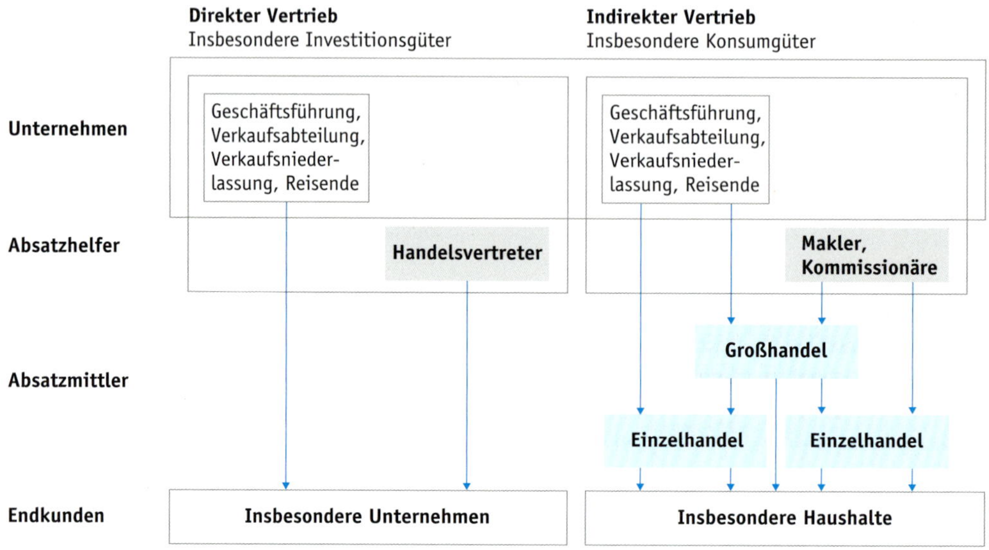

Vergleiche *Nieschlag, R./Dichtl, E./Hörschgen, H.* 1994: Seite 467

- Beim **einstufig** indirekten Vertrieb wird nur ein Absatzmittler in den Absatzweg eingebunden. Beispielsweise kaufen Einzelhändler von dem Hersteller Ware im eigenen Namen, auf eigene Rechnung und auf eigenes Risiko.
- Durch die Einbindung von weiteren Absatzmittlern wird der Vertrieb **mehrstufig**. In manchen Branchen finden sich beispielsweise Großhändler zwischen dem Hersteller und dem Einzelhandel. Sie agieren ebenfalls unter eigenem Namen und auf eigene Rechnung. Generell lässt sich sagen, dass mit der Länge des Absatzweges auch die Vertriebskosten für ein Produkt steigen.

18.5.4.2 Distributionslogistik (Physische Distribution)

Die Distributionslogistik (synonym: Absatzlogistik, Vertriebslogistik, Marketinglogistik) dient dazu, die Produkte physisch vom Hersteller zum Endkunden zu übermitteln. Es geht also vor allem um die Lösung des Problems, wie das Produkt durch Transport (Wahl der Transportwege und -mittel), Lagerung (Wahl von Lagerstandort, Lagergröße und Lagerhaltungssystem) und Auslieferung zum richtigen Zeitpunkt und in der richtigen Menge an den richtigen Absatzort zu bringen ist. Durch einen optimalen Lieferservice soll die zuverlässige, flexible und termingerechte Versorgung der Absatzmittler und der Endkunden gewährleistet werden.

18.6 Kennzahlen

Zur Information und Steuerung wird im Marketing eine Reihe von Kennzahlen verwendet. Die Informationen werden dem Management und den Mitarbeitern des Marketings in der Regel in monatlichen Berichten zur Verfügung gestellt. Hierzu können unter anderem die nachfolgenden Kennzahlen eingesetzt werden (vergleiche *Jung, H.* 2003: Seite 451 f.):

$$\text{Angebotserfolgsquote} = \frac{\text{Wert/Anzahl der angenommenen Angebote}}{\text{Wert/Anzahl der abgegebenen Angebote}}\ [\%]$$

$$\text{Auftragseingangsquote} = \frac{\text{Auftragseingänge}}{\text{Geplante Auftragseingänge}}\ [\%]$$

$$\text{Auftragsreichweite} = \frac{\text{Auftragsbestand}}{\text{Jahresumsatzerlös}}\ [\text{Jahre}]$$

$$\text{Preiselastizität} = \frac{\text{Prozentuale Absatzänderung}}{\text{Prozentuale Preisänderung}}\ [\%]$$

$$\text{Umsatzmarktanteil} = \frac{\text{Umsatzerlöse des Unternehmens}}{\text{Umsatzerlöse der Branche}}\ [\%]$$

$$\text{Umsatzentwicklung} = \frac{\text{Umsatzerlöse im Ermittlungszeitraum}}{\text{Umsatzerlöse im Basiszeitraum}}\ [\%]$$

Zusammenfassung Kapitel 18

- Gegenstand des Marketings ist die Planung und die Durchführung von Aktivitäten, die unmittelbar oder mittelbar dazu dienen, dass Gruppen oder Individuen die Produkte eines Unternehmens kaufen oder dessen Anliegen unterstützen.
- Das Marketing wird in ein kommerzielles und ein Nonprofit-Marketing unterteilt.
- Die meisten Märkte haben sich heute von Verkäufer- zu Käufermärkten entwickelt.
- Die klassische Preistheorie gibt den theoretischen Zusammenhang zwischen dem Verkaufspreis, der Absatzmenge, dem Umsatzerlös und dem Unternehmenserfolg wieder.
- Mit Marktanalysen werden bestehende und potenzielle Marktteilnehmer untersucht und Prognosen darüber erstellt, mit welchen Marketingmaßnahmen sich welche Absatzergebnisse erzielen lassen.
- Das Käuferverhalten kann über Stimulus-Organismus-Response-Modelle erklärt werden.

- Die Bedürfnispyramide stellt ein hierarchisch geordnetes System zur Erklärung menschlicher Bedürfnisse dar, die unter anderem Kaufprozesse auslösen können.
- Mit der Marktsegmentierung wird der Gesamtmarkt mittels geografischer, demographischer, psychografischer und verhaltensbezogener Kriterien in homogene Käufergruppen unterteilt.
- Die Marketingstrategie legt fest, in welchen Marktsegmenten das Unternehmen welche Produkte absetzen wird und ob in den Segmenten eine Strategie der Preisführerschaft, der Differenzierung oder der Fokussierung angewendet wird.
- Der Marketingmix bestimmt für jedes Marktsegment die Ausprägung der Produkt-, Preis-, Konditionen-, Kommunikations- und Distributionspolitik.
- Unter der Produktpolitik wird die marktgerechte Gestaltung der angebotenen Produkte eines Unternehmens verstanden.
- Die Preis- und Konditionenpolitik umfasst alle Vereinbarungen über die für Produkte zu zahlenden Entgelte und über die ergänzenden Regelungen zwischen Unternehmen und ihren Kunden.
- Gegenstand der Kommunikationspolitik ist es, den aktuellen und den potenziellen Kunden eines Unternehmens sowie der Öffentlichkeit ein den Unternehmenszielen entsprechendes Bild von den Produkten des Unternehmens und von dem Unternehmen selbst zu vermitteln.
- Die Distributionspolitik umfasst alle Entscheidungen und Maßnahmen, die im Zusammenhang mit dem Weg der Produkte von den Unternehmen zu ihren Kunden stehen.

Weiterführende Literatur Kapitel 18

Marketing allgemein

Kotler, P./Armstrong, G./Saunders, J./Wong, V.: Grundlagen des Marketing, München

Scharf, A./Schubert, B./Hehn, P.: Marketing: Einführung in Theorie und Praxis, Stuttgart.

Meffert, H./Burmann C./Kirchgeorg, M.: Marketing: Grundlagen marktorientierter Unternehmensführung. Konzepte – Instrumente – Praxisbeispiele, Wiesbaden

Homburg, C.: Marketingmanagement: Strategie – Instrumente – Umsetzung – Unternehmensführung, Wiesbaden.

Marktforschung

Goffin, K./Koners, U.: Hidden Needs: Versteckte Kundenbedürfnisse entdecken und in Produkte umsetzen, Stuttgart.

Werbung

Armstrong, J. S.: Werbung mit Wirkung: Bewährte Prinzipien überzeugend einsetzen, Stuttgart.

Neuromarketing

Häusel, H.-G. (Herausgeber): Neuromarketing, Planegg.

Schlüsselbegriffe Kapitel 18

- Marketing
- Absatzwirtschaft
- Absatzpolitik
- Vertrieb
- Verkauf
- Investitionsgütermarketing
- Konsumgütermarketing
- Nonprofit-Marketing
- Verkäufermarkt
- Käufermarkt
- Preistheorie
- Preis-Absatz-Funktion
- Veblen-Effekt
- Prestige-Effekt
- Snob-Effekt
- Mitläufer-Effekt
- Qualitäts-Effekt
- Cournotscher Punkt
- Marktanalyse
- Käuferverhalten
- Stimulus-Response-Modell
- Black-Box-Modell
- Stimulus-Organismus-Response-Modell
- Kaufprozess
- Bedürfnispyramide
- AIDA
- Kaufentscheidung
- Kaufabsicht
- Primärforschung
- Sekundärforschung
- Zaltman Metaphor Elicitation Technique
- Neuroökonomie
- Marktsegmentierung
- Marktdurchdringung
- Produktentwicklung
- Markterschließung
- Diversifikation
- Generische Strategie
- Preisführerschaft
- Fokussierung
- Marketingmix
- Produktpolitik
- Sortimentspolitik
- Verpackung
- Markenpolitik
- Preispolitik
- Konditionenpolitik
- Preisbestimmung
- Preisdifferenzierung
- Prämienpreispolitik
- Promotionspreispolitik
- Penetrationspreispolitik
- Abschöpfungspreispolitik
- Kommunikationspolitik
- Werbung
- Werbeobjekt
- Werbeträger
- Werbemittel
- Verkaufsförderung
- Öffentlichkeitsarbeit
- Public Relation
- Event Marketing
- Sponsoring
- Product-Placement
- Direkt-Marketing
- Customer-Relationship-Management
- Distributionspolitik
- Absatzwegepolitik
- Absatzmittler
- Absatzhelfer
- Multi-Chanel-Management
- Distributionslogistik

Fragen Kapitel 18

Frage 18-1: *Definieren Sie den Begriff »Marketing«.*
Frage 18-2: *Nennen Sie die zwei grundsätzlichen Formen des Marketings.*
Frage 18-3: *Erläutern Sie den Unterschied zwischen dem Investitions- und dem Konsumgütermarketing.*
Frage 18-4: *Erläutern Sie den Unterschied zwischen Käufer- und Verkäufermärkten.*
Frage 18-5: *Erläutern Sie, was unter hybriden Kunden verstanden wird.*
Frage 18-6: *Nennen Sie mindestens drei Ziele des Marketings.*
Frage 18-7: *Erläutern Sie, was unter einer Preis-Absatz-Funktion verstanden wird.*
Frage 18-8: *Erläutern Sie, was unter der Preiselastizität der Nachfrage verstanden wird.*
Frage 18-9: *Erläutern Sie, wo der Cournotsche Punkt beim Angebotsmonopol liegt.*
Frage 18-10: *Nennen Sie vier Effekte, aufgrund derer trotz steigender Preise mehr gekauft wird.*
Frage 18-11: *Erläutern Sie den Unterschied zwischen dem Veblen- und dem Snob-Effekt.*
Frage 18-12: *Erläutern Sie, was unter dem Qualitäts-Effekt verstanden wird.*

Frage 18-13: *Nennen Sie die vier möglichen Entscheider bei Kaufprozessen.*

Frage 18-14: *Erläutern Sie den Unterschied zwischen dem Stimulus-Response- und dem Stimulus-Organismus-Response-Modell.*

Frage 18-15: *Nennen Sie die fünf Phasen, in denen Kaufprozesse idealtypisch ablaufen.*

Frage 18-16: *Nennen Sie die fünf Bedürfnisarten nach Maslow.*

Frage 18-17: *Erläutern Sie, was unter dem Limbic-Modell verstanden wird.*

Frage 18-18: *Erläutern Sie, wofür AIDA steht.*

Frage 18-19: *Nennen Sie die drei möglichen Informationsquellen von potenziellen Käufern.*

Frage 18-20: *Nennen Sie die vier Kaufarten, die unterschieden werden.*

Frage 18-21: *Erläutern Sie den Unterschied zwischen extensiven und limitierten Käufen.*

Frage 18-22: *Erläutern Sie, was unter habituellen Käufen verstanden wird.*

Frage 18-23: *Erläutern Sie den Unterschied zwischen der primären und der sekundären Marktforschung.*

Frage 18-24: *Definieren Sie den Begriff »Marktsegment«.*

Frage 18-25: *Nennen Sie die vier Gruppen von Kriterien, anhand derer Märkte segmentiert werden, können.*

Frage 18-26: *Nennen Sie mindestens drei demographische Segmentierungskriterien.*

Frage 18-27: *Nennen Sie die zwei Kriterien, anhand derer die Marktsegmentierung entsprechend den SIGMA-Milieus erfolgt.*

Frage 18-28: *Nennen Sie die vier Produkt-Markt-Strategien nach Ansoff.*

Frage 18-29: *Erläutern Sie, welche drei generischen Strategien es nach Porter gibt.*

Frage 18-30: *Nennen Sie die vier absatzpolitischen Instrumente.*

Frage 18-31: *Erläutern Sie, was unter dem Marketingmix verstanden wird.*

Frage 18-32: *Definieren Sie den Begriff »Produktpolitik«.*

Frage 18-33: *Nennen Sie mindestens vier Instrumente der Produktpolitik.*

Frage 18-34: *Erläutern Sie an einem Beispiel den Unterschied zwischen der Sortimentsbreite und der Sortimentstiefe.*

Frage 18-35: *Nennen Sie mindestens vier Aspekte, die bei der Gestaltung von Verpackungen berücksichtigt werden müssen.*

Frage 18-36: *Erläutern Sie, was unter einem Markenprodukt verstanden wird.*

Frage 18-37: *Definieren Sie den Begriff »Preis- und Konditionenpolitik«.*

Frage 18-38: *Nennen Sie die drei Instrumente der Preispolitik.*

Frage 18-39: *Erläutern Sie die vier Möglichkeiten der Preisbestimmung.*

Frage 18-40: *Nennen Sie mindestens vier Möglichkeiten der Preisdifferenzierung.*

Frage 18-41: *Erläutern Sie, welche vier preispolitischen Strategien unterschieden werden.*

Frage 18-42: *Nennen Sie mindestens drei Konditionen, die im Rahmen der Konditionenpolitik festgelegt werden können.*

Frage 18-43: *Definieren Sie den Begriff »Kommunikationspolitik«.*

Frage 18-44: *Erläutern Sie mindestens zwei Möglichkeiten, wie das Werbebudget festgelegt werden kann.*

Frage 18-45: *Nennen Sie die drei Arten von Werbeträgern und jeweils ein Beispiel dafür.*

Frage 18-46: *Erläutern Sie, was unter Werbemitteln verstanden wird.*
Frage 18-47: *Erläutern Sie an Beispielen die drei Arten der Verkaufsförderung.*
Frage 18-48: *Erläutern Sie, was unter dem Product-Placement verstanden wird.*
Frage 18-49: *Erläutern Sie, was unter dem Direkt-Marketing verstanden wird.*
Frage 18-50: *Erläutern Sie, welche Zielsetzung die Öffentlichkeitsarbeit verfolgt.*
Frage 18-51: *Nennen Sie mindestens vier Arten der Öffentlichkeitsarbeit und jeweils ein Beispiel dafür.*
Frage 18-52: *Nennen Sie mindestens drei Arten des Sponsorings.*
Frage 18-53: *Erläutern Sie, welche Aufgaben das Customer-Relationship-Management hat.*
Frage 18-54: *Definieren Sie den Begriff »Distributionspolitik«.*
Frage 18-55: *Erläutern Sie den Unterschied zwischen der akquisitorischen und der physischen Distribution.*
Frage 18-56: *Erläutern Sie den Unterschied zwischen Absatzmittlern und Absatzhelfern und nennen Sie jeweils ein Beispiel für diese.*
Frage 18-57: *Erläutern Sie, was unter dem Multi-Channel-Management verstanden wird.*
Frage 18-58: *Erläutern Sie den Unterschied zwischen dem direkten und dem indirekten Vertrieb.*

Fallstudie Kapitel 18

Die Geschäftsführung der Speedy GmbH ist noch unzufrieden mit dem Absatz des zweisitzigen Speedster City. Der Geschäftsführer, Dr. Scharrenbacher, ist der Meinung, dass der Speedster City auch für Senioren das ideale Fahrzeug wäre. Sie sollen deshalb folgende Punkte ausarbeiten:
(1) Definieren Sie anhand verschiedener Segmentierungskriterien die vier aussichtsreichsten Marktsegmente (inklusive Senioren) für Kleinwagen wie den Speedster City.
(2) Um welche Produkt-Markt-Strategie würde es sich bei einer Bearbeitung des Marktsegments Senioren handeln?
(3) Schätzen Sie grob ab, wie groß das Marktsegment Senioren in Ihrem Land ist.
(4) Mit welchen Fragestellungen und Methoden würden Sie in diesem Marktsegment die Marktforschung durchführen?
(5) Welche Einflussfaktoren und Bedürfnisse sind nach Ihrer Meinung in diesem Marktsegment ausschlaggebend bei der Kaufentscheidung?
(6) Welche konkreten produktpolitischen Maßnahmen würden Sie aus den vorausgegangenen Überlegungen für den »Senioren Speedster City« vorschlagen?
(7) Welche konkreten preispolitischen Maßnahmen würden Sie empfehlen?
(8) Welche konkreten kommunikationspolitischen Maßnahmen würden Sie vorschlagen?
(9) Welche konkreten distributionspolitischen Maßnahmen würden Sie vorschlagen?

Präsentieren Sie nachfolgend Ihre Ergebnisse. Untermauern Sie Ihre Überlegungen dabei mit zusätzlichen Recherchen.

Literaturverzeichnis

Arnold, U. 1995: Beschaffungsmanagement, Stuttgart 1995.

Baetge, J. 1993: Überwachung, in: *Vahlens* Kompendium der Betriebswirtschaft, Band 2, herausgegeben von *M. Bitz* et al., 3. Auflage, München 1993, Seiten 177–218.

Bamberg, G./Coenenberg, A. G. 1996*:* Betriebswirtschaftliche Entscheidungslehre, 9. Auflage, München 1996.

Bankhofer, U. 2001: Industrielles Standortmanagement – Aufgabenbereiche, Entwicklungstendenzen und problemorientierte Lösungsansätze, Wiesbaden 2001.

Bartling, H./Luzius, F. 1996*:* Grundzüge der Volkswirtschaftslehre, Einführung in die Wirtschaftstheorie und Wirtschaftspolitik, 11. Auflage, München 1996.

Bartölke, K. 1992: Teilautonome Arbeitsgruppen, in: Handwörterbuch der Organisation, 3. Auflage, herausgegeben von *Frese, E.*, Stuttgart 1992, Spalte 2384–2399.

Bea, F. X./Haas, J. 1997: Strategisches Management, 2. Auflage, Stuttgart 1997.

Behrens, K. C. 1971: Allgemeine Standortbestimmungslehre, 2. Auflage, Opladen 1971.

Beisel, W./Klumpp, H.-H. 2006: Der Unternehmenskauf, Gesamtdarstellung der zivil- und steuerrechtlichen Vorgänge, 5. Auflage, München 2006.

Berens, W./Delfmann, W./Schmitting/W. 2004: Quantitative Planung, 4. Auflage, Stuttgart 2004.

Berndt, R. 1995: Marketing 2, Marketing-Politik, 3. Auflage, Berlin et al. 1995.

Berthel, J. 1997: Personalmanagement: Grundzüge für die Konzeption betrieblicher Personalarbeit, 5. Auflage, Stuttgart 1997.

Bestmann, U. (Herausgeber) 1992: Kompendium der Betriebswirtschaftslehre, 6. Auflage, München, Wien 1992.

Bichler, K./Schröter, N. 1995: Praxisorientierte Logistik, Stuttgart et al. 1995.

Bisani, F. 1995: Personalwesen und Personalführung, Der State of the Art der betrieblichen Personalarbeit, 4. Auflage, Wiesbaden 1995.

Bleicher, K. 1991: Organisation, Strategien, Strukturen, Kulturen, 2. Auflage, Wiesbaden 1991.

Bleicher, K. 1994: Normatives Management, Politik, Verfassung und Philosophie des Unternehmens, Frankfurt, New York 1994.

Bleicher, K. 1996: Das Konzept Integriertes Management, 4. Auflage, Frankfurt, New York 1996.

Bleicher, K./Leberl, D./Paul, H. 1989: Unternehmensverfassung und Spitzenorganisation, Wiesbaden 1989.

Blohm, H./Lüder, K. 1991: Investition, Schwachstellen im Investitionsbereich des Industriebetriebes und Wege zu ihrer Beseitigung, 7. Auflage, München 1991.

BMBF (Herausgeber) 1996: Bundesbericht Forschung 1996, Bonn 1996.

Bonsen, M. zur 1992: Mehr Tempo durch Vision, in: Speed-Management, herausgegeben von *Hirzel, Leder & Partner*, Wiesbaden 1992, Seiten 133–146.

Braun, C. C. 1995: Innovationsstrategien multinationaler Unternehmungen, Frankfurt et al. 1995.
Bröckermann, R. 2012: Personalwirtschaft, 6. Auflage, Stuttgart 2012.
Brockhoff, K. 1997: Forschung und Entwicklung, 4. Auflage, München et al. 1997.
Brütsch, D. 1999: Virtuelle Unternehmen, Zürich 1999.
Bühner, R. 1996: Betriebswirtschaftliche Organisationslehre, 8. Auflage, München et al. 1996.
Bühner, R. 1997: Personalmanagement, 2. Auflage, Landsberg am Lech 1997.
Bürgel, H. D./Haller, C./Binder, M. 1996: F&E-Management, München 1996.
Cassel, G. 1923: Theoretische Sozialökonomie, 3. Auflage, Erlangen, Leipzig 1923.
Coenenberg, A. G. 2003: Kostenrechnung und Kostenanalyse, 5. Auflage, Stuttgart 2003.
Coenenberg, A. G./Fischer, T. H. 1996: Kostenrechnung und Controlling, in: Lexikon des Controlling, herausgegeben von *Schulte, C.*, München, Wien 1996, Seiten 456–460.
Corsten, H. 1996: Produktionswirtschaft, 6. Auflage, München, Wien 1996.
Davidow, W. H./Malone, M. S. 1993: Das virtuelle Unternehmen, Der Kunde als Co-Produzent, Frankfurt, New York 1993.
Drucker, P. F. 2000: Die Kunst des Managements, 2. Auflage, München 2000.
Drumm, H. J. 1995: Personalwirtschaftslehre, 3. Auflage, Berlin et al. 1995.
Eisele, W. 2002: Technik des betrieblichen Rechnungswesens, 7. Auflage, München 2002.
Eisenführ, F./Weber, M. 1994: Rationales Entscheiden, 2. Auflage, Berlin et al. 1994.
Emmerich, V. 1994: Kartellrecht, 7. Auflage, München 1994.
Emmerich, V. 1995: Das Recht des unlauteren Wettbewerbs, 4. Auflage, München 1995.
Emmerich, V./Sonnenschein, J. 1993: Konzernrecht, 5. Auflage, München 1993.
Fandel, G. 1989: Produktions- und Kostentheorie, Berlin 1989.
Financial Executives Institute (Herausgeber) 1962: Controllership and Treasurership Functions defined by *FEI*, in: The Controller (30) 1962, Seite 289.
Frantzke, A. 1999: Grundlagen der Volkswirtschaftslehre, Mikroökonomische Theorie und Aufgaben des Staates in der Marktwirtschaft, Stuttgart 1999.
Frantzke, A. 1999: Grundlagen der Volkswirtschaftslehre, Stuttgart 1999.
Frese, E. 1987: Unternehmensführung, Landsberg am Lech 1987.
Gaitanides, M. 1983: Prozessorganisation, Entwicklung, Ansätze und Programme prozessorientierter Organisationsgestaltung, München 1983.
Gaitanides, M./Scholz, R./Vrohlings, A. 1994: Prozessmanagement, Grundlagen und Zielsetzungen, in: Prozessmanagement, Konzepte, Umsetzungen und Erfahrungen des Reengineering, herausgegeben von *Gaitanides, M./Scholz, R./Vrohlings, A. et al.*, München et al. 1994, Seiten 1–19.
Gerpott, T. J. 2005: Strategisches Technologie- und Innovationsmanagement, 2. Auflage, Stuttgart 2005.
Geschka, H./Hammer, R. 1986: Die Szenario-Technik in der strategischen Unternehmensplanung, in: Strategische Unternehmensplanung – Stand und Entwicklungstendenzen, herausgegeben von *Hahn, D./Taylor, B.*, Heidelberg et al. 1986, Seiten 238–263.

Günther, P./Schittenhelm, F. A. 2003: Investition und Finanzierung – Eine Einführung in das Finanz- und Risikomanagement, Stuttgart 2003.

Gutenberg, E. 1955: Grundlagen der Betriebswirtschaftslehre, Erster Band: Die Produktion, 2. Auflage, Berlin et al. 1955.

Hahn, D. 1994: Organisation der Planung (I), in: Das Wirtschaftsstudium 1994, Seiten 43–48.

Hahn, D. 1994: PuK, Planung und Kontrolle, Controllingkonzepte, 4. Auflage, Wiesbaden 1994.

Hahn, D. 1997: US-amerikanische Konzepte strategischer Unternehmensführung, in: Strategische Unternehmensführung, 7. Auflage, herausgegeben von *Hahn, D./Taylor, B.*, Heidelberg 1997, Seiten 144–164.

Hahn, D. 1998: Konzepte strategischer Führung, in: Zeitschrift für Betriebswirtschaft, 68. Jahrgang, 1998, Nummer 6, Seiten 563–579.

Hansmann, K.-W. 1974: Entscheidungsmodelle zur Standortplanung der Industrieunternehmen, Wiesbaden 1974.

Häusel, H.-G. (Herausgeber) 2007a: Neuromarketing, Planegg 2007.

Häusel, H.-G. 2007b: Limbic: Die Emotions- und Motivwelten im Gehirn des Kunden und Konsumenten kennen und treffen, in: Häusel, H.-G. (Herausgeber) 2007a.

Heinen, E. 1991: Industriebetriebslehre, Entscheidungen im Industriebetrieb, 9. Auflage, Wiesbaden 1991.

Helmig, B. 2015: Verband, in: Springer Gabler Verlag (Herausgeber): Gabler Wirtschaftslexikon, unter: http://wirtschaftslexikon.gabler.de/Archiv/55084/verband-v9.html, Version 9.

Henderson, B. D. 1994a: Das Portfolio, in: Das Boston Consulting Group Strategie-Buch, 3. Auflage, herausgegeben von *von Oetinger, B.* Düsseldorf et al. 1994a, Seiten 286–291.

Henderson, B. D. 1994b: Die Erfahrungskurve – Preisstabilität, in: Das Boston Consulting Group Strategie-Buch, 3. Auflage, herausgegeben von *von Oetinger, B.* Düsseldorf et al. 1994b, Seiten 421–427.

Hentze, J. 1990: Personalwirtschaftslehre 2, 4. Auflage, Bern, Stuttgart 1990.

Heubes, J. 1992: Marktwirtschaft, Eine problemorientierte und systematische Einführung in die Volkswirtschaftslehre, München 1992.

Hill, W./Fehlbaum, R./Ulrich, P. 1994: Organisationslehre 1, Ziele, Instrumente und Bedingungen der Organisation sozialer Systeme, 5. Auflage, Bern et al. 1994.

Hinterhuber, H. H. 1996: Strategische Unternehmensführung – I. Strategisches Denken, 6. Auflage, Berlin et al. 1996.

Hohmeister, F. 2002: Grundzüge des Arbeitsrechts, 2. Auflage, Stuttgart 2002.

Hollricher, K. 2005: Die Marke macht's, in: Bild der Wissenschaft, Nummer 9, 2005 Seiten 24–30.

Homburg, C. 2000: Quantitative Betriebswirtschaftslehre, 3. Auflage, Wiesbaden 2000.

Hopfenbeck, W. 1998: Allgemeine Betriebswirtschafts- und Managementlehre, Das Unternehmen im Spannungsfeld zwischen ökonomischen, sozialen und ökologischen Interessen, 12. Auflage, Landsberg/Lech 1998.

Horváth, P. 1996: Controlling, 6. Auflage, München 1996.

Hucke, A./Ammann, H. 2003: Der Deutsche Corporate Governance Kodex, Ein Praktiker-Leitfaden für Unternehmer und Berater, Herne, Berlin 2003.

Hugentobler, W./Blattner M. 2005: Finanzmanagement, in: *Hugentobler, W./ Schaufelbühl, K./Blattner M.* (Herausgeber): Integrale Betriebswirtschaftslehre, Zürich 2005.

Hummel, S./Männel, W. 1995: Kostenrechnung 1: Grundlagen, Aufbau und Anwendung, 4. Auflage, Wiesbaden 1995.

Ihde, G. B. 1984: Standortdynamik als strategische Antwort auf wirtschaftliche Strukturveränderungen, in: *Gaugler, E.* et al. (Herausgeber): Strategische Unternehmensführung und Rechnungslegung, Stuttgart 1984, Seiten 83–96.

Jackson, P./Ashton, D. 1996: ISO 9000, Der Weg zur Zertifizierung, 4. Auflage, Landsberg/Lech 1996.

Jehle, E./Müller, K./Michael, H. 1994: Produktionswirtschaft, 4. Auflage, Heidelberg 1994.

Jórasz, W. 2003: Kosten- und Leistungsrechnung, 3. Auflage, Stuttgart 2003.

Jünemann, R. 1989: Materialfluss und Logistik, Berlin et al. 1989.

Jung, H. 1995: Personalwirtschaft, München 1995.

Jung, H. 2003: Controlling, München 2003.

Jung, H. 2004: Allgemeine Betriebswirtschaftslehre, 9. Auflage, München, Wien 2004.

Jung, R. H./Kleine, M. 1993: Management, Personen – Strukturen – Funktionen – Instrumente, München et al. 1993.

Kamenz, U. 1997: Marktforschung, Einführung mit Beispielen, Aufgaben und Lösungen, Stuttgart 1997.

Keller, G./Nüttgens, M./Scheer, A.-W. 1992: Semantische Prozessmodellierung auf der Grundlage »Ereignisgesteuerter Prozessketten (EPK)«, Veröffentlichungen des Instituts für Wirtschaftsinformatik, Universität des Saarlandes, Heft 89, Saarbrücken 1992.

Kiechl, R. 1990: Intrapreneurship bringt neuen Elan, in: io management 12/1990, Seiten 27–30.

Kieser, A./Kubicek, H. 1992: Organisation, 3. Auflage, Berlin et al. 1992.

Kondratieff, N. D. 1984: The Long Wave Cycle, New York 1984.

Kosiol, E. 1976a: Organisation der Unternehmung, 2. Auflage, Wiesbaden 1976.

Kosiol, E. 1976b: Pagatorische Bilanz, Berlin 1976.

Kotler, P./Bliemel, F. 2001: Marketing-Management, 10. Auflage, Stuttgart 2001.

KPMG (Herausgeber) 2000: Electronic Procurement – Chancen, Potenziale, Gestaltungsansätze, München 2000.

Kreikebaum, H. 1991: Strategische Unternehmensplanung, 4. Auflage, Stuttgart 1991.

Krelle, W. 1968: Präferenz- und Entscheidungstheorie, Tübingen 1968.

Kreuzer, C. 2005: BWL kompakt, Wien 2005.

Krieg, H.-J./Ehrlich, H. 1998: Personal, Lehrbuch mit Beispielen und Kontrollfragen, Stuttgart 1998.

Krüger, W. 1993: Organisation der Unternehmung, 2. Auflage, Stuttgart et al. 1993.

Küpper, H.-U. 1997: Controlling, 2. Auflage, Stuttgart 1997.

Laux, H. 1998: Entscheidungstheorie, 4. Auflage, Berlin et al. 1998.

Laux, H./Liermann, F. 1997: Grundlagen der Organisation, Die Steuerung von Entscheidungen als Grundproblem der Betriebswirtschaftslehre, 4. Auflage, Berlin et al. 1997.
Litke, H.-D. 1995: Projektmanagement, 3. Auflage, München et al. 1995.
Lüder, K./Küpper, W. 1983: Unternehmerische Standortplanung und regionale Wirtschaftsförderung: Eine empirische Analyse des Standortverhaltens industrieller Großunternehmen, Göttingen 1983.
Lutter, M./Krieger, G. 2002: Rechte und Pflichten des Aufsichtsrats, 4. Auflage, Köln 2002.
Macharzina, K. 2003: Unternehmensführung, Das internationale Managementwissen, Konzepte – Methoden – Praxis, 4. Auflage, Wiesbaden 2003.
Mag, W. 1990: Grundzüge der Entscheidungstheorie, München 1990.
Mag, W. 1992: Ausschüsse, in: Handwörterbuch der Organisation, 3. Auflage, herausgegeben von *Frese, E.*, Stuttgart 1992, Spalte 252–262.
Mag, W. 1993: Planung, in: *Vahlens* Kompendium der Betriebswirtschaft, Band 2, herausgegeben von *Bitz, M.* et al., 3. Auflage, München 1993, Seiten 3–56.
Mankiw, N. G. 2004: Volkswirtschaftslehre, 3. Auflage, Stuttgart 2004.
Meffert, H. 1991: Marketing, 7. Auflage, Wiesbaden 1991.
Meffert, H. 2000: Marketing, 9. Auflage, Wiesbaden 2000.
Melzer-Ridinger, R. 1994: Materialwirtschaft und Einkauf, Band 1, 3. Auflage, München 1994.
Mertens, P. et al. 1998: Virtuelle Unternehmen und Informationsverarbeitung, Berlin et al. 1998.
Mintzberg, H. 2005: Strategy Safari, Heidelberg 2005.
Müller-Stewens, G./Brauer, M. 2009: Corporate Strategy & Governance: Wege zur nachhaltigen Wertsteigerung im diversifizierten Unternehmen, Stuttgart 2009.
Müller-Stewens, G./Lechner C. 2005: Strategisches Management, 3. Auflage, Stuttgart 2005.
Nagl, A. 2003: Rating, Freiburg 2003.
Nagl, A. 2005: Der Businessplan, 2. Auflage, Wiesbaden 2005.
Nieschlag, R./Dichtl, E./Hörschgen, H. 1997: Marketing, 18. Auflage, Berlin 1997.
Odiorne, G. S. 1984: Strategic Management of Human Resources, A Portfolio Approach, San Francisco et al. 1984.
OECD (Herausgeber) 1982: Die Messung wissenschaftlicher und technischer Tätigkeiten, 4. Auflage, Bonn 1982.
Oechsler, W. 1997: Personal und Arbeit, Einführung in die Personalwirtschaft unter Einbeziehung des Arbeitsrechts, 6. Auflage, München 1997.
Olfert K. 1994: Kostenrechnung, 9. Auflage, Ludwigshafen, 1994.
Olfert, K. 1990: Personalwirtschaft, 4. Auflage, Ludwigshafen 1990.
Ott, A. E. 1979: Grundzüge der Preistheorie, 3. Auflage, Göttingen 1979.
Pausenberger, E. 1989: Zur Systematik von Unternehmenszusammenschlüssen, in: Das Wirtschaftsstudium 11/1989, Seiten 621–626.
Peltzer, M. 2004: Deutsche Corporate Governance, Ein Leitfaden, 2. Auflage, München 2004.

Pepels, W. 1997: Einführung in die Kommunikationspolitik, Eine Werbelehre mit Beispielen und Kontrollfragen, Stuttgart 1997.

Perridon, L./Steiner, M. 1991: Finanzwirtschaft der Unternehmung, 6. Auflage, München 1991.

Peters, T. J./Waterman, R. H. 1984: Auf der Suche nach Spitzenleistungen – Was man von den bestgeführten US-Unternehmen lernen kann, 9. Auflage, Landsberg/Lech 1984.

Peters, T. J./Watermann, R. H. 1982: In Search of Excellence, New York 1982.

Pfitzer, N./Oser, P. 2003: Deutscher Corporate Governance Kodex, Ein Handbuch für Entscheidungsträger, Stuttgart 2003.

Pfohl, H.-C. 1981: Planung und Kontrolle, Stuttgart et al. 1981.

Pfohl, H.-C. 1996: Logistiksysteme, 5. Auflage, Berlin 1996.

Picot, A./Dietl, H./Franck, E. 1997: Organisation, Eine ökonomische Perspektive, Stuttgart 1997.

Picot, G. (Herausgeber) 2000: Handbuch Mergers & Acquisitions, Planung, Durchführung, Integration, Stuttgart 2000.

Picot, G. (Herausgeber) 2002: Handbuch Mergers & Acquisitions, Planung, Durchführung, Integration, Stuttgart 2002.

Porter, M. E. 1983: Wettbewerbsstrategie, Frankfurt 1983.

Porter, M. E. 2000: Wettbewerbsvorteile (Competitive Advantage), Spitzenleistungen erreichen und behaupten, 6. Auflage, Frankfurt 2000.

Porter, M. E. 1996: Wie die Wettbewerbskräfte die Strategie beeinflussen, in: Strategie – Die brillanten Beiträge der weltbesten Strategie-Experten, herausgegeben von *Montgomery, C. A./Porter M. E.*, Wien 1996, Seiten 13–30.

Prahalad, C. K./Hamel G. 1996: Nur Kernkompetenzen sichern das Überleben, in: Strategie – Die brillanten Beiträge der weltbesten Strategie-Experten, herausgegeben von *Montgomery, C. A./Porter M. E.*, Wien 1996, Seiten 309–335.

Pümpin, C./Gälweiler, A./Neubauer, F.-F. et al. 1981: Produkt-Markt-Strategien, Bern 1981.

Raffée, H. 1993: Gegenstand, Methoden und Konzepte der Betriebswirtschaftslehre, in: *Vahlens* Kompendium der Betriebswirtschaftslehre, herausgegeben von *Bitz, M.* et al., Bd. 1, 3. Auflage, München 1993, Seiten 1–46.

REFA (Herausgeber) 1984: Methodenlehre des Arbeitsstudiums, Teil 1: Grundlagen, 7. Auflage, München 1984.

Regierungskommission Deutscher Corporate Governance Kodex 2005: Deutscher Corporate Governance Kodex, Fassung vom 02.06.2005.

Rehkugler, H./Schindel, V. 1990: Entscheidungstheorie, Erklärung und Gestaltung betrieblicher Entscheidungen, 5. Auflage, München 1990.

Reichwald, R. et al. 1998: Telekooperation, Verteilte Arbeits- und Organisationsformen, Berlin et al. 1998.

Reichwald, R./Hesch, G. 1998: Mitarbeiter und Manager in neuen Organisationsformen, in: Komplexitätsmanagement, Schriften zur Unternehmensführung, Bd. 61, herausgegeben von *Adam, D.*, Wiesbaden 1998, Seiten 87–96.

Riebel, P. 1994: Einzelkosten- und Deckungsbeitragsrechnung, 7. Auflage, Wiesbaden 1994.

Rose, G./Glorius-Rose, C. 2001: Unternehmen: Rechtsformen und Verbindungen, Ein Überblick aus betriebswirtschaftlicher, rechtlicher und steuerlicher Sicht, 3. Auflage, Köln 2001.

Rüegg-Stürm, J. 2002: Das neue St. Galler Management-Modell, 2. Auflage, Bern et al. 2002.

Ruile, H./Stettin, A. 2005: Beschaffung, Marktleistungserstellung und Distribution, in: *Hugentobler, W./Schaufelbühl, K./Blattner M.* (Herausgeber): Integrale Betriebswirtschaftslehre, Zürich 2005.

Schäfer-Kunz, J. 1995: Strategische Allianzen im deutschen und europäischen Kartellrecht, Frankfurt et al. 1995.

Schäfer-Kunz, J. 2019: Buchführung und Jahresabschluss, 3. Auflage, Stuttgart 2019.

Schäfer-Kunz, J./Tewald, C. 1998: Make-or-buy-Entscheidungen in der Logistik, Wiesbaden 1998.

Schanz, G. 1993: Personalwirtschaftslehre, Lebendige Arbeit in verhaltenswissenschaftlicher Perspektive, 2. Auflage, München 1993.

Schanz, G. 1994: Organisationsgestaltung, Management von Arbeitsteilung und Koordination, 2. Auflage, München 1994.

Schierenbeck, H. 1993: Grundzüge der Betriebswirtschaftslehre, 11. Auflage, München 1993.

Schierenbeck, H. 2003: Grundzüge der Betriebswirtschaftslehre, 16. Auflage, München, Wien 2003.

Schildbach, T. 1993: Entscheidung, in: *Vahlens* Kompendium der Betriebswirtschaftslehre, herausgegeben von *Bitz, M.* et al., Bd. 2, 3. Auflage, München 1993, Seiten 59–99.

Schmalen, H. 2002: Grundlagen und Probleme der Betriebswirtschaft, 12. Auflage, Stuttgart 2002.

Schmeisser, W./Kantner, A./Geburtig, A./Schindler, F. 2006: Forschungs- und Technologie-Controlling, Stuttgart 2006.

Schmelzer, H. J./Sesselmann, W. 2006: Geschäftsprozessmanagement in der Praxis, 5. Auflage, München, Wien 2006.

Schmidt, R. H. 1990: Grundzüge der Investitions- und Finanzierungstheorie, 2. Auflage, Wiesbaden 1990.

Schneider, D. 1987: Allgemeine Betriebswirtschaftslehre, 3. Auflage, München et al. 1987.

Scholz, C. 1994: Personalmanagement, Informationsorientierte und verhaltenstheoretische Grundlagen, 4. Auflage, München 1994.

Scholz, C. 1996: Virtuelle Unternehmen – Organisatorische Revolution mit strategischer Implikation, in: Management und Computer, Band 4, Heft 1, 1996, Seiten 27–34.

Scholz, C. 1997: Strategische Organisation, Prinzipien zur Vitalisierung und Virtualisierung, Landsberg/Lech 1997.

Schwarz, P. 1992: Management in Nonprofit Organisationen, Bern, Stuttgart 1992.

Schweitzer, M. 1993: Planung und Kontrolle, in: Allgemeine Betriebswirtschaftslehre, Band 2: Führung, herausgegeben von *Bea, F. X./Dichtl, E./Schweitzer, M.*, 6. Auflage, Stuttgart 1993, Seiten 19–102.

Seghezzi, H. D. 1994: Qualitätsmanagement, Stuttgart 1994.

Seidel, E./Redel, W. 1987: Führungsorganisation, München et al. 1987.

Servatius, H.-G. 1994: Reengineering-Programme umsetzen, Von erstarrten Strukturen zu fließenden Prozessen, Stuttgart 1994.

Siemens AG (Herausgeber) 1990: Unternehmensleitsätze, Grundsätze der Organisation und Zusammenarbeit, München 1990.

SIGMA 2006: *SIGMA* Milieus für Deutschland, unter: www.sigma-online.com, Stand: 03.08.2006.

Simon, H. 1995: Preismanagement Kompakt, Wiesbaden 1995.

Specht, G./Beckmann, C./Amelingmeyer, J. 2002: F&E-Management, 2. Auflage, Stuttgart 2002.

Spur, G. 1994: Fabrikbetrieb, München, Wien 1994.

Staehle, W. H. 1991: Management, Eine verhaltenswissenschaftliche Perspektive, 6. Auflage, München 1991.

Staerkle, R. 1992: Leitungssystem, in: Handwörterbuch der Organisation, 3. Auflage, herausgegeben von *Frese, E.*, Stuttgart 1992, Spalte 1229–1239.

Steinbuch, P./Olfert, K. 1995: Fertigungswirtschaft, 6. Auflage, Ludwigshafen 1995.

Steiner, M. 1993: Konstituierende Entscheidungen, in: *Vahlens* Kompendium der Betriebswirtschaftslehre, Bd. 1, 3. Auflage, herausgegeben von *Bitz, M.* et al., München 1993, Seiten 115–169.

Steinle, C. 1992: Stabsstelle, in: Handwörterbuch der Organisation, 3. Auflage, herausgegeben von *Frese, E.*, Stuttgart 1992, Spalte 2310–2321.

Steinmann, H./Schreyögg, G. 1993: Management, Grundlagen der Unternehmensführung, 3. Auflage, Wiesbaden 1993.

Sydow, J. (Herausgeber) 1999: Management von Netzwerkorganisationen, Beiträge aus der Managementforschung, Wiesbaden 1999.

Tannenbaum, R./Schmidt, W. H. 1958: How to choose a leadership pattern, in: HBR March/Apr. 1958, Seiten 95–101.

Tesch, P. 1980: Die Bestimmungsgründe des internationalen Handels und der Direktinvestition, Berlin 1980.

Thom, N. 1992: Stelle, Stellenbildung und -besetzung, in: Handwörterbuch der Organisation, 3. Auflage, herausgegeben von *Frese, E.*, Stuttgart 1992, Spalte 2321–2333.

Thommen, J.-P./Achleitner A.-K. 2003: Allgemeine Betriebswirtschaftslehre, 4. Auflage, Wiesbaden 2003.

Thonemann, U. 2005: Operations Management, München 2005.

Töpfer, A. 1976: Planungs- und Kontrollsysteme industrieller Unternehmungen – Eine theoretische, technologische und empirische Analyse, Berlin 1976.

Troßmann, E. 1992: Prinzipien der rollenden Planung, in: Wirtschaftswissenschaftliches Studium 1992, Seiten 123–130.

Ulrich, P./Fluri, E. 1995: Management – Eine konzentrierte Einführung, 7. Auflage, Bern 1995.

Utterback, J. M. 1994: Mastering the Dynamics of Innovation, Boston 1994.
Vahs, D. 2019: Organisation: Ein Lehr- und Managementbuch, 10. Auflage, Stuttgart 2019.
Vahs, D./Brem, A.: Innovationsmanagement – von der Idee zur erfolgreichen Vermarktung, 5. Auflage, Stuttgart 2015.
Vahs, D./Leiser, W. 2007: Change Management in schwierigen Zeiten, Erfolgsfaktoren und Handlungsempfehlungen für die Gestaltung von Veränderungsprozessen, 2., veränderter Nachdruck, Wiesbaden 2007.
Warnecke, H. J./Bullinger, H.-J./Hichert, R./Voegele, A. 1996: Wirtschaftlichkeitsrechnung für Ingenieure, 3. Auflage, München, Wien 1996.
Warnecke, H.-J. 1995: Der Produktionsbetrieb 2, 3. Auflage, Berlin et al. 1995.
Waterman, R. H./Peters, T. J./Phillips, J. R. 1980: Structure is not organization, in: The McKinsey Quarterly, Summer 1980, Seiten 2–20.
Weber, A. 1914: Industrielle Standortlehre, Tübingen 1914.
Weber, J. 1993: Einführung in das Controlling, 4. Auflage, Stuttgart 1993.
Weber, J./Baumgarten, H. 1999: Handbuch Logistik, Stuttgart 1999.
Welge, M. K./Eulerich, M. 2012: Corporate-Governance-Management: Theorie und Praxis der guten Unternehmensführung, Wiesbaden 2012.
Werder, A. von 2008: Führungsorganisation – Grundlagen der Corporate Governance, Spitzen- und Leitungsorganisation, 2. Auflage, Wiesbaden, 2008.
Wild, J. 1982: Grundlagen der Unternehmensplanung, 4. Auflage, Opladen 1982.
Wittlage, H. 1993: Unternehmensorganisation, 5. Auflage, Herne et al. 1993.
Wöhe, G. 2002: Einführung in die Allgemeine Betriebswirtschaftslehre, 21. Auflage, München 2002.
Zäpfel, G. 1996: Grundzüge des Produktions- und Logistikmanagements, Berlin, New York 1996.

Firmen-, Organisationen- und Markenverzeichnis

Symbole
3M 355, 615

A
ABB 109
ABN Amro 196
Adidas 180, 747
AdSense 744
Aigner 749
Airbus 195, 665
AK-47 736
A. Lange & Söhne 685
Aldi 266, 741
Alessi 735
Alfried Krupp von Bohlen und Halbach-Stiftung 168
Alhambra 98, 180
Allianz 322
Apollo 268
Apple 180, 583, 589
ASEAN 110
A.T. Kearney 692
Audi 98, 724
Audi A3 98
Audi A4 98
Audi A6 98
Audi A8 98
Audi TT 98, 354

B
Baden-Württemberg Stiftung 168
Basell 362
BASF 362
Basler Ausschuss für Bankenaufsicht 511
Bayer 202, 259, 515, 614
Bayerische Motorenwerke (BMW) 350, 629, 745, 746
BMW 26
BBDO Consulting 724
Behr 629
Bentley 98, 736
Beretta 736
Bertelsmann 322
BHW Bausparkasse 293
Billboard-Charts 736
BMW 322, 724
Boeing 604, 722
Booxpress 667
Bora 98
Bosch 629
Boston Consulting Group 361, 365
Buchzentrum 667
Bulgari 200
Bundeskartellamt 191
Bundesministerium der Justiz 222
Burger King 688

C
Cadillac 736
Canon 357, 358
Cartier 200
Cayenne 98
CERN 577
Chevrolet 736
Citigroup 515
Coca-Cola 747
ConsumerScan 727
Continental 629
Copeland 368
Credit Suisse 515
CVC 362

D
Daimler 26, 100, 119, 222, 629, 703
DAX 380
De Beers 200
Degussa 362
Deutsche Bank 196, 322
Deutsche Bundesstiftung Umwelt 168
Deutsche Post 245, 522
DHL 245
Dietmar Hopp Stiftung 168
Dior 200
Dolce & Gabbana 736
Dom Pérignon 200, 736
DuPont 380

E
Eberspächer 629
ECOWAS 110
Eismann 198
Else Kröner-Fresenius-Stiftung 168
EU-Kommission 180, 191
Europäische Union (EU) 110
Evotec 380

F
FC Barcelona 308
FC Basel 308
FC Bayern 308
FC Red Bull Salzburg 308
Festo 28
Fiesta 354
Final Destination 581
Financial Executives Institute (FEI) 338
Fitch 511
Fonjallaz 7
Format Tresorbau 109
Fortune 186
Fox 98
Fraunhofer-Gesellschaft 118
Fraunhofer Institut für Integrierte Schaltungen 578

G
Galaxy 98, 180
gaspag 380
General Electric (GE) 270, 354, 361
GfK 727
Glashütte Original 685
Glencore 380
Golf 98
Google 744
Grassmayr 7
Grundig 598
Gulfstream 722

H
Harbour Consulting 354
Harvard Business School 322
Harvard Business School (HBS) 348, 354
Heidelberg-Cement 191
Henkel 257, 276
Hennes & Mauritz (H&M) 669
Hennessy 200, 736
Hewlett-Packard (HP) 302, 355, 614
Hugendubel 667

I
IBM 317, 355, 589
IKEA 741
IMD 322
INA 629
Ineos 362
Insead 322
Institut für Wirtschaftsprüfung 522
Institut für Wirtschaftsprüfung der Universität des Saarlandes 380
Intel 509
iPod 180

J
Joachim Herz Stiftung 168
JPMorgan 196
JVC 598

K
Kapsch 109
Katag 669
KIA 732
Kirin Brewery 208
Klaus Tschira Stiftung 168
Koch, Neff & Volckmar (KNV) 667
Kodak 355
Kongo Gumi 7
Konica Minolta 370
Krupp 100

L
Lamborghini 98, 736
Landeskartellamt 191
Leifheit 109
Libri 667
Libri Holding 667
Linux 583
Lockheed Martin 604
Logitech 109
London Business School 322
Louis Roederer Cristal 736
Louis Vuitton 200, 736
Lufthansa 740
Lupo 98
LVMH 200

M
Mahle 629
Manhattan Engineering District Projekt 268
Massachusetts Institute of Technology (MIT) 277
Max-Planck-Gesellschaft 118, 577
Maybach 703
McDonald's 198, 688
McKinsey & Company 355, 361, 368, 588
Mercedes-Benz 275, 350, 724, 733, 736
Mercer Human Resource Consulting 114
Merck 362
Metro 196, 266
MikroWebFab 208
Mitsubishi 208
Moët & Chandon 200
MP3 578

N
NAFTA 110
NASA 268
Nautische Instrumente Mühle 685
Nestlé 29, 380
New Beetle 98
New Line Cinema 581
Nike 180, 690, 736
Nokia 718
Nomos 685
N-Tec 109

O
OPEC 197
Opel 629

P
Parmigiani Fleurier 685
Passat 98
Patek Philippe 685
Phaeton 98
Philips 598
Polar 180
Porsche 98, 225, 274, 629, 733
Praktiker Bau- und Heimwerkermärkte 196
PricewaterhouseCoopers 261
Procter & Gamble 184, 265, 266, 355, 604
Puma 380

R
Raiffeisenbank 199
Red Bull 380
Rewe 266
Robert Bosch Stiftung 168, 169
Rolls-Royce 736, 745
Rover 350
RWE 322, 380

S
SAP 244, 322, 380
Schering 515
Schindler 109
Schindler Holding 222
Schülerhilfe 198
Seat 98, 724
Sharan 98, 180
Siemens 100, 264, 378, 380, 629
SIGMA Gesellschaft für internationale Marktforschung und Beratung 730
smart 37, 320, 703, 733
Soehnle 109
Software AG Stiftung 168
Sonic Identity 27
Sony 586
STAMPIT 245
Steiff 109
STRABAG 222
Subway 688

T
TAG Heuer 200
Thyssen-Krupp 322
Tiffany 200
Tin Lizzy 26
TNT 703
T-Online International 522
Toyota 277, 702
TUI 198

U
Unilever 298, 604
Union 685
Universität St. Gallen (HSG) 32, 322, 348
UNO 29

V
Valeo 629
Vertu 718
Veuve Clicquot Ponsardin 200
VfB 384
VHS 598
Video 2000 598
Volksbank 199
Volkswagen Stiftung 168
Volkswagen (VW) 98, 111, 180, 225, 304, 629
Volvo 251
Vorwerk 749
VW 724

W
Walkman 586
Weihenstephan 7
Wella 184
Western Electric Company 312
Wirtschaftsuniversität Wien 322
WMF 749

Y
Young Boys Bern 308

Z
Zaibatsu 207
Zara 669
Zentralverband der Elektrotechnischen Industrie (ZVEI) 382
ZF 629

Sach- und Personenverzeichnis

Symbole
4-Ebenen-Modell 34
7-S-Modell 355
60/30/10-Formel 646
μ-Prinzip 84
(μ, σ)-Prinzip 85

A
ABC-Analyse 631
ABC-XYZ-Analyse 633
Ablauforganisation 238, 246
Absatzerfolgsrechnung 422
Absatzfinanzierung 122
Absatzgenossenschaft 199
Absatzhelfer 121, 749
Absatzinfrastruktur 121
Absatzmarkt 14, 100
Absatzmittler 121, 749
Absatzplan 370
Absatzpolitik 709
Absatzweg 749
Absatzwegepolitik 749
Absatzwirtschaft 709
Abschlussprüfer 161, 165
Abschlussprüferrichtlinie 220
Abschöpfungspreispolitik 741
Abschöpfungsstrategie 363
Abschreibung 422, 452
Abschreibungsmethode 452
Abstimmungskollegialität 229
Abteilung 255
Abweichungsanalyse 337
Abweichungsbericht 377
Abzinsung 553
Agglomeration 121
AIDA 722
Akkordlohn 307
Akquisitorische Distribution 749
Aktie 162
Aktiengesellschaft (A) 164
Aktiengesellschaft (CH) 165
Aktiengesellschaft (D) 164
Aktienregister 162
Aktion 55
Aktionenraum 55
Aktiva 407
Aktiven 407
Aktivität 240
Aktiv-Passiv-Mehrung 412
Aktiv-Passiv-Minderung 412
Aktivseite 409
Aktivtausch 412
Allgemeine Betriebswirtschafts-
lehre 20
allowable costs 612
all-you-can-afford-method 744
Alternativenbewertung 336
Amortisationsdauer 551
Amortisationsrechnung 550
Ampel-Bericht 378
Analyse-Synthese-Konzept 234
Anbauverfahren 463
Andler-Formel 643
Angebotserfolgsquote 751
Angebotsvergleich 647
Angewandte Forschung 577
Anhang 406
Anlageintensität 432
Anlagenbuch 404
Anlagevermögen 409
Anlaufmanagement 614
Anleihe 514
Annuitätenmethode 559
Ansoff 346
Anspruchsgruppe 15, 33
Äquivalenzziffernkalkulation 469
Arbeitgeberverband 195
Arbeitsagentur 296
Arbeitsanalyse 236
Arbeitsbedingung 300, 301
Arbeitsgang 237, 240
Arbeitsgemeinschaft 195
Arbeitsgruppe 251
Arbeitsinhalt 301
Arbeitskosten 101, 116
Arbeitsleistung 116
Arbeitsmarkt 14
Arbeitspaket 607
Arbeitsplatzgestaltung 302
Arbeitsprozess 239
Arbeitsschritt 240
Arbeitsteil 237
Arbeitsteilung 234
Arbeitsumfeld 302
Arbeitsvereinigung 234
Arbeitsvermittlung 115
Arbeitszeit 303, 686
Arbeitszeitmodell 304
Argyris 313
Aristoteles 21
assemble to order 687
Assessment-Center (AC) 298
Assistenzstelle 250
Attributprüfung 695
Audit Committee 227
Aufbauorganisation 246
Aufbereitungsbetrieb 5
Aufgabe 236
Aufgabenanalyse 235
Aufgabenerfüllungsprozess 239
Aufgabenmerkmal 236
Aufgabenträger 236
Aufhebungsvertrag 326
Auflagengröße 688
Auflösungsphase 8
Auflösungspunkt 664
Aufsichtsorgan 182
Aufsichtsrat 160, 161, 164, 165, 167
Aufteilung 109
Auftragseindringtiefe 687
Auftragseingangsquote 751
Auftragsfertigung 688
Auftragsmontage 687
Auftragsreichweite 751
Aufwand 418
Aufwand-Nutzen-Bewertung 600
Aufwandsstrukturanalyse 432
Auktion 14
Ausbringungsgut 10
Ausfallzeiten 292
Ausführung 337
Ausführungskontrolle 535
Ausführungsstelle 249
Ausfuhrverbot 122
Ausgabe 415
Ausschuss 227, 253, 636
Außenfinanzierung 504
Außengesellschaft 132
Außerordentliches Ergebnis 424
Ausstellung 746
Auszahlung 414, 541
Autonomieprinzip 4
Autoritärer Führungsstil 316

B
Balanced-Scorecard 382
Bankkredit 514
Barverkaufspreis 479
Barwert 553
Barwertfaktor 553

Basel II 511
Basisinnovation 573
Basistechnologie 579
Baustellenfertigung 691
Bayes-Prinzip 84
BCG-Matrix 362
Beauftragter 254
Bebauungsplan 117
Bedarfsbericht 378
Bedarfsgesteuerte Materialbereitstellung 633
Bedarfsplanung 629
Bedürfnispyramide 314, 721
Beförderung 326
Beherrschungsvertrag 183
Beleg 401
Belegprinzip 401
Benchmark 353
Benchmarking 29, 353
Benz 100
Berichtswesen 377
Bernoulli 87
Bernoulli-Prinzip 87
Berufsanfänger 115
Beschaffung 621
Beschaffungskosten 625, 643
Beschaffungslogistik 659
Beschaffungsmarkt 14
Beschaffungsplan 370
Beschäftigtenzahl 6
Beschäftigungsmaßstab 491
Beschlussfassung 228
Beschränkte Haftung 140
Bestandsveränderung 422
Best-Case-Szenario 360
Bestellmenge 638
Bestellpolitik 638
Bestellpunktbestand 640
Bestellpunktverfahren 638
Bestellrhythmusverfahren 638
Bestellzeitpunkt 638
Best-Practice 353
Beteiligung 183, 184, 409
Beteiligungsfinanzierung 508
Betrieb 3
Betriebliche Mitbestimmung 141
Betriebsabrechnungsbogen (BAB) 460
Betriebsbesichtigung 747
Betriebsergebnis 422, 484
Betriebsgrößeneffekt 366
Betriebsklima 302
Betriebsmittelzeit 686
Betriebsregister 142
Betriebsstoff 451
Betriebsvermögen 137
Betriebsversammlung 747
Betriebswirtschaftslehre 1, 18
Beurteilungsgröße 68
Beurteilungskriterium 321
Bevölkerungsdichte 127
Beziehungszahl 379
Bilanz 407
Bilanzänderung 411
Bilanzbuch 405
Bilanzgewinn 423, 424
Bilanzgleichung 407
Bilanzsumme 6
Bilanzverkürzung 412
Bilanzverlängerung 412
Bilanzverlust 423, 424
Bindungsinstrument 182
Bindungsintensität 181
Binnennachfrage 120
Black-Box-Modell 720
Board 226
Boden 674
Bodenlagerung 666
Bond 514
Bonität 511
Börsenkapitalisierung 6
Börsenwert 6
Bosch 100, 169
Bottom-up-Budgetierung 373
Bottom-up-Planung 342
Brachzeit 686
Brainstorming 610
Brainwriting 610
Branche 358
Branchenpreis 738
Branchenstrukturanalyse 358
Break-even-Point 489
Bring-Prinzip 667
Bruttobedarf 630
Bruttoverkaufspreis 479
Buchführung 401
Buchführungssystem 402
Budget 371, 602
Budgetierung 371, 491
Bundesanzeiger 142
Bundeskartellamt 191
Bundeskartellanwalt 191
Bundeswettbewerbsbehörde 191
Bürgschaft 196, 511
Bürokratiemodell 234
Bürokratisierung 284
Business-Mission 26
Business Model 32
Businessplan 490, 599
Business-Process-Reengineering (BPR) 244, 275, 277

C

Cafeteria-System 310
Cashflow 415
Cash-to-Cash-Zyklus 506
Chancen-Risiko-Bewertung 600
Change Management 276
Charge 689
Chargenproduktion 689
Checklistenverfahren 124
Clean-Sheet-Ansatz 277
Collaborative Planning, Forecasting and Replenishment (CPFR) 668
Compensation Committee 227
competitive-parity-method 743
Completely-knocked-down (CKD) 102, 119
complex man 313
Compliance 224
Componentsourcing 628
Conjoint-Analyse 739
Continuous Improvement Process (CIP) 696
Controlling 335
Corporate Architecture 27
Corporate Behaviour 28
Corporate Design 27
Corporate Fashion 27
Corporate-Governance-Grundsätze 220
Corporate Governance System 217
Corporate Identity 27
Corporate Scent 27
corporate strategy 346
Cost-Center 264
Cost driver 481
Cournotscher Punkt 717
Customer-Relationship-Management (CRM) 748

D

Darlehen 514
Davidow 208
Debitorenbuchführung 404
Deckungsbeitrag 482, 488, 713
Deckungsbeitragsrechnung 486
Defizitbedürfnis 721
Degenerationsphase 364
Degressiver Kostenverlauf 457

Desinvestitionsstrategie 363
Desktop Purchasing 650
Destinatär 169
Deterministische Bedarfsermittlung 635
Deutscher Corporate Governance Kodex 220
Dezentralisierung 270, 284
Diagonale zwischenbetriebliche Verbindungen 179
Dickson 312
Dienstleistung 12, 118
Dienstleistungsstelle 250
Dienstleistungsunternehmen 6
Dienstweg 258
Differenzierung 733
Digraphen 696
Direct Costing 483
Direct Search 296
Direkter Bereich 248
Direktionsrecht 248
Direkt-Marketing 746
Direktorialprinzip 229
Direktvergütung 305
Discounted-Cash-Flow-Methode (DCF) 368
Diskontierung 553
Dispositive Arbeit 674
Distributionslogistik 659, 750
Distributionspolitik 748
Diversifikation 7, 732
Division 264
Divisionskalkulation 468
Do-it-yourself-Strategie 108
Domesticsourcing 629
Doppelte Buchführung 401
Down-up-Budgetierung 373
Drei-Schicht-Betrieb 116
Drittgeschäftsführung 139
Drittorganschaft 139
Dualistische Spitzenorganisation 167, 228
Due Diligence 193
DuPont-Kennzahlensystem 380
Durchlaufzeit 241, 660, 676
Durchschnittsmethode 551
Durchsetzung 337
Dynamische Investitionsrechnung 552

E

E-Business-Marketplace 650
Economies-of-Scale 365
Effektivität 347
Eigenkapital 410, 502
Eigenkapitalgeber 16
Eigenkapitalquote 522
Eigenkapitalrentabilität 30, 431, 432
Eigenleistung 12
Eigentümer 16
Einarbeitung 301
Einbetriebunternehmen 104
Einfache Gesellschaft 150
Einfuhrverbot 114
Einkauf 621
Einkaufsgenossenschaft 198
Einkaufsrabatt 662
Einliniensystem 258
Einmalproduktion 688
Einnahme 415
Einpersonengesellschaft 138
Einpersonenhaushalt 2
Einsatzgut 10
Ein-Schicht-Betrieb 686
Einstellungsstopp 326
Einstellungstest 300
Einstufige Deckungsbeitragrechnung 483
Einstufungsmethode 322
Eintrittswahrscheinlichkeit 83
Einzahlung 414, 540
Einzelbeschaffung 637
Einzelfirma 147
Einzelgeschäftsführung 139
Einzelkaufmann 145
Einzelkosten 455
Einzelplatzfertigung 691
Einzelproduktion 688
Einzelunternehmen (A) 146
Einzelunternehmen (CH) 147
Einzelunternehmen (D) 145
Einzelunternehmer 145
Einzelunternehmerin 145
Elementaraufgabe 236
Emissionskonsortium 196
Empfangspunkt 663
Endkostenstelle 459
Endprodukt 12
Energieversorgung 117
Engels 22
Engpass 488
Enseigne 137
Entschädigungsausschuss 227
Entscheidung 336
Entscheidungsfeld 55
Entscheidungsfunktion 68
Entscheidungsmatrix 66
Entscheidungsmodelle 68
Entscheidungsorientierte Betriebswirtschaftslehre 20
Entscheidungsrechnung 486
Entscheidungsrelevante Kosten 487
Entscheidungsweg 257
Entsorgung 118
Entsorgungslogistik 659
Entsprechenserklärung 220
Entstehung 144
Entwicklung 576, 579
Entwicklungsland 116
E-Procurement 649
Ereignisgesteuerte Prozesskette (EPK) 243
Erfahrungskurveneffekt 101, 198
Erfahrungskurvenkonzept 365
Erfahrungsrate 367
Erfolgsbeteiligung 309
Erfolgsfaktoren-Modell 355
Erfolgsplan 370
Erfolgsrechnung 418, 481
Erfolgsziel 30
Ergebnis 57, 418
Ergebnisabweichungsanalyse 491
Ergebnisfunktion 57
Ergebniskontrolle 375, 535
Ergebnismatrix 58
Errichtung 108, 143
Errichtungsinvestition 531
Ersatzinvestition 532
Ersatzprodukt 358
Ersterfinder 579, 597
Ertrag 419
Ertragslage 418
Erweiterung 109
Erweiterungsinvestition 532
Erwerbswirtschaftliches Prinzip 4
Erzeugnis 12
Erzeugungsstufe 5
Etablissement 137
Europäische Wirtschaftliche Interessenvereinigung 153
European Business Register 142
Event-Marketing 747
experience curve 365
Export 122
Exportförderung 122
Exportzoll 122
Extensiver Kauf 720
Externes Rechnungswesen 397
Extremierung 65

F

Fabrikverkauf 749
Fachkompetenz 323
Factoring 518
Factory-Outlet 749
Fähigkeitslücken 294
Failure Mode and Effects-Analysis (FMEA) 611
Fakturierung 404
Familienstiftung 169
Fantasiefirma 137
Farbgebung 302
Fayol 250, 258
Fayolsche Brücke 258
Fehllieferungsquote 650
Fehlmengenkosten 660
Fehlzeiten 292
Fertigerzeugnis 12
Fertigfabrikat 12
Fertigung 673
Fertigungstiefe 683
Finanzanlage 409
Finanzbuchführung 397
Finanzergebnis 422
Finanzholding 202
Finanzielles Gleichgewicht 3
Finanzierung 501
Finanzierungsform 503
Finanzierungsgeschäft 423
Finanzierungsregel 520
Finanzinfrastruktur 117
Finanzinvestition 531
Finanzlage 413
Finanzmittelbestand 418
Finanzmittelfond 418
Finanzplan 371, 506
Finanzwesen 393, 395
Finanzwissenschaft 3
Finanzziel 30
Firma 136
Firmenbuch 142
First-Buyer 597
Fixe Kosten 456
Fixierung 65
Fixkostendegression 366
Flächenhomogenität 124
Flexible Plankostenrechnung auf Vollkostenbasis 491
Flexible Planung 344
Fließfertigung 692
Floating-Rate-Note 514
Flughafen 117
Fluktuation 326
Flussdiagramm 243
Flüssige Mittel 409
Fokales Netzwerk 206
Fokussierung 733
Folger 597, 598
Forbes 200
Ford 26, 98, 180, 354, 629, 692
Fördermittel 665
Forderung 409
Forecastingsystem 226
Formalziel 60
Formfreiheit 143
Form-Kaufmann 135
Forschung 576
Forschungsinfrastruktur 118
Forschungs- und Entwicklungsmanagement 576
Forschungs- und Entwicklungsprojektprogrammplanung 598
Forstwirtschaft 120
Fortschreibungsmethode 451
Franchising 198
Free Cashflow 418
Free-Cash-Flow 368
Freies Gut 9
Freizeitangebot 115
Fremdkapital 410, 502
Fremdkapitalgeber 17
Fremdleistungskosten 453
Fremdorganschaft 139
Fugger 21
Führungsinstrument 215
Führungsorganisation 226
Führungsprozess 335
Führungsstil 314
Fünfjahresplan 23
Funktionsbereichsstrategie 347
Funktionsmanagement 262
Fusion 203

G

Gangelement 237
Garantiekonsortium 196
Gebäude 117
Gebietskartell 197
Gebrauchsfaktor 682
Gebrauchsgut 10
Gebrauchsmuster 580
Gebühr 454
Gefangenendilemma 90
Gegenstrom-Verfahren 342
Gehalt 309
Gehaltskosten 452
Geisteswissenschaft 18
Geld 21
Geldfluss 415
Geldflussrechnung 413
Geldvermögen 415
Gelegenheitsgesellschaft 195
Gemeineigentum 4
Gemeinkosten 456
Gemeinkosten-Wertanalyse 373
Gemeinnützigkeit 4
Gemeinschaftsunternehmen 183, 199
Generaldirektion Wettbewerb 191
Generalunternehmerschaft 195
Generalversammlung 166
Generische Strategie 732
Genossenschaft 183, 198
Genussschein 515
Geologie 119
Geometrisch degressive Abschreibung 453
Gesamtaufgabe 236
Gesamtgeschäftsführung 139
Gesamthandschaft 148
Gesamthandseigentum 148
Gesamthandsvermögen 148
Gesamtkapitalrentabilität 30, 380
Gesamtkostenverfahren 422, 482
Gesamtschuldnerische Haftung 140
Geschäftsbereich 264
Geschäftsbereichsorganisation 263
Geschäftsbereichsstrategie 347
Geschäftsbericht 747
Geschäftsbuchführung 397
Geschäftseinheit 357
Geschäftsführung 139, 161, 162, 251
Geschäftsführungsorgan 139
Geschäftsmodell 32
Geschäftsmodellinnovationen 581
Geschäftsprozess 34, 242
Geschäftsvorfall 400
Geschmacksmuster 580
Gesellschaft 138
Gesellschaft bürgerlichen Rechts (A) 150
Gesellschaft bürgerlichen Rechts (D) 149
Gesellschafter 137
Gesellschafterversammlung 160, 161, 162
Gesellschaft mit beschränkter Haftung (A) 160
Gesellschaft mit beschränkter Haftung (CH) 161

Gesellschaft mit beschränkter Haftung (D) 160
Gesellschaftserklärung 143
Gesellschaftsvertrag 143
Gewaltenteilung 218
Gewerbe 136
Gewerberechtlicher Geschäftsführer 147
Gewerkschaft 116
Gewinnabführungsvertrag 184
Gewinnaufschlag 479
Gewinnbesteuerung 143
Gewinnreserve 410
Gewinnrücklage 410
Gewinnschuldverschreibung 515
Gewinnschwelle 489
Gewinnschwellenanalyse 489
Gewinn- und Verlustrechnung (GuV) 418, 481
Gewinn- und Verlustverteilung 140
Gewinnungsbetrieb 5
Gewinnvergleichsrechnung 547
Gleitende Arbeitszeit 304
Gliederungstiefe 256
Gliederungszahl 379
Globalsourcing 629
Glücksspiel 87
GmbH & Co. KG (A) 157
GmbH & Co. KG (D) 156
Goldene Bankregel 521
Goldene Bilanzregel 521
Goldene Finanzierungsregel 521
Governance-Leitlinie 223
Gremium 251
Größendegressionseffekte 662
Grundbuch 402
Grundkapital 137, 164, 165, 167, 410
Grundkosten 442, 450
Grundlagenforschung 576
Grundleistung 443
Grundpfandrecht 511
Grundstück 117
Gründung 143
Gründungsphase 6, 100
Grundvergütung 307
Gruppe 251
Gruppenarbeit 251
Gruppenfertigung 692
Gut 9
Gutenberg 21, 674, 681

H
Habenzins 554
Habitueller Kauf 720
Hafen 117
Haftsumme 140, 156
Haftung 140
Halbfabrikat 12
Hamel 356
Hammer 277
Handel 12
Handelsgewerbe 134
Handelskredit 512
Handelsregister 142
Handelsspanne 738
Handelsware 12
Handlungsvollmacht 139
Handlungsziele 30
hand-to-mouth-buying 637
Handwerkskammer 194
Hauptbuch 403
Hauptkostenstelle 459
Hauptversammlung 164, 165, 167
Hauptziel 61
Haushalt 2
Hawthorne-Experiment 312
Headhunting 296
Herfindahl-Hirschman-Index 189
Herkunftsgoodwill 120
Herstellkosten 676
Hierarchieebene 256
High Potential 298
Hilfskostenstelle 459
Hilfsstoff 451
Höchstwert 65
Holdinggesellschaft 202
Holdingkonzern 202
Hol-Prinzip 667
homo oeconomicus 312
Horizontale zwischenbetriebliche Verbindungen 179
Humanisierung 284
Human-Relations-Bewegung 312
Hurwicz-Regel 78
Hybrider Kunde 712
Hypothek 511

I
Idealwissenschaft 18
Ideengenerierung 610
Ideengewinnung 609
Ideensammlung 611
Identitäts-Mix 27
Identitätsprinzip 486
Image 32
Imagebroschüre 747
Immaterieller Vermögensgegenstand 409
Immaterieller Wert 409
Immaterielles Gut 10
Import 119
Importbeschränkung 102
Importzoll 119
Impulsivkauf 720
Indexzahl 379
Indirekter Bereich 249
Individualarbeitsrecht 287
Individualziel 310
Informationslogistik 658
Informationssystem 226
Inhaberaktie 162
Initial Public Offering (IPO) 509
Innenfinanzierung 504
Innengesellschaft 132
Innovation 580
Innovationschampion 615
Innovationskultur 614
Innovationsmanagement 573
Innovationsprofit 584
Innovationsstrategie 587
Innovationstiming 597
Inputgut 10
Inselfertigung 692
Insolvenz 8
Insourcing 627
Instanz 248
Instanzenzug 258
Institutionenökonomieorientierte Betriebswirtschaftslehre 20
Instrumentalrelation 61
Intensität 682
Interdependenzrelation 62
Internationales Unternehmen 99
Internes Rechnungswesen 441
Interne Zinsfußmethode 557
Intervallfixe Kosten 456
Intranet 747
Inventarbuch 405
Invention 580
Inventionstiming 596
Inventurmethode 451
Investition 529
Investitionsanalyse 432
Investitionsart 530
Investitionsauszahlung 537, 543
Investitionscontrolling 533
Investitionsdaten 536
Investitionsdeckung 562
Investitionsgut 11

Investitionsgütermarketing 711
Investitionsplan 370
Investitionsquote 562
Investitionsrechnung 125, 545
Investitionsstrategie 363
Investitionsstruktur 562
Investment-Center 264
invisible hand 23
Ist-Kaufmann 135
Istkostenrechnung 445

J
Jahresabschluss 405
Jahresabschlussrechnung 405
Jahresarbeitszeitmodell 305
Jahresbericht 406
Jahresfehlbetrag 424
Jahresgewinn 424
Jahresplanung 370
Jahresrechnung 405
Jahresüberschuss 424
Jahresverlust 424
Job-Enlargement 302
Job-Enrichment 302
Job-Rotation 252, 302
Joint-Venture 199
Jones 277
Junk-Bond 511
Juristische Person 136, 158
Just-in-Sequence 637
Just-in-time 102, 277, 637

K
Kaizen-Prinzip 252
Kalkulation 465, 473
Kalkulationszinsfuß 553, 554
Kalkulatorische Abschreibung 452
Kalkulatorischer Unternehmerlohn 452
Kammer 194
Kanban-Prinzip 702
Kann-Kaufmann 135, 146
Kapazitätsengpass 487
Kapazitätsplanung 607, 700
Kapital 117, 410, 674
Kapitalanlagegeschäft 423
Kapitalausstattung 137
Kapitalbindung 626
Kapitaleinsatz 537
Kapitalerhöhung 508
Kapitalfluss 415
Kapitalflussrechnung 413
Kapitalgesellschaft 158
Kapitalistische Körperschaft 158
Kapitalmarkt 14
Kapitalstruktur 30, 520
Kapitalstrukturregel 522
Kapitalsubstitution 517
Kapitalverkehr 114
Kapitalwertmethode 554
Kaplan 382, 385
Kartell 196
Kassationskollegialität 229
Kassenbestand 409
Kaufabsicht 724
Kaufart 720
Kaufentscheidung 724
Käufermarkt 583, 711
Käuferverhalten 719, 720
Kaufkraft 127
Kaufmann 134
Kaufmännisches Unternehmen (CH) 136
Kaufprozess 720
Keilschrift 21
Keiretsu 207
Kennzahl 378
Kennzahlensystem 380
Kernkompetenz 209, 357, 593, 602
Kernprodukt 357
Kernprozess 242
Key-Account-Management 266
Knappes Gut 9
Kognitives Modell 720
Kollegialprinzip 229
Kollektives Arbeitsrecht 286
Kollektivgesellschaft 152
Kommanditaktiengesellschaft 157
Kommanditär 154
Kommanditgesellschaft (A) 156
Kommanditgesellschaft auf Aktien 156
Kommanditgesellschaft (CH) 157
Kommanditgesellschaft (D) 154
Kommanditgesellschaft für kollektive Kapitalanlage 157
Kommanditist 154
Kommanditsumme 140, 157
Kommissionieren 662
Kommunikation 742
Kommunikationsmix 742
Kommunikationspolitik 742
Kommunikationsweg 257
Komplementär 154
Komplementäre Zielbeziehung 63
Konditionenkartell 197
Konditionenpolitik 736
Kondratieff 573
Konjunkturwelle 573
Konkludentes Handeln 143
Konkurrent 17
Konkurrenzanalyse 591
Konkurrenzmeidendes Unternehmen 121
Konkurrenzpreisbestimmung 738
Konkurrenzsuchendes Unternehmen 121
Konkurrierende Zielbeziehung 63
Konsortialführer 196
Konsortialgeschäft 196
Konsortium 195, 515
Konstituive Entscheidung 49
Konstruktionsmethodik 604
Konstruktionsquote 616
Konsumgut 11
Konsumgütermarketing 711
Konsumtionswirtschaft 2
Kontinuierlicher Verbesserungsprozess (KVP) 273, 696
Konto 401
Kontokorrentbuch 404
Kontokorrentkredit 513
Kontrahierungspolitik 736
Kontrollart 374
Kontrolle 374
Kontrollrechnung 491
Kontrollrhythmusverfahren 639
Kontrollspanne 256
Kontrollsystem 226
Konzentration 182, 200
Konzentrationspunkt 663
Konzern 201
Konzernunternehmen 201
Kooperation 181, 194
Kooperationsvertrag 183
Koordinationsinstrument 256
Körperschaft 158
Korruption 114
Kosten 442
Kostenabweichung 614
Kostenartenplan 451
Kostenartenrechnung 450
Kostenauflösung 457, 491
Kostendeckungspunkt 489
Kostenelastizität 367
Kostenermittlung 447, 451
Kostenplatz 459
Kostenstelle 459
Kostenstelleneinzelkosten 461

Kostenstellengemeinkosten 462
Kostenstellenhierarchie 459
Kostenstellenplan 459
Kostenstellenrechnung 458
Kostentheorie 448
Kostenträgerrechnung 465
Kostenträgerstückrechnung 465
Kostenträgerzeitrechnung 482
Kosten- und Leistungsrechnung 444
Kostenvergleichsrechnung 546
Kostenverteilung 447
Kreditbesicherung 511
Kreditfinanzierung 510
Kreditkonsortium 196
Kreditmarkt 14
Kreditorenbuchführung 404
Kreditverein 199
Kreditwürdigkeit 30, 505
Kriminalität 114
Kriminalitätsrate 126
Kultur 113
Kultursponsoring 747
Kumulationsmethode 550
Kunde 17
Kundenkredit 512
Kundenmanagement 266
Kündigung 326
Kündigungsgrund 325
Kurzarbeit 326

L

Ladeeinheit 662, 665
Ladehilfsmittel 662, 665
Ladung 663, 665
Lagebericht 406
Lagerbuch 404
Lagerhaltung 666
Lagerkapazitätsauslastungsgrad 669
Lagerkosten 643
Lagermittel 666
Lagern 662
Lagerproduktion 687
Lagerreichweite 669
Landwirtschaft 21, 120
Laplace-Regel 81
Lärmpegel 302
Lastenheft 605
Layoutgestaltung 696
Lead-customer 718
Lead-User 591, 597
Lean-Management 277
Lean-Production 277
Leasing 517
Lebensarbeitszeitmodell 305
Lebensphase 6
Leistung 12, 442
Leistungsabweichung 613
Leistungsbedingung 300
Leistungsbereitschaft 300
Leistungsbeurteilung 321
Leistungsdisposition 300
Leistungsfähigkeit 299
Leistungsprozess 8, 242
Leistungsvermögen 299
Leistungsziel 60
Leistungszulage 309
Leitpreis 738
Leitungsbreite 256
Leitungsgruppe 251
Leitungshilfsstelle 249
Leitungsorgan 224, 228
Leitungsspanne 256
Leitungsstelle 248
Leitungssystem 257
Leitungstiefe 256
Lenkungsausschuss 269
Lernende Organisation 277
Lernkurve 366
Lessons learned 194
Leverage-Effekt 522
Lexikographische Ordnung 74
Liberalismus 23
Lieferant 17
Lieferantenbeurteilung 646
Lieferantenkredit 512
Lieferantenpolitik 646
Lieferbereitschaft 626
Lieferbereitschaftsgrad 669
Lieferpunkt 663
Lieferservice 650
Life-Sciences 575
Limbic-Modell 721
Limitationale Produktionsfunktion 679
Limitierter Kauf 720
Lineare Abschreibung 453
Linie 257
Linienstelle 248
Liquidationserlös 539, 543
Liquidationsphase 8
Liquide Mittel 409
Liquidität 413, 505
Liquiditätsgrad 520
Local-content-Bedingung 114
Local-for-local-Strategie 120
Logistik 657
Logistikfunktion 662
Logistikkosten 660
Logistiksystem 663
Lohngerechtigkeit 307
Lohnkosten 452
Lohn- und Gehaltsbuch 404
Lombardkredit 513
Lorenzkurve 631
Losgröße 688
Lower-Management 249

M

Machtziel 32
Make-or-buy-Entscheidung 490
make to order 688
make to stock 687
Makrostandortbestimmung 110
Malone 208
Management 215
Management-by-Decision-Rules 317
Management-by-Delegation 317
Management-by-Exception 318
Management-by-Objectives 318
Management-by-Results 318
Managementholding 202
Managementprinzip 316
Managementprozess 34, 242
Managementpyramide 256
Manager 16, 218
Manufacturing Resource Planning XXXV, 697
Markenpolitik 735
Markenprodukt 735
Marketing 709
Marketingmix 733
Market-Pull 583
Markt 13
Marktabgrenzung 13, 189
Marktanalyse 718
Marktanteil 30, 365, 713
Marktattraktivität 368, 595
Marktattraktivität-Wettbewerbsvorteil-Matrix 368, 594
Marktdurchdringung 731
Markteintrittspionier 597
Markterschließung 732
Marktform 14, 188
Marktforschung 121, 725
Marktmacht-Portfolio 647
Marktnähe 102
Marktneuheit 580
Marktpriorität 595
Marktrisiko 585

Marktsegment 728
Marktsegmentierung 728
Marktsog 583, 595
Markt-Technologie-Portfolio 595
Marktwirtschaft 23
Marktziel 30
Marx 22
Maschinenstundensatzrechnung 475
Maslow 313, 314, 721
Mass-Customization 689
Massenmedien 296
Massenproduktion 689
Material 622
Materialaufwand 422
Materialintensität 432
Materialkosten 451, 625
Materiallogistik 658
Material Requirements Planning XXXV
Materielles Gut 10
Matrixleitung 260
Matrixorganisation 260
Matrixschnittstelle 260
Matrixstelle 260
Maximalprinzip 9
Maximax-Regel 75
Maximin-Regel 77
Maximumprinzip 9
Mayo 312
McGregor 313, 314
Mehrbetrieb-Unternehmen 104
Mehrheitsbeteiligung 184
Mehrliniensystem 258
Mehrpersonenhaushalt 2
Mehrstufige Deckungsbeitrag-
rechnung 484
Mehrwert 15
Mehrwertsteuer 15
Meilenstein-Trendanalyse 614
Meinungsführer 718
Meistausführungsprinzip 14
Mengenkartell 197
Mengenplanung 699
Mengenschlüssel 462
Mengenübersichtsstückliste 635
Merger 203
Messe 121, 746
Methodenkompetenz 323
Me-too-Anbieter 598
Mezzaninefinanzierung 511
Middle-Management 249
Miete 517
Mikrostandortbestimmung 110
Milieu 730
Mill 23
Minderheitsbeteiligung 184
Mindestwert 65
Mini-GmbH 160
Minimalprinzip 9
Minimumprinzip 9
Minimum-Regret-Regel 79
Mintzberg 348
Mission-Statement 26
Mitarbeiter 16
Mitarbeiterzeitung 747
Mitbestimmung 141
Mitläufer-Effekt 718
Mitteilungsweg 257
Mittelfluss 415
Mittelstandskartell 197
Mobilität 115
Monistische Spitzenorganisation 167,
226
Monopol 188
Monopson 188
Montage 673
Morgenstern 346
Morphologie 611
Motivation 300, 346
MRP II 699
Multi-Chanel-Management 749
Multimedia 747
Multinationales Unternehmen 99
Multioptionaler Kunde 712
Multiplesourcing 628
Multiprojektmanagement 268
Multivan 98
Muttergesellschaft 202

N

Nachfolgeprodukt 594
Nachfrage 14
Namensaktie 162
Namensgebung 736
Nationales Unternehmen 99
Naturkatastrophe 120
Naturwissenschaft 18
Nebenbuch 404
Nebenkostenstelle 459
Nebenziel 61
Nennbetragsaktie 162
Neobehavioristisches Modell 720
Nettobedarf 630
Nettoerlös 422
Nettoverkaufspreis 479
Netzplantechnik 607
Netzwerkorganisation 206
Neumann 346
Neun-Felder-Matrix 361, 368
Neuroökonomie 727
Neutrale Zielbeziehung 63
Nichtmonetäres Ziel 30
Nichtregierungsorganisation 33
Niedriglohnland 109
Niklisch 21
Nischenmarkt 733
Nominale 165
Nominalgut 10
Nomination Committee 228
Nominierungsausschuss 228
Non-Governmental Organization 33
Nonprofit-Marketing 711
Nonprofit-Organisation 6, 711
Normalkostenrechnung 445
Normalleistung 253
Normativer Rahmen 24
Normenkartell 197
Normstrategie 363
Norton 382, 385
Null-Kupon-Anleihe 514
Nullserie 614
Numerus clausus 131
Nutzenfunktion 66
Nutzenwert 66
Nutzungsdauer 538
Nutzungshauptzeit 686
Nutzungsplan 117
Nutzwertanalyse 72, 125

O

Oberziel 61
Obligation 514
Odiorne 323
Offene Gesellschaft 152
Offene Handelsgesellschaft 151
Offene Selbstfinanzierung 510
Offensivstrategie 363
Öffentlicher Betrieb 4
Öffentlicher Haushalt 3
Öffentlichkeitsarbeit 29
Off-Site-Expansion 108
Ohno 277
Ökologieorientierung 583
Ökologisches Ziel 32
Ökonomisches Prinzip 3, 8
Ökonomisierung 284
Oligopol 189
Oligopson 188
One-Tier-System 226
Online-Auktion 650

On-Site-Contraction 110
On-Site-Expansion 109
Open-Door-Policy 302
Open-Innovation 583
Operationalisierung 64
Operative Planung 341, 370
Operativer Cashflow 416
Oppenheimer 200
Optimale Bestellmenge 643
Optimismus-Parameter 78
Opting-out 162
Optionsanleihe 514
Optionsschuldverschreibung 514
Order-Penetration-Point 687
Ordnungsbuch 403
Organ 154, 160, 161, 162, 164, 165
Organigramm 255
Organisation 233
Organisationseinheit 246
Organisationsentwicklung 276
Organisationsgestaltung 276
Organisationsschaubild 255
Organisationstyp 257, 690
Organprinzip 4
Österreichischer Corporate Governance Kodex 221
Outplacement 327
Outputgut 10
Outsourcing 627

P

Pacht 117, 517
Pacioli 21
Packstation 245
Partizipation 315
Partizipationsschein 515
Partizipativer Führungsstil 316
Partnerschaftsgesellschaft 150
Passiva 407
Passiven 407
Passivseite 410
Passivtausch 412
Patent 579, 580
Patentproduktivität 616
Patentquote 616
Penetrationspreispolitik 741
Pensionierung 326
percentage-of-sales-method 744
Periodenkapazität 685, 694
Personalanpassungsmaßnahmen 294
Personalaufwand 422
Personalauswahl 297
Personalbedarf 291, 292
Personalbereitstellung 295
Personalbeschaffung 288
Personalbeurteilung 289, 320
Personaleinsatz 289, 299
Personalentwicklung 284, 289, 323
Personalerhaltung 299
Personalfreisetzung 289, 325, 326
Personalführung 310
Personalinformation 319
Personalintensität 432
Personalkosten 452
Personalmanagement 283
Personalmarketing 295
Personalnebenkosten 305
Personalplan 289, 370
Personalplanung 289
Personalsuche 295
Personalverwaltung 284, 319
Personalwerbung 295
Personalzusatzkosten 452
Personenfirma 137
Personengesellschaft 148
Personenlogistik 658
Pessimismus-Optimismus-Regel 78
Peters 355
Pflichtenheft 605
Physische Distribution 750
PIMS-Studie 354
Pionierunternehmen 579, 597
Plan 339
Planbeschäftigung 491
Planbilanz 371
Planfortschrittskontrolle 374
Plankostenrechnung 445, 491
Planung 339
Planungsart 340
Planungszweck 344
Policies and Practice 29
Polypol 188
Portefeuille-Theorie 361
Porter 241, 242, 352, 358, 359, 732
Portfolio-Ansatz 323
Post-Merger-Integration (PMI) 193
Potenzialbeurteilung 321
Potenzialfaktor 11
Präferenzrelation 61
Prahalad 356
Prämienpreispolitik 740
Prämissenkontrolle 375
Preis 14
Preis-Absatz-Funktion 716
Preisbestimmung 488, 738
Preisbildung 14
Preisdifferenzierung 739
Preiselastizität 716, 751
Preisführerschaft 732
Preisindex 650
Preiskartell 196
Preisobergrenze 488
Preispolitik 736, 738
Preistheorie 715
Preisuntergrenze 488
Preisverlauf 740
Preiswettbewerb 188
Pressekonferenz 747
Pressenotiz 747
Prestige-Effekt 717
Prestigeziel 32
Primärbedarf 630
Primärer Sektor 5
Primärforschung 726
Primärorganisation 259
Primärprozess 241
Primatkollegialität 229
Private Equity 508
Privater Betrieb 4
Privater Haushalt 2
Problemanalyse 336
Problemlösegruppe 252
Product-Placement 746
Product-value 739
Produkt 12
Produktausschuss 265
Produktäußeres 735
Produktbeibehaltung 593
Produktdifferenzierung 594
Produktdiversifikation 594
Produktelimination 593
Produktentwicklung 731
Produktinnovation 580
Produktinnovationsrate 616
Produktionserfolgsrechnung 422
Produktionsfaktor 12, 674
Produktionsfaktororientierte Betriebswirtschaftslehre 20
Produktionsfunktion 678
– vom Typ A 681
– vom Typ B 681
– vom Typ C 683
Produktionsgut 11
Produktionskapazität 100, 685
Produktionslogistik 659
Produktionsplan 370
Produktionsplanung 697
Produktionsprogramm 683
Produktionssteuerung 697, 701

Produktionssystem 683
Produktionstheorie 678
Produktionstiefe 621, 683
Produktionsverfahren 693
Produktionswirtschaft 3, 673
Produktivgenossenschaft 198
Produktivität 40, 116
Produktkern 735
Produktlebenszyklus 363, 365, 596
Produktmanagement 264
Produkt-Markt-Strategie 731
Produktpolitik 591, 734
Produktprogramm 30
Produktsortiment 100
Produktstrategie 591
Produkttechnologie 579
Produktvariation 593
Produktwettbewerb 187
Produktziel 30
Profit-Center 264
Prognosetrompete 360
Programmbreite 594
Programmplanung 487, 697
Programmtiefe 594
Progressive Planung 342
Progressiver Kostenverlauf 457
Projekt 252
Projektgruppe 252
Projektleiter 252
Projektmanagement 267
Projektmanager 252
Projektstrukturplan 606
Prokura 139
Promotionspreispolitik 741
Proportionaler Kostenverlauf 457
Prototyp 580
Provision 309
Prozess 34, 239
Prozessinnovation 581
Prozesskette 239, 242
Prozesskostenrechnung 480
Prozessstrategie 596
Prozesstechnologie 579
Prozesstyp 688
Prüflistenverfahren 124
Prüfungsausschuss 227
Public Equity 509
Public Relations 29, 747
Publikums-KG 157
Publizität 141, 225
Punktbewertungs-Modell 72
Punktfertigung 691
purchase and make to order 688
Purchasing Card 649

Q

Qualität 676, 695
Qualitäts-Effekt 718
Qualitätsmanagement (QM) 277
Qualitätsmanagementsystem (QMS) 695
Qualitätssicherung 694
Quality Function Deployment (QFD) 608
Quotenkartell 197

R

Rabatt 479
Rabattkartell 197
Rangordnungsmethode 322
Rappaport 368
Rating 511, 514
rational economic man 312
Rationalisierung 366
Rationalisierungsinvestition 532
Raumklima 302
Realgut 10
Realinvestition 531
Realwissenschaft 18
Rechengröße 413, 418
Rechnungswesen 395
Rechtsfähigkeit 136
Rechtsform 131
Rechtsformentscheidung 131, 132
Rechtsformzusatz 137
Recycling 32
Reengineering 277
Regallagerung 666
Reifephase 364
Reinvermögen 410
Relative Einzelkosten- und Deckungsbeitragsrechnung 486
Relaunch 364, 594, 596
Religion 113
Rentabilität 30
Rentabilitätsanalyse 432
Rentabilitätsvergleichsrechnung 549
Repetierfaktor 11
Reportingsystem 226
Request for Proposal 649
Request for Quotation 649
Ressource 12
Ressourcenorientierte Strategieformulierung 350
Ressourcenschonung 32
Restrukturierung 7
Retrograde Methode 451
Retrograde Planung 342
Return-on-Investment-Kennzahlensystem 380
Return-on-Investment (ROI) 380, 432, 549
Reverse-Engineering 603
Revisionsstelle 162, 166
Rezept 636
RHB-Stoffe 622
Ricardo 23
Richtlinienkompetenz 250
Riebel 486
Risiko 70, 83, 585
Risikofreude 89
Risikokapital 509
Risikomanagementsystem 226
Risikoneutralität 88
Risikopräferenzfunktion 88
Risikoscheu 89
Roethlisberger 312
Rohstoff 451
Rohstoffverein 198
Rollende Planung 344
Roos 277
Rückfluss 539, 543
Rückstellung 411, 516
Rückwärtsintegration 179
Rückwärtsterminierung 701
Rüstzeit 686

S

Sachanlage 409
Sachfirma 137
Sachinvestition 531
Sachleistung 12
Sachleistungsunternehmen 5
Sachmittel 236
Sachziel 60
Sale-and-lease-back 518
Sales-Promotion 745
Sankey-Diagramm 696
Sarbanes-Oxley Act 223
Savage-Niehans-Regel 79
Say 23
Schichtarbeitszeitmodell 304
Schlüsseltechnologie 579
Schmalenbach 21
Schrittmachertechnologie 579
Schulden 410
Schuldscheindarlehen 515
Schuldverschreibung 514
Schwaches Signal 360, 588

Schwellenland 116
Scientific Management 311
Screening 193
Sekundärbedarf 630
Sekundäre Gemeinkosten 463
Sekundärer Sektor 5
Sekundärforschung 726
Sekundärorganisation 259
Sekundärprozess 242
Selbstfinanzierung 509
Selbstkoordination 256
Selbstorganschaft 139
Selbststeuernde Gruppe 302
Serie 689
Serienproduktion 689
Service-Center 250
Servicegrad 669
Servicestelle 250
Shareholder 16, 223
Shareholder-Value 368
Sicherheit 70
Sicherheitsfaktor 641
Sicherheitsinvestition 532
Sicherungsübereignung 511
Simulationsverfahren 124
Simultaneous Engineering 246, 607
Simultane Planung 343
Simultanverfahren 464
Singlesourcing 628
Skaleneffekt 365, 366
Skimming-pricing 741
Skonto 479
S-Kurven-Konzept 588
Smith 23
Snob-Effekt 718
social man 312
Societas Europaea 166
Soft-Law 220
Solidarische Haftung 140
Soll-Ist-Überleitung 375
Sollzins 554
Sonderproduktion 688
Sonnenscheindauer 126
S-O-R-Modell 720
Sortimentsbreite 594, 734
Sortimentspolitik 734
Sortimentstiefe 594, 734
Sozialinnovation 581
Sozialinvestition 532
Sozialkompetenz 323
Sozialsponsoring 747
Sozialstaatprinzip 24
Sozialversicherung 24
Sozialwissenschaft 18
Sozialziel 285
Sparte 264
Spartenorganisation 263
Spezialisierungskartell 197
Spezielle Betriebswirtschaftslehre 20
Spielmatrix 91
Spielsituation 90
Spieltheorie 90, 124
Spitzenorganisation 139, 226
Spitzenverfassung 217
Sponsoring 747
Sportsponsoring 747
Sprungfixe Kosten 456
s-q-Bestellpolitik 640
S-R-Modell 720
s-S-Bestellpolitik 639
Staatsverfassung 218
Stabliniensystem 258
Stabsstelle 249
Stakeholder 15, 33, 223, 747
Stakeholder-Value 369
Stammaktie 164
Stammhauskonzern 202
Stammkapital 137, 160, 161, 410
Standardabweichung 85
Standardbericht 377
Standort 97
Standortattraktivität 115
Standortbestimmung 110
Standortdiversifikation 105
Standorteinheit 104
Standortentscheidung 98
Standortfaktor 111
Standortfaktorenkatalog 124
Standortlehre 111
Standortmaßnahmen 107
Standortoptimierung 124
Standortplanung 104
Standortspaltung 104
Standortstruktur 104
Standortteilung 104
Starre Planung 344
Statistische Investitionsrechnung 545
Steiner-Weber-Modell 124
Stelle 247
Stellenbildung 254
Stelleninhaber 247
Steuer 424, 454
Steueroase 102
Steuerpolitik 115
Steuerzahlung 536
St. Galler General Management Navigator 348
Stichprobe 695
Stiftung 167
Stiftungsgeschäft 167
Stille Gesellschaft 132
Stille Selbstfinanzierung 510
Stilllegung 110
Stimmrechtsaktie 164
Stimulus-Organismus-Response-Modell 720
Stimulus-Response-Modell 720
Strategie 33
Strategieformulierung 349
Strategieholding 202
Strategische Allianz 205
Strategische Geschäftseinheit (SGE) 270
Strategische Planung 340, 348
Strategisches Geschäftsfeld (SGF) 269, 270, 361
Struktur 33
Strukturinnovation 581
Strukturstückliste 635
Strukturveränderung 183
Stückaktie 162
Stückliste 635
Stücklistenauflösung 636
Stücklohn 307
Stufenweise Fixkostendeckungsrechnung 484
Submissionskartell 197
Subordinationsquote 256
Subsidiäre Haftung 140
Substitutionale Produktionsfunktion 679
Substitutionstechnologie 588
Subvention 102, 115
Subventionsfinanzierung 517
Sukzessive Planung 343
Supply Chain Management (SCM) 668
Swiss Code of Best Practice for Corporate Governance 221
SWOT-Analyse 350
Syndikat 197
Synergieeffekt 101, 198
Systemorientierte Betriebswirtschaftslehre 20
Systemsourcing 628
Szenariotechnik 359

T

Taktische Planung 341
Tantieme 309
Target-Costing 612
Task-Force 253
Taylor 258, 312, 692
Taylorismus 244, 311, 312
Technik 579
Technologie 577
Technologieattraktivität 590
Technologiedruck 583, 590
Technologiefrüherkennung 588
Technologiemanagement 576
Technologieportfolio 590
Technologiepriorität 590
Technologieprognose 588
Technologie-Roadmap 591
Technologiestrategie 587
Technology-Push 583
Teilaufgabe 236
Teilaufgabenhierarchie 236
Teilhaftung 140
Teilkostenrechnung 446
Teilstilllegung 110
Teilzeitarbeit 304, 326
Telearbeit 317
Tensororganisation 260
Termineinhaltungsquote 616
Terminplanung 607, 700
Tertiärbedarf 630
Tertiärer Sektor 6
Theorie 576
Theory X 314
Timingstrategie 596
Tochtergesellschaft 202
Top-down-Budgetierung 373
Top-down-Planung 342
Top-Management 248
Total Cost of Ownership (TCO) 546
Totalkapazität 685
Total Quality Management (TQM) 696
Touareg 98
Tourismusindustrie 120
TOWS-Matrix 350
Toyoda 277
t-q-Bestellpolitik 639
Transaktionskostenanalyse 684
Transformationsprozess 8
Transparenz 225
Transport 662
Transportkosten 102, 121, 124
Transportmittel 665
Transportsystem 664
Transportzeit 121
Trennungsprinzip 158
Treppenverfahren 464
Trumpf 692
t-S-Bestellpolitik 639
t-s-q-Bestellpolitik 639
t-s-S-Bestellpolitik 639
Turnaround 275
Two-Tier-System 228
Typenzwang 131
Typ X 314
Typ Y 314

U

Übernahme 204
Überwachungsorgan 224, 228
Umlaufintensität 432
Umlaufvermögen 409
Umsatz 422
Umsatzentwicklung 751
Umsatzerlös 422
Umsatzkostenverfahren 422, 482
Umsatzmarktanteil 751
Umsatzphase 7, 100
Umsatzrentabilität 30, 378
Umschlagen 662
Umschlagsdauer 669
Umschlagshäufigkeit 669
Umwelteinfluss 302
Umweltschutz 32, 114
Umweltsphäre 32
Umweltsponsoring 747
Umweltzustand 56
Unbeschränkte Haftung 140
Unechte Gemeinkosten 456
Unified Modeling Language (UML) 243
Unmittelbare Haftung 140
Unsicherheit 70, 75
Untergesetzliches Regelwerk 220
Unterlassungsalternative 55
Unternehmen 4
Unternehmen (A) 135
Unternehmen kraft Betreibens 135
Unternehmen kraft Eintragung 136
Unternehmen kraft Rechtsform 136
Unternehmensführung 215
Unternehmensgrundsatz 29
Unternehmensidentität 27
Unternehmenskultur 28, 33
Unternehmensleitbild 24
Unternehmensleitung 215
Unternehmensmission 26
Unternehmensneuheit 580
Unternehmensregister 142
Unternehmensstiftung 169
Unternehmensstrategie 346
Unternehmensverband 194
Unternehmensverbundene Stiftung 169
Unternehmensverfassung 217
Unternehmensvision 25
Unternehmenswert 30
Unternehmer 219
Unternehmergesellschaft 160
Unternehmerische Mitbestimmung 141
Unterstützungsprozess 34, 242
Unterziel 61
Urprodukt 622
Urproduktion 120

V

value chain 246
Variable Kosten 457
Variablenprüfung 695
Veblen-Effekt 717
Venture Capital 509
Verarbeitungsbetrieb 5
Verbindlichkeit 411
Verbraucherpanel 727
Verbraucherschutz 114
Verbrauchsabweichung 492
Verbrauchsfaktor 682
Verbrauchsgesteuerte Materialbereitstellung 637
Verbrauchsgut 10
Verbrauchswerkzeug 623
Veredlungsbetrieb 5
Vereinigung 110
Verfahrensinnovation 581
Vergütung 305
Verhaltenskoordinierung 182
Verhältniszahl 379
Verkäufermarkt 583, 711
Verkaufsförderung 745
Verkaufspreis 479
Verkehrsmittel 665
Verlagerung 109
Vermögen 409
Vermögenslage 407
Vermögensumschichtung 516, 518
Vernetzte Organisation 206
Verpacken 662
Verpackung 735
Verrechnungssatz 467
Verschmelzung 204

Verschuldungsgrad 522
Verselbstständigungsgrad 133
Versetzung 326
Vertikale zwischenbetriebliche Verbindungen 179
Vertrag 182, 183
Vertretung 139
Vertrieb 709, 749
Verwaltungsrat 166, 167, 226
Vier-Felder-Matrix 361
Virtuelles Unternehmen 208
Volkswirtschaftslehre 18
Vollerhebung 695
Vollhaftung 140
Vollkostenrechnung 446, 458
Vorentwicklung 580
Vorgesellschaft 143
Vorkostenstelle 459
Vorrat 409
Vorschussverein 199
Vorserie 614
Vorstand 164, 165, 167, 251
Vorstands-Aufsichtsratssystem 228
Vorwärtsintegration 179
Vorwärtsterminierung 700
Vorzugsaktie 164
Vulkanausbruch 120

W

Wachstumsbedürfnis 721
Wachstumsphase 364
Wagniskosten 453
Währungsunion 122
Wald-Regel 77
Wandel 273
Wandelanleihe 514
Wandelschuldverschreibung 514
Ware 12, 451
Waterman 355
Weber, Alfred 111
Weber, Max 234
Wechselkurs 102
Wechselkursstabilität 119, 122
Weisungsbefugnis 248
Werbeagentur 121
Werbebotschaft 745
Werbebudget 743
Werbemittel 744
Werbeobjekt 744
Werbung 743
Werkbankfertigung 691
Werkstatt 691
Werkstattfertigung 691
Werkstoff 409, 674
Wertanalyse 612
Wertkette 352
Wertkettenmodell 241, 352
Wertorientierte Strategieformulierung 368
Wertschlüssel 462
Wertschöpfung 15, 33
Wertschöpfungskette 246
Wettbewerbsart 187
Wettbewerbskommission 191
Wettbewerbssituation 358
Wettbewerbsvorteil 368, 595
Whole-Site-Contraction 110
Wiederbeschaffungszeit 641
Wiederholproduktion 688
Willensdurchsetzung 314
Winzergenossenschaft 198
Wirtschaften 8
Wirtschaftlichkeit 41
Wirtschaftseinheit 2
Wirtschaftsfachverband 194
Wirtschaftsgut 9
Wirtschaftsordnung 22
Wirtschaftspolitik 115
Wirtschaftssubjekt 2
Wirtschaftsverband 194
Wirtschaftsverfassung 22
Wirtschaftswissenschaft 18
Wissenschaft 17
Wissensmanagement 276
Wochenendbetrieb 116
Wöhe 22
Wohnraum 115
Womack 277
Worst-Case-Szenario 360

X

Xenophon 21
XYZ-Analyse 633

Z

Zahlungsfähigkeit 30, 505
Zahlungsmoral 120
Zahlungsreihe 543
Zaltman Metaphor Elicitation Technique 727
Zeitabschnittsrechnung 417, 418
Zeitabweichung 614
Zeitlohn 308
Zeitpunkt 65
Zeitpunktrechnung 407
Zeitraum 65
Zeitwirtschaft 303
Zellenfertigung 692
Zentralabteilung 250
Zentralisation 270
Zentralstelle 250
Zentralverwaltungswirtschaft 22
Zero-Base-Budgeting 373
Zerobond 514
Ziel 60
Zielantinomie 63
Zielbildung 336
Zieldreieck 63
Zielgewichtung 72
Zielhierarchie 30, 61
Zielidentität 63
Zielkontrolle 375
Zielkorridor 65
Zielkostenindex 612
Zielkostenrechnung 612
Zielkostenspaltung 612
Ziellücke 336
Zielsystem 60
Zielverkaufspreis 479
Zins 453
Zinszahlung 536
Zirkuläre Planung 342
Zuliefererinfrastruktur 118
Zusatzkosten 450
Zusatzleistung 443
Zuschlagskalkulation 470
Zuschlagssatz 467, 470
Zustandsraum 56
ZVEI-Kennzahlensystem 382
Zwangswandelanleihe 515
Zweck-Mittel-Beziehung 61
Zweckvermögen 167
Zwei-Schicht-Betrieb 686
Zwischenbetriebliche Verbindung 177
Zwischenprodukt 12
Zwischenziel 61

Autoren

Prof. Dr. Dr. h.c. Dietmar Vahs studierte an der Universität Tübingen Volks- und Betriebswirtschaftslehre und promovierte auf dem Gebiet des Controlling. Er hat eine langjährige Erfahrung als Führungskraft in einem internationalen Automobilkonzern sowie als Berater, Trainer und Coach. Seine Tätigkeitsschwerpunkte als Leiter des Instituts für Change Management und Innovation (CMI) sind die ganzheitliche Planung und Umsetzung von Veränderungs- und Innovationsprozessen in Profit- und Nonprofit-Unternehmen, die Organisationsoptimierung und die Konzeption und Durchführung von begleitenden Führungskräftetrainings. Professor Vahs ist Autor zahlreicher Veröffentlichungen zu den Themen Change Management, Innovationsmanagement, Prozessmanagement und Unternehmensführung. Unter anderem sind die folgenden Bücher von ihm im Schäffer-Poeschel Verlag erschienen: Change Management in Nonprofit-Organisationen, Stuttgart 2007, Workbook Change Management – Methoden und Techniken, 3. Auflage, Stuttgart 2020, Organisation – Ein Lehr- und Managementbuch, 10. Auflage, Stuttgart 2019, und Innovationsmanagement – Von der Idee zur erfolgreichen Vermarktung, 5. Auflage, Stuttgart 2015.

Prof. Dr. Jan Schäfer-Kunz studierte an der Universität Stuttgart Maschinenbau und Betriebswirtschaftslehre und promovierte auf dem Gebiet der zwischenbetrieblichen Zusammenarbeit. Langjährige Berufs- und Führungserfahrung sammelte er bei einer Großforschungseinrichtung und bei einem internationalen Automobilzulieferer. Seit 1999 ist er Professor für Betriebswirtschaftslehre mit Schwerpunkt Rechnungswesen. Professor Schäfer-Kunz ist Autor zahlreicher Publikationen. Unter anderem ist von ihm im Schäffer-Poeschel Verlag das Lehrbuch: Buchführung und Jahresabschluss erschienen.

Werden Sie uns weiterempfehlen?
O Ja
O Nein
O Vielleicht
SCHÄFFER POESCHEL